长白山天池火山

魏海泉 编著

地震出版社

图书在版编目（CIP）数据

长白山天池火山 / 魏海泉编著. —北京：地震出版社，2014.8

ISBN 978-7-5028-4213-0

Ⅰ.①长 … Ⅱ.①魏 … Ⅲ.①长白山－天池—火山—研究　Ⅳ.① P317

中国版本图书馆 CIP 数据核字 (2013) 第 041499 号

地震版　XM2968

长白山天池火山

魏海泉　编著

责任编辑：樊　钰

责任校对：庞亚萍

出版发行：**地震出版社**

北京民族学院南路9号　　　　　邮编：100081

发行部：68423031　68467993　　　传真：88421706

门市部：68467991　　　　　　　传真：68467991

总编室：68462709　68423029　　　传真：68455221

http://www.dzpress.com.cn

经销：全国各地新华书店

印刷：北京地大天成印务有限公司

版（印）次：2014年8月第一版　2014年8月第一次印刷

开本：787×1092　1/16

字数：628千字

印张：29.5　　插页：8

书号：ISBN 978-7-5028-4213-0/P (4901)

定价：110.00元

前　言

　　长白山天池火山曾经发生了近 2000 年以来世界上最大规模的两次喷发之一的爆破性喷发，这次千年大喷发的喷发物是众多火山学家近几十年来研究工作的重要对象。2002 ~ 2005 年间，天池火山的不稳定性得到了很好的监测，由此也大大丰富了中国年轻火山的监测与研究资料，并且吸引了更多的科学关注与争论。为此，以笔者二十多年开展天池火山研究的经历为基础，结合国内现有天池火山监测与研究的专题性工作成果，系统归纳形成了这篇代表天池火山现代火山学研究的部分主要进展的综合性成果的专著。本书共分七章，前四章系统阐述天池火山的历史，后三章则偏重天池火山的现状与未来。在天池火山的历史部分，首先给出了天池火山及邻近其他火山的构成与产出的地质背景，然后从化学与物理学角度分别对天池火山的喷发历史与过程作了详细介绍。对于天池火山的现状与未来，火山下方岩浆房与地热系统的综合判定与破火山口湖天池水体的泛滥过程，都被作为天池火山未来与火山灾害密切相关的基础资料作了系统整理与归纳。本书可用于研究生了解现代火山学研究内容，可用于天池火山周围公众减轻火山灾害工作时参考，也可以为人们进一步研究天池火山若干科学问题时参阅。不过，笔者想在这里强调的是，这最好是作为一本关于天池火山地质、火山结构与火山灾害的火山学参考书。

　　本书第一章首先介绍了天池火山及周围望天鹅火山、胞胎山火山等长白山区新生代火山的发育概况，然后系统描述了构成天池火山主体的玄武岩盾、粗面岩锥和伊格尼姆岩席的主要特征，文中对于天池火山地层学与火山样品最新的系统性定年研究成果也作了系统归纳。第二章着重介绍与天池火山构造背景制约有关的区域构造及火山细部构造与堆积相特征。与盖马高原玄武岩有关的长白山火山岩浆柱、北西向火山带及其北东侧的日本海－珲春深震带都是为了了解天池火山地质动力学背景而详细阐述的几个关键问题。天池破火山口内壁堆积层序、潜火山结构及不同类型喷发物空间堆积相的细部特征也放在本章详细叙述。第三章以天池火山化学特征为切入点，在天池火山熔岩盾和复合锥形成过程讨论的前提下，给出了笔者近年来采集与测试的系统性样品的测试结果与主要化学特征。岩浆演化机理的结晶分异作用和岩浆混合作用过程的讨论是按照天池火山不同喷发阶段系列产物的地质体为基本单元进行的。天池火山共存的碱性与亚碱性两个系列的岩石化学特征、连续性岩浆演化而非双峰式岩浆成分分布的岩浆演化过程对于理解天池火山深部岩浆作用过程机制提供了基础依据。矿物成分、微量元素与同位素资料指示的岩浆成因意义也与西太平洋俯冲带有着某种联系的地幔源区物质上涌地质动力学模型相符合。第四章关注的是与天池火山千年大喷发爆破性喷发产物相关的物理作用过程。文中首先介绍了天池火山千年大喷发不同成因类型堆积物的形成动力学特征，然后对天池火山岩浆房与火山通道系统的喷发物理过程作了系统的参数限定，其中对于天池火山岩浆房内不同岩浆的混合动力学过程还给出了初步的实验火山学模拟研究成果。

本书第五章重点阐述天池火山与岩浆房热系统有关的结构特征。本章首先从通用性岩浆房理论模型对天池火山之下现今可能的岩浆房结构与尺度做出判定，然后从地震学与温泉流体地球化学角度加以验证，以此作为天池火山未来可能的火山灾害性评估的依据。第六章通篇描述天池火山地表作用过程并以此作为评价未来火山灾害的基本依据。本章首先探讨的是天池火山喷发间歇期里火山表面随着时间持续的风化、剥蚀、碎屑搬运与堆积过程，初步限定了天池火山不同火山地貌区的时间演化序列与相关参数。无论是天池火山广为发育的不同期次火山泥石流，还是天池火山大规模火山滑坡体构造洼地及堆积物，本章内容都给出了较为详细的介绍。对于天池火山破火山口湖湖震及其火山表面碎屑物沿着二道白河搬运堆积的动力学机制在本章结尾部分也有较为明确的表述。第七章直接讨论的是天池火山灾害问题。针对天池火山喷发历史及现状，本章首先讨论了天池火山未来可能发生的各种主要火山灾害类型及空间影响范围与灾害强度，并且分别限定了"火"灾与"水"灾的致灾机理。在天池火山现今监测手段与部分监测结果表述的基础上，结合天池火山近几十年来展示的火山活动性状况，从岩浆补给速率的控制作用角度讨论了天池火山现今活动性及其成因机制。作为本章及本书的结尾，笔者强调的一个理念是人与火山共处。无论是人与自然的演化，还是文化与资源的保护及灾害减轻，21世纪的天池火山都应作为和人类和睦共处的典范。

本书汇集了笔者20余年在天池火山从事野外地质调查和室内研究积累的主要资料，成书过程中也吸收了部分国内外同仁的研究成果。特别是注意吸取了历年来中国地震局火山研究项目取得的部分原始资料，虽说文中没有详细讨论，但是笔者真心希望读者能够从中理出一些您自己的思绪。如果说本书内容有着某种独特的有价值的内涵，那就是希望读者能够以自己的思路，细致把脉天池火山的物理、化学过程，从而获取读者自己对天池火山的理解。无论是从深入的科学研究的角度，还是从减轻火山灾害的需求，笔者都愿意今后人们在有需要了解认知天池火山的意愿时，这本书能起到一个向导的作用。

众多科研团体与个人对本书的出版提供了直接或间接的帮助。特别要感谢的是金伯禄老师长期以来在共同研究工作中的指导和鼓励，您是我找到的珍爱天池火山的知音。感谢我的导师孙善平教授和李家振教授，是您们把我带进了火山物理学的大门。感谢刘若新教授，是您提供了我现在从事的系统性、专业性火山研究工作的机会。对于多年来中国地震局有关领导的支持和鼓励，我想特别致谢的有李明司长、吴建春司长、吴书贵司长、李克司长、王飞处长、刘桂平处长、田柳处长和北京市地震局吴卫民局长，各位领导的信任和鼓励是我多年来刻苦努力的动力。感谢地质研究所与研究室领导，多年来良好的研究工作环境使我能够更多地潜心整理，加深了对火山的理解。野外地质调查工作中，吉林省地震局、吉林省地矿局和天池火山观测站的有关领导和同事提供了大量的帮助，在此表示深深的感谢。本书成果包含了部分自然科学基金的研究成果（49102020、40172033、41172304），特别是1991年我首次申请的天池火山学研究的青年自然科学基金，为我建立天池火山认识的框架起到了关键作用。

作为本书成型的功不可没的国际友人、当代火山学鼻祖、已故"火山精灵" G. P. L. Walker 教授的文章及对我的野外考察与研究能力的指导使我受益匪浅。国际火山学会前主席 R. S. J. Sparks 教授推荐的英国皇家学会的访问学者资助更使我切身体会了在国际当代一流火山学研究中心进修的快乐。已故知名华裔地质学家孙贤钺先生科学研究方法的指导也使我至今难忘，澳籍华裔学者张明老师20世纪80年代末带给我的《火山喷发物理作用》的综述性论文可以说为我开展系统的火山学研究开启了一盏明灯。

我也想把此书献给我的家人，我的父母教育我从小就要做到老实做人、认真做事，可以说这为我成年后选择减轻火山灾害为己任奠定了先天基础。我的爱人料理了家庭的绝大多数事务，这使我能够更专注于我所热爱的事业，希望你能从这本书——如果说这是一份唯一的礼物——里享受到一份快乐。我的孩子已经找到了他所喜欢的工作，以下16个字让我们共勉：顺天做事，诚实做人；完善自我，和谐他人。

最后特别需要说明的是本书文字初稿吸收了若干同仁的研究工作成果，在笔者最后统稿之前金伯禄老师仔细地阅读并修正了关键部分文稿。参加不同章节初稿编写的同仁有：金伯禄、高玲、靳晋瑜、孙春强、刘强、陈晓雯、陈正全、杨清福、盘晓东、刘国明和刘永顺。本书研究内容主要汇集了中国地震局"九五"、"十五"、"十一五"火山研究项目的部分成果（95-11-03-02-01、2001BA601B06-01-4、2002DIA20009-20、8-27-7），出版经费得到了地震科学联合基金（506003）和地震行业专项（201208005）的资助。由于自己对天池火山的理解还不够深入，个人观点与章节文字等内容肯定还存在很多不完善之处。恳请对本书感兴趣的同仁不要拘泥于本书所写条条框框的限制，能够从中提炼出若干对您有用的信息，我将为自己在2010年完成的一件大事而兴奋不已。

2010. 11. 12

Preface

Tianchi Volcano produced one of the two largest explosive eruptions in the world during the past 2 thousand years. This powerful volcanic event (called the "Millennium Eruption") and its deposits have been the focus of many volcanological studies in recent decades. Moreover, the 2002-2005 volcanic unrest at Tianchi was well monitored by the Changbaishan Volcano Observatory established in 1999. Consequently, the greatly increased data now available have attracted much scientific attention, arguably making Tianchi the best-known of China's geologically young volcanoes.

This volume, composed of 7 chapters, synthesizes the results of recent volcanological and volcanic-monitoring studies of Tianchi, including my own geological research of this volcano over two decades. The first four chapters of the book summarize regional tectonic setting, geologic and volcanic features, and eruptive history of Tianchi and neighboring volcanoes. The remaining three chapters emphasize the present state of Tianchi, with particular focus on the caldera lake, the magmatic and geothermal systems beneath the volcano. Collectively, the integrated data on the volcano's eruptive history and current behavior provide the scientific basis to assess possible future eruptive activity and associated hazardous impacts. This book can serve as a comprehensive reference work for postgraduate students to understand the modern volcanological research and its applications, as well as for other scientists to pursue in depth specialized topics relevant to Tianchi Volcano. However, I also wish to stress that the information in this book could, and should, be used to best advantage by the emergency-management officials and the general public in the Tianchi region in the development of long-term programs to reduce risks from potential volcanic hazards. A more detailed summary of the contents of this volume is elaborated below.

In the book's first chapter, the development and history of Holocene volcanism in Changbaishan area—involving Tianchi, Wangtiane, and Baotaishan Volcanoes—are introduced first. Then the main features of the basaltic shield, trachyte cone, and ignimbrite sheet are described in detail, including the latest systematic geochronometric and stratigraphic studies on Tianchi Volcano. Chapter two deals mainly with the regional tectonics related to Tianchi Volcano and some specific features of the volcano's structures and depositional facies, such as the Changbaishan magma prism, NW-trending volcanic belt, and the deep earthquake zone of Hunchun-Sea of Japan. All of these features are related to the basaltic volcanism on the Gaima Plateau, and are described in detail for the reader to understand the geologic and dynamic setting of Tianchi Volcano. The depositional sequences of the inner caldera, subvolcanics, and smaller-scale variations in facies of different types of eruptions are considered. Chapter 3 describes the geochemical variations observed in Tianchi's eruptive products. Within the context of the evolution from shield-building activity to construction of the composite-cone, I present the latest analytical data on systematically collected samples, as well as a detailed discussion of differentiation and magma -mixing processes that characterize of the individual depositional series. For Tianchi Volcano there exists two series of co-existing alkaline and sub-alkaline magma, and it is the "contemporaneous", but not "bi-modal", evolutionary trends of these two magma series that provide constraints in understanding of deep magmatic processes beneath Tianchi Volcano. The magmatic genesis inferred from mineral compositions, trace element and isotopic data accords also with a dynamical model of upwelling mantle material, which may be related to the subduction of the western Pacific plate. Chapter 4 focuses on the physical processes related to the powerful explosive Millennium Eruption of Tianchi Volcano. This chapter contains the first published inferences of the depositional dynamics of the emplacement of various genetic types of the deposits from the Millennium Eruption, providing qualitative systematic parameters for the physical processes operating within the magma chamber and conduit system of Tianchi Volcano. At the end of the chapter, the results of a preliminary simulation experiment of the operative subsurface dynamic processes involving different magmas beneath Tianchi are presented.

Chapter 5 of this book mainly elaborates the structural and thermal characteristics of Tianchi's magma chamber and hydrothermal system. Here I first propose a general theoretical model of a magma body and enveloping hydrothermal system of an assumed size and configuration. Then I validate the model using seismological data and the geochemistry of the spring fluids. This model serves as a basis for assessing the volcanic hazards from possible future eruptions at the volcano, which is the focus of the next chapters of 6 and 7. The entire contents of chapter 6 describe potential hazardous surface processes at Tianchi. The processes of weathering, erosion, transportation, and deposition of fragments on the surface during the intermittent periods of eruption are first discussed. Then the timing and local, differing relief for the known lahars around Tianchi are discussed. By the end of this chapter, the consequences of a seiche originating in the caldera lake and the possible overflow processes along the Erdao river are considered.

Chapter 7 directly addresses the problems of potential volcanic hazards posed by Tianchi Volcano. Within the context of the eruptive history and present state of Tianchi, this chapter starts with the consideration of the main types of possible volcanic hazards, the impact areas and intensities of these hazards, treating the mechanisms of the "fire" and "water" hazards separately. After a preliminary description of the volcano-monitoring networks and past events of Tianchi Volcano, combined with volcano unrest in recent decades, I discuss the present state and mechanism of the volcanic activity based on a constant rate model of magma replenishment. By the end of this chapter, I conclude that man should coexist with volcanoes. Regardless of the evolution of nature and mankind, or of the preservation of the culture and resources, or of reducing risk from volcanic hazards, I hope that Tianchi Volcano will get along with humankind in the 21 Century.

Some of the data and ideas contained in this book have their origin in the field and laboratory studies that I myself have conducted at Tianchi Volcano for the last two decades. However, in the process of composing this book, I have incorporated the contributions and ideas of many scientific colleagues, both abroad and at home. Moreover, it should be noted that the book includes important new data obtained from the continuing volcanological study projects, supported by the China Earthquake Administration (CEA). Although not explicitly mentioned in the book, I hope that readers of this volume will gain their own particular insights and interpretations from the information presented, to refine our understanding of the physical and chemical processes that govern Tianchi Volcano. Thus, for both spurring further scientific research or the development of strategies to reduce volcano risk, it is my wish that this book can be used as a "guide" by involved scientists, government officials, and the general public at risk.

Many people, organizations, and institutions have directly or indirectly contributed to the production of this book. First and foremost, I want to express my huge appreciation to Prof. Jin Bolu for his endless inspiration, enthusiastic support, and critical help during our collaborative studies of Tianchi Volcano. I am greatly indebted to my supervisors, Professors Sun Shanping and Li Jiazhen, for their invaluable tutoring me in my academic work, and beginning my volcanological training. Prof. Liu Ruoxin was instrumental in furthering my volcanological experience by providing me opportunities for systematic and professional work on the volcanoes of China. My grateful acknowledgements also go to the leaders in CEA for their support and encouragement over the years, particularly to the directors Li Ming, Wu Jianchun, Wu Shugui, Li Ke and Wu Weimin, and to the section chiefs Wang Fei, Chen Feng, Liu Guiping and Tian Liu. Without the steadfast trust and confidence placed in me by the CEA, conducting my research on Tianchi would have been much more difficult, perhaps impossible. I also sincerely thank the staff and my colleagues of the Institute of Geology of CEA for providing the cooperative and stimulating work environment under which I have been transforming scientific ideas into published research results. Thanks also go to my colleagues and friends of the Jilin Earthquake Administration, Geological Bureau of Jilin, and Tianchi Volcano Observatory for providing much appreciated assistance during my field work on the volcano.

Some notable colleagues and friends have made indirect but most important contributions to this book. I am particularly indebted to the late Prof. G. P. L. Walker—Great Britain's internationally renowned volcanologist ("guru")—who tutored me in the field methods of mapping volcanic deposits and interpretations of their mode of emplacement. Also highly influential in shaping my volcanological experience was Prof. R. S. J. Sparks (University of Bristol), who secured me a visiting scholarship from the Royal Society, which enabled me to conduct volcanological work in a productive environment in a most excellent research center. I also gained much from interactions with two Chinese colleagues: the late famous Chinese geologist, Shenshu Sun, with whom I shared many unforgettable memories in doing science; and Prof. Ming Zhang, who in the late 1980s introduced me to a review paper "physical processes of volcanic eruption," which placed me on the road to volcanological research.

I also wish to express deep thanks to members of my family. When I was a child, my parents taught me to be honest and to do everything in earnest; their teachings have guided me well in pursuing my career and advocation to reducing risks from volcanic hazards. My wife, Ms. Zhu Shuyue, who has assumed most of the responsibilities and doing most of the work in running our household, has made it possible for me to focus heavily on my career. I dedicate this book to Zhu Shuyue for her unwavering support, help, and patience over the years. My son, who got his interesting employment, has been highly supportive and understanding while I worked on the book.

Finally, I wish to acknowledge the assistance of a number of colleagues that directly contributed to the publication of this volume. In particular, Prof. Jin Bolu read carefully and modified some of the key content of the relevant chapters, materially improving their presentation and clarity. Other colleagues who made specific contributions to various chapters of the book are listed below with thanks: Gao Ling, Jin Jinyu, Sun Chunqiang, Liu Qiang, Chen Xiaowen, Chen Zhengquan, Yang Qingfu, Pan Xiaodong, Liu Guoming and Liu Yongshun. I deeply appreciate all of these contributions. The contents of this book include some data and results of state volcanic research projects supported by CEA (95-11-03-02-01, 2001BA601B06-01-4, 2002DIA20009-20, 8-27-7) and from the Natural Science Foundation of China (49102020, 40172033, 41172304). Funding for actual publication came from the Union Foundation of CEA (506003). I am particularly grateful for the first financial support I received from NSFC in 1991, which allowed me to clearly frame the course of my subsequent and continuing research to the present. In closing, I want to emphasize that, while this volume highlights important advances in our understanding of the past and current activity of Tianchi Volcano, much remains to be learned. Nonetheless, this book, updated from a manuscript mostly completed by 2010, marks an important step forward.

Wei Haiquan

2010.11.12

Content

第一章　长白山火山区天池火山的构成

第一节　天池火山三姐妹
——天池、望天鹅与胞胎山火山

在天空和地球内有更多的东西，比我们在哲学范围内的梦想要多得多。

——莎士比亚

来吧，来和我一起漫游吧，一起漫游到从未有人到过的地方，我们在那里读那些从未有人读过的神写的文章。

——Longfellow 诗人

长白山天池火山（42°N，128°3′E）位于中朝边界，它是我国保存最好的新生代多成因中央式火山（魏海泉等，1999），并且是长白山脉最高峰。天池火山在全新世期间有过大规模爆破性喷发的历史，它在约 1000 年前的一次大规模猛烈爆发中喷出了 30 ~ 40km³ 的岩浆并形成了直径达 5km 的破火山口。由于天池火山历史上发生过多次爆破性喷发，它现在仍属于一座具高度潜在危险的火山（彩图 1）。

长白山主峰一带聚集了 3 座规模巨大的火山——天池火山、望天鹅火山和朝鲜境内的胞胎山火山。这三座火山都有着巨大的规模和复杂的喷发历史，成因上也存在着某种内在联系，可以称其为天池火山三姐妹。除此而外，规模比较大的火山还有天池火山锥体东北侧的甑峰山火山、西北侧的头西火山和天池火山锥体南侧的小白山、间白山火山、黄峰火山等（彩图 2）。

一、天池火山

天池火山主体由玄武岩盾、粗面岩锥和其上的伊格尼姆岩及共生的空降碎屑物组成（刘若新等，1998；吉林省区调队，1963、1971、1974）。由于其本身具有的长期复杂的活动历史而吸引人们对其开展了岩石学、地球化学、构造背景等研究（吴才来等，1998；赵海玲等，1996；王瑜等，1999；雷建设，赵大鹏，2004；赵大鹏等，2004）。玄武岩盾发育于盖马高原的玄武岩高原之上，泉阳组、头道组、白山组、老房子小山组玄武岩构成天池火山熔岩盾的主体成分。白山组玄武岩（也称漫江组玄武岩，中国地质调查局，2000）形成于（1.1～1.5）Ma之间。在复合锥形成阶段可以识别出（0.61～0.019）Ma间4个阶段的粗安质、粗面质溢流式和爆破式喷发。锥体最年轻部分含有较多的碱流岩成分，爆破性火山碎屑组分也较多（刘若新等，1998）。天池火山松散伊格尼姆岩岩席展布到熔岩盾之上50km以外，有时在沟谷中可以见到致密或部分熔结的伊格尼姆岩。布里尼式空降堆积物广泛分布于天池火山东部与东南方向。根据^{14}C年代测定结果，天池火山在大约50000年前、25000年前和1000年前发生过大规模造伊格尼姆岩喷发（魏海泉等，1999）。破火山口湖，即天池表面南北方向约4km，东西方向约3km，湖水表面积8.75km^2。湖水平均深度204m，最深373m，湖水体积2km^3。破火山口缘包络面积20km^2，破火山口直径5km。破火山口缘与天池水面高差最高556m，在火口缘北部豁口，天池水体直接补给松花江。

天池火山形成于中新世、上新世、更新世、全新世的喷发，喷出的岩石有碱性玄武岩－粗面岩－碱流岩及与之成分相当的火山碎屑岩和火山碎屑堆积物以及亚碱性系列的火山岩。长白山天池复式火山主体由上下两部分叠加组成：下部为泉阳组玄武岩－头道组玄武岩－白山组玄武岩－小白山组粗安岩、安粗岩、粗面岩（在朝鲜境内该层位之上发现北雪峰组碱流质熔岩及其碎屑岩）组成的盾状火山体，局部发育中新世奶头山组玄武岩。上部为老房子小山组玄武岩－白头山组粗面岩与少量粗安岩、安粗岩及碱流岩、黑曜岩等组成的复合火山锥体；顶部为种类繁多的火山碎屑岩，呈席状或岩被状覆盖于锥体及盾体之上。部分泉阳组玄武岩同位素年龄为4.26Ma、5.02Ma，头道组玄武岩同位素年龄为2.35Ma、2.77Ma，均属上新世。白山组玄武岩年龄为（1.66～1.48）Ma，属早更新世早期。小白山组粗安岩－安粗岩－粗面岩年龄为（1.49～1.00）Ma，属早更新世中期。老房子小山组玄武岩年龄为（1.17～0.75）Ma，属早更新世晚期。白头山组下段安粗岩－粗面岩年龄为（0.611～0.53）Ma，属中更新世早期。中段粗面岩－石英粗面岩年龄为（0.44～0.254）Ma，属中更新世中晚期。上段粗面岩－碱流岩夹黑曜岩年岭为（0.20～0.019）Ma，属晚更新世。覆盖在火山锥体顶部的席状碎屑岩类年龄尚不一致，千年大喷发树轮校正的^{14}C年龄数据有1024AD，这与格陵兰冰芯记录中1025AD相一致。历史记录喷发年龄有1668AD、1702AD、1898AD、1903AD等。

构成天池火山机构主体的岩石包括了泉阳组玄武岩（$\beta N_2 q$）、头道组玄武岩（$\beta N_2 t$）、白山组玄武岩（$\beta Q_1 b$）、老房子小山组玄武岩（$\beta Q_1 l$）、白头山组粗面岩－碱流岩（$\tau Q_{2-3} b$）、老虎洞玄武岩（$\beta Q_2 l$）以及全新世碱流质、粗面质火山碎屑岩类（λQ_4）等。

1. 泉阳组玄武岩（$\beta N_2 q$）

泉阳组玄武岩在天池火山西北侧流动距离最远，远在60 km以外的泉阳县城、泉阳水库一带仍有广泛厚层玄武岩分布。致密少斑的玄武质结壳熔岩中有时可见树干与植物种子印模（熔岩树）。靠近天池火山时，泉阳组玄武岩常被后期喷发的头道组玄武岩、白山组玄武岩及老房子小山组玄武岩覆盖，但钻孔揭露的泉阳组玄武岩也往往有较厚的分布。例如，在二道白河火山站钻孔及头道白河玄武岩剖面都见到了泉阳组玄武岩，同位素测年数据有 5.023 Ma、5.82 Ma 及 4.2 Ma 等年龄值。

2. 头道组玄武岩（$\beta N_2 t$）

在长白山天池火山锥体周围广泛分布，部分层位曾被命名为军舰山组。在长白山天池火山锥体边缘台地冲沟（峡谷）中有时剥蚀出天池火山口喷溢的玄武岩，如在二道白河自然保护局附近见到两次玄武岩流动单元，总厚达 30m 以上。和平营子（长白山山门）附近上部层位玄武岩岩石特征：黑灰色，无斑结构，间粒及嵌晶含长结构，气孔状构造，由斜长石及其格架间充填的辉石、橄榄石、钛铁尖晶石－磁铁矿、少许磷灰石等组成。斜长石含量约 65%、an=53，属拉长石，晶体长 0.2 ~ 1.0mm，少量嵌在辉石晶体或辉石集合体之中，自形程度高。辉石含量约 20%，$C \wedge Ng=30° ~ 43°$，紫褐色，钛辉石分布于斜长石格架中。橄榄石含量约 10%，呈柱粒状，粒径 0.05 ~ 0.2mm，晶体边部常有伊丁石化、磁铁矿化。钛铁尖晶石－磁铁矿含量约 5%，呈针状、长柱状、四边形、菱形、串珠状，多分布于橄榄石和辉石晶体之中。标准矿物 ol=5.06%，fo=3.27%，fa=1.79%，hy=5.80%，or=13.74%，ab=31.98%，an=17.01%，属粗面玄武岩。K-Ar 测年结果集中于上新世中晚期，如大宇饭店钻孔玄武岩的 2.77Ma 与 2.2Ma，漫江北玄武岩的 2.65Ma，药水剖面玄武岩的 2.29Ma 等。

3. 白山组玄武岩（$\beta Q_1 b$）

主要分布于长白山天池火山靠下层位及图们江上游沟谷，在鸭绿江上游沟谷也有分布。在图们江上游分布的也称图们江玄武岩，在鸭绿江上游出现的亦称灵光塔玄武岩。玄武岩厚度随地点不同而不同，一般几十米至百余米。在天池锥体南侧喷出顺序为灰色玄武质角砾熔岩－灰黑色致密块状粗面玄武岩－气孔状玄武岩。粗面玄武岩特征：灰色－灰黑色，斑状结构，基质为间隐、间粒结构，块状构造。斑晶为斜长石、橄榄石。斜长石约占 5%，呈板状，板长 1.0 ~ 1.5mm，an=52，(+2V) =75°，属拉长石，晶体中普遍见到细裂纹，具波状消光，晶体边部常被熔蚀交代成不规则状。甚至有基质中的橄榄石、辉石进入到晶体边部。橄榄石常被熔蚀为浑圆状，且斜长石插进橄榄石中。基质由略有定向分布的斜长石、单斜辉石、橄榄石、磁铁矿、玻璃质及少量磷灰石、黑云母等组成。标准矿物 or=17.35%，ab=32.49%，an=14.52%，ne=0.49%，ol=8.06%，fo=4.36%，fa=3.70%，属粗面玄武岩。玄武粗安岩：灰黑色，斑状结构，基质为间粒结构，块状构造。斑晶为斜长石、角闪石、磁铁矿等。斜长石含量小于 1%，呈板状，粒径 0.5 ~ 1.0mm，an=60，属拉长石。角闪石为玄武闪石，平行消光，红褐色，常被熔蚀交代成卷弯状。橄榄石含量小于 1%，粒径 0.3 ~ 0.7mm，见有伊丁石化。磁铁矿含量约占 1%，呈粒状自形至半自形、菱形、四边形，粒径 0.3 ～ 0.5mm。基质由定向分布的斜长石、辉石、玄武闪石、橄榄石、磁铁矿、黑云母、磷灰石等组成。标准矿物 ol=2.75%，fo=2.03%，fa=0.72%，hy=3.50%，or=18.35%，ab=38.03%，an=11.30%，属玄武粗安岩。白山组玄武岩在白山林场 K-Ar 测年结果在（1.66 ～ 1.05）Ma 之间，其他位置代表性测年结果有黄松蒲西行运材路二道白河以东玄武岩的 1.39Ma、板石河玄武岩的 1.38Ma 和二道镇火山观测站钻孔 8 单元玄武岩流（相当于镇东南采石场分凝脉玄武岩）的 1.19Ma 等。

4. 老房子小山组玄武岩（βQ₁l）

主体分布于天池火山口北东侧、西北侧和西南侧，在锦江河下游沟谷中见到 60 ～ 70m 厚的露头。此玄武岩也以天池火山口为中心向北东、西北和南西侧形成盾状，结壳熔岩与渣状熔岩表壳发育。玄武岩呈灰黑色，斑状结构，基质多为间粒结构。斑晶以斜长石、辉石、橄榄石为主。斜长石约占 5%，长 1 ～ 2.5mm，部分环带结构明显，由内往外其成分具波浪式变化，即内环为 an=55，中间环带 an=54，平均 an=55，属拉长石。辉石约占 4%，短柱状，柱长 1 ～ 2.0mm，C∧Ng=45°，具不明显的多色性，Ng 方向显浅粉红色，是含钛普通辉石（钛辉石）。晶体中裂纹发育，但未延伸到基质中。橄榄石约占 1%，粒状，0.5 ～ 1mm，（+2V）=90°，fo=85%，fa=15%，为镁橄榄石和贵橄榄石间的过渡型矿物。基质由定向排列的斜长石和其间分布的暗色矿物、磁铁矿、磷灰石等组成。标准矿物 or=17.26%，ab=26.33%，an=16.93%，ne=2.96%，ol=8.85%，fo=6.42%，fa=2.43%，属粗面玄武岩。老房子小山组玄武岩 K-Ar 年龄值大者有在老房子小山锥体底座取样测定的（1.17±0.16）Ma 和锦江河下游测定的（0.75±0.4)Ma，属早更新世中晚期；K-Ar 年龄值小者有老房子小山西南的 0.308Ma 和 0.225Ma，属中更新世。

5. 白头山组粗面岩－碱流岩（τQ₂₋₃b）

围绕长白山天池火山椭圆形分布的长轴北西向层状锥体，最大堆积厚度约 600m，根据喷发间歇期的风化壳和同位素年龄值分为下段、中段、上段 3 个岩性段。其中下段总厚 207m，由下而上为不同颜色的粗面岩、粗面质熔结凝灰岩组成，顶部为风化壳黏土层。K-Ar 年龄值为（0.611±0.015）Ma ～（0.53±0.01）Ma，属中更新世早期。中段最大厚度达 490m，黄褐色、灰绿色与杂色粗面质火山碎屑岩相与熔岩相交替堆积至少三次，顶部为紫红色风化壳黏土层。此段同位素年龄值较多，多数 K-Ar 年龄在（0.44±0.015）Ma ～（0.2541±0.0054）Ma 之间，属中更新世中晚期。上段在天文峰北侧，总厚度 214m，由下而上顺序为紫红色与青灰色交替的熔结凝灰岩－黄褐色粗面岩、青灰色碱长粗面岩－灰黑色黑曜岩质熔结凝灰岩－青灰色粗面岩夹黑曜岩质粗面岩，K-Ar 年龄值多在（0.219±0.002）Ma ～（0.0978±0.0074）Ma 之间，属晚更新世早中期，最小年龄值为 0.019Ma。白头山组上段岩石又可分为下部的粗面质熔岩与火山碎屑岩和上部的局限于近山顶部位的碱流质熔岩与火山碎屑岩，它们分别对应于第三造锥和第四造锥喷发物。

而白头山组下段和中段岩石分别对应于第一造锥和第二造锥喷发物。

近年来地质调查工作发现，除上述主锥体造锥粗面岩外还存在着更早期的粗面岩（笔者称之为前造锥粗面岩喷发物）。岩石通常较破碎，碎裂化粗面岩岩石节理切割强烈。它们常分布于天池火山主锥体之外几千米以外，地势常较低缓。如在天池公路地下森林入口附近，碎裂化粗面岩最为发育节理面产状 $200 \angle 70°$，节理密集时间距可达 5cm，粗面岩岩块粒度常小于 50cm。北坡登山公路岳桦林带高度范围也可见到前造锥粗面岩，在锥体东侧双目峰一带则测到了（1.141 ～ 0.814）Ma 的粗面岩年龄。

6. 老虎洞玄武岩（$\beta Q_2 l$）

天池粗面岩层状锥体上分布有许多寄生火山口喷出的小型火山渣锥，熔岩流较少。老虎洞火山渣锥高差大于 100m，由下而上顺序为紫红色玄武质火山渣－深灰色橄榄玄武岩－紫红色玄武质火山渣与暗紫色玄武质浮岩交替出现。橄榄玄武岩呈灰黑色，斑状结构，基质为间粒结构，块状构造。斑晶有斜长石、橄榄石、辉石等。斜长石约占 5%，呈板状或长板状，板长 0.5 ～ 1mm，an=63，(+2V)=78°，为拉长石，近似定向排列，个别的沿裂隙充填基质，或被基质熔蚀交代。橄榄石约占 1%，呈粒状或短柱状，粒度 0.1 ～ 0.3mm，晶体边部常具熔蚀现象。偶见辉石，Ng∧C=43°，(+2V)=42°，为普通辉石。基质由定向排列的拉长石和其间分布的辉石、橄榄石、磁铁矿、磷灰石等组成。标准矿物 or=13.05%，ab=29.95%，an=18.42%，ol=7.73%，fo=4.67%，fa=3.06%，ne=1.7%，属粗面玄武岩。老虎洞期火山活动在粗面岩锥体之上形成玄武质寄生火山，而在粗面岩锥体之外玄武岩盾之上则表现为新的、小型再生火山。相关 K-Ar 年龄有 0.353Ma、0.34Ma、0.32Ma、0.19Ma、0.18Ma、0.17Ma 等。

7. 全新世及更新世末期碱流质、粗面质碎屑岩类（λQ_4）

天池火山全新世及更新世末期地层自下而上由冰场组、气象站组、白云峰组和八卦庙组等地层堆积物组成。冰场组岩性为碱流质火山碎屑岩和粗面质火山碎屑岩，冰场及其以北谷底森林、白山桥沟谷等地分布的粗面质熔结凝灰岩（含浮岩）也为冰场组。气象站组碱流岩夹黑曜岩、熔结凝灰岩，呈岩垅状、长舌状顺山坡分布，总厚度 50 ～ 60m。白云峰组碱流质浮岩空降物及火山碎屑流分布很广，最厚可达 100m 左右，与千年大喷发堆积物相当，系列碳化木 ^{14}C 年轮校正年龄为 1024AD。八卦庙组粗面质浮岩及碎屑岩流分布于天池火山口周围，最厚可达 40m 左右，可能与历史记录的 1668AD 喷发相对应。其他历史记录的规模较小的喷发年龄还有 1702AD、1898AD、1903AD 等，分布均较局限。

二、望天鹅火山

望天鹅火山形成于中新世至上新世，先后喷出两个火山岩浆演化旋回。早期为长白期玄武岩－粗面岩；晚期为望天鹅期玄武岩－红头山期粗安岩、粗面岩、碱流岩（金伯禄等，1994）。

1. 望天鹅组玄武岩（$\beta N_1 w$）

分布于望天鹅峰火山锥体周围，总厚度约330m。在十五道沟5号房东，上部为冰碛层覆盖（四等房冰期），喷发顺序由下而上为灰色玄武岩－灰黑色玄武岩－灰色玄武岩－黑色、褐色玄武岩。上部见有黄褐色黏土层（0.1m）－黑色致密块状粗面玄武岩－灰、深灰色粗安岩（应属红头山组）。

望天鹅玄武岩呈灰色、灰黑色，斑状结构，基质为拉斑结构，块状构造。斑晶主要有斜长石、橄榄石、辉石。斜长石约占3%，呈板柱状，长0.3～5mm，an=59，（+2V）=87°，st=0.1，有的具有环带结构，沿解理充填有相当于基质成分的矿物，属拉长石。橄榄石约占1%，粒径约2.5mm，被伊丁石、铁质或绿泥石所交代，沿边部形成铁质暗化边。基质由略定向排列的斜长石、辉石、橄榄石、磁铁矿、玻璃质及少量磷灰石等组成。标准矿物q=6.00%，or=11.28%，ab=30.98%，an=16.09%，hy=3.36%。层序偏上部由新到老3件样品喷发年龄分别为3.03Ma、3.25Ma、3.66Ma。

粗安岩（个别层位英安岩）呈灰紫色，斑状结构，基质为间隐、填间结构，块状构造。斑晶主要为斜长石、橄榄石、普通辉石，还有少量的透长石、磁铁矿等。斜长石约占10%，板状，粒径0.2～2mm，个别达7.5mm。(010)∧Ap′=24°，an=35，具环带，属中长石。橄榄石约占1%，粒径0.2～0.6mm，局部被黑云母交代。普通辉石约占1%，短柱状，粒径0.2～0.5mm，多被熔蚀成不规则形状。基质由定向排列的长石、玻璃质、辉石、橄榄石及少量的磁铁矿、磷灰石等组成。长石有透长石微晶（具卡式双晶）和少量斜长石微晶。标准矿物q=21.37%，or=16.16%，ab=33.33%，an=13.04%，hy=3.72%。

望天鹅玄武岩层位之下还有长白玄武岩，此层位相当于吉林省区调队1963年建组的上玄武岩，在此玄武岩盾之上出现许多寄生火山渣锥，由于玄武质熔岩的多次韵律性喷发，并且每次的熔岩流前缘形成陡坎，熔岩台地表面形成壮观的波浪状地貌。根据抚松县错草顶子钻孔资料，孔深100.26～160.73m之间的玄武岩K-Ar年龄为（13～12.5）Ma。

2. 红头山组粗安岩－碱流岩（$\tau N_{1-2} h$）

分布在望天鹅峰破火山口周围，以十九道沟剖面为例，包括红头山小锥体总厚度300m左右，喷发物由下而上顺序为灰紫色薄板状粗安岩－安粗岩－粗面岩－碱流岩（锥体顶部出现熔岩丘）。英安岩呈灰紫色－灰色，斑状结构，安山结构，块状构造。斑晶主要有斜长石、橄榄石、辉石。斜长石约占10%，板长1～2mm。早结晶的斜长石为拉长石，常有熔蚀现象，裂纹密集，波状消光强；晚结晶的斜长石为中长石an=40，（+2V）=87°，st=0.3，干净，裂纹少，穿插早期斜长石。橄榄石约占1%，粒径0.3～0.5mm，多被绿泥石交代，具磷灰石、铁质矿物嵌晶。辉石约占1%，呈短柱状，实测C∧Np′=37°，

（+2V）=35°，为易变辉石，常嵌晶于斜长石斑晶中或与斜长石连生形成辉石、斜长石、磁铁矿聚合晶体。基质由定向排列的微晶斜长石、玻璃质、辉石、橄榄石和少量磷灰石组成。橄榄石被绿泥石交代，部分玻璃质蚀变为绿泥石。标准矿物 q=13.75%，or=24.62%，ab=39.59%，an=1.34%，hy=1.48%。碱流岩呈深灰色，斑状结构，块状构造。斑晶以透长石为主，含量 10%～20%，无色透明，粒度 1～4mm，还有少量暗色矿物斑晶。基质由透长石、石英、霓辉石及少量的钠闪石等组成。标准矿物 q=35.71%，or=26.32%，ab=25.60%，hy=5.42%，属钠闪碱流岩。

据前人资料，碱流岩熔岩丘的 K-Ar 年龄值为（3.11±0.53）Ma，下部安粗岩－粗面岩 K-Ar 年龄（5.56±0.22）Ma，其喷发时代属中新世晚期至上新世早期，新近工作测得红头山粗面岩年龄为 2.85Ma。

3. 沿江村组玄武岩（$\beta N_2 y$）

分布在长白县鸭绿江北岸第三纪马鞍山组砂砾岩、砂页岩之上和图们江北岸平顶山、三合等地。

岩石主要为伊丁石化、蒙脱石化杏仁状玄武岩，厚度约 80m。长白县沿江村东山壁剖面由下而上为砂砾层－灰黑色杏仁状橄榄玄武岩与黑灰色致密块状橄榄玄武岩互层－灰黑色气孔状蒙脱石化橄榄玄武岩与灰黑色致密块状伊丁石化、蒙脱石化橄榄玄武岩互层－灰黑色杏仁状橄榄玄武岩。龙井市平顶村、三合等地喷出的总厚度为 140～300m。岩石由下而上为枕状玄武岩－三层橄榄玄武岩－含橄玄武岩。沿江村玄武岩呈灰黑色，似斑状结构，基质为拉斑结构，块状构造、杏仁状构造。斑晶主要为斜长石、橄榄石、辉石。斜长石占 2%～3%，板状，长 1～1.5mm，an=60，（+2V）=74°，含少量基质成分。辉石（斜方辉石）呈柱状，柱长 4mm，原大颗粒晶形仍保留，由圆柱状残留斜方辉石集合体组成，它们之间为基质矿物－斜长石、单斜辉石、磁铁矿等所充填。自形橄榄石斑晶被熔蚀后在其内部形成斜长石。基质由杂乱排列的斜长石（柱长 0.3～1mm）和其间分布的辉石（占约 20%，含钛普通辉石－钛辉石，C∧Ng=31°，（+2V）=46°）、橄榄石、磁铁矿、玻璃质及磷灰石等组成。斑晶与基质粒度差别不大。此岩石中偶而可见橄榄岩小包体。平顶村玄武岩呈黑灰色，厚层状，斑状结构，枕状构造，基质全晶质。标准矿物 q=5.34%，or=3.87%，ab=21.83%，an=25.26%，hy=22.41%，属玄武岩。拉斑玄武结构，块状构造。斑晶由橄榄石、辉石、斜长石组成。不同世代橄榄石斑晶总含量约 10%，（-2V）分别集中于－66°、－84°，fo 则分别为 29% 和 68%，属低铁镁橄榄石或透铁橄榄石，多被伊丁石化。辉石约占 5%，浅绿或淡褐色，（+2V）=47°～52°，Ng∧C=41°～45°，属普通辉石。斜长石多具环带构造，⊥a 轴 Np′∧（010）=33.5°，⊥（010）晶带最大消光角 Np′∧C（010）=34°，an=57～58，属拉长石。基质由自形拉长石微晶（60%）、橄榄石、辉石、玄武质玻璃（多被脱玻化析出针状、放射状雏晶，含量 10%）、磁铁矿和磷灰石等组成。标准矿物 or=1.8%，ab=27.87%，an=30.29%，hy=17.14%，ol=6.95%，属玄武岩。

沿江村玄武岩 K-Ar 年龄值为（3.75±0.85）Ma，平顶村玄武岩 K-Ar 年龄值为（3.54±0.57）Ma、（3.66±0.33）Ma，等时线年龄值为（4.21±0.19）Ma，属上新世中期。

三、胞胎山火山

胞胎山火山均形成于上新世晚期至更新世，喷出岩石为玄武岩－粗面岩－碱性流纹岩。据朝鲜科学院白头山考察队提供资料（Ri，1993），在胞胎山、绿峰、黄峰等主要火山锥中找到北雪峰层粗面英安岩－碱性流纹岩，其古地磁年代为 0.70Ma，热释光年龄 0.8Ma。此层位中还发现酸性潜火山岩及浅成低温热液型（明矾石热液蚀变）Au、Cu 矿脉。

1. 普天统玄武岩（βN$_2$－Q$_1$p）

此层位包括许多期次喷发的玄武岩，其分布范围很广，北至图们江上游西头河、火木德区，东至沿西头河经白岩至冠帽峰一带，南至云兴群铜店岭、大门岭，西沿鸭绿江至惠山，面积约 5400km^2。普天统玄武岩下伏地层为燕山期端川花岗岩和白岩统碎屑岩及玄武岩，还超覆于中生代地层及中酸性火山岩之上。此玄武岩为多个火山口不同期次喷出而成的，堆积最厚处为鸭绿江上游，其厚度可达 600m。在秋嘉岭、黎明河、西溪河等地厚度 300～450m。

白头瀑布底部普天统玄武岩古地磁年龄为 2.43Ma，长山岭、农寺、老坪玄武岩年龄 2.50Ma，黎明河、三池渊、白岩玄武岩年龄为（1.44～1.58）Ma。

2. 绿峰层粗安岩－粗面岩（τQ$_1$l）

相当于小白山组层位，主要分布于朝鲜境内的正日峰、绿峰、白沙峰南侧、秋嘉岭、北溪河、三池渊、君埔西、北胞胎山等地，超覆于普天统之上。岩性为粗安岩、安粗岩、粗面岩。绿峰层粗面岩底部见有不连续分布的砂砾石层，砂砾石层主要见于三池渊郡车甲河两岸和普天郡家林河上游等地，厚度 2～20m。绿峰北侧剖面出露的绿峰层总厚度 372～413m，普天郡白河峰剖面总厚度 389m。

3. 北雪岭层粗面岩－碱流岩（τQ$_1$b）

主要分布于普天堡、三池渊、三浦山、胞胎山、北雪岭、郭枝岭等地，总厚度 50～300m。白沙峰剖面由下而上顺序为流动构造发育的浮石质粗面岩（厚 80～100m）－流动构造发育的黑色黑曜岩质粗面岩（厚 30～50m）－褐色流动构造发育的粗面岩夹薄层松脂岩（10～20m）。根据氧化物数据（SiO$_2$=68.5%～74.92%、Na$_2$O+K$_2$O=5.6%～8.98%）投点，应属粗面英安岩－流纹岩。此层位超覆于绿峰层之上，时代应属早更新世晚期。

4. 胞胎山层粗面岩（τQ$_2$b）

朝鲜境内北胞胎山、将军峰、小白山、北雪岭、郭枝峰、白寺峰等地广泛分布。此层包括下部层和上部层。下部层剖面在白寺峰剖面，总厚 160m。上部层在将军峰（保西）北东侧，总厚度约 400m。

朝鲜境内测定的 K-Ar 年龄值为 0.39Ma，热释光年龄值为 0.56Ma，古地磁年龄值为 0.58Ma。并且，天池水面以上出露的厚度 350 ~ 400m 的粗面岩类均划为北胞胎山层。顺便指出的是朝鲜境内建立的响导峰层相当于白头山组上段。

四、其他新生代火山

长白山天池火山区除了长白山主峰附近出露的天池火山、望天鹅火山和胞胎山火山以外，还发育众多粗面质、碱流质与玄武质火山。下面简介天池火山西北侧的土顶子火山和天池火山东南侧的小白山火山。

1. 土顶子火山头西组粗安岩 – 碱流岩（$\tau N_2 t$）

土顶子火山形成于上新世，喷出的头西组粗安岩 – 碱流岩呈圆状分布于抚松县和安图县交界处的头西自然保护站至东、西土顶子等地，直经约 6km。下部为灰紫色粗安岩 – 安粗岩 – 粗面岩，上部为灰白色、灰绿色碱流岩及集块岩。总厚度约 260m，其下伏地层为泉阳组玄武岩。粗安岩呈暗紫色，斑状结构，基质粗面结构，块状构造。斑晶斜长石占 20%、粒径 0.2 ~ 6mm，多被不规则状熔蚀，部分具有环带构造。暗色矿物辉石、角闪石占约 10%，粒径为 0.2 ~ 5mm。基质 70%，其中，斜长石约占 35%，半自形晶，碱性长石约占 20%，他形，充填于斜长石颗粒之间。角闪石占 15%，半自形晶，被绿泥石化、黑云母化，还有微量的磁铁矿、磷灰石。标准矿物 or=39.72%，ab=40.36%，an=8.40%，ne=0.47%，ol=1.07%。霓石碱流岩呈灰白色，粗面结构，块状构造。斑晶以透长石为主，有大斑晶和小斑晶。大斑晶具有强烈的变形碎裂，斑晶直径 1 ~ 2.5mm，含量约占 1%，具波状消光（010），解理强烈弯曲，有裂纹。小斑晶含量约 10%，晶形完整，无波状消光和碎裂，粒径 0.2mm。基质为透长石、霓石、钛角闪石、石英、磷灰石、磁铁矿等。透长石具卡式双晶，横裂纹。霓石呈聚晶状，含量 5% ~ 10%，具有强多色性，平行柱面为黄色、黄褐色，柱长 0.01 ~ 0.05mm。标准矿物 q=34.12%、or=24.69%、ab=33.91%，属钠闪碱流岩。

碱流岩 K-Ar 年龄值为（2.47±0.05）Ma，而在长白山天池火山锥体，白头山组粗面质集块岩中的霓辉正长岩角砾（相当于头西组碱流岩）K-Ar 年龄值为（2.85±0.05）Ma。

2. 小白山组粗安岩 – 粗面岩（$\beta Q_1 x$）

主要分布于长白山天池粗面岩锥体南侧小白山地区，次之出现于锥体北侧，总厚度约 300m。由下而上顺序为暗灰色粗安岩 – 安粗岩 – 暗灰、深灰色碱长粗面岩。安粗岩呈暗灰色，斑状、粗面结构，致密块状构造。斑晶为透长石或歪长石、斜长石和角闪石。

透长石约占 1%、柱长 1 ~ 1.5mm，(−2V) =65°，NgΛ ⊥ (001) =85°，被熔蚀后再生长，也含有基质辉石残留物。斜长石含量 1%，长 1 ~ 1.5mm，具环带结构和聚片双晶，普遍含有角闪石嵌晶，横裂纹发育，垂直双晶方向有细条带状碱性长石定向交代，应属中长石。角闪石约占 1%，柱长 1 ~ 1.5mm，(−2V) =85°，CΛNg=28° ~ 30°。基质由斜长石、碱性长石、角闪石、黑云母、石英组成。角闪石部分变为绿泥石，黑云母均被绿泥石所交代。副矿物有磁铁矿、鳞灰石、金红石等。标准矿物 q=7.10%，or=35.66%，an=43.59%，ac=2.08%。粗面岩呈灰色，斑状结构，基质为粗面结构，块状构造。斑晶为碱性长石、辉石、橄榄石、磁铁矿。碱性长石约占 10%，板柱状，长 1 ~ 3mm，NgΛ ⊥ (001) =90°，(−2V) =50°，具格子双晶。在应力作用下具光性畸变效应，即 Ng Λ Nm=75°，发生裂隙和强烈波状消光。辉石约占 1%，短柱状，柱长 0.3 ~ 1mm，NgΛC=50°，(+2V) =58°，为钙铁辉石。橄榄石含量小于 1%，粒径 0.3 ~ 0.5mm，均被铁质伊丁石化所交代。基质由定向排列的碱性长石、辉石、橄榄石、磁铁矿、少量黑云母、磷灰石等组成。标准矿物 q=11.35%，or=35.87%，ab=43.65%，an=1.63%，hy=1.49%。

天池南白山林场北侧测定的 K-Ar 年龄值为 (1.49±0.03) Ma、(1.01±0.03) Ma、(1.00±0.03) Ma，天池北冰场东侧测定的 K-Ar 年龄值为 (1.12±0.03) Ma，属早更新世。在小白山、间白山火山南侧，还见另两个较小火山锥体，其喷发时代应该新于小白山与间白山火山。

第二节　天池火山造盾喷发物 *

天池火山造盾喷发物主要由天池火山周围一系列玄武质熔岩流组成，包括了前人资料中军舰山组、白山组、老房子小山组等地层单位。鉴于军舰山组玄武岩建组剖面地点的台地型玄武岩与天池火山熔岩盾产状的玄武岩有巨大差异，二者在喷发时代上也有很大不同，本文把天池火山周围盾状产出的玄武质熔岩流称为玄武岩盾。它包括了天池火山早期阶段溢流形成的大规模多期次熔岩流，典型的熔岩流以头道白河、二道白河、槽子河及松江河等地长距离搬运的厚层熔岩流为代表。天池火山玄武岩盾主要由泉阳期玄武岩、头道期玄武岩、白山期玄武岩和老房子小山期玄武岩构成。

一、泉阳期玄武岩与头道期玄武岩

在白河屯头道白河两侧可见不同厚度玄武岩流组成的玄武岩陡壁（照片 1-2-1），头

---

* 本节合作作者：李春茂。

橄榄石斑晶含量与粒度有系统性变化，代表了熔岩流内常见的流动重力分选与结晶分异作用。柱状节理玄武岩之下为气孔被水平向拉长的富玻璃质玄武岩（照片 1-2-2b），而柱状节理靠下位置由于向下方地表的冷凝收缩作用而形成弧面向下的弧形凿痕（照片 1-2-2c）。在剖面最底部，变质岩基底与玄武岩流之间见到一层厚约2m的复成分底砾岩（照片 1-2-2d），在砾石层中还见到了众多圆化玄武岩砾石，它们代表了天池火山造盾喷发之前长白山区造高原喷发物的剥蚀产物。

自剖面底部向上的玄武岩流有时柱状节理不太规则，岩流底部见到混积岩发育（照片 1-2-3），有时表现为较规则的块状节理（照片 1-2-4）。

在二道白河镇西南白龙水电站，天池火山造盾玄武岩出露地表剖面厚度约 30 m，由两层玄武岩流组成（照片 1-2-5）。下部熔岩流单元出露较完整，垂向剖面分带清楚。底部1.7m灰色块状玄武岩，中部1.3m灰色板状玄武岩，中上部0.8m灰色含气孔块状玄武岩，顶

(a)　(b)

(c)　(d)

照片 1-2-2　药水头道白河玄武岩流底部层位露头

(a) 近河床玄武岩剖面；(b) 玄武岩底界拉长气泡层分开柱状节理玄武岩与底部砾石层；
(c) 玄武岩流柱状节理中下部弧形凿痕发育；(d) 玄武岩底界砾石层

(a)　　　　　　　　　　　　　　　　　　　(b)

(c)　　　　　　　　　　　　　　　　　　　(d)

照片 1-2-3　药水头道白河玄武岩流构造特征

（a）玄武岩中部流动单元弧形柱状节理；（b）玄武岩中部流动单元枕状体剥离橙玄玻璃被烘烤；（c）玄武岩流中部单元底部枕状体及淬碎角砾；（d）玄武岩中部流动单元底部混积岩（蚀变发绿色）与致密块状玄武岩单元过渡

照片 1-2-4　药水头道白河玄武岩上部流动单元块状节理

部 4.3m 灰色气孔状玄武岩，岩性特征的共性是除顶部气孔状玄武岩外很少含有矿物斑晶。本流动单元在不同位置又常常表现为明显的剖面结构分带性（图 1-2-3），但流动单元的顶底界面则不易见到。上部熔岩流单元出露不全，近顶部 3m 左右气孔状玄武岩含 15% 左右的长石大斑晶，下部熔岩流单元则无长石大斑晶。

二道白河镇东南侧采石场玄

武岩剖面相当于白龙水电站剖面之下玄武岩层位,岩石结构构造可以与二道白河沟西侧钻孔中所见地表玄武岩层位之下的早期玄武岩层位对比。熔岩流厚度10m左右,柱状节理与凿痕构造发育,顶部气孔富集(照片1-2-6a)。熔岩流底部黄土厚3m,距熔岩流顶部2.5m分凝脉发育(照片1-2-6b),分凝脉长2.5m,宽6cm。顶部2.5m以下逃气管常见(照片1-2-6c),测量的逃气管长98cm、50cm、30cm,宽5~7cm。玄武岩岩性为青灰色全晶质富含长石斑晶玄武岩,熔岩流顶部1.5 m内富含气孔,气孔大而少,单体无聚合。熔岩流底部50cm范围内富含气孔,气孔单体粒度小,管状气泡可见。岩流顶、底部界面、分凝脉、凿痕产状均为近水平(照片1-2-6d),气泡定向,近水平状节理发育。

照片1-2-5　白龙水电站熔岩流剖面,剖面主体由下部流动单元组成

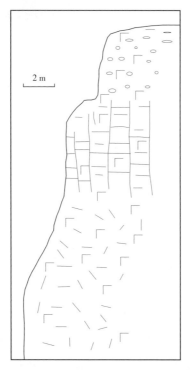

气孔状玄武岩
气孔水平定向拉长
大者2 cm

柱状节理玄武岩
柱宽2~3 m,柱高6 m
凿痕间距2~3 cm

板状、块状节理玄武岩
岩块粒度10~20 cm

图1-2-3　头道白河(拉斑)玄武岩剖面结构分带(保护局西侧沟边瞭望塔)

(a)   (b)

(c)   (d)

照片 1-2-6　二道白河镇东南侧采石场玄武岩

(a) 熔岩流顶部富含气孔，柱状节理宽度不同；(b) 逃气管连接分凝脉；(c) 逃气管横截面，直径 5 ~ 7cm；
(d) 玄武岩柱状节理内部凿痕构造，柱状节理宽者，凿痕长度与间距也较宽

二、白山期玄武岩

　　头道期造盾玄武岩之上层位是白山期玄武岩，白山期玄武岩广泛分布于天池火山四周。熔岩流流动距离常大于40km，在盾体东北侧至少可分三次大规模熔岩流。在长白公路锦江大桥东侧见到白山期无斑晶、全晶质玄武岩下伏冲积砾石层（图1-2-4）。玄武岩厚15m，下部3m粗柱状节理，凿痕发育规则，底部 10 ~ 50cm 渣状冷凝壳，主体弧形柱状节理宽度 10 ~ 20cm，上部不规则柱状节理。在长白公路锦江大桥西侧玄武岩至少分三个流动单元，自下而上分别为灰黑色致密块状玄武岩、灰色富含斜长石斑晶玄武岩和灰色富含斜长石、辉石斑晶的玄武岩。斜长石斑晶粒度巨大，多期结晶、熔蚀结构可见。在流动单元靠下部位，流动剪切节理常见。在长白公路峰岭电站东白山玄武岩长石斑晶多而大，其上覆盖的泥石流粒度巨大，磨圆好，分选差，其中含砂质透镜体。在长白公路所见泥石流盖于多斑玄武岩之上，多斑玄武岩盖于无斑玄武岩之上，之间有泥质烘烤

层。也见无斑玄武岩盖在冲积砾石层之上，冲积砾石层顶部有稳定烘烤层，砾石层内部有玄武岩层出露。如此而显示出多期次喷发活动与泥石流堆积相间发育的特征（图1-2-5）。

在中国地质调查局（2000）维东幅、白头山幅、老跃进林场幅、天池幅等四幅联测1:5万地质图中，对应于白山期玄武岩新建立了漫江期玄武岩，与其相应的数层玄武岩称为漫江组玄武岩。但按照地质体的归属，这些漫江组玄武岩实际上属于望天鹅火山，而非天池火山。

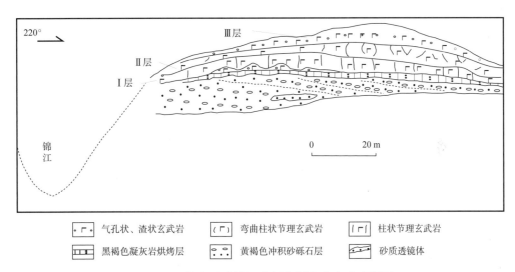

图1-2-4　长白公路锦江大桥东侧白山玄武岩剖面

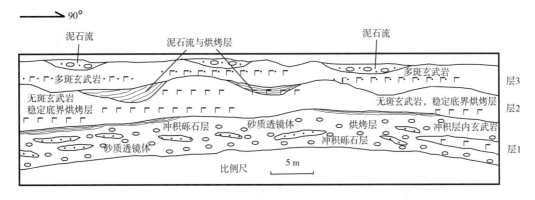

图1-2-5　长白公路锦江—漫江路段白山组3层玄武岩层位示意图

三、老房子小山期玄武岩

老房子小山期玄武岩主要分布于天池火山东北侧与西北测，熔岩流流动距离常小于20km。部分时代较新的玄武岩流表面常常保留较为清晰的流动表壳与渣状构造。在老房子小山附近，玄武岩向四周漫溢，南、西侧流动距离较近，北、东侧流动距离较远。岩流宽度100~500m之间较常见，岩石特征是常常含有大量的斜长石大斑晶，表面常被千年大喷发或其次生搬运堆积物覆盖，但在不同部位玄武岩及岩渣之上的千年大喷发与次生堆积物层序有所不同（图1-2-6）。

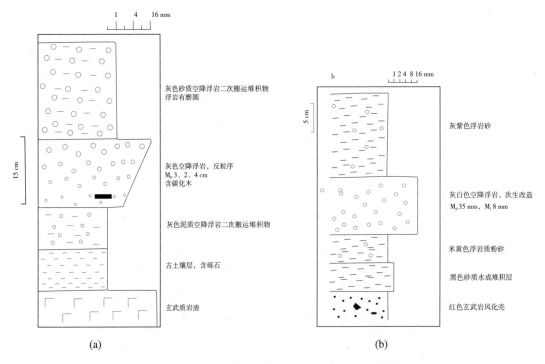

图1-2-6　老房子小山期玄武岩被千年大喷发与次生堆积物覆盖

（a）北小山渣锥顶部被千年大喷发次生堆积物覆盖；（b）老房子小山北侧玄武岩被千年大喷发次生堆积物覆盖。
横标尺为碎屑物众值粒度，纵标尺为剖面厚度，M_p为最大浮岩粒度，M_l为最大岩屑粒度

第三节　天池火山复合锥

一、造锥喷发四阶段与前造锥阶段

天池火山造锥喷发阶段以粗面质、碱流质岩浆为主，前造锥阶段以粗面质、粗安质岩浆喷发为主。造锥喷发持续了整个更新世，从0.61Ma的早更新世至大约0.02Ma的晚更新世末期。造锥阶段形成天池火山锥体的粗面岩和碱流岩，都是以现今天池火山口或其附近为喷出口，有时夹有少量玄武岩浆的喷出，喷发形式主要是自天池火山口的中心式溢流，但也有大规模爆破性喷发空降物飘落到日本海以远（参见本书第二章第五节）。

天池火山造锥火山作用依据岩浆成分及喷发堆积作用类型自早到晚可分为第一、第二、第三、第四等四个阶段，加上前造锥小白山期喷发共五个喷发阶段，锥体层序剖面以天池火山锥体北坡登山公路剖面（图1-3-1）和锥体内壁天文峰天池水面剖面为代表。

前造锥阶段（对应于小白山组）粗面岩由于被第一造锥阶段巨厚粗面岩覆盖而分布较局限，岩石以冰场停车场附近、登山公路岳桦林带以下粗面岩（图1-3-2）、粗安岩与长白山庄钻孔所见粗面岩为代表。喷出物主体是粗面岩与碱长粗面岩，主要分布在火山锥体南侧及北侧的靠下部层位。锥体南侧粗面岩的K-Ar年龄值为1.00Ma左右，锥体北侧本阶段造锥粗面岩年龄稍大一些。

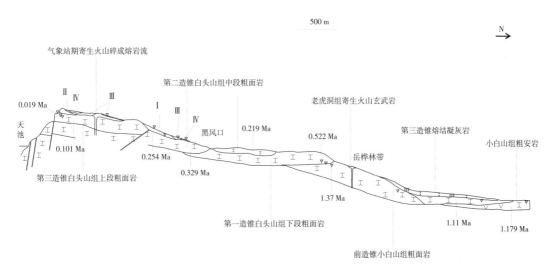

图1-3-1　天池火山锥体北坡登山公路锥体堆积层序示意图

数字为样品年龄（Ma）；I. 第三造锥黑曜岩状熔结凝灰岩；II. 约25000年前喷发物；
III. 千年大喷发空降物；IV. 1668年八卦庙暗色熔结凝灰岩；▽. 取样点位置

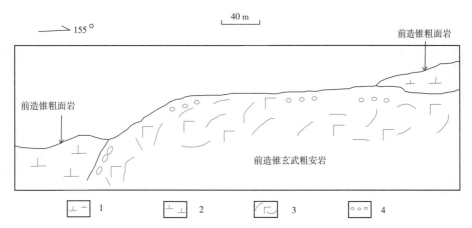

图1-3-2　冰场停车场附近前造锥小白山组玄武粗安岩与粗面岩接触关系

1. 斑状粗面岩；2. 细晶粗面岩；3. 玄武粗安岩；4. 气孔富集带

第一造锥阶段（对应于白头山组下段）形成粗面岩大陡壁、大陡坎于造盾玄武岩及前造锥粗面岩之上（照片 1-3-1）。岩石特征是富含大的长石斑晶，熔岩流厚度常常大于 50m。长白瀑布一带巨厚层粗面岩是本阶段喷发堆积物的典型代表（魏海泉等，2005）。喷发产物分布较稳定，在火山锥体中下部呈环状分布，海拔标高多在 1000 ~ 1900m 之间。与前造锥阶段相比，岩浆成分向酸性端元演化，有时粗面质熔结火山碎屑岩比例较高。K-Ar 年龄测定值多在（0.61 ~ 0.55）Ma 之间。

照片 1-3-1　长白瀑布粗面岩陡壁，第一造锥阶段厚层粗面岩

破火山口内壁出露层位较厚，天池水面之下及水面向上常见本阶段厚层造锥喷发堆积物。

第二造锥阶段（对应于白头山组中段）粗面岩与粗面质火山碎屑岩总体上构成天池火山锥体外侧相对较平缓的丘陵状地貌部分（照片 1-3-2），多个熔岩流流动单元与火山碎屑岩交互出现，熔岩流侧翼部分地表坡度相对较陡，熔岩流前锋陡坎高度往往较大（照片 1-3-3）。喷发物分布于天池火山锥体中上部，平面上在锥体东侧较为发育。天池破火山口内壁中上部岩石主要由此阶段形成，单个岩层厚度往往不大（照片 1-3-4），岩石中斑晶含量也多有变化。受后期破火山口塌陷作用的影响，分布标高常常出现较大变化。堆积物中火山碎屑岩比例明显增加，反映了爆破式火山作用的加强。此阶段的成分与第一造锥阶段的喷发产物相比，出现了明显的碱流岩。天池－天文峰剖面较好地代表了本阶段喷发物的剖面特征。K-Ar 年龄测定值多在（0.44 ~ 0.25）Ma 之间。

(a)

(b)

照片 1-3-2　天池火山东北部锥体外侧地貌

(a) 火山碎屑流平台丘状地形、造锥粗面岩；(b) 锥体东坡第二造锥阶段粗面岩流

照片 1-3-3　岳桦北瀑布粗面岩前锋陡壁

照片 1-3-4　第二造锥薄层粗面质熔岩与火山碎屑岩互层

第三、第四造锥阶段（对应于白头山组上段）形成火口缘近顶部及锥体外坡上巨厚层粗面质熔岩流和厚度较薄的碱流质熔岩与火山碎屑岩（照片1-3-5）。喷发物分布于天池火山的锥体顶部与靠上部，第三造锥喷发物海拔标高多在2200～2600 m之间，喷发物以粗面质、碱流质熔岩为主。而第四造锥喷发物标高多在2500～2600 m之间，喷发物主要为碱流岩、碱流质熔结凝灰岩以及粗面质黑曜岩状熔结凝灰岩、石英碱长粗面岩等。熔岩类主要集中在火口缘附近，构成了火口缘的主要山峰；火山碎屑岩则分布在更广的范围。除了锥体北坡与东坡以上造锥层序表现较为清晰外，在破火山口内壁也有清晰体现。图1-3-3是破火山口内壁天池水面至白岩峰山脊的层序剖面示意图，图中给出了天池火山造锥喷发第二、第三阶段产物的分布。图1-3-4则详细表示了破火山口内壁第三造锥喷发产物与上覆层位接触关系和破火山口塌陷时断层切割作用。第三造锥阶段喷发物K-Ar年龄测定值在（0.197～0.078）Ma之间，较新的第四造锥喷发年龄值在（0.042～0.019）Ma之间。

二、造锥喷发期间泥石流、滑坡体、伊格尼姆岩与岩浆混合作用

天池火山造锥喷发期间在局部低洼地带发育火山碎屑沉积岩，代表性露头位置见于长白山大峡谷温泉蚀变带沟东侧陡壁（图1-3-5）和西侧陡壁及破火山口内壁，在锥体西侧登山公路也可见到具一定厚度的造锥喷发期间火山泥石流堆积物。红褐色、灰褐色、黄褐色、黄绿色沉火山角砾岩、沉凝灰岩、火山岩质岩屑砂岩交互出现。岩石成因类型主要有火山泥石流、水下火山碎屑流及正常山间盆地碎屑沉积（照片1-3-6，图1-3-6）。形成时间在天池火山造锥喷发阶段中主要相当于第二造锥喷发阶段的喷发间歇期或喷发前、后伴生产物。

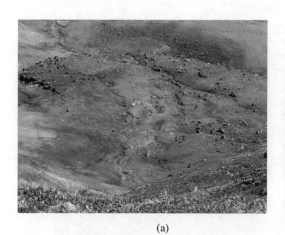

(a)　　　　　　　　　　　　　　　　(b)

照片1-3-5　天池火山东北侧造锥中晚期碱流岩与粗面岩

(a) 东北坡碱流岩岩舌；(b) 第二造锥晚期粗面岩

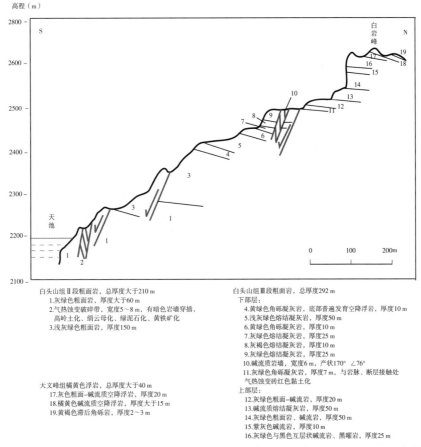

白头山组Ⅱ段粗面岩，总厚度大于210 m
1. 灰绿色粗面岩，厚度大于60 m
2. 气热蚀变破碎带，宽度5～8 m，有暗色岩墙穿插，
　高岭土化、绢云母化、绿泥石化、黄铁矿化
3. 浅灰绿色粗面岩，厚度150 m

天文峰组橘黄色浮岩，总厚度大于40 m
17. 灰色粗面-碱流质空降浮岩
18. 橘黄色碱流质空降浮岩，厚度大于15 m
19. 黄褐色滞后角砾岩，厚度2～3 m

白头山组Ⅲ段粗面岩，总厚度292 m
下部层：
4. 黄绿色角砾凝灰岩，底部普遍发育空降浮岩，厚度10 m
5. 浅灰绿色熔结凝灰岩，厚度50 m
6. 黄绿色角砾凝灰岩，厚度10 m
7. 灰褐色熔结凝灰岩，厚度25 m
8. 灰褐色熔结凝灰岩，厚度10 m
9. 灰绿色熔结凝灰岩，厚度25 m
10. 碱流质岩墙，宽度6 m，产状170°∠76°
11. 灰绿色角砾凝灰岩，厚度7 m，与岩脉、断层接触处
　气热蚀变砖红色黏土化
上部层：
12. 灰绿色粗面-碱流岩，厚度20 m
13. 碱流质熔结凝灰岩，厚度50 m
14. 灰绿色粗面岩、碱流岩，厚度50 m
15. 紫灰色碱流岩，厚度10 m
16. 灰绿色与黑色互层状碱流岩、黑曜岩，厚度25 m

图 1-3-3　天池水面至白岩峰山脊的造锥层序剖面图（吉林省区调队，1974，有修改）

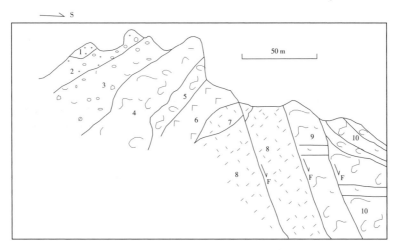

图 1-3-4　天池火山破火山口塌陷第三造锥堆积层序

1. 灰色浮岩；2. 橘黄色浮岩；3. 灰色粗面岩、碱流；4. 紫红色粗面岩；5. 灰绿色粗面岩；6. 灰色粗面岩；
7. 砖红色土状凝灰岩；8. 褐红色凝灰岩；9. 粗面岩破碎带；10. 杂色粗面岩
1～2层为造伊格尼姆岩喷发物；4～10层为第三造锥上部喷发物；三条断层相当于图 1-3-3
切割最新层位断层与岩墙部位放大

照片 1-3-6　造锥喷发间歇期水盆地内滑坡体堆积

造锥喷发期间滑坡体侵入水盆地，滑坡体岩块扰乱原沉积物层理

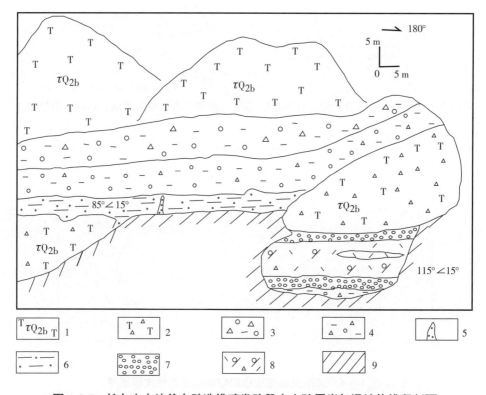

图 1-3-5　长白山大峡谷东壁造锥喷发阶段火山碎屑岩与滑坡体堆积剖面

1.白头山组中段粗面岩；2.白头山组中段粗面岩滑坡体；3.黄褐色、黄绿色巨粒泥石流；
4.灰褐色、黄褐色中粗粒泥石流；5.土黄色碱流质细晶岩脉；6.灰绿色中厚层中细粒砂岩；
7.砾石冲积层；8.黄绿色伊格尼姆岩；9.垮塌堆积

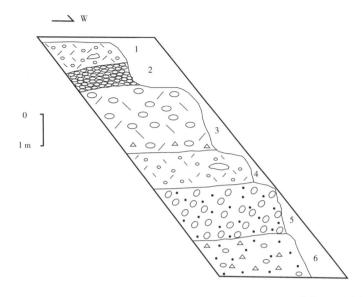

图 1-3-6　长白山大峡谷东壁温泉蚀变带造锥阶段伊格尼姆岩与泥石流剖面

1.黄色含砾石伊格尼姆岩；其上被粗面岩滑坡体覆盖；2.灰色冲积砾石层，碎屑支撑，磨圆明显；
3.黄色厚层伊格尼姆岩，底部富岩屑角砾；4.黄色含砾石细粒伊格尼姆岩；5.褐黄色冲积砾石层；
6.褐黄色泥石流，底部覆盖粗面岩之上

天池火山造锥喷发期间粗面质岩浆发生过岩浆混合作用。野外考察时发现粗面岩中包裹有塑性粗面岩浆、玄武岩浆包体。粗面质岩浆碎屑与流纹质岩浆碎屑共存于同一堆积物中，流纹质浮岩中常见到不同颜色的浮岩条带混合穿插现象。在二道白河上游采集的样品 2（1）为灰色粗面岩定向围绕灰黄色气孔状全晶质粗面岩（照片 1-3-7），被包裹的粗面质岩浆边部由于降温快而气孔小，内部则长时间生长成大粒度气泡。样品 10 为含包体的粗面

**照片 1-3-7　气泡化大斑晶粗面质岩浆侵入
粗面质岩浆房被淬火再喷出**

岩，样品 23 见深灰、浅灰色粗面岩浆混合的波状界面。它们的 K-Ar 年龄测定结果分别为 0.16Ma、0.19Ma 和 0.56Ma，可以看出在天池火山造锥喷发的不同时期（对应于粗面质岩浆喷发主活动期）都可能发生粗面质岩浆混合的现象。特别需要指出的是在中更新世早期就已经存在粗面质岩浆的混合作用。这说明在天池火山地壳岩浆房里存在着不同物性与组成的岩浆，在岩浆滞留期间它们之间经常发生着岩浆混合作用，详见本书第三章第五节。

第四节　天池火山伊格尼姆岩岩席*

一、千年大喷发空降堆积与伊格尼姆岩

天池火山千年大喷发是地球上近两千年以来最大规模的喷发之一。根据火山喷发动力学研究恢复的布里尼喷发柱最高达到了 35km（魏海泉等，1998）。与伊格尼姆岩伴生的空降堆积物与滞后角砾岩发育于天池火山破火山口火口缘之上与破火山口内，而伊格尼姆岩主体则广泛分布于天池火山锥体四周沟谷与熔岩盾之上。

在天池火山破火山口内低洼平坦部位，有时可以见到千年大喷发浅灰色浮岩堆积层，其上部是常被历史记录的 1668 年喷发物覆盖。如天池北岸所见（图 1-4-1），千年大喷发空降浮岩层出露厚度约为 50cm，浮岩粒度显示出明显的正粒序特征。这些浮岩堆积代表了喷发柱塌陷形成伊格尼姆岩之前的空降堆积相，这也与天池火山东侧圆池一带广泛分布的正粒序空降浮岩特征一致。其上覆盖的暗色粗面质空降碎屑物厚度近 1m，虽然分选差于下部的千年大喷发空降物，但也显示出上细下粗的正粒序特点。

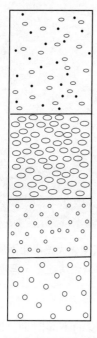

暗色粗面质细粒碎屑物，分选差

暗色粗面质粗粒空降物，分选好。八卦庙组，厚度近1 m

浅色细粒空降物，分选好

浅色粗粒空降物，分选好。千年大喷发产物厚约0.5 m

图 1-4-1　天池北岸千年空降物与八卦庙空降物及伊格尼姆岩，各由两个堆积单元组成

---

* 本节合作作者：杨清福。

在破火山口北侧火口缘天文峰、白岩峰一带，代表伊格尼姆岩早期喷发相的灰白色无熔结空降浮岩与滞后角砾岩覆盖于早期橘黄色空降浮岩层之上，其上又被灰黑色、紫红色粗面质喷发物与灰白色碱流质喷发物覆盖（图1-4-2）。天文峰一带的橘黄色碱流质空降浮岩代表了天池火山约25000年前的大规模爆破性喷发物。碱流质浮岩弱熔结，分选较好，大于10cm粒度的浮岩碎屑较常见，其中常含粒度大于1m的粗面岩大岩块。千年大喷发灰白色碱流质浮岩分布范围较广，低洼地带厚层堆积物中常显示明显的层理构造。浮岩粒度多小于5cm，无熔结。在粒度大于10cm浮岩碎屑中可以见到半气泡化黑曜岩状基质的碱流质碎屑，它们形成于喷发时碱流岩岩穹的破碎和淬火碱流质火山弹的破碎。灰白色空降浮岩堆积物的上部有时被富粗面岩碎片的滞后角砾岩覆盖，表明了布里尼喷发柱塌陷时伴随伊格尼姆岩高速流走时的强烈脱气作用。千年大喷发灰白色碱流质浮岩层之上常见两种类型的覆盖物。其一为暗灰色粗面质浮岩空降层，其二为浅灰色碱流质熔结空降浮岩层。暗灰色粗面质浮岩空降层可能代表了千年大喷发之后粗面质浮岩的喷发，也可能代表了千年大喷发期间岩浆成分由碱流质向粗面质的变化。而浅灰色碱流质熔结空降浮岩层的强熔结结构指示了自较低的喷发柱快速塌陷堆积时保存的高热量。局部保留的紫红色粗面质熔结角砾凝灰岩则代表了千年大喷发后小规模粗面质岩浆的喷发活动。

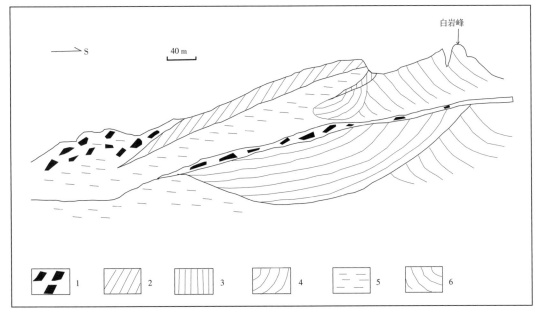

图1-4-2 白岩峰不同时间近代喷发物

1.灰白色碱流质强熔结空降浮岩；2.灰黑色粗面质弱熔结空降浮岩；3.紫红色粗面质中熔结角砾凝灰岩；
4.灰白色无熔结空降浮岩、滞后角砾岩；5.灰白色浮岩；6.橘黄色浮岩

　　天池火山伊格尼姆岩产状分为充填于锥体四周沟谷中的厚层伊格尼姆岩和覆盖于熔岩盾之上的伊格尼姆岩岩席两种类型。沟谷中厚层伊格尼姆岩不同流动单元多显示出一定的熔结作用，堆积物普遍呈深灰色。岩席状伊格尼姆岩一般无熔结，浅黄色富浮岩伊格尼姆岩多与二次堆积相伴生（图1-4-3）。野外工作期间在奶头山浮岩采场找到了出露良好的、富含碳化木的伊格尼姆岩岩席露头。堆积物总体较松散，局部发育灰云浪。在碱流质浮岩碎屑中，常常见到不同颜色浮岩条带混合在相同的浮岩碎屑中，表明喷发前与喷发中碱流质岩浆房内及火山通道里发生过岩浆混合作用。在伊格尼姆岩岩席靠底部层位，有时可以见到橙红色初始熔结的碱流质浮岩碎屑团块。有时橙红色浮岩碎屑分散于浅灰色细粒火山灰中，细粒火山灰也显示一定程度的熔结作用。这种碎屑支撑与基质支撑的橙色碱流质浮岩反映了伊格尼姆岩定位以后地表水体对浮岩碎屑的高温汽化过程，有时在蒸汽相蚀变的浮岩碎屑表面还可见到不同鲜艳颜色的、类似于琉璃瓦状的表面形态。

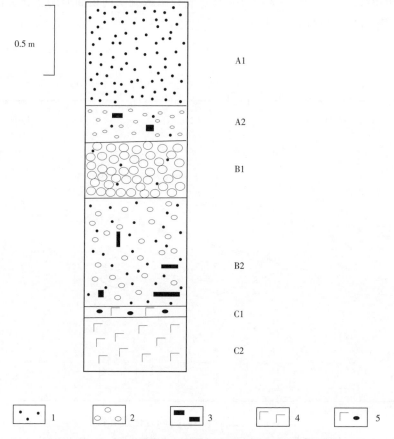

图1-4-3　天池公路伊格尼姆岩喷发单元，有次生改造

层A：次生堆积层，下层为浮岩层，上层为泥质层；
层B：伊格尼姆岩，下层无分选，上层富集粗粒浮岩；层C：玄武岩，顶部有风化壳
1.细粒火山灰；2.浮岩；3.碳化木；4.玄武岩；5.玄武岩风化壳

照片 1-4-1　深、浅二色碱流质浮岩条带状混合
标尺黑线长度 2 cm

千年大喷发碱流质浮岩的岩浆成分变化显示了大量碱流质岩浆混合后再喷发的证据（照片 1-4-1），还找到了碱流质岩浆与粗面质岩浆交替喷发的堆积物。喷发物以天池火山南侧火口缘 4 号界一带浅色布里尼空降堆积物夹有暗色粗面质熔结角砾凝灰岩最为典型（照片 1-4-2）。几十米厚的灰白色空降堆积物之上覆盖有 1m 多厚的暗色熔结角砾凝灰岩空降堆积。在这层暗色熔结层之上，又见含浅色碱流质浮岩碎屑的滞后角砾岩堆积物和浅色细粒碱流质浮岩碎屑。覆盖于熔岩台地之上的千年大喷发碱流质浮岩堆积物总体呈岩席状展布，但在地势低洼部位的厚度常较大，次生堆积改造作用也较明显。

照片 1-4-2　4 号界千年大喷发灰白色空降浮岩被暗色粗面质熔结角砾岩覆盖

二、天池火山近20年碳化木测试资料的统计分析

本节根据国内外近20年来天池火山碳化木年龄测试资料，选择其中分析质量较高、结果可信度较大的120个碳化木年龄数据，试图对天池火山千年大喷发年代资料进行分析判断。

所得测试结果中以10年为分割单位，从总共120个样品年龄值分布情况看，天池火山千年大喷发碳化木年代测定值集中在1120BP、1160BP和1210BP三个峰值区，而分布众值则集中在1160BP附近（图1-4-4），今后应当注意查找与此年龄段相对应的历史资料，以期发现天池火山千年大喷发的历史记录证据。

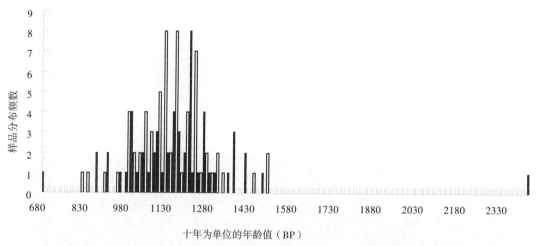

图1-4-4 天池火山碳化木年龄测定值10年间隔分布图，分布峰值在1160BP附近

日本学者石塚测量的系列碳化木年轮样品35个测试结果以50年为单位分割的年龄分布众值是1200BP。这与天池火山总体碳化木样品测试结果50年分割单位结果相一致。石塚的测试结果的规则正态分布也显示了很高的测试精度。

按照碳化木样品采集地点分别统计测试结果的年龄分布特征时发现，虽然整体上年龄分布还是集中于1200BP附近，但不同位置（天池火山不同方位上）采集样品的年龄值还是有所差异。具体表现为天池火山东北侧的年龄分布显示了规则的正态峰值分布（图1-4-5），代表了天池火山碳化木样品年龄值总体分布特点。小于1200BP的喷发年龄峰值采自于火山东北侧老房子小山、峡谷浮石林、黑石河、老东方红林场等地的碳化木样品。

天池火山北侧与东侧碳化木样品除了显示峰值分布特征外，还显示了明显的持续时间较长的年龄分布特点。如采于天池火山北部的和平营子、黄松蒲林场、奶头山与东方红林场以及二道白河、三道白河附近的碳化木样品中，1250 ~ 1500BP年龄段上总有样品年龄值分布（图1-4-6a）。而在火山东侧圆池、双目峰、赤峰及钓鱼台附近采集碳化木样品的年龄值则显示了1350 ~ 2050BP之间零散分布特征（图1-4-6b）。

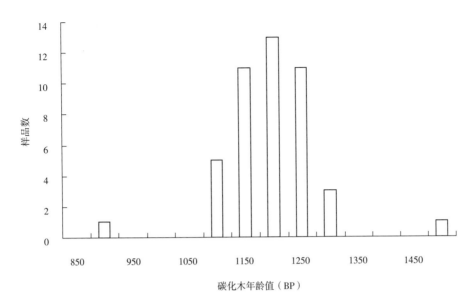

图 1-4-5 天池火山千年大喷发东北侧年龄，规则正态分布，峰值小于 1200BP

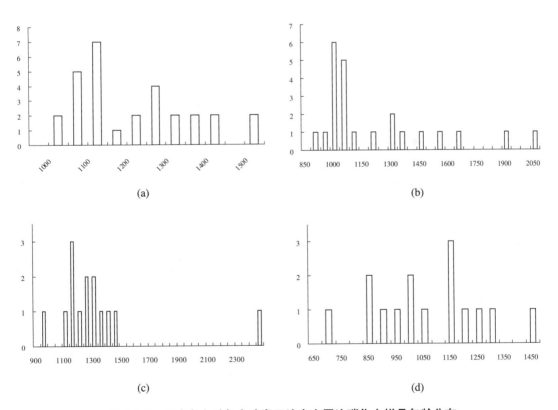

图 1-4-6 天池火山千年大喷发天池火山周边碳化木样品年龄分布

横坐标为年龄实测值（BP），纵坐标为样品数。(a) 北侧年龄分布，偏正态，峰值小于 1100BP，或有小于 1250BP 次级峰值；(b) 东侧年龄分布，宽缓长尾，偏正态，峰值小于 1050BP；(c) 西侧与南侧年龄分布，近正态，峰值小于 1150BP，偶见大年龄数值；(d) 朝鲜境内与不确切地点年龄分布，宽缓，近正态，峰值 1150BP

天池火山西侧与南侧所采集的为数不多的碳化木年龄测试结果中又显示了比较规则的正态年龄值分布特点，但是却含有零星的大年龄数值，如图 1-4-6c 所示。而在朝鲜境内与不确切地点碳化木样品的年龄分布特点除了 1150BP 峰值分布特征外，在较早的年龄段上常有明显的分布（图 1-4-6d）。这是否指示了朝鲜一侧更为复杂多次的喷发活动尚有待进一步研究。

三、1024 年天池火山千年大喷发定时讨论

对于天池火山千年大喷发的准确年龄目前还没查到确切的文字记录年代资料，而仍然采用 ^{14}C 年龄测定的方法。截至目前国内已有的较为准确的系列样品年轮校正年龄为 1024AD，这是我们对九五火山项目期间采集的碳化木样品测试结果再处理的年龄。这一年龄与格陵兰冰芯记录的据认为是天池火山 1025AD 喷发年龄相一致，校正结果如表 1-4-1 所示。

表 1-4-1　天池火山千年大喷发圆池碳化木样品年轮校正值

样品号	^{14}C 年龄（BP）	校正年龄（AD）	最可能年龄（AD）	两倍方差范围（AD）
C	981±50	1027	1027	984 ~ 1208
D	943±51	1043\1090\1119\1140	1043	996 ~ 1217
E	1040±52	1000\1014\1016	1016	893 ~ 1153
F	992±51	1024	1024	905 ~ 1206
G	993±51	1024	1024	904 ~ 1205
H	1014±51	1020	1020	900 ~ 1157
I	977±52	1028\1145	1028	984 ~ 1209
J	1025±52	1003\1008\1018	1018	897 ~ 1156
K	1027±53	1003\1009\1018	1018	896 ~ 1156
L	1170±52	887\935	935	693 ~ 996

注：最可能年轮校正的平均值为 1024 AD，该结果与格陵兰冰芯记录中 1025 AD 峰一致，编号 L 的树干中心样品因样品质量差而未作均值统计。

日本学者近年来加大了对长白山天池火山的研究力度，在两个大型研究项目中都取得了很好的研究成果。日本东北大学东北亚研究中心谷口宏充（Taniguchi H）教授和日本名古屋大学年代测定综合研究中心中村俊夫（Nakamura T., 2004）教授在其负责的 2001 ~ 2004 年度研究项目报告书中对天池火山千年大喷发年代研究取得了若干翔实资料。谷口宏充教授题为"中国东北白头山火山 10 世纪大喷发及其历史效应"的研究报告采用了石塚等（2003 年）在火山北坡采集的带皮碳化木样品 35 个测量值得到的年龄是 cal AD 936+8/-6。这是目前得到的测试精度非常高的年龄资料，但目前 ^{14}C 年轮匹配用到的公元

年轮校正资料以 10 年为单位（Stuiver et al., 1998），为了正确地确定年代，有必要准备以 1 年为单位的年轮校正资料。

日本学者奥野充（Okuno M）等根据带树皮的碳化木树干最外侧年轮推断喷发季节是从冬季到春季。青森县小川原湖湖底沉积物纹层研究时发现，在十和田火山喷出的 To-a 层与天池火山喷出的 B-Tm 层间有厚 7cm 的 22 个明暗相间层。《扶桑略记》记录的 915 年出羽国（现在的秋田县和山形县）降落火山灰可以与 To-a 层对应。一种推理把 B-Tm 层放在 937 年春至 938 年春到夏。小川原湖 B-Tm 层火山玻璃从下向上成分有自铁镁质向长英质的变化，可以与 Machida 等（1990）的 E pfa 降落物组成变化相对应。

早川小山（1998）把《高丽史》等记录的 946 年的"鸣动"及《兴福寺年代记》里 946 年（11 月）奈良附近降落火山灰的记录（木村薄一，1978）与 B pfa 东南东方向分布轴联系起来。但奈良附近火山灰的矿物成分斜长石、石英及火山玻璃成分与 B-Tm 不一致，因此，推断其为《总日本后纪》记录的 838 年伊豆群岛的神津岛喷出的天上山火山灰（Iz-Kt）。早川小山（1998）把 947 年 2 月《贞信公记》与《日本纪略》里记录的"雷鸣"与 C pfl 对比起来，把北海道与日本东北部的 B-Tm 层与这次降灰推断到一起。赤石和幸等（2000）把《日本纪略》记录的 939 年（1 月）"自远方爆发的空震"推断为这次 B-Tm 喷发。

除了我国与日本学者在天池火山系列测年结果外，国外系列年轮校正结果还有 Horn 和 Schmincke（2000）^{14}C 年轮匹配年龄的（969±20）AD 与 Dunlap（1996）的（1039±18）AD。韩国学者 Jwa 等（2003）则把年轮匹配的（860±100）AD 年龄作为天池火山千年大喷发年龄。

第五节　天池火山地层学与岩浆演化 *

一、火山地层及岩石

直接与天池火山有关的新生代火山地层单位有古近纪中新世、新近纪、第四纪更新世、全新世等地层单元。喷发的火山地层由早到晚顺序为奶头山组、泉阳组、头道组、白山组、小白山组、老房子小山组、白头山组、冰场组、气象站组、白云峰组、八卦庙组等。根据近来工作所划分的火山地层与邻区对比详见表 1-5-1，下面详细叙述天池火山发育地层及岩石特征。

---

* 本节合作作者：金伯禄。

表 1-5-1　长白山天池火山岩地层表

时代	金伯禄、张希友（1994）			本文			朝鲜（白头山丛书 1993）		备注
	旋回	地层组	岩石	旋回	地层组	岩石	地层	岩石	
全新世	一次性岩浆演化旋回	八卦庙	粗面质碎屑岩	晚期岩浆演化旋回	八卦庙等	粗面质碎屑岩	天池层	浮石质碎屑岩	
全新世	一次性岩浆演化旋回	白云峰	碱流质碎屑岩	晚期岩浆演化旋回	白云峰	碱流质碎屑岩	天池层	浮石质碎屑岩	
全新世	一次性岩浆演化旋回			晚期岩浆演化旋回	气象站	碱流质碎屑岩	天池层	浮石质碎屑岩	
全新世	一次性岩浆演化旋回	冰场	粗面碱流质碎屑岩	晚期岩浆演化旋回	冰场	粗面碱流质碎屑岩	天池层	浮石质碎屑岩	
更新世 晚	一次性岩浆演化旋回	气象站	碱流岩	晚期岩浆演化旋回			将军峰层	碱流岩	潜火山岩发育
更新世 中	一次性岩浆演化旋回	白头山组 IV	粗面岩、碱流岩	晚期岩浆演化旋回	白头山 上段	粗面岩、碱流岩	响导峰层	碱流岩	潜火山岩发育
更新世 中	一次性岩浆演化旋回	白头山组		晚期岩浆演化旋回	白头山 上段		无头峰层	玄武岩	潜火山岩发育
更新世 中	一次性岩浆演化旋回	白头山组 III	粗面岩夹玄武岩	晚期岩浆演化旋回	白头山 中段	粗面岩夹玄武岩	大平层	玄武岩	潜火山岩发育
更新世 中	一次性岩浆演化旋回	白头山组 II	粗面岩	晚期岩浆演化旋回	白头山 下段	粗面岩	北胞胎山层	粗面岩、碱流岩	潜火山岩发育
更新世 中	一次性岩浆演化旋回	白头山组	双峰玄武岩	晚期岩浆演化旋回	老房子小山	玄武岩			潜火山岩发育
更新世 早	一次性岩浆演化旋回	I	安粗岩、粗面岩	早期岩浆演化旋回	小白山	粗安岩、粗面岩	北雪岭层	流纹岩	潜火山岩发育
更新世 早	一次性岩浆演化旋回	I	安粗岩、粗面岩	早期岩浆演化旋回	小白山	粗安岩、粗面岩	绿峰层	粗安岩、粗面岩	潜火山岩发育
更新世 早	一次性岩浆演化旋回	白山	玄武岩	早期岩浆演化旋回	白山	玄武岩	普天统	玄武岩	潜火山岩发育
上新世	一次性岩浆演化旋回	军舰山	玄武岩	早期岩浆演化旋回	头道	玄武岩	普天统	玄武岩	潜火山岩发育
上新世	一次性岩浆演化旋回	军舰山	玄武岩	早期岩浆演化旋回	泉阳	玄武岩	普天统	玄武岩	潜火山岩发育

1. 古近纪火山岩

奶头山组玄武岩（$\beta N_1 n$）分布于长白山天池火山锥体东侧黄松蒲、奶头山、长虹岭及长白公路锦江桥等地，是天池火山周边出露最早的新生代火山地层之一。在黄松蒲火山口见有大量的橄榄岩包体，寄主玄武岩为碧玄岩—碱性橄榄玄武岩。在奶头山剖面，玄武岩层厚度约 90m，底部见橄榄岩小包体，寄主岩石为碧玄岩与玄武岩，总厚度约 400m。碧玄岩呈黑灰色，斑状结构，基质为拉斑结构，杏仁状构造。斑晶中橄榄石约占 5%，（+2V）=87°，fo=86%，fa=4%，属贵橄榄石，晶体边部裂纹中见有伊丁石化。斜长石约占 1%，an=73 左右，属培长石，外缘具窄的环带，板状晶体长 0.5 ~ 1.5mm。偶见辉石颗粒，柱长 1 ~ 1.5mm，Ng∧C=39°，属单斜辉石，有橄榄石嵌晶与玻璃包裹体。基质由斜长石和其间分布的辉石（15%）、磁铁矿（约10%）、玻璃质（15%~20%）、少许钛铁矿、橄榄石（伊丁石化）、磷灰石等组成。标准矿物 or=15.07%，ab=21.07%，an=11.43%，ne =1.6%，ol=15.48%，fo=14.43%，fa=1.05%。

奶头山组玄武岩覆盖于土门子组（马鞍山组）砂砾岩、砂岩之上，据前人资料，黄松蒲火山口碧玄岩的 K-Ar 年龄值为（18.87±0.42）Ma ，奶头山碧玄岩 K-Ar 年龄值为（17.4±0.4）Ma、（15.07±0.18）Ma,地质年代属早中新世（金伯禄等，1994）。笔者新近在天池火山东北侧山门飞狐山庄钻孔、老黄松蒲、奶头山等地及天池火山西南侧长白公路锦江桥等地测得 K-Ar 年龄值由小到大分别为 15.596Ma、18.92Ma 、19.358Ma 、20.04Ma 、20.65Ma、22.642Ma。在朝鲜境内普天郡龙德里和青林里、云兴郡大田坪发现地幔辉石橄榄岩包体,其寄主玄武岩为黑色无斑玄武岩,其喷出层位相当于奶头山组。另外，在天池火山东南侧锥体之下的小胭脂峰及西北侧锥体底部半个山锥体也可找到相当层位。

2. 新近纪火山岩

(1) 泉阳组玄武岩（βN₂q）。

泉阳组玄武岩是天池火山熔岩盾的主体组成层位之一，但由于喷发时代较早，多被后期喷发的头道组玄武岩、白山组玄武岩与老房子小山组玄武岩覆盖。地表主要出露于天池火山玄武岩盾的西北侧远源部分，但在钻孔揭露的岩石地层单位中，经常见到泉阳组玄武岩。已有的部分 K-Ar 年龄值有：头道白河药水剖面的 5.02 Ma、5.82 Ma，二道白河火山站钻孔的 4.26 Ma 以及松江河镇东的 4.2 Ma。

(2) 头道组玄武岩（βN₂t）。

部分相当于前人资料中的军舰山组玄武岩（βN₂j），在长白山天池火山锥周围和图们江上游广泛分布。在传统的和龙市崇善北岸军舰山剖面，玄武岩层总厚度188m，下伏地层为四级阶地砂砾石层。由下而上喷发顺序为青灰色致密块状橄榄玄武岩－青灰色气孔状橄榄玄武岩，顶部见有紫红色风化壳－灰黑色橄榄玄武岩与气孔状橄榄玄武岩交替出现，伊丁石化较发育－青灰色致密状玄武岩。在长白山天池火山锥体边缘台地冲沟（峡谷）中也露出天池火山口喷溢出来的玄武岩，在二道白河自然保护局附近见到两次玄武岩流动单元，总厚达 30m 以上。

刘嘉麒测定的图们江崇善北岸军舰山玄武岩 K-Ar 年龄值为（2.77±0.2）Ma，等时线年龄值为（2.60±0.29)Ma，二道白河镇建材厂水井中玄武岩 K-Ar 年龄值为（2.34±0.6)Ma、西马鞍山火山渣锥玄武岩 K-Ar 年龄值为 2.12Ma，时代均属上新世中晚期（金伯禄等，1994）。我们在长白山大峡谷大宇饭店钻孔测得了 2.01Ma 、2.2Ma 、2.77Ma 的年龄值，在头道白河药水剖面测得了 2.29Ma、2.35Ma 的年龄值，而在火山西南侧漫江村北测得了

2.65Ma 的年龄值。

3. 第四纪火山岩

（1）白山组玄武岩（βQ₁b）。

主要分布于长白山天池火山锥体及图们江上游沟谷，在鸭绿江上游沟谷也有分布。图们江上游分布的玄武岩也称图们江玄武岩，鸭绿江上游出现的玄武岩也称灵光塔玄武岩。玄武岩厚度随地区不同不一，一般几十米至百余米。在天池锥体南侧喷出顺序为灰色玄武质角砾熔岩－灰黑色致密块状粗面玄武岩－气孔状玄武岩。玄武岩呈灰色、灰黑色，斑状结构，基质为间隐、间粒结构，块状构造。斑晶为斜长石、橄榄石。

白山组玄武岩在白山林场测定 K-Ar 年龄值为（1.59±0.06）Ma，灵光塔玄武岩 K-Ar 年龄 1.66Ma，图们江玄武岩 K-Ar 年龄为（1.60±0.06）Ma、（1.54±0.16）Ma 和（1.31±0.30）Ma，K-Ar 等时线年龄为 1.48Ma。最新 K-Ar 年龄测定值为二道白河东侧的 1.39Ma 和松江河东北的 1.23Ma。

（2）小白山组粗安岩－粗面岩（βQ₁x）。

主要分布于长白山天池粗面岩锥体南侧小白山地区，次之出现于锥体北侧，最大厚度 300m 左右。由下而上顺序为暗灰色粗安岩－安粗岩－暗灰、深灰色碱长粗面岩。安粗岩呈暗灰色，斑状、基质粗面结构，致密块状构造。斑晶为透长石或歪长石、斜长石和角闪石。透长石约占 1%，长 1～1.5mm，$(-2V)=65°$、$Ng\wedge\perp(001)=85°$。被熔蚀后再生长，再生长也含有基质辉石残留物。斜长石含量小于 1%，长 1～1.5mm，具环带结构和聚片双晶，普遍含有角闪石嵌晶，横裂纹发育，垂直双晶方向有细条带状碱性长石定向交代，应属中长石。角闪石约占 1%，长 1～1.5mm，$(-2V)=85°$，$C\wedge Ng=28°$～35°。基质由斜长石、碱性长石、角闪石、黑云母、石英组成。副矿物有磁铁矿、鳞灰石、金红石等。角闪石部分变为绿泥石，黑云母均被绿泥石所交代。标准矿物 q=7.10%，or=35.66%，an=43.59%，ac=2.08%。粗面岩呈灰色，斑状结构，基质为粗面结构，块状构造。斑晶为碱性长石、辉石，偶见橄榄石、磁铁矿。碱性长石约占 10%，板柱状，长 1～3mm，$Ng\wedge\perp(001)=90°$，$Ng\wedge\perp(010)=1.5°$，$(-2V)=50°$，具格子双晶，在应力作用下具光性畸变效应，即 $Ng\wedge Nm=75°$，发生裂隙和强烈波状消光。辉石约占 1%，短柱状，柱长 0.3～1mm，$Ng\wedge C=50°$，$(+2V)=58°$，为钙铁辉石。橄榄石含量小于 1%，粒径 0.3～0.5mm，均被铁质伊丁石所交代。基质由定向排列的碱性长石、辉石、橄榄石、磁铁矿、少量黑云母、磷灰石等组成。标准矿物 q=11.35%，or=35.87%，ab=43.65%，an=1.63%，hy=1.49%。

天池火山南侧白山林场以北测定的 K-Ar 年龄为（1.49±0.03）Ma、（1.01±0.03）Ma、（1.00±0.03）Ma，天池火山南侧漫江测得 1.05Ma，天池北冰场东侧测定的 K-Ar 年龄为（1.12±0.03）Ma，均属早更新世。

（3）老房子小山组玄武岩（βQ₂l）。

分布于天池火山东北侧、西北侧和西南侧，由于时代新而切割较弱，截至目前尚未发现较完整剖面，仅在锦江河下游沟谷中见到 60～70m 厚的露头。此玄武岩也以天池火山口为中心向北东、北西和南西侧形成盾状台地，在台地上分布许多火山渣锥和平缓火山口。玄武岩呈灰黑色，斑状结构，基质为间粒结构。斑晶以斜长石、辉石、橄榄石为主。前人资料曾得到（1.17～1.03）Ma 的年龄值，最近测定的老房子小山玄武岩 K-Ar 年龄值有白龙水电站 0.583Ma、松江河 0.51Ma、十二道河子 0.466Ma、锦江桥 0.417Ma、0.402 Ma 等年龄值。在黑石沟和天池火山东北侧分别测到了 0.34Ma、0.308Ma、0.225Ma 的年龄值，与老虎洞期寄生火山作用时期相当，均属中更新世，但火山作用表现形式明显不同。

（4）白头山组粗面岩－碱流岩（τQ₂₋₃b）。

围绕长白山天池呈椭圆形分布，长轴为北西向，喷发物形成天池火山层状锥体，破火山口缘部分的堆积厚度约 600m，根据喷发间歇期的风化壳和同位素年龄值分为下段、中段、上段，是构成天池火山锥体的主体层位。下段：天文峰－冰场公路剖面下段总厚 207m，由下而上顺序为褐灰色粗面岩－青灰色含角砾粗面质熔结凝灰岩－褐灰色粗面岩－青灰色粗面质熔结凝灰岩－灰绿色碱长粗面岩－青灰色粗面岩－紫红色粗面岩，顶部为风化壳黏土层。K-Ar 年龄值为（0.611±0.015）Ma、（0.53±0.01）Ma、（0.522±0.015）Ma，属中更新世早期。中段总厚 221m，由下而上顺序为青灰色粗面岩－青灰色碱长粗面岩－紫红色气孔状粗面岩－青灰色粗面岩－紫红色粗面岩，顶部为棕黄色风化壳黏土层。在天文峰－天池剖面中段厚度达 490m，火山碎屑岩相与熔岩相交替堆积至少三次，由下而上顺序为黄褐色、杂色粗面质火山角砾岩－暗绿色、灰绿色碱长粗面岩－灰绿、灰黄色凝灰角砾岩－灰绿色碱长粗面岩－墨绿色碱长粗面岩，顶部为紫红色风化壳黏土层。此段同位素年龄值较多，多数在 K-Ar 年龄为（0.44±0.015）Ma～（0.2541±0.0054）Ma，属中更新世中晚期。此阶段玄武质寄生火山作用发育，详见老虎洞组玄武岩部分。

上段在天文峰北侧，总厚度 214m，由下而上顺序为紫红色与青灰色交替的熔结凝灰岩－黄褐色粗面岩、青灰色碱长粗面岩－灰黑色黑曜岩状熔结凝灰岩－青灰色粗面岩夹黑曜岩状粗面岩。据前人资料，K-Ar 年龄值多在（0.219±0.002）Ma～（0.0978±0.0074）Ma，属晚更新世早中期（刘嘉麒，1987；金伯禄等，1994）。新近测得较新年龄值由小到大依次为天文峰西侧碱流岩的 0.019 Ma、东侧锥体顶部岳桦碱流岩的 0.042Ma，以及东侧锥体表面中上部的 0.078Ma、0.098Ma、0.117Ma、0.137Ma 及 0.143Ma。上段岩性组成碱流质成分明显增多，碱流岩在地表常形成蜿蜒流动状岩垅构造。

（5）老虎洞组玄武岩（βQ₂₋₃l）。

天池粗面岩层状锥体上分布有许多寄生火山口喷出的小型火山渣锥，熔岩流较少。代表性剖面见于锥体北侧长白山大峡谷以西残留一半的老虎洞火山锥。老虎洞火山渣锥高差百米左右，由下而上顺序为紫红色玄武质火山渣－深灰色橄榄玄武岩－紫红色玄武质火山渣与暗紫色玄武质浮岩交替出现。

老虎洞火山渣锥体下部玄武熔岩层中测定的 K-Ar 年龄为 (0.34±0.02) Ma，松江河小山附近测定的 K-Ar 年龄为 (0.32±0.01) Ma，时代属中更新世。在朝鲜境内建组的大平层玄武岩相当于此期喷发物。长白山天池火山锥体东侧黑石河、东方红林场均发现晚更新世玄武岩，其 K-Ar 年龄值分别为 (0.19±0.02) Ma、(0.18±0.05) Ma。朝鲜境内建组的无头峰层玄武岩相当于此期喷发物，其热释光年龄值为 0.17Ma，古地磁年龄为 0.19 Ma。

(6) 全新世及更新世末期粗面质、碱流质火山碎屑岩类 (τQ_4)。

根据截至目前掌握的年龄数据和多数学者的论述，全新世及更新世末期地层由下而上划分为冰场组、气象站组、白云峰组和八卦庙组。冰场组岩性为碱流质火山碎屑岩和粗面质火山碎屑岩，冰场及其以北谷底森林、白山桥沟谷等地分布的粗面质熔结凝灰岩（含浮岩）划归冰场组。^{14}C 年龄值有 (5300±1200) BP、(4300±367) BP、(3930±500) BP、(3530±300) BP 等。气象站组碱流岩夹黑曜岩、熔结凝灰岩，呈岩垅状、长舌状顺山坡分布，总厚度 50～60m。白云峰组碱流质浮岩及火山碎屑岩流分布很广，最大厚度可达 100m 左右。在圆池测得碳化木 ^{14}C 年龄为 1024AD。八卦庙组粗面质浮岩及火山碎屑岩流，分布于天池火山口周围，最厚可达 40m 左右。史记喷发年龄有 1668AD、1702AD、1898AD 和 1903AD，详见下述。

二、天池火山历史记录喷发物与喷发间隙地表堆积物堆积序列

对天池火山喷发的历史相对比较确切的有 1668 年、1702 年、1898 年和 1903 年的文字记录。随着历史文献研究的深入，特别是满族文献史料的开发，应该能够发掘出更多的火山喷发事件的文字记录。在天池火口缘周边、破火山口内及锥体外侧沟谷当中，也确实发现了众多时代新于千年大喷发的中小规模喷发物（表 1-5-2）。

表 1-5-2 天池火山全新世活动期次划分

阶段	期次（时间）	代表性地质体	火山活动期			火山休眠期		
			弱	中	强	泥石流	滑坡	垮塌
5	5	二道白河两岸，天文峰下 Q_4^{5-4}				★		
	4	白岩峰下 Q_4^{5-4}				★		
	3（1903 年）	天池水面东、南侧 λQ_4^{5-3} 射气岩浆喷发物	★					
	2	牛郎渡两侧 Q_4^{5-2}				★		
	1（1702 年）	五号界 λQ_4^{5-1} 空降物		★				

阶段	期次（时间）	代表性地质体	火山活动期			火山休眠期		
			弱	中	强	泥石流	滑坡	垮塌
4	5（1668年）	八卦庙 τQ_4^{4-5} 沟谷伊格尼姆岩			★			
	4（1668年）	八卦庙 τQ_4^{4-4} 空降暗色层			★			
	3	乘槎河西、白云峰北 Q_4^{4-3}				★		
	2	破火山口陡壁 Q_4^{4-2} 垮塌物					★	★
	1（1413～1668年?）	白岩峰东北灰白色熔结空降层 λQ_4^{4-1}		★				
3	4	外坡沟谷及面状火山泥石流 Q_4^{3-4}				★		
	3（约1000年前，1024 BP）	土黄色、灰黑色富碳化木伊格尼姆岩 λQ_4^{3-3}			★			
	2（约1000年前）	灰白色空降浮岩层 λQ_4^{3-2}			★			
	1	锥体底部裙状滑坡体 Q_4^{3-1}					★	
2	4	气象站远缘相块状熔岩 λQ_4^{2-4}			★			
	3	气象站中源相碱流岩 λQ_4^{2-3}			★			
	2	气象站近源相流变伊格尼姆岩 λQ_4^{2-2}			★			
	1	气象站东沟陡壁剖面层位 λQ_4^{2-1}			★			
1	2（3950±120 BP） 1	黑风口滞后角砾岩 λQ_4^{1-2} 冰场紫灰色伊格尼姆岩 τQ_4^{1-1}				★ ★	★	

注：不同时期地质体代号参照彩图1。

其中1668年影响到朝鲜富宁、镜城一带的一次较大规模喷发物，可能以天池附近破火山口内暗灰色粗面质伊格尼姆岩堆积物为代表。这套暗灰色粗面质熔结角砾凝灰岩广泛发育于破火山口内地势低洼部位，在天池北侧乘槎河源头一带曾被命名为八卦庙组。与此对应的其他喷发物包括天池火口缘附近堆积的暗灰色熔结空降堆积层、锥体外坡暗灰色粗面质熔结涌浪堆积层和锥体外坡沟谷中广为发育的暗灰色粗面质伊格尼姆岩。天池火山千年大喷发形成的破火山口内壁垮塌物（倒石锥）常被1668年喷发的暗灰色伊格尼姆岩覆盖，如白云峰大滑坡、5号界大滑坡和将军峰大滑坡马蹄形洼地之内所见（照片1-5-1）。如此表明这些破火山口内壁垮塌物的形成时间介于千年大喷发和1668年喷发之间。这些1668年喷发物又被带状、扇状泥石流覆盖，表明泥石流的形成时间晚于1668年（照片1-5-2）。在天池火山锥体顶部火山结构图上，已经清楚地表达了这些地质内容（参见彩图1）。

1702年喷发的事件记录也见于朝鲜境内的富宁和镜城，天池火山附近保留的喷发物很少，火口缘周边局部地带保存的浅灰白色碱流质细粒空降浮岩层可能与之相对应。在5号界，除了浅灰白色碱流质细粒空降浮岩层之外，在天池水面西侧1668年八卦庙组暗灰

照片 1-5-1 5 号界大滑坡，马蹄形洼地内有八卦庙期喷发物充填

照片 1-5-2 乘槎河西扇状泥石流、八卦庙暗色伊格尼姆岩与浅色带状泥石流

色粗面质伊格尼姆岩之上（5 号界大滑坡马蹄形洼地之内）还发育两个小型寄生火山口（水面边缘可能有第三个小型火山口），附近见到细粒灰白色碱流质空降层。这些喷发物与寄生火山口的形成在时间上晚于 1668 年喷发，可能与 1702 年喷发事件联系起来。与此相当的喷发堆积物还包括 4 号界附近灰白色细粒浮岩泡沫壁（照片 1-5-3）和 6 号界附近的灰白色细粒浮岩泡沫壁堆积物（照片 1-5-4）。

1903 年喷发事件记录见于刘建峰著《长白山江岗志略》，射汽岩浆喷发活动规模很小，喷发物仅见于天池东南侧及附近若干地点（照片 1-5-5）。灰白色多层射汽岩浆浮岩质喷发物覆盖于 1668 年喷发物之上，有时还覆盖于时代非常新的带状泥石流之上。另据 V. G. Sakhno（2007a）资料，在 1898 年，一位俄罗斯旅行家 N. M. Garin-Mikhailovskii 注意到了一次源自天池的弱的射汽岩浆喷发，Sakhno（2007b）及 Popov 等（2008）则从火山地质与地球化学角度研究了天池火山造锥与造盾喷发特征。

照片 1-5-3　4 号界火口缘滞后角砾岩之上细粒浮岩层，1702 年喷发物

照片 1-5-4　6 号界北细粒浮岩层，1702 年喷发物

照片 1-5-5　6 号界天池水面东岸 1903 年射汽岩浆喷发堆积物剖面

根据岩浆演化旋回及年代测试数据等资料，长白山天池火山地层由早到晚划分如下：

早期旋回：上新统泉阳组、头道组玄武岩（2.01Ma ～ 5.82 Ma）。

早更新统白山组玄武岩（1.23Ma ～ 1.66 Ma）。

早更新统小白山组粗安岩—粗面岩（1.00Ma ～ 1.49 Ma）。

晚期旋回：早更新统老房子小山玄武岩（0.402Ma ～ 1.17 Ma）。

中、晚更新统白头山期粗面岩－碱流岩，该组进一步细分为：

下段粗面岩（0.52Ma ～ 0.611Ma）；

中段粗面岩（0.25Ma ～ 0.44 Ma）；

上段粗面岩、碱流岩（0.019Ma ～ 0.197 Ma）。

全新统历史记录喷发物包括：

冰场组碱流质碎屑岩，粗面质火山碎屑岩（约 25000 年前？）；

气象站组碱流岩及碱流质火山碎屑岩；

白云峰组碱流质火山碎屑岩（千年大喷发，1024 年）；

八卦庙组粗面质火山碎屑岩（1668 年）；

4 号界、5 号界浅色细粒喷发物（1702 年）；

6 号界天池水面浅色射汽岩浆喷发物（1903 年）。

三、长白山天池火山岩浆演化旋回与火山地层对应关系

长白山新生代火山岩分布区位于中国吉林省东南部与朝鲜两江道接壤处。区域构造单元位于北东向图们江裂谷与北西向白山－金策（朝鲜）深断裂带交汇处。规模较大的火

山口有长白山天池、甑峰山、望天鹅、土顶子，在朝鲜境内有胞胎山、绿峰、黄峰等。

天池火山是长白山火山区内发育最为完全的火山之一，岩浆成分随着火山作用阶段的不同而呈现出系统的变化趋势。岩浆演化的旋回性与不同地层单位相对应，演化机理则明显地表现出结晶分异趋势。天池火山锥体北侧岩浆演化系列的化学成分测试结果（表1-5-3）表明，天池火山发育过程中岩浆成分有着多旋回的分异结晶与岩浆混合的演化特征。这较以前的玄武岩盾、粗面岩锥和伊格尼姆岩席的发育模型有了明显深化。根据长白山庄（大宇饭店）钻孔岩芯采样层位与化学分析测试结果，天池火山造锥粗面岩喷发早期阶段含有明显的玄武岩成分。

长白山天池火山岩浆演化旋回划分为早期和晚期两个旋回。早期（上新世－早更新世）泉阳期、头道期、白山期玄武岩演化为小白山期粗安岩－粗面岩；晚期旋回（早更新世－全新世）老房子小山期玄武岩演化为白头山期、全新世各期粗面岩－碱流岩类。奶头山期玄武岩没有明显的岩浆演化路径，其分布也很零星，在整个天池火山熔岩盾中所占比重非常小，因此没有讨论其岩浆演化特征。天池火山岩浆演化主要特点归纳为以下几点：

（1）岩石系列顺序：早期旋回碱性玄武岩－粗面玄武岩－玄武粗面岩－粗安岩、安粗岩－粗面岩，在朝鲜境内延续演化为粗面英安岩－碱性流纹岩、黑曜岩；晚期旋回碱性玄武岩－粗面玄武岩－玄武粗安岩－粗安岩、安粗岩－粗面岩－粗面英安岩－钠闪碱流岩、黑曜岩。

（2）玄武岩浆属于进化玄武岩浆，经岩石化学标准矿物计算，常见有霞石矿物分子，在 q-ne-SiO_2 图解和 q-ne-CaO/MgO 图解中演化曲线明显。

（3）岩浆中主要标型矿物的分异系列斜长石为拉长石－中长石－更长石－歪长石；橄榄石为贵橄榄石－镁铁橄榄石－铁橄榄石－高铁铁橄榄石；辉石为透辉石－普通辉石－含霓石钙铁辉石－霓辉石。

（4）碱铝指标（Na_2O+K_2O / Al_2O_3）逐渐增高，早期旋回由 0.54 增高为 0.93，晚期旋回由 0.60 左右增高至 1~1.25。

（5）稀土总量（ΣREE）随岩浆演化过程而增高。早期旋回由 277.87×10^{-6} 逐渐增加到 350.79×10^{-6}，晚期旋回由 256.70×10^{-6} 逐渐增高至 $441.03 \sim 635.12 \times 10^{-6}$。$\delta Eu$ 值在早期旋回由 1.07 亏损为 0.54，而晚期由 1.25 逐渐亏损到 0.3 ~ 0.16。长白山天池火山属右陡倾斜的轻稀土富集型 Eu 强亏损模式，属于强烈岩浆结晶分异的碱性火山岩浆系列。

（6）白头山期粗面岩－碱流岩类喷出过程中出现许多寄生火山口喷发的玄武质火山渣锥，这是长白山天池火山锥体的又一特色，反映了天池火山地下不同成分岩浆房系统复杂的相互作用过程。

（7）白头山期后以及全新世形成的天池周边环状、放射状断裂中侵入有粗面岩脉和碱流岩脉，并且沿着环状断裂发生 Nb、Ce、Y 等稀土矿化。

（8）全新世火山碎屑物有不同期次喷发，有时喷发浅色碱流质火山碎屑物，有时喷出暗色粗面质或碱流质火山碎屑物。

表 1-5-3 天池火山造锥喷发代表性样品常量元素分析

送样号	SiO$_2$	Al$_2$O$_3$	TiO$_2$	Fe$_2$O$_3$	FeO	CaO	MgO	K$_2$O	Na$_2$O	MnO	P$_2$O$_5$	LOS	CO$_2$	H$_2$O$^+$	H$_2$O$^-$	总和
Sparks-1	71.76	11.31	0.22	1.55	2.44	0.39	0.20	4.78	5.33	0.072	0.07	1.59	0.15	0.55	0.02	99.71
Sparks-6	72.10	11.16	0.22	1.84	2.18	0.27	0.14	4.80	5.52	0.072	0.03	1.22	0.11	1.37	0.03	99.55
Sparks-7	63.94	16.69	0.60	2.38	2.23	1.32	0.53	6.12	5.60	0.12	0.12	0.23	0.12	0.15	0.00	99.88
008-7	65.66	13.39	0.36	3.72	1.32	0.62	0.20	5.10	5.97	0.12	0.08	3.04	0.12	2.55	0.42	99.58
008-8	67.06	14.09	0.35	4.07	1.25	0.89	0.39	5.38	6.06	0.13	0.05	0.50	0.18	0.22	0.00	100.22
008-9	61.86	14.00	0.49	2.63	4.29	1.46	1.05	4.12	5.33	0.18	0.10	4.17	0.12	3.58	0.81	99.68
008-10	67.12	13.76	0.38	4.00	2.37	0.62	0.03	5.30	5.96	0.15	0.04	0.48	0.12	0.33	0.01	100.21
008-11	57.92	17.31	1.13	2.76	5.15	3.03	1.81	3.86	5.24	0.18	0.51	0.15	0.14	0.34	0.02	99.05
008-12A	67.64	13.33	0.36	2.77	3.04	0.74	0.11	5.13	5.90	0.15	0.05	0.00	0.15	0.29	0.07	99.22
008-13	63.32	16.91	0.54	5.16	0.05	1.55	0.73	5.26	5.90	0.15	0.19	0.22	0.14	0.00	0.03	99.98
008-14	68.89	13.27	0.30	4.10	0.88	0.54	0.04	5.16	5.74	0.11	0.03	0.18	0.14	0.30	0.04	99.24
008-16	69.38	13.03	0.32	5.04	0.19	0.43	0.20	5.21	6.20	0.11	0.03	0.21	0.15	0.04	0.00	100.35
008-17	69.60	13.19	0.30	1.79	3.09	0.54	0.08	5.08	5.90	0.076	0.05	0.17	0.17	0.13	0.02	99.87
ZK-1	54.72	15.28	1.88	3.66	6.35	6.56	2.09	2.36	3.91	0.15	0.52	2.24	1.17	1.33	0.44	99.72
ZK-6	68.42	14.40	0.47	2.58	1.36	0.93	0.12	5.20	4.45	0.064	0.06	1.27	1.14	0.42	0.20	99.32
ZK-8	58.32	13.72	0.74	7.11	2.01	4.08	0.36	4.72	4.38	0.53	0.15	3.92	3.21	0.81	0.06	100.04
ZK-12	59.10	14.00	0.74	7.37	1.77	3.07	0.26	5.06	4.41	0.44	0.16	2.69	1.93	0.94	0.25	99.07
ZK-13	58.00	15.94	0.85	7.66	1.29	2.37	0.53	4.04	4.12	0.16	0.16	4.27	0.77	2.58	1.63	99.39
ZK-14	49.72	15.28	3.21	3.30	8.43	7.53	2.23	1.43	3.64	0.24	0.50	3.61	3.69	0.60	0.13	99.12
ZK-17	57.86	13.64	1.79	4.50	6.68	4.89	1.87	2.69	4.05	0.16	0.52	0.57	0.37	0.84	0.45	99.22
ZK-19	67.50	13.16	0.40	3.10	2.92	0.80	0.02	5.07	5.78	0.21	0.04	0.42	0.38	0.45	0.14	99.42
ZK-21	65.96	15.13	0.37	2.50	2.18	0.85	0.25	5.76	5.96	0.14	0.07	0.32	0.25	0.23	0.03	99.49

第六节　造盾、造锥喷发物 K-Ar 定年研究

为了研究天池火山造盾喷发与造锥喷发的喷发历史过程与岩浆演化的时间制约特征，笔者利用近年天池火山及周边地质制图工作中采集的 70 余件岩石样品开展了较为系统的 K-Ar 年龄测试工作。K-Ar 同位素年龄测试是在中国石油勘探开发研究院石油地质实验研究中心进行的。将所选样品经过破碎、过筛、挑选岩石基质部分清洗后进行测量，以此减轻岩石斑晶早期结晶历史的影响。对于年轻样品（小于 0.2Ma）的测试增加了样品的测试用量。实验室里利用火焰光度计测 K，同位素稀释法测 Ar。测 Ar 所用仪器为 MM-5400 静态真空质谱计，离子源高压为 4500 伏，离子源陷阱接收电流为 400 微安，用海棉钛炉和锆铝泵进行气体纯化，接收器为法拉第杯，^{38}Ar 稀释剂的纯度为 99.98%。样品在 1500° C 左右熔化的同时，加入准确定量的 ^{38}Ar 稀释剂，测定混合稀释剂后的同位素比值 $(^{40}Ar/^{38}Ar)_m$ 和 $(^{38}Ar/^{36}Ar)_m$，求出样品的放射性成因 ^{40}Ar，再根据测量出的 K 和 Ar 含量，按照公式

$$t = \frac{1}{\lambda_e + \lambda_\beta} \cdot \ln\left(1 + \frac{\lambda_e + \lambda_\beta}{\lambda_e} \cdot \frac{Ar}{K}\right)$$

计算样品的 K-Ar 年龄，计算过程采用的常数：
$\lambda_e = 0.581 \times 10^{-10} a^{-1}$；$\lambda_\beta = 4.692 \times 10^{-10} a^{-1}$；$^{40}K/K = 1.167 \times 10^{-4} mol^{-1}$

一、造盾玄武岩类 K-Ar 定年

表 1-6-1 给出了天池火山玄武岩、粗面岩类和碱流岩类样品的 K-Ar 年代学结果。天池火山造盾喷发期间玄武岩流向四周溢流形成了长达几千米至几十千米、宽度几百米至几千米、厚度几米至几十米的多个熔岩流流动单元组成的以结壳熔岩为主体类型的带状、面状复合熔岩流。早更新世溢流式造盾粗面玄武岩一般形成厚度几米到几十米的熔岩台地，其东、西、南三面多为后期造锥阶段和近代喷发物所覆盖，出露较少。但其北侧沿松花江上游的头道白河、二道白河和南侧漫江等地均可见到厚层状熔岩沿河流之上的不同阶地分布，河谷玄武岩漫延几十千米以上，岩性基本上都是粗面玄武岩。

选取部分前人已发表的 K-Ar 年龄数据和笔者新提供的数据，现将天池火山的粗面玄武质岩浆喷发活动时代归纳于表 1-6-2。根据表 1-6-2 年龄数据及野外观察，二道白河以东白山期玄武岩晚于二道白河以西头道期玄武岩。例如四里洞熔岩隧道北侧二道白河以西头道玄武岩 (I-98-1) 年龄为 1.91Ma，而黄松蒲一带二道白河以东白山期玄武岩 (I-65-1) 年龄为 1.39Ma；随着熔岩盾的向北延展，在二道白河镇附近白龙水电站测得的下部头道

表 1-6-1 天池火山岩 K-Ar 同位素样品采集与年龄结果

样品号	采样点	样品称重 (g)	钾含量 (%)	$(^{40}Ar/^{38}Ar)m$	$(^{38}Ar/^{36}Ar)m$	放射成因氩 ($^{40}Ar_{放}$/g) mol/g	^{40}K 含量 (^{40}K/g) mol/g	$^{40}Ar_{放}/^{40}Ar_{总}$ (%)	$^{40}Ar_{放}/^{40}K$	rad.^{40}Ar (10^{-8}cc STP/g)	non-rad. ^{40}Ar (%)	年龄值 (Ma, 1σ)		
008-17	玉柱峰	0.0435	3.79	8.75581	34.00347	1.23E-13	1.13E-07	0.76	0.0000011			0.019	±	0.005
I-11-2	岳桦瀑布碱流岩	0.04283	3.84	0.41461	1115.43001	2.82E-13	1.15E-07	36.47	0.0000025			0.042	±	0.003
I-10-1	东北侧锥体	0.04468	3.84	3.85605	82.87157	5.20E-13	1.15E-07	7.51	0.000005			0.078	±	0.008
I-7-1	东北侧锥体	0.04635	3.97	5.62815	56.41546	6.75E-13	1.19E-07	6.9	0.0000057			0.098	±	0.013
8-26-5	飞狐山庄钻孔岩床	0.03328	2.1	5.84788	52.10667	3.86E-13	6.27E-08	3.03	0.0000062			0.106	±	0.017
I-7-2	东北侧锥体	0.04892	4.15	4.95255	66.5641	8.40E-13	1.24E-07	10.3	0.0000068			0.117	±	0.01
I-9-1	东北侧锥体	0.04376	4.16	1.68808	257.8468	9.87E-13	1.24E-07	31.88	0.0000079			0.137	±	0.003
I-8-2	岳桦瀑布陡坎顶部	0.04582	4.1	3.8447	90.59893	1.02E-12	1.22E-07	15.06	0.0000083			0.143	±	0.008
23	二道白河上游砾石	0.04474	5	4.36305	82.52005	1.38E-12	1.49E-07	17.78	0.0000092			0.159	±	0.007
I-25-1	地下森林观景台西南	0.04527	4.33	4.76141	74.32337	1.37E-12	1.29E-07	16.37	0.0000106			0.183	±	0.009
I-99-1	四里洞熔岩隧道出口	0.04448	2.02	8.20525	37.64997	6.42E-13	6.03E-08	4.33	0.0000106			0.183	±	0.029
I-101-2	东北侧火口缘	0.04359	3.63	1.28004	475.39337	1.20E-12	1.08E-07	51.01	0.000011			0.19	±	0.004
10	二道白河上游砾石	0.04436	4.03	6.16247	54.72284	1.36E-12	1.20E-07	12.28	0.0000113			0.194	±	0.013
I-6-1	东北侧锥体	0.04905	4.22	3.34237	120.77244	1.44E-12	1.26E-07	26.55	0.0000115			0.197	±	0.013
I-47-1	十二道河子小山包	0.04564	1.69	37.68401	7.92112	6.58E-13	5.04E-08	1	0.000013			0.225	±	0.053
T9-2	老房子小山西南	0.04983	1.94	0.81163	1285.44886	1.04E-12	5.79023E-08	71.13	1.78933E-05			0.308	±	0.002
008-7	北坡登山小路	0.04354	5.42	10.60317	33.0699	3.04E-12	1.62E-07	15.61	0.0000188			0.323	±	0.023
I-50-1	黑石沟	0.05419	1.86	11.89196	26.32284	1.10E-12	5.55146E-08	5.57	1.97698E-05			0.34	±	0.043
ZK-21	大字饭店钻孔58 m	0.04939	4.67	26.16783	12.01252	2.83E-12	1.39383E-07	6	2.02692E-05			0.349	±	0.04

续表

样品号	采样点	样品称重 (g)	钾含量 (%)	(⁴⁰Ar/³⁸Ar)m	(³⁸Ar/³⁶Ar)m	放射成因氩 (⁴⁰Ar放/g) mol/g	⁴⁰K含量 (⁴⁰K/g) mol/g	⁴⁰Ar放/⁴⁰Ar总 (%)	⁴⁰Ar放/⁴⁰K	rad.⁴⁰Ar (10⁻⁸cc STP/g)	non-rad. ⁴⁰Ar (%)	年龄值 (Ma, 1σ)
I-48-1	黑石沟	0.04218	1.86	7.14826	45.17351	1.14E-12	5.55E-08	8.43	0.0000205			0.353 ± 0.031
008-9	北坡登山路	0.04322	5.25	7.00142	56.29618	3.21E-12	1.57E-07	24.8	0.0000205			0.353 ± 0.017
008-12A	火山观测站洞口	0.04148	3.95	13.94288	23.42238	2.55E-12	1.18E-07	9.46	0.0000216			0.372 ± 0.032
I-15-1	奶头河西支流	0.04238	4.18	2.70778	240.91712	2.76E-12	1.25E-07	54.1	0.0000221			0.38 ± 0.013
锦江-2	长白公路锦江桥	0.05096	1.51	3.22226	113.06925	1.05E-12	4.50683E-08	18.75	2.33799E-05			0.402 ± 0.018
锦江-3	长白公路锦江桥	0.04658	2.08	5.17195	67.4253	1.50E-12	6.20808E-08	15.14	2.4242E-05			0.417 ± 0.022
I-34-1	十二道河子玄武岩盾	0.05036	1.64	8.41485	38.5394	1.32E-12	4.89483E-08	8.82	2.70546E-05			0.466 ± 0.048
Haku-36	松江河		0.858							1.68	81.4	0.15 ± 0.05
008-10	岳桦林带之上陡坎	0.04208	3.95	4.11719	133.38188	3.58E-12	1.18E-07	45.68	0.0000303			0.522 ± 0.015
2 (1)	二道白河上游砾石	0.04547	3.95	98.6352	3.06139	3.84E-12	1.18E-07	2.23	0.0000325			0.56 ± 0.032
T2-5	白龙水电站	0.05022	2.14	12.08251	27.204	2.16E-12	6.38716E-08	10.04	3.38726E-05			0.583 ± 0.014
8-24-6	双目峰钻孔	0.04987	4.32	29.50088	11.67003	6.10E-12	1.29E-07	14.19	0.0000473			0.814 ± 0.018
8-24-7	双目峰钻孔	0.04406	4.24	14.99804	27.69726	6.73E-12	1.27E-07	28.66	0.0000532			0.915 ± 0.024
I-76-1	老黄松蒲 1108 高地	0.04329	3.19	77.62729	3.92823	5.15E-12	9.52105E-08	3.19	5.4082E-05			0.931 ± 0.076
I-55-1	浮石东南岩盾	0.05129	2.14	7.9623433	50.05162	3.58E-12	6.38716E-08	25.61	5.59835E-05			0.963 ± 0.029
Haku-27	长白公路漫江北		1.539							6.29	57.2	1.05 ± 0.05
I-75-1	白河屯	0.04778	1.79	12.55207	27.5997	3.46E-12	5.34253E-08	14.6	6.47072E-05			1.113 ± 0.066
I-85-1	天池公路 44 km	0.04313	4.4	6.63995	150.07914	8.50E-12	1.31E-07	69.5	0.0000648			1.11 ± 0.02
8-24-15	双目峰钻孔	0.05137	3.72	35.09841	9.87938	7.36E-12	1.11E-07	14.84	0.0000663			1.14 ± 0.04
Haku-10	宝马林场东		2.108							9.37	48.9	1.15 ± 0.04

续表

样品号	采样点	样品称重 (g)	钾含量 (%)	(^{40}Ar/^{38}Ar)m	(^{38}Ar/^{36}Ar)m	放射成因氩 (^{40}Ar放/g) mol/g	^{40}K含量 (^{40}K/g) mol/g	^{40}Ar放/^{40}Ar总 (%)	^{40}Ar放/^{40}K	rad. ^{40}Ar (10^{-8}cc STP/g)	non-rad. ^{40}Ar (%)	年龄值 (Ma, 1σ)
8-24-16	双目峰孔最下层位	0.04833	3.64	16.24269	26.62189	7.28E-12	1.09E-07	31.45	0.000067			1.15 ± 0.06
8-24-3	二道钻孔 8 单元	0.04803	0.62	100.9075	2.9538	1.28E-12	1.85E-08	0.88	0.0000692			1.19 ± 0.53
Haku-20	松江河东北		2.083							9.96	43.5	1.23 ± 0.04
I-64-1	山门西行路	0.05448	0.58	7.86427	41.73421	1.28E-12	1.7311E-08	9.9	7.4169E-05			1.276 ± 0.117
Haku-32b	泉阳		2.498							12.62	55.2	1.3 ± 0.05
008-11b	登山公路岳桦林	0.04373	3.34	5.77301	212.90334	7.93E-12	9.97E-08	75.02	0.0000796			1.37 ± 0.04
Haku-34	板石河南		0.611							3.27	88.2	1.38 ± 0.18
I-65-1	黄松蒲西行路	0.04993	1.31	16.24972	20.40648	3.16E-12	3.9099E-08	10.83	8.09983E-05			1.392 ± 0.046
T2-2	白龙水电站	0.05153	1.88	12.96318	29.98466	5.36E-12	5.61115E-08	23.8	9.54724E-05			1.642 ± 0.051
I-98-1	二道白河西侧	0.06159	0.33	1.1715	707.72461	1.09E-12	9.84936E-09	63.78	0.000110923			1.908 ± 0.019
ZK-17	大宇饭店钻孔 242 m	0.04902	2.14	12.04181	37.44532	7.47E-12	6.38716E-08	34.17	0.000116997			2.012 ± 0.032
ZK-6	大宇饭店钻孔 390 m	0.04702	4.5	36.74936	10.56379	1.67E-11	1.34309E-07	23.96	0.000124649			2.144 ± 0.032
ZK-14	大宇饭店钻孔 310 m	0.0514	1.04	95.85062	3.15495	3.96E-12	3.10E-08	2.37	0.0001277			2.2 ± 0.257
3-2.1	药水剖面第 3 层	0.04372	0.84	6.10665	69.15153	3.34E-12	2.51E-08	29.73	0.000133			2.29 ± 0.06
6-1.1	药水剖面第 6 层	0.05076	0.81	10.47808	34.44719	3.30E-12	2.41757E-08	17.99	0.000136415			2.346 ± 0.018
Haku-30b	长白公路漫江北		1.459							15.04	70.7	2.65 ± 0.13
ZK-1	大宇饭店钻孔 425 m	0.049	2.42	23.3732	17.38618	1.16E-11	7.22286E-08	27.19	0.000161002			2.769 ± 0.076
红头山-1	长白公路 249 km	0.02992	3.69	9.63529	85.42275004	1.82E-11	1.10134E-07	63.37	0.000165461			2.845 ± 0.027
望天鹅-1	长白公路 252 km	0.03363	2.93	8.26137	125.47437	1.54E-11	8.74504E-08	70.63	0.000176387			3.033 ± 0.023
Haku-25	峰岭管理站		0.456							5.43	78.3	3.07 ± 0.25

续表

样品号	采样点	样品称重 (g)	钾含量 (%)	(⁴⁰Ar/³⁸Ar)m	(³⁸Ar/³⁶Ar)m	放射成因氩 (⁴⁰Ar放/g) mol/g	⁴⁰K含量 (⁴⁰K/g) mol/g	⁴⁰Ar放/⁴⁰Ar总 (%)	⁴⁰Ar放/⁴⁰K	rad. ⁴⁰Ar (10⁻⁸ cc STP/g)	non-rad. ⁴⁰Ar (%)	年龄值 (Ma, 1σ)	±
Haku-26	漫江峰岭之间		0.945							11.9	86.7	3.23	0.36
望天鹅-2	长白公路253 km	0.03057	1.58	8.04343	59.76259	8.91E-12	4.71575E-08	38.14	0.000188878			3.248	0.044
望天鹅-3	长白公路262 km	0.02995	1.72	7.98404	69.091	1.09E-11	5.13361E-08	45.94	0.000212806			3.659	0.049
Haku-35	松江河东		1.198							19.5	89.8	4.2	0.62
8-24-1	一道钻孔17单元	0.05077	0.73	28.35274	12.02109	5.40E-12	2.18E-08	13.31	0.000248			4.26	0.35
8-25-2	药水剖面第5层	0.04857	0.92	14.62951	33.11329	8.03E-12	2.75E-08	38.68	0.0002923			5.02	0.13
5-1	药水剖面第5层	0.05064	0.72	90.13561	3.42983	7.27E-12	2.14895E-08	4.59	0.000338451			5.815	0.353
2-3.2	药水剖面第2层	0.04962	1.79	186.96702	1.708100997	2.78E-11	5.34253E-08	8.25	0.000519803			8.924	0.292
2-2.1	药水剖面第2层	0.04736	2.26	216.40402	1.48844	3.78E-11	6.74532E-08	9.29	0.000560631			9.623	0.146
8-26-4	飞狐山庄钻孔	0.04399	1.86	64.91666	9.11635	5.12E-11	5.55E-08	50.39	0.0009218			15.8	0.12
锦江-1	长白公路锦江桥	0.04264	1.8	613.31071	0.49815	5.94E-11	5.37E-08	5.14	0.0011051			18.92	1.77
8-26-2	飞狐山庄钻孔	0.04593	2.94	77.16409	24.18211	9.67E-11	8.78E-08	83.63	0.0011024			18.87	0.15
I-76-1b	老黄松蒲1108高地	0.04294	0.9	18.57704	215.6494	3.15E-11	2.69E-08	91.42	0.0011709			20.04	0.16
Haku-7	奶头山		1.228							99	21.6	20.65	0.49
8-26-1	飞狐山庄钻孔	0.02933	3.17	62.04699	26.7706	1.25E-10	9.46E-08	81.63	0.0013239			22.64	0.2
2-1.1	药水剖面第2层	0.04901	1.25	413.13344	0.76235	6.04E-11	3.73082E-08	8.04	0.00161984			27.665	0.936
e-1a	黑色粗面岩岩屑											0.04	0.03
e-1i/os	黑色粗面质浮岩											0.065	0.015
e-1/m	黑色浮岩中钾长石											0.09	0.015
e-26/16	粗面岩岩屑											0.065	0.015

续表

样品号	采样点	样品称重(g)	钾含量(%)	$(^{40}Ar/^{38}Ar)m$	$(^{38}Ar/^{36}Ar)m$	放射成因氩 $(^{40}Ar_{放}/g)$ mol/g	^{40}K 含量 $(^{40}K/g)$ mol/g	$^{40}Ar_{放}/^{40}Ar_{总}$ (%)	$^{40}Ar_{放}/^{40}K$	rad. ^{40}Ar $(10^{-8}cc$ STP/g)	non-rad. ^{40}Ar (%)	年龄值 (Ma, 1σ)	
e-29/3c	粗面质伊格尼姆岩流											0.065	± 0.03
e-26/12	粗面质熔岩流											0.095	± 0.015
e-28/1	粗面玄武岩岩管											0.1	± 0.025
e-28/2	粗面玄武岩岩管											0.125	± 0.025
e-20	晚期造锥粗面岩											0.135	± 0.025
e-28/19a	中期造锥碱性玄武岩岩管											0.245	± 0.03
e-28/20b	中期造锥碱性玄武岩岩管											0.24	± 0.03
e-21/1	中期造锥碱性玄武岩岩管											0.245	± 0.03
e-24/1	早期造锥粗面岩											0.33	±
e-30	早期造锥粗面岩岩流											0.545	± 0.05
e-14/1	晚期造盾粗面岩											1	± 0.05
e-15/1	晚期造盾粗面安山岩岩流											1.08	± 0.05
e-32	中期造盾亚碱性玄武岩											1.01	± 0.2
e-23/2	中期造盾亚碱性玄武岩											1.2	± 0.25
e-27/7	早期造盾碱性玄武岩											1.41	± 0.05
e-27/10	早期造盾碱性玄武岩											1.43	± 0.05
e-26/14b	早期造盾碱性玄武岩											1.7	± 0.05

注：样品号以Haku-开头者为2007年中日合作采样结果，样品号以e-开头者为Sakhno 2007年采样结果，其余样品均为笔者采样测试结果。分析者：张有瑜、罗修泉，中国石油勘探开发研究院石油地质实验研究中心。

期玄武岩（T2-1）年龄为 1.64Ma（其上部年龄为 0.583Ma 的玄武岩（T2-5）为老房子小山期喷发产物），而二道白河镇河谷以东玄武岩年龄为 1.19Ma。

在头道期玄武岩流底部砾石层中所含砾石样品粗安岩 2-2.1 和 2-3.1 的年龄分别为 8.92Ma、9.62Ma，它们代表了天池火山造盾喷发之前造高原喷发阶段产物。头道白河药水剖面第 5 层玄武岩的 K-Ar 年龄是 5.82Ma，与二道白河镇天池火山观测站钻孔中 4.263Ma 的岩石年龄都代表了泉阳期的喷发产物。造盾喷发最晚期的老房子小山期喷发物喷发年龄在 1Ma 左右。其中在天池火山东北侧老房子小山一带，喷发的玄武岩（T9-2 和 I-34-1）年龄为 0.308Ma 和 0.466Ma。与之年龄相近的是黑石沟玄武岩，在黑石河靠上游部位测得的玄武岩（I-48-1 和 I-50-1）年龄是 0.353Ma 和 0.34Ma。

表 1-6-2　天池火山粗面玄武岩 K-Ar 年龄结果

样品号	采样点	表面年龄 /Ma	资料来源
8-24-1	二道钻孔 17 单元	4.26 ± 0.35	本文
8-25-2	药水剖面第 5 层	5.02 ± 0.31	本文
5-1	药水剖面第 5 层	5.815 ± 0.353	本文
I-34-1	十二道河子玄武岩熔岩盾	0.466 ± 0.05	本文
I-47-1	十二道河子小山包	0.225 ± 0.053	本文
I-48-1	黑石沟	0.353 ± 0.031	本文
I-50-1	黑石沟玄武岩剖面	0.34 ± 0.04	本文
I-98-1	四里洞二道白河西侧玄武岩盾	1.908 ± 0.018	本文
T2-2	白龙水电站	1.64 ± 0.05	本文
T2-5	白龙水电站	0.58 ± 0.01	本文
T9-2	老房子小山西南	0.308 ± 0.002	本文
Loc.1	三道镇	2.28 ± 0.07	本文
Loc.2	松江镇	2.23 ± 0.06	本文
Loc.7	宝马东	1.15 ± 0.04	本文
Loc.8	松江河镇以東	1.23 ± 0.04	本文
Loc.9	峰岭管理站	3.07 ± 0.25	本文
Loc.10	长白公路峰岭漫江之间	3.23 ± 0.36	本文
Loc.11	漫江镇北	1.05 ± 0.05	本文
Loc.12	长白公路锦江桥东	2.65 ± 0.13	本文
Loc.13	泉阳泉水库大坝溢洪道	1.30 ± 0.05	本文
Loc.14	松江河镇东北板石河南	1.38 ± 0.18	本文
Loc.15	松江河镇东	4.20 ± 0.62	本文
Loc.16	松江河镇	0.51 ± 0.05	本文
LG98034	自然博物馆	2.004 ± 0.006	樊祺诚等，2006
98T14-2	露水河镇采石场	1.647 ± 0.143	樊祺诚等，2006

续表

样品号	采样点	表面年龄/Ma	资料来源
98T15-2	头道白河	1.214 ± 0.031	樊祺诚等, 2006
98T13-2	北岗拉子河	1.203 ± 0.032	樊祺诚等, 2006
01HL07	老房子小山	0.87 ± 0.02	樊祺诚等, 2006
—	赤峰	0.64 ± 0.04	樊祺诚等, 2006
02YLJ-3	横山林场	0.54 ± 0.01	樊祺诚等, 2006
	黑石河	0.19 ± 0.02	刘若新等, 1998
—	东方红林场	0.18 ± 0.05	刘若新等, 1998
	松江河小山	0.32 ± 0.01	金伯禄等, 1994
—	天池火山西南火山渣锥	0.75 ± 0.4	宋海远等, 1990

注: — 表示未找到部分早期采样确切的样品号; "本文"样品Loc.1~Loc.16系2007年中日合作考察样品, 冈山大学测试; 其余"本文"样品均由中国石油勘探开发研究院石油地质实验研究中心测试。

由表1-6-2可以看出, 天池火山粗面玄武岩的喷发时代相当漫长, 主体最早喷发于上新世(4Ma～5Ma左右), 从第四纪早更新世早期(约2Ma)一直持续到早更新世晚期(约1.2Ma)。然后, 从早更新世晚期(0.87Ma)开始, 直到全新世喷发, 直接来自地幔岩浆房的粗面玄武质岩浆的喷发活动始终没有间断过。从早更新世晚期(0.87Ma)开始喷发的粗面玄武岩主要以小规模中心式喷发的火山渣锥为代表, 如天池锥体周围的老虎洞、老房子小山、赤峰等火山渣锥以及松江河与露水河之间的东马鞍山等众多的小火山渣锥。如果说朝鲜境内无头峰粗面玄武岩覆盖的浮岩是千年大喷发的产物, 则可能说明来自地幔岩浆房的粗面玄武岩喷发活动持续到了近代。即使那层白色浮岩对应于25000年前喷发物, 覆盖其上的玄武岩层位也要新于更新世末期。

研究工作中发现了拉斑玄武岩的分布, 在众多的火山岩样品中测试了三个拉斑玄武岩样品年龄, 它们是药水剖面第5层的样品5-1, 其K-Ar年龄是5.82Ma; 黄松蒲西行运材路二道白河以东样品I-65-1和I-67-1, 样品I-65-1的K-Ar年龄是1.39Ma, 野外观察样品I-67-1也是白山期气孔状玄武岩。由此看来, 在通常所讲的造盾喷发阶段及造盾喷发之前, 拉斑玄武岩的喷发就时有发生。

二、造锥粗面岩类K-Ar定年

近年来, 樊祺诚等(2006)在中朝两国的天池火山周边锥体下部的天池公路、五十岗北坡、朝鲜鲤明水等地发现了玄武质粗安岩、粗安岩露头。他们获得天池公路粗安岩样品P44的K-Ar年龄为1.179Ma, 认为这可能代表造盾晚期粗面玄武岩浆分异的产物, 并把此年龄作为造锥阶段的开始。我们在天池火山东侧双目峰钻孔里系统测试的粗面岩年龄为(1.15～0.81)Ma, 时代与小白山组粗安岩(魏海泉等, 2005a)相当。钻孔样品的年龄从下至上总体上呈减小的趋势。对于出现样品05-8-24-10的年龄(0.486Ma)比其上

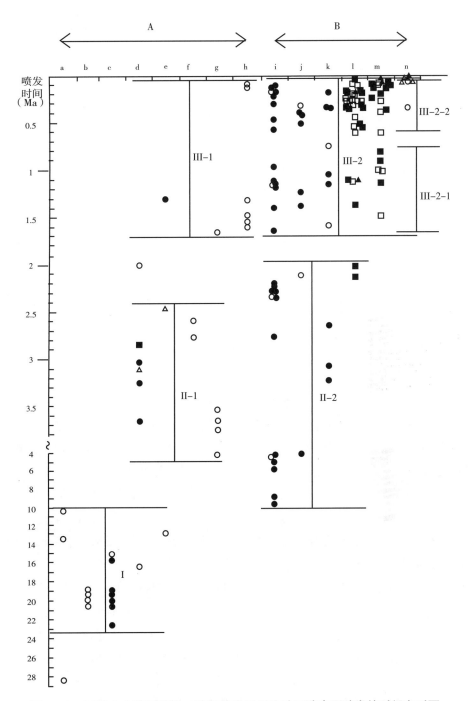

图 1-6-1 天池火山造盾喷发、造锥喷发及周边地区造高原喷发的时间序列图

A.天池火山周边造高原喷发火山；B.天池火山；a.马鞍山玄武岩；b.甑峰山玄武岩；c.奶头山、锦江玄武岩；
d.望天鹅玄武岩、红头山粗面岩；e.泉阳玄武岩、头西粗面岩、碱流岩；f.军舰山玄武岩；g.南侧沟谷玄武岩；
h.东侧沟谷玄武岩；i.北、东北侧熔岩盾；j.西、西北侧熔岩盾；k.南侧、东侧熔岩盾；l.北部锥体；
m.南、东部锥体；n.寄生火山；圈圈为前人资料投点，实心圆点为本此工作样品投点。圆形玄武质，
正方形粗面质，三角形碱流质。Ⅰ、Ⅱ、Ⅲ为长白山区新生代火山喷发集中的由早到晚三个阶段，
天池火山自第Ⅱ阶段开始喷发

地下玄武质岩浆长时间的结晶分异演化过程。2.47Ma 和 3.11Ma 附近的碱流质火山活动标志了长白山区地下岩浆结晶分异程度已达到了最高阶段。

天池火山本身的喷发历史反映了长白山区最为完整的岩浆演化趋势与喷发类型的变化。根据已有测年数据与喷发类型及岩浆成分的特点，我们可以把天池火山分为近代爆破性造伊格尼姆岩喷发、造锥喷发、造盾喷发以及与长白山区盖马高原造高原喷发相对应的前造盾喷发。

在天池火山四周深度切割的放射状沟谷及钻孔中，部分出露了早期喷发的碧玄岩质富含上地幔包体的熔岩流。喷发时代以锦江河谷深度切割的 18.92Ma 碧玄岩和黄松蒲附近 20.04Ma 碧玄岩为代表。(3.54 ～ 4.21) Ma、(1.31 ～ 1.66) Ma 和 (0.1 ～ 0.32) Ma 等 3 个区间也是天池火山四周沟谷中常见的玄武岩喷发年龄。前者为天池火山南侧沟谷平顶村、沿江村一带主造盾喷发，相当于泉阳期玄武岩造盾喷发物，其后分异演化可能形成了大宇饭店钻孔所见年龄为 2.1Ma 左右的粗面岩。(1.31 ～ 1.66) Ma 是天池火山东侧及南侧沟谷与造盾喷发主体（白山期玄武岩）对应的产物，而 (0.1 ～ 0.32) Ma 之间的玄武岩流则多为充填于东侧沟谷及西侧低洼地带的与粗面岩质造锥喷发相对应的外围玄武岩流，相当于老虎洞期玄武质寄生火山活动与锥体外侧玄武质喷发活动（地下粗面质岩浆房形成的阴影带之外的玄武质火山喷发）。

天池火山北侧沟谷中所测年龄值以头道白河、二道白河及大宇饭店钻孔中玄武岩样品为代表。头道白河剖面所见两个 9Ma 左右的玄武岩砾石年龄代表了天池火山造盾喷发之前与造高原喷发相对应的喷发产物。5Ma 左右的玄武岩年龄代表了泉阳期玄武岩的造盾喷发物。(2.77 ～ 2.1) Ma 之间的喷发产物标志着一个天池火山造盾喷发期间（头道期）岩浆成分的结晶分异过程。(2 ～ 1.1) Ma 是北侧沟谷所见天池火山造盾喷发的强烈时期，而 (0.6 ～ 0.15) Ma 之间的喷发活动则主要对应于粗面质造锥喷发期间岩浆房外围玄武质火山与玄武质寄生火山喷发活动。其中在大宇饭店钻孔所见 0.3Ma 的粗面岩则与天池火山第二造锥喷发活动产物相当。

天池火山北侧、东北侧玄武岩盾喷发时代主要在 2.3Ma 以后，而在 (0.9 ～ 1.1) Ma 之间（老房子小山期）是一个主造盾过程。类似的，(0.2 ～ 0.4) Ma 之间的玄武岩流集中代表了造锥喷发期间玄武质寄生火山喷发过程。天池火山西侧、西北侧玄武岩盾喷发时间略晚于北侧、东北侧玄武岩盾的喷发时间，其中常见 (0.3 ～ 0.7) Ma 之间的喷发物。天池火山南侧玄武岩盾的喷发年代资料很少，主要是由于现有工作程度较低的缘故。但在 1.5Ma 附近出现了明显的玄武质岩浆向粗面质岩浆的演化特征，在航片解译工作中也发现了天池火山南侧盾体内复杂的火山结构单元，这有待于今后在进一步工作中详细考察。

第二章　天池火山构造与地质构造背景

第一节　太平洋深俯冲带长白山火山岩浆柱与
盖马玄武岩火山地层 *

一、太平洋深俯冲带长白山火山岩浆柱的基本特征

长白山火山岩浆柱是以天池火山为中心向南东陡倾斜的串珠状柱状体，平面展布大于 100km，深部延伸的总深度可能超过 1000km。在这个岩浆柱内，不同深度上可以由不同厚度的岩浆富集层状体叠置而成，也可以由热流体与挥发份上升聚集的柱状、层状体组成。由于长白山区岩浆形成速率远低于典型地幔柱地区岩浆补给速率，不能得到较为持续的岩浆补给，所以不能构成典型的地幔柱。在不同尺度人工地震与天然地震的地震波层析成像中可以限定长白山火山岩浆柱的形态与尺度，垂向上可分为地壳、上地幔及下地幔三段。

1. 地壳段特征

在东北亚大陆壳中长白山隆起区地壳厚度为最厚（41～46km），在莫霍面等深线图上呈椭圆形曲线，长轴方向为北东 30°，长度约 450km，最宽处为 250km。大体上在这一隆起范围内或附近地区分布着第四纪火山岩，这些火山岩大多数沿着不完整裂谷断裂带或深断裂呈带状、群体分布。规模较大的断裂带为北东东向敦密裂谷断裂、北东东向鸭绿江－图们江裂谷断裂、北北东向宽甸－敦化隆起裂谷断裂，北西向深断裂带为白山－金策、镜泊湖－海参崴宽甸－元山等。尤其是这些深断裂带交汇处往往喷出规模大的火山岩带，在较典型的阶梯状裂谷中顺脊峰分布裂隙式喷发的拉斑玄武岩，翼部为中心式喷发的碱性玄武岩（彩图 3）。

＊本节合作作者：金伯禄。

2. 地幔段特征

在四平－长白山－日本地震层析剖面图（彩图 4a）上能明显看出两个重要的地质体，一个是从日本深海沟向西倾斜的正异常低温高速带，另一个是从长白山天池火山向深部延伸的负异常高温低速带。前者为太平洋板块向西俯冲带，后者为长白山火山岩浆（热）柱。岩浆柱是向南东陡倾斜、形态不规则的串珠状柱状体，倾角约 80°，柱宽处为 300 ～ 500km，窄处为 30 ～ 50km。宽窄变化大的地点大多为地幔分界面，由上而下可划为：45km 为壳幔界面（莫霍面）；100 ～ 250km 区间为软流层，主要由二辉橄榄岩－榴辉岩－橄榄岩系列组成；300 ～ 400km 区间为橄榄石相（α 相）带转变为尖晶石相（β 相）带的过渡带；520 ～ 600km 区间为 β- 尖晶石相转变为 γ- 尖晶石相的过渡带；670km 为上地幔与下地幔分界面，成分上主要由尖晶石相带转变为钙铁矿物相带。

太平洋板块向西俯冲带倾斜角为 26°，俯冲带向斜深俯冲至 500km 左右（深度 300 km）突然往下折沉约 50km 并继续以 25° 角度斜深插入，大约插入到 550km（深度 450 ～ 500km）板片则消亡（深震发源区），板片消亡处与岩浆柱距离 100km 左右。俯冲带俯冲到深度 300km 左右时为什么突然向下折沉约 50km？这主要与橄榄石相转变为尖晶石相的过渡相带有关（彩图 4b）。

3. 多层岩浆房（库）的形成

刘若新等（1998）根据大地电磁探测成果，提出天池火山锥体深部存在双层岩浆房，即上部为粗面岩浆房（深度 16 ～ 30km），下部为玄武岩浆房（深度 45 ～ 65km）。金伯禄等（1994）计算结果表明，老黄松蒲含深源包体玄武岩浆深度为 102.3km。根据天池火山盾状玄武岩成分分析，下部玄武岩浆房主要为进化玄武岩浆房，即使有可能出现少量橄榄岩小包体，也应属于地幔表层或壳幔附近的岩浆熔融时的早期分异型包体。老黄松蒲含包体玄武岩浆房（库）应属更深层次的软流层地幔岩部分熔融产物。从长白山火山岩浆柱分析软流层深度为 100 ～ 250km 区间。为此，双层岩浆房下部软流层中还有更深层次的规模更大的原始岩浆库。软流层成分主要为尖晶石二辉橄榄岩－纯橄榄岩，部分熔融后大多变为碧玄岩浆熔融体。在岩浆柱上正异常中心点往往成为热中心，容易形成部分熔融体。670km 上、下地幔分界面附近出现有一个热中心区，很可能成为最深的熔浆库，其成分应属于钙铁矿质和尖晶石 β 相混合的熔融体。

综上所述，长白山火山岩浆柱中岩浆房（库），由上而下形成排列为粗面－碱流岩浆房（小于 10 ～ 30km），玄武岩浆房（40 ～ 65km），碧玄岩浆库（100 ～ 230km），尖晶石－钙铁质熔融库（650 ～ 700km）（彩图 4）。

4. 岩浆柱时代及形成机理

在东北三省东部山区，第四纪玄武岩分布仅仅局限于长白山天池周围，西南至宽甸，西部至龙岗，北部至镜泊湖，北东部至俄罗斯海参崴西区，东至朝鲜金策，南部至朝鲜元山秋嘉岭，其范围约 15 万 km²，另外，天池火山锥体之下的玄武岩 K-Ar 年龄值常为 (4.5 ~ 2) Ma 之间，近代活动的火山区主要出现在天池火山区和龙岗火山区。根据这些数据分析，该岩浆柱的形成始于上新世，更新世强烈而广泛，全新世趋于减弱状态。

长白山火山岩浆柱具有一定规模，横断面椭圆形面积大于几十平方千米，延伸超过 1000 千米，说明它的起因还在深部下地幔。因此，长白山天池火山活动的动力来源还应追索到更深层次的下地幔岩浆柱的研究。太平洋板块俯冲带对长白山火山活动，可以认为没有直接成因联系，不过板片消亡区位于深度 550 ~ 600km，与岩浆柱间隔 100km 左右，有可能对岩浆柱起一定影响，提供一些能量促使加快岩浆柱的热流上涌，也可能对长白山火山活动起着添加剂的作用。该岩浆柱从整体上来看，其形态特征为上地幔段是串珠状柱状体，自软流层开始由于裂谷断裂和深断裂切割软流层作用形成多个或多条岩浆房（库），也成为分支柱体向地表喷出火山岩浆。其中长白山天池火山附近规模最大，岩浆柱向地表升涌过程中多层停留形成进化玄武岩浆房和粗面－碱流质岩浆房。岩浆分异作用良好，活动时间又很长。不同岩浆层之间的岩浆混合作用时有发生。其余的火山较简单，往往一次性地把软流层原始玄武岩浆直接喷出到地表。为此，这些玄武岩中往往含有深源橄榄岩包体。

二、盖马高原与盖马高原玄武岩

1. 盖马高原地理位置范围

盖马高原包括以天池火山为中心的中朝山岳地带。在日本学者小藤的朝鲜山岳论里指朝鲜平安北道、咸镜南道、咸镜北道的高度数百米至 2500m 的地域，而日本学者渡边武男（1934）把盖马高原的西南界与所谓古朝鲜地域（The Paleo-Chgo-Syön Land）对应，自朝鲜湾咸兴一线把半岛横切，地形高低差异明显。盖马高原东缘位于与日本海方面大高差山峰相连位置，其东侧是宽 50km 的海岸低地。平安北道的山岳比咸镜道山岳低，其间南北走向的狼林山脉大体作为西盖马和东盖马的界线。天池火山地域属东盖马的一部分，东盖马一般呈比较平坦的缓起伏的老年地形。连接天池火山与摩天岭的 NNW － SSE 向山脊是高原两大水系的分水岭，东北侧的图们江流域称为茂山解析高原，西南侧鸭绿江流域称为甲山长津高原。构成这个图们鸭绿分水岭山脊的岩石与长白山区火山有密切联系，其中火山岩很多，川崎把它命名为白头火山脉。由白头火山脉再向东南到海岸部分还有高差相当大的陡峻的摩天岭山脉，它是咸镜南北两道的界线。在朝鲜东海岸低地看东盖马，盖马高原东缘海拔超过 2000m 的群峰竞立，也称小长白山脉。东盖马西部甲山长津高原的南边缘与海岸低地有显著高差，这是辽东妙高山脉的延长部，也称赴战岭山脊。日本学者山城不二吕（1928）在论述本地地壳运动时，把小长白山脉和赴战岭山脊称为盖马北岭和盖马南岭。自海岸剥蚀带向西攀上陡峻斜坡，站在山脊顶部，西侧高原内部的山顶林立的感觉就消失了，显示老年期地形广阔的平顶丘相连地貌。在东盖马，明显发育高位平坦面，表现为通常所见的高原性地形的平缓斜面里有宽阔的谷、峰相间分布。超过 1500 ~ 2000m 山顶的高位平坦面是朝鲜境内地形显著特征之一，它相当于韩国境内脊梁山脉里的高位平坦面（600m 高程平坦面）。它是地质时期（明川层群堆积后）里准平原化作用形成的古地形在其后（新近纪末头流山层群、七宝山层群堆积后）保持下来的高位地形。天池火山四周变成了在盖马高原中特别的起伏少的高原性台地，它也是受到了盖马一般性高位老年期地形在新地质时代里喷出的黏度小的大量玄武岩浆的影响而再度平坦化的结果。

新近纪末上升的高原后来受到剥蚀，在起伏大的地方被解析高原化。在更新世开始时，以天池火山为中心广大地域内大量玄武岩浆裂隙式喷出。黏度低的熔岩流沿低洼地带流动、充填，也就造就了天池火山东方（圆池附近）那样的平坦熔岩台地。

小长白山脉最高峰是冠帽峰（2541m），山脊大部是含微斜长石的黑云母花岗岩，雪岭附近出露片麻岩。在摩天岭山脉附近分布有摩天岭系的前寒武片麻岩及结晶片岩，甲山长津高原的大部分是朝鲜境内广为发育的灰色花岗片麻岩与结晶片岩。盖马高原北部图们江流域特别是茂山邑附近铁矿很有名，含铁石英片岩。附近农事堂至图们江河床，常见类似的准片麻岩及灌入花岗片麻岩。熔岩台地的南部惠山附近，玄武岩之下见到上部庆尚层的凝灰岩等出露。在咸镜北道西南部吉州郡合水附近裂谷水 1300m 高处见到玄武岩灌入到古近纪层位，把它对比为日本海沿岸低地明川吉州发育的古近系明川层群中的咸镇洞层（渐新统）。这是朝鲜半岛已知最高的古近系标高，它的分布和标高表明盖马高原的平坦化发生于该地层堆积之后。

2. 盖马高原玄武岩

在盖马高原中央，自图们江支流西头水向西的天池火山中心地带基底岩石均被熔岩流覆盖。巨大的玄武质熔岩流标志着大规模熔岩盾的形成。其连续性越过中朝边界，西边扩展到靖宇、抚松县境内，北边到敦化与宁安。南北最长 400km，东西最宽 200km。日本学者小川根据天池火山东北方向黑山（甑峰山）的名字命名为黑山玄武岩台地，构成台地的大部分玄武岩都是更新世喷出的。

天池火山东南方森林覆盖平坦熔岩台地。自三池渊、无头峰至神武城地带，熔岩上覆盖浮岩，剥蚀谷底浅，且多折曲。在此熔岩平坦面上分布有一系列小丘，如大胭脂峰、小胭脂峰等。熔岩台地边缘地势起伏明显增大，形成非常深而曲折的河谷，桌状山地形亦渐多，如鸭绿江、图们江沿岸所见。区域性大面积玄武岩的分布均显示与此类似的地貌特征，岩流表面自中心向边缘依次降低，在图们江、北大川、鸭绿江上游均如此。

大量熔岩的喷出改变了古水系，如西盖马高原古松花江上游的赴战江、虚川江等河流被堰塞，最终汇聚于鸭绿江。从本玄武岩的喷出可见当时盖马高原已存在，并已一定程度进化成解析高原。盖马玄武岩厚度变化很大，不同火山的熔岩流厚度可以是几米，也可以是几百米。如朝鲜咸镜南道与咸镜北道界线的新福场地区厚度就达 300～400m，图们江、鸭绿江沿岸厚度一般都在 200m 以上。但单层熔岩流厚度是几米到几十米。熔岩流表面坡度在朝鲜惠山镇附近是 2°，在咸镜南道与咸镜北道界线的新福场的坡度是 1°。

3. 朝鲜境内天池火山附近火山地层

1）白岩统玄武岩（$\beta N_1 b$）

白岩统相当于中国境内的马鞍山组，该地层主要分布于白岩、桃花、大泽、惠山、北大宇、信川、西溪水、博川等小型断陷盆地或山间盆地。主要盆地的地层由下而上排列如下：

（1）白岩区：地层总厚度为 67.8～83m，下部由长石砂岩、砂岩、粉砂岩夹薄煤及玄武岩组成。玄武岩层厚度为 8～10m，呈暗灰色致密块状构造。中部由粉砂质泥岩夹砂岩及硅藻土组成。上部以砂岩为主夹砂砾岩及玄武岩，玄武岩具有暗灰色气孔状构造，层厚 2.5～3m。

（2）大泽区：在珍珠岩矿区钻孔柱状图见到盆地内地层总厚度为 91～141.2m，由下而上顺序为下部花岗质砾岩、砂岩夹含煤层（称下含煤层）。中部玄武岩层（称下部玄武岩层），其厚度 23～53m，此层之上沉积有含煤碎屑岩（称上含煤层）。上部为玄武岩层（称上部玄武岩层），其厚度为 20～40m。

在朝鲜境内白岩统沉积盆地中喷出的玄武岩有三层，第一层玄武岩在文岩里区也可见到。岩性为黑色无斑玄武岩、橄榄玄武岩，古地磁年龄为 20Ma。在白岩南侧测定值为（21～22.11）Ma；第二层玄武岩在普天、大信-保兴区、大坪等地区均可见到。大信-保兴区玄武岩古地磁年龄为（10～11）Ma，大坪区玄武岩 K-Ar 年龄值为 13.8Ma；第三层玄武岩见于普天、大信、云兴、下田坪、南中等地，岩石为橄榄玄武岩，古地磁年龄值为（7.7～9）Ma。

2）普天统玄武岩（$\beta N_2 - Q_1 p$）

普天统玄武岩分布极为广泛，有时盖在白岩统地层之上。北至图们江上游西头河，南至铜店岭、大门岭，东至西头河，西至惠山的 5000km² 范围内多个火山不同期次喷出，在鸭绿江上游最厚达 600m。现将主要剖面叙述如下：

（1）鸭绿江上游右侧剖面，总厚度 120～190m，由下而上分层顺序为：

① 暗绿色、暗褐色或赤褐色玄武岩，多次喷发，每次流动单元下部为致密块状玄武岩，上部为板状节理发育的气孔状玄武岩（50～70m）

② 暗绿色、黄褐色或褐色致密块状粗面岩夹粗面质凝灰岩（30～80m）

③ 白色凝灰岩（20m）

④ 带状暗绿色、绿色致密块状玄武岩（20m）

（2）普天群大平剖面，下伏岩石端川花岗岩。总厚度210m，由下而上分层顺序为：

① 褐色、黄色砂质凝灰岩（5m）

② 黑色致密块状橄榄玄武岩（40m）

③ 黑曜岩质玄武岩（15m）

④ 灰色斜长玄武岩（30m）

⑤ 黑色致密块状玄武岩（50m）

⑥ 灰色斜长玄武岩（15m）

⑦ 黑色致密块状橄榄玄武岩（30m）

⑧ 暗灰色气孔状玄武岩（5m）

⑨ 暗灰色、灰褐色气孔状玄武岩（8m）

⑩ 黑色致密块状玄武岩（12m）

白头瀑布底部玄武岩古地磁年龄为2.43Ma，长山岭、农寺、老坪玄武岩年龄2.50Ma，黎明河、三池渊、白岩区玄武岩年龄为（1.44～1.58）Ma。

3）绿峰层粗安岩－粗面岩（$\tau Q_1 l$）

相当于天池火山南侧小白山组层位，主要分布于朝鲜境内的正日峰、绿峰、白沙峰南侧、北溪河、三池渊、君埔西、北胞胎山等地，超覆于普天统之上。在绿峰北侧剖面出露的绿峰层总厚度372～413m，由下而上喷出顺序如下：

① 粗面质凝灰岩（2～3m）

② 暗灰色致密块状粗面岩（80～100m）

③ 暗褐色板状节理发育的粗面岩（50～60m）

④ 暗灰色气孔状粗面岩（200m）

⑤ 灰绿色块状粗面岩（40～50m）

白沙峰剖面总厚度389m，由下而上顺序为：

① 粗面质凝灰岩（3～4m）

② 暗灰色致密块状粗面岩（150～200m）

③ 暗灰色气孔状粗面岩（50～75m）

④ 紫色致密块状粗面岩（40～50m）

⑤ 灰褐色粗粒块状粗面岩（50～60m）

时代相近但超覆于绿峰层之上的北雪岭层粗面岩－碱流岩（$\tau Q1b$）厚度50～300m，主要分布于普天堡、三池渊、三浦山、胞胎山、北雪岭、郭枝岭等地。

4）北胞胎山层粗面岩（$\tau Q_2 b$）

在朝鲜境内北胞胎山、将军峰、小白山、北雪岭、郭枝峰、白寺峰等地广泛分布，包括下部层和上部层。下部层剖面在白寺峰总厚160m，由下而上顺序为：

① 暗灰色粗面质凝灰岩（3～7m）

② 粗粒块状粗面岩（50～60m）

③ 粗面质凝灰岩（10～20m）

④ 暗灰色粗粒块状粗面岩（20～80m）

上部层在将军峰（保西）北东侧，总厚度约400m，由下而上顺序为：

① 黄褐色粗粒凝灰质砂岩，含黑曜岩、长石、石英等卵石（1.5m）

② 灰白色与黄褐色相间条带状凝灰质砂岩（7m）

③ 灰白色凝灰岩含黑曜岩卵石（5.5m）

④ 黄褐色粗粒砂岩（3.5m）

⑤ 灰白色中粒砂岩，向上渐变为黄褐色（2.8m）

⑥ 黑曜岩质凝灰岩（1.0m）

⑦ 暗灰色粗面质凝灰岩（5.5m）

⑧ 灰白色、黄褐色凝灰质砂岩（12m）

⑨ 灰白色粗面岩（8m）

⑩ 暗灰色凝灰岩（4m）

⑪ 凝灰质砾岩（6m）

⑫ 暗灰色凝灰岩（4.5m）

⑬ 凝灰质砾岩与凝灰质砂岩互层（15.7m）

⑭ 粗面岩（300m）

朝鲜境内天池水面以上350～400m厚度的粗面岩类均与北胞胎山层相当，而朝鲜境内的响导峰层相当于白头山组上段。

三、中国境内造高原喷发期间玄武质火山地层及岩性

1. 甑峰山组玄武岩（$\beta N_1 z$）

仅见于和龙市南岗山脉山脊上，代表剖面为甑峰山剖面，实测总厚度为495m。底部为黑色、黄褐色玄武质集块岩，粒径5～20cm，厚度25m。下部为黑色无斑玄武岩，中部黑色辉石橄榄玄武岩，四方柱状节理发育。上部黑色玄武岩，顶部为响岩。

橄榄玄武岩：细晶－隐晶质结构。基质为拉斑结构，块状构造。斑晶中橄榄石含量占10%，无色至淡黄色透明的半自形粒状矿物，$(-2V) = 72°$，$fo=41$，属镁铁橄榄石，沿裂纹或晶面发育鲜红的伊丁石蚀变，有时析出褐铁矿；辉石含量5%，均为单斜辉石，浅绿色、淡褐色，解理发育；斜长石少量，多具环带构造，长板条状，无色。钠长双晶发育，在$\perp a$轴切面上测得$NP' \wedge (010) = 32.5° \sim 33.5°$，$an=55 \sim 58$，属拉长石。基质由自形拉长石微晶（60%）、橄榄石、辉石、玻璃质（约占10%）、磁铁矿和磷灰石等组

成。标准矿物 or=11.17%，ab=30.20%，an=27.16%，hy=1.20 %，ol=12.76%，fo=7.37%，fa=5.39%，按国际地科联火山岩命名方案命名为碧玄岩。

碱玄岩：位于剖面中部层位，黑色，斑状结构，基质为间粒或交织结构，块状构造。斑晶中，橄榄石约占 10%，斜长石微量，(010) $\wedge Np'$=32.5°，an=50，属拉长石，单斜辉石约占 3%，粒径 0.3 ~ 0.4mm。基质由定向排列的斜长石（大于 70%）、橄榄石、单斜辉石（约占 1%）、磁铁矿（约占 10%）和磷灰石等组成。标准矿物 or=13.93%，ab=34.50%，an=20.15%，hy=4.40%，ol=7.15%，fo=4.73%，fa=2.42%。

响岩：位于顶部层位，标准矿物 or=32.74%，ab=31.54%，an=1.55%，di=8.01%，ne=18.63%，ol=1.18%，fo=0.28%，fa=0.9%。

甑峰山组玄武岩喷出于马鞍山组（相当于延边地区土门子组）碎屑岩层之上，中科院地质与地球物理研究所测定的全岩 K-Ar 年龄值为（19.28 ± 1.89）Ma ~（20.58 ± 1.23）Ma，等时线年龄值为（19.9 ± 0.20）Ma，属早中新世。

2. 奶头山组玄武岩（$\beta N_1 n$）

分布于长白山天池火山锥体东北侧黄松蒲、奶头山、长虹岭等地及锥体西南侧锦江桥与锥体西北侧前川大桥附近，在黄松蒲火山口处见有大量橄榄岩包体，寄主玄武岩为碧玄岩或碱性橄榄玄武岩。在奶头山剖面玄武岩层厚度约 90m，在长虹岭区玄武岩覆盖于马鞍山组砂砾层之上，总厚度约 400m。

在天池火山锥体北东，出露有奶头山期中新世早期喷发的碧玄岩，含有大量的尖晶石二辉橄榄岩幔源包体。在长白山山门东侧施工的钻孔中自 15 ~ 102m 深度见到含幔源包体的岩芯层序总厚 87m，下伏地层中新世土门组含硅藻土砂页岩，由上而下列述如下：

① 含包体玄武岩（K-Ar 年龄值 18.87Ma，55m）

② 玄武质角砾凝灰岩（2m）

③ 含包体玄武岩（30m）

3. 马鞍山组玄武岩 ($\beta E_3 m$)

在长白县马鞍山－安图县三道白河北北东向断陷盆地内古近纪湖相碎屑岩中夹层状分布，玄武岩夹层一般为 3 ~ 5 层，局部区段达 10 层。以马鞍山盆地为例，底部砂砾岩层上部夹第一层玄武岩，层厚约 20m。岩石为灰黑色，斑状结构，板条状斜长石占 10%，斑晶长度一般为 2 ~ 5mm。基质为辉石、斜长石、橄榄石等。往上砂质黏土层夹第二层玄武岩，层厚 21 ~ 58m。岩石灰黑色，斑状结构（条状斑晶为主），拉、培长石斑晶占 10% ~ 25%。基质由拉长石（30% ~ 40%）、辉石（25% ~ 30%）、橄榄石（3% ~ 7%）、玻璃质等组成。熔岩层分布很广。上部第三层玄武岩夹在黏土及硅藻土层中，层厚 7 ~ 21m。此玄武岩分布广，厚度也较稳定，为上覆硅藻土矿层的底板标志层。岩石为深灰色，斑状结构，斑晶多为橄榄石、斜长石，斜长石斑晶占 20%～25%，长度 2～6mm。基质为斜长石（35%～45%）、辉石（24%）、橄榄石（10%）。镜下鉴定斑状结构，基质为间粒结构，块状构造。斑晶中斜长石占 15%，an=61，属拉长石，部分具有环带构造。橄榄石为（−2V）=84.5°，fo=68.5%，fa=31.5%，属透铁橄榄石。辉石为（+2V）=50°，C∧Ng=38°～50°（44°～45°为主），属普通辉石和透辉石。标准矿物 q = 1.09%，or = 7.03%，ab = 30.63%，an = 20.81%，hy = 13.71%。

马鞍山组湖相地层中的化石鉴定时代属新近纪中新世，K-Ar 同位素年龄值为 28.40Ma，属古近纪渐新世。第二层、第三层玄武岩 K-Ar 年龄值分别为 13.5Ma、10.39Ma，地质时代属中新世。

4. 望天鹅火山系统火山地层与岩性

1）长白组玄武岩（$\beta N_1 c$）

分布于本区西南部长白县境内，代表剖面见于十五道沟上游和八道沟上游。喷出岩总厚度约 370m，由下而上顺序为底部玄武质角砾岩－灰黑色玄武岩、粗安岩－粗面岩。

玄武岩：灰黑色，斑状结构，基质间隐－间粒结构，块状构造。斑晶中斜长石约占 1%，熔蚀浑圆状，长 1.5～3mm。边部为港湾状或锯齿状，an=58，(+2V)=76°。基质由定向排列的斜长石、辉石、橄榄石、玻璃质、磁铁矿、磷灰石等组成。标准矿物 or=5.45%，ab=26.93%，an=23.17%，hy=15.22%，ol=9.50%，fa =3.12%，fo=6.38%。

粗安岩－粗面岩：灰紫色，斑状结构。斑晶中，斜长石约占 3%，板状或不规则熔蚀状，粒径 1～2mm，an=46，(−2V)=70°，所有晶体均具有内部熔蚀的补丁构造，沿环带或中心熔蚀交代而形成，外缘常具环带。辉石约占 2%，柱长 0.5～1mm，有斜方辉石（古铜辉石，C∧Ng=11°，(−2V)=64°）和单斜辉石（钛辉石，C∧Ng=32°），边部不规则港湾状。基质主要由斜长石、辉石、碱性长石、磁铁矿等组成，还有磷灰石、石英等。标准矿物 q=15.11%，or=23.89%，ab=31.63%，an=7.79%，hy=7.54%，ol=1.29%。

长白组玄武岩覆盖在马鞍山组砂页岩之上，在长白县十八道构口附近测得 K-Ar 年龄值为（16.40 ± 1.49）Ma，时代属早中新世。

2）望天鹅组玄武岩（$\beta N_1 w$）及红头山组粗安岩－碱流岩（$\tau N_{1-2} h$）

望天鹅组玄武岩分布于望天鹅峰火山锥体周围，覆盖于长白组玄武岩之上，最大厚度约 330m。在十五道沟五号房以东，其上为红头山组粗安岩和四等房冰期冰碛层覆盖。此层位相当于吉林省区调队 1963 年建组的上玄武岩，在此玄武岩盾状台地之上出现许多寄生火山渣锥，详见第一章望天鹅火山部分。

5. 图们江流域火山系统火山地层与岩性

1）军舰山玄武岩（$\beta N_2 j$）

在传统的和龙市崇善图们江北岸军舰山剖面，玄武岩层下伏地层为四级阶地砂砾石层，玄武岩总厚188m，由下而上喷发顺序为青灰色致密块状橄榄玄武岩－青灰色气孔状橄榄玄武岩（顶部见有紫红色风化壳）－灰黑色橄榄玄武岩与气孔状橄榄玄武岩交替出现（伊丁石化较发育）－青灰色致密状玄武岩。在长白山天池火山锥体边缘台地冲沟（峡谷）中也露出天池火山口喷溢出来的玄武岩，在二道白河自然保护局附近见到两次玄武岩流动单元，总厚达30m以上。和平营子（长白山山门）附近上部层玄武岩岩石呈黑灰色，无斑结构，气孔状构造。基质间粒及嵌晶含长结构，由斜长石及其格架间充填的辉石、橄榄石、钛铁尖晶石、磁铁矿、少许磷灰石等组成。斜长石约占65%，an=53，长0.2～1mm，属拉长石。少量嵌在辉石晶体或辉石集合体之中，自形程度高。辉石约占20%，C∧Ng=30°～43°，紫褐色，钛辉石分布于斜长石格架中。橄榄石约占10%，粒径0.05～0.2mm，常有伊丁石化、磁铁矿化。钛铁尖晶石－磁铁矿约占5%，呈针状、长柱状、四边形、菱形，多分布于橄榄石和辉石晶体之中。标准矿物ol=5.06%，fo=3.27%，fa=1.79%，hy=5.80%，or=13.74%，ab=31.98%，an=17.01%，属粗面玄武岩。

图们江崇善北岸军舰山玄武岩K-Ar年龄值为（2.77±0.2）Ma，等时线年龄值为（2.60±0.29）Ma，二道白河镇建材厂水井中玄武岩K-Ar年龄值为（2.34±0.6）Ma，西马鞍山火山渣锥玄武岩K-Ar年龄值为2.12Ma，时代属上新世中晚期（刘嘉麒，1987；金伯禄等，1994）。

2）平顶村玄武岩（$\beta N_2 p$）

分布于龙井市平顶村、三合等地，黑灰色厚层状。斑状结构，枕状构造，基质常见似斑状结构特征。标准矿物q=5.34%，or=3.87%，ab=21.83%，an=25.26%，hy=22.41%。斑晶由橄榄石、辉石、斜长石组成。橄榄石约占10%，（-2V）=66°～84°，fo分别为29%和68%，属低铁镁橄榄石或透铁橄榄石，多被伊丁石化。辉石约占5%，浅绿或淡褐色，（+2V）=47°～52°，Ng∧C=41°～45°，A1∧C=18°～19°，属普通辉石。斜长石多具环带构造，⊥a轴Np′∧（010）=33.5°，⊥（010）晶带最大消光角Np′∧C（010）=34°，an=57～58，属拉长石。基质拉斑结构，由自形拉长石微晶（60%）、橄榄石、辉石、玄武质玻璃（多脱玻化析出针状、放射状雏晶，含量10%）、磁铁矿和磷灰石等组成。平顶村玄武岩K-Ar年龄值为（3.54±0.57）Ma、（3.66±0.33）Ma，等时线年龄值为（4.21±0.19）Ma，属上新世早期。与平顶村玄武岩层位相当的还有长白县鸭绿江北岸的沿江村玄武岩（$\beta N_2 y$）。

3）广坪组玄武岩（$\beta Q_3 g$）

分布于图们江上游广坪河谷二级阶地，其代表剖面在和龙崇善红旗河桥头北，总厚59m。由下而上顺序为灰黑色橄榄玄武岩－黑色辉石玄武岩－黑灰色橄榄辉石玄武岩。

橄榄玄武岩：灰黑色，斑状结构，块状构造。基质为间粒、拉斑结构。斑晶有斜长石、橄榄石、辉石。斜长石约占20%，粒径1.0～6mm，⊥a轴Np′∧（010）=37°，an=66，属拉长石。橄榄石约占2%，粒径1～2mm，（-2V）=80°，fo=60%，属透铁橄榄石。辉石约占 5%，（+2V）=52°，NgΛC=42°，属普通辉石。基质由微粒斜长石、橄榄石、辉石、玻璃质、磁铁矿及磷灰石组成。标准矿物 or=7.71%，ab=33.13%，an=25.89%，hy=6.48%，TAS 投点属粗面玄武岩。

辉石玄武岩：黑灰色，斑状结构，基质为间粒结构，块状构造。斑晶为斜长石 10%，长 2～6mm，橄榄石 3%～5%，辉石 2%～3%。标准矿物 q=6.83%，or=3.86%，ab=28.04%，an=23.35%，hy=18.70%，TAS 投点属玄武安山岩。

广坪村西测定的 K-Ar 年龄值为（0.131±0.064）Ma，在红旗河剖面玄武岩下伏的二级阶地砂石层中测定的热释光年龄值为（0.096±0.0007）Ma，应属晚更新世。

第二节　北西向火山带 *

穿过长白山天池火山的北西向（碱性）火山构造带包括长白山主峰一带代表性的天池火山、望天鹅火山、胞胎山火山这三座巨型碱性火山，以及其西北侧龙岗火山与东北侧甑峰山火山等。进入朝鲜境内有白沙峰、黄峰、裳岩山及七宝山一带的碱性火山，进入日本海则有郁陵岛与隐岐岛火山。在这一北西向火山带里岩浆演化与喷发历史复杂，共性是岩浆富碱质，与其东侧珲春日本海深震带遥相辉映，与太平洋西俯冲带有着某种成生联系。

一、珲春 、日本海深震带与北西向火山带

太平洋西俯冲带板块在俯冲作用下经日本列岛进入日本海，再向西北进入欧亚大陆内部。由于俯冲深度的加大和岩石物性的影响，首先在日本海偏西侧引发大量深震（深度大于 400km），再于欧亚大陆边缘引发一系列深度更大些的深震（最大深度达 620km）。由板块深俯冲作用引起的火山活动特征表现为一系列碱性粗面质火山的形成。其中以长白山天池火山为代表的中朝境内北西向碱性火山带与深震集中区遥相呼应，反映了太平洋板块深部俯冲作用构造学与热事件的两种表现形式。关于太平洋板块俯冲作用、深震与火山作用的构造背景已有众多学者进行了研究（王瑜等，1999；赵大鹏等，2004；雷建设等，2004）。但很少有对珲春、日本海深震带内详细的发震过程与有关参数的统计学研究，讨论长白山火山作用构造背景时也往往比较强调北东向构造带的影响，而对北西向构造带的作用论述较少。本节通过详细对比珲春、日本海深震区不同块体间深震发育特征来阐述深震发震机理，并以此区分天池火山所在的北西向火山带的不同构造单元。

---

* 本节合作作者：盘晓东。

1.珲春、日本海深震区分区与发震特征

本文利用了在珲春、日本海深震区内 1963 年 11 月 19 日至 2006 年 7 月 27 日 44 年间震源深度大于 400km 的一共 105 个深震资料。

按照深震震中分布与地形特征，笔者把珲春、日本海深震区分为 4 个块体，即郁陵岛周边（A）、日本海方框（B）、珲春穆陵（C）和乌苏里斯克（D）块体区（图 2-2-1）。郁陵岛周边块体（A）位于小于 40°N 范围，震中相对较分散，44 年间共计 13 个地震。日本海方框（B）范围 41°~45°N，131°~134°E，44 年间集中发育了 44 个地震。珲春穆陵块体（C）42°~45°N 范围，E130°~132°E，44 年间发育 34 个地震。俄罗斯乌苏里斯克（D）块体大于 43°N，大于 132°E，44 年间发育 14 个地震。

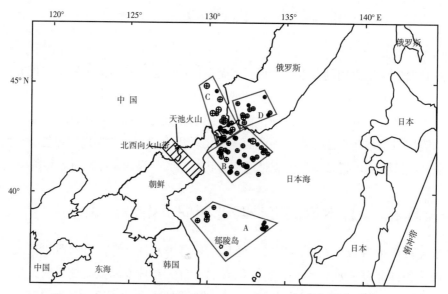

图 2-2-1　珲春、日本海深震区与长白山天池火山北西向火山带的分布

A.郁陵岛块体区；B.日本海方框块体区；C.珲春穆陵块体区；D.乌苏里斯克块体区；
阴影带显示北西向火山带大致范围

在珲春、日本海深震区的深震主要呈南北向发育大于 41°N 范围内，而小于 41°N 范围的深震较少。震源深度似乎有两次随着纬度增加而增加的趋势（图 2-2-2a）。震源深度与经度的变化则显示出清晰的随着经度的增加而增加的趋势（图 2-2-2b），这是否说明了深震区与之西侧的长白山北西向火山带具有某种成生联系？珲春、日本海深震区震源深度与震级之间也显示出一定的相关性，总体上显示出地震震级随着震源深度的增加而增加的特征（图 2-2-2c），但有 1 个例外是深度 471km 的 7.3 级地震。地震震级似乎随着纬度的增加显示出增加的趋势（图 2-2-2d），而随经度的增加而减小的趋势则比较明显（图 2-2-2e）。

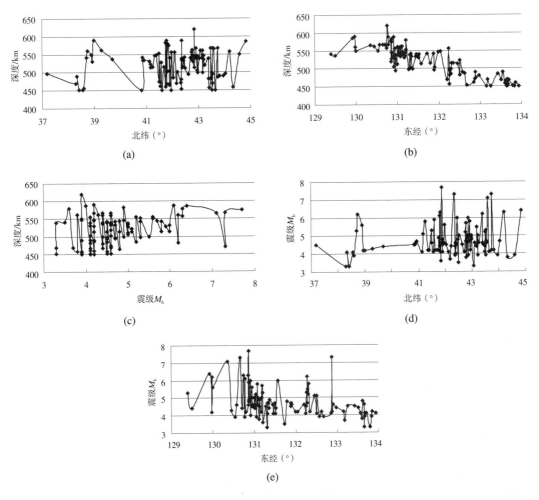

图 2-2-2　珲春、日本海深源地震参数图

(a) 震源深度的纬度分布；(b) 震源深度的经度分布；(c) 震级与震源深度的关系；(d) 震级与纬度的关系；
(e) 震级与经度的关系

为了了解珲春、日本海深震区深震发育时间序列特征，笔者归纳整理了本区深震的震级、深度、经度与纬度随时间的动态变化特征（图 2-2-3）。由图可见 20 世纪 60 年代与 70 年代早期震级均小于 6 级，自 1973 年两次 6 级和 7.7 级地震之后，70、80、90 年代均出现了 6 级以上的深震，而 1994～2002 年间则出现了 3 次大于 7 级地震（图 2-2-3a）。地震深度随时间的持续表现为波动变化，最大深度是 1999 年的 620km（图 2-2-3b）。除郁陵岛附近外，本区深源地震震中的纬度在波动变化的基础上显示出明显的随时间增加而增加的特征（2-2-3c），这也预示着 2006 年后可预见时间范围内有可能出现纬度更偏北的深源地震。深震震中的经度随时间的变化则不明显（2-2-3d）。

作为珲春、日本海深震区发生深震的动态过程小结，笔者总结了珲春、乌苏里斯克

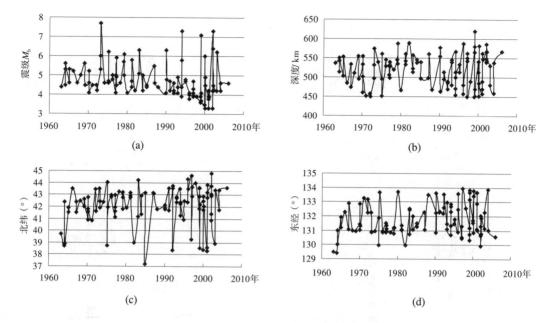

图 2-2-3　珲春、日本海深源地震时间序列图

(a) 深震震级随时间的变化；(b) 深震深度随时间的变化；(c) 深震纬度随时间的变化；(d) 深震经度随时间的变化

代表的陆相地块区与日本海方框及郁陵岛代表的海相地块区内深震发育的时间序列图（图 2-2-4）。由图可以明显看出深震发育由南侧的海相地块范围内向北侧陆相地块范围内演化的趋势，总体上这与太平洋板块向西北方向俯冲的力学机制相一致。

如图 2-2-4 所示，珲春、日本海深震区深震活动划分为 4 个阶段，每个阶段都显示出首先是郁陵岛、日本海在内的海相地块先发生深震，然后是珲春与乌苏里斯克代表的陆相地块再发生深震的动态过程。海相、陆相地块内深震发震时间总体上是交互式变化的，有时在各区内连续发生数次，但都以海相开始、陆相结束过程为特征。第一阶段自 20 世纪 60～70 年代早期，持续约 9 年，特征是海相地块与陆相地块内均以较规则的间隔周期发震。特别是珲春、乌苏里斯克地块内深震发震时间呈现出较规则的每一两年发生一

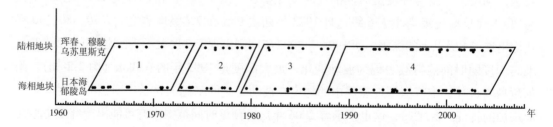

图 2-2-4　珲春—日本海深源地震区海、陆相部分时间动态发育图

为了使图件美观，个别深震的时间序列分区稍作调整，如第一阶段的最后一个陆相深震的时间
要晚于第二阶段海相深震的发震时间

次地震的周期性，海相地块内有时表现为连续数次地震群发的过程。第二阶段自 70 年代早期至 70 年代末，持续约 7 年。特征是深震频度为最高，间隔周期也较规则。尤其是珲春、乌苏里斯克地块内深震发震时间表现为较规律的小于 1 年的周期性。第三阶段自 70 年代末至 80 年代中晚期，持续约 8 年。地震频度较第二阶段有所降低，有时双震与群发性地震也时有表现。第四阶段持续时间最长，自 20 世纪 80 年代中晚期至 21 世纪早期共约 19 年。地震频率的规则性最差，在笔者所划分的海相、陆相地块内双震、群震事件也更常见。

2.各块体内部发震序列特征

郁陵岛周边、日本海方框、珲春穆陵和乌苏里斯克各个块体区内深震发育频率、深度、震级及与相邻块体区深震特征的关系均有所区别，现分述如下：

郁陵岛块体区（A）：位于珲春、日本海深震区最南端，在郁陵岛周边北西向梯形范围内发育 12 个地震。地震主要分布于郁陵岛北西方向，在郁陵岛北东方向也集中了 5 个地震。离郁陵岛最近的地震位于郁陵岛东南，另一个深度较大的地震发育于梯形区西北（图 2-2-1）。最大震级 6.2，最大深度 590km。20 世纪 80 年代早期之前地震深度均大于 500km，有 3 次大于 5 级的地震也发生在 20 世纪六七十年代，80 年代之后的地震深度则多小于 500km。

日本海方框块体区（B）：本块体区地震频度最大，平均每年一次。最大震级 7.7，最大深度 588km。其中一个地震位于方框区外东南方向。

由本块体区震源深度与震中纬度关系图（图 2-2-5a）可见，所划分的日本海方框块体区内 41.5°N 纬度线以南的深震的深度都集中于 510 ～ 550km 之间，仅有一次例外的浅一些的 451km。41.5°N 纬度线以北的日本海方框块体区地震深度变化幅度明显加大，浅者 450 ～ 500km，深者 520 ～ 590km，地震深度一般都在两个深度层次内上下波动。地震深度随经度的变化表现为明显的西深东浅的特征，由图 2-2-5b 可见地震深度自西向东波动性逐渐变浅的趋势。其中 132.5°E 以西的地震深度一般都大于 500km，而 132.5°E 以东的地震深度一般小于 480km。深度与震级关系也显示出大震级的地震其深度一般也较大的特征。41.8°N 以南的地震震级均集中于 4 ～ 6 级之间，而其北侧地震震级变化幅度明显加大，小至 3.5 级，大至 7.7 级（图 2-2-5c）。震级随经度的变化也显示出西部震级大，东部震级小的趋势（图 2-2-5d）。

在日本海方框块体区内深震发育的事件动态图上，20 世纪 80 年代地震数量明显较少，对应的经度、纬度、震级和深度的时间序列图上也往往表现出两个系列区的特征（图 2-2-6）。

珲春穆陵块体区（C）：本区位于珲春、穆陵一带大陆内部，呈北北西向带状展布。本区深震以深度 500 ～ 570km 之间的 4、5 级地震最为发育。深震震级的平面分布显示出

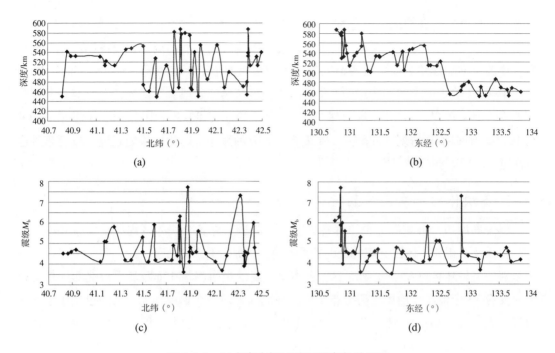

图 2-2-5　日本海方框区域深震参数关系图

（a）深度－纬度关系；（b）深度－经度关系；（c）震级－纬度关系；（d）震级－纬度关系

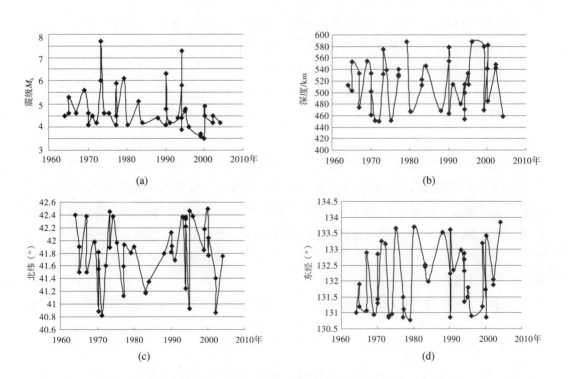

图 2-2-6　日本海方框区域深震发震时间序列图

（a）震级的时间序列；（b）深度的时间序列；（c）纬度的时间序列；（d）经度的时间序列

明显的南部地震密集、北部地震少且强度大的特征（图 2-2-7a、图 2-2-7b）。43.5°N 以南地震数量明显大于以北地震数量，但地震震深度则多集中分布于 500 ~ 570km 之间。附带说明的是，地震震级大者其深度一般也较大。本区深震的时间演化表现为 20 世纪 80 年代中早期之前的 15 年间地震强度显示波动性增加的趋势。经 15 年的 小于 5 级中小规模地震期之后，地震震级出现最高 7.3 级、最低 3.3 级的大幅度波动（图 2-2-7c）。值得指出的是，随着时间的持续，本区地震深度呈现出明显的波动性增加的趋势。由早到晚地震深度有大约 100km 的增加（图 2-2-7d）。最大震级 7.3 级，最大深度 620km。最南侧纬度42.5°N，最北侧纬度 44.8°N。

乌苏里斯克块体区（D）：本块体位于珲春穆陵块体以东，深震最大震级 6.2 级，最大深度 499km。震源深度介于 450 ~ 500km 之间，4.7 级以上地震的震源深度均大于480km。在 1991 ~ 2001 年间集中发育了 7 次 4 级左右的地震，其震源深度在 450 ~490km 之间变化。

不考虑乌苏里斯克和郁陵岛地块区深震，狭义的珲春日本海深震区 44 年间共计 78个深震。在 20 世纪 80 年代中期之前地震震级自 4 级波动性逐渐升高至 6.3 级，其中在1977 年发生了本区最大规模的 7.7 级地震。进入 90 年代以后，地震震级波动性更大，在4 ~ 5 级地震强度基础上，小至 3.4 ~ 4 级左右的众多地震，大至 8 次 6 级以上地震（图2-2-8a）。震源深度多保持在 450 ~ 490km 之间，其中包括本区最大的震源深度 620km（图

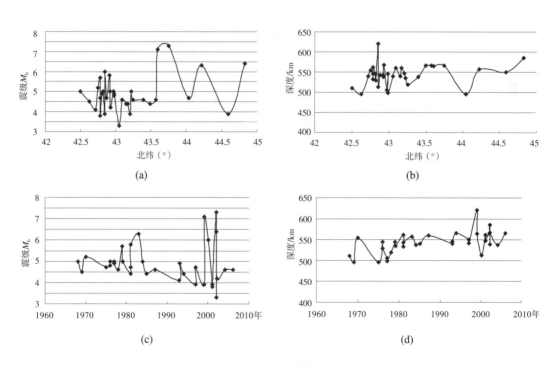

图 2-2-7　珲春穆陵区域深震参数与时间序列图

（a）震级的纬度分布；（b）深度的纬度分布；（c）震级的时间序列；（d）深度的时间序列

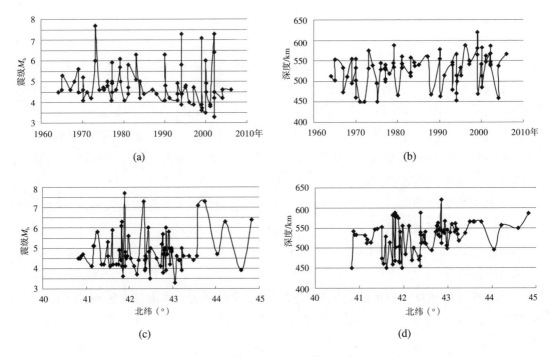

图 2-2-8 狭义珲春日本海深震区（图 2-2-1 中 B、C 区）地震参数及时间演化序列

(a) 震级的时间序列；(b) 深度的时间序列；(c) 震级的纬度分布；(d) 深度的纬度分布

2-2-8b）。由震级－纬度投点图（图 2-2-8c）可见，高纬度地带虽然地震数量较少，但震级强度一般都较大。最大的 7.7 级地震发生在 41.89°N，而另 3 次 7 级以上地震均发生于 42.34°N 以北的陆相地块区内（图 2-2-8d）。

在狭义珲春日本海深震区，深震参数特征与时间动态演化见图 2-2-9。由图可见，半数以上的深震震级都介于 4～5 级之间，最大震级小于 8 级（图 2-2-9a）。震源深度 500～550km 之间的深震占了深震数量的一半（图 2-2-9b）。震中纬度主要在 42°～43°N 之间（图 2-2-9c），而震中经度主要在 131°～132°E 之间（图 2-2-9d）。狭义珲春日本海深震区内深震发育的动态演化序列见图 2-2-9e。由图可见，深震发育总体呈双峰式分布。第一个深震集中发育时间段为 1975～1980 年间，5 年间共计发生了 13 次深震。在此前后两个 5 年里，深震数量也较高，均为 9 次，向两侧数量再为减少，构成一个较为规则的正态分布（图 2-2-9e 左侧部分）。20 世纪 90 年代开始第二个发震高峰，在 20 世纪最后 5 年稍有降低后，于 21 世纪前 5 年达到了最高峰值（共 14 次深震）。之后深震数量明显降低至背景水平（图 2-2-9e 右侧部分）。值得指出的是，自 2005 年深震发育数量明显降低，这与长白山天池火山微震活动在 2002～2004 年间的明显增强和 2005 年后恢复到背景值不谋而合。

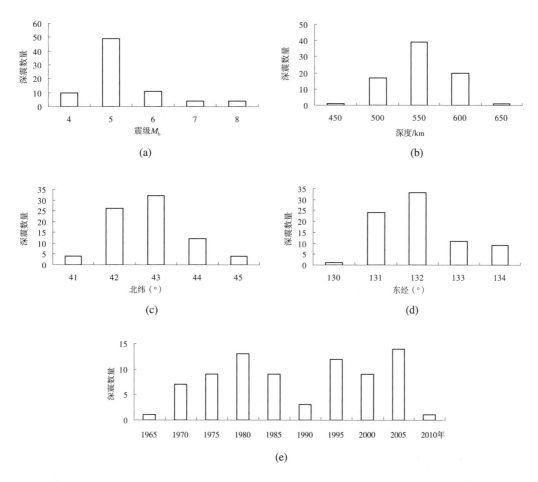

图 2-2-9 狭义珲春日本海深震区（图 2-2-1 中 B、C 区）44 年间深震发育时间动态图

(a) 震级分布频度；(b) 深度分布频度；(c) 纬度分布频度；(d) 经度分布频度；(e) 深震数量时间分布

3. 珲春日本海深震与北西向火山带机制讨论

珲春、日本海深震区的发育与太平洋板块俯冲的动力学机制相符合，由于本区内特殊的岩石圈及上地幔的组成与物性结构，致使本区冷的刚性地块内更易发生深震。而在长白山天池火山代表的北西向碱性火山带，由于地下深部富集了热的、相对塑性的岩石圈，深震不能发生，而代之以较频繁的火山活动。

郁陵岛地块深震与其北侧的珲春日本海深震空间上不是连续的，海底地形地块特征也有明显区别。乌苏里斯克深震区相当于日本海向珲春穆陵深震块体区俯冲时在其东部形成的另一个深震区。特别是 20 世纪 90 年代里集中发育了众多深震，该过程发生在珲春穆陵深震区 20 世纪 80 年代中后期地震相对减少的过程之后。在狭义的珲春日本海深震带里，沿着与太平洋板块俯冲方向 45°夹角的近南北方向，由南向北，由浅向深地发生了一系列深震。

长白山天池火山北西向火山带主体以长白山天池火山、望天鹅火山、胞胎山火山这3座巨型碱性火山为代表，这3座巨型碱性火山位于北西向火山带的近北缘。该火山带还包括天池火山西北侧的头西火山与东南方向朝鲜境内的小白山、黄峰、雪峰及七宝山火山。火山带内岩浆成分以碱性玄武岩浆分异演化出碱性粗面岩浆为特色，部分火山进一步分异演化出碱流质岩浆。日本海内的郁陵岛与隐岐岛火山岩浆成分也以粗面质岩浆为特征，也可划归为广义的北西向火山带。

由此可见南北向珲春日本海深震区与长白山天池火山为代表的北西向火山带应划分为不同的地质构造单元，不能笼统地把两者硬性合并讨论。如果说两者的构造、岩浆活动形式与太平洋板块俯冲作用有什么共性的话，那就是它们分别以深震与岩浆作用的方式释放了太平洋板块俯冲作用积累的能量。

二、郁陵、隐岐火山灰

郁陵岛、隐岐岛火山是天池北西向碱性火山带经朝鲜半岛进入日本海后再向东南方延伸的碱性火山。近年来郁陵－隐岐火山灰的发现与研究为我们系统研究天池火山大规模喷发物在日本海及周边陆地的分布提供了很好的参照。郁陵岛火山岩岩性有构成郁陵岛基底的玄武岩，岛上还有粗面岩、响岩、碎屑岩等。而隐岐岛后火山岩岩性包括安山岩、粗面安山岩、粗面岩、流纹岩以及玄武岩等。

郁陵岛位于日本海西部，距朝鲜半岛海岸线140km。郁陵火山直径30km，高差3000m，上半部分露出海面，是一座大型火山。郁陵岛长12km，宽10km，最高点位于圣人峰（Seoginbong），海拔983m。火山岛切割强烈，海蚀崖发育，到处可见熔岩流堆积的桌状山残余。郁陵岛中央及北部的罗里盆地（Nari-Kol）是破火山口（直径3.5km）所在地，破火山口底部直径约2km，在其西北部，中央火口丘保持着新鲜地貌，卵峰（Al-bang）在此阶段形成（图2-2-10）。

郁陵岛火山活动分为5期，第1期到第3期喷出大量玄武质岩浆，这构成了郁陵火山岛的基础。伴随爆发性喷发的粗面质岩浆的喷出而形成了大型火山。此后粗面质与响岩质岩浆的喷出反复了两个周期，这时形成了破火山口。在破火山口之中后期喷发形成中央丘，当地称卵峰（第4期）。自此第5期活动表现为爆破性喷出大量的浮岩与火山碎屑覆盖了全岛，最后在东北部山腰处喷发，流出了粗面安山质熔岩。卵峰中央火口丘由火山碎屑丘和两个熔岩流组成。自碎屑丘的西坡底部向破火山口内南侧流出的熔岩流保持有清晰的熔岩流表壳构造，而自卵峰顶部火口流出的高黏度熔岩流在向北流动时在豁口处形成了断崖。

隐岐岛位于日本松江－鸟取西北海岸线西北约100km。郁陵－隐岐火山灰（Ulreung-Oki ash）最先发现于日本福井县三方街鸟浜贝塚考古点儿（Torihama）绳文早期押型文土

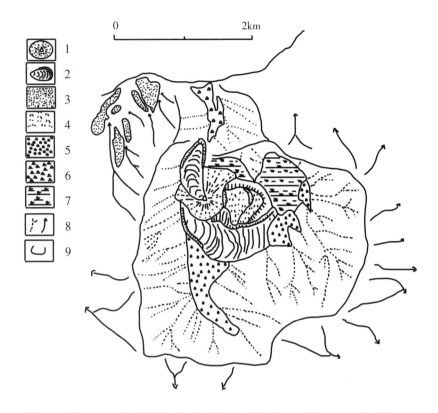

图 2-2-10　郁陵岛火山地貌地质图（据 Machida et al., 1984）

1.岩渣锥；2.新期熔岩；3.火山碎屑流堆积物；4.早期熔岩；5.冲积扇；6.火山泥石流堆积物；
7.湖相沉积；8.沟谷；9.破火山口缘

器包含层中，火山灰成分为灰白色碱性岩。之后在日本近畿地区海相、湖相堆积物中以及日本海南部海底堆积物中都有发现。覆盖郁陵岛的火山灰主体分布见图 2-2-11。图中给出了郁陵岛 U-2 浮岩堆积物厚度（实线与虚线）、最大浮岩粒度（点线）、最大岩屑粒度（点划线）分布及代表性剖面点位置。郁陵岛火山灰及相关火山灰层化学成分特征见表 2-2-1。总体上看，郁陵 −2 ～ −4 与郁陵隐岐火山玻璃组成相似。主元素组成 SiO_2 约 60%，Na_2O 与 K_2O 含量相近，总和多在 13% ～ 14% 之间；Al_2O_3 也在 19% ～ 20% 之间，明显高于其他 3 层火山灰。过碱性岩质的两个火山灰层也完全不同，表现为与源自天池火山的白头山苦小牧火山灰（B-Tm）有很大的区别。稀土元素组成中郁陵岛 3 层火山灰（U-2、U-3、U-4）与郁陵隐岐火山玻璃（U-Oki）2 样品成分相近，但与喜界、始良及源自天池火山的白头山苦小牧火山灰等其他 3 个火山灰层的差异很大。特别需要指出的是其中白头山苦小牧火山灰 REE 总量最高，Eu 负异常最强烈（图 2-2-12）。由此可见不同来源的细粒火山灰层仍然保持着其岩浆成分的固有特征。

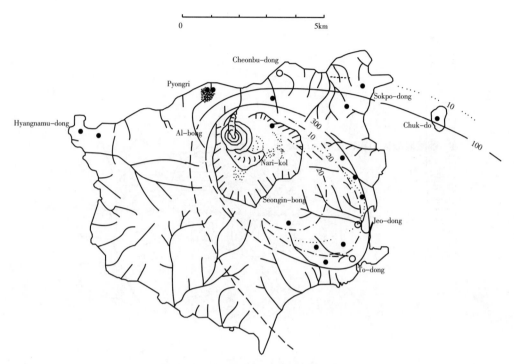

图 2-2-11　郁陵岛浮岩堆积物的分布（据 Machida et al., 1984）

单位 cm

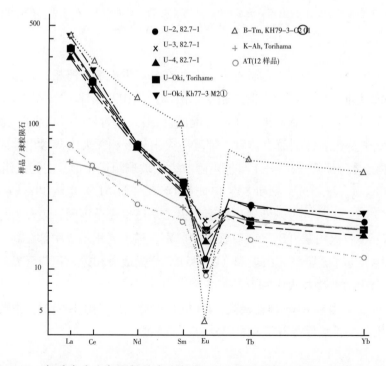

图 2-2-12　郁陵岛火山灰及相关火山灰层 REE 配分特征（据 Machida et al., 1984）

三、朝鲜境内北西向火山带

朝鲜境内北西向火山带自天池火山向东南方向经胞胎山、白沙峰、黄峰至吉州名川裳岩山，在朝鲜半岛东海岸七宝山一带进入日本海，再经郁陵岛至日本隐岐岛，在这个北西向延长线上存在着一个特征的碱性火山系列。

表 2-2-1　郁陵隐岐火山灰、鬼界 Akahoya、始良 Tn 与白头山苫小牧火山灰的平均玻璃组成
（据 Machida et al., 1984）

火山灰	采样点编号	样品数	SiO$_2$	TiO$_2$	Al$_2$O$_3$	ΣFeO	MgO	CaO	MnO	K$_2$O	Na$_2$O	Total
郁陵 2	上	22	60.19	0.38	19.83	3.09	0.22	1.31	0.14	6.48	7.24	98.87
	中	10	60.16	0.36	19.33	3.11	0.2	1.37	0.16	6.18	7.12	98.01
	下	30	61.09	0.28	20.29	2.89	0.11	1.43	0.15	5.17	7.67	99.66
郁陵 3	中	11	60.21	0.6	19.07	2.92	0.35	1.59	0.15	7.01	6.02	97.92
	下	27	60.92	0.49	19.84	2.76	0.26	1.45	0.13	6.83	6.75	99.44
郁陵 4	中	13	60.35	0.42	19.62	2.97	0.24	1.47	0.14	6.49	6.69	98.4
	下	2	59.74	0.1	20.35	3.41	0.01	0.82	0.24	5.21	9.9	99.8
郁陵隐岐火山灰	KH77-3-M3	10	59.87	0.58	19.37	2.88	0.36	1.83	0.11	6.86	6.69	98.37
	KH82-4-17	26	60.31	0.49	19.55	2.63	0.26	1.49	0.13	6.65	6.85	98.39
	Torihama	3	59.3	0.47	19.09	2.94	0.36	1.45	0.16	5.9	6.36	96.02
	大阪	14	59.77	0.51	19.69	2.84	0.37	1.56	0.14	6.16	6.31	97.38
	KT96-17 P-2 钻孔	11	59.92	0.51	19.76	2.8	0.32	1.56	0.14	6.17	6.22	97.45
	KT96-17 P-2 钻孔	4	60	0.27	19.78	2.83	0.19	1.4	0.17	5.54	6.57	97.3
	KT96-17 P-2 钻孔	25	62.11	0.48	20.48	2.68	0.25	1.5	0.15	6.63	4.95	99.25
	KT96-17 P-2 钻孔	26	60.31	0.49	19.55	2.63	0.26	1.49	0.13	6.65	6.85	98.39
	KT96-17 P-2 钻孔	14	60.97	0.42	19.65	3.13	0.25	1.35	0.18	6.52	5.94	98.43
鬼界 Akahoya 火山灰	KH82-4-17	22	73.78	0.51	12.93	2.39	0.49	2	0.07	2.76	3.54	98.48
	KH82-4-14	19	73.56	0.53	13.11	2.41	0.51	2.09	0.08	2.67	3.29	98.23
始良 Tn 火山灰	KH82-4-17	33	74.4	0.12	11.72	1.17	0.13	1.03	0.04	3.23	3.17	95.04
	KH82-4-14	27	75	0.12	11.76	1.18	0.13	1.06	0.04	3.16	3.36	95.85
	82.7-10	29	74.15	0.12	11.4	1.19	0.13	1.03	0.05	3.01	3.07	94.17
白头山苫小牧火山灰	St.6913	7	74.07	0.21	10.2	3.97	0.01	0.2	0.06	4.11	4.37	97.2
	KH79-3-C2	12	73.62	0.22	10.44	4.17	0.02	0.25	0.06	4.14	4.61	97.53

注：郁陵 2、3、4 取自 82.7-1。

自天池火山向东南方向沿咸镜南北两道界线山脊，小白山、胞胎山、白沙峰、黄峰、冠头峰、头流山等岩石均为碱性流纹岩与碱性粗面岩（天池东南火山带，亦称白头火山脉）。天池火山在朝鲜境内除火口缘诸高峰外还包括大胭脂峰、无头峰等重要山峰。大胭脂峰因北侧顶部附近呈红褐色而得名，主要岩性为红褐色玄武岩，其表面有厚层浮岩。山体南侧与天池火山主体相连，出露岩性为玻璃质碱流岩。近顶部放射状深沟沟底也常出露浮岩。无头峰多被浮岩覆盖，西侧斜坡有星点状玄武质岩渣。小胭脂峰是红褐色岩渣组成的锥体，南侧开口马蹄形地形显著，可见深源包体。山腰上部主要为玄武岩出露，山腰下部主要是浮岩堆积物的放射状沟槽，地形似风成层的黄土、沙漠砂等小丘状堆积。自大胭脂峰去神武城路上也见岩渣丘，坡上浮岩覆盖，南侧流出熔岩流，其东侧无头峰可能也是如此成因。天池火山、大胭脂峰、间白山、小白山、枕峰、虚项岭及北胞胎山构成一个"<"字形连线，它是鸭绿、图们两江的分水岭。其北直属真正的天池火山玄武岩台地（图2-2-13），盖马高原范围与主要山脉走向及水系分布见图2-2-14。

朝鲜境内碱性玄武岩、碱性粗面岩与碱流岩系列：吉州明川地堑内新近纪、古近纪地层广泛发育，与碱性熔岩互层状产出。龙洞玄武岩喷发于始新世开始时期，几十次熔岩流喷发伴有集块岩。碱性粗面岩自吉州明川地区的剑山和七宝山陆块南端的广泛区域喷发开始，最后在裳岩山一带以大量碱性粗面岩喷发而截止。新近纪末期碱性流纹岩不整合覆盖于中新世明川群之上。第四纪喷发物有：长德玄武岩（属局部性玄武岩）、渔郎川玄武岩、龙洞玄武岩、含白榴石玄武岩、松湖洞粗面岩以及熊德玄武岩。朝鲜境内有大量的碱性流纹岩和粗面岩分布，表2-2-2给出的数字粗略地统计出碱性流纹岩和粗面岩的面积，作为对比，这里也加入郁陵岛和隐岐岛的统计数字。

表2-2-2　天池火山北西向火山带碱性粗面岩与流纹岩面积统计表
（km², 引自山成不二吕, 1928 a）

岩石组合	北西向火山带	火山	面积 /km²
碱性粗面岩	天池东南火山带	天池火山	583
		小白山	48
		北胞胎山	192
		南胞胎山将军峰	108
		白沙峰	75
	吉州明川	裳岩山	112
		剑山	48
碱性流纹岩	天池东南火山带	天池火山	100
		黄峰	200
	吉州明川	裳岩山	245
	隐岐岛	隐岐岛后火山	243
	郁陵岛	郁陵岛火山	756

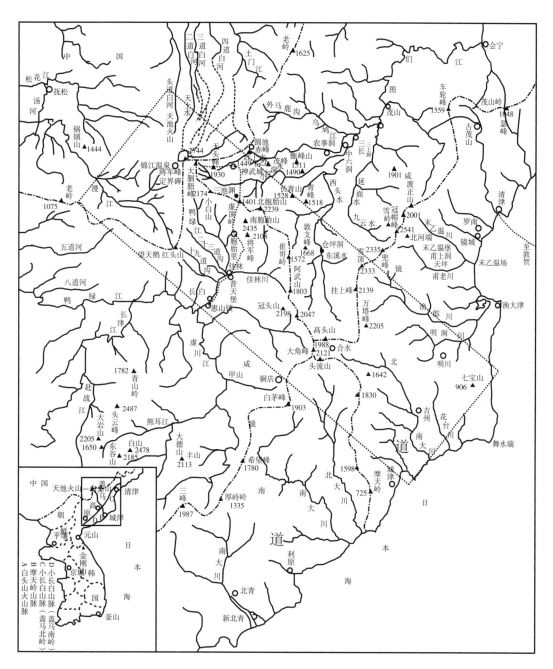

图 2-2-13 天池火山北西向火山带大致范围及盖马高原水系分布地势图

为便于文献阅读，图中给出了部分早期地名（参见渡边武男，1934）

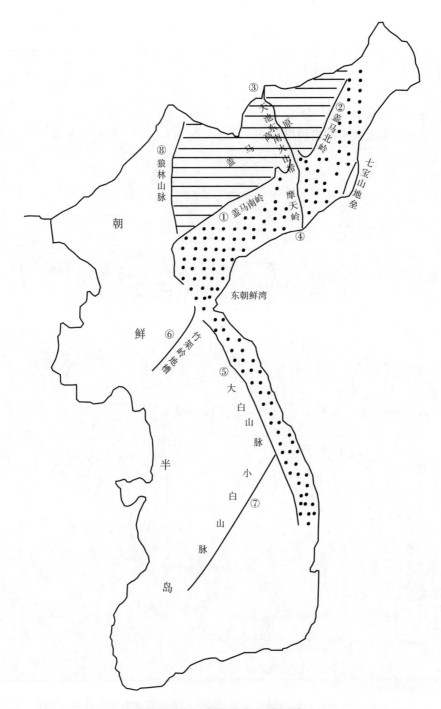

图 2-2-14　朝鲜半岛山脉系统

天池东南火山带、摩天岭、盖马北岭、盖马南岭把东盖马四分，自天池东南火山带的两段是北盖马和南盖马。盖马南岭也叫妙高山脉，盖马北岭也叫雪岭山脉，也叫小长白山脉，也叫朝鲜喜马拉雅（参见山成不二吕，1928 b）

朝鲜境内玄武岩类可以分为区域性玄武岩（regional basalt）和局部性玄武岩（local basalt）两种，在吉州明川地区共有6层玄武岩与新近纪、古近纪地层互层。长白山区我国境内的望天鹅台地玄武岩与竹架岭裂谷台地玄武岩特别相似。吉州长德玄武岩、明川渔郎川玄武岩以及龙洞玄武岩与之相近，均为区域性玄武岩，岩浆成分也最接近于原始岩浆。

朝鲜境内区域性玄武岩构成平顶广阔的火山台地。竹架岭玄武岩地表坡度3°（自惠山镇过鸭绿江，望天鹅玄武岩坡度为2°许）。火山口少见。流动性大，定位后结晶作用明显。区域性台地玄武岩底部往往见到长石斑晶，岩流主体则缺少斑晶。也有的区域性玄武岩主体富集长石与辉石斑晶。斑晶少者可能指示岩浆分异影响小一些。局部性玄武岩造岩矿物多具碱性岩特征。如明川的龙洞玄武岩、明川郡德山玄武岩、明川郡龙洞、镜城郡三乡洞及五卿村的白石榴石玄武岩、吉州郡南部的黑石榴石玄武岩、英额门霞石玄武岩等。

在南雪岭（1700m）南坡，咸镜北道吉州郡合水的上游海拔1345m的古近纪页岩，可能是附近已知最高的古近纪层位，渐新世树叶化石页岩中有玄武岩灌入。由此可见盖马高原有一千几百米的抬升，且抬升最快是新近纪后期。吉州明川大断层新近纪末到现在的活动性可见到德山玄武岩和碱性流纹岩类被部分覆盖，显示此后就没有垂直活动迹象，这也是断层活动终止时间的证据。此后活动证据更少，但地堑中始新世龙洞层等晚时代地层常向西陡倾斜。盖马南岭抬升过程与盖马北岭相当，断层倾向与运动方向均与日本海沉降地形相反，但盖马北岭抬升强于盖马南岭，时间也新于盖马南岭。

四、盖马高原地理名称的演化

日本海可能自侏罗纪中期已具雏形（山成不二吕，1928b）。东亚地形总体上呈现为一个向太平洋方向突出的大弓形。蒙古高原作为第一台阶经大兴安岭下降至松辽平原，在朝鲜山地再次升高，在日本海北岸，盖马高原显得稍具高原地形，构成第二台阶。盖马高原以东急斜面降至日本海底，构成第三台阶。

盖马高原的名称最早见于小藤文次郎的朝鲜山脉记（Kotō，1903）。小藤文次郎文章中的盖马高原指天池火山为主峰的吉林通化、辽宁本溪一线的长白山脉以南的山地，其南部包括朝鲜平安北道的清川江与咸镜南道的咸兴结合部连线。在此中间的南北走向的狼林山脉把它二分为东、西盖马。西盖马平均高度600m，东盖马平均高度达千米。因此，地形上的高原形状（狭义的盖马高原）专指东盖马。盖马的古名称有两个。日本学者小川在题为"长白山附近地势及松花江源"文章中据《大韩疆域考》指出："盖马通白头"，可以理解为盖马高原主峰为天池火山。另据田村懋吕的"朝鲜的文化及生活"古时高句丽也称盖马，盖与狗相通，盖马就成了小狗马。朝鲜三国时代高句丽在北方很强勇，强盛时领域自长白山脉以南达朝鲜北部。日本学者小川的盖马全域是盖马高原所在区。盖马国人丈三尺高，骑着足以钻过胯下的小马，带着狼似的猛犬打猎，由此而得名盖马。

天池东南火山带里有8座碱性岩石的火山。在其中的7座碱性粗面岩火山里，南方的黄峰及冠头峰演化出了碱性流纹岩。在最北端的天池火山，碱性流纹岩质浮岩大量喷出。天池东南火山带总体上显示南部喷发早，喷发逐渐向北迁移的特点。

长白山是辽东第一名山，古人称华盖、花盖、天盖等。在古典文献里，有关山名出处的文献有：《后汉三国史》、《契丹国志》、《魏书》、《北史》、《大韩疆域考》、《盛京志》、《清统一志》、《全史世纪》、《清太祖实录》、《满洲源流考》等。有关长白山主峰附近山脉论述的文献有：《山海经》、《八域史》。其中描写主峰的文献有：《东国名山记》、《北兴要迁》、《北路记要》、《北韩记器》、《东国兴地胜览》。记载天池的文献有：《北路记要》、《大明一统史》、《满洲源流考》、《保晚斋集》。关于长白山区水系论述的文献有：《唐书》、《文献备考》、《元朝秘史》、《金志世纪》、《芝峰类说》、《吉林通志》、《东国兴地胜览》、《清一统史》、《开国方略》、《保晚斋集》。其中关于历史文献中三江流域（鸭绿江 Yalu-gang 或 Am-nock-gang、图们江 Tu-man-gang、松花江 Sungari River）水系不同时代名称沿革，松花江水系组成与名称沿革见山成不二吕（1928a）。早期欧美旅行者登山报告见 H. E. M. James., The Long White Mountain（明治十九年，Sir. E. Young husband, H. E. M. James, H. Fulbord 一行登山记录）。

风水家说长白山有三条阳龙和三条阴龙。三条阴龙地位卑下，成了鸭绿、图们、松花江三大水系。三条阳龙高高在上，其中之一就变成了长白山。朝鲜语里称白头山，我国称长白山、老白山，古书里也称不咸山、盖验山、徒太山、太白山、白山，满洲土语称歌尔民商坚阿林。天池火山向东南方向 15km 外是长蛇状雪岭山脉。与盖马台地抬升伴随的自然现象是横向压力松弛，近南北向断裂初始破裂。在朝鲜南北咸镜两道的界线上就见这样的大断裂，这些断裂作为通道见到多个碱性粗面岩喷出体，也就构成了天池东南火山带。

五、北西向火山带的喷发与第四纪抬升

盖马山地最具特色的地形是中央部位以天池火山为中心的占据广大面积的玄武岩台地，在中朝边界海拔超过 2000m。天池火山表面及山腰部位熔岩流有时可见高黏度酸性熔岩地貌，与周围基性熔岩地形明显不同。

盖马高原上朝鲜境内吉州明川竹架岭等地出现的台地玄武岩作为第四纪的开始，其下部常见磨圆好的砾石层。在吉州郡南阳洞附近，古近纪堆积后至少有300m以上的上升，不同程度剥蚀后，长德玄武岩产出于现在层位。由此可见长德玄武岩与古近纪地层之间有相当长的间断。第四纪抬升与下降是朝鲜山地显著特征，与上升大陆平行的断裂发育

成裂谷。裂谷见于张性地壳，是大陆上升时横压力松弛的结果。这些裂谷成为台地玄武岩喷发的通道。地垒比地堑更易发生断裂，由此可以为岩浆上升提供通道，这也是本台地玄武岩少见于地堑区的原因。

盖马高原及附近发育有近南北向排列的断层，在这样的广袤地域（约 $4 \times 10^4 km^2$）形成大面积的所谓黑山玄武岩台地。黑山玄武岩台地的名称引自日本学者小川，天池火山东北方向甑峰山就是黑山。近南北向排列的断层及河流在甑峰山、天池火山北坡河流和牡丹江一带是很发育的。它们是第四纪裂谷运动的结果，而竹架岭裂谷线和大白山脉构造线是新近纪、古近纪地壳运动结果。

天池火山基底玄武岩含巨晶斜长石，最下部玄武岩发育于抚松、马鞍山一带，其后的玄武岩是在夷平面慢慢隆起时流出的。马鞍山花园口子附近玄武岩桌状山，高程 $800 \sim 1000m$，与之对应的抚松附近玄武岩表面高程 $700 \sim 800m$，其间有 $100 \sim 200m$ 以上的高差。在天池火山，火山下部玄武岩大规模喷发后演化生成碱性粗面岩与碱流岩，均属于同源岩浆。在碱性粗面岩喷发同时有生成岩渣锥的单成因玄武质喷发活动。

天池火山北、西侧大量火山碎屑流覆盖浮岩层。天文峰东北方斜坡浮岩再搬运至火山碎屑流之上。在大胭脂峰常见玄武岩外包裹浮岩，表明浮岩与玄武岩是由地下同时上升抛出的。由此可见，地下岩浆房里碱性粗面岩与碱流岩等厚层熔岩之下与之接触的碱性玄武质熔岩也很厚。这些玄武质岩浆与碱性粗面岩及碱性流纹质岩浆发生混合作用，冷却即形成大量的在玄武岩与浮岩中间色调的独特的火山玻璃，并常表现为玄武岩周围的晕圈。由火山碎屑流也可见天池火山与一般的基性到酸性的演化规律不同，喷发岩浆成分突然逆转为基性，并富含起因于与众多岩渣锥有关的玄武岩的钙长石捕房晶。自源区演化的岩浆的上升把天池火山岩浆房再加热，也有部分加入到岩浆房中。喷出的玄武岩部分含有大量钙长石与歪长石，粒度可达 $1 \sim 2cm$ 的斑晶。暗色矿物有单斜辉石和富铁橄榄石分子的橄榄石，基质多为玻璃质。与之对应的熔岩在地表很难见到，与朝鲜吉州、明川地区的七宝山层群的最下部的德山碱性玄武岩酷为相似。日本学者铃木纯研究的碱性花岗岩（Suznki, 1938）砾石，可能是成分相近的深成岩或半深成岩质岩块与浮岩一起喷出的。这种砾石分布局限于破火山口范围内，浮岩层表面远些地方也见到过，但到火山山腰中部以下位置，这种碱性花岗岩砾石就极为罕见。它可能是浮岩喷发后比较小的爆发伴随的喷发物。在大胭脂峰山坡也见到直径达 50cm 的岩块，推断它伴随着强烈的爆发。它可以是与碱性粗面岩、碱流岩、石英碱流岩中的一种或多种岩石对应的深成或半深成相岩石。如此可见上述抛出物是地下缓冷却部位，乃至是厚熔岩流的缓冷却部位产出的。

碱性粗面岩质熔结凝灰岩主要分布于天池火山北部和西部，常构成槽子河地形。锦江温泉附近槽子河沟宽 $1 \sim 2m$，深 $10 \sim 20m$。漫江村附近也有碱性粗面质熔结凝灰岩。

矿物成分与折光率特征均表明碱流质岩浆与新上来的玄武质岩浆混合的现象。

长白山区新生代火山活动时中生代以前的各时代岩石均作为基底地层。自中生代末到古近纪末，完成老年期乃至准平原化地形。当时的地表高差比较小，但尚残存稍高的丘陵群。新近纪地壳变动开始了猛烈的地块运动，与其同时玄武岩开始喷发。本地区总体上呈上升运动。

天池火山地区主体成为玄武岩之前，即古天池火山造盾玄武岩喷发之前，现在的高位玄武岩（造高原喷发玄武岩或称盖马高原玄武岩）就已定位。如果把古天池火山玄武岩分布区边缘进行比较就可发现，高位玄武岩占据了 100～200m 高差或有时更高的位置，而现在它们的分布都是点状的桌状山、平顶山等小范围。把这些小范围连起来，可得到非常大的范围，并且它们生成时的准平原化作用更明显。天池火山造盾玄武岩的喷发既与地壳上升过程相伴，又与一定程度侵蚀的复活过程相随，引起大地上升的原因与玄武岩进入之间可能有某种联系。望天鹅东北方向还有几个早期玄武质火山，这些火山的标高在 2000m 上下，到玄武岩基底最厚有 1000m 高差。

构成天池火山的中到酸性的碱性岩的喷发是随后发生的。岩浆分异形成酸性成分，喷发口也向北迁移。这些玄武岩喷发之后，火山活动中心在火山东北侧山坡（现在的马鞍山与天池火山连线上）近南北线上进行。这些基性乃至中性的碱性岩喷发规模小得多。以朝鲜境内间白山为中心发育的碱性粗面岩是向碱流岩进化的早期产物。这里的山地受到非常显著的侵蚀与剥蚀，下部露出了玄武岩或粗面安山岩，这与天池火山不同。总而言之，开始显示出壮年期地貌。这与天池火山全部熔岩的喷出以及随后酸性岩石的喷出等岩石学事实一起，构成该地碱流岩类的喷发过程。喷发时先是爆发形成的火山碎屑岩堆积，然后是隐晶流纹岩的生成，随后是厚层碱性粗面岩的流出，最后是黑曜岩状碱性粗面岩的形成。

在构成天池火山表面的碱流岩大喷发之前，有马鞍山的碱性粗面岩与典型的碱流岩之间性质的岩浆活动。它分布于破火山口的西半部和北侧，特别是西半部外表面露出的大面积熔岩流。在青石峰下见到它与火山碎屑岩特别是集块岩伴生，很薄的熔岩流与集块岩互层，累计厚度很大，是大体积频繁喷发结果。此活动之后是主体碱流岩的流出，它不与火山碎屑岩伴生。流出量极大，且宁静式进行，至少有 2～3 次喷发。斜面高度以 1800m 以上为主，厚度多在 300～400m。岩石中富集挥发份的微晶洞发育，其间多充填霓石、碱性角闪石、铁橄榄石等自型晶晶簇。

之后是碱流岩的寄生火山发展而来的天池火山黑曜岩状玻璃质碱流岩，熔岩流自斜面缓缓流下，见于天文峰以北气象站、黑风口－气象站登山小路、天池火山东侧 6 号界东北的碱流岩岩舌、将军峰西南和四号界以东等地。其中气象站熔岩流无石英，而将军峰西南侧熔岩流有石英斑晶。在这种寄生火山黑曜岩玻璃质的碱流岩喷发时，天池火山系统主通道岩浆活动暂时进入休止状态，而新的玄武质岩渣锥则开始喷发。玄武岩活动之后，浮岩大喷发。最后的活动是碱流岩质浮岩带有基性岩浆成分的熔结凝灰岩——千年大喷发及随后若干中小规模粗面质与碱流质岩浆喷发活动。火山活动终结后残余热量表现为温泉涌出。

天池火山生成顺序与头流山、七宝山地域乃至隐岐岛地域有很好的类似性。大量玄武质岩浆伴随着大规模地壳变动在一定区域内大致同时活动。其后岩浆分异历史由各个岩浆房的特征决定。

第三节　天池破火山口堆积层序 *

天池火山破火山口塌陷作用造就了现今天池火山顶部破火山口周边火口缘各山峰及中央破火山口湖的宏观地貌景观。除了破火山口内壁堆积层位海拔高度的明显不同在一定程度上反映了破火山口塌陷作用以外，破火山口内壁及火口缘附近产状向内倾斜大岩块的发育更是代表了直接的破火山口塌陷过程与随后的喷发不整合过程。

天池火山千年大喷发与前一次大规模爆破性火山喷发形成了现今所见天池破火山口，破火山口缘主要由宽缓的粗面岩、碱流岩等熔岩流及上覆的千年大喷发空降浮岩堆积物组成。千年大喷发之前天池火山高度最高达 3500m 左右，山体顶部主要由粗面岩与碱流岩巨厚熔岩流组成穹状山体。千年大喷发时近山顶部位不存在明显水体，这可以由堆积物中不见射气岩浆喷发物而只能见到岩浆喷发的浮岩质碎屑和固态岩石碎屑得到说明。由于断裂切割的影响，有时破火山口缘呈现尖棱状陡壁，断层角砾岩十分发育。如在 6 号界火口缘附近，粗面质熔岩与熔结凝灰岩受到北东走向断裂的切割而强烈破碎，由断层角砾岩、近火口角砾岩构成的火口缘呈尖锐、陡峭状产出（照片 2-3-1）。总体上表现为火口缘部位明显的低洼豁口，由此引发出滑坡体与滑坡堆积物广泛发育于火山锥体外侧斜坡及内侧破火山口低洼部位。

天池火山破火山口内壁组成总体上显示出西侧老、东侧新、南侧碱流岩更为发育的特征。西侧内壁以第二、第三造锥喷发物为主，有时顶部为千年大喷发灰白色浮岩及近代暗灰色伊格尼姆岩覆盖。东侧内壁以第三、四造锥喷发物为主，偏南部位常被厚层千年大喷发布里尼空降物覆盖。与南侧锥体外侧层序相一致，南侧破火山口内壁也暴露出较多厚层碱流岩层位，而北侧内壁则往往可见较为复杂的喷发层序。本节根据近年来天池火山考察时得到的系列照片，综述天池火山破火山口的堆积物构成，从中可以恢复天池火山主锥体塌陷前的喷发序列过程。需要说明的是，本节堆积物单元与地层代号与区

---

* 本节合作作者：金伯禄、杨清福。

(a)　　　　　　　　　　　　　　　　　(b)

照片 2-3-1　破火山口缘被北东向断裂切割破碎

(a) 6 号界断层角砾岩破碎强烈；(b) 6 号界断层角砾岩，直立碎块

域乃至天池火山整体的堆积单元代号不能完全对应，因为这里根据照片素描划分的堆积单元要远比区域填图单元更为详细，但基本层序仍保持一致。内容上特别补充的是锥体偏南侧朝鲜一侧破火山口内壁的堆积序列过程。

一、南侧内壁层序

天池破火山口南侧内壁在将军峰至天池水面山脊靠近水面部位向上依次出露不同阶段粗面岩与碱流岩，火口缘顶部及破火山口低洼部位被千年大喷发灰白色布里尼空降物及近代暗色伊格尼姆岩覆盖（彩图 5）。在将军峰山脊东侧滑坡体洼地表面有后期内壁滑坡丘状体（Hummock）堆积。在将军峰内壁山脊白头山组下段粗面岩（τQ_2^1）高度最高，可能指示了当时的喷发中心。山脊以东白头山组中段粗面岩层位（τQ_2^2）标高要高于西侧相应标高，指示当时北西向断层的西南盘下降。到白头山组上段靠上部（第四造锥阶段）红褐色碱流质熔岩与火山碎屑岩（λQ_3）堆积时，则主要发育于北西向断层西南侧的火口缘。图中特别标出了近代滑坡丘状体与泥石流（Q_4^{12}）及天池水面湖滨温泉的分布范围，由新到老堆积层序为：

Q_4^{12}：破火山口内现代扇形泥石流

Q_4^{10}：破火山口内滑坡体丘状堆积物

τQ_4^{7-2}：八卦庙组暗色粗面质伊格尼姆岩

Q_4^4：破火山口内壁垮塌堆积

τQ_4^{3-3}：千年大喷发黑－黑灰色粗面质空降浮岩及岩屑

λQ_4^{3-1}：千年大喷发白云峰组灰白色碱流质空降浮岩

λQ_3：白头山组第四造锥阶段碱流质火山碎屑岩、碱流岩

τQ_{2-3}：白头山组第三造锥阶段粗面岩、碱流岩、黑曜岩

τQ_2^2：白头山组第二造锥阶段粗面岩

τQ_2^1：白头山组第一造锥阶段粗面岩

据 1993 年出版《朝鲜地质》英文版资料 (Ri., 1993)，将军峰层序由下而上为：

天池组，厚度 100 ～ 130m

⑫孔状流纹岩

⑪粗面英安岩

⑩流纹质黑曜岩

⑨黑色粗面质凝灰岩

⑧有黑曜岩透镜体的流纹岩

⑦孔状碱性流纹岩

⑥粗面英安质黑曜岩

⑤碱性流纹岩和粗面英安岩

④灰绿色粗面岩

③粗面英安质黑曜岩

②灰绿色凝灰岩

①灰绿色粗面岩

胞胎山组，约 400m

②粗面质黑曜岩

①灰绿色粗面岩

资料中的天池组相当于彩图 5 中 λQ_3 红褐色碱流岩、碱流质焊结集块岩，其下部的胞胎山组粗面岩厚度约 400m，向下一直延伸到天池水面。

需要指出的是，天池火山南侧火口缘出露层位自将军峰向西逐渐变老，自海拔峰 λQ_3 晚期红褐色碱流岩向西变为冠冕峰（也称三奇峰）λQ_3 早期的灰色粗面岩与碱流岩，再向西变为卧虎峰的白头山组第三造锥阶段粗面岩，这也与火口缘海拔高度的降低大致吻合（彩图 6）。西南侧内壁层位由新到老为：

Q_4^{12}：破火山口内现代泥石流

Q_4^{10}：破火山口内第三期泥石流

τQ_4^{7-2}：八卦庙组黑色粗面质富岩屑伊格尼姆岩

Q_4^4：破火山口内垮塌堆积

τQ_4^{3-3}：黑色、黑灰色粗面质空降浮岩（千年大喷发）

λQ_4^{3-1}：白云峰灰白色空降浮岩（千年大喷发）

λQ_3：白头山组第四造锥阶段碱流岩、三奇峰寄生火山碱流质碎成熔岩、黑曜岩及熔结凝灰岩

τQ_{2-3}^2：白头山组第三造锥阶段上部层粗面岩、碱流岩、黑曜岩

τQ_{2-3}^1：白头山组第三造锥阶段下部层粗面 - 碱流质碎屑岩

τQ_{2-3}：白头山组第三造锥阶段粗面岩、碱流岩、黑曜岩

τQ_2^2：白头山组第二造锥阶段粗面岩

τQ_2^1：白头山组第一造锥阶段粗面岩

根据日本东北大学宫本毅先生提供的资料，笔者划分了自将军峰山顶向西所见破火山口内壁南侧层序（彩图7）。在卧虎峰与梯云峰山脊鞍部破火山口内壁天池水面之上100m以下特别标出了造锥喷发期间灰绿色蚀变火山碎屑岩与沉凝灰岩层（τQ_{2-3}^{1s}），海拔峰下破火山口底部标出了可能的最新喷发物（λQ_4^{11}，1903？）的大致范围。梯云峰右侧红线代表切割天池火山的北东向断裂系统，而4号界西侧近直立断层为近南北走向。彩图7由新到老层序为：

Q_4^{12}：破火山口内现代带状泥石流

λQ_4^{11}：天池岸边最新喷发物（1903）

Q_4^{10}：破火山口内第三期扇形泥石流

λQ_4^9：海拔峰灰白色碱流质空降浮岩

τQ_4^{7-2}：天池西南岸八卦庙组黑色粗面质伊格尼姆岩、空降浮岩及岩屑

Q_4^6：破火山口内第一期扇形泥石流

Q_4^4：破火山口内壁垮塌堆积

τQ_4^{3-3}：海拔峰、燕子峰千年大喷发黑－黑灰色粗面质空降浮岩及岩屑

λQ_4^{3-1}：白云峰组千年大喷发灰白色碱流质空降浮岩

λQ_3：白头山组第四造锥阶段碱流岩、黑曜岩

τQ_{2-3}^3：白头山组第三造锥阶段上部粗面岩、碱流岩、黑曜岩

τQ_{2-3}^2：白头山组第三造锥阶段中部粗面－碱流质火山碎屑岩

τQ_{2-3}^{1s}：白头山组第三造锥阶段下部蚀变粗面－碱流质火山碎屑岩、沉凝灰岩

τQ_{2-3}^{1-2}：白头山组第三造锥阶段中下部粗面质火山碎屑岩

τQ_{2-3}：白头山组第三造锥阶段粗面岩、碱流岩、黑曜岩

τQ_2^{2-2}：白头山组第二造锥阶段上部粗面岩

τQ_2^{2-1}：白头山组第二造锥阶段下部粗面质火山碎屑岩

τQ_2^2：白头山组第二造锥阶段粗面岩

τQ_2^1：白头山组第一造锥阶段粗面岩

金伯禄等（1994）曾经给出了梯云峰－天池剖面总厚420m的剖面层序，但当时倒置了粗面岩与火山碎屑岩的层序关系，后期研究给出的火口缘顶部覆盖的浮岩层总厚度70m（相当于彩图7中火口缘山脊鞍部λQ_4^{3-1}），由上而下层序如下：

④灰白色浮岩（8.0m）

③浅黄褐色浮岩（12.0m）

②灰白色浮岩，薄层状（10.0m）

①灰色浮岩，岩屑约占20%，最大粒径达1.8m（40.0m）

二、北侧内壁层序

天池火山破火山口北侧内壁喷发层序最为完整，研究程度也最高。彩图8代表了北侧内壁堆积层序的分布，彩图9对天文峰下破火山口内壁的靠上层位进行了详细的划分，彩图10指示了北侧内壁偏东侧的喷发建造序列，而彩图11则对乘槎河西岸破火山口内壁作了较为详细的划分。

在彩图8中笔者对将军峰北视火口内壁层序作了划分，由新到老层序为：

Q_4^{12}：破火山口内现代泥石流

λQ_4^{11}：6号界组灰色粗面质空降浮岩及岩屑

Q_4^8：破火山口内第二期扇形泥石流

τQ_4^{7-2}：八卦庙组黑色粗面质熔结凝灰岩

τQ_4^{7-1}：八卦庙组黑色粗面质空降浮岩与岩屑

Q_4^6：破火山口内第一期扇形泥石流

Q_4^4：内壁垮塌堆积

τQ_4^{3-3}：梯云峰千年大喷发黑色、黑灰色粗面质空降浮岩及岩屑

λQ_4^{3-1}：白云峰组千年大喷发灰白色碱流质空降浮岩

τQ_4^2：冰场组灰紫色、暗灰色粗面质熔结凝灰岩

λQ_3^{1-1}：天文峰组橘黄色碱流质空降浮岩

λQ_3：白头山组第四造锥碱流岩、黑曜岩

τQ_{2-3}：白头山组第三造锥粗面岩、碱流岩、黑曜岩

τQ_{2-3}^2：白头山组第三造锥上部粗面岩、碱流岩

τQ_{2-3}^1：白头山组第三造锥下部粗面－碱流质火山碎屑岩，底部黄绿色、粉红色浮岩与沉凝灰岩

τQ_2^2：白头山组第二造锥粗面岩

τQ_2^1：白头山组第一造锥粗面岩

彩图9给出了天文峰内壁靠上部的喷发建造序列，白头山组第三造锥灰色粗面岩与碱流岩之上厚层第四造锥褐色碱流岩、碱流质熔结凝灰岩（λQ_3）和其东侧较新时代发育的褐色碱流岩与碱流质熔结凝灰岩相一致。由图可见第三造锥上部层位灰色碱流岩与粗面碱流岩喷发之前的火山建造都已发生了强烈的蚀变，结合天文峰下保留的湖滨温泉，它指示了附近地带在火山建造过程中广为发育的水热蚀变作用。堆积单元界面附近浅色层多含喷发宁静期水盆地沉积，如图中右下角所示。在第三造锥喷发物下部（$\tau Q_{2\cdot3}^1$）常可见到清晰的褐黄色古风化壳残留。图中左下角第三造锥蚀变粗面岩与熔结凝灰岩（$\tau Q_{2\cdot3}^1$）底部断层指示了早期造锥喷发期间可能的破火山口塌陷作用。其上又被第三造锥未蚀变灰色粗面岩覆盖（$\tau Q_{2\cdot3}$），这指示破火山口塌陷作用发生于第三造锥阶段晚期之前。由新到老层序为：

Q_4^{12}：破火山口内现代泥石流与垮塌物

$\lambda Q_4^{3\cdot1}$：白云峰组灰色、灰白色碱流质空降浮岩（千年大喷发）

$\lambda Q_3^{1\cdot1}$：天文峰组灰色、橘黄色碱流质空降浮岩（约25000年前大喷发）

λQ_3：白头山组第四造锥碱流岩

$\tau Q_{2\cdot3}^2$：白头山组第三造锥上部粗面岩、碱流岩、黑曜岩

$\tau Q_{2\cdot3}^1$：白头山组第三造锥下部绿、金黄色浮岩、强熔结角砾凝灰岩

金伯禄等（1994）给出了天池-天文峰剖面层序，经修改与彩图9对照的大致分层用下述层序-岩性-厚度-层（括号里的层位代号）表示，自下而上层序为：

⑬灰绿色含角砾钠闪碱流岩（λQ_3），角砾成分复杂，顶部为碱流质浮岩覆盖（$\lambda Q_3^{1\cdot1}$）

⑫瓦灰色碱流岩，33.1m（$\tau Q_{2\cdot3}^2$）

⑪浅灰色钠闪碱流岩，12.9m（$\tau Q_{2\cdot3}^2$）

⑩黄褐色凝灰角砾岩，11m（$\tau Q_{2\cdot3}^1$），其上为蚀变破碎带，主要为高岭土化、绢云母化、绿泥石化、黄铁矿化。

⑨ 杂色粗面质角砾岩，24.6m（$\tau Q_{2\cdot3}^1$）

⑧暗绿色钠铁闪石霓辉石英碱长粗面岩，79m（$Q_2^{2\cdot2}$）

⑦青灰色钠铁闪石霓辉石英碱长粗面岩，126.6m（$Q_2^{2\cdot2}$）

⑥灰绿色钠铁闪石霓辉石英碱长粗面岩，138.9m（$Q_2^{2\cdot2}$）

⑤灰绿、灰黄色凝灰角砾岩，28m（$\tau Q_2^{2\cdot1}$），该层位以下在图中未出露

④灰绿、灰黄色含角砾霓辉石英碱长粗面岩，4.4m（$\tau Q_2^{2\cdot1}$）

③灰绿色钠铁闪石霓辉石英碱长粗面岩，32.5m（$\tau Q_2^{2\cdot1}$）

②灰绿、黄褐色凝灰角砾岩，11.8m（$\tau Q_2^{2\cdot1}$）

①墨绿色钠铁闪石霓辉石英碱长粗面岩，顶部为紫红色风化壳黏土层，34.2m（$\tau Q_2^{2\cdot1}$）

野外工作中对天文峰一带最顶部的浮岩堆积物考察时发现，在千年大喷发灰白色碱流质浮岩（$\lambda Q_4^{3\text{-}1}$）与暗灰色粗面质浮岩层之下还有一层约40m厚的黄褐色浮岩层（$\lambda Q_3^{1\text{-}1}$），底部均呈喷发不整合覆盖在灰绿色碱流岩（λQ_3）之上。

天文峰以东破火山口内壁层序明显新于天文峰以西破火山口内壁层序。表现为东北侧内壁火口缘常见厚层第四造锥阶段（λQ_3）灰色粗面岩与碱流岩、褐红色碱流岩与碱流质熔结凝灰岩，而西北侧火口缘主要为第三造锥阶段灰色粗面岩与粗安岩组成。东北侧内壁层序（彩图10）由新到老为：

Q_4^{12}：天池湖边浮岩沉积物，破火山口内现代泥石流

λQ_4^{11}：6号界天池水面灰色碱流质空降浮岩及岩屑（1903年射汽岩浆喷发物）

$\tau Q_4^{7\text{-}2}$：八卦庙组黑色粗面质伊格尼姆岩（1668年喷发物）

Q_4^4：内壁垮塌堆积

$\tau Q_4^{3\text{-}3}$：黑、黑灰色粗面质空降浮岩及岩屑（千年大喷发）

$\lambda Q_4^{3\text{-}1}$：白云峰组灰、灰白色碱流质空降浮岩（千年大喷发）

$\lambda Q_3^{1\text{-}1}$：天文峰组橘黄色碱流质空降浮岩（约25000年前大喷发）

$\tau Q_{2\text{-}3}^3$：白头山组第三造锥上部粗面岩、碱流岩、黑曜岩，底部局部为碱流质熔结凝灰岩

$\tau Q_{2\text{-}3}^2$：白头山组第三造锥中部蚀变粗面岩、碱流质熔结凝灰岩

$\tau Q_{2\text{-}3}^1$：白头山组第三造锥下部粗面岩，底部为黄绿色、粉红色浮岩

$\tau Q_{2\text{-}3}^{1\text{-}2}$：白头山组第三造锥中下部层未分

τQ_2^2：白头山组第二造锥粗面岩

$\lambda \pi Q_3$：碱流质岩脉

破火山口内低洼平坦部位常见八卦庙暗色厚层粗面质伊格尼姆岩（$\tau Q_4^{7\text{-}2}$）分布，近山顶较平坦部位则常见八卦庙暗色熔结空降层（$\tau Q_4^{7\text{-}1}$）。在芝盘峰、龙门峰下山脊受环状塌陷断层的影响出露层位均为白头山组第二造锥地层（$\tau Q_2^{2\text{-}2}$），而乘槎河西锥体靠上部沉凝灰岩层位（$\tau Q_{2\text{-}3}^1$）之下有碱流质岩墙（$\lambda \pi Q_3$）侵入到白头山组第二造锥地层中（$\tau Q_2^{2\text{-}2}$）。北侧内壁偏西部位层序（彩图11）由新到老为：

Q_4^{12}：破火山口内现代泥石流

Q_4^{10}：破火山口内第三期扇形泥石流

Q_4^8：破火山口内第二期扇形泥石流

$\tau Q_4^{7\text{-}2}$：八卦庙组黑色粗面质伊格尼姆岩

$\tau Q_4^{7\text{-}1}$：八卦庙组黑色粗面质熔结空降物

Q_4^6：破火山口内第一期扇形泥石流

Q_4^4：破火山口内垮塌堆积

$\lambda Q_4^{3\text{-}1}$：白云峰组灰白色碱流质空降浮岩

λQ_3：白头山组第四造锥碱流岩、黑曜岩

$\tau Q_{2\text{-}3}^2$：白头山组第三造锥中部粗面岩、碱流岩、黑曜岩

$\tau Q_{2\text{-}3}^1$：白头山组第三造锥下部粗面质、碱流质火山碎屑岩

$\tau Q_2^{2\text{-}2}$：白头山组第二造锥上部粗面岩

$\tau Q_2^{2\text{-}1}$：白头山组第二造锥下部粗面质火山碎屑岩

$\lambda \pi Q_3$：碱流质岩脉

乘槎河两侧八卦庙附近，暗色粗面质伊格尼姆岩十分发育，呈壳层状覆盖于破火山口谷底及斜坡之上（$\tau Q_4^{7\text{-}2}$）。在补天石一带八卦庙组剖面总厚度 12.5m，岩性均为暗色粗面质火山碎屑岩，由下而上层序如下：

⑧黑、褐色火山灰，有时富含粒度均一的浮岩质火山角砾

⑦黑色角砾凝灰岩

⑥黑色含角砾凝灰岩（较厚）

⑤黑色晶屑凝灰岩

④黑色含角砾凝灰岩

③黑色熔结角砾岩

②黑色含角砾凝灰岩

①黑色含角砾岩屑、晶屑凝灰岩

三、东侧内壁层序

天池火山东侧火口缘出露层位与海拔高度相对应，海拔高者层位新，低者层位老。如 6 号界一带火口缘地势明显低于两侧火口缘（彩图 12），这与切割天池火山的北东向断裂系统有关。在 6 号界附近，火口缘堆积物由第二造锥灰色粗面岩（白头山组二段 τQ_2^2）组成，在天文峰、将军峰下山脊内壁，第二造锥粗面岩出露于剖面靠下位置，褐色蚀变发育。自 6 号界向北及向南，则出露更多的第三、第四造锥碱流岩与粗面碱流岩。偏北侧第四造锥喷发物更为发育，表现为华盖峰一带白头山组四段 λQ_3 厚度大于双虹峰（海山）一带 λQ_3 厚度，在天池火山东北方向锥体外侧也得到了较多的 0.1Ma ~ 0.2Ma 之间的粗面岩与碱流岩年龄。受千年大喷发时西北风的影响，灰白色布里尼空降物更多地堆积于东南侧火口缘，如彩图 12 中海山一带巨厚层千年大喷发空降堆积物（$\lambda Q_4^{3\text{-}1}$）所示。与彩图 12 对应的由新到老层序如下：

Q_4^{12}：破火山口内现代扇形泥石流

λQ_4^{11}：6 号界灰色碱流质空降浮岩及岩屑

Q_4^8：破火山口内中期扇形泥石流

$\tau Q_4^{7\text{-}2}$：八卦庙组黑色粗面质伊格尼姆岩

Q_4^4：破火山口内壁垮塌堆积

λQ_4^{3-1}：白云峰组灰白色碱流质空降浮岩

τQ_4^{2-2}：破火山口塌陷山体滑坡体

λQ_3^{1-1}：天文峰组橘黄色碱流质空降浮岩

λQ_3：白头山组第四造锥灰色碱流岩、黑曜岩与褐色碱流岩

τQ_3^{3-3}：白头山组第三造锥上部粗面岩、碱流岩、黑曜岩

τQ_3^{2-2}：白头山组第三造锥中部粗面质、碱流质熔结火山碎屑岩

τQ_3^{2-1}：白头山组第三造锥下部火山碎屑岩，底部浮岩层

τQ_2^2：白头山组第二造锥粗面岩

τQ_2^1：白头山组第一造锥粗面岩

$\lambda \pi Q_3$：碱流质岩脉

位于朝鲜境内海山一带的东南侧火口缘的标志特征是发育巨厚的灰白色布里尼空降堆积物，千年大喷发多层次空降物及少量贴附于内壁的伊格尼姆岩十分具有代表性，其下白头山组灰色第二造锥粗面岩与褐色碱流岩也较发育，如彩图 13 所示。由新至老层序为：

Q_4^4：破火山口内壁垮塌堆积

τQ_4^{3-7}：东南侧火口缘灰色粗面质－碱流质空降浮岩及岩屑

λQ_4^{3-5}：东南侧火口缘灰白色碱流质－粗面质空降浮岩

τQ_4^{3-4}：黑色粗面质熔结凝灰岩

τQ_4^{3-3}：深灰色粗面质空降浮岩及岩屑

λQ_4^{3-1}：白云峰组灰白色碱流质空降浮岩

λQ_3：白头山组第四造锥褐色渣状碱流岩

τQ_2^{2-2}：白头山组第二造锥上部粗面岩

τQ_2^{2-1}：白头山组第二造锥下部粗面质火山碎屑岩

τQ_2^1：白头山组第一造锥粗面岩

《朝鲜地质》一书中给出的向导峰层序由海山一带再向南侧，上部天池组，其下胞胎山组，由上而下层序为：

天池组，厚度 75m，分为 13 层：

⑬浮岩

⑫灰绿色粗面英安岩

⑪碱性粗面质岩渣

⑩棕色粗面质集块岩

⑨灰绿色块状粗面岩

⑧棕色粗面质集块岩

⑦棕色粗面岩

⑥粗面质黑曜岩

⑤黑色浮岩质粗面英安岩

④黄色浮岩质粗面英安岩

③棕色浮岩质粗面英安岩

②粗面英安质黑曜岩

①棕色英安质凝灰岩

胞胎山组，厚度400m，分为3层：

③灰绿色粗面英安岩

②粗面英安岩

①灰绿色粗面岩

朝鲜境内火口缘空降浮岩除了白色浮岩外，还有几次浮岩喷发，代表性的浮岩见于向导峰和双虹峰之间的圆锥形山峰（即海山，或称中峰附近，参见彩图13）之上的粉色浮岩，自下而上层序为：

⑤浅粉色浮岩层，1～3m

④黑曜岩，1～5m

③浅粉色浮岩层，5m

②黑曜岩，3m

①浅粉色浮岩层，2m

粉色浮岩作为20～30 cm的角砾含于黑曜岩层中，密度也大于白色浮岩（分别为0.73～0.87g·cm^{-3}与0.4～0.74g·cm^{-3}，《朝鲜地质》中推测的喷发大约为5万年前，可能由将军峰一带火山喷发所致。这些浮岩质堆积物准确的喷发年代亟待开展系统性研究工作，其岩浆成分是否符合千年大喷发岩浆成分的变化趋势也有待详尽的岩石学与喷发动力学研究。

四、西侧内壁层序

天池火山西侧破火山口内壁层序相对较完整，在火口缘几个高峰位置火山堆积层位较新，而在一般平缓山脊则往往出露第二、第三造锥喷发阶段产物。如在西北侧的白云峰，保留较多最新的碱流岩与近代喷发物（λQ_3、λQ_4^{3-1}与τQ_4^{3-3}），在青石峰顶部保留第四造锥灰色粗面岩与碱流岩（λQ_3）。在将军峰内壁山脊见到天池褙褓粗面岩颈，在白云峰与青石峰之间鞍部有充填沟谷型熔岩流（λQ_3充填于τQ_2^2、τQ_{2-3}切割的沟谷中）。所谓天池褙褓岩颈是指将军峰内壁山脊所见层节理发育的火山通道相粗面岩，因放大后图像中似有褙褓图案而命名（彩图14）。天池褙褓岩颈沿山脊向北侧还有一碱流质岩浆充填的火山通道，笔者将其命名为碱流岩颈（参见彩图8）。彩图14西侧内壁层序由老到新为：

Q_4^{12}：破火山口内现代泥石流

τQ_4^{7-2}：八卦庙组黑色粗面质熔结凝灰岩

τQ_4^{7-1}：八卦庙组黑色壳层状粗面质熔结空降层

Q_4^4：破火山口内壁垮塌堆积

τQ_4^{3-3}：千年大喷发黑、黑灰色粗面质空降浮岩及岩屑

$\lambda.Q_4^{3-1}$：千年大喷发白云峰组灰白色空降浮岩

λQ_3：白头山组第四造锥碱流岩（下部为火山碎屑岩相，上部为熔岩相）

τQ_{2-3}^2：白头山组第三造锥上部粗面岩、碱流岩

τQ_{2-3}^1：白头山组第三造锥下部粗面、碱流质火山碎屑岩

τQ_{2-3}：白头山组第三造锥粗面岩、碱流岩、黑曜岩

τQ_2^2：白头山组第二造锥粗面岩

五、破火山口内壁层序小结

笔者在图 2-3-1 中给出了天池火山破火口周边主要山峰至天池水面的剖面地层与断层系统分布图，归纳的锥体火山建造层序见图 2-3-2；由《朝鲜地质》整理的天池火山朝鲜一侧火口缘堆积层序参见表 2-3-1；结合锥体外坡火山建造发育特征，得到综合的天池火山造锥序列过程如表 2-3-2 所示。

表 2-3-1　《朝鲜地质》总结的朝鲜一侧火口缘堆积层序

双虹峰	中峰（海山）	向导峰	将军峰
		浮岩	孔状流纹岩
		灰绿色粗面英安岩	粗面英安岩
		碱性粗面质集块岩	流纹质黑曜岩
		棕色粗面质集块岩	块状粗面质凝灰岩
		灰绿色块状粗面岩	黑曜岩状流纹岩
		棕色粗面质集块岩	孔状碱性流纹岩
		棕色粗面岩	粗面英安质黑曜岩
		粗面质黑曜岩	碱性流纹岩与粗面英安
	浮岩	黑色浮岩质粗面英安岩	灰绿色粗面岩
	黑曜岩	黄色浮岩质粗面英安岩	粗面英安质黑曜岩
	浮岩	棕色浮岩质粗面英安岩	灰绿色凝灰岩
	黑曜岩	粗面质黑曜岩	黄色凝灰岩
流纹质集块岩	浮岩	棕色英安质凝灰岩	粗面质黑曜岩
灰绿色粗面岩	灰绿色粗面岩	灰绿色粗面岩	灰绿色粗面岩

注：表中只是给出了不同剖面位置堆积物层序，横向之间不可对比，也未显示厚度资料。

表 2-3-2　天池火山综合的造盾、造锥与造伊格尼姆岩喷发序列过程

组 (堆积物)	段	厚度 (m)	喷发时间	喷发物特征
6 号界		15	1903 AD	6 号界碑天池边灰白色碱流质浮岩及岩屑
5 号界		5	1702 AD	5 号界碑天池边灰白色色空降浮岩及岩屑
八卦庙	上段	30	1668 AD	黑色粗面质强熔结角砾凝灰岩
	下段			黑色粗面质半气孔化空降浮岩
梯云峰		5	1024 AD	黑灰色粗面质空降浮岩
白云峰组	上段	100	1024 AD	灰色碱流质伊格尼姆岩
	下段			灰白色碱流质空降浮岩
气象站组		60?	4 ka	碱流质碎成熔岩、碱流质强熔结凝灰岩夹黑曜岩
冰场组		51.5	25 ka	谷塘型紫灰色-暗灰色粗面质火山碎屑岩
天文峰组		40	25 ka	橘黄色碱流质空降浮岩
白头山组	IV 阶段	50	(0.08 ~ 0.019) Ma	上部碱流岩、黑曜岩,下部碱流质火山碎屑岩
	III 阶段	116.8	(0.1 ~ 0.21) Ma	青灰色粗面岩、碱流岩夹黑曜岩、凝灰岩
	II 阶段	304.8	(0.25 ~ 0.44) Ma	粗面岩、粗面质晶屑凝灰岩
	I 阶段	132.8	(0.53 ~ 0.61) Ma	灰绿色晶屑凝灰岩与粗面岩互层
老房子小山组		70	(0.75 ~ 1.17) Ma	橄榄玄武岩
小白山组		300	(1.00 ~ 1.49) Ma	粗安岩、粗面岩
白山组		60	(1.58 ~ 1.91) Ma	玄武岩、粗面玄武岩
大宇钻孔		100	2.14 Ma	粗安岩、粗面岩
头道组		60	(2.20 ~ 2.77) Ma	橄榄玄武岩、枕状玄武岩
头西组		100?	2.85 Ma	粗面岩
泉阳组		100?	(5.02 ~ 5.82) Ma	橄榄玄武岩
奶头山组		87	18.87 Ma	含尖晶石二辉橄榄岩包体的碱性橄榄玄武岩
土门子组		>50	始新世	含硅藻土砂页岩

由图 2-3-1 可见,破火山口内壁地形变陡位置一般都有阶梯式破火山口塌陷环断层发育,环状断层之上发育的松散堆积物厚度常受到断层的影响。天池周边火口缘高度以梯云峰、卧虎峰及龙门峰火口缘高度最低,海拔高度常低于 2600m。火口缘山峰与天池岸边水平距离也较近,地形坡度陡,主要由白头山组第二、第三造锥地层组成,很少内壁垮塌与近代喷发物覆盖。破火山口内壁坡度最缓者以白云峰、向导峰、紫霞峰为代表,虽然这几个山峰海拔高度均超过 2700m,除了白云峰山脊以外,另两条剖面均有大量的近代喷发物与垮塌堆积物覆盖。这三条剖面共性是火口缘近顶部都发育明显的白头山组第四造锥与近代喷发物。图 2-3-2 给出了在天池水体中央自西南方向顺时针旋转一周所见火口内壁剖面图,图中可见,虽然天池破火山口内壁主要由白头山组第二、第三造锥地层组成,但不同部位层系厚度与海拔有明显变化。如东南侧内壁第二造锥分布海拔明显大于西北侧的第二

造锥分布海拔，西南侧第二造锥层位出露不全，天池水面覆盖了第二造锥下部地层。白头山组第三造锥地层以西、北侧厚度最大，而分布海拔最高者则在南侧内壁。有白头山组第四造锥层位出露的剖面占了剖面总数的一半，西北侧白云峰与南侧将军峰及海拔峰等地内壁剖面均有厚层第四造锥碱流岩出露，海拔一般都大于2600m。

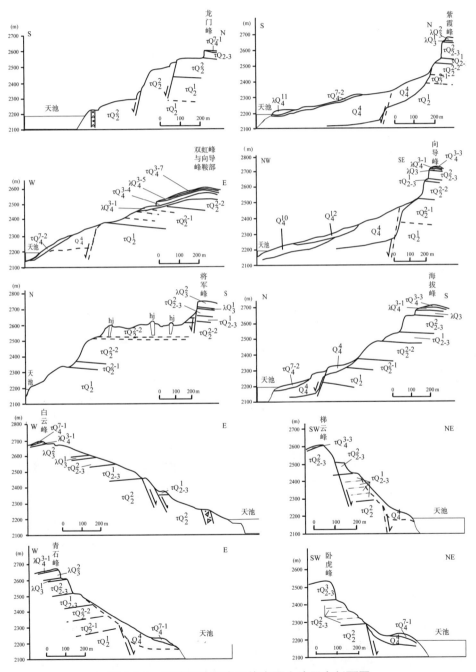

图 2-3-1　天池周边至火口缘主要山峰层序剖面图

由图 2-3-2 可见天池火山第一造锥阶段的白头山组一段层位主要出露于天池火山东、南侧破火山口内壁,堆积单元厚度还往往较大。对于千年大喷发以来近代喷发物层位,在火口缘上一般不宜保留,只是局部地段保留了部分熔结的火山碎屑空降堆积层。特殊情况是在白岩峰保留了约 25000 年前大喷发的橘黄色碱流质空降堆积层,在朝鲜一侧双虹峰与向导锋之间凹部火口缘保留了数层巨厚层千年大喷发碱流质空降浮岩层。天池火山第四造锥阶段最晚期的碱流质熔岩及火山碎屑岩,在朝鲜一侧火口缘及外侧锥体表面十分发育,表现为将军峰、海拔峰(三奇峰)、冠冕峰等地火口缘所见厚层红褐色碱流质熔岩与熔结火山碎屑岩(λQ_3)。在中国境内本期碱流质熔岩与熔结火山碎屑岩主要发育于白云峰一带火口缘外侧,但规模远小于朝鲜境内本期碱流岩的分布。对于气象站向北侧山脊流动的碱流岩和 6 号界以北、华盖峰以东锥体外侧靠上部低洼地带保存的黑曜岩状碱流岩则属于最为年轻的碱流质熔岩流。通常所称气象站组碱流岩,主要沿破火山口缘及其附近寄生火山口喷发,已知有气象站火山口、华盖峰、三奇峰(海拔峰)和将军峰等。这些像舌状或长蛇状岩流顺古沟谷或低山坡流动,长度为 3 ~ 5.5km,宽度为 0.4 ~ 0.8 km。最小的华盖峰熔岩流长 700m,宽 150m。主要由碱流质熔岩与火山碎屑岩及黑曜岩等岩性组成。

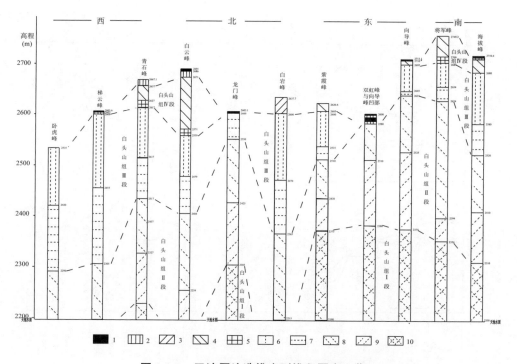

图 2-3-2 天池周边造锥序列堆积厚度一览

1. 梯云峰,5 号界等地八卦庙组黑色部分熔结的粗面质空降浮岩;2. 紫霞峰、梯云峰等地白云峰组灰白－白色碱流质空降浮岩;3. 天文峰、白岩峰灰－橘黄色碱流质空降浮岩;4. 白头山组第四造锥上部碱流岩、黑曜岩;5. 白头山组第四造锥下部碱流质火山碎屑岩;6. 白头山组第三造锥上部粗面岩、碱流岩、黑曜岩;7. 白头山组第三造锥下部粗面－碱流质火山碎屑岩;8. 白头山组第二造锥上部粗面岩;9. 白头山组第二造锥下部粗面质火山碎屑岩;10. 白头山组第一造锥粗面岩

第四节　天池火山潜火山系统 *

潜火山是火山喷发时岩浆未上升到地表而冷却固结的地质体，与此对应的岩石称为潜火山岩。潜火山岩在产状上经常表现为火山机构之内的环状、放射状岩墙岩墙群及小型岩柱、岩枝、岩床等。作为复式火山机构的一部分，潜火山为我们了解火山发育历史与岩浆自岩浆房上升的动力学过程提供了重要启示。本节在叙述天池火山环状、放射状岩墙与岩墙群系统特征的基础上，简略叙述天池火山电磁参数反映的火山地下结构特征，并且简要概述了"四里洞熔岩隧道"这一天池火山独特的"地下火山构造"的主要特征。

一、天池火山环状、放射状岩墙系统

相对于放射状岩墙系统而言，天池火山环状岩墙系统的发现较早。在 20 世纪 90 年代初期笔者陪同世界著名火山学家、素有"火山精灵"之称的 GPL Walker 教授考察天池火山时，就于乘槎河西侧陡壁发现了一条碱流岩岩墙。岩墙出露长度大于 30m，宽度多小于 5m，一般都高出周围地形 1～2m。岩墙近直立状切割侵入于褐黄色蚀变凝灰岩与凝灰质砂岩中，岩墙内部保持了与岩墙两壁近垂直的冷却柱状节理构造（照片 2-4-1）。凝灰岩倾向西北，倾角大于 20°。碱流岩岩墙边部柱状节理带宽度 0.5～1m 左右，柱状节理单体长度小于 1m，单体宽度多小于 15cm。岩墙中部表现为不规则块状节理，有时在边部柱状节理带内还见流动构造。

岩墙边部柱状节理近水平排列

沉凝灰岩层理

照片 2-4-1　乘槎河西碱流质岩墙沿环状裂隙侵入于蚀变凝灰岩中

* 本节合作作者：陈正全。

天池火山环状岩墙除了乘槎河西侧岩墙以外，还常见于破火山口北侧内壁，例如在天文峰西侧落笔峰附近，宽约15m的灰色致密状柱状节理发育的粗面质岩墙侵入于松散第二造锥阶段角砾状粗面质火山岩中。在天池火山锥体顶部地区开展1∶10000填图工作时就于破火山口内壁褐黄色角砾凝灰岩陡壁近底部发现了紫红色熔结凝灰岩岩墙侵入。岩墙走向东西向，出露宽度4m，长度25m，陡坎高1.5m（照片2-4-2，图2-4-1），这与航片解译结果相符合。北侧火口缘内壁的环状岩墙系统岩石特征包括粗面岩岩墙、碱流岩岩墙以及熔结凝灰岩岩墙等。其中侵入于粗面岩中的熔结凝灰岩岩墙边部常常保持大量近垂直定向的浆屑定向构造（图2-4-2）。这种罕见的熔结凝灰岩岩墙代表了岩墙侵入时岩浆已经强烈地碎屑化，而它与天池火山喷发时极强的爆发性相吻合。在天池－天文峰山脊破火山口内壁剖面靠近天池水面部位，褐黄色蚀变粗面岩中侵入的两条暗色岩墙也很典型（照片2-4-3）。

(a)　　　　　　　　　　　　　　　　　　　　　(b)

照片 2-4-2　破火山口内壁环状岩墙

（a）环状熔结凝灰岩岩墙（箭头所指为陡壁底部暗色条带）；（b）天池北侧火口缘粗面岩墙

照片 2-4-3　天池水面北侧蚀变粗面岩（褐黄色）中侵入的两条暗色岩墙（箭头所指）

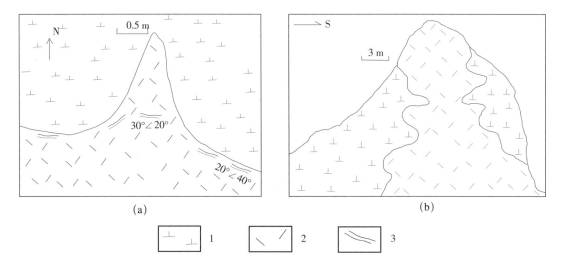

图 2-4-1 天池火山东北侧火口缘熔结凝灰岩岩墙侵入于粗面岩中

(a) 平面图;(b) 剖面图
1.粗面岩;2.熔结凝灰岩;3.流动构造及产状

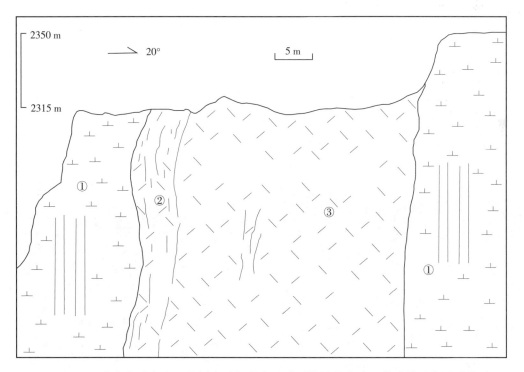

图 2-4-2 天池火山破火山口北侧内壁褐黄色碱流质熔结凝灰岩环状岩墙边部流动构造

1.灰色粗面岩,常见直立柱状节理;2.碱流质熔结凝灰岩岩墙边部发育浆屑定向条带;3.褐黄色碱流质熔结凝
灰岩,局部有垂直方向上的浆屑定向流动

业已发现的天池火山最小的岩墙岩脉露头见于锥体北侧长白山大峡谷聚龙泉东北方沟谷侧翼。在天池火山第二造锥喷发阶段的喷发间隔里，局部水盆地内沉积了数层火山碎屑沉积岩。在火山碎屑沉积岩的底部则见到了宽 1～2cm，高约 30cm 的浅黄色岩脉，代表了岩墙尖端的成因产状（照片

照片 2-4-4　岩墙尖端（白色）直立产状侵入于造锥喷发间隙水盆地沉积地层中

2-4-4)，其岩墙侵位机制意义见本书第四章第二节的讨论。

笔者在天池火山开展火山灾害区划图填图工作中发现了天池火山锥体靠外侧粗面质放射状岩墙系统。地貌特征是天池火山东北侧略显舒缓波状的刀背状山脊，由于岩墙较周围粗面岩的抗风化能力强而呈正地形（照片 2-4-5a）。近北东走向的放射状岩墙系统由两条长约 1km，宽几米到十几米的富含霓辉石粗面岩组成。岩墙内部岩石为全晶质粒状结构，在岩墙边部矿物定向排列而显示流动构造（照片 2-4-5b）。这些放射状岩墙系统的发现首先是室内工作遥感解译的结果，经野外验证后，确定其确实为侵入于粗面岩之中的粗面质放射状岩墙。粗面质岩墙及作为围岩的粗面岩的 K-Ar 年龄测定结果分别为 0.098Ma 和 0.117Ma，也可指示二者的侵入产状关系。

(a)　　　　　　　　　　　　　　　　　(b)

照片 2-4-5　锥体外侧东北侧放射状岩墙

（a）北东向粗面岩岩墙正地形；（b）岩墙边部流动构造

天池火山放射状岩墙还表现为东北侧火口缘与北侧火口缘部位的灰紫色碱流质熔结凝灰岩岩墙。它们分别见于紫霞峰以南与落笔峰以西，宽度在 2 ~ 5m 之间。与假流动构造一致的流动剪切节理产状常近直立，易误认为全都是后期构造破碎的产物。

天池火山破火山口内壁岩墙群主要见于白云峰大滑坡东侧陡壁、龙门峰山脊近水面位置和白岩峰下山脊近水面位置。在龙门峰山脊近水面位置，宽约 40m 的粗面－碱流质岩墙群总体上构成了近直立但倾向东北的产状。在近东西向剖面上，岩墙群可分出明显的较为完整的中央相和较为破碎的边缘相（照片 2-4-6a）。中央相位于岩墙群近中央，岩石致密，颜色发灰色。柱状节理发育，柱状体近水平，但向西北方向缓倾斜，单体宽度以 20 ~ 30cm 为主。边缘相颜色发褐色，与不同岩墙单体边界基本一致的流动剪切节理发育，节理面较平直，间距常大于 30cm。岩墙群东侧岩墙宽度常大于西侧，受后期构造影响而带状强烈破碎（照片 2-4-6b）。在龙门峰岩墙群南北向剖面上，离开天池水面约 30m 位置见到岩墙群北边界（照片 2-4-6c）。岩墙边缘相岩石近直立侵入于天池火山第二造锥喷发阶段粗面质火山角砾岩中，接触带内还可见到细小的粗面质岩脉分散状侵入于火山角砾岩中（照片 2-4-6d）。

照片 2-4-6　龙门峰山脊近水面岩墙群

（a）岩墙群中央相柱状节理发育，边缘相流动剪切节理继承原始岩墙边界；（b）岩墙群靠东侧单个岩墙较西侧宽；
（c）岩墙群北边界，弧形接触带近直立；（d）岩墙群北边界放大，可见多个小岩枝、岩脉弧形侵入于围岩中

在龙门峰山脊水面之上约 50m，近水面岩墙群以东 20m 位置见到另一条岩墙群，宽度约为近水面岩墙群宽度的一半，单体岩墙内发育的柱状节理同样近水平，但柱体长轴方向为近东西向排列（照片 2-4-7a），这与近水面的近南北方向明显不同。在白岩峰山脊近水面位置，也可见到多条岩墙。除了近放射状发育的两条暗色岩墙外，还可见到一条宽约 20m 的浅色粗面质岩墙，岩墙西侧围岩受后期岩墙侵入影响发生强烈的蚀变，碳酸盐、硫酸盐及黏土类矿物的发育使得岩石外貌呈黄褐色（照片 2-4-7b）。

(a)　　　　　　　　　　　　　　　　　　(b)

照片 2-4-7　龙门峰、白岩峰山脊岩墙群

（a）龙门峰山脊岩墙群，岩墙群内柱状节理发育，东侧粗面岩层理发育，二者延展性明显不同；（b）白岩峰山脊近水面岩墙，弧形近直立边界西侧围岩强烈蚀变

无论是龙门峰近水面岩墙群，还是白岩峰下岩墙群，岩墙水平向延展长度都不大，平面上总体近圆形、椭圆形展布，在岩墙延展方向上的更长距离均被粗面岩覆盖而呈岩柱状组合体产状。不同岩墙单体紧密相邻，接触界面近平直，并显示流动剪切或层间剥离作用过程。特别是在岩墙群边界，有时见到小的支脉状岩墙分支复合状侵入到围岩中，围岩蚀变明显，但岩墙群内冷却过程的柱状节理却呈近水平发育。这种水平向柱状节理表明岩墙群内岩浆降温的冷却面是沿着水平方向向四周围岩传导式散热的，而不是常见的熔岩流内垂直发育的柱状节理指示的向上、向下的降温散热过程。如此也说明了潜火山岩产状是垂直方向延展的。加之平面上的近等轴状分布，指示了筒状岩体结构。由于潜火山岩体积较小，开始阶段快速向围岩散热，随着围岩的被加热，散热速率也变得缓慢，表现为后期低温蚀变的广为发育。这种指示岩墙群内高温状态快速向围岩的降温过程和低温状态下围岩的蚀变过程与潜火山体的快速侵位—快速降温—缓慢低温蚀变的演化过程相符合。作为寄生火山的火山通道，可以具备上述岩浆热效应的地质条件。因此，这两个岩墙群也可能代表着天池火山造锥喷发阶段发育的寄生火山通道，但其中喷发的岩浆量不会很大，因其没有一个持续的围岩预热过程。根据岩石的粗面质岩浆成分与所

切割第二造锥阶段火山岩层位判断，可能属于第三造锥阶段的潜火山侵入作用。

作为天池火山潜火山岩体，朝鲜境内将军峰山脊的禙祼岩颈和碱流岩颈也是很有特色的，它们均穿切了第二、第三造锥阶段喷发物，应该对应于第三、第四造锥阶段潜火山作用的产物。在朝鲜境内将军峰以西的团结峰，也见到碱流质火山颈。灰色外貌岩石新鲜的火山通

照片 2-4-8 朝鲜境内团结峰（三奇峰）碱流岩岩颈

道相岩石呈直径稍有变化的岩筒状上侵产状（照片 2-4-8），补给了附近锥体外侧带状展布的碱流质熔岩流。

二、大地电磁探测天池火山区地下电性结构的启示

为了了解天池火山地下火山结构，"九五"、"十五"火山项目中都设立了电磁测深专题研究。根据天池火山地下电性结构特征，汤吉等（2001）进行二维反演与三维分析。他们利用探测资料的感应矢量初步确定地下低阻体的分布，并估计了低阻体的深度范围。天池火山区的大地电磁测深研究结果表明，在该区地下存在低阻体和电性的高梯度带，它们分别对应于不同深度的异常结构和断裂。笔者在这里归纳的一些天池火山地下电磁结构特征的推测性认识，意在便于读者对天池火山深部的结构状态获取一个轮廓性认识。

1. 温泉与浅部低阻体的分布

在 1 ~ 5km 深度范围，存在 4 个不同区的低阻体，它们分别位于锦江温泉、聚龙温泉、长白山山门附近和双目峰附近。

在锦江温泉及其附近存在低阻体，其电阻率小于 $30\Omega \cdot m$，这可能与该处地下水和温泉有关。该低阻体随深度的加大逐渐变小，到 5km 处消失。表明该处的热水是无根的，它是由于深处的岩浆房烘烤岩石，使得地下水通过热的岩石加热而形成温泉。从二维反演结果看，该处电阻率变化梯度大，可能存在断层，地下水沿着断层带进入地下一定深度后，再上升到地面。

在聚龙温泉及其附近存在面积很大、电阻率最低的低阻体，电阻率只有 $20\Omega \cdot m$，这可能与地下温度更热、水量更充足有关。该低阻体在 1.5km 深处表现为很低，随深度的加深先逐渐增大，然后又逐渐减小。到 5km 处达到近 $100\Omega \cdot m$，到 15km 处，电阻率不到 $20\Omega \cdot m$，并表现为一新的低阻体，该低阻体可能与地壳岩浆房相对应。由此可见，聚

龙温泉是地下水通过岩石受岩浆直接烘烤而产生的，没有经过长距离的运移，从而使得该处温泉的水温最高，面积最大。据二维反演结果，在聚龙温泉可能也有断裂存在。

在长白山北山门附近存在电阻率较低的低阻体，最低电阻率约为 $25\Omega\cdot m$，这可能与该处地下水及地下热状态有关。该处表现出两个低阻体，分别位于 $0.7\sim 1km$ 和 $3\sim 4km$ 深度。此处的电阻率相对较低，很可能是一条被后期玄武岩覆盖的隐伏断裂带。

在双目峰附近地下 $1\sim 2km$ 深处，存在一电阻率约为 $40\Omega\cdot m$ 的低阻体，该低阻体在东西向剖面上的长度约 $10km$，可能与该处的地下水有关。

2. 深部岩浆房

通过三条剖面的二维反演结果，汤吉等（2001）发现在天池火山口及以北、以东和东北方向均存在低阻体，它的深度一致，在地下应该是同一低阻体在不同剖面上的反映，该低阻体很可能就是岩浆房。南北向剖面二维反演结果表明，以 N07 为中心，存在宽约 $10km$、顶深约 $12km$、向下延伸到 $45km$ 深处的低阻体（$50\Omega\cdot m$ 标准），在 $30km$ 深处最宽达 $15km$，在深度 $12\sim 20km$ 处，其最低电阻率为 $10\Omega\cdot m$。东西向的二维反演剖面上，在 E01、E02 测点地下约 $12km$ 处，也存在宽度约 $5km$、顶深约 $12km$、厚度约 $15km$ 的低阻体。

三、天池火山熔岩隧道

熔岩隧道作为岩浆流动搬运的重要途径在熔岩盾与次级熔岩盾片的形成过程中起着重要作用，但天池火山熔岩隧道的研究却是近些年来的事情。之所以把熔岩隧道放在潜火山章节一并叙述，意在强调熔岩流表面之下蕴藏的丰富的火山学信息。笔者考察的天池火山熔岩隧道主要是位于天池火山北侧的四里洞熔岩隧道和鹿蹄洞熔岩隧道。鹿蹄洞也称特务洞，洞口位置坐标 $42°3.851'N$，$128°2.036'E$。鹿蹄洞位于玄武粗安岩结壳熔岩熔岩流之上，南侧小型寄生火山锥被切割，附近熔岩流平面近等轴状展布，边界附近常见弧形凸起条带与穹丘。鹿蹄洞内熔岩流流动构造时有较好保留，熔岩隧道被后期熔岩流堵塞，堵塞处穹丘状熔岩堆之下有稍晚期结壳熔岩。隧道侧翼见 3 期熔岩流表面残留，隧道底部见特征的熔岩流表面张裂，与泥裂非常相似。隧道顶部塌陷较强烈，隧道长度 28m。在天池火山西北侧和西南侧，也有熔岩隧道发育，但由于穿越条件的限制，迄今尚未开展熔岩隧道相关测量工作。以下仅以四里洞熔岩隧道为例，详述天池火山熔岩隧道的发育特征。

在天池火山玄武质熔岩盾形成过程中，十几万年前的一次喷发形成了四里洞熔岩隧道（熔岩隧道附近玄武岩的 K-Ar 年龄测定值分别为 0.13 Ma 和 0.183 Ma）。熔岩隧道的形成机理是由于熔岩流表面与内部温度差异所造成的。位于熔岩流表面的岩浆由于向空中释放了大量的热量而冷却较快，而位于熔岩流内部的岩浆则可以长时间保持很高的温度。表面的岩浆冷却成岩石后，内部的岩浆还可继续流动，当后期内部岩浆流走后，也就留下了由表壳玄武岩流覆盖的熔岩隧道。熔岩隧道顶板、侧翼与底板上可见大量熔岩钟乳、熔岩刺、熔岩片、绳状体等表壳流动构造（照片 2-4-9a、b），这些流动构造反映了熔岩隧道内晚期熔岩流的生长与流动特征。熔岩隧道形成后由于构造活动使得熔岩隧道顶板发生塌落，例如强烈的地震就可能使熔岩隧道顶板发生大规模垮塌（照片 2-4-9c），隧道顶板垮塌严重时就可把熔岩隧道暴露在地表。四里洞熔岩隧道就是形成后顶板大规模垮塌而漏出地表的（照片 2-4-9d）。

千年大喷发所形成的火山碎屑流以极高的流速冲过天池火山周边几十千米范围。在千年大喷发之前四里洞熔岩隧道已经塌陷暴露在地表，火山碎屑流冲过来时沿着暴露的洞口冲进熔岩隧道，在熔岩隧道之内又高速向前冲过很长的距离才定位堆积下来。一般说来，浮岩流堆积物很容易受到喷发后雨水的冲蚀搬运，也就很难保持其原始的喷发形态。但四里洞熔岩隧道对这种后期冲入的浮岩流起到了很好的保护作用，也就使得我们

(a)　　　　　　　　　　　　　　　　　(b)

(c)　　　　　　　　　　　　　　　　　(d)

照片 2-4-9　四里洞熔岩隧道内部构造

(a) 熔岩隧道顶板绳状结壳熔岩；(b) 隧道顶板熔岩刺；(c) 2004 年 9 月 8 日 3.8 级地震引起的四里洞熔岩隧道顶板垮塌物岩石表面新鲜；(d) 四里洞洞口因隧道塌陷而出露

可以在 1000 年后有机会"目睹火山喷发原貌"（照片 2-4-10a）。

　　四里洞熔岩隧道可穿越长度近 600m，是目前已知长白山天池火山规模最大的熔岩隧道，由于四里洞熔岩隧道内大量的后期浮岩流充填，大大地降低了可穿越性熔岩隧道的高度。浮岩流之下是否存在多层熔岩隧道，是否有熔岩隧道分支已被堵塞也未可知。

　　四里洞熔岩隧道最具特色之处是它后来变成了"浮岩隧道"。经查证，四里洞熔岩隧道是世界上唯一的后期冲入浮岩流的熔岩隧道。浮岩流在熔岩隧道内流动时又是脉冲式的，不同的脉冲堆积形成不同的浮岩流前锋、主体与尾部。高温的浮岩流堆积物定位后，把堆积物底部原有水体汽化，水蒸汽在爆炸与脱气过程中形成无根火山口与逃气管构造（照片 2-4-10b、c）。浮岩流堆积物冷却过程中则形成不同规模的收缩裂纹与节理（照片 2-4-10d）。四里洞熔岩隧道的珍贵性正在于它为人们亲眼目睹天池火山千年大喷发的场面提供了唯一的机会。在这个角度上可以说是千载难逢。

(a)　　　　　　　　　　　　　　　　　(b)

(c)　　　　　　　　　　　　　　　　　(d)

照片 2-4-10　四里洞熔岩隧道内冲入千年大喷发浮岩流

(a) 浮岩流粘贴隧道壁；(b) 浮岩流中二次爆炸形成很深的无根火山口；(c) 浮岩流逃气管密集；
(d) 浮岩流前锋部位张裂继承逃气脉发育

在野外工作中，利用罗盘、激光测距仪、测绳、卷尺等工具，详细测量并记录了四里洞熔岩隧道各项参数。熔岩隧道长度以其中心线为准分段测量，对所测量的熔岩隧道进行顺序编号。以此编号为基准点，记录每段熔岩隧道内的测量内容，包括其长度、两端基准点的熔岩隧道高度（底板到顶板的距离）、宽度（中心点到两侧管壁的距离）、坡度、走向以及本熔岩隧道片段参数明显变化的数值。由于熔岩隧道的横截面形态变化迅速，故将每段熔岩隧道片段的轮廓拍照，再进行室内绘制。

室内工作中，根据测量得到的熔岩隧道参数，在专业绘图软件平台上，绘制出合适比例的熔岩隧道俯视图和纵剖面图。以野外观测的基准点为坐标，在图中标出各种地质现象。根据不同熔岩隧道片段的轮廓照片和实测尺寸，绘制其横截面示意图，并整合到剖面图中。

1. 四里洞熔岩隧道参数的测量

四里洞整体为一较大型熔岩隧道的片段（图 2-4-3）。可测量长度为 556m，垂直落差非常小。隧道最宽处 19.3m，最窄处 6.2m。与一般熔岩隧道不同之处在于，由于洞底被火山碎屑流堆积物覆盖，隧道的真实高度不可测量。本文所指四里洞的高度为火山碎屑流表面或地震所塌块表面到洞顶的垂直距离，最高处 6m，最低处小于 1m。整体走向近NNE，但中间具有明显的转折和分叉现象：前 317m 走向近 NE，后 239m 走向近 SN，两者之间被一近 90°拐角分割。转折点可见另一分支，走向 SEE，可测量长度 10m，被火

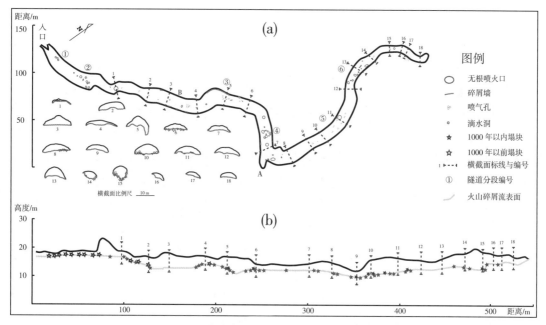

图 2-4-3　四里洞熔岩隧道平剖面分布参数测量

(a) 俯视图；(b) 剖面图；(a)、(b) 中间是横截面图。(a) 中将隧道宽度比实测放大 3 倍，
(b) 中将隧道高度放大 3 倍，(a)、(b) 之间的熔岩隧道横截面图等比放大

山碎屑流封堵（图 2-4-3a 中 A 处）。下游隧道蜿蜒延伸，北端被火山碎屑流封堵。

四里洞洞顶绝大部分为棱角状、块状结壳熔岩，绳状熔岩较少见，顶板可见直径约 10cm 的气孔。顶板与两壁均可见熔岩钟乳等原生构造，并可观察到火山碎屑流的附着物质（浮岩、碎屑、碳化木等）。

2. 四里洞内保存的火山碎屑流

四里洞具有熔岩隧道内常见的地质现象，如熔岩刺、熔岩钟乳等。另外，四里洞内灌入了一套火山碎屑流沉积，形成了一系列独特的物理、热力现象。熔岩隧道内部灌入火山碎屑流，在国内外均属首次发现。四里洞内的诸多现象指示了火山碎屑流进入熔岩隧道之时，依然保持了较高的温度，并在熔岩隧道内富水的环境中，产生了强烈的爆炸、脱气现象。

四里洞最有价值的意义在于其内部保留了一套千年大喷发的火山碎屑流沉积物，熔岩隧道的原始底板大都被其覆盖。火山碎屑流沉积物的顶部一般较平整，两侧向下倾斜，与隧道管壁接触。火山碎屑流的整体成分均一，熔结程度不一。紧贴洞壁的碎屑墙位置熔结程度最高，挤压强烈，需要用小刀才能划下；大部分火山碎屑流物质熔结程度较弱，手捻即碎。熔结强弱与含水多少明显呈反相关性：干燥部位的火山碎屑流熔结程度较高，比较坚实，脚踏无痕迹；较湿润部位的火山碎屑流表面脚踏形成清晰的脚印，深度一般在 0.5cm；积水部分的火山碎屑流表面基本呈泥状。

（1）火山碎屑流的表面形态。

整个四里洞的底板，多被灰白色火山碎屑流沉积所覆盖。碎屑沉积物表面形态可分为平坦型、鼓丘型与沟壑型三种：平坦型表面的火山碎屑流顶部比较平坦，行走方便，熔结坚实，出现在隧道比较干燥的位置；鼓丘型表面的熔结程度不及平坦型，有一定的水分，地面起伏程度较低，高差小于 1m；沟壑型表面的地面起伏在 1m 以上，最大可达 5m，主要出现在隧道转向、变窄位置及隧道尽头封堵部位。绝大多数火山碎屑流表面为火山灰物质，浮岩只出现在局部片段或无根火山口之中，浮岩为黑色、黄色、白色，粒度为 0.5 ～ 5cm，与簸选作用或流水作用有关。火山碎屑流中碳化木碎屑较常见。

（2）火山碎屑流的剖面形态及浮岩分层。

火山碎屑流的整体厚度尚未准确确定，根据隧道形态和少数坑洞的深度可推出其大概厚度。测量过程中，可见三个比较深的坑洞，深度分别为 1.2m、1.3m、3.1m。这些数据在一定程度上代表了部分火山碎屑流的厚度。

火山碎屑流的纵剖面形态有一定的起伏，但整体比较平坦。整个火山碎屑流表面的起伏不大，最高点与最低点高差约为 7m。洞口位置的地面高度与尽头封堵位置的火山碎屑流顶板高度基本持平，火山碎屑流厚度估计值很可能在 7 ～ 10m 之间。

火山碎屑流横截面形态与隧道的弯曲程度有明显的相关性。在隧道平直的区域，火山碎屑流中部最高，两侧呈 10°～30° 坡度下降，与洞壁接触。隧道转弯处，外弧沉积作用增大，火山碎屑物堆积最多，高于中部；内弧沉积作用减小，呈 30°～40° 坡度下降，与洞壁接触，形成横截面上的最低点。

在火山碎屑流的剖面上可以观察到浮岩碎屑呈反粒序垂直分布，顶部存在浮岩富集区域。一些区域还可以看到火山碎屑流分层侵入的痕迹，在火山碎屑流顶界高度降低的部位，按照含水量的不同，可看到明显的分层。两层均具有一定的延伸性，可以作为火山碎屑流分层沉积的标志。

3. 代表性千年大喷发火山碎屑流表面构造

由于四里洞熔岩隧道的屏蔽保护作用，使我们得以见到天池火山千年大喷发所成火山碎屑流，其表面保存有喷气孔、无根火山口、碎屑墙、收缩裂隙、水的沉积与侵蚀作用，以及生物作用的痕迹。

（1）碎屑墙。

碎屑墙是在火山碎屑流灌入熔岩隧道并沿着熔岩隧道流动的过程中，在巨大的挤压作用下，"粘贴"到熔岩隧道洞壁上形成的构造现象。大部分表现为紧紧地附着在洞壁表面（照片 2-4-10a），也有一些与洞壁有一定的间隔，可见强烈挤压的现象，还可看到火山碎屑流多次冲击同一洞壁位置形成的多层碎屑墙。四里洞内的碎屑墙，最长的一段可达 25m，高度从 2cm 到 2m 不等，厚度为几厘米到 1m 左右。碎屑墙一般出露在火山碎屑流表面之上，显示火山碎屑流流动的痕迹，也能够反映出火山碎屑流运动过程中达到的高度等信息。碎屑墙上也可见同期脱气作用的喷气孔和后期顶板滴水的侵蚀作用改造的滴水洞。

（2）喷气孔。

喷气孔是火山碎屑流中常见的现象。火山碎屑流温度通常非常高（300～1100℃），在灌入四里洞时，与洞内的水、泥接触产生大量水蒸气。在火山碎屑流覆盖较薄、空隙较大，蒸气较容易喷出的情况下，水蒸气沿空隙喷出，形成垂直向上的喷气孔。四里洞内的喷气孔常成片出现（照片 2-4-10c），聚集现象明显。单个喷气孔呈倒锥状，深度常在 10～40cm 之间，形状规则，直径 3～30cm 不等，一般内缘向外倾斜 5°左右，能够看到规则的气体向外喷射痕迹，内缘平滑，可见镶嵌在内壁上的浮岩碎屑。可见双生现象，喷气孔的分布状况极为不平衡，有时极为密集的喷气孔还会聚合成大的喷气孔。

（3）无根火山口。

无根火山口的形成也是由于火山碎屑流覆盖水体形成大量水蒸气所导致的。与喷气孔不同的是，形成无根火山口的部位，火山碎屑流较厚，水蒸气量较多，火山碎屑流中的空隙已经不能使突然生成的大量水蒸气从空隙中逃逸，积累的力量足够大时就产生强烈的爆炸，形成明显的爆炸坑，即无根火山口。照片 2-4-11 中展示了各种不同发育特征的无根火山口。

(4) 火山碎屑流收缩裂隙。

火山碎屑流冷凝过程中，在火山碎屑流表面形成了一些裂隙。宽度范围 5 ～ 30cm，深度一般可见 10 ～ 80cm，长度可达 10m 以上。照片 2-4-10 (d) 中展示了一个处于火山碎屑流表面上的收缩裂隙，最宽处可达 30cm，呈锯齿状延伸。

(5) 泥火山。

火山碎屑流在侵位之后，仍然有挥发气体从内部向外释放。炽热的火山碎屑流侵位在水分聚集部位，将水汽化。这些水蒸汽沿着火山碎屑流的孔隙上涌，并携带了泥状碎屑物质，在火山碎屑流表面即可形成泥火山。照片 2-4-11 中有四里洞熔岩隧道内溢出的非常漂亮的泥火山，直径仅 2cm，形态保存得非常完好。

(6) 滴水洞。

熔岩隧道顶板的滴水作用在火山碎屑流之上形成深度不等的水坑，直径 1 ～ 15cm。滴水洞与喷气孔的差别在于，滴水洞的形状不规则，边缘多为锯齿状，深度远小于喷气孔，孔壁也凹凸不平。有些滴水洞已经干涸，而大部分还在侵蚀过程中。

4. 喷气孔与无根火山口的分布

喷气孔集中分布在 3 个区域（图 2-4-3a 中①、③、⑤处），其他部位仅零星出现。喷气孔多呈簇状出现，一般展布面积为几平方米，喷气孔之间距离为 10cm 左右。集聚部位数量众多，可达几十个甚至上百个。

无根火山口共 43 个。最大直径 4.4m，深度由 10cm 到 3.1m 不等。无根火山口底部一般为已胶结的火山碎屑流物质，上面有碎屑或者塌落玄武岩块；有些内部有白色和黑色的浮岩碎屑，是爆炸产生的残余或者是箕选作用的结果，在无根火山口中能观察到不同程度的箕选作用。

无根火山口的爆破程度不一，可从火口的大小和边缘降落物质多少判别。爆破持续的时间不同：①箕选作用明显的无根火山口活动了较长时间，蒸气作用和颗粒的上下运动也互相作用多次；②内部熔结的无根火山口只进行了单一的爆炸作用，爆炸之后碎屑物质回填，内部的蒸气作用所释放的能量不足以进行再次爆炸，回填物质在蒸气的作用下再次熔结，添堵了无根火山口；③深度较大的无根火山口经历了长时间的脱气爆炸作用，内部碎屑物质被抛射到外面，或者被磨碎抛出，所以形成的深度较大。

由俯视图可以总结出无根火山口主要集中分布在三个位置（图 2-4-3 中②、④、⑥）处。其中②处共有无根火山口 11 个，④处有 17 个，⑥处有 9 个。这三处的无根火山口数目占四里洞内总数的 86%。

喷气孔与无根火山口的分布状况，能够显示火山碎屑流在灌入熔岩隧道后的动力学过程和热力状态。

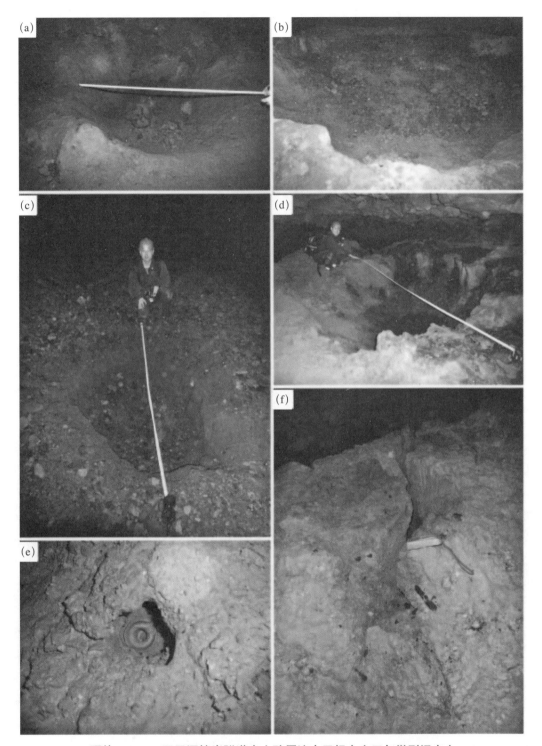

照片 2-4-11　四里洞熔岩隧道火山碎屑流内无根火山口与微型泥火山

(a) 小型无根火山口；(b) 簸选作用强烈的无根火山口，内部可见玄武岩渣块；(c) 被水后期侵蚀强烈的无根火
山口，其周围和内部的浮岩经过了水的筛选；(d) 内部积水的无根火山口；(e) 微型泥火山，直径 12cm；
(f) 锯齿状收缩裂隙

第五节　天池火山岩相

有谁已经或多或少地理解了地球上的灰尘？有谁已经以某种尺度称出了山脉的重量？又有谁用秤盘称出了山峰的重量？

——Isaiah 40：12

天池火山不同成因类型的堆积物具有不同的相特征。对于火山泥石流堆积相、次生改造堆积相与潜火山相特征见相应成因类型部分章节描述，本节重点补充说明天池火山空降堆积相、伊格尼姆岩堆积相与溢流相岩石及堆积物的相特征。

一、空降堆积相特征

1. 天池火山 4 次大规模空降火山灰的分布

截至目前，人们在天池火山以东日本海钻孔及相邻陆相地层内已经发现了 4 层源自天池火山的大规模火山灰（Oike，1972; Machida and Arai，1992；Shirai et al.，1997；Ikehara et al.，2004；Chun et al.，2006）。它们分别是约 45 万年前的天池南鹿火山灰（白头－南鹿火山灰 B-Og 448ka）、约 5 万年前的天池日本海火山灰（白头－日本海火山灰 B-J，48ka ~ 51.5ka）、约 2.4 万年前的天池海参崴火山灰（白头－海参崴火山灰 B-V，24.2ka ~ 24.5ka）和约 1000 年前的天池苫小牧火山灰（白头－苫小牧火山灰 B-Tm，1ka）。由图 2-5-1 可见，总体上 4 次火山灰的分布都集中在天池火山以东，但约 45 万年前的天池南鹿火山灰和约 5 万年前的天池日本海火山灰可能偏向东南（集中于天池火山 120° ~ 140° 方向），而约 2.4 万年前的天池海参崴火山灰偏向东北（天池火山 50° 方向）。

笔者于 2006 年在日本东北大学做客座教授期间曾赴北海道考察有珠火山，也实地考察了天池苫小牧火山灰，在驹岳火山西北侧砂原街砂崎一带和喷火湾西岸太平洋牧场以北都见到了数厘米厚的源自天池火山千年大喷发的远源相空降火山灰。在砂原街砂崎，驹岳火山西北侧熔岩盾之上天池火山灰厚 5cm（照片 2-5-1）。天池火山灰发浅棕红色，细粒，分选好，厚度稳定，上下边界无截然界线。天池火山灰层上下均为驹岳火山黑色细粒玄武质火山灰层，次生剥蚀改造作用时有发育，可见冲蚀沟。剖面最顶部为驹岳火山1640 年灰白色粗粒空降浮岩层覆盖。在太平洋牧场以北，天池火山灰层埋深 15cm 左右，最厚 2cm，浅灰色。颗粒感明显，分选好。火山灰成分富晶体，主要为长石，次为暗色矿物。其上下均为黑色泥质火山灰，界限截然。在天池火山灰层之下为十和田火山灰层，

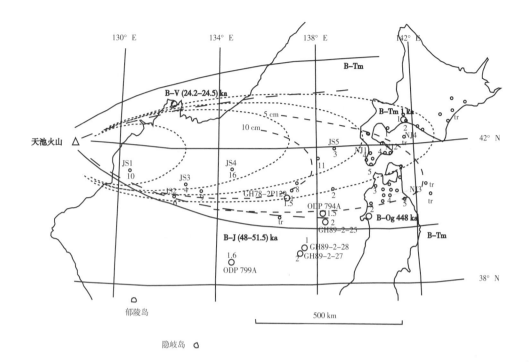

图 2-5-1　天池火山 4 次特大规模火山灰分布

除南鹿、海参崴火山灰均为一个点的资料外，日本海钻孔火山灰位置与厚度均已给出，厚度单位 cm。图中细虚线是 Horn 和 Schmincke (2000) 给出的等厚线，中虚线是早川由纪夫等给出的等厚线（Hayakawa and Koyoma, 1998），粗虚线是 Machida 等 . (1990) 统计天池苫小牧火山灰厚度时给出的分布范围，实线是综合的天池火山千年大喷发远源相空降火山灰的分布范围。圆圈为钻孔、采样点位置，ODP 799A、JS1、NJ1 等分别为钻孔、采样点编号

厚度可大于 3cm，颜色为带有橘黄色的灰色。成分主要为玻屑，下部粒度粗而显正粒序，细粒部分有时呈蛋白色。两层火山灰断续透镜体状展布于主体层位为含冲积砾石的黑色泥质火山灰中（照片 2-5-2）。

Machida 等（1992）分别测量了天池火山圆池一带空降浮岩成分和日本海钻孔 JS4(KH69-2-23) 远源相空降浮岩成分（表 2-5-1，图 2-5-2），对比发现两者在主体岩浆成分和岩浆混合作用过程方面都具有很好的一致性。由图可见，圆池火山碎屑流成分在两端元

照片 2-5-1　天池火山灰在北海道砂原街砂崎厚 5cm

照片 2-5-2 天池火山灰在北海道太平洋牧场以北厚 2cm

集中，显示出有岩浆混合作用。另一火山碎屑流端元成分差异变小，保持成分断点区间，显示岩浆未充分混合。圆池空降浮岩成分均一，成分偏酸性，涌浪成分也较均一。在日本海 JS4(KH69-2-23) 钻孔，天池火山千年大喷发远源相空降火山灰（B-Tm 火山灰）岩芯成分特征分上、中、下三个单元。下部单元主要为酸性成分但带有中性成分，中部单元充分岩浆混合，上部单元保持两端元成分的岩浆混合。Machida 等（1984）研究郁陵岛、隐岐岛火山灰时也曾给出天池火山灰在日本海钻孔中浮岩成分的 REE 配分特征，参见图 2-2-12。

表 2-5-1 天池火山千年大喷发近源相与远源相空降火山灰成分电子探针测试
（引自 Machida et al.，1992，修改）

	SiO_2	TiO_2	Al_2O_3	FeO^*	MgO	MnO	CaO	Na_2O	K_2O	总和	样品数	测试单位
Fpfa	72.86	0.29	11.65	4.43	0.11	0.07	0.35	4.61	5.28	99.65	13	
E-7afa	70.56	0.37	13.14	4.53	0.13	0.06	0.66	4.94	5.24	99.63	15	
E-5pfa	75.62	0.23	10.12	4.10	0.12	0.03	0.11	4.34	4.55	99.22	22	
E-4afa	70.14	0.34	13.27	4.57	0.11	0.05	0.67	5.26	5.28	99.69	21	
E-2pfa	66.53	0.53	15.42	4.98	0.14	0.15	1.17	5.04	5.92	99.88	10	
E-1pfa	67.66	0.41	14.07	4.74	0.17	0.04	1.01	5.26	5.68	99.84	10	
C-pfl	73.14	0.27	11.33	4.39	0.07	0.03	0.32	4.99	4.86	99.4	15	
C-pfl	73.55	0.23	11.27	4.41	0.13	0.05	0.33	4.67	4.93	99.57	13	
C-pfl	66.55	0.44	15.13	4.93	0.09	0.12	1.14	5.50	5.98	99.88	10	
C-ps	74.24	0.25	10.58	4.13	0.09	0.12	0.14	4.99	4.56	99.1	13	
B-pfa	74.74	0.23	10.51	4.09	0.05	0.1	0.09	4.7	4.53	99.04	11	
JS1	76.20	0.22	10.49	4.08	0.01	0.06	0.21	4.49	4.23	99.99	7	
JS2 G1-1	75.01	0.23	10.47	4.06	0.02	0.09	0.25	5.41	4.45	101.6	24	

续表

SiO$_2$	TiO$_2$	Al$_2$O$_3$	FeO*	MgO	MnO	CaO	Na$_2$O	K$_2$O	总和	样品数	测试单位
JS2 G1-2	68.20	0.37	14.56	4.48	0.08	0.12	0.98	5.92	5.29	102.69	11
JS4-1	71.09	0.32	12.87	4.56	0.10	0.07	0.67	4.88	5.13	98.99	20
JS4-2	70.53	0.33	13.24	4.60	0.10	0.07	0.68	4.92	5.23	99.7	20
JS4-3	72.16	0.32	12.19	4.52	0.14	0.11	0.45	4.69	5.05	99.63	17
JS4 G1-1	75.41	0.24	10.48	4.04	0.03	0.09	0.24	5.00	4.46	102.25	23
JS4 G1-2	67.09	0.43	15.16	4.74	0.14	0.13	1.19	5.62	5.47	102.08	23
JS5 G1-1	75.36	0.24	10.57	4.38	0.19	0.07	0.26	4.72	4.21	100	12
JS5 G1-2	67.86	0.36	15.21	4.71	0.10	0.10	1.06	5.46	5.13(0.28)	99.99	3
NJ2	76.09	0.21	10.80	4.01	0.02	0.07	0.21	4.80	3.78(0.11)	99.99	4
NJ3	75.50	0.23	10.81	4.34	0.02	0.07	0.25	4.98	3.81(0.10)	100.01	5
NJ4 G1-1	75.50	0.21	10.43	3.98	0.12	0.03	0.20	4.48	4.53(0.20)	99.48	8
NJ4 G1-2	66.99	0.51	14.99	4.92	0.12	0.12	1.21	5.28	5.72(0.21)	99.86	4

注：＊表示全铁。

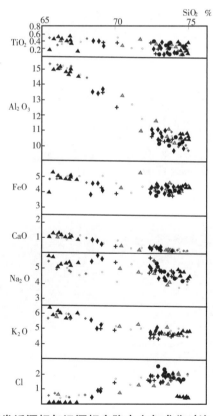

图 2-5-2　天池火山千年大喷发近源相与远源相空降火山灰成分对比（引自 Machida et al.，1992）

近源相浮岩成分，其中：◆火山碎屑流；▲圆池火山碎屑流；●圆池空降浮岩；＋浮岩涌浪

远源相 B-Tm 火山灰：△下单元；○中单元；＋上单元

2. 火口缘及外壁空降物

天池火山千年大喷发空降火山灰在火口缘及锥体外壁的分布厚度巨大，在地势平坦与低洼地带保留厚度常大于30m（照片2-5-3）。堆积物横向展布稳定，成层性好（照片2-5-3a）。有时在火口缘空降堆积物中见有明显的熔结现象（照片2-5-3b），此时堆积物中矿物晶体内的玻璃包裹体往往也表现出长时间高温状态致使透明度变差或脱玻化等物相特征。灰白色浮岩中常含大粒度岩屑角砾，角砾粒度常大于50cm（照片2-5-3c），有时在整体为岩浆喷发堆积物中见有局部层位的射气岩浆喷发物薄层（照片2-5-3d）。天池火山火口缘堆积层序参见本章第三节。

3. 圆池与朝鲜境内空降物

天池火山东侧的圆池一带和天池火山南侧的横山林场一带有较厚的中源相空降浮岩。圆池、双目峰、钓鱼台一带的空降浮岩厚度0.5～1m左右，灰白色浮岩堆积物下部粒度粗，上部粒度细，如此而显示正粒序，其上常为厚层伊格尼姆岩覆盖。空降浮岩堆积物

(a)   (b)

(c)   (d)

照片 2-5-3　天池火山千年大喷发近源相灰白色空降堆积物

（a）4号界西北火口缘空降物成层性好；（b）天文峰东火口缘空降堆积物熔结作用明显；（c）气象站东坡空降层成层稳定，含大粒度岩屑；（d）东北侧锥体外壁空降堆积层中含有射汽岩浆喷发物岩屑薄层

照片 2-5-4　朝鲜境内千年大喷发中近源相空降浮岩

锥体东南侧熔岩盾之上无头峰一带厚层空降浮岩，含大砾石
（照片提供者：日本东北大学宫本毅）

松散，分选好。岩浆成分相对较单一，碱流质浮岩中偶见偏基性岩浆条带。玻璃包裹体（岩浆包裹体）物相透明，一般均显示出喷发柱中搬运时迅速的冷却淬火作用。由于受喷发时风力的影响，天池火山千年大喷发中近源相空降火山灰主要分布在朝鲜境内，巨厚的灰白色布里尼空降堆积物代表了朝鲜境内中近源相空降浮岩的标志特征（照片 2-5-4）。有时可见纯岩浆喷发的布里尼式喷发物被射气岩浆喷发的射汽布里尼式喷发物覆盖，反映了喷发过程中有时有明显的外部水的加入，其上又被喷发后次生搬运改造的浮岩质堆积物覆盖（照片 2-5-5）。在距离更远些的中源相空降浮岩堆积物中，经常可见喷发前的森林树木被空降物掩埋。由于堆积时浮岩质碎屑物温度已经明显降低，虽能杀死树木，但连树木表皮也不能碳化，从而保持原始直立状态树干（照片 2-5-6）。

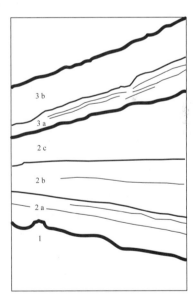

照片 2-5-5　朝鲜境内空降物剖面，布里尼式喷发物、射汽布里尼式喷发物被后期
次生搬运浮岩堆积物覆盖

左侧为野外露头剖面，右侧为堆积物层序。1. 布里尼式喷发灰白色空降浮岩层，碎屑化程度弱；2a. 射汽布里尼式喷发两韵律之下部韵律，局部岩屑富集薄层，碎屑化程度高；2b. 射汽布里尼式喷发两韵律之上部韵律，局部含岩屑富集薄层，碎屑化程度高；2c. 射汽布里尼式喷发之晚期韵律，喷发后期水含量降低，碎屑化程度变弱；3a. 次生搬运浮岩堆积层，岩屑与浮岩局部富集成层，底部有喷发结束后地表暗色草炭富集层；3b. 次生搬运浮岩厚层堆积，灰白色空降浮岩层至地表（照片提供者：日本东北大学宫本毅）

照片 2-5-6　朝鲜境内中源相布里尼空降物富含直立死树

（照片提供者：日本东北大学宫本毅）

4. 天池日本海火山灰

天池日本海火山灰（B-J 火山灰）是天池火山千年大喷发散落于天池火山东侧朝鲜境内、日本海、北海道及日本东北北部大规模空降火山灰（B-Tm 火山灰）之前的另一次大规模空降火山灰。关于天池日本海火山灰，Chun 等（2006）开展了大量详细研究工作（图 2-5-3）。海底松散沉积物中火山灰层的识别一般表现为暗色堆积物中的浅色层，如图 2-5-4 所示。对于日本海钻孔广泛见到的这层火山灰的岩浆成分，电子探针分析结果见表 2-5-2，其中长石晶体的探针成分见表 2-5-3，TAS 投点与铝铁比值投点见图 2-5-5。

表 2-5-2　天池日本海火山灰探针分析（引自 Chun et al., 2006，括号内数字为方差）

钻孔编号	采样深度 /cm	SiO_2	TiO_2	Al_2O_3	FeO*	MnO	MgO	CaO	Na_2O	K_2O	n
GH89-2-25	328 ~ 330	71.06	0.11	12.29	4.79	0.1	0.01	0.48	5.78	5.38	3
GH89-2-27	364 ~ 366	71.49	0.11	11.96	4.68	0.11	0.02	0.42	5.86	5.36	4
GH89-2-28	252 ~ 253	71.07	0.17	0.17	12.68	4.03	0.11	0.01	5.94	5.51	9

续表

钻孔编号	采样深度 /cm	SiO$_2$	TiO$_2$	Al$_2$O$_3$	FeO*	MnO	MgO	CaO	Na$_2$O	K$_2$O	n
GH78-2 P129	220 ～ 221.5	68.99	0.21	15	3.45	0.12	0.01	0.74	5.8	5.68	5
ODP 794A	222.2 ～ 223.7	72.68	0.13	12.56	4.68	0.12	0.02	0.4	4.76	4.66	15
ODP 799A	471.8 ～ 473.4	69.33	0.1	13.53	5.1	0.14	0	0.42	6.02	5.05	10

注：＊表示全铁。

表 2-5-3　天池日本海火山灰长石探针分析（引自 Chun et al., 2006）

	GH89-2-27	GH-89-2-28	GH78-2P129	ODP 794A	ODP 799A
SiO$_2$	66.72	65.09	63.96	63.41	60.27
Al$_2$O$_3$	19.65	20.48	20.55	18.3	20.71
FeO*	0.31	0.23	0.28	1.95	0.49
CaO	0.15	0.11	0.06	0.15	0.03
Na$_2$O	7.29	7	6.83	6.75	7.24
K$_2$O	7.06	7.39	7.5	5.99	6.58
Total	101.18	100.3	99.18	96.55	95.32
Or	38.69	40.77	41.83	36.57	37.36
Ab	60.64	58.71	57.91	62.68	62.49
An	0.67	0.52	0.26	0.76	0.15

注：＊表示全铁。

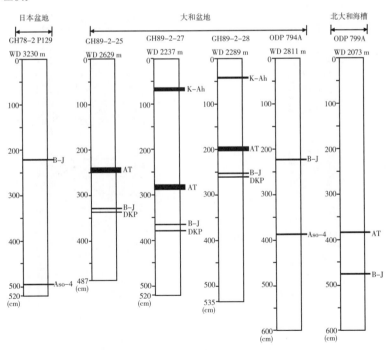

图 2-5-3　日本盆地、大和盆地和北大和海槽发现的火山灰层（引自 Chun et al., 2006）

其中 B-J 为约 5 万年前的源自天池火山的天池日本海火山灰

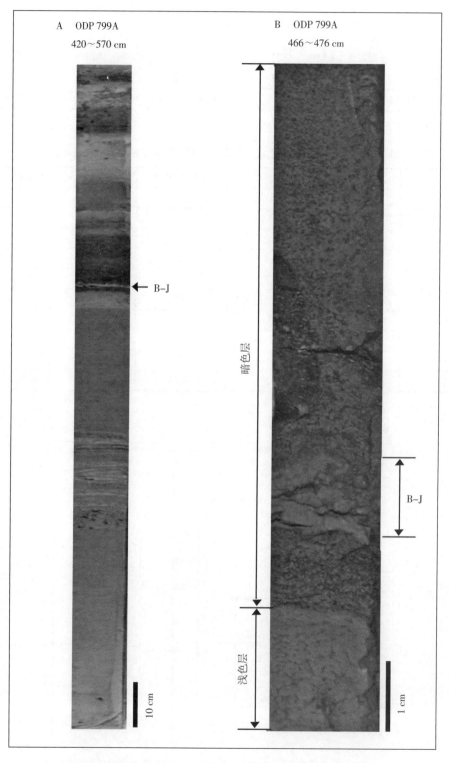

图 2-5-4 日本海 ODP 799A 钻孔暗色层间天池日本海火山灰

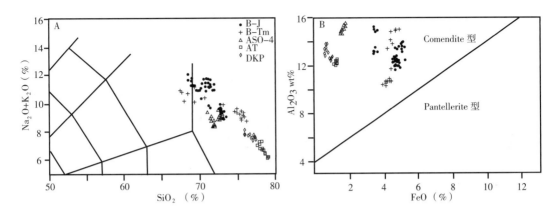

图 2-5-5　天池日本海火山灰玻屑探针 TAS 投点与铝铁比值投点

其中 B-J 为约 5 万年前的源自天池火山的天池日本海火山灰，B-Tm 为约 1000 年前源自天池火山的
天池苫小牧火山灰

Shirai 等（2003）根据钻孔沉积物地层学研究与有孔虫年龄测定，得到天池日本海火山灰层年代为 51500BP，Ikehara 等（2004）则根据 ^{14}C 年龄测定得到 48000 ~ 51000BP 的火山灰层形成时间。Chun 等（2006）给出了天池日本海火山灰颗粒的背散射电子像（照片 2-5-7）。由图像观察可见，日本海钻孔所见天池日本海火山灰的粒度众值在 100μm 左右，分选很好。其中（d）图中钻孔 GH78-2 P129 深度 220 ~ 221.5cm 处和（e）图中钻孔 ODP Hole 794A 深度 222.2 ~ 223.7cm 处保留了较多的鸡骨状气泡壁等浮岩碎屑。长石、辉石晶屑中有时可见粒度稍大的颗粒，在（f）图中钻孔 ODP Hole 799A 深度 471.8 ~ 473.4cm 处还见气泡明显拉长的浮岩碎屑，反映了喷发时火山通道边部强烈的流动剪切作用。

综合天池日本海火山灰的空间分布、岩浆与矿物成分、火山灰形貌学特征等研究成果，认定其来源起因于天池火山约 5 万年前一次大规模爆破性喷发作用是没有疑义的。这与格陵兰冰心 GISP2 记录和天池火山第四造锥喷发层序中的年代学位置可以对应。尽管对于这次大喷发在天池火山近源相堆积物，目前工作程度还不能严格确定，但可以把它限定在天池火山第四造锥喷发阶段的碱流质岩浆喷发过程中。在天池火山锥体顶部业已发现了若干很新层位的碱流质熔结凝灰岩、碱流岩层位，它们应该具有某种时空上的成生联系。

5. 千年大喷发的喷发动力学与喷发体积的估算

天池火山千年大喷发时布里尼喷发柱高度达到 25km，最大喷发柱宽度 26km，伞状云顶部高度达 35km，喷发时伴有风速 30m·s⁻¹ 的西北风。喷发柱塌陷形成的伊格尼姆岩向外流动时速度在火口缘部位高达 90m·s⁻¹，有时在 40km 以远处还保持了 26 ~ 50m·s⁻¹ 的高速度，相当于时速 94 ~ 180km·h⁻¹ 的列车。高峰时最大质量喷发率达到 108.36kg·s⁻¹，

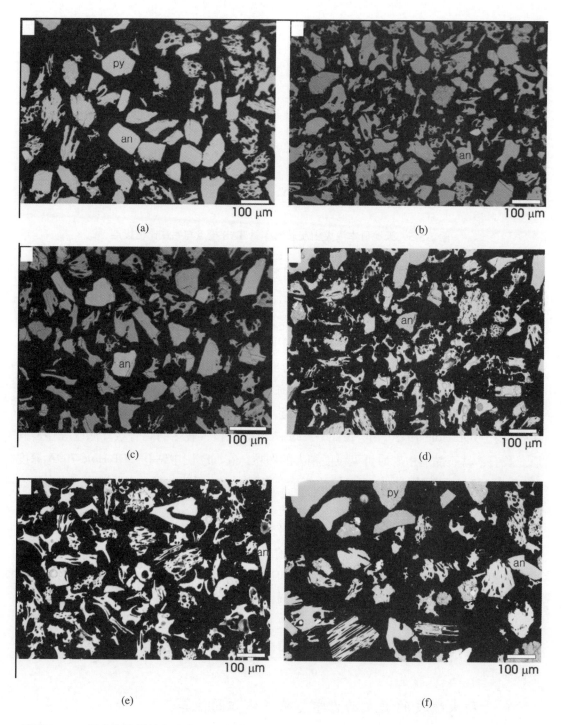

照片 2-5-7　日本海海洋钻探岩芯里见到的 B-J 火山灰的背散射电子像（引自 Chun et al.，2006）

(a) 钻孔 GH89-2-25 深度 328～330 cm；(b) 钻孔 GH89-2-27 深度 364～366 cm；(c) 钻孔 GH89-2-28 深度
252～253 cm；(d) 钻孔 GH78-2 P129 深度 220～221.5 cm；(e) 钻孔 ODP Hole 794A 深度 222.2～223.7 cm；(f)
钻孔 ODP Hole 799A 深度 471.8～473.4 cm。an：歪长石；py：辉石

喷发持续时间在 111 ～ 333 小时之间。详细的动力学恢复研究工作参见《长白山天池火山近代喷发》第六章及本书第四章。受风力影响喷发空降物主体向东呈带状散布于日本海以远（如前所述），但郭正府等（2005）在天池火山西北侧龙岗火山区低平火山口内沉积物中也发现了少量空降火山灰。

根据 Machida 等 (1983) 钻孔测量数据等资料，去除过大（堆积后次生加厚作用）与过小（堆积后次生减薄作用）的异常厚度值，可以恢复天池火山千年大喷发远源相火山灰体积。再结合原有工作中恢复的近源相喷发物体积，从而得到天池火山千年大喷发的喷发物总体积，进而可以估算出喷发岩浆的体积（致密岩石当量 DRE）。估算过程如下：

（1）根据 Machida 等 (1983) 天池苫小牧火山灰钻孔资料得到火山灰厚度与距离分布图（图 2-5-6）。从中剔除个别异常加厚与减薄的样品（位于 540km 的 16cm 厚、790km 的 11cm 厚、1095km 的 1cm 厚的 3 件样品），即可由图 2-5-6 散点图得到最大厚度趋势线、最小厚度趋势线和中间厚度趋势线的回归方程（图 2-5-7）。

（2）根据最大、中间、最小厚度趋势线方程外推厚度为零时得到最大展布距离。按照最大厚度趋势线方程 $y = -0.005x + 11.275$，当 $y=0$（cm）时，$x=2255$（km）。由此得知天池火山灰的分布可达火山东侧 2000km 以远，这已远远超过了日本岛弧的范围。朝鲜东海岸以东（距天池火山 150km）火山灰的分布主要受平流层内风力的影响，而在东海岸以西则受到喷发柱与伞状云内搬运作用的重要影响。根据方程 $y = -0.005x + 11.275$，$x=150$km 时，$y=10.525$cm。这可作为喷发柱搬运与平流层搬运转变点火山灰厚度的估计。

同理可得，中间厚度趋势线方程 $y = -0.0039x + 6.509$ 推测的火山灰分布范围在天池

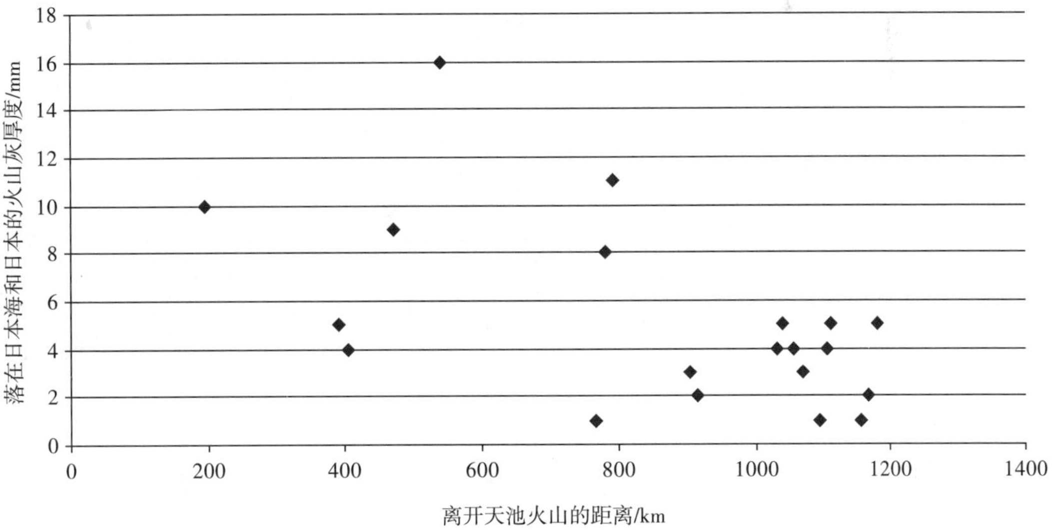

图 2-5-6　天池火山远源相空降火山灰厚度与距离投点图

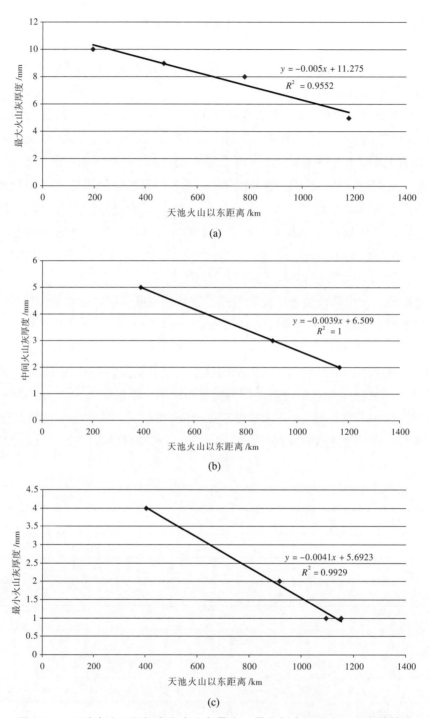

图 2-5-7　天池火山远源相空降火山灰最大、最小与中间厚度—距离趋势线

（a）最大火山灰厚度随天池火山距离的变化；（b）中间火山灰厚度随天池火山距离的变化；
（c）最小火山灰厚度随天池火山距离的变化

火山以东 1670km，转变点 150km 对应的火山灰厚度 y=5.924cm。最小厚度趋势线方程 $y=-0.0041x+5.6923$ 推测的火山灰展布范围位于天池火山东侧 1390km，同样也大大超过日本岛弧而向东进入太平洋范围。转变点 150km 对应的火山灰厚度 y=5.0773cm。

（3）天池苫小牧远源相火山灰分布宽度约为 350km，自天池火山向东以 250km 为间隔分别估算各段火山灰体积，累计得到远源相火山灰总体积如表 2-5-4。按最大厚度趋势线得到的体积为 39.6km³，按中间厚度趋势线得到的体积为 16.3km³，按最小厚度趋势线得到的体积为 11.5km³。概略取值远源相火山灰体积最大、中间、最小估计值分别为 40km³、15km³、10km³。本文选取的远源相火山灰体积（按最大值趋势线）为 40km³。

表 2-5-4　远源相空降火山灰总体积估计值

天池火山以东距离 /km	150	250	500	750	1000	1250	1500	1750	2000	2250
最大厚度 y 推算值 /cm	10.525	10.025	8.775	7.525	6.275	5.025	3.775	2.525	1.275	0.025
中间厚度 y 推算值 /cm	5.925	5.534	4.559	3.584	2.609	1.634	0.659			
最小厚度 y 推算值 /cm	5.0773	4.6673	3.6423	2.6173	1.5923	0.5673				
距离分段体积最大值 (km×km×mm)		8771875	7678125	6584375	5490625	4396875	3303125	2209375	1115625	21875
距离分段体积中间值 (km×km×mm)		4842250	3989125	3136000	3383875	1429750	576625			
距离分段体积最小值 (km×km×mm)		4083887.5	3187013	2290138	1393263	496387.5				
远源相火山灰总体计估计值（最大 km³）		39.571875								
远源相火山灰总体计估计值（中间 km³）		16.256625								
远源相火山灰总体计估计值（最小 km³）		11.450688								

（4）30cm 空降物等厚线圈闭面积 $1.4×10^4$km²，10cm 等厚线圈闭面积 $3.3×10^4$km²，1cm 等厚线圈闭面积 $7×10^5$km²。已知天池火山中近源相空降物体积为 33km³，火山周边伊格尼姆岩体积为 37.5km³，则可得到千年大喷发总喷发物体积为 110km³，换算的岩浆体

积（致密岩石当量 DRE）约为 27.5km³。

二、伊格尼姆岩堆积相特征

1. 伊格尼姆岩相带类型的划分

伊格尼姆岩通常由大规模喷发柱塌陷时向四周高速泛滥的火山碎屑流形成。天池火山伊格尼姆岩根据离开火山口的距离可分出近源相、中源相、远源相等三种岩相，各自具有明显不同的相特征。近源相伊格尼姆岩分布在破火山口内天池水面四周低洼部位、锥体顶部及锥体外侧沟谷中，主要岩性为相变明显的壳层状暗色强熔结伊格尼姆岩，其堆积厚度一般都大于 2m。碎屑塑性变形、平化现象明显。沟谷中火山碎屑流流体边缘两侧的流动剪切节理也较发育，刚性岩屑及塑性浆屑均具明显的定向性。火山碎屑流流体中央部位常呈块状构造，熔结作用强烈，但碎屑不具定向性。代表性堆积物见于天池破火山口内八卦庙一带，不同空间位置堆积物厚度、碎屑粒度与熔结强度呈系统性变化。如图 2-5-8 所示，八卦庙一带近源相伊格尼姆岩总体岩性表现为强熔结的暗灰色熔结角砾凝灰岩，常见定向清晰的半气孔化浮岩与大型浆屑条带（大于 1m 者很常见）。堆积厚度与剖面粒序性变化明显，有时柱状节理较为发育。根据堆积物组成与结构的差异可分 7 层，流动单元主体为 A、B、C、D、E、F 层，在其顶部可见相当于灰云浪层位的熔结弱的凝灰岩（a、b、c 亚层）。各层与亚层结构特征为：

A. 浆屑等轴状，熔结中等；

B. 富含岩浆饼，单体粒度大；

C. 水平层理发育，小浆屑扁豆状；

D. 浆屑长条状，定向性好；

E. 富含平直岩浆饼，层状构造；

F. 浆屑长条状，含量 20%；

    a. 微斜层理，初始熔结，细粒；

    b. 显水平层理，部分熔结，细粒；

    c. 正粒序，部分熔结，细粒；

滞后角砾岩是火山碎屑流向外流动时遗留在流体之后的岩相部分，大体上相当于近源相伊格尼姆岩堆积的一部分。在天池火山破火山口缘四周及锥体外侧平缓部位，往往都可见到主要由片状岩屑及少量浮岩组成的滞后角砾岩。在锥体外侧沟谷两侧山坡有时也可见到火山碎屑流尾部的维尼尔堆积，这也相当于近源相伊格尼姆岩。堆积物颜色可深可浅，粒度普遍较细，熔结作用较弱。

天池火山中源相伊格尼姆岩最为显著的特征是堆积厚度巨大。在离火山口 10～20km 范围内，巨厚的伊格尼姆岩多个流动单元构成了总厚 20m 左右的复合堆积单元，最大堆

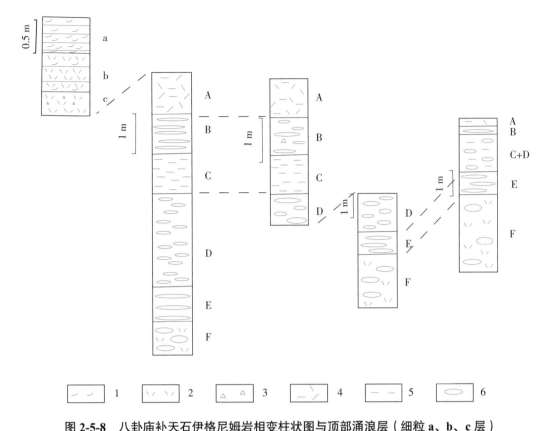

图 2-5-8　八卦庙补天石伊格尼姆岩相变柱状图与顶部涌浪层（细粒 a、b、c 层）

1. 微斜层理；　2. 火山灰；　3. 火山角砾；　4. 熔结凝灰岩；　5. 水平层理；　6. 半气孔化浮岩、岩浆饼

积厚度近 100m。常见于天池火山锥体外侧沟谷，如锥体北侧谷底森林、东北侧三道白河与黑石沟、南侧鸭绿江骆驼峰与西侧锦江大峡谷等地所见。中源相伊格尼姆岩的岩相特征常表现为谷塘型伊格尼姆岩（图 2-5-9），堆积物常呈深灰色、灰色。热冷却节理常见，有时显示初始熔结乃至部分熔结作用。流动单元内部流动分凝构造较为发育，表现为岩屑富集层、浮岩富集层及细粒层等重力分凝构造。反映出流动时流体内部的流体化作用较为明显。

远源相伊格尼姆岩的标志性特征是堆积物颜色较浅，常为浅黄 – 浅灰色。堆积物一般较松散，熔结作用不明显。堆积物中常见碳化木，说明堆积时温度尚较高，且为较还原环境。多个流动单元叠置在一起，剖面上常与灰云浪共生，反映出流动时高度的流体化状态（图 2-5-10）。碎屑组分最显著标志是浮岩含量高并常反粒序，碳化木上方堆积物细粒亏损脱气构造（逃气管与逃气囊，见图 2-5-11）常见。底部可见高温蒸汽烧结作用，原因是伊格尼姆岩定位后其下部捕获的地表水体被汽化，而使尚处于高温状态的浮岩颗粒部分熔化而烧结在一起。产状上常表现为面状展布的松散席状伊格尼姆岩，通常称其为伊格尼姆岩席。

2. 天池火山共伊格尼姆岩（co-ignimbrite）堆积序列

造伊格尼姆岩喷发一般都可分为两个阶段。喷发开始阶段的气、固分散相（岩浆气体及被加热的空气作为气相，其中分散有固态岩屑、晶体及液态岩浆碎屑）以一个基本稳定的速率持续性喷出火山口，形成一个稳定的喷发柱。喷发持续一段时间以后，由于火山通道的部分封闭、火山口加宽、岩浆成分变化与气体含量降低等诸多因素使得喷发柱

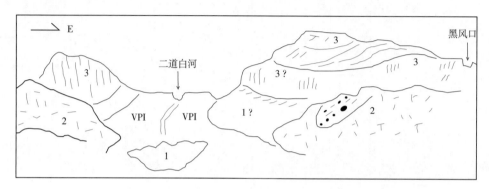

图 2-5-9　长白瀑布北视二道白河源头长白山大峡谷内充填谷塘型伊格尼姆岩

1、2、3 等数字代表由早到晚造锥堆积层序，VPI 代表充填沟谷中的谷塘型中源相伊格尼姆岩

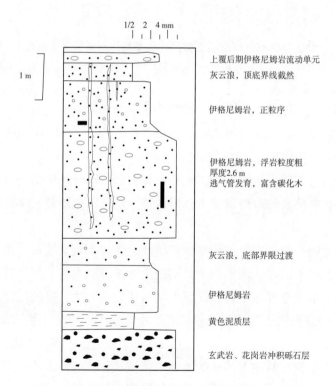

图 2-5-10　奶头山光明林场浮岩采场伊格尼姆岩层序

暗色方框示碳化木，逃气管垂直上升

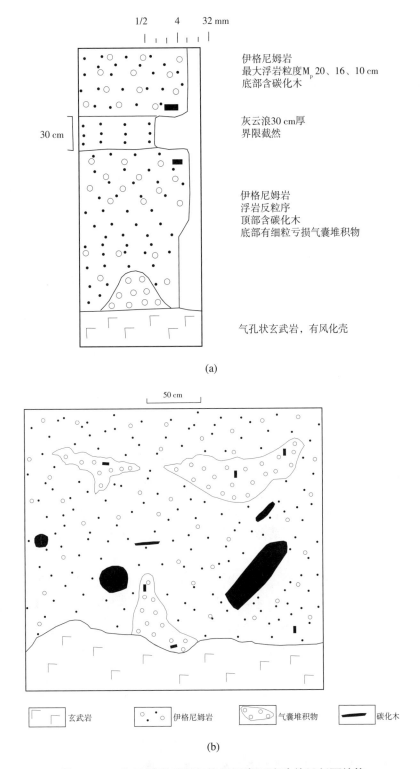

(a)

(b)

图 2-5-11　和平浮岩采场伊格尼姆岩两流动单元剖面结构

（a）显示流动分凝现象的两个流动单元；（b）伊格尼姆岩富碳化木层位的细粒亏损气囊堆积物

135

中气固分散相密度大于周围大气密度，喷发物在重力作用之下塌陷落回到地表而形成向四周泛滥的浮岩流，从而形成伊格尼姆岩标准剖面：即早期的布里尼式空降堆积物被后续的伊格尼姆岩覆盖（如双目峰边防站剖面）。高速流动的火山碎屑流内部动力学状态可分为头部、主体和尾部三部分，从而构成伊格尼姆岩流动单元中各个代表性层位。在火山碎屑岩流头部，从流体前锋裹入的冷空气在火山碎屑流体内被突然加热而使体积剧增，从而极大地加剧了火山碎屑流的流体化程度，直至达到湍流化程度。所形成的堆积物也就会显示强烈的细粒亏损、岩屑富集，并可显示某些定向层理的特征。更为极端的情况是有时在流体前锋裹入的冷空气气团及水体受到骤热而发生爆炸作用，从而带着一部分碎屑物抛射出火山碎屑流，而在流体之前形成抛射堆积。理想化的伊格尼姆岩剖面分上、中、下三层。下部层 1 为地浪堆积（实例如天池公路 19km 界碑剖面），上部层 3 为灰云浪堆积（光明林场、和平林场所见），而中部层 2 为火山碎屑流主体堆积物，也称为火山碎屑流的一个流动单元（如双目峰、和平林场剖面所见）。流动单元内部可进一步分为 3 层。层 2a 对应于流动单元底部细粒层，有时发育叶片状水平剪切节理，这是火山碎屑流流动时底部剪切作用形成的；层 2b 是流动单元主体部分，又分为下部的岩屑富集带（2bl）和上部的浮岩富集带（2bp）两部分；层 2c 一般对应于火山碎屑流尾部堆积，多属维尼尔堆积物，呈壳层状盖于下伏伊格尼姆岩流动单元主体之上。火山碎屑流高速流动时向上析出的细粒灰云浪可达几千米高度，其分布范围可超出火山碎屑流分布范围几十千米到上百千米。由此可见这种由火山碎屑流派生的灰云浪堆积物的体积也是十分巨大的（其体积可达伊格尼姆岩母体体积的一半）。由于湍流上浮时选择性摄取了细粒火山灰部分，也就使得伊格尼姆岩堆积物总体成分较岩浆成分可以发生重大变化。因此，研究岩浆成分时，灰云浪堆积物的组成是必须考虑的一个因素。但由于灰云浪堆积物一般都比较松散，且在地表又不易保留，因此，给研究工作带来一定的困难。自持续性布里尼喷发柱伞状云内以一定速率降下浮岩碎屑形成空降堆积物。当喷发柱边缘部分塌陷时，巨大体积的火山碎屑流快速堆积成一个流动单元。这种瞬间流动堆积的伊格尼姆岩隔断了自喷发柱伞状云的连续性空降堆积物，而使得伊格尼姆岩流动单元覆盖于下部的布里尼式空降堆积单元之上。伊格尼姆岩定位之后，其上部又为连续性空降堆积物覆盖，形成新的空降堆积单元。当喷发柱再次部分塌陷时，伊格尼姆岩再次覆盖于伊格尼姆岩之上。如此反复多次，从而形成共伊格尼姆岩堆积序列，就如壮观的鸭绿江骆驼峰、锦江大峡谷与白云峰大峡谷剖面所见。

在鸭绿江上游骆驼峰一带，巨厚层中源相伊格尼姆岩堆积物中，逃气管、逃气脉构造十分发育（照片 2-5-8a、b），反映了与现代火山喷发的阿拉斯加万烟谷类似的堆积与脱汽过程。破火山口内壁近源相伊格尼姆岩里常见柱状节理（照片 2-5-8c），而和平林场等地的远源相伊格尼姆岩则更多表现为较为松散的堆积构造（照片 2-5-8d、e、f）。

(a)　　　　　　　　　　　　　　　　　　(b)

(c)　　　　　　　　　　　　　　　　　　(d)

(e)　　　　　　　　　　　　　　　　　　(f)

天池火山伊格尼姆岩复合堆积序列与相特征

(a) 骆驼峰伊格尼姆岩逃气管集中发育于细粒灰质层之下，中源相；(b) 骆驼峰伊格尼姆岩底部含碳化木，下伏空降浮岩，中源相；(c) 天池破火山口内壁伊格尼姆岩柱状节理连续成层状，近源相；(d) 鸭绿江灰白色松散伊格尼姆岩富含碳化木，远源相；(e) 和平采砂场松散土灰色伊格尼姆岩席富含碳化木，其上被砂质火山泥石流覆盖，远源相；(f) 和平采砂场灰白色伊格尼姆岩富含逃气管，远源相

三、溢流相：玄武质、粗面质、碱流质熔岩流相特征

1. 玄武质熔岩流平、剖面相带划分

长白山天池火山造盾阶段形成的玄武岩熔岩台地以头道玄武岩和白山玄武岩带状熔

岩流为主体，部分地段以老房子小山玄武岩面状熔岩流大面积覆盖其上。头道玄武岩和白山玄武岩流动距离长，岩性和化学成分相似，它们都存在碱性系列的粗面玄武岩和玄武质粗安岩，又存在拉斑玄武岩和玄武安山岩（刘若新等，1998）。老房子小山玄武岩岩浆成分与之相近，但以富含大粒度斜长石斑晶为特征。玄武质熔岩流剖面厚度常大于10m，根据特征的结构构造可以分出底板相、内部相及顶板相。底板相黄褐色，岩石蚀变较强烈，气孔大而强烈拉长。内部相岩石多为深灰色，致密全晶质，柱状节理常见。有时可见气泡管及分凝脉（图 2-5-12），岩石基质结晶程度常较高。顶板相标志特征是气泡多而大，靠顶部时气泡形状常不规则，有时气泡聚合现象较明显。不同玄武岩流动单元

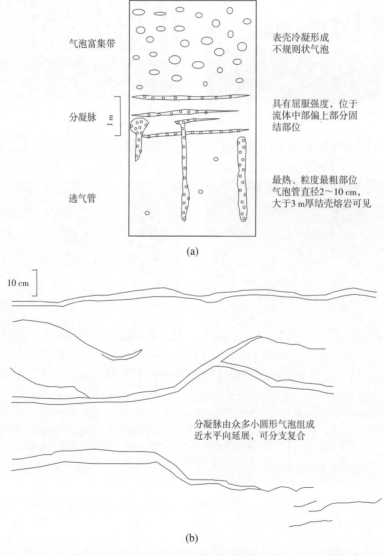

图 2-5-12　二道白河镇东采石场白山组玄武岩柱状节理内分凝脉构造发育

(a) 玄武岩剖面上逃气管向上补给分凝脉及顶部层气泡富集特征；(b) 分凝脉集中部位水平向扩展过程

剖面上相互叠置，组成统一的堆积冷却单元。如药水泉头道白河玄武岩流动单元底部剖面，玄武岩陡壁高度 13m，分上、下两个流动单元，上部单元厚度 6m，下部单元 7m。下部单元近底部为富气孔流动剪切带，之上柱状节理发育（照片 2-5-9a）。自头道白河河床剖面再向上，玄武岩流动单元剖面底部混积岩发育（照片 2-5-9b），玄武岩气孔中常见鲕状赤铁矿充填，指示潮湿堆积环境。在混积岩底部玄武岩枕状体发育，枕状体之间常为小粒度自碎角砾岩与淬碎橙玄玻璃充填（照片 2-5-9c）。向上进入熔岩流内部相时柱状节理发育（照片 2-5-9d）。

造盾玄武岩堆积于古河床环境时，熔岩流底板常被淬火成玻璃质，对下伏堆积物烘烤作用也较明显。在玄武岩底板相之下，有时可见下伏冲积相砾石堆积层。如锦江桥东，玄武岩层下有具柱状节理的 30cm 厚空降火山灰层，其下为厚 30cm 红色烘烤层，再下

(a)　　　　　　　　　　　　　　(b)

(c)　　　　　　　　　　　　　　(d)

照片 2-5-9　头道白河药水泉头道组溢流相玄武岩剖面分相

(a) 新药水头道白河玄武岩剖面，玄武质砾石层之上熔岩流底界剪切层；(b) 新药水头道白河玄武岩混积岩，熔岩流水下淬火形成枕状体；(c) 新药水头道白河玄武岩中部流动单元底部混积岩枕状体之间橙玄玻璃被烘烤；(d) 新药水头道白河玄武岩中部流动单元混积岩层位之上玄武岩中弧形柱状节理

为巨厚冲积砾石层（照片 2-5-10）。横向变化时在凝灰岩与玄武岩间夹红色烘烤黏土层厚
1～5cm。北侧采石场见冲积扇剖面露头，根据砾石定向指示的河床水流向北。

| (a) | (b) |

照片 2-5-10 锦江桥白山组溢流相玄武岩剖面分相

（a）锦江桥玄武岩流底板相褐红色富气泡，早期黄褐色空降层发育柱状节理，下伏地层被烘烤呈紫红色；
（b）锦江桥玄武岩流厚约 8 m，下伏冲积砾石层被烘烤，熔岩流内部相多发育柱状节理

　　天池火山造盾玄武岩远源相单元熔岩流厚度一般不大于 10m，柱状节理不发育，而
多表现为不规则的块状节理（熔岩流侧翼等边缘相岩石岩相特征与此类似）。同次喷发的
流动单元数量一般均较少，顶板相岩石保留较差，但岩流对下伏岩石还会产生明显的加
热烘烤作用（照片 2-5-11a）。由于熔岩流保持总热量已明显降低，定位后又没有明显的进
一步流动，相对还原环境下可以保留包裹原始地表植被的化石印模（照片 2-5-11b）。

| (a) | (b) |

照片 2-5-11 泉阳湖发电站天池火山造盾玄武岩远源相熔岩流

（a）泉阳玄武岩两薄层流动单元，沿块状节理破碎，对下伏早期喷发玄武岩风化壳有明显烘烤；
（b）泉阳玄武岩无斑隐晶，厚层，可见孢子植物种子化石的熔岩树模

2. 天池火山东北侧造盾期玄武岩熔岩流单元划分及其平面几何特征

根据天池火山造盾喷发玄武岩的平面分布与年龄测试结果，笔者将天池火山东北部分的玄武岩分为头道组（1.91Ma ~ 2.77Ma）、白山组（0.75Ma ~ 1.64Ma）和老房子小山组（0.58Ma ~ 1.17Ma）。头道组玄武岩由天池火山造盾喷发期间向天池火山北侧溢流而成。熔岩流长度几千米至几十千米、宽度几百至几千米、厚度几至几十米。由多个熔岩流流动单元组成的带状、面状复合熔岩流，主体构造类型为结壳熔岩。白山组玄武岩熔岩流长度、宽度与厚度等参数均与头道玄武岩流动单元相当。总体上讲，头道组玄武岩主体分布于南北向二道白河以西，而白山组玄武岩主要分布于二道白河以东。老房子小山组玄武岩主体分布于天池火山东北与西北方向，保留较好的熔岩表壳构造。其流动距离明显小于头道、白山期造盾喷发玄武岩展布距离，两者平面分布形状的纵横比参数有明显差异（靳晋瑜等，2006）。除了剖面结构中常见大量气泡以外，老房子小山组玄武岩通常还含有大量的斜长石大斑晶。

头道、白山期造盾熔岩流与老房子小山造盾熔岩流的风化剥蚀程度明显不同。头道期熔岩流基本不见1.5m以上表壳相，岩石特征以块状全晶质玄武岩（粒度粗大）、含气孔粗晶玄武岩为代表，岩流表面常有老黄土与黏土质风化壳覆盖。白山期熔岩流以富含气孔带、线性切割（冲沟）明显的细晶结构玄武岩为代表。根据岩石气孔发育程度恢复的熔岩流表壳剥蚀深度多位于0.5 ~ 1m之间。老房子小山期造盾玄武岩流特征是常常保留有玄武质结壳熔岩表壳构造，有时渣状熔岩表壳构造也比较发育。不同玄武岩流单元之间常保留厚达数米的流体侧翼与流体前锋构造（照片2-5-12）。在老房子

照片2-5-12　老房子小山两玄武岩流接触界线
右侧陡坡新熔岩流单元侧翼厚3m

小山熔岩流展布范围内一般不见地表水系的发育，因为熔岩流表壳剥蚀深度多小于0.3m，地表水多渗入玄武岩气孔及底板中，熔岩流表面尚未切割、冲蚀形成常年性河流。

在天池火山东北部造盾玄武岩溢流相区域，根据现存熔岩流地形地貌特征可以划分出八个大的熔岩流单元（图2-5-13）。其中第一、二流动单元为头道组玄武岩，第三、四流动单元为早期白山组玄武岩，第五、六、七流动单元为晚期白山组玄武岩，第八流动单元为老房子小山组玄武岩。八个流动单元的流动距离多在30km以上，天池火山北侧的4个熔岩流动单元更长达50km以上，反映了喷发时较高的熔岩质量溢出率。而所属晚期白山组和老房子小山组的5个熔岩流单元的流动距离明显小于头道组和白山组早期的3个熔岩流单元。纵横比有明显的不同。

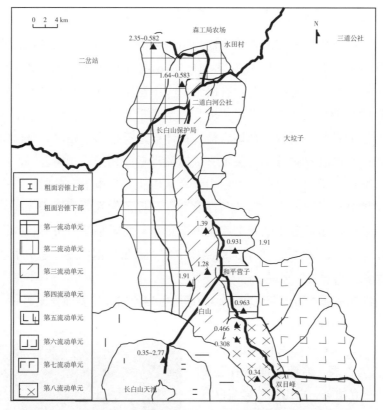

图 2-5-13   天池火山东北侧造盾玄武岩溢流相流动单元的划分

实线为地质界线，粗线为道路，黑三角为代表性测年样品点

3.粗面质、碱流质熔岩流几何、分带与结构及其熔岩流表面与内部构造

天池火山造锥熔岩流主要为不同斑晶粒度与含量的粗面岩组成，锥体靠上部层位粗面岩常与碱流岩互层。熔岩流厚度常较大，流动距离却相对较小，纵横比明显小于造盾喷发阶段玄武质熔岩流。厚层粗面岩流前锋在锥体表面往往构成明显陡坎，有时粗面岩流、碱流岩流侧翼也常保持较陡地形坡度，由此可以分出造锥喷发阶段不同的熔岩流流动堆积单元（照片 2-5-13 a、b）。天池火山复合锥体剖面上熔岩流常与火山碎屑岩互层状产出，锥体靠上层位含有更大比例的火山碎屑岩。其中松散的火山碎屑岩后期蚀变常较强，风化剥蚀后常表现为平缓地貌，但强熔结的粗面质熔结凝灰岩也常常形成柱状节理发育的陡坎地貌。

天池火山锥体顶部层位部分碱流岩保持着清晰的表壳结构，熔岩流顶板相特征为含有大量的熔岩渣块与条带状熔结的火山碎屑物。熔岩流顺坡向下流动时保持着相对较陡的熔岩顶板坡度。向熔岩流内部由于熔岩流流动所成扭曲、揉皱较为发育。随着流动距离的增加，不同流动单元熔岩流呈现波浪状地貌。按照组成熔岩流物相的不同可以分出近源相、中源相和远源相。近源相部位含有较多的半气孔化浮岩碎屑，富浮岩碎屑层与致密状熔岩层密集相间排列成层并见流动条带（照片 2-5-14a），熔岩碎屑与弱气孔化浆屑

(a)

(b)

照片 2-5-13 天池火山厚层造锥粗面岩与碱流岩

(a) 岳桦瀑布北粗面岩陡坎与平台指示厚层造锥粗面岩不同流动单元；(b) 锥体东侧碱流岩侧翼流动构造

再被熔岩物质胶结形成碎成熔岩结构（照片 2-5-14b）。中源相熔岩流流动单元厚度变大，玻璃质黑曜岩状熔岩流常见（照片 2-5-14c）。远源相熔岩流含较多的流动自碎熔岩角砾，角砾之间由熔岩物质胶结（照片 2-5-14d）。天池火山造锥熔岩流除了最晚造锥阶段碱流质熔岩流外，粗面质熔岩流表壳构造大都被剥蚀殆尽，剖面结构上仅可见到熔岩流内部相。由于熔岩流厚度很大，岩石结晶程度普遍较高，有时基质甚至表现为全晶质细粒结构，柱状节理、块状节理也较规则。

(a)

(b)

(c)

(d)

照片 2-5-14 天池火山锥体顶部造锥碱流岩堆积相特征

(a) 气象站第二流动单元流变伊格尼姆岩侧翼；(b) 岳桦近源相碱流质碎成熔岩；(c) 岳桦中源相黑曜岩状碱流岩；(d) 气象站碱流质熔岩流流体前锋部位远源相块状熔岩

天池火山造锥喷发分四个阶段。锥体东侧造锥层序总体较新，未见第一造锥喷发物。第二造锥阶段形成粗面岩大陡壁、陡坎于造盾玄武岩之上。岩石特征是富含大的长石斑晶，顶板相被剥蚀后内部相熔岩流厚度常常大于50m。第三造锥阶段粗面岩与粗面质火山碎屑岩总体上构成火山锥体相对较平缓的丘陵状地貌部分，多个熔岩流流动单元与火山碎屑岩交互出现，熔岩流侧翼堆积相地表坡度相对较陡。第四造锥阶段形成火口缘近顶部及锥体外坡上巨厚层粗面质熔岩流和厚度较薄的碱流质熔岩与火山碎屑岩（照片2-5-15）。

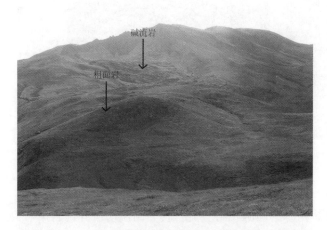

照片 2-5-15　天池火山锥体东侧溢流相粗面岩与碱流岩

锥体近顶部粗面岩形成短而粗的溢流相熔岩流（表面平滑），低洼地带充填溢流相碱流岩（表面粗糙）

天池火山造锥喷发期间在锥体局部低洼地带保留爆发相火山碎屑岩与火山碎屑沉积岩，代表性露头位置见于长白山大峡谷温泉蚀变带沟东侧及西侧陡壁。红褐色、灰褐色、黄褐色、黄绿色沉火山角砾岩、沉凝灰岩、火山岩质岩屑砂岩交互出现。岩石成因类型主要有火山泥石流、水下火山碎屑流及正常山间盆地碎屑沉积（照片2-5-16）。在天池火山造锥喷发阶段中相当于第二造锥喷发阶段产物。

中国境内小白山火山和朝鲜境内间白山火山，曾被划为天池火山的南侧溢流相复合锥体部分。岩相学研究表明应分为不同的火山。中国一侧小白山组粗安岩、安粗岩、粗面岩年龄为1.49Ma～1.00 Ma，属早更新世中期。朝鲜境内、在该层位之上发现北雪峰组碱流质熔岩及其火山碎屑岩。均属于与天池火山独立的近火山口堆积相。

| (a) | (b) |

照片 2-5-16　天池火山造锥喷发期间水下火山碎屑沉积相

（a）二道白河上游长白山大峡谷主要由火山碎屑流切割而成，沟两侧陡壁可见造锥喷发间歇期火山碎屑沉积相堆积物；（b）长白山大峡谷东侧第二造锥喷发期间水下火山碎屑沉积相

第三章 天池火山化学岩石学

第一节 天池火山化学岩石学研究的基础 ——玄武质熔岩盾与粗面质复合锥 *

一、天池火山造盾喷发物

天池火山造盾喷发物在地表主要分为头道期、白山期和老房子小山期三个阶段。二道白河以东白山期玄武岩层位总体新于二道白河以西头道期玄武岩，前人资料中均称军舰山组玄武岩。对于老房子小山期造盾喷发玄武岩，喷发时代明显新于头道、白山期玄武岩，其展布范围主要在天池火山东北侧和西侧偏北。野外调查中发现其分布距离明显小于头道、白山期造盾喷发玄武岩展布距离。两者平面分布形状的纵横比参数明显不同。

照片 3-1-1　二道白河以东白山期玄武岩
富集逃气管，基质全晶质结构

头道、白山期造盾熔岩流与老房子小山造盾熔岩流的风化剥蚀程度明显不同。头道、白山期熔岩流表壳保留较差，基质常见全晶质细晶结构（照片 3-1-1）。老房子小山期造盾玄武岩流则常常保留有玄武质结壳熔岩表壳构造，不同玄武岩流单元之间常保留厚达数米的流体侧翼与流体前锋构造（照片 3-1-2）。

野外工作中在天池火山老房子小山期造盾玄武岩中发现了巨大的熔岩隧道（照片 3-1-3），这对深入了解天池火山作用特征与火山区新的旅游资源的开发打下了基础。如四里洞熔岩隧道，隧

---

* 本节合作作者：靳晋瑜、李春茂。

照片 3-1-2　老房子小山两玄武岩流接触界线

左侧熔岩流陡坎为新熔岩流侧翼

道出口直径小于 1m。总厚约 4m 的两个流动单元的玄武质结壳熔岩组成了隧道表壳熔岩流，靠上部流动单元较厚。洞内隧道塌陷强烈，洞口附近隧道走向 70°，总体走向近南北。隧道高度常大于 3m，宽度大于 15m。熔岩隧道顶板保留有清晰的原始流动构造（照片 3-1-3a）。位于高山苔原带内的鹿蹄洞（也称特务洞，照片 3-1-3b）则代表了天池火山造锥喷发期间寄生火山作用时期玄武质火山喷发产物。

(a)　　　　　　　　　　　　　　　　　　(b)

照片 3-1-3　天池火山玄武岩流熔岩隧道

(a) 四里洞熔岩隧道，顶板结壳熔岩；(b) 特务洞熔岩隧道

对于天池火山造盾喷发之前的造高原喷发物（与盖马高原形成阶段相当），玄武岩流以天池火山东北侧面状、带状展布的奶头山期玄武岩为代表（照片3-1-4），在头道组熔岩流底部砾石层中也有显示（照片3-1-5）。

造盾喷发和之前的造高原喷发的持续时间自上新世到早更新世。上新世时期造高原喷发为弱碱性到拉斑质的玄武岩浆喷发，主要分布于丰满水库一带（5.3Ma～4.9Ma，刘若新等，1992），以及分布于长白、安图、

照片 3-1-4　奶头山玄武岩岩颈，富含地壳、地幔包体

延吉、和龙等地的军舰山玄武岩（4.5Ma～2.1Ma，刘嘉麒，1987）。在鸭绿江上游、图们江上游及松花江上游地区，即以天池火山为中心的广大地区，中国境内分布有面积在7200km^{2}以上的上新世和第四纪玄武岩。除了一系列玄武质火山渣堆以外，主要是面型分布的玄武质熔岩。在天池火山锥四周，都可看到火山锥底部粗面岩堆积于玄武岩盾之上，就如在鸭绿江上游、图们江上游地区、天池公路等地所见。广坪玄武岩（刘嘉麒，1987）或白山玄武岩，是在1.66Ma～1.48Ma期间形成的（金伯禄等，1994）。

照片 3-1-5　头道白河玄武岩底界气泡层与下伏层位中玄武岩砾石

柱状节理之下浅色水平拉长气泡层，其下砾石层中富含造高原喷发阶段玄武岩砾石

天池火山造盾喷出物以玄武岩为主。天池火山盾状熔岩台地主体是头道期、白山期和老房子小山期玄武岩。此台地以天池火山为中心向四周缓慢降低（王季平，1987；全哲洙，2002），地表坡度一般小于 4°，天池火山造盾玄武岩主体形成于 0.963Ma ~ 4.263Ma 之间。

天池火山锥体之下的玄武岩盾既有碱性系列的粗面玄武岩和玄武质粗面岩，也有拉斑玄武岩和玄武安山岩。头道玄武岩以碱性系列粗面玄武岩为主，白山玄武岩（金伯禄等，1994）或广坪玄武岩（刘嘉麒，1987）中常见拉斑玄武岩。在天池南鸭绿江上游白山林场附近，既存在碱性系列的粗面玄武岩和玄武质粗安岩，又存在拉斑系列的拉斑玄武岩和玄武安山岩（刘若新等，1998）。

二、天池火山溢流相造盾玄武岩流动速度的估算

玄武质岩浆物理性质是决定地表玄武岩流流动过程的重要制约因素，近年来众多学者系统介绍了有关研究方法与主要结论（马昌前，1987；赵海玲，1994；莫宣学等，1999；李昌年，2002）。依据不同的熔岩结构参数、表面坡度、厚度和体积以及熔岩温度、黏度等资料可以确定熔岩流流动速度与地表流动时间（魏海泉等，2005b；靳晋瑜等，2006），理论依据是一个层流流体中的速度剖面分布（Allen，1997）。在一个倾斜平面上稳定均一流体内，边界剪切力是与作用在流体之上的重力向下分量相平衡的力。基本阻力方程是：

$$\tau_0 = \rho g d S$$

式中，τ_0 是单位面积底板对流体施加的拖曳力，它等于重力的下坡分量 $\rho g d S$，并与之方向相反。ρ 为密度；g 为重力加速度；d 为流体的厚度；S 为坡度。流体中与底板平行的平面上的剪切力必须要等于其上高度为 $d - y$ 的流体柱的重量的下坡分量：

$$\tau_y = \rho g S (d - y)$$

因此，$\tau_y = \tau_0 (1 - \dfrac{y}{d})$

对于一个层流，阻力方程为：

$$\frac{\partial u}{\partial y} = \frac{\rho g S (d - y)}{\mu}$$

式中，u 为速度；μ 为黏度；y 为自熔岩流底面向上垂直方向上的高度，积分得到边界之上任一点的速度。由于流体密度和黏度不随高度变化，所以：

$$u = \frac{\rho g S}{\mu} (y d - \frac{y^2}{2}) + C$$

非滑动条件得到边界条件：在 $y=0$ 时 $u=0$，因此积分常数等于 0。速度剖面呈抛物线

式向着自由表面增加。

参照熔岩流流动速度的估算方法，笔者对天池火山造盾玄武岩溢流相的平均流动速度作了估算。根据公式 $u=\frac{\rho g S}{\mu}(yd-\frac{y^2}{2})$，结合地形图在野外测量不同流动单元离火山口不同位置上的地表坡度 S（表 3-1-1），熔岩流厚度 d 主要在 0.5 ～ 4m 之间，y 取值为代表熔岩流平均速度的整个熔岩流厚度的 0.4（Allen，1997）。参照金伯禄等（1994）计算的长白山各喷发期岩浆房中晚期矿物的结晶温度，考虑到熔岩流在地表流动时温度的降低，造盾玄武岩熔岩流温度的取值为 1050℃，对各组玄武岩流内无晶体及不同晶体含量下的碱性玄武岩和拉斑玄武岩分别计算黏度。根据不同熔岩流动单元的斑晶矿物含量选取不同的晶体含量计算结果见表 3-1-2。熔岩流的密度计算结果在 2620 ～ 2780kg·m^{-3} 之间，为简单起见，取平均值 2660kg·m^{-3}。最后按照不同熔岩流厚度分别计算出相应的流动速度见表 3-1-3。

表 3-1-1　天池火山东北角熔岩流地表坡度测量

流动单元编号	离火山口距离 /km	坡度（°）	流动单元编号	离火山口距离 /km	坡度（°）	流动单元编号	离火山口距离 /km	坡度（°）
U1	20	1.9	U3	21.8	1.1	U5	17.5	1.6
U1	21.5	1.8	U3	26.4	1.4	U6	21.6	1.6
U1	30.6	1.1	U3	31.7	0.6	U6	22.6	1.6
U1	34	0.9	U3	44	0.5	U6	24.4	1.6
U1	38.6	1.3	U3	51.3	0.6	U6	29.4	0.8
U1	41	1.3	U4	20	2.1	U6	31	0.8
U1	45	1	U4	24	1.4	U6	32.6	1.3
U1	49	1	U4	26.4	1.1	U7	21.4	1.1
U2	16.1	2.2	U4	29.4	1.5	U7	22.6	1.9
U2	17.5	1.2	U4	39.6	0.8	U7	24.8	0.9
U2	24.1	1.1	U4	48	0.6	U7	27.6	0.8
U2	30.3	0.6	U5	9.7	5.1	U7	31.2	0.6
U2	49.2	0.8	U5	11.9	4	U8	23	0.8
U3	13.1	2.5	U5	13.6	2.6	U8	30	0.7
U3	17.9	2.1	U5	14.4	2.1	U8	30.6	0.8

表 3-1-2　天池火山东北侧不同玄武岩熔岩流的黏度计算

期次	头道期		早白山期		晚白山期		老房子小山期	
序号	1	2	3	4	5	6	7	8
岩石名称	碱性橄榄玄武岩	石英拉斑玄武岩	碱性橄榄玄武岩	石英拉斑玄武岩	碱性橄榄玄武岩	橄榄拉斑玄武岩	碱性橄榄玄武岩	石英拉斑玄武岩
样品号	ZK14	TK16	dy35	Xy14	Sy26	IV 497	Ly28	祥 -32
μ（不同晶体含量） 0	116.3	579.5	175.0	193.7	239.0	201.7	240.7	532.4
3%	130.9	652.2	197.0	218.0	269.0	227.0	270.9	599.2
5%	142.1	708.2	213.9	236.7	292.1	246.5	294.2	650.6
10%	177.1	882.2	266.4	294.9	363.8	307.1	366.4	810.5
20%	296.2	1475.9	445.7	493.3	608.7	513.7	613.0	1356.0
30%	575.4	2867.0	865.8	958.3	1182.4	997.9	1190.8	2633.9
40%	1468.8	7318.7	2210.1	2446.3	3018.4	2547.3	3039.9	6723.9
密度	2.646	2.78	2.67	2.633	2.617	2.62	2.666	2.633

注：表中除样品 ZK14 外，其余所有样品的全岩成分数据引用自金伯禄等（1994）。黏度的单位 Pa·s，密度的单位 kg·m⁻³。

表 3-1-3　天池火山东北侧不同地点、不同厚度的溢流相熔岩流流动速度计算结果（m·s⁻¹）

单元编号	d = 4						d = 2					
	μ（不同的晶体含量）											
	早期			晚期			早期			晚期		
	0%	5%	10%	0%	5%	10%	0%	5%	10%	0%	5%	10%
U1	38.0	31.1	25.0	7.6	6.2	5.0	9.5	7.8	6.2	1.9	1.6	1.3
U1	36.0	29.5	23.7	7.2	5.9	4.7	9.0	9.0	5.9	1.8	1.5	1.2
U1	22.0	18.0	14.5	4.4	3.6	2.9	5.5	5.5	3.6	1.1	0.9	0.7
U1	18.0	14.7	11.8	3.6	3.0	2.4	4.5	4.5	3.0	0.9	0.7	0.6
U1	26.0	21.3	17.1	5.2	4.3	3.4	6.5	6.5	4.3	1.3	1.1	0.9
U1	26.0	21.3	17.1	5.2	4.3	3.4	6.5	6.5	4.3	1.3	1.1	0.9
U1	20.0	16.4	13.1	4.0	3.3	2.6	5.0	5.0	3.3	1.0	0.8	0.7
U1	20.0	16.4	13.1	4.0	3.3	2.6	5.0	5.0	3.3	1.0	0.8	0.7
U2	44.0	36.0	28.9	8.8	7.2	5.8	11.0	11.0	7.2	2.2	1.8	1.5
U2	24.0	19.7	15.8	4.8	3.9	3.2	6.0	6.0	3.9	1.2	1.0	0.8
U2	22.0	18.0	14.5	4.4	3.6	2.9	5.5	5.5	3.6	1.1	0.9	0.7
U2	12.0	9.8	7.9	2.4	2.0	1.6	3.0	3.0	2.0	0.6	0.5	0.4
U2	10.0	8.2	6.6	2.0	1.6	1.3	2.5	2.5	1.6	0.5	0.4	0.3
U2	16.0	13.1	10.5	3.2	2.6	2.1	4.0	1.8	2.6	0.8	0.7	0.5

续表

	d = 4						d = 2					
U3	33.3	27.2	21.8	30.0	24.6	19.7	8.3	6.8	5.5	7.5	6.1	4.9
U3	27.9	22.9	18.3	25.2	20.7	16.6	7.0	5.7	4.6	6.3	5.2	4.1
U3	14.6	12.0	9.6	13.2	10.8	8.7	3.7	3.0	2.4	3.3	2.7	2.2
U3	18.6	15.2	12.2	16.8	13.8	11.1	4.7	3.8	3.1	4.2	3.4	2.8
U3	8.0	6.5	5.2	7.2	5.9	4.7	2.0	1.6	1.3	1.8	1.5	1.2
U3	6.7	5.4	4.4	6.0	4.9	3.9	1.7	1.4	1.1	1.5	1.2	1.0
U3	8.0	6.5	5.2	7.2	5.9	4.7	2.0	1.6	1.3	1.8	1.5	1.2
U4	27.9	22.9	18.3	25.2	20.7	16.6	7.0	5.7	4.6	6.3	5.2	4.1
U4	18.6	15.2	12.2	16.8	13.8	11.1	4.7	3.8	3.1	4.2	3.4	2.8
U4	14.6	12.0	9.6	13.2	10.8	8.7	3.7	3.0	2.4	3.3	2.7	2.2
U4	20.0	16.3	13.1	18.0	14.8	11.8	5.0	4.1	3.3	4.5	3.7	3.0
U4	10.6	8.7	7.0	9.6	7.9	6.3	2.7	2.2	1.7	2.4	2.0	1.6
U4	8.0	6.5	5.2	7.2	5.9	4.7	2.0	1.6	1.3	1.8	1.5	1.2

	μ（不同的晶体含量）											
单元编号	早期			晚期			早期			晚期		
	0%	30%	40%	0%	30%	40%	0%	30%	40%	0%	30%	40%
U5	28.2	5.7	14.1	33.5	6.8	2.6	9.5	1.4	0.6	8.4	1.7	0.7
U5	26.3	5.3	13.1	31.2	6.3	2.5	8.9	1.3	0.5	7.8	1.6	0.6
U5	25.3	5.1	12.7	30.0	6.1	2.4	8.6	1.3	0.5	7.5	1.5	0.6
U5	20.5	4.1	10.3	24.2	4.9	1.9	6.9	1.0	0.4	6.1	1.2	0.5
U5	15.6	3.2	7.9	18.5	3.7	1.5	5.3	0.8	0.3	4.6	0.9	0.4
U6	15.9	3.2	8.0	18.9	3.8	1.5	5.4	0.8	0.3	4.7	1.0	0.4
U6	15.9	3.2	8.0	18.9	3.8	1.5	5.4	0.8	0.3	4.7	1.0	0.4
U6	15.5	3.1	7.8	18.4	3.7	1.5	5.2	0.8	0.3	4.6	0.9	0.4
U6	7.4	1.5	3.8	8.8	1.8	0.7	2.5	0.4	0.1	2.2	0.4	0.2
U6	8.0	1.6	4.0	9.4	1.9	0.7	2.7	0.4	0.2	2.4	0.5	0.2
U6	12.4	2.5	6.3	14.7	3.0	1.2	4.2	0.6	0.2	3.7	0.7	0.3
U7	11.2	2.3	5.6	13.2	2.7	1.0	3.8	0.6	0.2	3.3	0.7	0.3
U7	18.6	3.8	9.4	22.0	4.5	1.7	6.3	0.9	0.4	5.5	1.1	0.4
U7	8.6	1.7	4.3	10.2	2.1	0.8	2.9	0.4	0.2	2.5	0.5	0.2
U7	7.4	1.5	3.8	8.8	1.8	0.7	2.5	0.4	0.1	2.2	0.4	0.2
U7	5.6	1.1	2.8	6.6	1.3	0.5	1.9	0.3	0.1	1.7	0.3	0.1
U8	7.4	1.5	0.6	3.3	0.7	0.3	1.8	0.4	0.1	0.8	0.2	0.1
U8	6.5	1.3	0.5	2.9	0.6	0.2	1.6	0.3	0.1	0.7	0.1	0.1
U8	7.4	1.5	0.6	3.3	0.7	0.3	1.8	0.4	0.1	0.8	0.2	0.1

单元编号	$d=1$						$d=0.5$					
	μ（不同的晶体含量）											
	早期			晚期			早期			晚期		
	0%	5%	10%	0%	5%	10%	0%	5%	10%	0%	5%	10%
U1	2.4	1.9	1.6	0.4	0.9	0.7	0.6	0.5	0.4	0.1	0.2	0.2
U1	2.3	1.8	1.5	0.4	0.9	0.7	0.6	0.5	0.4	0.5	0.2	0.2
U1	1.4	1.1	0.9	0.2	0.5	0.4	0.3	0.3	0.2	0.3	0.1	0.1
U1	1.1	0.9	0.7	0.2	0.4	0.3	0.3	0.2	0.2	0.2	0.1	0.1
U1	1.6	1.3	1.1	0.3	0.6	0.5	0.4	0.3	0.3	0.3	0.2	0.1
U1	1.6	1.3	1.1	0.3	0.6	0.5	0.4	0.3	0.3	0.3	0.2	0.1
U1	1.3	1.0	0.8	0.2	0.5	0.4	0.3	0.3	0.2	0.3	0.1	0.1
U1	1.3	1.0	0.8	0.2	0.5	0.4	0.3	0.3	0.2	0.3	0.1	0.1
U2	2.8	2.2	1.8	0.5	1.0	0.8	0.7	0.6	0.5	0.6	0.3	0.2
U2	1.5	1.2	1.0	0.2	0.6	0.5	0.4	0.3	0.2	0.3	0.1	0.1
U2	1.4	1.1	0.9	0.2	0.5	0.4	0.3	0.3	0.2	0.3	0.1	0.1
U2	0.8	0.6	0.5	0.1	0.3	0.2	0.2	0.2	0.1	0.2	0.1	0.1
U2	0.6	0.5	0.4	0.1	0.2	0.2	0.2	0.1	0.1	0.1	0.1	0.0
U2	0.9	0.7	0.6	0.1	0.3	0.3	0.2	0.2	0.1	0.2	0.1	0.1
U2	1.0	0.8	0.7	0.2	0.4	0.3	0.3	0.2	0.2	0.2	0.1	0.1
U3	33.3	27.2	21.8	30.0	24.6	19.7	0.5	1.0	0.8	0.5	0.4	0.3
U3	27.9	22.9	18.3	25.2	20.7	16.6	0.4	0.8	0.6	0.4	0.3	0.3
U3	14.6	12.0	9.6	13.2	10.8	8.7	0.2	0.4	0.3	0.2	0.2	0.1
U3	18.6	15.2	12.2	16.8	13.8	11.1	0.3	0.5	0.4	0.3	0.2	0.2
U3	8.0	6.5	5.2	7.2	5.9	4.7	0.1	0.2	0.2	0.1	0.1	0.1
U3	13.3	10.9	8.7	12.0	9.8	7.9	0.2	0.4	0.3	0.2	0.2	0.1
U3	6.7	5.4	4.4	6.0	4.9	3.9	0.1	0.2	0.2	0.1	0.1	0.1
U3	8.0	6.5	5.2	7.2	5.9	4.7	0.1	0.2	0.2	0.1	0.1	0.1
U4	1.7	3.2	2.6	1.6	1.3	1.0	0.4	0.8	0.6	0.4	0.3	0.3
U4	1.2	2.1	1.7	1.1	0.9	0.7	0.3	0.5	0.4	0.3	0.2	0.2
U4	0.9	1.7	1.4	0.8	0.7	0.5	0.2	0.4	0.3	0.2	0.2	0.1
U4	1.2	2.3	1.8	1.1	0.9	0.7	0.3	0.6	0.5	0.3	0.2	0.2
U4	0.7	1.2	1.0	0.6	0.5	0.4	0.2	0.3	0.2	0.2	0.1	0.1
U4	0.5	0.9	0.7	0.5	0.4	0.3	0.1	0.2	0.2	0.1	0.1	0.1
单元编号	μ（不同的晶体含量）											
	早期			晚期			早期			晚期		
	0%	30%	40%	0%	30%	40%	0%	30%	40%	0%	30%	40%

续表

	$d = 4$						$d = 2$					
U5	1.8	0.4	0.14	2.1	0.4	0.2	0.4	0.09	0.03	0.5	0.11	0.04
U5	1.6	0.3	0.13	1.9	0.4	0.2	0.4	0.08	0.03	0.5	0.10	0.04
U5	1.6	0.3	0.13	1.9	0.4	0.1	0.4	0.08	0.03	0.5	0.09	0.04
U5	1.3	0.3	0.10	1.5	0.3	0.1	0.3	0.06	0.03	0.4	0.08	0.03
U5	1.0	0.2	0.08	1.2	0.2	0.1	0.2	0.05	0.02	0.3	0.06	0.02
U6	1.0	0.2	0.08	1.2	0.2	0.1	0.2	0.05	0.02	0.3	0.06	0.02
U6	1.0	0.2	0.08	1.2	0.2	0.1	0.2	0.05	0.02	0.3	0.06	0.02
U6	1.0	0.2	0.08	1.1	0.2	0.1	0.2	0.05	0.02	0.3	0.06	0.02
U6	0.5	0.1	0.04	0.6	0.1	0.04	0.1	0.02	0.01	0.1	0.03	0.01
U6	0.5	0.1	0.04	0.6	0.1	0.05	0.1	0.03	0.01	0.1	0.03	0.01
U6	0.8	0.2	0.06	0.9	0.2	0.1	0.2	0.04	0.02	0.2	0.05	0.02
U7	0.7	0.1	0.06	0.8	0.2	0.1	0.2	0.04	0.02	0.2	0.04	0.02
U7	1.2	0.2	0.09	1.4	0.3	0.1	0.3	0.06	0.02	0.3	0.07	0.03
U7	0.5	0.1	0.04	0.6	0.1	0.05	0.1	0.02	0.01	0.1	0.03	0.01
U7	0.5	0.1	0.04	0.6	0.1	0.04	0.1	0.02	0.01	0.1	0.03	0.01
U7	0.3	0.1	0.03		0.1	0.03	0.1	0.02	0.01	0.1	0.02	0.01
U8	0.5	0.09	0.03	0.21	0.04	0.02	0.12	0.02	0.01	0.05	0.01	0.004
U8	0.4	0.08	0.03	0.17	0.04	0.01	0.10	0.02	0.01	0.04	0.01	0.003
U8	0.4	0.08	0.03	0.18	0.04	0.01	0.10	0.02	0.01	0.05	0.01	0.004
U8	0.5	0.09	0.03	0.21	0.04	0.02	0.12	0.02	0.01	0.05	0.01	0.004

注：距离为离天池火山口中心点的直线距离。

　　在厚度和晶体含量相当的情况下，碱性橄榄玄武岩熔岩流的流动速度一般都大于石英拉斑玄武岩熔岩流流动速度。野外观测到的熔岩流厚度为多个熔岩流单元固结而成，单个熔岩流单元的厚度多小于实际观测到的熔岩流厚度，因此，在计算时选取代表性流动单元厚度 0.5m 和 2m。岩石中晶体的含量在头道组和白山组早期玄武岩中含量较少，在白山组晚期和老房子小山组玄武岩中含量很高，分别选取晶体含量 5% 和 30% 为代表。计算得出不同厚度熔岩流流动速度如图 3-1-1 所示。图 3-1-1（a）指示了晶体含量为 5%、厚度为 0.5m 的头道组和白山组早期玄武岩的流动速度在 0 ～ 1m·s^{-1} 之间。头道组和白山组早期的碱性橄榄玄武岩熔岩流及石英拉斑玄武岩熔岩流的流动速度总体上均呈偏正态分布，但碱性橄榄玄武岩的流速众值为 0.1m·s^{-1}，石英拉斑玄武岩的流速众值为 0.5m·s^{-1}。从图 3-1-1（b）可以看出晶体含量为 30%、厚度为 0.5m 的白山组晚期和老房子小山组熔岩流的流动速度也均呈正态分布，但相对头道组和白山组早期的玄武岩流速有明显的降低，集中在 0 ～ 0.12m·s^{-1} 之间。其中碱性橄榄玄武岩流 0.08m·s^{-1} 左右的流速较集中，石英拉斑玄武岩流流速则集中在 0.04m·s^{-1} 左右。当厚度增加到 2m 时，熔岩流流动速度明显加大，头道组和白山组早期的熔岩流流速高达 $10m \cdot s^{-1}$，而白山组晚期和老房子小山组熔岩流的流速集中在 $0.5m \cdot s^{-1}$ 左右（图 3-1-1c、d）。

三、天池火山造盾熔岩流流动时间的恢复与溢流性火山灾害讨论

根据表 3-1-3 中不同流动单元在不同距离上流动速度的计算结果可以很容易得出熔岩流流动时间（图 3-1-2）。图中指示了 2m 和 0.5m 厚的不同时期熔岩流单元在到达离火山口不同距离上所用的时间。从图 3-1-2a（对应于 2m 厚碱性橄榄玄武岩）中可以看出，不同流动单元的流动时间均在 24 小时以内，其中绝大部分流动时间在 12 小时以内。前四个分属头道组和白山组早期的流动单元在 1 小时内到达距离火山口 20km 处，5 小时内就到达了距离火山口 50km 处。不同流动单元内拉斑玄武岩（图 3-1-2b）的流动时间普遍高于碱性橄榄岩浆流动时间，拉斑玄武岩浆流动时间均在 80 小时内，其中大部分流动时间又都在 20 小时内。当熔岩流单元厚度降为 0.5m 时，流动时间明显变长，大部分流动单元在 250 小时内接近最大距离（图 3-1-2c、d）。

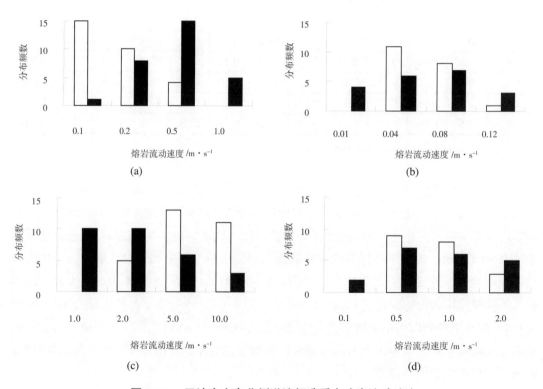

图 3-1-1 天池火山东北侧溢流相造盾玄武岩流动速度

实心黑框代表岩浆演化早期产物，空心框代表岩浆演化晚期产物；（a）0.5m 厚 5% 晶体含量的头道组和白山组早期熔岩流流动速度统计；（b）0.5m 厚 30% 晶体含量的白山组晚期和老房子小山组熔岩流流动速度统计；（c）2m 厚 5% 晶体含量的头道组和白山组早期熔岩流流动速度统计；（d）2m 厚 30% 晶体含量的白山组晚期和老房子小山组熔岩流流动速度统计

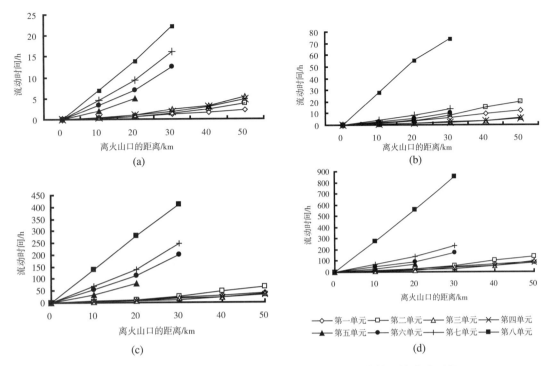

图 3-1-2 天池火山东北角造盾期玄武岩熔岩流流动单元的流动时间

前四个流动单元选取晶体含量为 5%，后四个流动单元的晶体含量为 30%。(a) 2m 厚的不同流动单元碱性玄武岩熔岩流流动时间；(b) 2m 厚的不同流动单元拉斑玄武岩熔岩流流动时间；(c) 0.5m 厚的不同流动单元碱性玄武岩熔岩流流动时间；(d) 0.5m 厚的不同流动单元拉斑玄武岩熔岩流流动时间

天池火山东北侧造盾玄武岩熔岩流的长度多集中在 30 ~ 50km 之间，这意味着天池火山未来发生溢流性火山喷发时，溢流相玄武岩流动的最大距离最可能达 50km。因此，距火山口 50km 范围内沿途低洼地带都需要采取必要的减灾措施。此范围包括延边州的安图县、和龙市、白山市的抚松县、长白朝鲜族自治县、临江市等 5 个市县的部分和大部分地区。在此范围内居住人口超过 10 万人，另外还有许多林场、水库电站等设施。长白山自然保护区也位于区内，有丰富的森林资源和野生动植物资源。发生溢流性火山喷发后，熔岩流可将沿途的建筑物、电站、通讯、公路、农田摧毁，并可能引发大面积森林火灾，破坏大量的森林资源。

由图 3-1-2，天池火山 2m 厚的碱性玄武质熔岩流在 12 小时内达到或接近了它的最远距离，而各组内 2m 厚拉斑玄武岩熔岩流在 20 小时内就接近了最远距离。0.5m 厚的熔岩流在 10 天内接近最大距离。因此，天池火山区在制定未来火山喷发熔岩流减灾措施时，需要考虑将其灾害范围内的大量的人员和财产及时快速地转移到安全地区，同时还要注意保护灾害区内大量的森林资源，做好防火、灭火的准备，以将损失降至最低。参照不同熔岩流流动单元的平面分布预先设置严格的防火隔离带是减轻熔岩流引发森林火灾的重要措施之一。

四、粗面质复合锥

天池火山造锥喷发阶段以粗面质、碱流岩质为主，喷发持续了整个更新世。形成锥体的粗面质、碱流质岩浆，都以现今天池火山口或其附近为喷出口，有时夹有少量玄武岩浆的喷出，喷发形式主要是自天池火山口的中心式溢流（刘若新等，1998）。

天池火山造锥喷发分为四个阶段以及前造锥阶段。前造锥喷发阶段小白山组在天池火山锥体近底部不完整出露，垂直高度常位于岳桦林带以下，地表相对较平缓。由于地表并不构成陡起的巨型锥体，故称前造锥粗面岩。喷出物主要是粗面岩、碱长粗面岩，主要分布在火山锥体南侧及北侧的靠下部层位。锥体南侧粗面岩的 K-Ar 年龄值为（1.00±0.03）Ma，锥体北侧前造锥粗面岩 K-Ar 年龄值为 2.01Ma、1.37Ma，锥体东侧双目峰一带粗面岩 K-Ar 年龄值为 0.915Ma 左右。

第一造锥阶段形成粗面岩大陡壁、陡坎于造盾玄武岩及前造锥粗面岩之上，以长白瀑布、登山公路岳桦林带之上粗面岩陡坎等地巨厚层粗面岩为代表。这是构成天池火山复合锥体主体的最早层位，岩石特征是富含大的长石斑晶，熔岩流厚度常常大于 50m（照片 3-1-6a）。喷发产物分布较稳定，在火山锥体中下部呈环状分布，海拔标高多在 1000～1900 m 之间。K-Ar 年龄测定值在（0.61～0.52）Ma 之间。

第二造锥阶段粗面岩与粗面质火山碎屑岩总体上构成天池火山锥体相对较平缓的丘陵状地貌部分（照片 3-1-6b），多个熔岩流流动单元与火山碎屑岩交互出现，熔岩流侧翼部分地表坡度相对较陡。岩石中斑晶含量也多有变化。K-Ar 年龄测定值在（0.44～0.25）Ma 之间。

第三造锥阶段粗面岩与粗面质火山碎屑岩多个熔岩流流动单元与火山碎屑岩交互出现，熔岩流侧翼部分地表坡度相对较陡（魏海泉等，2005a）。喷发物分布于天池火山锥体中上部。天池破火山口内壁岩石主要由此阶段形成。堆积物中火山碎屑岩比例明显增加，反映了爆破式火山作用的加强。天池－天文峰剖面较好地代表了本阶段喷发物的剖面特征。

第三造锥阶段粗面岩与第二造锥阶段相比，岩浆成分向酸性端元演化，岩流厚度往往较大。有时堆积物中熔结火山碎屑岩比例有所增加，反映了火山作用既有宁静式熔岩的溢流，也有强烈爆发式火山碎屑岩产出。第三造锥阶段早期火山碎屑岩更为发育，喷发间歇期与同喷发期水盆地沉积更为发育。

第四造锥阶段形成火口缘近顶部及锥体外坡上巨厚层粗面质熔岩流和厚度较薄的碱流质熔岩与火山碎屑岩（照片 3-1-6c）。第四造锥阶段喷发物海拔标高多在 2500～2600m 之间。该阶段的产物主要为碱流岩、碱流质熔结凝灰岩、黑曜岩状熔结凝灰岩、石英碱长粗面岩等。熔岩类主要集中在火口缘附近，构成了火口缘的主要山峰；火山碎屑岩则分布在更广的范围。此阶段的成分与第三造锥阶段的喷发产物相比，出现了大量的碱流岩。第三、第四造锥阶段喷发物 K-Ar 年龄测定值在（0.2～0.019）Ma 之间，其中第三

照片 3-1-6　天池火山造锥粗面岩组成、地貌与岩相

(a) 岳桦北瀑布粗面岩前锋陡壁；(b) 锥体东侧第二造锥阶段粗面岩舒缓波状地貌，低洼部位有后期碱流岩（表面粗糙）充填；(c) 白云峰第四造锥阶段碱流岩层理与陡壁；(d) 造锥喷发间隙洼地内沉积的火山碎屑沉积岩

造锥喷发年龄主要在（0.2～0.1）Ma 之间，而第四造锥喷发物年龄一般均小于 0.1Ma。造锥喷发之后数次大规模造伊格尼姆岩喷发形成的火山碎屑堆积物广泛分布于天池火山锥体及盾体之上的平缓低洼地带。

　　天池火山造锥喷发期间在局部低洼地带发育火山碎屑沉积岩，代表性露头位置见于长白山大峡谷温泉蚀变带沟东侧陡壁及西侧陡壁，破火山口内壁剖面也常可见到。红褐色、灰褐色、黄褐色、黄绿色沉火山角砾岩、沉凝灰岩、火山岩质岩屑砂岩交互出现（照片 3-1-6d）。岩石成因类型主要有火山泥石流、水下火山碎屑流及正常山间盆地碎屑沉积。在天池火山造锥喷发阶段中相当于第二造锥喷发阶段产物。

　　根据长白山庄钻孔岩芯采样层位与化学分析测试结果，天池火山造锥粗面岩喷发早期阶段含有明显的玄武岩成分（图 3-1-3）。这些造锥期间主火山口以外寄生火山发生的玄武质喷发构成了天池火山复合锥体范围内不同地点星散装寄生火山口与附近小规模熔岩流。

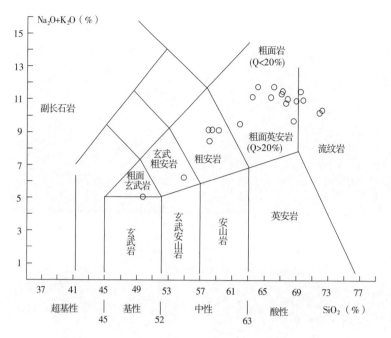

图 3-1-3　天池火山造锥阶段岩浆成分 TAS 投点图

第二节　岩石化学 *

　　板内岩浆作用的地化特征变化极大，与洋中脊玄武岩（MORB）岩浆和岛弧岩浆有很大不同。因此，与板内岩浆作用对应的地化特征和动力学过程的成因得到了极大的关注 (Farmer, 2005；Hofmann, 2005)。在不同构造背景发生的板内岩浆作用可以由不同的机制导致，例如地幔热柱活动、大陆裂谷和岩石圈减薄等。因此，板内岩浆作用的成因需要针对其构造背景进行详细的研究。在我国东北，作为欧亚板块东边缘的板内岩浆作用产物的新生代火山岩沿着区域主要断裂广泛分布。火山作用自新近纪开始，一直持续到现在。全球地震层析成像表明，在中国东北之下地幔转变带（深度 400 ~ 600km）内存在迟滞的俯冲太平洋板片 (Zhao, 2004；Lei and Zhao, 2005)。地球化学与岩石学方法研究表明，岩浆起因于不同深度，主要由一个 MORB 源区地幔组分和一个富集地幔组分 (EM1) 组成的源区地幔在垂向和水平方向上都是不均匀的。从俯冲的太平洋板片和 / 或迟滞板片来源的片源物在岩浆形成时没有起到重要的作用，因此，可以认为岩浆作用主要由上涌软流圈地幔的降压熔融所致，而软流圈地幔的上涌可能起因于岩石圈减薄或太平洋板块俯冲 (Chen et al., 2007)。

＊本节合作作者：孙春强。

为了了解天池火山及周边地区新生代火山岩岩浆成分演化与岩石成因特征，笔者结合"十五"火山项目中天池火山地质填图工作采集、测试了系统岩石样品，中日、中韩火山学家合作考察长白山区新生代火山作用期间采集的部分样品也做了系统测试工作。本文新列样品主要采自天池火山中国境内，部分样品采自天池火山朝鲜境内。样品主要采自天池火山东坡、北坡和东北坡（表3-2-1，彩图15）。沿天池火山锥体北坡登山公路（参见图1-3-1）系统采集了I-85-1、008-11、008-10和008-17等样品；东北侧锥体（陡地形灰色粗面岩部分）及玄武岩盾（缓地形森林覆盖部分）采集了部分锥体样品；另有部分样品采自天池火山西坡和南坡，而样品ZK1、ZK17、ZK18等样品采自北侧锥体大宇饭店钻孔。

表3-2-1　天池火山岩中国境内样品采集点位与喷发时代

样品号	采样点	经纬度	样品层序	测试结果 /Ma
I-24-1	地下森林观景台西南方向1km	42°5.216′N，128°3.445′E	沟西侧玄武粗安岩大平台	0
I-26-1	地下森林观景台西侧2km	42°4.967′N，128°2.75′E	滑坡体侧翼大岩块	0
ZK-19	大宇饭店钻孔140m深度	42°2.768′N，128°4.071′E	微晶粗面岩岩床	0.00
008-17	玉柱峰	42°1.6′N，128°3.7′E	粗面岩	0.019
1-11-2	岳桦瀑布气象站期碱流岩前锋	42°1.60′N，128°5.04′E	碱流岩	0.042
1-10-1	锥体东侧外坡三段内陡坎	42°1.60′N，128°5.37′E	造锥三段粗面岩	0.078
1-7-1	锥体东侧2124高地北东	42°1.91′N，128°6.12′E	粗面岩岩墙	0.098
05-8-26-5	飞狐山庄钻孔最下层位玄武岩床	42°11′N，128°11′E	灰色富长石斑晶玄武岩	0.106
I-7-2	锥体东侧2124高地北东	42°1.91′N，128°6.12′E	岩墙围岩粗面岩	0.117
I-98-1基质	二道白河西侧玄武岩盾	42°10.186′N，128°4.763′E	碎裂化气孔状玄武岩	0.13
1-9-1	锥体东侧三段内陡坎	42°1.67′N，128°5.60′E	造锥三段粗面岩	0.137
1-8-2	岳桦瀑布陡坎顶部	42°2.05′N，128°6.49′E	东侧造锥粗面岩	0.143
23	二道白河上游河床砾石	42°3.44′N，128°3.5′E	粗面岩浆混合共喷发	0.159
I-25-1	地下森林观景台西南1300m	42°4.881′N，128°3.059′E	灰色粗面岩	0.183
I-99-1	四里洞熔岩隧道出口	42°10.061′N，128°4349′E	玄武质结壳熔岩	0.183
I-101-2	东北侧火口缘	42°1.545′N，128°4.416′E	碱流岩	0.19
10	二道白河上游河床砾石	42°3.44′N，128°3.5′E	粗面岩含包体	0.194
1-6-1	锥体东侧2124高地	42°1.72′N，128°5.89′E	造锥三段粗面岩	0.197
1-47-1	十二道河子小山包	42°4.44′N，128°10.384′E	玄武质渣状熔岩	0.225

续表

样品号	采样点	经纬度	样品层序	测试结果 /Ma
T9-2	老房子小山西南	42°6.20′N，128°12.70′E	富斑晶玄武岩	0.308
008-7	北坡登山小路	42°2′N，128°4′E	扁平化浮岩	0.323
1-50-1	黑石沟	42°2.692′N，128°13.823′E	玄武岩	0.34
ZK-21	大宇饭店钻孔58m	42°2.768′N，128°4.071′E	粗面岩	0.349
1-48-1	黑石沟	42°3.344′N，128°14.929′E	玄武岩质结壳熔岩	0.353
008-9	北坡登山路	42°3.4′N，128°3.9′E	二、三段浮岩	0.353
008-12A	火山观测站山洞洞口	42°3.4′N，128°3.7′E	粗面岩	0.372
1-15-1	奶头河西支流近东西向的冲沟	42°1.565′N，128°7.093′E	东侧最早造锥粗面岩	0.38
锦江-2	长白公路锦江桥	41°59.011′N，127°33.514′E	中部多斑玄武岩	0.402
锦江-3	长白公路锦江桥	41°59.011′N，127°33.514′E	上部pl、px多斑玄武岩	0.417
I-34-1	十二道河子玄武岩熔岩盾	42°7.383′N，128°12.108′E	玄武岩	0.466
Haku-36	松江河	42°11.7′N，127°27.5′E	玄武岩	0.51
008-10	北侧登山公路岳桦林带之上陡坎	42°3.2′N，128°3.9′E	粗面岩	0.522
2（1）	二道白河上游河床砾石	42°3.44′N，128°3.5′E	粗面岩浆混合样品	0.56
T2-5	白龙水电站	42°26.16′N，128°6.1′E	顶部陡坎玄武岩	0.583
05-8-24-6	双目峰钻孔	42°01.936′N，128°16.135′E	强熔结凝灰岩岩墙	0.814
05-8-24-7	双目峰钻孔	42°01.936′N，128°16.135′E	粗面岩（无斑）	0.915
I-55-1	浮石林东南岩盾	42°7.426′N，128°12.515′E	老房子小山气孔状玄武岩	0.963
Haku-27	长白公路漫江北	41°58.6′N，127°33.8′E	玄武岩	1.05
I-75-1	白河屯	42°34.709′N，128°1.981′E	致密块状玄武岩	1.11
I-85-1	天池公路44km	42°5.093′N，128°4.32′E	碎裂化粗面岩	1.11
05-8-24-15	双目峰钻孔	42°01.936′N，128°16.135′E	熔结凝灰岩	1.141
Haku-10	宝马林场东	42°25.7′N，128°03.8′E	玄武岩	1.15
05-8-24-16	双目峰钻孔最下层位	42°01.936′N，128°16.135′E	玄武粗安岩	1.153
05-8-24-3	二道观测站钻孔8单元	42°24.613′N，128°06.379′E	分凝脉层位玄武岩	1.19
Haku-20	松江河东北	42°11.7′N，127°30′E	玄武岩	1.23
1-64-1	山门西行二道白河以西	42°10.417′N，128°5.609′E	少斑全晶质玄武岩	1.28

续表

样品号	采样点	经纬度	样品层序	测试结果 /Ma
Haku-32b	泉阳	42°19.3′N，127°32.6′E	玄武岩	1.3
008-11	岳桦林老虎洞玄武岩周围	42°3.3′N，128°3.9′E	粗面岩	1.37
Haku-34	板石河南	42°13.7′N，127°31′E	玄武岩	1.38
I-65-1	黄松蒲西行运材路二道白河以东	42°14.12′N，128°9.48′E	玄武岩	1.39
T2-2	白龙水电站	42°26.16′N，128°6.1′E	底部往上2m处玄武岩	1.64
ZK-17	大宇饭店钻孔242m	42°2.768′N，128°4.071′E	辉石粗安岩	2.01
ZK-6	大宇饭店钻孔390m	42°2.768′N，128°4.071′E	粗面岩	2.14
ZK-14	大宇饭店钻孔310m	42°2.768′N，128°4.071′E	玄武岩	2.2
3-2.1	药水剖面第3层	42°31.5′N，128°3.5′E	柱状节理玄武岩	2.29
6-1.1	药水剖面第6层	42°31′N，128°3.2′E	橄榄玄武岩	2.35
Haku-30b	长白公路漫江北	42°02′N，127°32.1′E	玄武岩	2.65
ZK-1	大宇饭店钻孔425m	42°2.768′N，128°4.071′E	气孔状玄武岩	2.77
红头山-1	长白公路249km	41°45.307′N，127°58.141′E	红头山粗面岩	2.85
望天鹅-1	长白公路252km	41°45.127′N，127°59.652′E	望天鹅玄武粗安岩	3.03
Haku-25	峰岭管理站	41°52.2′N，127°41.1′E	玄武岩	3.07
Haku-26	长白公路漫江峰岭之间	41°54.3′N，127°38.2′E	玄武岩	3.23
望天鹅-2	长白公路253km	41°44.68′N，128°0.682′E	望天鹅玄武岩	3.25
望天鹅-3	长白公路262km	41°41.85′N，128°4.681′E	望天鹅下部玄武岩	3.66
Haku-35	松江河东	42°11.8′N，127°29.8′E	玄武岩	4.2
05-8-24-1	二道观测站钻孔17单元	42°24.613′N，128°06.379′E	最下层位块状玄武岩	4.263
05-8-25-2	药水剖面第5层	42°31′N，128°3.2′E	柱状节理玄武岩	5.023
5-1	药水剖面第5层	42°31′N，128°3.2′E	橄榄玄武岩	5.82
2-3.1	药水剖面第2层	42°31.5′N，128°3.5′E	复成分砾石层中玄武岩砾石	8.92
2-2.1	药水剖面第2层	42°31.5′N，128°3.5′E	复成分砾石层中玄武岩砾石	9.62
05-8-26-4	飞狐山庄钻孔	42°11′N，128°11′E	奶头山期隐晶质玄武岩	15.796
锦-1	长白公路锦江桥	41°59.011′N，127°33.514′E	奶头山期下部无斑玄武岩	18.92
05-8-26-2	飞狐山庄钻孔	42°11′N，128°11′E	奶头山期富包体玄武岩	19.358

续表

样品号	采样点	经纬度	样品层序	测试结果 /Ma
I-76-1	老黄松蒲 1108 高地	42°12.497′ N，128°11.75′ E	奶头山期含包体玄武岩	20.04
Haku-7	奶头山	42°19.8′ N，128°08.7′ E	玄武岩	20.65
05-8-26-1	飞狐山庄钻孔浅层玄武岩	42°11′ N，128°11′ E	青灰色隐晶质含包体玄武岩	22.642
2-1.1	药水剖面第 2 层	42°31.5′ N，128°3.5′ E	复成分砾石层中玄武岩砾石	27.66

一、代表性样品采集点地质特征与岩石镜下特征观察

粗面岩锥体样品以 I-6-1、I-7-1、I-8-2、I-10-1、I-11-2、I-15-1 和 I-85-1 为代表，除后者分布于锥体北部外，其余均位于锥体东北侧。

采于东北侧锥体的 I-6-1 样品位于 6 号界东北方向 2124 高地熔岩流，该样品为灰色，斑状结构，厚层块状构造。镜下观察为斑状结构，基质具细晶结构，基质成分为斜长石微晶。斑晶粒度大，含量多，成分主要为斜长石，次为绿辉石。斜长石斑晶和绿辉石斑晶富含包裹体（彩图 16 中 I-6-1 (a)，显示同结点处以斜长石结晶为主的岩石结构特征。另外，斜长石斑晶有时呈熔蚀状，而不同辉石斑晶析铁程度强弱不同。

样品 I-7-1 采于 2124 高地 200m 处北东向山脊的一条放射状岩墙。此处地貌特征为北东向的尖棱状小山脊，山脊的顶部为灰色粗面质岩墙。岩墙宽 5m 左右，长 1km 以上，边部平行发育剪切节理，有时显示流动构造。岩墙两侧的围岩为天池火山造锥阶段的粗面岩，灰色，斑状结构，斑晶主要为斜长石和角闪石。该粗面岩岩墙样品斑晶总量约占 25%，其中斜长石约占 20%，角闪石约占 5%。斜长石斑晶呈宽板状，粒径多大于 2mm，最大的长轴达到 6mm 左右，大的斜长石斑晶包裹有早期的斜长石矿物。角闪石斑晶呈柱状，长度一般在 1 ~ 2mm，宽度则小于 1mm，晶形保存较好。镜下观察为斑状结构，块状构造。有大、小两种斜长石斑晶，小者呈破碎状，大者呈熔蚀状。角闪石斑晶析铁明显 (彩图 16 中 I-7-1、I-7-2)。基质细粒，斜长石微晶半定向。

样品 I-8-2 位于岳桦瀑布大陡坎。该样品岩性为粗面岩，深灰色，斑状结构，块状构造。斑晶总量约占 20%，斑晶主要为斜长石、少量角闪石和辉石。镜下观察为斑状结构，斜长石斑晶常呈它形，有熔蚀现象，条纹发育，与绿辉石斑晶呈共结结构。绿辉石斑晶析铁。基质微晶结构，成分主要由斜长石组成，也见填隙状石英（彩图 16 中 I-8-2b)。

样品 I-10-1 位于东北侧锥体靠上部熔岩流，该粗面岩样品为灰色，斑状结构，块状构造。斜长石斑晶总量约占 20%，粒径长轴多小于 2mm，以 1mm 为主，最大者可达 5mm 左右。镜下观察为斑状结构，斜长石斑晶熔蚀现象明显，基质均匀细晶质。

样品 I-11-2 位于东北侧锥体靠上部沟谷熔岩流，岳桦瀑布气象站期碱流质碎成熔岩

和黑曜岩状熔结凝灰岩岩流之中，岩流扭曲，缠绕现象明显，代表着东北部锥体最新熔岩流。流体前锋、侧翼常显块状构造，局部地区黑曜岩表面光泽更加清晰。样品岩性为碱流岩，浅灰色，斑状结构，条带状、流纹状构造。镜下观察为斑状结构，斑晶以斜长石为主，少量绿辉石，有析铁。基质粒状，斜长石、石英与不规则铁质尘点组成。

样品 I-15-1 位于奶头河西支流近东西向的冲沟，该样品为灰色粗面岩，斑状结构，基质为霏细结构，块状构造。斑晶为斜长石，粒径长轴多小于 1mm，最大者可达 2mm 左右，斑晶总量约占 10%。镜下观察为碎斑结构，斜长石大、小粒度均有，见绿辉石，基质细。

样品 I-85-1 位于地下森林路口西南 150m，天池公路 44km 公路界碑处。岩性为碎裂化粗面岩，斑状结构，基质为微晶结构，块状构造。斑晶总量约占 35%，主要为斜长石。斜长石斑晶呈宽板状，粒径多小于 2mm，个别长轴大于 5mm。镜下观察为斑状结构，块状构造，基质为霏细结构，局部可见到微晶与条带。斑晶主要为斜长石和霓辉石，总量约占 35%，其中斜长石斑晶约占 30%，呈宽板状，单体大；霓辉石斑晶约占 5%，黄绿色，单体小。褐色水解条带、铁染条带发育，磁铁矿常出现在霓辉石周边，含量小于 5%。

样品 I-101-2 位于天池东北侧火口缘，2618 高地西北 250m。附近岩性为碱流质熔结凝灰岩和灰黑色、紫红色黑曜岩状的熔结凝灰岩。岩石破碎，产状近直立或陡倾斜，而下伏粗面岩保持近水平层状产状。碱流质、粗面质熔结凝灰岩发生强烈塌陷变形，产状有时西倾、有时东倾，倾角均大于 45°，层理走向 350° 左右，表明大岩块发生明显位移，符合塌陷岩块的特征。碱流质熔结凝灰岩总长度 300m，宽度大于 50m，构成现在东北火口缘的一部分。熔结凝灰结构，假流动构造。镜下观察晶屑含量 30%，斜长石呈宽板状，有聚斑现象，破碎较明显，含霓辉石颗粒，有出溶条纹。霓辉石含量大于 5%，暗化边发育（彩图 16 中 I-101-2），与磁铁矿共生。浆屑长条状，内部霏细结构，含晶屑。玻屑定向，常含较多长石雏晶，呈霏细结构，定向性好。含气泡条带，气泡周边有暗色蒸汽相蚀变物，偶见小粒度岩屑。

长白山庄大宇饭店钻孔位于长白瀑布之下大峡谷靠上部的大宇饭店院内，坐标为 42°3.4′ N，128°3.4′ E，海拔 1700m。钻孔层序最上部是造伊格尼姆岩喷发阶段喷发物，分为两层，上层是粗面质熔结火山角砾岩，厚度约 25m，下层是泥石流砾石层，厚度约 25m。在这层泥石流堆积物下覆盖的是粗面岩和粗面质角砾凝灰岩，有 6 个堆积单元，厚度约 150m。再往深部从深度 210 ~ 385m 可以分为 6 个喷发单元，岩性从上往下分别是致密块状粗安岩、灰褐色粗安岩、粗安岩、气孔状玄武岩、玄武岩和粗安岩。在深度 242m 处取样品 ZK-17，岩性为辉石粗安岩。深度 310m 处取样品 ZK-14，岩性为粗面玄武岩。从 385m 到钻孔的最深处 427.10m 处可以分为 4 个喷发单元，分别是致密块状粗面岩、气孔状粗面岩、红褐色粗面质凝灰岩和玄武粗安岩。425m 处最深部取样品 ZK-1，岩性为玄武粗安岩。

　　双目峰钻孔位于天池火山东北侧锥体之外的玄武质熔岩盾部分，坐标为42°1.9′N，128°16.1′E，海拔1390m。钻孔层序最上部从地表到1.5m是含碳化木碱流质伊格尼姆岩，为长白山天池火山千年大喷发的喷发产物。22.65～76.19m深度可分为7个喷发单元，成分以粗面岩为主，间有玄武质喷发单元。其中22.65～24.2m为灰色玄武粗面岩，24.2～25.06m为气孔发育、拉长与聚合的玄武质结壳熔岩。25.06～31.96m为粗面质凝灰岩岩墙，见逃气管构造，微气泡条带定向较好，气泡近直立，在30m处取样品05-8-24-6。31.96～58.56m为灰色微晶粗面岩，见辉石斑晶，基质均匀细晶质。在43m处见明显的围岩捕房体，被粗面质岩浆同化强烈，捕房体保持残留片麻状构造，长轴1～10cm；55m处见边界清晰的暗色捕房体。53～57m处见熔岩流流动剪切节理，55m处取样品05-8-24-7，灰色无斑粗面岩。58.56～65.36m为辉石粗面岩，斜长石斑晶粒度大于3mm。靠上部59m处见辉石斑晶，含量约占2%，中部及下部见有岩浆包裹浅灰色粗面质角砾岩。67.69～76.19m为褐色粗面质熔结凝灰岩，75m处取样品05-8-24-10。76.19～98m为玄武粗安岩、砂屑和熔结集块岩交互成层，分9个堆积单元，97m处取样品05-8-24-16。

　　除了上述代表性岩石露头样品，笔者还采集了部分锥体范围内河床堆积物中砾石样品，用以研究岩浆混合作用过程。如样品2（1）是二道白河上游采集的粗面岩砾石样品，岩性为灰色多斑粗面岩定向围绕灰黄色气孔状全晶质粗面岩。灰色多斑粗面岩接触带细粒全晶质，有时见宽1～3mm的边界，但常为过渡界限。镜下观察为全晶质，粗面结构，析铁强烈，碱性长石有聚斑现象，斑晶有条纹，自形完整。灰色粗面岩碎斑发育，基质中绿辉石明显，近全晶质细晶质。样品10为含包体的粗面岩。镜下观察为粗面岩脉侵入粗面岩，粗面岩受岩脉影响不均匀重结晶。样品23为深、浅灰色粗面质岩浆混合体，边界可以区分，界面为波状。镜下观察见条纹长石自生晶，绿辉石析铁，长石碎斑具不规则状生长边。

　　综上所述，在显微镜下薄片观察，长白山天池火山岩的主要矿物成分为橄榄石、辉石、长石和铁钛氧化物等。其中，长石是天池火山岩中最主要的斑晶，而且到了岩浆演化后期的粗面岩和碱流岩中出现的是含钾、钠渐高的歪长石和透长石。根据显微镜下观察到的矿物相互包裹关系，可知天池火山岩岩浆房中最先结晶的是橄榄石和辉石，然后晶出斜长石和碱性长石，最后形成的矿物常富含钠质如钠铁闪石、霓辉石等，期间一直伴随铁钛氧化物的形成。另外，显微镜下还发现，天池火山岩的长石斑晶中经常包裹着辉石微晶，而有的辉石中又包含有长石，还有部分长石斑晶被熔蚀成残斑，或者同时具有再生边结构。这表明长石形成的多世代性和多时代性，也说明岩浆房中的岩浆成分曾发生过明显的结晶分异与岩浆混合等变化过程（参见彩图16中2-5-2和18-2）。

二、全岩主元素测试结果和岩石分类

全岩主元素分析是在日本冈山大学地球内部物质研究中心的 PML 实验室完成的，工作流程为：

（1）用压样机将野外采集的大块的岩石样品压碎成大小适合投入到碎样机中的小块的岩石样品。

（2）首先用碎样机将岩石样品粉碎成直径为 3 ~ 5mm 的碎屑样，接着在实验台上人工仔细挑选新鲜的碎屑样。然后，将挑好的碎屑样装入到用乙醇和蒸馏水清洗好的塑料装样瓶中，用蒸馏水将塑料装样瓶中的碎屑样清洗两次，再将它们在超声波水浴中用蒸馏水冲洗至少三次，直到装样瓶内的液体干净透明为止。将装样瓶中的蒸馏水倒出，把冲洗好的碎屑样倒入干燥皿中，再将装有碎屑样的干燥皿放到烘箱中在 100°C 的温度下烘 12 个小时。

（3）将烘好的碎屑样装到已经用乙醇和蒸馏水清洗过的原塑料装样瓶中。按照先后顺序分别用硅砂、蒸馏水和少量的烘好的碎屑样对铝制研磨机进行清洗，再用铝制研磨机 HSM-100 将烘好的碎屑样磨成粉末。将粉末状样品转入到新的用乙醇和蒸馏水清洗过的塑料装样瓶中备用。

（4）用飞利浦 PW2400 X 射线荧光分光光度计从含有锂四硼酸盐助熔剂（样品 10 倍稀释）的玻璃压片中获得主元素的浓度（Takei，2002）。根据重量分析法来获得烧失量的数值。

所有样品的主元素分析都做两次，并对其中相关百分数差额大于 0.2 的样品进行重新测试分析。表 3-2-2 列出了天池火山中国境内火山岩样品的全岩主元素分析结果；表 3-2-3 则列出了天池火山朝鲜境内火山岩样品（其中，B-9 和 B-10 是中国境内采集的样品）的全岩主元素分析结果。

表 3-2-2　天池火山岩中国境内（A 系列样品）岩石化学成分 (%)

样品号	SiO_2	TiO_2	Al_2O_3	Fe_2O_3	MnO	MgO	CaO	Na_2O	K_2O	P_2O_5	LOI	总量
I-7-1	67.82	0.43	13.37	5.99	0.14	0.07	0.79	5.88	5.11	0.02	0.18	99.45
I-7-2	67.55	0.43	13.33	6.01	0.14	0.08	0.86	6.02	5.1	0.02	0.12	99.43
I-8-1	67.95	0.43	13.44	5.89	0.14	0.06	0.78	5.89	5.17	0.02	0.31	100.08
I-8-2	68.02	0.41	13.49	5.79	0.14	0.06	0.79	6.04	5.18	0.02	0.28	100.22
I-9-1	67.57	0.45	13.47	6.14	0.14	0.07	0.78	5.77	5.13	0.02	0.93	100.48
1-10-1	69.44	0.37	12.49	5.89	0.12	0.05	0.56	5.52	4.91	0.01	0.4	99.77
1-11-1	73.45	0.22	10.16	4.5	0.08	0.03	0.21	5.49	4.39	0	0.46	98.99
1-11-2	68.59	0.39	12.93	6.21	0.14	0.05	0.61	5.68	5.04	0.01	0.44	100.08

样品号	SiO_2	TiO_2	Al_2O_3	Fe_2O_3	MnO	MgO	CaO	Na_2O	K_2O	P_2O_5	LOI	总量
I-15-1	67.24	0.46	13.72	5.89	0.13	0.16	0.86	5.7	5.34	0.05	0.49	100.04
I-24-1	64.73	0.47	15.04	5.81	0.13	0.18	1.11	5.99	5.26	0.05	0.5	99.27
I-25-1	66.02	0.5	14.05	6.03	0.13	0.15	0.99	5.89	5.34	0.05	0.04	99.18
I-26-1	51.2	2.53	17.15	10.18	0.13	4.68	8.88	3.59	1.56	0.44	0.52	99.82
I-34-1	50.3	2.85	16.06	11.44	0.15	5.47	7.54	3.79	1.92	0.59	0.43	99.67
I-47-1	50.72	2.7	15.9	11.26	0.14	5.53	7.67	3.71	1.88	0.54	0.03	100.01
I-48-1	50.13	3.23	16.26	10.71	0.13	4.89	8.1	3.68	2.08	0.69	0.55	99.36
I-50-1	50.49	3.21	16.52	10.54	0.13	4.59	8.1	3.79	2.14	0.69	0.46	99.76
I-51-1	49.64	3.54	15.63	11.98	0.15	3.85	7.67	3.93	2.62	0.96	0.04	99.93
I-65-1	51.64	1.98	15.16	11.21	0.14	6.64	8.52	3.24	0.93	0.3	0.53	99.24
I-67-1	51.91	2.05	15.33	11.4	0.15	6.58	8.68	3.25	0.88	0.32	0.37	100.19
I-69-1	52.24	1.91	16.11	10.8	0.14	6.41	8.65	3.25	0.54	0.22	0.26	100.01
I-82-1	52.59	1.85	16.14	10.62	0.13	6.42	8.68	3.3	0.55	0.22	0.36	100.15
I-85-1	69.2	0.34	14.06	4.26	0.1	0.06	0.76	5.2	5.41	0.01	0.05	99.45
I-98-1	50.86	3.53	15.77	11.69	0.14	4.12	7.61	3.95	2.3	0.72	0.5	100.2
I-101-1	68.82	0.36	12.25	5.68	0.13	0.05	0.55	6.15	4.88	0.01	0.95	99.82
I-101-2	69.25	0.36	12.54	5.82	0.13	0.05	0.3	5.67	4.93	0.01	0.57	99.64
II-15-2	67.05	0.47	13.22	6.68	0.17	0.14	0.88	5.87	5.03	0.03	0.43	99.98
T2-1	48.67	3.33	16.45	13.98	0.15	3.6	6.75	3.73	2.31	0.65	0.76	100.39
T2-5	49.46	3.32	15.91	12	0.15	4.96	7.62	3.79	2.15	0.74	0.39	99.71
T9-1	50.9	2.33	15.12	11.87	0.16	7.25	8.39	3.11	1.04	0.36	0.08	100.46
T9-2	50.36	3.09	16.63	10.51	0.14	4.87	8.08	3.73	2.09	0.68	0.59	99.59
T24-5	68.15	0.34	12.74	4.95	0.11	0.11	0.75	5.76	4.96	0.02	1.72	99.62
2-2.1	57.76	2.09	18.13	5.1	0.07	0.97	6.68	3.67	2.87	0.49	2.55	100.39
2-3-1	52.23	3.13	15.91	9.18	0.11	2.51	6.73	3.83	2.17	0.65	3.55	100
3-1.1	57.01	2.01	17.98	6.23	0.09	1.97	9.22	3.57	0.78	0.25	1.31	99.38
5-1	50.12	1.55	14.92	10.99	0.15	6.29	9.51	3	0.69	0.22	2.27	99.71
6-1-1	51.29	1.67	15.27	11.57	0.15	7.14	8.59	3.07	0.73	0.23	0	99.7
望-1	65.02	1	14.06	7.12	0.13	0.71	2.64	4.58	3.95	0.3	0.77	100.27
望-2	49.48	3.6	14.29	14.43	0.18	3.64	7.64	3.41	1.54	0.64	0.34	99.19

续表

样品号	SiO₂	TiO₂	Al₂O₃	Fe₂O₃	MnO	MgO	CaO	Na₂O	K₂O	P₂O₅	LOI	总量
望 -3	52.63	2.79	13.91	12.87	0.18	3.53	6.87	3.71	1.98	0.8	0.03	99.3
红 -1	66.11	0.89	14	6.9	0.08	0.45	1.78	4.64	4.15	0.24	1.01	100.23
锦 -2	52.14	2.6	16.78	10.2	0.13	4.7	7.28	4.05	2.26	0.52	0.51	100.16
锦 -3	52.18	2.57	16.79	10.09	0.13	4.51	7.08	4.04	2.36	0.51	0.56	99.71
ZK1	54.98	1.93	15.12	10.71	0.14	1.92	6.26	3.89	2.49	0.8	2.13	100.36
ZK17	57.6	1.72	13.94	11.79	0.17	1.73	5.12	4.17	2.67	0.73	0.57	100.21
ZK 18	67.57	0.45	13.47	6.14	0.14	0.07	0.78	5.77	5.13	0.02	0.93	100.48
98T18-1	71.75	0.24	10.93	4.41	0.08	0.04	0.27	5.35	4.69	0	2.18	99.94
98T18-2	71.74	0.25	11.06	4.56	0.08	0.04	0.3	5.22	4.62	0	2.37	100.24
98T18-8D	71.5	0.23	11.53	4.18	0.08	0.04	0.3	5.58	4.69	0	2.06	100.2
98T18-8L	71.87	0.24	10.9	4.4	0.08	0.04	0.26	5.2	4.58	0	2.46	100.03
98T20-1	72.34	0.21	10.08	4.41	0.07	0.04	0.2	5.36	4.35	0	2.95	100.01
10	67.58	0.38	13.08	6.1	0.13	0.05	0.71	5.77	4.94	0.01	0.26	99.01
23D-1	62.28	0.82	16.54	5.49	0.11	0.79	2.12	5.45	5.57	0.22	0.12	99.27
23L-1	63.42	0.71	16.33	5.18	0.1	0.53	1.64	5.43	5.77	0.17	0.03	99.24
24	68.15	0.34	12.74	4.95	0.11	0.11	0.75	5.76	4.96	0.02	1.72	99.62
28	71.92	0.25	10.55	4.63	0.08	0.08	0.34	5.43	4.47	0.01	2.58	100.34
29	68.99	0.36	12.32	5.01	0.11	0.18	0.76	5.66	4.82	0.03	1.63	99.86
30	63.42	0.77	14.54	6.07	0.13	0.93	2.11	5.4	4.84	0.13	1.97	100.32
31	66.56	0.4	13.73	5.13	0.12	0.18	1.04	5.69	5.09	0.04	2.37	100.35
32	65.64	0.39	13.92	5.17	0.13	0.14	1	5.69	5.31	0.04	2.66	100.08
Loc.1	50.29	2.65	15.02	12.04	0.15	5.3	8.29	3.29	1.53	0.42	—	98.97
Loc.2	50.72	2.78	14.47	12.69	0.15	4.32	7.22	3.39	1.92	0.52	—	98.18
Loc.3	52	1.62	14.36	11.14	0.14	7.12	7.92	3.16	0.71	0.22	—	98.37
Loc.4	49.74	3.12	16.02	10.91	0.13	4.8	7.73	3.71	2.11	0.6	—	98.88
Loc.5	48.2	1.34	14.64	9.02	0.15	8.84	8.64	3.32	2.37	0.45	—	96.96
Loc.6	48.84	3.54	15.82	11.28	0.14	4.5	8.23	3.64	2.12	0.65	—	98.74
Loc.7	48.5	2.68	15.62	12.05	0.16	5.48	6.94	3.48	2.86	0.9	—	98.67
Loc.8	48.15	3.15	15.87	13.51	0.17	4.34	6.96	3.72	2.3	0.62	—	98.8
Loc.9	45.41	4.03	14.25	16.58	0.18	4.34	8.3	2.88	0.73	0.7	—	97.41

样品号	SiO$_2$	TiO$_2$	Al$_2$O$_3$	Fe$_2$O$_3$	MnO	MgO	CaO	Na$_2$O	K$_2$O	P$_2$O$_5$	LOI	总量
Loc.10	48.23	3.94	13.16	15.26	0.16	4.09	8.07	2.89	1.31	0.74	—	97.85
Loc.11	46.37	3.28	15.24	12.28	0.15	7.01	8.74	2.67	1.87	0.53	—	98.15
Loc.12	50.97	2.41	15.59	11.59	0.13	4.11	7.56	3.51	1.51	0.5	—	97.87
Loc.13	49.39	2.57	16.03	12.27	0.16	3.13	5.67	4.18	2.98	0.98	—	97.36
Loc.14	49.96	1.51	15.02	11.25	0.15	7.65	8.7	3.03	0.74	0.21	—	98.22
Loc.15	51.21	2.11	14.86	11.4	0.14	5.63	7.44	3.19	1.29	0.4	—	97.68
Loc.16	52.39	1.92	14.79	10.55	0.14	5.79	7.61	3.56	0.84	0.36	—	97.94

注：样品由日本冈山大学地球物质科学研究中心 PML 实验室测试，结尾部分烧失量带 "—" 符号者表示未测烧失量，测试单位：日本广岛大学。

表 3-2-3　天池火山岩朝鲜境内（B 系列样品）岩石化学成分 (%)

样品编号	SiO$_2$	TiO$_2$	Al$_2$O$_3$	Fe$_2$O$_3$	MnO	MgO	CaO	Na$_2$O	K$_2$O	P$_2$O$_5$	LOI	Total
B-1	72.18	0.3	9.76	6.81	0.13	0.09	0.27	4.87	4.41	0.01	0.92	99.75
B-2	68.7	0.34	13.27	5.62	0.12	0.12	0.59	5.78	5.1	0.02	0.16	99.82
B-3	71.31	0.31	10.94	6.11	0.11	0.08	0.32	5.61	4.61	0.01	0.16	99.59
B-4	49	3.31	15.09	11.95	0.14	4.47	7.66	3.8	2.3	1.2	0.85	99.78
B-5	57.4	1.59	16.15	7.92	0.12	2.65	4.41	4.86	4.05	0.37	0.16	99.68
B-6	65.11	0.45	14.39	5.49	0.12	0.37	1.21	5.61	5.14	0.06	1.85	99.81
B-6s	64.38	0.46	14.6	5.47	0.12	0.38	1.44	5.56	5.11	0.06	2.57	100.15
B-7	66	0.42	15.19	5.47	0.13	0.25	1.06	5.71	5.61	0.05	0.18	100.07
B-8	64.06	0.45	14.47	5.54	0.13	0.31	1.15	5.61	5.19	0.06	2.62	99.58
B-9	68.66	0.35	12.72	5.9	0.13	0.12	0.49	6.1	4.96	0.02	0.32	99.77
B-10	63.71	0.46	15.73	5.2	0.12	0.33	1.3	5.72	5.79	0.07	1.31	99.75

注：朝鲜境内样品由朝鲜国家科学院地理研究所林权默提供，测试单位与测试人：韩国釜山大学尹成孝。

　　把表 3-2-2 的样品的主元素数据重新归一化之后计算的数据投影到 TAS 分类图上，得到一套碱性系列的样品和一套亚碱性系列的样品，如图 3-2-1 所示。其中，亚碱性系列的样品是玄武岩 5-1、I-65-1、I-67-1，玄武安山岩望 -3、ZK1，粗面岩红 -1、I-9-1、I-7-2、2-15-2，英安岩望 -1、I-8-2、I-25-1、31、32，流纹岩 T24-5。碱性系列的样品是玄武岩 T2-5、I-51-1，粗面玄武岩 T2-1、T9-1、T9-2、I-26-1、I-34-1、I-47-1、I-48-1、I-50-1、I-98-1、望 -2，玄武粗安岩 I-69-1、I-82-1、6-1.1，锦 -2、锦 -3，粗安岩 ZK-17、3-1.1、2-3.1、2-2.1，粗面岩 I-7-1、I-8-1、I-15-1、I-24-1、10、23、30，流纹岩 I-10-1、I-11-1、I-11-2、I-85-1、I-101-1、

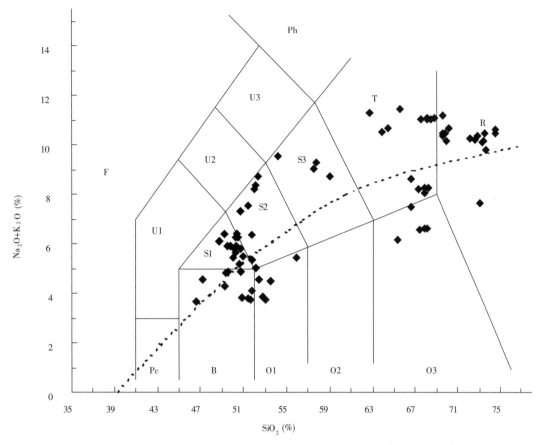

图 3-2-1　天池火山岩中国境内样品的 TAS 分类图

I-101-2、ZK18、24、28、29、98T18-1、98T18-2、98T18-8D、98T18-8L 和 98T20-1。

对于碱性系列样品中的粗面玄武岩、玄武粗安岩和粗安岩，根据 Na_2O 和 K_2O 的关系可以进一步分类。其中粗面玄武岩中属于钾质粗面玄武岩的样品是 T2-1、T9-2、I-34-1、I-47-1、I-48-1、I-50-1、I-98-1，属于钠质粗面玄武岩的样品是 T9-1、I-26-1、望 -2。玄武粗安岩中属于橄榄粗安岩的样品是 I-69-1、I-82-1、6-1.1，属于橄榄安粗岩（钾玄岩）的样品是锦 -2、锦 -3。粗安岩中属于狭义粗安岩（歪长粗面岩）的样品是 ZK-17，属于安粗岩的样品是 3-1.1、2-3.1、2-2.1。分布在锥体西坡松江河的千年大喷发的浮岩样品 30 属于粗面岩，样品 24、28、29 属于碱流岩，样品 31、32 则属于英安岩。

把表 3-2-3 的朝鲜境内（B 系列）样品的主元素数据重新归一化之后计算的数据投影到 TAS 分类图上得到一套碱性系列的样品，如图 3-2-2 所示。其中，落入粗面玄武岩区的是 B-4，落入粗面安山岩区的是 B-5，落入粗面岩区的是 B-6、B-6s、B-7、B-8、B-9、B-10，落入流纹岩区的是 B-3、B-1。样品 B-1 落在亚碱性区域，非常靠近碱性和亚碱性分界线。结合表 3-2-2 的样品岩性描述和喷发时代可知，千年大喷发时既有碱流质岩浆的

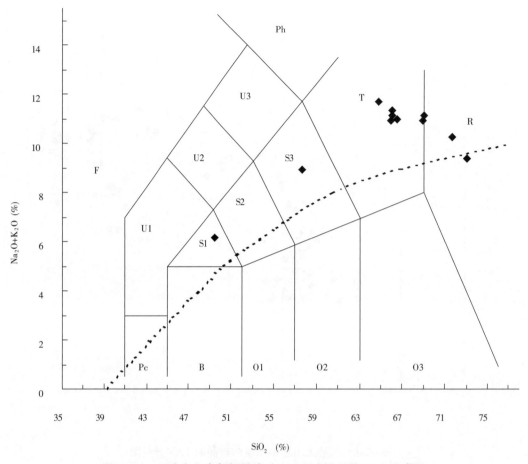

图 3-2-2　天池火山岩朝鲜境内（B 系列）样品的 TAS 分类图

喷出（B-1、B-3），也有粗面质岩浆的喷出（B-6、B-6、B-6s、B-7、B-8、B-10）。

综合中国与朝鲜境内天池火山样品投点特征，在硅－碱图上天池火山岩绝大部分样品投点落于碱性系列区内，少量样品投点落于亚碱性系列区内。天池火山中基性火山岩以粗面玄武岩、玄武粗安岩、粗安岩为主，少量玄武岩、玄武安山岩；中酸性火山岩以粗面岩、碱流岩为主，少量英安岩。所以，天池火山岩石类型主要为粗面玄武岩、粗面岩和碱流岩，也存在 SiO_2 含量介于 52% ~ 63% 之间的中酸性火山岩——玄武粗安岩和粗面安山岩。

对于亚碱性系列的样品：玄武岩 5-1、I-65-1、I-67-1，玄武安山岩 ZK1，粗面岩 I-9-1、I-7-2、2-15-2，英安岩 I-8-2、I-25-1、31、32，流纹岩 T24-5 等在 AFM 图上有一个明显的富铁趋势。从 AFM 图可以看出天池火山这套亚碱性系列的样品属于拉斑玄武岩系列。样品投点靠近 AF 线，显示较明显的富碱趋势。随着岩浆的分异作用的进行，岩浆中的质量百分数 (FeO_T) / 质量百分数 (MgO) 总是变大。但是拉斑玄武岩系列的 FeO_T 增加较快，

而钙碱性系列的 SiO_2 增加较快。在质量百分数 (SiO_2) －质量百分数 (FeO_T) / 质量百分数 (MgO) 和质量百分数 (FeO_T) －质量百分数 (FeO_T) / 质量百分数 (MgO) 关系图上，三个玄武岩样品投点也都落于拉斑玄武岩系列区域内。所以，这套亚碱性的火山岩样品属于拉斑玄武岩系列。

对于投影在粗面岩和流纹岩区域内的样品，对比 Al_2O_3、FeO_T（用 FeO_T 代表全铁）的含量关系，发现它们的投点大部分落入钠闪碱流岩（comendite）区域内，只有样品 B-1 和 B-3 落入碱流岩（pantellerite）区域内。

三、主元素含量特征

1. 碱性系列岩石中主元素氧化物含量

玄武岩：SiO_2 含量为 49.41% ～ 49.65%，Al_2O_3 为 15.64% ～ 15.89%，CaO 为 7.61% ～ 7.68%，TiO_2 为 3.32% ～ 3.54%，MgO 为 3.85% ～ 4.96%，K_2O+Na_2O 含量为 5.93% ～ 6.55%，平均值为 6.24%。

粗面玄武岩：SiO_2 含量为 48.85% ～ 51.20%，Al_2O_3 为 15.04% ～ 17.09%，CaO 为 6.77% ～ 8.85%，TiO_2 为 2.31% ～ 3.51%，MgO 为 3.62% ～ 7.22%，K_2O+Na_2O 含量为 4.13% ～ 6.21%，平均值为 5.65%。

玄武粗安岩：SiO_2 含量为 51.44% ～ 52.32%，Al_2O_3 为 15.32% ～ 16.75%，CaO 为 7.06% ～ 8.64%，TiO_2 为 1.67% ～ 2.59%，MgO 为 4.50% ～ 7.16%，K_2O+Na_2O 含量为 3.78% ～ 6.38%，平均值为 4.90%。

粗安岩：SiO_2 含量为 54.16% ～ 59.04%，Al_2O_3 为 13.99% ～ 18.53%，CaO 为 4.43% ～ 9.30%，TiO_2 为 1.73% ～ 3.25%，MgO 为 1% ～ 2.67%，K_2O+Na_2O 含量为 4.3% ～ 8.96%，平均值为 6.53%。

粗面岩：SiO_2 含量为 62.66% ～ 69.05%，Al_2O_3 为 12.79% ～ 16.64%，CaO 为 0.49% ～ 2.15%，TiO_2 为 0.34% ～ 0.83%，MgO 为 0.05% ～ 0.95%，K_2O+Na_2O 含量为 10.41% ～ 11.15%，平均值为 10.97%。

碱性流纹岩：SiO_2 含量为 68.84% ～ 74.55%，Al_2O_3 为 10.31% ～ 14.14%，CaO 为 0.21% ～ 0.77%，TiO_2 为 0.22% ～ 0.39%，MgO 为 0.03% ～ 0.18%，K_2O+Na_2O 含量为 9.94% ～ 11.15%，平均值为 10.29%。

2. 拉斑玄武系列岩石中主元素氧化物含量

玄武岩：SiO_2 含量为 51.44% ～ 51.76%，Al_2O_3 为 15.19% ～ 15.32%，CaO 为 8.54% ～ 9.76%，TiO_2 为 1.59% ～ 2.03%，MgO 为 6.46% ～ 6.65%，K_2O+Na_2O 含量为 3.79% ～ 4.11%，平均值为 4.03%。

玄武安山岩：SiO_2 含量为 55.97%，Al_2O_3 为 15.39%，CaO 为 6.37%，TiO_2 为 1.97%，MgO 为 1.95%，K_2O+Na_2O 含量为 6.49%。

英安岩：SiO_2 含量为 66.59% ~ 67.93%，Al_2O_3 为 14.01% ~ 14.28%，CaO 为 1% ~ 1.06%，TiO_2 为 0.4% ~ 0.5%，MgO 为 0.15% ~ 0.18%，K_2O+Na_2O 含量为 11% ~ 11.32%，平均值为 11.2%。

粗面岩：SiO_2 含量为 67.35% ~ 67.88%，Al_2O_3 为 13.28% ~ 13.53%，CaO 为 0.79% ~ 0.88%，TiO_2 为 0.43% ~ 0.47%，MgO 为 0.07% ~ 0.14%，K_2O+Na_2O 含量为 8.15% ~ 9.08%，平均值为 8.52%。

流纹岩：SiO_2 含量为 73.01% ~ 73.04%，Al_2O_3 为 9.87% ~ 11.69%，CaO 为 0.27% ~ 0.29%，TiO_2 为 0.24% ~ 0.30%，MgO 为 0.03% ~ 0.09%，K_2O+Na_2O 含量为 9.4% ~ 10.31%，平均值为 9.86%。

比较上述结果可以发现，天池火山拉斑玄武岩系列的 Al_2O_3 含量略低于碱性玄武岩，TiO_2 和 K_2O+Na_2O 的含量明显低于碱性玄武岩系列，而 CaO 和 MgO 含量则明显高于碱性玄武岩系列。

天池火山千年大喷发产物中既有粗面质，也有英安质和碱流质的样品。其中粗面岩和英安岩的 TiO_2、Al_2O_3、MgO、CaO、K_2O 和 P_2O_5 含量比碱流岩的高，而粗面岩的 TiO_2、Al_2O_3、MgO、CaO、K_2O 和 P_2O_5 含量则是最高的。碱流岩的总碱含量总体上比英安岩和粗面岩的略低。1668 年喷发的粗面岩比千年大喷发的粗面岩贫 Si 和 Fe，富 Al、Na 和 K。约 25000 年喷发的流纹岩的各种氧化物含量与千年大喷发的流纹岩的变化不大，无明显差别。

天池火山岩 MgO 含量为 0.03% ~ 7.22%，其中，两个样品 6-1.1、T9-1 的 MgO 含量最高，分别是 7.16% 和 7.22%（> 7%），这可能反映了镁铁质成分例如橄榄石和单斜辉石的聚集。天池火山玄武岩类 $Mg^\#$ 普遍较低（小于 60），低于原始岩浆的 $Mg^\#$（68% ~ 75%），也低于中国东部新生代玄武岩原始岩浆的 $Mg^\#$（60% ~ 68%），表明并非原始岩浆，可能是经过部分镁铁矿物和斜长石的结晶分异演化的岩浆，岩浆成分演化特征参见 CIPW 标准矿物计算表 3-2-4。

表 3-2-4　天池火山岩 CIPW 标准矿物计算表

样品编号	Qz	An	Ab	Or	A	P	An%	Di	Hy	Wo	Ol	Ac	Ns	Il	Mt	Hm	Ap	合计
I-7-1	13.87		40.57	30.39	70.96			3.37	1.78			8.36		0.82	0.8		0.05	100
I-7-2	12.87		40.46	30.36	70.82			3.7	1.93			9.58		0.83	0.23		0.04	100
I-8-1	13.75		40.53	30.71	71.25			3.35	1.7			8.38		0.81	0.72		0.05	100
I-8-2	13		40.68	30.68	71.36			3.35	1.93			9.36		0.79	0.17		0.05	100
I-9-1	14.03		41.01	30.55	71.56			3.36	1.49			7.16		0.85	1.51		0.04	100
I-10-1	18.69		37.26	29.26	66.52			2.46	2.42			8.66		0.71	0.53		0.02	100
I-11-1	31.4		28.25	26.41	54.66			0.92	2.62			7.56	2.42	0.42				100
I-11-2	16.25		38.71	29.95	68.66			2.63	2.31			8.51		0.75	0.88		0.02	100
I-15-1	13.08		41.1	31.8	72.9			3.46	1.38			6.57		0.88	1.61		0.12	100.01
I-24-1	8.37		48.82	31.56	80.37			4.05		0.22		2.3		0.9	3.67		0.13	100.01
I-25-1	10.69		43.03	31.91	74.94			4.04	1			6.46		0.96	1.79		0.13	100.01
I-26-1	1.26	26.14	30.5	9.24	13.82	52.06	48.73	12.13	9.36					4.83	5.53		1.05	100.04
I-34-1		21.28	32.25	11.4	18.22	46.72	44.08	9.96	10.15		1.77			5.45	6.37		1.43	100.06
I-47-1		21.31	31.6	11.19	17.76	46.35	44.52	10.71	12.4		0.11			5.16	6.26		1.31	100.05
I-48-1		21.87	31.35	12.39	19.3	46.31	45.75	11.16	9.39		0.06			6.19	5.98		1.68	100.06
I-50-1		21.83	32.25	12.7	19.96	46.81	45.16	11.11	8.33		0.11			6.12	5.94		1.67	100.06
I-51-1		17.42	33.5	15.59	25.95	40.57	41.49	11.66	4.11		1.77			6.77	6.95		2.32	100.09
I-65-1	2.86	24.29	27.7	5.55	8.4	49.15	47.94	13.15	16.13					3.79	5.81		0.74	100.03
I-67-1	3.04	24.67	27.57	5.23	7.88	49.6	48.26	13.1	15.87					3.89	5.87		0.78	100.03
I-69-1	4.22	27.9	27.62	3.19	4.69	54.03	50.17	11.01	16.4					3.65	5.48		0.53	100.02
I-82-1	4.25	27.64	27.99	3.26	4.82	54.08	49.64	11.3	16.11			1.64		3.52	5.42		0.53	100.02
I-85-1	17.38		42.51	32.23	74.74			2.46		0.4				0.65	2.71		0.02	100

续表

样品编号	Qz	An	Ab	Or	A	P	An%	Di	Hy	Wo	Ol	Ac	Ns	Il	Mt	Hm	Ap	合计
I-98-1	0.77	18.51	33.41	13.61	22.58	42.95	41.66	11.53	7.09					6.71	6.71		1.74	100.07
I-101-1	17.89		36.38	29.22	65.6			2.4	2.53			9.6	1.27	0.68			0.02	100
I-101-2	18.03		37.5	29.49	66.99			1.28	3.27			9.69	0.01	0.7			0.02	100
II-15-2	13.18		40.33	29.93	70.26			3.68	2.11			8.59		0.89	1.22		0.08	100.01
T2-1		21.57	31.99	13.82	21.57	45.8	45.62	6.5	9.59		0.76			6.41	7.84		1.59	100.06
T24-5	25.77		33.46	28.42	61.88			1.23	2.26			7.21	1.19	0.45			0.01	100
T2-5		20.19	32.27	12.76	20.51	44.71	43.69	10.36	6.82		2.82			6.35	6.71		1.79	100.07
T9-1	1.68	24.27	26.4	6.16	9.12	47.7	49.41	12.07	18.11					4.43	6.05		0.87	100.03
T9-2		22.54	31.71	12.43	19.28	47.41	46.08	10.56	8.62		0.77			5.9	5.89		1.64	100.06
2-2.1	12.55	25.15	31.82	17.37	25.53	48.8	50.05	4.3	0.5					4.07	2.68	0.4	1.21	100.05
2-3.1	7.11	20.68	33.77	13.36	21.6	46.2	43.3	7.69	4.13					6.2	5.49		1.63	100.06
3-1.1	13.76	31.13	30.59	4.67	6.81	59.59	50.77	10.79	1.12	0	0	0	0	3.87	3.48	0	0.61	100.02
5-1	2.36	26.08	26.22	4.24	6.21	50.33	50.33	17.1	14.87					3.04	5.57		0.54	100.02
6-1.1	2.5	26	26.27	4.37	6.4	50.23	50.28	12.46	18.82					3.2	5.85		0.57	100.02
10	15.03		40.41	29.62	70.03			3.13	1.96			8.08		0.74	1.01		0.02	100
23D-1	5.05	4.25	46.54	33.18	70.23	13.75	29.67	3.89	0.59					1.58	4.4		0.54	100.02
23L-1	6.64	3.19	46.35	34.45	73.55	10.43	29.32	3.12	0.28					1.36	4.22		0.41	100.02
24	16.68		38.83	30	68.83			3.23	1.86			8.31	0.37	0.66			0.06	100
28	28.59		30.11	27.09	57.21			1.46	2.58			7.74	1.91	0.5			0.02	100
29	18.83		37.23	29.08	66.31			3.2	2.05			8.35	0.5	0.7			0.07	100
30	9.53	1.16	46.61	29.15	72.32	4.6	24.13	6.91	0.64	0.01				1.5	4.81		0.33	100.01
31	13.23		43.26	30.75	74.01			4.34				5.29		0.79	1.62		0.11	100.01

续表

样品编号	Qz	An	Ab	Or	A	P	An%	Di	Hy	Wo	Ol	Ac	Ns	Il	Mt	Hm	Ap	合计
32	11.6		43.21	32.3	75.51			4.24	0.7			5.55		0.76	1.55		0.09	100.01
98T18-1	27.54		30.88	28.39	59.27			1.19	2.47			7.41	1.65	0.46			0.01	100
98T18-2	27.13		31.93	27.92	59.85			1.34	2.51			7.59	1.09	0.49				100
98T18-8D	25.33		33.87	28.31	62.18			1.33	2.18			7.05	1.47	0.44			0.01	100
98T18-8L	28.05		31.42	27.79	59.2			1.17	2.5			7.34	1.26	0.46			0.01	100
98T20-1	31.24		28.52	26.52	55.04			0.92	2.7			7.39	2.3	0.42				100
ZK1	9.38	16.86	33.7	15.06	25.46	40.17	40.55	7.87	4.86					3.76	6.61		1.96	100.07
ZK17	11.84	11.58	35.61	15.94	30.45	32.68	34.1	7.68	4.81					3.3	7.54		1.77	100.07
ZK18	23.78	1.29	40.76	30.34	67.89	4.5	27.56	0.07	0.47					0.7	2.54		0.05	100
锦-2	0.13	20.91	34.25	13.38	21.67	46.86	43.17	9.39	9.86					4.94	5.95		1.24	100.05
锦-3	0.43	20.79	34.28	14.02	22.66	46.42	43.32	8.81	9.65					4.9	5.93		1.24	100.05
B-1	29.51		25.99	26.47	52.46			1.12	4.5			11.02	0.78	0.58			0.03	100
B-2	15.48		40.1	30.32	70.42			2.49	2.26			7.98		0.65	0.7		0.05	100
B-3	24.67		30.85	27.5	58.35			1.37	3.56			10.14	1.28	0.6			0.03	100
B-4		17.64	32.74	13.85	23.07	41.16	41.42	10.44	8.65		0.65			6.4	6.79		2.95	100.1
B-5	2.68	10.37	41.52	24.14	46.47	29.56	33.74	7.36	4.46					3.04	5.57		0.89	100
B-6	11.06		46.47	31.1	77.57			4.83	0.09			1.85		0.87	3.59		0.15	100
B-6s	10.31		47.92	31.02	78.94			4.33		0.72		0.36		0.9	4.29		0.15	100
B-7	9.67		47.04	33.29	80.33			3.64		0.27		1.28		0.8	3.9		0.13	100
B-8	10.04		47.07	31.71	78.79			4.65	0.06			1.75		0.88	3.7		0.15	100
B-9	16.01		38.16	29.52	67.68			2.02	3.04			9.91	0.62	0.68			0.05	100
B-10	6.25	0.18	49.24	34.84	83.57	0.69	25.19	3.27		0.81				0.9	4.34		0.18	100

　　DI 指数通常用来指示岩浆的分异程度。天池火山玄武岩的 DI 指数变化于 32.82 ～ 49.09，粗面玄武岩的 DI 变化于 34.23 ～ 47.78，指示天池火山的玄武岩类经历了一定程度的分异。从表 3-2-5 中可以看出，从早期至晚期，天池火山岩的赖特碱度指数 AR 总体上表现出增大的趋势，表明岩石碱度逐渐增强。固结指数 SI 是反映岩浆分异程度和岩石基性程度的重要化学参数，一般幔源未分异的原生岩浆的 SI 为 40 或更大，而小于 40 的都是幔源岩浆经分异而成。经计算，天池火山玄武岩类 SI 介于 15 ～ 33 之间，粗面岩类 SI 小于 6，碱流岩 SI 小于 1.5，都远小于 40 这一指标参数，即早期（玄武岩类）较高，到晚期（粗面岩、流纹岩类）明显降低，符合正常的岩浆分异演化趋势。

表 3-2-5　天池火山岩酸碱指数统计表

岩性	样品编号	DI	SI	AR	σ
玄武岩	T2-5	45.03	22.4	1.67	5.26
玄武岩	I-51-1	49.09	17.79	1.78	6.2
玄武岩	5--1	32.82	31.07	1.36	1.65
玄武岩	I-65-1	36.12	31.17	1.43	1.94
玄武岩	I-67-1	35.85	30.76	1.42	1.91
玄武安山岩	ZK1	58.14	10.45	1.85	3.2
粗面玄武岩	T2-1	45.8	15.83	1.7	5.97
粗面玄武岩	T9-1	34.23	32.23	1.43	2.16
粗面玄武岩	T9-2	44.14	23.69	1.62	4.51
粗面玄武岩	I-26-1	41	24.14	1.49	3.2
粗面玄武岩	I-34-1	43.66	24.96	1.64	4.33
粗面玄武岩	I-47-1	42.79	25.5	1.62	3.93
粗面玄武岩	I-48-1	43.74	23.63	1.62	4.48
粗面玄武岩	I-50-1	44.94	22.5	1.63	4.61
粗面玄武岩	I-98-1	47.78	19.31	1.73	4.97
粗面玄武岩	B-4	46.59	20.51	1.73	5.59
玄武粗安岩	I-69-1	35.04	31.6	1.36	1.53
玄武粗安岩	I-82-1	35.51	31.77	1.37	1.54
玄武粗安岩	6-1.1	33.14	32.82	1.38	1.67
玄武粗安岩	锦 -2	47.75	22.8	1.71	4.37
玄武粗安岩	锦 -3	48.73	22.11	1.73	4.41
粗安岩	ZK17	63.39	8.8	2.12	3.14
粗安岩	3-1.1	49.02	16.22	1.38	1.32

续表

岩性	样品编号	DI	SI	AR	σ
粗安岩	2-3.1	54.24	14.65	1.72	3.41
粗安岩	2-2.1	61.73	7.91	1.72	2.77
粗安岩	B-5	68.35	13.91	2.53	5.42
粗面岩	I-7-2	83.7	0.45	8.25	5.01
粗面岩	I-9-1	85.59	0.42	7.49	4.81
粗面岩	II-15-2	83.44	0.82	7.81	4.91
粗面岩	I-7-1	84.83	0.44	7.94	4.84
粗面岩	I-8-1	85	0.37	7.99	4.88
粗面岩	I-15-1	85.98	0.95	7.25	5
粗面岩	I-24-1	88.75	1.05	5.59	5.74
粗面岩	10	85.06	0.29	7.94	4.61
粗面岩	23D-1	84.77	4.61	3.81	6.24
粗面岩	23L-1	87.44	3.18	4.05	6.08
粗面岩	30	85.29	5.51	4.19	5.03
粗面岩	B-6	88.63	2.29	5.43	5.12
粗面岩	B-6s	89.25	2.33	4.98	5.19
粗面岩	B-7	89.99	1.48	5.6	5.56
粗面岩	B-8	88.83	1.87	5.48	5.36
粗面岩	B-9	83.68	0.69	11.29	4.74
粗面岩	B-10	90.33	1.95	5.08	6.27
粗面岩	B-2	85.9	0.71	8.28	4.59
英安岩	I-8-2	84.36	0.38	8.36	5.02
英安岩	31	87.24	1.14	6.4	4.85
英安岩	32	87.11	0.89	6.62	5.22
英安岩	I-25-1	85.63	0.87	6.88	5.42
流纹岩	T24-5-1	87.65	0.22	13.42	3.54
流纹岩	I-10-1	85.2	0.34	8.92	4.09
流纹岩	I-11-1	86.06	0.21	42.4	3.19
流纹岩	I-11-2	84.91	0.32	8.6	4.47
流纹岩	I-85-1	92.12	0.43	5.72	4.28
流纹岩	I-101-1	83.5	0.29	13.37	4.66
流纹岩	I-101-2	85.02	0.29	10.46	4.25

续表

岩性	样品编号	DI	SI	AR	σ
流纹岩	ZK18	94.88	0.52	5.17	3.38
流纹岩	24	85.51	0.73	8.7	4.5
流纹岩	28	85.79	0.57	21.1	3.36
流纹岩	29	85.14	1.13	9.08	4.18
流纹岩	98T18-1	86.81	0.31	18.25	3.46
流纹岩	98T18-2	86.98	0.31	13.91	3.33
流纹岩	98T18-8D	87.51	0.27	14.18	3.67
流纹岩	98T18-8L	87.25	0.26	15.06	3.27
流纹岩	98T20-1	86.28	0.3	34.58	3.17
流纹岩	B-1	81.97	0.59	26.21	2.94
流纹岩	B-3	83.02	0.52	20.59	3.68

四、主元素氧化物含量变异特征

火山岩系列不同氧化物含量之间（如 Harker 图解）常常显示出某种相关性，在 Harker 图解上出现转折点或者曲折趋势，通常表示结晶作用过程出现了一个新的矿物相，或者在部分熔融作用过程中消耗了一个矿物相。天池火山造盾玄武岩及造锥粗面岩类主元素和微量元素组成见表 3-2-2。图 3-2-3 给出了某些主元素（TiO_2、MgO 和 K_2O）及其他氧化物对 SiO_2 含量的哈克图解。TiO_2 含量趋于随着 SiO_2 含量的增加而降低。除了个别样品外，K_2O 和 Sr 含量也随着 SiO_2 含量的增加而降低。多数样品 MgO 含量都低于 6%，表明岩浆明显地从原生岩浆分异了。

图 3-2-3 和图 3-2-4 显示了天池火山新生代火山岩碱性系列和拉斑玄武系列各喷发期岩石中不同氧化物含量之间存在着同步升高或降低趋势。其中，SiO_2 与 TiO_2 呈负相关。粗面玄武岩中 TiO_2 含量大于 2.3%，平均值为 2.98，而锥体以上的岩石中 TiO_2 含量小于 1%，且绝大多数 TiO_2 0.5%，这可能表明钛磁铁矿在造盾阶段后逐渐分异并脱离熔体。

玄武岩－粗安岩的 SiO_2 与 Al_2O_3 属同步升高的正相关，粗安岩－碱流岩的 SiO_2 与 Al_2O_3 之间呈明显的负相关。造盾阶段的岩石样品有着中等程度的铝含量（15% ~ 17%）和比较大的散布性，这可能是斜长石的含量发生变化造成的结果。SiO_2 与 MgO 之间属负相关，随着岩浆的演化，MgO 的含量逐渐降低，这可能与橄榄石、单斜辉石和斜长石等的分离结晶有关。SiO_2 与 FeO_T 之间呈负相关，说明 FeO_T 随着分异程度的增加而减少，这可能与橄榄石和单斜辉石的分异有关。SiO_2 与 CaO、P_2O_5 之间表现出明显的负相关。CaO 含量随着硅含量的增大而减小的现象反映了强烈的单斜辉石和斜长石的分异作用。

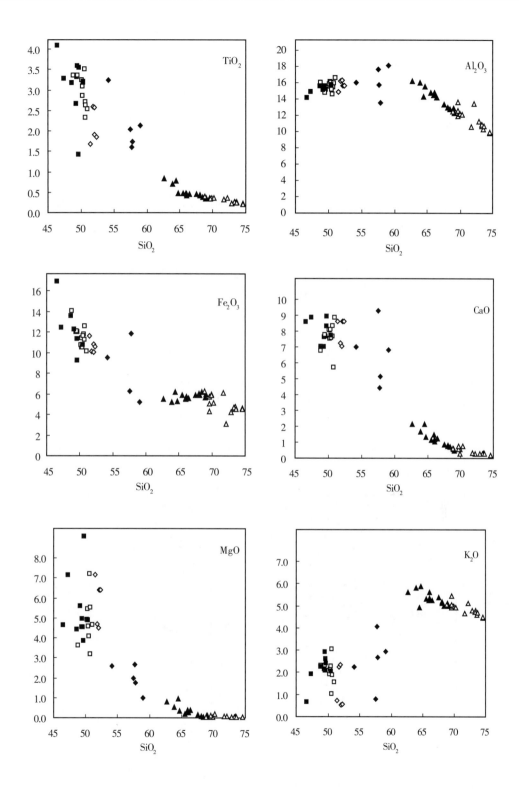

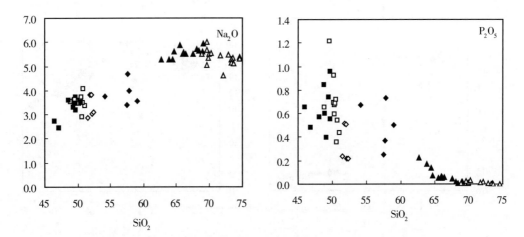

图 3-2-3　天池火山碱性系列火山岩主要氧化物与 SiO_2 的变异图

■玄武岩；□粗面玄武岩；◇玄武粗安岩；◆粗安岩；▲粗面岩；△碱流岩

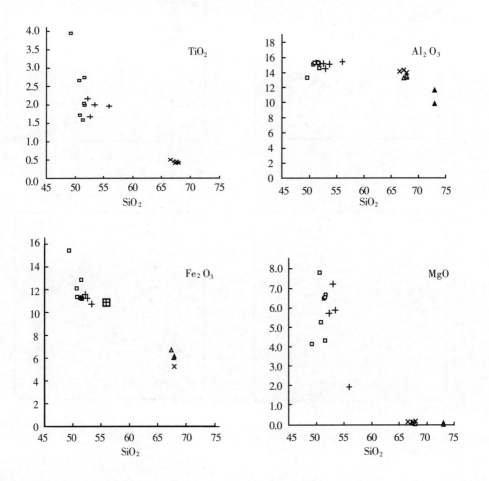

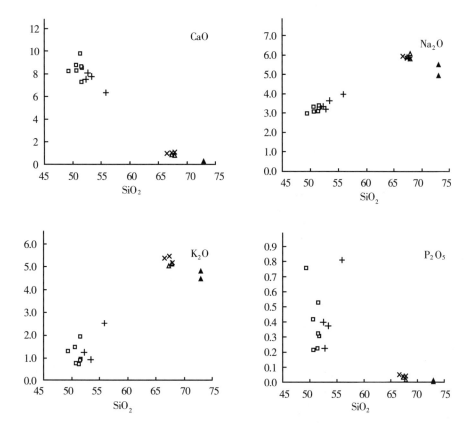

图 3-2-4　天池火山拉斑玄武岩系列火山岩主要氧化物与 SiO_2 的变异图
□玄武岩；✚玄武安山岩；△粗面岩；✖英安岩；△流纹岩

P_2O_5 在所有样品中都是不相容的，这个特点可能与磷灰石的出现有关。玄武岩－粗面岩中 SiO_2 与 Na_2O、K_2O 属同步升高的正相关，粗面岩－碱流岩中 SiO_2 则与 Na_2O、K_2O 显示出负相关。K_2O 与 Na_2O 之间属正相关，而且 K_2O 含量始终低于 Na_2O，仅在粗面岩 23号样品和粗面岩 B-10 号样品（千年大喷发产物）出现 K_2O 含量高于 Na_2O 现象。上述氧化物与 SiO_2 的较好的相关性表明岩浆分异在演化过程中的主导作用。而且，通过结晶分异作用，天池火山岩浆向富硅、富钾的方向演化。

　　CaO/Al_2O_3 比值通常是区分原岩成分演化程度的一个标志。CaO/Al_2O_3 比值增高方向说明样品成分较为原始，比值趋低则说明样品成分较为演化。从图 3-2-5 可以很明显地看到天池火山碱性系列的样品从玄武岩和粗面玄武岩到粗面岩和碱流岩的变化，相应的 CaO/Al_2O_3 比值由高到低，从 0.5 左右逐渐降低到 0.05 左右，符合岩浆演化的趋势和特点；亚碱性系列的样品从玄武岩到粗面岩和流纹岩变化，相应的 CaO/Al_2O_3 比值由高到低，从 0.6 左右逐渐降低到 0.05 左右，也符合岩浆演化的趋势和特点。

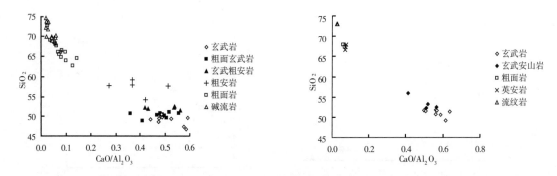

图 3-2-5 天池火山岩碱性系列岩石（左）和拉斑玄武岩系列岩石（右）CaO/Al₂O₃ 比值
与 SiO₂ 的关系图

Herzberg 和 Zhang（1996）认为 CaO/Na₂O 比值与熔融压力和橄榄石的分异作用毫无关系，但是却对单斜辉石的分异作用非常敏感。图 3-2-6 给出了天池火山岩 CaO/Na₂O 比值与 SiO₂ 的关系图。从图中可以看出 CaO/Na₂O 比值与 SiO₂ 之间具有较好的相关性，暗示了岩浆演化过程中单斜辉石的分异作用。

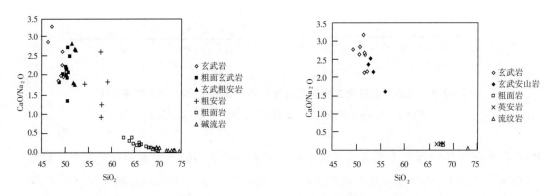

图 3-2-6 天池火山岩碱性系列岩石（左）和拉斑玄武岩系列岩石（右）CaO/Na₂O 比值
与 SiO₂ 的关系图

将表 3-2-2 和表 3-2-3 粗面岩和流纹岩样品以及谷口宏充等（2004）的 9 世纪空降浮岩中的粗面质和碱流质样品的全铁数据和 Al₂O₃ 含量投影到钠闪碱流岩和碱流岩的分类图上，如图 3-2-7 所示。粗面岩样品全部落在了钠闪碱流质系列的粗面岩（comenditic trachyte）区域，流纹岩样品的投点大部分落在钠闪碱流岩系列区域内（comendite），但也有近一半样品（8 个样品）的投点落在碱流岩（pantellerite）系列区域内。落入碱流岩系列区域样品是 B-1、B-3、721-1-1-2、721-1-2-1、721-1-3-2、721-1-4-1、721-1-5-1、2003-3-1-1。除 B-1、B-3 外，其他的样品数据引自谷口宏充等（2004），这些样品在 TAS 分类图上都位于碱性系列区内。它们的 SiO₂ 含量为 71.72% ~ 73.74%，富碱(Na₂O+K₂O) 大于 9%，Al₂O₃ 含量一般小于 10%，低于钠闪碱流岩的 Al₂O₃ 含量（大于 10.3%），Fe₂O₃ 的含量则为6.15% ~ 7.15%，高于钠闪碱流岩的Fe_2O_3含量（小于6%）。过碱性指数PI（(Na_2O+K_2O)/Al_2O_3，分子数）为1.3 ~ 1.51，均大于1（过碱性的）。天池火山碱流岩的主元素成分与意大利潘泰莱里亚岛（Pantelleria）的碱流岩对比如表3-2-6所示，对比研究表明：长白山天池火山碱流岩比意大利潘泰莱里亚岛碱流岩要富 Si、Al、K，而贫 Ti、Fe、Mg、Ca、Na 和 Mn，P 含量相当。

表 3-2-6　天池火山碱流岩样品与意大利潘泰莱里亚岛的碱流岩的主元素成分比较

样品来源		主要氧化物及计算的参数					
		SiO_2	TiO_2	Al_2O_3	Fe_2O_3	FeO	MnO
本文	范围	71.72 ~ 73.74	0.23 ~ 0.31	9.20 ~ 11.01	6.15 ~ 7.15		0.11 ~ 0.16
	平均值	72.88	0.27	9.95	6.60		0.14
意大利 Pantelleria	范围	68.9 ~ 71.1	0.31 ~ 0.43	8.07 ~ 9.53	3.25 ~ 8.41	0 ~ 5.42	0.26 ~ 0.32
	平均值	69.74	0.36	8.49	5.03	3.59	0.29
样品来源		主要氧化物及计算的参数					
		MgO	CaO	Na_2O	K_2O	P_2O_5	PI
本文	范围	0.01 ~ 0.09	0.27 ~ 0.51	4.66 ~ 5.64	4.45 ~ 4.97	0.01 ~ 0.03	1.30 ~ 1.51
	平均值	0.04	0.33	5.12	4.65	0.01	1.36
意大利 Pantelleria	范围	0.04 ~ 0.24	0.24 ~ 0.49	4.71 ~ 7.18	4.26 ~ 4.82	0.01-0.02	1.54 ~ 1.93
	平均值	0.08	0.40	5.97	4.41	0.02	1.72

注：意大利潘泰莱里亚岛碱流岩全岩成分数据来源于 Pan4、Pan9、Pan10、Pan11、Pan18、Pan25、Pan26、Pan28（Avanzinelli 2004），成分范围及计算结果也是基于以上列出样品的数据（刘永顺等，2007）。

五、熔岩化学变化的成因

天池火山样品可分为碱性系列和拉斑玄武岩系列两套岩石。中基性火山岩以粗面玄武岩、玄武粗安岩、粗安岩为主，少量玄武岩、玄武安山岩；中酸性火山岩以粗面岩、碱流岩为主，少量英安岩。其中，粗面岩都属于钠闪碱流质粗面岩（comenditic trachyte），流纹岩中部分属于碱性钠闪碱流岩（comendite），部分样品属于碱流岩（pantellerite）。这些碱流岩样品分布在朝鲜的海山（火口缘东侧）、将军峰山脊东侧顶部（朝鲜境内）和黑石沟等地。

天池火山玄武岩类总体上碱度较高，岩石富钾，MgO 含量较低，TiO_2 含量较高，暗示火山岩浆来源较深。玄武岩类的 MgO 含量普遍低于原始地幔，其酸碱指数 DI、SI 和 AR 结果表明玄武岩类并非原始岩浆，可能是幔源岩浆经过部分镁铁矿物和斜长石的结晶分异演化的岩浆。

各种氧化物、CaO / Na_2O 比值与 SiO_2 之间的关系表明了结晶分异作用在天池火山岩浆演化过程中的主导作用。而天池火山的岩浆演化与钛磁铁矿、斜长石、橄榄石、单斜辉石等矿物的结晶分异作用关系密切，其中多种氧化物的含量变化与斜长石的结晶分异

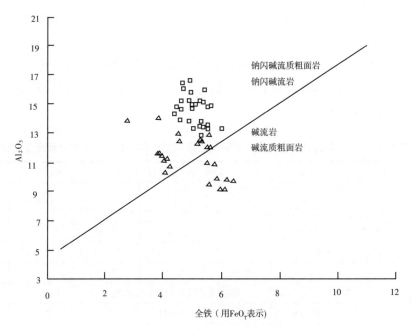

图 3-2-7　钠闪碱流岩和碱流岩的分类图

□ 粗面岩；△ 流纹岩

有密切的关系，表明在岩浆的演化过程中，斜长石的结晶分异起着关键作用。

图 3-2-8（a）显示了造盾玄武岩样品 $K_2O - TiO_2$ 成分变异图。图中多数样品分别组成正相关、反相关两种线性关系。可以清楚地看出，尽管喷发时间存在差异 (0.5Ma ～ 4.2Ma)，但这些熔岩样品的成因相互之间互有关联。熔岩样品显然比原生成分具有更为分异的成分。因此，形成图 3-2-8（a）中正相关线性趋势变化的一个可能过程就是分异结晶作用。因为 Ti 和 K 对可能的分异相是不相容元素 (McKenzie and O'Nions, 1991；Hauri 等，1994)，分异相包括橄榄石、斜长石、单斜辉石、石榴石和 Cr 尖晶石，趋势线就可能由成分不随时间变化的原生岩浆的不同程度分异结晶而形成。这种分异过程可以期待样品的 TiO_2 含量会随着 SiO_2 含量的增加而增加，因为在上面描述的可能的分异相中 Ti 是一个不相容元素。但所观察到的成分变化特征是 SiO_2 降低时 TiO_2 含量增高（图 3-2-3）。钛磁铁矿的分异可以解释随着 SiO_2 含量增加 TiO_2 的突然降低。但如果是这样的话，TiO_2 含量就会与 K_2O 含量反相关，而这与图 3-2-8 中 TiO_2 与 K_2O 反相关趋势线样品相符合。因此，天池火山熔岩盾主体的岩浆成分变化不能仅仅由橄榄石、斜长石、单斜辉石等矿物的分异结晶来解释，还必须包括有钛磁铁矿的分异结晶作用。Basu 等 (1991) 表明天池火山造盾玄武岩没有经历过重要的地壳混染作用（而天池火山长英质岩浆包含了地壳物质的混染）。笔者认为天池火山熔岩盾样品的主元素变化不太像是经历了重要的地壳混染，除去分异结晶形成的变化外，图 3-2-8 中的线性趋势也包含了岩浆形成时发生的化学变化（参见本章第三节）。

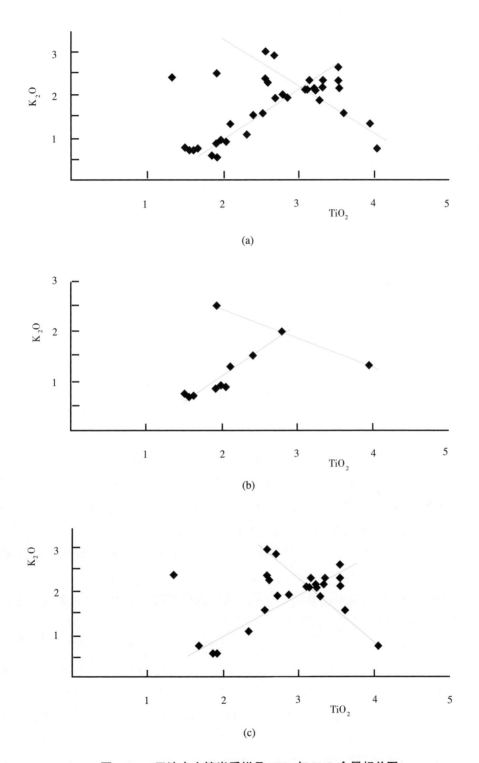

图 3-2-8　天池火山熔岩盾样品 TiO$_2$ 与 K$_2$O 含量相关图

系列样品显示出两种相关性趋势，显示两种成因演化机制。(a) 所有造盾玄武岩样品；(b) 亚碱性系列造盾玄武岩样品；(c) 碱性系列造盾玄武岩样品

第三节　地球化学 *

前人工作中已经积累了大量的天池火山微量元素与 REE 测试数据（刘若新等，1998；樊祺诚等，2006），笔者最近补充测试了 2007 中日合作采集样品（系列一，表 3-3-1）及 2006 朝鲜赠送样品（系列二，表 3-3-2）的天池火山不同阶段火山岩 REE 和微量元素分析结果，并且系统整理了俄罗斯远东研究所 Popov 等（2008，系列三，表 3-3-3）的测试结果，本节依此对天池火山主要的地球化学特征加以讨论。

一、微量元素、REE 浓度变化

彩图 17 给出了天池火山微量元素浓度随着 MgO 含量的变化的曲线。一般认为，Cr 的贫化主要与单斜辉石的分离结晶有关，Co 和 Ni 趋向于聚集在橄榄石中，铁钛氧化物则是 V 的主要赋存矿物。在火成岩和变质岩中，Rb 的主要载体是云母类矿物（黑云母、白云母及锂云母）和钾长石类矿物（正长石和微斜长石），Sr 的主要载体是斜长石和磷灰石。辉石中 Sr 的含量一般是较低的，某些黑云母中含有 Sr 的部分原因可能是磷灰石包裹体的存在，Sr、Ba 的贫化主要与斜长石和碱性长石的分离有关。

从彩图 17 可以看出：Rb、Nb、Zr 和 Ba 含量与 MgO 含量之间表现出某种线性负相关的关系，暗示了可能受到斜长石分异的作用的影响（Vukadinovic，1993）。Zr 随着 MgO 含量的增加而减少，表现出不相容的行为，这种趋势可能与镁铁质堆积物中的霓辉石的出现有关。粗面岩类样品 Ba 含量随 MgO 含量的减小显示出增加和基本不变的很低的数值，这可能与复杂的结晶分异与部分熔融作用历史有关。多数样品 Sr 含量随着 MgO 的减少而减少，这暗示了斜长石和碱性长石的结晶分离作用。Ni、Sc 和 V 含量随着 MgO 含量的减少而减少，因而显示出某种正相关关系，这些相容元素的行为可能反映了在岩浆演化过程期间橄榄石和单斜辉石的去除。

天池火山粗面玄武岩的稀土元素含量 $\sum REE$ 为 $212.58 \sim 268.56 \times 10^{-6}$，变化范围不大，平均值为 230.85×10^{-6}。δEu 值为 $0.95 \sim 1.3$，$(La/Yb)_N$ 为 $12.05 \sim 15.66$，$(Ce/Nb)_N$ $=1.34 \sim 1.44$，La/Sm 为 $3.80 \sim 5.28$，Gd/Yb 为 $3.39 \sim 5.03$。其中，$\sum REE$ 明显地高于中国东部新生代的拉斑玄武岩类（$\sum REE=37.34 \sim 96.87 \times 10^{-6}$，$(Ce/Nb)_N=4.06 \sim 6.05$，下同）、碱性玄武岩类（$96.87 \sim 117.92 \times 10^{-6}$、$(Ce/Nb)_N=5.02 \sim 12.48$）、响岩碧玄岩类（$100.77 \sim 207.00 \times 10^{-6}$、$(Ce/Nb)_N=7.39 \sim 14.62$）的相应数值，而 $(Ce/Nb)_N$ 则明显地低

---

* 本节合作作者：孙春强。

表 3-3-1 天池火山岩 REE 和微量元素分析结果（μg/g，系列一）

样品号	Haku-1a	Haku-2	Haku-3	Haku-4	Haku-7	Haku-9	Haku-10	Haku-20	Haku-25	Haku-26	Haku-27	Haku-30b	Haku-32b	Haku-34	Haku-35	Haku-36
Li	6.21	6.61	5.04	4.4	4.82	4.97	4.4	7.79	7.02	7.15	3.41	3.72	6.24	4.43	4.97	4.46
Be	1.18	1.51	0.8	1.59	1.62	1.25	1.67	1.7	1.39	1.32	1.27	1.7	2.48	0.73	1.2	0.76
Sc	23.4	22.7	20	20.4	26.3	21.4	18.8	19.6	29.4	27.5	24.6	19.7	14.4	24.9	23.3	19
V	215	215	165	185	217	225	168	232	292	292	249	182	121	174	164	161
Cr	62.3	59.6	251	50.2	441	73	100	8	18.8	10.7	155	44.7	2.3	269	160	181
Co	42.7	38.6	46.2	34.9	42.8	38.8	40.5	44.4	45.5	43.8	46.1	37.1	29	51.7	40.2	38.7
Ni	76.1	55.3	175	47.9	139	34	75	28	36.3	27.3	99.6	52.3	3.6	157	122	123
Cu	30.4	28.3	43.8	22.4	57.9	26.2	33.7	22.3	28.7	24.4	32	17.7	6.3	39	36.1	40.9
Zn	117	128	112	112	83	107	112	141	168	152	105	125	150	103	116	111
Ga	19.6	21.7	18.9	22.4	17.5	22.7	19.8	22.8	24.3	23.6	20.4	21.1	24.1	19.9	20.9	19.1
Rb	27.3	32.2	13.3	33.2	37	36.6	41.5	42.1	25.1	19	29.3	24.7	63.4	11.2	21	13.9
Sr	544	512	387	809	766	827	849	721	545	533	840	572	707	397	501	482
Y	22	24.9	17.1	21.1	20.6	20.4	21.4	26	30	30.8	23	25.7	32.2	17.2	25.7	17.9
Zr	172	242	91	236	223	245	225	261	195	196	243	210	357	96.9	175	107
Nb	22.3	24	9.7	34.8	38.2	38.6	38.7	41.9	22.9	23.3	38.7	24	56.6	12.8	16	11
Sb	0.04	0.15	0.03	0.07	0.07	0.05	0.13	0.05	0.05	0.04	0.05	0.07	0.09	0.03	0.05	0.03
Cs	0.28	0.3	0.15	0.18	0.25	0.11	0.51	0.09	0.4	0.2	0.09	0.34	0.27	0.1	0.13	0.14
Ba	567	701	257	677	525	725	1097	743	627	535	611	564	1091	259	454	332
La	22	26.2	9.6	32.7	35.8	32.7	40.1	39.3	24.7	24.4	35.7	23.4	57.2	12.6	17.8	12.9
Ce	46	53.5	20.3	67.2	73	67.5	81.7	80.7	53.3	53.7	73.8	49.7	116	25.1	38.4	28.4
Pr	5.75	6.9	2.74	8.19	8.8	7.94	9.7	9.45	7.38	7.39	9.13	6.48	13.3	3.21	5.23	3.75
Nd	25.4	29.9	13.1	34.9	35.9	33.6	39.3	39	34.8	35.1	37.7	29.3	53.7	14.4	25.1	18.3

续表

样品号	Haku-1a	Haku-2	Haku-3	Haku-4	Haku-7	Haku-9	Haku-10	Haku-20	Haku-25	Haku-26	Haku-27	Haku-30b	Haku-32b	Haku-34	Haku-35	Haku-36
Sm	6.09	7.1	3.96	7.46	7.1	7.2	7.82	8.09	8.68	9.05	7.66	7.17	10.7	3.77	6.7	4.97
Eu	2.24	2.63	1.51	2.59	2.7	2.63	2.97	2.67	3.01	3.08	2.61	2.43	3.4	1.4	2.28	1.91
Gd	6.05	6.79	4.59	6.61	6.29	6.61	6.76	7.26	8.82	9.04	7	7.03	9.35	4.28	6.83	5.38
Tb	0.85	0.96	0.66	0.91	0.86	0.89	0.91	1.04	1.21	1.25	0.94	0.99	1.27	0.63	0.96	0.74
Dy	4.85	5.41	3.78	4.89	4.62	4.79	5	5.76	6.6	6.9	5.22	5.63	7.17	3.68	5.51	4.14
Ho	0.88	0.98	0.69	0.84	0.83	0.82	0.87	1.05	1.18	1.22	0.92	1.03	1.29	0.69	1	0.73
Er	2.15	2.4	1.63	1.97	1.96	1.89	2.05	2.55	2.79	2.93	2.22	2.46	3.19	1.71	2.39	1.71
Tm	0.3	0.33	0.22	0.26	0.27	0.25	0.28	0.35	0.38	0.39	0.3	0.35	0.44	0.24	0.34	0.24
Yb	1.83	2.04	1.35	1.54	1.61	1.47	1.69	2.16	2.31	2.32	1.78	2.11	2.66	1.48	2.03	1.34
Lu	0.26	0.29	0.19	0.21	0.23	0.21	0.24	0.31	0.32	0.33	0.25	0.31	0.37	0.22	0.29	0.19
Hf	4.37	5.47	2.39	5.67	5.07	5.71	5.21	6.31	4.93	5.12	5.78	5.45	7.77	2.62	4.42	2.87
Ta	1.32	1.44	0.55	2.09	2.32	2.31	2.29	2.51	1.41	1.46	2.36	1.46	3.26	0.76	0.93	0.68
W	2.6	4.3	1.8	b.d.l.	2.3	4.2	b.d.l.	1.3	1.6	5.5	b.d.l.	1.7	0.8	1.7	4	b.d.l.
Tl	0.05	0.07	0.03	0.09	0.05	0.04	0.05	0.04	0.05	0.05	0.02	0.06	0.06	0.03	0.05	0.04
Pb	3.77	6.63	2.07	4.48	5.42	4.44	6.23	5.54	4.18	3.85	3.39	5.03	7.72	2.8	3.82	2.63
Th	2.46	3.25	1.11	3.59	3.89	3.86	4.29	4.75	2.47	2.51	3.76	2.9	6.86	1.61	2.04	1.29
U	0.5	0.65	0.23	0.72	0.79	0.54	0.87	0.83	0.47	0.44	0.76	0.58	1.41	0.34	0.39	0.32

表 3-3-2　天池火山岩 REE 和微量元素分析结果（μg/g，系列二）

样品号	B-1	B-2	B-3	B-4	B-5	B-6	B-6s	B-7	B-8	B-9	B-10
地点	将军峰	将军峰	海山	无头峰	团结峰	骆驼峰	骆驼峰	骆驼峰	白头桥	天文峰	白云峰
岩性	碱流岩	粗面岩	碱流岩	粗面玄武岩	粗面安山岩	粗面岩	粗面岩	粗面岩	粗面岩	粗面岩	粗面岩
Ge	2.53	1.85	2.25	0.84	1.12	1.82	1.76	1.65	1.79	1.99	1.56
As	1.23	1.41	0.72	0.77	0.69	2.05	1.17	0.68	1.8	3.63	0.84
Rb	292	265.3	321.3	35.2	64.7	166.8	152.1	131	153	242.7	104.1
Y	103.86	38.36	31.23	26.54	25.75	44.12	43.55	15.31	38.77	30.25	21.44
Nb	290.7	278.6	311.7	49	54.7	193.6	85.4	151.6	15.4	368.1	91.7
Mo	4.97	2.42	2.93	0.97	3.25	6.63	7.49	1.59	6.91	1.43	4.96
Sn	15.76	14.39	16.18	1.42	2.92	9.33	6.42	8.33	7.06	12.93	4.73
Sb	0.35	0.25	0.16	0.02	0.05	0.18	0.09	0.19	0.14	0.26	0.07
Cs	2.39	0.68	2.01	0.26	0.66	2.16	1.84	1.66	1.94	1.15	1.04
La	148.33	58.36	69.44	40.28	46.95	79.16	91.59	11.43	72.17	16.89	35.23
Ce	201.01	181.44	123.94	87.86	95.4	157.98	183.2	30.99	145.01	38.75	73.16
Pr	31.79	13.66	15.03	10.95	11.13	16.91	19.17	2.68	15.48	4	7.86
Nd	116.37	49.7	53.86	47.95	44.61	61.8	69.65	10.39	56.84	15.49	29.59
Sm	23.48	10.55	10.8	10.61	9.31	12.02	13.06	2.31	10.96	3.76	5.88
Eu	0.35	0.16	0.17	4.33	2.42	0.39	0.41	0.08	0.34	0.07	0.33
Gd	21.28	8.63	8.6	9.42	7.8	9.97	10.51	2.24	8.95	3.92	4.82
Tb	3.4	1.47	1.36	1.23	1.1	1.59	1.63	0.43	1.4	0.77	0.74
Dy	20.55	8.99	7.87	6.52	6.1	9.45	9.44	2.93	8.24	5.5	4.49
Ho	3.95	1.69	1.44	1.11	1.08	1.79	1.76	0.63	1.55	1.19	0.85
Er	10.83	4.8	3.95	2.72	2.84	5.07	4.89	2.05	4.38	3.77	2.45
Tm	1.46	0.72	0.55	0.32	0.36	0.72	0.69	0.32	0.63	0.59	0.36
Yb	8.59	4.69	3.46	1.87	2.2	4.64	4.46	2.25	4.04	3.83	2.37
Lu	1.19	0.66	0.49	0.26	0.32	0.68	0.67	0.35	0.59	0.55	0.35
Hf	47.83	42.61	50.76	5.06	8.05	24.82	21.03	20.49	21.77	35.26	13.03
Ta	8.7	8.06	4.39	4.46	5.1	7.97	5.39	0.21	6.41	1.07	3.41
Pb	38.81	30.41	29.74	4.07	8.26	15.95	16.92	9.49	15.45	18.54	10.96
Th	24.18	19.02	19.61	4.33	7.49	17.1	17.21	2.53	14.6	4.8	6.92
U	3.74	3.59	3.04	0.86	1.68	3.73	3.48	0.86	3.16	1.79	1.59
Ni	0.88	0.55	0.69	17.98	25.55	2.3	2.88	1.4	2.02	0.65	1.2
Cu	11.21	7.24	7.97	26.76	19.06	15.21	11.28	6.51	7.55	9.98	14.64
Cr	1.12	1.18	1.18	10.91	16.17	2.25	2.52	3.18	1.87	1.16	1.17
Co	69.28	47.27	51.71	93.67	109.57	44.18	68.38	30.86	54.87	39.07	132.7
Ga	37.4	39.06	32.15	17.05	22.32	34.09	34.87	29.86	33.11	34.87	29.78
Li	42.94	33.86	51.8	9.26	9.34	25.94	20.18	15.71	23.44	32.75	8.64
P	61.2	71.1	35.3	3911.5	1302.4	261.8	215.8	196	82.2	109.3	291.3
S	198.7	176	154.8	308.2	482.4	307.7	295.1	184.6	358.7	571.3	292.1
Sc	0.64	1.21	0.31	16.7	10.99	3.38	4.01	1.8	3.34	0.65	3.83
V	0.43	0.26	0.29	147.3	67.27	5.93	5.39	2.03	3.78	0.48	2.41
Zn	350.3	172.7	242.4	84.4	87.1	138.1	125.3	117.8	131.4	188.2	94.5
Zr	2296.9	1793.9	2244.2	236.2	327.5	1024.9	840.3	802	1.9	1919.4	533.2
Ba	1.46	4.1	0.56	1745.27	796.24	73.53	75.12	20.63	54.96	2.54	58.12
Sr	2.24	1.17	0.23	916.65	399.45	34.08	36.73	6.08	21.92	0.48	20.99

表 3-3-3　天池火山岩 R

样品号	P-505/1	P-505	P-508/1	P-509/1	P-509	P-507/4	23S	4	26-1a	26-1b	3a	38/4	1d	1-b
Sc	20	7	3	3	1	1	2	1.09	2.38	8.36	3.37	3.74	1.92	2.39
V	201	3	n.a.	3	0.5	0.6	1	1.91	3.19	36.41	3.86	0.92	1.25	3.13
Cr	105	b.d.l.	1	6	13	b.d.l.	20	87.88	38.6	59.71	125.42	30.69	88.86	129.6
Co	38	2	1	1	b.d.l.	b.d.l.	1	0.42	0.88	9.73	0.72	0.88	0.37	0.57
Ni	64	2	0.5	2	b.d.l.	b.d.l.	11	2.12	4.87	19.95	2.8	1.16	1.46	2.47
Ga	22	23	34	38	41	40	13	b.d.l.	b.d.l.	b.d.l.	95.39	32.21	b.d.l.	105.4
Ge	1.4	1.4	3.9	2.1	2.4	2.2	1.2	b.d.l.	b.d.l.	b.d.l.	7.65	2.04	b.d.l.	8.96
Rb	36	100	136	231	314	345	103	382.8	353.2	94.83	183.02	143.07	262.5	244.5
Sr	688	519	35	20	0.5	4	18	5.04	15.39	424.51	6.44	11.2	4.24	1.41
Y	22	38	47	78	119	112	12	156	130.53	34.07	82.11	38.01	91.86	107.7
Zr	231	578	817	1704	2404	2028	71	1992.3	2470.2	562.6	1779.4	679.35	2176.8	2122
Nb	35.18	84.69	86.26	168.27	216.99	221.35	16.94	239.8	301.25	71.32	175.3	75.13	220.6	224.6
Cs	0.34	0.72	1.56	3.66	4.81	6.13	3.73	6.56	5.97	1.25	2.92	1.64	3.14	3.39
Ba	586	1889	74	26	2	14	79	10.66	14.3	1386.9	18.77	37.79	23.96	3.89
La	34.28	88.8	70.98	155.78	217.4	182.16	29.04	154.14	185.16	62.7	125.47	86.66	139.3	174.4
Ce	70.55	181.5	147.86	327.78	471.68	363.72	54.48	289.18	372.2	118	222.5	170.98	282.8	307.5
Pr	8.62	20.78	n.a.	33.98	48.6	37.96	5.57	36.96	38.9	13.01	27.75	20.19	31.4	37.5
Nd	36.76	73.27	56.03	116.87	171.91	142.64	16.65	134.8	132.4	47.21	100.94	67.4	112.04	132.7
Sm	7.5	12.34	15.35	21	30.76	28.3	2.7	28.54	26.3	8.88	19.52	11.21	21.5	25.6
Eu	2.72	3.37	0.94	0.42	0.53	0.39	0.13	0.35	0.38	2.89	0.35	0.39	0.44	0.46
Gd	7.03	15.72	11.23	26.3	38.63	32.78	4.46	30.35	26.7	10.2	20.27	8.68	22.16	27.25
Tb	0.33	0.75	1.58	1.3	1.72	2.48	0.14	4.67	3.45	1.1	2.89	1.47	3.12	3.83
Dy	5.49	9.18	8.72	16.43	26.91	26.97	2.36	23.17	22.31	6.31	14.85	7.27	15.5	19.32
Ho	1.09	1.93	1.74	3.58	5.58	5.59	0.5	4.35	4.78	1.25	2.64	1.46	2.76	3.4
Er	2.3	4.49	4.24	8.4	12.97	12.8	1.31	13.36	12.86	3.15	8.27	3.59	8.58	10.83
Tm	0.31	0.66	0.58	1.28	1.91	1.92	0.21	2.12	1.88	0.44	1.34	0.54	1.41	1.72
Yb	2.69	5.05	4.38	9.26	13.96	13.67	1.52	11.51	11.76	2.98	7.16	3.42	7.64	9.32
Lu	0.37	0.72	0.57	1.32	1.96	1.8	0.22	1.54	1.77	0.43	0.95	0.56	1.08	1.33
Hf	6.52	15.42	19.27	45.16	65.06	59.03	3.42	38.2	45.82	10.23	31.63	10.67	40.5	41.84
Ta	2.59	6.88	4.01	10.53	11.98	12.62	2.33	b.d.l.	17.15	4.77	7.91	2.71	9.03	9.61
W	0.95	3.82	1.68	6.09	7.16	8.33	2.7	b.d.l.	9.38	2.16	5.71	2.25	b.d.l.	b.d.l.
Tl	n.a.	n.a.	n.a.	n.a.	n.a.	n.a.	n.a.	b.d.l.	0.6	1.62	0.5	0.18	b.d.l.	b.d.l.
Pb	3.51	10.44	6.8	21.42	35.78	34.11	17.65	42.14	39.16	11.3	23.71	8.99	14.5	33.63
Th	4.12	10.28	13.4	27.74	48.51	48.58	18.47	59.79	71.07	16.52	22.68	15.35	36.95	39.67
U	0.79	2.97	2.25	5.59	9.94	10.96	4.14	11.32	13.07	2.71	4.22	2.73	3.74	6.03
Cu	32	3	n.a.	7	9	14	18							
Zn	107	129	129	199	274	256	30							
Sn	1.9	2.9	5.2	10.3	15	17.7	3.5							
Mo	2.2	4.6	n.a.	11.4	16.2	9.3	5.2							
Sb	0.01	0.11	n.a.	0.25	0.32	0.38	0.35							
Li	7.1	23.3	n.a.	37.7	49.8	67.2	32.1							
Be	1.73	4.91	6.06	10.83	15.88	17.3	3.42							

注：n.a.：未测试；b.d.l.：低于检测限；系列一为2007年中日合作样品测试结果；系列二为2006年朝鲜赠送样品测试结果；系列三为2008年俄罗斯发表成果资料收集。

分析结果（μg/g，系列三）

1i/m	26/12	28/1	20	38/3	21/1	28/19a	40/3	30	14/1	32	23/2	27/7	26/14b	40/4
3.94	3.92	9.45	5.99	1.52	19.4	23.53	20.28	3.14	5.99	23.25	18.42	24.45	b.d.l.	16.84
7.73	0.58	87.03	4.29	0.98	206.62	175.57	239.62	3.64	4.29	177.8	186.9	287.5	660.1	228.74
92.3	25.44	95.5	82.5	2.77	179.3	233.11	96.36	46.76	82.5	263.8	341.3	60.53	50.55	33.87
1.84	0.51	19.72	1.77	0.4	32.5	46.94	34.17	1.35	1.77	44	39	49.6	123.81	39.41
3.15	0.83	44.03	2.12	2.5	40.3	151.36	35.85	8.05	2.12	211.5	183.5	40.8	141.12	29.54
105.23	28.85	19.02	287.5	38.55	135.9	b.d.l.	20.49	b.d.l.	287.5	b.d.l.	b.d.l.	b.d.l.	b.d.l.	21.52
6.65	1.2	0.93	5.96	2.31	4.02	b.d.l.	1.41	b.d.l.	5.96	b.d.l.	b.d.l.	b.d.l.	b.d.l.	1.54
120.53	130.67	40.32	93.6	212.49	74.8	10.4	35.11	229.74	93.6	13.68	12.35	58.86	151.8	45.36
85.24	5.96	445.93	312.4	2.86	424.1	510.49	674.91	7.38	312.4	342.9	378.5	783.5	1391.9	586.68
41.14	23.66	16.56	38.3	56.52	23.1	17.5	19.55	87.82	38.3	18.44	20.3	36.52	61.41	25.82
670.02	872.29	347.52	633.15	1289.75	431.5	107.76	221.47	1656.3	633.15	120.1	111.3	387	195.55	255.75
74.4	129.86	41.59	78.39	162.51	45.9	12.02	34.72	214.34	78.39	14.65	10.8	64.15	54.62	39.7
1.44	0.17	0.43	0.6	2.5	0.35	0.17	0.07	0.68	0.6	0.2	0.36	0.4	b.d.l.	0.17
199.07	32.36	727.21	1604.9	9.65	650.9	210.4	615.82	10	1604.9	234.2	257.7	869.2	3370.9	659.25
70.9	52.46	31.32	68.1	115.59	38.63	11.22	33.49	170.51	68.1	12.44	11.62	58.72	59.31	40.38
126.42	177.76	48.66	132.9	212.43	72.52	23.15	70.92	331.7	132.9	25.1	22.4	122.5	149.2	86.15
15.88	12.52	7.31	16.47	27.23	9.79	3.16	9.22	33.54	16.47	3.45	3.7	13.99	19.59	10.86
58.29	49.31	30.32	61.72	86.12	39.7	13.78	34.54	112.6	61.72	14.7	16.8	52.4	98	40.3
11.25	9.17	5.99	10.27	15.6	8.67	4.12	6.9	19.94	10.27	4.27	5.77	10.94	22.05	7.74
0.94	0.34	1.93	3.64	0.26	3.11	1.73	2.5	0.4	3.64	1.64	1.77	3.63	7.16	2.53
10.76	6.72	4.5	10.37	11.53	8.87	2.86	6.27	24.13	10.37	2.99	5.77	11.85	20.95	6.46
1.45	1.08	0.68	1.41	1.72	1.17	0.62	0.84	2.27	1.41	0.68	0.88	1.31	2.83	1.01
7.11	5.57	3.13	6.37	10.12	5.23	3.67	4.08	14.68	6.37	3.92	4.38	7.3	15.49	5.17
1.2	1.12	0.74	1.11	2.1	0.91	0.73	0.77	3.05	1.11	0.9	0.78	1.46	2.79	1
3.67	2.77	1.32	3.42	5.44	2.34	1.71	1.71	8.05	3.42	1.9	2.29	3.61	6.86	2.36
0.59	0.48	0.24	0.59	0.84	0.35	0.23	0.23	1.16	0.59	0.25	0.38	0.51	0.85	0.35
3.24	2.79	0.94	3.12	4.78	1.85	1.52	1.4	7.58	3.12	1.77	1.86	3.76	4.52	2.09
0.46	0.53	0.18	0.45	0.73	0.23	0.22	0.23	1.14	0.45	0.25	0.28	0.53	0.6	0.35
12.44	22.33	6.01	11.15	20.96	6.34	2.37	3.76	29.1	11.15	2.57	2.91	7.05	2.62	4.1
b.d.l.	6.49	2.04	b.d.l.	6.21	b.d.l.	1.36	1.44	11.59	3.4	1.36	b.d.l.	3.63	3.95	1.64
b.d.l.	1.88	0.97	b.d.l.	6.76	b.d.l.	1.37	0.62	0.93	b.d.l.	0.69	b.d.l.	1.79	37.31	1.01
12.44	0.18	0.07	b.d.l.	0.37	b.d.l.	0.04	0.03	0.29	b.d.l.	0.03	b.d.l.	0.38	15.7	0.03
12.47	18.27	5.61	b.d.l.	17.76	14.5	1.99	3.32	28.64	11.78	1.92	18.2	6.97	17.38	4.06
14.29	40.49	11.43	b.d.l.	27.57	4.34	2.08	3.81	40.5	8.4	2.56	1.53	9.2	4.53	5.11
2.6	2.23	0.81	b.d.l.	5.5	0.73	0.29	0.38	7.58	2.06	0.4	0.23	1.6	0.83	1.01

于对比岩石相应数值。天池火山粗面玄武岩的 LREE/HREE ≈ 8.57，分布模式呈右向倾斜，表现出轻稀土富集，分馏好，重稀土相对亏损，轻重稀土元素分异明显的特点。不同喷发时代的粗面玄武岩的 ∑REE、La/Sm 等相近，都有不同程度的正 Eu 异常，所有稀土曲线均呈良好的平行关系和形状的一致性，这暗示它们有一个相同的岩浆源区和演化过程。稀土元素丰度见图 3-3-1。所有玄武岩样品都显示了相对于重稀土(HREE)的轻稀土(LREE)富集，Eu 负异常不明显，表明岩浆分异中斜长石的分异不明显。

不同时代喷发的粗面玄武岩之间存在差别。早更新世粗面玄武岩的 ∑REE 为 $217.27 \sim 240.35 \times 10^{-6}$，平均值为 226.17×10^{-6}，LREE/HREE 为 $8.57 \sim 9.61$，平均值为 8.93；中晚更新世粗面玄武岩的 ∑REE 为 $212.58 \sim 268.56 \times 10^{-6}$，平均值为 240.57，LREE/HREE 为 $8.96 \sim 9.44$，平均值为 9.20，全新世粗面玄武岩的 ∑REE 为 225.43×10^{-6}，LREE/HREE 为 8.61。可以看出，早更新世的 ∑REE 和全新世的相当，而中晚更新世的 ∑REE 最高；LREE/HREE 由高到低的顺序是全新世粗面玄武岩—早更新世粗面玄武岩—中晚更新世玄武岩。无头峰样品 B-4 有最低的 La、Tm、Yb、Lu 和 La/Sm 值，最高的 δEu、δCe、Sm/Nd 和 Gd/Yb 值，以及最大程度的弱 Eu 异常。

天池火山粗面岩和流纹岩的稀土元素含量 ∑REE 为 $1044.52 \sim 69.08 \times 10^{-6}$，变化范围很大。轻稀土元素和中稀土元素的球粒陨石标准化比值 LREE/HREE ≈ $3.93 \sim 14.13$（大于1），轻稀土富集，轻重稀土元素分异明显。其中，粗面岩的稀土元素含量∑REE 为 $612.98 \sim 69.09 \times 10^{-6}$，变化范围很大，平均值为 334.50。δEu 值为 $0.05 \sim 0.43$，(La/Yb)$_N$ 为 $2.98 \sim 19.54$，La/Sm 为 $4.49 \sim 8.23$，Gd/Yb 为 $1 \sim 2.67$。轻稀土元素和重稀

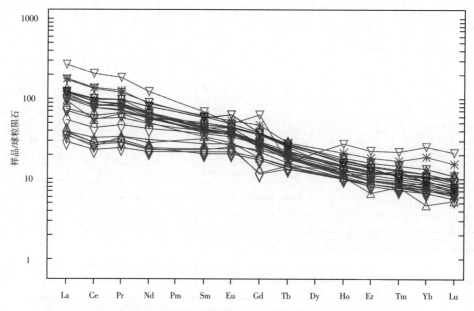

图 3-3-1　天池火山粗面玄武岩样品稀土元素球粒陨石标准化分布型式图

△碱性玄武粗安岩；▽碱性粗面玄武岩；＊碱性碱玄碧玄岩；＋拉斑系列玄武安山岩；◇拉斑玄武岩

土元素的球粒陨石标准化比值 LREE/HREE ≈ 3.93 ~ 14.13（大于 1），轻稀土富集，轻重稀土元素分异明显。流纹岩的稀土元素含量 Σ REE 为 1044.52 ~ 300.97 × 10^{-6}，变化范围也很大，平均值为 563.35。δEu 值为 0.05~0.06，(La/Yb)$_N$ 为 11.67 ~ 13.57，La/Sm 为 6.32 ~ 6.86，Gd/Yb 为 2.4 ~ 2.48。轻稀土元素和重稀土元素的球粒陨石标准化比值 LREE/HREE ≈ 7.32 ~ 10.28（大于 7），轻稀土富集，轻重稀土元素分离强烈。除 Eu 异常的不同外，REE 分布型式与粗面玄武岩的分布型式相似。总体来看，从粗面玄武岩、粗面岩到流纹岩，稀土元素的总量呈逐渐增加的趋势。图 3-3-2 中指示的粗面岩和碱流岩类样品大多都有明显的 Eu 负异常，但 20、14/1、26/1b、P505/1 和 B5 号样品除外。这些没有显示 Eu 负异常的样品，指示了特殊的岩石学成因意义。多数天池火山粗面岩与碱流岩样品中 Eu 负异常指示出岩浆演化过程中曾经发生过明显的斜长石分异结晶作用。但有个别非基性岩石样品不显示 Eu 负异常，指示其岩浆演化时没有发生过斜长石的分异结晶作用。另外，在样品 P505/1、P509/1、P509、P507/4 和 23S 中，Tb 负异常明显。其岩石学成因意义尚待研究。作为对比样品，261a 显示明显 Eu 负异常，但 26/1b 则无 Eu 负异常。

对于不同时代的粗面岩样品和流纹岩样品的稀土元素数据进行统计分析发现：就其平均值而言，更新世粗面岩比全新世粗面岩有更高的 ΣREE、LREE、HREE、δEu、δCe 和 Sm/Nd 值，而全新世粗面岩比更新世粗面岩有更高的 LREE/HREE、La$_N$/Yb$_N$、La/Sm 和 Gd/Yb 值，说明随着时代由老变新，粗面岩的 ΣREE 有所降低，轻稀土元素更加富

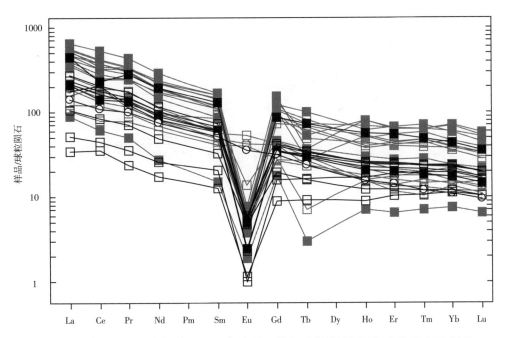

图 3-3-2 天池火山粗面岩和流纹岩类样品稀土元素球粒陨石标准化分布形式图

■碱性流纹岩；□碱性粗面岩；●粗面英安岩；○碱性粗面安山岩

集，负 Eu 异常的程度减弱。中晚更新世流纹岩比全新世流纹岩有更高的 ΣREE 、LREE、HREE、LREE/HREE 、La_N/Yb_N、δEu 和 δCe 值，其中，中晚更新世流纹岩的 ΣREE 是全新世碱流岩 ΣREE 的 1.8 倍，说明随着时代由老变新，流纹岩的 ΣREE 明显降低，轻稀土富集程度减弱，负 Eu 异常的程度有所减弱。对于出现这种现象的原因尚有待进一步研究。

对于同时代的粗面岩样品和流纹岩样品的稀土元素数据统计分析发现：中晚更新世的流纹岩比粗面岩具有更高的 ΣREE、LREE、HREE、LREE/HREE、La_N/Yb_N 、La/Sm 和 Gd/Yb 比值；全新世的流纹岩比粗面岩具有更高的 ΣREE 、LREE、HREE 和 LaN/YbN 比值，说明随着岩浆演化程度的加深，流纹岩一般比粗面岩具有更高的 ΣREE，轻稀土元素更加富集。

另外，从图 3-3-2 可以很明显地发现有三个样品的 ∑REE 非常低，由低到高的顺序是 B-7、B-9、B-10，∑REE 分别是 69.09、99.09、168.49。它们都属于粗面岩，其中 B-7 和 B-10 都是千年大喷发产物，分别分布在鸭绿江大峡谷骆驼峰以南 3km（灰色熔结凝灰岩）和白云峰附近；B-9 属于 4 万年前喷发产物，分布在天文峰以西碱流岩火口缘（碱流岩）。从 La 到 Gd 的稀土元素含量上，这三个样品也显示出与 ∑REE 相同的高低顺序。

现将新获得的朝鲜境内样品和中国境内样品 B-9 和 B-10 单独做了一个新的稀土元素球粒陨石标准化分布模式图，如图 3-3-3 所示，这些样品的稀土元素含量 ∑REE 为

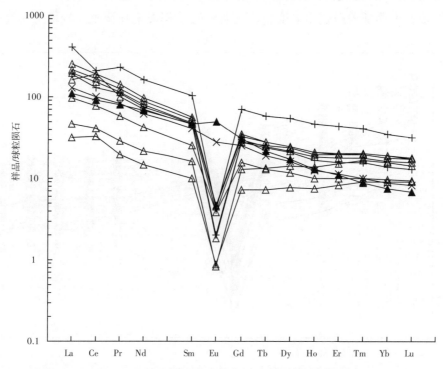

图 3-3-3　天池火山岩朝鲜赠送样品稀土元素球粒陨石标准化分布形式图

▲粗面玄武岩；×粗面安山岩；△粗面岩；＋碱流岩

592.58 ～ 69.09×10^{-6}，变化范围大。轻稀土元素和重稀土元素的球粒陨石标准化比值 LREE/HREE ≈ 3.93 ～ 11.08（大于1），轻重稀土元素分异明显。

天池火山岩球粒陨石标准化稀土元素配分型式显示（图3-3-1～图3-3-3），天池火山的稀土元素配分模式具有以下特点：①粗面岩和流纹岩样品的稀土元素球粒陨石标准化模式相似，显示类似的向右倾斜，且相互平行，流纹岩的稀土元素总量明显地高于粗面岩的稀土元素总量；从玄武岩到流纹岩曲线位置逐渐升高，表明稀土元素总量逐渐增加，∑REE随着岩石碱性程度增强，这与中国东部的碱性玄武岩和拉斑玄武岩的特征一致。②轻稀土富集，轻、重稀土分异明显。③随着岩浆的演化，岩石样品的Eu从正异常变化到负异常。粗面玄武岩样品出现了不同程度的正Eu异常。其中，粗面玄武岩样品B-4出现了最大程度的、弱的正Eu异常，可能与岩浆演化过程中斜长石的聚集有关。而粗面岩和流纹岩样品出现了强烈的负Eu异常，在图中有明显的V型凹谷，粗面安山岩则显示介于玄武岩类与粗面岩和碱流岩之间的小的负Eu异常，这反映出斜长石的分离结晶作用导致了强烈的Eu亏损，表明天池火山的岩浆经历了显著的结晶分异作用。从La/Sm-La图（图3-3-4）也反映了粗面岩和流纹岩的结晶分异趋势。粗面岩和流纹岩样品之间的相似性，表明岩浆来自相同的源区，并且具有类似的岩浆演化过程。其中，玄武岩中存在小的正Eu异常的现象，可能反映了产生Eu异常的某些共性。一般认为Eu异常与斜长石有关，但来自地幔的玄武岩浆一般不存在中—低压条件下的斜长石大量结晶分异，也排除明显的地壳混染，主要与地幔源区的氧化—还原条件有关。岩浆中的Eu异常取决于幔源Eu^{2+}/Eu^{3+}值、幔源原始Eu异常程度以及最终与熔体平衡的矿物，由此推测小的正Eu异常是地幔部分熔融产生的熔浆固有特征。天池火山玄武岩中存在的正Eu异常，反映其源区低的氧逸度或可能这些源区早先存在小的正Eu异常。刘若新等（1998）认为玄武岩的正Eu异常反映了地幔岩浆房中部分斜长石（拉长石）的结晶富集作用，只是这些结晶的斜长石并未与橄榄石一道下沉至岩浆房底部而仍漂浮于玄武质岩浆中，作为玄武岩类中的斑晶或聚斑状集合体而保留于玄武岩中，并导致玄武岩类的正Eu异常。④强烈的LREE富集的配分型式暗示在其上地幔源区中，石榴石可能是一个主要的残留相。

由于La的不相容性大于Sm，二者的配分系数有较大的差异，La更易进入岩浆中，因此，可以利用La/Sm-La的关系来区分火山岩系列是由岩浆分离结晶形成还是平衡部分熔融形成。Treuil和Joron（1975）利用La/Sm-La图研究了批式部分熔融和分离结晶作用过程中REE的地球化学行为，其结果证明：虽然这两种作用过程在图解中都呈明显的线性关系，但批式部分熔融作用中La/Sm比值随岩石中La含量的增加而增加；而分离结晶作用过程中的La/Sm多保持不变，不因La丰度的变化而变化。用La/Sm-La图（图3-3-4）对天池火山的火山岩加以检验，证实粗面玄武岩基本具有相同的平衡部分熔融作用趋势；粗面岩和流纹岩均大体保持水平的线性关系，符合分离结晶作用趋势。

图3-3-4中天池火山岩样品显示出明显的分异结晶趋势和部分熔融趋势两种岩浆演

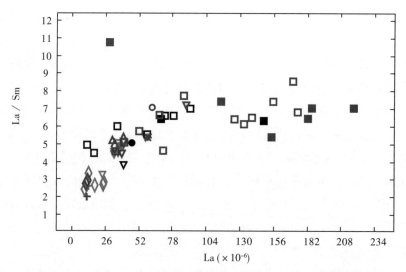

图 3-3-4　天池火山玄武岩、粗面岩和流纹岩 La-La/Sm 变化图

岩石花纹图例同彩图 17

化作用，而落入两种岩浆演化作用共同的重合区域的部分样品则可能具有二者之中任一岩浆演化成因历史。落入图中以部分熔融岩浆演化为主形成的岩石样品有 29/3c、28/1、28/19a、21/1、32、23/2、40/3、40/4、P505/1、Haku-3、Haku-4、Haku-7、Haku-9、Haku-10、Haku-20、Haku-25、Haku-26、Haku-27、Haku-30b Haku-32b、Haku-34、Haku-35、Haku-36、B-4、B-5、B-7 和 B-9；以分异结晶岩浆演化作用为主形成的岩石样品有 4、26/1a、3a、1b、1d、28/4b、26/12、20、30、14/1、38/4、38/3、P505、P508/1、P509/1、P509、P507/4、B-1、B-2、B-3、B-6、B-6S 和 B-8；可能具有部分熔融演化成因或分异结晶演化成因的岩石样品有 26/1b、29/3c、26/12、28/1、21/1、27/7、40/3、40/4、P505/1、P508/1、Haku-4、Haku-7、Haku-9、Haku-10、Haku-20、Haku-27、Haku-32b、B-4、B-5、B-7、B-9 和 B-10。由图还可看出拉斑玄武岩样品只显示出部分熔融岩浆演化特征，而碱性的粗面玄武岩样品则可能部分发生了分异结晶趋势的岩浆演化过程。在粗面岩岩石样品中，部分样品落入单纯的部分熔融趋势范围（B-7、B-9、B-10、B-2、P505/1、29/3c、26/12 及可能的 20、14/1），表明这些岩石样品没有经历分异结晶作用的影响，而另一些粗面岩样品（B-8、B-6、B-6s、38/4、3a、28/4b、1b、P509/1、30、1d）仅落入分异结晶趋势范围内，表明它们由更基性成分岩浆的分异结晶演化作用所形成。碱流岩样品一般都落入分异结晶趋势范围，但也有个别样品可能由部分熔融所形成。如碱流岩样品 B-3 就可能代表了极高程度的部分熔融。特别说明的是图中显示的 23s 碱流岩样品具有异常低的 La 含量和异常高的 La/Sm 比值，其样品常量元素分析结果也显示出异常高的挥发份含量。这不符合常规岩石化学处理分析结果要求，并不能肯定指示某种特定的岩石成因含义，这也说明在前人资料引用时需要加以综合判定。

Ce 和 P 在地幔部分熔融过程中有相似的性质，原始碱性玄武岩的 P_2O_5 / Ce 能比较稳定地维持在 75 左右，并可作为部分熔融程度的指示，这是因为它们在体系中有相似的分配系数。图 3-3-5 给出了天池火山玄武岩的 P_2O_5-Ce 关系图。如图所示，玄武岩样品大都分布在斜率为 75 的直线上方，只有无头峰样品 B-4 的 P_2O_5 / Ce 的比值远远高于斜率为 75 的直线，28/1、P505 的比值远低于斜率为 75 的直线。地幔岩浆早期磷灰石等分离作用会使 P_2O_5 / Ce 比值偏低，而橄榄石、长石和辉石的分离作用会使 P_2O_5 / Ce 比值升高。无头峰样品 B-4 的 P_2O_5 / Ce 的高比值可能指示了无头峰新期岩浆经历了更为强烈的分离结晶作用。28/1、P505 的低比值是否可能指示磷灰石的分异结晶作用尚待研究。

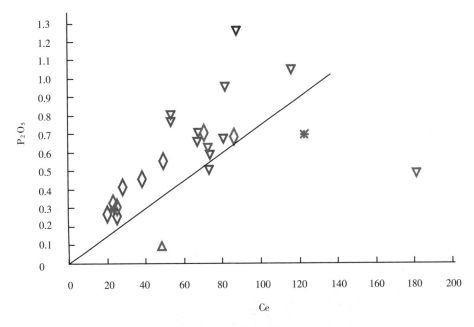

图 3-3-5　天池火山玄武岩 P_2O_5-Ce 关系图

△ 碱性玄武粗安岩；▽ 碱性粗面玄武岩；＊ 碱性碱玄碧玄岩；＋ 拉斑系列玄武安山岩；◇ 拉斑玄武岩

二、不相容元素、相容元素、过渡族元素与元素比值

图 3-3-6、图 3-3-7 中分别表示了天池火山粗面玄武岩、粗面岩和碱流岩标准化不相容元素分布形式。粗面玄武岩不相容元素分布形式图（图 3-3-6）除 Ni、Cr 外显示了良好的均匀协变性。图 3-3-6 中 Ba 峰与图 3-3-1 中不同程度的正 Eu 异常一样，可以解释为玄武岩浆中保留有分离结晶的斜长石晶体。相反的是，中晚更新世和全新世喷发的粗面岩和流纹岩的 Ba 和 Sr 出现明显的负异常（图 3-3-7），与图 3-3-2 中显著的负 Eu 异常一起，共同说明了斜长石的结晶分离作用在形成天池火山粗面岩和流纹岩浆中的决定性作用。粗面岩类出现的 P_2O_5 和 TiO_2 的负异常则可能由辉石与铁钛氧化物发生的结晶分离作用造

成。图 3-3-6 中给出了天池火山多种微量元素丰度图，未发现高场强元素 (HFSE) 的明显亏损，表明板片来源物质在造盾岩浆形成时没有起到重要作用。

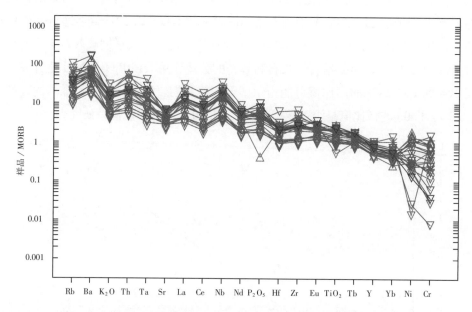

图 3-3-6　天池火山粗面玄武岩不相容元素原始地幔标准化分布形式

△ 碱性玄武粗安岩；▽ 碱性粗面玄武岩；∗ 碱性碱玄碧玄岩；＋拉斑系列玄武安山岩；◇ 拉斑玄武岩

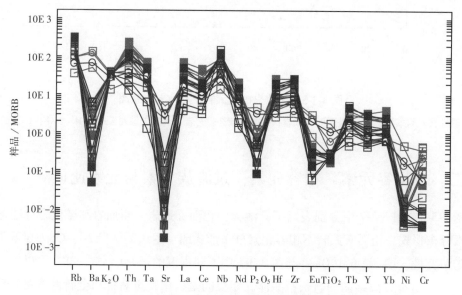

图 3-3-7　天池火山粗面岩类不相容元素原始地幔标准化分布形式

■ 碱性流纹岩；□ 碱性粗面岩；● 粗面英安岩；○ 碱性粗面安山岩

碱流岩样品 B-3 在不相容微量元素上表现出明显的异常（图 3-3-7，参见表 3-3-1）。与其他样品相比，碱流岩样品 B-3 有最低的 Ba、Sr、P_2O_5 和最高的 Rb。在 Th/Nb-Th 图（图 3-3-8）上，不同系列天池火山样品投点显示出一定的正相关关系，自玄武岩向碱流岩随着岩石酸度的增加，Th/Nb 和 Th 均呈增加的趋势，但 Th/Nb 值均小于 0.31，Th 值均小于 48.51。

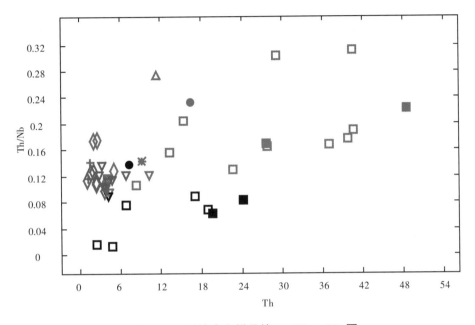

图 3-3-8　天池火山样品的 Th/Nb — Th 图

■ 碱性流纹岩；□ 碱性粗面岩；● 粗面英安岩；○ 碱性粗面安山岩；△ 碱性玄武粗安岩；
▽ 碱性粗面玄武岩；＊碱性碱玄碧玄岩；＋拉斑系列玄武安山岩；◇ 拉斑玄武岩

在相容元素 Ni、Cr、Sc、V 以及 TiO_2、Al_2O_3/CaO 对 MgO 变化图上，它们与 MgO 之间表现出非常明显的正相关性。由元素的晶体／熔体分配系数可知，上述元素（或比值）在橄榄石或单斜辉石结晶分异过程中是相当敏感的，所以天池火山岩形成过程中明显受到橄榄石、单斜辉石结晶分离作用的控制。

天池火山玄武岩的相容元素 Ni、MgO 均低于原始岩浆的丰度（$250 \sim 500 \times 10^{-6}$ 和 $10\% \sim 12\%$），证明天池玄武岩已经不能代表原始的岩浆，在喷发到地表之前，岩浆深部发生过富 MgO、Ni 矿物（主要是橄榄石）的分离结晶。

第一过渡系列金属元素包括 Sc、Ti、V、Cr、Mn、Fe、Co、Ni、Cu 和 Zn，它们的价态和地球化学行为均是变化的。过渡元素投影主要用于考虑它们在玄武岩中的地球化学行为。Ni 和 Cr 的异常可能反映橄榄石（Ni）和单斜辉石或尖晶石（Cr）的作用。Ni 和 Cr 也可能富集在硫化物熔体之中。Ti 的异常表明铁钛氧化物的作用。粗面玄武岩样品 B-4

的 Cr 含量为 10.91×10^{-6}，Ni 含量为 18.0×10^{-6}，都明显低于中国东部其他地区的玄武岩类。例如后者的 Ni 含量一般都大于 1×10^{-4}，Cr 含量大于 1.5×10^{-4}（支霞臣等，1992；刘丛强等，1992；张明等，1992）。

岩石中 Th 含量的变化表示岩浆形成过程中部分熔融程度的变化，MgO 含量的变化表示岩浆演化过程中结晶分异作用的进程。而一些微量元素的比值在岩浆的形成过程和结晶分异过程中相对变化较少，尤其是这些作用的程度较少时（支霞臣等，1992），类似于同位素比值，能够反映源区的丰度特征，例如 Rb、Ba、Nb、Ta、La 等强不相容元素的比值。与各个典型的地幔储库、地壳和洋岛的不相容元素比值对比发现，天池火山玄武岩类的不相容元素的比值（表 3-3-4）变化范围常常要大一些。

表 3-3-4　天池火山玄武岩类与地球主要储库及 OIB 端元不相容元素比值的比较

	Zr/Nb	La/Nb	Ba/Nb	Ba/Th	Rb/Nb	Th/Nb	Th/La	Ba/La
21/1	9.4	0.84	14.2	150	1.63	0.095	0.112	16.8
27/7	6	0.92	13.5	94	0.92	0.143	0.157	14.8
28/19a	9	0.93	17.5	101	0.87	0.173	0.185	18.8
32	8.2	0.85	16	91	0.93	0.175	0.206	18.8
P-505	6.8	1.05	22.3	184	1.18	0.121	0.116	21.3
B-4	4.8	0.82	35.6	403	0.72	0.088	0.107	43.3
Haku-1a	7.7	0.99	25.4	230	1.22	0.11	0.112	25.8
Haku-2	10	1.09	29.2	216	1.34	0.135	0.124	26.8
Haku-3	9.4	0.99	26.5	232	1.37	0.114	0.116	26.8
Haku-4	6.8	0.94	19.5	189	0.95	0.103	0.11	20.7
Haku-9	6.3	0.85	18.8	183	0.95	0.1	0.118	22.2
Haku-10	5.8	1.04	28.3	256	1.07	0.111	0.107	27.4
Haku-20	6.2	0.94	17.7	156	1	0.113	0.121	18.9
Haku-27	6.3	0.92	15.8	163	0.76	0.097	0.105	17.1
Haku-34	7.6	0.98	20.2	161	0.88	0.126	0.128	20.6
天池样品区间	4.8～11	0.82～1.09	13.5～35.6	91～403	0.72～1.63	0.088～0.175	0.105～0.206	14.8～43.3
大陆地壳	16.2	2.2	54	124	4.7	0.44	0.204	25
原始地幔	14.8	0.94	9	77	0.91	0.117	0.125	9.6
EM1 OIB	3.5～13.1	0.78～1.32	9.1～23.4	80～204	0.75～1.41	0.094～0.130	0.089～0.147	11.3～19.1
EM2 OIB	4.4～7.8	0.79～1.19	6.4～11.3	57～105	0.58～0.87	0.105～0.168	0.108～0.183	7.3～13.5
HIMU OIB	2.7～4.9	0.64～0.82	4.7～6.9	39～77	0.30～0.43	0.071～0.123	0.10～0.164	6.2～9.3
N-MORB	30	1.07	4.3	60	0.36	0.071	0.067	4

　　Zr-Hf、Nb-Ta 是等半径的强不相容元素（也是高场强元素），在陆壳中它们相对大离子亲石元素亏损。所以玄武岩的 Zr/Hf 和 Nb/Ta 比值较少受汽化作用和地壳物质混染的影响，它们可更好地反映原始岩浆成分的特征。同时，Zr 与 Hf、Nb 与 Ta 的地球化学性质相似，在整个地壳和地幔分异过程中，Zr/Hf 和 Nb/Ta 值不产生分异，因而有着原始地幔成分的特征（Sun et al., 1989）。天池火山玄武岩的 Nb/Ta 比值为 10.99 ～ 13.93，略低于原始地幔（17.39）（Sun et al., 1989）；而 Zr/Hf 比值为 38.36 ～ 46.64，略高于原始地幔值（36.25）（Sun et al., 1989）。这说明天池火山玄武岩的 Nb/Ta、Zr/Hf 相对于原始地幔无明显分异。

　　Rb 在岩浆分异结晶过程中富集于残余岩浆中，而最终进入含钾矿物。而 Sr 则自液相迁移出来，主要富集于早期形成的富钙斜长石中。因此，分异的火山岩中 Rb/Sr 比值必然会随其分异程度的增加而增大。地幔 Rb/Sr 比值为 0.027，而地壳 Sr 演化线的 Rb/Sr 比值为 0.15。Rb（置换 K）和 Sr（置换 Ca）主要是以类质同象进入不同的矿物，结晶分异能够导致 Rb/Sr 显著变化。天池火山粗面玄武岩 Rb/Sr 为 0.04 ～ 0.08，接近地幔值；其中，粗面玄武岩 B-4 具有最低的 Rb/Sr 比值（0.04），比其他样品更接近地幔值；更新世粗面岩样品 Rb/Sr 多在 9.72 ～ 508.61 之间变化，反映了复杂的结晶分异过程；全新世喷发的火山岩的 Rb/Sr 变化范围为 4.14 ～ 130.37，相对于更新世样品的变化较小，结晶分异明显。但是全新世碱流岩样品 B-3 的 Rb/Sr 超出了此范围，达到了 1408.54 的高数值。

　　火山岩的 Sr/Nd、Sm/Nd 值是反映火山岩源区特征的指标，天池火山岩样品中粗面玄武岩的 Sr/Nd 高于或低于原始地幔的 Sr/Nd（16.68）。其中，粗面玄武岩 B-4 具有最高的 Sr/Nd 比值（19.12），粗安岩样品 B-5 的 Sr/Nd 值为 8.95，粗面岩和碱流岩样品的 Sr/Nd 极低（小于 0.8）。火山岩的 Sm/Nd 全部低于原始地幔的 Sm/Nd 值（0.325）（Taylor, 1985）。一般而言，经历了一定程度部分熔融作用后的残留地幔，其 Sr/Nd 值低于发生部分熔融作用前地幔的 Sr/Nd 值，而 Sm/Nd 高于发生部分熔融前地幔的 Sm/Nd 值。天池火山岩的 Sr/Nd 和 Sm/Nd 值与原始地幔对应元素的比值，暗示其火山岩的上地幔岩浆源区具有一定程度的"富集化"特征。而天池火山岩的 Sm/Nd 值都在 0.2 左右，说明它们都是从同源玄武岩演化而来的。

　　综上所述，不同喷发时代的粗面玄武岩的 ∑REE、La/Sm 等相近，都有不同程度的正 Eu 异常，所有稀土曲线均呈良好的平行关系和形状的一致性，以及极相似的不相容元素的分布形式，这表明它们有一个相同的岩浆源区和相似的演化过程。而不同时代喷发的粗面玄武岩之间的稀土元素也存在一定的差别。早更新世的 ∑REE 和全新世的相当，而中晚更新世的 ∑REE 最高；LREE/HREE 由高到低的顺序是全新世粗面玄武岩 - 早更新世粗面玄武岩 - 中晚更新世玄武岩。

　　从稀土元素球粒陨石标准化模式图来看，粗面岩和流纹岩样品的分布模式相似，显示类似的向右倾斜，且相互平行，都出现了强烈的负 Eu 异常。它们之间的这种相似性，表明岩浆来自相同的源区，并且具有类似的岩浆演化过程。粗安岩则显示介于玄武岩类与粗面岩和流纹岩之间小的负 Eu 异常，这反映出随着岩浆的演化，Eu 从正异常变化到小的负异常，然后变化到强烈的负异常，对应着斜长石则从富集作用变化到分离结晶作用，而且分离结晶作用逐渐增强。对比同时代的流纹岩与粗面岩数据，可以发现随着岩浆演化程度的加深，流纹岩一般比粗面岩具有更高的 ΣREE，LREE 也更加富集。

另外，从粗面玄武岩、粗面岩到碱流岩，稀土元素的总量呈逐渐增加的趋势。它们之间除了 Eu 异常不同外，稀土元素球粒陨石标准化模式非常相似。前人对天池火山样品 Sr-Nd-Pb 的研究说明它们都是同源岩浆演化而成的，天池火山岩极相近的 Sm/Nd 值也证明了这一点。

天池火山玄武岩的相容元素 Ni 和 MgO 的含量、$P_2O_5 - Ce$ 关系图表明地幔岩浆早期可能经历了橄榄石、长石和辉石的分离作用。微量元素浓度随着 MgO 含量变化的曲线说明在天池火山岩形成过程中明显受到斜长石、碱性长石、橄榄石、单斜辉石、霓辉石等的结晶分离作用的控制。

上述天池火山的玄武岩类和粗面岩类、流纹岩的稀土元素和微量元素，都一致地指示它们曾经历过结晶分异作用。但玄武岩类是在地幔岩浆房中发生斜长石、橄榄石和辉石的结晶分离作用，而粗面岩和流纹岩则是在地壳岩浆房中发生斜长石、铁橄榄石和富铁辉石的结晶分异作用。

三、Sr、Nd 和 Pb 同位素组成

Sr、Nd 和 Pb 同位素组成结果见表 3-3-5，在图 3-3-9 中以 $^{143}Nd/^{144}Nd$-$^{86}Sr/^{87}Sr$、$^{86}Sr/^{87}Sr$-$^{206}Pb/^{204}Pb$、$^{207}Pb/^{204}Pb$-$^{206}Pb/^{204}Pb$ 和 $^{208}Pb/^{204}Pb$-$2^{06}Pb/^{204}Pb$ 形式给出。样品的 $^{86}Sr/^{87}Sr$ 比值与 $^{143}Nd/^{144}Nd$ 比值负相关，$^{208}Pb/^{204}Pb$ 比值与 $^{206}Pb/^{204}Pb$ 比值正相关。研究样品的同位素组成比中国东北新生代玄武岩同位素组成变化小，特征是具有相对高的 $^{87}Sr/^{86}Sr$、$^{207}Pb/^{204}Pb$ 和 $^{208}Pb/^{204}Pb$ 比值和低的 $^{143}Nd/^{144}Nd$ 比值。在给定的 $^{206}Pb/^{204}Pb$ 比值时，研究样品也比日本海 MORB 和印度洋 MORB 具有更高一些的 $^{87}Sr/^{86}Sr$、$^{207}Pb/^{204}Pb$ 和 $^{208}Pb/^{204}Pb$ 比值。

利用综合的常量、微量元素数据、Sr、Nd、Pb 同位素数据和 K-Ar 年龄数据，可以考证与长白山区新生代板内岩浆作用相对应的动力学过程。熔岩的地球化学特征被认为是化学不均一源区地幔的不同程度的部分熔融和不同程度分异结晶的共同作用结果。以地球化学和地质年代学资料的对应为基础，研究表明自 4.2Ma 以来熔融程度随时间降低了，岩浆形成深度随时间则增加了。这些特征可以通过岩浆形成于上涌软流圈地幔减速模型得到最为合理的解释。

表 3-3-5 天池火山岩代表性样品 Sr、Nd 和 Pb 同位素组成

样品号	$^{87}Sr/^{86}Sr$	2δ	$^{143}Nd/^{144}Nd$	2δ	$^{206}Pb/^{204}Pb$	2δ	$^{207}Pb/^{204}Pb$	2δ	$^{208}Pb/^{204}Pb$	2δ	^{18}O,‰ SMOW	εSr	εNd
Haku-1a*	0.705078	0.000014	0.512537	0.00001	17.379	0.001	15.538	0.001	37.743	0.003	n.a.	n.a.	n.a.
Haku-2*	0.705181	0.000014	0.512513	0.00001	17.482	0.001	15.543	0.001	37.805	0.003	n.a.	n.a.	n.a.
Haku-7*	0.704956	0.000014	0.512582	0.000009	17.41	0.001	15.54	0.001	37.893	0.003	n.a.	n.a.	n.a.
Haku-10	0.705008	0.000014	0.512599	0.00001	17.384	0.001	15.506	0.001	37.781	0.002	n.a.	n.a.	n.a.
Haku-20	0.705319	0.000014	0.51255	0.00001	17.569	0.001	15.508	0.001	37.953	0.003	n.a.	n.a.	n.a.
Haku-25	0.704985	0.000014	0.512555	0.00001	17.39	0.001	15.535	0.001	37.627	0.002	n.a.	n.a.	n.a.
Haku-26	0.705039	0.000014	0.512555	0.000008	17.378	0.001	15.538	0.001	37.625	0.003	n.a.	n.a.	n.a.
Haku-27	0.704926	0.000014	0.512642	0.00001	17.824	0.001	15.537	0.001	38.244	0.002	n.a.	n.a.	n.a.
Haku-30b	0.705018	0.000014	0.512579	0.00001	17.435	0.001	15.532	0.001	37.672	0.003	n.a.	n.a.	n.a.
Haku-32b	0.705531	0.000013	0.512554	0.000008	17.614	0.001	15.541	0.001	38.087	0.003	n.a.	n.a.	n.a.
Haku-34	0.705114	0.000014	0.512583	0.00001	17.657	0.001	15.543	0.001	38.008	0.003	n.a.	n.a.	n.a.
Haku-35	0.704817	0.000014	0.512586	0.00001	17.373	0.001	15.526	0.001	37.564	0.002	n.a.	n.a.	n.a.
Haku-36	0.704954	0.000014	0.512619	0.000009	17.604	0.001	15.545	0.001	37.845	0.002	n.a.	n.a.	n.a.
P-505/1	0.70489	0.0001	0.512578	0.000004	n.a.	n.a.	n.a.	n.a.	n.a.	n.a.	5.3	0.05	-1.2
P-505	0.70504	0.0001	0.512639	0.000009	n.a.	n.a.	n.a.	n.a.	n.a.	n.a.	6.3	0.08	0.02
P-508/1	0.70504	0.0001	0.512597	0.000008	n.a.	n.a.	n.a.	n.a.	n.a.	n.a.	2.2	0.08	-0.8
P-509/1	0.708	0.00006	0.512591	0.000003	n.a.	n.a.	n.a.	n.a.	n.a.	n.a.	6.2	0.49	-0.9
P-509	n.a.	n.a.	0.512599	0.00001	n.a.	n.a.	n.a.	n.a.	n.a.	n.a.	n.a.	n.a.	-0.8
P-507/4	0.70536	0.00002	0.512596	0.000006	n.a.	n.a.	n.a.	n.a.	n.a.	n.a.	6.3	0.12	-0.8
23S	0.71331	0.00001	0.512735	0.000003	n.a.	n.a.	n.a.	n.a.	n.a.	n.a.	6.8	1.25	1.9

注：n.a. 表示未测试；* 表示造高原喷发期间玄武岩（参见 Kuritani et al.，2009；Popov et al .，2008）。

前人研究表明，中国东北新生代玄武岩的同位素组成可以主要由 MORB 源区地幔组分和 EM1 组分的混合来解释 (Basu et al., 1991; Zou et al., 2000；Choi et al., 2008)。天池火山造盾玄武岩的同位素组成与这一假说相一致，熔岩成分位于 EM1 成分区和日本海 MORB 成分区之间（图 3-3-9）。在图 3-3-9（d）中，成分变化近平行于日本海 MORB 趋势或印度洋 MORB 趋势。这一特征表明在天池火山造盾玄武岩岩浆形成时卷入的 EM1 成分或 MORB 源区成分是不均匀的。

对于中国东北新生代玄武岩的成因，现有共识是原生熔体主要形成于软流圈地幔之内。但是，EM1 组分的来源区是位于陆下岩石圈地幔之内还是位于软流圈之内尚不清楚。

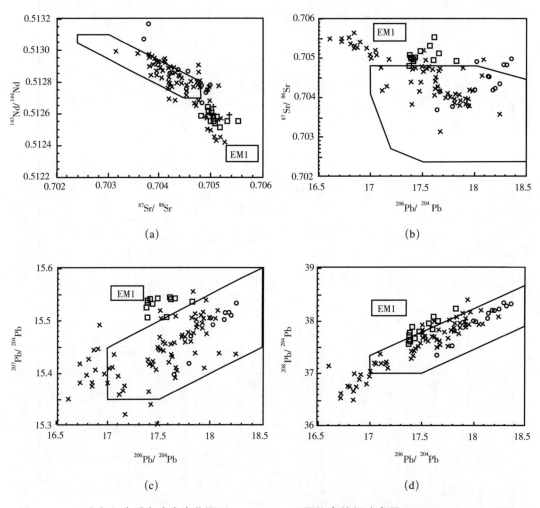

图 3-3-9　天池火山造盾玄武岩岩浆源区 Sr、Nd、Pb 同位素特征（参见 Kuritani et al., 2009)

□: 本次工作天池火山玄武岩样品；✕：中国东北新生代玄武岩同位素资料（引自 Peng et al., 1986；Song et al., 1990；Basu et al., 1991；Zhang et al., 1991；Tatsumoto et al., 1992；Han et al., 1999；Chen et al., 2007；Choi et al., 2008）；○: 日本海 MORB 同位素资料（引自 Cousens and Allan, 1992）；折线及方框范围：印度洋 MORB 与 EM-1 同位素资料（引自 Hofmann, 2005；Zindler and Hart, 1985）；十字样品（引自 Popov et al., 2008）

许多前人研究都认为源自软流圈的部分熔融体都将会与交代的陆下地幔岩石圈相互作用，而后者具有富集的、时间平均的高 Rb/Sr 比值印记 (EM1) (Song et al., 1990；Basu et al., 1991；Tatsumoto et al., 1992；Liu et al., 1994；Zou et al., 2000)。但是 Han 等 (1999) 和 Choi 等 (2008) 认为天池火山陆下岩石圈地幔不太像是作为 EM1 组分的库区，因为作为岩石圈地幔的代表性样品，其地幔包体的同位素组成并不以 EM1 印记为特征。尽管在每个火山区内玄武岩相对均一，但其同位素变化却很大。

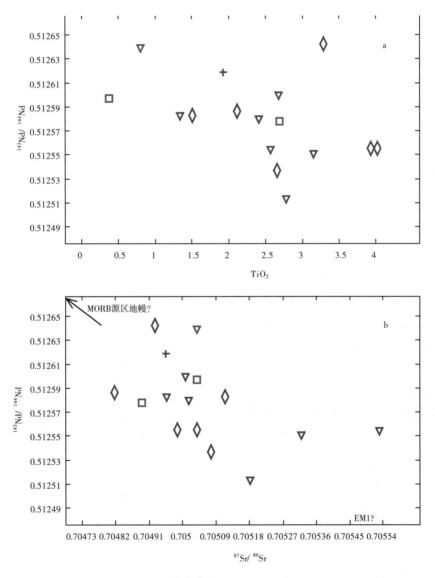

图 3-3-10　天池火山熔岩盾代表性造盾玄武岩样品 ^{143}Nd/^{144}Nd-TiO$_2$ (a) 和 ^{143}Nd/^{144}Nd-^{87}Sr/^{86}Sr (b) 投点图

图例同彩图 17，图中也给出了 MORB 源区地幔组分和富集地幔组分 (EM1) 的可能组成

图 3-3-10（a）给出了代表性天池火山造盾玄武岩样品的 $^{143}Nd/^{144}Nd$ 比值对 TiO_2 含量投点图。尽管数据投点有些分散，除去一个高 TiO_2 样品外，可以看作在 TiO_2 含量和 $^{143}Nd/^{144}Nd$ 比值之间的负相关关系。如果这种相关性很强，较高 TiO_2 样品就更富集 EM1组分，因为较低 $^{143}Nd/^{144}Nd$ 比值样品相对于 MORB 源区地幔组分要更富集 EM1 组分（图3-3-10b）。在这种情况下，形成于更深位置岩浆中的 EM1 组分的贡献就会更大一些，这可能意味着 EM1 组分存在于软流圈地幔的相对较深的位置上。

第四节　造盾喷发物矿物成分特征 *

为了了解天池火山造盾喷发物岩浆成分与演化特征，笔者选取了天池火山不同空间位置上具代表性的岩石样品，测试了斑晶与基质中主要矿物的成分（表 3-4-1）。共性特征是 pl：早期 pl 斑晶和被熔蚀斑晶的 CaO 含量最高，并且斑晶 CaO 普遍高于基质 CaO。另在老房子小山组样品出现异常高的 K_2O 富集与 CaO 降低的现象，其 K_2O 含量都超过了造锥粗面岩样品的 K_2O 含量。Na_2O 含量与 CaO 含量呈反消长关系，斑晶 Al_2O_3 含量高于基质中含量。ol：Al_2O_3 含量以老黄松蒲包体 ol 中最高，四里洞次之，白龙电站最低，其余样品均低于稳定检测限。包体 ol 中 MgO 最高，为 50.56%，与玄武岩反应边依次下降，自 44.63% 经 29.38% 降至 20.66%。老房子小山玄武岩早期 ol 被熔蚀、包裹与残留，MgO 含量 41% 左右，晚期新生自型 ol 保持相同 MgO 含量，但边部常具明显的富Fe 亮边，MgO 含量自 35.45% 经 24.72%、22.39%、19.67% 降为 15.28%。FeO 含量与MgO 含量呈反消长关系。ol 中 CaO 含量以包体中 ol 为最高，ol 反应边靠边部 CaO 含量高于内部。cpx：包体中近顽火辉石 MgO 高，老房子小山辉石 MgO 较高，头道与白山组基质中辉石成分稳定。Al_2O_3 含量以四里洞最高，包体中较高，二道镇采石场最低。FeO 含量以四里洞、白龙电站样品为最高，二道采石场与二道白河西侧头道组玄武岩含量次之。mt：粒状、他型 mt 中含 FeO 高，含 TiO_2 低。四里洞与老房子小山组 mt 有时Cr_2O_3 含量高。

对天池火山造盾喷发玄武岩造岩矿物成分测定时，SEM 图像提供了一系列的不平衡矿物结构，其中一部分可作为发生岩浆混合作用的证据。例如对于奶头山玄武岩 I-76-1：二辉橄榄岩包体与玄武岩浆反应，ol 晶体边部富 Fe 亮边，并有雾迷状出溶反应团块（晶体靠上边部），这是岩浆与包体混合反应的直接矿相学证据（照片 3-4-1）。对于黄松蒲以西白山玄武岩 I-65-1-2：pl（深灰色）大斑晶熔蚀穿孔，hb（灰色）交代早期矿物，基质中cpx（浅灰色）柱状，ol（亮灰色）边部富 Fe。白山玄武岩 I-65-1-1：基质间粒间隐结构。

＊本节合作作者：靳晋瑜。

表 3-4-1 天池火山岩造岩矿物电子探针成分测试结果

测点编号	矿物与结构特征	MgO	Al$_2$O$_3$	SiO$_2$	CaO	MnO	FeO	TiO$_2$	Cr$_2$O$_3$	Na$_2$O	K$_2$O	Total
I-34-1,1,1	基质 pl,有时富 K、富 Fe 混合物		28.51	53.67	11.9	0.01*	0.98	0.21*		4.78	0.4	100.45
I-34-1,1,2	大聚片双晶 pl		28.52	53.5	11.67	0.00*	0.32*	0.04*		4.79	0.4	99.24
I-34-1,2	残余 pl,包裹 ol 条带		30.66	50.91	14.11	0.20*	0.72	0.06*		3.75	0.19	100.6
I-34-1,3	ol 斑晶	39.36	0.16*	37.93	0.13*	0.33*	21.1	0.08*				99.09
I-50-1,1,1	cpx 斑晶	40.25	0.08*	38.39	0.27	0.31*	20.56	0.17*				100.03
I-50-1,1,2	板状 pl 斑晶残留		28.27	54.63	11.18			0.42		4.83	0.47	99.8
I-50-1,1,3	基质 pl		28.14	52.91	11.64		0.8	0.35		4.71	0.61	99.16
I-50-1,1,4	pl 小斑晶长板状,多双晶		28.96	52.21	13.2			0.99		4.14	0.35	99.85
I-50-1,2,1	熔蚀 pl 次生环边		28.32	53.42	11.92	0.14*	0.56	0.3		4.91	0.54	100.11
I-50-1,2,2	熔蚀 pl 中心残留核		23.48	61.71	5.64		0.32*	0.21*		8.04	1.22	100.61
I-50-1,3,1	mt 含 Ti	0.68	0.74	0.20*	0.24	0.22*	75.97	14.49		0.33	0.12*	92.99
I-50-1,3,2	含 Ti 的 mt	1.45	0.56	0.72	0.12*	0.16*	70.49	21.11		0.32	0.12*	95.04
I-50-1,3,3	含 Ti 的磁铁矿	1.49	0.97	0.3	0.32	0.62	68.26	21.53		0.45	0.07*	94
I-50-1,3,4	加 Ti 铁矿	2.71	0.34	0.67	0.41	0.26*	47.94	40		0.23	0.11*	92.62
I-50-1,3,5	钛铁矿,他型	4.89	0.20*	0.3			43.51	45.56		0.28		94.74
I-50-1,3,6	基质中细小 ol	38.2		38.53	0.22		23.4	0.05*			0.11*	100.49
I-50-1,3,7	基质 pl		27.26	54.87	10.56	0.11*	1.17	0.31		5.65	0.61	100.55
I-50-1,3,8	新生 pl 斑晶聚片双晶		28.54	53.3	11.82		0.54			4.71	0.38	99.29
I-50-1,3,9	早期板状 pl 斑晶		28.93	52.72	12.68		0.48			4.33	0.54	99.67
I-55-1,1,1	熔蚀穿孔大 pl 斑晶,中央穿孔残留		27.95	53.28	11.62		0.72	0.18*		4.9	0.49	99.14
I-55-1,1,2	熔蚀穿孔大 pl 斑晶,边部完整部分		27.21	56.29	10.29			0.17*		5.48	0.6	100.03
I-55-1,2,1	大 cpx 斑晶	14.16	3.85	49.69	20.14	0.55	9.82	1.56		0.61		100.39
I-55-1,2,2	大 pl 板状斑晶完整		28.01	53.88	11.5		0.42*			5.08	0.35	99.24
I-55-1,3,1	mt 大颗粒与 ol 共生	3.3	3.17	0.38		0.38*	64.55	21.1		0.31	0.07*	93.26
I-55-1,3,2	基质 ol	30.44		36.54	0.34	0.7	32.16	0.25*			0.12*	100.56
I-55-1,3,3	基质 cpx	14.82	2.43	50.75	19.92		9.54	1.85		0.44	0.05*	99.79
I-55-1,3,4	cpx 斑晶,熔蚀浑圆状	15.21	3.1	51.44	20.22	0.56*	7.96	1.41		0.53		100.44

测点编号	矿物与结构特征	MgO	Al$_2$O$_3$	SiO$_2$	CaO	MnO	FeO	TiO$_2$	Cr$_2$O$_3$	Na$_2$O	K$_2$O	Total
I-55-1,3,5	基质 pl		25.87	56.97	8.56		1.35	0.02*		6.87	0.66	100.3
I-55-1,3,6	长板状 pl 小斑晶		26.71	55.47	10.89		1.04	0.18*		5.17	0.52	99.98
I-55-1,3,7	宽板状 pl 斑晶完整自型		28.48	53.93	12.26	0.00*	0.42*	0.41		4.59	0.31	100.4
I-55-1,3,8	ol 斑晶,外有窄富 Fe 亮边	36.05		37.58	0.23	0.18*	25.32					99.36
I-55-1,4,1	长板状 pl 斑晶完整		27.88	55.14	10.63					5.37	0.56	99.58
I-55-1,4,2	熔蚀穿孔 pl 大斑晶具反应边		26.04	56.66	9.57		0.35*			6.11	0.69	99.42
I-55-1,4,3	熔蚀穿孔 pl 大斑晶主体残留		28.37	54.42	11.28		0.76			5.17	0.53	100.53
I-55-1,5,1	长板状 pl 斑晶		28.18	54.74	11.11		0.64	0.07*		5.28	0.58	100.59
I-55-1,5,2	浑圆状 cpx 斑晶	14.66	3.25	50.91	20.48	0.05*	9.14	1.32		0.43	0.13*	100.37
I-55-1,5,3	基质 pl		24.18	59.01	6.84		1.28	0.13*		7.68	1.07	100.18
I-55-1,5,4	ol 斑晶熔蚀,长条带状与 mt 共生	23.08		34.74	0.24	0.94	40.49	0.12*			0.00*	99.62
I-59-1,1,1	基质 ol 边部富 Fe,颗粒 35×25 μm	16.2	0.16*	33.05	0.49	0.9	47.6	0.37		0.32	0.16	99.24
I-59-1,1,2	基质 ol 中央	31.44		37.08	0.39	0.39*	30.63			0.16*	0.07*	100.15
I-59-1,1,3	基质 pl 微晶		26.04	56.31	10.16		1.09	0.32		5.87	0.26	100.04
I-59-1,1,4	长板状 pl 小斑晶		28.5	53.87	12.17	0.18*	0.43*			4.87	0.28	100.3
I-59-1,1,5	长柱状 cpx 斑晶	15.63	2.56	51.48	17.94	0.49	9.24	1.38		0.51		99.23
I-59-1,1,6	ol 斑晶	39.48		38.24	0.36	0.27*	21.14				0.03*	99.51
I-59-1,2,1	基质 pl		26.06	56.6	9.92	0.19*	0.87			5.8	0.32	99.76
I-59-1,2,2	pl 微斑晶		29.1	51.75	13.16	0.06*	0.78			4.34	0.16*	99.36
I-59-1,2,3	ol 斑晶	38.4		38.12	0.52	0.23*	22.67	0.06*				100
I-64-1,1	长板状 pl		28.08	53.41	11.85	0.65	0.64			4.8	0.08*	99.51
I-64-1,2	玄武质玻璃	3.93	13.85	55.09	8.75	0.44*	9.85	2.43		3.99	0.73	99.05
I-64-1,3	pl 斑晶板状		27.89	53.51	11.93	0.08*	0.55*			5.25	0.11*	99.34
I-64-1,4	玄武质玻璃	4.51	13.22	56.07	7.67	0.15*	11.47	2.64		3.51	0.95	100.17
I-64-1,5	玄武质玻璃	4.91	13.33	55.79	7.86	0.29*	10.9	2.54		3.57	1.1	100.3
I-65-1,1,1	柱状 cpx,较填隙状 cpx,富 Ca	15.06	2.11	52.19	18.76	0.39*	9.35	1.37			0.10*	99.32
I-65-1,1,2	粒状 mt	0.44	1.44	0.96	0.13*	0.74	69.12	18.59		0.41	0.12*	91.95
I-65-1,1,3	ol 微斑晶边部富 Fe,照片	19.78		34.78	0.27		44.61				0.05*	99.5

续表

测点编号	矿物与结构特征	MgO	Al₂O₃	SiO₂	CaO	MnO	FeO	TiO₂	Cr₂O₃	Na₂O	K₂O	Total
I-65-1,1,4	ol 微斑晶中心富 Mg	36.18		37.65	0.21		26.33				0.01*	100.38
I-65-1,1,5	基质填隙状 cpx	16.55	1.88	51.06	16.9	0.35*	11.15	1.3		0.41		99.59
I-65-1,1,6	基质中格架状 pl		28.88	53.04	12.09	0.20*	0.86	0.27*		4.75	0.26	100.36
I-65-1,1,7	填隙状、麻点状玻璃		13.05	72.43	0.55		1.23	0.34		3.19	5.47	96.26
I-65-1,1,8	填隙玻璃，麻点状高 Si		12.78	72.4	0.32		1.17	0.33		3.6	5.49	96.09
I-65-1,2,1	熔蚀穿孔 pl 大斑晶一侧被 hb 交代	13.38	1.95	49.23	18.26	0.34*	12.37	1.47		1.61	0.38	98.99
I-65-1,2,2	熔蚀穿孔部分 pl 残留		28.76	51.3	12.93					5.22	1.01	99.22
I-65-1,2,3	熔蚀穿孔 pl 大斑晶边部完整		27.97	51.39	13.11					5.81	1.16	99.44
I-67-1,1,1	基质 pl		26.91	55.19	11.12		0.81*	0.38*		5.69	0.39	100.48
I-67-1,1,2	pl 微斑晶长板状		29.43	51.87	12.88		1.25			3.99	0.17*	99.58
I-67-1,1,3	基质 ol, Fe 最高	17.69		33.61	0.43	0.52*	47.37			0.47		100.1
I-67-1,1,4	ol 斑晶边部富 Fe	23.33		35.12	0.37		41.54				0.08*	100.44
I-67-1,1,5	ol 斑晶中央含 chl 包裹体	41.65	0.01*	38.74	0.38	0.28*	18.8	0.01*				99.87
I-67-2	ol 斑晶，自型含包裹体 ab	42.79	0.01*	39.94	0.15*		17.78					100.67
I-69-1,1	基质 pl	0.24*	26.01	56.47	10.03		1.03	0.10*		5.71	0.27	99.85
I-69-1,2	基质 cpx	14.84	2.68	50.82	17.92	0.03*	11.23	1.76		0.38	0.04*	99.7
I-69-1,3	基质中 ol 微晶	37.82		37.78	0.22	0.19*	23.84	0.12*				99.97
I-69-1,4	pl 大斑晶边部 Na 高		26.03	56.99	9.04		0.89	0.26*		6.53	0.23	99.97
I-69-1,5	pl 大斑晶中心		29.02	52.67	12.6		0.59	0.16*		4.43	0.19	99.66
I-76-1,1	包体 ol 与玄武岩反应边最外部 Fe 高	20.66	1.61	38.34	0.75	0.66	31.93			0.18*	0.15*	100.27
I-76-1,2	包体 ol 与玄武岩反应边近边部	29.38	1.15	38.63	0.99	0.44*	29.39			0.23*		100.21
I-76-1,3	包体 ol 与玄武岩反应边靠近 ol 部分	44.63	0.04*	40.02	0.21*	0.4*	14.72					100.02
I-76-1,4	包体 ol	50.06	0.10*	40.62	0.13*	0.10*	8.88	0.12*				100
I-76-1,5	包体 cpx	34	3.39	56.58	0.52	0.26*	5.94	0.07*		0.02*		100.79

测点编号	矿物与结构特征	MgO	Al₂O₃	SiO₂	CaO	MnO	FeO	TiO₂	Cr₂O₃	Na₂O	K₂O	Total
I-76-1,6	包体 cpx	16.28	4.72	54.08	21.37		2.28	0.33		1.49	0.06*	100.62
I-82-1,2,1	基质 pl		28.6	52.73	12.29		0.68			5.01	0.2	99.51
I-82-1,2,2	基质 cpx	15.92	2.26	51.56	18.27	0.47	9.59	0.99		0.36		99.43
I-85-1,2,3	钾钠长石大斑晶		18.73	67.23	0.57		0.05*	0.03*		7.41	6.6	100.62
I-85-1,1,1	不透明矿物暗色部分 2	0.26	0.62	15.72	0.27	0.5	49.78		0.28*	0.15*	0.16*	67.74
I-85-1,1,2	不透明矿物灰色部分 3	0.4	6.27	14.59	0.44	0.42*	48.63		0.35*	0.26	0.17*	71.52
I-85-1,1,3	不透明矿物，归一后似 fa	0.68	0.36	24.95	0.29	1.97	57.04	0.06*		0.48		85.83
I-85-1,1,4	原定 fa 周边 mt，第 2 点	1.62	0.24*	48.89	19.17	0.88	27.81			0.96		99.56
I-85-1,1,5	硅钙铁含量高，原定 fa 周边共生 mt	1.78	0.34	48.3	19.35	1.13	27.85			0.87		99.61
I-85-1,1,6	钾长石斑晶		18.57	66.8	0.49	0.27*				8.03	5.46	99.61
I-85-1,1,7	基质钾长石		17.17	66.41			1.33	0.19*		7.16	6.9	99.15
I-85-1,1,8	宽板状钾长石大斑晶，有熔蚀		18.67	66.54	0.78		0.36*			7.79	5.68	99.82
I-98-1,1,1	自型 ol，共生 mt，采自中部	27.92		36.17	0.29	0.44*	34.98	0.17*			0.10*	100.08
I-98-1,1,2	自型 ol，共生 mt，边部 Fe 高	24.53		35.04	0.36	0.44*	39.14	0.06*		0.31		99.9
I-98-1,1,3	针状钛铁矿	1.02	0.29	0.38	0.22	0.86	46.99	44.98		0.46	0.08*	95.27
I-98-1,1,4	基质中填隙状 cpx，与板状 cpx 同成分	13.55	3.46	49.08	20.6	0.43*	9.74	2.65		0.52		100.04
I-98-1,1,5	基质中板状 cpx	13.46	3.22	49.4	20.33	0.41*	9.69	2.08		0.61		99.2
I-98-1,1,6	基质中长板状 pl		27.27	54.84	10.6		0.87	0.28*		5.53	0.52	99.92
I-98-1,1,7	强熔蚀 pl 大斑晶完整保留		26.77	55.56	9.76	0.31*	0.47			5.88	0.73	99.49
I-98-1,1,8	强熔蚀 pl 大斑晶靠近穿孔部分		28.43	53.23	11.87	0.07*	0.73	0.20*		4.71	0.34	99.59
I-98-1,1,9	与 ol 共生的钛铁矿	1.54	0.75	0.5	0.24		46.45	44.27		0.25		94
I-98-1,1,10	ol 小斑晶自型，中心 Fe 低	31.56	0.08*	36.75	0.34	0.31*	30.28			0.21		99.53
I-99-1,1,1	pl 大斑晶熔蚀穿孔，ol 结晶	26.19	0.67	36.58	0.36	0.44	34.85	0.32		0.27		99.68
I-99-1,1,2	pl 大斑晶熔蚀穿孔后 cpx 结晶	7.82	6.85	46.62	17.83	0.25*	13.58	3.57		1.83	1	99.36

续表

测点编号	矿物与结构特征	MgO	Al₂O₃	SiO₂	CaO	MnO	FeO	TiO₂	Cr₂O₃	Na₂O	K₂O	Total
I-99-1,1,3	pl 大斑晶熔蚀穿孔后残留 pl 部分		27.56	54.77	11.28		0.82			5.41	0.64	100.49
I-99-1,1,4	pl 大斑晶熔蚀穿孔，边部次生边		28.84	52.96	12.28		0.56			4.67	0.28	99.58
I-99-1,1,5	基质中长板状自型 pl		27.44	55.27	10.29		0.58			5.37	0.58	99.52
I-99-1,1,6	宽板状 pl 斑晶		28.8	52.51	12.33		0.65			4.62	0.37	99.28
I-99-1,2,1	粒状 mt，含 Cr、Ti、Mg、Al	5.22	6.43	0.32		0.27*	58.63	17.19	6.45		0.04*	94.55
I-99-1,2,2	针状钛铁矿	1.94	0.17*		0.09*	0.42*	44.85	47.6		0.34	0.11*	95.51
I-99-1,2,3	基质 cpx 长柱状	12.33	4.67	47.65	20.11	0.19*	11.39	3.24		0.68	0.00*	100.24
I-99-1,2,4	基质 pl 长板状		27.56	54.62	10.46		0.77	0.24*		5.51	0.66	99.83
T2-1,1	基质 cpx	13.04	3.64	48.97	21.06	0.30*	10.3	2.41		0.57		100.29
T2-1,2,1	基质 cpx	12.85	3.77	48.83	20.78		11.07	2.72		0.54		100.56
T2-1,2,2	基质 pl		27.53	54.91	10.47		0.84	0.39		5.75	0.45	100.34
T2-1,2,3	长板状 pl 斑晶		28.92	53.44	12.02		0.52			4.68	0.51	100.09
T2-1,3	pl 大斑晶被熔蚀穿孔		28.2	53.06	11.5		1.14			4.64	0.51	99.06
T2-2,1,1	粒状（低）钛铁矿	2.51	0.56	0.32	0.11*	0.56	50.94	39.44		0.24		94.67
T2-2,1,2	基质 cpx	12.61	3.45	49.58	20.97	0.08*	10.31	2.44		0.61	0.13*	100.18
T2-2,1,3	基质 pl		26.92	55.06	10.31		1.21			5.75	0.28	99.54
T2-2,2	长板状 pl 斑晶		27.8	54.43	11.14		0.54	0.19*		5.22	0.59	99.92
T2-4,1	基质 cpx 有蚀变	7.36	3.31	47.82	18.49		16.57	3.39		1.29	0.87	99.1
T2-4,2	基质 ol	26.92	0.18	36.09	0.43	0.55	34.72	0.38		0.20*		99.47
T2-4,3	基质 pl		27.22	55.26	10.55		0.49			5.38	0.77	99.68
T2-4,4	自型长板状 pl 微斑晶		28.29	54.13	11.75	0.05*	0.53			5	0.45	100.19
T9-1,1,1	基质 pl		27.22	55.19	11		0.62			5.53	0.31	99.87
T9-1,1,2	基质 cpx	16.16	2.78	51.49	18.71	0.15*	8.85	1.36	0.78			100.28
T9-1,1,3	普通辉石亮环边，Ca 高	17.13	1.37	52.5	18.99		8.18	0.84		0.18*		99.18
T9-1,1,4	接近顽火辉石的普通辉石斑晶	30.81	2.79	55.27	2.16	0.15*	8.97	0.26*		0.19*	0.06*	100.66
T9-1,2,1	针状钛铁矿	1.84		0.37	0.2	0.64	47.87	44.13		0.17*	0.06*	95.27
T9-1,2,2	粒状钛铁矿	2.01	0.22	0.3	0.44	0.59	47.89	43.14		0.15*		94.75
T9-1,2,3	基质 pl		28.78	54.6	11.73		0.66			5.01		100.78

测点编号	矿物与结构特征	MgO	Al$_2$O$_3$	SiO$_2$	CaO	MnO	FeO	TiO$_2$	Cr$_2$O$_3$	Na$_2$O	K$_2$O	Total
T9-1,2,4	基质 cpx	14.87	3.2	50.47	19.5	0.23*	9.57	1.9		0.35		100.08
T9-2,1,1	自型长板状钛铁矿，包裹 pl	1.82		0.27	0.09*	0.5	46.42	46.05		0.35	0.07*	95.57
T9-2,1,2	自型长板状钛铁矿	1.44	1.37	2.01	0.23	0.93	44.88	43.42		0.41	0.14*	94.83
T9-2,1,3	他型 mt 含 Cr	1.12	1.1	0.39	0.07*	0.52*	66.7	21.76	2.52	0.16*		94.33
T9-2,1,4	基质 pl		27.27	55.67	10.47		0.64	0.23*		5.41	0.66	100.35
T9-2,1,5	基质 cpx	12.59	4.44	47.6	20.85	0.15*	9.91	3.38		0.58		99.5
T9-2,2,1	自型 ol 边部富 Fe，最靠边部	15.28	0.18*	32.07	0.43		48.84	3		0.27		100.08
T9-2,2,2	自型 ol 边部富 Fe，次边部	19.67		33.64	0.41	0.53	45.3			0.22		99.77
T9-2,2,3	自型 ol 边部富 Fe，近内部	22.39		34.98	0.39		42.03		0.10*			99.88
T9-2,2,4	自型 ol 边部富 Fe，环边内部	24.72		35.19	0.37		39.42		0.57			100.27
T9-2,2,5	自型 ol 边部富 Fe，环边以内	35.45		37.84	0.23		26.47					99.98
T9-2,2,6	自型 ol，与熔蚀者成分相同	40.82		38.6	0.11*	0.17*	20.52	0.02*				100.23
T9-2,2,7	熔蚀 ol 反应边 Fe 高	22.83		34.63	0.46	0.49	40.9			0.24		99.55
T9-2,2,8	他型 ol 斑晶熔蚀	41.08		39.02	0.18*		20.17					100.45
T9-2,3,1	长条形钛铁矿	1.34	0.21	0.49			46.28	44.96	0.85		0.28	94.42
T9-2,3,2	他型 mt 含 Ti 含 Cr	2.81	1.99	0.27			63.26	19.71	5.74			93.78
T9-2,3,3	基质 pl		24.87	59.55	7.53		0.68			7.13	1.13	100.9
T9-2,3,4	填隙于 pl 粒间的基质 cpx	13.42	3.26	48.99	20.57	0.27*	10.33	2.52		0.49		99.84
T9-2,3,5	他型 pl 生长亮边，钾钠长石环边		19.16	65.61	1.02		0.52			6.1	7.46	99.86
T9-2,3,6	他型 pl 生长亮边，钾钠长石		18.87	66.25	0.75					5.69	7.99	99.56
T9-2,3,7	他型 pl 核部		29.06	52.84	12.67	0.11*		0.11*		4.06	0.42	99.26
T9-2,4,1	包裹于 pl 中的 ol 自型晶	40.72	0.19*	38.89		0.46	20.07					100.33
T9-2,4,2	包裹自型 ol 的 pl		28.74	53.29	11.6	0.14*	0.55			4.96	0.32	99.6
T9-2,5	ol 斑晶熔蚀残留	40.47	0.05*	39.21	0.16*	0.35*	20.53					100.78

注：* 表示 <2 方差 δ；空白者低于检测限。

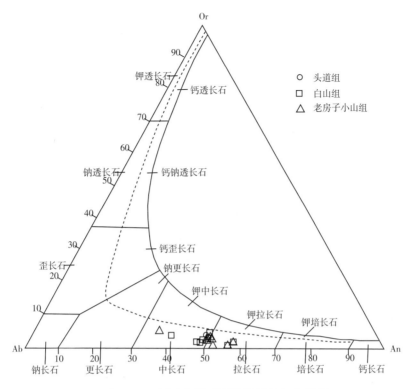

图 3-4-3　基质中长石微晶的端元组分投图

之间）。基质长石成分的变化反映了结晶分异与岩浆混合共同作用的结果。老房子小山组内三个岩流中的基质长石微晶主要是在该钠组分很高的拉长石，大部分基质长石微晶的 an 在 50～60 之间。十二道河子岩流的钙组分含量最高。老房子小山西南岩流的基质长石微晶的钙含量变化范围较大，出现了钙组分含量较低的中长石（an=35）。

3. 造盾玄武岩中长石斑晶与基质中的长石微晶矿物化学对比

造盾玄武岩中基质长石微晶的钙组分小于长石斑晶的钙组分，长石斑晶的钙组分含量变化范围非常大，最小的 an=5，最高 an=85，从钠长石到培长石都有。而基质中长石微晶种类仅为钙组分集中 30～60 之间的中长石和拉长石（图 3-4-4）。另有部分长石斑晶的钾钠组分的含量很高，or 在 40～50 之间。长石斑晶变化范围大反映了岩浆房内正常的结晶分异和岩浆混合共同作用的结果。

综上所述，头道组内的长石斑晶和基质中的长石微晶的成分比较集中，属于钠钙组分都很多的中长石和拉长石，an 主要集中在 50 和 58 附近。基质的钙组分含量略低于斑晶中该组分的含量。其内的两个岩流单元二道白河西侧岩流和熔岩隧道出口岩流中，熔岩隧道出口的长石斑晶中钙含量相对较多一点。二道白河西侧的玄武岩流中长石斑晶由于受到强熔蚀，钠含量较高。

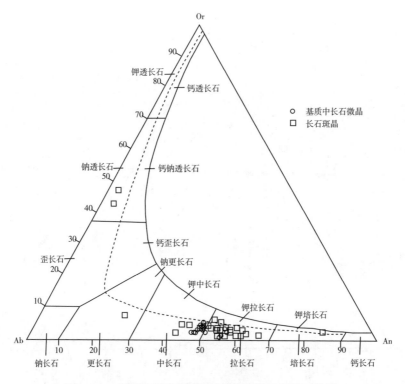

图 3-4-4　长石斑晶与基质长石微晶端元组分对比图

　　白山组内长石斑晶主要集中在拉长石，基质中的长石微晶的钠组分略有增加，钙组分有所降低，其成分上主要为中长石。白山组内部各个熔岩流单元中的长石斑晶成分除黄松蒲运材路二道白河以东熔岩流动单元中出现成分特殊的钾培长石斑晶外，基本没有明显的差别。各个熔岩流单元中基质长石微晶的成分却有一定的差别，如白龙水电站岩流和二道镇岩流基质中长石微晶的成分中钙含量最高（an 在 50 ~ 60 之间），浮石林东南岩流的钙组分含量最小（an=30 ~ 50），其他三组在中长石与拉长石的交界处（an=50 附近）。

　　老房子小山组内所有长石斑晶和基质长石微晶主要是拉长石。基质长石微晶的钙含量略大于长石斑晶。其所属的黑石沟岩流单元内出现钙含量较低的更长石，主要是长石斑晶熔蚀后中心残留核的成分。老房子小山西南岩石也出现了钠含量较高、钙含量较低的钠透长石，主要是他型的长石斑晶的生长亮边钾钠长石所致。

二、造盾玄武岩中橄榄石的矿物化学特征

1. 造盾玄武岩中橄榄石斑晶的矿物化学特征分析

　　从图 3-4-5 中可以看出造盾玄武岩橄榄石斑晶镁组分 fo 的范围在 35 ~ 91 之间。其

中头道组内玄武岩中各橄榄石斑晶的镁组分含量比较集中，而白山组和老房子小山组的铁镁比值的变化范围非常大。白山组的玄武岩中橄榄石斑晶更富镁，其中大部分 fo 都在 50 以上，橄榄石包体最高值可达 90 以上。老房子小山组内的镁组分含量集中在两个区域，一个高镁组分含量的区域（fo 变化范围 70 ~ 80）和一个低镁组分含量的区域（fo 变化范围 30 ~ 50）。

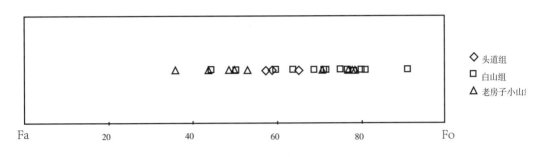

图 3-4-5　不同时代玄武岩中橄榄石斑晶端元组分图

白山组内测得三个玄武岩岩流单元的橄榄石斑晶，分别是浮石林东南、黄松蒲西行运材路二道白河以东以及山门西行第三道沟西玄武岩流动单元。其中黄松蒲西行运材路二道白河以东玄武岩流的镁橄榄石分布范围最大，Mg 含量最大值和最小值都出现在这个岩流单元内，高镁含量的橄榄石斑晶有时含有 ab 包裹体和 chl 蚀变物，低镁值出现在橄榄石斑晶的边部富铁部分。山门西行第三道沟岩流单元的镁橄榄石分布较集中，fo 集中在 75 左右。浮石林东南的玄武岩流的镁橄榄石含量小于山门西行第三道沟，其镁橄榄石含量分布范围也较宽。头道组内测到两个岩流单元的橄榄石斑晶，它们的 fo 含量都在 50 以上，总体成分比较接近，二道白河西侧玄武岩流有时比熔岩隧道出口的岩流更富镁。

天池火山造盾玄武岩中的橄榄石常常显示出明显的环带状成分变化，可能反映了矿物结晶时岩浆成分发生了明显的变化。例如老房子小山组的两个岩流单元的橄榄石斑晶的镁含量变化比较大（图 3-4-6），主要就是由于老房子小山西南样品常见自型的橄榄石斑晶环带结构特征所致。从斑晶的中心核部到环边，铁组分越来越富集，由核部的 fo 为 22 逐渐增长到环边的 fo 为 65。老房子小山西南岩流除环带部分，其他大部分斑晶与十二道河子的镁铁组分含量非常相近。二道白河西侧头道组一个与 mt 共生的自型橄榄石斑晶的核部最富镁，铁组分含量最少，镁橄榄石的含量达 65%。由核部向边部镁组分含量逐渐降低，铁组分含量逐渐增加。在最靠边部镁铁橄榄石含量大致相等，各为 50% 左右。

橄榄岩包体中橄榄石与玄武岩接触带存在反应边，反应边由内向外镁含量逐渐降低，铁含量逐渐增加。包体橄榄石最富镁，其镁橄榄石含量高达 91%，而铁组分含量不到 10%。而到包体与玄武岩反应边的最外部镁组分含量降至 60% 左右，铁组分含量增加到 40%。两个成分分区反映了矿物结晶时岩浆成分的明显变化，类似于岩浆混合作用的表现。

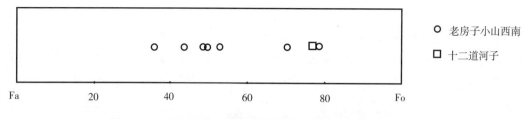

图 3-4-6 老房子小山组不同岩流单元橄榄石斑晶端元组分

老房子小山西南样品斑晶自核部向边部 Fe 含量逐渐增加，核部 Fe、Mg 比例与十二道河子玄武岩样品相当

2. 造盾玄武岩基质橄榄石微晶的矿物化学成分

白山组基质中橄榄石斑晶镁铁组分含量变化非常大，其镁组分含量最高达 75% 以上（图 3-4-7），出现在橄榄石微晶的主体中央；镁组分最低到 40% 附近，出现在橄榄石微晶的边部。在老房子小山组基质橄榄石样品中，镁橄榄石端元也达 75%。白山组内黄松蒲西行运材路二道白河以西、白龙水电站以及浮石林东南玄武岩流基质橄榄石斑晶更富镁，都在 50% 以上。黄松蒲西行运材路二道白河以东以及山门西行第三道沟西玄武岩流镁含量较低，在 40% 左右，铁组分含量相对较高。

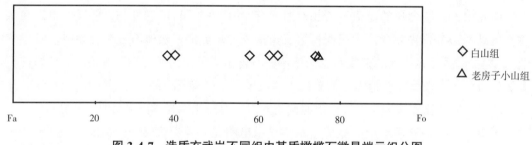

图 3-4-7 造盾玄武岩不同组内基质橄榄石微晶端元组分图

橄榄石斑晶与基质中橄榄石微晶的镁铁组分含量变化范围比较大。总体上斑晶成分较基质成分 fo 端元高，橄榄石斑晶中镁组分含量最高达 90% 以上，最低 25% 左右。基质中的橄榄石微晶中镁组分含量变化范围相对较小，最高达 75% 以上，最低在 35% 附近。

综上所述，头道组内各橄榄石斑晶的镁铁成分比较集中，镁组分（fo）集中在 60% 附近，测得的所有橄榄石斑晶的镁含量都在 50% 以上。白山组内的铁镁含量的变化范围非常大。其玄武岩中的橄榄石斑晶最富镁，大部分又都在 50% 以上，最高值可达 90% 以上。白山组基质中所有橄榄石微晶的镁组分含量最高达 75% 以上，最低到 40% 附近。老房子小山组内的橄榄石斑晶中镁组分含量集中在两个区域，一个高镁组分含量的区域（变化范围 70% ~ 80%）和一个低镁组分含量的区域（变化范围 30% ~ 50%）。此组内基质中的橄榄石微晶的镁组分含量也非常高。老房子小山组内橄榄石斑晶中镁组分含量集中的两个区域是否为岩浆混合作用的结果尚有待深入研究。

三、造盾玄武岩辉石的矿物化学

天池火山造盾玄武岩中辉石斑晶成分显示出一定的变化（图3-4-8）。其中头道组内的辉石斑晶成分上在透辉石与钙铁辉石之间。白山组的大部分辉石斑晶为普通辉石，仅浮石林东南岩盾中出现一个异常的低钙的易变辉石。老房子小山组中有一个辉石斑晶中的钙成分较高，此成分点位于普通辉石的亮环边，另一个成分上接近顽火辉石。

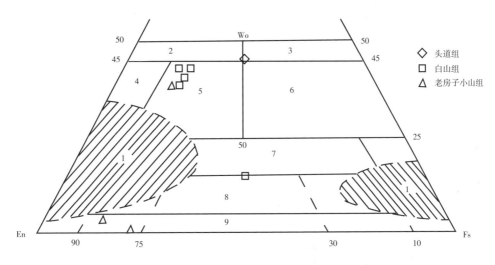

图 3-4-8　不同组的玄武岩辉石斑晶端元组分投图

1. 自然界缺失；2. 透辉石；3. 钙铁辉石；4. 镁质普通辉石；5. 普通辉石；6. 铁质普通辉石；7. 贫钙普通辉石；
8. 易变辉石；9. 斜顽辉石－斜紫苏辉石－斜铁辉石

基质中的辉石微晶成分变化较小，主要集中在钙组分较高的普通辉石与透辉石之间（图3-4-9，wo 在 35 ～ 48 之间）。白山组内的所有基质中的辉石微晶集中在普通辉石与透辉石之间，其中白龙水电站岩流中的辉石微晶的钙含量最高，成分上都为透辉石。其次是浮石林东南岩流，而黄松蒲运材路二道白河以东玄武岩流基质中钙含量最低。

四、单斜辉石—熔体平衡温度计计算的造盾喷发岩浆温度

采用单斜辉石－熔体平衡的热力学模型，根据斑晶矿物组合及熔体相成分与提供的初始温度（取 $t=1200℃$）、压力和相对氧逸度，对熔体相的 Fe^{3+}/Fe^{2+} 进行修正。采用迭代法，同时求解平衡温度和压力，直至 $\Delta t \leqslant 0.5℃$，$\Delta p \leqslant 0.005\,GPa$，$\Delta\,(Fe^{3+}/Fe^{2+}) < 0.0001$，可以得到较为精确的温压计算结果。笔者在工作中主要应用单斜辉石与熔体之间平衡的温压计算程序，对天池火山造盾玄武岩不同组的熔岩流温度进行了计算，结果见图3-4-10。

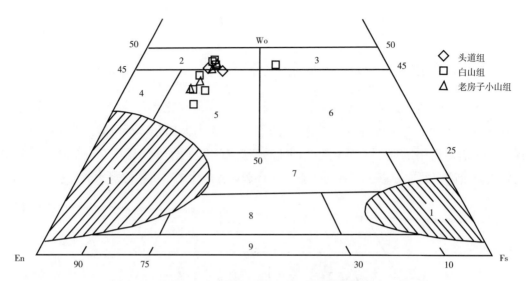

图 3-4-9　不同组内玄武岩基质中的辉石微晶端元组分投图

1. 自然界缺失；2. 透辉石；3. 钙铁辉石；4. 镁质普通辉石；5. 普通辉石；6. 铁质普通辉石；7. 贫钙普通辉石；
8. 易变辉石；9. 斜顽辉石 - 斜紫苏辉石 - 斜铁辉石

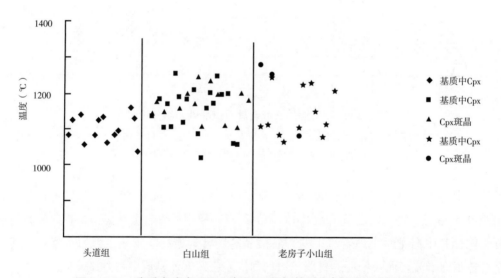

图 3-4-10　造盾玄武岩不同组辉石斑晶与基质中辉石微晶的结晶温度

从图 3-4-10 中看出，造盾玄武岩中的所有辉石斑晶和基质中辉石微晶的温度集中在 1000 ～ 1300℃之间。总体上辉石斑晶的温度高于基质辉石微晶的温度。从图 3-4-10 中看出，头道组的温度最低，所有温度值都在 1000 ～ 1200℃之间，大部分温度值集中在 1100 ℃附近。白山组与老房子小山组的温度值范围相当。白山组斑晶结晶温度大多高于 1100 ℃，而基质结晶温度可以低至 1000℃。老房子小山组玄武岩辉石斑晶最高结晶温度接近 1300℃，而基质结晶温度也多在 1100℃附近。

第五节　成因讨论 *

本节重点讨论天池火山岩浆演化的结晶分异作用与岩浆混合作用，特别强调按照不同喷发阶段与不同地质体开展系统的岩浆演化机理研究。

一、岩浆部分熔融与结晶分异作用

天池火山岩浆分别来自地幔和地壳岩浆房，尽管部分熔融源区温压与深度条件不同，但岩浆房内的结晶分异作用与岩浆混合作用是天池火山岩浆演化的两个最重要的地质作用过程。

天池火山粗面玄武岩分异指数的平均值为 43.47，表明熔融后的岩浆具分异结晶作用。玄武岩类普遍比原始地幔值具有低的 MgO 含量，主量元素和 SiO_2 的关系图以及微量元素和 MgO 的关系图也表明天池火山岩是其母岩浆从源区脱离以后经历了部分镁铁矿物和斜长石的结晶分异作用后形成的。岩性上由中基性玄武岩、粗面玄武岩、玄武安山岩、玄武粗安岩、粗安岩到粗面岩、英安岩和流纹岩。矿物特点上，火山岩的主要矿物成分为橄榄石、辉石、长石和铁钛氧化物等，岩浆演化早期喷发形成的粗面玄武岩中均可见到橄榄石的出现，同时出现单斜辉石。晚期火山喷发形成的粗面岩和碱流岩，广泛出现单斜辉石。矿物成分变化特征明显，自造盾阶段－造锥阶段－晚更新世及全新世造伊格尼姆岩喷发阶段，橄榄石中铁含量增加，一直达到铁橄榄石的端元组分。单斜辉石中铁质和钠质含量增加，长石则从基性的拉长石向含钾、钠渐高的歪长石和透长石演化，铁钛氧化物含量也明显减少（李霓等，2004）。从 Ni 和 MgO 的正相关关系可以清楚地得到橄榄石分异作用的发生。Sc 和 V 含量随着 MgO 含量的减少而减少，则表明了单斜辉石在岩浆演化过程中的作用，而 CaO/Na_2O 和 SiO_2 的关系图也支持这一说法。由此看来，斑晶矿物成分的变化反映了天池火山近 2Ma 以来岩浆演化的完整系列，符合分离结晶作用的演化趋势。所以，天池火山经过了结晶分异作用形成的粗面玄武质岩浆在上升过程中经历了地壳岩浆房阶段的停滞，发生强烈的结晶分离作用，岩浆成分向粗面质、碱流质演化。根据氧化物与 SiO_2 的关系图，可以得知拉斑玄武岩系列的样品与碱性系列样品一样经历了分离结晶作用，可能是由碱性玄武岩浆在地壳岩浆房分离结晶形成的。

---

* 本节合作作者：陈晓雯。

1. 天池火山玄武岩类岩浆演化作用

天池火山玄武岩类按碱质程度的差异分为碱性系列与拉斑系列两种。拉斑系列的玄武岩包括形成时代较早的泉阳玄武岩、头道玄武岩以及一部分白山玄武岩；而碱性系列的玄武岩系列则包括形成时代较晚的另一部分白山玄武岩、老房子小山玄武岩以及黑石沟玄武岩。本节开始将根据天池火山不同的火山喷发序列的主元素（表 3-5-1）、微量元素（表 3-5-2）与 REE 分布特征讨论岩浆部分熔融作用、结晶分异作用与岩浆混合作用。

表 3-5-1　天池火山结晶分异与岩浆混合作用研究的部分代表性样品的主元素分布

单元	样品号	SiO_2	Al_2O_3	TiO_2	FeO	FeOT	Fe_2O_3	Fe_2O_3T	MnO	MgO	CaO	Na_2O	K_2O	P_2O_5	Total
泉阳	5-1.0	51.44	15.31	1.59	8.63	10.15	1.52	11.28	0.15	6.46	9.76	3.08	0.71	0.23	100.00
泉阳	8-24-1	51.26	15.53	2.30	9.18	10.80	1.62	12.00	0.15	5.92	8.53	3.17	0.81	0.34	100.00
头道	8-25-1	50.80	14.52	1.74	9.43	11.09	1.66	12.33	0.17	7.76	8.60	3.03	0.82	0.25	100.00
头道	3-2.1	51.03	15.19	1.73	9.07	10.67	1.60	11.86	0.16	7.44	8.52	3.03	0.80	0.24	100.00
头道	6-1.1	51.44	15.32	1.68	8.88	10.44	1.57	11.60	0.15	7.16	8.62	3.08	0.73	0.23	100.01
头道	T9-1	50.63	15.04	2.32	9.03	10.62	1.59	11.81	0.16	7.21	8.35	3.09	1.03	0.36	100.00
白山	T2-1	48.85	16.51	3.34	10.73	12.63	1.89	14.03	0.15	3.61	6.78	3.74	2.32	0.65	99.99
白山	I-75-1	49.64	15.94	3.78	8.70	10.24	1.54	11.38	0.14	4.54	7.91	3.67	2.30	0.71	100.00
白山	I-98-1	50.51	15.66	3.51	8.88	10.45	1.54	11.61	0.14	4.09	7.56	3.92	2.28	0.72	100.00
白山	I-99-1	50.80	15.88	3.52	8.69	10.23	1.53	11.37	0.14	3.96	7.52	3.78	2.33	0.69	100.00
白山	8-24-3	52.59	15.07	1.77	9.00	10.59	1.59	11.76	0.17	6.29	8.61	3.04	0.43	0.26	100.00
白山	T2-2	49.84	16.47	3.44	10.96	12.90	1.93	14.34	0.11	2.22	6.76	3.72	2.46	0.65	100.00
白山	I-26-1	51.03	17.09	2.52	7.76	9.13	1.37	10.15	0.13	4.66	8.85	3.58	1.55	0.44	100.00
白山	I-59-1	51.56	15.69	2.09	9.07	10.67	1.60	11.86	0.16	6.00	8.39	3.08	0.89	0.30	100.00
白山	I-64-1	52.40	16.26	1.97	8.25	9.70	1.46	10.78	0.14	6.01	8.48	3.14	0.60	0.22	100.00
白山	I-65-1	51.76	15.20	1.98	8.59	10.11	1.52	11.24	0.14	6.66	8.54	3.25	0.93	0.30	100.00
白山	I-67-1	51.63	15.25	2.04	8.67	10.20	1.53	11.34	0.14	6.54	8.63	3.23	0.88	0.32	100.00
白山	I-82-1	52.33	16.06	1.84	8.08	9.51	1.43	10.57	0.13	6.39	8.64	3.28	0.55	0.22	100.00
白山	I-69-1	52.10	16.07	1.90	8.24	9.69	1.45	10.77	0.14	6.39	8.63	3.24	0.54	0.22	100.00
老房子小山	T2-5	49.41	15.89	3.32	9.17	10.79	1.62	11.99	0.15	4.96	7.61	3.79	2.15	0.74	100.00
老房子小山	I-55-1	49.77	16.26	3.30	8.87	10.44	1.57	11.60	0.15	4.69	7.68	3.66	2.19	0.70	100.00
黑石沟	T9-2	50.27	16.60	3.08	8.02	9.44	1.42	10.49	0.14	4.86	8.07	3.72	2.09	0.68	100.00
黑石沟	锦-2	51.80	16.67	2.58	7.75	9.12	1.37	10.13	0.13	4.67	7.23	4.02	2.25	0.52	100.00
黑石沟	锦-3	52.04	16.75	2.56	7.70	9.06	1.36	10.06	0.13	4.50	7.06	4.03	2.35	0.51	100.00
黑石沟	I-34-1	50.24	16.04	2.85	8.74	10.28	1.54	11.43	0.15	5.46	7.53	3.79	1.92	0.59	100.00
黑石沟	I-47-1	50.69	15.89	2.70	8.61	10.13	1.52	11.25	0.14	5.53	7.67	3.71	1.88	0.54	100.00
黑石沟	I-48-1	50.18	16.28	3.23	8.20	9.65	1.45	10.72	0.13	4.89	8.11	3.68	2.08	0.69	100.00

续表

单元	样品号	SiO$_2$	Al$_2$O$_3$	TiO$_2$	FeO	FeOT	Fe$_2$O$_3$	Fe$_2$O$_3$T	MnO	MgO	CaO	Na$_2$O	K$_2$O	P$_2$O$_5$	Total
黑石沟	I-50-1	50.39	16.49	3.20	8.05	9.46	1.42	10.52	0.13	4.58	8.08	3.78	2.14	0.69	100.00
小白山	8-24-6	62.93	17.08	0.72	4.28	5.03	0.75	5.59	0.18	0.76	1.72	5.54	5.23	0.26	100.00
小白山	8-24-7	63.17	16.92	0.72	4.20	4.94	0.74	5.49	0.18	0.75	1.70	5.57	5.23	0.27	100.00
小白山	8-24-10	63.39	16.80	0.64	4.11	4.83	0.72	5.37	0.17	0.53	1.53	5.67	5.68	0.21	100.00
小白山	8-24-15	59.39	18.10	0.82	5.57	6.55	0.98	7.28	0.20	1.03	2.43	5.80	4.43	0.52	100.00
造锥一段	II-15-2	67.36	13.28	0.47	5.13	6.04	0.91	6.71	0.17	0.14	0.88	5.90	5.05	0.03	100.00
造锥一段	2(1)Q	66.71	13.41	0.47	5.60	6.58	0.99	7.32	0.20	0.16	1.05	5.65	5.02	0.03	100.00
造锥一段	2(1)S	67.50	13.26	0.38	4.78	5.63	0.84	6.25	0.15	0.12	0.81	6.18	5.32	0.02	100.00
造锥二段	I-15-1	67.54	13.78	0.46	4.53	5.32	0.80	5.92	0.13	0.16	0.86	5.73	5.36	0.05	100.00
造锥二段	008-9	64.73	15.84	0.55	6.46	7.60	1.14	8.45	0.25	0.14	0.69	4.95	4.36	0.05	100.00
造锥三段	I-6-1	66.38	13.60	0.42	4.69	5.52	0.83	6.13	0.16	0.12	0.90	6.55	5.71	0.03	100.00
造锥三段	I-7-1	68.08	13.42	0.43	4.60	5.41	0.81	6.01	0.14	0.07	0.79	5.90	5.13	0.02	100.00
造锥三段	I-7-2	67.86	13.39	0.43	4.62	5.43	0.81	6.04	0.14	0.08	0.86	6.05	5.12	0.02	100.00
造锥三段	I-8-1	68.11	13.47	0.43	4.52	5.31	0.80	5.90	0.14	0.06	0.78	5.90	5.18	0.02	100.00
造锥三段	I-8-2	68.06	13.50	0.41	4.43	5.21	0.78	5.79	0.14	0.06	0.79	6.04	5.18	0.02	100.00
造锥三段	I-9-1	67.88	13.53	0.45	4.72	5.55	0.83	6.17	0.14	0.07	0.78	5.80	5.15	0.02	100.00
造锥三段	I -10-1	69.89	12.57	0.37	4.53	5.33	0.80	5.93	0.12	0.05	0.56	5.56	4.94	0.01	100.00
造锥三段	I-24-1	65.54	15.23	0.48	4.50	5.29	0.79	5.88	0.13	0.18	1.12	6.06	5.33	0.05	100.00
造锥三段	I-25-1	66.59	14.17	0.50	4.65	5.47	0.82	6.08	0.13	0.15	1.00	5.94	5.39	0.05	100.00
造锥三段	I-85-1	69.62	14.14	0.34	3.28	3.86	0.58	4.29	0.10	0.06	0.76	5.23	5.44	0.01	100.00
造锥三段	10	68.44	13.25	0.38	4.72	5.56	0.83	6.18	0.13	0.05	0.72	5.84	5.00	0.01	100.00
造锥三段	23	64.10	16.79	0.66	3.69	4.34	0.65	4.82	0.10	0.56	1.65	5.39	5.78	0.15	100.00
造锥三段	008-7	66.79	14.33	0.43	4.77	5.61	0.84	6.23	0.15	0.18	0.83	5.91	5.10	0.05	100.00
造锥三段	008-8-M	67.69	13.94	0.38	4.52	5.32	0.80	5.91	0.15	0.15	0.78	5.80	5.16	0.03	100.00
造锥三段	008-8-W	67.42	14.45	0.37	4.28	5.03	0.76	5.59	0.14	0.15	0.79	5.88	5.17	0.03	100.00

续表

单元	样品号	SiO$_2$	Al$_2$O$_3$	TiO$_2$	FeO	FeOT	Fe$_2$O$_3$	Fe$_2$O$_3$T	MnO	MgO	CaO	Na$_2$O	K$_2$O	P$_2$O$_5$	Total
造锥四段	I-101-1	69.60	12.39	0.36	4.39	5.17	0.78	5.74	0.13	0.05	0.56	6.22	4.94	0.01	100.00
造锥四段	I-101-2	69.91	12.66	0.36	4.49	5.29	0.79	5.88	0.13	0.05	0.30	5.72	4.98	0.01	100.00
全新世	I-11-1	74.55	10.31	0.22	3.49	4.11	0.62	4.57	0.08	0.03	0.21	5.57	4.46	0.00	100.00
全新世	I-11-2	68.84	12.98	0.39	4.77	5.61	0.84	6.23	0.14	0.05	0.61	5.70	5.06	0.01	100.01
全新世	T24-5	69.61	13.01	0.35	3.87	4.55	0.68	5.06	0.11	0.11	0.77	5.88	5.07	0.02	99.99
千年大喷发	24-P-Q	69.05	13.41	0.35	3.84	4.51	0.68	5.02	0.11	0.20	0.89	5.78	5.17	0.03	100.00
千年大喷发	24-P-S	68.04	14.03	0.42	3.89	4.57	0.69	5.08	0.11	0.39	1.13	5.64	5.11	0.06	100.00
千年大喷发	28-P-Q	71.71	11.62	0.33	3.85	4.53	0.68	5.04	0.10	0.27	0.70	5.49	4.70	0.04	100.00
千年大喷发	28-P-S	68.42	13.37	0.52	4.02	4.73	0.71	5.26	0.10	0.62	1.43	5.38	4.82	0.08	100.00
千年大喷发	29-P-Q	68.64	13.22	0.41	3.94	4.64	0.70	5.16	0.11	0.34	1.03	5.83	5.22	0.05	100.00
千年大喷发	29-P-S	68.23	13.62	0.42	3.99	4.69	0.70	5.22	0.12	0.32	1.08	5.77	5.17	0.05	100.00
千年大喷发	30-P-Q	71.69	11.82	0.32	3.82	4.49	0.67	4.99	0.10	0.22	0.66	5.37	4.80	0.03	100.00
千年大喷发	30-P-S	66.13	14.42	0.54	4.25	5.00	0.75	5.55	0.13	0.56	1.47	5.71	5.41	0.08	100.00
千年大喷发	31-P-Q	70.77	11.98	0.31	3.86	4.54	0.68	5.04	0.10	0.19	0.69	5.75	5.14	0.03	100.00
千年大喷发	31-P-S	66.76	14.38	0.51	4.11	4.83	0.72	5.37	0.12	0.44	1.40	5.65	5.30	0.08	100.00
千年大喷发	32-P-S	66.19	14.76	0.38	3.92	4.62	0.69	5.13	0.13	0.21	1.06	6.13	5.98	0.04	100.00
千年大喷发	33-P	66.90	14.76	0.38	3.95	4.65	0.70	5.17	0.13	0.21	1.08	5.73	5.60	0.05	100.00

表 3-5-2 天池火山结晶分异与岩浆混合作用研究的部分代表性样品的微量元素分布

单元	样品号	V	Cr	Ni	Cu	Rb	Sr	Zr	Ba	Th	U
泉阳	5-1.0	155.9	248.20	282.30	50.00	14.00	414.60	85.60	262.10	1.33	0.16
泉阳	8-24-1	184.2	166.20	166.80	50.60	14.50	432.60	115.60	321.20	1.53	0.15
头道	8-25-1	167.5	267.2	247.3	50.9	17.7	393.6	304.7	251.4	1.62	0.23
头道	3-2.1	169.8	269.2	230.1	49.4	16.1	406.3	165.2	249.8	1.59	0.22
头道	6-1.1	174.4	238.7	262.1	53	15	389.4	102.4	238	1.47	0.2
头道	T9-1	169.8	221	154.3	40.3	17.9	551.2	266	460	2.32	0.55
白山	T2-1	211.4	12.3	47.8	26.5	45.5	715.9	135.8	760.4	4.44	0.88
白山	I-75-1	187.1	82.8	48.6	34.4	40.9	778.9	475.8	752.8	4.08	0.48

续表

单元	样品号	V	Cr	Ni	Cu	Rb	Sr	Zr	Ba	Th	U
白山	I-98-1	193.1	36.1	45.7	31.6	37	711.3	213.3	699.4	3.51	0.55
白山	I-99-1	192.7	44.5	43.8	31.8	38.6	714.9	351	703.4	3.84	0.7
白山	8-24-3	151.7	248.5	234.1	45.9	7.4	307.6	226.2	187.2	0.8	0.02
白山	T2-2	212.7	11	39.6	30.6	44.5	669.1	251.5	746.8	4.55	0.94
白山	I-26-1	162.3	119.3	73.5	41.5	25	803.1	119	477.9	2.26	0.39
白山	I-59-1	155.6	233.9	166.7	43.1	14.1	478.7	357.4	360.9	1.9	0.25
白山	I-64-1	141.6	215.7	174.7	36.3	10	487.2	260.1	199.7	0.99	0.11
白山	I-65-1	169.7	243.2	189.4	50.3	16.5	490.3	123.2	323.3	1.41	0.21
白山	I-67-1	169.3	234.7	170.8	39.2	15.1	474.5	121.5	334.4	1.47	0.21
白山	I-82-1	139.6	199.5	196.4	41.3	9.7	529.2	88.5	203.5	0.84	0.04
白山	I-69-1	150.9	208.9	206	36.7	9.2	540.3	96.5	211.4	0.93	0.08
老房子小山	T2-5	165	78.5	58	28.6	31.4	728	109.4	620.4	3.23	0.81
老房子小山	I-55-1	176	94.4	77.9	27.7	34.6	735.6	399.4	681.5	3.44	0.5
黑石沟	T9-2	56.7	70.6	47.7	20.2	25.6	884.2	247.4	676.4	3.41	0.52
黑石沟	锦-2	133.6	86.7	85.6	29.3	32.5	736.7	115.6	675.7	3.29	0.73
黑石沟	锦-3	127.1	82.3	81	22.1	34	698.9	161	712.4	3.49	0.79
黑石沟	I-34-1	167.4	104	158.6	29.6	31.8	701.1	250.3	653.9	3.02	0.55
黑石沟	I-47-1	154.7	122.1	145.4	36.7	32.8	694.8	61.5	606.1	2.93	0.58
黑石沟	I-48-1	169.3	76.2	75.3	34.3	36.1	913.2	53.3	666	3.32	0.65
黑石沟	I-50-1	177.6	74.3	67.1	36.7	37.7	872.4	70.9	703.9	3.53	0.69
小白山	8-24-6	4.3	1.3	1.1	4	85.5	168.2	270.6	3459.5	6.45	1.57
小白山	8-24-7	3.2	1.2	0.5	3.6	88	161.3	368.3	3326.4	6.83	1.67
小白山	8-24-10	2.8	1.4	0.8	3.3	93.8	77.9	391.4	2460	7.3	1.88
小白山	8-24-15	3.8	1	0.7	4.1	77.9	518.8	581.5	1388	8.34	1.82
造锥一段	II-15-2	6.8	1	1.3	5.7	187	27.1	2102.9	97.6	25.72	2.85
造锥一段	2(1)Q	1.5	1	0.8	8.2	201.3	0.4	3489.3	5.5	20.98	4.3
造锥一段	2(1)S	2.1	1.5	1.4	6.1	195	1.6	3833.6	2.5	20.88	4.5
造锥二段	I-15-1	2.5	1.7	1.1	8.7	155.6	16.9	2074.6	76.3	11.11	3.44
造锥二段	008-9	10.5	4.8	7.6	19.5	175.1	9	4162.5	26.9	28.01	6.5
造锥三段	I-6-1	2.7	1	1.1	6.7	179.7	3.3	3271.9	7.6	13.87	3.04
造锥三段	I-7-1	0.5	3.3	7.9	5.3	187.1	2.2	1158.7	7.9	18.4	3.6
造锥三段	I-7-2	2	0.9	0.4	4.1	162.7	1.4	1666.6	5.9	15.91	4.62
造锥三段	I-8-1	1	3.3	0.6	5.8	181.8	1.8	1238	8.4	18.56	2.88
造锥三段	I-8-2	1.8	3.2	1.4	3.4	181.6	3.9	1125.3	7	18.8	3.47
造锥三段	I-9-1	0.8	3.5	22.5	6.3	179.9	4.4	1134.8	12	17.88	2.67

续表

单元	样品号	V	Cr	Ni	Cu	Rb	Sr	Zr	Ba	Th	U
造锥三段	I -10-1	1.8	0.8	0.5	9.8	228.3	1.3	3813.4	5.6	35.79	7.09
造锥三段	I-24-1	7	6.2	3.5	5.2	142.2	19.7	1078	82.5	16.71	3.25
造锥三段	I-25-1	1.4	3.2	0.8	6.9	164.9	8.7	1074.5	50	16.02	2.32
造锥三段	I-85-1	0.9	2.2	0.8	3.7	187.4	6	771.3	17.1	20.36	3.95
造锥三段	10	0.2	2	0.8	4.5	194.9	1.2	1475.2	4.1	22.8	4.91
造锥三段	23	8.3	2.1	2.8	10.2	98.1	152.8	361.8	482.1	8.17	1.91
造锥三段	008-7	3	2.3	2.8	13.5	204.9	6.8	3899.9	21.8	21.57	5.02
造锥三段	008-8-M	2.1	3	2.5	10.9	227.6	6	4775.7	11.4	21.24	5.36
造锥三段	008-8-W	2.4	2.1	2.5	15	219.1	6	4289.4	20.1	21.84	5.13
造锥四段	I-101-1	0.3	1.7	0.9	10.3	267.2	1.2	2180.5	5.7	31.11	7.3
造锥四段	I-101-2	0.7	3.1	1.5	10.2	234.6	3.6	2302.2	6.2	33.67	6.25
全新世	I -11-1	2.1	1.3	0.7	8.7	343.4	4.1	3976.2	16	46.61	14.68
全新世	I -11-2	1.7	2.1	0.9	7.2	207.6	4.7	1624.4	9.5	27.2	2.59
全新世	T24-5	4.9	1.1	0.7	8.4	295.7	7.1	3270.8	15.2	22.79	11.58
千年大喷发	24-P-Q	3.2	2.8	1.4	16	215.3	20.3	2440.4	49.4	12.11	8.17
千年大喷发	24-P-S	7.5	5.9	3.9	15.4	188.5	44.7	1906.8	113	10.97	7.09
千年大喷发	28-P-Q	13.2	8.3	6.7	16.4	222.3	104	1874.1	200.8	30.68	8.93
千年大喷发	28-P-S	6.1	4	3.2	24.1	291.8	26.8	3231.1	56.3	41.41	12.19
千年大喷发	29-P-Q	7.8	5.3	3.6	19.8	221.5	36.8	2493.3	82.3	17.43	8.73
千年大喷发	29-P-S	7.4	4.1	3.1	15.7	206.6	36.4	1813.1	94	27.45	7.69
千年大喷发	30-P-Q	11.2	7.7	5.8	10.9	164.9	61.7	1123.9	104.8	21.36	5.88
千年大喷发	30-P-S	4	3.6	2.7	14.2	277.8	17	3353.9	38.1	24.78	11.54
千年大喷发	31-P-Q	9.9	5.2	3.9	15	171.1	70.9	1432.3	12677.5	22.27	6.33
千年大喷发	31-P-S	3.6	2.5	1.7	10.7	264.7	15.3	3145.4	43.8	16.04	11.23
千年大喷发	32-P-S	5.3	2	1	10.5	150.5	11.3	1548.2	34.3	7.51	5.05
千年大喷发	33-P	2	1.2	0.7	8.4	159	11.3	1527	29	8.88	5.22

表 3-5-3 天池火山结晶分异与岩浆混合作用研究的部分代表性样品的 REE 分布

单元	样品号	La	Nd	Sm	Gd	Dy	Ho	Er	Tm	Yb
泉阳	5-1.0	10.53	12.78	3.59	4.05	3.48	0.57	1.63	0.15	1.32
泉阳	8-24-1	12.8	16.74	4.97	5.45	4.36	0.75	1.99	0.17	1.53
头道	8-25-1	12.3	15.03	4.13	4.54	3.83	0.69	1.81	0.14	1.55
头道	3-2.1	11.69	14.04	4.1	4.42	3.94	0.69	1.81	0.15	1.41
头道	6-1.1	11.45	14.17	3.85	4.38	3.65	0.66	1.79	0.16	1.46
头道	T9-1	18.18	19.67	5.16	4.92	3.87	0.66	1.68	0.16	1.29
白山	T2-1	42.35	41.86	8.9	7.79	6.07	1	2.73	0.31	2.18

续表

单元	样品号	La	Nd	Sm	Gd	Dy	Ho	Er	Tm	Yb
白山	I-75-1	38.22	38.49	8.68	7.59	5.37	0.91	2.3	0.2	1.55
白山	I-98-1	34.83	38.22	8.37	7.43	5.52	0.85	2.27	0.2	1.53
白山	I-99-1	36.4	37.46	8.92	7.83	5.53	0.98	2.33	0.25	1.69
白山	8-24-3	7.31	11.04	3.72	4.3	3.7	0.61	1.67	0.11	1.35
白山	T2-2	40.13	38.69	8.56	7.52	5.87	1.06	2.79	0.31	2.13
白山	I-26-1	21.75	23.53	5.64	5.21	3.86	0.6	1.66	0.1	1.23
白山	I-59-1	16.3	19.42	5.17	5.39	4.29	0.74	1.85	0.13	1.46
白山	I-64-1	8.73	12.29	3.9	4.28	3.59	0.53	1.55	0.09	1.16
白山	I-65-1	13.83	16.95	4.8	5.05	3.85	0.6	1.66	0.11	1.28
白山	I-67-1	14.43	17.29	4.6	4.96	3.82	0.64	1.77	0.13	1.33
白山	I-82-1	8.62	12.62	3.79	4.26	3.38	0.51	1.49	0.07	1.14
白山	I-69-1	9.23	12.65	3.94	4.46	3.45	0.55	1.51	0.1	1.2
老房子小山	T2-5	34.73	38.29	8.86	7.85	5.61	1	2.39	0.27	1.86
老房子小山	I-55-1	37.16	39.05	9.06	7.88	5.82	0.99	2.42	0.23	1.69
黑石沟	T9-2	31.62	34.01	7.55	6.84	4.65	0.79	1.94	0.16	1.38
黑石沟	锦-2	30.16	30.65	6.96	6.31	4.48	0.73	1.99	0.17	1.51
黑石沟	锦-3	31.86	31.91	7.29	6.41	4.73	0.75	1.96	0.14	1.54
黑石沟	I-34-1	30.87	33.34	7.78	6.72	5.17	0.84	2.18	0.21	1.49
黑石沟	I-47-1	30.99	32.63	7.51	6.93	5.24	0.83	2.22	0.22	1.47
黑石沟	I-48-1	38.14	38.45	8.4	7.58	5.16	0.79	2.15	0.18	1.3
黑石沟	I-50-1	35.75	37.43	8.44	7.51	5.2	0.79	2.14	0.17	1.65
小白山	8-24-6	60.99	53.2	10.14	7.98	6.3	1.21	3.2	0.44	2.7
小白山	8-24-7	61.42	52.4	10.03	8.06	6.31	1.23	3.38	0.49	2.84
小白山	8-24-10	63.62	54.1	10.16	7.88	6.66	1.24	3.38	0.48	2.83
小白山	8-24-15	75.45	59.7	10.79	8.09	6.49	1.25	3.46	0.48	3.14
造锥一段	II-15-2	85.44	72.4	14.33	11.53	9.47	1.91	4.95	0.88	4.61
造锥一段	2(1)Q	154.5	118.68	24.73	20.24	17.31	3.39	8.46	1.44	6.77
造锥一段	2(1)S	148.46	112.3	23.22	19.62	17.07	3.42	8.34	1.37	6.42
造锥二段	I-15-1	70.39	60.8	12.07	9.09	7.99	1.5	4.01	0.7	3.57
造锥二段	008-9	157.9	124.2	26.13	21.66	19.56	3.96	9.9	1.69	7.89
造锥三段	I-6-1	73.26	59.1	12.05	9.33	7.93	1.48	4.1	0.58	3.87
造锥三段	I-7-1	53.57	53.6	11.22	7.64	6.96	1.23	3.65	0.67	4.05
造锥三段	I-7-2	99.85	68.7	12.18	7.98	5.92	1.06	3.02	0.62	3.8
造锥三段	I-8-1	81.8	68.8	14.53	10.21	9.7	1.74	4.7	0.78	4.49
造锥三段	I-8-2	84.9	63.6	11.75	7.77	6.97	1.19	3.55	0.65	4.13

续表

单元	样品号	La	Nd	Sm	Gd	Dy	Ho	Er	Tm	Yb
造锥三段	I-9-1	61.12	56.9	11.89	8.31	8.3	1.47	4.12	0.69	3.95
造锥三段	I-10-1	258.58	147.8	28.88	24.8	23.21	4.56	11.17	2.15	8.53
造锥三段	I-24-1	77.91	64.2	13.15	10.27	9.73	1.79	4.87	0.82	4.11
造锥三段	I-25-1	79.2	66.8	14.01	11.09	10.37	1.88	5.1	0.85	4.64
造锥三段	I-85-1	92.43	67.3	12.63	9.53	8.52	1.5	4.08	0.69	3.8
造锥三段	10	149.83	110.4	22	18.23	16.69	3.19	8.52	1.48	6.58
造锥三段	23	56.74	48.5	10.1	8.51	6.75	1.19	2.92	0.41	2.25
造锥三段	008-7	123.24	93.5	19.1	16.36	14.2	2.98	7.77	1.29	6.62
造锥三段	008-8-M	116.25	90.0	19.14	16.06	15.05	3.03	7.75	1.41	6.7
造锥三段	008-8-W	120.69	88.5	18.36	15.02	13.74	2.79	7.31	1.22	6.42
造锥四段	I-101-1	182.65	128.9	26.32	21.39	20.7	3.99	10.73	1.93	8.53
造锥四段	I-101-2	279.71	169.9	33.13	27.43	25.59	5.15	13.36	2.35	10
全新世	I-11-1	141.85	117.1	28.01	24.9	24.14	5.12	13	2.66	10.08
全新世	I-11-2	149.83	86.0	15.42	11.38	10.34	1.83	5.05	0.82	4.36
全新世	T24-5	128.9	102.8	22.58	19.53	18.33	3.79	9.55	1.85	7.66
千年大喷发	24-P-Q	135.96	98.6	18.65	14.49	12.5	2.49	6.51	1.22	5.28
千年大喷发	24-P-S	134.85	97.2	18.11	13.75	11.97	2.36	5.88	1.08	4.8
千年大喷发	28-P-Q	122.37	95.4	21.01	17.82	16.73	3.46	8.74	1.76	7.04
千年大喷发	28-P-S	152.85	119.1	26.56	23.2	21.71	4.57	11.69	2.42	9.53
千年大喷发	29-P-Q	134.28	98.2	19.59	15.79	13.92	2.78	7.18	1.37	5.85
千年大喷发	29-P-S	160.49	112.9	21.44	17.51	15.1	3.03	7.79	1.56	6.44
千年大喷发	30-P-Q	131.36	93.6	18.08	14.42	12.22	2.45	6.2	1.17	5.11
千年大喷发	30-P-S	139.27	108.6	23.93	19.9	19.25	3.93	9.97	1.98	7.78
千年大喷发	31-P-Q	135.52	95.8	18.02	14.97	12.64	2.55	6.59	1.28	5.31
千年大喷发	31-P-S	132.07	102.6	21.3	17.85	16.42	3.31	8.55	1.71	6.81
千年大喷发	32-P-S	95.57	73.69	13.61	10.12	8.33	1.54	4.09	0.68	3.41
千年大喷发	33-P	105.36	77.3	14.54	10.89	9.3	1.83	4.62	0.89	3.87

图 3-5-1 为天池火山玄武岩类在不同元素的 $C^H/C^M - C^H$ 图解上的投点。各阶段玄武岩的微量元素成分为斜线的分布趋势，表明是由部分熔融作用形成。但在各图中整体的斜线趋势中可分出两组相关性更强的趋势线，这两组趋势线分别代表了拉斑系列的玄武岩和碱性系列的玄武岩的演化趋势。由于不相容元素在熔融程度大的熔体中含量相对减少，而在熔融程度小的熔体中含量相对要多，从而箭头的方向表示出部分熔融程度增大的趋势。由图可见，碱性系列玄武岩的部分熔融程度要明显地低于拉斑系列的玄武岩。

图 3-5-2 为玄武岩类强不相容元素对（Sm－Rb、Ba－U、Ti－K）的 $C^{H1} - C^{H2}$ 图。

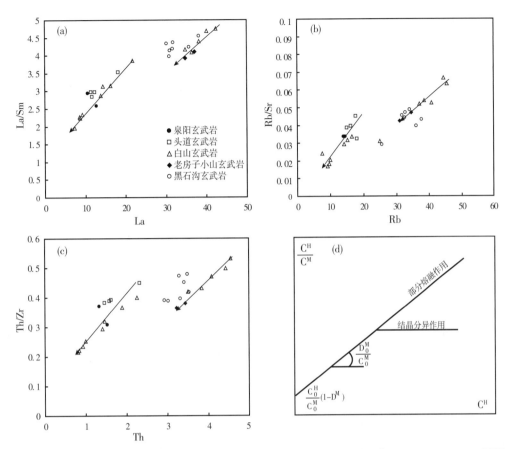

图 3-5-1　天池火山各阶段玄武岩的 La/Sm — La 图解 (a)、Rb/Sr — Rb 图解 (b)、Th/Zr — Th 图解 (c)
及原理图 (d)(引自 Pierre et al., 2010)

天池火山玄武岩的成分投点基本上位于一条不经过坐标原点的直线（图 3-5-2），同样表明它们是原始岩浆的部分熔融作用形成的。但在不相容元素 I 的浓度 C^I 对不相容元素 I 与相容元素 C 的浓度比值 C^I/C^C 图解，即 C^I — C^I/C^C 图解上（图 3-5-3），以 V、Cu 为相容元素的图中（图 3-5-3a，图 3-5-3b），玄武岩显示了好的部分熔融的趋势线，而在以 Cr、Ni 为相容元素的图中（图 3-5-3c，图 3-5-3d，图 3-5-3e），玄武岩却体现出了结晶分异作用的趋势。这表明原始岩浆部分熔融出来的玄武质岩浆在后期经历了某些对 Cr、Ni 矿物分配系数很高的矿物的结晶分异作用，从而使得原本为 部分熔融的趋势线变成了结晶分异的趋势线。

　　V 主要赋存在铁钛氧化物中，Cr 的贫化主要与单斜辉石的结晶分异有关，Ni 趋向于聚集在橄榄石中，Cu 主要形成在铜镍铁的硫化物中，此外还有少部分分散在造岩矿物之中，如橄榄石、辉石、角闪石、黑云母、长石以及磁铁矿（刘英俊等，1987）。用 MgO — V，Cr，Ni，Cu 等相容元素图可以用来判别铁钛氧化物、橄榄石和辉石的结晶分

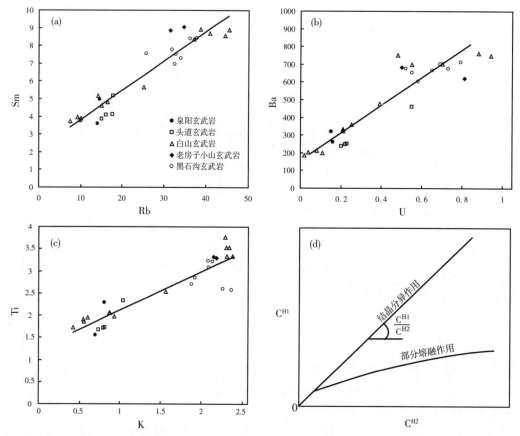

图 3-5-2 天池火山各阶段玄武岩的 **Sm — Rb (a)、Ba — U (b)、Ti — K (c)** 图解及原理图 **(d)**

异作用。从图 3-5-4（a）中可以看出，各阶段玄武岩随 MgO 含量的增加，V 的含量变化无规律，说明在玄武岩演化阶段，铁钛氧化物的结晶分异作用并不明显，这与 Ti 不显示负异常一致。而在图 3-5-4c，图 3-5-4d 中，MgO 与 Cr、Ni 都表现出了较好的线性关系，说明玄武岩阶段的岩浆演化是以橄榄石和辉石的结晶分异作用为主。而图 3-5-4b 中 Cu 虽然与 MgO 含量存在线性关系，也能表明橄榄石和辉石的结晶分异，但 Cu 的含量分布相对 Cr、Ni 来说要集中，也就是各个阶段的玄武岩 Cu 的含量相差并不是很大。说明在不同阶段玄武岩中，Cu 受结晶矿物的影响并没有 Cr、Ni 明显。从而，在图 3-5-3b 中表现出的是部分熔融的趋势，而非结晶分异的趋势。此外，图 3-5-5 中显示了 CaO/Al_2O_3 随着 CaO 和 MgO 含量的降低而变小，这是由于单斜辉石的晶出所致 (Green，1980)。和不相容元素相关图解（图 3-5-1，图 3-5-2）不同的是，图 3-5-4 中碱性系列的玄武岩总分布在拉斑系列的左下角，也就是说在碱性系列的玄武岩的相容元素含量比拉斑系列的玄武岩的要少，这是由于橄榄石、辉石更大程度地脱离熔体，从而使得碱性系列的相容元素比拉斑系列的要少，即碱性系列的结晶分异作用比拉斑系列的玄武岩的程度大。

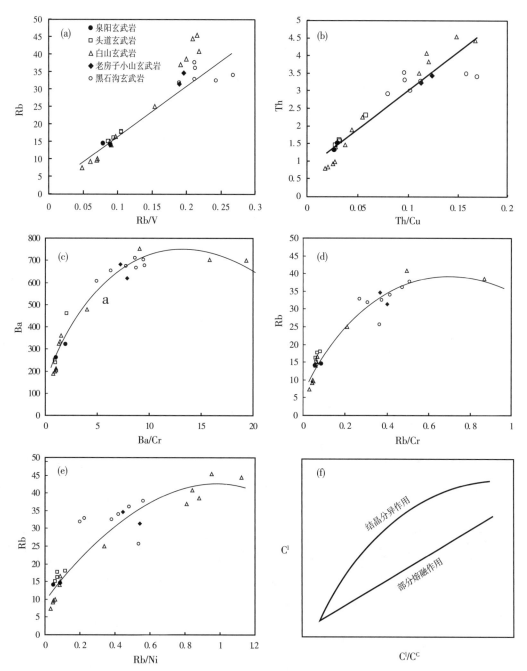

图 3-5-3　天池火山各阶段玄武岩的 **Rb — Rb/V (a)、Th — Th/Cu(b)、Ba — Ba/Cr (c)、
Rb — Rb/Cr (d)、Rb — Rb/Ni (e) 图解及原理图 (f)**

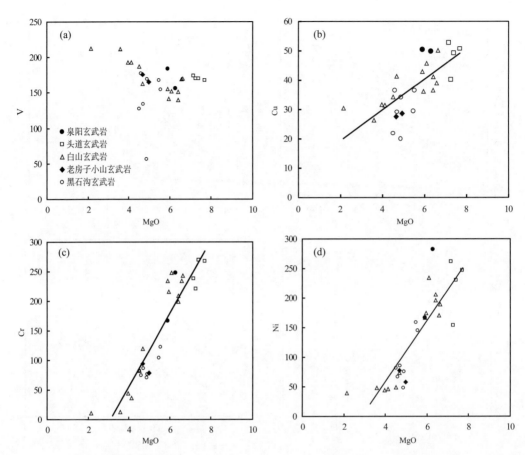

图 3-5-4 天池火山各阶段玄武岩的 V — MgO (a)、Cu — MgO(b)、Cr — MgO (c) 及 Ni — MgO (d) 图解

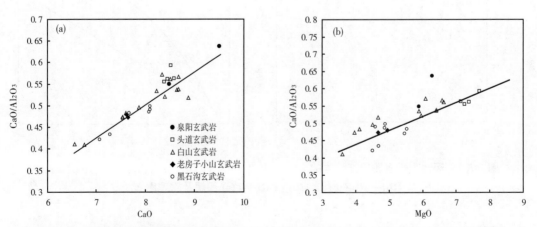

图 3-5-5 天池火山各阶段玄武岩的 CaO/Al₂O₃ — CaO (a)、CaO/Al₂O₃ — MgO (b) 图解

在 Sm 与（Sm/Yb）的相关图（图 3-5-6）上，天池火山各阶段玄武岩均落在了石榴石二辉橄榄岩组成的原始地幔熔融线附近，指示其源区是由接近原始地幔成分的石榴石二辉橄榄岩低程度熔融形成的。由图可见，玄武岩的部分熔融程度在 3% ～ 18% 之间，其中，早期泉阳玄武岩、头道玄武岩以及白山组的拉斑系列的玄武岩的部分熔融程度（8%～ 18%）明显大于晚期白山组碱性系列的玄武岩、老房子小山玄武岩以及黑石沟玄武岩（3% ～ 6%）。即拉斑系列的玄武岩是地幔在浅部高程度熔融形成，而碱性系列的玄武岩则是地幔在深部低程度部分熔融形成的。万渝生等（1995）根据实验岩石学和矿物温压计计算，认为碱性系列的玄武岩形成于软流圈地幔，相当与 80 ～ 100km 以下的地幔深部，这与石榴子石稳定区在 80km 以深（肖龙等，2003）相一致。

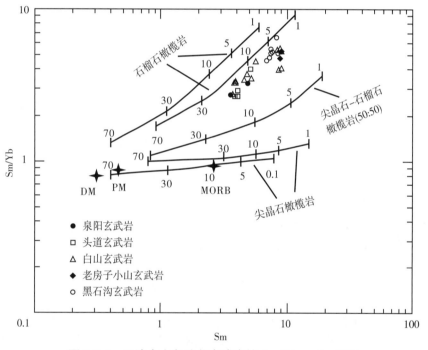

图 3-5-6　天池火山各阶段玄武岩的 Sm/Yb — Sm 图解

2. SI、Mg 指数及矿物成分变化判别玄武岩类结晶分异作用

天池火山各阶段玄武岩类固结指数 SI 分别为：泉阳玄武岩 SI=28.6 ～ 31.66；头道玄武岩 SI=32.83 ～ 34.19；拉斑系列中的白山玄武岩 SI=24.64 ～ 32.38；碱性系列中的白山玄武岩 SI=10.41 ～ 21.87；老房子小山玄武岩 SI=22.35 ～ 22.86；黑石沟玄武岩 SI=22.56 ～ 26.02。天池火山玄武岩类 MgO=2% ～ 8%、Mg#=38 ～ 59（拉斑系列的玄武岩多为 53 ～ 59，碱性系列的玄武岩为 38 ～ 53）、Ni=（39 ～ 282）×10^{-6}。各阶段玄武岩的 SI 值

及 SI、Mg# 参考值均低于原始岩浆，也说明玄武岩浆在部分熔融之后经历了结晶分异的作用。此外，碱性系列玄武岩明显要比拉斑系列玄武岩的结晶分异程度要高。

矿物学结晶分异证据不仅可以表现在不同岩石中同一矿物成分的变化，也可能表现在同一岩石相同矿物的不同颗粒之间的成分差异，还可能体现在同一个矿物颗粒内外成分的变化。对泉阳玄武岩中具有环带结构的长石斑晶进行电子探针成分测试发现，从内到外表现为 Ca 含量增加、Na 含量减小的反环带：an=50.35 → 51.48 → 53.64 → 56.79；ab=48.26 → 47.12 → 44.90 → 42.19，这可能指示了结晶作用过程中温度和压力发生了系列波动。并且，基质中长石微晶的成分为 an=56.31，ab=42.50，与长石斑晶最外层的成分极为吻合，二者达到平衡，代表了火山喷发时的成分。头道玄武岩中长石斑晶中心的成分比边部 an 牌号一般要大 1 ~ 3，如中心 an=64.44，边部 an=60.98；中心 an=62.47，边部 an=60.04。表明岩浆成分是向着 Ca 含量减少的方向演化，并且头道玄武岩中的 an（60 ~ 65）普遍大于泉阳玄武岩中的 an 值（48 ~ 57）。泉阳玄武岩中橄榄石主要为透铁橄榄石，fo 从中心到边部依次减小，且中心成分变化慢，边部变化快（fo：69.35 → 69.21 → 57.61；65.31 → 65.29 → 54.54）。其余阶段玄武岩中以贵橄榄石为主，如在头道玄武岩中，橄榄石从中心到边部 fo 逐渐减小（82.72 → 82.22 → 71.10），表明了岩浆是向着 Mg 含量降低的方向演化的，符合结晶分异的演化趋势。这也表明，结晶分异作用在玄武岩类演化过程中普遍存在，只是不同阶段的玄武岩结晶分异的程度不同。

综上所述，天池火山不同阶段玄武岩均分批来自于同一地幔源区，这些玄武岩浆通过不同程度、深度的部分熔融后，在各自的岩浆演化过程中都经历了橄榄石、辉石结晶分异作用。其中，拉斑系列玄武岩的部分熔融程度大于碱性系列玄武岩，而碱性系列玄武岩的结晶分异程度要大于拉斑系列玄武岩。

3. 天池火山粗面岩—碱流岩的岩浆演化作用

天池火山不同阶段火山岩具有相似的同位素组成，表明天池火山粗面岩－碱流岩是来自同一母源岩浆——玄武质岩浆演化的产物（解广轰等，1988；Basu et a1.，1991；刘若新等，1998）。天池火山造锥阶段粗面岩均来自于地壳岩浆房，且地壳岩浆房是由地幔部分熔融的玄武质岩浆结晶分异演化而来（樊祺诚等，2007，2008；李霓等，2004；刘若新等，1998）。

选用 Dy、Gd、Er 等分配系数小的重稀土元素作图，在图 3-5-7 的 C^H/C^M – C^H 图解中，天池火山的粗面岩－碱流岩落在一条近水平的直线上；而在图 3-5-8 的 C^{H1} – C^{H2} 图解中，天池火山的粗面岩－碱流岩落在一条过原点的直线上。岩石样品的成分投点都能表明天池火山前造锥粗面岩与造锥粗面岩－碱流岩以及全新世粗面岩－碱流岩均经历了结晶分异作用。

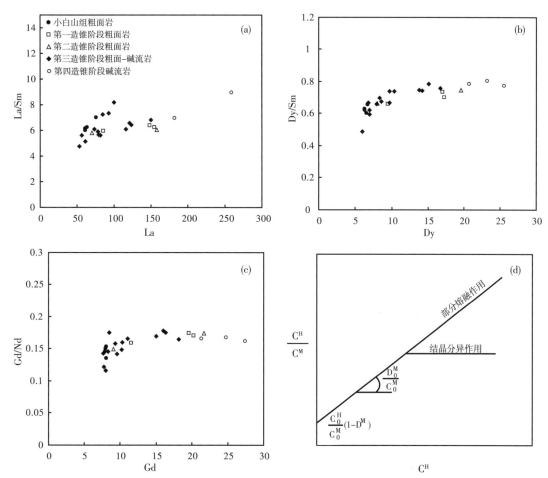

图 3-5-7　天池火山各阶段粗面岩—碱流岩的 La/Sm — La (a)、Dy/Sm — Dy (b)、Gd/Nd — Gd (c) 图解及原理图 (d)

4. DI 指数及岩相学判别粗面岩－碱流岩结晶分异作用

天池火山自前造锥阶段以来，各阶段粗面岩、碱流岩的分异指数 SI 的平均值分别为：小白山粗面岩 DI=81.2；造锥一段粗面岩 DI=83.02；第二造锥粗面岩 DI=83.04；第三造锥粗面岩 DI=85.5；第四造锥碱流岩 DI=85.26，全新世碱流质火山碎屑岩（除千年大喷发样品外）DI=85.98。从中可以看出，粗面岩－碱流岩的 DI 非常高，远高于玄武岩类的 30.51 ~ 48.46。从而说明自前造锥阶段以来的岩石都经历了强烈的结晶分异作用。从小白山粗面岩到全新世的碱流质火山碎屑岩，DI 指数逐渐增大，也反映了从早期到晚期结晶分异程度逐渐增强。

长石的结晶分异是造锥阶段与全新世以来粗面岩和碱流岩岩浆演化的重要方式。微量元素配分曲线除了与碱性长石及斜长石结晶分异有关的 Ba、Sr、Eu 为明显的负异常外，

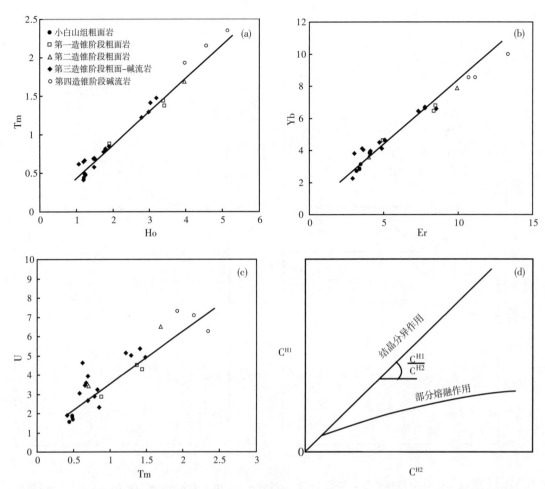

图 3-5-8 天池火山各阶段粗面岩—碱流岩的 Tm — Ho (a)、Yb — Er (b)、U — Tm (c) 图解及原理图 (d)

还存在 P、Ti 的明显的负异常，说明除了斜长石之外，还存在磷灰石和钛铁氧化物的结晶分异作用。在 CaO/Al₂O₃ 对 CaO（图 3-5-9a）与 CaO/Al₂O₃ 对 MgO 图解（图 3-5-9b）上均表现有线性关系，说明在天池火山造锥阶段仍然经历了单斜辉石的结晶分异作用。天池火山玄武岩的 V、Cr、Co、Ni 等相容元素的含量绝大部分为（127 ~ 212）ppm、（39 ~ 282）ppm、（32 ~ 48）ppm、（43 ~ 282）ppm，而粗面岩的 V、Cr、Co、Ni 等相容元素的含量绝大部分分布在（0.2 ~ 13）ppm、（0.8 ~ 8）ppm、（0 ~ 3）ppm、（0.4 ~ 6）ppm 范围内，含量明显减少。而 Minster 等（1978）提出，相容元素在结晶分异过程中变化剧烈。说明存在橄榄石、辉石以及钛铁氧化物的结晶分异作用。此外 Sr、Ba 的含量也从玄武岩中的（307 ~ 913）ppm、（199 ~ 760）ppm 减少到粗面岩（除小白山粗面岩）中的（3 ~ 44）ppm、（5 ~ 82）ppm，证明存在斜长石强烈的结晶分异。

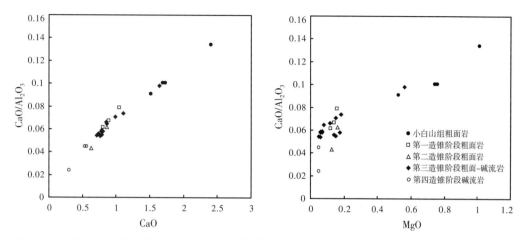

图 3-5-9　天池火山前造锥（小白山组）与造锥阶段粗面岩－碱流岩的 CaO/Al$_2$O$_3$ — CaO (a)、
CaO/Al$_2$O$_3$ — MgO (b) 图解

矿物学方面，小白山组粗面岩中的长石、橄榄石、辉石矿物成分均介于玄武岩和粗面岩－碱流岩中主体的长石成分之间。并且小白山组粗面岩的 Ti、P、Sr、Ba 的元素行为也介于二者之间。可以认为小白山组粗面岩是玄武岩向造锥阶段粗面岩－碱流岩演化过程中的一个阶段。从玄武岩中、基性斜长石（中长石＋拉长石）＋富钙辉石（普通辉石＋次透辉石）＋橄榄石（贵橄榄石＋透铁橄榄石）的矿物组合，到粗面岩－碱流岩中：长石（透长石＋拉长石＋奥长石）＋富铁辉石（铁钙铁辉石＋钙铁辉石）＋橄榄石（铁橄榄石）的矿物组合，矿物成分向着 Si、Na、K、Fe 的富集和 Mg、Ca 的亏损方向演化，这与结晶分异总的演化趋势相一致。

根据各阶段玄武岩、粗面岩、碱流岩的喷发时代及成分特征，笔者认为小白山粗面岩（1Ma ～ 1.49Ma）是由白山玄武岩（1.48Ma ～ 1.66Ma）结晶分异而来；第一、二造锥阶段的粗面岩（0.25Ma ～ 0.61Ma）是由老房子小山玄武岩（0.75Ma ～ 1.17Ma）结晶分异而来；第三、四造锥阶段的粗面岩、碱流岩（0.02Ma ～ 0.2Ma）是由老虎洞、黑石沟玄武岩（0.32Ma ～ 0.34Ma）结晶分异作用而来。

二、岩浆混合作用

岩浆混合作用既是再造新生岩浆又是开放体系下岩浆演化的重要岩浆作用，因而它已成为岩浆多元性和火成岩多样性的重要原因。与同化混染作用相比，岩浆混合作用除受到两种岩浆热状态的影响外，还受到两种岩浆的相遇机制、密度差等方面的制约。产生岩浆混合作用的两种岩浆相遇机制可以归纳为三种：第一种情况是新生岩浆周期性地从岩浆房底部注入，与原驻留的岩浆产生混合；第二种情况是层状岩浆房中，相邻熔体层之间因对流作用而产生混合；第三种可能的混合方式发生于火山通道内，当岩浆喷发时，受岩浆上升惯性力和岩浆黏滞力的共同作用使相邻岩浆层同时进入火山通道产生混合。此外，深部形成的岩浆进入不同成分的浅部岩浆房，也可以发生混合。笔者在2002～2003年间执行的中国地震局"天池火山锥体东北部分（白头山幅）火山地质图与有关灾害模拟"的专题研究工作中，发现并研究了天池火山千年大喷发及造锥、造盾喷发期间存在的多种岩浆混合作用[①]。

天池火山中更新世以来除了来自地壳岩浆房大规模粗面质、碱流质岩浆的喷发活动外，始终有来自地幔岩浆房粗面玄武质岩浆的喷发相伴随，这可能支持来自地幔的玄武质岩浆对地壳岩浆房的补给和触发喷发作用以及天池火山岩浆混合作用的发生（樊祺诚等，2007）。因为野外考察时发现粗面岩中包裹有塑性粗面岩、玄武岩包体的现象。在锥体沟谷河床砾石中可见大量的深色玄武岩岩浆团块包裹于灰色粗面岩中，比如二道白河上游砾石样品10为含岩浆团块的粗面岩。玄武质岩浆与粗面质岩浆混合后再喷发的现象可能与众多玄武质寄生火山的形成有关。

野外考察时也发现粗面质岩浆包裹于粗面质岩浆中的现象，例如二道白河上游的砾石样品2（1）为灰色多斑粗面岩定向围绕灰黄色气孔状全晶质粗面岩。样品23见深、浅灰色粗面岩浆混合的波状界面。按照它们的K-Ar年龄，可以看出在天池火山造锥喷发的不同时期（对应于0.159Ma、0.194Ma和0.56Ma）存在着粗面质岩浆混合的现象，而且在中更新世早期就已经存在着岩浆的混合作用。

另外，在千年大喷发的浮岩中还找到了碱流质岩浆与粗面质岩浆交替喷发的堆积物，代表性喷发物是天池火山南侧火山口缘4号界一带浅色布里尼空降堆积物夹有暗色粗面质熔结角砾凝灰岩。存在上述混合现象的浮岩样品主要是分布在西坡的千年大喷发的浮岩，这些样品的混合现象主要是碱流质和粗面质岩浆共喷发，岩浆条带构造清晰。有的是深色粗面质岩浆团块与条带分散于碱流质岩浆中，有的是深色浮岩团块吸附于浅色碱流质浮岩气泡周围，还有的是深色碱流质浮岩条带分散于浅色碱流质浮岩中。以上证据充分说明了天池火山岩浆经历强烈的结晶分异作用时，岩浆的混合作用也非常发育。

1. 千年大喷发岩浆混合作用

为了系统研究千年大喷发的深—浅浮岩混合样品，笔者分别对深色浮岩和浅色浮岩进行了主量、微量成分测试，并进行了电子探针测试工作。另外还对造锥阶段粗面岩的岩浆混合样品进行了电子探针测试工作。电子探针测试工作在韩国釜山国立大学研究设备中心完成，电子探针型号为SX100（CAMECA），加速电压为15keV，探针电流为20nA，摄谱时间10s，束斑直径1μm，使用PAP校正。照片3-5-1为部分测试样品的显微照片，测试结果见表3-5-4。

---

①中国地震局地质研究所科研报告编号：2005J0002，专题编号2002DIA20009-20。

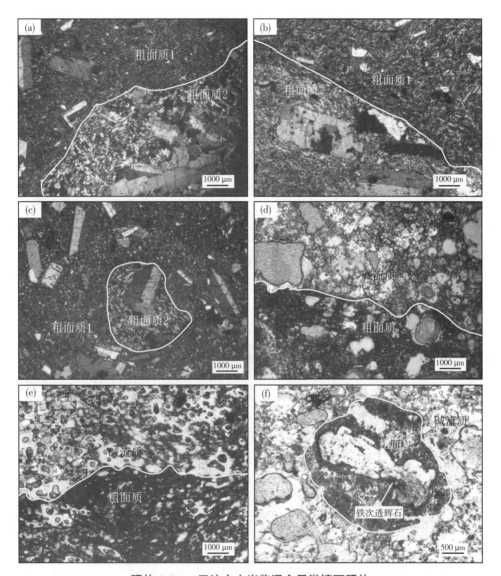

照片 3-5-1　天池火山岩浆混合显微镜下照片

（a）、（b）、（c）为不同粗面质岩浆混合；（d）、（e）、（f）为粗面质岩浆与碱流质岩浆混合

　　笔者采集到的千年大喷发岩浆混合的样品中，经主量元素测试后，将化学成分按照 TAS 投图发现，深色端元成分对应粗面岩，浅色端元成分多对应碱流岩（图 3-5-10）。这种同一岩石样品中成分的差异是证明存在岩浆混合作用的有力证据。

　　由于粗面质－碱流质岩浆的 SiO_2 含量相对玄武岩而言要高，且温度低，导致粗面质－碱流质岩浆的混合能干性低，因而二者之间的混合更偏向于不均一的混合。在粗面岩之间或粗面岩－碱流岩之间可观察到明显的不同颜色、成分和构造的条带、包体等的混合。照片 3-5-1（d）、照片 3-5-1（e）、照片 3-5-1（f）均为粗面质浮岩与碱流质浮岩的

表 3-5-4　天池火山代表性岩浆混合及结晶分异样品的探针成分测试

样品号	SiO$_2$	Na$_2$O	Cr$_2$O$_3$	K$_2$O	MgO	Al$_2$O$_3$	MnO	CaO	FeO	TiO$_2$	NiO	F	P$_2$O$_5$
8-24-1-1C-1M-1	56.76	5.47	0.01	0.24	0.09	26.20	—	10.33	0.49	0.08	0.01	—	—
8-24-1-1C-1M-2	55.64	5.35	—	0.24	0.10	27.36	—	10.57	0.53	0.08	0.01	—	—
8-24-1-1C-1M-3	56.58	5.03	0.02	0.25	0.09	26.81	0.02	10.88	0.52	0.07	0.02	—	—
8-24-1-1C-1M-4	54.12	4.71	—	0.17	0.15	27.27	—	11.47	0.55	0.07	—	—	—
8-24-1-1C-2M-1	54.99	4.76	0.02	0.20	0.11	27.73	0.03	11.41	0.70	0.08	0.01	—	—
J-2-1C-1M-1	58.96	4.76	0.06	0.91	0.01	26.38	0.03	9.26	0.54	0.09	—	0.09	0.16
J-2-1C-1M-2	57.72	4.97	1.01	0.70	0.02	25.60	0.00	9.13	0.72	0.11	—	0.16	0.25
J-2-1C-1M-3	55.52	4.50	0.08	0.51	0.05	27.04	0.02	10.97	0.69	0.10	—	0.00	0.25
J-2-1C-1M-4	63.06	5.80	0.00	4.94	0.21	19.38	0.05	2.55	2.79	0.60	—	0.00	0.29
J-2-2C-1M-1	56.85	5.33	0.15	0.77	0.04	25.92	0.07	9.70	0.40	0.08	—	0.00	0.31
J-2-2C-1M-2	55.88	4.82	0.03	0.65	0.07	26.25	0.00	10.81	0.46	0.15	—	0.00	0.27
J-2-2C-1M-3	56.90	5.45	0.00	0.75	0.04	26.10	0.01	9.72	0.45	0.09	—	0.00	0.17
J-2-2C-1M-4	54.87	4.62	0.03	0.53	0.03	27.13	0.02	11.64	0.53	0.15	—	0.03	0.28
J-2-2C-1M-5	65.37	4.39	0.01	5.24	0.00	20.53	0.03	2.43	0.45	0.20	—	0.00	0.07
23-2C-1M-1	61.88	7.62	0.00	1.64	0.00	23.27	0.02	5.58	0.30	0.03	—	0.00	0.12
23-2C-1M-2	64.41	7.43	0.00	3.01	0.00	20.66	0.02	3.08	0.26	0.08	—	0.03	0.13
23-2C-1M-3	64.20	7.65	0.03	2.46	0.00	21.32	0.02	3.54	0.24	0.02	—	0.40	0.08
23-2C-1M-4	65.91	5.85	0.00	7.13	0.03	17.80	0.02	0.98	1.04	0.16	—	0.22	0.09
23-2C-1M-5	66.75	6.81	0.00	5.99	0.00	18.97	0.00	0.94	0.18	0.03	—	0.13	0.08
23-2C-1M-6	67.18	6.26	0.05	6.69	0.00	18.53	0.00	0.60	0.40	0.04	—	0.00	0.00
23-3C-1M-1	60.21	7.16	0.03	1.12	0.00	23.58	0.01	6.61	0.30	0.05	—	0.06	0.22
23-3C-1M-2	63.82	7.56	0.02	2.70	0.00	21.73	0.04	3.93	0.31	0.08	—	0.06	0.10
23-3C-1M-3	65.60	7.48	0.04	5.86	0.00	18.60	0.01	0.98	0.19	0.02	—	0.00	0.05
23-3C-1M-4	66.48	6.47	0.00	6.34	0.00	18.81	0.00	0.93	0.17	0.08	—	0.16	0.00
23-3C-1M-5	67.03	6.16	0.00	6.95	0.02	18.10	0.00	0.43	0.41	0.05	—	0.09	0.05
2-15-1-1C-1M-1	57.05	5.52	0.07	0.90	0.08	26.40	—	8.79	0.48	0.11	0.05	—	—
2-15-1-1C-1M-2	55.14	4.80	0.05	0.62	0.07	27.83	—	10.32	0.60	0.16	0.01	—	—
2-15-1-1C-1M-3	54.82	4.65	0.04	0.59	0.05	28.19	0.03	10.47	0.56	0.10	—	—	—
2-15-1-1C-1M-4	55.72	4.96	0.13	0.57	0.08	27.39	—	9.56	0.56	0.09	—	—	—
2-15-1-1C-2M-1	67.52	7.35	0.05	5.24	0.04	17.87	0.04	0.67	0.79	0.08	0.00	—	—
2-15-1-1C-2M-2	67.93	6.67	0.10	6.45	0.03	17.96	0.04	0.14	0.50	0.00	0.04	—	—

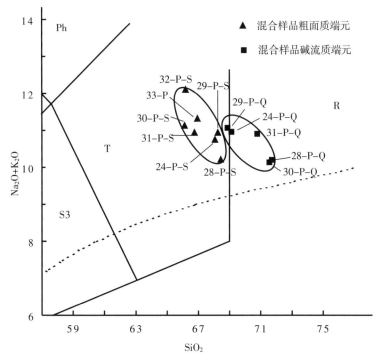

图 3-5-10 千年大喷发样品中具有混合作用的深、浅浮岩化学成分 TAS 投图（Le Bas et al., 1986）

数字表示样品号，P 表示浮岩，S 表示深色浮岩，Q 表示浅色浮岩

岩浆混合显微照片，二者之间的基质成分不同（浅色基质 SiO_2 多在 75.1% ～ 80.5%，而深色基质 SiO_2 多为 60.6% ～ 68.3%），气孔大小与多少也不相同（浅色基质要比深色基质中的气孔含量更多），所含斑晶矿物的含量也有差异（深色基质中的斑晶含量更多）。

粗面质岩浆与碱流质岩浆的化学成分存在差异，与各自熔体平衡的矿物之间也会存在化学成分的差异，表现在：

（1）长石。

千年大喷发浮岩中的长石成分整体差异不大（图 3-5-11），主要为透长石（or=33.9 ～ 49.9，ab=48.3 ～ 63.7，an=0 ～ 5.3），但碱流岩中的长石成分主要集中在 or=46.7 ～ 50.0，ab=50.0 ～ 53.2，an=0 ～ 0.1，而粗面岩中的长石成分集中在 or=40.5 ～ 45.0，ab=48.5 ～ 56.0，an=2.2 ～ 9.9，比碱流岩的碱性长石贫 K 富 Na、Ca，满足粗面岩向碱流岩结晶分异的趋势。此外，其中有部分点落在了中长石（or=3.9，ab=52.7，an=43.4）和歪长石（or=22.3，ab=67.8，an=9.9）区域，前者长石包裹体受到了深色基质粗面岩中的钙铁辉石主矿物的影响，后者为深色基质粗面岩中长石斑晶内核的成分，说明岩浆混合样品中的粗面岩在从玄武岩结晶分异演化的过程当中保留了与玄武岩平衡的斑晶矿物。

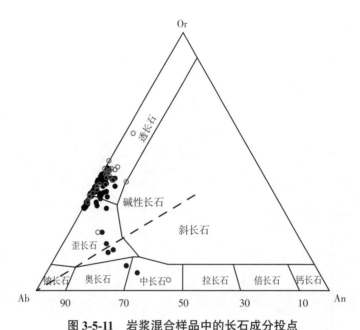

图 3-5-11　岩浆混合样品中的长石成分投点

○ 千年大喷发岩浆混合样品中的长石；● 造锥阶段岩浆混合样品中的长石

（2）辉石。

千年大喷发浮岩中的辉石主要为贫 Mg 的铁钙铁辉石－钙铁辉石（图 3-5-12），其中 28 号样品中粗面岩中的辉石成分为铁次透辉石（照片 3-5-1f、图 3-5-13）（wo=45.3，en=14.1，fs=40.6，而碱流岩中的辉石为铁钙铁辉石－钙铁辉石（wo=43.5 ~ 45.2，en=2.0 ~ 5.1，fs=49.7 ~ 54.5）（照片 3-5-2a），较粗面岩中的辉石更富 Fe 贫 Mg。此外粗面岩中还有贫 Fe 的次透辉石（wo=43.8 ~ 45.6，en=29.7 ~ 37.2，fs=18.9 ~ 24.7），以及贵橄榄石的钙铁辉石反应边（照片 3-5-2b），次透辉石与贵橄榄石是与玄武岩平衡的矿物，表明了粗面岩从玄武质岩浆演化而来，贵橄榄石的钙铁辉石反应边反映了粗面质岩浆与碱流质岩浆混合后受到碱流质岩浆成分的影响，而形成了富 Fe 的辉石反应边。

（3）橄榄石。

分别在 28、32 号样品中发现有橄榄石斑晶，28 号样品中分布在粗面岩中的橄榄石成分为贵橄榄石（fo=70.7 ~ 74.1）（照片 3-5-2e），32 号样品中的橄榄石分布在碱流岩中，为靠近与铁橄榄石界线的铁镁铁橄榄石（fa=89.3 ~ 89.6）（图 3-5-14、彩图 16 中的 2-5-2）。

2. 造锥阶段岩浆混合作用

造锥阶段的岩浆混合主要表现为粗面质岩浆混合以及玄武质与粗面质岩浆的混合作用。对比四个造锥阶段的样品，可以发现具有岩浆混合作用的样品主要为第一造锥阶段和第三造锥阶段的产物。其中 2-15-2 采样位置位于第一造锥阶段底部，而 2（1）的 K-Ar

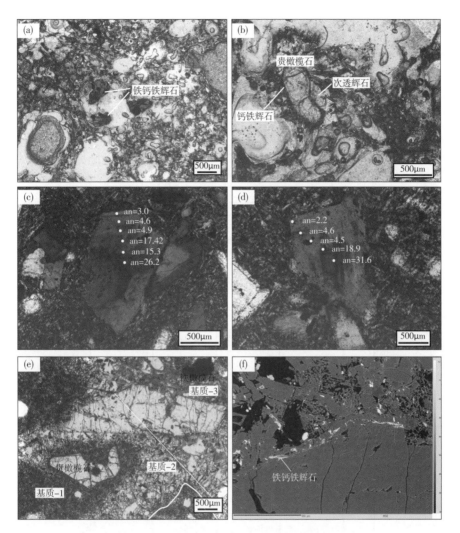

照片 3-5-2　岩浆混合端元及对应矿物显微照片

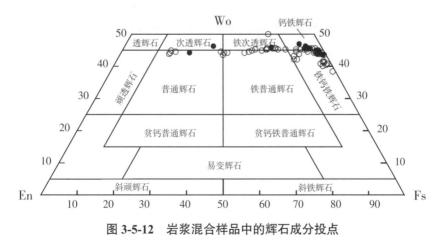

图 3-5-12　岩浆混合样品中的辉石成分投点

● 千年大喷发粗面岩与碱流岩岩浆混合样品中的辉石；○ 造锥阶段粗面岩混合样品中的辉石

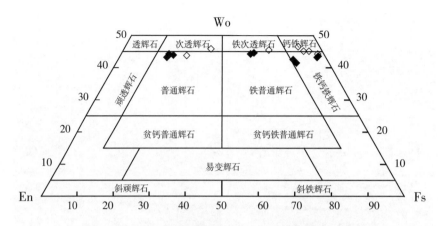

图 3-5-13　千年大喷发样品 28、18 中的辉石成分投点

◇ 28 号样品中的辉石；◆ 18 号样品中的辉石

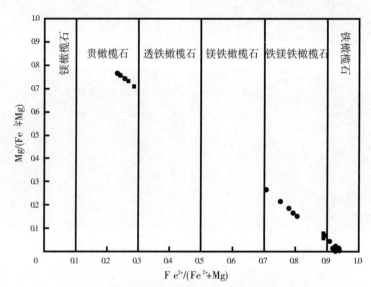

图 3-5-14　岩浆混合样品中的橄榄石成分投点

年龄为 0.56Ma，均属于第一造锥阶段。样品 10、23 的 K-Ar 年龄值分别为 0.194 Ma 与 0.159 Ma，均属于第三造锥阶段。四个样品的全岩成分按 TAS 分类均为粗面岩，其中 23 号样品 SiO_2、Fe_2O_3T 含量最低，MgO、CaO 含量及 $Mg^\#$ 最高，分别为 63.9%、4.81%、0.56%、1.64%、21.4，其余三个样品分别在 66.3% ~ 67.6%、6.1% ~ 7.3%、0.1% ~ 0.2%、0.7% ~ 1.1%、1.9 ~ 4.8 之间。分异指数 DI 相差不大，样品 23 为 84.9，其余三个样品为 82.4 ~ 85.2，说明 23 与其他混合样品所经历的岩浆分异程度基本一致。

四个造锥阶段的混合样品其稀土总量以样品 23 最低，为 270.5×10^{-6}，其余三个样品为 400.1×10^{-6} ~ 665.8×10^{-6}。样品 23 的 Ba、Sr、P、Ti、Eu 的负异常都不如其他粗面岩明显，

表明可能是粗面质岩浆受到了玄武质岩浆的混合，使得原本明显的上述元素的负异常得到"中和"，又或者是由于其并未经历与其他粗面岩类似的强烈的结晶分异作用。根据上述的分异指数较为一致，可以排除结晶分异程度弱的可能，从而认为 23 是由粗面岩与同为碱性系列的粗面玄武岩岩浆混合形成。而其余三个岩浆混合样品为粗面质岩浆与粗面质岩浆的混合。

照片 3-5-1（a）、照片 3-5-1（b）、照片 3-5-1（c）均为粗面岩之间的岩浆混合照片，从中可以看出，基质和斑晶的主要成分都为长石，但基质结晶程度、斑晶含量存在差别。在样品 23 中两种混合端元的界线不太明显，这是因为 23 是以粗面岩浆与玄武岩浆的均一混合为主。图 3-5-11、图 3-5-12 和图 3-5-14 中都分别给出了造锥阶段粗面岩的长石、辉石、橄榄石成分特征。

（1）长石。

造锥阶段长石与千年大喷发中长石的成分分布范围相类似（图 3-5-12），但 23 号样品中出现多个 or 值小的歪长石甚至中长石成分点（图 3-5-15），均来自于具有环带的长石（照片 3-5-2c、照片 3-5-2d）。其中心为中长石（or=6.4 ～ 9.5，ab=62 ～ 64.7，an=26.2 ～ 31.6），向外逐渐过渡到 or 值小的歪长石（or=14.4 ～ 22.1，ab=65.7 ～ 68.2，an=11.6 ～ 18.9），再往外是 or 值大的歪长石 － 透长石（or=35.0 ～ 42.8，ab=52.8 ～ 63.0，an=2.2 ～ 4.9）。这种成分的大幅度变化，不同于结晶分异作用中内外的成分变化，因而笔者认为这是由于岩浆混合作用形成的具有环带的长石。彩图 16 中的 2-5-2 是样品 2-15-2 的单偏光下的照片，左侧浅色基质中熔蚀的长石成分从内到外为中长石—拉长石，并有截面为八边形、无熔蚀的普通辉石，代表了混合端元的基性端元，而右侧深色基质中的长石斑晶的成分为歪长石，是混合作用的酸性端元，二者接触的界限截然，且在接触边界有熔蚀。在各自的内部，熔蚀现象却很弱，说明二者之间是不均一的混合。

（2）辉石。

造锥阶段辉石的成分分布范围比较广（图 3-5-12），从贫 Fe 的普通辉石和次透辉石到贫 Mg 的钙铁辉石和铁钙铁辉石及中间过渡成分均有分布。照片 3-5-2e 从左到右，基质颜色由深黑—浅灰—深灰，分别对应图中的基质 -1、基质 -2、基质 -3 的成分（将原本 5μm 的束斑调大到 20μm 而得到的成分）也有变化（表 3-5-4），如 SiO_2 的含量从 54.1 → 67.6 → 71.5 依次升高。不同基质中的辉石矿物的 wo、en、fs 值变化明显，深黑色基质中的 wo=43.4 ～ 44.3，en=40.8 ～ 42.9，fs=13.6 ～ 15.2，属于普通辉石（图 3-5-12）；浅灰色基质中的辉石 wo=44.4 ～ 44.8，en=18.7 ～ 20.0，fs=35.7 ～ 36.5，属于铁普通辉石（彩图 16 中的 18-2）；而深灰色基质中的辉石 wo=43.2 ～ 43.6，en=2.1 ～ 2.5，fs=54.3 ～ 54.4，属于铁钙铁辉石（照片 3-5-2f）。辉石反应边中的微细辉石 wo=41.6 ～ 42.7，en=8.9 ～ 9.1，fs=48.2 ～ 49.5，晶体为铁钙铁辉石（照片 3-5-2h BSE 图像）。不同基质中的辉石成分变化如此之大，是无法由结晶分异作用来解释的，显然是岩浆混合的结果。

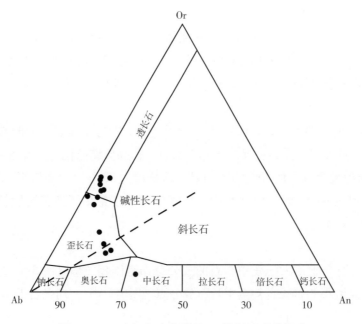

图 3-5-15　千年大喷发样品 23 的长石成分投点

（3）橄榄石。

从图 3-5-14 中可见造锥阶段橄榄石主要为贵橄榄石、铁镁铁橄榄石以及铁橄榄石，其中贵橄榄石（fo=75.2 ～ 76.1）是样品 18 中与黑色基质平衡的矿物（照片 3-5-2e），浅灰色基质中的橄榄石为铁镁铁橄榄石（fa=79.8 ～ 81.0，彩图 16 中的 18-2），而铁橄榄石（fa=93.5 ～ 93.7）则分布在深灰色基质中（照片 3-5-2e）。

结合不同基质的成分特征以及分布在其中的辉石与橄榄石的成分特征（表 3-5-4）可以看出，分布有贵橄榄石和普通辉石的黑色基质可能代表了玄武质岩浆的混合端元，而分布有铁橄榄石和铁钙铁辉石的深灰色基质可能代表了粗面质岩浆端元，含有铁镁铁橄榄石和铁普通辉石的浅色基质可能是上述两种岩浆发生混合的产物。

综合已有的天池火山造锥阶段的火山岩的主微量元素以及主要矿物成分的特征可以得出，在天池火山第一和第三造锥的阶段，至少有过三次岩浆混合事件，第一造锥阶段以粗面质岩浆与粗面质岩浆的混合为主，而第三造锥阶段除了有粗面质岩浆与粗面质岩浆的混合作用外，还有玄武质岩浆与粗面质岩浆的混合作用。

三、深部岩浆作用过程讨论

前人研究已表明，中国东北玄武岩的同位素组成是变化的（参见图 3-3-9），源区地幔在水平与垂直方向上也是不均一的，但地壳混染不是玄武岩地球化学变化的主要原因（Zhou and Armstrong, 1982；Peng et al., 1986；Song et al., 1990；Basu et al., 1991；Han et al., 1999；Zou et al., 2000)。尽管有大的地球化学差异，每个火山中心的玄武岩组成却是相对均一的，可见不同火山中心岩浆形成过程是共同的 (Basu et al., 1991)，就如图 3-3-9 中天池火山熔岩盾样品所示。因此，从某一个火山中心熔岩的详细考察就可对控制中国东北板内火山作用的动力学过程提供有用的信息。下面首先利用地球化学资料考察天池火山熔岩盾的起因，然后再利用地球化学资料的时间变化讨论天池火山熔岩盾岩浆作用的机制。

1. 天池火山玄武岩浆的形成过程

天池火山玄武岩样品微量元素丰度特征是中、重稀土元素的相对陡倾斜。熔岩样品的 $(Gd/Yb)^{样品}/(Gd/Yb)^{PM}$ 值是 2.5~3.5(原生地幔 (PM) 元素丰度见 Sun 和 McDonough (1989))。如果源区地幔是尖晶石二辉橄榄岩，$(Gd/Yb)^{样品}/(Gd/Yb)^{PM}$ 就会接近于单位值 1，因为 Gd 和 Yb 的（熔体/二辉橄榄岩）总分配系数并没有太大差别。即使在熔融程度低至 1% 时，尖晶石二辉橄榄岩熔体批的 $(Gd/Yb)^{熔体}/(Gd/Yb)^{PM}$ 值也约为 1.2 (Kelemen et al., 2003)。因此，熔岩样品的高 $(Gd/Yb)^{样品}/(Gd/Yb)^{PM}$ 值起因于熔融残余物中存在石榴石（Yb 的（石榴石/熔体）分配系数明显大于 Gd），由此可知源区地幔应该是石榴石二辉橄榄岩。

天池火山造盾玄武岩 TiO_2 含量和 SiO_2 含量之间反相关关系不能用分异结晶来解释，熔岩样品 TiO_2 含量的变化由某段时间内源区地幔中的部分熔融熔体控制。前人石榴石二辉橄榄岩熔融实验已表明，在熔融程度低于 20% 时，随着熔融程度的增高在部分熔融熔体中 TiO_2 趋于降低 (Kushiro, 1996)。以二辉橄榄岩和玄武岩混合物熔融实验为基础，Kogiso 等 (1998) 也提出部分熔融熔体的 TiO_2 含量在熔融程度增加时也系统性降低，即使源区地幔非均匀时（即源区地幔由易熔组分和难熔组分组成）也是这样。这些结果表明源区地幔部分熔融熔体中 TiO_2 的变化主要反映了熔融程度的差异。事实上，熔体 TiO_2 含量已被用来作为熔融程度的指标 (Stolper and Newman, 1994; Kelley et al., 2006)。因此，我们有理由考虑较高 TiO_2 样品代表了源区地幔的较低程度的熔体。

对于熔岩样品，SiO_2 含量倾向于随着 TiO_2 含量的增加而降低。地幔二辉橄榄岩的熔融实验表明，部分熔融熔体中 SiO_2 含量随着压力的增加而系统性降低；比起熔融程度而言 SiO_2 含量对熔融压力更敏感 (Takahashi and Kushiro, 1983；Hirose and Kushiro, 1993；Kogiso et al., 1998；邓晋福等，2004)。因此，所观察到的 SiO_2 － TiO_2 负相关关系（图 3-2-3、图 3-2-4)也可说明较高 TiO_2 含量的岩浆来源的深度更深一些。

2. 天池火山造盾玄武质岩浆的形成过程

熔岩样品主元素和微量元素成分研究表明，天池火山造盾玄武质岩浆是在含石榴石地幔里形成的，更深位置的熔融与更小的熔融程度有关。这一模型与前期中国东北新生代玄武岩研究一致。Liu 等 (1994) 曾指出熔岩的 REE 丰度和 LREE/HREE 比值与 SiO_2 含量负相关，他们把较高 LREE/HREE 的岩浆解释为形成于更大的深度。近来 Chen 等

(2007) 研究了长白山区不同火山序列里玄武质岩石微量元素比值随 SiO₂ 含量的变化。他们的结论是在每个单独的火山区内，低程度熔融的岩浆来源于更深的位置。下面笔者利用熔岩样品在地球化学和地质年代学资料之间的对应关系进一步限定长白山高原岩浆作用对应的动力学过程。

图 3-5-16 给出了熔岩样品 TiO₂ 含量对 K-Ar 年龄投点。天池火山造盾玄武岩样品的 TiO₂ 含量总体上随着时间的推移而增加（有 3 个样品离趋势线稍远一些）。考虑到 TiO₂ 含量与岩浆形成深度正相关，这表明长白山造盾玄武岩主体是在压力逐渐增加（即熔融程度降低）的条件下形成的。从地球化学上可以看出在长白山区软流圈地幔里局部存在着不同的区域。

以造盾玄武质岩浆是在深度越来越增加的条件下形成这一认识为基础来考虑岩浆作用机制。图 3-5-17（a）给出了地幔固相线和软流圈地幔绝热降压轨迹关系的 P-T 示意图。在一个绝热式上升的地幔里，温度随深度的变化是约 0.5℃/km，而典型的与压力有关的地幔固相线是约 4℃/km（Hess，1992）。因此，上升的地幔在浅部深度上穿过固相线温度，也就可以发生部分熔融（图 3-5-17a 中开始熔融）。另一方面，部分熔融区域的较浅部位置受控于迟滞岩石圈地幔。长白山区地下岩石圈厚度可以超过 100km（Menzies et al.，2007），因此，软流圈地幔位于石榴石稳定区之内，就如前面所述。

对于岩浆形成深度随时间越来越增加的第一种可能机制是上升地幔潜温度（potential temperature）的增加（图 3-5-17b）。这种情况下，随着潜温度的增加熔融开始于更深的深度，因为绝热线的位置相对于固相线位置偏移到更高压力方向。如果是这样的话，我们就可以期待岩浆形成速率也将会随着时间的持续而增加了，因为潜温度增加了。然而，没有证据表明长白山区岩浆形成速率的增加。例如，在长白山区第四纪时期最为活

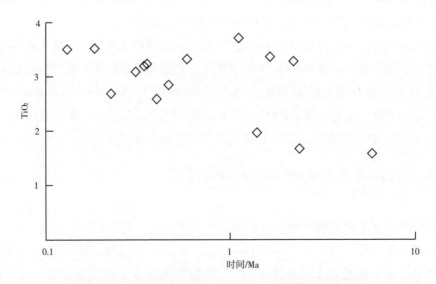

图 3-5-16　天池火山造盾玄武岩 TiO₂ 含量随时间的变化

动的天池火山，玄武质火山作用都被局限于形成寄生火山锥和相对小规模的熔岩流（如约0.3Ma的老房子小山熔岩），而不是大规模造盾熔岩流 (Wei et al., 2007)。因此，这种机制可能性不大。

另一种可能机制是源区地幔固相线温度随时间降低（图 3-5-17c）。这种情况下，源区地幔的部分熔融可以由于在给定压力条件下固相线温度趋于降低而发生于更大的深度上，因为固相线位置相对于绝热线位置向更高压力方向偏移。固相线的偏移可以发生于地幔组成随时间的变化。当源区地幔由多于一种的地球化学组成构成时，如一个亏损的MORB 源区地幔组分和一个"富集的"地幔组分，部分熔融选择性地发生于低固相线组分区域 (Kerr et al., 1995；Kogiso et al., 1998)。因此，图 3-5-17（c）的情况在源区地幔随时间增加了易熔组分时就会发生。但这种情况基本类似于第一种机制讨论的情形，也可期待岩浆形成速率要随时间的增加而增加，因为在给定压力条件下的固相线和绝热线之间的温度差也会增加。所以，这种情形也是不可能的。

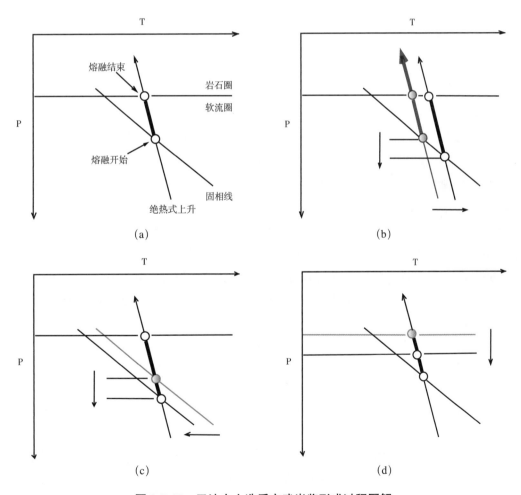

图 3-5-17 天池火山造盾玄武岩浆形成过程图解

由于这些考虑，上涌源区地幔在化学成分和潜温度上的时间变化都不能单独用来解释岩浆形成深度已随时间增加的事实。与此相反，我们可以考虑一个"熔融结束"的深度趋于随时间的增加而增加的情形（图 3-5-17d）。在这一模型中，岩浆形成的平均深度随时间降低。因此，这样的模型可以解释岩浆形成深度增加的认识。再有，这样的模型可以期待岩浆形成速率随时间降低了，因为在上涌地幔里岩浆的形成将会以降低的熔融程度停止于更大的深度上。这一特征与长白山区近来缺乏大规模造盾喷发玄武岩相一致。"熔融停止"的深度主要受穿过软流圈和岩石圈之间的界面的热平衡控制，这个深度在从上涌软流圈地幔到岩石圈的热流量降低的条件下是增加的，因为岩石圈是一个以传导式传递热的层。热流量的降低可以通过降低软流圈地幔上涌速度来实现，有人确实已从理论上提出岩浆形成速率受到了上涌地幔降速的影响 (Schubert et al., 2001)。

3. 长白山区板内岩浆作用的应用

综合上述资料，天池火山造盾岩浆作用可以用软流圈地幔上涌速度的逐渐降低来得到最合理的解释。在东亚，新生代玄武质岩浆作用的活动受控于软流圈地幔的对流方式，它也受控于构造应力，这个构造应力是印度板块和欧亚板块之间的碰撞和西太平洋板块俯冲的结果 (Flower et al., 1998)。在晚上新世，中国东北大陆构造应力受西太平洋板块俯冲的影响从张性变为压性 (Wang et al., 2003)。如果说构造应力的变化与软流圈地幔上涌速度的降低是同时的，减速就可能受到了构造应力变化的影响。在天池火山，喷发形式已经发生了从溢流式向爆破式的变化，这也被解释为反映了与压性构造环境开始有关的地壳加厚作用 (Wang et al., 2003；Wei et al., 2007)。

天池火山近代喷发物多为分异演化明显的长英质岩浆。这一特征除了压性构造背景外，还可能与长白山区地下岩浆产生速率的降低有关。如果岩浆生产速率很高，地壳岩浆房就将会是活跃性地受到源自地幔的热的原生岩浆的再充填，而这将会促进岩浆在广泛的分异之前喷出地表。另一方面，如果岩浆生产速率像我们所认识的那样已经降低了，就可能会有充分的时间使岩浆在岩浆房里演化成长英质成分。如果这一假说是正确的，我们就可以期待除非发生软流圈地幔上涌速率增加的情况，包括天池火山的长白山区长期的火山活动性将持续性降低。

四、岩浆柱与天池火山

一般认为，碱性玄武岩浆是深部岩浆的产物。岩浆是在深部熔融程度低、压力大的地幔环境中局部熔融而成，因此至少说明碱性岩分布区火山岩浆来自上地幔。拉斑玄武岩浆形成深度明显小于碱性玄武岩浆的形成深度，岩浆形成时往往对应着大尺度长时间的熔融过程。地壳深部或者上地幔形成的原始岩浆在上升过程中除一部分直接喷出地表外，大部分岩浆喷发前往往先在地壳浅部聚集形成高位岩浆房。对于天池火山下的岩浆房，通常认为在天池火山之下存在着地壳与上地幔双层岩浆房。这两个岩浆房是相对独立但又互有联系的统一岩浆储集系统，地壳岩浆房是由上地幔岩浆结晶分异并在地壳存储下来形成的。一方面，来自地幔的钾质粗面玄武岩浆上升滞留在地壳岩浆房发生岩浆分离结晶作用和混合作用；另一方面，钾质粗面玄武岩浆直接喷出地表，在天池火山锥体内外形成诸多小的玄武质火山渣锥。

　　金伯禄等（1994）研究得出白头山期粗面质岩浆房（中位岩浆房）的深度相当于莫霍面附近的下地壳（深度约 30~20km），而全新世火山岩岩浆房（高位岩浆房）的深度小于7~8km。天池火山地球物理研究显示有两个异常可以被解译为岩浆体（汤吉等，2001；张先康等，2002），一个位于 5km 深，另一个约在 15km 左右。吴才来（1997）根据幔源包体及火山岩的岩石物理化学研究得出，碱性橄榄玄武岩浆来源深度大于 82km，在65~55km 范围内存在深位岩浆房。樊祺诚等（2006）在五十岗北坡发现非常年轻的瓦片状玄武质粗安岩（K-Ar 年龄为 0.045Ma），在千年大喷发的碱流质浮岩之上又有最新喷发的粗面质熔结凝灰岩覆盖，由此认为天池火山在晚更新世－全新世碱流质岩浆主喷发期间有少量玄武质粗安岩、粗安岩或粗面岩的交替喷出。由此可以指示天池火山的地壳岩浆房存在熔体的分层结构，由于来自地幔粗面玄武质岩浆的注入而触发了地壳岩浆房不同层位岩浆的扰动和岩浆混合作用，成为天池火山喷发的触发机制。

　　天池火山粗面玄武岩中常见到橄榄石，微量元素测试都有较高的 Ba、Ta、Rb、La、Ce、Sm 和较低的 Nb 和 P 含量，且 Th/Ta > 1，Zr/Hf=38.36~46.64，Rb/Sr=0.04~0.08，这些特征均表明岩浆可能来源于上地幔。据此可以认为天池火山的母岩浆粗面玄武岩来自地幔岩浆库，由其演化形成的粗面岩类和碱流岩类岩石则来自地壳岩浆房。同样地，笔者得到的一套拉斑玄武岩系列的偏酸性岩石样品则可能来自一个不同于碱性粗面岩质和碱流岩质所处地壳岩浆房的岩浆房。这可能说明这套拉斑玄武岩系列的岩浆与碱性粗面岩质和碱流岩质岩浆处在地壳岩浆房的熔体的不同分层上，它们可能分别对应于碱性玄武岩浆与拉斑玄武岩浆的地壳岩浆房结晶分异后形成。

　　把上述岩石学、地球化学与地球物理证据综合起来，结合岩浆演化作用的结晶分异和岩浆混合过程的岩相学、岩理学与实验火山学研究结果，笔者认为在长白山天池火山区下方存在着一个巨大的岩浆柱（参见本书第二章）。这个岩浆柱源自上地幔，在不同高度位置上岩浆的大尺度水平扩展形成不同深度的岩浆房，在这些岩浆房内可以发生结晶分异与岩浆混合作用，这些进化的岩浆及部分较为原始的玄武质岩浆在合适条件下喷出地表即构成了现今所见的天池火山。

第四章 天池火山爆破性火山喷发与喷发物理过程

第一节 千年大喷发碎屑物成因类型、喷发规模与过程

一、爆破性火山作用不同成因类型的动力学机制简介

1. 布里尼喷发柱结构分区

爆破性火山作用是地球上最为壮观的自然现象之一，它以布里尼喷发柱为代表。布里尼喷发柱按碎屑物运动的动力学状态可分为以下三部分：底部气冲区、中部对流区和上部扩散区（魏海泉等，1998）。在气冲区内，喷发物上冲运动主要受喷发开始时动量控制，在火山口位置上冲速度常常超过音速。对流区高度是喷发柱高度的主体部分，在对流区内喷发物上升的动力则是浮力效应。由于喷发物与气体混合相的密度大于周围空气的密度，使得混合相得到向上运动的正浮力。正向的浮力效应使喷发物上升的高度称为浮力高度（H_B）。在此高度之上，周围空气的密度小于喷发柱总密度。这时浮力的方向向下，称为反向浮力或负浮力，反向浮力作用使得喷发物趋于下降。但在对流区顶部喷发物的残余过剩动量趋于使喷发物惯性上升，在这种联合作用下喷发柱就发生水平方向的扩散，同时上升至最终高度（H_T），从而形成喷发柱顶部的伞状云扩散区。

2. 火山碎屑流结构分区

高速运动的火山碎屑流是造成火山灾难的最直接因素之一，运动着的火山碎屑流根据其运动状态的不同可分为头部、主体和尾部三部分。三个部分具有不同的流体化状态，从而控制着火山碎屑流堆积物的分层与分相。在火山碎屑流头部的流体化程度最强，侵蚀作用很明显。快速运动的火山碎屑流可以在其前部形成舌状体与裂缝构造，裂缝中摄入的空气受到加温而迅速膨胀，从而引起强烈的流体化和不同程度的湍流。因此，自头

部沉积下的堆积物要比碎屑流其他部位沉积下的堆积物更加细粒亏损，也要富集更多的岩屑和晶屑。由火山碎屑流头部形成的堆积物常称为地浪堆积（ground surge，也称层 1）。火山碎屑流主体（及尾部）形成火山碎屑流的一个（狭义的）流动单元（flow unit，也称层 2）。一个流动单元的下部为岩屑富集带，往往呈正粒序；上部为浮岩富集带，常呈反粒序，其形成机理受控于碎屑密度。在流动单元底部有时形成一个细粒底层，这主要受控于流动与堆积时碎屑的密度及所处的流体化状态。高速运动的火山碎屑流可以向上浮选出的细粒、低密度碎屑，则可在火山碎屑流之后形成灰云浪堆积（ash cloud surge，也称层 3）。在堆积物剖面上层 1、层 2、层 3 就构成了伊格尼姆岩堆积物剖面上的分相及粒序特征。

总体上讲，火山碎屑流（pyroclastic flow）属于高密度流体，如果流体中火山碎屑物的密度很低，而以周围介质为主体成分，则称为火山碎屑涌浪（pyroclastic surge）。火山碎屑涌浪包括底浪（base surge）、地浪（ground surge）、灰云浪（ash cloud surge）三种类型，前者以高温岩浆与水反应形成的射汽岩浆喷发物为代表，后者则与高速运动的火山碎屑流相伴生。

3. 火山喷发初始阶段岩浆动力学过程

在爆破式喷发过程中，挥发份起着决定性触导机制作用。岩浆房上部富含挥发份时，岩浆随着围岩压力降低而分凝出大量气泡。在岩浆房中或火山通道中气泡首次出现时的深度称为出熔面。随着岩浆在火山通道中进一步上升，围压降低而形成大量新气泡，原有气泡也得到快速生长。当气泡体积足够大时（气泡体积百分数达到 77% 左右）岩浆就破碎成火山碎屑和气相混合物，此时深度称为碎屑化面。在碎屑化面之上液态、固态混合相分散于连续的气相之中，直至地表的喷发。火山口之上的喷发柱部分通常以布里尼喷发柱结构分区为代表，自下而上运动过程参见表 4-1-1 中的 9 个阶段。

表 4-1-1 爆破性喷发初始阶段碎屑化与喷发柱动力学过程

空间位置	阶段	物相	驱动力
布里尼喷发柱扩散区	IX	空气、固、塑	反浮力、运动惯性
布里尼喷发柱对流区	VIII	气（空气）、塑、固	正浮力
布里尼喷发柱气冲区	VII	气、液（塑）、固	气体压力与正浮力
地表火山口	VI	气、液（塑）、固	气体压力与正浮力
碎屑化面与地表火山口之间	V	气、液（塑）、固	气体压力与正浮力
碎屑化面（气泡体积 77 %）	IV	气、液、固	压力与浮力
出溶面与碎屑化面之间	III	气、液、固	岩浆压力与正浮力
出溶面	II	液、气、固	岩浆压力与正浮力
岩浆房	I	液、固	岩浆压力

二、天池火山不同成因类型喷发物形成动力学过程

天池火山造盾喷发期间由于非常高的质量喷发率而形成大规模溢流相玄武质熔岩盾，熔岩流流动速度可高达 10m·s⁻¹（见本书第三章第一节），熔岩流长度常常超过 50km。造锥喷发期间粗面质熔岩流由于岩浆黏度的加大和质量喷发率的降低而多形成巨厚熔岩流。爆破性火山作用产物比例明显增大，火山碎屑物有时向东分布于上千千米之外，有时则堆积于锥体附近及锥体内部低洼地带与水盆地当中。

1. 天池火山布里尼式空降堆积物搬运及堆积动力学

天池火山千年大喷发是一次规模巨大的爆发（照片 4-1-1），喷发过程总体表现为连续性岩浆喷发，但局部时段由于偶然性水体的加入而表现为射汽岩浆喷发（照片 4-1-2）。

对于这次大喷发的空降堆积物形成动力学过程已经初步给出了一套限定参数（魏海泉等，1998）。喷发开始阶段保持了一个稳定的空降喷发柱，随后塌陷而形成浮岩质伊格尼姆岩堆积（图 4-1-1）。这种空降堆积和伊格尼姆岩堆积反复交替出现，与典型的伊格尼姆岩标准剖面完全吻合。

天池火山千年大喷发时布里尼式喷发柱高度经历了由早期较高到晚期较低的变化。这可由相同地点剖面靠上部碎屑物粒度小于剖面靠下部碎屑物粒度而看出（图 4-1-1）。喷发高峰时，喷发柱高度（H_B）曾达 25km，并伴有风速超过 30m·s⁻¹ 的西北风。喷发柱伞状云整体部分都是在平流层内传播的，而喷发柱最下部的气冲区高度达 3km。对于粒度大于 8cm 的致密岩屑在空中运动时都遵守弹道抛物轨迹，小于此粒度的岩屑及浮岩均进入到对流区内。喷发时初始岩浆温度为 780°C 左右，携带的围岩碎屑含量达 8.5%。岩浆质量喷发率为 $10^{8.35}$kg·s⁻¹，对应的体积喷发率为 $10^{4.95}$m³·s⁻¹。由喷发柱向伞状云转变时，喷发柱宽度半径为 13km。

照片 4-1-1　朝鲜境内无头峰登山路空降物剖面，早、晚两次浮岩堆积层之间富水喷发薄层堆积

照片 4-1-2　锥体东北侧浮岩空降层间岩屑富集层，指示间隔性射汽岩浆喷发

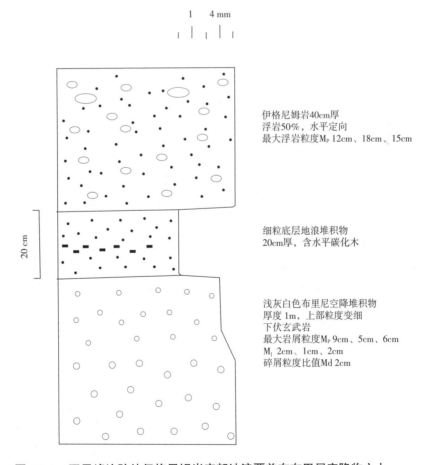

图 4-1-1　双目峰边防站伊格尼姆岩底部地浪覆盖在布里尼空降物之上

喷发柱高度的恢复是布里尼喷发柱动力学过程恢复的基础，天池火山空降堆积物的平均最大岩屑粒度（M_1）分布等值线参数如表 4-1-2 所示。根据 M_1 等值线平面几何形状、在其长轴（顺风）、短轴（逆风）及垂直轴（不受风力影响）方向不同粒度等值线距火山口的距离，结合能量、动量方程与热力学计算资料，即可恢复喷发柱高度等动力学特征参数。天池火山空降物岩屑粒度分布与 Carey 和 Sparks（1986）、Sparks 等（1997）模型具有很好的可比性。

表 4-1-2　天池火山空降堆积最大岩屑粒度 M_1 等值线图数值特征表

碎屑粒度等值线 /cm	顺风距离 /km	侧向距离 /km	逆风距离 /km
0.5	70	26	18.3
1	48	18	14.5
2	36	15	11.5
4	27	12	9
8	19.5	10	8
16	14.5	8	6.8
32	12	6	5.5
64	8	4.5	3.3
128	4.5	2	3

表 4-1-2 中天池火山空降堆积最大岩屑粒度 M_1 等值线图数值特征与 Carey and Sparks（1986）模型对比发现，天池火山最大岩屑粒度等值线反映了喷发时碎屑物受到更大的风力影响。即在喷发时，风速大于 $30 \mathrm{m \cdot s^{-1}}$。对于 $M_1 > 8 \mathrm{cm}$ 的碎屑，其运动轨迹明显受控于弹道抛物线，风力影响则小得多。对于 128cm 粒度的碎屑在逆风方向搬运了更远的距离，这种现象可能说明在喷发过程中发生了风力的变化，也可能是局部定向爆炸作用的结果。例如一段时间内风速降至 $10 \mathrm{m \cdot s^{-1}}$ 或以下，在逆风方向上某粒度的岩屑就会分散到更远的距离。结合空降物等厚线长轴方向朝鲜境内空降浮岩二次加厚现象，可以肯定喷发晚期的喷发柱高度保持在 $H_B < 10 \mathrm{km}$ 以下。如此可以解释天池火山口 120°方向上堆积物粒度及厚度明显加大，而 300°方向则很少有喷发晚期的空降堆积，从而造成 NW300°方向空降堆积厚度强烈亏损的现象。天池火山远源相布里尼空降堆积物搬运堆积过程可以参见本书第二章第五节岩相学部分阐述。

2. 天池火山伊格尼姆岩形成动力学过程恢复

天池火山伊格尼姆岩近源、中源、远源相堆积物在剖面上显示出一系列特征变化。综合研究堆积物的组成、结构、层序及构造特征，可以恢复造伊格尼姆岩喷发的喷发序列及形成的动力学过程。在近源相部分，堆积物厚度往往不大，剖面上初步显示出岩屑与浮岩的正、反粒序特征。岩屑集中于下部，浮岩集中于上部，并可分凝出单独的浮岩富集层。尽管堆积物定位时温度较高，但由于堆积物厚度小，保持热量时间短而不能熔结。而对于厚度大于3m的近源相伊格尼姆岩，则往往都显示出较强的熔结作用，有时柱状节理也发育。滞后角砾岩也常常构成近源相堆积的一部分。由于其形成时强烈的脱气作用，堆积物中仅保留非常少量的浮岩碎屑，而主要表现为松散的岩屑堆积层。

天池火山伊格尼姆岩堆积物中源相部位对应着最大的堆积物厚度，相当于VPI（谷塘型伊格尼姆岩），就如火山锥体四周峡谷（如谷底森林）所见。由于厚度巨大，保持热量时间长，堆积物大多已成岩，其中热冷却节理十分常见。尤其是堆积物中、下部，弧形、柱状、块状节理几乎随处可见。流动分凝层理、分凝构造等反映伊格尼姆岩搬运时流体化程度非常高，成分与结构的流动分异作用极为充分。逃气管构造也常常限定于不同的分凝层中（照片4-1-3）。

照片4-1-3　鸭绿江上游骆驼峰伊格尼姆岩，可见清晰逃气管构造终止于水平层理

远源相伊格尼姆岩剖面岩相特征以分凝层理充分发育，富含碳化木，堆积物较松散为标志（照片4-1-4）。浅灰色空降堆积物之上，首先被地浪堆积（gs）覆盖。说明浮岩流动时自流体头部的湍流抛射作用十分发育。对应于流体主体部分的堆积物，流动单元底部细粒层（2a），说明流动时底部剪切作用在搬运时对碎屑的磨损效应很明显。流动时浮力效应在流体化行为中的作用表现在岩屑的下沉与浮岩的上浮。因而形成流动单元下部的岩屑富集层（2bl）和上部的浮岩富集层（2bp）。浮岩流搬运时细粒碎屑流体化作用的结果最终会导致细粒火山灰尘被箕选出流体之上。待流动单元主体堆积后，箕选出的火山灰云在降落堆积下来，即形成伊格尼姆岩流动单元之上的灰云浪堆积（ac）。剖面上常可见到多个流动单元叠置在一起（图4-1-2）。

照片4-1-4　鸭绿江上游伊格尼姆岩碳化木

3. 天池火山造伊格尼姆岩喷发有关动力学参数的限定

天池火山造伊格尼姆岩喷发，持续性布里尼喷发柱空降堆积形成浅灰色空降浮岩层之后，发生了喷发柱塌陷作用。喷发物向下塌陷回落进入火山口。落下时高速动能驱使

喷发物向四周泛滥，爬过周围火口壁后，沿山坡向下高速流动至几十千米外的开阔平台
洼地。

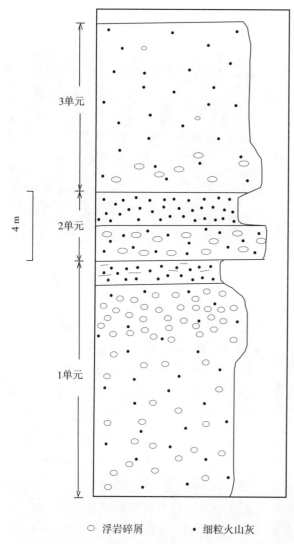

○ 浮岩碎屑　　● 细粒火山灰

图 4-1-2　天池公路伊格尼姆岩 3 个单元复合堆积

对于天池火山，喷发柱塌陷时岩浆中气体含量在 1.3% ~ 2% 之间，气体喷发速度在 250 ~ 300m·s^{-1}，体积喷发率在 $1×10^5$ ~ $3×10^5$m^3·s^{-1} 之间（对应于质量喷发率 $1×10^8$ ~ $3×10^8$kg·s^{-1}）动荡。天池火山伊格尼姆岩堆积物在半径为 40km 圆形范围内普遍分布，平均厚度为 7.47m，纵横比为 7.47/40000=1.87$×10^{-4}$，属简单型伊格尼姆岩。伊格尼姆岩体积按 πR^2h 公式计算：3.14$×40^2×$0.00747=37.5km^3。依上述喷发率计算的持续时间为 35 ~ 104h，即天池火山造伊格尼姆岩喷发时喷发过程持续了 1.5 ~ 4 天的时间。恢复天池火山近代巨型造伊格尼姆岩喷发总的持续时间时，还需要考虑布里尼喷发柱形成空降堆积物的时间。由空降堆积物等厚线图圈闭的面积可得厚度大于 1m 的空降堆积物体积为 33km^3，外推厚度 1m 以下的空降物体积小于 50km^3，按 $1×10^5$ ~ $3×10^5$m^3·s^{-1} 体积喷发率得到持续时间为 77 ~ 230h，约合 3 ~ 9.5 天的时间。喷发物总体积约为 120km^3，按上述喷发率计算的时间为 111 ~ 333h，相当于 4.5 ~ 14 天的时间。即天池火山喷发时，共持续 4.5 ~ 14 天，早期布里尼喷发柱持续 3 ~ 9.5 天，晚期喷发柱塌陷持续 1.5 ~ 4 天。

喷发柱塌陷后，向四周高速泛滥的火山碎屑流由于自身具有极大的活性与动能，途中可以超越几百米、上千米的障碍。根据动能势能转化关系有：$gh=v$，式中 h 为火山碎屑流越过障碍的高度，v 为火山碎屑流越过障碍前所具备的水平运动速度，g 为重力加速度。由此可以从火山碎屑流途中超越障碍的高度来限定其向外流动速度的最小估计值。天池

火山喷发柱塌陷时向外初始流速约为 170m·s^{-1}，翻越火口壁时，起始流速大于 90m·s^{-1}。在火山锥体东北坡，流经 30km 远的和平营子一带时，速度大于 50 m·s^{-1}，而流经 70km 远的松江马架子一带，流速仍保持在 45m·s^{-1} 以上。在火山锥体西坡 40～50km 远处的松江河大小沙河一带，伊格尼姆岩前锋部位流动速度在 26～50m·s^{-1} 左右，相应的时速为 90～180km·h^{-1}，相当于高速汽车时速范围。由此可见，即使到了伊格尼姆岩远源相流体前锋定位时，浮岩流仍保持着很高的流动速度。

多数伊格尼姆岩横向搬运距离和火口缘与堆积地点之间的高差比例接近于 1：50，天池火山的比例数为 1：40（魏海泉等，1998）。天池火口缘滞后角砾岩海拔高度大多在 2500m 左右，而远源相平台堆积地带海拔高度大多在 800 左右。这个 1700m 的高差，控制着原生浮岩流将被搬运到 60km 以远的低洼地带。火山锥体北坡 70km 以远的伊格尼姆岩堆积，与天池北侧火口缘大缺口有关。自喷发柱塌陷的浮岩流向北侧未经翻越几百米高的障碍，保持了大量的动能。加上缺口处浮岩流的大量聚集，使得伊格尼姆岩沿二道白河搬运得更远。

4. 火山泥石流

天池火山泥石流（lahar）堆积物按照形成时的流体动力学过程可分三个主要类型，即岩屑流（debris flow）、泥流（mud flow）和火山泥石流消退流（lahar run-out flow）。在二道白河流域水田村附近，富含粗面岩砾石、分选极差的岩屑流堆积厚度巨大，中间常夹有一定厚度的砂质泥石流层（图 4-1-3），显示出流动时的高速与湍流状态。在图们江流域南坪村附近，千年大喷发后随即发生的火山泥石流表现为下部明显磨圆大砾石的岩屑流被块状泥流覆盖，其上又被层理发育的火山泥石流消退流覆盖（照片 4-1-5）。相邻露头也见到块状泥流与层理发育的消退流互相重复性覆盖的现象（照片 4-1-6、4-1-7），部分火山泥石流消退流已过渡为喷发后洪

照片 4-1-5　南坪村东浮岩质泥流下部碎石流层、泥流层，上部层理发育的消退流层

水泛滥时的次生搬运堆积物。火山泥石流运动速度也是相当快的，这可从鸭绿江流域马鹿沟两江村附近火山泥石流捕获掩埋的动物骨骼来说明（照片 4-1-8）。与伊格尼姆岩岩席类似，火山泥石流之上常被次生堆积物覆盖，而火山泥石流本身的剥蚀改造作用也十分发育（图 4-1-4）。天池火山其他地表作用过程详见第六章。

上部火山泥石流，55cm厚
粗面岩碎屑占80%，$M_1$20cm、14cm、10 cm
含砂质透镜体

细粒砂质火山泥石流，80cm厚
总体呈透镜状，火山灰质成分为主
晶屑、岩屑粒度中粗砂，浮岩与玻屑黏土化

下部粗粒火山泥石流，750cm未见底
粗面岩碎屑占90%，$M_1$10cm、14cm、20cm

图 4-1-3　水田村含浮岩粗面岩质火山泥石流

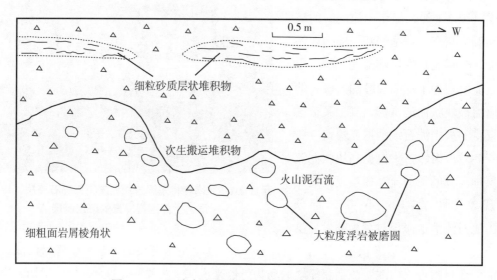

图 4-1-4　天池火山西坡火山泥石流堆积物次生改造

照片 4-1-6　南坪村东浮岩质泥流块状层上覆斜层理与近水平层理发育的消退流层

照片 4-1-7　南坪村东浮岩质泥流斜层理发育消退流层上覆块状泥流层

照片 4-1-8　马鹿沟两江村厚层砂质泥石流，堆积物中含有动物骨骼

第二节　岩浆房、岩墙侵位与火山通道有关动力学参数 *

山上开始着火，火冲向天空中央，天变暗了，来了一片云，天更暗了。

——旧约圣经《申命记》4：11

这时，主下起了大雨……又来了硫磺烈火……快看啊，乡下冒起了烟，就像是高炉上冒出的烟。

——（旧约）《创世纪》19：24~28

余热轮番从内脏飞出；山火的火舌在天空形成弓形。

——埃涅伊德

一、天池火山岩浆房与火山通道岩浆流动动力学参数

长白山天池火山主体由粗面玄武质熔岩盾、粗面质复合锥和碱流质火山碎屑席组成（金伯禄，1994；刘祥等，1989；宋海远，1990；魏海泉等，1999；Whitford-Stark，

＊本节合作者：刘永顺、刘强。

1987)。其中在大约1000年前大规模爆破性喷发的火山碎屑物（Machida et al., 1990, Gill et al., 1992；许东满等，1993；Liu et al., 1997；魏海泉等，1997）被认为是地球上近2000年来最大规模喷发之一。重建的喷发柱高度在$H_B=25km$左右（Horn and Schmincke, 2000；魏海泉等，1998），780℃左右的岩浆与碎屑混合物以$10^8 kg \cdot s^{-1}$的质量喷发率喷出地表。

在天池火山主通道多期次喷发的同时，规模小得多的寄生火山喷发也时有发生。以气象站碱流质碎成熔岩、黑曜岩状熔结凝灰岩为代表的火山碎屑喷泉喷发物较好地描述了寄生火山喷发时火山流体动力学特征（照片4-2-1）。它们与长白山区满族祖先传说中的"天火如恶魔般地蔓延下来时"是一致的（魏海泉、刘若新，2001；Wei et al., 2001；刘永顺等，2007）。虽然业已有人对天池火山碱流质寄生火山作用开展过岩石学、矿物学及火山学方面的工作，但对天池火山主通道与寄生火山通道内部岩浆流动过程的动力学参数研究还很罕见。本节将具体讨论一般性火山通道数学模型对天池火山主通道与寄生火山通道及岩浆房系统的应用。

(a)　　　　　　　　　　　　　　　(b)

照片4-2-1　岳桦瀑布碱流岩流动构造

（a）碱流岩表面流动构造；（b）黑曜岩状碱流岩流动构造

笔者在与莫斯科州立大学及英国布里斯托尔大学Melnik博士、Barmin教授、Sparks教授合作研究期间，通过新近开发的火山通道一般流体模型来模拟天池火山的喷发动力学（魏海泉等，2006）。该模型是Barmin和Melnik（1993）爆破性喷发模型的一个发展。该模型统一考虑了气体通过岩浆的渗透过程和在岩浆与生长的气泡之间的不平衡压力。在建立模型时还考虑了岩浆熔体的流变学和渗透率方面的新的实验资料。前人工作中也曾得到类似的非唯一解（Slezin，1983, 1984），但他们对碎屑化机制和气体自岩浆的流出过程都有其他很多假设。

1. 火山通道中岩浆流体的数学模型

在爆破性火山喷发火山通道动力学过程模型中，通常假设岩浆房位于深度L位置，其上通过一个圆柱形火山通道与地表相连（图 4-2-1），岩浆房内由熔体、晶体和溶解的气体组成的岩浆充填。岩浆房压力是 p_{ch}，晶体体积分数是 β，溶解气体的体积分数是 c_0。火山通道中的流体被分为底部、中部和上部三个带。在底部带（均匀带）里岩浆压力高于给定初始含量的气体的饱和压力（$p_{nuc} > p_0 = c_0^2/k_c^2$），流体是均匀的液相。这时的流体动力学过程可应用一般的黏性液体模型。在中部带（气泡化带）里 $p < p_0$，这时岩浆发生气泡化并流动。底部带和中部带之间有一个窄的成核带，在成核带里 $p_{nuc} = p_0 - \Delta p_{nuc}$，所形成的气泡数密度为 n。数密度 n 的变化很大，随着岩浆的上升，脱气作用和降压过程会导致气泡生长。由于黏性阻力效应使得生长的气泡中的压力降低慢于液体中压力的降低，这就形成了在生长的气泡中一个很大的超压 $\Delta p = p_g - p_m$。当超压 Δp 超过某一临界值时，气泡化介质就发生碎屑化，也就形成了通道的上部带（碎屑化带）。如果带有活性多孔结构的气泡的形成和通过系统气体的流出使得孔隙相连，导致超压降低的过程就合而为一。后一个过程得到了气泡化岩浆样品的渗透率测量实验的证实（Eichelberger et al., 1986），在 Slezin（1983, 1984）与 Barmin 和 Melnik（1993）以及 Melnik（2000）的工作中，曾用简便方式模拟处理。

在垂向三个分带里，以上部碎屑化带里的各种作用最为复杂，它在很多方面都决定着喷发的特征。碎屑化带分为重的、高黏度岩浆带和轻的气体／颗粒分散相带。在气体／颗粒分散相带中阻力是由气体的湍流黏度决定的，而它又小得可以忽略。因此，火山通道的

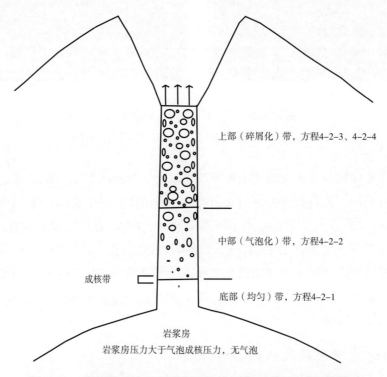

图 4-2-1 爆破性喷发火山通道动力学过程分带与控制方程编号

总阻力和混合物的平均质量就由碎屑化面的位置决定。

首先假设：岩浆房压力大于气体饱和压力，即 $p_{ch} > p_{nuc}$，此时自岩浆房流出的岩浆不含气泡，它具有固定不变的密度和黏度。因此，在均匀带长度 x_{nuc} 岩浆上升速度 V_m 和压力之间的关系式就如方程 4-2-1 所示：

$$p_{ch} - p_{nuc} = \left(\rho_m g + \frac{\lambda \mu(c_0) \theta(\beta) V_m}{d^2} \right) x_{nuc}$$

$$\lg(\mu(c)) = -3.545 + 0.833\ln(c) + \frac{9601 - 2368\ln(c)}{T - (195.7 + 32.25\ln(c))} \tag{4-2-1}$$

$$\theta(\beta) = \left(1 - \frac{\beta}{\beta_*}\right)^n ; \quad \rho_m = \rho_m^0 (1-\beta) + \rho_c^0 \beta$$

式中：p_{ch} 是岩浆房压力；ρ_m、ρ_m^0、ρ_c^0 分别是岩浆、熔体和晶体的密度；β 是晶体的体积分数；g 是重力加速度；μ 是根据 Hess 和 Dingwell（1996）公式计算的岩浆黏度；$\theta(\beta)$ 是代表晶体影响的爱因斯坦校正系数；d 是通道直径或裂隙宽度；x 是从岩浆房计算的垂直当量，对于圆形截面的火山通道 $\lambda = 32$。一般都把岩浆上升时的进一步结晶作用忽略不计（$\beta=$ 常数），它相当于爆破性喷发时岩浆上升速度很大的情况。

为了写出气泡化液体的方程系统，还需要一些简化假设，这些假设的详细内容由 Barmin 和 Melnik（1993）以及 Melnik（2000）文献给出。例如假设岩浆流体是层流式流动的（$Re_m = \rho_m V_m d/\mu \sim 10^{-3} - 10$）、绝热的，并且岩浆黏度仅取决于溶解气体的丰度（Hess and Dingwell，1996）。上升的气泡相对于岩浆上升速度小得可以忽略，就像黏度恒定的不可压缩性液体一样，通道阻力将会具有 Pouiseile 流体的形式。假设在岩浆和生长的气泡之间的质量转化是以平衡方式发生的，这意味着从岩浆里气体出溶的扩散滞后效应可以被忽略。与黏性应力比较而言，生长气泡周围液体的惯性也被忽略了（Navon and Lyakhovski，1998）。岩浆的渗透率是由气泡的体积分数 α 决定的，渗透系数对 α 的依赖关系是由 Eichelberger 等（1986）通过处理冷的岩浆样品的实验结果而得到的。与火山通道阻力比较而言，液体和气相的动量方程中的惯性项也被忽略掉了。这样，泡沫化液体的系列方程就可以写为方程 4-2-2：

$$\left. \begin{array}{l} (1-\alpha)\left(\rho_m^0(1-\beta)(1-c) + \rho_c^0\beta\right)V_m = Q_m; \\ \rho_g^0 \alpha V_g + \rho_m^0(1-\alpha)(1-\beta)cV_m = Q_g; \quad nV_m = n_0 V_{m0} \end{array} \right\} \quad \text{(a)}$$

$$\left. \begin{array}{l} \dfrac{d(1-\alpha)p_m + \alpha p_g}{dx} = -\rho g - \dfrac{\lambda \mu(c)V_m}{D^2}; \\ V_g - V_m = -\dfrac{k(\alpha)}{\mu_g}\dfrac{d\alpha p_g}{dx} \end{array} \right\} \quad \text{(b)}$$

$$V_{\mathrm{m}} \frac{\mathrm{d}a}{\mathrm{d}x} = \frac{a}{4\mu(c)}\left(p_{\mathrm{g}} - p_{\mathrm{m}}\right) \qquad\qquad (c) \quad (4\text{-}2\text{-}2)$$

$$\left.\begin{array}{l} \rho = \left(1-\alpha\right)\left(\rho_{\mathrm{m}}^{0}\left(1-\beta\right) + \rho_{\mathrm{c}}^{0}\beta\right) + \alpha\rho_{\mathrm{g}}^{0}; \\[2mm] p_{\mathrm{g}} = \rho_{\mathrm{g}}^{0}RT; \ \alpha = \frac{4}{3}\pi a^{3}n; \ c = k_{\mathrm{c}}\sqrt{p_{\mathrm{g}}} \ ; \\[2mm] k\left(\alpha\right) = k_{0}\alpha^{3.5} \end{array}\right\} \qquad (d)$$

式中，方程（a）是液体和气相的质量守恒方程及气泡的数密度方程；方程（b）是混合物总体的动量方程以及对气相的达西定律；方程（c）是气泡生长的方程；方程（d）是系列方程中所包含参数的定义。在系列方程（4-2-2）中，ρ_{m}^{0}、ρ_{c}^{0} 和 ρ_{g}^{0} 分别是纯熔体、晶体和气体的密度；V_{m} 和 V_{g} 是岩浆和气体的上升速度；α 和 n 是气泡的体积含量和气泡数量；c 是溶解于岩浆中的气体的质量分数；p_{g} 和 p_{m} 是气泡内及周围液体的压力。

气泡化液体被破坏而形成的气体颗粒分散相的突出特征是颗粒粒度区间非常广。颗粒粒度小至几微米（火山灰、火山尘），大至数厘米（火山角砾）。更大一些的颗粒（火山弹）数量并不多，并且不能被看作是一个连续相。喷发物颗粒大小系列的变化强烈地影响着混合物的动力学，特别是影响声音传播的速度。

笔者设定气体颗粒分散相里含有两个颗粒粒度："细颗粒"和"大颗粒"，而"细颗粒"是以气体速度运动的。细颗粒不含气泡，它们的密度等于岩浆的密度。大颗粒的孔隙是常数，它等于破碎时气泡的体积分数。气体颗粒分散相的流动是通过含有假气体的两速连续来模拟的，这里的假气体是一个带有细颗粒的气体的混合物，该模型中仅大颗粒被单独分离开。参照 Neri 和 Macedonio（1996）的方法，考虑以气体和颗粒之间作用力的形式产生的相内部动量交换和大小颗粒之间的冲击力。由此，气体颗粒分散相的系列方程就可以写为方程 4-2-3：

$$Q_{\mathrm{g}} = \rho_{\mathrm{g}}^{0}\alpha V_{\mathrm{g}} + \rho_{\mathrm{g}}^{0}\alpha_{\mathrm{b}}\theta V_{\mathrm{m}}; \ Q_{\mathrm{b}} = \rho_{\mathrm{m}}\left(1-\theta\right)\alpha_{\mathrm{b}}V_{\mathrm{m}}; \ Q_{\mathrm{s}} = \rho_{\mathrm{m}}\alpha_{\mathrm{s}}V_{\mathrm{g}} \qquad (a)$$

$$\rho_{\mathrm{m}}\alpha_{\mathrm{b}}\left(1-\theta\right)V_{\mathrm{m}}\frac{\mathrm{d}V_{m}}{\mathrm{d}x} = -\rho_{\mathrm{m}}\alpha_{\mathrm{b}}\left(1-\theta\right)g + F_{\mathrm{gb}} + F_{\mathrm{sb}}$$

$$\left(\rho_{\mathrm{g}}^{0}\alpha + \rho_{\mathrm{m}}\alpha_{\mathrm{s}}\right)V_{\mathrm{g}}\frac{\mathrm{d}V_{g}}{\mathrm{d}x} + \frac{\mathrm{d}P}{\mathrm{d}x} = -\left(\rho_{\mathrm{g}}^{0}\alpha + \rho_{\mathrm{m}}\alpha_{\mathrm{s}}\right)g - F_{\mathrm{gb}} - F_{\mathrm{sb}} \qquad\qquad (b) \quad (4\text{-}2\text{-}3)$$

$$\rho_{\mathrm{m}} = \rho_{\mathrm{m}}^{0}\left(1-\beta\right) + \rho_{\mathrm{c}}^{0}\beta; \quad \alpha + \alpha_{\mathrm{s}} + \alpha_{\mathrm{b}} = 1; \quad P = \rho_{\mathrm{g}}^{0}RT \qquad (c)$$

式中，α、α_{s}、α_{b} 分别是气体、细颗粒和大颗粒的体积分数；F_{gb} 和 F_{sb} 则分别是气体和大颗粒之间以及细粒和大颗粒之间的反应力。在这一系列方程中，方程（a）是气体、细粒物和大颗粒物质量守恒方程，方程（b）是混合相组分的动量方程，方程（c）是系列方程中包含的参数的定义，不同物相之间的反应力由 Neri 和 Macedonio（1996）和 Neri 等

(2003) 的方法定义。

把碎屑化带看作是一个不连续带，在这个带里不同组分符合质量守恒方程（方程 4-2-4a、b），混合物作为一个整体满足动量守恒方程（方程 4-2-4c）：

$$\rho_g^{0-} \alpha^- V_g^- = \rho_g^{0+} \alpha^+ V_g^+ + \rho_g^{0+} \alpha_b \theta V_m^+ \tag{a}$$

$$\left(1 - \alpha^-\right) V_m^- = \alpha_s V_g^+ + \alpha_b \left(1 - \theta\right) V_m^+ \tag{b}$$

$$\begin{aligned}
&P_m \left(1 - \alpha^-\right) + P_g \alpha^- + \rho_m \left(1 - \alpha^-\right) V_m^{2-} + \rho_g^{0-} \alpha^- V_g^{2-} \\
&= P + \alpha_b \left[\rho_m \left(1 - \theta\right) + \rho_g^{0+} \theta\right] V_m^{2+} + \left(\rho_g^{0+} \alpha^+ + \rho_m \alpha_s\right) V_g^{2+}
\end{aligned} \tag{c}$$

$$(4\text{-}2\text{-}4)$$

式中，上标"－"相当于恰恰在碎屑化带之前气泡化液体的数值，上标"＋"相当于碎屑化带之后气体颗粒分散相的数值。因为大颗粒具有很大的惯性，笔者不再对某一组使用动量守恒定律，而是假设大颗粒的一个速度连续 $V_m^- = V_m^+$。为了得到碎屑化波的演化过程，需要把另外三个关系作为边界条件：假设在不连续带的底界气泡里的超压等于临界值 Δp^*、假设大颗粒的孔隙度等于碎屑化之前气泡的体积分数、假设细颗粒的质量分数也由大颗粒给出。

作为边界条件，岩浆房内压力 p_m 和溶解气体的初始丰度 c_0 是固定的。如果压力 p_m 高于饱和压力 p_0，使用方程 (4-2-1) 就可计算出均匀化带的长度。进而可以用方程 (4-2-2) 来计算气泡化液体在发生碎屑化条件之前（或者说在岩浆中的压力降低到低于大气压之前）的有关参数。在接近碎屑化条件时则用方程 (4-2-4) 求解气体颗粒分散相的有关参数。还可以进一步求解方程 (4-2-3)，以得到亚声速流动条件时等于大气的压力，或者得到局部的栓塞流条件。如果在岩浆房内的压力相对于岩浆上升时间变化很缓慢，在火山通道里就有时间建立起稳定流动条件，这时就有可能使用准静态方法研究喷发过程。

2. 天池火山千年大喷发和寄生火山喷发时通道及岩浆房内岩浆动力学

下面笔者用前面给出的火山通道流体模型来模拟天池火山喷发时主喷火口大规模喷发（如千年大喷发）和寄生火山口小规模喷发活动（如气象站碱流岩喷发）这两种喷发类型的动力学过程。表 4-2-1 中所列数据是天池火山以野外实测及室内分析为基础的控制参数。

由于现有模型通常都使用 Hess 和 Dingwell (1996) 公式来计算含水熔体的黏度，所以笔者引进了一个代表化学成分的校正系数 ω。对于天池火山千年大喷发和寄生火山喷发的碱流质岩浆，ω 值分别为 0.6 和 1.85（Giordano 私人通讯）。

天池火山地球物理研究显示了有两个异常可以被解译为岩浆体（汤吉等，2001；张先康等，2002），其中一个位于 5km 深处，另一个近于在 15km 左右。矿物学研究也表明，天池火山岩浆中的矿物斑晶与更深的岩浆体有关。要形成破火山口，就必须在岩浆房内获得一个很大的减压作用，还要形成大体积分数的气泡。对于岩浆中约5%水含量的情况，深部岩浆体不能减压到形成破火山口的条件。因此，笔者认为千年大喷发是在岩浆迅速地从下部岩浆房迁移到上部岩浆房时发生的，因为只有这样才符合形成破火山口的条件。气象站碱流质寄生火山作用显示出高度进化的富含晶体的岩浆，这也需要浅部聚集条件。本模型中笔者假设这两种类型的喷发岩浆房深度都是 5km，并通过通道直径的变化来得到岩浆释放率数值变化特征。

表 4-2-1　天池火山千年大喷发和气象站期寄生火山喷发物理、化学参数对比

参　数	千 年 大 喷 发	碱流质寄生火山喷发
晶体含量 β	< 5%	>30% ~ 60%
喷发前水含量 C	5% ~ 7%	< 3%
喷发温度 T	780℃	< 750℃
喷发柱高度 H_b	25 km	3 km
火山通道直径 D	400 m	50 ~ 100 m
质量喷发率 Q	10^8 kg·s^{-1}	10^{5-6} kg·s^{-1}
体积喷发率 V	10^5 m^3·s^{-1}	10^{2-3} m^3·s^{-1}
颗粒平均直径 d	3 mm	10 mm
浮岩密度 ρ_p	<0.8 g·cm^{-3}	0.9 g·cm^{-3}
熔体密度 ρ_m	2.6 g·cm^{-3}	2.6 g·cm^{-3}
SiO_2	71.29	72.35
TiO_2	0.24	0.22
Al_2O_3	11.37	11.18
Fe_2O_3	2.28	2.35
FeO	2.14	2.25
MnO	0.09	0.09
MgO	0.20	0.28
CaO	0.56	0.41
Na_2O	5.39	5.22
K_2O	4.51	4.73
P_2O_5	0.14	0.04
H_2O	1.77	0.46
烧失量	0	0.44
总和	99.82	100.02

图 4-2-2 展示的是模拟计算的天池火山主喷火口千年大喷发和寄生火山喷发这两种喷发过程中释放率和岩浆房压力之间的关系。对于某一固定的岩浆房压力，通常都有两

个固定的、差异达几个数量级的释放率的解。在较小释放率的数值解里（图4-2-2底部曲线），岩浆不发生碎屑化，具有膨胀的气体流出的气泡化液体上升达到地表（相当于侵出机制）。对于一个高速解的情况，气体颗粒分散相的抛出物以一个局部声速的出口速度从通道里喷出（相当于大规模爆破性喷发机制）。沿着固定解参数连续变化时不能得到下部线到顶部线的变化，指示了这两种喷发机制的不同。侵出机制的右边界是通道里遇到碎屑化条件的点，而爆破性喷发的左边界是通道里停止碎屑化作用的点。

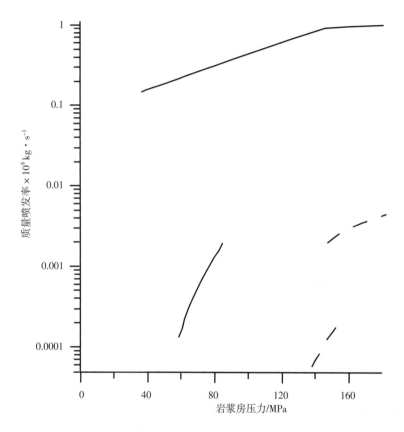

图 4-2-2　天池火山千年大喷发与气象站期碱流质寄生火山喷发动力学参数对比图

实线为千年大喷发，虚线为碱流质寄生火山喷发，上部曲线为爆破性喷发，下部曲线为侵出溢流式喷发

前期工作中已经得知天池火山千年大喷发时最大释放率约为 $10^8 \text{kg} \cdot \text{s}^{-1}$，与此对应的通道直径是62m。碱流质寄生火山释放率大约是 $10^5 \text{kg} \cdot \text{s}^{-1}$，它对应的喷发通道直径是40m。这两个通道直径计算值在世界上类似火山估计的通道直径范围之内（圣海伦斯火山和维苏威火山的通道直径都在50m左右（Dobran，1992））。岩浆房的压力变化范围在20MPa～–50MPa之间，这与静岩压力相对应。当岩浆房压力更低些时，浅部岩浆房通常都要发生破火山口的塌陷。岩浆房内超压更高些时，岩浆房的围岩就要发生破裂，这将导致发生压力的降低作用。对于一个深度5km的岩浆房，其上覆岩石密度取 $2600 \text{kg} \cdot \text{m}^{-3}$ ，这

时的静岩压力是 127MPa。在这样的压力下，由天池火山喷发物岩浆成分推测的岩浆房内的岩浆将会含有约 3% 体积百分数的气泡。当岩浆在通道中上升时，气泡体积达到 65% 时岩浆就会破碎，颗粒在火山口离开通道时的速度是 145m·s⁻¹，而气体离开通道时的速度是 170m·s⁻¹。气体颗粒分散相抛出物在火山口位置的出口压力是 12.2MPa。

随着岩浆房内压力的降低，岩浆房内气泡的体积增加。在破火山口塌陷之前岩浆房内气泡体积可达 30% ~ 40%。与此同时，火山通道中碎屑化发生时岩浆的孔隙度也增加到 70% ~ 75% 左右。这时的出口压力降低至 7 ~ 8MPa，出口气体速度增加到 180m·s⁻¹。这些参数与 Papale 和 Dobran（1994）计算的其他火山的参数具有很好的一致性。笔者的模型也预测了在天池火山喷发时，当体积释放率高达 73m³·s⁻¹（DRE）时也可存在侵出相喷发活动，但这需要岩浆房压力很大地低于静岩压力。如果岩浆房压力在最后阶段足够低，在破火山口塌陷之后侵出相活动就可能跟随在主爆破性喷发活动之后发生。对应的浮岩密度从 0.91g·cm⁻³ 降低至 0.65g·cm⁻³，这与野外观测的气象站浮岩密度明显大于千年大喷发浮岩密度的结果很好地吻合。

气象站碱流质寄生火山喷发以弱的爆破性喷发和侵出式喷发为代表，模拟计算的气体出口速度是 15 ~ 25 m·s⁻¹。这时浮岩的孔隙度比千年大喷发的孔隙度低，为 48% ~ 61%，而浮岩密度要高很多，为 1.01 ~ 1.35g·cm⁻³。在侵出相喷发时最高释放率可以达到 42m³·s⁻¹（DRE），孔隙度变化范围是 70% ~ 80%，这表明喷发条件有益于向爆破性喷发阶段的转变。就像圣海伦斯火山那样，火山爆炸都与高岩穿侵出率有关（Swanson and Holcomb，1990）。这时的爆炸过程持续时间很短，是瞬变的。天池火山造锥晚期众多短而粗碱流质熔岩流的出现，指示了这种碱流质侵出——溢流式火山作用。对于气象站期岩浆成分，如果要发生持续性爆破性喷发活动，就需要很大的岩浆房加压，而这已远远地超过了岩浆房围岩的抗拉强度。

二、岩浆房顶部岩浆上升的岩墙侵位力学机制

岩浆房顶部火山通道形成时的初始条件与岩墙传导的动力学过程十分接近。天池火山锥体范围内保留有众多环状、放射状岩墙体，其中有些岩墙很可能与喷发时的火山通道有关。本节将以岩墙尖端应力理论为出发点，结合岩墙内岩浆的上升与固结机制讨论，说明火山通道的开启过程，并根据岩墙内岩浆补给率与压力参数，探讨火山喷发的周期性。

1. 岩墙尖端应力理论

最简单的二维岩墙模型是偏平洞（elliptic hole）模型。取倾向（高度）或走向（追踪长度）方向上长度二者之间的较小的数值为 2a（Gudmundsson，2000b），取厚度（张开尺寸）为 2b。如果岩墙经历着一个恒定的岩浆超压 P_0（总岩浆压力减去岩墙标准压性应力），

在岩墙尖端的最大张性（最小压性）主应力 σ_3 就是：

$$\sigma_3 = -P_0\left(\frac{2a}{b}-1\right) \tag{4-2-5}$$

裂隙尖端曲率半径 $r_c=b^2/a$，方程（4-2-5）变为：

$$\sigma_3 = -P_0\left[2\left(\frac{a}{r_c}\right)^{1/2}-1\right] \tag{4-2-6}$$

垂直剖面上典型的尖灭岩墙的尖端曲率半径是几厘米。对于倾斜或走向几千米的岩墙，方程（4-2-6）得到的理论岩墙尖端张应力大约是 $10^3 \sim 10^4$MPa。即使是某个长度仅几十到几百米的岩墙段对应的曲率半径，方程（4-2-6）也会给出岩墙尖端大约 $10^2 \sim 10^3$MPa 的张性应力的理论值。常见固态岩石的原地张性强度是 0.5 ～ 6MPa (Haimson and Rummel，1982；Schultz，1995；Amadei and Stephansson，1997)，由此可见上述估计的岩墙尖端理论张性应力比原地岩石张性强度高出几百到几千倍。

不管把岩墙作为偏平洞模型，还是作为几何裂隙模型，在一个均匀各向同性的主岩中，具有一定超压的岩墙都有潜力在其尖端形成非常高的张性应力，因此也就不应被捕获。要使岩墙尖端在某个地壳深度被捕获（而不是传导至地表），地壳一定是非均匀的、各向非同性的。特别是通常一定要有某种类型的应力障、不连续交切、或者是杨氏模数的突变，这些因素使得垂直传导的岩墙被捕获。与地壳成层有关的应力障、杨氏模数的突变、不连续性等不仅对岩墙的捕获有贡献，而且对捕获岩墙引起的地表应力有很大的影响。为了考察这些效应，人们运用边界元程序 BEASY (1991) 做出了很多模型。工作中还需考虑的因素有：

(1) 应力障效应。

在应力障那里与岩墙垂直的压性应力超过应力障上、下层位岩层 7MPa。Gudmundsson（1988）对冰岛火山地壳平均值研究表明所有层的杨氏模数都相同，都是 40GPa，泊松比是 0.25。如果向岩墙提供岩浆的岩浆房位于地下 10km（Gudmundsson，2000a），偏平洞模型中岩墙尖端就会在裂谷带地下 3km 深度上，而应力障将会在 1km 深度上。应力障内额外的 7MPa 的压性应力类似于冰岛东部裂谷带内测量到的数值（Haimson and Rummel，1982）。

(2) 杨氏模数。

孔隙度、温度和水含量的增加都会降低杨氏模数，而裂隙可能是降低原地杨氏模数的最大潜在因素（Farmer，1983；Priest，1993）。这特别适用于单一系列的裂隙，例如近垂直的柱状节理。它们在与岩墙内岩浆超压引起的水平压应力负荷近相垂直的方向上排列。节理（或其他裂隙）的频率越大，对于垂直于节理方向上的负荷的有效杨氏模数就越低。

(3) 不连续性接触带。

岩墙通常都受不连续性接触带的影响，例如很多岩墙尖端都被捕获于接触带上。另一些岩墙改变其通道而变成支脉或部分沿着接触带发育。有些岩墙在进入这些接触带时变成了岩席。低的韧度范围对应于一个固化的、弹性的但却松散的沉积物或火山碎屑物接触带，就如火山序列中常见的软弱的凝灰岩层，它有一个低至 50MPa 的小的实验室杨氏模数，而软弱的泥岩则低至 3MPa（Bell，2000）。

岩墙的最大裂隙尖端张应力达到 111MPa，但研究表明在岩墙之上的地表只有一个很小的张应力（1MPa），在水平不连续层的两个边缘之上有 2MPa 的峰值。这时如果要形成表面裂隙，也会在岩墙尖端两侧 4km 的位置上。

人们常把地表变形与岩墙的横向传导联系起来。从浅部岩浆房横向注入的岩墙就应该在横向岩墙尖端之前的地表引起裂隙和断层（Rubin and Pollard，1988）。按照那个模型，从火山横向注入的岩墙就可能沿着它的传导通道引起表面裂隙。

(4) 岩浆浮力。

在一个球形岩浆房仅由不可压缩性酸性岩浆组成的简单情况下，岩浆超压将沿着岩浆房边部垂直方向增加，并在岩浆房顶部达到最大值 $\Delta \rho g R$。因此，对于一个密度差 $\Delta \rho = 250 \text{kg} \cdot \text{m}^{-3}$（Petford et al.，1994），$R=1\text{km}$ 到 $R=10\text{km}$ 时，$\Delta \rho_{max}$ 可以增加 2.5 ~ 25MPa。

在从很大的岩浆房中形成岩墙时，浮力可能是重要的。否则的话，将会呈现黏性机制。但是，如果大岩浆房趋于变得平化，或者是呈酸性岩浆下伏有中性浮力的偏基性岩浆的层状结构时，浮力岩浆层的最大厚度可以达到 0.5 ~ 3km，这对应着一个 1 ~ 10MPa 的额外超压。因此，岩浆浮力对于最大的岩浆房里岩墙形成的动力学可能是重要的，并且更可能对酸性岩浆房的垂直大小提供一个上方限制。

(5) 区域张力。

典型的构造应变在 10^{-14} ~ 10^{-15}s^{-1} 范围内（Carter and Tsenn，1987）。实际上限定性压力和 300℃ 以上温度下的岩石应该流动，而不是破坏。因此，构造张性应变将不太可能破坏接近深成体的热岩石。

在黏性机制里，在与最小主压性区域应力方向一致的岩浆房边界点上，张力应该促进岩浆房超压，促进量等于该方向上的张性应力向量。在垂直于张力方向的平面内张力将伴生性地降低岩浆房超压。因此，在一次新的岩浆注入后，就可能使岩浆房在张力方向上膨胀。除了与张力方向一致的方向上两个点外，深成体任意地方都不产生超压。

对于一个剖面上形状为椭圆形的岩浆房，在垂直于张力方向平面内负的岩浆房超压相平衡所需要的注入量 Q_{ex} 是岩浆房体积由于长轴方向膨胀的变化率。这一条件可以表示为：$Q_{ex} = \varepsilon_{ex} V_{ch}$，其中下标 ex 表示张力，ε_{ex} 是构造应变。采用一个可能的应变 10^{-14}s^{-1}，Q_{ex} 对小岩浆房是可以忽略的。但随着岩浆房体积增大至 10^4km^3 时，Q_{ex} 却可以接近于所期待的 Q 值。结果就是，张力对小岩浆房岩浆注入所产生的超压很少起作用。与此相反，对于大岩浆房，张力可以明显降低岩浆房顶部的超压，也就导致岩墙形成时的降压作用的增加。

2. 岩墙的热残存和围岩流变学

岩墙的形成模型通常都把围岩看作是均匀的、纯弹性的、具有相同强度和硬度的各向均一介质，并且通常都忽略下列效应：围岩流变学特征对温度与应变率的依赖、岩浆补给速率的依赖、以及岩浆房大小与形状的依赖（Blake，1984；Tait et al.，1989；McLeod and Tait，1999）。岩浆以一个固定速率流入一个理想弹性围岩限定的球性岩浆房中时，在围岩中产生一个应力增加，增加的速率是与岩浆房体积增加部分成比例的。如果流入过程持续下去，就不可避免地达到形成岩墙所需要的岩浆压力。然而，如果围岩足够热，又有岩浆房生长导致的一定的应变率，围岩的有效黏度就会低到足以使岩浆房超压驱动岩浆房在围岩中辐射状蠕变（有效黏性流），而这又限制了可以忍受的岩浆超压的最大值。

要形成长度 l 的岩墙所需要的岩浆房超压 ΔP_{ch} 仅为几个 MPa，这个超压也近似于形成裂隙尖端的应力强度因子（Griffith，1920；Anderson，1995；Rubin，1995a；McLeod and Tait，1999）超过地壳岩石破裂韧性 K_c 所需要的压力（Robin，1995b）：

$$K = 1.12\Delta P_{ch}(l)^{1/2} \tag{4-2-7}$$

这一超压反映了一个在岩浆房外壁上业已存在的、向围岩传导的、充填岩浆的裂隙的情况。与此相反，岩浆房外壁上要形成新的裂隙，其成核过程所需要的超压就会大很多，它接近于 50 MPa（Rubin，1995b）。

岩墙热残留的临界值可以用一个无量纲参数 β 表示：

$$\beta = 2\left(\frac{3\kappa\mu_m}{\pi\Delta P_{ch}}\right)^{1/2}\frac{c|dT_{wr}/dx|}{L}\left(\frac{\Delta P_{ch}}{E}\right)^{-2} \tag{4-2-8}$$

式中，κ、c 和 μ_m 是岩浆的热扩散率、比热和黏度；dT_{wr}/dx 是沿着岩墙通路上围岩的热梯度；E 是围岩的弹性模量。在计算中，采用 $E=10^{10}$Pa，实验室测量值比该值大 2 ～ 5 倍，但对地壳岩石是合理的（Bienawski，1984；Rubin，1995a,1995b）。除非 β 小于大约为0.12 ～ 0.16 之间某个数值，岩墙都不能发生传导过程，这个数值取决于岩浆房内、岩墙内以及（无岩浆的）传导岩墙尖端部位压力的相对大小。

把岩墙传导至地表而导致喷发的临界超压 ΔP_{crit} 是：

$$\Delta P_{crit} = 3.5\left[\left(\frac{\kappa\mu_m}{\pi}\right)^{1/2}\frac{c|dT_{wr}/dx|}{L}E^2\right]^{2/5} \tag{4-2-9}$$

温度梯度选取值对应的热流值是 0.2 ～ 0.8W·m^{-2}，这与地热区地表热流值测量结果相一致（Palmasesson and Saemundson，1974；Fournier and Pitt，1985；Bibby et al.，1995）。

对于典型的流纹质岩浆黏度（$10^5 \sim 10^7$ Pa·s^{-1}），岩墙传导到地表所需临界压力大约在（$10 \sim 40$）MPa 之间。这也导致一种预测，即流纹质岩墙应该宽于玄武质岩墙，这与观察大体是吻合的（Lister and Kerr，1991；Rubin，1995a）。

从岩浆房到围岩的热梯度的保守估计为 $-100\,℃\cdot km^{-1}$。对于给定的 $\beta=0.15$ 的情况，要把一个高黏度的流纹质岩墙传导至地表比起把一个低黏度的玄武质岩墙传导至地表所需要的（临界）超压就大得多，临界超压随着岩浆黏度和向下游温度梯度的增大而加大。

3. 原已存在的充满岩浆的裂隙的加压作用

由于岩浆自岩浆房流入一个膨胀中的裂隙需要时间，岩浆在裂隙中的加压过程也就滞后于岩浆房中岩浆的加压过程。岩浆自岩浆房流入裂隙受岩浆房内压力 P_{ch} 和裂隙内压力 P_d 的压力差驱动，并且被黏性应力减缓。黏性应力又受控于岩浆黏度 μ_m 和裂隙宽度。

初始裂隙压力可以等于周围静岩压力 σ_r、箍环应力 σ_h 或它们之间的某个数值：

$$\frac{dP_d}{dt} = \frac{(P_d - \sigma_h)^3}{3E^2\mu_m}(P_{ch} - P_d) \tag{4-2-10}$$

使用岩浆房超压的定义 $\Delta P_{ch} = (P_{ch} - \sigma_r)$，并来定义"岩墙超压" $\Delta P_d = (P_d - \sigma_h)$，方程（4-2-10）可用岩浆房超压和岩墙超压重写为：

$$\frac{d\Delta P_d}{dt} = \frac{\Delta P_d^3}{3E^2\mu_m}\left(\frac{3}{2}\Delta P_{ch} - \Delta P_d\right) \tag{4-2-11}$$

方程（4-2-7）和方程（4-2-11）就是围岩具有 Maxwell 黏弹性流变学时岩浆房超压与岩墙超压时间演化的控制方程。这些方程只能应用于岩墙即将开始传导的那一点。传导一旦开始，就需要额外的方程来描述岩浆进入传导中的岩墙的流动（Lister and Kerr，1991），并且需要考虑岩浆自岩浆房流走后对岩浆房压力的损失。

上述模型可以用于确定某一特定系列的初始条件（Q 和 V_{ch}）和物质性质（E、μ_{wr}、μ_m）产生一个足以把一个初始的流纹质岩墙传导到地表的岩浆房超压 [（$10 \sim 40$）MPa]，也能用来确定岩浆房与岩墙超压变化的时间尺度。

通过使方程的无量纲化，可以得到更进一步的启示。定义 $P_d = (\Delta P_d / \Delta P_{max})$ 和 $P_{ch} = (\Delta P_{ch} / \Delta P_{max})$，重写方程（4-2-7）和方程（4-2-11）得到：

$$\frac{dp_{ch}}{dt} = \frac{E}{\mu_{wr}}(1 - p_{ch}) \tag{4-2-12a}$$

$$\frac{dp_d}{dt} = \frac{\Delta P_{max}^3}{3E^2\mu_m}p_d^3\left(\frac{3}{2}p_{ch} - p_d\right) \tag{4-2-12b}$$

方程（4-2-12a）和（4-2-12b）定义了控制岩墙形成动力学的两个时间尺度：Maxwell

时间 τ_v 和岩墙加压作用的时间尺度：

$$\tau_d \sim \frac{3E^2\mu_m}{\Delta P_{max}^3} \tag{4-2-13}$$

该模型的 ΔP_d 初始值是 $\frac{1}{2}\Delta P_{ch}$，最终值是 $\frac{3}{2}\Delta P_{ch}$。岩墙压力在时间 $t \leqslant \tau_d$ 里反应缓慢，之后就迅速增加到 $1.5\Delta P_{ch}$。

按照 $t' = t/\tau_y$ 把方程（4-2-12a）的时间无量纲化，得到控制方程的简单形式：

$$\frac{dp_{ch}}{dt'} = (1 - p_{ch}) \tag{4-2-14}$$

$$\frac{dp_d}{dt'} = \frac{\tau_y}{\tau_d} p_d^3 \left(\frac{3}{2}p_{ch} - p_d\right) \tag{4-2-15}$$

它表明了岩墙超压对 τ_y/τ_d 比值的依赖性。

当 $\tau_d < \tau_y$ 时，岩墙压力即使在低的岩浆房超压下也迅速增加到与岩浆房超压相匹敌。结果就是，岩墙压力在岩浆房加压时间尺度 τ_y 里就达到了最大压力值。当 $\tau_d > \tau_y$ 时，岩墙加压作用相对于岩浆房加压作用被滞后，岩墙压力达到最大值所需的时间尺度近似是 τ_d。研究表明，在岩墙传导或断层时的渗透性破裂或对主岩的"损坏"（Lyakhovsky et al., 1993；Agnon and Lyakhovsky, 1995；Lyakhovsky et al., 1997, 1998；Meriaux et al., 1999）进一步降低了围岩的有效黏度。围绕一个高位深成体潜在富流体环境的变质反应也可以对围岩的弱化做出贡献。

4. 岩墙形成的时间尺度

上述分析表明岩浆房加压的时间尺度（τ_v 或 τ_e）决定着形成岩墙所需的时间。在相等的 Q 时，岩墙加压的时间尺度 τ_d 可能不起作用（McLeod and Tait, 1999），因为它只有在不切实际的高岩浆黏度时才适用。在黏性机制中，$\tau_d > \tau_y$ 的条件导致下面的关系：

$$\mu_m^{crit} > \frac{\mu_{wr}}{3}\left(\frac{\Delta P_{max}}{E}\right)^3 > \frac{\mu_{wr}}{3}\left(\frac{\Delta P_{crit}}{E}\right)^3 \tag{4-2-16}$$

由第二个不等式可知，如果 ΔP_{max} 不大于 ΔP_{crit}，就不能形成岩墙。代入 μ_{wr}、ΔP_{crit}、E 的数值（$\mu_{wr} = 10^{19}\text{Pa·s}^{-1}$，$\Delta P_{crit} = 2 \times 10^7\text{Pa}$，$E = 10^{10}\text{Pa}$），得到 $\mu_m^{crit} > 2 \times 10^{10}\text{Pa·s}^{-1}$，这大约比典型的（饱和水的）流纹质岩浆黏度大 $2 \sim 4$ 个数量级（Bottinga and Weill, 1972；Shaw, 1972；Anderson et al., 1989；Wallace et al., 1995；Hess and Dingwell, 1996）。

在弹性机制中 $\tau_d > \tau_e$ 条件导致：

$$\mu_m^{crit} > \frac{3\Delta P_{crit}V_{ch}}{2Q}\left(\frac{\Delta P_{crit}}{E}\right)^3 \tag{4-2-17}$$

当 Q=0.005km^3·a^{-1} 时，得到 μ_m^{crit}=1.5×10^{8}Pa·s^{-1}，这仅适用于小岩浆房（V_{ch} = 0.1km^3）。因此，在弹性机制中，只有对非常高的 Q / V_{ch} 值和非常黏性的岩浆，τ_d 才有意义。

（1）岩墙频率与周期性岩浆补充。

根据弹性岩浆房加压时间 τ_e 对岩浆房体积 V 的关系，对体积小的、初始未加压的岩浆房，τ_e 可以被解释成把岩浆房加压到临界超压 ΔP_{crit} 所需时间量。假如喷发释放岩浆房超压，那么 τ_e 就是在相继的岩墙之间最小的时间周期，因此也就应该近似是两次喷发之间的最小时间。

对于黏性机制的大岩浆房，只有当岩浆流量实质性超过长期平均流量 Q 值时才能形成岩墙。弹性加压时间给出了喷发之间的最小时间。假设 ΔP_{crit} 和 E 是稳定的，这个时间应该简单地与 V_{ch} / Q 成比例。

（2）喷发重现间隔与岩浆房体积。

一旦建立起一个大的（> 10^{2}km^3）酸性岩浆房，理论表明只有在两种情况下，岩浆房才能通过岩墙抽取而发生喷发。第一种情况是，岩浆是以脉动式送到岩浆房里的。在这些脉动里新岩浆极大地超过了长期岩浆补给速率 Q，这样就可达到一个临界岩浆房超压。岩浆房越大，发生喷发所需要的新岩浆脉冲也就越大。第二种情况是岩浆房在垂直方向上被平化时（即高度非球形时），在这种情况下，岩墙可能自岩浆房边部产生。在那里岩浆房边界的曲率很高。随着岩浆进入岩浆房，那里的应力也就可以集中。这一效应可以由区域张性应力而加剧，在与张应力方向一致方向岩浆房边界上最有可能形成岩墙。

作为世界上超大规模爆破性火山的实例，可以选取 Mono-Inyo 与 Okataina 火山系统来说明喷发速率、喷发周期和岩浆房体积之间的关系。对于长谷火山的 Mono-Inyo 系统，最近几千年里流纹质喷发的复发周期在 200 ~ 700 年之间（Metz and Mahood，1985, 1991；Christensen and DePaolo，1993；Davies et al.，1994），喷发率大约是 0.001km^3·a^{-1}。这表明了一个大约 100km^3 体积的岩浆房。一个更高一些的岩浆补给数值将会得到成比例的更高的岩浆房体积数值。对于 Okataina 火山系统，在最近的 21000 年里，9 次喷发大约喷出了 80km^3 的流纹质岩浆（Nairn，1981）。喷发之间的平均间隔是 2200 年，喷发率大约是 0.004km^3·a^{-1}。Okataina 系统喷发率和重现周期对应的岩浆房体积大约是 2000km^3。

三、岩浆房中岩浆混合作用动力学机制

一般认为两种岩浆相遇并产生岩浆混合作用的机制有 3 种：一是新岩浆周期性地从岩浆房底部注入，与岩浆房内原有岩浆产生混合；二是层状岩浆房中相邻熔体层之间因对流作用而产生混合；三是火山通道内岩浆喷发时受岩浆上升惯性力和岩浆黏滞力的共同作用，使相邻岩浆层同时进入火山通道产生混合。此外，深部形成的岩浆进入不同成分的浅部岩浆房，也可以发生混合。

1. 岩浆向岩浆房中补给

镁铁质岩浆通过酸性岩浆房底部的管道或裂隙向上垂直补给到酸性岩浆房中。由于基性岩浆的密度大，若补给的强度较小时，则在岩浆房的下部扩散，形成少量的混合；若补给的强度增大，补给流的雷诺数非常高时，便可在酸性岩浆房中形成喷泉。特别是垂直补给流为湍流时，两种岩浆可以发生大量的混合，并形成喷泉状混合杂岩带（Campbell and Turner，1986）。Campbell 和 Turner（1985，1986）发现，可以用两个无量纲参数来反映这种岩浆混合作用。即：

$$补给岩浆的雷诺数：Re_{1N} = \frac{Wa}{v_i} \tag{4-2-18}$$

$$两种岩浆黏度比率：v_1 = \frac{v_h}{v_i} \tag{4-2-19}$$

式中，W 是岩浆补给速度；a 是岩浆补给入口直径；v_h 和 v_i 分别是原有岩浆（酸性岩浆）和补给岩浆的动力学黏度。当 $v_1 \gg 1$ 和 $Re_{1N} > 400$（如湍流补给）时，$Re_{1N} / v_1 = Re_{host} = Wa / v_h < 7$，这时将不能发生混合。

对于酸性岩浆补给到基性岩浆房的情况，其特征是高黏度的、具有浮力的补给流进入低黏度的流体中。Huppert 等（1986）实验结果表明，补给流以底辟体上升，其上升速度取决于密度差。底辟体的雷诺数定义为：

$$Re_{plume} = (g'Q^3 / v_i)^{\frac{1}{5}} \tag{4-2-20}$$

底辟体的稳定性受雷诺数大小的控制，当 Re > 10 时为不稳定流。Huppert（1986）指出：对于不稳定底辟，至少需要补给速度为 $10^7 m·s^{-1}$，而这个速度比流纹岩的突变性喷发的速度还大。因此，在较低速度下，酸性岩浆可能以层状的底辟体穿过基性岩浆而上升，最终在基性岩浆房上部形成层状的酸性岩浆房。

2. 岩浆房中不同性质岩浆层的对流翻转与岩浆自混合作用

直到双扩散对流的概念应用于岩浆动力学研究之前，强烈的热对流被认为是基性岩浆注入到酸性岩浆房后形成混合岩浆的最主要混合机制之一（Huppert and Turner，1981）。双扩散对流实验研究表明：酸性岩浆房之下的镁铁质岩浆越热、密度越大，则岩浆层越稳定。通过两种岩浆界面上的热传递比化学传递快，并引起层状对流，而化学对流由于层之间保持了稳定的密度梯度滞留于热对流之后。界面上热和质量的传递主要通过分子的扩散进行，岩浆层之间不发生机械混合。但若下层的基性岩浆发生分离结晶作用时，这种状况可能会改变。因为，下层基性岩浆在冷凝期间，分离结晶作用改变了残余岩浆的密度。当密度比上层酸性岩浆的密度小时，残余岩浆将与上层酸性岩浆发生对流混合。Huppert 等 (1986) 的 KNO_3 与甘油的实验证实了这种情况。但一般情况下镁铁质基性岩浆分离结晶后的残余岩浆密度不太可能比酸性岩浆密度小，一般只能达到中性岩浆的密度。

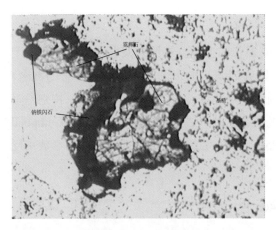

照片 4-2-2　钠铁闪石围绕霓辉石生长，单— 4

Couch 等（2001）提出了一个开放岩浆房对流自混合模型。对于单一成分长英质岩浆的开放岩浆房，由于更热的镁铁质岩浆侵入到岩浆房底部，岩浆房中的长英质岩浆在下部被加热。这样就在长英质岩浆底部形成一个热的边界层，在这个边界层中具有陡的温度、晶体含量和黏度梯度。局部热边界层会因浮力的作用而失稳，形成对流热柱并与岩浆房主体内部较冷的岩浆相混合（图 4-2-3）。这一模型可以很好地解释天池火山岩中出现的矿物结构、矿物成分的多样性以及岩石中热和成分的不平衡现象。例如，暗色矿物斑晶的钠铁闪石反应边（照片 4-2-2），斜长石的富 an 环边，而且在其边部含有钠铁闪石微晶（照片 4-2-3）。这种钠铁闪石岩石结构不会因岩浆上升到浅部过程中的脱气和降压作用形成，而只能由岩浆房中矿物结晶与演化过程所形成，因为角闪石的形成需要较高的水分压条件。边部斜长石富 an 可以是热的镁铁质岩浆与长英质岩浆突然混合而发生骤冷的结果，但对流自混合也会产生这种结构。在天池火山岩样品同一岩石薄片中常常见到具有环边和没有环边的长石晶体，就可能是自混合引起的局部热变异的产物。尽管侵位于岩浆房底部的镁铁质岩浆可能为对流提供了热源，但通常情况下由对流自混合导致斑状的中酸性岩石中复杂岩石结构的产生，并不要求有更富镁铁质的岩浆直接卷入。

照片 4-2-3　造锥粗面岩中的长石斑晶熔蚀不规则边界与基质中蓝色钠铁闪石，单— 10

3. 岩浆房释放和火山通道内上升期间的强迫性对流

当岩浆从岩浆房中释放和通过火山通道上升时，带状岩浆房中稳定的酸性、基性岩浆层将被破坏，进而发生混合。密度层对岩浆从稳定层状岩浆房对称地释放（通过一个小的出口），这时需要考虑两种密度层：

（1）不同成分和密度的两个均质层组成的层。岩浆从具有双层结构的岩浆房中释放有两种情形。其一是从上层喷出，其二是同时从两层中喷出。在后一种情况下，两层岩浆

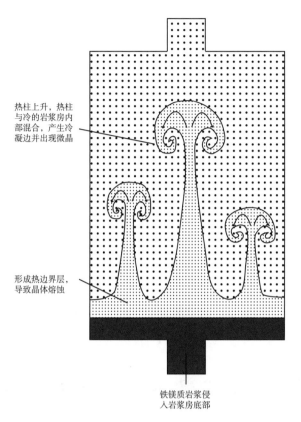

热柱上升，热柱
与冷的岩浆房内
部混合，产生冷
凝边并出现微晶

形成热边界层，
导致晶体熔蚀

铁镁质岩浆侵
入岩浆房底部

图 4-2-3　高温基性岩浆侵入到低温酸性岩浆房底部导致酸性岩浆自混合作用过程示意图

立即进入火山通道，并发生混合。岩浆上升的临界高度受黏度和浮力之间的平衡所支配。实验得出的关系为：

$$d = 2.4(vQ/g)^{\frac{1}{4}} \tag{4-2-21}$$

式中，v 为上层岩浆的动力学黏度；Q 为体积释放率，$g' = g(\rho_2 - \rho_1)/\rho_1$，$\rho_1$ 和 ρ_2 分别为上、下层岩浆的密度。因此，黏度／浮力平衡可以用无量纲表示：

$$vu/g'd^2 = 常数 \tag{4-2-22}$$

式中，μ 为流体上升的速度（$\mu \sim Q/d^2$）。

（2）密度向下连续增加的层。在连续层的情况下，释放的高度为：

$$d \sim (Q/N^2)^{\frac{1}{5}} \tag{4-2-23}$$

式中，$N = (g\partial\rho/\partial z)^{\frac{1}{2}}$，为浮力频数，依赖于 g 和垂向密度梯度（$\partial u/\partial z$）。将这些结果应用到自然岩浆体表明：岩浆从酸性到中性的带状岩浆房中释放和上升的高度可能是 10^2 数量级（释放率 $>10^4 \mathrm{m}^3 \cdot \mathrm{s}^{-1}$，Walker,1981）。

两种混合的、黏度不同的流体穿过垂直圆管时的流动实验表明外层的流体黏度较大，就像两种岩浆同时从一个酸性/基性层状岩浆房中流出一样。从稳定流到不稳定流的过渡取决于 Re 数、黏度比、流动速率比，其中 Re 数：

$$\mathrm{Re}_{\mathrm{core}} = Q_c / \pi v_c R_c \tag{4-2-24}$$

式中，Q_c 为流速；R_c 为半径；v_c 为黏度；$\mathrm{Re}_{\mathrm{core}}$ 为中心流体 Re 数。

$$黏度比值：v_2 = v_0 / v_c \tag{4-2-25}$$

$$流动速度比值：Q_T = Q_0 / (Q_0 + Q_c) \tag{4-2-26}$$

式中，Q_0 为外层流体速度；v_0 为外层流体黏度。如果流动的流体中，黏度较大的流体占 10% ～ 90%，那么，当 $\mathrm{Re}_{\mathrm{core}} < 3$，$v_2 > 10$ 时，流动是稳定的，即圆管中两种流体流动没有机械的混合；当 $\mathrm{Re}_{\mathrm{core}} > 3$ 时，流动变得不稳定，两种流体便发生混合，其混合程度随 $\mathrm{Re}_{\mathrm{core}}$、黏度比值和圆管的长度增加而增加（Blake and Campbell，1986）。

第三节　岩浆混合作用的实验模拟 *

一、天池火山千年大喷发岩浆混合喷发过程与粗面质岩浆房内岩浆混合证据

所谓岩浆混合作用是指性质不同的两种及两种以上的岩浆按照不同的比例混合而产生一系列过渡类型岩浆的地质作用过程。根据混合产物是否均一可以把岩浆混合作用分为均匀岩浆混合 (magma mixing) 和非均匀岩浆混合 (magma mingling)。根据岩浆混合作用的机理，可以把岩浆混合作用分为岩浆化学混合和岩浆机械混合。岩浆化学混合是一种完全的岩浆混合，是通过岩浆的扩散作用来完成的，其混合产物中没有端元岩浆的残余物，具有均一性的岩石构造。岩浆机械混合，在其混合产物中则常见端元岩浆的残留物。根据混合过程中岩浆的流体动力学状态，又可以把岩浆混合作用分为喷泉式、层状对流式和接触剪切式混合。当酸性岩浆房底部有镁铁质岩浆注入时，满足一定的条件下就会发生喷泉式岩浆混合。岩浆房内存在温度、密度梯度，可以产生扩散对流作用而形成层状对流式岩浆混合。层状对流式岩浆混合的规模取决于带状岩浆房内温度、密度梯度的

＊本节合作作者：刘强。

大小，可分为整体对流和分层对流两种岩浆混合形式。接触剪切式岩浆混合发育于复合岩脉、复合岩流以及杂岩体内，这种动态流动的端元岩浆的混合多见于两端元岩浆的接触带，火山喷发时在火山通道边部也常可见到。

天池火山野外工作期间在奶头山浮岩采场找到了出露良好的、富含碳化木的伊格尼姆岩岩席露头。堆积物总体较松散，局部发育灰云浪。在碱流质浮岩碎屑中，常常见到不同颜色浮岩条带混合在相同的浮岩碎屑中。表明喷发前与喷发中碱流质岩浆房内及火山通道里发生过岩浆混合作用。在伊格尼姆岩岩席靠底部层位，有时可以见到橙红色初始熔结的碱流质浮岩碎屑团块。有时橙红色浮岩碎屑分散于浅灰色细粒火山灰中，细粒火山灰也显示一定程度的熔结作用。这种碎屑支撑与基质支撑的橙色碱流质浮岩反映了伊格尼姆岩定位以后地表水体或其他碳水化合物对浮岩碎屑的高温汽化过程，有时在蒸汽相蚀变的浮岩碎屑表面还可见到不同鲜艳颜色的、类似于琉璃瓦状的表面形态（照片4-3-1）。这些伊格尼姆岩堆积单元底部的极为特殊的颜色与构造的烧结浮岩团块是否反映了千年大喷发时伊格尼姆岩流摧毁当时地表生物时的遗留痕迹尚有待进一步考证。

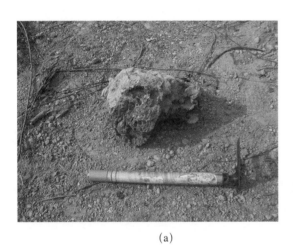 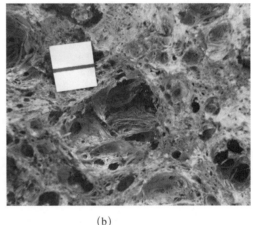

(a)   (b)

照片 4-3-1 天池火山千年大喷发碱流质浮岩特殊的烧结构造

(a) 西奶头山浮岩采场高温汽化琉璃壳；(b) 碱流岩大气泡壁绢丝黑条带（比例尺黑线长度 2 cm）

野外工作中对千年大喷发碱流质浮岩的岩浆成分变化进一步作了考察，除了找到了大量碱流质岩浆混合后再喷发的证据外（照片4-3-2），还找到了碱流质岩浆与粗面质岩浆交替喷发的堆积物。代表性喷发物以天池火山南侧火口缘4号界一带浅色布里尼空降堆积物夹有暗色粗面质熔结角砾凝灰岩最为典型（图4-3-1）。在火口缘内壁，几十米厚的灰白色空降堆积物之上覆盖有1m多厚的暗色熔结角砾凝灰岩，成因类型也为空降堆积，但由于喷发高度较低而保持较高温度并熔结在一起。在这层暗色熔结层之上，又见含浅色碱流质浮岩碎屑的滞后角砾岩堆积物，其上又被一层厚约10cm的浅色细粒碱流质浮岩碎屑覆盖。如此显示一个碱流质浮岩爆发相-粗面质碎屑爆发相-富岩屑碱流质碎屑爆发相-碱流质碎屑爆发相的喷发序列。对应的喷发过程显示了高的布里尼喷发柱-较低的喷发柱-喷发柱塌陷-高度较低但碎屑化程度很高的喷发柱之间的变化。4号界火口缘顶部富含扁平状岩屑滞后角砾岩对应着喷发柱塌陷过程的伊格尼姆岩,其上部厚约10cm的浅色细粒碱流质浮岩碎屑可能为1702年喷发物。

照片 4-3-2 碱流质岩浆混合后再喷发,外侧包裹的碱流质岩浆颜色深于内侧被包裹岩浆

野外考察时还多次发现粗面岩中包裹的粗面岩、玄武岩包体。岩石包体物相结构特征表明被捕获时呈流体状态,代表了两种不同的岩浆混合过程。玄武质岩浆被淬火、析出气泡等现象非常典型(照片4-3-3)。

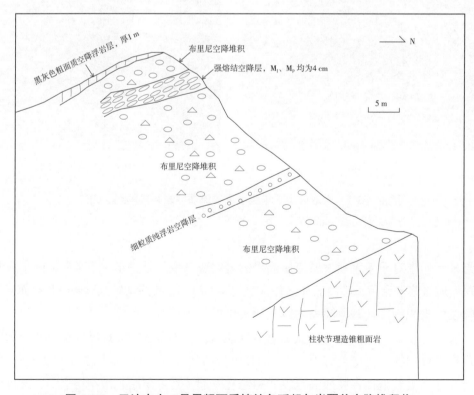

图 4-3-1 天池火山 4 号界粗面质熔结角砾凝灰岩覆盖空降堆积物

照片 4-3-3 玄武岩浆侵入粗面岩浆被淬火再一同喷出，冷凝混染带

世界上像天池火山这样的火山大规模喷发时，岩浆混合作用是十分发育的。天池火山岩浆混合作用最直接的地质证据是存在着大量的岩浆混合样品。这些样品包括不同成分与不同物性的岩浆的混合，如野外十分常见的碱流质浮岩碎屑中不同颜色的碱流质岩浆条带混合穿插现象、粗面质岩浆碎屑与碱流质岩浆碎屑共存于同一堆积物的现象、粗面质岩浆包裹于粗面质岩浆中的现象和玄武质岩浆包裹于粗面质岩浆中的现象等（照片 4-3-4）。

照片 4-3-4 粗面质岩浆包裹玄武质岩浆碎块集合体
指示玄武质岩浆快速喷泉式侵入于粗面质岩浆房中，破碎后一同喷出

不同颜色碱流质岩浆条带共喷发时常常表现为暗色碱流质岩浆条带分散于浅色碱流质岩浆团块中，其中的暗色岩浆条带边部又常常保持撕裂状火焰石构造。有时见到的不同批次碱流质岩浆尽管颜色相同，但其中气泡的形状、大小、含量与排列方向明显不同，显示出不同批次岩浆混合的特征（照片 4-3-5）。最

照片 4-3-5　碱流质岩浆柱状侵入于碱流质岩浆中

中央柱状体和周围浮岩中气泡方向明显不同，标尺黑线长度 2cm

为难得一见的是，野外调查时发现了 3 期岩浆混合并共同喷出的岩石样品（照片 4-3-6），表现为中心的玄武质岩浆被碱流质岩浆快速淬火形成淬火裂纹，包裹玄武岩浆的浅色碱流质岩浆再被深色碱流质岩浆包裹。粗面质岩浆与碱流质岩浆共喷发的直接证据见于 4 号界火口缘空降堆积物剖面和天文峰空降堆积物剖面。暗色粗面质喷发物呈夹层产于浅色碱流质空降层中。粗面质岩浆混合样品见于造锥喷发粗面岩的现代河床冲积砾石中，不同斑晶含量与不同基质结晶程度的粗面岩反应了液态混合包裹再喷出的岩相特征。玄武质岩浆包裹于粗面质岩浆中的现象更为常见一些，在锥体沟谷河床砾石中见到大量的深色玄武质岩浆团块包裹于灰色粗面岩中。这些玄武岩团块往往表现为圆滑但不太清晰的边界，玄武岩团块的边部所含气泡又往往小于团块内部气泡的大小，反映出一种玄武质岩浆被粗面质岩浆淬火的特征。这与深部高温玄武质岩浆上升进入上部粗面质、碱流质岩浆房并触导喷发的机理是一致的。

照片 4-3-6　玄武质岩浆侵入于浅色碱流质岩浆中再侵入于深色碱流质岩浆中

深色带状气泡碱流质岩浆包裹浅色碱流质岩浆，浅色碱流质岩浆又包裹暗色玄武质岩浆，玄武质岩浆被碱流质岩浆淬火形成裂纹。反映玄武质岩浆侵入到分带状碱流质岩浆房中触导碱流质岩浆喷发的机制

二、天池火山岩浆房内岩浆混合动力学过程的实验模拟

为了进一步理解天池火山岩浆房内岩浆混合作用的机理与过程，笔者利用中国地震局火山研究中心火山动力学实验室的有关实验设施开展了部分岩浆混合作用模拟实验。特别是对于岩浆房内是否发生大规模岩浆层的反转并进而发生大规模岩浆混合作用开展了实验模拟工作。

1. 实验设计

在实验中使用（长）500mm×（宽）200mm×（高）300mm 的玻璃水槽作为电解槽，通过电解产生的气泡来模拟岩浆在冷却和结晶过程中产生的气泡。把表面光滑的细孔镍网固定在电解槽的底部并连接到直流稳压电源的阴极，将固定在电解槽内的铂丝连接到直流稳压电源阳极，接通电源后就可获得直径在 30 ~ 50 μm 的气泡。不同黏度的液体层是使用羟乙基纤维素溶液来控制的。羟乙基纤维素（HEC）是一种易溶于水的非离子纤维素醚，可用于配制不同黏度的溶液，因其水溶液的黏度随浓度增大而迅速增加。液体的密度可以通过向 HEC 水溶液中加入 NaCl 来控制，而且 NaCl 的加入对于 HEC 水溶液的黏度不会有明显的影响，所以就可以形成两层黏度和密度能够被独立控制的液体层，用以模拟岩浆房中不同类型的岩浆混合过程。在实验中所选用的 HEC 型号为 H4。在实验之前，笔者对一系列不同浓度 HEC 溶液的粘度做了校正性测定，测定方法如下：

（1）HEC 含水量的确定：

①取约 5g HEC 样品放入干燥的容器中加盖密封，称重得到 G1，精确到 0.001g。

②将样品放入干燥箱内干燥 3 小时，干燥箱的温度设定为（105±0.5）℃。在干燥箱内冷却后称重。

③将样品再次在干燥箱内干燥 45 分钟，然后冷却称重。

④如果第二次干燥后的重量和第一次干燥后的重量差别大于 0.005g，那么重复干燥直到质量差别小于 0.005g。

⑤利用所获得的最小质量 G2 来计算样品的含水量：

$$\frac{G1 - G2}{G2} \times 100 = 含水量（\%）$$

（2）水溶液的配制：

①在称量瓶中称取已知含水量的样品 G′，精确至 0.005g。

②仔细将样品放入 350ml 玻璃杯中，用玻璃纸或玻璃片封口。

③再称取称量瓶和塞子的质量 G″，G′ − G″ 即为用来制备溶液的 HEC 总量（G3）。

④根据已知样品的含水量，计算要加入的水量如下：

（a）制备浓度 1% HEC 的溶液

加入的水质量 =G3×（99 −含水量（%））

（b）制备浓度 2%HEC 的溶液

加入的水质量 =G3×（98 －含水量（%））／2

（c）制备浓度 5%HEC 的溶液

加入的水质量 =G3×（95 －含水量（%））／5

⑤将计算的水质量称量后加入到 350 ml 的含样品的玻璃杯中。

⑥用磁力搅拌器搅拌直至完全溶解，移出转子后用玻璃纸或玻璃片封口，静置溶液消除气泡。此过程视溶液黏度高低时间不等，少则 6 ～ 12h，多则 12 ～ 24h。

⑦溶液消除气泡后，将其移入（25±0.2）℃ 的恒温水浴中放置 30min 或者更长时间，直到溶液的温度达到（25±0.5）℃。

（3）黏度值的获取：

①将样品杯移至 Brookfield 黏度计下，根据预估溶液的黏度，选择合适的转子和转速，至黏度计读数不再变化时读数。

②测定时间控制在 30 ～ 60min 之内，若超过 60min，需搅拌溶液 10min 并重新保温 30min。

③黏度计算：读数 × 系数，单位：mPa·s，系数由羟乙基纤维素使用手册获得。

由此方法，笔者获得了一系列不同浓度 HEC 溶液的黏度值，根据实测值拟合出羟乙基纤维素的黏度随其质量百分数变化的曲线如图 4-3-2 所示。

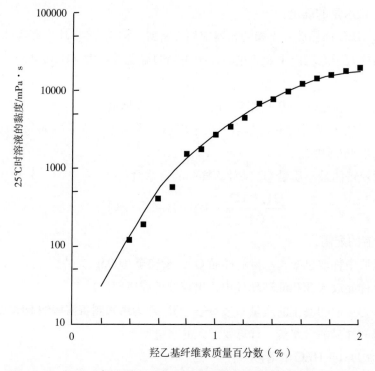

图 4-3-2　实测 25℃时羟乙基纤维素溶液黏度与质量百分数对应关系

实验中笔者使用了不同黏度和密度的溶液组合，但是下层溶液的密度总要大于上层溶液，而黏度则总要低于上层溶液。电解产生的气泡初始直径都是相同的，这些气泡将上升穿过下层溶液，而单位时间电解产生气泡的数量则可以通过调节直流稳压电源的电压来控制。

实验过程中笔者先在电解槽中注入黏度较低的 HEC 盐水溶液，并用染料染色以增强观察视觉效果。然后再将高黏度的 HEC 水溶液注入到电解槽中，并使其浮在低黏度 HEC 的盐水溶液之上。静置一段时间待两种溶液有明显水平分界面后打开直流稳压电源，此时电解槽底部的镍网开始产生气泡。用摄像机记录下不同浓度组合的实验过程，然后对各种现象进行对比分析。

2. 实验过程

模拟实验中笔者采用的不同黏度组合出现了不同的实验过程与结果，总体上可以分成出现大规模的翻转和不发生翻转两种情况，细节上的差异可以从实验照片中气泡的分布、气泡柱前缘及尾部的尺寸、液体柱的形态、尺寸等对比统计研究（照片 4-3-7 ～ 照片 4-3-11）。

如照片 4-3-7 中所示，笔者配制的上层溶液黏度是 $0.5Pa\cdot s$，下层溶液的黏度是 0.001 $Pa\cdot s$，下层的溶液加入染色剂染色，并通过加入 NaCl 来使其密度大于上层溶液。在实验开始的时候，两层溶液分层明显。接通电源后，在镍网上产生气泡，随着下层溶液中气泡含量的增加，一些气泡上升穿过下层溶液并且在两种溶液的接触面上形成了泡沫层。气泡越来越多，会有一些气泡聚集在一起向上穿过上层溶液（照片 4-3-7b）。随着时间的增加气泡柱的数量越来越多并且可以看出上层溶液的颜色逐渐变蓝，这是因为有一些下层溶液的物质被气泡带到上层溶液中去（照片 4-3-7d）。气泡上升穿过上层液体的时候，形成雾状的气泡聚合体。但是两层溶液接触面的位置和轮廓基本没有变化（照片 4-3-7f），推测是由于上层液体黏度较小，对于气泡柱的阻力也较小的缘故。

在照片 4-3-8 中看到的是上层溶液黏度为 $50Pa\cdot s$，下层溶液黏度为 $0.01Pa\cdot s$ 时的现象。下层溶液的气泡穿过低黏度溶液后，聚集形成泡沫层，然后以气泡柱的形式向上穿过高

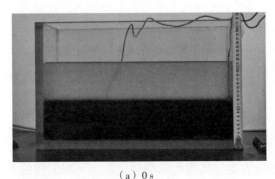

（a）0 s　　　　　　　　　　　　　　　　（b）180 s

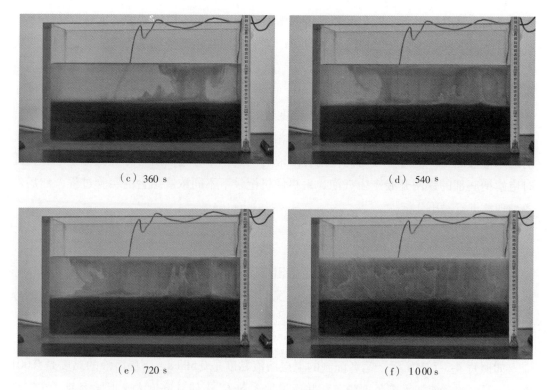

(c) 360 s　　　　　　　　　　　　　　(d) 540 s

(e) 720 s　　　　　　　　　　　　　　(f) 1 000 s

照片 4-3-7　模拟实验一（上层溶液黏度 0.5Pa·s，下层溶液黏度 0.001Pa·s）

黏度溶液。由于上层的黏度对比照片 4-3-7 实验中的黏度要大，所以气泡上升穿过上层溶液相对困难，于是许多气泡聚集在一起以气泡柱的形式上升照片 4-3-8（b）、照片 4-3-8（c）。这里的气泡柱可以很明显地被看出来，并且在气泡柱上升后留下的空间中一些低黏度的溶液补充进来，使得两层液体的接触面不像照片 4-3-7 中那么平整照片 4-3-8（f）、照片 4-3-8（g）。当上层溶液黏度改为 0.5Pa·s，下层溶液黏度保持 0.01Pa·s 时，气泡仍然是以气泡柱的形式进入到黏度较大的溶液层中，也有部分下层溶液补充到气泡柱上升后留下的空间内，两层液体接触面的形状有较大的起伏。

从照片 4-3-9（a）可以看出气泡柱的形态，小气泡聚集成体积较大的气泡柱，穿过上层液体上升。照片 4-3-9（b）可以清楚地看到气泡在分界面上形成的白色泡沫层，这对于理解真实岩浆房中发生岩浆侵入过程时的岩浆形态是有帮助的。

照片 4-3-10 展示的是上层溶液黏度 0.05Pa·s、下层溶液黏度 0.01Pa·s 时实验室模拟的现象。同样没有大规模的翻转发生，与照片 4-3-9 的实验所不同的是由于上层液体黏度较小，使得气泡上升穿过上层液体相对容易一点。所以气泡不需要聚集太多就可以向上穿过上层溶液，但是两层液体接触面依然是不平整的。

照片 4-3-11 是上层溶液黏度 5Pa·s、下层溶液黏度为 0.05Pa·s 时实验室模拟的现象。从图中可以看出来，在这种条件下，两种溶液发生了大规模的翻转现象。下层液体的上

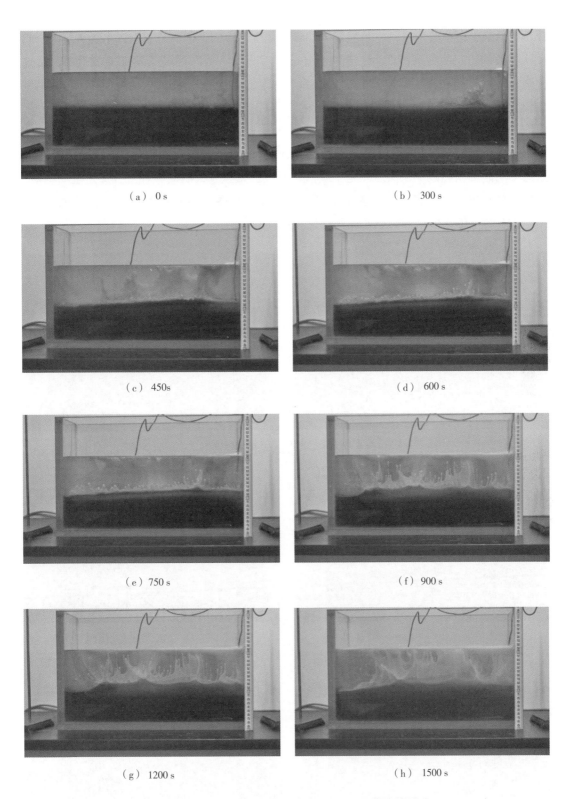

（a）0 s

（b）300 s

（c）450s

（d）600 s

（e）750 s

（f）900 s

（g）1200 s

（h）1500 s

照片 4-3-8　模拟实验二（上层溶液黏度 50Pa·s，下层溶液黏度 0.01Pa·s）

升，把原来上层的溶液挤开，下层液体翻转到上层溶液的上面照片 4-3-11（e）、4-3-11（f）。在这种条件下，两种溶液混合的规模相比于没有发生大规模翻转的情况要大很多，从这种现象可以推测在真实的岩浆房中发生的大规模的岩浆混合的形式。由于上层溶液黏度比较大，在翻转的开始阶段还是有明显的气泡柱产生 4-3-11（e），也就是说在发生大规模翻转的过程中也会有部分气体以气泡柱的形式进入到上层液体中去。当上层溶液黏度保持 5Pa·s 不变，而把下层溶液黏度改为 0.5Pa·s 时，开始阶段穿过下层溶液而到达接触面的气泡数量明显减少，然后先是下层液体形成的直径较大的液体柱上升穿过上层溶液。随后液体柱的直径逐渐变大，直到大部分的下层液体翻转到原来黏度较大液体的上面，在这组实验里仍然可以很明显地观察到翻转现象的发生。

照片 4-3-9　气泡柱与泡沫层细节

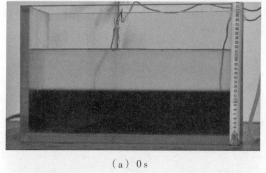
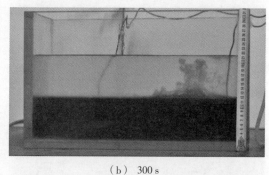

（a）0 s　　　　　　　　　　　　　　（b）300 s

（c）450 s　　　　　　　　　　　　　（d）600 s

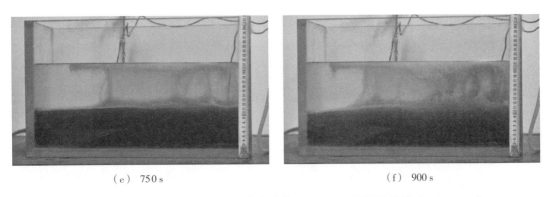

（e）　750 s

（f）　900 s

照片 4-3-10　模拟实验三（上层溶液黏度 0.05Pa·s，下层溶液黏度 0.01Pa·s）

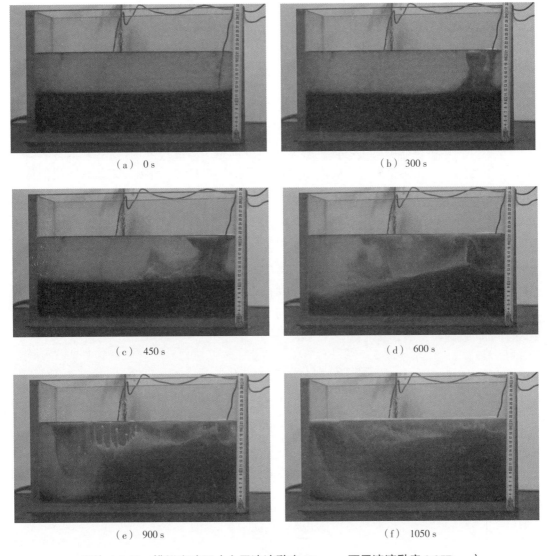

（a）　0 s

（b）　300 s

（c）　450 s

（d）　600 s

（e）　900 s

（f）　1050 s

照片 4-3-11　模拟实验四（上层溶液黏度 5Pa·s，下层溶液黏度 0.05Pa·s）

3. 实验结果分析与讨论

在对不同黏度液体混合实验结果分析时，可以参照一个单层液体的密度变化模型来分析混合作用的变化。在这个模型中考虑了气泡的产生和损失对混合过程的影响。Cardoso 和 Woods（1996）在一系列的只有一层液体的简化相似实验中得到气泡的体积分数 ϕ 可以由下式来确定：

$$\frac{\mathrm{d}\phi}{\mathrm{d}t} = \frac{Q}{hA} - \frac{v\phi}{h}$$

(4-3-1)

式中，Q 是气泡的体积产生速率；v 是气泡上升的速度；h 是下层液体的厚度；A 是水槽的面积。所以，下层液体的气泡的体积分数 ϕ_l 的变化情况可以从下式得到：

$$\phi_l(t) = \frac{Q}{Av_l}\left(1 - \exp\left(-\frac{v_l t}{h_l}\right)\right)$$

(4-3-2)

如果系统达到了平衡状态，那么气泡的体积分数 $\varphi_1(eq) = Q/vA$。这样下层的密度变化 $\Delta\rho = \varphi_1(eq)\rho_1$，其中 ρ_1 是下层液体的密度。这里假设实验室条件下气泡的密度相对于液体的密度可以忽略。

为了用实验来检验翻转的现象，需要重点考证从下层液体分离出来的气泡的发生、发展与组合情况。在实验里，上层液体的黏度要远大于下层，所以大多数从下层液体中分离出来的气泡都停留在两层液体的接触面上并且形成一个泡沫层。尽管有一些气泡从泡沫层中分离出来并且上升到上层液体中去，但是上一层液体的密度并没有明显的变化。由于泡沫层和液体层之间的相互作用，使得上层液体中气泡的含量是很复杂的，但是可以对上层液体密度变化情况分为两个端元模型做一下对比：第一种情况，假设所有的气泡都在泡沫层里而上层液体的密度保持不变；第二种情况，假设所有从下层液体中分离出来的气泡都上升进入到上层的液体中并与其混合到一起。对于第一种情况，在满足如下条件的时候翻转将不会发生：

$$\phi_l(eq) = Q/vA < (\rho_l - \rho_u)/\rho_l$$

(4-3-3)

式中，ρ_u 是实验里上层液体的密度，如图 4-3-3 所示。图中两条实线对应的是式（4-3-3）和式（4-3-8），也就是从模型中得出的发生翻转和保持稳定时下层液体黏度的值。

第二种端元模型给出了大规模的翻转在何种条件下会发生。考虑到上层液体的黏度要远大于下层液体的黏度，所以在下层液体的气泡含量达到平衡之后上层液体气泡还是来自于下层液体，在这种情况下：

$$\frac{\mathrm{d}\varphi_u}{\mathrm{d}t} = \frac{v_l \phi_l}{h_u}$$

(4-3-4)

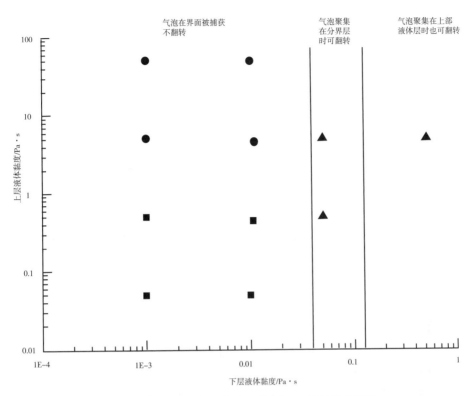

图 4-3-3　模拟实验中使用的各组上下层黏度配比

在实验的过程中选择了多种不同黏度的配比，对于不同黏度的现象进行了观察。有代表性的 11 组黏度组合如图所示，其中圆形和方形点的黏度组合液体层没有发生大规模翻转，而在三角形点所代表的黏度组合中可以观察到大规模的翻转现象

在实验中 h_u 与 h_1 相当，所以：

$$\phi_u(t) = \frac{Qt}{Ah_1} - \phi_1(t) \tag{4-3-5}$$

因此，由于两层液体之间气泡的转移导致的两层液体密度变化：

$$\Delta\rho = \rho_1 \left(2\phi_1 - \frac{Qt}{Ah_1} \right) \tag{4-3-6}$$

有一个最大值：

$$\Delta\rho = \frac{Q}{Av_1}(1 - \ln 2) \tag{4-3-7}$$

如果最初的两层液体之间密度的差异小于：

$$(1 - \ln 2)Q/vA > (\rho_1 - \rho_u)/\rho_1 \tag{4-3-8}$$

那么就会发生翻转，应用到实验中就如图 4-3-3 所示的右侧第二条垂线。

在初始密度差异的中间区域：

$$\left(\frac{Q}{Av_1}\right)(1-\ln 2) < (\rho_1 - \rho_u)/\rho_1 < \left(\frac{Q}{Av_1}\right) \qquad (4\text{-}3\text{-}9)$$

岩浆混合的模式更加复杂并且取决于泡沫层的动力学机制（Thomas et al., 1993）。在笔者的实验中发现，此时岩浆更倾向于大规模的翻转。

在没有发生翻转的实验中，从镍网上产生的小气泡穿过了下层液体，然后停留在两层液体的接触面上。大量的泡沫停留在接触面上形成一层泡沫层，不时会有气泡聚在一起以气泡柱的形式从泡沫层脱离出来，向上穿过上层液体，到达上层液体的表层。气泡柱上升的过程中，有时一些下层的液体也会随着气泡柱穿过上层液体，还有一些下层液体填充到气泡柱上升后留下的空间里，形成直径较小的液体柱插入上层液体。

在发生大规模翻转的实验中，由于下层液体的黏度相对其他对比实验较大，气泡上升的速度相对比较慢，下层液体会以直径很大的液体柱形式上升，而上层液体被挤到两边，甚至会到下层液体的下面。在这些实验中两层液体的接触面上也会有泡沫层形成，但是厚度明显小于不发生翻转的实验。实验中所观察到的现象与前人类似工作（Thomas et al., 1993）也是一致的。

以上实验室模拟和模型计算可以解释为什么在野外可以观察到密度较大的基性岩浆侵入到密度较小的更酸性的岩浆中去的。理论分析和模拟实验的验证可以看出：

（1）大规模的岩浆翻转通常伴随着高的冷却率和相对高黏度的基性岩浆侵入到挥发分饱和的酸性岩浆中去。

（2）如果酸性岩浆的挥发份不饱和，那么岩浆的可压缩性就比较差，这时在岩浆翻转发生之前，由基性岩浆的膨胀引起的压力增加可能会触发火山喷发。

（3）如果下层的基性岩浆的黏度较低或者冷却率比较低的情况下，气泡容易从岩浆中分离出来，从而会在两层岩浆的交界面上形成小的气泡柱。岩浆以这种形式发生混合就不会发生大规模的翻转。

这些结果是建立在两种岩浆冷却结晶的简化模型基础上的。是否发生岩浆混合通常对应着一定的岩浆成分的范围，不同的挥发份出溶法则会有不同的结晶顺序。应用Snyder（2000）的方法，利用 MELTS 法则（Ghiorso, 1994）来建立一个两层岩浆房的热平衡模型，在这个模型中可以使用更加详细的岩浆地球化学数据。但是更详细的岩浆结晶和挥发份出溶的参数不会改变笔者在实验中得出的主要结论，并且这些细节的地化数据和建立实验模型时所用的简化不能完全保持一致。即使是应用这些简化的参数，笔者的实验计算结果也能区别出在何种条件下气泡和结晶的产生、冷却与升压时气泡的重溶，以及气泡和晶体从岩浆中分离的作用是怎样影响岩浆的混合和压力变化。

通过实验可以看出气泡从岩浆中的分离对于岩浆翻转的抑制作用。虽然这些实验并不能模拟岩浆系统中的所有因素，并且看到的实验现象要比模型中的参数复杂，但是与模型得到的主要规律还是相符合的。例如在实验中如果上层液体的黏度很大，那么会在两层液体的接触面上形成一层泡沫层。然而在实际情况中，气泡可能会被上层的酸性岩浆重新吸收，这时就不会形成气泡层。但是笔者研究的目的是探究在何种条件下翻转可能会发生，对于气泡是在边界上形成了一个明显的泡沫层，还是进入到了上部酸性的岩浆层中，还是被酸性岩浆重新吸收，在下层岩浆的密度保持不变这一点上其结果都是相同的，全都表明气泡从下层岩浆中的分离作用抑制了翻转的发生。

尽管对于野外样品来说，要确定所有的关键定量参数是很困难的，但是也有许多的野外观测可以说明大规模的岩浆混合的发生基本符合笔者上面给出的原理。例如，阿斯克加火山 1875 年喷发出的混合岩浆就是由于基性岩浆侵入浅地壳岩浆房之后迅速冷却形成的（Sigurdsson et al., 1981）。云仙岳火山 1991 ~ 1995 年间喷出的混合岩浆也是由于岩浆的迅速冷却形成的（Venesky et al., 1999）。桑托理尼火山在 18.4ka 的喷发也能够从火山碎屑中观察到岩浆混合作用，这里的基性岩浆结晶程度高，使其粘度增大，从而气泡上升的速度变慢（Druitt et al., 1999）。

对于长白山天池火山来说，有许多流变学参数的定量测定很复杂，且有些参数难于测定，即使是针对千年大喷发这次特定的喷发，了解还是很少。但是在这次喷发的过程中存在岩浆混合作用是确定的，通过笔者的实验模拟给出了岩浆混合发生的原理和现象，这对于深入理解长白山天池火山的喷发机制还是有着积极的作用。

第五章　天池火山岩浆房与地热系统

第一节　岩浆房几何形状与参数的限定

岩浆房产出位置通常与中浮面有关。中浮面 (NBL) 是中性浮力界面的简称，它是指地下岩浆密度与围岩密度相等时的某一个高度。在这个面以下围岩密度大于岩浆密度，在此面以上岩石密度则小于岩浆密度。而恰好在此面上时，岩石密度等于岩浆密度。由于密度的制约，在此面之下，岩浆受到向上的正向浮力，浮力趋于使岩浆上升；在此面之上，岩浆受到向下的反向浮力，浮力作用趋于使岩浆下沉。在上、下两种浮力机制的联合作用下，在中浮面位置就会发生岩浆的水平向扩展（魏海泉译，1991）。一些层状侵入体及岩浆房的存在位置，都符合中浮面的条件。当大体积镁铁质岩浆在地壳深部聚集时，由于同化、分异作用会使岩浆密度降低，从而使岩浆获得正浮力而上升直至地表。在地壳内部的酸性岩浆体（岩浆房）之下的中浮面位置注入镁铁质岩浆时，就可助长酸性岩浆的喷发。

一般地说，地壳浅部岩浆房的水平展布范围常和破火山口展布范围相一致，因为通常都假设岩浆房之上的围岩在岩浆房严重空虚后发生近垂直向塌陷而形成破火山口。比较准确地限定岩浆房横向展布范围时，地质上可以采用阴影带法。阴影带是中央式火山的一个重要特征。在阴影带里，玄武质火山口很少或不见，而酸性火山口则集中在阴影带内。因为阴影带都位于一个酸性岩浆体之上，玄武质岩浆一般没有能力上升通过这个酸性岩浆体（岩浆房）。玄武质岩浆向酸性岩浆房注入热量，通过降低酸性岩浆的黏度、密度并发泡而使酸性岩浆发生对流及上喷。由此可见，玄武质岩浆在下部的烧火作用有助于酸性岩浆的触导性喷发。

在开放岩浆房模型中 Blake（1984）曾提出层火山喷发时的岩浆补给速率在控制火山喷发周期与喷发量等方面起着重要作用，之后 Davidson 和 DeSelva（2000）研究单一层火山生长速率时则给出了 $0.0001 \sim 0.001 \mathrm{km}^3 \cdot \mathrm{a}^{-1}$ 的生长速率。但在一个厚陆壳区的大陆火山系统里流纹岩的补充速率可高达 $0.001 \sim 0.005 \mathrm{km}^3 \cdot \mathrm{a}^{-1}$。目前所了解的酸性岩浆存储速率都在这个范围之内，并且一般都趋向于包含着分异结晶作用。偏基性岩浆进入高位岩浆系统的速率要快得多，可能要接近 $0.01 \mathrm{km}^3 \cdot \mathrm{a}^{-1}$。长白山天池火山作为我国境内最为活跃、岩浆演化最为充分、火山与岩浆房结构了解最为详细的现代活火山，为我们研究巨型多成因中央式火山的喷发机制与灾害过程提供了一个天然实验场所。本节将对比探讨天池火山近代喷发时岩浆房内加压过程、喷发间隔与岩浆补给速率的关系，并对岩浆房形状、规模与压力做出判定。

一、岩浆补给与岩浆房加压模型

球形岩浆房模型设想在一个具有 Maxwell 黏弹性流变学特征的半空间里，新岩浆以体积流量 $Q(t)$ 自岩浆房下部注入。岩浆房内压力 P_{ch} 为净水压力，远离岩浆房位置周围应力场假设为静岩压力。一个新岩浆的注入使得岩浆房抵抗围岩提供的复原力而要膨胀，从而引起岩浆房压力 P_{ch} 超过正常值，这个 P_{ch} 是由岩浆房的深度和岩浆浮力确定的。这一超压是 $\Delta P_{ch}=P_{ch}-\sigma_r$，其中 σ_r 是无穷远处静岩压力。与岩浆房边界相切方向存在一个张性应力向量，它等于 $-\Delta P_{ch}/2$。岩浆房边部总应力，或者叫平行于岩浆房边界的"箍圈应力"（hoop stress）就是：

$$\sigma_h\left(R_{ch}\right)=\sigma_r-\frac{\Delta P_{ch}}{2} \tag{5-1-1}$$

对于弹性和黏弹性两种情况，应变和应力向量都随着远离岩浆房而呈 $[R_{ch}/(R_{ch}+d)]^3$ 形式降低，其中 d 是离开岩浆房的辐射距离。岩浆房边界上围岩的总应力差（$\Delta P_{ch}-\sigma_h$）是 $1.5\Delta P_{ch}$（McLeod et al ., 1999）。描述 ΔP_{ch} 时间演化的微分方程是：

$$\frac{1}{E}\frac{d\Delta P_{ch}}{dt}=\frac{2}{R_{wr}}\frac{dR_{ch}}{dt}-\frac{\Delta P_{ch}}{\mu_{wr}} \tag{5-1-2}$$

式中，$\dfrac{dR_{ch}}{dt}$ 可由 GPS 测量得到；R_{ch}、μ_{wr} 可由阴影带宽度与实验结果取值；ΔP_{ch} 可取临界值和最大值。

一个浮力岩浆通过一个岩墙从一个更深部岩浆来源注入到岩浆房里都要引起岩浆房的膨胀。驱动新的岩浆进入岩浆房的压力受到下伏岩浆柱高度的控制。假设岩浆是不可压缩的，岩浆房半径的变化率可以用岩浆注入量 $Q(t)$ 和岩浆房半径 R_{ch} 或体积 V_{ch} 表示：

$$\frac{2}{R_{ch}}\frac{dR_{ch}}{dt}=\frac{Q(t)}{2\pi R_{ch}(t)^3}=\frac{2Q(t)}{3V_{ch}(t)} \tag{5-1-3}$$

岩浆房超压变化率的控制方程：

$$\frac{1}{E}\frac{d\Delta P_{ch}}{dt}=\frac{2Q(t)}{3V_{ch}(t)}-\frac{\Delta P_{ch}}{\mu_{wr}} \tag{5-1-4}$$

与 $d\Delta P_{ch}/dt=0$ 条件相对应的最大超压是：

$$\Delta P_{\max} = \frac{2\mu_{\mathrm{wr}}Q}{3V_{\mathrm{ch}}} \tag{5-1-5}$$

对于天池火山碱流质岩浆喷发，取 R_{ch}=2.5km（见下述），由 GPS 得 $\dfrac{\mathrm{d}R_{\mathrm{ch}}}{\mathrm{d}_t}$，可算出 $Q(t)$；设 $Q(t)$ 已知，同样也可计算 V_{ch} 与 R_{ch}；由 GPS 测量的压力源 $\dfrac{\mathrm{d}\Delta P_{\mathrm{ch}}}{\mathrm{d}_t}$ 结果，则可确定 ΔP_{ch}。

二、非球形岩浆房的几何效应对天池火山岩浆房形状的限定

在一个球形岩浆房仅由不可压缩性酸性岩浆组成的简单情况下，岩浆超压将沿着岩浆房边部垂直方向增加，并在岩浆房顶部达到极大值 $\Delta\rho gR$。因此，对于一个密度差 $\Delta\rho$=250kg·m^{-3} 的情况（Petford et al., 1994），当 R=1 ~ 10km 时，$\Delta P_{\max}$ 可以增加 2.5 ~ 25 MPa。天池火山岩浆房超压计算结果为：R=2.5km 时，碱流质喷发的岩浆超压极大值 $\Delta P_{\max}$=6.25MPa；R=6km 时，粗面质喷发的岩浆房超压极大值 $\Delta P_{\max}$=15MPa；R=10 ~ 12km 时，粗面质喷发的岩浆房超压极大值 $\Delta P_{\max}$=25 ~ 27.5MPa。

在大规模造破火山口喷发时喷出岩浆层的厚度多为 0.5~3 km，这大约为破火山口最大水平尺寸的十分之一。如果大岩浆房趋于变得平化，或者是呈酸性岩浆下伏有中性浮力的偏基性岩浆时，浮力岩浆层的最大厚度可以达到 0.5~3 km，这对应着一个 1 ~ 10 MPa 的额外超压（Jellinek et al., 2003）。

天池火山千年大喷发柱状岩浆房半径 R=2.5km 时（与破火山口半径相一致），喷出岩浆层厚 500m（$\dfrac{1}{10}\times$5km=500m），喷出岩浆体积 $\pi R^2 h$=3.14$\times$2.5$^2\times$0.5=10km^3；柱状岩浆房半径 R=6km 时，喷出岩浆层厚 1.2km，喷出岩浆体积 135km^3。据此可以修正前人资料中太大的喷发量估计，因为就目前所掌握的资料，天池火山千年大喷发时自深部半径 6km、厚度 1.2km 的柱状岩浆体内喷出量已经超过了极限。对于天池火山千年大喷发时 30km^3 的喷发量，更可能的岩浆房参数是：柱状岩浆房半径为 3.5km，喷出岩浆层厚度 700m（图 5-1-1）。

岩浆房形状远离球形形状时，岩浆房膨胀所产生的应力就是不均匀的。假如沿着岩浆房边界有应力集中区，它就是从大岩浆房产生岩墙的一种方式。对于一个平化的盘子形状的岩浆房，补充的岩浆可能主要引起岩浆房的横向扩张。箍圈应力和应变就可能在岩浆房局部横向边界上集中，这将实际上类似于小半径岩浆房的行为，也就使得岩墙能够沿着岩浆房的外围生长。如果岩浆房变得平化，最终其顶部就会变得重力不稳定，也就限制了最终破火山口的大小。天池破火山口壁高差一般在 500m 左右，考虑到水面之下情况时，破火山口壁高度应大于 500m，这也与柱状岩浆层喷出厚度相近。

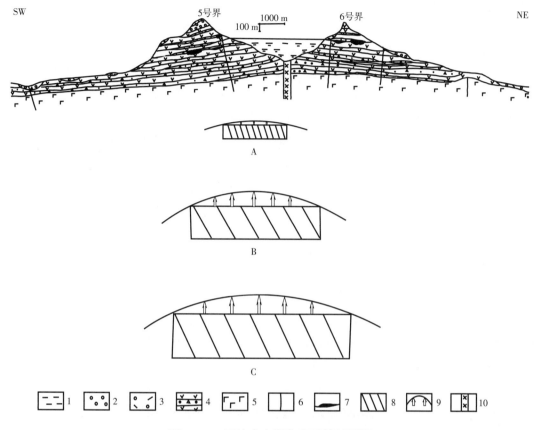

图 5-1-1 天池火山岩浆房系统剖面图

1.天池水体；2.空降浮岩堆积；3.伊格尼姆岩堆积；4.粗面质、碱流质复合锥；5.玄武质熔岩盾；6.寄生火山通道；7.造锥喷发阶段风化壳与沉积夹层；8.可能的不同深度与体积的层状岩浆房；
9.可能的岩浆房顶界面；10.天池火山主通道；
A.天池火山历史记录的喷发物可能源自地下 2km、直径 2km、厚度 200m 的岩浆层，喷出岩浆体积约 0.5km³；B.千年大喷发若源自地下深度与直径均为 5km 左右的岩浆房，喷出岩浆房靠顶部约 500m，体积约 10km³ 的岩浆；C.千年大喷发若源自地下深度与直径均为 7km 左右的岩浆房，喷出岩浆房靠顶部约 700m，体积约 30km³ 的岩浆

第二节 岩浆热系统的地震学证据

前人工作中利用全球数字地震台 S 波 CT 结果，在长白山天池火山之下 40 ~ 65 km 的上地幔顶部发现了明显的低速区，有可能被解释为一个上地幔岩浆房（张立敏等，1983）。汤吉等（2001）据长白山火山区布置的 15 个测点大地电磁测深观测分析结果，发现天池火山及邻近地区地下存在局部埋深约 12km 的三维低阻异常体，并认为其可能是岩浆房。据近年来温泉和深部气体观测（上官志冠等，1997；高玲等，2006）得知：本区

热源体较浅，一般为 3.8km，这相当于岩浆房埋深的上限。在吉林省布格重力异常图上，显示出以天池火山为中心并伸向北西、北东等不同方向的放射状负异常，被解释为深部岩浆沿深大断裂上涌或热地幔的底辟侵入。

"九五"火山项目研究工作中，张先康等 (2002) 在长白山区布置了近南北向 (L1)、北北东向 (L2)、北东向 (L3) 和北北西向 (L4) 等 4 条人工地震探测剖面，在天池火山及附近还布置了一个 50km×80km 的台阵，以了解长白山区地质构造及天池火山区下方地壳结构与岩浆系统的分布状态。台阵和剖面通过台阵的观测点共计 60 个。他们对上述观测系统投入 200 余台地震仪分别在剖面和台阵上做了 9 次人工爆炸地震信息的系统采集。随后王夫运等 (2002)、张成科等 (2002)、杨卓欣等 (2005)、段永红等 (2005) 分别从接收函数、地震波走时等方面详细研究了天池火山区地壳及地幔结构。

一、天池火山地壳上地幔速度结构

近南北向 L1 剖面南起长白县西岗村，经二道白河、两江镇、大蒲柴河镇、贤儒镇、敦化市至鄂木乡。该剖面偏南部设计从天池火山下方穿过，以获取天池火山下方地震波速及地质剖面结构信息。在全长 280km 的剖面上布设 66 个观测点，点距为 4km。由地震波速获取的上地壳剖面结构如图 5-2-1 所示。

如图 5-2-1 所示，L1 剖面南段 0 ~ 140km 为中朝地台次级构造靖宇－和龙台拱，140 ~ 270km 为天山－兴安地槽褶皱的次级构造敦化复背斜。剖面南端穿过了区域上八道沟—长白断裂，在天池火山附近穿过了鸭绿江断裂，在松江镇和东清之间穿过了富尔河—红旗河断裂带，在敦化北穿过了敦化—密山断裂。后两条断裂在沉积盖层与变质地层的厚度和深度上起到明显的控制作用。

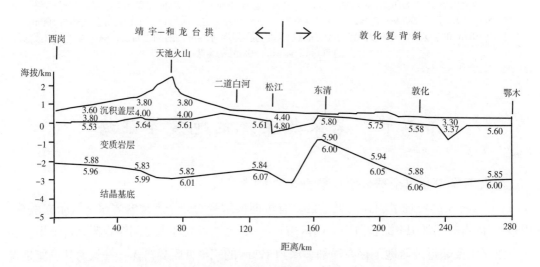

图 5-2-1　长白—敦化剖面上地壳剖面结构（据张先康等，2002 年修改）

由图 5-2-1 可见，L1 剖面结晶基底以上可分两层：上部沉积盖层为中新生界陆相沉积与火山堆积，下部层由震旦系和古生界变质岩层组成。

中新生界沉积层：剖面南端层厚约 0.6km，向北逐渐变厚，在天池火山附近达到最厚（约 2.4km），再向北又逐渐变薄，这与天池火山附近主要由火山堆积相构成相一致。在剖面 140km 和 230km 附近各有一个沉陷区，分别受控于富尔河－红旗河断裂和敦化－密山断裂，中新生界沉积层厚度明显加大。

震旦系、古生界变质岩层：该层厚 1～3.2km，剖面最南端长白县西岗村厚约 2km，向北逐渐变厚至天池火山之下的约 3km。在剖面 140km 附近富尔河断裂以北厚度急剧变薄，在 160km 处最薄仅有 1km，之后再向北则逐渐变厚。在密山－敦化断裂带附近厚约 3.2km，断裂带以北再变薄为 2.5km。

结晶基底埋深较浅，多分布于海平面以下 1～3km。剖面南端长白县附近结晶基底顶界海拔为 -2km，向北逐渐变深，到鸭绿江断裂附近基底海拔 -2.5km。鸭绿江断裂以北结晶基底海拔突然变深为 -3km（天池火山下方），向北又略为变浅。在剖面 150km 附近受富尔河断裂切割，基底埋深海拔 -3km，断裂以北基底埋深迅速变浅。在 160km 处埋深最浅，只有 -1km，以北则明显变深。在剖面 230km 的敦化－密山断裂附近基底埋深海拔为 -3km，自该断裂向北埋深变浅为 -2km。

张先康等（2002）详细描述了 L1 剖面速度结构与地壳上地幔结构特征（图 5-2-2）。根据 P 波速度与变化速率分出了上地壳上部、上地壳中部、上地壳下部、下地壳上部、下地壳下部和上地幔上部等 6 个单元层。

上地壳由 G、C1、C2 三个速度间断面和一组正负梯度层组成。C1 和 C2 界面的跳跃差分别为 0.09～0.18km/s 和 0.11～0.13km/s，上地壳埋深为 20～24km。其中上地

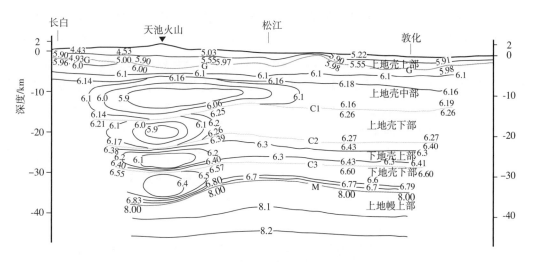

图 5-2-2　长白—敦化（L1）剖面 V_p 速度结构、岩浆热系统与地壳结构图

（据张先康等，2002 年修改）

壳上部（G 界面以上）横向变化较大，为一强梯度层，其速度为 3.9 ~ 5.9km·s^{-1}。上地壳中部（G 界面到 C1 界面）为较弱的梯度层，速度由 5.9km·s^{-1} 变化至 6.17km·s^{-1}，在 30 ~ 130km 桩号下方存在 5.9 ~ 6km·s^{-1} 的低速块体。上地壳下部（C1 界面到 C2 界面）在 100km 桩号以北为很弱的梯度层，在 30 ~ 100km 桩号下方存在明显低速体层，最低速度为 5.9km·s^{-1}。

下地壳由一组正负梯度层和两个速度间断面（C3 界面和 M 界面）组成。下地壳上部除 40 ~ 90km 桩号下方存有 6.1 ~ 6.2km·s^{-1} 低速体外，其他地段均为较弱的梯度层，其速度为 6.38 ~ 6.41km·s^{-1}。下地壳下部在 50 ~ 80km 桩号下方有一低速体，最低速度为 6.4km·s^{-1}，其他地段均为较强的正梯度层。靠近 M 面之上为强梯度带，梯度值为 0.13km·s^{-1}/km。C3 界面与 M 界面速度跳跃差分别为 0.15 ~ 0.19km·s^{-1} 和 1.15 ~ 1.23km·s^{-1}。下地壳厚度变化较大，在松江镇附近较薄，为 11km 左右，而在天池火山下方较厚，为 15km 左右。

下地壳与上地幔分界面（M 界面）表现为明显的速度突跳，上地幔顶部的速度由顶面 8km·s^{-1} 变化至 50km 深度附近的 8.2 ~ 8.3km·s^{-1}。

Q 值计算结果表明：L1 剖面南部中朝地台的 Q 值低于北部天山－兴安地槽褶皱区；低 Q 值地段位于天池火山口附近；低 Q 值地带位于低速带；低 Q 值地段对应第四纪沉积层较厚及存在断裂破碎带地带；在中上部地壳内由浅变深时 Q 值由小到大。Q 值在速度约为 5.95km·s^{-1}（大致对应于结晶基底处）有一个较大的增加，这反映了深部介质比浅部介质完整性更好一些。

二、天池火山地壳深部构造与岩浆柱热异常低速体

由图 5-2-2 可见，松江镇附近存在上地幔隆起（埋深仅 31km），向南至天池火山下方上地幔埋深最大（达 38km 以上），向北则缓慢加深至敦化附近（33km）。相对于天池火山下方，松江镇下方上地幔隆起幅度达 7km 左右。在松江镇以南从上地壳到下地壳均有范围不等的低速体，各界面埋深较深。松江镇以北从上地壳到下地壳均由强的正梯度层和弱的正梯度层组成，每层速度变化不明显，各界面埋深也较南部为浅。如此也可说明北西向红旗河－富尔河断裂的深层控制作用。

仔细分析图 5-2-2 图面结构还可看出，以低 P 波速度为主要特征的天池火山岩浆系统纵向上可分 3 个层次。第一个层次是自深度 15km 以下，直至下地壳。表现为横向尺度大约偏南，显示出"上大下小"的分布状态，表现出该区岩浆自上地幔侵入地壳的"痕迹"。这也表明天池火山岩浆系统极有可能延伸到上地幔或更深一些，也可能在上地幔存在着另一个岩浆房。9 ~ 13km 深度为第二个层次，岩浆系统主要特征是分布范围广、尺度大。近南北向延伸 80 ~ 90km，东西向宽度小，可能为 30 ~ 40km 左右。它可能是壳内储存岩浆的主要位置。低的 P 波速度表明这部分岩浆仍然处于"热"的和相对"软化"的状态，

因而可以认为是"活动"的。但低的 V_p/V_s 又表明其 S 波速度降低得不是很大，可以推测这个岩浆系统又处于不十分高的温度状态和岩石"熔融"的状态。在 9～10km 深度以下天池火山区为低 V_p 与高 V_p/V_s 分布区，表明这个深度范围内岩浆系统不仅是"残留"的，而且处于相对高温和局部"熔融"状态，这与该区高地热分布相一致。第三个层次是地壳浅部，深度范围小于 8～9 km，在这个层次上岩浆的分布范围更小一些。8km 深度以上在天池火山下低的 Q 值分布也表明了在这个深度范围内岩浆系统的存在。第一、第二层次可能对应的岩浆房结构与尺寸参见本章第一节的讨论。

在台阵范围内北东走向的马鞍山－三道白河断裂与低 P 波速度分布一致，这意味着岩浆的上涌可能在浅部是沿着这条断裂进行的。三维莫霍面反演结果也显示与这条断裂相关连的莫霍面深度陡变带，也指示这是一条值得重视的断裂带。

在天池火山及附近地下存在着一个壳内低速体。自上地壳中部至下地壳下部，随着深度的增加，低速体的水平展布范围逐渐变小，呈倒锥形。这个倒锥形低速体的成因与天池火山下方大的流体热异常有关。而这个大的流体热异常又反映了火山下方不同高度位置上岩浆的聚集与冷凝过程，很可能对应着层状岩浆房内岩浆的结晶（及分异）与混合过程。天池火山之下这个通达整个地壳范围的流体热异常低速体强度不是很大，地质调查得到的岩浆喷发率也不是太高，达不到地幔柱的岩浆喷发率级别，但可以与笔者提出的岩浆柱相吻合，参见本书第二章。

第三节　火山温泉气体与水化学 *

天池火山锥体北侧长白山大峡谷里大宇饭店地热井钻探时，实测井底水温随着钻探深度的增加而线性增高。假设这种实测井底水温的变化代表地热梯度的变化，则由实测水温随钻孔深度的变化值投图的趋势线斜率可以得到天池火山地热梯度为 157℃/km（图 5-3-1）。这样的地热梯度远高于一般地区的 30℃/km 平均值，但在火山区是合理的地热梯度数值。因为活火山地区传热方式经常以对流方式进行，这与一般地区传导方式传热过程有很大区别。进一步以此地热梯度计算天池火山下部不同温度岩浆体的产出深度，则可对天池火山之下不同成分岩浆与岩浆房的产出深度做出大致估计。这以近地表一定深度之内具有相对稳定的地热梯度为前提。由近地表几百米范围内得到的地热梯度向下直线外推至几千米的深度，就可得到某种成分与温度的岩浆的产出深度。

---

* 本节合作作者：高玲。

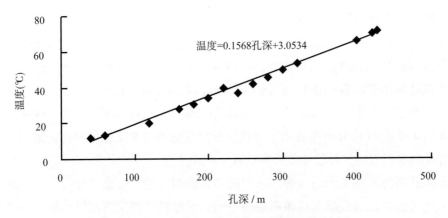

温度=0.1568孔深+3.0534

图 5-3-1 大宇钻孔钻探孔底水温实测地温梯度

根据以上资料与原理，笔者得到的天池火山不同成分的岩浆房顶板埋深如下：基性的玄武质岩浆温度通常高达1150℃，采用157℃/km地温梯度，以地表温度为0℃计算的岩浆埋深为7.3km。固相线下正在冷却的玄武质岩浆（1100℃），埋深可达7km；而全部由液态熔体组成的超高温玄武质岩浆（1200℃）埋深可达7.6km。粗面质岩浆温度一般在950℃左右，正在冷却的固相线以下明显发生结晶作用的岩浆温度约900℃，而很少含晶体的粗面质岩浆温度可设为1000℃左右，与此对应的岩浆房顶界埋深分别为6km、5.7km和6.4km。碱流质岩浆温度又比粗面质岩浆温度低得多，通常为850℃左右，如此对应的岩浆房埋深为5.4km。同样可得天池火山大量结晶的低温碱流质岩浆房（800℃）深度大约为5.1km（表5-3-1）。

表 5-3-1 采用 157℃/km 地温梯度推测的不同温度特征岩浆体埋深

岩浆房中不同特征的岩浆	设定温度（℃）	推测深度 /km
冷却的碱流质岩浆	800	5.1
碱流质岩浆	850	5.4
冷却的粗面质岩浆	900	5.7
粗面质岩浆	950	6.1
高温粗面质岩浆	1000	6.4
玄武质岩浆	1100	7
高温玄武质岩浆	1150	7.3
超高温玄武质岩浆	1200	7.6

需要说明的是，天池火山下部粗面质岩浆房的存在极大地限制了玄武质岩浆的上侵能力。所以粗面质岩浆房之下玄武质岩浆对其上部的传热方式也就不再以对流方式为主了。在相同的地热温度条件下，对应的热源埋深也就会深得多。这可理解为天池火山之

下玄武质岩浆房的埋深要大得多。同样，受上部碱流质岩浆房的影响，粗面质岩浆房的埋深也会明显大于6km。

2002年7月开始，长白山天池火山区出现了比较明显的水平与垂直形变变化，火山地震活动也明显增强。根据形变所反映的膨胀上升特征推断，该扰动变化极可能是由火山区的地下岩浆上涌和压力膨胀变化引起的，为求得火山区地下岩浆活动的有关参数，胡亚轩等（2004）根据Mogi球形压力源模型并结合地表形变观测资料，反演火山区岩浆压力源所处的位置、深度和体积变化信息，以期为长白山天池火山活动趋势和喷发危险性预警研究提供重要依据。他们的反演计算结果得出如下认识：

（1）天池火山地下岩浆形态分布比较接近球形压力源模型。

（2）反演得到的岩浆压力源中心位置在天池火山西北侧，深度在6km左右（与吴建平等(2005)利用火山地震资料所得到的定位结果相当）。表明天池火山2002年夏季开始的膨胀扰动和小震活动增强主要是由浅层岩浆房压力增大引起的。

（3）由2002~2003年地表形变资料反演得到的岩浆房等效体积变化为$11.8 \times 10^6 m^3$，该等效体积变化比利用天池火山地表喷出物体积所估算的岩浆积累速率$(0.3 \sim 1.6) \times 10^6 m^3$大约超出一个数量级。

为了了解天池火山之下岩浆房、岩浆房其上水热系统以及岩浆房其下高温流体系统的结构与参数特征，笔者利用近年来天池火山周边若干温泉水化测量结果作了如下研究。

一、岩浆来源气体的年度动态变化

天池火山区与壳内岩浆活动有关的水热流体和气体释放活动主要集中在天池火山口附近，中国境内其典型代表是聚龙泉、锦江温泉、天文峰下及青石峰下湖滨温泉与鸭绿江上游的十八道沟温泉等五个泉群，另在天池水面朝鲜一侧还有两个温泉。聚龙泉位于天池瀑布北，海拔1900m左右；该泉群水热活动发育，泉点众多，总出露面积3300m²，其中60℃以上的热泉近50个，水温最高可达82℃。位于锦江上游的锦江温泉群规模较小，出露面积约1300m²，水温59℃左右，气体释放强烈。天文峰坡下湖滨温泉群位于天池湖滨，东西向长度500m以上，总面积超过$1.5 \times 10^6 m^2$。

天池火山区比较系统的幔源气体观测研究已十年有余，岩浆来源气体的主要成分是CO_2，其他幔源气体组分还有He、CH_4等(上官志冠等，1997)。CO_2、He和CH_4的年动态变化情况见表5-3-2。2004年天池火山最大的3.7级地震前后温泉水体地球化学指标对比见表5-3-3，2005年天池火山湖滨温泉详细采样测试结果见表5-3-4。

近来天池火山区常规气体化学组成的逸出气体中N_2含量有逐年降低的趋势，同时互补气体CO_2的含量则逐年升高（图5-3-2）。这些泉点的微量气体组分He和CH_4的含量也大致呈增加的趋势，但变化幅度不是很大。

表 5-3-2 天池火山聚龙泉、锦江温泉气体含量与同位素动态变化

年度	聚龙泉 CO₂(%)	聚龙泉 δ¹³C‰(PDB)	锦江温泉 CO₂(%)	锦江温泉 δ¹³C‰(PDB)	聚龙泉 He(ppm)	聚龙泉 ³He/⁴He(Ra)	锦江温泉 He/ppm	锦江温泉 ³He/⁴He(Ra)	聚龙泉 CH₄(%)	聚龙泉 δ¹³C‰(PDB)	锦江温泉 CH₄(%)	锦江温泉 δ¹³C‰(PDB)
1994~1995	94.14	-5.8	85.82	-7.3	7.8	5.43	220	5.58	0.34	-36.1	1.61	-28.3
1997~1998	93.57	-5.9	92.62	-5.9	11.6	4.81	119	5.53	0.26	-31.5	1.57	-24.6
2002	95.21	-6.2	91.97	-7.3	8.3	4.58	81	4.79	0.11		1.14	-19.1
2003	95.96	-5.5	93.68	-6.8	9.2	4.72	115	6.08	0.5	-36	1.25	-29.6
2004	93.61		90.8		22	5.15	359	5.78	0.29		2.99	

表 5-3-3 2004年9月8日 $M_L 3.7$ 地震前后温泉气体变化

样品号	采样日期	温度(℃)	CO₂(%)	N₂(%)	Ar(%)	CH₄(%)	O₂(%)	He(ppm)	³He/⁴He×10⁻⁶(Ra)	⁴He/²⁰Ne
聚龙泉 16#	20030819	72.5	96.8	2.12	0.04	0.63	0.27	20	7.68(5.49)	49
聚龙泉 16#	20040916	73	93.97	5.9	0.02	0.75	0.44	29	7.87(5.62)	59
聚龙泉 15#	20030819	72.5	97.52	0.54	0.01	0.41	0.17	5.3	5.69(4.07)	23
聚龙泉 15#	20040916	72	93.23	5.9	0.03	0.07	0.56	5.1	7.2(5.14)	8.2
聚龙泉 8#	20030819	74.7	95.19	4.4	0.07	0.47	1.03	20	7.56(5.4)	59
聚龙泉 8#	20040916	75	94.49	4.25	0.01	0.23	0.29	53	7.44(5.31)	29
聚龙泉 10#	20030819	76.9	97.41	0.54	0.01	0.05	0.17	0.7	5.47(3.91)	8.4
聚龙泉 10#	20040916	76.7	92.74	5.06	0.01	0.12	0.27	200	6.34(4.53)	2.6
锦江 1#	20030818	56.5	90.31	4.56	0.22	1.98	0.17	190	8.71(6.22)	170
锦江 1#	20040915	56.5	90.8	7.16	0.07	2.99	0.08	359	8.09(5.78)	187
锦江 3#	20030818	58.4	97.05	1.83	0.11	0.52	0.25	40	8.3(5.93)	170
湖滨 1#	20030820	14.2	81.11	9.3	0.2	5.71	0.99	340	8.85(6.32)	186
湖滨 2#	20030820	25.6	92.7	3.85	0.07	2.69	0.48	110	8.69(6.21)	145
湖滨温泉	20050823	13	96.42	3.07	0.07	0.24	1.65	24	7.7(5.5)	31.6

表 5-3-4　2005 年天池火山湖滨温泉气体采样测试结果

样品号	温度（℃）	CO$_2$（%）	N$_2$（%）	Ar（%）	CH$_4$（%）	O$_2$（%）	He（ppm）	^{3}He/^{4}He×10^{-6}（Ra）
1#	18	84.74	12.13	0.4	1.64	1.75	188	8.33（5.95）
2#	40	86.76	14.13	0.2	0.17	0.37	33	7.13（5.09）
3#	16	89.46	9.92	0.13	0.52	2.28	61	7.04（5.03）
4#	39	68.8	19.04	0.26	1.5	7.25	179	7.38（5.27）
5#	23	95.65	3.68	0.07	0.17	0.99	56	6.79（4.85）
6#	13	90.75	8.83	0.13	1.69	2.28	207	7.22（5.16）
7#	13	81.75	14.13	0.26	1.93	1.44	338	7.46（5.33）
8#	16	96.42	3.07	0.07	0.24	1.65	24	7.7（5.5）

注：8#样品采自天池水面八卦庙附近牛郎渡。

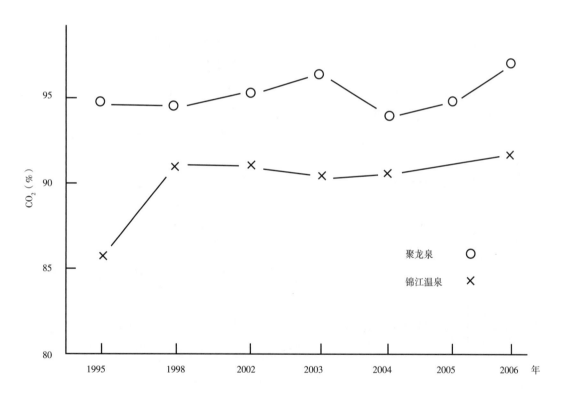

图 5-3-2　聚龙泉和锦江温泉逸出气体 CO$_2$ 含量的年动态变化

二、气体源区温度研究

天池火山区三大温泉群逸出气体 CO$_2$ 和 CH$_4$ 的碳同位素分馏温度近几年相对比较稳定，表 5-3-5 给出了 2003 年度测试的相应变量与计算结果。长白聚龙泉群 2003 年的计算平均值为 234℃，湖滨温泉 2003 年的计算平均值为 148.5℃，三个地热温泉群的岩浆来源气体源区的环境温度目前仍保持相对稳定状态。表 5-3-5 中 $\Delta^{13}C$ 表示 CO_2 与 CH_4 中碳同位素 $\delta^{13}C‰$，PDB 在两种气体中的分馏情况。

表 5-3-5　天池火山区各类泉群气体源区的环境温度

监测泉点	采样日期	温度（℃）	$\delta^{13}C/‰$, PDB		$\Delta^{13}C$	平衡温度（℃）
			CO_2	CH_4		
长白（9#）	20030819	74.7	-5.5	-36.6	31.1	232
长白（16#）	20030819	72.5	-5.4	-36	30.6	236
锦江（1#）	20030818	56.5	-6.9	-30.4	23.5	316
湖滨 1	20030820	14.2	-3.7	-47.9	44.2	146
湖滨 2	20030820	25.6	-4.7	-48	43.3	151

注：$\Delta^{13}C$ 表示 CO_2 与 CH_4 中 $\delta^{13}C/‰$, PDB 的差值。

　　CO_2 的碳同位素测定结果显示，其 $\delta^{13}C$ 值有小幅升高的趋势（图 5-3-3）。这表明，岩浆气体源区可能具有相对封闭的特征，随着时间的推移，封闭环境条件下残留的岩浆来源气体中 CO_2 含量有可能会越来越高，其 $\delta^{13}C$ 值同样也会逐渐升高。

　　尽管岩浆来源气体中 H_2S 和 SO_2 的含量较低，但火山区三个不同类型温泉岩浆气体源区 H_2S 和 SO_2 的含量还是有一定差异。具体关系是锦江温泉 H_2S 和 SO_2 含量大于聚龙泉 H_2S 和 SO_2 含量大于湖滨温泉 H_2S 和 SO_2 含量，对应的是壳内岩浆房型 H_2S、SO_2 含量大于地热储型 H_2S、SO_2 含量大于火山残余气体型 H_2S、SO_2 含量。鉴于天池火山区目前

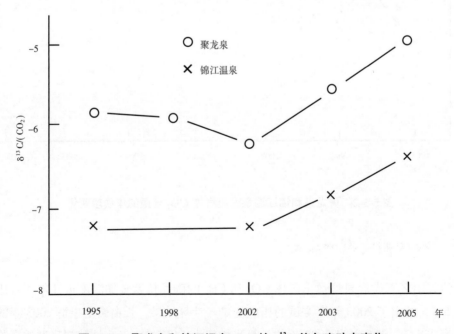

图 5-3-3　聚龙泉和锦江温泉 CO_2 的 $\delta^{13}C$ 值年度动态变化

极低的 SO_2 含量水平，表明火山区近期不会有喷发危险。

三、橄榄石矿物与地热区流体 He 和 CO_2 同位素的精确测定

中国东北广泛分布的板内火山作用开始于新生代晚期并持续至今，这一板内活动的成因长期以来都是东亚构造的争论问题，争论焦点集中于首先是一个深的地幔柱（Turcotte and Schubert, 1982），然后是日本海内弧后拉张有关的裂谷（Tatsumi et al., 1990）。近来中国东北地震层析成像研究（Lei and Zhao, 2005）对于这个争论给出了令人信服的太平洋板块俯冲图像，俯冲的板块位于该区域下方约 500 ~ 600km。这导致了中国东北火山作用直接与俯冲板片联系起来的假说。然而，显示这种联系的地球化学证据还存在疑问。一方面，Chen 等（2007）认为该区域内 11 个火山区内主 / 微量元素记录都没有表明俯冲板片的贡献。另一方面，朝鲜半岛一系列超镁铁包体和寄主熔岩的微量元素和同位素资料使得 Kim 等（2005）提出该区存在着一个起因于古代俯冲带（大于 100Ma）交代变质的富集岩石圈地幔。

大陆之下岩石圈地幔（SCLM）代表着化学均匀的大陆壳和对流的软流圈地幔之间的关键界面。包体与寄主熔岩主 / 微量元素和惰性气体资料指示了中国东北陆下岩石圈地幔已经富集了源自大陆边缘古俯冲带的交代流体（Yamamoto et al., 2004；Kim et al., 2005）。这些流体以 CO_2 为主，在所测试的包体与斑晶矿物相中惰性气体和 CO_2 充填的包裹体之间存在着密切关系。但截至目前还没有充分的同位素（例如 $\delta^{13}C$）与惰性气体比值（$CO_2/^3He$）及 CO_2 本身的综合信息，而这些指示可以用来鉴定俯冲板片的关键证据并能确认其作为交代流体的作用。

以下章节里，笔者根据 2005 年度中、美、韩合作考察时天池火山周围采集的温泉气体与水体成分测试及上地幔包体中橄榄石晶体的成分精确测试结果（同位素与相对含量），结合文献中已给出的在示踪和区分地幔和板片贡献时非常灵敏的地化指标研究（Hilton et al., 2002），探讨天池火山周围若干不同来源地热流体是否可被用于标定 SCLM 的特征。

1. 采样、测试与结果

在湖滨温泉、聚龙泉和锦江温泉这些冒泡温泉采集了地热水（自由气相及温泉水）与释放气泡的样品，另外还采集了天池火山东北约 20km 的飞狐山庄和天池火山东侧约 45km 图们江边玄武岩中寄主的二辉橄榄岩包体样品。在气体和水样采集时，采用标准采样法以减少大气污染（Hilton et al., 2002）。

样品在 1720 玻璃瓶或铜管里运回实验室。两种流体（气相和水相）与橄榄石晶体中 He 的丰度和同位素组成使用 MAP215-50 惰性气体质谱仪测定。包体样准备包括全岩粉碎、

手工挑选橄榄石分离物、在甲醇丙酮混合物中清洗晶体。清洗的橄榄石晶体装入联线真空破碎机并且抽真空到超高真空状态，过夜再测试（Shaw et al., 2006）。流体样的准备包括 He 和 CO_2 的纯化，在 AR 玻璃密封瓶中（AR-glass breakseals）采集并转到质谱仪。对于两种流体和橄榄石样品，在 He（和 Ne）质谱仪分析之前实施了高强度清洗（Kulongoski and Hilton, 2002）。

所有样品（地热流体和橄榄石晶体）的 He 和 CO_2 测试结果见表 5-3-6，其中采自湖滨温泉和火山外坡的气相样品具有最高的 $^3He/^4He$ 比值，数值在 $5.1R_A$ 和 $5.4R_A$ 之间。而聚龙泉的水样稍低一些（$4.5R_A$），该结果与少量放射成因的（地壳）He 的加入相一致。笔者的 $^3He/^4He$ 比值结果与前人聚龙泉和锦江温泉的测试结果（$2.3 \sim 5.7R_A$ 和 $5.4 \sim 5.9\,R_A$，Shangguan and Sun, 1997）相符。

表 5-3-6　天池火山 He、C 同位素与相对含量

样品号	物相	温度（℃）或质量 / mg	R/R_A*	(He/Ne)/(He/Ne)空气	R_C/R_A（±2s）	[He]c*(ncm³STP/g)	$CO_2/^3He$（×10⁹）	$\delta^{13}C(CO_2)$ ‰(PDB)
CHN-1	气体	36	5.11	1810	5.11±0.12	~	0.92±0.02	-4.4
CHN-7	气体	66.6	5.29	1930	5.29±0.08	~	5.71±0.04	-4.87
CHN-7a	气体	~	5.19	1770	5.19±0.08	~	7.07±0.06	-5.13
CU-17	水	75.1	4.4	48.1	4.50±0.40	46.6	1630±40	-1.86
CHN-8	水	~	3.67	10.6	3.88±0.16	61.1	1294±80	-3.5
CHN-2	气体	50	5.36	1160	5.36±0.08	~	0.63±0.02	-7.02
CHN-3	气体	~	4.88	474	4.89±0.12	~	0.52±0.02	-7.19
CH-FF	橄榄石	1012	5.71	250	5.80±0.60	0.16	~	~
YDG-03	橄榄石	833	6.8	250	6.80±0.90	1.81	~	~
YDG-04	橄榄石	1098	3.3	58	3.3±0.60	0.84	~	~

注：① ~ 表示未测试或无结果。

② CHN-1 采自湖滨温泉气泡区 (42°01′11″N, 128°04′00″E)。CHN-7、CHN-7a、CU-17 和 CHN-8 采自北坡聚龙泉 (42°02′27″N, 128°03′30″E)，其中 CHN-7a、CHN-8 做过重复测试。CHN-2、CHN-3 采自西坡锦江温泉 (41°56′35″N, 127°59′58″E)，CHN-3 做过重复测试。CH-FF 采自飞狐山庄 (42°09′11″N, 128°12′00″E)。YDG-03、YDG-04 采自图们江 (42°00′08″N, 128°35′00″E)。

③ 测量的 $^3He/^4He$ 比值 (R) 利用公式 $R_C/R_A = \{[(R/R_A)\times X]-1\}/(X-1)$ 做大气或空气饱和水加入的 He 校正，其中 R_C 是校正的 $^3He/^4He$ 值，R_A 是空气中 $^3He/^4He$ 的值 (1.6×10^{-6})，X 是空气标准化的 He/Ne 比值（第 5 列）。测量的 He 丰度也做大气 He 效应校正，使用公式是 (He)c=(He)众值 × $(X-1)/X$。对于所采气体样和水样，X 是系数 1.15（20℃ 水中 Ne/He 比值的 Bunsen 系数），详见 Hilton(1996)。

在飞狐山庄和图们江玄武岩包体样品 $^3He/^4He$ 比值均位于 $3.3 \sim 6.8R_A$ 之间，这与地热流体研究结果也很好地重合。类似报道是 Kim 等（2005）天池火山包体的 $^3He/^4He$ 比值 ($2.8 \sim 7.7R_A$)。这些研究结果补充证实了前人研究中不支持天池火山"高 ^3He"热点源的结论（Shangguan et al., 1997；Kim et al., 2005）。显而易见的还有天池火山的 $^3He/^4He$

比值要稍低于与地幔最上部有关的典型数值范围（$(8\pm1)R_A$，Graham，2002），但其确实是与岛弧有关火山作用（众值 $=5.4R_A$，Hilton et al.，2002）和陆下岩石圈（众值 $=6.1R_A$，Gautheron and Moreira，2002）重合。由此可以看出，天池火山区包体的 $^3He/^4He$ 比值指示了火山作用中占优势的幔源挥发份注入。

天池火山 He 和 CO_2 相对含量（表示为 $CO_2/^3He$ 比值）变化非常大。对于气相样品，最高值见于天池火山聚龙泉。5.7×10^9（对应于最高 $^3He/^4He$ 比值的样品）与 7×10^9 的 $CO_2/^3He$ 比值位于约 12×10^9 和约 2×10^9 之间。约 12×10^9 是典型的岛弧状火山比值（Sano and Marty，1995），而约 2×10^9 是洋中脊位置大洋地幔和包体采样的大陆地幔两者的特征数值（Marty and Jambon，1987；Dunai and Porcelli，2002）。湖滨温泉与锦江温泉采集的所有其他气体样品都有低的 $CO_2/^3He$ 比值（小于 10^9）。与此相反，聚龙泉水样有一个极高的 $CO_2/^3He$ 比值（大于 10^{12}），这些高 $CO_2/^3He$ 比值可以是地壳岩石具有的典型特征（O'Nions and Oxburgh，1988），也可以是气体损失后挥发份亏损的（残余）水样特征（Van Soest et al.，1998）。考虑到该样品的高 $^3He/^4He$ 比值（$4.5R_A$），笔者认为后者可能性更大一些。

气相样品 CO_2（$\delta^{13}C$）同位素组成落在窄的 $-4.4‰$ 与 $-7.2‰$ 之间，范围与 Shangguan 等（1997）报道的锦江温泉位置（小于 $-7‰$）一致。水相样品具有稍高的数值（大于 $-3.5‰$）。这一相对窄的 $\delta^{13}C$ 范围跨越了洋中脊（Marty and Jambon，1987）和俯冲带范围（Hilton et al.，2002）。前者假定 CO_2 地幔成因，而后者 CO_2 主要由俯冲板片注入。

2. 天池火山气体来源与深部过程讨论

尽管 He 同位素组成可以用来提供起源的清晰证据（对天池而言主要是地幔成因），这一方法对于 CO_2 却不再有效，因其 $\delta^{13}C$ 范围很宽，它显示了不同地体源区特征。例如，典型的 MORB 地幔状 $\delta^{13}C$ 值（$-6.5‰$，Marty and Jambon，1987）也可能由地壳碳酸岩和沉积物混合所形成，两者的 $\delta^{13}C$ 值分别为 $0‰$ 和 $-20‰$。在天池火山，区分 CO_2 起源时观测到了很宽的 $CO_2/^3He$ 数值范围。从低于上地幔的数值（2×10^9），经典型俯冲带的数值（12×10^9）到地壳岩相特征的数值（大于 10^{12}）均有。因此，在考虑 He-CO_2 资料的成因意义之前，我们首先需要评估究竟是哪些样品能够代表供给天池火山作用的地幔源区 $CO_2/^3He$ 和 $\delta^{13}C$ 值。

在图 5-3-4 里笔者以 $CO_2 - {}^3He - {}^4He$ 三角形给出了现在资料（表 5-3-6）的投点。本图的优点在于二元混合关系可以通过直的放射线看出。包含流体相样品（气体与温泉）的最明显关系是它们确实落在一个窄的射线上。该射线自 CO_2 顶点（即高 $CO_2/^3He$ 比值）延展到纯 He 轴（即低 $CO_2/^3He$ 比值），其 $^3He/^4He$ 比值均为约 $5.1R_A$（所有气体样品的众值）。初看上去，这一关系像是地壳和地幔两端元间的混合。然而，由于①所有样品都落在同一直线上（即它们具有实际同一的 $^3He/^4He$ 值），②地壳和地幔端元具有非常不同的 He 同位素组成（这与笔者观测到的不同），这种可能性也就被排除掉了。因此，$CO_2/^3He$

宽的范围只能由 CO_2 和 He 的分异过程所形成。笔者已经指出水样的 $CO_2/^3He$ 高数值主要指示了含水流体中 He 的丢失，但还有另外两种可能性来解释气相样品 $CO_2/^3He$ 的差异。

首先，岩浆脱气过程可以改变 $CO_2/^3He$ 比值，因为这两种气体在玄武质岩浆中的溶解度不同（Hilton et al., 1998）。天池地区特征是碱性玄武岩（Kim et al., 2005），因此，可以期待出溶的挥发份演化的 $CO_2/^3He$ 值要高于初始岩浆值，因为碱性熔体中 CO_2 相对于 He 的溶解度更大（Dixon, 1997）。因此，笔者不可能解释在天池火山火口湖和火山坡（锦江温泉）观测到低的小于 10^9 的 $CO_2/^3He$ 比值，因为没有可能的岩浆源（洋中脊玄武岩或热点）初始值要低于所观测到的数值。其次，一个相反的分异过程是在流体冷却时方解

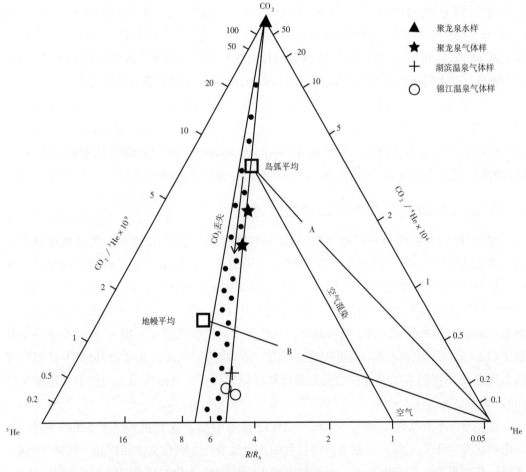

图 5-3-4　天池火山温泉采集的气体和热泉水样品 CO_2、^3He 和 ^4He 三角形投点图

所有样品投点落在连接纯 CO_2 和 $^3He/^4He = 5.1R_A$ 的二元混合直线上或其附近。但是，二元混合不能描述样品之间的关系（见文中讨论）。加点区域指示了陆下岩石圈地幔（SCLM）的 $^3He/^4He$ 的范围（$(6.1\pm0.9) R_A$，Gautheron and Moreira, 2002）。为了对比，图中给出了加入放射成因 He 的效应到 A：挥发份具有岛弧特征平均值（Sano and Marty, 1995）和 B：挥发份具有典型的 MORB 来源特征（Marty and Jambon, 1987）。空气混染对平均岛弧挥发份的影响也给于图中

石的沉淀，它的作用也可降低 $CO_2/^3He$ （Hilton et al., 1998）。这样一个过程对天池火山也是极不可能的，因为在区内 CO_2 含量很高（多大于 90% 干气体，Shangguan et al., 1997），并且在采样点观测的温度和地热系统深部平衡温度估计 [约（166±9）℃] 之间有很大的差异。因此，笔者得到结论，天池火山气体样品的 $CO_2/^3He$ 只能低于（初始）岩浆值（即要遵循图 5-3-4 中 CO_2 损失的轨迹）。所以，聚龙泉位置的值尽管最低，但可以作为源区 $CO_2/^3He$ 值的估计。在聚龙泉测量的 $CO_2/^3He$ 值 $[(5 \sim 7) \times 10^9]$ 与俯冲带（12×10^9）及地幔岩石圈的值（2×10^9）紧密对应，因此，可以认为天池火山采到的 CO_2 主体源自地幔，但却经历了俯冲板片流体／熔体反应的改造。

尽管方解石沉淀也能导致分异的气相 $\delta^{13}C(CO_2)$ 值，但该效应强烈程度取决于温度，在天池火山该效应可能很小。这是由于在天池火山估计的地热源区温度（166℃）接近于 $CO_2(g)$ －方解石系统没有分异的温度（约 190℃，Bottinga, 1969）。因此，在聚龙泉气相样品保存了岩浆 $\delta^{13}C(CO_2)$ 值，而聚龙泉水相样品和锦江温泉样品分别可能反映了由于相变和／或方解石低温平衡导致的变化。

假如在聚龙泉的样品（$CO_2/^3He$ 和 $\delta^{13}C$）是下伏地幔源的代表，就可利用 Sano 和 Marty（1995）三重混合模型来估计上地幔（M）、源自板片的有机沉积物（S）和灰岩（L）对总量的相对贡献。计算时采用下列端元参数：$\delta^{13}C_M = -6.5‰$，$\delta^{13}C_L = 0‰$，$\delta^{13}C_S = -20‰$，$(CO_2/^3He)_M = 1.5 \times 10^9$，$(CO_2/^3He)_L = 1 \times 10^{13}$，$(CO_2/^3He)_S = 1 \times 10^{13}$。这样，对于天池火山的 $\delta^{13}C = -5.0‰$ 和 $CO_2/^3He = 6.4 \times 10^9$（聚龙泉的两个样品平均值），就可得到 M : L : S = 23 : 65 : 12。即，天池火山 CO_2 来源的板片贡献大约 3 倍于地幔楔形区的贡献。如果天池火山 $CO_2/^3He$ 数值等于岛弧火山平均值（12×10^9），则板片来源 CO_2 注入量占总量的百分比由 77% 增加到 88%。在这两种情况下笔者的结论都是天池火山测量的 CO_2 总体上都具有俯冲板片的成因。

把板片源 (L+S) 对幔源 (M) 贡献比值作为与海沟（汇聚型板块边界）距离的函数时，对与岛弧有关的火山（自海沟距离小于 300km），(L+S)/M 多较高（大于 6），反映 CO_2 的总量主要由板片加入（图 5-3-5）。随着自海沟距离的增加，板片源 CO_2 的比例降低，这与自板片最上部 CO_2 向前弧和火山前锋部位的丢失相一致。值得注意的是，尽管在天池火山和本州海沟之间的距离很远（约 1400km），板片来源 CO_2 的影响还是很明显的。但是，天池火山低的 (L+S)/M 值 (3.3) 非常类似于其他弧后位置火山，如阿根廷和洪都拉斯（de Leeuw et al., 2007）。这一结果类似于 Lei 和 Zhao（2005）的天池火山作用属于弧后型火山的结论。

总之，通过对地热活动迁移至地表的 He 与 CO_2 系统同位素示踪和相对丰度研究，笔者发现代表着中国东北板内火山作用的天池火山样品显示出强烈的板片来源的影响。在长白山板片对总 CO_2 的贡献近于与当今环太平洋火山所见相同，但长白山位于当今俯冲带约 1400km 以远，它超过了当代岛弧火山作用影响的范围。因此可以得出结论：长白山

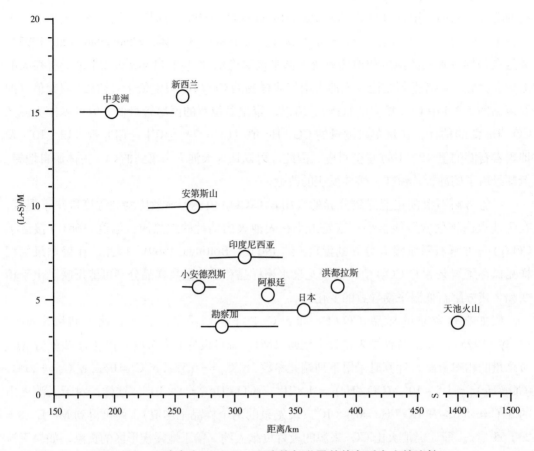

图 5-3-5　天池火山 (L+S) ／ M 比值与世界其他岛弧火山的比较

的 CO_2 和其他挥发份可能代表了自从中生代开始大陆之下岩石圈地幔里捕获的古俯冲带流体，这些挥发份被晚新生代拉张或裂谷有关的岩浆和地热活动迁移并释放至地表。

第六章　天池火山地表地质作用过程

第一节　喷发间歇期火山表面作用

一、火山喷发间歇期地表的剥蚀、搬运与堆积过程

在一座火山的历史中，火山喷发持续的时间是短暂的，仅占整个火山历史的很少时间。火山喷发主要是加积作用，相对于剥蚀作用基准面构筑起一个新的地势表面。给定的剥蚀基准面之上的加积效应、整体或局部高坡度角、以及大量松散可剥蚀碎屑物条件下，对于长期发育的火山喷发静止期主要表现就是次生表面作用过程，即剥蚀、搬运、再堆积作用过程。

在火山活动期内很少或没有剥蚀作用。活动火山的活动期极为不一致，可以自玄武质岩渣锥的几周或几个月到层火山或流纹质火山中心的百万年或更长。对岩渣锥，如果火山活动期很短，喷发期几乎持续了整个火山活动期。但对层火山和流纹质火山中心，喷发之间的静止期却很重要。在喷发静止期内，正常的地表作用就以极高的速率进行。因此，在这些地区，火山活动期内剥蚀作用虽不重要，但由于活动期内极高的喷发速率喷出了大体积的岩石，致使火山休眠期内具有极高的搬运速率。作为火山堆积序列，堆积序列本身代表的时间间隔要远远小于堆积序列边界之间所代表的时间间隔。

E.H.Francis（1983）总结了火山区内已知的剥蚀速率。在高地形区域下切剥蚀速率是每千年 0.1 ~ 1m，在南美安第斯山每百万年 1 ~ 2km。他也指出了松散碎屑与熔岩的高比值、覆盖植被的损失在加速剥蚀率方面的效应。指出在地质上重要的时间内（1 ~ 2）Ma 层火山近源、最高的近火山口区将被剥蚀掉，仅仅留下核心杂岩和次生主导的环状平原层序的一部分。这些剥蚀速率与 Mills（1976）计算的卡斯科特火山弧雷尼尔火山的层火山剥蚀速率很吻合。地形切割速率是每千年 1.1m，河流沉积载荷速率是每千年 3 ~ 4m 多，从而得出对于一座 3km 的层火山，彻底剥蚀时间就在（1 ~ 3）Ma 之间。这些剥蚀速率比 Wood（1980b）和 Kieffer（1971）的岩渣锥及 Walker（1984a）冰岛玄武岩高地的剥蚀速

率要高一些。Walker 计算的冰岛平均标高 400m 的火山区剥蚀速率是 58m/Ma。

火山区与非火山区沉积搬运作用的两个基本形式都是颗粒方式和整体运动方式。前者是每个颗粒的单独行为，后者是堆积物基本上瞬时以一个整体运动。颗粒沉积运动时，颗粒响应于作用在其上的力以单独方式自由运动；整体运动时，由于大量的碎屑是整体运动的，颗粒自由度受到很大限制，碎屑间的碰撞和动力学反应很常见。流体中碎屑物搬运时，冰、水、空气等都可作为间隙介质，间隙介质对驱动沉积运动、提供颗粒支撑起到润滑作用。除了以颗粒或整体运动方式为基础对沉积物运动分类外，还可按间隙介质进一步分为不必需要间隙介质和分别以冰、水和空气作为主要的间隙介质等四大类沉积物搬运过程（表 6-1-1），不同搬运过程具有明显不同的运动速度（表 6-1-2）。

表 6-1-1　沉积物搬运过程分类表

间隙介质	颗粒方式	整体运动
不取决于间隙介质的沉积搬运	颗粒自由降落	岩石降落
		滑坡
	颗粒蠕动	岩崩
		颗粒流
冰作为主要间隙的沉积般运	冰漂移	冰川
	冰川	永久冻土蠕动
水作为主要间隙介质的沉积搬运	牵引（床砂载荷、河底滚砂）	冲积山溪急流，席状泛滥
		水下颗粒质量流
	悬浮	泥流，岩屑流
		滑动塌陷
	溶液	土壤蠕动
空气作为主要间隙介质的沉积搬运	牵引（风吹）	空气润滑的岩崩
	悬浮（风吹）	

表 6-1-2　火山表面物质搬运过程与搬运速度的对应表

主要物质	运动特性	运动速度		
		慢（1 cm/a 或更少）	中等（1 km/h 或更大）	快（5 km/h 或更大）
岩石	流动	*	*	*	岩崩（rock avalanche）
	滑动或降落	*	*	岩石滑动（rock slide）	岩石降落（rock fall）
未固结物	流动	蠕动（creep）	土流（earth flow）	泥流	碎屑崩落物
		泥动（solifluction）	碎屑流（debris flow）		
	滑动或降落	沉降		碎屑滑动（debris slide）	

注：* 号者指示运动过程很少见。

二、火山锥体结构参数与剥蚀年龄的回归方程

对于任何类型的火山，火山口与火山锥直径、火山口内沟谷长度及数量显然是随着剥蚀作用的持续而增加，而火山锥高度、锥体外侧平均坡度、外壁沟谷平均坡度等都随着剥蚀作用的持续而减小。Wood（1980）、Dohrenwend（1990）等研究岩渣锥时得出了以上认识。而另一些参数，如火山口深度和火口内沟谷密度则不是时间的简单函数。

简单线性回归方法研究可以得知有 6 个火山机构参数变量与时间相关性最强，它们依次为火山口直径（$y=109.00x+1489.86$）、火山口周长（$y=340.07x+5317.83$）、火山锥高差与直径的比值（$y=-0.0041x+0.09$）、火口内沟谷长度（$y=1.32x+1.59$）、沟谷密度（$y=1.39x+4.05$）及火山口直径与高差的比值（$y=0.37x+3.28$）。回归类型主要采用线性回归，它有两个意义：其一是，大陆气候的剥蚀速率在初始强烈夷平阶段逐渐降低至达到一个"稳定状态"；其二是，线性回归也意味着高度的变化"降低作用"，对剥蚀率并没有明显的影响。

我们可以采用简单回归方法来计算锥体降低作用。方法是先假设一个"准原始后火山直径"，从它开始一个宁静式的、线性夷平作用。例如"准原始后火山口直径"取值 1500m，初始降低值为 260m，得到的回归方程斜率为 31.5，即初始阶段之后每百万年锥体降低 31.5m。这与其他方法得到的剥蚀率是一致的：河床沉积载荷得到 33.8m/Ma（Milliman and Meade，1983）或 43m/Ma（Summerfield，1991），浅海沉积物得到 30m/Ma（Summerfield，1991），深海钻探计划得到的海洋中沉积速率 11m/Ma（Davies et al.，1977），冰岛火山区下切率得到的数值是 58m/Ma（Walker，1984）。需要强调的是，这种计算方法得出的是火山顶部地区的剥蚀速率，而锥体下部的剥蚀速率（或堆积速率）会低一些。还需指出的是在新火山地区剥蚀速率要高得多，可以高达 1 ~ 10m/ka（Ollier，1988）。Francis（1983）指出：喷发（1 ~ 2）Ma 之后，近缘近火口最高地区的层状锥就会被搬走，而只留下核部杂岩。在高降水和冰川地区可能就会是这样。

多项回归年龄方程相关系数均需大于 0.9，这时与岩石 K/Ar 年龄误差可以小于（1.5 ~ 2）Ma。例如喷发年龄与火山口直径和火山口内沟谷长度的多项回归方程为：

年龄 =0.0057 火山口直径 +0.1695 火山口内沟谷长度 + （-7.6165）

喷发年龄与火山口直径、火山口周长、锥体高差 / 锥体直径沟谷长度及数量的多项回归方程为：

年龄 = 0.014 火山口直径 + （-0.0028）火山口周长 + （-46.8275）锥体高差 / 锥体直径 + （-0.2928）火山口内沟谷长度 + 0.4073 沟谷数量 + （-0.1288）火山口直径 / 高差 + （-3.1534）

有些地貌特征参数不是时间的函数，如火口缘坡度、火山口圆度、火山口内沟谷强度。以上测量方法包括 1：50000 地形图、航空照片、卫星影像测量等。

人们往往直接把破火山口的塌陷与岩浆房的空虚作用联系起来，破火山口由与岩浆

房有关的杂岩的塌陷而形成（Williams and McBirney, 1979）。塌陷方式有很多，从边界线性断层之间的宽阔向下挠曲，沿边界环状断层内聚性圆柱体塞状下降，至破火山口底板小碎块的零零碎碎的塌陷。后者形成漏斗状，相对于破火山口中心很不对称（Walker, 1988）。根据破火山口深浅与宽窄的明显不同可分两大类。深者与高喷发率、频繁下沉、高位球形岩浆房、细岩浆柱有关；浅者与低岩浆补给率、下沉微弱、较低位椭圆饼状岩浆房、宽岩浆柱有关（Walker, 1988, 1992）。

三、天池火山破火山口内壁和外壁最为发育的表生作用堆积物

天池火山锥体靠上部最为发育的表生堆积物是垮塌堆积、滑坡堆积物和泥石流。锥体靠下部及盾体之上更大范围的表生堆积物则主要为火山泥石流与次生搬运堆积物。天池破火山口环形悬崖陡壁上部的破裂岩石由于受到雨水渗滤，加上重力作用下落到悬崖下部形成垮塌堆积，即所谓的倒石锥。这种垮塌堆积碎石大小不等，一般粒经 10 ~ 40cm，大者 1 ~ 2m，泥砂质含量很少。在天池火山锥体上部，沿着放射状峡谷悬崖陡壁发育处也常常形成垮塌堆积（参见本书第二章第三节）。堆积物碎石成分主要为粗面岩、碱流岩，少量玄武岩、黑曜岩等，这些垮塌堆积有时被八卦庙期黑色喷发物所覆盖。

在二道白河上游长白瀑布以北，长白温泉西南侧悬崖陡壁下面见有滑坡体堆积，它们是白头山组三段粗面岩类，从悬崖上部整体滑塌下来形成的（照片 6-1-1a）。因此，虽然堆积物破碎强烈，但仍保留原有喷发层序层面构造特征。在天池锥体斜坡其他部位有时也可见到较大块的山体滑坡。天池火山锥体表面泥石流冲沟极为发育，多期次不同规模的泥石流堆积物与喷发物及其他类型表生堆积物相互叠置（照片 6-1-1b），反映出喷发期与喷发间歇期复杂的火山作用历史。

(a)   (b)

照片 6-1-1　天池火山沟谷陡壁之下发育滑坡体、泥石流与垮塌倒石锥堆积物

（a）温泉长廊滑坡体原地堆积；（b）乘槎河西岩墙冲沟之下泥石流扇状堆积（左下侧）、倒石锥（右侧中下部）

野外调查期间，在天池火山西侧白云峰大峡谷南侧的旱河河谷伊格尼姆岩内还发现了古温泉蚀变带，指示了伊格尼姆岩定位后长时间脱气蚀变的表生作用过程。蚀变带表现为一系列走向为 325°～330° 的北西向蚀变脉。脉体走向多为 325° 左右，白色钙华位于脉体中央，10～60cm 宽，两侧 50cm 宽红色铁质硫酸盐富集（照片 6-1-2a）。钙华源自重碳酸钙型水，呈乳白色。另见伊格尼姆岩两流动单元，上部单元岩屑多富集于底部，近底面流动羽状剪切节理集中于界面附近（图 6-1-1），节理间距 5～15cm，长度多小于 0.5m，节理面产状集中在 15°∠21° 左右，伊格尼姆岩堆积单元界面产状 215°∠45°。下部堆积单元靠上部富浮岩碎屑，熔结强，柱状节理清晰。也见上部单元节理切过下部单元，显示下部单元未完全固结时上部单元剪切流过的形成过程。在骆驼峰巨厚层伊格尼姆岩堆积剖面中，逃气管、逃气脉构造十分发育（照片 6-1-2b、c、d）。深灰色细粒伊格尼姆岩堆积物中垂直发育的浅色富粗粒逃气管由于气化烧结作用而突出于伊格尼姆岩表面。反映了巨厚伊格尼姆岩定位后有一个很长时间的脱气作用过程，这与现代火山喷发的阿拉斯加万烟谷相似。

(a)

(b)

(c)

(d)

照片 6-1-2 天池火山伊格尼姆岩定位后脱气构造指示的表生过程

（a）旱河伊格尼姆岩红色、白色逃气脉；　（b）骆驼峰伊格尼姆岩流动单元与逃气构造；
（c）骆驼峰伊格尼姆岩，保留完整逃气管；（d）骆驼峰伊格尼姆岩，逃气管集中发育于厚层部位

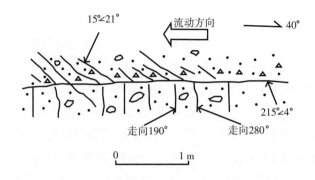

流动方向

15°∠21°

40°

215°∠4°

走向190°

走向280°

0   1 m

⬭ 浮岩   ▲ 岩屑   · 细粒火山灰   ⟍ 斜列流动剪切节理 | 直立冷却柱状节理

图 6-1-1　旱河 No. 33 地质点伊格尼姆岩两个流动单元界面附近流动剪切节理与下部单元柱状节理

第二节　山脊剥蚀与冲沟侵蚀

火山喷发间歇期内山体表面经历风化剥蚀作用，风化碎屑物自山顶、山脊经火山斜坡搬运到沟谷之中，在沟谷里碎屑物受明显水体作用而再次被搬运到火山坡下低洼部位沉积或沿河流继续搬运。在火山坡上，碎屑物受重力作用控制的自山脊至山沟的迁移过程符合扩散作用机理，碎屑物自山脊向山沟的扩散速率影响着山坡坡度的大小（Allen，1997）。经历一个稳定时间段后，火山斜坡的坡度可能形成一个"成熟的"稳定抛物线状地形表面。由于火山区在喷发间隔期内也常常经历着明显的抬升作用，强烈的地表抬升与沟谷下切作用使得地表山体坡度增大至失稳状态，因而导致山体滑坡。发生滑坡后火山斜坡表面一般都留下一个很陡的滑坡体马蹄形洼地陡壁，由于坡度大而增加了碎屑物扩散搬运的速率。所以从火山地表坡度的演化历史上，碎屑物扩散作用和滑坡体搬运作用起着至关重要的控制机制。

一、扩散作用对山坡坡度的限定

火山坡的连续演化可以模拟为以质量守恒为基础的扩散过程，扩散过程认为碎屑物搬运速率的空间变化与基岩的垂直剥蚀速率或沉积速率成正比，即：

$$\frac{\partial Q}{\partial x} = -\rho_b \frac{\partial y}{\partial t} \tag{6-2-1}$$

式中，Q 是单位宽度山坡的质量释放率；ρ_b 是活性风化层的总密度；x 是水平距离坐标，y 是高程；t 是时间。假设释放率与局部坡度成正比，

$$Q = -k \frac{\partial y}{\partial x} \tag{6-2-2}$$

式中，k 是搬运系数，把式（6-2-1）和式（6-2-2）联立，就得到我们熟知的扩散方程

$$\frac{\partial y}{\partial t} = \kappa \frac{\partial^2 y}{\partial x^2} \tag{6-2-3}$$

式中的扩散系数 $\kappa = k / \rho_b$。

假如山坡的水平长度是 L，两侧限制性沟谷的剥蚀速率是 $\dot{e}$，再把山顶的水平坐标设置为零，山坡的稳定状态剖面就变成：

$$y = \frac{\dot{e}}{2\kappa}(L^2 - x^2) \tag{6-2-4}$$

这表明山坡剖面是抛物线式的（图 6-2-1）。山坡的最大起伏为 $x=0$ 时的 y 值减去 $x=L$ 时的 y 值：

$$R = \frac{\dot{e} L^2}{2\kappa} \tag{6-2-5}$$

在山顶的山坡坡度为零，最大坡度是在 $x=L$ 位置：

$$\left| \frac{\partial y}{\partial x} \right|_{\max} = \frac{\dot{e} L}{\kappa} \tag{6-2-6}$$

山坡系统的时间常数应该是：

$$\tau = L^2 / \kappa \tag{6-2-7}$$

二、滑坡作用对山坡坡度的限定

在经历大量构造抬升的地区，沟谷切割作用使得滑坡对山坡坡度起着主导作用。在较少抬升与切割的地区，山坡主要受扩散作用控制并且具有抛物线的形状。假如 L 代表一个滑坡的典型路径长度，滑坡控制的山坡的实际扩散率 K_e 就变为

$$\kappa_e = \frac{L^2}{\tau} \tag{6-2-8}$$

当火山表面坡度 S 超过某个滑坡的临界坡度 S_c 时，火山表面山坡就会发生破裂。破裂的初始条件是：

$$Q = S_c(k_d + k_e) \tag{6-2-9}$$

式中，k_d 和 k_e 分别是正常扩散和滑坡引起的搬运系数，它们与正常扩散率和滑坡实际扩散率有关。

由于滑坡引起的最大可能的山坡高差由

$$R = L \tan S_c \tag{6-2-10}$$

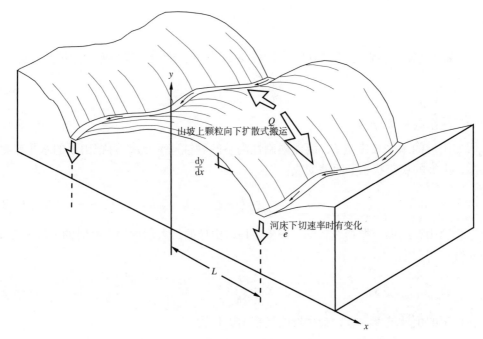

图 6-2-1　火山斜坡碎屑物扩散式搬运与沟谷下切过程示意图

Q 为山坡向沟底碎屑扩散式搬运速率,$\dot{e}$ 为河沟下切速率，时间常数 τ 之后火山表面达到平衡状态

确定，但实际在野外观测时的数值可能要低一些。

既然火山表面碎屑物扩散作用的最大坡度已由式（6-2-6）给出，就可以假设在坡度大于最大扩散方程的坡度时，滑坡起主导作用。也就是假如发生

$$\dot{e} > \frac{\kappa S_c}{L} \tag{6-2-11}$$

的情况，就要考虑滑坡作用的影响了。

三、天池火山表面作用过程与有关参数

为了了解天池火山锥体部分火山地形地貌在喷发间隔期间的剥蚀搬运与降解过程，笔者选择了火山锥体不同代表性部位现存火山斜坡与沟谷的地形高程参数，通过火山坡碎屑物扩散式缓慢搬运降解过程和沿沟谷、陡壁等部位发生滑坡作用的迅速降解过程的模拟计算，探讨天池火山斜坡地形地貌降解演化的动力学过程。在天池火山斜坡地形测量时选择了天池火山北西西侧锥体（保留较早的锥体部分）、天池火山西南侧（火山外坡发生巨型滑坡体之后锥体地形的演化）和天池火山东侧锥体（相对较新的锥体部分）这 3个不同地貌区，在不同高度上分别测量有关山脊与沟谷参数。如锥体北西西侧 2000m 和2200m 分别测量两个剖面：北西西侧 2000m 高程 6.7km 剖面长度，平行山脊之间共有 4道主要深沟，测量沟深分别为 240、130、140、250、150、140、120、280m，平均山脊

间距1675m。锥体北西西侧2200m高程5.7km剖面长度，平行山脊之间共有7道主要深沟，测量沟深分别为140、130、140、50、140、20、80m，平均山脊间距814m。锥体西南侧滑坡体后5km剖面长度，平行山脊之间共有8道主要深沟，测量沟深分别为50、90、30、30、100、10、120、60、30、60m，平均山脊间距625m。锥体东北侧也测量两个剖面：东北侧2000～2100m高程7km剖面长度，平行山脊之间共有7道主要深沟，测量沟深分别为50、40、40、30、40、20、90、30、70、30、40、60、50、50、120m，平均山脊间距1000m。锥体东北侧1800～1900m高程6km剖面长度，平行山脊之间共有6道主要深沟，测量沟深分别为40、20、70、20、50、30、30、20、90、10、90、110m，平均山脊间距1000m。上述3个代表性地区所测地形参数归纳于表6-2-1，由表可见西北侧高度不同锥体部位具有极不相同的沟谷间距，这反映了更为复杂的火山地貌剥蚀演化关系。西南侧滑坡体后火山地表的演化在滑坡体洼地基础上重新开始，平行山脊与沟谷间距也最小。所测沟深数值一般都分较小、较大两个数值，这应该反映了某个时间段上的一次突发事件，很可能代表了一次极为强烈的整体抬升。

表 6-2-1　天池火山代表性斜坡山脊与沟谷参数

锥体地貌单元	山脊间距均值 / m	小沟深均值 / m	大沟深均值 / m
西北侧锥体中下部山脊	1600	136	256.7
西北侧锥体中上部山脊	800	50	137.5
西南侧滑坡体后山脊	600	38.6	103.3
东北侧锥体中上部山脊	1000	38.2	85
东北侧锥体中下部山脊	1000	27.5	90

为了获取天池火山沟谷下切速率和斜坡表面碎屑物的扩散系数估计，笔者选取了天池火山以南小白山一带火山地貌参数作为天池火山剥蚀降解过程的背景参考区，因为这里的火山地貌经历了相对平稳的演化过程，所成山脊与沟谷排列规则，地形参数稳定。在该地3条近东西向大的深沟里所测3条剖面参数分别为：5.3km东西向2深沟，沟深200、260、200、210、270、190、230m；5.4km东西向2深沟，沟深270、260、310、380m；4.6km东西向2深沟，沟深290、320、370、300m。在近东西向大沟的两侧，往往发育近平行的一组近南北向小沟，代表了时间较新的沟谷切割作用。3条小沟所测参数为：靠北侧大沟的北坡之上南北向小沟，2.5km剖面线上有5小沟，沟深50、10、30、50、20、60、50、55、35、50m；其下接近东西向大沟沟底1.8km剖面线上有3小沟，沟深15、90、75、70、75、65 m；在北侧大沟的南坡3.6km剖面线上有6小沟，沟深90、20、70、100、30、80、40、60、40、130m。小白山一带火山地形参数综合于表6-2-2，上部3行为东西向大沟地形参数，沟深均大于200m，沟谷间距均大于2000m。下部3行为近南北向小沟参数，沟谷间距小于600m，沟深也多小于70m。为了更准确地表述小白山火

山区地貌参数，测量统计时也分较大、较小两个端元统计。表中给出了依据不同公式获得的 $\dot{e}/\kappa$ 比值，由东西向大沟获得的 $\dot{e}/\kappa$ 值位于 0.0003 ~ 0.001 之间，由南北向小沟获得的 $\dot{e}/\kappa$ 值位于 0.002 ~ 0.005 之间。结合近年来天池火山垂直形变测量的火山地表抬升速率，就可得到表示碎屑物扩散式搬运的参数 κ 值。

表 6-2-2　小白山一带火山地表参数测量统计值

大沟沟深均值 /m	小沟沟深均值 /m	间距 /m	L/m	R/m	$\dot{e}/\kappa$ (6-2-5)	$\dot{e}/\kappa$ (6-2-6)
265	206	2650	1325	265	0.000301887	0.000899437
345	265	2700	1350	345	0.000378601	0.00088278
370	303	2300	1150	370	0.000559546	0.001036307
52.5	23.75	500	250	52.5	0.00168	0.004767014
75	15	600	300	75	0.001666667	0.003972512
88	32.5	600	300	88	0.001955556	0.003972512

　　为了得到天池火山表面碎屑物扩散式迁移系数 κ，笔者利用了天池火山 2002 ~ 2005 年间大地水准测量资料。测量发现天池火山 2002 ~ 2005 年间每年的地表抬升速率很不相同，小至每年 5mm，大至每年 46mm。如果采用 3 个年度差值的平均数，可以代表天池火山 2002 ~ 2005 年间地表抬升期间的平均抬升速率，这代表天池火山喷发间隔期内具有明显的火山不稳定性活动的地表抬升速率。20 世纪 90 年代初期天池火山也经历了一次具有一定活动性的显示，之后就表现为平稳期。这个大致 10 年间隔的活动性周期显示的地表抬升速率用 2002 ~ 2005 年间总抬升量除以 10 来获得。并且笔者假设，天池火山喷发间隔期内火山抬升速率等同于沟谷下切速率，如此即可得到天池火山不同活动性显示期间的沟谷下切速率 $\dot{e}$ 值。结合 $\dot{e}/\kappa$ 比值的限定，就可得到扩散系数 κ。现代巨型活火山地区山体发生滑坡的地形坡度一般为 50° 左右，这样就可以把 50° 的正切值作为火山斜坡碎屑物缓慢式扩散搬运与瞬间的滑坡体降解搬运的临界值，计算结果如表 6-2-3 所示。考虑到火山喷发间隔期里火山表面的剥蚀与降解过程主要表现为平稳过程，所以选取 $\kappa = 1$ 作为天池火山斜坡碎屑物扩散系数。按照沟谷下切速率 $\dot{e} = 0.005$m·a^{-1}，碎屑扩散系数 $\kappa = 1$，计算的天池火山不同地貌区地形参数值见表 6-2-4 ~ 表 6-2-6。

表 6-2-3　天池火山沟谷下切速率与碎屑物扩散迁移速率估算

	下切速率估算值 m·a^{-1}	κ	
		0.005 比值计算	0.001 比值计算
2002 ~ 2003 年间抬升量 /m	0.04633	0.107921433	0.021584287
2003 ~ 2004 年间抬升量 /m	0.01686	0.296559905	0.059311981
2004 ~ 2005 年间抬升量 /m	0.00493	1.014198783	0.202839757
2002 ~ 2005 年间抬升量平均 /m	0.022706667	0.220199648	0.04403993
1995 ~ 2005 年间抬升量平均 /m	0.006812	0.733998826	0.146799765

表 6-2-4　按照沟谷下切速率 $\dot{e}=0.005\ \mathrm{m\cdot a^{-1}}$，碎屑扩散系数 $\kappa=1$ 估算的天池火山不同地貌区地形参数

	山脊至山沟间距 /m	下切速率 /m·a⁻¹	扩散系数 /m²·a⁻¹	最大坡度 (dy/dx)	最大残余高度 /m	平衡时间 /a	临界下切速率 /m·a⁻¹	临界滑坡高度 /m
西北侧低锥	800	0.005	1	4	1600	640000	0.001489692	953.4028741
西北侧高锥	400	0.005	1	2	400	160000	0.002979384	476.701437
西南侧滑坡体后	300	0.005	1	1.5	225	90000	0.003972512	357.5260778
东北侧高锥	500	0.005	1	2.5	625	250000	0.002383507	595.8767963
东北侧低锥	500	0.005	1	2.5	625	250000	0.002383507	595.8767963

表 6-2-5　以现有地形参数与沟谷下切率估算的不同地貌区碎屑扩散系数及其他地形降解参数

	山脊至山沟间距 /m	下切速率 /m·a⁻¹	扩散系数 /m²·a⁻¹	最大坡度 (dy/dx)	最大残余高度 /m	平衡时间 /a	临界下切速率 /m·a⁻¹	临界滑坡高度 /m
西北侧低锥小沟深	800	0.005	11.765	0.34	136	54400	0.0175	953.403
西北侧低锥大沟深	800	0.005	6.226	0.643	257	102800	0.0093	953.403
西北侧高锥小沟深	400	0.005	8	0.25	50	20000	0.0238	476.701
西北侧高锥大沟深	400	0.005	2.909	0.688	137.5	55000	0.0087	476.701
西南侧滑坡体后小沟深	300	0.005	5.833	0.257	38.571	15429	0.0024	357.526
西南侧滑坡体后大沟深	300	0.005	2.177	0.689	103.333	41333	0.0086	357.526
东北侧高锥小沟深	500	0.005	16.369	0.153	38.182	15273	0.039	595.877
东北侧高锥大沟深	500	0.005	7.353	0.34	85	34000	0.0175	595.877
东北侧低锥小沟深	500	0.005	22.727	0.11	27.5	11000	0.0542	595.877
东北侧低锥大沟深	500	0.005	6.944	0.36	90	36000	0.0166	595.877

表 6-2-6　小白山地貌区换算的扩散系数与地貌参数

小白山地貌区	山脊至山沟间距 /m	下切速率 /m·a⁻¹	最大残余高度 /m	扩散系数 /m²·a⁻¹	最大坡度 (dy/dx)	平衡时间 /a	临界下切速率 /m·a⁻¹	临界滑坡高度 /m
东西向深沟较大者	1325	0.005	265	16.563	0.4	106000	0.0149	1579.074
东西向深沟较大者	1350	0.005	345	13.207	0.511	138000	0.0117	1608.868
东西向深沟较大者	1150	0.005	370	8.936	0.643	148000	0.0093	1370.517
东西向深沟较小者	1325	0.005	206	21.306	0.311	82400	0.0192	1579.074
东西向深沟较小者	1350	0.005	265	17.193	0.393	106000	0.0152	1608.868
东西向深沟较小者	1150	0.005	303	10.912	0.527	121200	0.0113	1370.517
南北向浅沟较大者	250	0.005	52.5	2.976	0.42	21000	0.0142	297.939
南北向浅沟较大者	300	0.005	75	3	0.5	30000	0.0119	357.526
南北向浅沟较大者	300	0.005	88	2.557	0.587	35200	0.0102	357.526
南北向浅沟较小者	250	0.005	23.75	6.579	0.19	9500	0.0314	297.939
南北向浅沟较小者	300	0.005	15	15	0.1	6000	0.0596	357.526
南北向浅沟较小者	300	0.005	32.5	6.923	0.217	13000	0.0275	357.526

由表 6-2-4 可见天池火山不同地貌区达到成熟地貌所需的平衡时间各不相同。火山西北侧靠下部锥体部位经历了最长时间的剥蚀、搬运与降解作用，表中 0.64Ma 的平衡时间与该地出露最老层序地层符合。相应地在西北锥体靠上部分，地层时代明显变新，成熟地貌的平衡时间也明显减小。在锥体西南侧巨型滑坡体洼地内，重新切割、剥蚀的地貌单元所经历的扩散式搬运与沟谷下切平衡时间最小，9 万年的平衡时间也可能指示了该地巨型滑坡体至少发生于 9 万年前。天池火山锥体东北侧没有受到巨型滑坡体的影响，也没有年代更老的火山喷发物，反映的成熟地貌平衡时间也位于西北侧与西南侧锥体之间。在现有地形地貌基础上，天池火山锥体发生滑坡体所需的沟谷下切速率在不同地貌区也各不相同。如西北侧较低标高的锥体部分，大于 1.5mm·a^{-1} 的下切速率就可发生滑坡体，而在西南侧已有滑坡体部位，需要 4mm·a^{-1} 的临界沟谷下切速率才会触发滑坡体的发生。

表 6-2-5 归纳了依据天池火山现在保持的地形参数和 0.005mm·a^{-1} 下切速率得到的相关地形降解参数。由表可见，天池火山在现在地形地貌条件和山体抬升与沟谷下切速率条件下，碎屑物扩散式搬运系数在 $2.177 \sim 22.727\text{m}^2\text{·a}^{-1}$ 之间，较小的沟深深度值估算的扩散系数要明显地大于由较大的沟谷深度值估算的扩散系数值。扩散系数 κ 值越大，火山表面表示碎屑物被风化剥蚀迁移搬运的速率也越大。表 6-2-5 中指示了天池火山西南侧已发生巨型滑坡体的现有地貌区内碎屑的扩散搬运系数最小，亦即这里的碎屑迁移速率最低。由滑坡体后低洼地带较小的沟谷深度值（15m）得到的碎屑扩散系数为 $5.833\text{m}^2\text{·a}^{-1}$，而由较大的沟谷深度值（75m）得到的扩散系数仅为 $2.177\text{m}^2\text{·a}^{-1}$。前者反映了刚开始切割冲沟部位具有较大的碎屑扩散搬运速率，而后者应该可以代表相对稳定条件下滑坡体后地表碎屑物在沟谷下切与扩散搬运时的动态参数。天池火山西北侧锥体比东北侧锥体经历了更长时间的降解过程，使得现有西北侧锥体扩散速率也就低于东北侧锥体部分。由表可见，西北侧较低锥体由较小和较大沟深值得到的扩散系数为 $11.765\text{m}^2\text{·a}^{-1}$ 和 $6.226\text{m}^2\text{·a}^{-1}$，明显低于东北侧较低锥体由较小和较大沟深值得到的扩散系数 $22.727\text{m}^2\text{·a}^{-1}$ 和 $6.944\text{m}^2\text{·a}^{-1}$。与此类似，西北侧较高锥体由较小和较大沟深值得到的扩散系数（$8\text{m}^2\text{·a}^{-1}$ 和 $2.909\text{m}^2\text{·a}^{-1}$）也要低于东北侧较高锥体由较小和较大沟深值得到的扩散系数（$16.369\text{m}^2\text{·a}^{-1}$ 和 $7.353\text{m}^2\text{·a}^{-1}$）。

天池火山现有地貌平衡时间主要由山脊间距和碎屑扩散速率决定，形成现有地貌的平衡时间以东北侧锥体和滑坡体后地貌区为最短，而西北侧锥体部分的平衡时间最长。由表 6-2-5 可见，西南侧锥体外壁滑坡体后低洼地带地貌平衡时间约在 1.5 万 ~ 4.1 万年之间，其中南北向较小深度的冲沟切割时间应在 1.5 万年以上，而东西向深沟的切割时间要大于 4 万年。结合该区规则的不同方向与沟深分布特点还可进一步推论：该地区约在 1.5 万年以前发生了一次明显的地表抬升过程（可否与发现的天池火山约 2.5 万年前的一次大喷发对应起来），对应着这次抬升事件形成了该地明显呈南北方向排列的深度明显小于东西方向的系列冲沟。天池火山西北侧锥体靠下部位，地层发育时间最老，山脊与沟谷间距最大，这种深切割成熟地貌所需的平衡时间也最大，小至 5.4 万年，大至约 10 万年左右。对于东北侧锥体部分，不论标高较低或较高的锥体，形成现有地貌的平衡时间都相对较短，较大的沟深经历了约 3.5 万年的演化，而较小的沟深对应着小于 1.5 万年的演化历史。

火山喷发间隔期内火山斜坡之上碎屑物经扩散式搬运迁移进入河流，在相对稳定的河谷下切速率之下，碎屑物经河流搬运至火山区之外。当河流下切作用强烈时，河谷两侧将发生滑坡作用，从而大大地加大了碎屑物迁移速率。发生滑坡体的临界下切速率在不同地貌单元也各不相同，现有河谷深度较大时，发生滑坡体的临界河谷下切速率明显小于河谷深度较小时的临界下切速率。由表 6-2-5 可见，锥体西南侧已发生滑坡体的地貌单元里再次发生滑坡体的临界下切速率仅为 $3 \sim 9mm \cdot a^{-1}$，而锥体东北侧发生滑坡体的临界下切速率最高，范围在 $17 \sim 54mm \cdot a^{-1}$ 之间，沟深较小时的临界下切速率又比沟深较大时的临界下切速率高出 $1 \sim 2$ 倍。

没有滑坡体发生时，火山斜坡表面碎屑物向沟谷河流的迁移遵循扩散定律，山脊与山沟间最大残余高度（垂直山脊与山沟走向的剖面线上山脊与山沟之间的高程差）由山脊间距（公式 6-2-5 中的 $2L$）和临界滑坡地形坡度控制，沟深较浅时的最大残余高度也较小。由表 6-2-5 可见，东北侧锥体最大残余高度最小，不同高程锥体部位在大小两种沟谷深度时的最大残余高度多在三四十米与八九十米之间。而锥体西北侧标高较低锥体部位的最大残余高度在较大沟深时可达 257m，对应于较小沟深时最大残余高度也大于 100 米（136m）。

火山斜坡垂直沟谷方向以沟谷两侧地表坡度为最大，亦即地形倾角正切值最大。由表 6-2-5 可见天池火山东北侧锥体地形起伏程度明显小于西北侧锥体部分，最大倾角的正切值常相差 1 倍以上。临界滑坡高度（发生滑坡体之前的山脊与沟谷高程差）与山脊间距和临界滑坡倾角（50°）的正切值成正比，由表可见，主要受山脊间距大小的影响，临界滑坡体高度以西南侧已发生巨型滑坡体位置为最小，而以西北侧较低标高锥体位置为最大。

类似地，笔者把以小白山地貌区现有火山地形参数为基础计算的喷发间歇期里火山降解过程参数列于表 6-2-6。得到的碎屑物扩散系数在 $2.976 \sim 21.306m^2 \cdot a^{-1}$ 之间，沟深较大时所得扩散系数较小，这与表 6-2-5 所得结果相符。由较大深度的东西向大沟计算的成熟地貌平衡时间约在 10 万～ 15 万年之间，由较小深度的东西向大沟计算的成熟地貌平衡时间约在 8 万～ 12 万年之间。根据东西向大沟沟谷两侧随后发育的南北向小沟地形参数计算的平衡时间分别为：形成深度较大的南北向浅沟平衡时间 2.1 万～ 3.5 万年，形成深度较小的南北向浅沟平衡时间 0.6 万～ 1.3 万年。计算的其他地形演化动力学参数如表 6-2-6 所示，这里不再赘述。

第三节　火山泥石流与二次堆积物 *

　　泥流（mud flow）、岩屑流（debris flow）、火山泥石流（lahar）这三种流体类型与通常质量流类型——山间急溪流（stream flow）、席状泛滥（sheet flood）、水下颗粒质量流（grain mass flow）的不同点在于它们都是黏稠性的，有多种因素促使其支撑起大粒度碎屑物。首先，内聚性泥流或岩屑流通常都包含着一定强度的内聚性泥质流体，使它有能力支撑大粒度碎屑。第二个支撑因素是大碎屑的浮力效应，这是由碎屑和高密度泥质流体间的低密度差引起的（阿基米德定律）。第三个支撑来源是黏性分散压，它是基质泥质流体中大碎屑在近于互相接触时形成的。对于最后一种情况，大碎屑比例越大，黏性流的活性越大，携带大碎屑的能力也就越大。

　　黏性质量流不见粗碎屑时称为泥流，包含很粗到细沉积物时称为岩屑流，碎屑物由同时发生的火山碎屑组成时称为火山泥石流。一定量的颗粒沉积物可以与泥质流体混合，而不影响其黏性特征。只要颗粒沉积碎屑不互相接触而锁紧，总体内部摩擦力就很低，坡度允许时就可保持黏性流状态。在岩屑流中可以含有少到 5% 的间隙泥水流体，但这足以润滑颗粒沉积组分的运动，这些流体被称为颗粒调节岩屑流，更好的一个名称也可以称其为颗粒主导岩屑流。这些岩屑流中大碎屑的支撑发生于它们很差的分选性而引起的粒度等级分类。每个粒度等级与更细的粒度等级及间隙流体一起，提供下一个更粗粒等级碎屑的支撑，如此反复。

　　岩屑流通常都以层流结合的方式运动，边部具有层流带代表基底和岩屑流流体之间接触面的最大剪切带。侧向堤和表面疏缓波状地形很常见，表明它有一个很高的逸出强度。在厚的岩屑流中可以发育部分湍流，如此表明这些堆积物可能具有不同的相特征。由于岩屑流的内聚特性，牵引构造不可能见到。水下岩屑流可以转化为泥浆流，也可能转为浊流，条件是足够的周围水可以混进间隙泥质流体而充分减小流体强度和黏度而使得间隙流体湍流得以发育。在陆上和水下很多环境的坡度较高位置都可出现岩屑流。岩屑流的活性和能力是很高的，已知它们可以流动几十千米，把很大的砾石带到很远的位置。圣海伦斯 1980 年火山泥石流还计算恢复出了 $40 \mathrm{m \cdot s^{-1}}$ 的流动速度。

　　岩屑流分选通常是很差的，通常都在细粒基质中含有开放结构的大碎屑。虽然不一定很多，但含有重要数量的粘土。厚度可以小于 1m 到几十米，可以发育底部剪切层。在薄的剪切层内由于分散压效应致使多数大碎屑被移出该层。火山泥石流常常被认为是伴随喷发活动，因此，可以携带热的岩屑，证据是可见碳化木残留，但这些物质在转为

---

* 本节合作作者：高玲。

冷的岩屑流时可以很容易地被拣起来。除了原生的，火山泥石流也可以由喷发之后火山表面松散堆积物的次生搬运堆积而成。火山泥石流很容易地具有与未熔结的伊格尼姆岩通常结构相类似的结构。需寻找的主要区分标志是伊格尼姆岩的逃气管和蒸汽相烧结与蒸汽相结晶作用。火山泥石流也包括喷发间歇期里由于雨水的冲刷作用而引起的松散喷发物的再搬运，这时与通常所讲的次生堆积物的主要区别是注意寻找流体的快速侵位标志。如果是厚层、无分选或分选差的堆积物，多为火山泥石流；而如果堆积物中多见层理构造与分选作用标志，则倾向于次生堆积物成因。

一、天池火山泥石流

野外工作期间，在天池火山西坡登山公路与东坡锥体下部发现了多期次火山泥石流（照片6-3-1，图6-3-1），上部火山泥石流粒度粗，含浮岩富集透镜体。堆积物顶部、底部均有细粒层。中部无分选，粒度大，成分以浮岩、粗面岩、碱流岩为主要碎屑，基质支撑。下部火山泥石流粒度较细，含浮岩透镜层状体。堆积物有熔结，含碳化木，显示定位温度300℃以上。底部含1～5cm厚的砂质泥石流并覆盖在黄褐色粗面岩滑坡体之上（照片6-3-2，图6-3-2）。火山泥石流中有时见到碳化木碎屑。另外在西坡登山公路粗面岩锥体之上也多次见到了基质支撑的火山泥石流覆盖于粗面岩渣状熔岩之上并为粗面岩覆盖（照片6-3-3）。

天池火山西北侧池西林场槽子河伊格尼姆岩厚度15m，无熔结或弱熔结。在伊格尼姆岩冲刷沟谷中常常发育三套泥石流，前两套富岩屑，大小粒度混杂，多为基质支撑。有时与无熔结谷塘型伊格尼姆岩外貌相近，厚度多为2～10m。第三套砂质泥石流形成时间明显晚于大喷发时间，充填于沟谷低洼平坦处，厚度多小于1m。

前人资料及"九五"项目期间曾对松花江流域火山泥石流发育情况开展过调查，笔者最近对鸭绿江流域和图们江流域的火山泥石流发育情况也开展了调查。调查发现在这两个水系中，天池火山千年大喷发以后的火山泥石流也是十分发育的（照片6-3-4）。共同特征是浮岩质火山泥石流经常

(a)

（b）

照片 6-3-1　天池火山锥体部分泥石流

(a) 锥体西侧热的火山泥石流覆盖滑坡体，界面有碳化木；(b) 奶头河西支流泥石流，分选与磨圆极差

照片 6-3-2　西坡登山公路火山泥石流（灰黑色）覆盖滑坡体（黄褐色）

照片 6-3-3　西坡造锥粗面岩（浅色）覆盖泥石流（黄色）

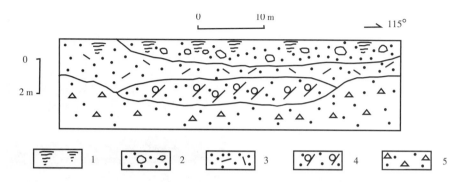

图 6-3-1　天池西坡公路不同类型泥石流与滑坡体堆积物接触关系素描

1. 腐殖土；2. 富砾石（粗面岩、黑曜岩、浮岩）泥石流；3. 中细粒砂质泥石流；4. 浮岩质二次堆积物（灰白、灰色浮岩砾）；5. 粗面岩锥滑坡堆积物

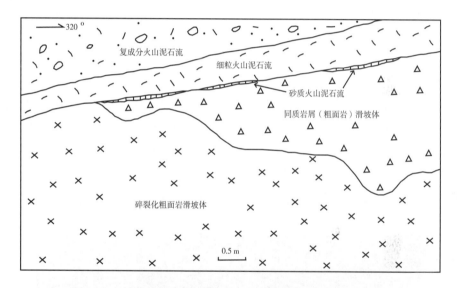

图 6-3-2　天池西坡登山公路 No.17 地质点滑坡体上覆泥石流

与一套砂质泥石流共生，呈块状、巨厚层状侵位于一级阶地或二级阶地之上（照片 6-3-5）。泥石流上冲高度常常高出现代河床 20～30m，有时侵位于三级阶地之上，有时还可见到掩埋的动物骨骼（照片 6-3-6）。这种突发性火山泥石流灾害与满文史料中记述到的珲春一带"一夜之间变成一片汪洋"可能是吻合的（魏海泉、刘若新，2001）。在填图野外工作中，还特别强调了破火山口内壁广为发育的一套不

照片 6-3-4　图们江珲春板石沟砂质泥流含碳化木

同时代泥石流堆积物的调查。这套岩屑质泥石流（也可称为碎石流或碎屑流）形成于火山喷发间歇期内锥体表面碎石被雨水爆发湍流的搬运与堆积作用。

在天池锥体沟谷和远离火山口的低洼地带，常发育碎石泥流或含岩块的浮岩泥流。后者主要由浮岩颗粒、极细粒的粉砂或黏土的玻璃碎屑和岩屑等组成，厚度由数十厘米到十几米都有，其中含有碳化木。截至目前，常见火山泥石流的沟谷和低洼地带集中于二道白河、槽子河、松花江、头道松花江等地。如二道白河镇以南

照片 6-3-5　鸭绿江两江村炼铜厂砂质泥石流下伏一级阶地砾石层

三合水电站的火山泥石流，厚度约1.5m，成分由砂砾石、岩块及砂泥质堆积物组成。大小不等的砾石有粗面岩、玄武岩、少量浮岩，岩块大者（粗面岩）直径大于2m。砾石磨圆度为次圆状，分选差，无层理。下伏玄武质、粗面质岩屑泥石流。在保护局区段火山泥石流厚度大于6m，覆盖在玄武岩之上。松花江流域两江大桥南火山泥石流厚15m，剖面上部为砂质、泥质、韵律层，水平层理发育，浮岩富集层粒度稍粗。剖面下部为岩屑流，砾石磨圆、定向排列、粗细相间夹砂质层。粗面质砾石最大直径45cm，砾石成分还有玄武岩、花岗岩、片麻岩等，另外还可见到黑灰色浮岩碎屑及碳化木碎屑。

照片 6-3-6　鸭绿江马鹿沟两江村砂质泥石流含动物骨骼

二、不同期次泥石流的划分

天池火山锥体北部千年大喷发之后泥石流是十分发育的，特别是沿着二道白河、三道白河流域，以粗面岩质砾石堆积物为代表的巨粒、砂质泥石流广泛发育于主河道两侧及次级支流之内（照片6-3-7）。

粗面岩砾石常有较好的磨圆，泥石流中途拣起的玄武岩砾石则常保持次棱角状外貌。碎屑粒度大者堆积物厚度也较大，有时单层堆积物厚度就大于10m。粒度大者磨圆较好，支撑类型主要为碎屑支撑。展布范围常超过主河道两侧1km以上，在流体边界附近还常见到粒径数米的巨大的粗面岩、粗面质熔结凝灰岩漂砾残留（照片6-3-8），显示出泥石流巨大的搬运能量与冲击力。在规模巨

照片 6-3-7　二道白河泥石流，主要由圆化粗面质砾石组成

大的大粒度泥石流靠近主河道一侧，常常保留有泥石流堆积物陡坎或陡坡，显示出后期规模较小的泥石流与洪泛堆积物对早期大规模泥石流的部分改造作用。粒度较小的泥石流常分布于主河道附近，展布宽度常小于500m，堆积物厚度以 1~2m 为常见。其成因往往与近代突发性大洪水有关（照片6-3-9）。

在天池火山四周主水系沟谷内及两侧，还常常可以见到一层十分特殊的堆积物。即在一层厚达数米的砂质泥石流堆积物中，含有部分粒度以米为单位的圆化大砾石堆积物。大砾石岩性以造锥粗面岩为标志，细粒砂质支撑物部分有时可以见到少量碱流质浮岩。由此可以鉴定其成因类型为千年大喷发之后大规模火山泥石流堆积

照片 6-3-8　二道白河西侧陡坎泥石流边部
3 个巨大砾石（人高 1.8 m）

物。类似于世界上其他巨型火山周围的火山泥石流堆积物，前人资料中往往都把这种火山泥石流误认为是一套冰川作用产物。根据 2004 年度 Steve McNutt 教授和 Joe Walder 博

士讲座内容，这种成因类型由"水"到"火"的转变，代表了现代火山学研究工作认识的深入。

野外调查时还发现了天池火山2004年泥石流形成的带状冲沟与碎屑堤，长白瀑布东侧垮塌堆积物之上发育的 S 型泥石流冲沟反映了本年度暴雨引发的小规模泥石流成因（照片 6-3-10）。2004 年夏季新形成的天池火山白云峰大型马蹄形滑坡体洼地和 6 号界以南破火山口内广

照片 6-3-9　三道白河现代泥石流，砾石圆化，砂质支撑

为发育的泥石流冲沟和天文峰、白云峰及将军峰下面的碎石流垮塌堆积物（照片 6-3-11）都与 2004 年夏季地震活动能量增加相一致。

照片 6-3-10　长白瀑布东侧泥石流冲沟发育于粗面质岩石崩落物之上

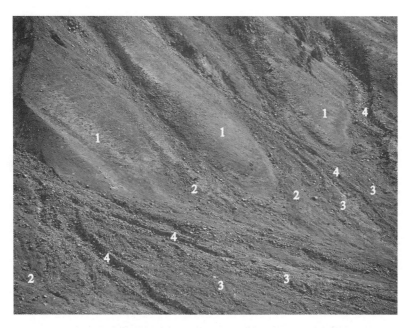

照片 6-3-11　天池破火山口内侧泥石流冲沟，可分出三期泥石流

1.粗面质岩屑垮塌堆积物，表面光滑；2.第一期泥石流，表面较光滑；3.第二期泥石流，表面较粗糙；
4.第三期（2004 年形成）带状泥石流，表面粗糙，碎屑堤发育

三、天池火山次生堆积物

天池火山次生堆积火山碎屑物主要分布在远离火山口的河谷里或河谷两旁的阶地，是由后期的大雨和冰雪融化冲刷搬运，然后再堆积形成（图 6-3-3，图 6-3-4）。与火山泥石流的最大区别是其层理发育，颗粒分选好，磨圆度也好。由于浮岩质量轻，易于被搬运，因此，在远离火山口约数百千米的松花江河谷中，亦可发现数米厚的浮石层次生堆积。更有甚者，沿二道白河高速冲下的火山碎屑流越过地表低洼地带障碍物后大量涌入大古洞河流域，经次生搬运沉积后，在大古洞河两岸形成厚层粒序层理发育的次生堆积物（图 6-3-5）。

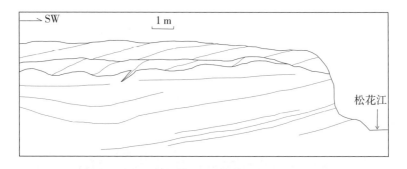

图 6-3-3　白水滩伊格尼姆岩次生堆积层理（细线）及冲蚀面（粗线）

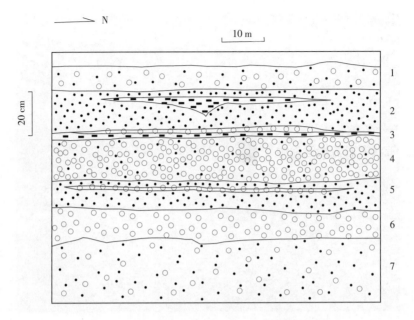

图 6-3-4　圆池伊格尼姆岩之上二次堆积层剖面分层

层 1：浮岩 60%，Md=1cm；层 2：泥质层夹砂层；层 3：砂质薄层之上薄层浮岩，浮岩 Md=5cm；
层 4：浮岩富集达 85%，Md=1cm；层 5：泥质层夹浮岩层；层 6：100% 浮岩层，圆化明显，Md=8cm；
层 7：伊格尼姆岩

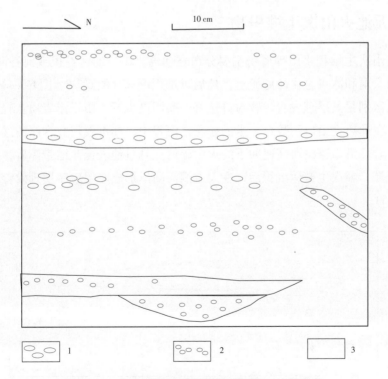

图 6-3-5　大古洞河流域发育的富浮岩二次堆积物

1：浮岩粒度大于 1 mm；2：浮岩粒度小于 1 mm；3：泥、灰质基质支撑物

四、破火山口内岩壁垮塌物与泥石流碎屑粒度测量

　　野外工作中笔者还测量了岩壁垮塌物和泥石流碎屑粒度（表6-3-1），随着堆积物高度的降低，岩壁垮塌物中碎屑粒度逐渐加大，而泥石流堆积物中碎屑粒度逐渐减小（照片6-3-12，图6-3-6）。带状泥石流搬运途中地形较陡处较地形较平缓处堆积物粒度明显加大。泥石流两侧堤状体砾石粒度明显大于冲沟内砾石粒度。在泥石流堆积物砾石中见到碎屑冲击坑深5mm、宽10cm，反映了形成时巨大的冲击力（照片6-3-13）。在滑坡体堆积物表面也见到了擦痕与刻蚀条带，指示运动时具有很大的运动冲量。

照片6-3-12　天池北岸破火山口内壁带状泥石流

泥石流边部堤状体高1m，碎屑粒度接近岸边时变小

照片6-3-13　带状泥石流冲击坑，指示强大冲击力

照片中心部位深色岩块的中央浅色部位为碎石撞击所致

表 6-3-1 天池火山垮塌物、滑坡体岩塚与泥石流度粒度统计表

序号	垮塌物 /cm				破火山山口内壁泥石流流度统计 /cm								滑坡岩塚粒度统计 /cm			
	底部	下部	中部	上部	掌源头	坡度缓	中源相	中远源相	坡度缓	两粒度	近源相	前锋	近源背面	近源迎面	近源岩塚	岩塚前部
1	28	13	7	6	5	3	5	7	2	4	1	1	35	12	25	25
2	28	15	11	9	5	3	6	7	2	6	2	1	40	15	25	25
3	29	16	11	10	6	3	6	8	2	6	2	1	40	20	26	29
4	29	17	12	11	6	3	6	8	2	7	3	1	40	25	28	32
5	30	18	15	12	7	4	7	9	3	7	3	1	50	30	28	32
6	32	19	15	12	8	4	8	9	3	7	3	1	50	32	30	35
7	34	20	16	13	8	4	8	9	4	7	3	2	50	32	30	36
8	35	21	16	13	9	4	9	10	4	8	3	2	50	32	30	37
9	35	23	16	14	10	4	9	10	4	8	4	2	65	32	30	38
10	35	23	17	14	11	4	9	11	4	8	4	2	70	35	30	38
11	35	24	17	14	11	5	10	11	5	8	5	2	75	35	32	40
12	35	25	19	15	11	5	10	11	5	8	5	2	75	35	33	40
13	36	27	20	15	12	6	10	13	5	8	5	2	75	38	35	42
14	37	28	20	16	13	6	11	14	5	9	5	3	80	40	35	47
15	38	28	20	16	13	6	11	14	6	9	5	3	80	40	35	48
16	38	28	20	16	15	6	11	14	6	9	5	3	80	40	40	50
17	38	28	21	17	16	6	11	14	6	9	5	3	90	40	40	50
18	38	28	21	17	16	7	12	15	6	10	5	3	90	42	40	50
19	41	29	22	18	16	7	12	15	6	10	6	3	95	45	40	50
20	45	30	24	18	17	7	12	16	6	10	6	3	95	46	44	50
21	46	33	24	19	17	7	12	16	6	11	6	3	95	48	44	53
22	47	33	24	20	17	7	12	16	7	11	6	4	100	48	45	55

续表

序号	垮塌物 /cm				破火山口内壁泥石流粒度统计 /cm								滑坡岩塚粒度统计 /cm			
	底部	下部	中部	上部	靠源头	坡度缓	中源相	中远源相	坡度缓	两粒度	远源相	前锋	近源背面	近源迎面	近源岩塚	岩塚前部
23	50	35	25	22	17	7	12	17	7	11	6	4	100	50	45	58
24	52	36	25	25	19	8	13	17	7	12	6	4	100	55	45	60
25	52	38	25	29	19	8	14	17	7	12	6	4	110	60	45	60
26	55	39	26	30	19	8	15	18	7	12	6	4	110	60	45	65
27	57	40	27	30	19	8	15	18	7	12	7	4	110	65	46	70
28	60	40	29	33	19	8	15	19	7	13	7	4	130	65	46	72
29	60	41	30	35	20	8	16	19	8	13	7	4	130	66	50	76
30	64	42	31	39	21	9	16	19	8	14	7	4	140	70	50	80
31	78	42	31		21	9	16	20	8	15	7	5	140	82	50	86
32	90	42	34		22	9	17	20	8	15	7	5	140	85	52	97
33	110	43	35		22	9	17	21	9	15	7	5	150	85	60	106
34		43			23	9	18	21	9	15	8	5	155	90	65	116
35		44			23	10	19	22	9	15	8	5	160	95	66	118
36		45			23	10	19	22	9	16	8	5	160	100	66	
37					24	10	21	24	9	16	8	5	200	110	80	
38					26	10	22	25	10	17	9	5	250	110	85	
39					26	11	22	26	10	17	9	5	140	140	85	
40					26	11	28	27	10	17	9	5	100		100	
41					27	12	30	27	10	17	9	5				
42					27	12	32	28	10	22	9	6				
43					27	12	32	28	10	24	9	6				
44					28	14	33	30	11	26	9	6				

续表

序号	垮塌物 /cm				破火山口内壁泥石流粒度统计 /cm								滑坡岩塚粒度统计 /cm			
	底部	下部	中部	上部	靠源头	坡度缓	中源相	中远源相	坡度缓	两粒度	远源相	前锋	近源背面	近源迎面	近源岩塚	岩塚前部
45					28	15	39	30	11	27	9	6				
46					30	15	50	35	11	30	9	6				
47					30	15	60	36	11	35	9	6				
48					30	17	63	39	12	35	10	6				
49					30	17	90	45	12	36	10	6				
50					32	18	110		12	40	10	6				
51					34	19			12	45	11	6				
52					35	20			12	55	11	7				
53					36	21			13	62	11	7				
54					40	21			13	62	11	7				
55					40	24			14	65	12	7				
56					44	26			18	92	12	7				
57					52	30			34		12	7				
58					54						12	8				
59					60						12	8				
60											13	9				
61											14	10				
62											14	11				
63											17	11				
64											23	11				
65											110	12				

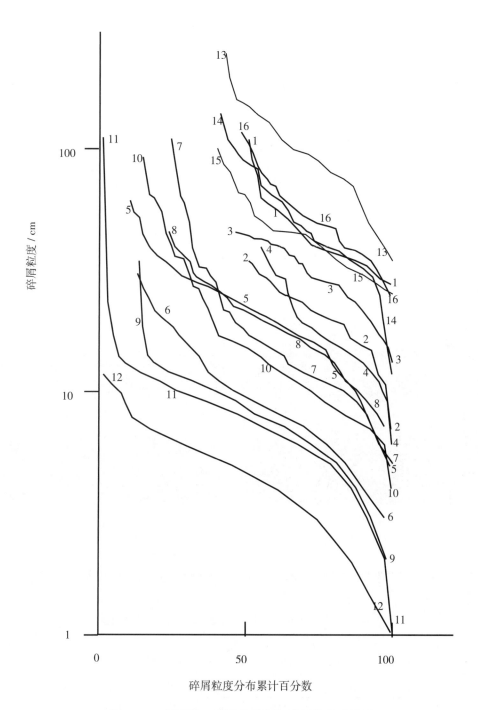

图 6-3-6　泥石流、滑坡体岩塚与垮塌物粒度统计

1.垮塌物上部；2.垮塌物中部；3.垮塌物下部；4.垮塌物底部；5.泥石流近源头 3/5 位置；
6.泥石流坡度平缓粒度变细；7.泥石流中源相；8.泥石流中源相靠前；9.泥石流坡度缓、粒度细；
10.泥石流两粒度大者在沟底；11.泥石流远源相细粒均匀；12.泥石流前锋细粒；13.近源相滑坡体岩塚背面粗；
14.近源相滑坡体岩塚迎面细；15.近源相滑坡体岩塚；16.近源相滑坡体岩塚靠前部

第四节　天池火山大规模滑坡体滑坡堆积物与湖震

一、天池火山大型滑坡体马蹄形洼地

天池火山破火山口内壁大型滑坡体有三处，即白云峰滑坡体、5号界滑坡体和将军峰滑坡体。火山口外壁大型滑坡体有4号界西南滑坡体与北侧外壁滑坡体（参见彩图1）。这些滑坡体的共同特征是留下大型马蹄形洼地，马蹄前缘则保存有巨大的垮塌陡崖（照片6-4-1）。滑坡体马蹄形洼地与陡崖有关参数如表6-4-1所示。另外，天池火山还发育有一些规模较小的滑坡体，如6号界火口缘内壁与外壁滑坡体。

(a) (b)

照片 6-4-1　天池火山代表性大型滑坡体

(a) 5号界滑坡体马蹄形洼地与倒石锥；(b) 白云峰大滑坡，充填地层被冲蚀

表 6-4-1　天池火山代表性大型滑坡体洼地几何参数测量

滑坡体名称	到水面距离 /m	湖面之上坡度（H/L）	入水宽度 /m	陡壁高度 /m	陡壁宽度 /m	陡壁长度 /m	滑坡体体积 / km³	水面之上高度 /m
白云峰	1250	0.28	225	60	100	500	0.2	440
5 号界	800	0.18	150	100	200	750	0.06	310
将军峰	1300	0.07	360	200	130	500	0.15	560
将军峰残余山脊	1300	0.09	360	尚未滑坡	尚未滑坡	尚未滑坡	0.14	560

二、天池火山滑坡堆积物

天池火山滑坡体堆积物运动距离差异极大，既有垮塌后基本保持原地堆积的坡移堆积，或称塌方，也有搬运堆积于低洼地带的异地滑坡体堆积。如聚龙泉长廊二道白河西岸褐色、杂色粗面岩滑坡体，就是自长白山大峡谷西侧陡壁几百米高处垮落堆积而成（照片6-4-2）。虽然岩层有时明显已经破碎，但是总体上可以恢复原始细晶粗面岩与蚀变凝灰岩层位。与此类似的原地堆积滑坡体还见于长白公路明矾石矿滑坡体，依稀可以恢复不同蚀变与矿化的原始层位。

照片 6-4-2　长廊滑坡体，近原地堆积物
二道白河河床西侧滑坡体之上树木茂密，滑坡堆积物保留部分原始层序特征

滑坡体堆积物中最为常见的是搬运至锥体靠下位置平缓低洼地带的碎裂化粗面岩以及与此相关的粗面岩岩块堆积物。滑坡体表面常呈疏缓波状的丘状地貌（照片6-4-3），堆积物向锥体下部常常引生出众多富含岩屑的泥石流。在滑坡体的近源相部位，常常可以见到由巨大岩块堆积而成的滑坡体岩塚。岩塚高度常达10m左右，底部周长七八十米最为常见，而岩块粒度则多位于0.5～1m之间（照片6-4-4）。

(a) (b)

照片 6-4-3　天池火山锥体外侧滑坡体地貌特征
(a) 奶头河西支流粗面岩陡坎与低洼处滑坡体及泥石流地貌；(b) 锥体西坡泥石流与滑坡体堆积物平台

(a)   (b)

照片 6-4-4　长白山大峡谷内滑坡体

（a）滑坡体岩高 9m 左右；（b）滑坡体岩塚，背面粒度大

　　天池火山锥体东侧滑坡体代表性堆积物露头见于岳桦瀑布东南奶头河西支流上游一带。堆积物表面呈巨型舒缓波状与丘状（hummock），堆积物中常含较大比例的粗面岩碎石。当堆积物全由粗面岩碎石组成时，碎石之间的孔隙往往作为高山雪兔躲避山鹰追捕的巢穴，在高山苔原之上保留众多直径小于 10cm 的小圆洞。这些巢穴出口的小圆洞也就成为寻找滑坡体堆积物的一个重要标志（照片 6-4-5）。

(a)   (b)

照片 6-4-5　天池火山锥体东侧滑坡体堆积物

（a）滑坡体堆积物表面丘状地貌；（b）高山雪兔巢穴出口作为滑坡体堆积物的标志之一

　　天池火山东侧锥体外壁滑坡体也见于 6 号界以北，近火口缘滑坡体马蹄形洼地切割了 6 号界气象站期碱流岩。滑坡体搬运至锥体靠下部堆积，留下了气象站期碱流岩岩舌

照片 6-4-6　6 号界破火山口内侧滑坡体小丘

的前半部堆积物。在天池火山破火山口以内，6 号界附近朝鲜境内滑坡体堆积物岩塚构造也很常见，但岩塚表面坡度常较缓（照片 6-4-6）。

三、三种不同结构的锥体滑坡堆积物

天池火山滑坡体堆积物结构通常可分两大类，一为碎裂化粗面岩，保持大岩块的完整性；一为泥质与细粒碎屑支撑的岩屑成分复杂的滑坡堆积物。在西坡登山公路见到巨厚层滑坡体堆积物顶部覆盖一层 10 ～ 30cm 细粒滑坡堆积物，其中有 3 ～ 5cm 褐红色烘烤层，它是由滑坡堆积物上覆热的火山泥石流形成的（图 6-4-1）。滑坡堆积物结构可以分为三类型：碎裂化粗面岩、同质碎石（粗面岩质）堆积、异质细粒碎石（细晶、多斑斑状结构的粗面岩）堆积（图 6-4-2，照片 6-4-7）。

在前人地质图上，粗面岩锥体西侧条带状粗面岩流经考证实为巨型滑坡体堆积物（照片 6-4-7d），岩性为粗面质熔结凝灰岩，强熔结。岩石碎屑强烈，巨型岩块假流动构造产状主要为 110°∠65°、100°∠60°、150°∠45° 三组。节理切割明显，岩块粒度大于 1m 者常见，板状，宽度 10 ～ 20cm 常见。岩块出露长度 100m，周围岩石破碎，渐变为滑坡体细粒碎屑。

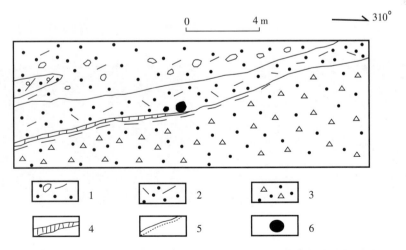

图 6-4-1　天池火山西线公路热的火山泥石流与下伏滑坡体接触关系

1. 含砾石（粗面岩质、黑曜岩质）火山泥石流；2. 黑灰色中细粒火山泥石流；3. 粗面岩锥滑坡体堆积物；
4. 砂质火山泥石流；5. 紫色烘烤层；6. 碳化木

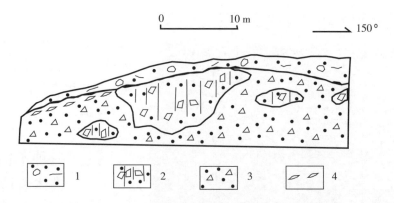

图 6-4-2 天池锥体西坡 No. 17 地质点公路东北侧滑坡体结构类型与泥石流堆积物

1. 黑灰色中细粒火山泥石流，含稀疏角砾；2. 灰紫色粗面岩质碎石堆集，单成分碎屑；3. 灰色、灰紫色粗面岩
质碎石堆集，细粒碎屑较多，碎石成分较复杂，见黑曜岩碎屑表面碳化膜；
4. 滑坡体顶部残、坡积物二次搬运堆积

照片 6-4-7 天池火山滑坡体堆积物特征

(a) 同质碎屑滑坡体（同岩性粗面岩）；(b) 滑坡体同、异质碎屑堆积，浅灰色与褐色；(c) 滑坡体上部同质
（灰色）、下部异质碎屑（褐色）；(d) 白云峰南侧山脊，松动熔结凝灰岩滑坡体

四、天池火口湖与湖震——滑坡体触发天池水体波浪与洪水泛滥

天池火山破火山口四周滑坡体是广泛存在的，其中在破火山口内壁发育的大型滑坡体都会冲入天池水体引发波浪式水体泛滥灾害。工作中已经查明了天池火山破火山口内壁近千年来发生的四次大规模滑坡体，它们在破火山口内壁留下了四个规模巨大的马蹄形垮落坑与垮落陡壁。将军峰北侧残余山脊及天文峰等地都是未来很可能发生滑坡的地点，因为这些块体都是天池火山极不稳定的地点所在。历史上天池火山内壁大型滑坡体源区地形特征将作为未来滑坡体触发水体波浪灾害的初始条件。根据朝鲜方面的天池火口湖等深线资料（图6-4-3），天池水面之下300m等深线圈闭的近圆形火口坑直径仍有2km左右，总体上显示出火口坑向深部地形坡度变缓的趋势，而最大的水深为384m（中国方面20世纪50年代的测深资料给出的最大水深是373m）。高速冲入水体的滑坡体块体将会在天池水面触发高达几米至几十米的波浪，而波浪高度受现今天池水面附近地形坡度、滑坡块体入水宽度和入水速度、滑坡体体积及底部摩擦力等因素的控制。

滑坡体进入天池水体后飞溅的波浪（湖震）将会上冲到破火山口壁上，任一瞬间通过天池北侧豁口（乘槎河）的流量都会取决于豁口之上的瞬间水深。代表天池水体通过乘

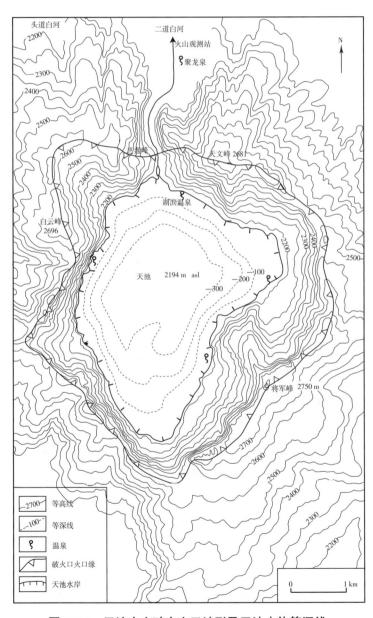

图6-4-3 天池火山破火山口地形及天池水体等深线

槎河泄洪的水位图就会在理想水位图的基础上再增加很多高频波动，在两个很高的流量峰值之间可能实际上没有流量。这种波动持续时间会与天池水面之下盆地的地形有关，但可近似表达为

$$t = \left(\frac{A}{gh} \right)^{1/2} \tag{6-4-1}$$

式中，A 是天池水表面积；h 是天池水深度众值；t 是触发波浪时间。天池水面积取 $A=8.75\mathrm{km}^2$，估计水深众值取 $h=200\mathrm{m}$，这就得到触发波浪的持续时间约为 65s。而整个洪泛水位图持续时间远大于这一时间。

随着每一个洪水波峰从乘槎河向二道白河传播，这些洪峰将会发散。因此远离天池破火山口足够远时，这些洪峰的脉冲将会趋于消失。换言之，沿二道白河向下游流经足够远时，洪水实际上将会表现为与天池湖面均匀抬升时（下部有滑坡体体积的加入）的情况相同。

综合前述研究可得以下认识：

天池火山破火山口形成以后至少已经发生了四次破火山口内壁大规模滑坡体，这些滑坡体源区以白云峰、5 号界、6 号界和将军峰东大型滑坡体马蹄形洼地为代表。

滑坡体体积分别相当于天池水体体积的 1/10 ~ 1/2，滑坡时曾经引起了天池水体巨型波浪泛滥灾害。

天池火山破火山口未来滑坡体发生概率最大的地点在将军峰北侧残余山脊一带，滑坡体规模可能达到 $0.14\mathrm{km}^3$，最大泄洪量可能达到 $1.5 \times 10^5 \sim 3.5 \times 10^5 \mathrm{m}^3 \cdot \mathrm{s}^{-1}$。滑坡体进入水体后，在 92s 之内运移距离 2286m。不同洪峰波浪间隔时间为 65s，1 小时后天池水体泛滥波浪趋于消失。

第五节　粗面岩碎屑粒度变化与沿二道白河的搬运过程

天池火山破火山口湖，即天池水体表面南北方向约 4km，东西方向约 3km，湖水表面积 $8.75\mathrm{km}^2$。湖水平均深度 204m，最深 373m（朝鲜一侧测量值为 384m），湖水体积 $2 \times 10^9 \mathrm{m}^3$。破火山口缘包络面积 $20\mathrm{km}^2$，破火山口直径 5km。破火山口缘高度最高 556m，最低为北部豁口，在那里天池水体自深沟豁口直接补给松花江。很显然，从破火山口湖引发的洪水和火山泥石流灾害对居住于河道两岸的居民来说是非常严重的，关注洪水流动时碎屑物的搬运过程也是非常必要的。

研究洪水流动时沿着河流碎屑与颗粒搬运的基本控制方程是能量守恒与河流功率方程（Burnoulli 方程）。Burnoulli 方程为：

$$p + \frac{1}{2}\rho_f u^2 + \rho_f gy = 常数 \tag{6-5-1}$$

该方程表明压力能、动能和位能的总和对一条河流而言是固定的。式中，p 是压力能；ρ_f 是水密度；u 是水流速度；y 是水流渠道中心线相对于参照河床的高度。

河流功率，也就是势能的损失率为：

$$P = \tau_0 \bar{u} \tag{6-5-2}$$

式中，τ_0 是单位面积河床对流体施加的拖曳力；$\bar{u}$ 是在河流 4/10 深度位置测量的平均流动速度。以下对天池火山二道白河流域碎屑搬运动力学过程的重建都是以上述两个方程为基础的。

一、沿二道白河不同粒度粗面岩碎屑下沉速度、流动速度和剪切速度

粗面岩碎屑沿二道白河的搬运动力学过程可以用三个速度来描述：下沉速度、流动速度和剪切速度。在水中一个颗粒的下沉速度可以用 Stocks 定律来描述：

$$u = \frac{1}{18}\frac{D^2 \gamma'}{\mu} \tag{6-5-3}$$

式中，u 是颗粒通过静止水体的下沉速度；D 是颗粒粒度；γ' 是浸泡水中的密度，$\gamma' = (\rho_s - \rho_f)g$，$\mu$ 是水的黏度，在式 $\gamma' = (\rho_s - \rho_f)g$ 中，ρ_s 是粗面岩颗粒的密度；ρ_f 是水密度；g 是重力加速度；笔者计算了不同粒度粗面岩碎屑堆积物沿二道白河搬运堆积时对应的临界下沉速度如表 6-5-1 所示。

表 6-5-1　二道白河粗面岩屑搬运临界下沉速度和下沉剪切速度计算

颗粒粒度 /m	水黏度 (kg·s⁻¹·m)	水密度 /kg·m⁻³	粗面岩密度 /kg·m⁻³	水中浸泡密度 /kg·m⁻³	浸泡质量 /kg	下沉速度 /ms⁻¹	悬浮临界剪切速度 /m·s⁻¹
D	μ	ρ_f	ρ_s	$\gamma' = (\rho_s - \rho_f)g$	$\pi D^3 \gamma'/6$	$u = D^2\gamma'/18\mu$	$u_* = w = u$
0.000063	0.001567	1030	2650	15876	2.0775E-09	0.002	0.002
0.000126	0.001567	1030	2650	15876	1.662E-08	0.009	0.009
0.00025	0.001567	1030	2650	15876	1.29819E-07	0.035	0.035
0.0005	0.001567	1030	2650	15876	1.03856E-06	0.141	0.141
0.001	0.001567	1030	2650	15876	8.30844E-06	0.563	0.563
0.002	0.001567	1030	2650	15876	6.64675E-05	2.251	2.251
0.004	0.001567	1030	2650	15876	0.00053174	9.006	9.006
0.008	0.001567	1030	2650	15876	0.004253921	36.023	36.023
0.016	0.001567	1030	2650	15876	0.03403137	144.092	144.092
0.032	0.001567	1030	2650	15876	0.272250962	576.368	576.368
0.064	0.001567	1030	2650	15876	2.178007695	2305.47	2305.47
0.128	0.001567	1030	2650	15876	17.42406156	9221.881	9221.881

续表

颗粒粒度 /m	水黏度 (kg·s⁻¹·m)	水密度 /kg·m⁻³	粗面岩密度 /kg·m⁻³	水中浸泡密度 /kg·m⁻³	浸泡质量 /kg	下沉速度 /ms⁻¹	悬浮临界剪切速度 /m·s⁻¹
0.256	0.001567	1030	2650	15876	139.3924925	36887.525	36887.525
0.512	0.001567	1030	2650	15876	1115.13994	147550.101	147550.101
1.024	0.001567	1030	2650	15876	8921.11952	590200.403	590200.403
2.048	0.001567	1030	2650	15876	71368.95616	2360801.613	2360801.613

流体中颗粒的流动速度随着颗粒距河床的高度而变化，它也随另外一些水利参数变化，例如河床坡度、水力半径、摩擦效应等。根据曼宁（Manning）定律方程（$u=\dfrac{R_H^{2/3}(\sin\alpha)^{1/2}}{n}$），在以前相关章节已经讨论了流动时一般性水力学限定。流动速度随水深的变化由以下方程计算：

$$u=\frac{\rho gS}{\mu}\left(yd-\frac{y^2}{2}\right) \tag{6-5-4}$$

式中，ρ 是水密度（1030kg·m⁻³）；g 是重力加速度；S 是河床坡度；μ 是水黏度（1.567×10^{-3} kg·s⁻¹/m⁻¹）；y 是河床之上的高度；d 是水深度。

当颗粒呈悬浮式搬运时，它的下沉速度和剪切速度由以下方程确定：

$$u_*=w/\beta k=w/0.4 \tag{6-5-5}$$

式中，w 是下沉速度；u_* 是颗粒要移动时的剪切速度；β 是 Shields 数，$\beta=\dfrac{\tau_0}{(\rho_s-\rho_f)gD}$，式中 $\beta=1$，k 是 von Karman 常数，这里取 $k=0.4$。因此，由 Rouse 数 $w/\beta ku_*=2.5$，可以得到颗粒的临界剪切速度等于它的下沉速度，如表 6-5-1 所示。

沿着河流的不同部位，已经根据公式 $u=\dfrac{R_H\sin\alpha^{1/2}}{n}$ 计算了临界流动速度 $\bar u=u$，因此可以根据 $P=\tau_0\bar u$ 得到该点的 τ_0。Shields 函数表明临界剪切速度（τ_c）是碎屑粒度（D）的线性函数

$$\tau c=\beta\gamma'D \tag{6-5-6}$$

式中，β 是 Shields 函数；$\gamma'=(\rho_s-\rho_f)$ g 是颗粒的浸没密度；D 是代表性颗粒粒度。β 值沿河流是变化的，这取决于砾石在河床中是"非松散的"（即紧密镶嵌的，under loose，$\beta\approx0.1$）、是"正常的"（normal，$\beta\approx0.056$），还是"过松散的"（over loose，$\beta\approx0.02$）。笔者在这里取"正常的"$\beta\approx0.056$ 计算临界剪切应力 τ_c。

沿着二道白河洪水堆积物粒度通常都小于 1cm，不同粒度的临界剪切应力示于表 6-5-2。对于大多数砂与砾石搬运时剪切应力都小于 10N·m⁻²。火山之北 70km 发现的与滑坡有关的洪水泛滥堆积物中含有粒度长达 25cm 的粗面岩碎屑（图 6-5-1），这意味着在堆积之前，它们经历着高达 200N·m⁻² 的剪切力。

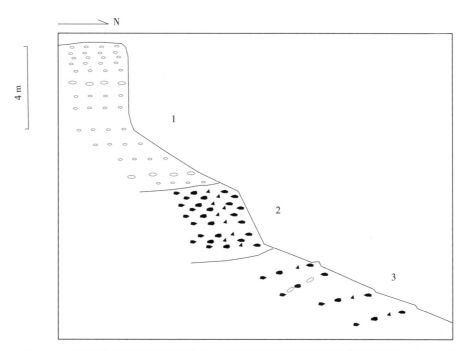

图 6-5-1 两江火山泥石流消退流（1）下伏洪水泛滥堆积物剖面堆积层序（2、3）

1. 浮岩质火山泥石流消退流层状堆积，近水平层理，微斜层理，浮岩富集层粒度粗，顶部浮岩增多；
2. 富岩屑泥石流，砾石磨圆，成分复杂，粗面岩、玄武岩、片麻岩、花岗岩均有，粗粒层间为砂泥质堆积；
3. 洪水泛滥堆积物，粗、细粒序性多次出现，含有黑色浮岩碎屑

表 6-5-2 二道白河粗面岩屑搬运临界剪切力计算

颗粒粒度 D/m	流体密度 ρ_f / kg·m^{-3}	颗粒密度 ρ_s / kg·m^{-3}	颗粒浸泡密度 $\gamma' = (\rho_s - \rho_f) g$ / kg·m^{-2}·s^{-1}	Shields 函数 β			临界剪切应力 $\tau_c = \beta\gamma' D$/N·m^{-2}		
				非松散	正常松散	极松散	非松散	正常松散	极松散
0.000063	1030	2650	15876	0.1	0.056	0.02	0.1	0.056	0.02
0.000126	1030	2650	15876	0.1	0.056	0.02	0.2	0.112	0.04
0.00025	1030	2650	15876	0.1	0.056	0.02	0.397	0.224	0.079
0.0005	1030	2650	15876	0.1	0.056	0.02	0.794	0.445	0.159
0.001	1030	2650	15876	0.1	0.056	0.02	1.588	0.889	0.318
0.002	1030	2650	15876	0.1	0.056	0.02	3.175	1.778	0.635
0.004	1030	2650	15876	0.1	0.056	0.02	6.35	3.556	1.27
0.008	1030	2650	15876	0.1	0.056	0.02	12.701	7.112	2.54
0.016	1030	2650	15876	0.1	0.056	0.02	25.402	14.225	5.08
0.032	1030	2650	15876	0.1	0.056	0.02	50.803	28.45	10.161
0.064	1030	2650	15876	0.1	0.056	0.02	101.606	56.9	20.321
0.128	1030	2650	15876	0.1	0.056	0.02	203.213	113.799	40.643
0.256	1030	2650	15876	0.1	0.056	0.02	406.426	227.598	81.285

颗粒粒度 D/m	流体密度 ρ_f / kg·m^{-3}	颗粒密度 ρ_s / kg·m^{-3}	颗粒浸泡密度 $\gamma' = (\rho_s-\rho_f) g$ / kg·m^{-2}·s^{-1}	Shields 函数 β			临界剪切应力 $\tau_c=\beta\gamma' D$/N·m^{-2}		
0.512	1030	2650	15876	0.1	0.056	0.02	812.851	455.197	162.57
1.024	1030	2650	15876	0.1	0.056	0.02	1625.702	910.393	325.14
2.048	1030	2650	15876	0.1	0.056	0.02	3251.405	1820.787	650.281

二、粗面岩颗粒运动起始状态的量纲分析

无量纲乘积是 $\dfrac{D\sqrt{\rho_f}\sqrt{\tau_0}}{\mu}=\dfrac{\rho_f u_* D}{\mu}=\dfrac{u_* D}{v}$。根据 Shield 图解 (Shields，1936；Millar et al．，1977) 和 Yalin 参数 $\phi=\dfrac{\text{Re}_*^2}{\beta}=\dfrac{(\rho_s-\rho_f)gD^3}{\rho_f v^2}$ (Yalin，1977)，笔者得到了各流动参数的基本限定。其中 u_* 是剪切速度，$v=\mu/\rho$ 是动力黏度，是 $\text{Re}_* = \dfrac{\rho u_* D}{\mu}$ (剪切 Renolds 数)。作用于球形粗面岩颗粒表面之上的拖曳力由下式给出：

$$F_D=\frac{\pi D^3 \gamma'}{6} \tag{6-5-7}$$

沿着河流的不同位置具有不同的碎屑粒度 D，因此，可以得到不同地点的颗粒表面拖曳力 F_D。但是对于不同粗面岩碎屑形状效应，需要对计算考虑一个拖曳系数。由公式 $F_D=C_D(\rho u^2/2)A$，可以由粒度 D 重建流动速度 u。其中 C_D 是拖曳系数，通常都取作 0.5，ρ 是水密度，u 是自由流动速度（无颗粒阻挡速度），A 是颗粒的截面积 $A=\dfrac{1}{4}\pi D^2$。如表 6-5-3 所示，可以看到小于 16mm 的颗粒在河流速度大于 1m·s^{-1} 时就会开始被搬运。即使是对于河道中测量到的长轴约为 2m 的"最大的砾石"，它们的搬运速度也会仅在 10m·s^{-1} 左右。

表 6-5-3　二道白河搬运碎屑物粒度与速度的关系

D 碎屑粒度 /m	碎屑截面积 $A=\dfrac{1}{4}\pi D^2$ /m^2	拖曳力 $F_D=\dfrac{\pi D^3 \gamma'}{6}$ /N	自由流动速度 $u=\sqrt{\dfrac{2F_D}{C_D \rho A}}$ /m·s^{-1}	拖曳系数为 1 时搬运速度 $u_{ifCD=1}$/m·s^{-1}	拖曳系数为 0.2 时搬运速度 $u_{ifCD=0.2}$/m·s^{-1}
0.000063	3.11567E-09	2.08E-09	0.051	0.036	0.08
0.000126	1.24627E-08	1.66E-08	0.072	0.051	0.114
0.00025	4.90625E-08	1.30E-07	0.101	0.072	0.16
0.0005	1.9625E-07	1.04E-06	0.143	0.101	0.227
0.001	0.000000785	8.31E-06	0.203	0.143	0.321
0.002	0.00000314	6.65E-05	0.287	0.203	0.453

D 碎屑粒度 /m	碎屑截面积 $A=\dfrac{1}{4}\pi D^2$ /m²	拖曳力 $F_D=\dfrac{\pi D^3\gamma'}{6}$ /N	自由流动速度 $u=\sqrt{\dfrac{2F_D}{C_D\rho A}}$ /m·s⁻¹	拖曳系数为 1 时搬运速度 $u_{ifCD=1}$/m·s⁻¹	拖曳系数为 0.2 时搬运速度 $u_{ifCD=0.2}$/m·s⁻¹
0.004	0.00001256	0.00053	0.405	0.287	0.641
0.008	0.00005024	0.00425	0.573	0.405	0.907
0.016	0.00020096	0.034	0.811	0.573	1.282
0.032	0.00080384	0.27	1.147	0.811	1.813
0.064	0.00321536	2.18	1.622	1.147	2.564
0.128	0.01286144	17.42	2.294	1.622	3.627
0.256	0.05144576	139.39	3.244	2.294	5.129
0.512	0.20578304	1115.14	4.587	3.244	7.253
1.024	0.82313216	8921.12	6.488	4.587	10.258
2.048	3.29252864	71368.96	9.175	6.488	14.507

三、作用于粗面岩颗粒之上的拖曳力与大砾石的湍流悬浮式搬运机制

拖曳力是单位面积上所有切向力（剪切力）的合成与颗粒表面单位面积垂向力（压力）的合成的总和。比起无颗粒的自由流动速度 u，到达颗粒的流体由于颗粒的存在而有一个速度降低。假如颗粒的截面积是 A，单位时间间隔里经历减速的流体的体积就是 uA，对应的流体的质量就是 ρuA。因此，由于颗粒的存在所导致的动能损失 $(mu^2/2)$ 就是

$$(\rho uA)\ u^2/2=\rho u^3 A/2 \tag{6-5-8}$$

功率是做功的速率，它等于机械能的损失，也等于动能的损失。在流动方向上作用于颗粒之上的拖曳力 (F_D) 是

$$F_D=(\rho u^2/2)\ A \tag{6-5-9}$$

由实验资料得知拖曳力与颗粒形状变化决定的拖曳系数 (C_D) 有关，

$$F_D=C_D\ (\rho u^2/2)\ A \tag{6-5-10}$$

在这里对大多数粗面岩颗粒选取简单的球形体，因此得到 C_D 大约为 0.5。

在量纲分析里，笔者选择拖曳力作为最感兴趣变量，另三个重复性变量是密度、速度和颗粒粒度。为了使拖曳力无量纲，通过除以密度 (ML^{-3}) 来消除 M，然后除以 u^2 来消除 T，最后除以 D^2 来消除 L。所得到的无量纲乘积就是 $F_D/\rho u^2 D^2$。第二个无量纲乘积是黏度与非独立变量的结合，把黏度除以密度、速度和颗粒粒度以得到乘积 $\mu/\rho uD$。

由于湍流作用的存在，在一个湍流流体中存在着相当大的三维动量迁移。在流体中

任意点测量的瞬间速度都会与时间平均的流体速度极不相同。一个描述湍流的方法是在流体中任意一个点的 x、y、z 三个方向上都测量瞬间速度 u、v、w 和三个方向上时间平均速度 u'、v'、w'。瞬间速度组分与时间平均速度的偏移就指示出湍流式波动，用 u'、v'、w' 表示。

在天池火山四周沿河谷两侧分布着很多高度湍流悬浮式搬运堆积物。堆积物由两个不同粒度的碎屑组成。一个是大约 2～5mm 的碎屑，另一个粒度端元是直径高达 1m 的碎屑（图 6-5-2）。堆积物中不存在中间粒度的碎屑。根据悬浮式沉积物丰度的扩散模型，Rouse 数 $(w/\beta ku_*)$ 2.5 是发生悬浮的临界指标。如果下沉速度超过剪切速度，Rouse 数就会超过 2.5，就会发生床沙载荷式搬运。因此，可以把 $w/\beta ku_*$ 作为河流中不同颗粒粒度的临界边界极限。由表 6-5-1 可见，对于 2mm 粒度的粗面岩碎屑，它们可以很容易地以悬浮式方式搬运；对于 4mm 粒度的粗面岩碎屑，大约每秒十几米的剪切速度就可以把它们转为悬浮式搬运过程。但是假如粒度为 8mm 的碎屑要以悬浮式搬运的话，剪切速度就会接近于 100m·s^{-1}；假如粒度超过 16mm 的碎屑要以悬浮式搬运的话，剪切速度就会是超过声音速度的情况。由此可见大粒度碎屑的悬浮搬运机制是不合理的，而更可能的是受到了细粒碎屑的支撑作用。作为高度湍流堆积物的极端性实例，堆积物中有众多大砾石分散分布于细粒砂质碎屑物中，细粒基质部分的下沉和剪切速度分别是 9m·s^{-1} 和 22.5m·s^{-1}。基质部分颗粒的高度悬浮作用引起了流体压力的大量增加，从而支撑大粒度砾石沿河流被搬运到更远的距离。

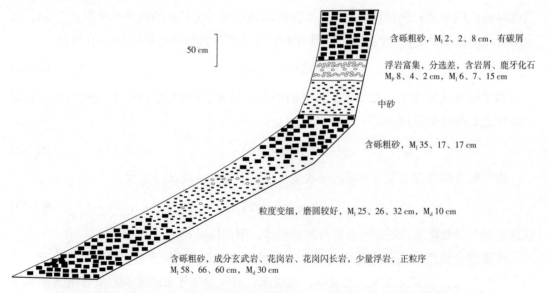

50 cm

含砾粗砂，M_l 2、2、8 cm，有碳屑

浮岩富集，分选差，含岩屑、鹿牙化石 M_p 8、4、2 cm，M_l 6、7、15 cm

中砂

含砾粗砂，M_l 35、17、17 cm

粒度变细，磨圆较好，M_l 25、26、32 cm，M_d 10 cm

含砾粗砂，成分玄武岩、花岗岩、花岗闪长岩，少量浮岩，正粒序 M_l 58、66、60 cm，M_d 30 cm

图 6-5-2　高丽城子火山泥石流洪泛堆积物剖面，砂质堆积物中含有大量粗粒度砾石

M_l：平均最大岩屑粒度　M_p：平均最大浮岩粒度　M_d：平均碎屑粒度

第七章　天池火山灾害过程与现今状态

第一节　天池火山与"火"有关的灾害

从天池火山过去喷发历史可以看出天池火山具有明显的火山灾害问题。由于有 10 万多人口生活在火山附近，天池火山因此具有极大的火山风险。天池火山也是促使该地区农业、林业、旅游业等发展迅速的原因之一。千年左右大喷发规模之大足以对日本，可能还会对全球的环境产生重要的影响。火山顶部大体积水体的存在（即天池破火山口内水体）本身就是一个极大的火山灾害。对于天池火山灾害的评价取决于两个主要因素，其一是现今火山的地势地貌，其二是下一次喷发的规模与方式。

为了减轻天池火山灾害，天池火山第一台地震仪于 1985 年设立，1992～1996 年间开展了 3~5 台地震仪的流动地震观测。由于气候条件的限制，大多数地震监测都是在夏季完成的，并且多由一台地震仪进行。在 1993～1995 年间地震记录表明在天池火山当时每年可能有大约 200 次地震事件。1997～1998 年间增加了更多的地震仪，而天池火山观测站完工于 1998 年，该火山观测站位于火口缘北侧 2.5km 的二道白河大峡谷，大地形变监测曾指示了天池火山中心部位的抬升。2002 年夏季之前多台地震监测仪监测资料指示了比较稳定的地震活动水平，但自 2002 年夏季开始至 2004 年末的地震活动事件明显增多，地震活动的强度也有所增加，表明天池火山地震活动曾经进入了一个明显增强的时期。

历史上天池火山最严重的灾害是由伊格尼姆岩引起的，从火山斜坡向下伊格尼姆岩可能会横扫 60km 半径范围内所有生物，在此范围内的人类很难生还。天池火山是长白山区三江之源，松花江、鸭绿江、图们江内火山泥石流曾经运移了几百千米，从而代表了一种重要的灾害。因此可以说，天池火山具有一个火与水的灾害系列。天池火山未来中小规模喷发灾害类型与灾害强度与历史上最大规模喷发会有很大的不同，而对天池水体灾害本身的研究也很贫乏。因此本文根据天池火山目前可能发生的实际情况，较为系统地概括天池火山各种重要的灾害类型与强度，以增加人们对火山灾害风险的认识。笔者在这里首先讨论天池火山与"火"有关的灾害，即狭义的火山喷发灾害。结合天池火山实际，笔者又分出极端的毁灭性大喷发灾害和中小型规模灾害两种情况来讨论。

一、极端猛烈的大喷发灾害——千年大喷发的重复性喷发灾害

这里所说的千年大喷发，是指大约 1000 年前在天池火山发生的一次巨大规模爆破性火山喷发。这次火山喷发形成了大量的碱流质浮岩空降堆积和伊格尼姆岩。对于这次喷发定年工作，已经积累了大量的碳化木及其他方法的资料（Liu et al., 1998；崔钟燮等，1995），但还存在若干问题。因此，在此统称为千年大喷发（Millennium Eruption）。天池火山的千年大喷发代表最坏的灾害情形。如果再次发生那样规模的喷发，其灾难将是毁灭性的。笔者在这里先以千年大喷发的喷发类型与规模的分析，再结合现在天池火山周围实际情况来分析未来极端喷发类型时的灾害情况。

千年大喷发的情况发生时，开始时的布里尼喷发相具有如下几种主要灾害：直接对建筑物的毁坏、屋顶的塌陷、交通和通讯系统的强烈破坏和影响、对庄稼的毁坏、供水系统的污染、牲畜的中毒以及人类健康的影响等（Blong, 1984；Baxter, 1990；魏海泉、刘若新，1991，1996）。在半径约 7km 的近火山口地区，建筑物可能会被厚达几米的空降火山灰掩埋，并可能由于大而热的碎屑物引起建筑物着火。这一近源相地带也会经受弹道式轨迹碎屑物的冲击，大于 20cm 的岩块可以穿透大多数建筑物的屋顶和墙壁，大于 6cm 的岩块可以引起致命的伤害（Baxter, 1990）。离火山更远一些时，更大范围内将会被空降浮岩和细粒火山灰覆盖，这些空降浮岩和细粒火山灰的主要灾害是它们的厚度大得足以使建筑物屋顶塌陷。就如 Blong（1984）所指出的，对于结构不太坚固的建筑物，如弯曲的钢木结构建筑物，当压力聚集到 $120kg \cdot m^{-2}$ 时屋顶就会塌陷。这时对应的干的火山灰厚度大约是 $10 \sim 15cm$。对于大多数建筑物的屋顶，当压力聚集到 $250kg \cdot m^{-2}$ 时就会倒塌，这时火山灰的厚度约为 $20 \sim 30cm$。千年大喷发 10cm 和 30cm 布里尼火山灰等厚线覆盖面积分别为 $33000km^2$ 和 $14000km^2$，在火山东南方向（顺风方向），屋顶倒塌的距离可能达到 150km。

只要有 1cm 厚的火山灰就足以毁坏大多数农作物，即使是更少量的火山灰，在关键时期也可能造成农作物绝收，如发生于作物灌浆时期的喷发就是这样（Sparks et al., 1997, Machida et al., 1990）。$1 \sim 10cm$ 厚的火山灰也会强烈地影响通讯与交通。Machida 等（1990）和 Horn 和 Schmincke（2000）已经指出，天池火山喷发岩浆中富含卤族元素。在富卤族元素的喷发中，氟中毒是牲畜面临的主要问题，它能影响大部分火山灰覆盖地区之上的动物。很细的、可吸入性火山灰对人类健康也能造成损害。特别是对于老人、儿童以及那些患有哮喘等疾病的病人，他们更难于忍受这种细粒火山灰对健康问题的冲击（Baxter, 1990；Baxter et al., 1999）。因此，如果重复性发生千年大喷发那种情况，在中国、朝鲜和日本的一部分地区，在大约 $7 \times 10^5 km^2$ 范围内都会强烈地影响农业和生活。

火山碎屑流是最具破坏性的灾害。离天池火山几十千米范围内的森林和所有生物

都有可能被杀死。高速运移的火山碎屑流保持着非常高的活性，火山四周到处可见的伊格尼姆岩流动分凝层理就是证明（图 7-1-1）。千年大喷发的伊格尼姆岩覆盖面积大约 10000km²，在这个范围内目前居住着大约 100000 人。在千年大喷发伊格尼姆岩中已经发现了大量的碳化木，次生搬运的伊格尼姆岩二次堆积物中还见到了小鹿的头盖骨化石及牙齿化石（照片 7-1-1）。在伊格尼姆岩直接冲击的地区里人类要想生还的可能性是非常低的，如奶头山附近所见众多杂色浮岩块体很可能作为当时伊格尼姆岩掩埋人类居所所留痕迹。既使是在伊格尼姆岩的极度边缘地带，也需考虑热的火山灰对人体皮肤的灼伤灾害和细粒火山灰尘对呼吸道堵塞作用与肺气肿等疾病的发生。

　　大的爆破性喷发的一个不可避免的结果是在地表形成大体积的松散火山碎屑物，这些碎屑物也可堵塞在河流沟谷中。因此，可以预见在这样的大喷发后马上就会引发高度

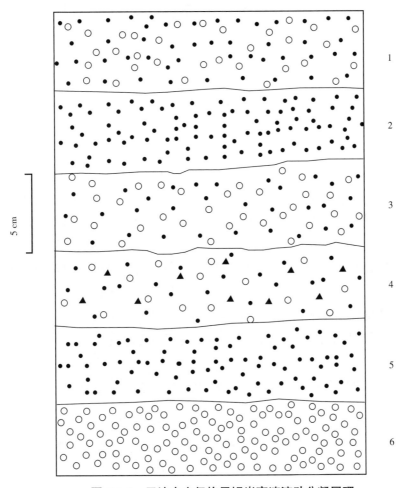

图 7-1-1　天池火山伊格尼姆岩高速流动分凝层理

1.伊格尼姆岩；2.细粒伊格尼姆岩透镜状分凝层，与上下层位界线渐变；3.伊格尼姆岩；
4.伊格尼姆岩靠下部岩屑富集层；5.伊格尼姆岩细粒地浪层；6.灰白色布里尼空降浮岩堆积物
○浮岩；●细粒火山灰；▲岩屑

照片 7-1-1　天池火山松花江流域伊格尼姆岩次生搬运堆积物中发现的小鹿头盖骨化石

标尺黑线长度 2cm

破坏性的火山泥石流。火山泥石流和洪水泛滥物的影响范围可以大大超过原生火山喷发物影响范围，二道白河镇的主体部分（火山北部大约 50km）就曾经被千年大喷发的泥石流覆盖。在火山北部大约 75km 的两江镇火山泥石流堆积物厚度仍有 10m 厚。在火山北部 230km 的吉林市，人口超过百万，浮岩质洪水泛滥堆积物在松花江沿岸得以保留，表明当时也曾受到过火山泥石流的冲击。当地满语传说中，还流传着 460km 以远的松花江、嫩江流域就曾发生过"无边无际的洪水"（魏海泉、刘若新，2001；Wei et al., 2001）。

对于千年大喷发规模的喷发的一个间接灾害是它的环境效应，李晓东等（1996）、魏海泉等（1997）曾讨论归纳过这方面的灾害效应，这里不再详述。

二、中、小规模喷发——可能性更大的喷发灾害

经研究认为，天池火山下一次喷发规模在大小上还不能与千年大喷发相提并论。自千年大喷发以来，天池火山至少有 3 次小规模喷发的文字记录和 5 次喷发物记录。但是关于这些喷发的性质了解得还很少。大体积的爆破性喷发释放出大量的岩浆体积，这些岩浆是长时间聚集的结果。大喷发后岩浆的补给是缓慢的，因此，喷发后几百年或千年左右一般只能发生规模小得多的喷发。笔者在这里探讨天池火山下一次喷发的规模、特性与效应，其中特别考虑了现已存在的大型破火山口湖和岩浆补给量问题。

天池火山下一次喷发时包括强烈的岩浆和湖水的相互作用的可能性是非常大的，这对应于天池火山山顶发生的喷发现象（但也有一种可能性，就是在天池火山侧翼发生喷发）。这时在山顶发生的喷发就会与千年大喷发时明显不同，因为山顶已经存在着一个体积达 $2km^3$ 的破火山口湖。

预报下一次喷发的大小是困难的，而预报下次喷发在什么时间发生则更困难，因为目前对天池火山喷发的历史记录了解得还不多，而天池火山喷发的频率又不是很频繁。这时可以把天池火山类比为地球上一个性质相近的、较好地了解其喷发记录历史的火山。在一次大的爆破性造破火山口喷发（caldera-forming eruption，指形成破火山口的喷发）之后通常发生两种行为，在某些实例中，几乎立即就重新发生相当猛烈而连续的火山活动。这种喷发行为的最好实例是印度尼西亚的克拉克托火山。在那里自 1883 年大喷发之后几乎是持续性地喷发着（Stehn，1929；Simkin and Fiske，1983），而这种新的喷发活动已经形成了新的克拉克托之子岛。第二种喷发行为类型中包含有一个延长的宁静期，在几百年至几千年的宁静期之后，跟随有规模小一些的（但与一般喷发相比还算大规模的）爆破性喷发，然后再是规模更小一些的但却比较频繁的喷发，意大利的维苏威火山是这方面的很好代表。维苏威火山自 79 年大喷发之后直至 1642 年都处于休眠状态，到了 1642 年开始了一个爆破性喷发阶段，这个阶段里发生了大量的喷发，它持续到 1944 年（Vivo et al.，1993；Rolandi et al.，1998）。冰岛的海克拉火山在 4000 年前一次大规模爆破性喷发之后显示出类似的喷发形式（Thorarisson，1956）。在这种喷发类型中，喷发活动随着时间变得规模更小且频次更多。天池火山有限的资料表明，它更接近于维苏威和海克拉火山类型。假如这是正确，在以后的几个世纪里，天池火山可能发生比较频繁的火山活动，但是这些喷发活动的规模要远远地小于天池火山千年大喷发的规模。像天池火山这种喷发形式的变化反映了岩浆房的演化以及大喷发后岩浆房的重新补充作用。几乎毫无疑问的是天池火山千年大喷发时并没有使岩浆房彻底变空虚，这时未来的喷发在规模上就可能要大一些。

考虑到这些不确定性，笔者认为天池火山下一次喷发规模将会在 $0.1 \sim 0.5km^3$（DRE）之间。这里的喷发规模大小的估计是以天池火山长期岩浆补给速率为 $0.01 \sim 0.05m^3 \cdot s^{-1}$，火山喷发休眠期为 300 年为基础的。尽管这个喷发规模比千年大喷发小得多，但它也是非常重要的。可以对比圣海伦斯火山 1980 年 5 月 18 日的喷发，那次喷发只是喷发了大约 $0.25km^3$ 的岩浆（Carey et al.，1990）。

天池火山这种大小的喷发将会引起主要限定在火山周围的灾害。根据现有的喷发历史记录资料，这种规模的喷发在未来 100 年内发生的概率是很高的。$10\% \sim 20\%$ 的概率数值与天池火山喷发历史记录以及世界上类似的火山喷发情况吻合。

第二节　与水有关的灾害

天池火山是长白山区三江之源。第二松花江、鸭绿江和图们江都以天池火山锥体作为水系的源头。特别需要指出的是，天池水体通过火口缘北侧豁口经乘槎河、二道白河直接补给到二道松花江流域。因而使得天池火山除了本身具有的与火山喷发有关的直接灾害以外，还具有很严重的与水有关的灾害。本节将分不同情况加以详细讨论。

一、天池本身的灾害

具有 $2km^3$ 水的天池的存在有两个重要的结果。第一种结果是很有可能会使天池水面高度发生变化——喷发的岩浆会把水体向上排出，冬季喷发时还需考虑到雪水融化的效应。与喷发相对应的天池水面高度的变化可能是很迅速的，这会导致突发性洪水泛滥进入二道白河。洪水与火山碎屑物的混合将会把它们变成火山泥石流。洪水和火山泥石流将会摧毁火山附近的所有建筑物，包括现在的天池火山观测站等长白山大峡谷内所有建筑物以及几十千米以远的二道白河镇的大部分。还会波及到二道白河补给的更大河流体系两岸的建筑物，如两江、红石、白山，乃至吉林市及更远的地方。第二种结果喷发很可能要包含热的岩浆和湖水之间的反应。这种反应通常都要形成底浪（base surge），猛烈的喷发把弹道式轨迹碎屑抛到 5km 左右的距离，并且沉降下细粒火山灰。这时喷发情形与喷发的大小和强度密切相关。一种极端的形式是，大多数火山碎屑都被限定于破火山口湖范围（如天池东岸所见 1903 年喷发物），以凝灰岩环的形式产出，而只有很少量的碎屑降落到破火山口火口缘之外。另一种极端的情形是，一次大的射汽布里尼式喷发将会产生广泛的火山碎屑空降物（Self and Sparks，1978）。这种类型喷发引起的灾害与千年大喷发引起的灾害类型相近，但是灾害摧毁的范围要小得多。对于一次 $0.1 \sim 0.5km^3$ 岩浆体积大小的喷发，火山灰降落物可能破坏和影响几千平方千米面积上的农业。火山斜坡上的大量细粒火山灰可能会促发火山泥石流的形成。火山泥石流会导致最严重的灾害，它可能影响天池火山周围至少 100km 范围内靠近主要河流体系的城镇与社区，水库大坝与水电站等人类建筑物都可能被摧毁。而这种喷发后频繁发生火山泥石流与洪水泛滥及火山碎屑物二次搬运作用的时间一般都持续到喷发后 12 年左右，这与一般火山喷发后局部气候的波动与调节周期是一致的。

作为火口湖灾害的重要类型之一，类似于尼尔斯湖底有毒气体的突然释放与一般火口湖火口缘岩块向内滑坡引发湖水波浪泛滥也是必须考虑的。现有资料中湖水 CO_2、CH_4 等气体资料很贫乏，难以详细讨论。对于滑坡体引发湖水泛滥灾害除第六章讨论内容外，还将在以下章节加以讨论。

二、火山喷发触发的洪水泛滥

天池火山未来喷发之初很可能引发天池水体泛滥。有多种喷发引起洪水的方式，包括喷发排水作用、喷发引起降雨、锥体滑坡触发湖震等，在它们之间还会有重叠现象。

1. 天池水体排水作用

在湖里面发生的喷发使湖水被排走并从天池火山北侧豁口流入二道白河。熔岩溢出作用可能不会产生足够大的、值得关注的排水速率。因为就目前所知，粗面质或碱流质熔岩穹丘可以预期的生长速率是每秒几到几十立方米。但爆破性喷发活动可以有高得多的喷发速率，引起的排水量足以形成洪水涌浪。这时很可能形成一个凝灰岩环，每秒几百到几千立方米的排水量是可以发生的。

随着爆破强度的增加，将会引起岩石碎屑被裹入到喷发柱中，因此，一部分水和火山灰就被分散到大气层中并且超过破火山口壁范围。一个高于破火山口直径两倍的喷发柱高度（12km）就有能力把大量的火山灰和裹入的水扩散超过火口缘之外。高于大约12km的喷发柱也有可能进入平流层，平流层内的高速风也有助于碎屑的分散。一个12km高度喷发柱对应的喷发速率近似是每秒几千立方米。因此，笔者认为大约 $10^4 m^3 \cdot s^{-1}$ 的排水率（对应于喷发率）是发生喷发导致洪水泛滥排水率的上限。

2. 喷发引起降雨

释放湖水的另一个方式是把湖水裹入一个已存在的爆破性喷发中，再把水分散开并触发火山周围大量的降雨。在湖中一次大的爆破性喷发可以引起戏剧性的天气事件——实际上就是把湖水喷上去。水被裹入喷发柱中，可能在与热的火山灰混合时被加热蒸汽化，随后再析出来。析出水量的准确数字很难得到，但可能要比喷出的岩浆数量高几倍。因此，一定规模的爆破性喷发就会有能力携带 $10^4 \sim 10^6 m^3$ 的湖水。这时的一个强烈的天气系统就可能在火山斜坡上析出降落大量的水。为了说明这种湖水降雨过程，可以作这样的估算：假如有 1% 体积的湖水（$2 \times 10^7 m^3$）被析出降落在天池火山周围 200km^2 范围之上的话，降雨厚度就会是 10cm。世界上类似的研究实例可以参照 Walker 研究的新西兰陶波火山的 Hatepe 火山灰（Walker，1981）。

3. 锥体滑坡触发湖震

高密度块体（滑坡体）冲入水体后引发的飞溅的波浪通常称作湖震（seiche），水体波浪的动力学过程常被分为三个带：飞溅带、近区域和远区域。飞溅带，或称波浪形成带，是指滑坡体和水体耦合运动的地带，它展布到滑坡体最远的运动距离，飞溅带长度常常

等于波浪波长 λ。近区域为超过飞溅带后，但又在波浪链的动能与位能达到渐近值之前的地带。远区域为超出冲击带大约 3λ 的地带。

天池火山破火山口四周滑坡体是广泛存在的，其中在破火山口内壁发育的大型滑坡体都会冲入天池水体引发波浪式水体泛滥灾害。工作中已经查明了天池火山破火山口内壁近千年来发生的 4 次大规模滑坡体，它们在破火山口内壁留下了 4 个规模巨大的马蹄形垮塌坑与垮塌陡壁。将军峰北侧残余山脊及天文峰等地都是未来很可能发生滑坡的地点，因为这些块体都是天池火山极不稳定的地点所在。历史上天池火山内壁大型滑坡体源区地形特征参数可以作为模拟未来滑坡体触发水体波浪灾害的初始条件。

对于天池火山火口缘部位发生的体积大约为 $0.3km^3$ 的滑坡体（白云峰北侧滑坡体洼地体积与之相近），进入天池水体后可能使得天池水面整体抬升 33m。这时天池破火山口内水体波浪的往返摆动过程可能持续 1h 以上，而总的洪水泄洪流量至少等于滑坡体的体积。也就是说，将有大约 $0.3km^3$ 的水体被波浪式排泄进入二道白河。

三、滑坡体触发湖震，天池水体波浪泛滥灾害参数的计算

大规模爆破性火山山体靠上部通常具有陡峭的地表，它们常常是发生山体滑坡的起源地。对于高原山区火口湖而言，这些滑坡体又是触发大规模洪水泛滥与泥石流的重要诱因。20 世纪 80 年代以来，圣海伦斯火山喷发激励人们对大规模火山滑坡体发生频率与堆积物特征加深了认识（Ui，1983，1987；Siebert，1984；Siebert et al.，1987；Glicken，1986；Ida & Voight，1995），90 年代以来又加紧了滑坡体触发火口湖洪水泛滥与波浪的研究（Imsmura and Gica，1996；Raichlen et al.，1996；Tappin et al.，1999；Tappin et al.，2001；McCoy and Heiken，2000；Francis，1993；Waythomas，2000）。对于中国境内规模最大的活火山——长白山天池火山，近年来众多学者研究了该火山的喷发机理与过程、喷发历史、岩浆演化与灾害（魏海泉等，1999；刘若新等，1998），但对于天池火山破火山口湖内现存的 $2km^3$ 的水体泛滥灾害却尚未开展详细的研究工作。笔者在英国布里斯托尔大学访问期间，先后就天池火山有关滑坡体触发天池水体波浪泛滥的课题与有关学者进行了多次讨论，近年来又收集了有关野外与文献资料，开展了有关研究工作。本节首先简要介绍高原火口湖山体滑坡激发水体波浪的一般理论，然后根据天池火山地质条件，模拟演绎未来天池火山大规模山体滑坡时，天池水体形成波浪与最大洪峰的数值参数，以此作为评价松花江二道白河流域火山灾害的基础依据。

1. 滑坡体触发水体泛滥理论与实验结论

滑坡体触发火口湖水体波浪动力学过程模拟的基本方程是质量与动量守恒的二维 Euler 方程：

$$\frac{\partial u'}{\partial x'} + \frac{\partial w'}{\partial z'} = 0 \tag{7-2-1}$$

$$\frac{\partial u'}{\partial t'} + u'\frac{\partial u'}{\partial x'} + w'\frac{\partial u'}{\partial z'} = -\left(\frac{1}{\rho}\right)\frac{\partial p'}{\partial z'} \tag{7-2-2}$$

$$\frac{\partial w'}{\partial t'} + u'\frac{\partial w'}{\partial x'} + w'\frac{\partial w'}{\partial z'} = -\left(\frac{1}{\rho}\right)\frac{\partial p'}{\partial z'} - g \tag{7-2-3}$$

$$w' = \frac{\partial \eta'}{\partial'} + u'\frac{\partial \eta'}{\partial x'} \tag{7-2-4}$$

式中，u' 和 w' 是 x'、z' 方向上的流体运动分量；t' 是时间；η' 是波峰高度；p' 是水的压力；ρ 是水密度；g 是重力加速度。

通过量纲配比分析可以得到：

$$t' = [t]t \tag{7-2-5}$$

$$x' = [x]x = [t]\sqrt{ghx} \tag{7-2-6}$$

$$z' = \zeta z \tag{7-2-7}$$

$$u' = \sqrt{ghu} \tag{7-2-8}$$

$$w' = U\sin\theta w \tag{7-2-9}$$

$$P' = -\rho g\zeta\left(z - \frac{[\eta]}{\zeta}\eta\right) + (\rho U^2\sin^2\theta)P \tag{7-2-10}$$

$$\eta' = [\eta]\eta \tag{7-2-11}$$

$$[x] = t_{\mathrm{m}}\sqrt{gh} \tag{7-2-12}$$

$$s_{\mathrm{m}} = (U/2)t_{\mathrm{m}}\cos\theta \tag{7-2-13}$$

$$s_{\mathrm{m}}/[x] = (Fr/2)\cos\theta \sim 0(1) \tag{7-2-14}$$

公式中对于某一物理变量，在上角带 " ′ " 者表示实际变量数值，加上方括号 " [ ] " 表示量纲分析时该变量的特征标尺。对于时间变量 t，t' 是实际运动时间，$[t]$ 是时间特征标尺。类似地，$[x]$ 为波浪前进方向上坐标长度的特征标尺（单位：m）。S_{m} 为滑坡体自入水至完全浸没时的水下位移量，Fr 为滑坡体的 Frouud 数，θ 为滑坡体入水角度。x 为滑坡体水下水平方向运动距离，z 是垂直方向运动距离，t 是运动时间，h 是水体深度。u 是滑坡体入水时速度，w 是滑坡体入水宽度。P 是水体压力，ζ 是作为坝高的一部分的初始水面高度，B 为滑坡体入水后底界宽度，A 为系数。

近区域内无量纲波峰高度将具有以下的函数形式

$$\frac{\eta'}{[\eta]} = \eta = f(t_{\mathrm{m}}^*, Q^*, \mathrm{Sg}, \mathrm{Fr}\sin\theta) \tag{7-2-15}$$

无量纲"流量" Q^* 为： $Q^* = \dfrac{V_{\mathrm{w}}/t_{\mathrm{m}}}{h\sqrt{gh}}$ (7-2-16)

Walder 等（2003）通过实验研究得到了波峰通常都表示为水深的函数

$$\tilde{\eta} = A Q^{*B} \tag{7-2-17}$$

这一关系只有在达到渐近值 $\tilde{\eta} \approx 0.85$ 时才有效，对于式（7-2-17）而言，它大约意味着 $Q^* <$ 0.6。对于更大的 Q^* 值，$\tilde{\eta}$ 就会是"饱和的"，也就与 t_{m}^* 和 $\mathrm{Fr}\sin\theta$ 不相关了。

对于 Walder 等 (2003) 和 Huber 的实验有 $\lambda \approx (1\text{-}2)t_{\mathrm{m}}\sqrt{gh}$，对于 Bowering 的实验有 $\lambda \approx (2\text{-}5)t_{\mathrm{m}}\sqrt{gh}$。

2. 天池火山水体波浪高度与洪峰泄洪流量的估计

实际工作中，在评价某一实际地球物理质量流体引发的灾害时可以用其他地质方法来估计 V_{w}，比如说用滑坡体体积的大小来估计排开水体的体积。类似地可以预测 t_{m} 或对应的无量纲数量 t_{m}^*，t_{m} 这些参数很可能通过测量与限定不同的块体形状以及摩擦系数、地形坡度、块体密度和块体与河床之间的摩擦系数等方法来得到。这就为通过计算机计算可能的变量 t_{m}^* 提供了一些基础。还可能通过计算机解决滑坡体和水之间耦合方程 (Norem et al., 1990；Heinrich, 1991, 1992；Jiang and LeBlond, 1992, 1993, 1994；Imamura and Imteaz, 1995) 来确定在一系列可能的参数值条件下的 t_0。

为了评价天池火山滑坡体触发水体波浪灾害，需要确定水的迁移速率，基本原理是式（7-2-17）。一个单位宽度上总体积 V_{w} 的质量流体在一定的时间 t_{f} 内进入水体，单位宽度的流量可以标注为 q，它的最大值是 q_{p}。滑坡体冲击后运动时间不能小于 t_{f}，因此，q_{p} 必须是水迁移的上限。对应的无量纲位移率 Q^* 就是 $q_p/h\sqrt{gh}$。很好的历史记录证据或古水力学证据可以帮助限定可能的 q_{p} 值，从而就可有效地限定 Q^*。参照以上处理方法，对天池火山破火山口内滑坡体触导水体波浪动力学参数计算结果如表 7-2-1 所示。

3. 天池泛滥情形：假想水位图估计

对于天池火山火口缘部位发生的体积大约为 $0.3\mathrm{km}^3$ 的滑坡体，进入天池水体后可能使得天池水面整体抬升 33m。而如果滑坡体体积达到 $1\mathrm{km}^3$，则天池水面可能会抬升 100m 左右，在二道白河源头对应的最大泄洪量为 $2 \times 10^5 \mathrm{m}^3 \cdot \mathrm{s}^{-1}$。天池破火山口内这种水体波浪的往返摆动过程可能持续 1h 以上，而总的洪水泄洪流量至少等于滑坡体的体积。也就是说，将有大约 $1\mathrm{km}^3$ 的水体被波浪式排泄进入二道白河。

表 7-2-1　天池火山滑坡体触发水体波浪参数计算模拟数值

滑坡体编号与名称	1, 白云峰滑坡体	2, 5 号界滑坡体	3, 6 号界滑坡体	4, 将军峰滑坡体	5, 残余将军峰山脊
垂直于波浪传播方向上的单位宽度的滑坡体体积 /(m³·m⁻¹)	888889	400000	940000	300000	466667
垂直于波浪传播方向上的单位宽度的无量纲滑坡体体积	21.36	9.61	22.59	7.21	11.21
滑坡体与水撞击后运动持续时间的无量纲测量	5 ～ 10	5 ～ 10	5 ～ 10	5 ～ 10	5 ～ 10
水被滑坡体移位速率的无量纲测量	2.14 ～ 4.27	0.96 ～ 1.92	2.26 ～ 4.52	0.72 ～ 1.44	1.12 ～ 2.24
波峰高度的无量纲测量	0.53 ～ 0.74	0.78 ～ 1.09	0.51 ～ 0.72	0.89 ～ 1.26	0.72 ～ 1.01
滑坡体与水撞击后的运动时间 /s	30.34	46.08	101.75	116.98	91.79
配比分析中波浪高度的特征测量值 /m	655.25	194.14	206.62	57.36	113.71
波峰高度 /m	254 ～ 483	151 ～ 212	106 ～ 148	51 ～ 72	82 ～ 115

　　简单假设一个滑坡体瞬间把水体向上位移,并且假设天池水体外流水位图遵循简单水力学定律。作为计算时的一级近似,忽略掉了波浪效应和稀泥效应。对于火口湖盆地的地形也作非常近似的处理。

　　水力学上通过天池北侧豁口的水流量服从于临界流体的常用关系式,把豁口看作坡度为 27° 的三角形(就如从地形图上读出的数值那样)。用 V 来代表豁口谷底之上湖水的体积,开始时 V 的数值等于 V_0,它等于滑坡体的体积,与此对应的相对于豁口谷底的水深值是 h_0。

　　通过豁口的流量 Q 由式 (7-2-18) 给出:

$$Q(t) = -\frac{\mathrm{d}V}{\mathrm{d}t} = 0.79 g^{1/2} h^{5/2} \tag{7-2-18}$$

式中, g 是重力加速度; h 是时间 t 时豁口之上的水深。系数 0.79 适用于三角形豁口形状,这与乘槎河一带地貌形状一致(对于不同的豁口形状,该系数会有小量变化)。对于天池湖面形状,假设湖水表面积与现今的数值变化很小,数学上这可表示为

$$\frac{V(t)}{V_0} = \frac{h(t)}{h_0} \tag{7-2-19}$$

　　这样得到的估计值可能会高一点,但由于破火山口内壁非常陡,误差不是很大。把

式 (7-2-18) 和式 (7-2-19) 联立并积分求得 $V(t)$ 和 $Q(t)$。$Q(t)$ 的结果是

$$Q(t) = \frac{c_1 g^{1/2} h_0^{5/2}}{\left[1 + c_2 c_1 \dfrac{g^{1/2} h_0^{3/2} t}{A_0}\right]^{5/3}} \tag{7-2-20}$$

式中，c_1=0.79，c_2=1.5，A_0=8.75km^2，几何学关系式有

$$V_0 = A_0 h_0 \tag{7-2-21}$$

由此流量初始值可以简化为 $c_1 g^{1/2} h_0^{5/2}$。

表 7-2-2 给出了对于 A_0=8.75km^2 时 V_0 和 h_0 的对应值，计算的水位图如图 7-2-1 所示。

表 7-2-2　湖水表面积 A_0=8.75km^2 时滑坡体体积 V_0 和豁口谷底之上初始水位 h_0 的对应值

滑坡体体积 V_0/ 10^6m^3	豁口谷底之上初始水位 h_0/ m
100	11.4
300	34.3
500	57.1
1000	114

以上计算过程是对于最简单的近似情况而言的，在这里假设湖面高度由于滑坡体的进入而简单表现为均匀地抬高，通过天池水体北部豁口的水流量就简单地服从于水力学定律（流量与豁口底面之上水体高度的二分之五次方成正比）。

更准确的计算包括确定破火山口内波浪的运动，这将是一个非常复杂的动力学过程。初始波形（即水体表面）可以用实验结果来估计，但需要用波浪的几何扩展过程来校正。这时波浪就会在破火山口内来回飞溅，其过程与我们在一个浴盆里搅出一个波浪时的情况很类似。要做这种详细的计算需要有详细的水体等深线资料，而目前对天池火山还没有详细的等深线资料。

四、二道白河流域洪水灾害概述

天池火山曾经发生过很多次洪水泛滥与火山泥石流，沿着松花江、鸭绿江、图们江三江水系两岸保存有很多洪水与火山泥石流堆积物。天池火山当地洪水泛滥传说中，泛滥物沿松花江达到了火山西北部 460km。神话中勇敢的阿里和诺温兄弟与火龙搏斗而开挖了松花江和嫩江。作为东北亚开发区中心之一的珲春市也曾一夜之间被火山泥石流淹没（尹郁山、郑光浩，1998；Wei et al.，2001）。满族祖先居住的忽尔汉乌拉（现在的珲春市）明朝时（1368～1644 年间）属于女真族忽尔哈部落。传说中，忽尔汉海一夜之间

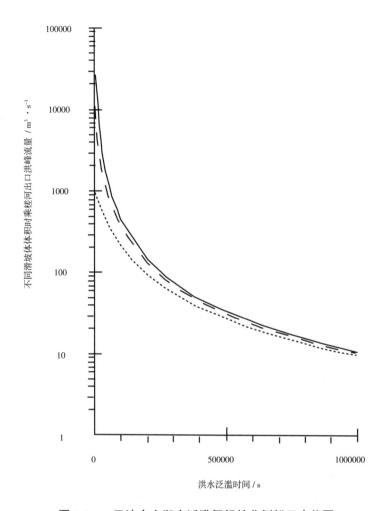

图 7-2-1　天池火山湖水泛滥假想的北侧豁口水位图

实线：滑坡体体积 0.5km³，乘槎河水深 57.1m 时的流量；长虚线：滑坡体体积 0.3km³，乘槎河水深 34.3m 时的流量；短虚线：滑坡体体积 0.1km³，乘槎河水深 11.4m 时的流量

突然淹没了他们的居住地，无边无际的洪水淹没了大地上所有生灵，只有一个人抓住了冲过来的一个树枝而存活下来。从这个传说中可以看出洪水对珲春一带明朝满族祖先带来了极大的灾难。

天池火山四周现在居住着 10 多万人口。松花江源头附近的二道白河镇就居住着 46000 以上的人口，沿着河谷两岸更聚集了成千上万的居民，他们都可能受到破火山口湖水体迅速释放的灾害影响。无论是年轻的破火山口内壁的突然塌陷，还是从湖里发生的爆破性喷发，都可能触发瞬间湖水大规模下泄。本节试图演绎二道白河流域天池火山洪水和火山泥石流的灾害效应，为预警系统提供科学依据，如此而避免大规模灾难事件的发生。

1. 滑坡体触发洪水泛滥情景

显然的是天池火山周围发生过几次强烈的洪水泛滥灾害。但是究竟是什么原因触发了大的洪水泛滥？为什么有很多神话和传说都把"无边无际的洪水"与"火龙"联系到一起？为什么天池火山周围满族祖先认为天池火山"在水上漂浮"并且"每500年震动一次"？答案是除了天池火山周围下了大水量暴雨以外，有些洪水泛滥是由于喷发或火口缘滑坡体进入天池水体而触发的。以下将要讨论破火山口湖水体突然释放进入二道白河的情景。

天池火山千年大喷发之后曾经发生过几次大规模滑坡体。近来最明显的滑坡体之一在1994年夏天发生于天文峰之下。虽然其规模远远小于历史上几次大规模滑坡体，但那次滑坡体产生的地震波事件被地震仪记录了下来。滑坡体在天池水面之上形成了一个灰云涌浪，涌浪一直冲到天池水面南侧朝鲜境内将军峰坡脚附近。笔者在去往天池水面的途中曾听到了巨大的爆炸声，一位来自以色列的游客向笔者描述了当时他在天池水边所观察到的滑坡体涌浪运动情景。近年来瀑布西侧若干次小规模垮塌与滑坡体时有发生，有些还造成了人员、财产的损失。

笔者在这里给出天池火山千年大喷发以来破火山口内壁发生过的4个大规模滑坡体，以此来强调由于破火山口壁滑坡引起的二道白河两岸发生洪水泛滥灾难的可能性。

为了研究触发二道白河大规模洪水泛滥的滑坡体，笔者首先考察了天池火山破火山口壁地形地貌特征，从中鉴别出了几个主要的马蹄形滑坡体洼地（见锥体顶部1:10000地质图）。为了得到未来可能滑坡体的体积，首先估算了历史上几个大滑坡体留下的马蹄形洼地的体积。还估算了将军峰北侧山脊未来发生滑坡时的滑坡体体积。估算方法是通过滑坡体切过一系列剖面，剖面面积乘以剖面间距得到单块体积，再求和得到总滑坡体体积。

（1）白云峰滑坡体。

在所考察的4个滑坡体中，白云峰滑坡体是最年轻的，在白云峰东北侧保存了一个典型的马蹄形洼地。表7-2-3～表7-2-5中给出了白云峰滑坡体马蹄形洼地的几何参数以及沿滑坡路径不同位置横剖面的几何参数，从相应的滑坡体图件里也可看出。

表7-2-3 白云峰滑坡体马蹄形洼地地形参数测量

AA'		BB'		CC'		DD'		EE'		FF'	
平距/m	高程/m	平距/m	高程/m	平距/m	高程/m	平距/m	高程/m	平距/m	高程/m	平距/m	高程/m
0	2530	0	2670	0	2670	0	2660	0	2650	0	2660
63	2500	78	2650	94	2685	188	2650	63	2655	117	2650
125	2450	133	2600	203	2650	234	2600	133	2650	203	2600
219	2400	188	2550	281	2600	281	2550	250	2600	297	2570
281	2350	250	2500	328	2550	344	2500	313	2550	391	2550

续表

AA'		BB'		CC'		DD'		EE'		FF'	
平距/m	高程/m	平距/m	高程/m	平距/m	高程/m	平距/m	高程/m	平距/m	高程/m	平距/m	高程/m
344	2300	305	2450	383	2500	414	2450	391	2500	453	2560
438	2250	398	2400	445	2450	547	2400	430	2490	531	2570
516	2200	484	2350	500	2400	625	2390	516	2470	672	2570
539	2194	578	2300	641	2350	648	2380	563	2460	750	2580
1094	2194	719	2250	766	2300	734	2375	641	2460		
1180	2200	750	2240	844	2300	844	2370	828	2470		
1266	2200	781	2230	953	2285	875	2380	883	2480		
		820	2220	1016	2300	906	2390	938	2500		
		883	2218	1078	2350	938	2400	1063	2540		
		953	2220	1125	2400	1016	2450	1125	2550		
		969	2230	1172	2450	1086	2500	1219	2558		
		1008	2240	1273	2500	1203	2550				
		1047	2250	1406	2530	1320	2585				
		1188	2300								
		1281	2350								
		1367	2400								
		1461	2430								

表 7-2-4 白云峰滑坡体马蹄形洼地宽度的变化

剖面编号	FF'	EE'	DD'	CC'	BB'	AA'
自源区距离/m	234	469	703	938	1172	1406
平缓底界宽度/m	0	391	391	266	203	180

表 7-2-5 白云峰滑坡体马蹄形洼地地形参数随滑坡距离的变化

剖面编号	FF'	EE'	DD'	CC'	BB'	AA'
特征	陡壁顶部	陡壁底部	坡度变缓	底部长方形	宽度迅速减小	宽度缓慢减小
运动距离/m	0	109	313	727	922	1250

注：陡壁顶部宽度547m，陡壁底部宽度500m。

从图 7-2-2 可以清楚地看出有关参数随滑坡体运动距离的变化。剖面中最强烈的向下侵蚀部分用参数 a 代表，它在滑坡体向下运动的开始阶段就迅速达到最大，然后随着滑坡体向下流过时逐渐减小。参数 c 代表流动渠道两侧的顶部高程差，随着滑坡体向下滑过它是稳定增加的，这与滑坡体对地形改造作用的增强是一致的。参数 d 是一个滑坡碎屑流向下切割力的标志。在流过"长方形区域"之前它都保持着增加的趋势。自"长方形区域"到最远缘相部位，参数 d 是逐渐降低的。以上 3 个参数随着滑坡体运移距离显示出一致性的变化趋势，而另一个参数 b 则表明了随机跳跃性变化。水面之上最前缘部位（AA′剖面）的剖面参数也显示了波动性变化。

如果去除 AA′ 剖面（太多的地貌特征被水覆盖了）和 FF′ 剖面（有些滑坡地貌参数描述的特征在开始阶段还没稳定），就会很容易看出上面提到的特征变化。渠道两侧地形差异（以参数 c 代表）当滑坡体向下扫过时变大，渠道侧翼挖蚀作用（参数 a 代表）则变小。滑坡体对下伏地层切割作用（参数 d）开始时迅速增加，然后再稳定保持某一水平。反映对地形改造作用的参数 b 再次显示了复杂的波动特征。作为这些参数变化的结果，剖面总面积以及三角形块体面积随着滑坡体向下运移而稳定增加，梯形块体面积开始阶段迅速增加，然后逐渐降低。

在滑坡马蹄顶端有一个长 500m，平均高度 30m 的大陡崖。它是白云峰滑坡体原始垮塌陡壁，剖面面积是 16500m^2。断块法计算的滑坡马蹄形洼地的总体积是 2.05×10^8m^3，这是天池湖水体积的 1/10。

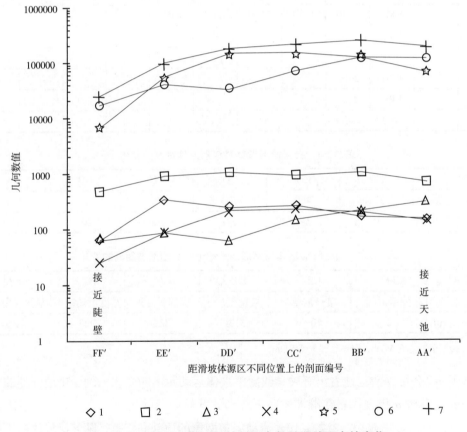

图 7-2-2　滑坡体马蹄形洼地剖面参数随滑坡距离的变化

1.梯形上底 a（m）；2.梯形下底、三角形底 b（m）；3.三角形高 c（m）；4.梯形高 d（m）；
5.梯形面积 A（m^2）；6.三角形面积 B（m^2）；7.马蹄形洼地截面积 $A+B$（m^2）
AA′、BB′、CC′、DD′、EE′、FF′ 为马蹄形洼地自水面向陡壁不同位置横截面剖面

很显然，滑坡时碎屑崩落物向下流动时对底部的切割力离开滑坡体位置后就迅速增加。碎屑流流动时切割出的剖面面积向前几乎是线性增加的，但最靠近前锋部位除外（AA′剖面），在那里由于地表大部分被天池水体覆盖而具有很大的不确定性。当滑坡体自源区向下运移 700m 时，剖面面积开始迅速增加，这与流体渠道底部"长方形"区域显示滑坡体强烈的向下挖蚀作用相一致。在剖面形状里梯形块体之上有一个三角形块体，三角形块体面积随着滑坡体向下运动而稳定增加。这表明滑坡碎屑流体进入水体前渠道两侧高程差和渠道宽度是增加的。流动开始的 700m 时梯形块体的面积迅速增加。在"长方形"面积之后梯形块体面积保持在比较稳定水平，这是流体对下部岩石的挖蚀作用较小所致。前端剖面（AA′剖面）从计算中使用的参数得到了一个减小的面积（图 7-2-3）。

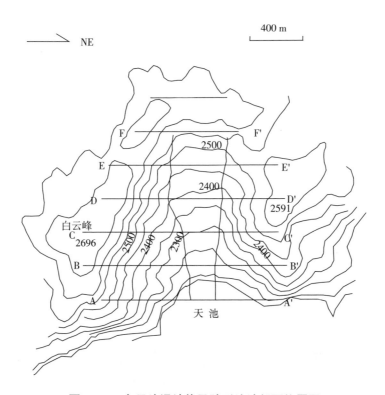

图 7-2-3 白云峰滑坡体马蹄形洼地剖面位置图

从 1∶50000 地形图做的测量与统计结果见图 7-2-4 和图 7-2-5。图 7-2-4 表明了滑坡体平缓底界宽度与离开原始滑坡陡壁距离的变化。马蹄形平缓底界直至滑坡体运移 300m 后才开始出现。在那之后向下挖蚀作用形成一个长 400m 的长方形区域。马蹄形洼地平缓底界宽度的变化趋势见图 7-2-4。该宽度从零（剖面 FF′处）先变至最大（剖面 EE′处），保持稳定一段距离之后又减小。滑坡体其他地形特征示于图 7-2-5。在离开陡壁 200m 后到达马蹄洼地平缓底界。随着滑坡物质进一步向下运动，滑坡体对下伏地层的挖蚀作用变得不再像开始时那样重要了，就如平缓底界宽度的减小过程所示。

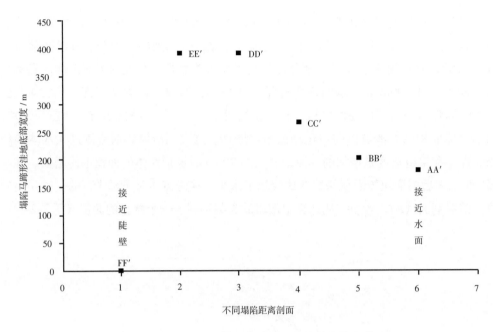

图 7-2-4 白云峰滑坡体洼地宽度随距离的变化

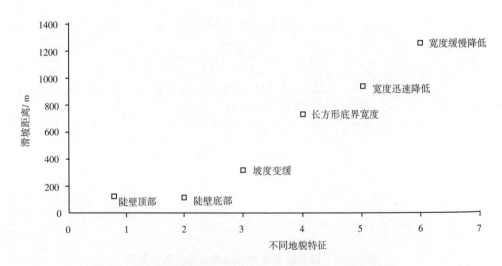

图 7-2-5 白云峰滑坡体洼地地形地貌特征与距离的关系

（2）5 号界滑坡体。

在破火山口缘西南侧的 5 号界存在另一个大型滑坡体（表 7-2-6）。滑坡体马蹄由两部分构成。早期滑坡体向北东方向滑动，滑坡碎屑流体迅速变窄。晚期滑坡体规模小得多，它向东南方向滑动并改造了早期滑坡体地貌。这是天池火山破火山口内部 4 个大型滑坡体中规模最小的一个，在滑坡体马蹄形洼地的底部有两个直径约 30m 的小型寄生火山口。从这两个寄生火山口中喷出了浅灰白色碱流质玻屑堆积层，在几十千米以远地方文字记录中提到的 1702 年喷发的"雨灰"与此对应。这次喷发可能由一次滑坡事件触发，但滑坡体与喷发规模都不算太大。它可能指示在一个很浅的、很小的岩浆房分支里由一次较小数量的"超压释放"而触发了这次喷发。"雨灰"的记录指示了喷发时可能发生的水与岩浆反应的射汽岩浆喷发作用。水对岩浆的"淬火作用"可以发生于岩浆上升途中，也可发生于天池水体。

表 7-2-6　天池火山 5 号界滑坡体洼地剖面参数

A-B 陡壁		C-D		E-F		G-H		I-J 湖边	
a	504	a	409	a	723	a	606	a	173
b	703	b	140	b	165	b	95	b	315
c	114	c	913	c	35	c	10	c	74
d	50	d	50	$A=2/3ab$	79530	$A=2/3ab$	38380	d	589
e	50	$A=(a+c)b/2$	92540	$B=ac/2$	12652.5	$B=ac/2$	3030	e	20
$A=ae/2$	12600	$B=cd/2$	22825	$A+B$	92182.5	$A+B$	41410	f	30
$B=(a+b)d/2$	30175	$A+B$	115365					g	8
$C=bc/2$	40071							$A=(a+b)g/2$	1952
$A+B+C$	82846							$B=(b+c+d)f/2$	14670
								$C=de/2$	5890
								$A+B+C$	22512
断块体积	13006822		18112305		14472653		6501370		3534384

注：a. 梯形底（m）；b. 三角形底、梯形底（m）；c. 梯形高（m）；d. 三角形高（m）；A. 梯形面积（m^2）　B. 三角形面积（m^2）。

（3）将军峰滑坡体。

本滑坡体发育于天池火山最高峰——将军峰东侧，马蹄形洼地总体向北滑落。总滑坡体积是 0.06km^3，大致是天池破火山口水体体积的 1/30。尽管马蹄形洼地面积不大，但滑坡体洼地的平均深度比白云峰滑坡体的平均深度大得多（图 7-2-6），这使得它的体积大大地增加了。

（4）6 号界滑坡体。

6 号界滑坡体位于天池破火山口东侧，它是天池火山规模最大的滑坡体。在马蹄形洼地前缘继承粗面岩锥体的巨型柱状节理形成了长 1500m，平均高度 100m 的垮落大陡壁（图 7-2-7）。粗面岩滑坡体总体向西扫过，滑坡碎屑流的最下部分被湖水覆盖，滑坡体马蹄的其他地貌由于后期地貌改造作用而发生很大变化。原始滑坡体体积大约是 0.84km^3，

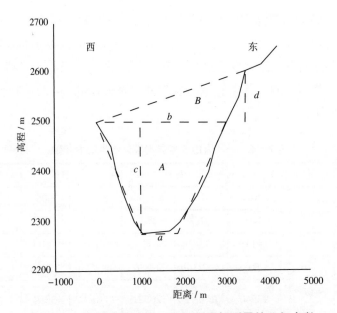

图 7-2-6　将军峰滑坡体 4 号剖面图与测量的几何参数

实线为实测地形剖面图，虚线为计算面积时采用的相同面积几何形状的假设边长。A 为滑坡体洼地下部梯形剖面面积，其上底、下底与高分别为 a、b、c；B 为滑坡体洼地靠上部三角形剖面面积，计算面积用到的底和高分别为 b、d

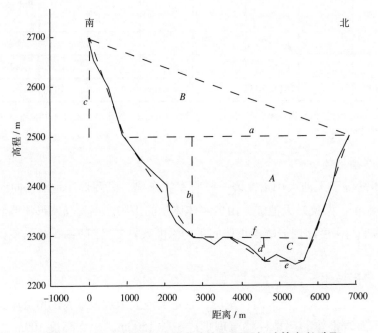

图 7-2-7　海山西侧 6 号界滑坡体剖面图与计算参数选取

它占天池火山破火山口水体体积的近 1/2。破火山口内流水冲刷作用在滑坡体马蹄之上切出众多沟渠。次生剥蚀作用在 4 个滑坡体中最强，这表明 6 号界滑坡体比其他 3 个滑坡体经历了更长时间的剥蚀作用。需要指出的是，6 号界滑坡体很可能是多个滑坡体复合而成的，但目前的工作还不能详细地区分并限定各自体积。

滑坡体马蹄形状呈较规则的抛物线型，尽管其南侧又发生了一个小一些规模的滑坡体（将军峰滑坡体），剖面抛物线形状也没发生很大改变。

(5) 残余的将军峰山脊。

在将军峰的西北方向现存一条山脊（破火山口塌陷时没有塌陷的地表部分，见图 7-2-8），残余山脊体积是 0.14km³，滑坡体体积是天池破火山口水体体积的 7%。未来塌陷时很可能还有进一步的基底下切作用，总滑坡体体积就会大得多。另一个重要的事实是滑坡体运动方向正好对着破火山口北侧豁口——乘槎河的源头方向。滑坡体引发的第一时间湖水冲击波将会直接冲入二道白河并引起瞬间洪泛灾难。由将军峰 dd′ 剖面图非常陡的地形特征可以看出，将军峰残余山脊现在处于不稳定状态。

2. 喷发触发洪水径流

简单位移喷发引起降雨触发的一场洪峰将会随着破火山口湖内湖水的排出而沿着二道白河泛滥，洪水在松花江的源头——长白山大峡谷里的二道白河沟谷里流过。洪水径

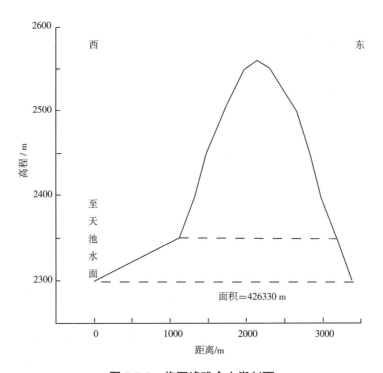

图 7-2-8 将军峰残余山脊剖面

流的特征主要受控于渠道粗糙度、河床坡度和破火山口提供的洪水流量。在非侵蚀性渠道内洪水径流的一个基本水力学公式是

$$Q = \frac{1.49}{n} Am^{2/3} S_0^{1/2} \qquad (7\text{-}2\text{-}22)$$

式中：Q 是流量，假设它等于破火山口湖提供的泄洪量；A 是流体剖面截面积；n 是曼宁摩擦系数；m 是水力学平均深度；S_0 是河床径流方向上的坡度。

以天池火山 1:50000 地形图为基础，笔者沿着二道白河在垂直于河流方向切制了一系列地形剖面。剖面位置的选取是根据该地地形特征（坡度、宽度、粗糙度等）并且考虑了经济上感兴趣的地方（如旅游中心或其他重要建筑）。两个相邻剖面之间最小距离是500m，最大距离3000m。通常情况下远离火山口时剖面间距增加。剖面位置与几何特征示于表 7-2-7 和图 7-2-9。

表 7-2-7　天池火山二道白河上游地段河谷剖面位置

剖面名称	A-B	C-D	E-F	G-H	I-J	K-L	M-N	O-P
千米网格与位置	4655 八卦庙近水面	4655.5 乘槎河	4656.5 温泉	4658 火山观测站	4660 冰场招待所	4663 地下森林南部	4666 地下森林出口	4670 熔岩盾表面
与前一剖面距离 /m	0	500	1000	1500	2000	3000	3000	4000

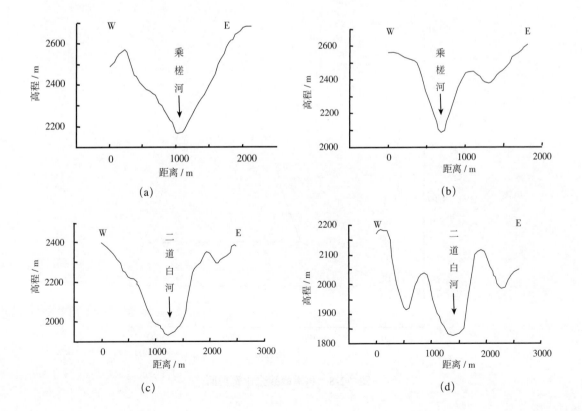

(a)　　　　　　　　　　　　　(b)

(c)　　　　　　　　　　　　　(d)

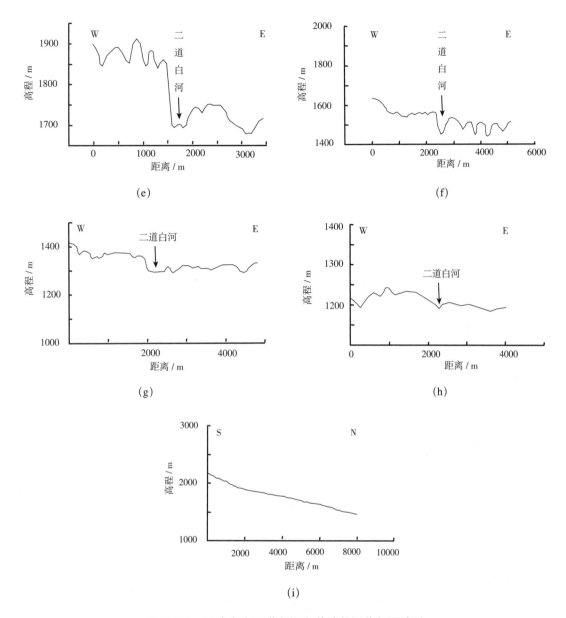

图 7-2-9 天池火山二道白河上游地段河谷剖面地形

(a) A-B 剖面；(b) C-D 剖面；(c) E-F 剖面；(d) G-H 剖面；(e) I-J 剖面；(f) K-L 剖面；(g) M-N 剖面；
(h) O-P 剖面；(i) 二道白河河床坡度与选取剖面位置

对开放性砾石河床底部取曼宁摩擦系数 $n = 0.02 \sim 0.033$，对植被密集覆盖的河床底部取 $n = 0.03 \sim 0.5$（Fread，1993；Allen，1997）。在不同河床底部特征的不同部位取不同的 n 值。参数 m 与河道截面积 A 和湿周 P 有关，$m=A/P$。破火山口壁滑坡引发洪水的最重要的几个参数有水深 y、水面宽度 B、径流速度 v 和给定地点的流量 Q。河道剖面形状可以分为三角形、梯形和抛物线形 3 种类型。不同剖面形状对应的参数见表 7-2-8，其

中 k 是渠道壁部坡度，b 是剖面底线宽度。如果渠道两壁坡度不同，k 取平均值。

表 7-2-8　天池火山二道白河上游地段河谷剖面参数

剖面	AB	CD	EF	GH	IJ	KL	MN	OP
河床坡度 S_0	0.213	0.064	0.192	0.06	0.087	0.105	0.088	0.013
河道宽度 b	100	0	0	0	0	87	0	0
河床高程	2167	2087	1930	1825	1692	1449	1300	1191
两侧坡度第一变化点高程	西 2220	西 2100	西 1980	25340	1702	西 1460	西 1320	东 1200
两侧坡度第一变化点宽度	244	87	384	50523	157	156	321	191
坡度未变时西侧坡度	1.15	3.35	2.962	50645	6.533	2.604	2.178	11.574
坡度未变时西侧坡度倒数	0.869	0.299	0.338	50749	0.15307	0.384	0.459	0.086
坡度未变时东侧坡度	1.742	3.35	4.007	40865	8.711	7.44	13.502	9.644
坡度未变时东侧坡度倒数	0.574	0.299	0.25	761643	0.11478	0.134	0.074	0.104
坡度第二变化点高度	西 2350	西 2150	西 2000		1717	东 1470		东 1205
坡度第二变化点宽度	723	131	540		322	201		457
坡度一变时西侧坡度	1.876	0.3484	6.533		1.045	0.289	2.178	16.782
坡度一变时西侧坡度倒数	0.533	2.87	0.153		0.95694	3.455	0.459	0.06
坡度一变时东侧坡度	1.742	0.523	3.049		1.743	7.44	4.936	36.458
坡度一变时东侧坡度倒数	0.574	1.914	0.328		0.57372	0.134	0.203	0.027
坡度第三变化点高度	西 2400		西 2220		1746	东 1510		
坡度第三变化点宽度	1010		1054		527	267		
坡度二变时西侧坡度	4.141	0.697	2.069		0.697	0.289		
坡度二变时西侧坡度倒数	0.241	1.435	0.483		1.43472	3.455		
坡度二变时东侧坡度	1.742	0.74	0.95		4.791	4.067		
坡度二变时东侧坡度倒数	0.574	1.351	1.052		0.20872	0.246		
坡度三变时西侧坡度	1.486					0.289		
坡度三变时西侧坡度倒数	0.673					3.455		
坡度三变时东侧坡度	1.742					4.051		
坡度三变时东侧坡度倒数	0.574					0.247		
第一溢出点高程	2570	2450	不会溢出	2040	1752	1543	1348	1205
洪水溢出方向	西	东		西	东	东	西北	东
第一溢出点洪水宽度	1507	627		864	819	467	560	457
第一溢出点水深	403	363		215	60	94	48	14
第二溢出点高程				2116				
第二溢出点方向				东				
第二溢出点宽度				1646				
第二溢出点水深				291				

根据式（7-2-22）笔者估算了不同剖面位置溢出河道并流向其他河流体系的临界流量。在二道白河源头位置洪水不可能漫过河道沟谷两侧而进入其他水系，因为大峡谷的深度和宽度足以接受可能的洪峰流量。但在天池火山山脚处洪水却可很容易地溢出到河道两侧，因为那里的渠道截面积就小得多了。在破火山口湖北侧 6km 的 I-J 剖面，洪水将会淹没到二道白河东岸。在火山碎屑物堆积区的 K-L 剖面以北，洪水则可能会爬上二道白河西岸。在玄武质熔岩盾表面的河道都很窄，它们只能接受 $4.88 \times 10^4 m^3 \cdot s^{-1}$ 的流量，对应的水深小于 14m，水面宽度 457m。不同剖面位置相应的流量水深投点综合于图 7-2-10，洪水详细参数描述示于表 7-2-9。

表 7-2-9   二道白河上游最大泄洪量参数

剖面	AB	CD	EF	GH	IJ	KL	MN	OP
河道坡度（高度／平距）				0.06	0.087	0.105	0.088	0.013
河道溢出前流量 /$10^6 m^3 \cdot s^{-1}$	无溢出	无溢出	无溢出	3.936	2.111	2.386	2.377	0.049
相应流体块 /m^3				157.89	128.29	133.63	133.46	36.55
溢出前宽度 /m				864	527	467	560	457
溢出深度 /m				215	54	94	48	14
溢出剖面面积 /$10^3 m^2$				296.9	15.07	26.21	14.91	2.48
溢出流动速度 /$m \cdot s^{-1}$				13.3	140	91	159.4	19.7
溢出方向				向西，回流到二道白河	向东到三道白河	向东到三道白河	向北西到头道白河	向东到三道白河

3. 二道白河不同位置剖面最大流量和其他几何参数

二道白河流域不同位置上河谷剖面几何参数各不相同，不同位置洪水溢出河道之前河道所能承受的最大洪水流量也有很大差异。本节将详细讨论二道白河上游不同位置代表性剖面的河道几何与最大流量的关系。

大多数剖面都呈三角形，只有两个剖面（A-B 剖面和 K-L 剖面）呈梯形，一个剖面（G-H 剖面）呈抛物线形。A-B 剖面的几何参数特征是 A-B 剖面图所表示的一系列梯形，剖面位置尽可能选取于靠近火口湖附近。剖面东壁坡度几乎稳定（$k=1.742$），而西壁坡度变化明显（$k=1.15 \sim 4.141$）。本剖面底部高程 2167m，而破火山口湖水面高程 2194m。滑坡体引发的洪水波浪都会限定于乘槎河沟谷之内。乘槎河是连接天池火口湖和二道白河的河流，乘槎河和二道白河在高差 68m 的长白山瀑布位置相连。C-D 剖面位于 A-B 剖面北侧 500m，基底高程 2087m，除了最底部的三角形外该剖面具有稳定的两翼坡度，本剖面代表长白山瀑布之上、乘槎河一带河道两侧坡度。

E-F 剖面几何参数表明长白山大峡谷两侧剖面坡度和地层岩性的变化，剖面中粗面岩和强熔结粗面质凝灰岩部位具有稳定的较陡的坡度，而松散成岩及水热蚀变部位的火山碎屑岩在剖面中都呈较缓的坡度。本剖面代表二道白河坡降较大部位的几何参数特征，河水以一定速率向下切割河道并改变河床形态。

G-H 剖面是沿着二道白河经济上最重要的剖面之一。天池火山北坡旅游设施，包括众多宾馆与游乐设施及天池火山观测站（TVO）都位于 G-H 剖面和 I-J 剖面之间。G-H 剖面两侧坡度均匀，近似于抛物线形状。洪水通过本剖面时水力学计算过程与其他剖面的三角形、梯形剖面计算过程不同。在本剖面的上游位置，所有泛滥的洪水或火山泥石流都会限定于二道白河流经的长白山大峡谷之内。在 G-H 剖面，假如洪水流量极大（$> 8.4 \times 10^7 \mathrm{m}^3 \cdot \mathrm{s}^{-1}$），洪水也可能向西溢出到长白山大峡谷之外。但溢出的洪水向北流动 2.5km 之后又会重新加入到二道白河体系。

I-J 剖面是长白山大峡谷里人工建筑位置的下限剖面，结构参数表明洪水漫溢到河道东岸（加入到三道白河水系）还是可能发生的。只要有一个 $2.11 \times 10^6 \mathrm{m}^3 \cdot \mathrm{s}^{-1}$ 的流量，就能形成 60m 深、820m 宽的洪流，从而漫溢到河道东侧玄武岩盾之上并进入三道白河水系，这种情况已表示于表 7-2-9 和图 7-2-10 中。

很显然，在长白山大峡谷靠北侧这一狭窄渠道内不能容纳超过 $2 \times 10^6 \mathrm{m}^3 \cdot \mathrm{s}^{-1}$ 的流量。大峡谷西侧由粗面岩锥体高地构成，但其东侧由低得多的玄武岩盾和火山碎屑物组成。在 1000 年内来源于天池火山的洪泛堆积物就曾堆积于河道东侧玄武岩与伊格尼姆岩之上，

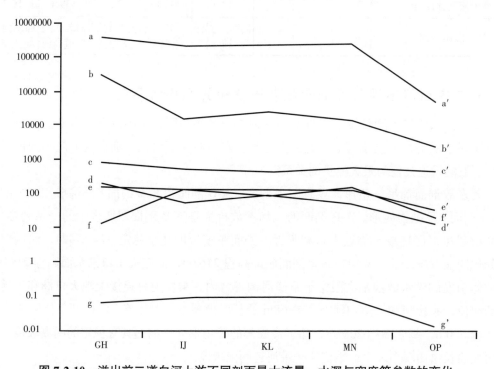

图 7-2-10　溢出前二道白河上游不同剖面最大流量、水深与宽度等参数的变化
aa′：溢出前流量（m^3/s）；bb′：溢出前剖面面积（m^2）；cc′：溢出前宽度（m）；dd′：溢出前水深（m）；ee′：对应的流体块体积（m^3）；ff′：溢出时水流速度（$\mathrm{m} \cdot \mathrm{s}^{-1}$）；gg′：河床坡度

表明当时洪水泛滥规模已经达到相当强烈的程度。

　　K-L 剖面是火山碎屑流中缘相谷塘型伊格尼姆岩（VPI）的典型代表。伊格尼姆岩均匀的热效应和堆积后剥蚀作用形成了剖面位置的沟谷。沟谷西侧坡度很稳定，但在沟谷近底部坡度变小；沟谷东侧坡度随堆积物层位变化。下部 20m 由于沟谷东壁垮落而呈较缓的坡度；中部 40m 坡度陡，这与 60m 厚的谷塘型伊格尼姆岩堆积相一致；上部 30 m 坡度也较缓，它起因于较早时间形成的伊格尼姆岩的长时间剥蚀作用。K-L 剖面是中缘相伊格尼姆岩沉积区，洪水或火山泥石流中的碎屑物也会在此区域沉降下来并被进一步剥蚀搬运。对应的剖面参数和计算的最大溢出流量示于表 7-2-9 和图 7-2-11。

　　剖面分解为 4 个梯形区，每个梯形对应各自的下底（b）、上底（B）、高（y）以及东（E）、西（w）两侧坡度（k）决定的最大流量（Q），参见表 7-2-8。

　　M-N 剖面和 O-P 剖面描述了被伊格尼姆岩覆盖的玄武岩盾的地貌特征，剖面中不规则的表面和坡度变化产生于这一地貌单元的高速剥蚀作用。在 M-N 剖面，洪水将向二道白河西岸漫溢并流入头道白河。在 O-P 剖面位置，一次大于 14 m 深的洪水就将漫溢到二道白河东岸并流经三道白河流域，此时对应的洪峰流量是 $4.88 \times 10^{4} m^{3} \cdot s^{-1}$。

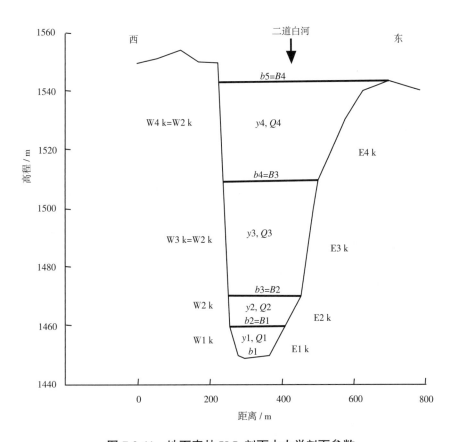

图 7-2-11　地下森林 K-L 剖面水力学剖面参数

4.剖面流量与水深对应关系

（1）火山观测站剖面位置流量与水深对应关系（G-H 剖面 Q-y 投点）。

G-H 剖面呈抛物线形（图 7-2-9（d）所示）。水深（y）和水流表面宽度（B）的线性回归方程为 $B=2.6601y+297.21$（图 7-2-12），相应的流量（Q）和与水深（y）关系投点见图 7-2-13。假如洪水要淹没观测站山洞位置（谷底之上 25m），洪水流量可能需要 1.07×10^6 m·s^{-1}。这一流量比松花江二道白河流域最近几十年记录的最大流量（$(1 \sim 2) \times 10^4 \mathrm{m}^3 \cdot \mathrm{s}^{-1}$）要高得多。但观测站主建筑仅位于二道白河谷底之上 5m，面临洪水冲击时所需流量仅为 $6.3 \times 10^4 \mathrm{m}^3 \cdot \mathrm{s}^{-1}$。如果一块长、宽、高分别为 100m×100m×60m 的破火山口壁在 10s 之内垮落冲进天池水体，就有可能引发这样规模的洪水泛滥。

所有其他剖面的流量－深度计算都以三角形和梯形渠道剖面线为基础，计算得到的流量与水深结果见表 7-2-9。

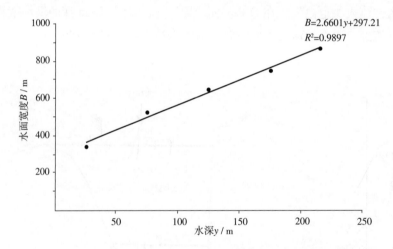

图 7-2-12　火山观测站 G-H 剖面溢出前水深与水面宽度之间的关系

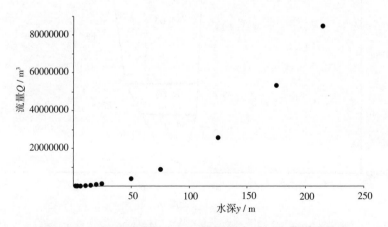

图 7-2-13　火山观测站 G-H 剖面位置水深与流量对应关系

（2）河床底部摩擦系数较高时流量与水深的关系。

天池火山目前总体上正经历着整体抬升作用。由于高剥蚀率致使二道白河上游河床底部含有大量的巨型砾石，从而使得河床底部摩擦力较一般河道摩擦力大得多（照片 7-2-1）。再加上长白山大峡谷二道白河谷底植被极为发育，茂密的森林又明显加大了河床底部流水下泄的摩擦力（照片 7-2-2）。因此曼宁摩擦系数可以选取的数值高达 $n=0.5$。相对于同样的洪水流量 Q，这就使得洪水深度 y 大为增加。换言之，要得到漫溢建筑物与整个沟谷所需的水深 y，

照片 7-2-1　二道白河上游河床大量砾石

所需的临界流量 Q 就会小得多。笔者选取天池火山观测站附近的 G-H 剖面作为实例验证了摩擦系数的增加如何影响流量与水深的关系。与一个较平滑的卵石河床基底相比较，在含有巨大砾石河床内洪水冲击长白山大峡谷谷地人工建筑物所需临界流量大大降低了。而绝大多数人工建筑都只高出河道 5 ~ 10m。

照片 7-2-2　二道白河谷底植被极为发育

照片 7-2-3　长白山大峡谷内旅游设施面临喷发与洪水灾害的高风险

计算结果表明，一次流量的洪峰（相当于正常平滑谷底流量的 1/3）就可能淹没天池火山观测站和其他旅游设施。这一结果是采用巨砾河床大摩擦系数计算得到的。长白山大峡谷内二道白河平时河道之上就发育茂密的森林，当洪水达到森林生长高度时森林对洪水径流的阻力也会急剧增加。摩擦系数 n 可能在 0.1 ~ 0.2 左右，这时一个流量约为 5000m$^3\cdot$s^{-1} 的洪峰就会冲击大峡谷内人工建筑物（照片 7-2-3）。

（3）松散碎屑物的影响。

在二道白河谷底及两侧存在大量的松散碎屑堆积物。这些碎屑物粒度各异，在未来大洪水中将被搬运进入河道。它们的搬运与下沉堆积过程取决于作用与碎屑之上的牵引力、剪切力、浮力重量、最终降落速度及其他参数之间的平衡。这一过程将极大地影响二道白河洪水径流的动力学过程。河床两岸大砾石的最终降落速度遵循牛顿定律：

$$D = \frac{\pi}{8}(C_D \rho d^2 v^2) \tag{7-2-23}$$

式中，ρ 是流体密度；d 是流体中固体球的直径；v 是流体和固体之间的相对速度；C_D 是牵引系数。C_D 是 Renolds 数（R）的函数 $C_D = 24R$。最终降落速度 w 由下式确定：

$$w^2 = \frac{4}{3}\frac{g}{C_D} d\left(\frac{\gamma_s - \gamma}{\gamma}\right) \tag{7-2-24}$$

式中，γ_s 和 γ 分别是下降的固体球和流体的密度；g 是重力加速度。只要知道了 γ_s 和 γ，就能根据

$$R = \frac{\rho w d}{\mu} \tag{7-2-25}$$

确定最终降落速度。其中 μ 是流体动力学黏度。

当一个砂粒保持最终降落速度被牵引力和浮力重量平衡的时候，砂粒就会保持在流体中的分散状态而被搬运。二道白河两岸很多洪泛堆积物都是由这一机制搬运的。洪水中大粒度颗粒的搬运临界值是了解洪水搬运动力学过程的一个最重要的指标。描述二道白河洪水动力学过程的一些最重要参数如下：

y_0：洪水深度；

B：河道平均宽度；

v：洪水径流的平均速度；

S_f：能量梯度线的坡度；

d：平均颗粒粒度；

μ：流体黏度；

ρ_s：搬运物质的密度；

τ_0：河床剪切应力。

可以通过剪切速度

$$v' = \sqrt{\tau_0 / \rho} = \sqrt{g y_0 S_f} \tag{7-2-26}$$

确定 Froude 数和互补的 Renolds 数为

$$F' = \frac{v'^2}{gd} \tag{7-2-27}$$

和

$$R' = \frac{\rho v' d}{\mu} \tag{7-2-28}$$

二道白河两岸有大量的洪泛砂（照片 7-2-4），它们的搬运与堆积机制受控于床沙模型。

$$q_{\mathrm{b}} = C_{\mathrm{s}} \left(\tau_0 - \tau_{\mathrm{c}} \right) \tag{7-2-29}$$

式中，q_{b} 是单位河道宽度上砂质搬运速率；C_{s} 是表 7-2-10 中列出的沉积参数；τ_0 是河床剪切应力；τ_{c} 是剪切应力临界值。

表 7-2-10 不同粒度碎屑物沉积与剪切参数对比

碎屑粒度 d / mm	0.125	0.25	0.50	1	2	4
沉积参数 C_{s} (ft^6/lbf^2s)	0.81	0.48	0.29	0.17	0.10	0.06
临界剪切应力 τ_{c} (lbf/ft^2)	0.016	0.017	0.022	0.032	0.051	0.09

照片 7-2-4 白河站洪泛砂质泥石流

计算中使用的以均一曼宁流体为基础的其他公式如下所列：

$$q_{\mathrm{b}} = C_{\mathrm{s}} \frac{S_0^{1.4}}{\left(1.49 / n \right)^{1.2}} \gamma^2 q^{0.6} \left(q^{0.6} - q_{\mathrm{c}}^{0.6} \right) \tag{7-2-30}$$

$$S_{\mathrm{s}} \, q_{\mathrm{b}} = 10 q S_0 \frac{\tau_0 - \tau_{\mathrm{c}}}{\gamma_{\mathrm{s}} \left(S_{\mathrm{s}} - 1 \right)^2 d} \tag{7-2-31}$$

对于均一的砂质，有 $\qquad q_{\mathrm{b}} = A n \tau_0 \left(\tau_0 - \tau_{\mathrm{c}} \right) \tag{7-2-32}$

对于有粒序性的砂质，有 $\qquad q_{\mathrm{b}} = A \left(\tau_0 - \tau_{\mathrm{c}} \right)^{m/n} \tag{7-2-33}$

式中，A 是剖面面积；m 是水力学深度；n 是摩擦系数；q_c 是临界搬运流量；s_s 是河床坡度；S_0 是平均的河床坡度。

（4）可移动河床模型。

二道白河两岸不同粒度的砾石和砂质堆积物都会被活化搬运进入河流系统，因此，使得河床变为可移动性河床。这些可移动性河床碎屑的水力学过程主要受控于碎屑颗粒的总剪切力（F_τ）和浮力重量（W）。只要作用于颗粒之上的总剪切力超过颗粒的浮力重量，颗粒就开始移动。这两个参数定义为：

$$W \propto \left(\gamma_s - \gamma_f\right)d^3 \tag{7-2-34}$$

$$F_\tau \propto \tau_0' d^2 \tag{7-2-35}$$

由此可得：

$$\frac{F_\tau}{W} = 常数 \times \frac{\tau_0'}{\left(\gamma_s - \gamma_f\right)d} \tag{7-2-36}$$

式中，γ_s 和 γ_f 分别是颗粒和流体的密度；d 是颗粒平均直径；τ_0' 是颗粒粗糙度引起的剪切应力；τ_0' 与牵引力 τ_0'' 求和就得到总剪切力 τ_0：

$$\tau_0 = \tau_0' + \tau_0'' \tag{7-2-37}$$

当一个大砾石在洪水中即将开始移动时，剪切应力一定要超过某个临界值。在理论模型和实验样板之间颗粒移动动力学的相似性要求有

$$\left[\frac{\tau_0'}{\left(\gamma_s - \gamma_f\right)d}\right]_m = \left[\frac{\gamma_0'}{\left(\gamma_s - \gamma_f\right)d}\right]_p \tag{7-2-38}$$

或

$$\left(\frac{\omega}{\nu}\right)_m = \left(\frac{\omega}{\nu}\right)_p \tag{7-2-39}$$

式中，ω 是颗粒最终沉降速度，剪切速度 ν' 与洪水平均速度 ν 有关，关系式是

$$\nu' = \sqrt{\frac{\tau_0}{\rho}} \tag{7-2-40}$$

$$\left(\frac{\nu}{\nu'}\right)^2 = \frac{f}{2} \tag{7-2-41}$$

式中，f 是对应于 τ_0 的总摩擦项，它定义为

$$f = f' + f'' \tag{7-2-42}$$

式中，f' 是颗粒粗糙度引起的摩擦项；f'' 是由河床结构引起的摩擦项。

在区分流体类型时使用以下指标：

如果 $\dfrac{\omega}{v}$，< 0.1，洪水强烈切割河床。

如果 $0.1 \leqslant \dfrac{\omega}{v}$，$\leqslant 0.6$，碎屑物保持悬浮状态而被搬走。

如果 $\dfrac{\omega}{v}$，> 0.6，碎屑物按照床沙模型沉积下来。

第三节　TVO 火山监测 *

　　长白山天池火山地震监测自 1985 年起至今，经历了三个阶段。1985 年首次在长白山天池火山设立流动地震台，每年 5~9 月对火山地震进行季节监测（李继泰等，1995）；1999 年建立长白山天池火山站，建成由 1 个连续观测固定站和 5 个流动季节性观测子台构成的测震台网（张恒荣等，2003；刘国明等，2006）；2002 年开始，中国地震局地球物理研究所开始在天池火山区架设 15 个流动测震子台，对火山地震进行全面监测（吴建平等，2005，2007）。

　　天池火山观测站（TVO, Tianchi Volcano Observatory）也称长白山火山监测站，于1996 年"九五"火山计划中筹建，1999 年 10 月建成验收并投入使用。观测站开展测震、形变、水化等三大类观测项目，主要任务是对天池火山的活动性开展监测与研究，同时也为当地地震监测服务。其中的火山地震台网由连续观测的中心站 1 个台和 5 个流动观测子台构成。火山中心站测震为连续观测，其他子台为季节性观测（观测时间一般为每年 5 ～ 9 月）。自 1999 年 7 月投入观测至 2006 年末，记录天池火山地震事件 3300 余次。这些地震的震源深度都较浅，震中基本上位于天池火山口以内及附近。震级相对较小，零级以上地震 900 多次，最大地震为 2004 年 9 月 8 日发生的 3.7 级地震。

　　自 2002 年上半年起，长白山天池火山区地震活动开始变频繁，并发生几次显著的震群事件。为加强和改善长白山天池火山测震台网监测能力，中国地震局地球物理研究所在该区布设了流动地震台网，开展火山流动地震监测。到目前为止，已进行了 2002、2003、2005、2006 和 2007 年的五期流动地震观测，取得了较丰富的火山地震资料，观测台站的平面分布见图 7-3-1。观测站台网点主要布设于天池北部、西南及东部，点位台基多以基岩为主，也有固结火山灰与土层。固定台由拾震器、24 位地震数据采集器、前后台式机及在线 UPS 电源系统构成。地震监测台网由 6 套数字地震记录系统构成，流动单台由拾震器、16 位地震数据采集器、外挂硬盘及太阳能供电系统构成。地球物理研究所 2002~2005 年天池火山区流动地震监测的观测系统由 12 ～ 14 套三分量宽频带流动数字地

＊本节合作作者：刘国明、杨清福、高玲。

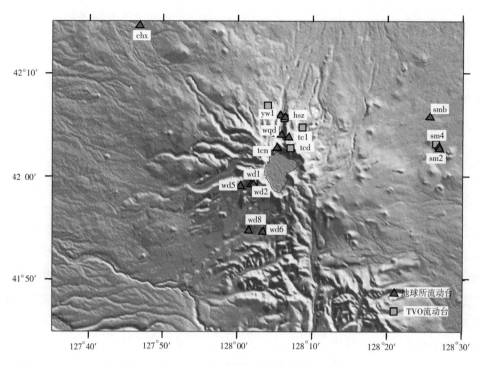

图 7-3-1　天池火山固定、流动地震台站分布图

震仪组成。流动地震仪由中国地震局地球物理研究所生产，每台仪器包括一台 BKD-2 型三分向宽频带（30Hz － 20s）地震计和一套 ACE-1 型（24bit）数据采集器。2006 年观测时加上了 10 套国际上先进的流动地震仪，其中地震计为英国 GURALP 生产的 CMG-40T 短周期地震计，数据采集器为美国 REFTECK 公司生产的 130B 型数据采集器。

一、火山地震监测

1. 记录的地震事件

长白山天池火山观测站天池火山中心站自 1999 ～ 2006 年共记录地震事件 3391 次，震级分布及月频次统计如表 7-3-1、表 7-3-2 和图 7-3-2 所示。不难看出，长白山天池火山地震活动自 2002 年起逐渐增高，地震频次由几十次增至上百次，至 2003 年达到顶峰，为 1293 次。之后开始缓慢衰减，到 2006 年底，基本恢复到 1999 ～ 2001 年间的活动水平。

天池火山观测站采取中心站数字化宽频带定点观测与子台短周期季节性定点观测相结合的方式进行测震观测。如在 2003 年间共监测到 1 级以上火山震 83 次，2 级以上火山震 17 次，3 级以上火山震 1 次，火山地震总数为 1289 次。2003 年全年共发生震群活动 15 次。2004 年 9 月 8 日在天池火山发生了自有测震记录以来最大的一次火山地震震群活动。震群活动持续了近 4 小时，共发生地震 51 次，其中 1 级以上地震 12 次，2 级以上地震 3 次，

最大震级为 $M_L 3.7$。3 个 2 级以上地震均听到了明显的地声，$M_L 3.7$ 地震发生时地声非常大。地震时，在长白山北坡、西坡的人均有明显的震感，北坡长白山大峡谷内个别房屋还产生了轻微裂纹。对于天池火山 2004 年 9 月 8 日发生的 $M_L 3.7$ 地震，TVO 获取了理想的波形资料 (图 7-3-3)。

表 7-3-1 1999~2006 年 TVO 记录地震分级统计表

年份	震级					合计
	0 级以上	0 ~ 0.9	1 ~ 1.9	2 ~ 2.9	3 ~ 3.9	
1999（下半年）	18	10	4			32
2000	72	13	3	1		89
2001	98	6	4			108
2002	223	187	41	19		470
2003	1024	188	67	14		1293
2004	558	103	53	11	2	727
2005	424	94	34	6		558
2006	61	37	13	2		114

表 7-3-2 1999~2006 年 TVO 记录地震月频次统计表

	1999 年		2000 年		2001 年		2002 年		2003 年		2004 年		2005 年		2006 年	
	N	M_{max}	N	M_{max}	N	M_{max}	N	M_{max}	N	M_{max}	N	M_{max}	N	M_{max}	N	M_{max}
1 月			17	1.2	13	1.2	10	0	44	2.1	13	1	10	0.2	5	0.6
2 月			7	1.2	11	1.4	8	0.8	19	0.4	60	2.3	7	1.4	3	1.5
3 月			11	0.7	3	0	3	0	242	2.9	45	1.6	23	1.4	3	1.1
4 月			7	0	16	0.9	3	0	28	1.7	25	1.5	93	4	4	1.3
5 月			6	1.3	14	2.2	2	0	189	2.4	178	2.1	62	1.5	17	0.6
6 月			2	0.5	5	0	22	1.3	150	1.6	24	2.2	91	2.5	1	< 0
7 月	2	0	1	0	12	0	36	2.4	160	2.9	33	1.1	228	2.5	3	1.4
8 月	4	1.2	6	2.2	6	0	45	2.1	56	1.6	18	3	5	1.2	9	0.5
9 月	13	0.4	1	0	6	1.9	70	2.1	104	1.6	135	3.7	18	0.9	12	2.1
10 月	7	0.9	15	0	6	0	16	1.3	25	1	23	1	2	0.9	17	1.7
11 月	1	0.8	13	0	9	0.3	101	2.6	243	2.7	13	1.6	13	1	22	3.2
12 月	5	1.2	4	0	6	1.4	153	2.7	33	2.4	161	4.4	7	2	18	1.6
合计	32	$M_{max}1.2$	90	$M_{max}2.2$	107	$M_{max}2.2$	470	$M_{max}2.7$	###	$M_{max}3$	728	$M_{max}4.4$	559	$M_{max}4$	109	$M_{max}3.2$

注：N：地震数量；M_{max}：最大震级。

为了准确了解天池火山附近微震的发育机制特征，中国地震局地球物理研究所加密

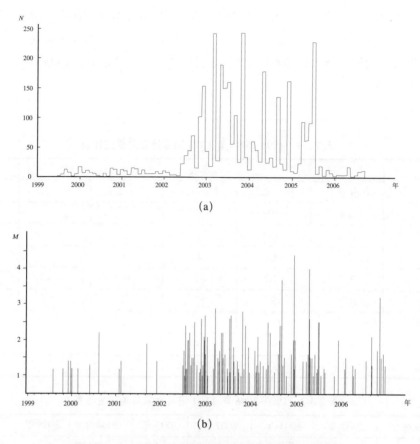

图 7-3-2   天池火山地震月频次与最大震级分布图

（a）1999~2006 年间月地震频次动态变化；（b）1999~2006 年间较大地震震级的时间分布

开展了流动台网观测，记录地震数量最多的是距天池火山口最近的 WD1 和 WD2 台，图 7-3-4 给出了 2002 ～ 2003、2005 ～ 2006 年间 WD1 台记录的日频次图。统计结果表明，2002 年夏季长白山天池火山区平均每天的地震发生频次超过 30 次（图 7-3-4a），其中 M_L 0.0 以上的地震平均每天 5 次。2003 年夏季流动地震观测的地震活动水平与 2002 年相近，但震群活动明显（2002 年 8 月 20 日，2003 年 6 月 17 日的震群），见图 7-3-4 （b）。2004 年无资料，2005 年夏季的观测结果（图 7-3-4c）与 2002 和 2003 年夏季相比，天池火山区地震活动频次已明显有所下降，日平均次数约 19 次，如果不计算 2005 年 7 月 6 日震群活动，日平均地震次数仅约为 8 次。2006 年夏季的观测结果（图 7-3-4d）显示的地震活动水平明显降低，WD1 台观测的地震活动频次约每日 2 ～ 3 次，且没有震群活动。

2. 天池火山地震活动时间分布特点

自 1999 年长白山天池火山站开始地震观测以来，地震活动的时间分布大致可分为三个时间段：即 1999 年夏至 2002 年 6 月、2002 年 7 月至 2005 年 7 月、2005 年 8 月至

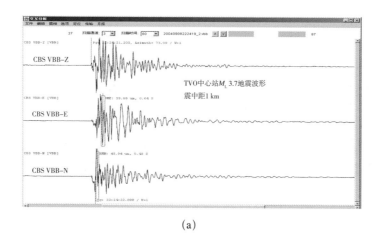

(a)

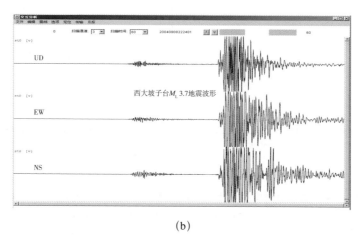

(b)

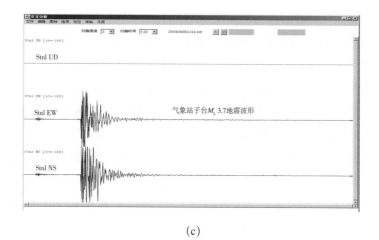

(c)

图 7-3-3　天池火山 2002 ～ 2004 年间最大震级的 M_L3.7 地震波形

除气象站子台（图 c）垂直方向未获取波形信息以外，TVO（图 a）、西大坡（图 b）均获取了理想的
垂直方向（a、b、c 图图框内上部波形）、东西方向（a、b、c 图图框内中部波形）和南北方向
（a、b、c 图图框内下部波形）的波形资料

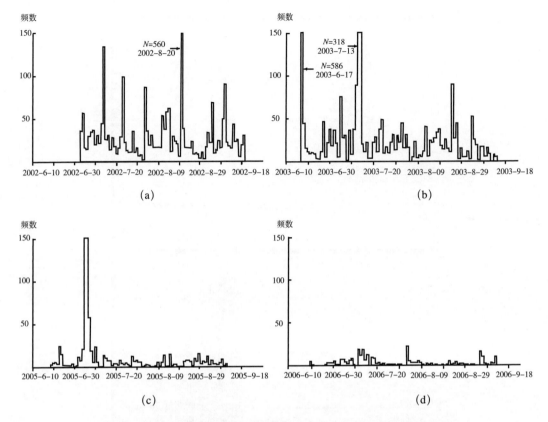

图 7-3-4　地球物理研究所流动地震监测 WD1 台记录的地震日频次图

(a) 2002 年；(b) 2003 年；(c) 2005 年；(d) 2006 年

2006 年 12 月。在第一个时间段，地震活动较弱，月频次为十几次至几十次，最大地震为 1.5 级。第二时间段自 2002 年 7 月起，地震活动频次明显增多，并发生一系列火山震群事件，日频次可达上百次。在此期间，发生的最大震级是 2004 年 9 月 8 日的天池火山 M_L3.7 地震。2004 年末天池火山西南侧火山外围区望天鹅火山的 4.4、4.0 级地震之后，天池火山地震频次明显趋减。至 2005 年底已基本与 2002 年 7 月份之前地震频次持平，即天池火山地震频次又恢复到了背景水平。

　　与世界上其他火山区地震活动相类似，天池火山地震活动性也常以震群形式出现。如在 2002 ~ 2003 年间，天池火山多次出现震群活动，有时在一天内可以记录到上百次地震活动。其中最为明显的震群活动有两次，即 2002 年 8 月 20 日（图 7-3-5a）和 2003 年 7 月 14 日（图 7-3-5b）震群活动事件。

3. 空间分布特征

　　2001 年前，因长白山火山区地震活动性较低，加之季节性监测台网相对薄弱，未能对周边发生的地震进行精确定位。但由 TVO 的地震记录分析，其 S 波与 P 波到时差多为

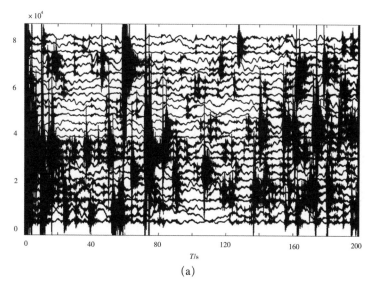

(a)

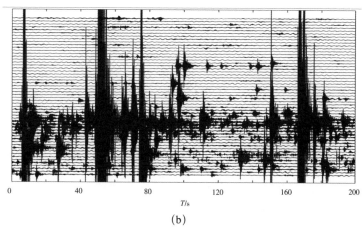

(b)

图 7-3-5　2002 ~ 2003 年间两个代表性震群

(a) 2002 年 8 月 20 日震群记录；(b) 2003 年 7 月 14 日震群记录

0.8s，表明震中基本位于距台站 5km 的天池火山口附近。自 2002 年中国地震局地球物理研究所在天池口附近布设流动地震台网后，由于台网密度的增加而使定位能力得到了改善。图 7-3-6 和图 7-3-7 分别给出了 2002 ~ 2003 年、2005 ~ 2006 年长白山天池火山区地震震中分布及震源深度分布。

地震定位结果表明，地震主要集中分布在天池破火山口之内及附近，地震与天池边缘的距离一般小于 3km，震源深度大多小于 5km。2002 年夏季以来长白山天池火山区发生了多次有感地震，这些地震震级大多是 M_L 2 ~ 3 的地震，明显有感是与这些地震的震源深度较浅有关。由图可见（图 7-3-6、图 7-3-7），天池水面西部存在一条沿北西方向展布的地震震中带，2002 年 8 月 20 日、2003 年 6 月 17 日和 2003 年 7 月 14 日以及 2005 年

7月6日的震群都发生在这个条带内；2002年地震定位结果似乎可以分出天池水面西南部的北西向地震和天池水面北部及外侧面状展布的地震。2003年地震定位结果显示天池水面北部的地震分布向南扩展到东南侧，而水面西南侧的北西向地震集中特点更加清楚。2005年夏季观测记录中，可以进行定位的地震大多位于天池西南侧的北西向条带内，可定位其他位置的地震很少。在2006年流动观测中，火山区可定位的地震比2002、2003和2005年夏季的可定位地震更为减少，但地震定位结果仍然分布在天池附近，震源距离天池水面的深度均小于4km（图7-3-7），最大地震的震级为$M_L1.6$。

4. 天池火山地震类型

现代火山区地震通常存在四种不同的类型：高频（A型）、低频（B型）、爆炸地震

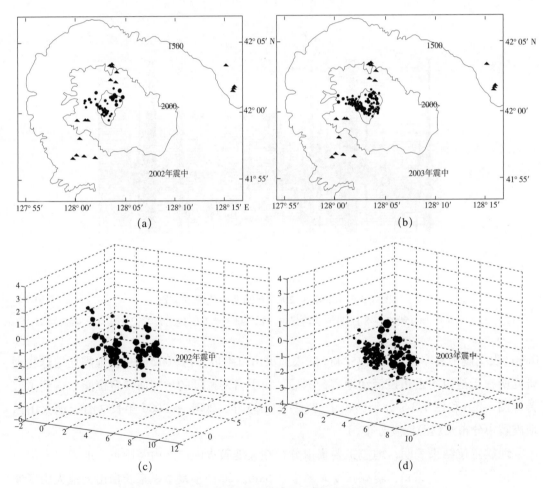

图7-3-6　2002~2003年天池火山区地震震中及震源深度分布

（a）2002年夏季地震定位平面分布；（b）2003年夏季地震定位平面分布；（c）2002年夏季地震定位立体分布；
（d）2003年夏季地震定位立体分布

●地震震级，▲流动地震台站位置，平面图中给出了1500m、2000m高程等高线和天池水面高程分布

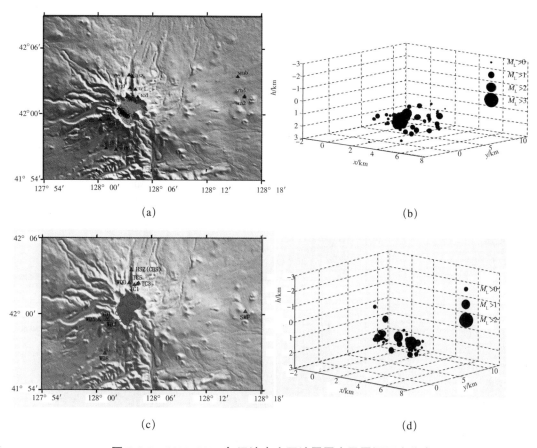

图 7-3-7　2005~2006 年天池火山区地震震中及震源深度分布

（a）2005 年夏季地震定位平面分布；（b）2005 年夏季地震定位立体分布；（c）2006 年夏季地震定位平面分布；
（d）2006 年夏季地震定位立体分布　●地震震级　▲流动地震台站位置

和火山颤动（McNutt, 1996）。火山地区的高频地震，通常也称为火山构造地震（Power, 1994），其波形特征与构造地震相同。长周期（LP）的低频地震和火山颤动，是与火山区的岩浆或热液活动有关的地震，这些地震的主频在 1 ~ 2Hz。在火山地震类型的划分中，一种简单的方法是定义 0.1s 为短周期，1s 为长周期，与短周期和长周期对应的地震分别称为火山构造地震和长周期事件。天池火山区地震记录的频谱分析结果表明（图 7-3-8），大多数台站地震记录的频谱特征基本相似，主频在 4 ~ 9Hz 之间，属火山区的火山构造地震。不同台站的主频总体上表现出随震中距增加逐渐向低频偏移的特征（如 TC1、WD1、WD8 和 SM4）。这种频谱特性随震中距的变化，与地震波传播过程中高频地震波衰减较快以及面波的形成有关。

在火山中心站的观测记录中，许多地震的主频比火山口附近其他台站的主频明显偏低，个别地震的频谱甚至显示出 LP 型地震的特征。图 7-3-9 给出了 8 个经过挑选的在火山站记录中主频较低（1 ~ 3Hz 之间）的地震，频率特征与 LP 型地震的相同。需要注意

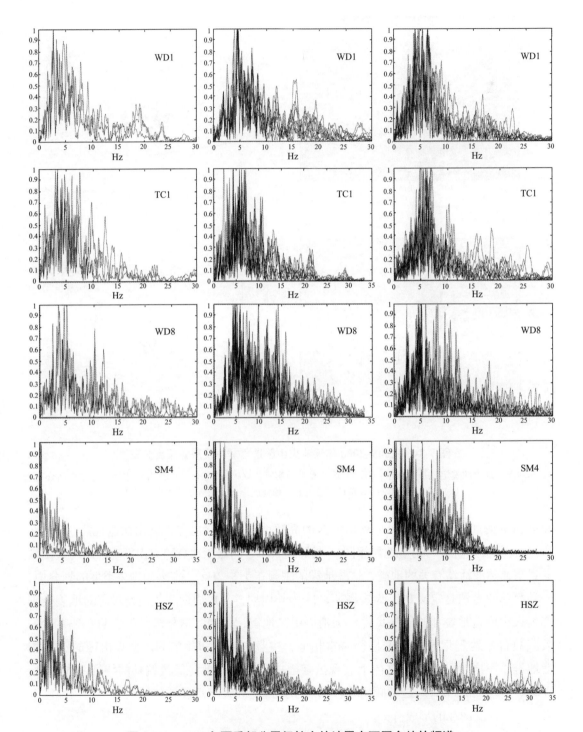

图 7-3-8　2003 年夏季部分震级较大的地震在不同台站的频谱

为了绘图清楚，以 WD1 台的记录频谱为基础，将形态相似的地震画在同一幅图中（从左到右）。
其他台站的频谱（从上到下）选择的地震与 WD1 台的地震相同

的一个问题是，地震记录的频谱有时可能受台址和台站附近介质的影响比较大。如 WQD 的观测记录通常具有丰富的高频成分，表现出强烈的受台站附近介质影响的特点。对于 HSZ 低频成分丰富现象，吴建平等（2003）曾定性地解释为断层带的导波或台站附近低速沉积层的影响，定量的解释需要在详细了解介质结构的基础上，通过地震波传播的三维模拟完成。作为对比，图 7-3-10 给出了上述 8 个地震在 WD1 台站的波形、频谱和时频图。与 HSZ 不同的是，火山口附近其他台站相应记录的频谱，主峰一般在 4Hz 以上，时频图更接近构造地震的特征，但同时也显示出记录中存在比较丰富的低频成分。图 7-3-11 给出了 2003 年 8 月 18 日 12 时 47 分发生的一个地震在部分台站的观测记录和相应的时频图。由图可见距离火山口较近的 WD1、WD8、TC1 和 WQD 等台站垂直向地震记录的时频图像与火山构造地震相近，但 HSZ 和 TC3 台观测记录的时频图像更像是混合型或 LP 型地震。对于 SMB 台的时频图中具有明显的低频成分，其连续性较差，频谱图中频率成分比较丰富，高频成分逐渐衰减，这可能是浅源火山构造型地震与 LP 型地震在震中距较远台站的差异。HSZ 观测记录的频谱除了在 3Hz 和 5Hz 存在次峰值外，在 2Hz 左右有明显主峰值，时频图中表现出 S 波震相到达之后存在较长的主频为 2Hz 左右的尾波。低频地震波可能与断层围陷波和地表附近低速沉积层激发的低频波有关。观测过程中还发现了少量谐频地震。这些地震的谐频周期存在较大的差异，变化范围在 0.6 ~ 7Hz 之间，震中主要位于天池内西南部和东北部两个区域。

5. 长白山天池火山区的介质特性

吴建平等（2004）接收函数研究表明，长白山天池火山口附近地壳 8km 深处，S 波速度明显降低，在天池北侧的 WQD 台站下方，中地壳 S 波最小速度约为 $2.1km·s^{-1}$。他们把中地壳存在如此厚的 S 波低速层归结为地壳内部可能存在的高温岩浆房。对地震波波形的分析还发现，与发生在天池东北部的地震明显不同，天池西部的地震在 SM1、SM2、SM4 和 SMB 台站很难观测到明显的 S 波。吴建平等（2004）认为上述现象可能与天池中心附近下方一定深度范围内（顶部埋深较浅）存在高温部分熔融物质或岩浆房有关。当地震波在传播过程中经过这一地区时，S 波被强烈吸收，形成 S 波阴影区。同时，由于岩石的温度较高，岩石脆性减弱，从而形成地震较少、震级较小的区域。尾波 Q 值的测定结果显示，长白山天池火山区附近的尾波 Q 值较小。天池火山口附近的 Q 值比外围地区的 Q 值又明显减小，它可能佐证了长白山天池下方地壳范围内存在岩浆房的结论。

二、形变监测

长白山天池火山监测站的形变监测工作分为山洞定点形变监测、大地水准测量监测及 GPS 观测等。山洞定点形变监测仪有数字化水管仪、大（小）量程伸缩仪及垂直摆等。东西向基线长 10.5m，南北向基线长 12m。天池火山水准观测自 2002 年开始，首先是在

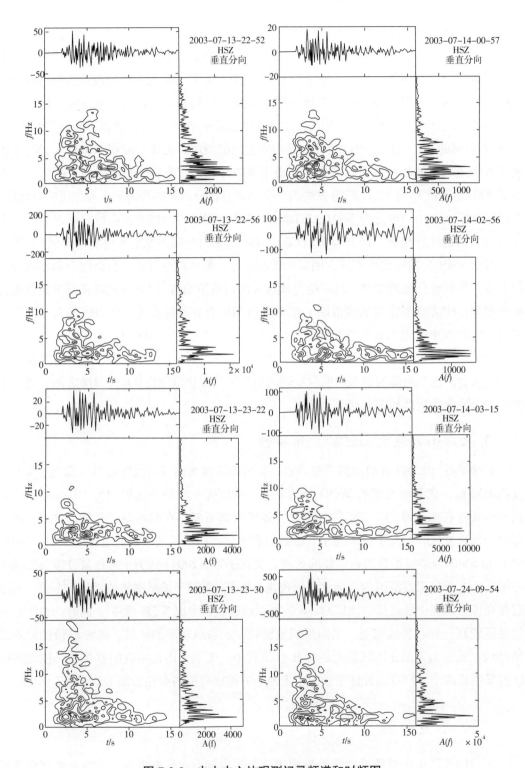

图 7-3-9　火山中心站观测记录频谱和时频图

8 个地震都是从天池西部的一个震群中挑选出来的。图的顶部是观测记录，下部是时频图，
右侧图是观测记录的频谱

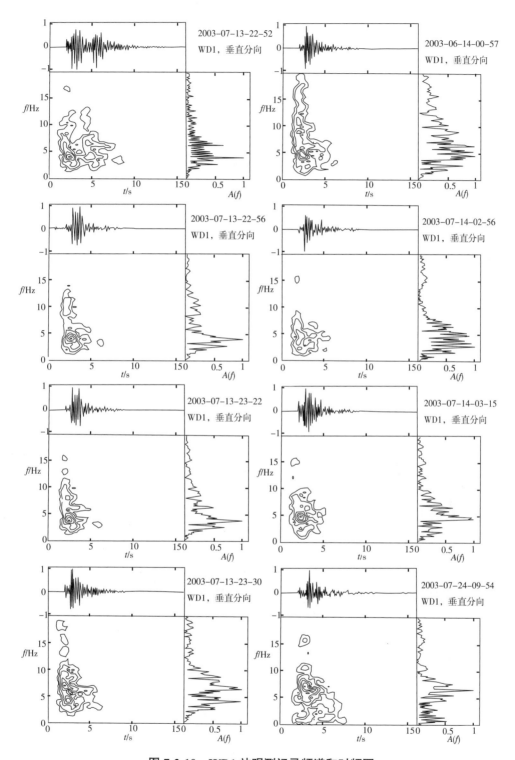

图 7-3-10 WD1 站观测记录频谱和时频图

8 个地震都是从天池西部的一个震群中挑选出来的。图的顶部是观测记录，下部是时频图，
右侧图是观测记录的频谱

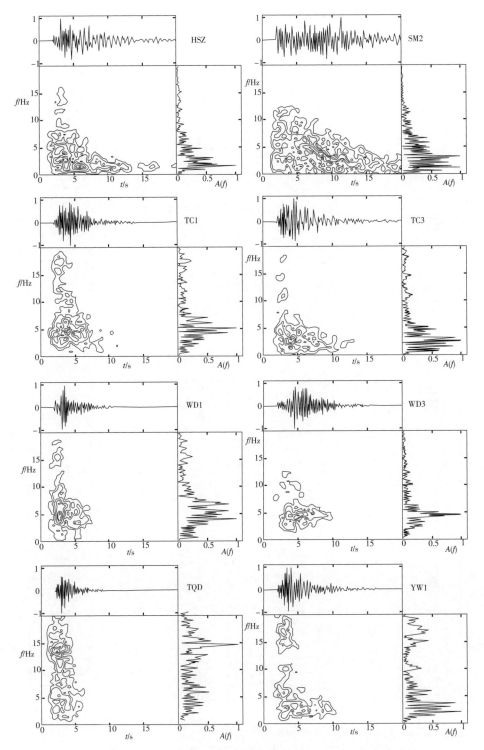

图 7-3-11　同一地震在不同台站的观测记录、频谱和时频特征

8 个地震都是从天池西部的一个震群中挑选出来的。图的顶部是观测记录，下部是时频图，
右侧图是观测记录的频谱

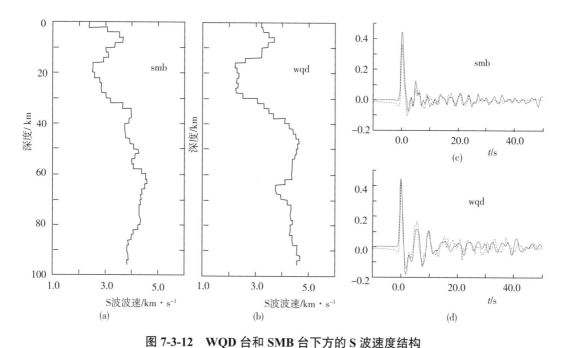

图 7-3-12　WQD 台和 SMB 台下方的 S 波速度结构

(a) 双目峰流动台之下波速结构；(b) 温泉东流动台之下波速结构；(c) 双目峰流动台两个地震实例；
(d) 温泉东流动台两个地震实例

火山北坡进行，全线距离为 23.6km，每千米偶然误差为 0.13mm，符合一等水准测量标准。这条水准路线 2002 及 2003 年观测结果有比较大的异常变化，全线 23.6km 的相对高差上升了 38.6mm。GPS 形变监测网由 8 个点、7 个三角形、14 条边基线构成，控制网覆盖范围为 500km²。仪器选用瑞士徕卡公司 350 型双频 GPS 接收机，每年进行一次测量。

1. 天池火山 GPS 水平形变

长白山天池火山 GPS 观测网由 8 个 14 条基线边构成的中点多边形构成。中心点设在已建成天池火山观测站内，其他点位大体均匀散布其周边。该网的平均边长约为 15km，最短边 8.65km，最长边 23.99km，控制网覆盖范围约 800km²。该观测网于 2000 年夏建设完成，并先后于 2000~2006 年进行了 7 期流动观测。由于 2000、2001 年站点观测时段较短（只有 8 小时），且 3 台仪器构成的同步环观测网形差异很大，结果可信度较差。而 2002 ~ 2006 年的 5 期观测同时利用了 8 台接收机进行同步观测，且观测时间段长度大于 48 小时，结果可信度较高。

GPS 观测资料处理时利用了 GAMIT/GLOBK 专用数据处理软件：首先由 GAMIT 软件求得各天单日解，然后利用 GLOBK 软件进行整体平差，求取各站点相对 ITRF 参考框架运动速率，最后再通过扣除欧亚板块的运动速率求得各站点相对欧亚板块的运动速率。为精确求得长白山火山 GPS 网站点的坐标和运动速率，王庆良等同时利用了 BJFS、IRKT、SHAO、USUD、WUHN 五个 IGS 站以及中国地壳运动观测网络工程长春 (CHUN)、绥阳 (SUIY)、海拉尔 (HARL) 三个基准站的观测数据。

(1) 天池火山 2002 年夏季以前的形变相对平静。

彩图 18 为利用 GAMIT/GLOBK 软件计算得到的天池火山 2000 年 8 月至 2002 年 8 月的地表水平位移矢量图。可以看出 2002 年夏季以前，长白山天池火山水平变形很弱，其变形基本上都在水平误差以内。1993～1998 年期间的 InSAR 检测结果，也反映出 1998 年以前长白山天池火山的地表垂直变形很弱。长白山天池火山 2002 年夏季以前的较弱地表变形，是与 2002 年夏季以前天池火山相对较弱的地震活动性（年频次几十次）相一致的。综合分析认定，天池火山 2002 年夏季以前十年左右时间内基本上处于相对平静状态。

(2) 天池火山 2002 年夏季以来的形变扰动过程。

与 2002 年夏至 2004 年底地震活动性的突然增强和逐渐衰减相类似，长白山天池火山地表形变也出现了较大幅度的异常扰动变化，且这种形变扰动也正表现出较明显的衰减特征。

彩图 19 (a)～(d) 分别为天池火山 2002～2003 年、2003～2004 年、2004～2005 年以及 2005～2006 年不同时间阶段的 GPS 地表水平位移速度变化图，可以看出 2002 年 8 月以后以天池火山口为中心的膨胀变化。其中 2002 年 8 月至 2003 年 8 月的水平位移最大，最大相对膨胀近 10cm。2003 年以后，长白山天池火山水平变形速率呈逐年衰减趋势，2005 年 8 月至 2006 年 8 月的水平位移速率已恢复到 2000 年 8 月至 2002 年 8 月相对平静状态时的水平。

2. 天池火山垂直形变

吉林省地震局在天池火山的北坡和西坡分别布置了两条精密水准路线监测。北坡水准路线位于长白瀑布之下至黄松蒲之间，地理坐标为 43°02′ N，128°02′E～43°04′ N，128°05′ E，全长约 24km，相对高差 901m。西坡水准路线位于天池至西山门之间，地理坐标为 41°54′ N，127°50′ E～42°01′ N，128°03′ E。以天池西山门以西 8km 起，东至距天池 2km 止，全长约 30km，相对高差 1084m。两测线地形起伏变化较大，每千米高差平均约为 45m，变化最大的测段每千米平均高差 190m。

自 2002 年以来，天池北坡水准路线已观测了 5 期，取得了 4 期相对变化资料（彩图 19），天池西坡水准路线也于 2005 年 9 月和 2006 年投入 2 期观测。对比天池北坡水准路线 2002～2005 年测量结果，其测线的高程分别变化了 46.33mm、16.86mm 和 4.93mm，累积变化量为 68.16mm。可见长白山天池火山垂直形变也经历了与水平形变相类似的扰动过程，其总体垂直形变特征为以天池火山口为中心的膨胀上升，显示出天池火山地下 2002 年夏季以后经历了一次比较明显的压力增大变化过程。天池火山垂直形变扰动过程也在不断衰减，其中，2002～2003 年期间的垂直位移最大达 46.0mm，2003～2004 年期间最大垂直位移衰减为 18.0mm，到 2004～2005 年期间又进一步衰减为 4.5mm，表现为典型的迅速扰动和快速衰减特征。另外，天池火山 2005 年 9 月至 2006 年 9 月初测得近 3cm 的上升变化，这与地震活动性及水平形变的继续衰减背景不协调。其原因应该是由于水准仪更换（由光学水准仪改换为电子水准仪）系统误差造成的一种"假位移"。

三、温泉水化学监测

天池火山观测站地热及地球化学监测台网由聚龙泉 8 号、9 号、15 号等 3 个泉点，锦江 1 号、2 号泉点和长白十八道沟泉点构成，主要测项为 CO_2、CH_4、H_2、He、N_2 及温度等 6 个测项。仪器使用彩 SQ-206 型气相色谱仪。1999 年和 2000 年开始观测时主要用于调试仪器稳定性，自 2001 年后观测资料日趋稳定，可信度较高。观测结果发现：He、CH_4、H_2、N_2 及水温等几个指标是对天池火山活动非常敏感的几个测项。这几个指标的同时上升说明了长白山火山活动性在增强，这也与测震、水准等观测结果相吻合。2002～2004 年间观测的各泉点化学元素含量与水温变化见图 7-3-15。

聚龙泉群位于天池瀑布北 750m 处，二道白河上游 I 级阶地上，42°02′23″N，128°02′18″E，高程 1900m 左右；锦江泉群位于长白山天池西南 4km 处的锦江上游，41°58′56″N，128°01′04″E，海拔约 1700m；十八道沟泉群位于长白县西北侧，41°25′04″N，128°07′00″E。与世界上大多数火山地热区一样，天池火山区现代逸出气体最主要的成分是 CO_2，约占逸出气体总量的 90% 以上。2002～2006 年各气体元素年平均值变化曲线由聚龙泉 9 号、15 号泉常年定期观测年均值（图 7-3-16）给出。

天池火山区聚龙泉 9 号、15 号泉现代逸出气体最主要的成分是 CO_2，约占逸出气体总量的 90% 以上。He 含量年均值变化很不稳定，2000～2002 年是下降趋势，2002～2003 年是上升趋势，2003 年以后变成下降趋势后，2006 年 He 含量又略有抬升。天池火山区甲烷 (CH_4) 含量也有变化，两个泉点 2000～2001、2002 年呈明显下降趋势，2001、2002 年以后略有上升。天池火山区逸出气体中含量居第二位的气体是 N_2，近年来其含量在 40000～250000×10^{-6} 之间变化。2004 年前 N_2 含量有逐年下降的趋势，2004 年后又逐渐上升。顺便谈及的是 2001 年以后两个泉点温度整体上处于上升趋势，每个泉点水温自 2001～2006 年上升达 2℃。

聚龙泉明显的特点是 He 和 CH_4 含量低，而 CO_2 含量高。而锦江 1 号泉正相反，属于高 He 与高 CH_4，而 CO_2 含量低（表 7-3-3）。两个温泉区气体释放量之间存在的这种明显差异表明气体源区环境条件和气体迁移释放的方式的差异。锦江温泉幔源流体直接来自地壳内岩浆房，沿深断裂直接上升到温泉区，因而幔源气体 He 和 CH_4 呈现出高值。聚龙泉属于地热储过度型温泉，幔源流体先迁移至地热储中滞留，然后再与地热水通过相

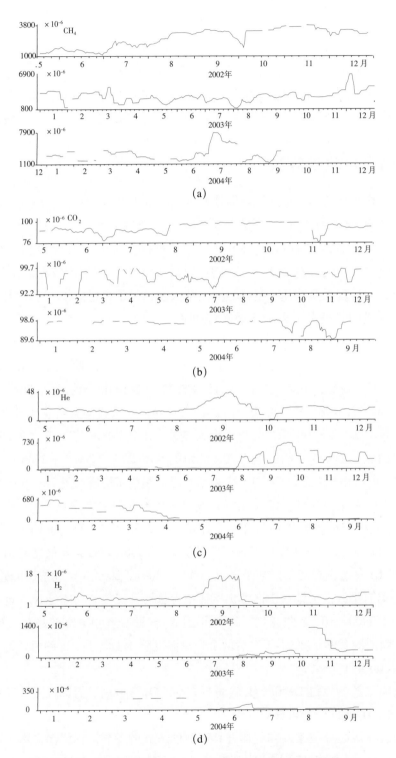

图 7-3-15　聚龙泉 8 号泉 2002 ~ 2004 年间水化指标动态变化

(a) CH_4 动态变化；(b) CO_2 动态变化；(c) He 动态变化；(d) H_2 动态变化
注意 2002 年与 2003、2004 年间相关气体含量的纵标标尺明显不同

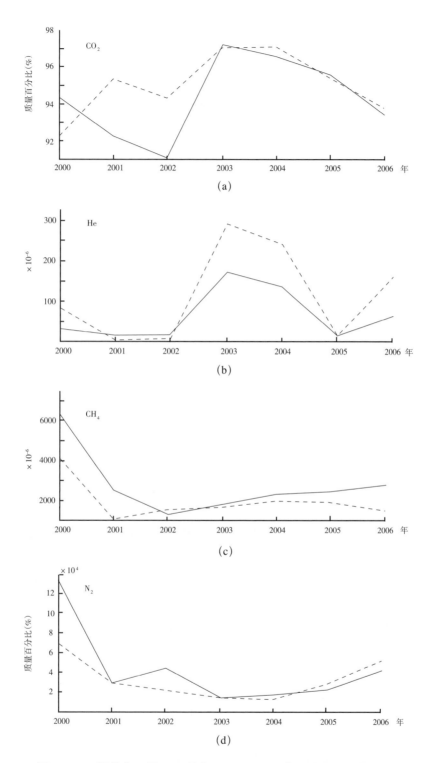

图 7-3-16　聚龙泉 9 号、15 号泉 2002 ~ 2006 年间水化监测指标变化

实线为 9 号泉，虚线为 15 号泉

（a）CO_2 年均值变化；（b）He 年均值变化；（c）CH_4 年均值变化；（d）N_2 年均值变化

对较浅的断裂向地表迁移释放。2002 年在长白十八道沟温泉采样测试结果表明，相对于锦江温泉同期结果，CO_2、CH_4 含量明显偏低，而 He 和 N_2 含量明显偏高（表 7-3-4）。

表 7-3-3　聚龙泉各气体含量和锦江 1 号泉各气体浓度历年均值对比

	CO_2（%）	CH_4（×10^{-6}）	He（×10^{-6}）	N_2（×10^{-6}）	H_2（×10^{-6}）	水温（℃）
聚龙泉 9 号泉	94.5	2817.5	65.3	44518.3	91.2	73.6
聚龙泉 15 号泉	95.2	2058.2	108.1	29431.7	91.2	70.7
锦江 1 号泉	80.12	6132.7	126	184524	88	56.8

表 7-3-4　2002 年长白十八道沟各气体含量和锦江 1 号泉各气体浓度均值对比

采样地点与日期	CO_2（%）	CH_4（×10^{-6}）	He（×10^{-6}）	N_2（×10^{-6}）	温度（℃）
长白十八道沟　2002.10.23	8.3	2290.14	135242.6	735387	38
锦江 1 号温泉　2002.9.10	93	18790	280.8	56320	56
锦江 2 号温泉　2002.9.10	91	9245	100	83926.5	55

第四节　天池火山现今活动状态评估

就世界范围火山灾害强度而言，20 世纪是一个相对比较平和的世纪。火山学家预测21 世纪火山活动的强度要明显大于 20 世纪。地球上的火山作用在 21 世纪初期已经处于一个活跃时期，21 世纪火山灾害正在广泛地为人们所关注。长白山天池火山处于珲春深震带的旁侧，与太平洋板块俯冲作用有着某种深层次的联系。在特殊的构造与热背景下形成了我国境内规模最大、喷发类型最复杂、灾害性最大的活火山。而在 21 世纪初期的天池火山似乎也表现出了"开始活动"的迹象。本节将根据天池火山历史上造成的灾害过程，结合天池火山近来的一些"活动迹象"，探讨天池火山现今活动性的几个问题。

一、风险最高的 3 个城镇与最危险地带

距离天池火山最近的 3 个城镇（二道白河镇、松江河镇、长白县）中聚集了 10 多万人口，其中的二道白河镇位于天池火山北部大约 50km 的二道白河两岸。作为松花江水系的源头之一，二道白河水系直接发源于天池火山的破火山口湖。二道白河镇是当地灾难最为深重的城市，历史上它曾经历了伊格尼姆岩和火山泥石流的双重蹂躏和摧残。之所以如此是由于天池火山北侧火口缘存在的大豁口，即使是规模不太大的火山喷发所引发的火山碎屑流或火山泥石流也可很容易地影响到二道白河镇。20 世纪九十年代后期二道白河镇居住的人口大约是 32200 人，其中相当大比例的人口居住在邻近二道白河的地势

低洼地带。这些低洼地带居住居民面临着更大一些的火山泥石流风险。松江河是天池火山附近居住人口最多的城镇，它位于天池火山锥体西部，大约 66400 人常年居住在那里。它可能经受伊格尼姆岩或火山泥石流的灾害，但是没有一个直接的大峡谷从天池火山引向松江河镇。因此，松江河镇经受伊格尼姆岩和火山泥石流直接冲击的灾害程度比二道白河镇要小得多，但和二道白河镇一样，该镇也会经受火山碎屑空降物的灾害。

二道白河镇和松江河镇在最近 10 余年来都大力发展了旅游业，对于当地居民开展火山与火山灾害教育的问题变得越来越重要，以使他们更好地了解火山。位于天池火山南侧的长白县近年来的旅游业发展也十分迅速。除了天池火山的北线和西线旅游路线外，当地政府近年来大力开发天池火山南侧旅游路线。长白县城位于中朝边界的鸭绿江边，县城内约 33300 名当地居民在欣赏朝鲜境内未被开垦的、美丽的自然风光时，却也面临着天池火山泥石流的威胁。天池火山南侧、东南侧大面积范围内的松散浮岩堆积物为鸭绿江流域火山泥石流的形成提供了物质基础。相对于空降堆积物而言，伊格尼姆岩致人于死地的危险要大得多，考虑到吉林市和哈尔滨市等大城市人口数量的增加，天池火山泥石流灾害影响的人数将会大量增加。这些城市离天池火山有很远的距离，在有效的监测通讯系统和较好的火山灾害教育前提下，人们应该有时间脱离火山泥石流的灾害。

天池火山最危险的灾害带之一是长白山大峡谷。在火口缘北侧 U 型大峡谷内狭窄的二道白河两岸到 20 世纪末就已聚集了 1.56×10^8 元的资产，而长白山大峡谷内二道白河则直接起源于天池火山的破火山口湖。即使是一次很小规模的喷发，大峡谷内包括火山观测站在内的所有人工建筑都面临着极度危险的局面。天池火山火口缘向内滑坡塌陷过程自千年大喷发以来已发生了数次，这些大型滑坡体都曾引起了天池水体在大峡谷内的大规模泛滥灾难。

二、近期天池火山活动性

天池火山自 1903 年喷发以来地表作用堆积物主要表现为现代河谷及山坡上带状泥石流与河床湍流堆积物，它们代表了天池火山时代最新的火山表面搬运堆积作用过程产物。天池火山近年来记录到的火山地震事件有时很集中，与此对应的有地表山体垮塌、滑坡、峡谷陡壁垮塌与张裂等过程。本节主要归纳记叙天池火山近 20 年左右发生的一些重要的与火山活动性有关的火山地质现象。

在天文峰南侧湖滨温泉长约 400m、宽 100m 地带常年不冻结、并有气泡冒出，温泉水温高时在 40℃左右。天池水面湖滨温泉还有 3 处，它们分别位于朝鲜境内的将军峰山脊下方西侧天池水面近岸边、6 号界天池水面东侧和我国境内青石峰与白云峰之间天池水面西侧。在湖滨温泉发育位置，有时可以见到不同颜色弧形面状水体时隐时现，冬季结冰时间也晚得多。天池水面之下暗流也时有发育，估计其成因也和水面之下的温泉活动有关。

朝鲜一侧记录的天池水面高度自 1928 ～ 1981 年已逐步下降了 70cm，而将军峰却上升了约 5m。

区域重力异常图上存在着一个以天池火山为中心（－ 85mGal）的负异常带（李昌基、陈玉新，1988），它可能反映天池火山下部岩浆物质上涌的结果。由区内重力剩余异常值计算的质量亏损为 8×10^9t，表明本区仍属隆起区。

1973 年天池火山附近发生过 2 次地震（宋海远，1990），根据李继泰等（1995）资料，吉林省安图县地震观测站 1985 年开始每年 6 ～ 9 月在聚龙泉附近单台地震仪观测地震，共记录到 100 多次地震。每年 4 个月的地震活动频次在 1986 ～ 1990 年间为 10 ～ 14次，在 1991 年增加到 30 次。1992 年地震布网观测结果，有的地震仪仅 20 天就记录到地震 13 次，有些地震活动还成群出现。

（1）1991 年白云峰喷汽。

1991 年 8 月 29 日 11 时 45 分，朝鲜一侧目睹白云峰爆发有烟尘和爆炸声。白云峰南侧岩石裂缝（照片 7-4-1）中每隔 3 分钟喷出白色热气，气柱高达 10m。除了当日 11 时 31分记录到一次 0.8 级地震外，还发现抚松碱厂沟矿泉水中 CO_2 含量的突变：自 1987 年以来一直为 1100 ～ 1300mg·L^{-1} 的背景值，但在 1991 年 8 月 30 日突增到 1546mg·L^{-1}。另外，F、Cl^-、SO_4^{2-} 等离子含量也有变化。

照片 7-4-1　白云峰南侧断裂带岩石破碎，强烈蚀变为黄褐色

（2）1992年二道白河源头东侧陡壁雨后垮塌。

1992年夏开展天池火山地质考察期间，考察人员见到一次陡壁垮塌现象。二道白河源头大峡谷东侧陡壁雨后发生垮塌，垮塌物顺坡冲下几百米并飘起烟尘。所幸附近并没有游客登临，否则势必造成严重生命损失。垮塌碎屑物形成的带状碎屑流见照片7-4-2中央部分。

照片 7-4-2　带状泥石流堤状体

照片中央浅色条带形成于90年代一次雨后滑坡垮塌堆积

（3）1991～1993年地震与果树重花。

1993年5月7日天池火山发生了一次2.1级地震，地震前20多天，朝鲜境内三池渊的地磁定点观测到了核旋磁力仪的读数逐步下降约19 nT。自1991年以来，伴随地震活动起伏增加，朝鲜境内当地群众曾经陆续发现矿泉中有难闻的腥臭味，有的地方还出现了果树重新开花现象（这可能与当时局部地区地热显示有关）。

（4）1994年地震与天文峰部分垮塌。

1994年8月19日，笔者在天池火山考察期间发生了一次火口壁垮塌事件。当时正行进在长白瀑布至八卦庙行人小路上，听到了巨大而清亮的地声，声音很像是枪炮声。待走到八卦庙天池水面附近时，一位以色列游客Dror Philip先生向笔者描述了20分钟前他所见到的情景："当时我正在水边欣赏天池的美景，突然听到东方传来一声巨响，等我转过头来就看到我东面山坡上卷起了一股狼烟。大的声响2～3次，这股烟尘很快地向下冲到天池水面上，随后又继续贴着水面向南缓慢地运动过去，一直到天池对面山脚下面"。Dror Philip的叙述记录了天池火山北侧火口缘天文峰下碱流质浮岩大陡壁的一次构造垮塌事件。由于富气孔的碱流质浮岩向下高速移动时破碎，卷起的灰云密度低于水的密度，因而在天池水面之上继续向前冲到朝鲜境内将军峰下。当年在天池水面工作的摄像师则描述："从西大坡和乘槎河西岸方向传来了2次声响，第1次声音更大些"。他还介绍说："一般说来，每年的6月中旬到7月中旬滑坡事件较多，8月中下旬这样大的滑坡并不多见"。1996年天池火山火口内壁考察时在天文峰下天池水面北岸还见到了这次垮塌物，两年过后火口内壁斜坡上的垮塌堆积物还很松散。而垮塌时的地震事件也在当时吉林省地震局一台用于天池火山地震监测的地震仪上留下了清晰的记录。至2005年8月再次沿天池水面北岸考察时，滑坡堆积物已基本稳定。

（5）1995年9月15日5号界老虎背喷汽。

在老虎背南沟也有裂隙气泉喷出，地表岩石受热水蚀变被染成赤黄色。吉林省地勘局第六地质调查所金伯禄和郑德权于 1995 年 9 月 15 日中午在现场亲眼目睹了一次喷汽现象。当他们在 5 号界碑东南 250m 处休息时，突然感到周围空气的温度高了起来（9 月份在长白山天池周边山脊上温度一般为零度左右，天气很冷），身边又出现了热的蒸汽云雾。两人开始寻找热云雾来源，并顺着白色喷汽来源方向（西南方向）跑步追去，终于找到喷汽口位置，看到喷汽出柱底部的景观。喷汽口在 5 号界碑向西偏南方向约 800m 的老虎背南沟沟底粗面岩裂缝中。由于喷汽口位置很深，沟壁又陡下不去，他们只好在 100 多米高处观望。目估喷汽柱底部 1 ~ 2m，长约十几米。喷汽开始时很强，后减弱并逐渐消失，喷汽持续时间约 1h，喷汽强时蒸汽向北东方向顺坡运移 1km 之多。

（6）2002 年地震群。

TVO 建成后，监测记录表明 2002 年 6 月份至 2004 年底天池火山地震的频次有明显上升的趋势，有时 1h 之内就发生几个或十几个火山地震，从而显示出群发地震的特征。例如，2002 年 8 月 20 日 20 时至 23 时，3h 内发生火山地震 22 个，最大震级为 $M_L 1.9$；2002 年 9 月 29 日 5 时，1h 内连续发生 39 个火山地震，最大震级为 $M_L 2.1$；2002 年 11 月 25 日 19 时至 22 时，3h 内发生火山地震 68 个，最大震级为 $M_L 2.6$。2002 年度虽然火山地震数量明显增多，但震级均不大，最大一次火山震发生在 11 月 25 日 19 时，震级达 $M_L 2.6$。从地震活跃程度上看，长白山天池火山活动性自 2002 年夏明显增强了，地震定位结果表明 2002 年度地震震中主要分布于破火山口之内范围（图 7-4-1）。

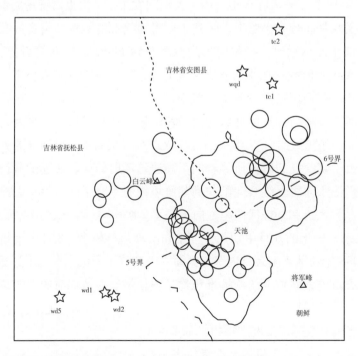

图 7-4-1 天池火山流动地震观测 2002 地震震中主要分布于破火山口之内（吴建平提供资料）

△代表性高程控制点；☆表示地震台位置；〇表示震中位置，具北西向带状性，直径大者表示震级大

（7）2003 年老虎洞滑坡。

2003 年天池火山地震数量是近年来最多的。天池火山观测站在这一年里记录到了1289 次地震事件。其中 1 级以上地震 83 次，2 级以上地震 17 次，3 级以上地震 1 次。最大地震发生在 10 月 25 日 19 时，震级 $M_L3.0$。与地震数量大幅度增加相对应的是天池火山山体不稳定性也明显增加了。最明显的表示就是天池火山老虎洞寄生火山位置发生的若干次构造垮塌事件。在老虎洞火山锥体部位，2003 年夏季考察时发现，构造垮塌事件剥离掉了原有高山苔原植被，从而把新鲜的砖红色玄武质岩渣暴露出地表，如照片7-4-3 所示。

照片 7-4-3 老虎洞新近滑坡，南侧滑坡体露出红色岩石

（8）2003 地下森林地裂缝。

在 2003 年地震活跃期，近地表地裂缝也时有发育。这些地裂缝常与某些级别较大的构造地震事件相对应，比如 2003 年 8 月 23 日发生的 $M_L2.3$ 地震在天池火山锥体北侧地下森林观景台附近形成地裂缝（照片 7-4-4）。观景台东侧一条小河的流水全都渗流到地裂缝中，影响了下游工作人员的日常用水。工作人员向上游找水时发现地裂缝的时间恰好说明了地震与地裂缝的成因联系。

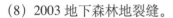

照片 7-4-4 地下森林观景台 2003 年 8 月 23 日地震产生地裂缝

（9）2004 年 9 月 8 日地震。

截止到 2004 年初秋，天池火山地震活动数量上较 2003 年度减少了很多，在 2 月 29 日、5 月 19 日、6 月 7 日、7 月 11 日和 9 月 8 日分别出现了几次震群活动。但是 2004 年 9 月 8 日的 $M_L3.7$ 地震具有不同寻常的意义。不仅仅表现在它是开始天池火山观测以来记录到的最大地震，更重要的是这次地震给天池火山带来了灾害。

2004 年 9 月 8 日，长白山天池火山发生了自有测震记录以来最大震级的火山地震震群活动（图 7-3-3）。震群活动持续了近 4 个小时，共发生火山地震 51 次。其中最大震级为 M_L 3.7，M_L 1 以上地震 12 次，M_L 2 以上地震 3 次，3 个 M_L 2 以上地震均听到了明显的地声。当 22 时 24 分 M_L 3.7 地震发生时，震感非常强烈，地声极大，声音好似水箱塌落时发出的声响。天池火山观测站工作人员先听到地声，后感觉地面左右摇摆，持续时间约为 3s。震后，长白山火山站工作人员进行了震感、震害调查。发现火山观测站三楼仪器室墙壁有轻微损坏裂痕，二楼微机室也有两处裂痕。除火山观测站外，天上温泉宾馆主楼外墙防水道有数处裂痕，其他无破坏。在长白山大峡谷内，越靠近天池方向的人员震感越强，下至运动员村也有明显震感，但到北坡山门附近就感觉不到地震的发生了。

天池火山西坡登山公路顶点停车场附近住宿的商贩 9 月 8 日地震时也有明显震感，并听到了地声。其震感不如北坡强烈，声音也明显小于北坡峡谷内听到的声音。到了维东边防站一带，既听不到地声，也没有震感。

（10）2004 年 12 月 17 日望天鹅火山 M_L 4.4 地震。

2004 年 12 月 17 日 2 时 58 分，天池火山西南方向约 20km 的望天鹅火山北麓发生 M_L 4.4 地震。宏观地震前兆包括 2004 年 10 月份成千上万条蛇由南向北横穿漫江马路的异常事件，但未发现近来有热异常与异常气体释放的情况，地震前地声与动物异常情况也都没有报告。

本次地震不属于天池火山地震，而属于天池火山周围背景环境发生的构造地震，宏观震中定位漫江镇东南，向周围震感程度普遍降低。其中震感强烈村镇明显地呈北西向排列，与此对应的不同烈度展布区域也呈现出北西向延长的特征（图 7-4-2）。除了北西向强度消散较慢特征外，漫江南西方向上震感强度消散也较慢。

此次地震区域构造以北东向和北西向断裂构造为主，东西向断裂构造规模较小。新生代以来，受太平洋板块北西向俯冲影响，区域断裂构造呈现继承性活动特征，受断裂构造控制，该区地震活动较为明显。微观、宏观震中均处于规模较大的北西向白山镇－金策断裂带与北东向六道沟－甑峰山断裂的交汇部位，地震烈度图长轴方向与北西向白山镇－金策断裂带总体走向一致；短轴走向与北东向六道沟镇－甑峰山断裂总体走向一致。可以判定此次地震的发震构造为北西向白山镇－金策断裂带与北东向六道沟镇－甑峰山断裂，以北西向断裂构造为主。

北西向白山－金策断裂带，是一条规模较大、影响较深的断裂带，受太平洋板块的俯冲影响，该断裂带新生代以来出现继承性活动迹象，受其控制和影响，长白山天池火山区的火山活动较为频繁，火山活动强度也较大，形成了区域上规模较大的火山岩带。该断裂带是燕山末期形成的北西向断裂带，总长约 320km。

2004 年 12 月 17 日的 M_L 4.4 地震波形分析结果表明，这是一次典型的构造地震，是发生在天池火山区外的构造地震事件（图 7-4-3）。火山站地震波形 P 波初动清晰，S 波及

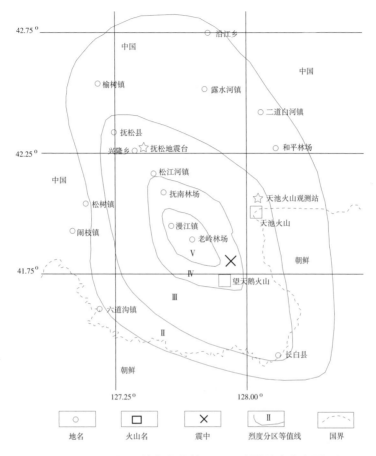

图 7-4-2　望天鹅火山北麓 M_L4.4 地震烈度分布图

其尾波振幅较大，时频图中频率成分丰富，与火山区典型的 LP 型地震存在明显的区别。根据波形特征估计地震的震源深度在 5 ～ 10km 之间（USGS 定位深度 10km，震级 M_L4，震中位于望天鹅火山东北麓）。地震发生 1 个多小时后，在原地点附近又发生了一次 2.8 级左右的地震（图 7-4-4）。两次地震的低频段波形一致，2.8 级地震具有较高的主频率，两者同属构造地震。

望天鹅火山区 M_L 4.4 地震发生后约 17 小时，长白山天池附近出现了一次震群活动，10h 内天池火山站共观测到 150 多次地震，其中 1.0 级以上的地震 6 个（图 7-4-5），最大震级约 2 级。对其中 6 个震级大于 1.0 级的地震进行对比分析，发现这些地震的波形特征相似，震源位置相近（集中在 2 ～ 3km 范围内）。与 2003 年夏季流动地震台站的观测波形比较发现，地震均发生在天池火山口西部。

虽然发生在望天鹅火山区的 M_L 4.4 地震距离天池 20km 以上，但 17h 后天池火山口出现的震群活动值得重视，它很可能与该地震反映了某种共同的成因联系。中国地震局组织火山、地震专家考察后，专家提出 3 条建议：①自 2002 年 7 月长白山天池火山区地震

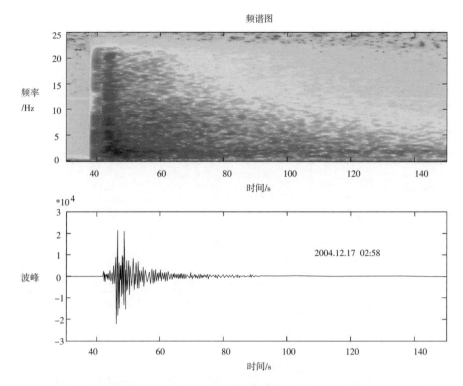

图 7-4-3　2004 年 12 月 17 日望天鹅火山北麓 M_L4.4 地震的频谱与波形

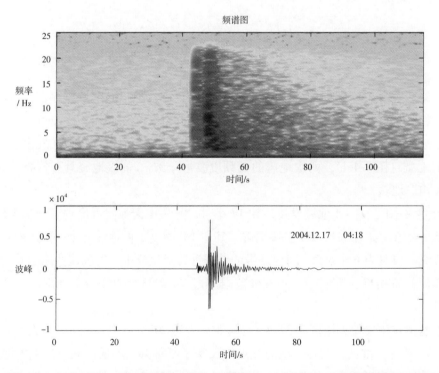

图 7-4-4　2004 年 12 月 17 日望天鹅火山北麓 M_L 4.4 地震之后余震的频谱与波形

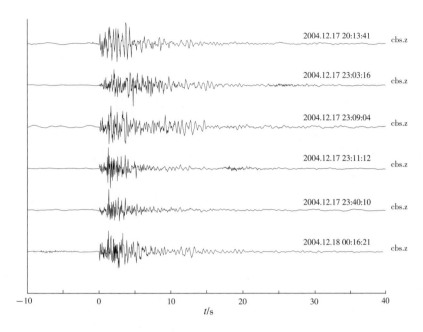

图 7-4-5   望天鹅火山 M_L 4.4 地震后天池火山 6 个 $M_L > 1$ 地震震群波形

图中地震波均为垂向观测记录

活动突然增加以来，地震活动一直保持在较高的水平，地震的最大震级有不断增加的趋势，固定地震台站和流动地震台站观测到一系列发生在天池周围的震群活动。本次 M_L 4.4 地震也是 1980 年有记录以来天池火山区 50km 范围内发生的最大构造地震事件，应该引起高度重视。②建议今后工作中加强天池火山及周边地区地震成因机制研究，特别是应及时完善天池火山结构的详细火山学填图工作，以便整体对天池火山发育历史、生成过程和未来灾害特性有比较清楚的认识。合理加密布置天池火山地震台网监测工作，补充天池火山西坡与南坡的水准测量工作与火山气体监测工作，以了解天池火山整体活动状态。③鉴于天池火山近年来显示出冬季火山地震活动常常有某种程度的强化特征，而冬季野外考察工作又很难步行穿越，建议今后工作中注意加强在冬季对天池火山新方法监测手段的应用，如应用遥感技术以及与相关单位联系使用直升机等应急考察措施。并应注意对冰雪融化导致突发性泥石流灾害的防治。

（11）2004 年天文峰、将军峰、锦江温泉等地垮塌、泥石流冲沟等地质灾害。

2004 年间天池火山活动性的增强不仅表现为自建站监测以来记录到的最大 2004 年 M_L 3.7 地震和 2004 年外围 M_L 4.4 地震，而且表现为对比 2003 年火山地表特征的众多山体垮塌等构造不稳定事件（照片 7-4-5）。如 2004 年夏季考察期间新发现的天文峰、将军峰、锦江大峡谷、锦江温泉、黑石沟等地垮塌与四里洞熔岩隧道顶板垮塌等地质灾害，地下森林的大片死树、小天池水面的降低以及破火山口内壁与外壁的众多滑坡体泥石流冲沟，都说明了天池火山 2003、2004 年间发生了明显的火山不稳定事件。

长白山天池火山

照片 7-4-5　与 2003 年对比天池火山 2004 年新发现的构造不稳定事件

(a) 2004 年天文峰垮塌，灰白色垮塌堆积物带状覆盖于红褐色蚀变粗面岩内壁之上，颜色浅者时代最新；(b) 锦江温泉北侧垮塌岩块，谷塘型伊格尼姆岩可见柱状节理与逃气管（箭头所指）；(c) 黑石沟垮塌；(d) 2004 年考察发现地下森林一带森林树木异常死亡现象已相当明显。20 世纪 90 年代初鸭绿江上游有死树，可能与火山气体的释放有关；(e) 天池水面东侧 2004 年泥石流冲沟极为发育；(f) 2004 年小天池水面下降约 1 m，可能原因为 2004 年度新构造切割的裂隙减小了向小天池水体补充的地表径流量，从而使得小天池湖内水位下降，类似于 2003 年地下森林观景台东侧小河沟的断流现象

418

综合天池火山近代活动性的各种不稳定事件，笔者将其统一归纳到图 7-4-6。由图可以清楚地看出：与垮塌、脱气、地化与动植物异常集中的两个时间段相对应，20 世纪 90 年代中早期和 21 世纪早期，天池火山区地震活动性表现为地震震级的增加和地震频率的加快。TVO 记录的震群事件也有很好的一致性。在区域地震事件的分布中，20 世纪 80 年代中期也有较为明显的地震活动性增加的迹象，但现有资料中尚未整理出其他活动性增强的标志。

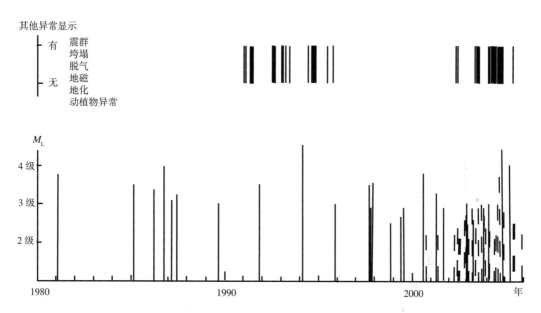

图 7-4-6　长白山火山区 1980 ~ 2010 年间 $M_L > 2$ 地震与其他异常活动时序图

下方黑线表示区域地震活动的时间与震级，下方虚线表示天池火山观测站记录的天池火山地震的时间与震级，中间黑线表示天池火山的其他异常显示的时间分布，上方黑线给出了天池火山 2002 ~ 2005 年间各震群中地震总数、较大地震数和最大震级的指示

2006 年笔者在日本东北大学做客座教授期间，参加了谷口宏充教授卫星合成开口雷达干涉法对白头山火山周边地壳变动检出的尝试研究工作，小泽拓与谷口宏充于 2006 年日本火山学会秋季大会上报告了当时取得的部分成果。他们在 ENVISAT/InSAR 资料的研究中使用了 2004 年 10 月 15 日与 2005 年 11 月 4 日两幅图像，所选图像是落叶季节的图像显示，干涉法得到了较好的图像（彩图 20）。在天池火山周边可以见到直径约 10 km 的同心圆状干涉环。小泽拓认为它是地壳变动的结果，在观测期间山顶与卫星之间的距离缩短了 3cm，可以认为是天池火山在 2004 年 4 季度至 2005 年 4 季度这一年时间段内向上抬升了 3cm。为了详细研究观测时间段内的变化情况，他又选取了 2004 年 11 月 19 日与 2005 年 9 月 30 日两幅图像，但干涉效果不好，不能用于地壳变动等研究。

彩图 20（a）中良好的干涉图像没有大气延迟效应，而应是地壳变动的结果。Mogi（1958）模型反演同心状压力源位于火山下方海平面下 2.2km，体积 $1.5 \times 10^6 \text{m}^3$（彩

图 20b），推断的膨胀压力源与 2002 ~ 2004 年间地震活动区位置相符。认为尽快开展 ALOS/PALSAR 监测研究也许能取得更好的喷发预测效果。小泽拓对天池火山的监测研究工作还应用了 JERS-1/InSAR 资料。JERS-1 是日本 1992 ~ 1998 年间发射使用的卫星，它搭载有 L 波段的 SAR（波长 23.5cm）。他所研究的 1992 和 1998 年度的两幅图像干涉结果包含了明显的大气延迟效应。为了减小大气延迟效应，他对东、西两幅图像进行了处理，得到较好的干涉图像见彩图 21。从图中可看出，白头山火山东北侧距离缩短，西南侧距离增加的特征。重叠区内天池火山东北侧每年距离缩短 4mm，西南侧每年距离增加 6mm。这与推测的北西走向正断层反演结果相符合。

三、岩浆补给速率与喷发周期对火山活动状态的判断

岩浆补给率是相对于岩浆房而言，单位时间里下部岩浆的注入量。一般都用火山喷出率来代表，即一段时间内喷出岩浆数量的总和除以时间就得到岩浆补给率。不同的火山系统补给率从约 $1kg\cdot s^{-1}$ 到 $10^5 kg\cdot s^{-1}$，对应的能量流自 1MW 以下到近 10MW。巨大的泛流式玄武岩的补给率最高。一般的泛流式玄武岩和最高产的熔岩盾火山在高峰时的补给率大约低一个数量级。大多数层火山的补给率再低一或两个数量级。单成因火山区的补给率最低。由此可见，补给率的不同控制着火山系统类型的变化。

层火山补给速率研究给出了 $0.0001 ~ 0.001km^3 \cdot a^{-1}$ 的数值（Davidson and DeSelva，2000）。但在一个厚陆壳区的大陆火山系统里流纹岩的补充速率可高达 $0.001 ~ 0.005km^3\cdot a^{-1}$，并且一般都趋向于包含着分异结晶作用。偏基性岩浆进入高位岩浆系统的速率要快得多，可以接近 $0.01km^3 \cdot a^{-1}$。以此数值估计的天池火山 1668 年粗面质喷发后，重新开始聚集到 $0.1km^3$ 的岩浆仅需 10 年，聚集到 $0.5km^3$ 的岩浆也仅需 50 年。长白山天池火山作为我国境内最为活跃、岩浆演化最为充分、火山与岩浆房结构了解最为详细的现代活火山，为研究巨型多成因中央式火山的喷发机制与灾害过程提供了一个天然实验场所。

以往工作可以获取的天池火山有关参数如下：与常见火山地热区地表热流值测量结果（Bibby et al.，1995）相近似，天池火山温度梯度选取值位于 $0.2 ~ 0.8W\cdot m^{-2}$ 之间。作为岩浆房水平方向展布宽度的标志——阴影带的宽度，反映了岩浆房水平向尺度由小到大的变化，与此对应的岩浆成分则由碱流质变化到玄武质。最小的碱流质岩浆房宽度为 5km，中间粗面质岩浆房宽度为 8 ~ 10km，最大玄武质岩浆房宽度为 20km（见天池火山锥体顶部地区 1:10000 地质图）。吴才来等（1997）估计的玄武质岩浆来源深度 >82km，在 65 ~ 55 km 深度形成深位岩浆房。汤德平（1990）计算出粗面质岩浆由玄武质岩浆经 76% ~ 85% 分离结晶而成。金伯禄（1994）估计的粗面质岩浆房位于 20 ~ 30km 深度，高位岩浆房位于 7 ~ 8 km 深度。笔者工作中恢复天池火山千年大喷发与碱流质寄生火山喷发的岩浆房与火山通道动力学过程时采用的岩浆房深度是 5km。

世界上与天池火山类似的其他火山的地下岩浆房体积多在 $10^2 \sim 10^3 km^3$ 之间，类比法判断天池火山也应如此。当岩浆房体积为 $10^3 km^3$ 时，对应的球形岩浆房半径 $R = 6km$（由 $\frac{4}{3}\pi R^3 = 1000$，可得：$R = \sqrt[3]{3000/4\pi} = 6.2km$）。众多实例中柱状岩浆房的厚度常为其直径的 1/10（Jellinek et al., 2003）。由此计算的体积 $10^3 km^3$ 的柱状岩浆房半径约为 10km（若按 $\pi R^2 = \frac{2R}{10} = 1000$，则有 $R = \sqrt[3]{5000/\pi} = 11.7km$）。对应的柱状岩浆房厚度：$h = \frac{2R}{10} = 10$。由此得到的柱状岩浆房厚度及半径参数在地球物理探测资料提供的天池火山地下结构也有显示（张先康等，2002；汤吉等，2001）。这一结果与由阴影带宽度得到的天池火山深部大型粗面质岩浆房展布范围也是一致的。

已有研究成果表明，在天池火山千年大喷发之前的 25000 年左右，还有一次大规模喷发，天池火山千年大喷发时喷发岩浆体积为 $30km^3$，重现周期按 25000a 计算时，则可得到天池火山千年大喷发岩浆补给率为：$30km^3/25000 a = 0.0012km^3 \cdot a^{-1}$。

对于天池火山中小规模粗面质、碱流质喷发（岩浆体积 $0.5km^3$），若按千年大喷发以来 4 次喷发计算的平均岩浆补给率为：$0.5km^3/(1000 a/4) = 0.002km^3 \cdot a^{-1}$。若按千年大喷发以来仅 1 次八卦庙规模的喷发，得到的岩浆补给率为：$0.5km^3/(1000) = 0.0005km^3 \cdot a^{-1}$。

最新资料推测的天池火山千年大喷发年代在 1024AD 附近（与格陵兰冰芯记录中 1025AD 酸峰记录一致），若按 $1024 \sim 1668AD$ 期间 1 次 $0.5km^3$ 规模的喷发计算的岩浆补给率（较低的岩浆补给速率）为：$0.5km^3/(1668 - 1024) = 0.001km^3 \cdot a^{-1}$。依此速率再次聚集 $0.5km^3$ 的岩浆需要 500 年。自 1668 年八卦庙期喷发开始，在较低的岩浆聚集速率条件下，到 2168（1668+500=2168）年才可能再次发生八卦庙规模的喷发。需要说明的是，如果在此之前发生偏基性岩浆上侵事件，也有可能在 $10 \sim 50$ 年时间尺度上触导出八卦庙喷发级别的粗面质火山喷发。

岩浆补给速率与岩浆房压力增加的关系与岩浆房的体积有关。对于小的岩浆房（小于 $10 \sim 10^2 km^3$）和高的围岩黏度（大于 $10^{20} Pa \cdot s^{-1}$），很容易获得引起围岩破裂的应力（大约 50MPa）和流纹质岩墙传导至地表的应力（$10 \sim 40MPa$）。天池火山气象站期碱流质寄生火山活动适用于这种条件。对于大岩浆房（大于 $10^2 km^3$）和围岩黏度约为 $10^{19} Pa \cdot s^{-1}$ 或少一些的情况，围岩中辐射状蠕动阻碍岩浆房变得足够加压以形成传导至地表的流纹质岩墙。结果就是，向岩浆房补充的岩浆都趋向于聚集在那里，也就使得岩浆房体积逐渐生长。这些结果意味着岩浆房一旦变得足够大，尽管新的岩浆连续地从更深部位补充，酸性火山作用都应该要停止。然而，在这个岩浆储集机制中，如果瞬间可以产生大得多的值，或者沿着岩浆房边界可以局部集中应力，也可以发生喷发。这可解释天池火山大喷发的相对稀少与中小规模寄生火山喷发活动的频繁发育的现象。

侵位于地表下 $5 \sim 15km$ 深度的岩浆房边部的可能合理的条件是：$T = 200 \sim 600℃$、$\sigma_r = (0.15 \sim 0.4) GPa$、应变大约在 $10^{-9} \sim 10^{-14} s^{-1}$ 之间、有效黏度 $\mu_{wr}^{pl} = \sigma_{wr}/3(d\varepsilon/dt)$ 是 10^{17}

$\sim 10^{22}$Pa·s^{-1}（Jellinek et al.，2003）。在 5km 深度，2002、2003 年度 GPS 测量结果计算的体应变（胡亚轩等，2004）可能由两个点源引起：

$$\text{天池靠北侧小点源} \quad \frac{3657}{365 \times 24 \times 3600} = 1.16 \times 10^{-4}\text{s}^{-1}$$

$$\text{天池靠南侧大点源} \quad \frac{15146.1}{365 \times 24 \times 3600} = 4.8 \times 10^{-4}\text{s}^{-1}$$

如果所测应变对应着岩浆房体积的变化，由此得到天池火山中小规模喷发（0.5km^3 体积）需要的时间是 6500 ~ 30000a。或者说，比起 2002、2003 年度所测 GPS 压力源的膨胀率结果，需要一个大得多的膨胀率才有可能喷发。天池火山自 2002 年夏开始的地震与形变活动曾经引起了各方面广泛的重视，但从岩浆补给速率研究的角度上看，天池火山自 2002 年夏开始的地震与形变活动还远未达到即将喷发的火山不稳定的阶段。2006 年度开始，天池火山地震与形变活动性又恢复到背景值正常水平，也充分说明了这一点。

综合考虑天池火山 2002 ~ 2006 年间火山不稳定期间的地震活动、地表形变及温泉气体成分的变化特征，特别是不同监测手段所监测到的火山不稳定性标志出现与消失的时间过程，可以更好地理解天池火山这次不稳定性的形成机理。即这次火山不稳定性事件，除了可能代表了一次岩浆上涌事件以外，更可能的一种机理是地下岩浆热量与岩浆气体的上涌事件。

笔者把 2002 ~ 2003 年间不同监测指标的突增归结为源自地下浅部岩浆房内岩浆气体的脱气作用以及对围岩的加热作用。浅部岩浆房之上的地下含水层被加热，水的气化导致气体体积的突增，从而对围岩的压力增加并最终导致了地震与地表形变。部分指示深部岩浆活动的岩浆气体穿过含水层，混合了浅部岩浆房内气体成分之后最终溢出至地表，这就表现为地震与形变之后才监测到的温泉气体成分的变化。对于 2005 年末与 2006 年初监测到的火山气体的增加（如 He/CO$_2$ 所示），由于火山气体体积增幅较小，虽然伴随有地震活动性的少量增加，但尚不足以引起围岩的形变，如此形成了次级峰值与地震数量次级峰值相伴，但无形变标识的组合特征。

被加热的地下水模型的散热过程要远快于同等体积岩浆房的散热过程，因此可以解释 2002 ~ 2006 年火山不稳定性的快速结束。在北山门附近也监测到了小量快速消失的形变过程，而前人工作在此附近曾发现过地下含水层，这验证了地下水加热模型机理的可能性。

第五节 结语——我们与天池火山共处

他看地球一眼，地球就颤抖；他碰山脉一下，山脉就冒烟。

——Psalms 圣歌 104：32

要么，你就和地球说话，它会教你的。

——约伯 12：8

一、火山减灾是一项重要的公益事业

在人类面临的自然灾害中，火山灾害是引起人们感官上最为震撼的灾害之一。火山喷发的壮观容易吸引人们近距离观望的渴望，而火山灾害的突发性和巨大的灾难规模，又往往超过人们现场逃避的能力。为了最大可能地降低火山风险，科学家需要通过研究火山的喷发历史和过程，指导人们在危机时刻"适时地位于恰当的地方"。2001 年夏，意大利埃特纳火山开始了人类历史以来最为猛烈的喷发。当年 Nature 杂志上刊登的文章甚至提出了埃特纳火山正在由温和的热点型火山向猛烈的俯冲带型火山转化的观点。与此同时，世界上其他火山的活跃程度同样也表明：地球上的火山作用在 21 世纪正处于一个活跃时期。例如在 2004 年 10 月 1 日，意大利埃特纳火山、美国圣海伦斯火山和墨西哥科利玛火山同时发生了喷发，这种世界上 3 个重量级火山同时发生喷发的现象是十分罕见的。21 世纪里火山灾害正在广泛地为人们所关注，而制定相应的火山减灾预案与应急体制正在成为一项重要的公益事业。长白山天池火山处于珲春深震带的旁侧，在特殊的构造与热背景下形成了我国境内规模最大、喷发类型最复杂、灾害性最大的活火山。针对天池火山开展的火山减灾工作也将改变我国火山教育公益事业相对较为薄弱的局面。

1. 减轻火山灾害的最基本要求先要了解火山

如何才能减轻火山灾害？最为关键的是要了解我们身边的火山。这个认识首先来自于美国地调局火山灾害工作队的成功经验，现已成为世界上众多火山区从事火山减灾工作的人们的共识。所谓了解我们身边的火山，就是要了解火山结构的组成、火山的形成历史、火山喷发时的物理过程以及控制火山喷发的机制。以上四个课题的解决，可以作为人类减轻火山灾害的重要前提。世界上每个火山都有它自身的独特特点，都有它唯一的喷发物理过程与喷发产物的集合——火山结构。根据天池火山的特点，选择性地开展有关灾害监测与研究工作，通过了解火山的时空发育历史与过程，预测未来可能的喷发过程与影响空间范围，从而达到减轻火山灾害的目的。

20 世纪末，随着国际火山减灾十年计划的完成，国际火山学界提出了 21 世纪火山减灾工作的重点是人与火山的共处。国际火山学界也认识到，如何才能做到人与火山和睦相处，最为关键的还是火山区内广大居民都能"了解火山、认识火山、相伴火山"。特别是对于社会发展有着一定决策影响力的政府官员，要对他们身边的火山的发生、成长、衰亡过程有着明确的了解，以此促进我们对天池火山与有关火山灾害的了解（杨清福等，1999、2007）。

2. 与天池火山共处是 21 世纪长期存在的自然与社会结合的公益课题

从自然科学与社会学的角度，最大可能地促进人类充分地利用火山资源，同时又能尽可能地避开身边的火山风险，是 21 世纪长期存在的自然与社会学课题。天池火山由于其自身的长期、复杂的形成历史和活动现状，因而使得其生命具有长时间生长、演化的可能。像大多数发展中国家一样，我们目前对于如何与天池火山共处的理解还很不够。更好地了解天池火山——这座世界上规模最大、喷发风险最大的火山之一，将对提高我国公众与火山共处意识起到很好的促进作用。

二、国际火山学与地球内部化学学会前主席 R. S. J. Sparks 教授的建议

国际火山学与地球内部化学学会（IAVCEI）前主席、英国布里斯托尔大学环境与地球物理流体研究中心主任 R. S. J. Sparks 教授于 2000 年 7 月 23 ~ 30 日在天池火山考察后对我国"九五"开始的火山监测研究工作给予了充分的肯定，同时建议我们加强国际合作，吸取国外火山监测的实际经验。他对我国火山喷发危险性及火山减灾提出了一些具体的看法，现在看来这些意见仍有借鉴意义：

（1）未来 100 年内长白山天池火山再喷发的概率为 1/5 ~ 1/10。可能的喷发形式是发生一次对于天池火山而言中小程度的爆破性喷发——喷出的岩浆体积可能在 0.1 ~ 0.5km^3，但在世界上通常火山喷发规模中却可能属于大规模的喷发（对比 1980 年圣海伦斯喷发时的岩浆体积也仅为 0.2km^3），之后再发生规模小一些的但却较频繁的火山喷发。

（2）未来天池火山喷发灾害由于天池湖水的存在将变得更为严酷，不能完全以千年大喷发为基础做出未来火山灾害的评价，那样将会导致错误的结论。

①与喷发有关的湖面快速上升，所导致的洪水与火山碎屑物结合转化成火山泥石流。将威胁火山附近的所有建筑物，包括现有的火山观测站以及二道白河下游几十千米远的公共设施，还可能会引起由二道白河补给的更大一级水系的洪水，如第二松花江与松花江水域的洪水泛滥。

②岩浆和湖水的反应使喷发会异常猛烈，通常都形成大量的火山灰，而这又促进了火山泥石流的形成。火山灰的分散搬运主要受低空风力的控制，而不是受高空风力控制。

（3）没有火山喷发时，湖水的存在本身也是一种灾害。至少有两种情况可以导致危险性的洪水冲下二道白河：严冬里突然的热量引起冰雪的迅速融化，这就会快速地抬高湖面；破火山口缘的滑坡（可能由地震引起）引起一次迅速的、几乎是瞬间的湖面抬升并把涌浪性洪水向下倾泻到二道白河。

（4）他强烈建议重新考虑天池火山观测站（"九五"计划建立的位于长白山大峡谷内的火山观测站）的位置。理由是：

①目前的天池火山观测站位于该火山的最大火山灾害地带。在一次火山危机的早期阶段火山站就不能工作，很多仪器将会受到破坏，观测站工作人员的生命也会遇到危险。

②如果火山观测站变得不可运行或者被毁坏的话，大部分监测能力也就不存在了，这就使得向政府提供的科学评价难上加难。

（5）火山减灾可能采取的步骤包括：

①由科学家准备好一份用非专业语言描述的灾害评价报告和一套灾害或风险图，要向地区和当地的政府展示和讲解。

②准备好一个应急方案，以便在火山活动威胁或开始喷发时使用。

③进行基础性公众教育，使得受潜在威胁的公众（尤其是居住在二道白河的居民）了解他们是生活在一个靠近活火山的位置。

④准备一些更明确而详细的公开资料（如活页卡片、录像短片等）以便在火山活动开始时散发给公众。

收到R. S. J. Sparks教授考察报告后，笔者结合"九五"工作总结认真研究了他的意见，认为"十五"火山计划中特别要注意：

（1）加紧进行951104课题的危险性评估和灾害预测工作，召集包括吉林、黑龙江两省地震局有关人员讨论研究火山灾害问题；对我们国家"九五"火山计划中得到的资料进行认真分析、总结：结合Sparks教授意见，提出我们自己的危险性评价。

（2）英国地质调查所蒙塞拉特火山观测研究站在火山喷发过程中四易其址，R. S. J. Sparks教授是基于他们的经验教训而提出天池火山站更换地址建议的。建议考虑在长白山天池地区的较轻灾区位置选择一个不容易受到火山威胁，而又便于火山观察的地方（"十五"火山计划中实际建在了二道白河镇主河道西侧玄武岩台地之上），作为今后建立火山观测站的候选位置，建议将目前观测站逐步建成遥测台站。

（3）在火山监测研究工作基础上，加强火山知识的科学普及工作，争取地方政府支持，在经济规划和基础建设时充分考虑可能的火山危险。

三、2002年夏开始的火山活动性

在2002年6月29日汪清M_L7.3深源地震(Z=566km)之后，天池火山观测站记录到的 7 月地震活动的频次突然增加，2002 年与 2003 年夏天在天池火山附近布设的流动地震台网更是记录到大量的微震活动。2003 年 6 月天池火山北坡第二期水准观测与 2002 年 9 月相比，天池火山北坡发生了由北至南的相对上升运动，越靠近天池火山口，垂直上升量越大（在长白瀑布附近上升了约 4.6cm）。2002～2003 年 GPS 测量反映的水平形变东西分量最大达 36.3mm·a^{-1}，南北分量最大达 64mm·a^{-1}。流体地球化学测量表明，2003～2004 年长白山火山逸出气体氦的 $^3He/^4He$ 比值是当时亚洲大陆观测到的最高值（湖滨温泉逸出氦的 $^3He/^4He$ 比值平均值达到 6.26Ra，与西太平洋岛弧火山基本相同），逸出氦的 $^3He/^4He$ 比值呈逐步升高的趋势。2005 年天池火山不稳定性显示开始变小。表现为 GPS 测量反映的水平形变 2003～2004 年东西分量最大为 26mm·a^{-1}，南北分量最大为 23.1mm·a^{-1}，2004～2005 年东西分量最大为 15mm·a^{-1}，南北分量最大为 27mm·a^{-1}。2002～2005 年垂直形变总变化为 4mm·a^{-1}。岩浆来源气体含量上升趋势趋缓，但 $^3He/^4He$ 比值仍处于多年平均值以上。

天池火山观测站记录的地震活动能量累计曲线显示天池火山及周边地震活动经历了三个阶段：第一阶段是 2002 年 6 月以前几年的背景性地震活动，能量积累与释放以较低的速率进行。第二阶段是 2002 年 7 月至 2004 年 8 月。表现为密集的震群活动，地震频度大，但能量积累与释放以中等速率进行。第三阶段是 2004 年 9 月以后，地震频度较低，而震级增大，能量积累与释放以较高速率进行。震级的加大说明地壳表层的微破裂向中等尺度破裂变化，有可能发生若干 4 级左右或更大地震。

四、长白山区古人类演化

为了达到人与火山和平共处的目的，除了了解火山本身以外，了解长白山区古人类与古人文化的演化历史也是有益处的。对于天池火山千年大喷发，研究工作中遇到的一个不可思议的问题是："为什么查不到关于这次大喷发时间与过程的确切的文字记录？"关于这个问题，很可能的一个原因就是当地人类历史上复杂多变的人种、民族、族种与族群纷争。正是由于当地部落族群之间长期的战乱纷争，才没有对自然界重大历史事件保留下系统的历史文字记载，而只是以少量口口相传的宗教神话与传说部分传承（参见本节古人崇拜文化部分）。与北京猿人同时代的金牛山人是长白山区最早的主人，距今约 69 万年。安图人和鸽子洞人都是金牛山人的后代，旧石器时代的安图人距今 26000 年，是长白山区古人类祖先（国家文物局，1992）。中原夏朝时称居住在东方沃土（如齐鲁大地）之人群为夷人。东北大地之上继安图人之后的开拓者是东北夷人，与长白山近地和三江流域有关的夷人中有黄夷、阳夷、于夷、田犬夷和方夷等。岁作为国名，始见于长白山地区，《三国志·魏志》夫余条：岁王之印，国有故城曰岁城。貊人自西周迁居北方，发人从渤海再东迁。东迁古夫余故地岁貊人后为夫余族人，其中一部分又南迁到鸭绿江中上游一带，变成了高句丽人和百济人。另外一些人从辽东半岛东进后，登上朝鲜半岛变成了东岁及岁貊人（尹郁山等，1998）。

夫余人是长白山地区最先建立国家政权的民族，中心活动区在长春地区北部。夫余国王东明原是索离国人，他征服了岁人后自立夫余国，后为高句丽始祖或第一代王（有东明神渡故载）。49 年夫余王就与汉朝通好，夫余王之位是嫡亲制，夫余国灭后子弟们来到沃沮人之地隐居。493 年勿吉灭夫余，夫余国的王及大臣们投奔高句丽，民众多加入勿吉人共同体。夫余最盛时，东至第二松花江，南至鸭绿江，西至沈阳以东，北至黑龙江、内蒙古等地。

沃沮人，先属于岁貊族系，后改属于肃慎族系。沃沮人是岁人的后裔，漠河人又是沃沮人的后代。朝鲜半岛上的漠河人与中国古籍里的漠河人皆为肃慎族系。朝鲜半岛早期新石器文化遗存多在图们江南岸的钟城、庆兴、会宁等地。沃沮人与岁、貊两种统一族系的差异是很大的。东汉光武帝刘秀建武中元元年（56 年），即高句丽第六代国王（太祖王）即位第四年，高句丽东征东沃沮。高句丽相继吞并了岁、貊、百济。

高句丽人主体属于东夫余人的后裔。高句丽之国是长白山地区继夫余人之后第二个自建独立民族政权的国家。高句丽人源出夫余人，夫余人少数又源自索离人，索离人又属"北夷"之人。北夷人存在原始图腾意识，因此高句丽人也善人马图腾。

肃慎族系是满族的祖先，民族起源有三种说法：一为山东半岛后迁东北地区；一为塞外后迁东北地区；一为黑龙江中游后南迁长白山附近。当白民居住在长白山脚下时，肃慎人正居住在黑龙江省境内；当白民、发人游离长白山北麓后，肃慎人已南进到了长白山北麓空虚之地。肃慎国比夫余人和高句丽人建国早得多得多，早在舜二十五年以前，夏朝尚未问世，肃慎人就与舜建立了友好关系。最初发祥地在山东泰山附近。夏朝之前东夷人就出现了零星外迁，至夏、商、西周时出现了大规模外迁，大举纷迁是在春秋之际。肃慎人迁入东北以后开始时居住在长白山以北（谭其骧，1996），挹（音 yi）娄人也初居于此。

勿吉的意思是森林或林中人。南北朝时勿吉人取代了挹娄人。在北魏太和十七年时勿吉灭夫余，但没取代之。勿吉还与百济合谋攻打高句丽。当勿吉人的一支步入长白山腹地后，曾泅渡图们江水，南抵朝鲜境内定居，从而演变出唐渤海国"白山部漠河人"。漠河人在隋以前组成了漠河族，讲漠河族语。漠河人与高句丽、新罗、百济人时和时分，668 年（唐高宗李治总章元年）高句丽国被灭后，其领地分别为新罗、漠河白山部和粟末部瓜分，粟末部后来成了渤海国中流砥柱。粟末人自立国号后，白山部人立即归附了粟末部，归附者后来则演变为满洲人。

渤海国是继夫余、高句丽之后长白山区第三个由少数民族建立起来的地方民族政权。渤海国的主体人是粟末部漠河人，其次是高句丽国遗民和女真人。"渤海漠河人"以粟末人为主体，与滞留于发人旧地的居民演变成真番、满番两个民族。真番人自认为是肃慎族系，后来演变成东海女真人的一部，又演变成今日鄂温克民族。满番人大都演变为清代满洲人。渤海人祖先信原始萨满教，后来受唐文化影响也信佛教。渤海人以能歌善舞著称，"踏锤舞"由渤海遗民传下至朝鲜族，另一些渤海遗民由渤海时期女真人演变为满族。长白山区渤海人的经济文化中狩猎传统文化与农业（水稻）文化新兴文化并存，后来发生了金女真人继承狩猎文化和朝鲜人继承水稻文化的分化。奚人是东北地区"东北夷人"成员之一，历史上与辽、金两朝有渊源关系。

女真人在肃慎族系中沿袭的时间最长，又称唐女真人、辽女真人、金女真人、元女真人、明女真人（"后金"政权建立后，皇太极宣布改女真为"满族"才告结束），属阿尔泰满——通古斯语族女真语支之人。唐太宗李世民贞观年间（627～649年）唐女真人属广义漠河民族，但后来取代漠河人的地位并自立了大金国。辽女真人是渤海国遗民的一部分，分熟女真人和生女真人两部分。辽代以居住地划分了12种女真人，而部落则多如繁星。如长白山地区就有30部女真人，当时就已使用了铁犁、铁斧、铁剑等农具。金女真人是由辽女真人中的"生女真人"继续发展而来的。主体成员是辽长白山30部女真人当中的完颜氏，至明朝时成了女真人的主要成员。元女真人是继承和发展金女真人的结果，总称"东北女真人"。当时居住在长白山之北的女真人与居住在长白山之南的高句丽人建立了良好的友谊，都属元朝统治。明女真人是元女真人继承与发展形成的，它不是一个对族种的称谓，而是对族群的泛称。长白山地区仅3部女真人，因部小势弱而过早地被建州强部吞并。现今朝鲜咸镜地区当年是女真人与朝鲜人杂居之地，也称东海野人女真分布地。

五、长白山区古人崇拜文化

人对山的崇拜属于一种自然崇拜，长期以来人们对长白山的崇拜形成了特有的长白山崇拜文化。长白山的崇拜文化，是土著民族聪明智慧的结晶，她蕴藏于人们心中并表现在意识行为上，古今并存、雅俗共赏且富有浓郁东北特色。长白山的崇拜文化系统中，形成时间最早的就是神话传说。从这些神话传说中可以找出开天辟地时的迷离憧憬，也可以找出满族先民与众神相处的原始萨满教的形成过程。可以说这些古人的口头文学是今天长白山区人文文学的先驱。

研究火山喷发历史效应文字记录是近年来非常重视的研究方向之一。它不仅可以得出火山喷发灾害效应与异常气候效应的关系，从而为研究火山作用与环境的关系提供确实的证据，还可以为恢复火山喷发历史与喷发过程提供翔实的资料。如2000年世界知识出版社出版的戴维·基斯著、邓兵译《大灾难》一书，就对535年大喷发后的各种异常气候现象、环境灾难作了系统的总结。在2000年日本东北大学关于天池火山10世纪巨大喷发（我们称其为千年大喷发）的历史效应研讨会上，成泽胜教授更是从满语资料翻译的角度，对长白山天池火山的重要意义作了阐述。"长白山"一词是从满语"Golmin sanggiyan alin"翻译而来的。"长"对应 Golmin，"白"对应 sanggiyan，而"山"对应着 alin。但是满语里 sanggiyan 还有另一个含义解释：即"烟"。这样，从火山的角度，"长的冒烟的山"或"冒烟的长山"就成了当时讲满语的居住在长白山地区的人们对天池火山这座经常喷发的火山的特征表述。无论是剧烈的布里尼喷发柱，还是温和的喷发后脱气过程，人们都会以"冒烟的山"来记述它，特别是火山喷发之后的脱气冒烟过程会持续很长时间。"Golmin sanggiyan alin"自然也就成了火山喷发现象的特征名称。

在我们生活的这个星球上，火山喷发是最具神秘性和不确定性的灾变性地质现象之一，世界上很多最活动的火山都在古代文明中心附近，如西西里岛的埃特纳火山和那不勒斯湾海岸的维苏威火山。因此，在经典文献中就含有很多火山的内容，很多神话与传说都与火山有关。这笔民间传说的财富是古代火山活动信息的重要来源。FM Bullard 于1984 年出版的《地球的火山》一书中对世界上若干著名的与火山有关的神话和传说作了系统的介绍（Bullard，1984）。H Sigurdsson 1999 年在其名为《地球的熔融》一书中则详细地归纳罗列了地球上著名火山的各种典型的神话与传说（Sigurdsson，1999）。从石器时代、青铜器时代、中世纪到几个世纪前，从欧洲、非洲、拉丁美洲到亚洲，世界各地不同时间有关火山的神话传说及古代人类的火山学认识都有非常详细的论述。

在希腊神话中，赫斐斯塔斯（火与锻冶的神）是火神。在罗马神话里，赫斐斯塔斯被认定为乌干（火与锻冶的神）。而"乌干"与"火山"在英语和意大利语中都是同一个词根。Pele 是夏威夷岛火山的女火神，传说夏威夷岛火山在每次喷发之前人们都可先看到 Pele 太太。地球上原始人类有好多都是火的崇拜者，作为火的来源的火山就自然而然地成为他们的神话的一部分。墨西哥最早的金字塔是支持这一观点的实例，如墨西哥城里的 Cuicuilco 金字塔，它们在形状上都是圆形的——类似于火山锥。在玻利尼西亚神话中把火的来源归因于火山。汤加人的英雄偷了阴间的火，从一个通道跑出来时使丛林着了火。从那时起，所有的人就都有了火。

我国东北满族有关天池火山神话，很多都是肃慎时期的祖先神话。满族以原始萨满教作为承传祖先神话的唯一宝库。以笔者近年来在天池火山一带调查研究工作为基础，对这些神话与传说中所包含的科学信息作如下解释：

天池神话是神话中反映火山喷发现象最丰富的一个神话，其中的日吉纳花反映了人们对它在火山喷发后复生时顽强的生命力的敬仰。"每逢旧历七月十五这一天，长白山上必有天火喷吐"说明的是天池火山喷发的周期性，时隔一年的规则周期又与夏季满月天象时间有关。"浓烟滚滚，光照天际"说的是白天与黑夜里喷发柱的情形，而"烧到七七四十九天"则说明喷发时间往往都达一个月以上。"举家外走，流离失所"无疑是喷发后的灾难性后果。人们治理火山时，"风、雪二神力弱，无济于事"反映了火山威力的巨大，而"山峰坍塌下来，炸成个巨大的坑"则与爆破式喷发塌陷形成破火山口一致。

人们取得更大能量的帮助之后，终于在"天火又复生时将火山口填平"反映了古人与自然界抗争时最终取得胜利的乐天精神。"日吉纳格格"这一称呼能否推测喷发时间与"格格"称呼时间有关呢？长白山区天火神话描述了"沿着红河而降临的金花火神双手翻耍着巴克山香，上下旋转舞动，如同火球飞舞，五彩缤纷"，这反映出了天池火山斯通博利式喷发时火山喷泉的动态画面。在白云峰、芝盘峰之间所见的"火球无数，起落不定"也与夜间斯通博利式喷发现象相符。在胞胎山所见"有一个大火球起落于此，状如车轮，从长白山上飞落于小白山上"也反映了火山碎屑物弹道式搬运过程。

长白山温泉神话与人们沿二道白河向上游去天池的路线相一致，而"当天火如恶魔般地蔓延下来时"与天池火山气象站期碱流质寄生火山活动特征相一致。碱流岩沿山坡向下流动速度较慢，人们有较充裕时间跑掉并观察它，因而形象地称其为"恶魔般地蔓延下来"。长白山火山喷发造江神话反映了天池火山巨型造伊格尼姆岩喷发时的恐怖情景，"一日忽然来了一条火龙，顿时烧焦了森林原野"与高速运动的伊格尼姆岩相对应，现在天池火山四周几十千米范围内遍布各地的碳化木躯干及碎块就是明证。神话中还反映了谷塘型伊格尼姆岩的二次改造堆积现象。河流沿原河道的冲刷使得充填堆积物又被冲出沟槽，就成了神话中"厮杀中豁开的沟"。此神话还说明了天池火山喷发物已经影响到了嫩江流域，这可以帮助我们确定天池火山灾害的影响范围。

长白山地区洪水神话反映了喷发之后洪水、泥石流泛滥、堵塞河道等现象。蛇与猛犸象神话与长白山喷发造江神话含义相仿，由地质历史上猛犸象的绝灭时间可以推测天池火山当时的喷发活动。柳枝育人、救人神话说的是珲春一带河流堰塞湖灾变的事情，而赫赫瞒尼女神故事中反映了天地大碰撞、灾变能量转化、新生物种的诞生过程。白云格格神话与长白山周围砂质泥石流有关，堆砂堵水反映了人们的幼稚，而"雪神降雪，冻死了她和万物"则与喷发之后气候异常的"火山冬天"现象相吻合。以上神话产生时间都属于肃慎时期的祖先神话。肃慎人的生存时代自舜二十五年之前至周朝燕国肃慎国，约4000多年前至公元前221年。

泰山是长白山脉跨越渤海后向西南延展的末端山体。在对泰山古代文化研究过程中发现了很多已经具有文字功能的泰山古人类文化符号，符号图案是在山顶上有一团下细上粗的燃烧着的火焰，火焰之下还有一层横向排列的带状物（图7-5-1）。曾有人把这个符号图案解释为古代阳夷人祭祀太阳时对太阳的崇拜文化（图案寓意为人们在山顶接受太阳的温暖，也表示了太阳与火给人们带来温暖），但笔者认为这个符号图案也可能是古人对火山喷发现象的记录。因为"火山"概念的本义就是在山顶上"喷火"。我们知道古代东方夷人曾从泰山一带迁往长白山区，后又迁徙回到泰山一带。笔者推测他们在长白山一带看到了天池火山喷发情景，由于敬畏，在返回泰山后用符号图案把这一壮观而可怕的自然现象记录下来，这就是我们今天看到的这个"火山"的符号图案。由此可以推测，在东方夷人迁往东北时，经受了火山喷发的洗礼。也就是说，在这一时期天池火山或其

图 7-5-1　东方夷人记录火山喷发的"文字符号"

描述的事件是在一座山的顶部"着了火"，与通常火焰下粗上细形状不同的是，火山喷发柱的下部细而上部变粗。规模小的、"温和的"喷发还会形成火山上部较低位置水平向扩散为主的喷发云

他火山发生了一次或数次喷发。如此早的火山图案在世界其他文明古国也是极为罕见的。

六、人类、火山、资源与共存

高温的地下熔体（或流体）经地下通道喷出地表谓之火山喷发，由这些喷发物堆积形成的锥形或负锥形、穹状、环状、盾状或席状体则构成火山。火山作用应包括岩浆的生成、聚集、搬运直到喷发以及岩浆与周围岩石、水、大气和生物的相互作用等。火山喷发的熔体和流体，是由于地幔和地壳物质在一定的温度压力条件下发生部分熔融而形成的。一般说来，镁铁质岩浆是在地幔条件下大于 1000℃温度和大于 15kbar（1bar = 10^5Pa）压力的条件下发生部分熔融生成的。通常认为地幔软流圈是生成玄武质岩浆的主要场所，而下地壳或中下地壳（650 ~ 900℃和 5 ~ 10kbar）是生成硅铝质岩浆的主要场所。不论在地幔还是在地壳内生成的岩浆，最初都分散于岩石的矿物粒间。当这些分散的粒间液态岩浆通过流动或动力作用被迁移聚集时就可能形成规模不等的地幔或地壳岩浆房，从而为火山喷发或岩浆侵入提供物质基础。

这里所谈的火山资源是指火山喷发后给人类带来的各种有关利益的集合。它包括火山矿产、火山能源、火山旅游等各方面。火山喷发作为一种地质作用的表现形式、作为一种能量传递与转换的途径，它自然就会带来一系列的物质存在方式的变化。在所引起的物质存在方式的变化中，人们首先感兴趣的就是与火山喷发有关的矿产资源的形成。火山成因矿产几乎包含了矿产的所有类型，如人们习惯上提到的金属矿产、非金属矿产、有机与无机矿产等，多金属矿产在人类文明的进步中起到了重要的支撑保证作用。我们周围的绚丽多彩的物质与文化生活也有很多都与人类对多金属矿产的研究开发有关，在这些多金属矿产中有很多都与火山作用的特定阶段与特定过程有着密切的联系。与火山喷发有关的岩浆作用对这些多金属矿产的富集、运移与形成起着重要的控制作用。火山喷出的泡沫状岩石（由于内部富含互不连通的气孔，可漂浮在水面之上而称为浮岩）也是良好的隔热、研磨石料的非金属矿产。20 世纪 80 年代后长白山区大量的浮岩矿被开采，开采后运到东南沿海及出口海外。当时很多当地人饶有兴趣地询问："这里含有什么矿"？其实，他们身上穿的时髦、漂亮的牛仔服有很多就是由这些浮岩磨光的。

在所有火山活动区，即使是在火山活动已经停止了几千年的地区，地下岩浆也可以是在连续性地缓慢地冷却，它的热量也还要向周围岩石不断地释放。这一高热流常常足以使得浅部含水层受热，在地表常表现为温泉、喷气孔、间歇喷泉及其他有关现象。据估计有 10% 以上的地球表面都清晰地显示了很高的热流，这些地方的热泉与其他热显示世世代代就被用来洗澡、洗衣、做饭等。长白山近代火山活动区的地热能量的商业利用率还很低，但却显示了极好的前景。

火山地热资源一般分以下四种类型：以蒸汽为主的对流系统、以热水为主的对流系统、热的干岩系统和地质加压砂。天池火山岩浆地热系统为如图 7-5-2 所示的以热水为主的对流系统。冷水自火山表面 A 点进入地热系统，由于它比火山深部 B 点密度大而向下迁移。水在下降时受到高温岩石的热对流而加热并开始溶解 Na、K、Li、Cl、CO_2、S、硼酸盐和 SiO_2 等组分，水被加热到 250℃时而不再溶解 SiO_2 和其他组分，这时简单地假设地热梯度如图中 GFC 虚线所示。假如一些热流体从岩浆里跑出，地热梯度就会变化，如图中 GF′ C 所示。由于 C 点的高压使得水上升至 D 点，这一过程中温度的变化很小。在 D 点的静水压力降低到 250℃水的蒸汽压时，也就开始形成最早的蒸汽相气泡。从 D 点到地表 E 点，静水压力持续降低，所以有更多的气泡形成于宁静的液态水中，因此，在地表经常都可以看到冒泡的温泉。

随着人们生活水平的提高，假日外出旅游日益成为一种时尚。作为人们对自然的寻求与探索，火山以其特有的综合魅力吸引着人们的注意。火山区一般都有秀美的风景，肥沃的火山灰土壤孕育了茂盛的植被，众多大规模火山山体又常具有峻峭的山峰和湍急的河流。加上当地独特的小气候条件而常常是风云变幻，更使得火山区的旅游带有浓厚的神秘色彩。例如长白山天池火山，雄伟的山体是三江之源（松花江、图们江、鸭绿江

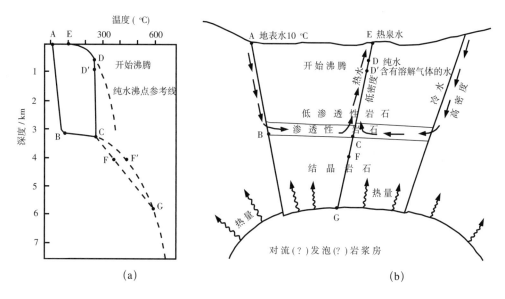

图 7-5-2　天池火山区高温地热系统模式图

（a）水从 A 点到 E 点的补给与排泄系统的温度剖面；（b）地表水到热泉水的动力学流程图
通用模型图参照 Bullard (1984)

均发源于此）。山顶火山口内塌陷形成的蓄水 20 亿立方米的天池、长白瀑布之下能煮熟鸡蛋的聚龙温泉，还有神秘莫测的地下森林、长白大峡谷等自然景观，都是令游人流连忘返的极佳去处。鉴于天池火山周围保存极好的、丰富的自然环境资源，联合国科教文组织已把它作为"世界自然保留地"。作为本书结束语，笔者希望天池火山应该是一个 21 世纪我们探求人与自然和谐共存的天然实验场。

参 考 文 献

赤石和幸、光谷拓实、板桥范芳，2000，十和田火山最新喷发伴生的泥石流灾害——埋没房屋的发现与房屋树木年轮研究，地球惑星科学关联学会合同大会预稿集（CD-ROM）Q_3，1～9（日语）

川崎繁太郎，1927，白头火山脉，朝鲜博物学会杂志（4）：7～20（日语）

崔钟燮、魏海泉、刘若新，1995，长白山天池火山喷发历史记载资料的考证，见《火山作用与人类环境》（刘若新主编），北京：地震出版社，36～39

戴维·基斯著，邓兵译，2000，大灾难，北京：世界知识出版社

邓晋福、罗兆华、苏尚国、莫宣学、于炳松、赖兴运、谌宏伟，2004，岩石成因、构造环境与成矿作用，北京：地质出版社

渡边武男，1934，白头火山，火山，第2卷第1期，40～75（日语）

段永红、张先康、刘志、原秦喜、徐朝繁、王夫运、方盛明、杨卓欣，2005，长白山——镜泊湖火山区地壳结构接收函数研究，地球物理学报，第48卷，第2期，352～358

樊祺诚、隋建立、王团华、李霓、孙谦，2006，长白山天池火山粗面玄武岩的喷发历史与演化，岩石学报，22（6）：1449～1457

樊祺诚、隋建立、李霓、孙谦、徐义刚，2007，长白山天池火山双岩浆房岩浆作用与互动式喷发，矿物岩石地球化学通报，26（4）：315～318

樊祺诚，2008，长白山火山的历史与演化，资源调查与环境，29（3）：196～203

高玲、上官志冠、魏海泉、武成智，2006，长白山天池火山近期气体地球化学的异常变化，地震地质，28（3）：358～366

谷口宏充，2004，中国东北白头山10世纪巨大喷发及历史效果，东北亚研究中心丛书，16号，日本仙台东北大学东北亚研究中心（日语）

国家文物局，1992，中国文物地图集，吉林分册，北京：中国地图出版社

郭正府、刘嘉麒、樊祺诚、贺怀宇、隋淑珍、储国强、刘强、JFW Negendank，2005，四海龙湾玛珥湖沉积物中碱流质火山灰的来源及其意义，岩石学报，21（1）：251～255

胡亚轩、王庆良、崔笃信、李克、郑传芳，2004，长白山火山区几何形变的联合反演，大地测量与地球动力学，24（4）：90～94

吉林省区调队，1963，漫江、长白幅1：20万区域地质调查报告，长春：吉林省地质局出版，1～241

吉林省区调队，1971，抚松幅1：20万区域地质调查报告，长春：吉林省地质局出版，1～90

吉林省区调队，1974，白头山幅1：20万区域地质调查报告，长春：吉林省地质局出版，1～129

金伯禄、张希友，1994，长白山火山地质研究，长春：东北朝鲜民族教育出版社

靳晋瑜、魏海泉、盘晓东、刘强，2006，长白山天池火山造盾熔岩流流动速度的恢复与溢流性灾害讨论，地震地质，28（3）：381～390

雷建设、赵大鹏，2004，长白山火山的起源和太平洋俯冲板块之间的关系，地球科学进展，19（3）：364～367

李昌基、陈玉新，1988，白头山重力场的地质解释，吉林地质科技情报，4：44～46

李昌年，2002，岩浆混合作用及其研究评述，地质科技情报，21（4）：49～54

李继泰、杨清福、李春峰、马明志，1995，长白山天池火山地质及近期动态观测结果，见：刘若新主编，火山作用于人类环境，北京：地震出版社，28～35

李霓、樊祺诚、孙谦、张文兰，2004，长白山天池火山岩浆演化——来自主矿物成分的证据，岩石学报，20（3）：575～582

李晓东，李明，刘若新，1996，长白山天池火山喷发的气候效应，地震地磁观测与研究，17（4）：12～18

刘丛强、解广轰、增田彰正，1992，中国东北地区新生代玄武岩地幔源区的地球化学特征——微量元素地球化学证据，见：刘若新主编，中国新生代火山岩年代学与地球化学，北京：地震出版社，228～318

刘国明、张恒荣、孔庆军，2006，长白山天池火山区的地震活动特征分析，地震地质，28（3）：503～508

刘嘉麒，1987，中国东北地区新生代火山岩的年代学研究，岩石学报，4：21～31

刘若新、李继泰、魏海泉、许东满、郑祥身，1992，长白山天池火山——一座具潜在喷发危险的近代火山，地球物理学报，35（5）：661～665

刘若新、魏海泉、李继泰，1998，长白山火山近代喷发，北京：科学出版社

刘祥、向天元、王锡魁，1989，长白山地区新生代火山活动分期，吉林地质，（1）：30～31

刘英俊、曹励明，1987，元素地球化学导论，北京：地质出版社

刘永顺、聂保峰、孙善平、穆大卫、史延升，2007，长白山天池火山气象站晚期碱流质熔岩的岩石学研究，现代地质，21（2）：295～306

马昌前，1987，硅酸盐熔体的黏度、密度及计算方法，地质科技情报，（2）：142～150

莫宣学、赵海玲、许立权，1999，岩浆作用中几个重要的流体动力学问题，桂林工学院学报，19（3）：264～271

木村薄一，1978，奈良市灾害编年史，1～77（日语）

全哲洙主编，吉林省地方志编撰委员会编，2002，长白山志，吉林人民出版社

山成不二昌，1928a，白头山，地学杂志，40（475）：507～519；（476）：572～581；（477）：636～649

山成不二昌，1928b，新生代日本碱性岩石区地壳运动与火山活动，地学杂志，40（468）：1～9；（469）：5～13；（470）：1～9；（471）：18～22；（472）：24～39；（473）：23～30；（474）：33～45

上官志冠、郑亚琴、董继川，1997，长白山天池火山地热区逸出气体的物质来源，中国科学（D辑），27（4）：318～324

宋海远，1990，长白山火山研究，延吉：延边大学出版社

谭其骧，1996，简明中国历史地图集，北京：中国地图出版社

汤德平，1990，吉林省白头山火山岩的岩石学研究，中国地质大学研究生院学报，4（1）：64～78

汤吉、邓前辉、赵国泽、李文军、宣飞、晋光文、白登海、詹艳、梁竞阁、蒲兴华、王继军、李国深、洪飞、马明志、陈凤学，2001，长白山天池火山区电性结构和岩浆系统，地震地质，23（2）：191～200

万渝生、伍家善、耿元生，1995，碱性玄武岩形成的时限及其地质意义，地球学报，4：365～374

王季平，1987，长白山志，长春：吉林省文史出版社

王瑜、李春风、陈洪洲，1999，中国东北新生代火山作用构造背景，地质论评，45（增刊）：180～189

王夫运、张先康、杨卓欣，2002，用地震走时反演长白山天池火山地区的二维地壳结构，地震学报，24
　　(2)：144～152

魏海泉、Melnik O、刘永顺，Barmin A，Sparks RSJ，2006，火山通道岩浆流动动力学模型在天池火山喷
　　发过程中的应用，岩石学报，22 (12)：3007～3013

魏海泉译，1991，重力 (密度) 对火山作用、岩浆房及侵入体的控制作用，国外地质，(6)，12～19

魏海泉、白志达、李战勇、孙谦、樊祺诚、史兰斌、张秉良、徐德斌、胡久常、肖劲平、卢永健，
　　2005b，琼北全新世火山区熔岩流动速度的恢复与火山灾害性讨论，地质论评，51 (1)：27～35

魏海泉、李春茂、金伯禄、靳晋瑜、高玲，2005a，长白山天池火山造锥喷发岩浆演化系列与地层划分，
　　吉林地质，24 (1)：22～27

魏海泉、刘若新，2001，从神话、传说与文字记录中探索中国活火山喷发的信息，岩石矿物学杂志，20
　　(3)：337～343

魏海泉、刘若新，1991，火山灾害减轻与预报，地震地质译丛，13 (6)：4～10

魏海泉、刘若新，1996，长白山天池火山近代火山碎屑堆积物成因类型及灾害预测，见：刘若新主编，
　　火山作用与人类环境，北京：地震出版社，21-27

魏海泉、刘若新、樊祺诚、杨清福、李霓，1999，长白山天池火山——多成因中央式火山，地质论评，
　　45 (增刊)：257～262

魏海泉、刘若新、李晓东，1997，长白山天池火山造伊格尼姆岩喷发及气候效应，地学前缘 (中国地质
　　大学，北京)，4 (1~2)：263～266

魏海泉、刘若新、杨清福，1998，天池火山物理火山学研究，见：刘若新、魏海泉、李继泰主编，长白
　　山天池火山近代喷发，北京：科学出版社，83～107

魏海泉、宋圣荣、杨清福、刘祥，1998，长白山天池火山近代喷发物，见：刘若新、魏海泉、李继泰主
　　编，长白山天池火山近代喷发，北京：科学出版社，49～82

吴才来、李兆鼐、尚如相，1998，长白山地区新生代火山岩浆作用动力学及环境效应，中国区域地质，
　　17 (3)：291～299

吴才来、李兆鼐，1997，长白山地区新生代火山岩及其幔源包体的矿物化学及矿物包裹体研究，岩石矿
　　物学杂志，16 (4)：289～302

吴建平、明跃红、刘一鸣、齐胜福、袁松涌，2003，2002 年 8 月 20 日长白山天池火山小震震群研究，
　　地震地磁观测与研究，24：1～8

吴建平、明跃红、苏伟，2004，长白山天池火山的深部结构及地震活动特征研究，中国大陆地球深部结
　　构与动力学研究——庆贺滕吉文院士从事地球物理研究 50 周年，北京：科学出版社，859～871

吴建平、明跃红、张恒荣、刘国明、房立华、苏伟、王未来，2007，长白山天池火山区的震群活动研
　　究，地球物理学报，50 (4)：1089～1096

吴建平、明跃红、张恒荣、苏伟、刘一鸣，2005，2002 年夏季长白山天池火山区的地震活动研究，地球
　　物理学报，48 (3)：621～628

肖龙、徐义刚、梅厚钧等，2003，云南宾川地区峨眉山玄武岩地球化学特征：岩石类型及随时间演化规
　　律，地质科学，38(4)：478～494

解广轰、王俊文、Basu A. R.，等．1988，长白山地区新生代火山岩的岩石化学及 Sr、Nd、Pb 同位素地
　　球化学研究，岩石学报，4：1～12

许东满、郑祥身、许湘熙，1993，长白山天池区全新世以来火山活动及其特征，第四纪研究，(1)：
　　85～93

杨清福、刘若新、魏海泉、桑成良、张兴科，1999，长白山天池火山潜在的火山灾害评价，地质论评，45（增刊），"火山作用与资源、环境"学术研讨会论文集：215～221

杨清福、史兰斌、陈孝德、陈波、张羽，2006，长白山天池火山一次近代喷发物的特征，地震地质，28（1）：71～83

杨清福、薄景山，2007，长白山天池火山的研究现状与展望，自然灾害学报，16（6）：133～139

杨卓欣、张先康、赵金仁、杨健、段玉玲、王帅军，2005，长白山天池火山区三维地壳结构层析成像，地球物理学报，48（1）：106～114

尹郁山、郑光浩，1998，长白山史话，长春：吉林文史出版社

早川小山，1998，日本海10世纪两次大喷发年月日——十和田湖与白头山，火山，43：403～407（日语）

张成科、张先康、赵金仁、刘宝峰、张建狮、杨卓欣、海燕、孙国伟，2002，长白山天池火山区及邻近地区壳幔结构探测研究，地球物理学报，45（6）：812～820

张恒荣、刘国明、武成智、孔庆军、郭峰，2003，天白山天池火山监测与火山活动状态的初步分析，地震地震，25（增刊），109～120

张立敏、唐晓明，1983，西太平洋板块俯冲运动与中国东北深震带，地球物理学报，26（4）：331～340

张明、涂勘、解广轰，Flower MFJ，Carlson RW，1992，海南岛新生代玄武岩微量元素和同位素地球化学，见：刘若新主编，中国新生代火山岩年代学与地球化学，北京：地震出版社，246～268

张先康、张成科、赵金仁、杨卓欣、李松林、张建狮、刘宝峰、成双喜、孙国伟、潘素珍，2002，长白山天池火山区岩浆系统深部结构的深地震测深研究，地震学报，24（2）：135～143

赵大鹏、雷建设、唐荣余，2004，中国东北长白山火山的起源：地震层析成像证据，科学通报，49（14）：1439～1446

赵海玲，1994，岩浆物理性质和流体动力学研究，地学前缘，1（1-2）：104～110

赵海玲、邓晋福、陈发景、胡泉、赵世柯，1996，东北地区新生代火山作用、深部作用与大陆裂谷型盆地，地球科学——中国地质大学学报，21（6）：615～619

支霞臣、冯家麟，1992，汉诺坝玄武岩的地球化学，见：刘若新主编，中国新生代火山岩年代学与地球化学，北京：地震出版社，114～148

中村俊夫，2004，埋没树木 ^{14}C 年轮校正法对火山喷发的高精度年代确定，名古屋大学年代测定综合研究中心，平成13～15年度科学研究补助金研究成果报告书，1～131（日语）

中国地质调查局，2000，中华人民共和国1：5万地质图说明书：维东幅（1-62）、白头山幅（1-73）、老跃进林场幅（1-61）、天池幅（1-63）

Agnon A., Lyakhovsky V., 1995, Damage distributeon and localization during dyke intrusion, In: Baer, Heimann (eds) Physics and chem.istry of dykes, 65-78

Allen P., 1997, Earth surface processes, Blackwell Science, London, 1-404

Amadei B., Stephansson O., 1997, Rock stresss and its mearurement, Chapman & Hall, London

Anderson T.L., 1995, Fracture mechanics: fundamentals and applications, CRC Press, Boca Raton

Anderson A.T., Newman S., Williams S.N., Druitt T.H., Kirius C.S., Stolper E., 1989, H_2O, CO_2, Cl, and gas in plinian and ash-flow Bishop rhyolite, Geology 17: 221-225

Avanzinelli R., 2004, Crystallization and genesis of peralkaline magmas from Pantelleria Volcano，Italy：an integrated petrological and crystal-chemical study, Lithos，73: 41-69

Barmin A.A., O.E. Melnik, 1993, Features of eruption dynamics of high viscosity gas- saturated magmas, Izv. Ros. Akad. Nauk, Mekh. Zhidk. Gaza, 2: 49-57

Basu, A. R., Junwen, W., Wankang, H., Guanghong, X., Tatsumoto, M., 1991, Major element, REE, and Pb, Nd and Sr isotopic geochemistry of Cenozoic volcanic rocks of eastern China: implications for their origin from suboceanic-type mantle reservoirs. Earth and Planetary Science Letters 105, 149-169

Baxter P.J., 1990, Medical effects of volcanic eruptions, I. Main causes of death and Injury, Bull Volcanol 52: 532-544

Baxter, P.J., Bonadonna, C., Dupree, R., Hards, V.L., Kohn, S.C., Murphy, M.D., Nichols, A., Nicholson, R.A., Norton, G., Sear, A., Sparks, R.S.J., Vickers, B.P., 1999, Cristobalite in volcanic ash of the Soufriere Hills Volcano, Montserrat, British West Indies, Science 283, 1142-1145

BEASY, 1991, The boundary-element analysis system user guide, Computational Mechanics, Ashurst, Southampton

Bell F.G., 2000, Engineering propertyes of rocks, 4th edn, Blackwell, Oxford

Bienawski Z.T., 1984, Rock mechanics design in minning and tunneling, Balkema, Boston

Palmasesson and Saemundson 1974

Bibby H.M., Caldwell T.G., Davey F.J., Webb T.H., 1995, Geophysical evidence on the structure of the Taupo volcanic zone and its hydrothermal circulation. J Volcanol Geotherm Res, 1995, 68: 29-58

Blake S., 1984, Volatile oversaturation during the evolution of silicic magma chambers as an eruption trigger, J Geophys Res 89: 8237-8244

Blake S., Campbell I.H., 1986, The dynamics of magma-mixing during flow in volcanic conduits, Contributions to Mineralogy and Petrology 94 (1): 72-81

Blong, R., 1984, Volcanic hazards: a sourcebook on the effects of eruptions, Academic Press, 1-424.

Bottinga, Y., 1969, Calculated fractionation factors for carbon and hydrogen isotope exchange in the system calcite-carbon dioxide-graphite-methane-hydrogen-water vapor, Geochim. Cosmochim. Acta, 33, 49-64

Bottinga Y., Weill D., 1972, The viscosity of magmatic silicate liquids: a model for calculateion, Am J Sci 272: 438-475

Bullard F. M., 1984, Volcanoes of the Earth, University of Texas Press, Austin, 1-629

Sigurdsson H., 1999, From the stone age to volcano myths, In: Sigurdsson H, eds, Melting the Earth, Oxford University Press, New York, Oxford, 11-20

Campbell I.H., Turner J.S., 1985, Turbulent mixing between fluids with different viscosities, Nature, 313: 39-42

Campbell I.H., Turner J.S., 1986, The influence of viscosity on fountains in Magma chambers. Journal of petrology, 27 (1): 1-30

Cardoso, S. S. S., Woods, A. W., 1999, On convection in a volatile-saturated magma, Earth Planet. Sci. Lett. 168 (3-4) : 301-310

Carey, S., Sigurdsson, H., Gardner, J.E., Criswell, W., 1990, Variations in column height and magma discharge during the May 18, 1980 eruption of Mount St Helens, Journal of Volcanology and Geothermal Research, 43, 99-112

Carey S., R.S.J. Sparks, 1986, Quantitative models of the fallout and dispersal of tephra from volcanic eruption column, Bull. Volcanol. 48: 109-125

Carter N.L., Tsenn M.C., 1987, Flow propertyes of continental lithosphere, Tectonophysics 136: 27-63

Chen, Y., Zhang, Y., Graham, D., Su, S., Deng, J., 2007. Geochemistry of Cenozoic basalts and mantle xenoliths in northeast China. Lithos 96, 108-126

Choi, S. H., Mukasa, S. B., Zhou, X.-H., Xian, X. H., Andronikov, A. V., 2008, Mantle dynamics beneath East Asia constrained by Sr, Nd, Pb and Hf isotopic systematics of ultramafic xenoliths and their host basalts from Hannuoba, North China, Chemical Geology 248, 40-61

Christensen J.N., DePaolo D.J., 1993, Time scale of large volume silicic magma systems: Sr isotope systematic of phenocrysts and glass from the Bishop Tuff, Long Valley, California, Contrib Mineral Petrol 113: 100-114

Chun J.H.., Cheong D.K., Lee Y.J., Kwon Y.I., and Kim B.C., 2006, Stratigraphic implications as a time marker of the B-J tephra erupted from Baegdusan volcano discovered in the marine cores of East Sea/Japan Sea during late Pleistocene. Jour. Geol. Soc. Korea, 42(1), 31-42 (in Korean with English abstract)

Couch S., Sparks R.S.J., Carroll M.R.v, 2001, Mineral disequilibrium in lava explained by convective selfmixing in open magma chambers, Natu re, 2001, 411: 1037-1039

Davidson J. And DeSelva., 2000, Composite volcanoes. In: Sigurdsson H, (ed), Encyclopedia of volcanoes. London: Academic Press, 2000. 663-682

Davies G.R., Halliday A.N., Mahood G.A., Hall C.M., 1994, Isotopic constraints on the production rate, crystallization histories and residence times of pre-caldera silicic magmas, Long Valley, California, Earth Planet Sci Lett 125: 17-37

Davis T.A., Hay W.W., Southam J.R. and Worsley T.R., 1977, Estimates of Cenozoic oceanic sedimentation rates, Science 197, 53-55

de Leeuw, G. A. M., D. R. Hilton, T. P. Fischer, and J. A. Walker, 2007, The He-CO_2 isotope and relative abundance characteristics of geothermal fluids in el Salvador and Honduras: New constraints on volatile mass balance of the Central American volcanic arc, Earth. Planet. Sci. Lett., 258, 132-146.

Dixon, J., 1997, Degassing of alkalic basalts, Am. Mineral., 82, 368-378

Dobran F., 1992, Nonequilibrium-Flow in Volcanic Conduits and pplication to the Eruptions of Mt St-Helens on May 18, 1980 and Vesuvius in Ad 79, J Volcanol Geoth Res, 49: 285-311.

Dohrenwend J.C., 1990, Lunar crater volcanic field, In: CA Wood and J Kienle (eds), Volcanoes of North America, Cambridge Univ Press, New York, NY, 258-259

Druitt. T. H., L. Edwards., Mellors. R. M., Pyle. D. M., Sparks. R. S. J., Lanphere. M., Davies. M., Barriero. B., 1999, Santorini Volcano, Geol. Soc. London Memoir 19: 1-162

Dunai, T., and D. Porcelli, 2002, Storage and transport of noble gases in the subcontinental lithosphere, Rev. Mineral. Geochem., 47, 371-409

Dunlap C.E. 1996, Physical, chemical, and temporal relations among products of the 11th century eruption of Baitoushan, China/Korea, PhD thesis, Univ. Calif. Santa Cruz, 1-215

Eichelberger J.C., C.R. Carrigan, H.R. Westrich, R.H. Price, 1986, On-explosive silicic volcanism, Nature, 323: 598-602.

Farmer, G.L., 2005, Continental Basaltic Rocks, In: Rudnick, R. L. (ed) The Crust, Holland, H. D. and Turekian, K. K. (eds) Treatise on Geochemistry 3 , Elsevier-Pergamon, Oxford, 85-121.

Farmer I., 1983, Engineering behaveior of rocks, 2nd edn, Chapman & Hall, London

Flower, M., Tamaki, K., Hoang, N., 1998, Mantle extrusion: a model for dispersed volcanism and DUPAL-like asthenosphere in east Asia and the western Pacific, In: Flower, M.F.G., Chung, S.-L., Lo, C.-H., Lee, T.-Y. (Eds.), Mantle Dynamics and Plate Interactions in East Asia, American Geophysical Union, Geodynamics

Series 27, 67-88

Fournier R.O., Pitt A.M., 1985, The Yellowstone magmatac-hydrothermal system, In: Stone C (ed) Geothermal Resource Concil 1985, Symposium on geothermal energy transactions, Geothermal Resource Concil: 319-327

Francis E.H., 1983, Magma and sediment—II, Problems of interpreting palaeovolcanic buried in the stratigraphic column, J Geol Soc. Lond 129, 621-641

Francis, P., 1993, Volcanoes: A planetary perspective, Oxford Univ. Press, New York

Fread D.L., 1993, Flow routing, Chapter 10, In Maidment DR, 1993, Handbook of Hydrology, McGraw-Hill Inc, New York

Gautheron, C., and M. Moreira, 2002, Helium signature of the subcontinental lithospheric mantle, Earth. Planet. Sci. Lett., 199, 39-47

Ghiorso. M. S., 1994, Algorithms for the estimation of phase stability in heterogeneous thermodynamic systems, Geochim. Cosmochim. Acta. 58: 5489-5501

Gill J., C. Dunlap, M. McMurry, 1992, Volcanism and Global Change, March 23-27, Hilo, Hawaii

Glicken H., 1986, Rockslide—debris avalanche of May 18, 1980, Mount St Helens volcano, PhD Dissertation, Univ. Calif. Santa Barbara, 1-303

Graham, D., 2002, Noble gas isotope geochemistry of mid-ocean ridge and ocean island basalts: Characterization of mantle source reservoirs, Rev. Mineral. Geochem., 47, 247-315

Green, T.H., 1980, Island arc and continent-building magmatism—A review of petrogenic models based on experimental penology and geochemistry, Tectonophysics, 63(1-4): 367-385

Griffith A.A., 1920, The phenolmena of rupture and flow in solids, Philos Trans R Soc Lond 221: 163-197

Gudmundsson A., 1988, Effect of tensile stresss concentrateion around magma chambers on intrusion and extrusion frequentcencies, J Volcanol Geotherm Res 35: 179-194

Gudmundsson A., 2000a, Dynamics of volcanic systems in Iceland: example of tectonicsm and volcanism at juxtaposed hot spot and mid-ocean ridge system, Annu Rev Earth Planet Sci 28: 107-140

Gudmundsson A., 2000b, Fracture dimensions, displaycements and fluid transport, J Struct Geol 22: 1221-1231

Haimson B.C., Rummel F., 1982, Hydrofracturing stresss measurements in the Iceland research drilling project drillhole at Reydarfjordur, Iceland, J Geophys Res 87: 6631-6649

Han, B., Wang, S., Kagami, H., 1999, Trace element and Nd-Sr isotope constraints on origin of the Chifeng flood basalts, North China, Chemical Geology 155, 187-199

Hauri, E. H.,Wagner, T. P., Grove, T. L., 1994, Experimental and natural partitioning of Th, U, Pb and other trace elements between garnet, clinopyroxene and basaltic melts, Chemical Geology, 117, 149-166

Hayakawa Y. and Koyoma M., 1998, Dates of two major eruptions from Towada and Baitoushan in the 10 Century, Bull Volcanol Soc. Japan, 43, 404-405 (in Japanese with English abstract)

Heinrich, P., 1991, Nonlinear numerical model of landslide-generated water waves, Int. J. Engrg. Fluid Mech., 4, 403-416

Heinrich, P., 1992, Nonlinear water waves generated by submarine and aerial landslide, J. Wtrwy., Port, Coast. And Oc. Engrg., 118, 249-266

Herzberg, C., Zhang, J., 1996, Melting experiments on anhydrous peridotite KLB-1:Compositions of magmas in the upper mantle and transition zone, Journal of Geophysical Research, 101：8271-8295

Hess K.U., D.B. Dingwell, 1996, Viscosities of hydrous leucogranite melts: a non-Arrhenian model. American Mineralogist, 81: 1297-1300

Hess, P.C., 1992, Phase equilibria constraints on the origin of ocean floor basalts, In:

Morgan, J.P., Blackman, D. K. & Sinton, J. M. (eds) Mantle Flow and Melt Generation at Mid-Ocean Ridges, American Geophysical Union, Geophysical Monograph 71, 67-102

Hilton, D. R., 1996, The helium and carbon isotope systematics of a continental geothermal system: results from monitoring studies at Long Valley caldera (California, USA), Chem. Geol., 127, 269-295

Hilton, D. R., T. P. Fischer, and B. Marty, 2002, Noble gases and volatile recycling at subduction zones, Rev. Mineral. Geochem., 47, 319-370

Hilton, D. R., K. Gronvold, A. E. Sveinbjornsdottir, and K. Hammerschmidt, 1998, Helium isotope evidence for off-axis degassing of the Icelandic hotspot, Chem. Geol., 149, 173-187

Hirose, K., Kushiro, I., 1993, Partial melting of dry peridotites at high pressures: determination of compositions of melts segregated from peridotite using aggregates of diamond, Earth and Planetary Science Letters 114, 477-489

Hofmann, A. W., 2005, Sampling mantle heterogeneity through oceanic basalts: isotopes and trace elements, In: Carlson, R. W. (ed) The Mantle and Core, Holland, H. D. and Turekian, K. K. (eds) Treatise on Geochemistry 2, Elsevier-Pergamon, Oxford, 61-101

Horn S., Schmincke H.-U., 2000, Volatile emission during the eruption of Baitoushan volcano (China/ North Korea ca. 969 AD. Bull Volcanol 61: 537-555

Huppert H.E., Sparks R.S.J., Whitehead JA, Halloworth MA, 1986, Replenishment of magma chambers by light inputs, J Geophysical Res 91 (B6): 6113-6123

Huppert H.E., Turner J.S., 1981, A laboratory model of a replenished magma chamber, Earth planet Sci Lett 54: 144-152

Ida Y. and Voight B. (eds), 1995, Models off magmatac processes and volcanic eruptions, J Volcanol Geotherm Res, 66: 1-426

Ikehara K., Kikkawa K., and Chun J.H., 2004, Origin and correlation of three tephras that erupted during oxygen isotope stage 3 found in cores from the Yamato Basin, Central Japan Sea, The Quat. Res. 43(3), 201-212

Imsmura F., and E.C. Gica., 1996, Numerical model for tsunami generation due to subaqueous landslide along coast, J. Sci. Tsunami Hazards, 14, 13-28

Imamura, F., and M. M. A. Imteaz, 1995, Long waves in two layers: governing equations and numerical model, J. Sci. Tsunami Hazards, 13, 2-24

Jellinek A. M., and D. J. Depaolo, 2003, A model for the origin of large silicic magma chambers: precursors of caldera-forming eruptions, Bull Volcanol, 65: 363-381

Jiang, L., and P. H. LeBlond, 1992, The coupling of submarine slide and the waves which it generates, J. Geophys. Res., 97, 12731-12744

Jiang, L., and P. H. LeBlond, 1993, Numerical modeling of an underwater Bingham plastic mudslide and waves which it generates, J. Geophys. Res., 98, 10303-10317

Jiang, L., and P. H. LeBlond, 1994, Three-dimensional modeling of tsunami generation due to a submarine landslide, J. Phys. Oceanog., 24, 559-572

Jwa, Y.-J, Jong-Ik Lee and Xiangshen Zheng, 2003, A study on the eruption ages of Backdusan: 1. Radiocarbon

(^{14}C) age for charcoal and wood samples. Journal of the Geological Society of Korea 39 (3): 347-357 (in Korean with English abstract)

Kelemen, P. B., Yogodzinski, G. M., Scholl, D. W., 2003, Alongstrike variation in the Aleutian island arc: genesis of high Mg# andesite and implications for continental crust, In: Eiler, J. (ed.) Inside the Subduction Factory, Geophysical Monograph, American Geophysical Union 138, 223-276

Kelley, K. A., Plank, T., Grove, T. L., Stolper, E. M., Newman, S., Hauri, E., 2006, Mantle melting as a function of water content beneath back-arc basins, Journal of Geophysical Research 111, doi:10.1029/2005JB003732

Kerr, A. C., Saunders, A. D., Tarney, J., Berry, N. H., Hards, V. L., 1995. Depleted mantle-plume geochemical signature: no paradox for plume theories. Geology 23, 843-846

Kieffer G., 1971, Apercu sur la morphologie des regions volcaniques du Massif Central, In: Symposium Jean Jung: Geologie, geom.ophologie et structure proofnde du Massif Central francais, Clermont-Ferrand, 479-510

Kim, K. H., K. Nagao, T. Tanaka, H. Sumino, T. Nakamura, M. Okuno, J. B. Lock, J. S. Youn and J. Song, 2005, He-Ar and Nd-Sr isotopic compositions of ultramafic xenoliths and host alkali basalts from the Korean peninsula, Geochem. J., 39, 341-356

Kogiso, T., Hirose, K., Takahashi, E., 1998, Melting experiments on homogeneous mixtures of peridotite and basalt: application to the genesis of ocean island basalts, Earth and Planetary Science Letters 162, 45-61

Kot ō B., 1903, An orographic sketch of Korean, Jour. Coll. Sci. Imp. Univ. Tokyo Vol. XIX, Art. 1, 1-11

Kulongoski, J., and D. Hilton, 2002, A quadrupole-based mass spectrometric system for the determination of noble gas abundances in fluids, Geochemistry, Geophysics, Geosystems 3 1032, 10.1029/2001GC000267

Kushiro, I., 1996, Partial melting of a fertile mantle peridotite at high pressures: an experimental study using aggregates of diamond, In: Basu, A., Hart, S. & Hart, S. R. (eds) Earth Processes: Reading the Isotopic Code. Geophysical Monograph, American Geophysical Union 95, 109-122

Lei J, Zhao D, 2005, P-wave tomography and origin of the Changbai intraplate volcano in Noetheast Asia, Tectonophysics 397, 281-295

Lister J.R., Kerr R.C., 1991, Fluid-mechanical models of crack propagation and their application to magma transport in dikes, J Geophys Res 96: 10049-10077

Liu, C-Q, Masuda, A., Xie, G-H., 1994, Major- and trace-element compositions of Cenozoic basalts in eastern China: petrogenesis and mantle source, Chemical Geology 114, 19-42

Liu Ruoxin, Qiu Shihua, Cai Lianzhen., et al, 1998, The data of last large eruption of Changbaishan-Tianchi volcano and its significance, Science in China (Series D), Vol. 41 No. 1, 69-74

Liu RX, HQ. Wei, XD. Li, Study on Tianchi Volcano, in: DX. Yuan (ed.), Proceedings of 30th IGC 24, Beijing, 1997, pp. 42-61

Lyakhovsky V., Ben-Zion Y., Agnon A., 1998, Distributed damage, faulting and friction, J Geophys Res 102: 27635-27649

Lyakhovsky V., Podladchikov Y., Poliakov A., 1993, Rheological model of a fractured solid, Tectonophysics 226: 187-198

Lyakhovsky V., Reches Z., Weinberger R., Scott T.E., 1997, Nonlinear elastic behaveior of damaged rocks, Geophys J Int 130: 157-166

Machida H., Arai F., 1983, Extensive ash falls in and around the Sea of Japan from large Quaternary eruptions, J

Volcanol Geotherm Res,18: 151-164

Machida H., Arai F., 1992, Atlas of Tephras in and around Japan, Univ. Tokyo Press, Tokyo, 1-276

Machida Hiroshi, Fusao Arai, Byong-Sul Lee, Hiroshi Moriwaki and Toshio Furuta, 1984, Late Quaternary tephras in Ulreung-do Island, Korea, Journal of Geography, 93-1: 1-14 (in Japanese with English abstract)

Machida H., Moriwaki H., Zhao D.C., 1990, The recent major eruption of Changbai Volcano and its environmental effects. Geographical reports of Tokyo Metropolitan University, 1-25

Marty, B., and A. Jambon, 1987, C/He-3 in volatile fluxes from the solid Earth – Implications for carbon geodynamics, Earth. Planet. Sci. Lett., 83, 16-26

McCoy, F. W., and G. Heiken, 2000, Tsunami generated by the late Bronze Age eruption of Thera (Santorini), Greece, Pure. Appl. Geophys., 157, 1227-1256

McKenzie, D., O' Nions, R. K., 1991. Partial melt distributions from inversion of rare earth element concentrations. Journal of Petrology 32, 1021-1091

McLeod P., Tait S., 1999, The growth of dykes from magma chambers, Volcanol Geotherm Res 92: 231-246

McNutt S.R., 1996, Seismic monitoring and eruption forecasting of volcanoes: A review of the state of the art and case histories, In Scarpa R, Tilling R (eds), Monitoring and mitigation of volcano hazards, Springer-Verlag, New York, Berlin, Heidelberg, 99-146

Melnik O.E., 2000, Dynamics of two- phase conduit flow of high-viscosity gas-saturated magma: Large variations of Sustained Explosive eruption intensity, Bulletin of Volcanology, 62: 153-170.

Menzies, M., Xu, Y., Zhang, H., Fan, W., 2007, Integration of geology, geophysics and geochemistry: a key to understanding the North China Craton, Lithos 96, 1-21

Meriaux C., Lister J.R., Lyakhovsky V., Agnon A., 1999, Dykes propagation with distributed mamage of the host rock, Earth Planet Sci Lett 165: 177-185

Metz J.M., Mahood G.A., 1985, Precursors to the Bishop Tuff eruption: Glass Mountain, Long Valley, California, J Geophys Res 90: 11121-11126

Metz J.M., Mahood G.A., 1991, Development of the Long Valley, California, magma chamber recorded in precaldera rhyolite lavas of Glass Mountain, Contrib Mineral Petrol 106: 379-397

Miller M.C., McCave I.N., Komar P.D., 1977, Threshold of sediment motion under unidirectional currents, Sedimentology 24: 507-527

Milliman J.D. and Meade R.H., 1983, World-wide delivery of river sediments to the ocean, J Geol 91, 1-21

Mills H.H., 1976, Estimated erosion rate on Mount Rainier, Washington, Geology 4, 401-406

Mogi K., 1958, Relations between the eruptions of various volcanoes and the deformation of the ground surface around them, Bull Earthq Res Inst 36: 99-134

Munro D.C. and Rowland S.K., 1996, Caldera morphology in the western Galapagos and implications for volcano eruptive behavior and mechanisms of caldera formation, J Volcanol Geotherm Res, 72(1-2), 85-100

Nairn I.A., 1981, Some studies on the geology, volcanic history and geothermal resources of the Okataina Volcanic Centre, Taupo volcanic zone, New Zeoland, PhD Thesis, Victoria University, Wellington

Navon O., V. Lyakhovski, 1998, Vesiculation processes in silicic magmas, in: J.S. Gilbert, R.S.J. Sparks (Ed.), Physics of explosive eruptions, The Geological Society, London, 27-50

Neri A., G. Macedonio, 1996, Numerical simulation of collapsing volcanic columns with particles of two sizes, Journal of Geophysical Research-Solid Earth, 101(B4): 8153-8174.

Neri A., P. Papale,D. Del Seppia, et al., 2003, Coupled conduit and atmospheric dispersal dynamics of the AD 79 Plinian eruption of Vesuvius, J Volcanol Geoth Res, 120: 141-160.

Norem, H., J. Locat, and B. Schieldrop, 1990, An approach to the physics and the modeling of submarine landslide, Marine Geotech., 9, 93-111

Oike S., 1972, Holocene tephrochronology in eastern foothills of the Towada volcano, northeastern Honshu, Japan, The Quat. Res. (Daiyonki-kenkyu), 11, 228-235

Ollier C.D., 1988, Volcanoes, Brasil Blackwell, Oxford, 1-228

O' Nions, R. K., and E. R. Oxburgh, 1988, Helium, volatile fluxes and the development of continental-crust, Earth and Planetary Science Letters, 90, 331-347

Palmaesson G., Saemundsson, 1974, Iceland in relation to the Mid-Atlantic Ridge, Ann Rev Earth Planett Sci 2: 25-50

Papale P., F. Dobran, 1994, Magma flow along the volcanic conduit during the plinian and pyroclastic flow phases of the May 18, 1980, Mount St. Helens eruption. Journal of Geophysical Research, v. 99, B3, p. 4355-4373.

Peng, Z.C., Zartman, R.E., Futa, K., Chen, D.G., 1986, Pb-, Sr- and Nd-isotopic systematics and chemical characteristics of Cenozoic basalts, eastern China, Chemical Geology 59, 3-33

Petford N., Lister J.R., Kerr R.C., 1994, The ascent of felsic magmas in dykes, Lithos 32: 161-168

Pierre S., Monzier M., Eissen J.P., et al., 2010, Simple mixing as the major control of the evolution of volcanic suites in the Ecuadorian Andes, Contrib Mineral Petrol, 160: 297-312

Popov, V. K., G. P. Sandimirova, and T. A. Velivetskaya, 2008, Strontium, Neodymium, and Oxygen Isotopic Variations in the Alkali Basalt——Trachyte—— Pantellerite——Comendite Series of Paektusan Volcano, Geochemistry, Vol. 419, No. 2: 329-334

Power, J.A., 1994, Seismic evolution of the 1989-90 eruption sequence of Redoubt Volcano, Alaska, J Volcano Geotherm Res 62:69-94

Priest. S.D., 1993, Discontinuity analysis in rock engineering, Chapman & Hall, London

Raichlen F., J.J.Lee, C. Petroff, and P. Watts, 1996, The generation of waves by landslide: Skagway, Alaska case study, Proc. 25th Int. Conf. Coastal Energ., 1293-1300

Ri, D., 1993, Paektu volcano, In: Geology of Korea, Chapter 3, Section 7, Foreign Languages Books Publishing House, DPR of Korea, 330-349

Rolandi, G., Petrosino, P., Geehin, J. Mc., 1998, The interplinian activity at Sommer-Vesuvius in the last 3500 years, Journal of Volcanology and Geothermal Research 82, 19-52

Rubin, A.M., 1995a, Getting granite dikes out of the source region, J Geophy Res 100: 5911-5929

Rubin, A.M., 1995b, Propagation of magma-filled cracks, Annu Rev Earth Planet Sci 23: 287-336

Rubin, A.M., Pollard DD, 1988, Dyke-induce faulting in rift-zone of Icleland and Afar, Geology 16: 413-417

Sakhno V. G., 2007a, Chronology of Eruptions, Composition, and Magmatic Evolution of the Paektusan Volcano: Evidence from K–Ar, $^{87}Sr/^{86}Sr$, and $d^{18}O$ Isotope Data, Geology, Vol. 412, No. 1: 22-28.

Sakhno, V. G., 2007b, Isotopic–Geochemical Characteristics and Deep-Seated Sources of the Alkali Rocks of the Pektusan Volcano, Geochemistry, Vol. 417A, No. 9: 1386-1392.

Sano, Y., and B. Marty, 1995, Origin of carbon in fumarolic gas from island arcs, Chem. Geol., 119, 265-274

Schultz, R.A., 1995, Limits on strength and deformation propertyes of jointed basaltic rock masses, Rock Mech

Rock Eng 28: 1-15

Self, S., Sparks, R. S. J., 1978, Characteristics of pyroclastic deposits formed by the interaction of silicic magma and water, Bulletin of Volcanology, 41, 20-36

Shangguan, Z., and M. Sun, 1997, Mantle-derived rare-gas releasing features at the Tianchi volcanic area, Changbaishan Mountains, Chinese Sci. Bull., 42, 768-771

Shangguan, Z., Y. Zheng and J. Dong, 1997, Material sources of escaped gases from the Tianchi volcanic geothermal area, Changbai Mountains, Sci. China, 40, 390-397

Shaw, A., D. Hilton, T. Fischer, J. Walker, and G. de Leeuw, 2006, Helium isotope variations in mineral separates from Costa Rica and Nicaragua: Assessing crustal contributions, timescale variations and diffusion-related mechanisms, Chem. Geol., 230, 191124-111139

Shaw, H.R., 1972, Viscosities of magmatic silicate liquids: an empirical method of prediction, Am J Sci 272: 870-893

Shields A., 1936, Application of similarity principles and turbulence research to bed-load movement, In: Mitteilungen der Preussischen Versuchsanstalt furWasserbau und Schiffbau, Berlin, Report NO. 167

Shirai M., Tada R., and Fujioka K., 1997, Identification and chronostratigraphy of Middle and Upper Quarternary marker tephras occurring in the Andden coast based on comparision with ODP cores in the Sea of Japan, Quat. Res., 36, 183-196

Shreve R.L., 1967, Infinite topographically random chaneel networks, J Geol 75(2), 178-186

Shubert, G., Turcotte, D. L., Olson, P., 2001, Mantle convection in the Earth and Planets, Cambridge University Press, Cambridge.

Siebert L., 1984, Large volcanic debris avalanches: characteristics of source area, deposits, and associated eruptions, J Volcanol Geotherm Res, 22: 163-197

Siebert L., Glicken H., Ui T., 1987, Volcanic hazards from Bezymianny- and Bandai-type eruptions, Bull Volcanol 49: 435-459

Sigurdsson. H., Sparks. R. S. J., 1981, Petrology of rhyolitic and mixed ejecta from the 1875 eruption of Askja, Iceland, J. Petrol. 22: 41-84

Simkin, T., Fiske, R. S., 1983, Krakatau 1883, The volcanic eruption and its effects, Smithsonian Institution Press, Washington DC, 1-464

Slezin Y.B., 1983, Dispersion regime dynamics in volcanic eruptions: 1. Theoretical description of the motion of the magma in the conduit, Vilkanologiya i Seismologiya, 5: 1-9

Slezin Y.B., 1984, Dispersion regime dynamics in volcanic eruptions: 2. Flow rate instability condition and nature of catastrophic explosive eruptions, Vulkanologiya i Seismologiya, 1: 23-35.

Snyder. D., 2000, Thermal effects of the intrusion of basaltic magma into a more silicic magma and implications for eruption triggering, Earth Planet. Sci. Lett. 175: 257-273

Song, Y., Frey, F. A., Zhi, X., 1990, Isotopic characteristics of Hannuoba basalts, eastern China: implications for their petrogenesis and the composition of subcontinental mantle, Chemical Geology 85, 35-52

Sparks, R.S.J., Bursik, M.I., Carey, S.N., Gilbert, J.S., Glaze, L.S., Sigurdsson, H., Woods, A.W., 1997, Volcanic plumes, Wiley & Sons, 1-574

Stehn, C. E., 1929, The geology and volcanism of the Crakatau group, Proceedings of the Fourth Pacific Science Congress (Batavia), 1-55

Stolper, E., Newman, S., 1994, The role of water in the petrogenesis of Mariana trough magmas, Earth and Planetary Science Letters 121, 293-325

Stuiver M., Reimer P.J., Bard E., Beck J.W., Burr G.S., Hughen K.A., Kromer B., McCormac F.G., Plich J. and Spurk M., 1998, INTCAL98 Radiocarbon age calibration, 240000 cal BP, Radiocarbon 40(3): 1041-1083

Summerfield, M.A., 1991, Global geomorphology, An introduction to the study of landforms, Longman Sci Tech, Harlow, copublished with Wiley, New York, NY, 1-537

Sun, S.S., McDonough, W.F., 1989, Chemical and isotopic systematics of oceanic basalts: Implication and processes, in: Saunders, A.D., Norry, M.J.(Eds.), Magmatism in the Ocean Basins Geological Society of London, Special Publication 42, 313-345

Suznki J., 1938, On a rock of nordmarkitic composition from Hakuto Volcano. Korea, Journ. Fac. Sci., Hokkaido Imp. Uni., S. IV, Vol. IV, Nos 1-2

Swanson D.A., R.T. Holcomb, 1990, Regularities in growth of the Mount St. Helens dacite dome 1980-1986, in: J.H. Fink (Ed.), Lava flows and domes; emplacement mechanisms and hazard implications, Springer Verlag, Berlin, pp. 3-24

Tait S., Jaupart C., Vergnoille S., 1989, Pressure, gas content and eruption periodicity of a shallow crystallizing magma chamber, Earth Planet Sci Lett 92: 107-123

Takahashi, E., Kushiro, I., 1983, Melting of a dry peridotite at high pressures and basalt magma genesis, American Mineralogist 68, 859-879

Takei H., 2002, Development of precise analytical techniques for major and trace element concentrations in rock samples and their applications to the Hishikari Gold Mine, southern Kyushu, Japan, Ph.D.thesis, Graduate School of Natural Science and Technology, Okayama University

Kuritani T., Kimura J.-I., Miyamoto T., Wei H., Shimano T., Maeno F., Jin X., and Taniguchi H., 2009, Intraplate magmatasm related to deceleration of upwelling asthenospheric mantle: Implications from the Changbaishan shield basalts, northeast China, Lithos, in press

Tappin, D.R., and Shipboard Scientists, 1999, Offshore surveys identify sediment slump as likely cause of devasting Papua New Guinea tsunami 1998, Eos (Trans. Am. Geophys. Union), 80, 329

Tappin, D. R., P. Watts, G. M. McMurtry, Y. Lafoy, and T. Matsumoto, 2001, The Sissano, Papua New Guinea tsunami of July 1998—offshore evidence on the source mechanism, Marine Geol., 175, 1-23

Tatsumi, Y., S. Maruyama, and S. Nohda 1990, Mechanism of backarc opening in the Japan Sea: role of asthenospheric injection, Tectonophysics, 181, 299-306

Tatsumi, Y., Sakuyama, T., Fukuyama, H., Kushiro, I., 1983, Generation of arc basalt magmas and thermal structure of the mantle wedge in subduction zones, Journal of Geophysical Research 88, 5818-5825

Tatsumoto, M., Basu, A. R., Wankang, H., Junwen, W., Guanghong, X., 1992, Sr, Nd, and Pb isotopes of ultramafic xenoliths in volcanic rocks of eastern China: enriched components EMI and EMII in subcontinental lithosphere, Earth and Planetary Science Letters 113, 107-128

Taylor S.R., Mclennan S.M., 1985, The continental Crust: Its Composition and Evolution, Blackwell, Oxford: 1-312

Thomas. N., Tait. S., Koyaguchi. T. 1993. Mixing of stratified liquids by the motion of gas bubbles: application to magma mixing, Earth Planet. Sci. Lett. 115: 161-175

Thorarisson, S., 1956, Hekla on fire, Hanns Reich Verlag, pp 1-29, Pictures 1-53

Treuil, M. and Joron, J.M., 1975, Utilisation des elements hygo-magmatophiles pour la simplification de la modelisation quantitatire des processus magmatiques, Exeples de l'Afar et de la dorsade madioattantique, Soc. It. Mineral. Petrol., 31, 125

Turcotte, D., and G. Schubert, 1982, Geodynamics, Cambridge Univ. Press, Cambridge

Ui T, 1983, Volcanic dry avalanche deposits—identification and comparison with nonvolcanic debris stream deposits, In Aramaki S, Kushiro I (eds) Arc volcanism, J Volcanol Geotherm Res 18: 135-150

Ui T., 1987, Discrimination between debris avalanches and other volcaniclastic deposits, In: Latter JH (ed) Volcanic hazards, Springer, Berlin Heidelberg New York, 201-209

Van Soest, M., D. Hilton, and R. Kreulen, 1998, Tracing crustal and slab contributions to arc magmatism in the lesser Antilles island are using helium and carbon relationships in geothermal fluids, Geochim. Cosmochim. Acta, 62, 3323-3335

Venesky D., Rutherford M.J., 1999, Petrology and Fe-Ti oxide reequilibration of the 1991 Mount Unzen mixed magma, J Volcanol Geotherm Res 89: 213-230

Vivo, D., Scandone, R., Trigila, R., 1993, Mount Vesuvius, Special Issue, Journal of Volcanology and Geothermal Research 58, 1-381

Vukadinovic D., 1993, Are Sr enrichments in arc basalts due to plagioclase accumulation? Geology 21, 611-614

Walder J.S., P. Watts, O.E. Sorensen, K. Janssen, 2003, Tsunamis generated by subaerial mass flow, J Geophys Res 108(B5): 2236 EPM 2-1-2-19

Walker, G. P. L., 1981, Characteristics of two phreatoplinian ashes, and their water-flushed origin, Journal of Volcanology and Geothermal Research, 9, 395-407

Walker G.P.L., 1984a, Downsag calderas, ring faults, caldera sizes, and incremental caldera growth, J Geophys Res 89, 8407-8416

Walker G.P.L., 1984b, Topographicevolution of eastern Iceland Jökull 32, 13-20

Walker G.P.Lv, 1988, Three Hawaiian calderas: an origin through loading by shallow intrusions? J Geophy Res 93: 14773-14784

Walker G.P.L., 1992, "Coherent intrusion complexes" in large basaltic volcanoes—a structural model, J Volcanol Geotherm Res 50: 41-54

Wallace P.J., Anderson A.T., Davis A.M., 1995, Quantification of preeruptive exsolved gas content in silicic magmas, Nature 377: 612-616

Wang Y., Li C. F., Wei H. Q., Shan X. J.,.2003, Late Pliocene-recent tectonic setting for the Tianchi volcanic zone, Changbai Mountains, northest China, Journal of Asian Earth Sciences, 21：1159-1170

Waythomas, C. F., 2000, Reevaluation of tsunami formation by debris avalanche at Augustine volcano, Alaska, Pure. Appl. Geophys., 157, 1145-1188

Wei H., R.S.J. Sparks, R. Liu, Q. Fan, Y. Wang, H. Hong, H. Zhang, H. Chen, C.Jiang, J. Dong, Y. Zheng and Y. Pan, 2003, Three active volcanoes in China and their hazards, Journal of Asian Earth Sciences 21: 515-526

Wei Haiquan, Taniguchi Hiromitsu, Liu Ruoxin, 2001, Chinese myths and legends for Tianchi volcano eruptions, Northeast Asian Studies, Vol. 6, 191-200

Wei, H., Wang, Y., Jin, J., Gao, L., Yun, S.-H., Jin, B., 2007, Timescale and evolution of the intracontinental Tianchi volcanic shield and ignimbrite-formation eruption, Changbaishan, Northeast China, Lithos 96, 315-324

Whitford-Stark J.L., 1987, A survey of Cenozoic Volcanism on Mainland Asia, Special paper 213, Geological Society of America, Boulder, Colorado, 1-74

Williams H. and McBirney A.R., 1979, Volcanology, Freeman and Copper, San Francisco, CA, 1-397

Wood C.A., 1980, Morphometric analysis of cinder cone degradation, J Volcanol Geotherm Res 8, 137-160

Yalin M.S., 1977, Mechanics of sediment transport, 2nd edn, Pergamon Press, Oxford, New York, Toronto, Sydney, Paris, Frankfurt, 1-298

Yamamoto, J., I. Kaneoka, S. Nakai, H. Kagi, V. S. Prikhod' ko, and S. Arai, 2004, Evidence for subduction-related components in the subcontinental mantle from low He-3/He-4 and Ar-40/Ar-36 ratio in mantle xenoliths from far eastern Russia, Chemical Geology, 207, 237-259

Zhao, D., 2004. Global tomographic images of mantle plumes and subducting slabs: insight into deep Earth dynamics. Physics of Earth and Planetary Interiors, 146, 3-34

Zhou, X., Armstrong, R. L., 1982, Cenozoic volcanic rocks of eastern China –secular and geographic trends in chemistry and strontium isotopic composition, Earth and Planetary Science Letters 58, 301-329

Zou, H., Zindler, A., Xu, X., Qi, Q., 2000, Major, trace element, and Nd, Sr and Pb isotope studies of Cenozoic basalts in SE China: mantle sources, regional variations, and tectonic significance, Chemical Geology 171: 33-47

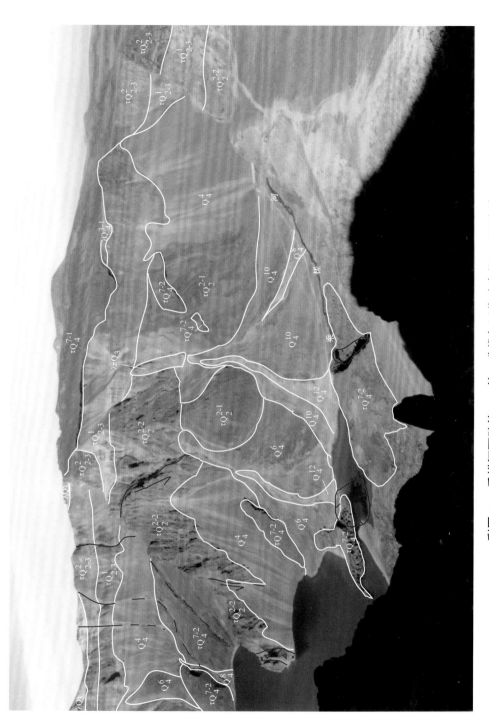

彩图 11　乘槎河西壁第二、第三造锥与近代喷发物及碱流岩墙

图中红线标出了西北侧内壁主要断层，红三角指示了龙门峰山脊近水面构成的火山岩墙群构成的火山通道相潜火山岩与近水口角砾岩，八卦庙朴天石一带还圈定了两个可能与地下岩墙活动有关的塌陷坑

彩图 12　5 号界东视 6 号界破火山口内壁层序

彩图 13　海山一带东侧内壁层序

灰色粗面岩与碱流岩顶部发褐色，千年大喷发厚层浮岩层之上有上冲爬坡型暗灰色粗面质伊格尼姆岩层，再上又为厚层灰白色空降浮岩层覆盖

彩图 14 破火山口西侧内壁内壁堆积层序

近景将军峰山脊所见第二、第三造锥蚀变粗面岩，其中有第三造锥蚀变糜棱岩颈。粗面质岩墙群中弧形纵节理发育，组合形态酷似婴儿包裹，与理分弧形横节理构成了婴儿的头部。5 号界南侧断裂带发育。青石峰与白云峰山脊鞍部第二造锥白头山组二段地层被强烈地层切割后有巨厚层第四造锥阶段灰色碱流岩充填。图中给出了西壁主要环状破火山口塌陷断层与火山山通道

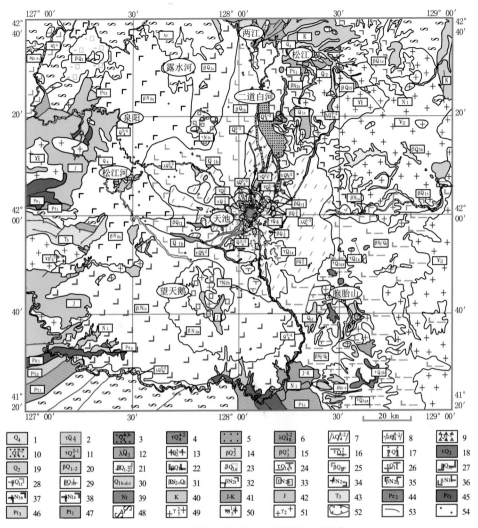

彩图 15　长白山区火山地质图与采样点

1.全新统河床冲积砂砾石层；2.天池火口内外全新统喷发物；3.千年大喷发后的夹有黄白色扁豆状黏土的深灰色泥石流；4.梯云峰组黑色－黑灰色熔结角砾凝灰岩（1024 AD 大喷发）；5.灰白色－灰色浮岩质泥石流；6.白云峰组灰白色碱流质熔结角砾凝灰岩（谷塘型）（1024 AD 大喷发）；7.白云峰组灰白色－灰色碱流质弱熔结角砾凝灰岩（岩席型）（1024 AD 大喷发）；8.白云峰组灰白色－灰色碱流质空降浮岩（1024 AD 大喷发）；9.山体滑坡堆积体；10.黑灰色－灰色泥石流；11.冰场组暗紫色－灰紫色粗面质（夹碱流质）熔结角砾凝灰岩（25000 年前大喷发）；12.气象站组碱流质碎成熔岩、黑曜岩及其熔结角砾凝灰岩；13.白头山组Ⅲ段、Ⅳ段粗面岩、碱流岩、黑曜岩（< 0.20 Ma）；14.黑石沟（无头峰）组玄武岩及火山渣（0.17 Ma ～ 0.19 Ma）；15.老虎洞组玄武岩及火山渣（0.32 Ma ～ 0.35 Ma）；16.白头山组Ⅱ段粗面岩（0.25 Ma ～ 0.44 Ma）；17.白头山组Ⅰ段粗面岩（0.53 Ma ～ 0.611 Ma）；18.北胞胎山组粗面岩；19.松江阶地砂砾石及冰水砂砾石层；20.青峰组－北雪峰组之上的玄武岩；21.龙岗组玄武岩（三道煤矿－赤松一带）（0.40 Ma ～ 0.80 Ma）；22.松江组沟谷玄武岩；23.新屯子组玄武岩（0.83 Ma）；24.青峰组－北雪峰组粗安岩－粗面岩－碱性流纹岩；25.老房子小山组玄武岩（0.75 Ma ～ 1.2 Ma）；26.小白山组粗安岩、粗面岩（1.00 Ma ～ 1.49 Ma）；27.错草顶子组玄武岩（1.43 Ma）；28.图们江组玄武岩（1.00 Ma ～ 1.48 Ma）；29.白山组玄武岩（1.58 Ma ～ 1.64 Ma）；30.Q1 不同时期黄土、砂砾石等堆积层；31.军舰山组玄武岩（1.57 Ma ～ 2.98 Ma）、普天堡玄武岩；32.头道组玄武岩（1.9 Ma ～ 2.769 Ma）；33.红头山组粗安岩、粗面岩（2.85 Ma）；34.望天鹅峰组玄武岩（3.3 Ma ～ 3.66 Ma）；35.泉阳组玄武岩（3.5 Ma ～ 5.0 Ma）；36.长白组玄武岩（16.40 Ma）；37.奶头山组玄武岩（15.07 Ma ～ 18.87 Ma）；38.甑峰山组玄武岩（19.28 Ma ～ 20.58 Ma）；39.渐新－中新统含硅藻土砾岩、砂岩、泥岩夹玄武岩；40.白垩系砾岩砂岩、页岩、安山岩类；41.侏罗－白垩系砂砾岩、砂岩、页岩、中酸性火山岩；42.侏罗系砂砾岩、砂岩、页岩、中酸性火山岩；43.上三叠统中酸性火山岩夹碎屑岩；44.上古生界砂页岩及石灰岩；45.下古生界砂页岩、石灰岩；46.上元古界石英砂岩、页岩、泥灰岩、石灰岩；47.下元古界石英岩、千枚岩、片岩、镁质大理岩；48.太古界中深变质岩系；49.燕山期钾长花岗岩类；50.晚印支期花岗闪长岩－闪长岩类；51.中条期片麻状花岗岩类；52.破火山口塌陷断层；53.性质不明断层；54.采样点

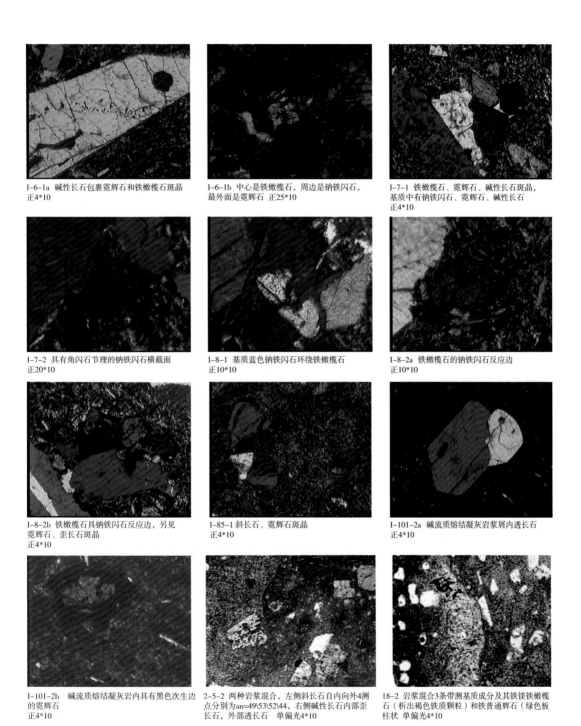

I-6-1a 碱性长石包裹霓辉石和铁橄榄石斑晶
正4*10

I-6-1b 中心是铁橄榄石，周边是钠铁闪石，
最外面是霓辉石 正25*10

I-7-1 铁橄榄石、霓辉石、碱性长石斑晶，
基质中有钠铁闪石、霓辉石、碱性长石
正4*10

I-7-2 具有角闪石节理的钠铁闪石横截面
正20*10

I-8-1 基质蓝色钠铁闪石环绕铁橄榄石
正10*10

I-8-2a 铁橄榄石的钠铁闪石反应边
正10*10

I-8-2b 铁橄榄石具钠铁闪石反应边，另见
霓辉石、歪长石斑晶
正4*10

I-85-1 斜长石、霓辉石斑晶
正4*10

I-101-2a 碱流质熔结凝灰岩浆屑内透长石
正4*10

I-101-2b 碱流质熔结凝灰岩内具有黑色次生边
的霓辉石
正4*10

2-5-2 两种岩浆混合，左侧斜长石自内向外4测
点分别为an=49\53\52\44，右侧碱性长石内部歪
长石，外部透长石 单偏光4*10

18-2 岩浆混合3条带测基质成分及其铁镁铁橄榄
石（析出褐色铁质颗粒）和铁普通辉石（绿色板
柱状 单偏光4*10

彩图 16 代表性天池火山岩样品显微岩相特征

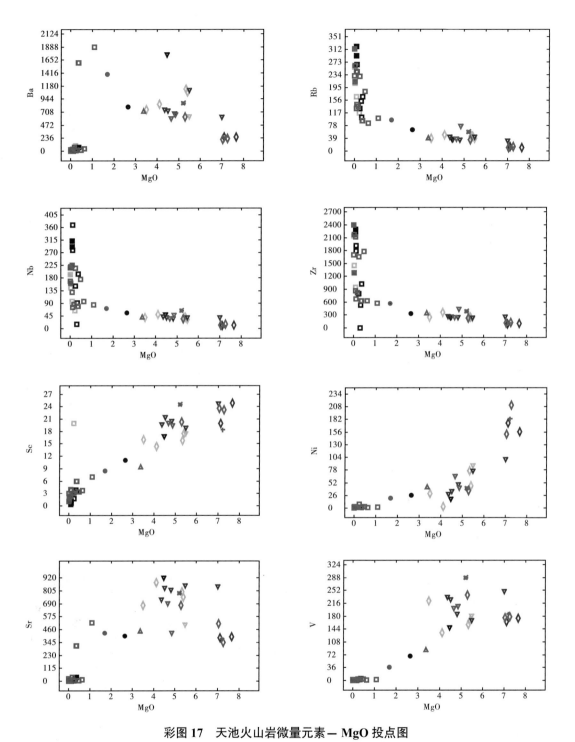

彩图 17　天池火山岩微量元素 — MgO 投点图

紫色：2006 年朝鲜赠送样品；红色：2007 年中日合作样品；绿色：俄罗斯样品结果；灰色：樊祺诚等（2007）
结果；■ 碱性流纹岩；□ 碱性粗面岩；● 粗面英安岩；○ 碱性粗面安山岩；△ 碱性玄武粗安岩；
▽ 碱性粗面玄武岩；＊ 碱性碱玄碧玄岩；＋ 拉斑系列玄武安山岩；◇ 拉斑玄武岩

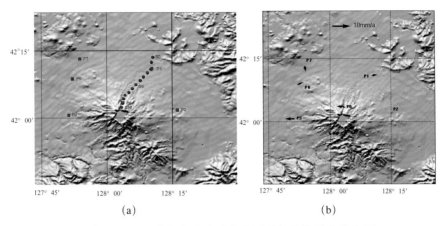

彩图 18　天池火山流动形变监测网与背景形变分布图

（a）北坡水准测量路线与 GPS 站点；（b）2000~2002 年间天池火山水平位移背景值（箭头所示）

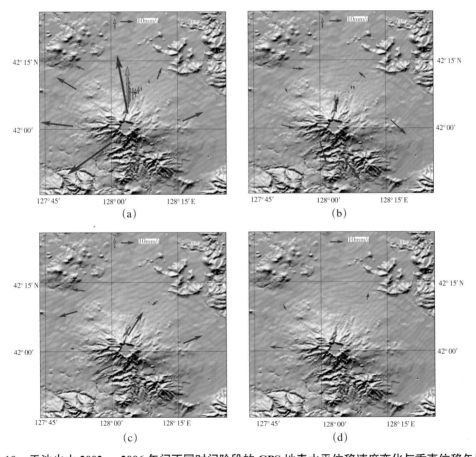

彩图 19　天池火山 2002 ~ 2006 年间不同时间阶段的 GPS 地表水平位移速度变化与垂直位移矢量图

红线为 GPS 水平形变量及方向，绿线为垂直形变量及方向，标尺均为 10mm· a⁻¹。（a）2002 ~ 2003 年；
（b）2003 ~ 2004 年；（c）2004 ~ 2005 年；（d）2005 ~ 2006 年，因测试仪器系统的改变，
未获得垂直形变有效形变量

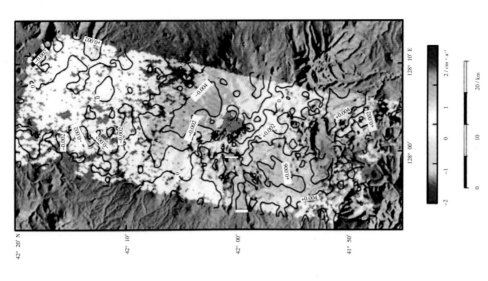

彩图 21 天池火山 1992~1998 年间合成开口雷达（SAR）东西两幅图像干涉积累的地壳形变图

等值线给出了 2mm·a⁻¹ 的变化

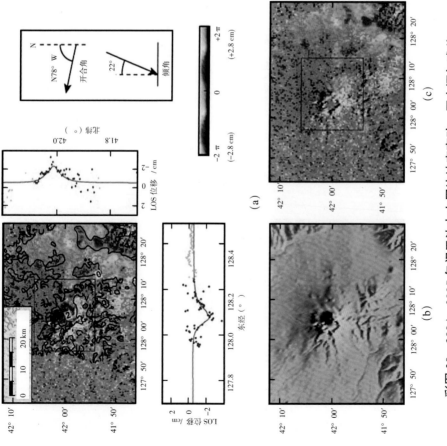

彩图 20 2004~2005 年间天池火山周边地壳变动、压力源与残差

(a) 天池火山 SAR 图像得到的 2004~2005 年间拾升形变，等值线给出了 1cm 间隔形变量。
蓝框区域是用于估计源区参数的范围，红点给出了估计的膨胀源。右图和下图对比出红色
虚线位置观测的形变和模拟的形变量，浅蓝色点的膨胀资料未用于参数估计；(b) 由源区
参数估计得到的模拟干涉图，黑点指示了估计的源区位置；(c) 观测值与模拟值之间的残
差，蓝色框给出了用于参数估计的范围

编 委 会

主　编：谢兴文　金永新

副主编：李朝霞　张　晶　许新艳

编　委：（按姓名首字拼音排序）

白登彦：（与谢兴文撰写第一章中第十五节、第十六节；第四章中第十一节、第
　　　　十二节、第十三节）

陈昊强：（撰写第四章中第一节、第二节、第三节）

陈少峰：（与何蕊芳撰写第三章中第二十三节）

陈雯莉：（撰写第一章中第二节；第八章）

程军胜：（撰写第四章中第四节、第五节、第六节、第七节）

丁向萍：（撰写第一章中第九节、第十节、第十二节、第十三节；第十二章中第
　　　　一节；与张锦华撰写第一章第十一节，第三章第十二节、第十三节、第
　　　　十四节、第十五节）

方　堃：（撰写第三章中第十九节）

冯　萱：（与张风红撰写第十一章中第四节、第五节）

高瑞华：（撰写第三章中第十六节）

高　珊：（撰写第五章中第三节）

高小平：（撰写第二章中第四节）

葛海兰：（撰写第二章中第五节）

郭雅琼：（与张笠撰写第二章中第一节）

何蕊芳：（与陈少峰撰写第三章中第二十三节）

侯雅慧：（与金成强撰写第十四章）

金成强：（与侯雅慧撰写第十四章）

李　静：（撰写第三章中第十七节、第十八节、第十九节）

李淑华：（撰写第三章中第二节）

刘翠萍：（撰写第七章）

刘　迪：（撰写第四章中第八节）

柳小平：（撰写第一章中第一节、第四节、第五节、第六节、第七节、第二十节；第三章中第一节、第三节、第四节、第五节、第六节；第十二章中第一节）

马　娜：（撰写第一章中第八节；第三章中第八节、第九节）

茹晖晖：（撰写第一章中第二十一节）

孙国成：（与魏洪涛撰写第一章中第十九节、第二十三节、第二十四节、第二十五节；第三章中第十节、第十一节）

万亚雄：（撰写第六章第二节、第三节）

王　冠：（与王继撰写第十二章中第二节）

王　继：（与王冠撰写第十二章中第二节）

王世彪：（撰写第十三章）

王艳艳：（撰写第十一章中第六节、第七节）

魏洪涛：（与孙国成撰写第一章中第十九节、第二十三节、第二十四节、第二十五节；第三章中第十节、第十一节）

温志震：（撰写第三章中第二十二节；第十一章中第一节）

许　倩：（撰写第六章中第三节至第八节）

薛尚才：（撰写第一章中第二十二节）

许新艳：（撰写第十一章中第二节、第三节）

余新林：（与赵维龙撰写第二章中第三节）

张　帆：（撰写第二章中第二节）

张风红：（与冯萱撰写第十一章中第四节、第五节）

张　红：（撰写第十章中第一节至第五节）

张　洁：（撰写第十六章）

张锦华：（与丁向萍撰写第一章第十一节；第三章第十二节、第十三节、第十四节、第十五节）

张　晶：（撰写第五章中第一节、第二节；第十二章中第三节）

张　笠：（与郭雅琼撰写第二章中第一节）

张文杰：（撰写第一章中第十四节；第九章）

张　鑫：（与金永新撰写第十五章）

赵立明：（撰写第一章中第十七节、第十八节；第四章中第九节、第十节；第三章中第二十节、第二十一节）

赵维龙：（与余新林撰写第二章中第三节）

郑光敏：（撰写第一章中第三节；第三章中第七节）

豆立霞、刘燕、梁婷、陶小红、王雨晴参与相关工作

序

　　基层医疗与卫生健康工作是人民健康需求的第一道防线,关乎健康中国建设目标能否如期实现。服务于乡镇卫生院和社区卫生服务中心的全科医生是基层健康的守门人,加强全科医生队伍建设,培养更多高质量医生服务于基层,有利于从根本上提高基层医疗卫生服务水平。

　　党的十九大指出要加强基层医疗卫生服务体系和全科医生队伍建设,充分体现出党中央对加快发展基层卫生事业的深刻认识。为贯彻党中央、国务院有关基层卫生健康服务体系的方针,进一步做好基层卫生人才能力提升培训项目组织实施工作,我们结合国家卫健委印发的《关于2020年基层卫生人才能力提升培训线下培训大纲》相关要求,汇集甘肃省第二人民医院、西北民族大学附属医院专业力量组成教材编写委员会,编写了本教材。本教材重点以全科医学理论为基础,以基层卫生服务需求为导向,旨在通过系统地理论学习和技能培训,全面提高基层全科医生的基本医疗和公共卫生服务能力,教材科学性、实用性和可操作性突出,适用于乡镇卫生院和社区卫生服务中心全科医生岗位培训和转岗培训,也可作为基层全科医生的诊疗工具书。

　　本教材是集体智慧的结晶,所有参编人员高度认真负责,付出了大量心血,对此深表谢意!同时也感谢甘肃省卫健委基层处给予我们培训的机会,让我们有幸参与基层骨干医师的培训工作,从而顺利地完成本教材的编写!

　　若有不妥之处,敬请各位同行、专家不吝赐教,以便我们日后不断完善。

甘肃省第二人民医院

院长:谢兴文

西北民族大学附属医院

2021年3月

目　录

第一章　常见的症状及处理原则

第一节　发　热

发热是指机体在致热源作用下或各种原因引起体温调节中枢的功能障碍时，体温升高超出正常范围。正常人的体温受体温调节中枢所调控，并通过神经、体液因素使产热和散热过程呈动态平衡，保持体温在相对恒定的范围内。

一、病因

发热的病因很多，临床上可分为感染性与非感染性两大类，而以前者多见。

（一）感染性发热

各种病原体如病毒、细菌、支原体、立克次体、螺旋体、真菌、寄生虫等引起的感染，不论是急性、亚急性或慢性，局部性或全身性，均可出现发热。

（二）非感染性发热

主要有下列几类原因：血液病、结缔组织疾病、甲状腺功能亢进、血栓及栓塞疾病、恶性肿瘤、自主神经功能紊乱等疾病。

发热的分度：

以腋窝温度为标准，可将发热分为：

（1）低热：37.3℃～38℃；

（2）中等度热：38.1℃～39℃；

（3）高热：39.1℃～41℃；

（4）超高热：41℃以上。

二、临床表现

发热患者在不同时间测得的体温数值分别记录在体温单上，将各体温数值点连接起来成体温曲线，该曲线的不同形态（形状）称为热型。不同的病因所致发热的热型也常不同。临床上常见的热型有以下几种。

（一）稽留热

是指体温恒定地维持在39℃～40℃的高水平，达数天或数周，24h内体温波动范围不超过1℃。常见于大叶性肺炎、斑疹伤寒及伤寒高热期。

（二）弛张热

又称败血症热型。体温常在39℃以上，波动幅度大，24h内波动范围超过2℃，但都在正常水平以上。常见于败血症、风湿热、重症肺结核及化脓性炎症等。

（三）间歇热

体温骤升达高峰后持续数小时，又迅速降至正常水平，无热期（间歇期）可持续1天至数天，如此高热期与无热期反复交替出现。常见于疟疾、急性肾盂肾炎等。

（四）波状热

体温逐渐上升达39℃或以上，数天后又逐渐下降至正常水平，持续数天后又逐渐升高，如此反复多次。常见于布氏杆菌病。

（五）回归热

体温急剧上升至39℃或以上，持续数天后又骤然下降至正常水平。高热期与无热期各持续若干天后又规律性交替一次。可见于回归热、霍奇金（Hodgkin）病等。

（六）不规则热

发热的体温曲线无一定规律，可见于结核病、风湿热、支气管肺炎、渗出性胸膜炎等。

三、伴随症状

（一）寒战

常见于大叶性肺炎、败血症、急性胆囊炎、急性肾盂肾炎、流行性脑脊髓膜炎、疟疾、钩端螺旋体病、药物热、急性溶血或输血反应等。

（二）结膜充血

常见于麻疹、流行性出血热、斑疹伤寒、钩端螺旋体病等。

（三）单纯疱疹

口唇单纯疱疹多出现，如：大叶性肺炎、流行性脑脊髓膜炎、间日疟、流行性感冒等。

（四）淋巴结肿大

常见于传染性单核细胞增多症、风疹、淋巴结结核、局灶性化脓性感染、丝虫病、白血病、淋巴瘤、转移癌等。

（五）肝脾肿大

常见于传染性单核细胞增多症、布氏杆菌病、疟疾、结缔组织病、白血病、淋巴瘤及黑热病、急性血吸虫病等。

（六）出血

发热伴皮肤黏膜出血可见于重症感染及某些急性传染病，如流行性出血热、病毒性肝炎、斑疹伤寒、败血症等。也可见于某些血液病，如急性白血病、重症再生障碍性贫血、恶性组织细胞病等。

（七）关节肿痛

常见于败血症、猩红热、布氏杆菌病、风湿热、结缔组织病、痛风等。

（八）皮疹

常见于麻疹、猩红热、风疹、水痘、斑疹伤寒、风湿热、结缔组织病、药物热等。

（九）昏迷

先发热后昏迷者常见于流行性乙型脑炎、斑疹伤寒、流行性脑脊髓膜炎、中毒性菌痢、中暑等；先昏迷后发热者见于脑出血、巴比妥类药物中毒等。

四、处理原则

（一）对一般发热不急于解热

由于热型和热程变化，可反映病情变化，并可作为诊断、评价疗效和估计预后的重要参考，而发热不过高或不太持久又不至于有多大的危害，故在疾病未得到有效治疗时，不必强行解热。解热本身不能常用于不好的结果疾病康复，且药效短暂，药效一过，体温又会上升。相反，疾病一经确诊而治疗奏效，则热自退。急于解热使热程被干扰，就失去参考价值，有弊无益。

（二）下列情况应及时解热

体温过高（如40℃以上）使患者明显不适、头痛、意识障碍和惊厥者。

恶性肿瘤患者（持续发热加重机体消耗）。

心肌梗死或心肌劳损者（发热加重心肌负荷）。

（三）选用适宜的解热措施

确认感染者及时使用抗生素，有脓腔者及时引流脓液。

（四）加强对高热或持久发热病人的护理

注意水盐代谢，补足水分，预防脱水。

保证充足易消化的营养食物，包括维生素。

监护心血管功能，对心肌劳损者，在退热期或用解热药致大量排汗时，要防止休克的发生。

第二节 皮肤黏膜出血

皮肤黏膜出血，是指机体凝血或止血功能障碍引起的，全身性或局限性皮肤粘膜出现瘀点、瘀斑，为其临床特征的表现。皮肤黏膜出血，主要有凝血功能障碍、血小板数量改变及血小板功能异常和血管壁异常引起。

一、病因

（一）凝血功能障碍

当任何一个凝血因子缺乏或功能不足，均引起凝血障碍，导致皮肤黏膜出血。

1. 可见遗传性疾病：例如血友病、凝血因子缺乏症。

2. 继发性的疾病：例如尿毒症、重症肝炎。

3. 循环血液中抗凝物质增多、纤溶亢进、抗凝药物使用过量。

（二）血小板异常

血小板在止血过程中起重要作用。当血管损伤时，血小板相互黏附，促进血小板聚集，并强烈收缩血管，促进局部止血。当血小板数量和功能异常时，均可引起皮肤黏膜出血。

1. 血小板减少：生成减少，破坏增多，消耗过多，可见于再生障碍性贫血、白血病。药物性免疫性血小板减少性紫癜、特发性血小板减少性紫癜。

2. 血小板增多及血小板功能异常：均可见于原发性和继发性血小板增多，例如原发性血小板增多症、慢性粒细胞白血病、脾切除后、感染。此类出血是由于凝血酶原生成迟缓伴血小板功能障碍所致。血小板功能异常，常见疾病有血小板无力症、尿毒症及肝病。

（三）血管壁功能异常

正常血管破损时，局部小血管发生反射性收缩，血流变慢，毛细血管持久收缩，当毛细血管壁存在先天性缺陷或损伤时，不能正常收缩、发挥止血作用而致皮肤黏膜出血。

1. 遗传性出血性毛细血管扩张症，血管性假性血友病。
2. 过敏性紫癜及老年性紫癜。
3. 严重感染化学物质和药物中毒代谢障碍。

二、临床表现

皮肤黏膜出血，典型的临床表现：毛细血管破裂后红细胞外渗所致，呈红色或暗红色，压之不褪色的红斑。根据大小可分为瘀斑、瘀点，直径<2mm为瘀点，直径>2mm为瘀斑。

（一）血小板功能异常

病人血小板计数正常，出血轻微，但手术时可出现出血不止。血小板减少，有瘀点、瘀斑、鼻出血、牙龈出血、血尿、黑便。

（二）血管壁功能异常

因血管壁功能异常引起的出血特点为皮肤黏膜的瘀点瘀斑，如过敏性紫癜，表现为双下肢对称的紫癜，可伴有痒、关节疼、腹痛、累及肾脏时可有血尿，老年性紫癜常为血管壁脆性增加，长期服用活血化瘀药物，手足深色瘀斑。

三、伴随症状

（1）双下肢对称性瘀点，伴有关节痛及腹痛，血尿见于过敏性紫癜。
（2）自幼受伤后出血不止，伴有关节畸形或肿痛见于血友病。
（3）紫癜伴有黄疸者见于肝脏疾病。
（4）皮肤黏膜出血伴贫血发热，见于白血病及再生障碍性贫血。

四、处理原则

（1）积极查找皮肤黏膜出血原因，根据病情对症治疗。
（2）避免过量使用抗凝药物。
（3）对于疾病引起的继发性皮肤黏膜出血，积极治疗原发病。
（4）注意保护血管壁，避免剧烈运动，血管壁功能异常，适量服用维生素C、芦丁片。

第三节　水　肿

水肿是指组织间隙有过多的体液积聚，常使组织肿胀。水肿可表现为局部性或全身性。当液体在体内组织间隙呈弥漫性分布时表现为全身性水肿；液体积聚在局部组织间隙时表现为局部水肿。发生于体腔内积液，如胸腔积液、腹腔积液、心包积液。

一、病因

保持体液平衡的主要因素有：血浆胶体渗透压降低、毛细血管内静水压升高、组织液胶体渗透压增高和组织间隙机械压力降低。

（一）毛细血管血流动力学

1. 毛细血管内静水压增加。

2. 血浆胶体渗透压降低。

3. 组织液胶体渗透压增高。

4. 组织间隙机械压力降低。

5. 毛细血管壁通透性增高。

（二）水钠潴留

1. 肾小球滤过功能降低：①肾小球滤膜通透性降低；②球-管平衡失调；③肾小球滤过面积减少；④肾小球有效滤过压下降

2. 肾小管对水钠的重吸收增加：①肾小球滤过分数增加；②醛固酮分泌增加；③抗利尿激素分泌增加。

（三）静脉、淋巴回流障碍

多产生局部性水肿。

二、临床表现

（一）全身性水肿

1. 心源性水肿：风湿病、高血压病、梅毒等各种病因及瓣膜、心肌等各种病变引起的充血性心力衰竭、缩窄性心包炎等。

2. 肾源性水肿：可见于各型肾炎及肾病。

3. 肝源性水肿：肝硬化、肝坏死、肝癌、急性肝炎等。

4. 营养性因素：①原发性食物摄入不足，见于战争或其他原因（如严重灾荒）所致的饥饿；②继发性营养不良性水肿见于多种病理情况，如继发性摄食不足（神经性厌食、严重疾病时的食欲缺乏、胃肠疾患、妊娠呕吐、口腔疾患等）；消化吸收障碍（消化液不足、肠道蠕动亢进等）；排泄或丢失过多（大面积烧伤和渗出、急性或慢性失血等）以及蛋白质合成功能受损、严重弥漫性肝疾患等。

5. 妊娠因素：妊娠后半期，妊娠期高血压疾病等。

6. 内分泌疾病：抗利尿激素分泌异常综合征、肾上腺皮质功能亢进（库欣综合征、醛固酮分泌增多症）、甲状腺功能低下（垂体前叶功能减退症、下丘脑促甲状腺素释放激素分泌不足）、甲状腺功能亢进等。

7. 特发性因素：该型水肿为一种原因未明或原因尚未确定的（原因可能一种以上）综合征，多见于妇女，往往与月经的周期性有关。

8. 结缔组织病所致水肿：常见于红斑狼疮、硬皮病及皮肌炎等。

（二）局部性水肿

1. 淋巴回流障碍性水肿：见于非特异性淋巴管炎、淋巴结切除术后、丝虫病的象皮腿等。

2. 静脉阻塞性水肿：见于肿瘤压迫或肿瘤转移、静脉血栓形成、血栓性静脉炎、下肢静脉曲张、上腔静脉阻塞综合征、下腔静脉阻塞综合征以及其他静脉阻塞。

3. 炎症性水肿：见于丹毒、疖肿、蜂窝组织炎等。

4. 血管神经性水肿。

5. 神经源性水肿。

6. 局部黏液性水肿。

三、伴随症状

1. 伴肝肿大：可为心源性、肝源性与营养不良性，若同时伴有颈静脉怒张者则为心源性。

2. 伴重度蛋白尿：常为肾源性，而轻度蛋白尿也可见于心源性。

3. 伴呼吸困难与发绀：常提示由于心脏病、上腔静脉阻塞综合征等所致。

4. 伴心跳缓慢、血压偏低：可见于甲状腺功能减退症。

5. 伴消瘦、体重减轻：可见于营养不良

6. 水肿与月经周期有明显关系：可见于经前期紧张综合征。

四、处理原则

由于引起水肿的原因非常多，每一种病因所引起的水肿期治疗各不相同，无法有统一的治疗方法。但根本原则是：根据病因情况对症治疗。治疗病因、消除水肿、维持生命体征稳定。比如心源性水肿，一旦诊断明确，应该治疗心衰（利尿、扩血管、强心等），心衰控制好后，水肿自然消退；肝源性水肿，若为乙肝引起肝硬化导致，则大部分是低蛋白血症的水肿，这时候需要抗肝硬化治疗，比如乙肝抗病毒治疗、护肝、营养支持、治疗腹水等；肾源性水肿原因也较多，主要还是对因治疗，若为肾病，则可用糖皮质激素、免疫抑制剂等治疗，肾病被控制后，水肿自然消退。其余病因所导致的水肿，都遵循治疗原发疾病、维持生命体征的基本原则。

第四节　咳　嗽

咳嗽是呼吸系统的一种常见而复杂的防御性反射活动，有助于人体清除肺和气道内异物或黏液。根据是否伴有痰液，可以分为排痰性咳嗽（湿咳）和非排痰性咳嗽（干咳）；根据咳嗽持续的时间长短，又分为急性咳嗽、亚急性咳嗽和慢性咳嗽。

一、病因

1. 呼吸道疾病：常见的有咽喉炎、气管及支气管炎、支气管哮喘、支气管扩张等。鼻咽部至小支气管整个呼吸道黏膜受到刺激时，均可以引起咳嗽。肺泡内有分泌物，渗出物或漏出物等进入小支气管即可引起咳嗽。

2. 胸膜疾病：各种原因所致的胸膜炎、胸膜间皮瘤、自发性气胸或胸腔穿刺等均可以引起咳嗽。

3. 心血管疾病：二尖瓣狭窄或者其他原因所致左心衰引起肺瘀血或肺水肿，因肺泡及支气管内有浆液性或血性渗出物，可引起咳嗽。右心或静脉栓子脱落造成肺栓塞时也可以引起咳嗽。

4. 相关疾病：咽喉炎、气管及支气管炎、支气管哮喘、胸膜炎、左心衰。

5. 中枢神经因素：从大脑皮质发出神经冲动传至延髓咳嗽中枢后可以发生咳嗽。如皮肤受冷刺激或三叉神经的鼻黏膜及舌咽神经支配的黏膜受到刺激时，可以反射性引起咳嗽。脑炎、脑膜炎时也可以出现咳嗽。

二、临床表现

咳嗽病因不同伴随症状也不一样，如上呼吸道感染所致的咳嗽，可伴有头痛、乏力、发热等；而呼吸道过敏所致的咳嗽，常伴有打喷嚏、流鼻涕等症状。

干咳多见于非感染性疾病，或某些感染性疾病初期。

湿咳可见于各种病原微生物感染，如肺炎链球菌、军团菌、肺炎克雷伯菌等。

咳嗽根据时间可分为：急性、亚急性、慢性。

急性咳嗽是指咳嗽时间短于3周。

亚急性咳嗽是指咳嗽时间为3~8周。

慢性咳嗽是指咳嗽时间大于8周。

三、伴随症状

（1）伴发热：常见于急性上、下呼吸道感染、肺结核以及胸膜炎。

（2）伴胸痛：常见于肺炎、胸膜炎、支气管肺癌、自发性气胸等。

（3）伴呼吸困难：见于喉水肿、喉肿瘤、支气管哮喘或支气管异物等。

（4）伴咯血：见于支气管扩张、二尖瓣狭窄、肺出血、肾病综合征等。

（5）伴脓痰：多见于支气管扩张、肺脓肿、支气管胸膜瘘等。

（6）伴哮鸣音：多见于支气管哮喘、心源性哮喘等。

（7）伴杵状指：多见于支气管扩张、支气管肺癌等。

四、处理原则

由于咳嗽是一种气道的防御性反射，且具有清洁气道、咳出异物等功能，因此，轻微咳嗽的患者不必进行特殊治疗，或在查明病因后进行病因治疗：

1. 呼吸系统感染性疾病，尤其是细菌感染，需要进行抗感染治疗。

2. 呼吸道过敏，如过敏性鼻炎引起的咳嗽，使用抗组胺等药物治疗。

3. 对于咳嗽剧烈、影响休息、工作和生活的患者，或伴有大量痰液，且痰液黏稠的患者，可使用一些祛痰、镇咳药物治疗。

第五节 咯 血

咯血是指喉及喉部以下的呼吸道任何部位的出血，经口腔咯出。少量咯血有时仅表现为痰中带血，大咯血时血液从口鼻涌出，常可阻塞呼吸道，可造成窒息死亡。

一、病因

（一）支气管疾病

常见有支气管扩张、支气管肺癌、支气管结核和慢性支气管炎等；少见的有支气管结石、支气管腺瘤、支气管黏膜非特异性溃疡等。其发生机制主要是炎症、肿瘤、结石致支气管黏膜或毛细血管通透性增加，或黏膜下血管破裂所致。

（二）肺部疾病

常见有肺结核、肺炎、肺脓肿等；较少见于肺瘀血、肺栓塞、肺寄生虫病、肺真菌病、肺泡炎、肺含铁血黄素沉着症和肺出血—肾病综合征等。肺炎出现的咯血，常见于肺炎球菌肺炎、金黄色葡萄球菌肺炎、肺炎杆菌肺炎和军团菌肺炎，支原体肺炎有时也可出现痰中带血。在中国，引起咯血的首要原因仍为肺结核。发生咯血的肺结核多为浸润型肺结核、空洞型肺结核和干酪样肺结核，急性血行播散型肺结核较少出现咯血症状。

（三）心血管疾病

较常见于二尖瓣狭窄，其次为先天性心脏病所致肺动脉高压或原发性肺动脉高压，另有肺栓塞、肺血管炎、高血压病等。心血管疾病引起咯血可表现为小量咯血或痰中带血、大量咯血、粉红色泡沫样血痰和黏稠暗红色血痰。其发生机制多因肺瘀血造成肺泡壁或支气管内膜毛细血管破裂和支气管黏膜下层支气管静脉曲张破裂所致。

（四）其他

血液病（如白血病、血小板减少性紫癜、血友病、再生障碍性贫血等）、某些急性传染病（如流行性出血热、肺出血型钩端螺旋体病等）、风湿性疾病（如结节性多动脉炎、系统性红斑狼疮、Wegener肉芽肿、白塞病等）或气管、支气管炎及子宫内膜异位症等均可引起咯血。

二、临床表现

通常咯血患者在出血前会感觉喉部有痒感，同时伴有胸闷，并出现咳嗽前兆。

咯血量的估计。预估咯血量有利于接下来的对症治疗。咯血量可分为3个级别：少量（24h咯血量不足100ml）、中等量（24h咯血量在100~500ml）、大量（24h咯血量超过500ml或者一次咯血量超过100ml。

三、伴随症状

（一）伴身体发热

可能是肺结核、肺炎、肺脓肿等肺部疾病所致。

（二）伴胸痛

考虑肺炎、肺梗死等。

（三）伴随浓痰

考虑肺脓肿、支气管扩张、化脓性肺炎等疾病。

（四）伴皮肤黏膜出血

考虑血液病、流行性出血热以及传染病等。

（五）伴黄疸

可能由肺部疾病、传染病、肺炎等引起。

（六）伴出现杵状指（趾）

考虑支气管扩张、肺脓肿、原发性支气管肺癌等引起。

四、处理原则

1. 治疗感染可采用包括抗生素、支气管扩张剂和理疗等方法，以改善支气管引流。

2. 预防性抗菌治疗可降低细菌负荷（某种程度上与痰的脓性及破坏性弹性蛋白酶的活性有关），但是采用长期持续治疗抑或间歇疗法，以及有关特殊治疗等方面目前尚无定论。

3. 对于支气管肺炎或严重的呼吸道感染，需根据革兰氏染色、培养和药敏试验结果选用抗生素作肠道外给药。

4. 如结核分枝杆菌培养阳性，需根据病史和实验室检查给予适当的抗结核治疗。因MAIC常可寄生于支气管扩张症病人的肺内，因而抗结核治疗应限于高度怀疑或已确诊的病人。更重要的是应根据药敏治疗。

5. 支气管扩张症病人应戒烟，并避免其他刺激物，避免使用镇静剂或镇咳剂。对某些病人，经常作体外引流，拍击和震动胸部可促进痰液清除。

6. 弥漫性慢性支气管炎常伴有支气管扩张症，应作相应处理，β₂受体激动剂、茶碱以及皮质激素可减轻气流阻塞，促进纤毛清除功能以及减轻炎症。如同时存在哮喘或变应性支气管肺曲菌病，皮质激素对减轻炎症反应特别有益。对极易真菌致敏的幼儿，皮质激素可促进真菌的清除。少数变应性支气管肺曲菌病使用伊曲康唑口服，可减少皮质激素的用量，降低血清IgE水平，增加气流流速，但抗真菌药物通常限于侵入性曲菌感染。

7. 其他药物，如黏液溶解剂N-乙酰半胱氨酸和重组人类脱氧核糖核酸酶（rhDNase）对某些病人有益，但对支气管扩张症本身无确切疗效。

8. 慢性低氧血症应作氧疗。

9. 很少需要手术切除，但对经保守治疗仍反复发生肺炎和支气管感染，频繁咯血，而病变范围局限且稳定者，仍需考虑手术。

五、注意事项

1. 因出现咯血的症状后，患者一般会表现出焦虑及恐慌，故应安慰患者使其消除顾虑、平静。必要的时候，可让患者向患侧方向侧卧以保护健侧肺部，但应小心，有时健侧肺部受累可能会使咯血的症状加重。

2. 为患者准备诊断性检查以明确出血原因。可进行全套的血液检查、痰培养及涂片、胸部X线片、肺组织活检、肺动脉X线片及肺部平扫检查。

第六节　呼吸困难

呼吸困难是指病人主观感到空气不足、呼吸费力，客观上表现为呼吸运动用力，严重时可出现张口呼吸、鼻翼扇动、端坐呼吸，甚至发绀、呼吸辅助机参与呼吸运动，并且可有呼吸频率、深度、节律的改变。

一、病因

1. 气道阻塞：如喉水肿、气管水肿、支气管水肿、肿瘤或者异物所致狭窄、阻塞或支气管哮喘、慢性阻塞性肺疾病等。

2. 肺部疾病：如肺炎、肺不张、肺瘀血、肺水肿、弥漫性间质性肺疾病等。

3. 胸壁、胸廓、胸膜疾病：如胸壁炎、严重胸廓畸形、胸腔积液、气胸等。

4. 神经肌肉疾病：如脊髓灰质炎病变累及颈髓，急性多发性神经根神经炎和重症肌无力累及呼吸肌。

5. 循环系统疾病：常见于各种原因所致的左心衰竭、右心衰竭、心包填塞等。

6. 神经精神因素：如脑出血、脑外伤、脑肿瘤等疾病引起的呼吸中枢功能障碍和精神因素所致的呼吸困难，如焦虑症、癔症等。

二、临床表现

（一）肺源性呼吸困难

1. 吸气性呼吸困难：表现为喘鸣、吸气费力，重者可出现三凹征，即胸骨上窝、锁骨上窝和肋间隙明显凹陷。

2. 呼气性呼吸困难：表现为呼气费力，呼吸明显延长而缓慢，常伴哮鸣音。

3. 混合性呼吸困难：表现为吸气与呼气均感费力，呼吸频率加快，幅度变浅，常伴有呼吸音减弱或消失。

（二）心源性呼吸困难

表现为活动时出现或加重，休息时减轻或缓解，仰卧位可加重，坐位时可减轻，轻者短时间内可缓解，重症表现为哮喘，面色青紫，咳粉红色泡沫样痰。

（三）中毒性呼吸困难

可出现深长而不规则的呼吸，频率可快可慢。

三、伴随症状

1. 发作性呼吸困难伴哮鸣音：多见于支气管哮喘、心源性哮喘，突发重度呼吸困难。常见于急性喉头水肿、气管异物、大面积肺栓塞及自发性气胸。

2. 呼吸困难伴发热：常见于肺炎、肺脓肿、肺结核及胸膜炎及心包炎。

3. 呼吸困难伴一侧胸痛：常见于大叶性肺炎、急性渗出性胸膜炎、肺栓塞、自发性气胸、支气管肺癌及心肌梗死。

4. 呼吸困难伴咳嗽、咳痰：常见于气管、支气管炎、肺炎、慢阻肺、支气管扩张、肺结核及肺脓肿。

5. 呼吸困难伴意识障碍：常见于脑炎、脑膜炎、脑血管意外、糖尿病酮症酸中毒、尿毒症、肺性脑病及中毒等。

四、处理原则

呼吸困难的治疗首先是要明确引起呼吸困难的原因，去除诱发因素。常见的引起呼吸困难的原因有呼吸系统疾病、心血管系统疾病、血液系统疾病、神经精神性的因素以及中毒等。除了给予吸氧、平喘等对症治疗外，关键是要解决基础疾病。如呼吸系统疾病引起的呼吸困难，常见的有支气管哮喘、慢阻肺、大量的胸腔积液、气胸、肺栓塞、肺炎等等，不同的疾病，它的治疗方法是不一样的。胸腔积液、气胸的患者需要胸穿抽气抽液治疗来缓解肺的压迫症状；慢阻肺以及支气管哮喘的患者治疗需要解痉平喘、扩张支气管等。

第七节 胸 痛

胸痛是临床上常见的症状，主要由胸部疾病所致，少数由其他疾病引起。胸痛的程度因个体痛阈的差异而不同，与疾病病情轻重程度不完全一致。

一、病因

引起胸痛的原因主要为胸部疾病。常见的有：

1. 胸壁疾病：急性皮炎、皮下蜂窝织炎、带状疱疹、肋间神经炎、肋软骨炎、流行性肌炎、肋骨骨折多发性骨髓瘤、急性白血病等。

2. 心血管疾病：冠状动脉粥样硬化性心脏病（心绞痛、心肌梗死）、肥厚型心肌病、主动脉狭窄急性心包炎、胸主动脉夹层动脉瘤、肺梗死、肺动脉高压等。

3. 呼吸系统疾病：胸膜炎、胸膜肿瘤、自发性气胸、血胸、支气管炎、支气管肺癌等。

4. 纵隔疾病：纵隔炎、纵隔气肿、纵隔肿瘤等。

5. 其他：过度通气综合征、痛风、食管炎、食管癌、食管裂孔疝、膈下脓肿、肝脓肿、脾梗死以及神经症等。

各种化学、物理因素及刺激因子均可刺激胸部的感觉神经纤维产生痛觉冲动，并传至大脑皮层的痛觉中枢引起胸痛。胸部感觉神经纤维有：①肋间神经感觉纤维；②支配主动脉的交感神经纤维；③支配气管与支气管的迷走神经纤维；④膈神经的感觉纤维。另外，除患病器官的局部疼痛外，还可见远离该器官某部体表或深部组织疼痛，称放射痛（radiating pain）或牵涉痛。其原因是内脏病变与相应区域体表的传入神经进入脊髓同一节段并在后角发生联系，故来自内脏的感觉冲动可直接激发脊髓体表感觉神经元，引起相应体表区域的痛感。如心绞痛时除了出现心前区、胸骨后疼痛外，也可放射至左肩、左臂内侧或左颈、左侧面颊部。

二、临床表现

（一）发病年龄

青壮年胸痛多考虑结核性胸膜炎、自发性气胸、心肌炎、心肌病、风湿性心瓣膜病，40岁以上则须注意心绞痛、心肌梗死和支气管肺癌。

（二）**胸痛部位**

大部分疾病引起的胸痛常有一定部位。例如胸壁疾病所致的胸痛常固定在病变部位，且局部有压痛，若为胸壁皮肤的炎症性病变，局部可有红、肿、热、痛表现；带状疱疹所致胸痛，可见成簇的水疱沿一侧肋间神经分布伴剧痛，且疱疹不超过体表中线；肋软骨炎引起胸痛，常在第一、二肋软骨处见单个或多个隆起，局部有压痛，但无红肿表现；心绞痛及心肌梗死的疼痛多在胸骨后方和心前区或剑突下，可向左肩和左臂内侧放射，甚至达无名指与小指，也可放射于左颈或面颊部，误认为牙痛；夹层动脉瘤引起疼痛多位于胸背部，向下放射至下腹、腰部与两侧腹股沟和下肢；胸膜炎引起的疼痛多在胸侧部；食管及纵隔病变引起的胸痛多在胸骨后；肝胆疾病及膈下脓肿引起的胸痛多在右下胸，侵犯膈肌中心部时疼痛放射至右肩部；肺尖部肺癌（肺上沟癌、Pancoast癌）引起疼痛多以肩部、腋下为主，向上肢内侧放射。

（三）**胸痛性质**

胸痛的程度可呈剧烈、轻微和隐痛。例如带状疱疹呈刀刺样或灼热样剧痛；食管炎多呈烧灼痛。肋间神经痛为阵发性灼痛或刺痛；心绞痛呈绞榨样痛并有重压窒息感，心肌梗死则疼痛更为剧烈并有恐惧、濒死感；气胸在发病初期有撕裂样疼痛；胸膜炎常呈隐痛、钝痛和刺痛；夹层动脉瘤常呈突然发生胸背部撕裂样剧痛或锥痛；肺梗死亦可突然发生胸部剧痛或绞痛，常伴呼吸困难与发绀。

（四）**疼痛持续时间**

平滑肌痉挛或血管狭窄缺血所致的疼痛为阵发性，炎症、肿瘤、栓塞或梗死所致疼痛呈持续性。如心绞痛发作时间短暂（持续数分钟），而心肌梗死疼痛持续时间很长（数小时或更长）且不易缓解。

（五）**影响疼痛的因素**

疼痛发生的诱因、加重与缓解的因素。例如心绞痛发作可在劳力或精神紧张时诱发，休息后或含服硝酸甘油或硝酸异山梨酯后于数分钟内缓解，而对心肌梗死所致疼痛则服上药效果较差。食管疾病多在进食时发作或加剧，服用抗酸剂和促动力药物可减轻或消失。胸膜炎及心包炎的胸痛可因咳嗽或用力呼吸而加剧。

综合上述胸痛的临床特点，不同疾病有不同的胸痛特点，见表1-1。

表1-1　不同疾病的胸痛特征及疼痛部位

疾病	年龄	疼痛部位	疼痛性质	影响疼痛因素
自发性气胸	青壮年	病侧胸部	呈撕裂样疼痛	因咳嗽或呼吸而加剧
结核性胸膜炎、心包炎	青壮年	病侧胸部、腋下	呈隐痛钝痛、刺痛	因咳嗽或呼吸而加剧
心绞痛	40岁以上	胸骨后或心前区	呈绞榨样痛、濒死感	时间短暂,休息或含服硝酸酯类药后缓解
心肌梗死	40岁以上	胸骨后或心前区	呈绞榨样痛、濒死感	持续时间长,休息或含服硝酸酯类药后不易缓解
肋间神经痛	不定	沿肋间神经呈带状	刀刺样、触电样灼痛	服用止痛药可短暂缓解
支气管肺癌	40岁以上	受累胸膜或胸壁	持续固定、剧烈	因咳嗽或呼吸而加剧
食管疾病	不定	食管或胸骨后	呈隐痛	进食时发作或加剧,服用抗酸剂和促动力药物可减轻或消失

三、伴随症状

1. 伴有咳嗽、咳痰和（或）发热，常见于气管、支气管和肺部疾病。

2. 伴呼吸困难常提示病变累及范围较大，如大叶性肺炎、自发性气胸、渗出性胸膜炎和肺栓塞等。

3. 伴咯血主要见于肺栓塞、支气管肺癌。

4. 伴苍白、大汗、血压下降或休克，多见于心肌梗死、夹层动脉瘤、主动脉窦瘤破裂和大块肺栓塞。

5. 伴吞咽困难，多提示食管疾病，如反流性食管炎等。

四、处理原则

（一）基本治疗

1. 建立静脉通道。

2. 充分给氧。

3. 心电监护（HR、R、BP、SPO_2）。

4. 会诊。

（1）心胸外科会诊：怀疑主动脉夹层、主动脉瓣膜狭窄或食管破裂。

（2）心脏科和（或）呼吸科会诊：血流动力学不稳定的胸痛患者。

（二）支持治疗

1. 控制疼痛。

（1）如无禁忌证，给予硝酸甘油和（或）吗啡控制疼痛。

（2）怀疑消化道疾病，考虑尝试给予雷尼替丁或法莫替丁、氢氧化铝凝胶。

2. 控制血压和减轻心脏负荷。

（1）美托洛尔、心得安。

（2）硝酸甘油、硝普钠。

（三）病因治疗

1. 急性心肌梗死：溶栓或支架置入治疗。

2. 肺栓塞：溶栓治疗。

3. 张力性气胸：胸腔闭式引流。

4. 主动脉夹层或食管破裂：外科手术。

第八节 心 悸

心悸是一种自觉心脏跳动的不适感或心慌感。心悸时心率可快、可慢，也可有心律失常，心律和心率正常者亦可有心悸。

一、病因

心悸的病因很多，除心脏本身病变外，某些全身性疾病也可引起心悸，还有生理性和功能性心悸。

（一）心脏搏动增强

心脏搏动增强引起的心悸，可为生理性或病理性。

1. 生理性。

健康人在剧烈运动或精神过度紧张时、饮酒、喝浓茶或咖啡后、妊娠等时可见。

2. 病理性。

（1）心室肥大：常见于高血压性心脏病等疾病引起的左心室肥大、心脏收缩力增强。此外，维生素 B_1 缺乏，周围小动脉扩张、阻力降低、回心血量增加、心脏工作量增加、也可出现心悸。

（2）其他疾病：甲状腺功能亢进症、低血糖症及嗜铬细胞瘤等疾病也可引起心悸。

（二）心律失常

心动过速、过缓或其他心律失常，均可出现心悸。心动过速型心律失常，如各种原因引起的窦性心动过速、阵发性室上性或室性心动过速等；心动过缓型心律失常，如高度房室传导阻滞、窦性心动过缓及病态窦房结综合征等；其他心律失常，如期前收缩、心房扑动或颤动等。

（三）心力衰竭、心脏神经官能症及其他

如胸腔大量积液、高原病、胆心综合征等。

二、临床表现

心悸的主要临床表现为心慌，心率加快时感到心脏跳动不适，心率缓慢时则感到搏动有力。

三、伴随症状

心悸时可伴有心前区疼痛、发热、晕厥或抽搐、贫血、呼吸困难、消瘦及出汗等。

四、处理原则

1. 明确病因，积极治疗原发病。

2. 有心律失常者，根据心律失常的类型予以治疗。

3. 无心律失常者，常见高循环动力状态、焦虑状态、药物源性及其他原因，应针对病因治疗或对症治疗。

第九节　恶心与呕吐

恶心与呕吐是临床常见的症状。恶心为上腹部不适、紧迫欲呕吐的感觉。可伴有自主神经功能紊乱的表现，如皮肤苍白、头晕、流涎、出汗、血压降低、心动过缓等。呕吐则是通过胃的强烈收缩迫使胃或部分小肠的内容物经食管、口腔排出体外的现象。一般恶心后随之呕吐，但也可仅有恶心而无呕吐，或仅有呕吐而无恶心。二者均为复杂的反射动作，可由多种原因引起。

一、病因

（一）反射性呕吐

1. 鼻窦炎：因起床后脓液经鼻后孔刺激咽部，可出现晨起恶心、干呕。

2. 急性胃炎或急性胃肠炎常有不洁食物史，主要表现为上腹部或脐周阵发性绞痛、恶心、呕吐，可伴有发热、腹泻。实验室检查化验血常规可见白细胞常升高。粪便检查有异常，并可分离出病原体。

3. 消化性溃疡急性穿孔以剧烈的上腹痛伴恶心、呕吐为主要临床症状。腹部查体呈板状腹，有压痛、反跳痛、腹肌紧张及肝浊音界消失。X线腹部平片可见膈下游离气体。

3. 幽门梗阻中以消化性溃疡及胃窦部、幽门管、十二指肠等部位肿瘤因水肿或机械性因素导致较为常见。可有家族病史，既往有胃炎或胃溃疡病史，近期消瘦明显。

4. 十二指肠壅积症指各种原因引起的十二指肠阻塞，以致十二指肠阻塞部位的近端扩张、食糜壅积而产生的临床综合征。常见症状有呃逆、恶心及呕吐，多在饭后出现，呕吐物含有胆汁，症状可因体位的改变而减轻。X线钡餐检查：十二指肠水平部见钡柱中断（突然垂直切断）；受阻近段肠管强有力地顺向蠕动及逆蠕动构成的钟摆运动；俯卧位时钡剂顺利通过，逆蠕动消失。

5. 急性阑尾炎因阑尾管腔阻塞、细菌入侵等多种因素综合造成。

6. 急性肠梗阻是各种原因引起的肠内容物不能正常通过肠道。腹部X线片可见气液平。CT有助于进一步明确诊断。

7. 急性胆道感染多有进食油腻诱因，有胆道病史。以右上腹痛为主，伴恶心、呕吐、发热或寒战等症状。查体右上腹压痛。白细胞、CRP升高。腹部彩超、CT有助于诊断。

8. 急性胰腺炎主要表现为急性、持续性中上腹痛，可伴有恶心、呕吐。查体中上腹压痛。血淀粉酶或脂肪酶>正常值上限3倍。腹部彩超或CT可见典型影像学改变。

9. 肾、输尿管结石主要表现为疼痛、血尿，可伴有恶心、呕吐。X线、泌尿系彩超、CT等有助于诊断。

10. 全身性疾病中如急性盆腔炎、异位妊娠破裂、急性心肌梗死早期、心力衰竭、内耳迷路病变、青光眼、屈光不正等亦可出现恶心、呕吐。

（二）中枢神经性呕吐

1. 神经系统疾病：颅内压增高最常见的症状为头痛、呕吐、视神经乳头区水肿，呕吐可呈喷射状，可伴有意识障碍及生命体征变化。头颅CT、MRI有助于进一步诊断。

2. 全身性疾病：尿毒症、糖尿病酮症酸中毒、甲状腺危象、甲状旁腺危象、肾上腺皮质功能不全、低血糖低钠血症及早孕均可引起呕吐。

3. 药物：某些药物如抗生素、抗癌药、洋地黄、吗啡等可因兴奋呕吐中枢而致呕吐。

4. 中毒：乙醇、重金属、一氧化碳、有机磷农药、鼠药等中毒均可引起呕吐。

5. 精神因素：胃神经官能症、癔症、神经性厌食等。

（三）前庭障碍性呕吐

凡呕吐伴有听力障碍、眩晕等症状者，需考虑前庭障碍性呕吐。常见疾病是迷路炎，是化脓性中耳炎的常见并发症。梅尼埃病，为突发性的旋转性眩晕伴恶心呕吐。晕动病，一般在航空、乘船和乘车时发生。

二、处理原则

恶心、呕吐的治疗应针对病因给予相应治疗。尽早、及时明确病因及诊断是治疗的关键。但病因不明时，对于伴随症状较重者，应积极给予对症治疗。多次反复评估和多学科会诊有助于及时正确诊断。

第十节 便 血

便血是指排出的粪便混有血液，或便前、便后带血。便血颜色可呈鲜红、暗红或柏油样。通常根据便血的颜色、性状及伴随症状，可初步判断出血的来源部位。

一、病因

（一）上消化道疾病

1. 消化性溃疡：可单纯表现为柏油便或黑粪，出血量较多时可伴有呕吐咖啡样液体或暗红色血液。

2. 食管胃底曲张静脉破裂：常在呕吐大量鲜血之后，视出血量不同而出现暗红色血便或柏油便。既往常有肝硬化病史。

3. 胃癌：多为大便潜血阳性，肿瘤破裂及肿瘤侵犯血管引起大量出血时可出现鲜血便。胃镜检查并病理检查可帮助诊断。

4. Dieulafoy病：临床表现缺乏特异性，内镜、选择性血管造影、核素示踪等检查方法有助于术前诊断，部分患者在剖腹探查和尸检病理检查时方能获得诊断。

（二）下消化道疾病

1. 胃肠道间质瘤：多见于中年及老年人，肿瘤较小者常无症状，往往在癌症普查和其他手术时无意中发现。若较大者，则可引起各种症状。最常见的临床症状为腹部不适、腹部肿块及便血。

2. 痔疮与肛裂：表现为便时带血或滴血，一般无疼痛感。较严重患者可伴有排便疼痛及困难，严重时排便及蹲位时肛门部有异物脱出，可自行还纳或需辅助还纳。

3. 结直肠癌：早期多数无症状，到一定程度时出现血便、脓血便，伴有排便习惯改变、里急后重、便秘、腹泻等。大便逐渐变细，晚期则有排便梗阻、消瘦甚至恶病质，肠镜检查可帮助诊断。

4. 炎症性肠病：本病包括溃疡性结肠炎和克罗恩病，诊断炎症性肠病主要手段包括病史采集、体格检查、实验室检查、影像学、内镜检查和组织细胞学特征检查等。

5. 肠套叠：典型表现为腹痛、呕吐、便血及腹部包块。空气或钡剂灌肠X线检查可见阻端钡剂呈"杯口状"，甚至呈"弹簧"状阴影。

6. 缺血性肠病：便血期的急诊内镜检查，是早期诊断的关键，必要时可请介入科行血管造影检查。

7. 结肠息肉：间断性便血或大便表面带血，多为鲜红色，致大出血者不少见，结肠镜检查可帮助诊断。

8. 放射性肠炎：可累及小肠、结肠和直肠，故又称为放射性直肠、结肠、小肠炎。临床可表现为便血及反复贫血，结肠镜检查可帮助诊断。

9. 肠结核：病变主要在回盲部，内镜下见病变肠黏膜充血、水肿，溃疡形成，大小及形态各异的炎症息肉、肠腔变窄等，活检如能找到干酪样坏死性肉芽肿或结核分枝杆菌，具确诊意义。

10. 血吸虫病：临床表现黏液血便伴有不规则发热、腹痛、腹泻及肝、脾肿大。

（三）全身性疾病

1. 维生素 K 缺乏症：存在引起维生素 K 缺乏的基础疾病、出血倾向、维生素 K 依赖性凝血因子缺乏或减少为其特征。

2. 血友病：血友病为一组遗传性凝血功能障碍的出血性疾病，可用 APTT、STGT、Biggs 凝血活酶生成（BiggsTGT）纠正试验来鉴定血友病类型。

3. 流行性出血热：是由流行性出血热病毒（汉坦病毒）引起的，以发热、出血、充血、低血压休克及肾脏损害为主要临床表现。

二、处理原则

（一）上消化道疾病

消化性溃疡、食管—胃底曲张静脉破裂出血、Dieulafoy 及胃癌患者若无绝对禁忌证，需在 24h 内完善胃镜检查，并行内镜下药物喷洒、套扎、硬化等止血，同时应用质子泵抑制剂及补液对症治疗。

（二）下消化道疾病

内痔、肛裂诊断后可在肛肠科专科就诊，必要时行手术治疗；结肠镜检查有结肠息肉者经内镜评估后行内镜下切除术，必要时请外科手术治疗。中晚期（结）直肠癌患者根据全身转移情况评估后外科行手术及放化疗。缺血性肠病患者明确诊断后给予改善循环及抗感染治疗。

（三）全身性疾病

经完善各项检查后排除消化道疾病后，专科治疗。

第十一节　腹　痛

一、病因

（一）急性腹痛

1. 腹腔内脏器疾病

（1）腹腔脏器急性炎症：急性胃肠炎、急性腐蚀性胃炎、急性胆囊炎、急性胰腺炎、急性阑尾炎、急性胆管炎等。

（2）腹部脏器穿孔或破裂：胃及十二指肠溃疡穿孔、伤寒肠穿孔、肝脏破裂、脾脏破裂、肾破裂、异位妊娠破裂、卵巢破裂等。

（3）腹腔脏器阻塞或扩张：胃黏膜脱垂症、急性肠梗阻、腹股沟疝嵌顿、肠套叠、胆道蛔虫病、胆石症、肾与输尿管结石等。

（4）腹腔脏器扭转：急性胃扭转、卵巢囊肿蒂扭转、大网膜扭转、肠扭转等。

（5）腹腔内血管阻塞：肠系膜动脉急性阻塞、急性门静脉血栓形成、夹层腹主动脉瘤等。

2. 腹壁疾病：腹壁挫伤、腹壁脓肿及腹壁带状疱疹等。

3. 胸腔疾病：急性心肌梗死、急性心包炎、心绞痛、肺炎及肺梗塞等。

4. 全身性疾病及其他：风湿热、尿毒症、急性铅中毒、血卟啉病、腹型过敏性紫癜、腹型癫痫等。

（二）慢性腹痛

1. 慢性炎症：反流性食管炎、慢性胃炎、慢性胆囊炎、慢性胰腺炎、结核性腹膜炎、炎症性肠病等。

2. 胃肠病：胃、十二指肠溃疡及胃泌素瘤等。

3. 腹腔内脏器的扭转或梗阻：慢性胃肠扭转、肠粘连、大网膜粘连综合征等。

4. 包膜张力增加：肝瘀血、肝炎、肝脓肿、肝癌、脾肿大等。

5. 胃肠运动功能障碍：胃轻瘫、功能性消化不良、肝曲及脾曲综合征。

二、处理原则

（一）急性腹痛

1. 稳定生命体征，判断是否需要住院或手术治疗。

2. 对伴有休克者，立即给予抗休克治疗。

3. 对怀疑急腹症者应加强监测和护理，及时转院。

4. 对可能需要手术治疗的患者，需要告知禁食、水。

5. 后续追踪：对腹痛原因仍不确定的患者，即使腹痛已改善，仍须注意后续观察及24h后的追踪复查。需要继续追踪的患者，回家后应避免使用吗啡、哌替啶，以免掩盖病情。

6. 对诊断明确的急性腹痛，如急性胃炎、肠炎、胆道蛔虫症等，可给予适量解痉止痛药。

7. 对原因不明的腹痛，慎用镇痛剂，以免掩盖病情，延误诊治。

8. 怀疑为胸腔疾病如肺炎、心肌梗死所致的急性腹痛，以原发病的治疗为主。

（二）慢性腹痛

1. 以病因治疗为主，必要时可给予解痉、止痛、止血等对症治疗。

2. 对慢性腹痛或复发性腹痛患者，注意提供连续性整体性的个性化医疗照顾。

（三）需要注意的特殊问题

1. 麻醉止痛剂的应用：传统的观念一直认为，急腹症在未明确诊断之前禁用麻醉止痛剂。现在认为由于有各种先进仪器的监测，及时使用麻醉止痛剂只会减轻患者的痛苦，而不会影响诊断。

2. 老年人急性腹痛属高危问题。

（1）老年人感觉迟钝，对疼痛不敏感。

（2）症状不典型，老年人腹膜炎可不发热，无腹膜刺激征，无白细胞增高。

（3）死亡率随年龄递增：基础病多，并存各种呼吸、心脏及神经科疾患。

（4）老年人的急性胃肠炎必须采用排除法确诊，上腹痛、恶心、呕吐首先考虑心肌梗死、腹腔疾患。

3. 小儿肠套叠：多发于婴幼儿，特别是2岁以下的儿童。小儿添加辅食的年龄，可因肠蠕动紊乱而发生肠套叠。绝大多数肠套叠是近端肠管向远端肠管内套入；最主要的症状：腹痛、呕吐和果酱样血便。同时面色苍白、出冷汗、呕吐、精神不振，应想到肠套的可能。腹部可触及蜡肠样包块；肛门指诊往往可见果酱样血便。

三、转诊指征

1. 需要手术治疗时。

2. 有危及生命情况的腹痛如主动脉夹层或腹部动脉瘤破裂、心肌梗死、内出血（如创伤、异位妊娠等）。

3. 有休克现象，如低血压合并组织灌流不良、异常呼吸及意识变化等，应在积极建立静脉通路、抗休克及监测的情况下通过急救机构转院。

4. 无法提供设备做进一步检查来明确诊断的。譬如长期上腹部疼痛患者需做胃镜排除肿瘤或溃疡的可能。

第十二节　腹　泻

腹泻指排便次数增多，粪质稀薄，或带有黏液、脓血或未消化的食物。如解液状便，每日3次以上，或每天粪便总量大于200g，其中粪便含水量大于80%，则可认为是腹泻。腹泻可分为急性与慢性两大类，病程短于4周者为急性腹泻，超过4周或长期反复发作者为慢性腹泻。

一、病因

（一）急性腹泻

1. 肠道疾病：①由各种病原体，如病毒、细菌、真菌、原虫、蠕虫等感染引起的肠炎或急性出血性坏死性肠炎；②克罗恩病或溃疡性结肠炎急性发作；③急性肠道缺血。

2. 急性中毒：服食化学毒物或生物毒剂引起的腹泻。

3. 全身感染：如伤寒或副伤寒、疟疾、肺炎、尿毒症、脓毒血症等。

4. 泻剂和药物：胆碱能药物、神经节阻滞药、洋地黄类、抗菌药物、抗酸剂、利尿剂、番泻叶、乳果糖等。

5. 其他：如变态性肠炎、过敏性紫癜等引起的腹泻。

（二）慢性腹泻

1. 肠道感染：①细菌感染如奇异变形杆菌、侵袭性大肠杆菌、枸橼酸杆菌、克雷伯杆菌属、致病性大肠杆菌等；②寄生虫感染，如肠阿米巴痢疾、蓝氏贾第鞭毛虫和隐孢子虫感染等；③巨细胞病毒感染，常见于儿童。

2. 非特异性炎症性肠病：主要包括溃疡性结肠炎和克罗恩病。主要临床表现为非特异性长期黏液便或黏液血便。

3. 肠道肿瘤：小肠淋巴瘤、结肠癌或结肠其他性肿瘤、结肠绒毛状腺瘤、肠道恶性组织细胞病。

4. 肠吸收不良：①小肠黏膜病变；②淋巴梗阻；③胃肠道手术后；④结合胆酸缺乏；⑤胰源性；⑥细菌过度生长；⑦肠黏膜瘀血；⑧食物过敏或乳糖不耐受。

5. 神经、内分泌系统调节功能障碍：如甲状腺髓样癌、血管活性肠肽瘤（VIP瘤）、甲状旁腺功能减退、肾上腺皮质功能减退、甲状腺功能亢进等。

6. 免疫缺陷病：如艾滋病、丙种球蛋白缺乏症、选择性IgA缺乏症等。

7. 滥用泻剂和药物：泻剂如番泻叶、乳果糖等，药物如抗生素、甲状腺素、考来烯胺、利尿剂等。

8. 其他：如系统性红斑狼疮、系统性硬化症、多发性动脉炎、肢端皮炎性肠病、肠易激综合征等。

二、处理原则

腹泻病的处理原则：预防脱水、纠正脱水、继续饮食、合理用药。

（一）对症治疗和支持治疗

不管是急性腹泻还是慢性腹泻，在病因诊断不明，疾病未得到控制时，需要进行对症治疗和支持治疗。

1. 积极做好液体疗法：及时治疗脱水，纠正水、电解质紊乱和酸碱平衡失调。

2. 保证营养支持：给患者足够的食物，预防营养不良。

3. 肠道微生态制剂：肠道菌群紊乱可导致腹泻，长期腹泻也会引起正常肠道细菌的减少，肠道微生态制剂的使用，目的在于恢复肠道正常菌群，重建肠道天然生物屏障保护作用。

4. 肠黏膜保护制剂：吸附病原体和毒素，维持肠细胞正常吸收与分泌功能，与肠道黏液糖蛋白相互作用，增强其屏障作用，以阻止病原微生物攻击，如蒙脱石散粉。

5. 止泻药：切忌盲目过度给予止泻药物，因其可能掩盖病情发展，甚至引起严重并发症（如重症UC时可导致中毒性巨结肠）。可短期内使用止泻药作为辅助，如地芬诺酯等。

（二）病因治疗

应根据不同的病因，采取针对性的治疗。

1. 感染引起的腹泻：①病毒感染引起的腹泻：不使用抗生素，只要做好液体疗法，患者一般可自愈。②细菌感染引起的腹泻：根据大便培养药敏结果选择对细菌敏感的药物。③寄生虫感染引起的腹泻：根据不同的病原体，选择不同的药物治疗。

2. 食物过敏、乳糖不耐受引起的腹泻：应避免进食过敏药物；对乳糖不耐受者饮食中应避免乳制品。

3. 胰源性消化不良者：可采取替代治疗法，补充各种胰酶。

4. 急性中毒引起的腹泻：应避免进一步接触毒物，通过洗胃、灌肠等方法尽量排除毒物。

5. 炎症性肠病患者：应使用糖皮质激素、氨基水杨酸制剂和生物制剂等。

6. 胃泌素瘤引起的腹泻：应予以抑酸剂和手术切除肿瘤等。

第十三节　便　秘

便秘是指在多种致病因素作用下，结直肠、肛门的结构和功能发生改变，表现为排便困难和（或）排便次数减少、粪便干硬。排便困难包括排便费力、排出困难、排便不尽感、肛门直肠堵塞感、排便费时和需辅助排便。排便次数减少指每周排便少于3次。慢性便秘的病程至少为6个月。便秘可以继发精神心理障碍，如抑郁症、焦虑症、精神分裂症，甚至有自杀倾向等。

一、病因

病因分为原发性便秘（也称特发性便秘或功能性便秘）和继发性便秘。

（一）功能性疾病

功能性疾病所致便秘主要由于结肠、直肠肛门的神经平滑肌功能失调所致，包括功能性便秘、功能性排便障碍和便秘型肠易激综合征。

（二）器质性疾病

1. 机械性梗阻：结肠原发疾病（如结肠癌）、其他肠内或肠外包块压迫致使肠道狭窄、直肠前突。

2. 代谢性疾病：甲状腺功能减退症患者因代谢功能低下会表现为便秘，对于老年人，严重便秘甚至会因粪块导致不完全性肠梗阻；糖尿病合并神经病变60%患者主要因结肠动力障碍存在便秘，甚至表现为结肠扩张、肠梗阻。

3. 妊娠：妊娠期黄体产生大量孕激素，减弱肠道平滑肌张力及蠕动，粪便在肠中积留时间延长，水分逐渐被吸收，导致大便干结而出现便秘。妊娠期便秘会危及母体及胎儿，可引起腹痛、腹胀，严重者可导致肠梗阻，并发早产。

4. 神经病变：帕金森病患者中70%会出现顽固性便秘，且便秘的出现往往早于运动症状；脊髓损伤、脑血管疾病、截瘫均可直接造成结肠及直肠神经功能紊乱，从而引起便秘。

5. 先天性巨结肠病：儿童较常见的器质性便秘的病因之一，临床表现为新生儿胎便排出缓慢、肠梗阻及腹胀。

6. 肛门直肠疾病：肛裂患者在排便时会出现剧烈的疼痛，因此畏惧排便，导致排便时间比正常人延长并尽可能减少排便次数，粪便水分被肠道吸收更加充分，使大便更加密结干硬，临床通过肛门查体可确诊。

7. 慢性肾功能不全：长期透析患者可出现肠道神经功能紊乱，透析引起的低钾血症也会通过减慢肠道蠕动，导致便秘。

（三）药物因素

药物性便秘可由抗胆碱能药物（苯海拉明）、钙离子拮抗剂（维拉帕米）、利尿剂（呋噻米）、抗精神病药物（氯丙嗪）、阿片类物（吗啡）、非甾体抗炎药（布洛芬）、抗惊厥药（卡马西平）等所致。

二、处理原则

（一）一般治疗

膳食纤维的补充是功能型便秘的首选治疗方法，能改变粪便性状、促进肠道蠕动，从而容易排出。同时多饮水、食用粗粮、适量运动、保持心情愉悦也可缓解便秘。

（二）药物治疗

1. 轻度便秘患者可使用渗透性泻药，如聚乙二醇、乳果糖等。

2. 长期使用刺激性泻药会产生依赖，且造成大肠黑变病，不推荐使用，常见的药物包括比沙可啶、番泻叶、蒽醌类等。

3. 老年患者可使用润滑性泻药，包括开塞露、液体石蜡。

4. 胃肠动力不足可使用促动力药，包括莫沙必利、伊托必利及选择性作用于结肠的普卡必利。

5. 辅以调节肠道菌群药物，对缓解便秘及腹胀有一定作用。

6. 妊娠期患者使用乳果糖、聚乙二醇的安全性较高。

7. 儿童可选用开塞露或生理盐水灌肠。

（三）手术治疗

当以上治疗方式无效且患者的症状严重影响到工作生活时，可考虑手术治疗，但需注意手术有一定复发率，并可能产生相关并发症。手术前，需充分了解肛门和直肠异常的严重程度，针对性地选择手术方式。

（四）中医治疗

药物治疗由中医医师辨证论治。非药物治疗包括针灸治疗和腹部按摩，治疗范围为脐周10cm，方向为顺时针，力量速度宜轻慢，每日早晚各一次。

（五）生物反馈治疗

通过医疗设备让患者直观感知排便时盆底肌的功能状态，体会在排便时如何放松盆底肌，对盆底肌紊乱的便秘有改善效果。

第十四节 黄 疸

黄疸是指由于血清中胆红素浓度增高（>34.2μmol/L或>2mg/dl）沉积于组织中，引起巩膜、皮肤、黏膜以及其他组织和体液发生黄染的现象。正常血清总胆红素为1.7~17.1μmol/L（0.1~1 mg/dl）。当胆红素超过正常值但<34μmol/L时，无肉眼黄疸，称隐性或亚临床黄疸。高胆红素血症作为疾病状态的一种表现，具有很大的临床和病理生理意义。

一、病因

（一）溶血性黄疸

凡能引起溶血的疾病都可引发溶血性黄疸。常见病因有：①先天性溶血性贫血，如海洋性贫血、遗传性球形红细胞增多症；②后天性获得性溶血性贫血，如自身免疫性溶血性贫血、新生儿溶血、不同血型输血后的溶血等。由于大量红细胞破坏，形成大量的非结合胆红素，超过肝细胞的摄取、结合及排泄能力，使非结合胆红素在血中潴留，超过正常水平而出现黄疸。

（二）肝细胞性黄疸

多由导致肝细胞严重损害的疾病引起，如病毒性肝炎、肝硬化、中毒性肝炎、钩端螺旋体病、败血症等。由于肝细胞广泛病损，对胆红素摄取、结合和排泄功能发生障碍，以致有相当量的非结合胆红素潴留于血中，同时因肝细胞损害和肝小叶结构破坏，致使结合胆红素不能正常地排入细小胆管而反流入血，发生黄疸。

（三）胆汁瘀积性黄疸

1. 肝外胆汁瘀积：即原来所称梗阻性黄疸，可由胆总管结石、狭窄、炎性水肿、肿瘤及蛔虫等阻塞所引起。由于胆道阻塞，阻塞上方胆管内压力升高，胆管扩张，致小胆管与毛细胆管破裂，胆汁中的胆红素反流入血。

2. 肝内胆汁瘀积：又可分为肝内阻塞性胆汁瘀积和肝内胆汁瘀积，前者见于肝内泥沙样结石、癌栓、寄生虫病（如华支睾吸虫病）。后者见于病毒性肝炎、药物性胆汁瘀积、原发性胆汁性肝硬化、妊娠期肝内胆汁瘀积症等。肝内胆汁瘀积有些并非由机械因素引起，而是由于胆汁分泌功能障碍、毛细胆管通透性增加，胆汁浓缩而流量减少，导致胆道内胆盐沉淀与胆栓形成。

（四）先天性非溶血性黄疸

指由于先天性酶缺陷所致肝细胞对胆红素的摄取、结合及排泄障碍，临床上少见，大多发病于小儿和青年期，有家族史，除极少数外，多数健康状况良好。

1. 以非结合胆红素升高为主的疾病有 Gilbert 综合征、Crigler-Najjar 综合征。

2. 以结合胆红素升高为主的疾病有 Dubin-Johnson 综合征、Rotor 综合征、良性复发性肝内胆汁瘀积、进行性家族性肝内胆汁瘀积。

二、临床表现

（一）溶血性黄疸

1. 有与溶血相关的病史。

2. 急性溶血或溶血危象时出现寒战、高热、呕吐、腰背酸痛、全身不适等。

3. 巩膜见轻度黄染，呈浅柠檬色。

4. 皮肤无瘙痒。

5. 肝脾大。

6. 尿黄、酱油色尿。

（二）肝细胞性黄疸

1. 肝病本身表现如急性肝炎可有发热、乏力、纳差、肝区痛，慢性肝病者可有肝掌、蜘蛛痣、肝脾肿大或腹水等。

2. 皮肤和巩膜呈浅金黄色。

3. 尿黄。

（三）胆汁瘀积性黄疸

1. 肝外梗阻者，常有发热、腹痛、呕吐等，黄疸来去迅速。癌性常缺乏特异性临床症状，但有乏力、纳差、消瘦等症状，黄疸常呈进行性加重。

2. 肤色暗黄、黄绿或绿褐色，甚至黑色。

3. 皮肤瘙痒症状。

4. 浅灰色或陶土色便。（大便呈浅灰色或陶土色）

（四）先天性非溶血性黄疸

临床上少见，大多发病于小儿和青年期，有家族史，除极少数外，多数健康状况良好。

三、伴随症状

（一）伴发热

见于急性胆管炎、肝脓肿、钩端螺旋体病、败血症、大叶性肺炎及病毒性肝炎。急性溶血可先有发热而后出现黄疸。

（二）伴上腹剧烈疼痛

见于胆道结石、肝脓肿或胆道蛔虫病；右上腹剧痛、寒战、高热和黄疸为夏科（Charcot）三联征，提示急性化脓性胆管炎；持续性右上腹钝痛或胀痛见于病毒性肝炎、肝脓肿或原发性肝癌。

（三）伴肝肿大

若轻度至中度肝肿大，质地软或中等硬度且表面光滑，见于病毒性肝炎、急性胆道感染或胆道阻塞；明显肝肿大，质地坚硬，表面凹凸不平有结节者见于原发或继发性肝癌；肝大不明显，质地较硬，边缘不整齐，表面有小结节者见于肝硬化。

（四）伴胆囊肿大

提示胆总管有梗阻，常见于胰头癌、壶腹癌、胆总管癌、胆总管结石等。

（五）伴脾肿大

见于病毒性肝炎、钩端螺旋体病、败血症、疟疾、肝硬化、各种原因引起的溶血性贫血及淋巴瘤。

（六）伴腹腔积液

见于重症肝炎、失代偿期肝硬化、肝癌等。

四、处理原则

（一）溶血性黄疸

溶血性黄疸的治疗，要尽快去除病因，积极治疗原发疾病，如疟疾引起的红细胞破坏需根治疟疾，G-6-PD缺乏症患者应避免食用蚕豆和使用具有氧化性质的药物，冷抗体型自身免疫性溶血患者应注意防寒保暖。对免疫性溶血性贫血使用肾上腺皮质激素，激素抵抗的患者还可以使用单克隆抗体、血浆置换等方法。对遗传性球形红细胞增多症、遗传椭圆形红细胞增多症及遗传口形红细胞增多症、某些类型的地中海贫血、药物治疗无效的自身免疫性溶血的患者可行脾切除术。其次为对症退黄治疗，临床上常用的有茵栀黄、思美泰等，如溶血未解除，单纯退黄治疗效果不佳。

（二）肝细胞性黄疸

肝细胞性黄疸的治疗可分为一般治疗和针对原发肝病的病因治疗两部分。在肝病代偿期和病情不活动的情况下，患者可少量活动，但有肝功能损害或肝病失代偿期和并发感染等情况时，患者需卧床休息以确保肝脏血流量充足。原发肝病的治疗对于缓解肝细胞性黄疸更为重要，应在明确原发病因的基础上进行对因、对症治疗。人工肝、肝细胞移植、肝移植和基因治疗近年来也渐渐受到了大众的关注。

（三）胆汁瘀积性黄疸

对病因明确的胆汁瘀积，如肿瘤、结石引起的梗阻，可以通过手术或内镜逆行胆胰管造影（ERCP）解除梗阻；ERCP治疗失败的患者，现可选用内镜超声引导下胆管引流术；肝外胆管梗阻无法手术者，可采用经皮肝穿刺胆管引流术姑息治疗。对药物性和酒精性瘀胆，及时停用相关药物和戒酒。对感染、毒素引起的瘀胆，加强抗感染治疗。对病毒性肝炎（乙型肝炎病毒或丙型肝炎病毒）所致的胆汁瘀积，应在对症处理的同时，给予规范的抗病毒治疗。妊娠期肝内胆汁瘀积者，除药物治疗外，妊娠晚期可提前手术终止妊娠。与自身免疫相关的胆汁瘀积，可以使用皮质类固醇免疫抑制剂或针对T淋巴细胞和B淋巴细胞的靶向治疗。此外还有针对胆汁瘀积的药物治疗、血液净化治疗和肝移植治疗。

（四）先天性非溶血性黄疸

Gilbert综合征和Dubin-Johnson综合征好发于青少年，一般不需治疗。Rotor综合征表现为比较轻微的慢性波动性黄疸，在发作期间给予对症治疗即可。Crigler-Najjar综合征又称先天性葡萄糖醛酸转移酶缺乏症，见于新生儿，病情严重，易发展为核黄疸，预后极差，应争取在脑损害发生前进行肝移植。

第十五节　腰腿痛

一、病因

（一）退行性变

腰部长时间承受各种负荷，使椎间关节、椎间盘发生退行性改变。椎间关节与椎间盘的退变又导致骨质增生、腰椎变形、椎间盘突出、椎管狭窄等，其周围软组织亦发生相应的病理改变，引起严重的腰腿痛。

（二）慢性劳损

长时间的固定体位，搬抬重物用力不当，工作强度过大或运动量过大等，导致腰部肌肉、筋膜、韧带损伤。这些急、慢性损伤，使肌肉纤维痉挛、变性，韧带的撕裂和瘀血的机化粘连。

（三）先天发育异常

如先天性脊椎裂、脊柱侧凸畸形、椎体先天性形变和融合、腰椎骶化和骶椎腰化等结构异常而引起腰腿痛。

（四）外伤或手术后遗症

腰部严重外伤或腰部手术后，局部结构的损伤，影响脊柱内稳定，引起腰腿痛。

二、临床表现

（一）急性腰扭伤

多有明显的腰部闪转扭伤史，伤后立刻出现腰痛，活动受限，腰部有明显压痛点，体位不能自如转换，疼痛为痉挛性疼痛，X线片无异常。

（二）腰肌劳损

多为慢性腰痛，疲劳状态下发病，与气候变化有关，疼痛多为胀性，休息后可以缓解。X线片可无异常，也可有先天性脊柱裂等畸形发现。

（三）腰椎间盘突出症

腰部多有损伤史，腰伴下肢放射性疼痛，症状时轻时重，活动受限，咳嗽、喷嚏、弯腰则可加重症状，休息后疼痛缓解。棘突间或棘旁有明显压痛，直腿抬高试验阳性，并有相应的神经根支配区域感觉及运动障碍。X线片或腰椎CT可协助确诊。

（四）腰椎管狭窄症

腰痛反复发作，下肢麻木行走无力、间歇性跛行，X线片或腰椎CT可见椎间隙变窄，椎管内径变窄。

（五）第3腰椎横突综合征

多有扭伤或劳损史，第3腰椎横突处明显压痛并向下腰及臀部放射，腰三横突附近可触及条索状或结节状物。

三、处理原则

（一）保守治疗

包括药物治疗、卧床休息、物理治疗。如各种电疗、磁疗、光疗、牵引、热疗、运动疗法、熏蒸等。其优点是安全、无痛苦，缺点是疗程相对较长。如病因判断准确，治疗方法选择得当，大部分患者可达到临床痊愈。

（二）手术治疗

部分疾病必须采用手术治疗，方能去除疼痛，如骨性椎管狭窄、椎间盘脱垂并游离、肿瘤等。手术疗法具有疗效可靠、治疗彻底、疗程短等特点，但损伤相对较大。

第十六节　关节痛

一、病因

（一）韧带损伤

膝关节韧带在膝关节微屈时的稳定性相对较差，如果此时突然受到外力导致外翻或内翻，则有可能引起内侧或外侧副韧带损伤。患者会有明确的外伤史，膝关节疼痛、肿胀、瘀斑、活动受限。

（二）软骨损伤

主要是膝关节的半月板损伤，当膝关节微屈时，如果突然过度内旋伸膝或外旋伸膝，就有可能引起半月板撕裂。半月板损伤会有明显的膝部撕裂感，随即关节疼痛、活动受限、走路跛行、关节活动时有弹响。

（三）关节滑膜炎

由于外伤或过度劳损等因素损伤关节滑膜后会产生大量积液，使关节内压力增高，导致关节疼痛、肿胀、压痛，并有摩擦发涩的声响。比如膝关节主动极度伸直时，特别是有一定阻力地做伸膝运动时，髌骨下部疼痛会加剧。在被动极度屈曲时，疼痛也会明显加重。

（四）自身免疫系统疾病

免疫系统疾病如红斑狼疮和牛皮癣，也会侵犯关节出现肿痛。

（五）儿童生长痛

此类患者主要是处于生长期的儿童，男孩多见。疼痛部位常见于膝关节、髋关节等。这种情况是儿童生长发育过程中出现的一种正常的生理现象。

（六）外伤性关节痛

由于某种意外或事故，使肩、腕、膝、踝等部位的关节在没有发生骨折等严重的情况下出现外伤（如软组织损伤、骨折脱位等）而引起的关节疼痛。

（七）化脓性关节炎

有全身其他部位感染的病史或局部外伤的病史，疼痛的关节可以有肿胀，部位深也可能不明显，但都有体温升高、关节疼痛、不能活动、血象升高等现象。

（八）骨性关节炎

骨关节炎的发病年龄大多在40岁以后。关节疼痛早晨较重，白天和夜晚趋轻。关节部位的骨质增生和骨刺摩擦周围的组织，可引起关节的疼痛。

（九）骨质疏松症

老年妇女全身多个关节疼痛，感到特别无力，不能负重行走，若排除其他疾病，可能患了骨质疏松症。

（十）风湿性和类风湿性关节炎

多发生于20～45岁的女性。风湿性关节炎往往是游走性的疼痛，疼痛、肿胀、僵硬多发生在手腕部位，并且关节的敏感与肿胀、疼痛同时发生，对称发病。

（十一）痛风性关节炎

痛风疼痛常见于拇指及第一跖趾关节（脚拇指外侧）。主要由于食用海鲜和饮酒进而诱发体内嘌呤代谢障碍。

（十二）劳损

由于关节部位活动量相对较大引起的疼痛，导致关节周围的肌肉等软组织出现劳损，进而引起疼痛，常见的有肩周炎、网球肘等。

（十三）肿瘤引发的疼痛

关节局部出现肿瘤也是造成关节疼痛的重要因素之一，多见于生长发育期的儿童。如果出现关节肿痛，疼痛感晚间比白天严重，服用止痛药物无效，应到医院做进一步检查，排除关节肿瘤。

二、临床表现

（一）疼痛的特点

1. 发作快、慢、隐匿性。

2. 部位前、后、内侧、外侧、不定位。

3. 持续痛、间歇痛。

4. 严重程度。

5. 钝痛、刺痛、休息痛、运动痛、夜间痛，加重或缓解的因素。

6. 急性损伤后是否能继续活动或负重，还是因疼痛不得不停止活动。

（二）机械性症状

1. 交锁半月板破裂、游离体。

2. 爆裂声韧带损伤。

3. 弹响声半月板破裂。

4. 打软膝不稳定（髌骨半脱位、韧带撕裂、半月板破裂）。

（三）肿胀、积液

1. 急性（2h内）、大量、张力大：韧带撕裂或关节内骨折（血肿）。

2. 慢性（24～36h）、轻中度：半月板损伤或韧带损伤。

3. 活动后反复发生：半月板损伤。

三、处理原则

（一）非激素性抗炎药物

主要通过抑制前列腺素的合成达到消炎、止痛。这类药物尚可增加溶酶体膜稳定性，减少酶的释放。但这类药物只能减轻症状，不能控制病情发展。此类药物有：①消炎痛；②阿司匹林；③炎痛喜康；④布洛芬；⑤萘普生；⑥氟灭酸等。

（二）缓解性药物

可影响疾病的免疫反应病理过程。此类药物有：①金盐；②青霉胺；③氯喹及其衍生物；④左旋咪唑等。

（三）肾上腺糖皮质激素

应用指征是：①常规治疗无效时，可与一、二线药物合用。②严重关节外并发症，如心包炎、胸膜炎、血管炎及虹膜睫状体炎等。

（四）免疫抑制剂

又称"三线"药物。凡对一二线药物治疗无效或有严重反应者可应用。此类药物有：①环孢菌素；②柳氮磺胺吡啶；③环磷酰胺；④硫唑嘌呤；⑤甲氨喋呤等。

（五）分子免疫

此类药物有：①γ干扰素；②特异性抗体（McAb）等。

（六）其他

对于退行性病变引起的关节痛，理疗和服用止痛药等方法固然能暂时缓解疼痛，但是并不能改变软骨缺失的根本问题。

第十七节　血　尿

血尿包括镜下血尿和肉眼血尿，前者是指尿色正常，须经显微镜检查方能确定，通常离心沉淀后的尿液镜检高倍视野有红细胞3个以上。后者是指尿呈洗肉水色或血色，肉眼即可见的血尿。

一、病因

血尿是泌尿系统疾病最常见的症状之一。故98％的血尿是由泌尿系统疾病引起，2％的血尿由全身性疾病或泌尿系统邻近器官病变所致。

（一）泌尿系统疾病

1. 肾小球疾病如急、慢性肾小球肾炎、IgA肾病、遗传性肾炎和薄基底膜肾病。

2. 各种间质性肾炎、尿路感染、泌尿系统结石、结核、肿瘤、多囊肾、血管异常、尿路憩室、息肉和先天性畸形等。

（二）全身性疾病

1. 感染性疾病：败血症、流行性出血热、猩红热、钩端螺旋体病和丝虫病等。

2. 血液病：白血病、再生障碍性贫血、血小板减少性紫癜、过敏性紫癜和血友病。

3. 免疫和自身免疫性疾病：系统性红斑狼疮、结节性多动脉炎、皮肌炎、类风湿性关节炎、系统性硬化症等引起肾损害时。

4. 心血管疾病：亚急性感染性心内膜炎、急进性高血压、慢性心力衰竭、肾动脉栓塞和肾静脉血栓形成等。

（三）尿路邻近器官疾病

急、慢性前列腺炎、精囊炎、急性盆腔炎或脓肿、宫颈癌、输卵管炎、阴道炎、急性阑尾炎、直肠和结肠癌等。

（四）化学物品或药品对尿路的损害

磺胺药、吲哚美辛、甘露醇、汞、铅、镉等重金属对肾小管的损害；环磷酰胺引起的出血性膀胱炎；抗凝剂如肝素过量也可出现血尿。

（五）功能性血尿

平时运动量小的健康人，突然加大运动量可出现运动性血尿。

二、处理原则

（一）血尿伴肾绞痛

应考虑肾或输尿管结石所致，应给予排石、抗感染治疗；结石可行体外冲击波碎石、输尿管硬镜、软镜碎石。

（二）血尿伴尿流中断

应考虑膀胱和尿道结石所致，应给予排石、抗感染治疗；结石可行体外冲击波碎石、输尿管硬镜、软镜碎石。

（三）血尿伴尿流细和排尿困难

应考虑前列腺炎、前列腺癌所致。前列腺炎应给予抗感染治疗；前列腺癌可行手术治疗、药物治疗、放射治疗。

（四）血尿伴尿频、尿急、尿痛

应考虑膀胱炎和尿道炎所致，同时伴有腰痛，高热畏寒常为肾盂肾炎。应给予抗感染治疗。

（五）血尿伴肾肿块

单侧可见于肿瘤、肾积水和肾囊肿；双侧肿大见于先天性多囊肾，触及移动性肾脏见于肾下垂或游走肾。

第十八节　尿频、尿急、尿痛

尿频是指患者自觉每天排尿次数过于频繁，成人排尿次数达到：日间≥8次，夜间≥2次，每次尿量<200ml。尿急是指患者一有尿意即迫不及待需要排尿，难以控制。尿痛是指患者排尿时感觉耻骨上区，会阴部和尿道内疼痛或烧灼感。尿频、尿急和尿痛合称为膀胱刺激症。

一、病因

（一）尿频

1. 生理性尿频：因饮水过多、精神紧张或气候寒冷时排尿次数增多属正常现象。特点是每次尿量不少，也不伴随尿频尿急等其他症状。

2. 病理性尿频：常见有以下几种情况。

（1）多尿性尿频：排尿次数增多而每次尿量不少，全日总尿量增多。见于糖尿病、尿崩症，精神性多饮和急性肾功能衰竭的多尿期。

（2）炎症性尿频：尿频且每次尿量少，多伴有尿急和尿痛，尿液镜检可见炎性细胞。见于膀胱炎、尿道炎、前列腺炎和尿道旁腺炎等。

（3）神经性尿频：尿频且每次尿量少，不伴尿急尿痛，尿液镜检无炎性细胞。见于中枢及周围神经病变如癔症、神经源性膀胱。

（4）膀胱容量减少性尿频：表现为持续性尿频，药物治疗难以缓解，每次尿量少。见于膀胱占位性病变；妊娠子宫增大或卵巢囊肿等压迫膀胱；膀胱结核引起膀胱纤维性缩窄。

（5）尿道口周围病变：尿道口息肉、处女膜伞和尿道旁腺囊肿等刺激尿道口引起尿频。

（二）尿急

1. 炎症：急性膀胱炎、尿道炎，特别是膀胱三角区和后尿道炎症，尿急症状特别明显；急性前列腺炎常有尿急，慢性前列腺炎因伴有腺体增生肥大，故有排尿困难、尿线细和尿流中断。

2. 结石和异物：膀胱和尿道结石或异物刺激黏膜产生尿频。

3. 肿瘤：膀胱癌和前列腺癌。

4. 神经源性：精神因素和神经源性膀胱（neurogenicbladder）。

5. 高温环境下尿液高度浓缩，酸性高的尿可刺激膀胱或尿道黏膜产生尿急。

（三）尿痛

引起尿急的病因几乎都可以引起尿痛，疼痛部位多在耻骨上区，会阴部和尿道内，尿痛性质可为灼痛或刺痛。尿道炎多在排尿开始时出现疼痛；后尿道炎、膀胱炎和前列腺炎常出现终末性尿痛。

二、处理原则

（一）尿频伴有尿急和尿痛

见于膀胱炎和尿道炎，膀胱刺激症存在但不剧烈，且伴有双侧腰痛见于肾盂肾炎；伴有会阴部、腹股沟和睾丸胀痛，见于急性前列腺炎。给予规律抗感染治疗。

（二）尿频尿急伴有血尿，午后低热，乏力盗汗

见于膀胱结核，给予规律抗结核治疗。

（三）尿频不伴尿急和尿痛，但伴有多饮多尿和口渴

见于精神性多饮、糖尿病和尿崩症；应根据相关疾病给予相应治疗。

（四）尿频尿急伴无痛性血尿

见于膀胱癌，根据病理分期、分级，制定相应治疗方案。

（五）老年男性尿频伴有尿线细，进行性排尿困难

见于前列腺增生，可行药物治疗，手术治疗。

（六）尿频尿急尿痛伴有尿流突然中断

见于膀胱结石堵住出口或后尿道结石嵌顿，行膀胱结石相应治疗。

第十九节 头 痛

头痛是最常见的疼痛，也是神经病学中最常见的症状，通常指局限于头颅上半部，包括眉弓、耳轮上缘和枕外隆突连线以上部位的疼痛。头痛可以是一种疾病状态，也可能是局部或全身疾病的一个症状。引起头痛的原因众多，大致可分为原发性和继发性两类。前者不能归因于某一确切病因，可称为特发性头痛，常见的如偏头痛、紧张型头痛；后者病因可涉及各种颅内病变如脑血管病、颅内感染、颅脑损伤、颅内肿瘤等，还见于全身性疾病如发热、内环境紊乱以及滥用药物等。头痛的发病机制极其复杂，主要是由于颅内、颅外痛敏结构内的痛觉感受器受到刺激，经痛觉神经传导通路传递到大脑皮质而引起。

一、病因

偏头痛是临床常见的原发性头痛，病因尚不明确，可能与下列因素有关：

1. 内因：偏头痛具有遗传易感性，约60%的偏头痛患者有家族史，其亲属出现偏头痛的风险是一般人群的3~6倍。本病女性多见，且多在青春期发病，月经期容易发作，妊娠期或绝经后发作减少或停止，提示内分泌和代谢因素参与偏头痛的发病。此外研究发现与神经系统兴奋性相关的基因突变与偏头痛的常见类型相关，提示偏头痛与大脑神经细胞的兴奋性紊乱相关。

2. 外因：环境因素也参与偏头痛的发作。偏头痛发作可由某些食物和药物所诱发，另外强光、过劳、应激以及应激后的放松、睡眠过度或过少、禁食、紧张、情绪不稳等也是偏头痛的诱发因素。

丛集性头痛是一种较少见的原发性神经血管性头痛，病因及发病机制尚不明确，可能与下丘脑神经功能紊乱有关。另外三叉神经血管复合体可能参与了丛集性头痛的发病。

紧张型头痛以往称紧张性头痛或肌收缩性头痛，是双侧枕部或全头部紧缩性、压迫性头痛。病因及病理生理学机制尚不清楚，目前认为"周围性疼痛机制"和"中枢性疼痛机制"与紧张型头痛的发病有关。

药物过度使用性头痛曾被称为药源性头痛或药物误用性头痛，是仅次于紧张型头痛和偏头痛的第三大常见头痛类型。发病机制尚不清楚，研究表明：药物过度使用本身并不足以导致药物过度使用性头痛，还可能与个人因素及遗传因素有关。

低颅压性头痛是脑脊液压力降低（小于$60mmH_2O$）导致的头痛，多与体位改变相关。低颅压性头痛包括自发性（特发性）和继发性两种。现已证实多数自发性低颅压与自发性脑脊液漏有关。继发性可由多种原因引起，其中以硬膜或腰椎穿刺后低颅压性头痛最为多见。

二、临床表现

（一）偏头痛

偏头痛的特征是发作性、多为偏侧、中重度、搏动样头痛，一般可持续4~72h。临床常见的类型有：无先兆偏头痛（最常见）、有先兆偏头痛和视网膜性偏头痛等。

1. 无先兆偏头痛：表现为反复发作的一侧或双侧额颞部疼痛，呈搏动性，疼痛持续时伴颈肌收缩，可使症状复杂化。本型发作频率高，可严重影响患者工作和生活，常需要频繁应用止痛药治疗，易合并出现药物过度使用性头痛。本型偏头痛常与月经周期有明显的关系。

2. 有先兆偏头痛：发作前数小时至数日可有倦怠、注意力不集中和打哈欠等前驱症状。在头痛之前或头痛发生时，常以可逆的局灶性神经系统症状为先兆，表现为视觉、感觉、语言和运动的缺损或刺激症状。最常见为视觉先兆，如视物模糊、暗点、闪光、亮点亮线或视物变形。头痛在先兆同时或先兆后1h内发生，表现为一侧或双侧额颞部或眶后搏动性头痛，活动可使头痛加重，睡眠后可缓解头痛。头痛消退后常有疲劳、倦怠、烦躁、无力和食欲差等，一般1～2日后常可好转。根据临床表现，先兆偏头痛还可以细分为伴典型先兆的偏头痛性头痛、散发性偏瘫性偏头痛和基地型偏头痛3种类型。

3. 视网膜性偏头痛：为反复发作的完全可逆的单眼视觉障碍，包括闪烁、暗点或失明，并伴偏头痛发作，在发作间期眼科检查正常。缺乏起源于脑干或大脑半球的神经缺失或刺激症状，可与基地型偏头痛相鉴别。

此外偏头痛还可以出现并发症，如慢性偏头痛、偏头痛持续状态、无梗死的持续先兆、偏头痛性脑梗死以及偏头痛诱发的痫样发作。

伴随症状：

无先兆偏头痛常伴有恶心、呕吐、畏光、畏声、出汗、全身不适、头皮触痛等症状。有先兆偏头痛常伴有恶心、呕吐、畏光或畏声、苍白或出汗、多尿、易激惹、气味恐怖及疲劳感等。

（二）丛集性头痛

男性多见，头痛突然出现，无先兆症状，表现为一侧眼眶周围尖锐、爆炸样、非搏动性剧烈疼痛，持续15～180min，发作频度不一致，从一日8次到隔日1次。本病具有反复密集发作特点，但始终为单侧头痛。

伴随症状：

常伴有同侧结膜充血、流泪、流涕、前额和面部出汗及Horner征（瞳孔缩小、眼睑下垂等）。

（三）紧张型头痛

头痛部位不固定，可为双侧、单侧、全头部、颈项部、双侧枕部、双侧颞部等。通常呈持续性钝痛，头周呈紧箍感、压迫感或沉重感，体检可发现疼痛部位肌肉触痛或压痛点，颈肩部肌肉僵硬硬。根据临床表现可分为偶发性、发作性、紧张型头痛，频发性、发作性、紧张型头痛和慢性紧张型头痛三种类型。

伴随症状：

可伴有头昏、失眠、焦虑或抑郁等症状，也可出现恶心、畏光或畏声等类似偏头痛症状。

（四）药物过度使用性头痛

常有慢性头痛史，且长期服用治疗头痛的急性发作期药物。头痛每天发生或几乎每天发生，原有头痛的特征包括程度、部位、性质等发生变化，促使患者频繁使用急性对症药物。

伴随症状：

常伴有所使用止痛药物的其他副作用。患者多有焦虑、抑郁等情绪障碍或药物滥用的家族史。

（五）低颅压性头痛

患者常在直立或坐位15～30min内出现头痛或头痛明显加剧，卧位后头痛缓解或消失。头痛以双侧枕部或额部多见，也可为颞部或全头部，很少为单侧头痛，呈轻中度钝痛或搏动样疼痛。

伴随症状:

可伴有项部疼痛或僵硬、恶心、呕吐、畏光或畏声、耳鸣、眩晕等。

三、处理原则

头痛的处理原则包括病因治疗、对症治疗和预防性治疗。病因明确的应尽早去除病因,如颅内感染应抗感染治疗等。对于病因不能立即纠正的继发性头痛及各种原发性头痛急性发作,可给予止痛等对症治疗以终止或减轻头痛症状。对慢性头痛呈反复发作者应给予适当的预防性治疗,避免头痛频繁发作。

第二十节 咽 痛

咽痛是咽部疾病中最常见的症状,有刺痛、钝痛、胀痛、烧灼痛、隐痛等表现,可表现为阵发性或持续性,疼痛程度轻重不一,跟不同疾病性质及患者对疼痛的敏感度有关。

一、病因

(一)咽部非特异性炎症

1. 链球菌等致病菌感染所致急性咽炎、急性扁桃体炎、扁桃体周围炎或脓肿、咽旁间隙感染或脓肿、颈深部脓肿。

2. 病毒感染所致疱疹性咽峡炎。

3. 梭形杆菌及螺旋体感染所致的咽炎,称樊尚咽峡炎或溃疡性咽峡炎。

(二)咽部特异性炎症

如咽喉部结核、白喉及梅毒等。

(三)咽部创伤或异物

咽部外伤、灼伤、腐蚀伤等;咽部异物如鱼刺、骨片刺入咽部、舌根或扁桃体、或划伤咽部组织。

(四)咽部邻近器官病变

茎突过长综合征、舌骨大角综合征等,一般咽痛程度为轻-中度。亚急性甲状腺炎也可引起咽痛。

(五)恶性肿瘤

晚期恶性肿瘤向深部组织浸润或表面出现溃烂、合并感染可引起疼痛并出现持续性放射痛。

(六)急性传染病的早期

如麻疹、猩红热、流行性脑膜炎等。

(七)全身疾病

艾滋病、急性白血病、粒细胞缺乏症及传染性单核细胞增多症等常合并有咽炎,患者可伴有咽痛、高烧、颈淋巴结肿大等。

二、临床表现

(一)一般症状

可表现为一侧或双侧咽部的刺痛、钝痛、胀痛、烧灼痛、隐痛等症状,可呈阵发性或持续性,疼痛程度轻重不一，可伴有耳部、颞部或头颈部放射痛；伴有急性炎症者可伴有发热、寒战不适。

（二）急性会厌炎/喉炎

急性会厌炎是耳鼻咽喉头颈外科常见危急重症，患者多感觉咽痛程度较重，进食或吞咽时加重，喝水可有呛咳，同时感觉咽喉部梗阻感、堵塞感，严重者会导致呼吸困难，危及生命。急性喉炎发作时患者也有咽部疼痛感、异物感症状，且可伴有说话费力、声音嘶哑症状。

（三）咽部非特异性炎症

1. 咽结核分为急性粟粒型和慢性溃疡型结核，急性期咽痛往往剧烈，向耳颞部放射，同时伴有低热、盗汗等全身中毒症状，咽部黏膜苍白水肿，可见粟粒样结节或溃疡。

2. 咽白喉分为局限性和中毒型，除咽痛外还可合并面色苍白、发热、寒战、乏力、食欲减退、唇发绀、四肢厥冷、脉细速、心律失常等全身症状。

3. 梅毒患者除了咽痛症状外可伴有硬下疳、软下疳、颈部淋巴结肿大等症状。

（四）咽部邻近气管病变

茎突过长综合征、舌骨大角综合征等常表现为反复发作的一侧咽痛，程度一般为轻-中度，可在吞咽、扭头等动作时加重，可向同侧头颈部放射。亚急性甲状腺炎常有上呼吸道感染史，起病急，除吞咽痛外还可有发热、甲状腺区域疼痛、甲状腺功能亢进等症状。

（五）其他疾病所致咽痛

1. 恶性肿瘤导致的咽痛常为持续性，向同侧耳部或头颈部放射，不能缓解，伴有肿瘤侵犯周围组织引起的相关症状。

2. 急性传染病及全身疾病所致咽痛常不典型，需相关检查进一步鉴别诊断。

三、处理原则

根据不同的病因给予针对性治疗。以下是针对一些常见病因的治疗：

1. 急性咽喉部炎症、急性会厌炎、急性喉炎患者应立即于医院耳鼻咽喉头颈外科就诊，予以抗生素控制感染、激素减轻水肿、布洛芬等药物止痛，同时积极预防并发症的发生。

2. 茎突综合征、舌骨大角综合征等需通过拍片或CT三维重建诊断，症状顽固者需行手术治疗。

3. 咽喉部异物应立即到医院就诊，尽早取出异物。

4. 咽喉部恶性肿瘤或全身疾病所致咽痛，应尽早到三级医院或肿瘤专科医院就诊，确诊后积极治疗原发病。

第二十一节　口腔溃疡

口腔溃疡是一种常见的口腔黏膜疾病，目前在中国发病率较高。口腔溃疡也被称为"口疮"，是指出现在口腔内唇、上腭以及舌颊等部位黏膜上，呈圆形或椭圆形的疼痛溃疡点。

一、病因

口腔溃疡的致病原因尚不明确，多种因素可诱发，包括遗传因素、饮食因素、免疫因素等，且具有明显的个体差异。

二、临床表现

（一）复发性口腔溃疡

也叫复发性阿弗他溃疡、经常性口腔溃疡，其最重要的特点是反复发作，溃疡有间隔期和自愈性。人群发病率20%左右，好发年龄为10~30岁，女性高于男性，一年四季均可发病。口腔溃疡常见于口腔的唇、脸颊、软腭或牙龈等处的黏膜上，溃疡面一般呈圆形或椭圆形，溃疡面凹陷，有白色或黄色的中心，周围充血微红肿，有明显疼痛感。分轻型、重型和疱疹样型。

轻型：好发于唇、舌、软腭等部位的黏膜上。初起时发病部位充血水肿，呈粟状红点，有明显灼痛感；而后形成浅表溃疡，呈圆形或椭圆形，直径为5~10mm，1~2周愈合，不留瘢痕。

重型：初期好发于口角，之后有向口腔后部蔓延的发病趋势。溃疡大且深，形似"弹坑"，直径可大于10mm；周围呈红肿并且微微隆起，基底微硬，表面呈黄白色（系由纤维蛋白、坏死细胞、炎症细胞等组成的假膜），疼痛剧烈，病程较长，可达1~2个月甚至更长，愈后可留瘢痕。

疱疹型：好发于唇、舌、软腭等部位的黏膜上。数目较多，一般有10个以上，散在分布形似"满天星"，可融合成片；但直径较小，为2~5mm；疼痛剧烈。病程为1~2周，愈合后不留瘢痕。

（二）创伤性口腔溃疡

机械性损伤：食物中鱼骨、砂石等硬物，牙结石、牙刷等，都可能损伤口腔黏膜。

化学性灼伤：使用碘酊等刺激性较强的药物。

冷热刺激：食用过烫的食物引起黏膜灼伤；或在口腔内进行低温治疗（如液氮）时因操作不当，引起黏膜冻伤。

（三）疾病伴发的口腔溃疡

多种比较严重的疾病，如白塞病、赖特尔综合征、肿瘤等伴发的溃疡，是疾病主要表现或继发性损害的一种表现。在溃疡出现前后，可能出现恶性疾病的全身表现，应结合其他疾病进行综合判断，以免延误病情。

三、处理原则

复发性口腔溃疡以局部消炎、缓解口腔疼痛、促进溃疡愈合为原则，全身治疗以延长间歇期为治疗目的，适当调节生活习惯。长期或反复发作的口腔溃疡，需要同时进行局部治疗和全身治疗。创伤性口腔溃疡还应消除引起创伤的刺激因素。其他疾病伴发的口腔溃疡应积极治疗原发疾病。

（一）一般治疗

多吃蔬菜和水果，适量补充水分，保持大便的通畅以及口腔的湿润。保证充足的睡眠，避免过度疲劳。同时加强体育锻炼，增强自身的免疫力。

（二）药物治疗

包括局部用药和全身用药。

1. 局部用药：口腔溃疡优先选择局部用药治疗。

止痛药物：代表药物有利多卡因凝胶、喷剂，复方苯佐卡因凝胶、苄达明喷雾剂等，将其涂于溃疡面，仅限在疼痛难忍时使用，以防成瘾。

消炎药物：可使用含漱剂（氯己定含漱液等）、口含片（西地碘片）等。

促进愈合药物：散剂（口腔溃疡散、冰硼散、西瓜霜），将其涂于溃疡面或含漱使用；重组人表皮生长因子凝胶、重组牛碱性成纤维细胞生长因子凝胶，将其涂于溃疡面。

其他局部药物：康复新液，具有通利血脉、养阴生肌的作用，外用有治疗溃疡的效果。

2. 全身用药：对于症状较严重及复发频率高的患者，可局部和全身联合用药，包括免疫制剂、维生素、中药等。

免疫制剂：包括左旋咪唑、沙利度胺、转移因子、胸腺素等。此类药物具有增强细胞免疫的功能，对本品过敏者禁用。

维生素：包括维生素C片、维生素B族片等。此类药物可对机体缺乏的维生素进行补充。

中医治疗：根据中药理论四诊八纲进行辨证治疗。

3. 其他治疗：

手术治疗：该疾病一般无须手术治疗。

物理治疗：激光照射可帮助黏膜再生，降低炎症反应，促进溃疡的愈合。

心理治疗：精神紧张、焦虑等负面情绪能引发口腔溃疡，因此心理治疗也有利于口腔溃疡愈合。

四、预防

口腔溃疡是一种多发疾病，目前不能完全根治，所以应注重预防。在生活中，要注重口腔卫生，加强锻炼，控制饮食，保持心情愉悦。

（一）适当锻炼

适当进行体育锻炼，增强自身免疫力。

（二）劳逸结合

生活作息规律，避免熬夜。

（三）注意饮食

合理控制饮食，多食含矿物质和维生素较多的蔬菜和水果，如海带、香菇、动物内脏等，少食烧烤腌制、辛辣食物。保持规律的进餐习惯，避免口腔的局部刺激，避免食用过硬、尖锐（如薯片、鱼骨等）和过烫食物，防止对黏膜造成损伤。女性雌激素的降低会引发口腔溃疡，所以女性更要注重日常保养，少吃生冷食物；适量摄入蛋白质，食用大豆、洋葱等天然含有雌激素的食物；维持雌激素的正常分泌水平。

（四）保证口腔卫生

早晚认真刷牙，饭后漱口。刷牙可以有效减少口腔内的细菌，注意不要使用过硬的牙刷，以免划伤口腔黏膜而诱发口腔溃疡。同时，需要每年至少进行1次口腔健康检查。

第二十二节　眼部红肿

眼部红肿是眼科疾病常见的症状，是一个模糊的概念，患者主诉眼部红肿可能为眼睑和眼周的发红。因为其位置表浅，患者易于发现，常成为就医主诉。

一、病因

（一）眼睑或眼眶蜂窝组织炎

多见于眶周围结构感染灶的眶内蔓延。

（二）睑腺炎

是化脓性细菌侵入眼睑腺体而引起的一种急性炎症。

（三）外伤

包括眼睑外伤、酸碱化学伤、电光性眼炎、眼眶外伤等。

（四）接触性睑皮炎

以药物性皮炎最为典型。与眼睑接触的许多化学物质也可能为致敏原。

（五）急性泪囊炎

急性泪囊炎大多在慢性泪囊炎的基础上发生，与侵入细菌毒力强大或机体抵抗力降低有关。

（六）炎性假瘤

目前认为是一种非特异免疫反应性疾病。

（七）甲状腺相关眼病

是一种自身免疫或器官免疫性疾病。

（八）结膜炎

结膜炎最常见的是微生物感染，致病微生物可为细菌、病毒和衣原体。偶见真菌、立克次体和寄生虫感染。物理性刺激和化学性损伤也可引起结膜炎。

（九）结膜下出血

球结膜下血管破裂或其渗透性增加可引起球结膜下出血。极少能找到确切的病因。单眼多见，可发生于任何年龄组。

（十）角膜炎

多为感染源性，主要病原微生物为细菌、真菌、病毒，近年来有关棘阿米巴性角膜炎的报道不断增加，其他还有衣原体、结核杆菌和梅毒螺旋体等。

（十一）前葡萄膜炎

急性前葡萄膜炎患者，多呈HLA-B27阳性。

（十二）急性闭角型青光眼

眼球局部的解剖结构变异，被公认为是本病的主要发病因素。

二、临床表现

（一）眼睑或眼眶蜂窝组织炎、睑腺炎、急性泪囊炎

患处呈红、肿、热、痛等急性炎症的典型表现。疼痛通常与水肿程度呈正比。

（二）外伤

眼睑水肿和出血，结膜充血水肿，酸碱化学烧伤时角膜可能出现不同程度的损伤。

（三）接触性睑皮炎

患者自觉眼痒和烧灼感。急性者眼睑突发红肿，皮肤出现丘疹、水泡或脓泡，伴有微黄黏稠渗液。

（四）炎性假瘤

多发于成年人，根据病变侵犯的部位和阶段不同，临床表现各异。

（五）甲状腺相关眼病

①眼睑症：眼睑症是TAO的重要体征，主要包括眼睑回缩和上睑迟落。②眼球突出。③复视及眼球运动障碍。④结膜和角膜病变眶压增高致结膜水肿、充血，严重者结膜突出于睑裂之外。眼睑闭合不全发生暴露性角膜炎，角膜溃疡。⑤视神经病变。伴有甲状腺功能亢进的患者尚有全身症状。

（六）结膜炎

结膜炎症状有异物感、烧灼感、痒、畏光、流泪。重要的体征有结膜充血、水肿、渗出物、乳头增生、滤泡、伪膜和真膜、肉芽肿、假性上睑下垂、耳前淋巴结肿大等。

（七）结膜下出血

初期呈鲜红色，以后逐渐变为棕色。一般7～12d内自行吸收。出血量大，可沿眼球全周扩散。

（八）角膜炎

角膜炎最常见症状为眼痛、畏光、流泪、眼睑痉挛等，可持续存在直到炎症消退。

（九）前葡萄膜炎

患者可出现眼痛、畏光、流泪、视物模糊，在前房出现大量纤维蛋白渗出或反应性黄斑水肿、视盘水肿，可引起视力下降或明显下降，发生并发性白内障或继发性青光眼时，可导致视力严重下降。

（十）急性闭角型青光眼

表现为剧烈头痛、眼痛、畏光、流泪，视力严重减退，常降到指数或手动，可伴有恶心、呕吐等全身症状。

三、处理原则

根据不同的病因给予针对性治疗：

1. 由于炎症、过敏引起的眼睑或眼眶蜂窝组织炎、睑腺炎、接触性睑皮炎、急性泪囊炎、结膜炎、角膜炎等因立即于医院眼科就诊，予以局部或全身抗生素控制感染或抗过敏治疗，同时积极预防并发症的发生。

2. 炎性假瘤、甲状腺相关眼病、眼眶外伤等需通过CT及三维重建等诊断，并结合全身治疗，必要时手术。

3. 前葡萄膜炎治疗原则是立即扩瞳以防止虹膜后粘连，迅速抗炎以防止眼组织破坏和并发症的发生。

4. 急性闭角型青光眼，治疗的目的是保存视功能。治疗方法包括：①降低眼压。②视神经保护性治疗。

第二十三节 眩 晕

眩晕是一种运动性或位置性错觉，造成人与周围环境空间关系在大脑皮质中反应失真，产生旋转、倾倒及起伏等感觉。

一、病因

按病变的解剖部位将眩晕分为系统性眩晕和非系统性眩晕，前者由前庭神经系统病变引起，后者由前庭系统以外病变所引起。

系统性眩晕按照病变部位和临床表现的不同分为周围性眩晕和中枢性眩晕。前者指前庭感受器及前庭神经颅外段病变引起的眩晕，一般来说眩晕感严重，持续时间短，常见于梅尼埃病、良性发作性位置性眩晕、前庭神经元炎等疾病；后者指前庭神经颅内段、前庭神经核、核上纤维、内侧纵束、小脑和大脑皮质病变引起的眩晕，眩晕感相对较轻，但持续时间长，常见于椎基底动脉综合征、脑干梗死、小脑梗死或出血等疾病。

非系统性眩晕临床表现为头晕眼花、站立不稳，通常无外界环境或自身旋转感或摇摆感，很少伴有恶心呕吐，可称为假性眩晕或头晕。多由眼部疾病（眼外肌麻痹、屈光不正）、心血管系统（高血压、低血压、心律不齐）、内分泌代谢疾病（低血糖、糖尿病、尿毒症）、中毒、感染和贫血等疾病引起。

二、临床表现

（一）梅尼埃病

梅尼埃病又称内耳眩晕症，系内耳迷路的膜迷路积水所引起。发病原因可能为血循环障碍、自主神经功能紊乱、代谢障碍、变态反应、病毒感染等。临床特征为发作性眩晕，波动性、渐进性、感音性听力减退，耳鸣，耳聋，发作时常伴有头痛、恶心、呕吐、腹泻、面色苍白、脉搏缓弱及血压下降等，患者往往卧床，不敢睁眼、翻身和转头。

（二）良性阵发性位置性眩晕

良性阵发性位置性眩晕又称耳石症，是最常见的外周前庭疾病，也是最常见的眩晕发生原因。由于某些因素导致椭圆囊和球囊内正常附着的耳石脱落，并随淋巴液流动进入半规管内，在体位变化时耳石的活动引起过度刺激，从而触发眩晕。急性起病，主要表现为眩晕，常伴有恶心、呕吐、出汗等症状，常于躺下、起床、翻身、低头、左右转动头部时发作，持续时间数秒至数分钟不等。由于特定的头部运动会引起眩晕发作，因此患者常呈强迫头位。

（三）前庭神经元炎

该病为前庭神经元病毒感染所致，患者在发生眩晕之前多有上呼吸道感染病史，有时二者可同时发生。临床表现为眩晕、恶心、呕吐，不敢睁眼，闭目卧床，动则症状加重。体格检查可见持续性眼球震颤，前庭功能变温试验异常，以病变侧前庭功能减低明显。本病系自限性病程，一般在6～9日内完全恢复。

（四）药物中毒性眩晕

有些治疗用药物，对前庭神经系统或循环系统具有明显作用，可以引起眩晕综合征。氨基甙类抗生素（链霉素、庆大霉素、卡那霉素和新霉素）、利尿剂、水杨酸类和奎宁等对迷路具有毒性作用，容易引起眩晕。其他药物还有降血压药尤其是交感神经节阻滞剂、镇静剂中的吩噻嗪、三环类及催眠类药物，均可能影响前庭神经系统和运动协调功能，造成视物或听声失真，引起幻觉，从而导致眩晕。

三、处理原则

（一）梅尼埃病

1. 内科治疗：卧床休息、镇静、限制水盐摄入、利尿及改善耳蜗血液循环等，亦可给予抗胆碱药物（如东莨菪碱）、抗组胺药物（如苯海拉明、异丙嗪）和麻醉类药物（如利多卡因）。另外祖国医学论述眩晕病因以肝风、痰湿、虚损三者为主，可选用温肝汤加减、半夏天麻白术汤加减、龙胆泻肝汤和六味地黄丸等。

2. 外科治疗：①内淋巴囊分流、减压与切开术（保守性）；②前庭神经和前庭神经节切断术（半破坏性）；③迷路切除术和耳蜗前庭神经切除术（破坏性）。

（二）良性阵发性位置性眩晕

1. 病因治疗：手法复位，促使耳石回归正常位置。

2. 一般药物治疗：如地西泮、眩晕停、氢溴酸樟柳碱等。

3. 手术治疗：对于严重顽固性眩晕，可考虑行患侧半规管前神经切断术。

（三）前庭神经元炎

1. 抗病毒治疗。

2. 严重眩晕、呕吐可予以对症治疗。

（四）药物中毒性眩晕

停止使用此类药物或更换药物，眩晕严重时可予以对症治疗。

第二十四节　晕　厥

晕厥是由于大脑半球及脑干血液供应减少导致的伴有姿势张力丧失的发作性意识丧失。其病理机理是大脑及脑干的低灌注。晕厥不是一个单独的疾病，而是由多种病因引起的一种综合征。临床上将晕厥分为反射性晕厥、心源性晕厥、脑源性晕厥和其他晕厥四种类型。根据典型临床表现结合必要的辅助检查，可以作出晕厥诊断。由于晕厥表现与癫痫存在一定相似之处，有时二者容易混淆，所以需要仔细鉴别。表1-2。

一、病因

表1-2　常见的晕厥原因

分　类	病　因
反射性晕厥	血管迷走性晕厥
	直立性低血压性晕厥
	颈动脉窦性晕厥
	排尿性晕厥
	吞咽性晕厥
	咳嗽性晕厥
	舌咽神经痛性晕厥

续表1-2

分　类	病　因
心源性晕厥	心律失常
	心瓣膜病
	冠心病及心肌梗死
	先天性心脏病
	原发性心肌病
	左房黏液瘤及巨大血栓形成
	心脏压塞
	肺动脉高压
脑源性晕厥	严重脑动脉闭塞
	主动脉弓综合征
	高血压脑病
	基底动脉型偏头痛
其他	哭泣性晕厥
	过度换气综合征
	低血糖性晕厥
	严重贫血性晕厥

二、临床表现

1. 晕厥前期：晕厥发生前数分钟通常会有一些先兆症状，如乏力、头晕、恶心、面色苍白、大汗、视物不清、恍惚、心动过速等。

2. 晕厥期：患者意识丧失，并伴有血压下降、脉弱及瞳孔散大，心动过速转变为心动过缓，有时可伴有尿失禁。

3. 恢复期：晕厥患者经及时处理，意识很快恢复后可留有头晕、恶心、面色苍白及乏力等症状，经休息后症状可完全消失。

三、处理原则

晕厥治疗的重点在于积极处理原发病，根据不同病因进行治疗，从根本上消除晕厥发生或有效控制发作。另外晕厥的处理应强调预防与治疗相结合。预防措施包括：尽量避免各种诱发因素，如精神刺激、长时间站立等；出现先兆症状时应立即采取卧位，避免发作；发作期应松解过紧衣领，将头转向一侧，保持呼吸道通畅，防止舌后坠，体温过低时应给予保暖。由于晕厥发作时程短暂，因此一般无须特殊药物治疗。可以试用冷水或冷敷刺激面颈部，也可以按压人中穴，促使患者苏醒。

第二十五节　意识障碍

意识是人体对周围环境及自身状态的感知能力。人体意识的维持依赖大脑皮质的兴奋。脑干上行网状激活系统接收各种感觉信息的传入，发放冲动向上传递到丘脑的非特异性核团，再由此弥散投射到大脑皮质，使整个大脑皮质保持兴奋，维持觉醒状态。因此上行网状激活系统或双侧大脑皮质损害均可导致意识障碍。

一、病因

引起意识障碍的病因比较多，常见的神经系统疾病有脑血管病、脑外伤、脑炎或脑膜炎、癫痫及代谢性脑病等。另外其他系统疾病或病理状态如酸碱平衡及水电解质紊乱、营养物质缺乏、高热、中毒等也可引起意识障碍。

二、临床表现

（一）以觉醒度改变为主的意识障碍的临床表现

1. 嗜睡。

患者表现为睡眠时间过度延长，但能被唤醒，醒后可勉强回答简单问题和配合检查，停止刺激后患者又继续入睡。

2. 昏睡。

患者处于沉睡状态，正常的外界刺激不能使其觉醒，须经高声呼唤或其他较强烈刺激（如疼痛刺激）方可唤醒，对语言的反应能力尚未完全丧失，可作含糊、简单而不完全的应答，停止刺激后很快入睡。

3. 昏迷。

昏迷是最严重的意识障碍。患者意识完全丧失，各种强烈刺激不能使其觉醒或睁眼，无任何有目的的自主活动。按照严重程度可分为三级：

（1）浅昏迷：意识完全丧失，对强烈刺激如疼痛刺激可有回避动作及痛苦表情，但不能觉醒。吞咽反射、角膜反射及瞳孔对光反射仍然存在，生命体征无明显改变。

（2）中昏迷：对外界的正常刺激均无反应。对强刺激的防御反射以及角膜反射、瞳孔对光反射均减弱迟钝，大小便潴留或失禁，生命体征不稳定。

（3）深昏迷：对外界任何刺激均无反应，全身肌肉松弛。眼球固定，瞳孔散大，各种反射消失，大小便多失禁。生命体征显著改变，呼吸不规则，血压或有下降。

4. 脑死亡：是因脑不可逆损伤引起全脑功能的丧失，表现为深度昏迷、没有自主呼吸及所有脑干反射消失。

（二）以意识内容改变为主的意识障碍的临床表现

1. 意识模糊：患者表现为注意力减退，情感反应淡漠，定向力障碍，活动减少，语言缺乏连贯性，对外界刺激可有反应，但低于正常水平。

2. 谵妄：是一种急性的脑高级功能障碍，表现为认知、注意、定向、记忆功能受损，思维推理迟钝，语言功能障碍，错觉，幻觉，睡眠觉醒周期紊乱等，可表现为紧张、恐惧和兴奋不安，甚至可有冲动和攻击行为。引起谵妄的常见神经系统疾病有脑炎、脑血管病、脑外伤及代谢性脑病等。另外其他系统疾病如酸碱平衡及水电解质紊乱、营养物质缺乏、高热、中毒等也可引起谵妄。

三、处理原则

1. 病因治疗：对于高热谵妄者，可采取冷敷、酒精擦浴等物理方法或肌肉注射赖氨酸阿司匹林等积极退热降温治疗。

2. 抢救治疗：对于脑炎等感染性疾病所致谵妄者，给予抗炎、镇静、脱水等治疗。

3. 支持治疗：对于脑血管病所致谵妄者，必须区分出血性或缺血性疾病，给予吸氧、镇静、脱水及神经营养等治疗，必要时进行手术治疗。

4. 对症治疗：对于脑外伤所致谵妄者，给予吸氧、镇静、脱水、支持等治疗，若系颅内血肿且达到手术指征，则必须行手术治疗。

5. 代谢治疗：对于由代谢性疾病、电解质以及酸碱平衡紊乱等引起者，需要积极治疗原发病，纠正电解质紊乱和酸碱失衡，维持机体内环境稳定。

第二章　辅助检查

第一节　实验室检查

一、血液一般检测

血液一般检测是医学检验的基础，主要包括血涂片的制备与染色、血细胞计数、血细胞形态检查等。通过上述检测，可及时、准确、全面反映机体的基本情况，在疾病诊断、鉴别诊断、治疗监测与健康筛查中起重要的作用。随着检验技术的发展，血液学分析仪器已广泛应用，目前也把血常规检测称为全血细胞计数。

（一）红细胞测定及血红蛋白测定

单位体积每升（L）全血中红细胞数量（RBC）及其主要内容物血红蛋白（Hb）的变化，可反映机体生成红细胞的能力并协助诊断与红细胞有关的疾病。

1. 参考区间

成年男性：RBC（4.0~5.5）×10^{12}/L，Hb（120~160）g/L。

成年女性：RBC（3.5~5.0）×10^{12}/L，Hb（110~150）g/L。

新生儿：RBC（6.0~7.0）×10^{12}/L，Hb（170~200）g/L。

2. 临床意义

（1）生理性变化：红细胞数量受到许多生理因素影响，但与相同年龄、性别人群的参考区间相比，一般在±20%以内。高原生活、长期重度吸烟、雄激素、肾上腺皮质激素增多、药物影响等均能使红细胞数量增多。减低主要见于生理性贫血，如生长发育过快、造血功能减退、长期饮酒等。

（2）病理性增高：如呕吐、高热、腹泻、多尿、多汗、大面积烧伤等因血容量减少使红细胞相对性增多；绝对性增多主要见于真性红细胞增多症、组织缺氧、严重慢性心肺疾病、发绀性先天性心脏病、肿瘤等疾病。

（3）病理性降低：主要见于各种原因导致的贫血（红细胞生成减少、破坏过多、失血）；此外，药物也可引起贫血。

（4）Hb测定的临床意义与红细胞相似，但判断贫血程度优于红细胞计数。根据Hb浓度，可将贫血分为4度：轻度贫血：Hb＜120g/L（女性＜110g/L），中度贫血：Hb＜90g/L，重度贫血：Hb＜60g/L，极重度贫血：Hb＜30g/L。当RBC＜1.5×10^{12}/L，Hb＜45g/L时应考虑输血。

（二）红细胞比容测定

红细胞比容（Hct）是指血细胞在血液中所占容积的比值。

1. 参考区间：男性0.40~0.50，女性0.35~0.45。

2. 临床意义：Hct不仅与红细胞数量的多少有关，而且与红细胞体积大小及血浆容量的改变有关。

（1）Hct增高：见于各种原因引起的血液浓缩，如严重呕吐、腹泻、大量出汗、大面积烧伤等；还可见于真性红细胞增多症、继发性红细胞增多症，如高原病、慢性肺源性心脏病等。

（2）Hct减低：见于正常孕妇、各种类型贫血及应用干扰素、青霉素等药物的患者。

（三）红细胞平均指数测定

通过血细胞分析仪检测RBC、Hb、Hct的数值，计算出红细胞平均指数，从而初步判断贫血的原因以及对贫血进行鉴别诊断。红细胞平均指数包括：平均红细胞体积（MCV）、平均红细胞血红蛋白量（MCH）和平均红细胞血红蛋白浓度（MCHC）。

1. 计算方法：

（1）MCV是指每个红细胞的平均体积（fl）。

$$MCV=Hct\times10^{15}/RBC$$

（2）MCH是指每个红细胞内所含血红蛋白的平均量（pg）。

$$MCH=Hb\times10^{12}/RBC$$

（3）MCHC是指平均每升红细胞中所含血红蛋白浓度（g/L）。

$$MCHC=Hb/Hct$$

2. 参考区间及临床意义（见表2-1）。

表2-1　红细胞平均指数的参考区间及临床意义

贫血的形态学分类	MCV(fl)	MCH(pg)	MCHC(g/L)	病因
正常细胞性贫血	80~100	27~34	320~360	急性失血、急性溶血、造血功能低下（再障）
大细胞性贫血	>100	>34	320~360	缺乏叶酸、维生素B₁₂引起巨幼细胞性贫血
单纯小红细胞性贫血	<80	<27	320~360	尿毒症、慢性炎症
小红细胞低色素性贫血	<80	<27	<320	慢性失血性贫血、缺铁性贫血

（四）网织红细胞计数

网织红细胞（Ret）是介于晚幼红细胞和成熟红细胞之间的过渡细胞，其胞质中残存的嗜碱性物质RNA经碱性染料活体染色后，形成蓝色或紫色的点粒状或丝网状沉淀物。常用普通显微镜法和血液分析法检测。

1. 参考区间：成人、儿童：0.5%~1.5%，新生儿：2.0%~6.0%。

成人绝对值：（24~84）×10⁹/L。

2. 临床意义：评价骨髓增生能力，判断贫血类型；评价疗效；还可用于放疗和化疗的检测。

（五）红细胞沉降率检测

红细胞沉降率（ESR）是指红细胞在一定条件下沉降的速率，简称"血沉"，检测方法有魏氏法和全自动快速血沉分析仪法。

1. 参考区间：男性0~15mm/h，女性0~20mm/h。

2. 临床意义：

（1）生理性增快：儿童、老年人、妇女妊娠及月经期ESR加快。

（2）病理性增快：见于炎症性疾病、组织损伤和坏死、恶性肿瘤、高球蛋白血症及贫血等。

（3）病理性减慢：临床意义不大，见于红细胞增多症等。

（六）白细胞计数

白细胞是循环血液中最少的血细胞，白细胞来源于骨髓造血干细胞，血液中的白细胞属于成熟阶段发挥生理功能的细胞。白细胞是参与机体免疫应答和免疫防御的最重要细胞。

1. 参考区间：成人（4.0~10.0）×10⁹/L；新生儿（15.0~20.0）×10⁹/L；6个月至2岁（11.0~12.0）×10⁹/L。

2. 临床意义

（1）生理性变化：剧烈运动、情绪激动、月经期、妊娠、分娩、哺乳期及新生儿等都可以引起白细胞生理性增高。

（2）病理性增多：常见于急性化脓性感染（脓肿、脑膜炎、肺炎、阑尾炎等），某些病毒感染、组织损伤、急性大出血、白血病、骨髓纤维化、恶性肿瘤、代谢性中毒和某些金属中毒等。

（3）病理性减少：见于伤寒、副伤寒、黑热病、疟疾、病毒性肝炎、流感等，还可见于自身免疫性疾病、化疗、电离辐射及某些药物反应等。

（七）白细胞分类计数

外周血涂片，经瑞氏染色后观察其形态，形态上白细胞可分为下列5种类型，即中性粒细胞、嗜酸性粒细胞、嗜碱性粒细胞、淋巴细胞和单核细胞。

1. 参考区间：中性粒细胞 杆状核0%~5%，分叶核50%~70%；

嗜酸性粒细胞0.5%~5%；

嗜碱性粒细胞0%~1%；

淋巴细胞20%~40%；

单核细胞3%~8%。

2. 临床意义

（1）中性粒细胞：①增多见于急性感染、严重外伤、大面积烧伤、白血病及恶性肿瘤等疾病。在生理情况下，剧烈运动、情绪激动、饱餐或淋浴后均可使其增高。②减少见于革兰氏阴性杆菌、某些病毒或原虫等感染、再生障碍性贫血等。

（2）嗜酸性粒细胞：①增多见于过敏性疾病及寄生虫感染、某些恶性肿瘤、骨髓增殖性疾病等。②减少用于观察急性传染病的病情及判断预后、垂体或肾上腺皮质功能的判断等。

（3）嗜碱性粒细胞：①增多见于变态反应性疾病、嗜碱性粒细胞白血病等。

（4）淋巴细胞：①病理性增多见于病毒或某些杆菌引起的感染性疾病、淋巴细胞性恶性疾病、再生障碍性贫血、粒细胞缺乏症等。②减少见于接触放射线及应用肾上腺皮质激素、先天性和获得性免疫缺陷病。

（5）单核细胞：①增多见于感染和血液系统等疾病。②减少见于再生障碍性贫血等。

（八）血小板计数

血小板计数（PLT）是计数单位体积（L）外周血液中血小板的数量。

1. 参考区间：（100~300）×10⁹/L

2. 临床意义：

（1）生理性变化：正常人血小板数量随时间和生理状态而波动。高原、寒冷、运动、饱餐、妊娠等均可引起PLT升高。

（2）病理性增高：PLT＞350×10⁹/L，常见于原发性血小板增多症、骨髓增生综合征、慢性粒细胞白血病、反应性增多（急慢性炎症、急性溶血、急性失血等）、心脏疾病、肝硬化等疾病。

（3）病理性降低：PLT＜100×10⁹/L，常见于血小板生成障碍、破坏过多、消耗过多等相关疾病。

二、尿液常规检测

尿液是血液经过肾小球滤过、肾小管和集合管重吸收和排泌所产生的终末代谢产物，是人体体液的重要组成成分。尿液检测主要用于：①协助泌尿系统疾病的诊断、病情和疗效观察；②协助其他系统疾病的诊断；③职业病防治；④用药的监护；⑤健康人群的普查。

1. 尿量：24h内排出体外的尿液总量。使用量筒或其他带刻度的容器直接测定尿量。个人尿量随气候、出汗量、饮水量等不同而异。一般健康成人为1.0~1.5L/24h，即1ml/（h·kg），小儿较成人多3~4倍。

2. 尿液颜色：正常尿颜色呈淡黄色，浓缩时可呈深黄色。凡观察到尿液呈无色、深黄色、浓茶色、红色、紫红色、棕黑色、乳白色等病理性尿颜色，均应报告。

3. 尿液透明度：根据尿的外观理学性状，将尿液透明度分为"清晰透明、微浑、浑浊、明显浑浊" 4个等级。

4. 尿液干化学分析

（1）利用尿液干化学分析仪采用反射光度法对配套尿液干化学试带发生化学反应产生颜色的变化进行检测。试带法可检测尿酸碱度（pH）、蛋白质、葡萄糖、酮体、隐血、胆红素、尿胆原、亚硝酸盐、比密、白细胞和维生素C。

（2）尿液干化学分析仪检测参数、原理及参考区间（见表2-2）

表2-2　尿液干化学分析仪检测参数、原理及参考区间

参数	英文缩写	反应原理	参考区间
pH	pH	酸碱指示剂法	随机尿:pH 4.5~8.0
比重	SG	多聚电解质离子解聚法	1.015~1.025
蛋白质	PRO	pH指示剂蛋白质误差法	阴性
葡萄糖	GLU	葡萄糖氧化酶-过氧化物酶法	阴性
胆红素	BIL	偶氮反应法	阴性
尿胆原	URO	醛反应、重氮反应法	阴性或弱阳性
酮体	KET	亚硝酸基铁氰化钾法	阴性
亚硝酸盐	NIT	亚硝酸盐还原法	阴性
隐血或红细胞	BLD	血红蛋白亚铁血红素类过氧化物酶法	阴性
白细胞	LEU	酯酶法	阴性
维生素C	VitC	吲哚酶法	阴性

（3）临床意义

酸碱度：正常尿液可呈弱酸性，但因饮食种类不同，pH波动范围可为5.4~8.4。久置腐败尿或泌尿道感染，浓血尿均可呈碱性。磷酸盐、碳酸盐结石见于碱性尿；尿酸盐、草酸盐、胱氨酸结石见于酸性尿。酸中毒及服用氯化铵等酸性药物时尿可呈酸性。

比密：尿少时比密可增高，见于急性肾炎、高热、心功能不全、脱水等。比密降低常见于慢性肾小球肾炎、肾功能不全、尿崩症等。

葡萄糖：葡萄糖尿糖阳性见于糖尿病、肾性糖尿病、甲状腺功能亢进等。内服或注射大量葡萄糖及精神激动等也可致阳性反应。

胆红素：在肝实质性及阻塞性黄疸时，尿中均可出现胆红素。在溶血性黄疸型病人的尿中，一般不见胆红素。

酮体：正常尿液中不含酮体。严重的糖尿病酸中毒病人酮体可成强阳性反应。妊娠剧烈呕吐、长期饥饿、营养不良、剧烈运动后可呈阳性反应。

潜血：正常人尿液中无游离血红蛋白。当体内大量溶血即出现血红蛋白尿，此种情况常见于血型不合输血、阵发性睡眠性血红蛋白尿、寒冷性血红蛋白尿、急性溶血性疾病等。

蛋白质：见于肾炎、肾病综合征等。

亚硝酸盐：阳性结果提示尿液中存在革兰氏阴性细菌，并提示尿中所存在的细菌数目在10^5个/ml以上。

白细胞：正常为阴性。阳性提示尿路炎症，如肾脏或下尿道炎症。

尿胆素原：在肝实质性及阻塞性黄疸时，尿中均可出现胆红素。在溶血性黄疸型病人的尿中，一般不见胆红素。

维生素C：检测尿维生素C用于提示尿液隐血、胆红素、亚硝酸盐和葡萄糖检测结果是否准

确，防止出现上述项目的假阴性结果。

5. 尿液有形成分分析仪检测

（1）目前临床实验室常用尿液有形成分分析仪进行检测，利用电阻抗、光散射（包括对有形成分进行各种染色）或数字影像分析术的原理，识别或分类红细胞、白细胞、上皮细胞、小圆上皮细胞、管型、细菌、精子、黏液丝、结晶等有形成分。

（2）结果报告。管型：以低倍镜视野全片至少20个视野所见的平均值报告。细胞：以高倍镜视野至少10个视野所见的最低−最高数的范围报告。尿结晶等：以每高倍镜视野所见数换算为半定量的"−、±、1+、2+、3+"等级报告（见表2-3）。

表2-3 尿液有形成分的报告方法

成 分	±	+	++	+++	++++
结晶		占视野1/4	占视野1/2	占视野3/4	满视野
细菌及真菌	少量散在于数个视野	各个视野均可见	数量多或呈团块状聚集	难以计数	满视野
原虫、寄生虫卵		1~4/HPF	5~9/HPF	10/HPF	满视野

（3）尿液有形成分的参考区间（见表2-4）。

表2-4 尿液有形成分的参考区间

方法	红细胞	白细胞	透明管型	上皮细胞	结晶	细菌和真菌
非离心尿液有形成分直接涂片镜检	0至偶见/HPF	0~3/HPF	0至偶见/LPF	少见	少见	—
离心尿液有形成分直接涂片镜检	0~3/HPF	0~5/HPF	0至偶见/LPF	少见	少见	
标准化尿液有形成分定量分析板计数法	男 0~5/μl 女 0~24/μl	男 0~12/μl 女 0~26/μl	0~1/μl（不分性别）	少见	少见	极少见
尿液有形成分定量计数仪法	男 0~4/μl 女 0~5/μl	男 0~5/μl 女 0~10/μl	0~1/μl（不分性别）	难以检出	难以检出	难以检出
1h尿有形成分排泄率（成人）	男 <3万/h 女 <4万/h	男 <7万/h 女 <14万/h	<3400/h（不分性别）	难以检出	难以检出	难以检出

（4）临床意义

白细胞：增多表示泌尿系统有化脓性炎症。

红细胞：增多常见于肾小球肾炎、泌尿系结石、结核或恶性肿瘤。

透明管型：偶见于正常人清晨浓缩尿中；在轻度或暂时性肾或循环功能改变时可增多。

颗粒管型：可见于肾实质性病变，如肾小球肾炎。

红细胞管型：常见于急性肾小球肾炎等。

白细胞管型：常见于急性肾盂肾炎等。

脂肪管型：可见于慢性肾炎肾病型及类脂性肾病。

宽型管型：可见于慢性肾衰竭，提示预后不良。

蜡样管型：提示肾脏有长期而严重病变，见于慢性肾小球肾炎晚期和肾淀粉样变。

三、粪便常规检查

1. 颜色：正常粪便呈棕黄色，但可因饮食、药物或疾病影响而改变粪便颜色。可根据观察所见报告，如黄色、灰白色、绿色、红色或柏油样等。

2. 性状：正常为有形软便。可根据观察报告为软、硬、稀、糊状、泡沫状、血水样、黏液血便、黏液脓样、米泔水样等。

3. 粪便隐血试验。

（1）参考区间：正常为阴性。

（2）临床意义：消化道出血、消化道溃疡或恶性肿瘤时可阳性。

4. 粪便有形成分检验。

临床意义：

白细胞：正常粪便中不见或偶见。白细胞阳性时可见于肠道炎症。

红细胞：正常粪便中无红细胞。当消化道出血、肿瘤或痢疾时可见到多少不等的红细胞。

巨噬细胞：正常粪便中无巨噬细胞。粪便中出现提示急性细菌性痢疾、急性出血性肠炎或偶见于溃疡性结肠炎。

四、常用生物化学检测及检验正常值

（一）肝功能测定

肝功能检查对于诊断肝脏是否异常有着重要的意义。检测肝功能主要的目的是检测肝病患者的肝脏是否有损伤及其损伤程度。其检测指标有很多，目前临床实验室常用全自动生化分析仪进行检测。反映肝功能损伤程度的指标有谷丙转氨酶、谷草转氨酶、碱性磷酸酶、胆碱酯酶等。反映肝脏排泄功能的指标有总胆红素、直接胆红素、间接胆红素等。反映肝脏储备能力的指标：总蛋白、白蛋白、球蛋白等。

1. 丙氨酸氨基转移酶（ALT）。

（1）检测方法：连续检测法。

（2）参考区间：0~40U/L。

（3）临床意义：急性肝损害，ALT的升高常与病情轻重平行，可作为判断急性肝炎是否恢复的指标，常是肝坏死的前兆。心脏、骨骼肌等组织受损或肝胆疾病时，血清ALT水平也可出现不同程度的升高。

2. 天冬氨酸氨基转移酶（AST）。

（1）检测方法：连续检测法。

（2）参考区间：0~40U/L。

（3）临床意义：主要用于诊断急性心肌梗死，在AMI患者胸前区疼痛发作后6~8h，血清AST可明显升高，发病后48~60h达峰值，3~5d可降至正常。同时也是肝炎的观察指标，AST/ALT比

值对于判断肝炎的转归有重要价值。肌炎、肾炎等也可引起血清 AST 轻度升高。

3. 血清总胆红素（TBIL）、直接胆红素（DBIL）和间接胆红素（IBIL）。

（1）检测方法：重氮法（改良 J-G 法）或胆红素氧化酶法，利用上述方法测定 TBIL 和 DBIL，然后计算得出 IBIL（IBIL=TBIL－DBIL）。

（2）参考区间：新生儿　　0～1d　　　34~103μmol/L

　　　　　　　　　　　　1～2d　　　103~171μmol/L

　　　　　　　　　　　　3～5d　　　68~137μmol/L

　　　　　　成　人　总胆红素：　3.4~17.1μmol/L

　　　　　　　　　　　直接胆红素：　0~3.4μmol/L

（3）临床意义：用于判断有无黄疸及其程度、黄疸的性质，还可用于肝细胞损害程度及预后判断。有助于了解新生儿溶血症的严重程度，以便制定合理的治疗方案。

4. 总蛋白（TP）。

（1）检测方法：双缩脲法。

（2）参考区间：随年龄增大有所增高，60 岁后则稍有下降。

新生儿：46~70g/L，数月到 2 岁：51~75g/L。

3 岁及以上：60~80g/L，成人：64～83g/L。

（3）临床意义：TP 下降常由白蛋白浓度下降引起，TP 增高见于慢性炎症、多克隆免疫球蛋白增多以及浆细胞病的单克隆免疫球蛋白增多症等。

5. 白蛋白（ALB）。

（1）检测方法：包括电泳法、免疫化学法和染料结合法（溴甲酚绿法）。

根据 TP、ALB 的差值计算出球蛋白和白球比值。

（2）参考区间：0～4d：28~44g/L，4d 至 14 岁：38~54g/L。

成人：35~52g/L，＞60 岁：32~46g/L。

（3）临床意义：ALB 增高仅见于严重失水时，无重要临床意义。低 ALB 血症见于下述许多疾病：

①白蛋白合成不足：严重肝脏合成功能下降如肝硬化、重症肝炎、蛋白质营养不良或吸收不良，ALB 受饮食蛋白质摄入量影响，可作为营养状态的评价指标，早期缺乏时不易检出。

②白蛋白丢失：尿中丢失如肾病综合征、慢性肾小球肾炎、糖尿病肾病、系统性红斑狼疮性肾病等，胃肠道蛋白质丢失，因黏膜炎症坏死、皮肤丢失如烧伤及渗出性皮炎等。

③白蛋白分解代谢增加：组织损伤如外科手术和创伤、组织分解增加，如感染性炎症疾病等。

④白蛋白的分布异常：门静脉高压时大量 ALB 从血管内漏入腹腔。

⑤无白蛋白血症：极少见的遗传性缺陷，血浆 ALB 含量常低于 1g/L。

（二）肾功能测定

1. 尿素氮（BUN）。

（1）检测方法：酶偶联速率法。

（2）参考区间：3.1~9.5mmol/L。

（3）临床意义：

①尿素氮产生过多，即肾前性氮质血症。糖尿病性酸中毒、高热、饥饿、某些癌症及脓毒血症等使蛋白质分解代谢加快，或胃肠出血后消化蛋白质的重吸收使血浆尿素浓度增加。

②尿素排泄障碍，见于急性肠炎、烧伤、脱水、休克、心功能不全等引起肾供血不足时；肾小球肾炎、肾盂肾炎、肾间质性肾炎、肾病综合征等肾实质损伤时；尿路结石、泌尿生殖肿瘤、前列腺增生等造成排尿受阻时均可引起血清尿素浓度升高。

③重症肝脏疾病，尿素产生量下降时，血浆尿素浓度降低。

2. 肌酐（CR）。

（1）检测方法：肌氨酸氧化酶法。

（2）参考区间：男性57~111μmol/L；女性41~81μmol/L。

（3）临床意义：血清肌酐浓度升高见于急慢性肾小球肾炎、急性或慢性肾功能不全等。血清肌酐浓度与肌肉量成比例，故肢端肥大症、巨人症时，血清肌酐浓度升高；相反，肌肉萎缩性疾病时血清肌酐浓度可降低。透析治疗前后，血清肌酐测定可用于选择透析指标，判断透析治疗效果。

3. 尿酸（UA）。

（1）检测方法：尿酸酶偶联反应法。

（2）参考区间：男性208~428μmol/L；女性155~357μmol/L。

（3）临床意义：尿酸增高，常见于痛风、子痫、白血病、红细胞增多症、多发性骨髓瘤、急慢性肾小球肾炎、重症肝病、铅及氯仿中毒等。尿酸降低，常见于恶性贫血、乳糜泻及肾上腺皮质激素等药物治疗后。

4. 胱抑素（Cys-C）。

（1）检测方法：颗粒增强散射免疫比浊法。

（2）参考区间：0.59~1.03mg/L。

（3）临床意义：胱抑素的排出只受肾小球滤过率的影响，而不受其他因素的干扰。胱抑素用于早期损伤评价、血液透析患者肾功能改变、透析膜的充分性与其清除低分子量蛋白质的功能评估及肿瘤化疗中肾功能的监测。

（三）心肌损伤标志物

1. 肌钙蛋白T（cTnT）和肌钙蛋白I（cTnI）。

（1）检测方法：乳胶增强投射比浊法测定。

（2）参考区间：cTnT<0.1μg/L，cTnI<0.03μg/L。

（3）临床意义：cTnT和cTnI对心肌损伤具有很高的敏感性和特异性，已成为首选的心肌损伤标志物。对不稳定心绞痛病人监测可以发现一些轻度和小范围心肌损伤。还可用于评估溶栓疗法的成功与否，观察冠状动脉是否复通（双峰的出现）。cTnT与CK-MB均常用于判断急性心肌梗死大小。

2. 肌红蛋白（Mb）。

（1）检测方法：乳胶增强投射比浊法测定。

（2）参考区间：<90μg/L。

（3）临床意义：Mb是AMI发生后出现最早的可检测的标志物。当肌细胞受损时，肌红蛋白很快释放到血液中。测定血清肌红蛋白可作为急性心肌梗死（AMI）诊断的早期最灵敏的指标。但特异性差，骨骼肌损伤、创伤、肾功能衰竭等疾病，都可导致其升高。Mb阳性虽不能确诊AMI，但可用于早期排除AMI诊断的重要指标，如Mb阴性，则基本排除心肌梗死，还可用于再梗死的诊断，结合临床，如Mb重新升高，应考虑为再梗死或者梗死延展。

3. 肌酸激酶（CK）及其同工酶（CK-MB）。

（1）检测方法：酶偶联速率法。

（2）参考区间：CK：男性38~174U/L，女性26~140U/L；CK-MB：0~25U/L。

（3）临床意义：血清CK及同工酶CK-MB测定主要用于心肌损伤相关疾病的辅助诊断。正常血清和心脏以外的组织中，CK-MB的浓度较低，这是CK-MB作为心肌损伤诊断标志物被广泛应用的基础。心肌损伤时，CK-MB立刻被释放入血液循环，并在12~24h内达到高峰，于48~72h内恢复至正常水平。

4. 乳酸脱氢酶（LDH）。

（1）检测方法：酶偶联速率法。

（2）参考区间：100~240U/L。

（3）临床意义：LDH分布广泛，因此血清LDH升高可见于众多临床情况，如心肌梗死、肝炎、溶血、肿瘤及肾、肺脏等的多种疾患。

5. α-羟丁酸脱氢酶（α-HBDH）。

（1）检测方法：酶偶联速率法。

（2）参考区间：72~182U/L。

（3）临床意义：α-HBDH是LDH同工酶的一种，在心脏分布较多，故心脏疾病时α-HBDH升高。

（四）血脂测定

1. 总胆固醇（TC）。

（1）检测方法：酶法（COD-PAP法）。

（2）参考区间：合适水平：< 5.18mmol/L，边缘性升高：5.18~6.19mmol/L。

升高：> 6.22mmol/L。

（3）临床意义：TC是反应脂类代谢的重要指标。高TC血症是冠心病的主要危险因素。TC升高多见于家族性胆固醇血症、混合性高脂蛋白血症、肾病综合征、糖尿病等。TC降低可见于家族性的无或低β脂蛋白血症、营养不良、慢性消耗性疾病等。

2. 甘油三酯（TG）。

（1）检测方法：酶法（COD-PAP法）。

（2）参考区间：合适水平：< 1.7mmol/L，边缘增高：1.7~2.25mmol/L。

升高：> 2.26mmol/L。

（3）临床意义：TG也是反应脂类代谢的重要指标。TG升高多见于家族性胆固醇血症、混合性高脂蛋白血症、肾病综合征、糖尿病等。TG降低可见于家族性的无或低β脂蛋白血症、营养不良、慢性消耗性疾病等。

3. 高密度脂蛋白（HDL）。

（1）检测方法：均相法直接测定。

（2）参考区间：> 1.04mmol/L。

（3）临床意义：HDL与冠心病呈负相关，HDL < 0.9mmol/L是冠心病发生的危险因素。HDL降低还可见于心、脑血管疾病、肝炎、肝硬化等疾病。

4. 低密度脂蛋白（LDL）。

（1）检测方法：均相法直接测定和间接计算法。

（2）参考区间：合适水平：<3.37mmol/L，边缘性升高：3.37~4.12mmol/L。

升高：>4.14mmol/L。

（3）临床意义：LDL增高见于高胆固醇血症、高脂蛋白血症、急性心肌梗死、冠心病、肾病综合征等。LDL降低见于营养不良、慢性贫血、骨髓瘤和严重肝病等。此外，LDL水平与缺血性心脏病发生相对危险及绝对危险上升趋势及程度等有关。

（五）血清葡萄糖（GLU）

（1）检测方法：己糖激酶法和葡萄氧化酶法。

（2）参考区间：空腹血糖：3.9~6.1mmol/L，随机血糖：≤7.8mmol/L。

肾糖阈：8.9mmol/L血糖高于此值出现糖尿。

（3）临床意义：临床上常用来辅助诊断糖代谢紊乱，特别是糖尿病的常用检测指标。

（六）口服葡萄糖耐量试验（OGTT）

（1）检测方法：己糖激酶法和葡萄氧化酶法。

（2）参考区间：空腹血糖（FPG）：3.9~6.1mmol/L。

服糖30~60min血糖达高峰，峰值<11.1mmol/L。

2h血糖（2hPG）<7.8mmol/L。

3h血糖恢复至空腹水平。

（3）OGTT结果判读：

糖耐量正常FPG<6.1mmol/L，2h<7.8mmol/L；

空腹血糖受损FPG 6.1~7.0mmol/L，2h<7.8mmol/L；

葡萄糖耐量减低FPG<7.0mmol/L，2h 7.8~11.1mmol/L；

糖尿病性糖耐量FPG≥7.0mmol/L，2h≥11.1mmol/L。

（4）临床意义：OGTT是一种葡萄糖负荷试验，用于检查胰岛素B细胞的功能和机体对糖的调节能力。当空腹血糖浓度在6~7mmol/L之间而又怀疑为糖尿病时，做此试验可以帮助明确诊断。

（七）淀粉酶（AMY）

（1）检测方法：连续检测法、碘-淀粉比色法。

（2）参考区间：血AMY≤220U/L，尿AMY≤1200U/L。

（3）临床意义：血清AMY和尿AMY测定是胰腺疾病最常用的实验室诊断方法。急性胰腺炎时血和尿AMY显著升高，发病早期检测血清AMY（血AMY>500U/L），后期尿AMY更有价值。急性腮腺炎时血和尿AMY显著升高。急性阑尾炎、肠梗阻、胰腺癌、胆石症等血清AMY升高，一般<500U/L，肝炎、肝硬化、肝癌及急慢性胆囊炎时血清和尿液AMY均降低，但肾功能严重障碍时，血AMY升高，而尿AMY降低。

五、常用免疫学检测及检验正常值

（一）甲型肝炎病毒（HAV）免疫检测

HAV是甲型肝炎的病原，检测血清或血浆中的HAV抗体是诊断HAV感染的主要手段。其特异性指标包括抗-HAV的IgM类抗体（抗-HAVIgM）、IgG类抗体（抗-HAV IgG）或抗-HAV总抗体。

1. 抗-HAV IgM检测

（1）检测方法：酶联免疫法（ELISA）、捕获法或化学发光法（CLIA）。

（2）参考区间：未感染HAV健康人群抗-HAV IgM为阴性。

（3）临床意义：人感染HAV后，血液中首先出现抗-HAV IgM。因此，抗-HAV IgM是诊断甲型肝炎早期感染的指标。

2. 抗-HAV IgG检测

（1）检测方法：酶联免疫法（ELISA），包括间接法、竞争法和捕获法、化学发光法（CLIA）。

（2）参考区间：无既往感染或HAV疫苗接种史者，呈阴性反应。如定量检测抗-HAV IgG，样本浓度低于20mIU/ml时为无反应性。

（3）临床意义：人感染HAV后，血液中出现抗-HAV IgG迟于抗-HAV IgM，一般在急性感染后3~12周出现，持续时间较长，可终身存在。因此，抗-HAV IgG可作为人群HAV既往感染的一个指标。

（二）乙型肝炎病毒（HBV）免疫检测

乙型肝炎是中国乃至全世界最主要的传染病之一，HBV存在于患者的血液及各种体液（汗液、唾液、乳汁、泪液、阴道分泌物等）中，传播途径为血液、性接触、日常生活密切接触和母-婴垂直传播。HBV的免疫检测指标主要包括：乙肝表面抗原（HBsAg）、乙肝表面抗体（HBsAb）、乙肝e抗原（HBeAg）、乙肝e抗体（HBeAb）、乙肝核心抗体（HBcAb）。

1. HBsAg检测。

（1）检测方法：主要有ELISA法、CLIA法、免疫渗滤层析（胶体金试纸条）。

（2）参考区间：健康人血液中不存在HBsAg，检测值应为阴性或低于检测下限。

（3）临床意义：HBsAg可作为乙型肝炎早期诊断的指标，与其他标志物联合检测可诊断HBsAg携带者、急性乙型肝炎潜伏期、急性和慢性肝炎患者。HBsAg阴性不能完全排除HBV感染。

2. HBsAb检测。

（1）检测方法：主要有ELISA法、CLIA法、免疫渗滤层析（胶体金试纸条）。

（2）参考区间：未曾感染或未接种过乙肝疫苗的人群呈阴性反应。乙型肝炎感染恢复期或接种乙肝疫苗后呈阳性反应。定量检测标准≥10mIU/ml，表明机体具有免疫力；当检测结果在8~10mIU/ml时建议进行复测，以确定患者的免疫状态；如果检测值＜10mIU/ml，则表明其有既往感染或接种疫苗没有达到免疫效果。

（3）临床意义：HBsAb是机体感染或接种乙肝疫苗有效的标志。

3. HBeAg检测。

（1）检测方法：主要有ELISA法、CLIA法、免疫渗滤层析（胶体金试纸条）。

（2）参考区间：正常未感染HBV者，血液中不存在HBeAg，为阴性。

（3）临床意义：HBeAg是病毒活跃复制的标志，在抗病毒治疗过程中其浓度降低或转阴，表明治疗有效。

4. HBeAb检测。

（1）检测方法：主要有ELISA法和CLIA法。

（2）参考区间：未感染过HBV的正常人，HBeAb为阴性。

（3）临床意义：HBeAb多出现于急性肝炎恢复期的患者，也可出现于慢性乙型肝炎、肝硬化等患者中，并可长期存在。

5. HBcAb检测。

（1）检测方法：主要有ELISA法和CLIA法。

（2）参考区间：未感染过HBV的正常人，HBcAb为阴性。

（3）临床意义：HBcAb在乙型肝炎急性感染、慢性感染中均会出现，而且持续时间长，单独分析其检测结果意义不大，应结合其他血清标志物结果综合分析（见表2-5）。

表2-5　HBV血清学标志物的临床意义

血清学标志物								临床意义
HBsAg	抗-HBs	HBeAg	抗-HBe	抗-HBc IgG		抗-HBc IgM		
+	−	−	−	−		−		急性乙肝潜伏期后期、携带者
+	−	+	−	−		−		急性乙肝早期或潜伏期
+	−	+/−	−	−		+		急性乙肝早期
+	−	+	−	+		+		急性乙肝后期
+	−	−	+	+		−		急性HBV感染趋于恢复、慢性乙肝携带者
+	−	−	−	+		−		急慢性、无或低度HBV复制性
−	+	−	+	+		−		急性乙肝恢复期、既往感染
−	+	−	−	+		−		乙肝恢复期、既往感染
−	−	−	−	+		−		既往感染HBV、HBV急性感染恢复期
−	−	−	−	−		−		恢复后期，表明HBV既往感染
−	+	−	−	−		−		成功接种疫苗，具有免疫力

（三）丙型肝炎病毒（HCV）免疫检测

（1）检测方法：主要有ELISA法、CLIA法、免疫渗滤层析（胶体金试纸条）。

（2）参考范围：阴性。

（3）临床意义：辅助诊断急性或慢性HCV感染。

（四）抗梅毒螺旋体（TP）抗体测定

（1）检测方法：主要有ELISA法、CLIA法、免疫渗滤层析（胶体金试纸条）。

（2）参考范围：阴性。

（3）临床意义：如结果为阳性，说明有梅毒抗体，曾经受到梅毒的感染；结果为阴性说明不含梅毒抗体；如果出现临界结果，说明梅毒抗体水平低，处于梅毒早期阶段，或者是预后残留有抗体，并应进一步检查。

（五）梅毒快速血浆反应素试验（RPR）

（1）检测方法：主要有环状卡片凝集试验。

（2）参考范围：阴性。

（3）临床意义：非梅毒螺旋体抗原血清试验，是梅毒常用检查方法之一。目前一般作为筛选和定量试验，观察疗效，复发及再感染。

（六）抗人免疫缺陷病毒（HIV）抗体检测

（1）检测方法：主要有ELISA法、CLIA法、免疫渗滤层析（胶体金试纸条）。

（2）参考范围：阴性。

（3）临床意义：在血清中HIV抗体的存在，表明可能有人类免疫缺陷病毒感染。

第二节　心电图检查

一、心电图概念

心肌在心脏机械收缩前先发生电激动，使体表不同部位发生电位差。心电图是利用心电图机记录身体表面变动的心电活动，结合临床资料，给予适当解释，以辅助临床诊断的一门学科。

二、心电图机操作

（一）准备工作

1. 检查前，告之受检者心电图为无创检查，消除紧张情绪。

2. 室内保持温暖，受检者静卧数分钟，使全身肌肉松弛，避免肌电干扰。

3. 受检者常规采取卧位，宜用木床，身体避免接触其他任何金属导电体，以免干扰。

（二）操作程序

1. 接好地线，打开电源开关。定准电压设定为1mm，走纸速度设定为25mm。

2. 导联连接：

肢导联—右上肢（RA/R）：红；

左上肢（LA/L）：黄；

右下肢（RL/RF）：黑；

左下肢（LL/LF）：绿；

胸导联—（红）C_1/V_1：胸骨右缘第4肋间；

（黄）C_2/V_2：胸骨左缘第4肋间；

（绿）C_3/V_3：V_2、V_4连线中点；

（棕）C_4/V_4：左锁骨中线与第5肋间交点；

（黑）C_5/V_5：左腋前线同V_4水平处；

（紫）C_6/V_6：左腋中线同V_4水平处。

（三）按导联顺序依次记录I、II、III、aVR、aVL、aVF、V_1、V_2、V_3、V_4、V_5、V_6十二导联心电图。节律整齐时记录3~4个心电搏动，若有心律失常应加长时间描记。心肌梗死患者需加做V_3R、V_4R、V_5R右胸导联及V_7、V_8、V_9背部导联。

（四）出图后核对导联是否完整、有无干扰伪差等，并在心电图上标好导联名称及受检查者姓名、性别、年龄和检查时间等信息。

三、心电图分析方法

（一）心电图正常值

1. 心电图纸上的每个小方格，横格为0.04s，纵格为0.lmV。

2. 心率：窦性心律正常为60~100bpm，超过100bpm为窦性心动过速，低于60bpm为窦性心动过缓。

3. 心律：健康人绝大多数为正常窦性心律，偶有早搏等也属正常。

（二）分析方法

1. 检查心电图描记质量是否完好，有无遗漏伪差，了解受检者一般情况及临床诊断等。

2. 测量心电图各导联波段、波形，观察形态特点。

（1）测量P-R间期、QRS波时限、Q-T间期、心电轴，选择P-P或R-R间隔确定心率。

（2）依据P波形态，确定基本心律是窦性或异位。测量P波振幅及时限，是否高尖、双峰等。

（3）测量R-R间期是否相等，描述QSR波群形态（如qR、Rs、rS等型）及是否有切迹、顿挫等。观察各导联电压是否正常。

（4）分析S-T段形态（如上斜型、下斜型、水平形等）及抬高压低幅度（mV），观察T波形态，如直立、倒置、低平或双向。

（三）书写报告

常规包括三方面：①窦性心律或异位心律；②心电轴偏移度数；③心电图结论一般分为四类，即正常心电图、大致正常心电图、可疑心电图、异常心电图。

例如：

1. 窦性心律

心电轴不偏（+52°）

正常心电图

2. 窦性心律

心电轴不偏（+36°）

窦性心动过速（110次/分）

大致正常心电图

3. 异位心律

心电轴右偏（+102°）

心房颤动

异常心电图

四、心电图各波段临床意义

心电图对各种心律失常诊断具有肯定价值，心电图特征性演变是诊断心肌梗死的可靠实用方法。心肌受损、供血不足、药物和电解质紊乱都可引起心电图的不同变化，有助于诊断。心电图各波段意义如下：

P波：代表左右心房除极的电位变化，正常人P波顶部圆滑。P波的振幅和宽度超过正常范围常表示心房肥大。若P波在aVR导联直立，Ⅱ、Ⅲ、aVF导联倒置者称为逆型P波，为房性心律（异位心律）。

P-R间期：从P波的起点至QRS波群的起点，代表心房开始除极至心室开始除极的时间，正常成年人为0.12~0.20s。P-R间期延长常提示房室传导阻滞等。

QRS波群：代表两心室除极的电位变化。Q波是QRS波群中第一个向下的波，R波是此波群第一个向上的波，S波是随着R波之后向下的波，QRS波群正常值为0.06~0.10s，最宽不超过0.11s。QRS波群振幅异常升高与心室肥厚有关，QRS波群时限延长常见于心室内传导阻滞等。QRS波低电压，常见于肺气肿、心包积液、水肿、心肌损害等。异常Q波常见于心肌梗死等。

J点：QRS波群的终末与ST段起始的交接点。J点抬高可形成J波。高大J波临床可见于J波综合征、神经系统疾病、低温、高钙血症等。

S-T段：超过正常范围的S-T段下移常见于心肌缺血或劳损，S-T段上抬见于急性心梗、急性渗出性心包炎、变异性心绞痛等。

T波：T波低平或倒置，常见于心肌缺血、低血钾等。T波明显倒置且两支对称，顶端居中（冠状T波）见于急性心梗、慢性冠状动脉供血不足、左室肥大等。T波显著增高可见于心梗超急性期、高血钾等。

Q-T间期：Q-T间期延长见于心动过缓、心肌损害、心脏肥大、心力衰竭、低血钙、低血钾、冠心病、Q-T间期延长综合征、药物作用等。Q-T间期缩短见于高血钙、洋地黄作用、应用肾上腺素等。

U波：U波明显增高常见于低血钾，甲亢和服用洋地黄等。U波倒置见于冠心病或运动测验时，U波增大常伴有心室肌应激性增高，易诱发室性心律失常。

五、心电危急值项目

（一）心脏停搏

（二）急性心肌缺血、损伤、梗死

（三）恶性心律失常

1. 心室扑动、颤动。

2. 室速。

3. 多源性、RonT型室性早搏。

4. 频发室早并Q-T间期延长。

5. 预激综合征伴心室率大于180次/分的心动过速（室上速）。

6. 快速心室率的房颤。

7. 二度Ⅱ型及以上的房室传导阻滞。

8. 心室率小于40次/分的心动过缓。

第三节　普通X线检查

一、大叶性肺炎

（一）充血期

仅仅显示肺纹理增多，肺透明度减低。

（二）**红色肝样变和灰色肝样变期实变期**

表现为密度均匀的致密影。不同肺叶和肺段受累时病变形态不一，累及的肺段表现为片状或者是三角形致密影。累及整个肺叶则呈现以叶间裂为界的大片状致密影。实变影中常可见透亮的支气管影，即"空气支气管症"。

（三）**消散期**

识别区域密度逐渐减低。表现为大小不等，分布不均的片状影，炎症最终可以完全吸，或仅仅留少量的索条影，偶尔可演变为机化性肺炎。（图2-1）

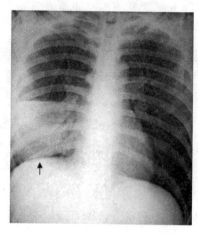

图2-1

二、小叶性肺炎，又称支气管肺炎

病变多位于两肺中下野的内中带，沿肺纹理分布。表现为多发、散在斑片状影，边缘模糊不清。密度不均匀，并可融合成较大的片状影，支气管壁充血水肿，引起肺纹理增多模糊。（图2-2）

三、肺脓肿

病灶可单发或多发。多发者常见于血源性肺脓肿。早期肺内有致密的团状影，随后形成厚壁空洞，内壁光整。底部可见气液平面。①急性肺脓肿。由于脓肿周围存在炎性浸润，空洞壁周围常见模糊的渗出影。②慢性肺脓肿。脓肿周围炎性浸润吸收减少，空洞壁变薄。腔缩小，周围有较多紊乱的条索状纤维病灶。（图2-3）

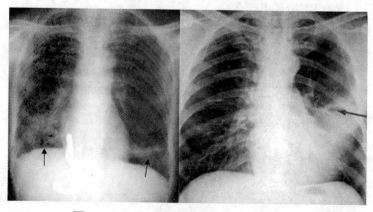

图2-2   图2-3

四、肺结核

（一）原发型肺结核

包括原发综合征和胸内淋巴结核。X线：原发综合征典型呈"哑铃状"表现，包括：①原发浸润灶。邻近胸膜处的肺内原发病灶多位于中上肺野，呈圆形，类圆形或局限性斑片影。②淋巴管炎。为自原发病灶向肺门走形的不规则条索状影。③肺门、纵隔淋巴结增大。表现为肺门影增大或纵隔淋巴结增大，并向肺野内突出。（图2-4）

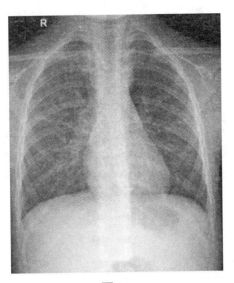

图2-4

（二）血行播散型肺结核

急性血行播散型肺结核又称为粟粒型肺结核。X线：表现为两肺弥漫分布的粟粒状影。粟粒大小为1~3mm，边缘较清晰。典型表现为三均匀：即分布均匀、大小均匀和密度均匀。

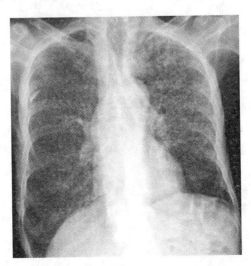

图2-5

（三）继发型肺结核

1. 浸润型肺结核：①局限性斑片影。多见于上叶尖段、下叶背段。②大叶性干酪性肺炎。大片致密影，其内见虫蚀状空洞，边缘模糊。③增殖性病变。呈斑点状影，边缘较清晰。④结核球。为圆形、椭圆形影，大小不等，多为2~3cm大小，边缘清晰，轮廓光滑，内部可有钙化灶。⑤结核性空洞。空洞壁薄。壁比较光滑，周围有不同性质的卫星灶。（图2-6）

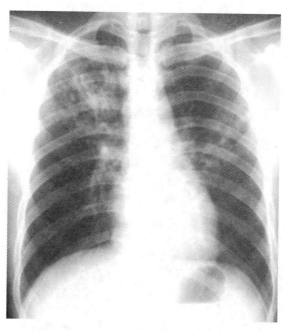

图2-6

2. 纤维空洞型肺结核：①纤维空洞；②空洞周围纤维化、钙化；③肺叶变形；④代偿性肺气肿；⑤胸膜肥厚粘连，纵隔移位。（图2-7）

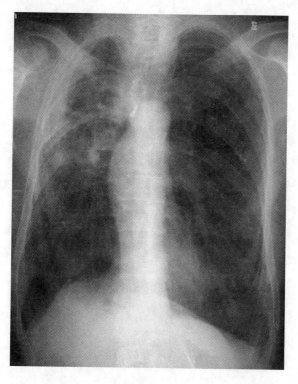

图2-7

五、胸腔积液

少量胸腔积液，胸部X线仅见肋膈角变钝；积液增多时，显示向外、向上的弧形上缘积液；大量积液时患侧胸部有致密阴影，气管和纵隔推向健侧。（图2-8）

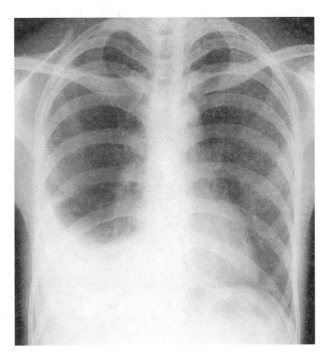

图2-8

六、食道静脉曲张

早期好发于食管下段黏膜皱襞，略增宽或略迂曲→食管中下段黏膜皱襞明显增宽、迂曲，呈蚯蚓状、串珠状充盈缺损，管壁呈锯齿状。钡剂排空延迟。食管壁柔软并伸缩自如，是与食管癌的重要鉴别点。

七、胃溃疡

（一）直接征象

龛影，多位于小弯侧，切线位突出于胃轮廓之外，口呈火山口状，边缘光滑整齐，底部平整。龛影口有一圈透明带（黏膜水肿造成的），是良性溃疡的特征。依其范围有不同表现：①黏膜线（龛影口部一条宽1~2mm的光滑整齐的透明线），项圈征（龛影口部5~10mm的透明带，如一个项圈），狭颈征（龛影口部明显缩小，使龛影犹如具有一个狭长的颈）。慢性溃疡瘢痕收缩，使黏膜皱襞均匀纠集，犹如车辐状向龛影口部集中，是良性溃疡的特征。

（二）间接征象

胃溃疡引起的瘢痕性改变可造成胃的变形和狭窄、幽门狭窄或梗阻。（图2-9）

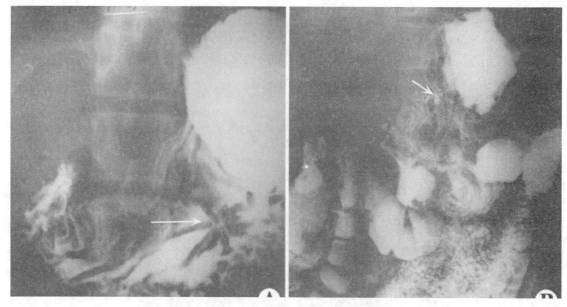

图 2-9

八、十二指肠溃疡

（一）90%发生在球部

直接征象是龛影。但更常见的是球部溃疡本身常不显示，常表现为球部变形（可呈山字形、三叶形、葫芦形），溃疡愈合后变形继续存在。（图 2-10）

（二）间接征象

①激惹症（钡剂不易停留，迅速排出）；②球部痉挛，开放延迟；③造影检查时，球部有固定压痛。（图 2-11）

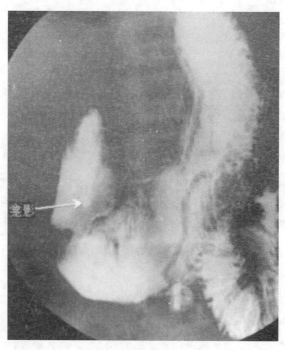

图 2-10

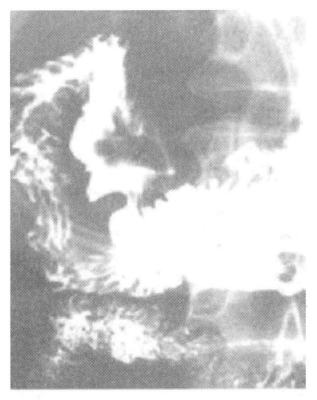

图2-11

九、肠梗阻

近段肠曲胀气扩大，肠管内有高低不等的阶梯状气液面。（图2-12）

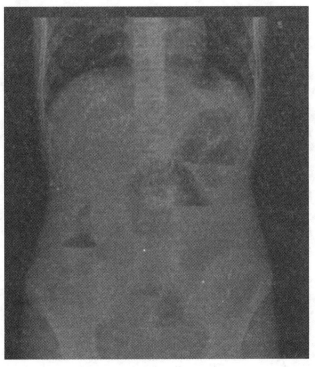

图2-12

十、胃肠道穿孔

气腹（膈下游离气体）；腹液；胁腹线模糊、消失。（图2-13）

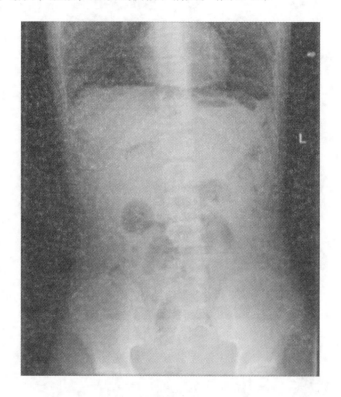

图2-13

十一、肾结石

肾区见圆形、椭圆形或鹿角形，高密度影，大小不等，边界清晰。（图2-14）

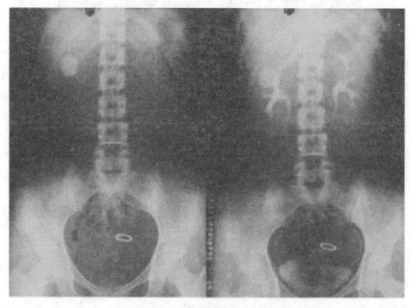

图2-14

十二、输尿管结石

输尿管移行区见椭圆形高密度影，边界清晰，左侧肾盂积水。（图2-15）

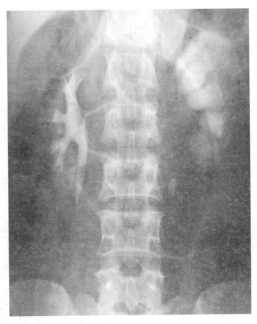

图2-15

十三、Colles骨折

是指桡骨下端的骨松质骨折。骨折发生在桡骨下端2～3cm范围内的骨松质部位，骨折多为粉碎型，断端向侧移位，向掌侧成角畸形，关节面可被破坏。（图2-16）

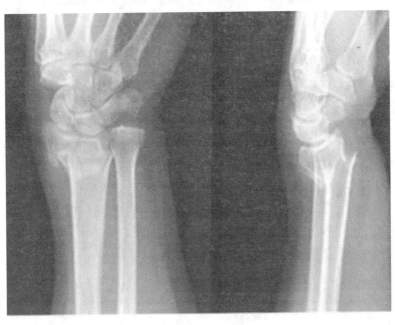

图2-16

十四、股骨颈骨折

股骨颈见横行透光线，骨质断裂，骨皮质及骨纹理不连续。(图2-17)

十五、股骨头缺血性坏死

股骨头变形，塌陷，骨小梁破坏，股骨头内密度不均匀，见不规则状透光区，髋关节间隙变窄，密度增高，关节面不光整。(图2-18)

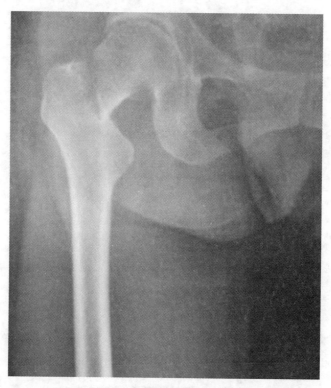

图2-17

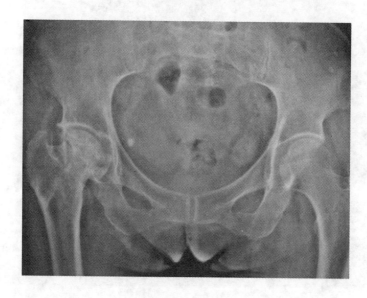

图2-18

十六、腰椎压缩性骨折

腰椎椎体压缩变扁，呈楔形改变，或爆裂状。（图2-19）

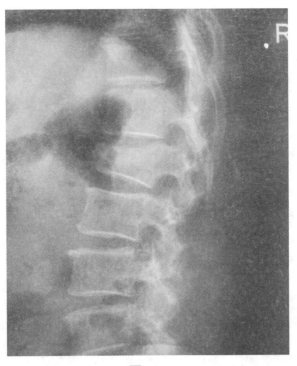

图2-19

十七、青枝骨折

多发生在青少年，外伤后骨质及骨膜出现皱褶或者出现部分断裂，常伴有弯曲畸形或成交角。（图2-20）

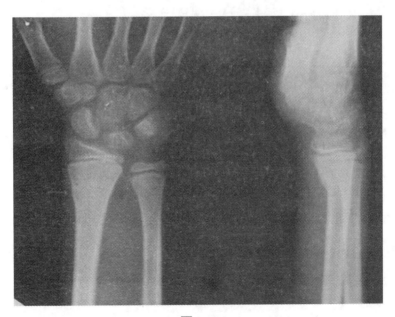

图2-20

十八、肘关节后脱位

肘关节对合关系失常，远端滑脱向后方移位。（图2-21）

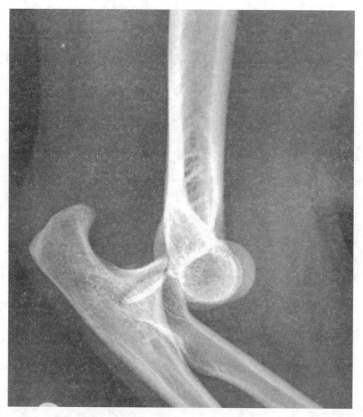

图2-21

第四节　超声诊断

声波是由物体（声源）振动产生的一种机械波，每秒振动的次数称为频率，人耳可闻声波的频率范围为16Hz至20kHz，超过人耳听觉阈值即频率大于20kHz的声波为超声波，而频率小于16Hz的声波为次声波。

超声诊断的频率为1~40MHz。根据检查的部位不同，选择的频率也不同。例如：心脏应用2.0~2.5MHz；腹部应用3.5~5.0MHz：浅表器官应用7.5~15.0MHz。频率低的超声探测深度深，分辨力低；频率高超的声探测深度浅，分辨率高。

一、肝脏疾病的超声诊断

1. 正常肝脏的超声表现和正常值范围

检查前患者必须禁食8h以上。

正常肝脏声像图表现：上腹部纵断面扫查肝脏呈三角形；横断面或肋缘下斜断面时，显示以肝门为中心的类扇形。正常肝脏轮廓光滑、整齐。肝实质呈中等的微小点状回声，分布均匀。一般肝实质回声比肾实质稍强，较胰腺稍低。门静脉沿肝脏长轴走行，由肠系膜上静脉和脾静脉汇合形成，近第一肝门处增粗，在肝左叶内呈"工"字形分布。肝内门静脉管壁回声较强，壁较厚，可显示至三级分支。彩色多普勒超声（CDFI）检查，门静脉血流一般为红色入肝流向，呈持续性平稳频谱，随呼吸略有波动。胆管伴行于门静脉左、右支腹侧。肝内管道结构呈树状分布，肝内胆管与门静脉平行伴行，管径较细，约为门静脉内径的1/3。肝静脉管壁回声弱，壁薄，可显示1~2级分支，为蓝色出肝血流，汇入下腔静脉。CDFI检查，肝静脉呈三相波型频谱。位于肝门处的肝动脉常能显示，穿行于门静脉和胆管之间。肝动脉呈高速、高阻动脉频谱。

正常肝脏大小，存在个体差异，临床常用的几个测量值为：（1）肝右叶最大斜径取肝右静脉入下腔静脉的切面，肝前后缘之间最大垂直距离，正常值为12~14cm。（2）肝左叶厚度和长度通过腹主动脉长轴的左肝矢状断面，测量肝左叶前后缘间距离为厚度，正常肝厚度5~6cm，肝膈缘至下缘间距离为长度。正常肝长度为7~9cm。（3）肝右叶厚度取有锁骨中线矢状断面，测量肝脏前后间的垂直距离，正常值为10~12cm。（4）门静脉主干内径不超过1.4cm，右支内径0.6~1.2cm；左支内径0.8~1.3cm，肝静脉内径不超过l.0cm。左、右肝管直径0.3~0.4cm，分支直径小于0.1cm。

2. 肝脏疾病的超声表现。

（1）肝脏囊性病变

肝囊肿：囊肿表现为肝内圆形或椭圆形无回声区，大小差别很大，囊壁薄而光滑，后方回声明显增强，常伴有侧方声影，可单发或多发。囊肿合并出血感染时，囊内可出现弥漫性点状低回声，偶见沉渣及分层现象，囊壁增厚，模糊不清。较大囊肿邻近处的肝内胆管可受压扭曲、移位等改变。

多囊肝：肝脏弥漫性增大，形态失常，表面不规则。肝内散在或密集分布大小不等的规则或不规则无回声区，内径数毫米至数厘米不等。囊肿间隔一般较薄。严重正常肝脏组织明显减少。肝内管道结构紊乱不清，约50%多囊肝合并多囊肾。肝内多发囊肿，同时有多囊肾，并有家族史，单纯性肝囊肿一般不超过10个，囊肿之间肝组织正常，肝脏形态一般无变化，多囊肝多合并多囊肾，后期肝脏功能常常不正常。

肝脏脓肿：肝脓肿随病程长短不同，声像图表现亦不一。病程初期，病变呈不均匀性低至中等回声，与肝组织间边界模糊，此时声像图极似肝脏恶性肿瘤。随病程进展，病变出现坏死液化，表现为肝实质内低回声至无回声区，呈"蜂窝"状结构，周围可显示较宽的环形低回声带，代表炎性反应区，内壁常不光滑。囊内无回声区可见稀疏均匀低回声，也可有条状纤维组织形成分隔，愈合后局部为不规则强回声。可同时伴有肝脏局部增大，膈肌运动受限及胸腔积液。

（2）肝脏弥漫性病变

脂肪肝：肝脏不同程度增大，边缘可圆钝；肝内回声增强，密集呈"云雾"状改变；后方回声衰减；肝内管道分布显示不清。重度脂肪肝表现为肝内管道结构及远场肝包膜甚至不能显示。局灶浸润型脂肪肝表现为局部呈相对强回声或强回声，边缘清楚，但不规则，有时强回声占据肝的一段或一叶。弥漫性非均匀性脂肪肝的脂肪浸润，占肝实质的大部分，呈强回声，边缘不规整，其间夹杂相对低回声的正常肝组织。根据典型的声像图，可以对脂肪肝做出正确诊断。对不同病因引起的脂肪肝，比较难以做出鉴别。对非均匀性脂肪肝，肝内出现低回声区，需与肝癌进行鉴别。前者低回声无包膜，无球体感；肝癌的低回声肿块，有包膜，且有球体感。

肝炎：按其病程长短不同分为急性肝炎和慢性肝炎。①急性肝炎声像图肝脏肿大，各径线测值增大，形态饱满，边缘钝。肝炎早期由于肝细胞变性、坏死、胞浆水分过多，加之汇管区炎性细胞浸润、水肿，肝实质回声明显低于正常，常有黑色肝脏之称。肝内血管可呈正常表现。②慢性肝炎声像图随病变程度不同而有变化。轻度慢性肝炎，肝脏声像图可能无异常发现或仅有肝实质回声稍增强、增粗表现；中度慢性肝炎，肝实质回声增强、增粗，分布欠均匀，肝内血管可呈正常表现，亦有肝静脉内径变细改变；重度慢性肝炎，肝实质回声明显增强、增粗，分布不均匀，肝静脉内径变细，有僵直感。

（3）肝硬化：肝硬化早期，除肝脏增大以外，内部回声常与慢性肝脏疾病表现类似，难以区分。肝脏萎缩，肝尾状叶增大，尾状叶与肝左叶前后径比值大于0.5时，对于肝硬化诊断有一定特异性；肝包膜不平整，呈"锯齿"状或"凹凸"状，有结节感。肝实质回声因肝内病变程度不同，有几种变化：①回声增强，分布不均；②呈密度分布不一的短小粗线状强回声；③肝内呈网状增强回声，网格回声细而整齐，围绕不规则的低回声区。有时肝内出现低回声结节，大小为5~10mm，边界整齐，为肝硬化增生结节。肝静脉内径明显变细，走行迂曲。肝内门静脉尤其是门静脉右支内径变细，肝外门静脉内径相对增宽，肝动脉内径增宽，肝内肝动脉较正常易于显示。肝脏质地变硬时，CDFI检查显示：肝静脉呈迂曲，粗细不一的彩色血流，门静脉呈淡色低速血流或双向血流。当门静脉内有血栓形成时，在血栓处出现彩色血流充盈缺损区，肝动脉呈搏动性条状花色血流。脐静脉可开放，脐静脉位于肝圆韧带内。门静脉高压时，肝圆韧带内出现管状低回声，自门静脉分支延向腹壁，形成门静脉开放。

（4）肝脏占位性病变

肝血管瘤：单发较多见，也可多发。肝脏外形多无改变，当病变较大位于肝脏表面处，轮廓可稍有突起。瘤体可呈强回声、低回声和混合回声，以强回声最多见。直径小于2cm的血管瘤多呈圆形或椭圆形的致密强回声，边界清晰，犹如浮雕；血管瘤直径达2~4cm时，强回声内部可见筛网状无回声；大于4cm血管瘤多为混合回声，内部可见管道状结构。低回声血管瘤少见，周边强回声带是特征性表现。CDFI显示周边很少有血管绕行和血管压迫，内部血流显示率小于30%，其流速较低。如病变位于剑突下时，探头稍加压，有一定的可塑性，常可观察到病变区前后径缩小，去除压力后又恢复原来图像。超声诊断肝血管瘤，因其敏感性和特异性均较高而为诊断该病的首选影像学方法，它能准确地指出肝内血管瘤的位置、数目及大小。

原发性肝癌：早期病变较小时，肝脏形态无明显改变。随病变增大，肝脏可有局限性增大，呈不规则形。根据大体病理通常分为三型：①巨块型直径一般在5cm以上，呈圆形、椭圆形或分叶状，周边可有声晕，与肝实质分界清晰。肿块呈不均匀强声中心可有无回声区。②结节型单个或多个结节，圆形或椭圆形，直径2~5cm，边界清晰整齐，多呈强回声，少数呈等回声或不均匀中低回声。③弥漫型大量小结节弥漫分布，肝脏形态失常，肝内正常结构紊乱，不易与结节型肝硬化鉴别。肝内门静脉管壁显示不清或管腔内可见实性癌栓是其重要特征。继发声像图表现为：肝脏肿大，形态失常；较大原发病灶周围散在结节状回声，直径多在0.5~1.5cm，多呈低回声，有时亦可呈高回声；病灶附近血管绕行、抬高、受压和中断；门静脉、肝静脉、下腔静脉内出现癌栓；胆管系统受压，受压处以上肝内胆管扩张。可帮助确诊肝癌存在，超声对肿瘤进行确切定位及对临床分期有一定的帮助。

肝转移癌：病变较小时，肝脏形态无明显变化；病变较大时，肝脏呈局限性增大，融合成巨块的转移性肝癌病灶，肝脏可失去正常形态。原发病灶不同，肝转移癌的回声亦有不同，表现为无回声、高回声、低回声或混合回声。确诊原发于肝外的恶性肿瘤患者是否有肝内转移，可对肿瘤临床分期和治疗，有一定帮助。

二、胆道系统超声波检查

（一）正常胆道系统声像图表现和正常值范围

胆道系统是肝脏分泌的胆汁排入十二指肠的通道结构，由胆管和胆囊组成，胆管分为肝内和肝外胆管两部分，

检查前一天晚上进清淡食物，禁食8h以上，让胆囊充盈，便于检查。超声检查应安排在胃肠及胆道X线造影之前或钡餐检查3d之后进行。

胆囊正常呈椭圆形或梨形，壁光滑、整齐，长径不超过9cm。横径约<4cm，囊壁厚2~3mm，内部呈均质无回声区。正常胆囊的位置及形态变异较大，有的有皱褶或呈"螺旋"状，只要大小、结构、回声均在正常范围内，又无临床症状，仍属于正常，又称正常变异。胆总管内径正常为4~6mm，老年人可以达8mm。

左右肝管为无回声管状结构，管壁呈线状高回声，且位于门静脉左右支前方，二级以上的肝胆管分支，一般难以清晰显示。

肝外胆管分为上、下两段，胆囊管以上称肝总管，胆囊管以下称胆总管，与门脉平行形成双管结构。下段与下腔静脉伴行，并向胰头背外侧延伸。正常肝外胆管超声测值：内径4~6mm，12岁以下小儿的内径为2~3mm，老年人肝外胆管内径可以略大，达8mm。

（二）胆道系统疾病超声表现

1. 胆囊肿大：胆囊前后径超过4cm，长径超过9cm时，应考虑胆囊肿大。

首先排除过度禁食，然后再考虑病理的原因。急性胆囊炎时，声像图显示胆囊壁明显增厚、不光滑，呈双边或多边表现。如为胆总管、胰头或壶腹区肿瘤，以及肿大淋巴结压迫所造成的梗阻，胆囊壁不增厚，胆囊内容物透声好或见均匀点状沉积物。

2. 胆囊结石：典型的胆囊结石，胆囊内出现强回声团，后方有声影，变换体位时，强回声向低位方向移动。胆囊充满结石时，声像图表现为囊壁、结石、声影三联征WES征（即增厚的囊壁，结石强回声及其后方的声影）；胆囊内泥沙样结石，可见胆囊内充满强回声点，后方可以无声影。

3. 胆囊炎：急性胆囊炎超声显示，胆囊肿大，轮廓不清，胆囊壁增厚多达0.5~1.0cm，可局限性或累及整个胆囊壁。胆囊壁呈"双边"征象，壁内可见连续或中断的条纹状或弱回声带以及无回声带；有的还可表现多层弱回声带，胆囊内呈点状强回声，为胆汁瘀积。胆囊壁与肝脏间有炎性渗出。急性胆囊炎多伴有胆囊结石，常嵌顿于胆囊颈管部。发生胆囊穿孔时可显示胆囊壁局部膨出或缺损，以及周围的局限性积液。胆囊收缩功能差或丧失。

慢性胆囊炎的早期，胆囊的大小、形态和收缩功能多无明显异常，有时可见胆囊壁稍增厚，欠光滑，可合并有胆囊结石。慢性胆囊炎后期可出现胆囊腔明显萎缩，甚至显示不明显。胆囊壁明显增厚毛糙，回声不匀，胆囊透声性差，胆囊壁与肝脏分界不清，常伴有囊内结石。

4. 胆囊息肉样病变：胆囊的形态大小一般正常，囊壁可轻度增厚，自囊壁向腔内突起，不随

体位改变而移动，一般无声影，直径通常不超过1cm。小的仅呈现为强回声点，大于1cm者应警惕恶变可能。息肉常见多发，体积较小，显示为"乳头"状或"桑葚"状中等回声结节，多数有长短不等的蒂，或基底较窄。腺瘤单发多见，发生部位以胆囊体部最常见，底部次之。

5. 胆囊癌：根据胆囊癌的形态，将胆囊癌分为小结节型、覃伞型、厚壁型、肿块型及混合型等。超声有不同的显示。胆囊壁实性占位病变，一般较大，超过1.0cm，边界不规整，彩色多普勒显示血流丰富，常常伴有胆囊壁不规则增厚，癌瘤长大时，可以充满胆囊腔，使胆囊不显示。胆囊癌超声造影典型表现为运动期呈快速不均匀增强，高于正常胆囊壁回声，门脉期及延迟期回声不匀，低于正常胆囊壁及肝实质回声。

6. 胆囊不显示：胆囊不显示的因素很多，首先是寻找常见的原因，如胆囊切除，此外检查前必须有足够的禁食时间，以使胆囊充盈，从多角度、多切面、变换体位扫查，以找到胆囊不显示的原因。

7. 胆总管扩张：正常的胆总管为4~6mm，超过8mm，应考虑胆总管扩张。老年人因为管道的张力减低，超过10mm，应考虑胆总管张症。超声造影表现为注射造影剂后胆管壁增强度一致，管腔内未见异常增强灶。超声表现胆总管扩张，可由很多原因造成。首先要查找胆总管扩张的原因，进一步确定造成扩张的疾病，进行对症治疗。如诊断有困难时，还应结合CT、MRl及其他有关的检查，进行综合分析判断。

8. 胆管癌：根据其声像图特点可分为三型：①乳头型肿块呈乳头状高回声结节，自管壁突入扩张的管腔内，肿块边缘不齐，无声影，与管壁黏膜层分界不清；②团块型肿块呈分叶状或圆形堵塞于扩大的管腔内，与管壁无分界线，胆管壁亮线残缺不全，肿块多呈高回声或弱回声；③截断型或狭窄型扩张的胆管远端突然被截断或是呈锥形狭窄，阻塞端及其周围区域往往呈现边界不清楚的高回声团块。CDFI：病灶内可见点状或线状血流信号。胆管癌的间接征象表现：病灶以上胆系明显扩张，肝脏弥漫性肿大，肝门淋巴结肿大或肝内有转移灶。超声造影表现为动脉期胆管腔内肿块快速增强，门脉期即消退，延迟期可见病灶明显消退，增强程度明显低于肝实质，呈典型的"快进快出"的表现。

9. 胆管结石：肝外胆管结石的超声表现：①结石强回声形态固定，多伴有声影；结石与胆管壁有明显界限；②结石梗阻部位末梢端胆管及肝内胆管增宽，通常胆总管内径在6mm以上；③胆囊增大，常伴有胆囊内结石；④改变体位时结石位置可有移动。

肝内胆管结石的超声表现：①肝内强回声团，回声强度常低于胆囊结石，多为斑块样；②常为多发，通常沿胆管走向分布；③结石阻塞末梢的胆管扩张；④胆管长期阻塞的肝叶、肝段可发生萎缩，结构紊乱，胆管走形扭曲；⑤常合并胆囊病变，如胆囊结石、胆囊炎症等。肝内胆管结石超声造影表现为注射造影剂后胆管内团块始终未见增强。

三、胰腺的超声波检查

（一）正常胰腺声像图表现及正常值范围

胰腺呈中强回声，回声较肝脏稍强，边缘光滑，但欠清晰。老年人可产生年龄相关的脂肪胰腺，胰腺回声增强。超声横切面观察胰腺的形态，大致可分为三种：①蝌蚪形。胰头粗而体尾逐渐变细，约占44%；②哑铃型。胰腺的头、尾粗而体部细，约占33%；③蜡肠形。胰腺的头、体及尾几乎等粗，约占23%。超声纵切面观察，胰头，呈椭圆形；胰体尾呈三角形。

（二）胰腺疾病的超声诊断

1. 急性胰腺炎：超声表现有：①胰腺肿大。胰腺弥漫性体积肿大，以前后径增大为主。个别为局限性肿大，多见于胰头与胰尾，与胰头副胰管或胰尾胰管梗阻形成局限性炎症有关。②形态和边缘化。轻型炎症时，边缘整齐，形态规则；重型时，边缘模糊不清，形态不规则，胰腺与周围组织分界不清，形态不清。③内部回声。水肿型为均一的低回声，出血坏死型内部最高呈高低混合回声，有液化和钙化灶。④胰管。轻度扩张或不扩张，当胰液外漏时扩张可消失或减轻。⑤积液。常见于胰周、小网膜囊、肾前旁间隙，严重者有腹腔、盆腔、胸腔积液。⑥假性囊肿。反复发作的患者，可发生于胰周或胰内。大多数病例有较典型的超声表现，结合临床表现和血淀粉酶检查，一般可得到诊断。

2. 慢性胰腺炎：不同病理类型的胰腺炎有不同特征的声像图表现。

（1）二维超声表现：①胰腺可以缩小或正常，如为局限性胰腺炎，可成假瘤型改变。②形态和边缘。胰腺形态僵硬，边缘不规则，这是大部分慢性胰腺炎主要表现。③内部回声。大部分患者胰腺内部回声粗糙、增高，或呈"斑点"状强回声，是胰腺实质钙化的标志。④胰腺结石。对慢性胰腺炎有确诊价值，常见于钙化型慢性胰腺炎后方伴声影。⑤胰管扩张。为不均匀性扩张，粗细不匀，典型的为"串珠"样改变，钙化型胰腺炎常伴有胰管内结石形成，胰管扩张较明显。⑥胰腺假性囊肿。可发生在胰腺内和胰周，囊壁较厚且不规则，边界模糊，囊内可见弱回声。

（2）多普勒彩超：无明显血流动力学的改变。

3. 胰腺癌：超声表现为，①胰腺内肿物小于2cm时多为均匀低回声、圆形，随肿瘤增大，部分可有钙化、液化，或呈高回声改变，肿物境界不清，呈浸润性生长，形态不规则，后方回声衰减。②胰腺癌较大时胰腺形态异常，轮廓不清。③胰管不同程度均匀性扩张。胰头癌、肿大的淋巴结浸润或压迫胆总管可使胆管扩张。④胰周血管被肿瘤挤压、变形，或被肿瘤包绕。⑤周围器官的侵犯。常侵犯的器官有十二指肠、胃、脾、胆囊等，器官表面的正常浆膜界面消失。⑥淋巴结转移。⑦胰腺后方腹膜增厚。腹膜后组织回声减低，脾静脉背侧至肠系膜的垂直距离大于0.7cm，表明腹膜后神经丛和肠系根部受侵犯。彩色多普勒超声表现直径4cm以内的胰腺癌内很少能检测出血流信号，肿瘤增大时可于周边部分检出低速血流，远比肝癌、壶腹癌、肾痛和胰腺的其他类型的癌肿血流稀少。胰腺内回声不匀，边界不清，后方回声衰减，内部血供贫乏，是诊断胰腺癌最直接的证据。肿瘤不明显，以胰胆管扩张或胰腺局部肿大为主时，需进行进一步检查。

四、脾脏疾病的超声诊断

一般不需要特殊准备，如检查前禁食8~12h或前一天晚上进清淡饮食，第二天晨起空腹检查，效果较好；急诊无须特殊准备，空腹检查后饮水300~500ml再进行检查，有助于左上腹肿物的鉴别诊断。

（一）正常脾脏声像图表现和正常值范围

脾脏位于腋中线9~11肋间，厚径小于4cm，长径小于11cm，肋缘下扫，查不到脾脏。肋间斜切面呈"半月"形，冠状切面呈"三角"形，轮廓清晰，包膜呈中等线状回声，表面光滑，实质为均匀细密偏低回声，其回声强度，低于肝脏，高于肾脏实质。随年龄的增长，脾脏回声略有增强。CDFl：脾门部脾动脉为红色血流信号，脾静脉为蓝色血流信号。频谱多普勒显示脾动脉为单峰宽带搏动性频谱，脾静脉为带状连续性低速血流频谱。正常脾脏大小随年龄及含血量的多少而变化，个体差异较大。①脾脏长径。通过脾脏肋间斜切面上测量，脾下极最低点到上极最高点间的距离，正常<11cm；②脾脏厚度。通过肋间斜切面显示脾门及脾静脉，脾门至脾对侧缘弧形切线的距离，正常成年男性<4.0cm，女性<3.5cm；③脾静脉内径。正常<0.8cm。

（二）脾脏疾病的超声诊断

1. 脾肿大：具有以下条件之一者，可考虑脾肿大：①脾脏厚度，成年男性>4cm、女性>3.5cm，或脾脏长径>11cm。②无脾下垂的情况下，脾下极超过肋下，或脾上极达到腹主动脉前缘。③仰卧位扫查，脾前缘贴近前腹壁，脾上极接近或越过脊柱左侧缘。脾肿大的分度：平卧位深吸气时脾脏达左肋缘下2~3cm，轻度肿大，3cm以上至平脐为中度肿大，达脐水平以下为重度肿大。引起脾肿大的原因有：肝硬化引起脾肿大，感染性脾肿大，瘀血性脾肿大和血液病性脾肿大等。

2. 脾脏含液性病变

（1）脾囊肿：脾内可见大小不等的圆形无回声区，囊壁薄，内部回声均匀，边界清晰，合并出血、感染时，内部可有弥漫性低、中强度回声，囊壁钙化时，可见斑块状强回声，其后壁及后方组织回声增强。

（2）多囊脾：脾脏明显肿大，脾内布满大小不等的囊性无回声区，囊肿之间无正常脾组织回声，常合并多囊肝、多囊肾。

（3）脾血肿：超声显示脾包膜不完整、中断，无回声区常位于脾实质内，常常位于脾周围、脾包膜下，超声造影显示血肿无强化。有明确的脾区外伤史。

（4）脾梗死后假性囊肿：脾实质内见尖端指向脾门部的楔形异常回声区，坏死液化时，形成不规则无回声区，CDFI可显示脾动脉血流中断部位，超声可见栓子回声，超声造影显示梗死节段区无强化。临床上有动脉栓子的病因及脾动脉、肝动脉栓塞术病史。

3. 脾脏实质性病变

（1）脾血管瘤：超声显示脾实质内见圆形或类圆形不均质高回声，边界清楚，边缘不光滑。CDFI显示血管瘤周围或内部可有脾动脉或脾静脉分支绕行或穿行，脾血管瘤是脾良性肿瘤中最常见的一种，患者无明显临床症状。超声动态观察其生长速度极慢或无明显增长。

（2）脾梗死：超声显示脾脏实质内见楔形低回声区，内部回声不匀，其间有弱回声或无回声，周围有带状强回声，楔形底部朝向脾包膜，尖端指向脾门，其周围回声减弱。CDFI显示梗死区无血流信号。

（3）脾脓肿：未液化的脾脓肿病灶呈不规则形的强、等或弱回声区，边缘较厚，不规则，内部回声不均匀，后方回声增强，动态观察脓肿液化时弱回声区过渡为无回声区。患者有高热、脾区疼痛等表现。

4. 脾破裂：脾外形正常或增大，包膜连续或中断，在脾包膜与脾实质之间或在脾实质内部及脾周围显示无回声区，底部常可见到条、块状沉积物。有时脾脏未见异常，但腹腔内有出血，也应该考虑脾脏破裂，引起出血的可能。脾外伤的常见类型有：①脾包膜下血肿。脾包膜下血肿，超声显示脾外形正常或增大，包膜光滑、完整，包膜下可见"月牙"形无回声区，不随呼吸运动和体位改变而变化，期间可有细点状回声，脾实质受压表面呈凹陷状。②脾实质血肿。超声显示脾外形不同程度增大，轮廓清楚、完整，病变处呈不规则无回声区，可有散在低回声及飘浮现象。③脾真性破裂。超声显示脾包膜回声连续性中断，中断部位显示不均匀回声增强，脾实质内见无回声区，延伸至脾包膜破裂处，边界清楚，无包膜，内有大小不一、形态不规则的强回声。

脾周围显示无回声区，其宽度与脾周围积血量多少有关。腹腔内可探及无回声区，超声造影显示破裂区及包膜下血肿区无强化。

五、泌尿生殖系统疾病的超声诊断

（一）肾脏疾病的超声诊断

1. 正常肾脏声像图表现和正常值范围。

正常肾脏呈椭圆形，边界光滑、整齐。肾脏皮质呈低回声，较肝脾回声低，肾锥体回声较肾皮质回声更低。中心处的肾窦为高回声，内可见条状低回声为肾静脉回声。膀胱充盈时或大量饮水后，肾盂回声常有轻度分离，但排尿后肾盂分离可减轻。正常肾在呼吸时能随呼吸活动。彩色多普勒血流显像可见彩色肾血管树，自主肾动脉、段动脉、叶间动脉、弓状动脉直至小叶间动脉及各段伴行静脉均能显示。彩色血流分布直到肾皮质，呈充满型。肾脏正常大小：长径9~12cm，横径5~7cm，厚径4~6cm，实质厚1.4~1.8cm，皮质厚0.8~1.0cm，依人种及身高略有差异。

2. 肾脏疾病的声像图表现。

（1）肾囊肿：大多数肾囊肿患者常常无任何症状，往往在体检中偶然被发现。肾盂源性囊肿多为一侧肾脏发病，临床表现多数症状轻微或有腰部不适及腰疼，或长期镜下血尿。单纯性肾囊肿呈圆形无回声区，囊壁薄而光滑，后方回声增强，常向肾表面凸出，大小不一。多房性肾囊肿囊内可见菲薄的隔，呈条带状高回声，各房中囊液相通。肾盂旁囊肿位于肾窦回声内，容易压迫肾盂或肾盏，造成肾积水。

（2）多囊肾：先天性肾囊性异常又可分为婴儿型多囊肾、青年型多囊肾、成人型多囊肾，多囊性肾发育不全。婴儿型多囊肾为常染色体隐性遗传病，成人型多囊肾为常染色体显性遗传病。成人型多囊肾患者多在30~50岁发病，可出现血尿、腹痛和腹部肿块等，部分有高血压及肾功能不全，还可有肾盂肾炎史。

（3）肾脏结石：是由于患者代谢障碍、饮水过少等，尿液中的矿物质结晶沉积在肾盂、肾盏内。轻者可以完全没有症状，严重的可发生无尿、肾功能衰竭、中毒性休克甚至死亡。由于结石对黏膜损伤较重，故常有肉眼血尿。疼痛和血尿常在患者活动较多时诱发。结石并发感染时，尿中出现脓细胞，有尿频、尿痛症状。当继发急性肾盂肾炎或肾积脓时，可有发热、畏寒、寒战等全身症状。双侧上尿路结石或肾结石完全梗阻时，可导致无尿。典型的声像图为肾盂或肾盏内一个或多个强回声团，后方伴有声影。因结石梗阻而致肾积水者，出现肾盏或肾盂积水声像图。

（4）肾积水：肾盂或输尿管梗阻，尿液不能流入膀胱，可以造成肾积水。肾积水多由上尿路梗阻性疾病所致，常见原因为先天性肾盂输尿管连接部狭窄、输尿管结石等；长期的下尿路梗阻性疾病也可导致肾积水，如前列腺增生、神经源性膀胱功能障碍等。

（5）肾癌：好发于中老年，男性多于女性；多为透明细胞癌，起源于肾小管上皮细胞，可发生于肾实质的任何部位，但以上、下极为多见，少数可侵及全肾；肾区出现占位性病灶，局部向肾表面隆起或明显凸出，呈圆形或类圆形，也可呈不规则形。肿瘤有假包膜，与正常组织分界清楚，内部回声多变，多以中、低回声为主。2cm以下肿瘤多为高回声，但通常低于肾窦回声；2~4cm中等大小肿瘤常为中等回声，偶呈高回声及不均匀回声，常因肿瘤内出血或液化所致；5cm以上的大肿瘤为低回声或等回声，也可为高回声或杂乱回声。

（二）输尿管疾病的超声诊断

1. 正常输尿管声像图表现。

肾盂输尿管连接部及输尿管出口上方可见正常输尿管壁回声分离，一般为1~3mm，且有蠕动，其他部位由于肠道气体干扰等原因常不能显示。正常输尿管出口位于膀胱三角的左、右两上角，呈小丘状隆起。CDFI：可见红色喷尿现象。

2. 输尿管疾病的超声表现。

（1）输尿管结石：90%以上为肾结石降入输尿管，原发于输尿管的结石很少见，由于输尿管的蠕动和管内尿流速度较快，直径小于0.4cm的小结石比较容易自动降入膀胱而随尿排出。结石嵌顿在肾盂输尿管交界处或在输尿管内下降时，可出现肾绞痛，为突然发作的阵发性刀割样疼痛，声像图表现为输尿管积水，积水的输尿管远端可见强回声，后方伴声影，结石较小时可无明显声影。对于输尿管上段及下段结石，超声可以发现；中段结石，超声显示率较低。对于较小的输尿管结石，超声不易发现。腹部X线平片及尿路造影是本病的主要检查方法，超声是重要的辅助检查手段。

（2）输尿管肿瘤：原发性输尿管肿瘤（癌）在临床上较少见，好发于41~82岁的男性患者，约有3/4发生于输尿管下段。输尿管癌具有多中心性，即容易合并肾盂癌和膀胱癌，输尿管本身也可呈多发肿瘤状态。血尿往往是首发症状，晚期症状包括腰痛、腹部肿块。声像图表现为：上段及下段输尿管癌，超声可以发现，呈低回声，血流不丰富。中段输尿管癌，超声不易发现，只有在肿瘤压迫引起肾盂积水时，才会被重视而得到诊断。超声对本病的诊断比较困难，但可以早期发现输尿管积水，如果有肾盂癌，同时发现输尿管阻塞时，应该考虑输尿管肿瘤的存在。

（三）膀胱疾病的超声诊断

1. 正常膀胱声像图表现。

膀胱充盈后，内、外壁光滑、整齐，内部呈均质的无回声区。膀胱壁的厚薄与膀胱的充盈程度有关，尿液排空时为3mm，充盈时仅1mm。正常成人的膀胱容量约400ml，残余尿量应少于50ml。

2. 膀胱疾病的声像图表现。

（1）膀胱结石：膀胱结石常来自于肾结石。另外，前列腺增生、长期排尿不畅也可引起膀胱结石。少数膀胱结石可来自膀胱憩室或异物，寻找发病原因是诊断、治疗的关键。超声容易发现膀胱结石，为膀胱腔内强回声团或强回声斑，数目、形状、大小不一，常见呈单发扁圆形。结石大于30mm时，后方可以出现声影。体位改变时，膀胱结石可向较低的位置移动。对于膀胱结石，超声诊断的敏感性及特异性均很高，为首选的检查方法。文献报道超声可发现大于3mm的结石。膀胱结石应与前列腺钙化灶及膀胱异物等鉴别。

（2）膀胱憩室：膀胱憩室分原发性（真性）及继发性（假性）两种，以后者多见。由于膀胱内压力增高，膀胱壁肌层局限性薄弱，使膀胱壁向外膨出，可形成憩室。声像图表现为：呈圆形无回声区，似囊肿，壁薄、光滑，常发生于膀胱后壁和两侧，三角区少见。憩室与膀胱相通，可在膀胱充盈时寻找憩室口，应用彩色多普勒可在憩室开口处，观察到进出尿流的彩色信号。憩室在膀胱充盈时增大，排尿后缩小。此外，应注意憩室腔内有无感染、结石及占位性病变。

（3）膀胱异物：膀胱异物很少见，发生的可能原因有人为放入及膀胱手术遗留。膀胱异物因属性和形态不同而回声表现多样，可为中等回声或强回声，但一般可随体位改变移动。较长的异物在膀胱充盈不足时，移动可以受限。膀胱内有放入异物史，超声发现一中等回声或强回声团（条）。详细的病史询问有助于了解异物的种类及形态。

（4）膀胱炎：膀胱炎是泌尿系统常见的一种疾病。病因多为细菌感染。膀胱炎的超声主要表现为膀胱壁的改变。急性膀胱炎的病情急，但膀胱结构改变不明显，可表现为膀胱壁结构模糊，内壁不平整，膀胱腔内透声性差，有云雾感。慢性膀胱炎超声可显示膀胱壁增厚，结构尚清晰，但内壁不光滑，膀胱腔内可有沉积的中等或稍强点状回声。

（5）膀胱肿瘤：膀胱肿瘤是泌尿系肿瘤中最常见的一种，男性发病率较女性高。声像图表现为：膀胱壁上可见局限性异常突起，可有蒂或为宽基底，不随体位移动。呈等回声或强回声，大小形态不一，表面不规整。可侵犯膀胱壁造成连续性中断。膀胱肿瘤约80%位于膀胱三角区和膀胱底部及两侧壁，顶部及前壁较少见。膀胱内常可探及"树枝"样伸入其内的动脉血流信号。男性血尿患者，首先应检查泌尿系，重点检查膀胱。若发现膀胱壁上有隆起物，应该考虑膀胱肿瘤，以膀胱癌最为常见。超声检查膀胱肿瘤，敏感性及特异性均很高，是首选的检查方法。

（四）前列腺疾病的超声诊断

1. 正常前列腺声像图表现和正常值范围

前列腺位于膀胱下段，包绕尿道，呈"栗子"形。其边界光滑、整齐，内部回声呈均匀细小光点。正常大小为3.0cm×4.0cm×2.0cm（上下径×左右径×前后径）。从大体解剖区分：前列腺分为前、后、左、右、中五叶；从临床上区分：分为内腺和外腺，内腺同声略低，呈圆形，位于前部，外腺包绕于内腺两侧和后方，回声稍强，二者前后径之比约为1:1。

2. 前列腺疾病的声像图表现

（1）前列腺增生：声像图表现，前列腺三径增大，超过正常范围，形态接近球形。内腺增大明显，呈中等或中强回声，内部回声不匀，常常有钙化（结石）存在。注意前列腺有无向膀胱内突出，这种情况下排尿困难的症状更明显。膀胱壁可有小梁、小室形成。CDFI：腺体内血流略丰富，有时可见增生结节旁有动脉血流环绕。前列腺内腺增生时，对排尿困难有明显的影响；若为外腺增大，前列腺大小与排尿困难常不成比例。本病应该注意与前列腺癌相鉴别，后者多位于外腺，为形态欠规则、边界欠光滑的低回声，前列腺增大程度多不如前列腺增生明显，可疑病灶应在超声引导下活检。

（2）前列腺囊肿：前列腺炎症后，坏死液化区可形成前列腺囊肿。前列腺内圆形或椭圆形的无回声区，边界光滑、整齐，后方回声增强，囊肿膨大造成泌尿系梗阻时有相关征象。

（3）前列腺钙化：前列腺钙化也称为前列腺结石，一般位于腺泡及腺管腔内。常并发前列腺增生、慢性前列腺炎和前列腺癌。超声表现分为三型：①多发小钙化型。②弧形钙化型。③单发大钙化型。较少见，多不超过1cm，后方伴声影。较小的钙化灶没有症状，不需治疗，观察即可。钙化灶增大时可出现压迫症状，应进行处理，寻找发病原因，以便对症治疗。

（4）前列腺癌：前列腺癌是来自前列腺腺泡或导管上皮的恶性肿瘤，好发于外腺区，多数为腺癌，病因可能与老年期雄激素水平下降、前列腺萎缩有关。声像图表现：病变多数位于外腺，病变较小时通常为低回声，较大时可呈低回声、强回声或混合性回声。边界不整，前列腺包膜可有扭曲或中断。质地较硬，探头加压不变形。血流较丰富，但治疗后可减少。经直肠超声检查时检查更加清晰。若声像图不典型，应考虑超声引导下穿刺活检。本病的发病率逐年增高，对于前列腺增生的患者，应该经常检查PSA（血清前列腺特异性抗原），若PSA持续增高，声像图有结节样改变，应考虑超声引导下穿刺活检。前列腺癌的腺体增大不如前列腺增生重，因此像膀胱凸出也不明显。

六、甲状腺疾病的超声诊断

（一）正常甲状腺声像图表现和正常值范围

甲状腺纵切时，呈"橄榄球"形，上尖而下圆，横切呈"蝴蝶"形或"哑铃"形，有一层薄的包膜，内部呈中、低回声，分布均匀。左右叶相连接处称峡部。甲状腺的正常值：一侧叶的长径为4.0~5.5cm，横径为2.0~2.5cm，厚径为1.0~1.8cm。CDFI：甲状腺上动脉位于甲状腺上极浅层，发自颈外动脉第一分支。甲状腺下动脉，位于下极深层，发自锁骨下动脉的甲状颈干。甲状腺静脉有三对，甲状腺上静脉与甲状腺中静脉均汇入颈内静脉，甲状腺下静脉汇入无名静脉。

（二）甲状腺疾病的超声表现

1. 原发性甲状腺功能亢进：原发性甲状腺功能亢进（简称原发性甲亢），又称毒性甲状腺肿，为代谢障碍引起的甲状腺增生或甲状腺腺体肿大。声像图表现为：①甲状腺呈弥漫性、均匀性增大，增大2~3倍，峡部亦增大明显。②内部呈中低或中强回声，呈密集点状分布。③CDFI：甲状腺内血管增多，血流丰富，峰值流速增高达70~90cm/s。因血流呈五彩缤纷现象，称为"火海"症。典型的原发性甲状腺功能亢进，临床症状、实验室检查、核素检查及超声检查，均有典型症状及图像表现，诊断并不困难。但是，对于不典型的原发性甲状腺功能亢进，必须与临床及实验室检查密切结合，才能做出正确的诊断。

2. 甲状腺功能减退：甲状腺功能减退简称甲减，可以是由于缺碘，甲状腺激素合成不足而引起的疾病，或应用放射线治疗，抑制了甲状腺素的生成，也可引起本病。声像图表现为：本病早期增大，后期减小，边缘欠光滑，回声欠匀。CDFI：早期血流正常。后期血流减少。因无特异性，一般应结合临床，才能进行诊断。如果有甲状腺功能减退的临床典型症状，结合实验室检查，基本可以明确诊断。超声图像可以进一步帮助确诊。但需与单纯性甲状腺肿相鉴别，后者甲状腺体积增大，有地方流行病史。还应与亚临床型甲状腺功能低下鉴别，后者体积不减小，血流亦不减少。

3. 单纯性甲状腺肿：单纯性甲状腺肿又称地方性甲状腺肿或胶样性甲状腺肿，由于缺乏碘剂引起甲状腺激素合成障碍，导致垂体分泌促甲状腺激素过多，使甲状腺受到刺激而增生。声像图表现为：甲状腺弥漫性、对称性肿大，增大可达10倍。甲状腺内腺泡明显扩张，内部充满胶质，呈无回声区。正常的甲状腺往往不显示，或显示不清。CDFI：血流减少或呈点状，但不丰富。本病具有明显的地方性，但也有散发性，女性多于男性。特别对于妊娠及哺乳期妇女，由于需碘量增加，不仅妇女本人易患本病，对于出生的婴儿，也可造成甲状腺功能减退，如黏液性水肿，侏儒症等。超声对于甲状腺肿大的患者，可以显示其特点，还可鉴别是否是肿瘤。本病应与结节性甲状腺肿相鉴别，后者有多个结节样改变，无地区性，甲状腺内未见无回声的胶质物。

4. 结节性甲状腺肿：结节性甲状腺肿简称结甲，亦是由于缺乏碘剂引起，但病程长，缺碘后一段时间又补充了碘，进行了复旧。由于多次交替进行缺碘及复旧，引起了甲状腺增生及肿大，形成了多个增生样结节，并与纤维组织共同形成增生结节。在不同阶段，有不同的表现，如有乳头状，也有囊性变者。有钙化，也有坏死者。声像图表现为：甲状腺两叶增大，不对称，表面不光滑，内见多个大小不等的结节。结节呈圆形、椭圆形或分叶形，周边常常纤细，无明显包膜。如有囊性变时，内部可见无回声区。CDFI：结节周围血流信号呈绕行，或有散在点状血流信号，无特异性。

5. 急性化脓性甲状腺炎：急性化脓性甲状腺炎少见，多数为全身性脓毒血症或败血症在甲状腺局部的表现，也可以由于上呼吸道感染或颈部感染，影响到全身或甲状腺局部的一种疾病。声像图表现为：甲状腺肿大，边界模糊、欠清晰，呈低回声性。压痛明显，炎症液化后，内部呈无回声区。CDFI：局部血流较丰富，但无特异性。本病首先应该治疗全身感染，感染控制后，局部甲状腺炎症也会很快好转。

6. 亚急性甲状腺炎：亚急性甲状腺炎简称亚甲炎，由病毒感染引起，有人认为由病毒感染后，引起过敏反应所致，仍以女性多见，多发生于中青年。声像图表现为：甲状腺轻度增大，探头挤压甲状腺有疼痛感。超声显示：甲状腺回声减低，边界模糊，CDFI：甲状腺内血流增多、丰富，呈点状分布，无特异性。

7. 慢性淋巴细胞性甲状腺炎：慢性淋巴细胞性甲状腺炎又称桥本甲状腺炎，本病是一种自身免疫性疾病，多见于中年女性，男女之比为1∶20，患者常常无任何症状，仅仅在体检时偶然被发现纤维化、结节样，最终开始萎缩。声像图表现为：早期甲状腺正常大小，但内部同声减低、不均匀，呈蜂窝状改变，开始患者无任何症状。疾病逐渐发展，甲状腺呈弥漫性中度增大，峡部增大明显。CDFI：早期血流正常，或略有增加。继续发展，可见血流丰富，也呈"火海样"改变。病变继续发展，后期血流减少。鉴别诊断：本病早期甲状腺功能往往正常，部分患者有轻度甲亢的改变。T_3、T_4高于正常，随着病程的发展，T_3、T_4下降，TSH水平升高，TPOAb、TGAb及TMAb明显升高。超声显示：早期回声减低，血流丰富，再结合临床及实验室检查，才能进行诊断。早期应该与甲亢相鉴别；后期质地坚硬，局部粘连，应该与甲状腺肿瘤相鉴别。如果图像不典型，又不能排除肿瘤时，活检病理检查，仍然是必要的最终选择。

8. 甲状腺癌：甲状腺癌仍以女性为多，好发于任何年龄，但以中老年为主。据统计，在甲状腺癌中，以甲状腺乳头状癌占75%~87%，滤泡状癌约占20%，其他还有髓样癌、未分化癌等。声像图表现为：①癌结节边界不整，呈小分叶、毛刺；②内部呈不均质的低同声区；③癌结节内显示点状及簇状钙化，特异性高，但敏感性差；④CDFI：血流丰富，有新生血管及动静脉瘘；⑤气管旁及颈部淋巴结肿大；⑥癌结节侵犯血管，引起血栓形成，侵犯喉返神经，可引起声音嘶哑。鉴别诊断：近年来，随着体检的普及，甲状腺癌的检出率明显增多，超声可以发现直径小于5mm的微小甲状腺癌。很多作者指出甲状腺结节内有钙化时（有40%患者是甲状腺癌），结节边界不清晰，内部为低回声，CDFI：血流丰富，有穿支动脉血流等，应该高度怀疑是癌结节。目前，超声发现甲状腺多发结节的患者，必须认真检查每一个结节，以便除外癌结节，对于不能确定是甲状腺癌的患者，可以采取随诊观察。癌结节组织活检，仍然是明确诊断的最佳手段。总之，提高警惕，随诊观察，组织活检，是对甲状腺癌有效的诊断方法。

七、乳腺疾病的超声诊断

（一）正常乳腺声像图表现和正常值范围

正常乳腺声像图显示，从浅层至深层，皮肤呈强回声带，2~3mm；皮下浅筋膜及脂肪，为低回声区，散在分布；腺体层，厚约1.0~1.5cm，绝经后妇女腺体层萎缩，腺体层由腺叶，小叶，腺泡，导管及脂肪等间质组织构成，在腺体层与皮肤之间有库柏韧带（Cooper韧带，与皮肤垂直的纤维束，一端连于皮肤和浅筋膜浅层，一端连于浅筋膜深层）、乳腺腺体后脂肪、胸大肌、肋骨及肋间组织。

（二）乳腺疾病的声像图表现

1. 化脓性乳腺炎：本病多发生于产后哺乳期，以初产妇为多。产后3~4周，金黄色葡萄球菌感染引起的急性化脓性乳腺炎。声像图表现：乳腺炎初期，超声显示疼痛局部增厚，边界不清楚，CDFI：血流较丰富。脓肿形成时，内部呈不均匀的无回声区。

结合典型的临床病史，乳腺有红、肿、痛及肿块，白细胞升高，超声在排除占位病变后，诊断乳腺炎并不困难。

2. 乳腺增生症：乳腺增生症是最常见的乳腺疾病，好发年龄为30~50岁。本病的发生与内分泌紊乱有关，尤其是雌激素增高，引起乳腺的一系列增生性病变。声像图表现为：两侧乳房增大，腺体增厚，结构紊乱，低回声的小叶结构体积增大、数目增多，一般为双侧对称。如有囊性扩张，乳房内可见大小不等的无回声区。

3. 浆细胞性乳腺炎：浆细胞性乳腺炎，本病可发生在青春期后任何年龄，高峰年龄30~40岁。见于非哺乳期，是一种非细菌性乳腺炎。多位于乳头乳晕区，累及大导管，病程长，易复发，迁延不愈。声像图表现为：导管扩张，伴导管内分泌物；脓肿形成早期，液化不完全，肿块呈囊实性，壁厚，不规则，内部回声不均匀，液化部分实时超声检查时探头加压可见脓液流动；在慢性乳腺炎中，病灶界限不清。当脓肿内液体吸收不全时，病灶可表现为回声不匀的低回声，无回声混合存在。CDFI：包块内均可见血流信号。

4. 乳房内异物：近年来，乳房整形及丰乳术的发展，乳房内放入硅胶假体，假体破裂后硅胶颗粒漏出至周围组织时，可形成硅胶肉芽肿，形成了一异物硬结。自体脂肪等注射隆乳，注射物也可产生异物反应。声像图表现为：乳房腺体的后方与胸大肌之间，可见假体回声，正常硅胶假体表现为腺体后的无回声区域，透声良好，可见平行双层包膜结构。如果合并炎症时，超声可见不规则的低回声区。CDFI：血流不丰富。

5. 乳腺脂肪瘤：乳腺脂肪瘤是发生在乳腺皮下脂肪层内的良性肿瘤，但也可发生于腺体内或腺体后的脂肪组织内。声像图表现为：超声显示在皮下脂肪层内可见一椭圆形中等回声区，边界清晰，回声均匀，部分同声不均匀者内部混有条状中低回声，CDFI：无血流信号或血流很少。

6. 乳腺导管内乳头状瘤：乳腺导管内乳头状瘤，可分为位于乳晕区的中央型（大导管）乳头状瘤及起源于术梢导管小叶单位的外周型乳头状瘤。中央型乳头状瘤可发生于任何年龄，但大多见于40~50岁。声像图表现为：超声显示导管张，或呈囊状扩张，导管内有乳头状肿物，CDFI显示实性部分可见血流信。挤出分泌物脱落细胞检查找到瘤细胞，对明确诊断有帮助。

7. 乳腺纤维腺瘤：乳腺纤维腺瘤，是由导管上皮和纤维组织两种成分增生而形成的。发病年龄以20~40岁多见，在女性发育旺盛的阶段，雌激素分泌亢进时，容易发生本病。声像图表现为：①肿瘤形态规则，呈圆形或椭圆形，也有呈分叶状的。②肿瘤呈低回声区，回声均匀，有包膜，横径大于纵径，纵横比<1。③CDFI：较小的纤维腺瘤往往无彩色血流信号出现；较大的肿瘤周边及内部均可见彩色血流信号，呈环绕走行，可见少许点状或条状分布，走行及形态均规则。④脉冲多普勒可测及低速动脉血流。

8. 乳腺癌：乳腺癌是起源于乳腺上皮的恶性肿瘤，最常见的是起源于末梢导管—小叶单位的上皮细胞。乳腺癌已成为中国妇女发病率最高的恶性肿瘤。声像图表现为：①肿块形态不规则。"形态不规则"是乳腺癌最为常见的表现，是诊断乳腺癌敏感性最高的超声征象。②肿块纵横比>1。指肿块生长不平行或垂直于乳腺腺体轴向，即"高大于宽"。该征象尤其常见于小乳腺癌。③

肿瘤边界。表现为边界不清、毛刺、高回声晕。乳腺恶性肿瘤的边缘常呈毛刺状，或肿块周围形成薄厚不规则的高回声晕。周边毛刺症及强同声晕是乳腺癌向周围组织浸润生长的典型特征。④肿块回声：与乳腺腺体、脂肪组织相比，多呈明显的低回声。小乳腺癌常呈均匀低回声，而较大癌肿可能因内部出血、坏死而出现内部回声不均匀甚至无回声囊性成分。乳腺癌病灶可伴有肿块后方回声衰减。⑤微小钙化：高频超声能够清晰显示低回声肿块中的微小钙化，多为簇状分布，直径范围0.2~0.5mm的点状强回声，其后方无声影。超声对低回声肿块外微小钙化的显示不如乳腺X线摄影。⑥间接征象：包括库柏韧带连续性中断、皮肤水肿增厚和腋窝淋巴结肿大形态失常。⑦CDFI：大多数乳腺癌均表现为血流丰富，肿瘤周边可见粗大的穿入型动脉血流，呈高速、高阻样血流频谱。但是，良恶性病变在PSV、RI、PI等方面有一定程度的重叠，有时仅凭频谱多普勒结果难以准确鉴别良恶性。

乳腺癌的超声表现多样，不同声像图表现可与乳腺囊肿、乳腺纤维腺瘤等多种良性病变类似，因此乳腺癌与其他乳腺良性病变的鉴别诊断是乳腺超声中最重要的内容。乳腺肿块的超声声像图鉴别诊断，应该从肿块的形态、边界、纵横比、回声、是否伴有钙化、血流是否丰富以及血流形态等多个方面仔细分析，要仔细寻找病变有无恶性征象；如果病变没有任何的恶性征象，同时病变的形态为圆形或椭圆形，边界清晰或有完整的包膜，而且彩色多普勒超声无血流信号，则考虑病变为良性的可能性大，可随访。值得注意的是，乳腺良、恶性肿瘤超声声像图表现有重叠，乳腺癌的诊断不能单凭其中任何一种征象，必须综合考虑。

第五节　CT、MRI图像观察和分析

观察和分析CT、MRI片是临床医师需要努力掌握的一项重要技能，它是影像诊断的基础，对于明确诊断、指导治疗和判断预后等具有非常重要的作用。为了避免或减少漏诊误诊，阅片时一定要养成良好的习惯，必须遵循基本的原则和步骤。

一、阅片步骤（以CT为例）

第一步：识别图像类型，分辨清楚是CT图像（图2-22）还是MRI图像（图2-23），是平扫还是增强扫描。

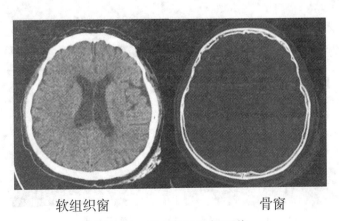

软组织窗　　　　　　　　　　骨窗

图2-22　头颅CT平扫图像

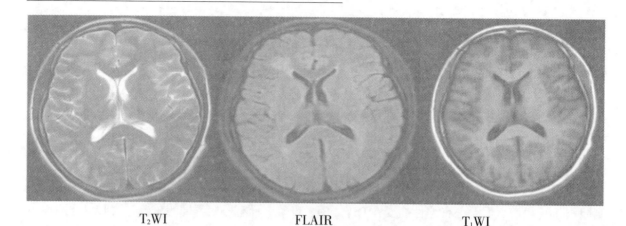

T₂WI   FLAIR   T₁WI

图2-23 头颅MRI平扫图像

第二步：认真核对图像上患者姓名、性别、年龄、检查日期等信息，避免犯张冠李戴等低级错误。

第三步：了解扫描层厚、间距、窗技术以及CT值等技术条件信息，同时还要明确扫描部位和范围，这对于诊断大有帮助。

第四步：仔细观察每一幅平扫图像（图2-24）。首先，要判断评估图像质量是否满足观察和分析，如果图像质量较差，尤其图像上存在各种原因导致的伪影时，不能勉强观察分析，否则有可能造成误诊或漏诊。其次，要分清楚前后左右上下方位，利用解剖学知识明确检查部位器官、结构组织的分布。面对一幅幅断层剖面图像，要注意观察每一个器官或结构是否正常，并尽力对每一影像给予合理解释，然后通过思维构建出某一器官或结构的立体图像。最后，要按照扫描层次的顺序阅片，既可以从上到下，也可以从下到上逐层观察，这样有助于识别部分容积效应，也不至于把某些管道性正常解剖结构误认为是病变或肿瘤。

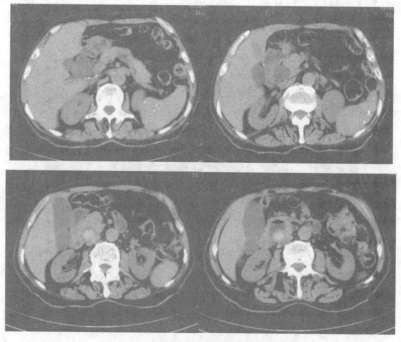

图2-24 肝脏CT平扫（逐层观察）

第五步：认真观察每一个器官的位置、形态、大小、密度（图2-25）有无异常。主要观察器官的密度有无普遍性或局限性增高或减低，对于局限性密度改变要注意观察病灶的位置、CT值、大小、数目、形态、轮廓、边缘和相邻结构的变化。发现异常密度影时要注意判断病灶是高密度影、低密度影、等密度影还是混杂密度影（图2-26）。对于局限性小病灶建议进行薄层（层厚1mm）扫描或三维重建（后处理）。若平扫图像无法明确诊断时需要增强扫描，尤其是怀疑病变为肿瘤时必须进行增强扫描。

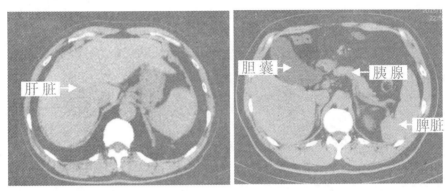

图2-25 上腹部CT平扫（观察肝脏、胆囊、胰腺及脾脏形态、大小、密度等）

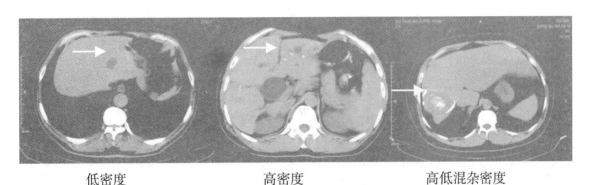

低密度　　　　　　　　高密度　　　　　　高低混杂密度

图2-26 肝脏CT平扫（观察肝脏内病变密度特点）

第六步：认真观察每一幅增强扫描图像。与平扫对比观察分析病变有无强化、强化的程度及强化形式，对于多期动态增强（图2-27），要观察不同时相（如动脉期、门脉期等）病变的强化特点，以利于定性诊断。强化的形式大致可分为均匀强化、斑状强化（点状和片状）、环状强化和不规则强化。

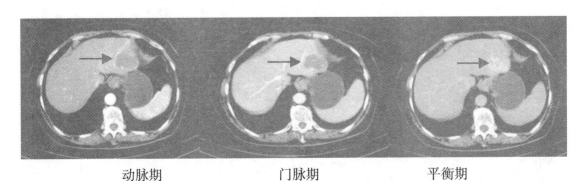

动脉期　　　　　　　　门脉期　　　　　　　平衡期

图2-27 肝脏多期增强扫描（强化特点）

第七步：结合临床资料，综合分析，得出正确诊断。

二、阅片原则和方法

观察和分析图像时，要遵循全面、重点和比对相结合的原则。

1. 图像的全面观察和分析。

为了不遗漏图像上的病灶，尤其是小病灶，应当全面、有序、系统地进行观察和分析，并形成良好习惯。

2. 图像的重点观察和分析。

在全面观察分析的基础上，通过了解临床资料，进行有重点的观察和分析。

3. 图像的比对观察和分析。

（1）对称部位的图像比对。

（2）不同成像技术的图像比对。

（3）同一成像技术不同检查方法的图像比对。

（4）不同时间的图像比对。

第三章　内科常见疾病

第一节　急性上呼吸道感染

一、病因

大约有200种病毒可以引起上呼吸道感染，约有70%的上呼吸道感染由病毒引起，另有20%~30%的上感为细菌引起，易感人群为老幼体弱、免疫功能低下或有慢性呼吸道疾病的人，如鼻窦炎、扁桃体炎者更易发病。成年人平均每年2~4次，学龄前儿童每年上呼吸道感染次数为4~8次。

1. 基本病理：可有炎症因子参与发病，使上呼吸道黏膜血管充血和分泌物增多、单核细胞浸润、浆液性及黏液性炎性渗出。

2. 继发细菌感染病理表现：中性粒细胞浸润及脓性分泌物。黏膜局部充血导致临床上出现鼻塞、咽喉疼痛、咽鼓管水肿，导致听力障碍或诱发中耳炎。

3. 发热病理：呼吸道上皮损伤及炎症因子的释放入血导致发热，全身肌肉酸痛。

二、临床表现

（一）普通感冒

1. 特点：普通感冒（common cold）为病毒感染引起，俗称"伤风"，又称急性鼻炎或上呼吸道卡他。

2. 症状：鼻部症状为主，如喷嚏、鼻塞、流清水样鼻涕，鼻后滴漏感，2~3d后鼻涕变稠，也可表现为咳嗽、咽干、咽痒或烧灼感。可伴头痛、流泪、味觉迟钝、呼吸不畅、声嘶及听力减退。严重者有发热、轻度畏寒和头痛等。

3. 体征：鼻腔黏膜充血、水肿、有分泌物，咽部可为轻度充血。

（二）急性病毒性咽炎和喉炎

1. 特点：由鼻病毒、腺病毒、流感病毒、副流感病毒以及肠病毒、呼吸道合胞病毒等引起。

2. 症状：咽痒和灼热感，咽痛不明显。咳嗽少见。急性喉炎明显声嘶、讲话困难、可有发热、咽痛或咳嗽，咳嗽又使咽痛加重。

3. 体征：喉部充血、水肿，局部淋巴结轻度肿大和触痛，有时可闻及喉部的喘息声。

（三）急性疱疹性咽峡炎

1. 特点：多发于夏季，多见于儿童，偶见于成人。由柯萨奇病毒A引起。

2. 症状：明显咽痛、发热，病程约1周。

3. 体征：咽部充血，软腭、悬雍垂、咽及扁桃体表面有灰白色疱疹及浅表溃疡，周围伴红晕。

（四）急性咽结膜炎

1. 特点：夏季多发，游泳传播，儿童多见。腺病毒、柯萨奇病毒等引起。病程4~6d。

2. 症状：发热、咽痛、畏光、流泪、咽及结膜明显充血。

（五）急性咽扁桃体炎

1. 特点：病原体为溶血性链球菌、流感嗜血杆菌、肺炎链球菌和葡萄球菌。

2. 症状：咽痛明显，发热、畏寒。

3. 体征：咽部充血，扁桃体肿大，表面有黄色脓性分泌物，可有颌下淋巴结肿大，压痛。

三、辅助检查

1. 血常规：白细胞计数正常或偏低，伴淋巴细胞比例升高。细菌感染者可有白细胞计数与中性粒细胞增多。

2. 病原学检查因病毒类型繁多，且明确类型对治疗无明显帮助，一般无需病原学检查。

四、诊断与鉴别诊断

（一）诊断

1. 根据鼻咽部症状和体征。

2. 结合外周血象和阴性的胸部X线检查可做出临床诊断。

（二）鉴别诊断

1. 过敏性鼻炎多由过敏因素如螨虫、灰尘、动物毛皮、低温等刺激引起。

2. 流行性感冒为流感病毒引起，可为散发，时有小规模流行，病毒发生变异时可大规模暴发。

3. 急性气管支气管炎表现为咳嗽、咳痰，血白细胞计数可升高，X线胸片常见肺纹理增强。

五、并发症

1. 可并发急性鼻窦炎、中耳炎、气管炎。

2. 以咽炎为表现的上呼吸道感染可继发溶血性链球菌引起的风湿热、肾小球肾炎等，少数病人可并发病毒性心肌炎，应予警惕。

六、治疗

1. 由于目前尚无特效抗病毒药物，以对症治疗为主，同时戒烟、注意休息、多饮水、保持室内空气流通和防治继发性细菌感染。

2. 中药治疗可辨证给予清热解毒或辛温解表和有抗病毒作用的中药，有助于改善症状，缩短病程。

第二节　支气管哮喘

哮喘是一种复杂的、具有多基因遗传倾向的疾病，其发病也有家族聚集现象，亲缘关系越近，患病率越高。

一、病因

环境因素包括变应原因素，如室内变应原（尘螨、家养宠物、蟑螂）、室外变应原（花粉、草粉）、职业性变应原（油漆、活性染料）、食物（鱼、虾、蛋类、牛奶）、药物（阿司匹林、抗生素）和非变应原，如大气污染、吸烟、运动、肥胖等。

二、临床表现

（一）症状

1. 典型症状为发作性的咳嗽、胸闷和呼气性呼吸困难。症状可在数分钟内发作，经数小时至数天，使用支气管舒张药物可缓解，或离开变应原自行缓解，也有少部分不缓解而呈持续状态。在夜间及凌晨发作和加重是哮喘的特征之一。

2. 临床上还存在部分非典型表现的哮喘。如咳嗽变异性哮喘（cough variant asthma，CVA），咳嗽为唯一的表现。有些青少年患者，其哮喘症状表现为运动时出现胸闷、咳嗽和呼吸困难，称为运动性哮喘。以胸闷作为唯一症状的不典型哮喘类型，有人称之为胸闷变异性哮喘（chest tightness variant asthma，CTVA）。

（二）体征

典型的体征是呼气相哮鸣音。一般哮鸣音的强弱和气道狭窄及气流受阻的程度平行，哮鸣音越强，往往说明支气管痉挛越严重。但需注意，不能靠哮鸣音的强弱和范围来作为估计哮喘急性发作严重程度的根据。当气道极度收缩加上黏液栓阻塞时，气流反而减弱，这时哮鸣音减弱，甚至完全消失，表现为"沉默肺"，这是病情危重的表现。

三、辅助检查

（一）实验室和其他检查

1. 血常规检查：部分患者发作时可有嗜酸性粒细胞增高，如并发感染可有白细胞数增高，分类嗜中性粒细胞比例增高。

2. 痰液涂片检查：大多数哮喘病人诱导痰液中嗜酸性粒细胞计数增高（＞2.5%），且与哮喘症状相关。诱导痰嗜酸性粒细胞计数可作为评价哮喘气道炎症的指标之一，也是评估糖皮质激素治疗反应性的敏感指标。

（二）肺功能检查

1. 通气功能检测：哮喘发作时呈阻塞性通气功能障碍表现，用力肺活量（FVC）正常或下降，第一秒用力呼气容积（FEV1）、1s率（FEV/FVC%）以及最高呼气流量（PEF）均下降；残气量及残气量与肺总量比值增加。

2. 支气管激发试验：用以测定气道反应性。常用吸入激发剂为醋甲胆碱、组胺、甘露醇、高渗盐水等。吸入激发剂后其通气功能下降、气道阻力增加。一般适用于通气功能在正常预计值的70%以上的患者。如FEV1下降20%，可判断为激发试验阳性。

3. 支气管舒张试验：用以测定气道可逆性。支气管舒张药物可以使发作时的气道痉挛得以改善，肺功能指标好转。舒张试验阳性标准：FEV1较用药前增加12%或以上，且其绝对值增加200ml或以上。

4. 呼吸流量峰值（PEF）及其变异率测定：可反映气道通气功能变化，哮喘发作时 PEF 下降。若 24h 内 PEF 或昼夜 PEF 波动率≥20%，也符合气道可逆性改变的特点。

（三）血气分析

哮喘严重发作时可有缺氧，PaO_2 和 SaO_2 降低，由于过度通气可使 $PaCO_2$ 下降，pH 值上升，表现呼吸性碱中毒。如重症哮喘，病情进一步发展，气道阻塞严重，可有缺氧及 CO_2 潴留，$PaCO_2$ 上升，表现呼吸性酸中毒。如缺氧明显，可合并代谢性酸中毒。

（四）胸部 X 线检查

早期在哮喘发作时可见两肺透亮度增加，呈过度充气状态；在缓解期多无明显异常。如并发呼吸道感染，可见肺纹理增加及炎症浸润影。同时要注意肺不张、气胸或纵隔气肿等并发症的存在。

（五）特异性过敏原的检测

哮喘患者大多伴有过敏体质，对众多的变应原和刺激物敏感。测定变应性指标结合病史有助于对患者的病因诊断和脱离致敏因素的接触。

（六）呼出气一氧化氮（FeNO）

可作为评估气道炎症和评估哮喘严重性指标，也可作为判断激素吸入的治疗反应。

四、诊断

（一）诊断标准

1. 典型哮喘的临床症状和体征。

（1）反复发作喘息、气急，胸闷或咳嗽，夜间及晨间多发，常与接触变应原、冷空气、理化刺激以及病毒性上呼吸道感染、运动等有关。

（2）发作时双肺可闻及散在或弥漫性哮鸣音，呼气相延长。

（3）上述症状和体征可经治疗缓解或自行缓解。

2. 可变气流受限的客观检查：①支气管舒张试验阳性；②支气管激发试验阳性；③平均每日 PEF 昼夜变异率 > 10% 或 PEF 周变异率 > 20%。

符合上述症状和体征，同时具备气流受限客观检查中的任一条，并除外其他疾病所引起的喘息、气急、胸闷和咳嗽，可以诊断为哮喘。

咳嗽变异性哮喘：指咳嗽作为唯一或主要症状，无喘息、气急等典型哮喘症状，同时具备可变气流受限客观检查中的任一条，除外其他疾病所引起的咳嗽。

（二）分期

根据临床表现可分为急性发作期（acute exacerbation）、慢性持续期（chronic persistent）和临床缓解期（clinical remission）。慢性持续期是指每周均不同频度和（或）不同程度地出现症状（喘息、气急、胸闷、咳嗽等）；临床缓解期系指经过治疗或未经治疗症状、体征消失，肺功能恢复到急性发作前水平，并维持 3 个月以上。

五、治疗

治疗原则：坚持长期规范化治疗可使哮喘症状得到良好控制，减少复发甚至不再发作。

（一）确定并减少危险因素接触

应避免或减少接触危险因素，以预防哮喘发病和症状加重。

（二）药物治疗

哮喘治疗药物分为控制性药物和缓解性药物。前者指需要长期使用的药物，主要用于治疗气道慢性炎症而使哮喘维持临床控制，亦称抗炎药。后者指按需使用的药物，通过迅速解除支气管痉挛从而缓解哮喘症状，亦称解痉平喘药。

（1）长期抗炎治疗是基础的治疗，首选吸入激素。常用吸入药物有倍氯米松（beclomethasone，BDP）、布地奈德（budesonide）、氟替卡松（fluticasone）、莫米松（momethasone）等，后二者生物活性更强，作用更持久。

（2）缓解症状的首选药物是吸入β_2激动剂。β_2激动剂主要通过激动呼吸道的β_2受体，激活腺苷酸环化酶，使细胞内的环磷酸腺苷（cAMP）含量增加，游离Ca减少，从而松弛支气管平滑肌，是控制哮喘急性发作的首选药物。

（3）规律吸入激素后病情控制不理想者，宜加用吸入长效β_2激动剂，或缓释茶碱，或白三烯调节剂（联合用药）；亦可考虑增加吸入激素量。

（4）重症哮喘患者，是指在过去1年中＞50%时间需要给予高剂量ICS联合LABA和（或）LTRA/缓释茶碱，或全身激素治疗，才能维持哮喘控制，或即使在上述治疗下仍不能控制的哮喘。治疗包括：①首先排除病人治疗依从性不佳，并排除诱发加重或使哮喘难以控制的因素；②给予高剂量ICS联合/不联合口服激素，加用白三烯调节剂、抗IgE抗体联合治疗；③其他可选择的治疗包括免疫抑制剂、支气管热成形术等。

（5）免疫疗法，分为特异性和非特异性两种。

六、转诊原则

1. 确诊哮喘有困难。
2. 哮喘症状持续、控制不理想或急性加重频繁发生。
3. 哮喘相关死亡的危险因素，如既往曾有致命性哮喘发作，需要ICU治疗或机械通气。
4. 存在明显治疗副作用或需长期口服糖皮质激素治疗等。

第三节 慢性支气管炎

一、病因

1. 吸烟者慢性支气管炎的患病率比不吸烟者高2~8倍。
2. 空气污染。大量有害气体如二氧化硫、二氧化碳、氯气等污染。
3. 职业粉尘和化学物质接触。
4. 感染因素。病毒、支原体、细菌等感染。
5. 其他因素。免疫功能紊乱、气道高反应性、自主神经功能失调、年龄增大。

二、临床表现

（一）症状

1. 咳嗽。晨间咳嗽为主。

2. 咳痰。白色黏液或浆液泡沫性，偶可带血。

3. 喘息或气急。喘息明显者可能伴发支气管哮喘。若伴肺气肿时可表现为活动后气促。

（二）体征

早期多无异常体征。急性发作期可在背部或双肺底听到干、湿啰音，咳嗽后可减少或消失。伴发哮喘可闻及广泛哮鸣音。

三、辅助检查

（一）X线检查

早期可无异常。反复发作者表现为肺纹理增粗、紊乱，呈网状或条索状、斑点状阴影。

（二）呼吸功能检查

早期无异常。如有小气道阻塞时，最大呼气流速-容量曲线在75%和50%肺容量时流量明显降低。

（三）血常规

细菌感染时可出现白细胞总数和（或）中性粒细胞计数增高。

（四）痰液检查

可培养出致病菌。

四、诊断与鉴别诊断

咳嗽、咳痰、喘息，每年发病持续3个月，连续2年或2年以上，并排除其他可引起类似症状的慢性疾病。

五、治疗

（一）急性加重期的治疗

1. 控制感染。多经验性选用抗生素，一般口服，病情严重时静脉给药。如左氧氟沙星0.4g，每日1次；阿莫西林2~4g/d，分2~4次口服；有细菌培养，根据病原体选择抗生素。

2. 镇咳祛痰。可使用复方甘草合剂10ml，每日3次；或复方氯化铵合剂10ml，每日3次；或溴己新8~16mg，每日3次；或盐酸氨溴索30mg，每日3次；干咳为主者可用镇咳药物，如右美沙芬或其合剂等。

3. 平喘有气喘。可加用支气管扩张剂，如氨茶碱0.1g，每日3次，β_2受体激动剂吸入。

（二）缓解期治疗

1. 戒烟。应避免吸入有害气体和其他有害颗粒。

2. 增强体质，预防感冒。

3. 反复呼吸道感染者可试用免疫调节剂或中医中药，如流感疫苗、肺炎疫苗、卡介苗多糖核酸、胸腺素等，部分病人或可见效。

第四节 慢性阻塞性肺疾病

一、病因

1. 炎症机制：中性粒细胞、巨噬细胞、T淋巴细胞等参与了慢阻肺的发病过程，引起气道、肺实质和肺血管的慢性炎症。

2. 蛋白酶-抗蛋白酶失衡机制：蛋白酶增多或抗蛋白酶不足均可导致组织结构破坏，产生肺气肿。

3. 氧化应激机制：氧化应激增加导致细胞功能障碍或细胞死亡，还可以破坏细胞外基质；引起蛋白酶-抗蛋白酶失衡；促进炎症反应。

4. 其他机制：如自主神经功能失调、营养不良、气温变化等都有可能参与慢阻肺的发生、发展。

二、临床表现

（一）症状

1. 慢性咳嗽常晨间咳嗽明显，夜间阵咳或排痰。

2. 咳痰一般为白色黏液或浆液泡沫性痰，偶可带血丝。

3. 气短或呼吸困难早期在较剧烈活动时出现，后逐渐加重，以致在日常活动甚至休息时也感到气短，是慢阻肺的标志性症状。

4. 喘息和胸闷。

5. 其他晚期病人有体重下降、食欲减退等。

（二）体征

1. 视诊胸廓前后径增大，肋间隙增宽，剑突下胸骨下角增宽，称为桶状胸。

2. 触诊双侧语颤减弱。

3. 叩诊肺部过清音，心浊音界缩小，肺下界和肝浊音界下降。

4. 听诊两肺呼吸音减弱，呼气期延长，部分病人可闻及湿啰音和（或）干啰音。

三、辅助检查

（一）肺功能检查

是判断持续气流受限的主要客观指标，吸入支气管扩张剂后，FEV1/FVC<70%，可确定为持续气流受限。

（二）胸部X线检查

慢阻肺早期胸片无异常变化。后期可出现肺纹理增粗、紊乱等非特异性改变，也可出现肺气肿。

（三）胸部CT检查

CT检查可见慢阻肺小气道病变的表现、肺气肿的表现以及并发症的表现，高分辨率CT对辨别小叶中央型或全小叶型肺气肿以及确定肺大疱的大小和数量，有较高的敏感性和特异性。

（四）血气检查

对确定发生低氧血症、高碳酸血症、酸碱平衡失调以及判断呼吸衰竭的类型有重要价值。

（五）其他

慢阻肺合并细菌感染时，外周血白细胞计数增高。痰培养可能查出病原菌。

四、诊断与鉴别诊断

1. 根据吸烟等高危因素史+临床症状+体征。
2. 必备条件：肺功能检查，吸入支气管扩张剂后，FEV/FVC<70%，提示存在持续气流受限。
3. 排除其他气流受限疾病。

五、并发症

1. 慢性呼吸衰竭：缺氧和二氧化碳潴留，导致低氧血症和（或）高碳酸血症。
2. 自发性气胸：突然加重的呼吸困难，患侧肺部叩诊为鼓音，听诊呼吸音减弱或消失，X线检查可确诊。
3. 慢性肺源性心脏病：慢阻肺引起肺动脉高压，右心室肥厚扩大，最终发生右心功能不全。

六、治疗

（一）稳定期的治疗

1. 教育与管理劝导病人戒烟，脱离污染环境。

2. 支气管扩张剂

（1）β_2肾上腺素受体激动剂。

短效制剂：沙丁胺醇气雾剂，每次1~2喷，雾化吸入，疗效持续4~5h，24h不超过8~12喷。

长效制剂：沙美特罗，福莫特罗等，每日吸入2次。

（2）抗胆碱药：

短效制剂：异丙托溴铵气雾剂，雾化吸入，持续6~8h，每次40-80μg（每喷20μg），每天3~4次。

长效制剂：噻托溴铵粉吸入剂，每次吸入1次，每天吸入1次。

（3）茶碱类药：茶碱缓释或控释片，0.2g，12h，1次；氨茶碱，0.1g，每天3次。

3. 糖皮质激素对高风险病人，有研究显示长期吸入糖皮质激素与长效β_2肾上腺素受体激动剂的联合制剂可增加运动耐量，减少急性加重频率，提高生活质量。

目前常用的有沙美特罗加氟替卡松、福莫特罗布地奈德。

4. 祛痰药对痰不易咳出者可应用，常用药物有盐酸氨溴索，30mg，每日3次；N-乙酰半胱氨酸，0.6g，每日2次；或羧甲司坦，0.5g，每日3次。

5. 其他药物：有研究表明，大环内酯类药物（红霉素或阿奇霉素）应用1年可以减少某些频繁急性加重的慢阻肺病人的急性加重频率，但有可能导致细菌耐药及听力受损。

6. 长期家庭氧疗对慢阻肺并发慢性呼吸衰竭者可提高生活质量和生存率。

7. 康复治疗：采取呼吸生理治疗、肌肉训练、营养支持、精神治疗与教育等多方面措施。

（二）急性加重期治疗

1. 确定急性加重的原因（最多见的原因是细菌或病毒感染）及病情的严重程度，根据病情严重程度决定门诊或住院治疗。

2. 支气管扩张剂。

3. 低流量吸氧：鼻导管给氧时，吸入的氧浓度为28%~30%，避免吸入氧浓度过高引起二氧化碳潴留。

4. 抗生素：咳嗽伴痰量增加、有脓性痰时，门诊可口服阿莫西林/克拉维酸、头孢呋辛、左氧氟沙星；较重者可应用第三代头孢菌素，如头孢曲松2.0g加于生理盐水中静脉滴注，每天1次。住院病人可选β内酰胺类/β内酰胺酶抑制剂、大环内酯类或呼吸喹诺酮类静脉滴注给药。可根据药敏选择抗生素。

5. 糖皮质激素：可口服泼尼松龙30~40mg/d，静脉给予甲泼尼龙40~80mg，每日1次。连续5~7d。

6. 机械通气：对于并发较严重呼吸衰竭的病人可使用机械通气治疗。

7. 其他治疗措施：合理补充液体和电解质以保持身体水电解质平衡。积极排痰治疗，积极处理伴随疾病及并发症。

第五节　慢性肺源性心脏病

一、病因

1. 支气管肺疾病：慢支、哮喘、支扩、肺结核、间质性肺疾病等。

2. 胸廓运动障碍性疾病：胸廓活动受限、支气管扭曲。

3. 肺血管疾病：少见，多为结缔组织疾病或原因不明。

4. 其他：如睡眠呼吸暂停，低通气综合征。

二、临床表现

（一）原发疾病的表现

呼吸困难、呼吸衰竭、心力衰竭等，此外可有发绀、舌诊异常等表现。可并发心律失常、静脉血栓栓塞症、消化道出血、肺性脑病等疾病。

（二）肺动脉高压表现

①P_2亢进。②胸片肺动段突出、右下肺动脉干扩张等。

（三）右心室肥厚表现

1. 剑突下心脏搏动或心音增强。

2. 活动后心悸。

3. 辅助检查：如胸片、心脏超声、心电图等。

（四）右心室扩大衰竭表现

①相对性三尖瓣关闭不全：三尖瓣收缩期杂音。②上腔静脉回流受阻：颈静脉充盈。③下腔静脉回流受阻：肝肿大、下肢水肿、腹水。

（五）肺、心功能代偿期

患者可有咳嗽、咳痰、气促，活动后可有心悸、呼吸困难、乏力和劳动耐力下降。

（六）肺、心功能失代偿期

1. 呼吸衰竭：患者可有呼吸困难加重，夜间为甚，常有头痛、失眠、食欲下降，但白天有嗜睡等表现。

2. 呼吸系统感染：慢性肺心病急性发作期常由呼吸系统感染诱发，呼吸系统感染可有发热、咳嗽、咳痰、呼吸困难等表现。

3. 右心衰竭：除肺、胸疾患的症状更明显外，尚可见心悸、食欲下降、腹胀、恶心等右心衰竭的表现。

三、辅助检查

包括：心电图、超声心动图和胸片，主要是发现肺动脉高压、右心室肥厚、右心室扩大者。其他检查：血气分析（了解呼吸衰竭情况）、血常规（感染血象）、肺功能检查（早期防治）、痰菌检查（用药）。

四、诊断与鉴别诊断

（一）诊断

1. 有严重慢阻肺或其他胸肺疾病史。

2. 有$P_2>A_2$，剑突下心音增强、颈静脉怒张、肝大及压痛，肝颈静脉反流症阳性、下肢水肿及体静脉压升高等肺动脉高压、右心室增大或右心功能不全的表现。

3. 心电图、X线胸片、超声心动图、心电向量图等检查有肺动脉高压和右心室肥厚、扩大的征象。

（二）鉴别诊断

1. 冠状动脉粥样硬化性心脏病（冠心病）：慢性肺源性心脏病和冠状动脉粥样硬化性心脏病均多见于老年人，且均可有心脏扩大、心律失常及心力衰竭。但前者无典型心绞痛或心肌梗死的表现，其酷似心肌梗死的图形多发生于急性发作期严重右心衰竭时，随病情好转，酷似心肌梗死的图形可很快消失。

2. 风湿性心瓣膜病：慢性肺源性心脏病的右房室瓣关闭不全与风湿性心瓣膜病的右房室瓣病变易混淆，风心病患者的血液检查中可见抗链球菌溶血素"O"、C反应蛋白和红细胞沉降率（ESR）等明显升高，肺源性心脏病可见红细胞和血红蛋白升高，通过血常规可鉴别。

3. 原发性心肌病：有心脏增大、心力衰竭以及房室瓣相对关闭不全所致杂音，可通过病史、X线、心电图及超声心动图检查等进行鉴别。

4. 缩窄性心包炎：有颈静脉怒张、肝大、水肿、腹水及心电图低电压，肺源性心脏病有右心室增大的表现，由此可鉴别。

五、并发症

1. 心力衰竭：是慢性肺源性心脏病心功能失代偿的主要临床表现之一，以右心衰为主，其诱因绝大多数为急性呼吸道感染。

2. 肺部感染：是慢性肺心病患者的常见并发症之一，四季均可发生，以冬春季节最多。是慢性肺心病急性加重和致死的常见原因之一，其中肺炎链球菌、流感杆菌感染是慢性肺心病急性发作的主要病原体。

3. 呼吸衰竭：可出现缺氧和二氧化碳潴留，引起高碳酸血症和低氧血症的表现。

4. 肺性脑病：是呼吸衰竭发展到严重阶段，发生严重二氧化碳潴留和缺氧所引起的以中枢神经系统功能障碍为主要表现的一种临床综合征。包括高碳酸血症和低氧血症及过度通气所致的脑部症状等。

5. 心律失常：慢性肺心病患者合并心律失常较常见，可有房性期前收缩、室性期前收缩、窦性心动过速、心房颤动、房室传导阻滞等。

6. 休克：肺心病发生休克者不多，一旦发生，预后凶险，病死率达72%。

7. 弥散性血管内凝血（DIC）：常在酸中毒、低氧血症及并发细菌性感染时由于细菌毒素的作用，引起毛细血管内皮受损和组织损伤。

8. 上消化道出血：肺心病并发上消化道出血约占5.7%左右，病死率高达92%。

六、治疗

1. 抗生素：选择有效的抗生素，控制支气管、肺部感染。

2. 支气管舒张药：β受体阻滞剂、抗胆碱能药及茶碱类等支气管舒张药可以舒张支气管，使患者气短症状明显缓解，生活质量明显提高。常用药物有特布他林、沙美特罗、异丙托溴铵、沙丁胺醇、氨茶碱等。

3. 祛痰药：用于有痰不易咳出者，常用药物有盐酸氨溴索、N-乙酰半胱氨酸、羧甲司坦等。

4. 利尿、强心、扩血管剂治疗心力衰竭。

第六节 肺 炎

一、病因

正常的呼吸道防御机制使下呼吸道免除于细菌等致病菌感染。是否发生肺炎取决于两个因素：病原体和宿主因素。如果机体病原体数量多、毒性强和（或）宿主呼吸道局部和全身免疫防御系统损害，即可发生肺炎。病原体可通过下列途径引起社区获得性肺炎：①空气吸入；②血行播散；③邻近感染部位蔓延；④上呼吸道定植菌的误吸。

二、临床表现

（一）症状

细菌性肺炎的症状取决于病原体和宿主的状态。常见症状有咳嗽、咳痰，或原有呼吸道疾病症状加重，并出现脓痰或血痰，伴或不伴胸痛。病变范围大者可有呼吸困难、呼吸窘迫。大多数患者有发热。

（二）体征

早期、轻症患者可无明显体征。重症患者可有呼吸频率加快、鼻翼扇动、发绀。典型者出现肺实变体征：叩诊浊音，触诊语颤增强，听诊支气管呼吸音。可闻及湿啰音。并发胸腔积液者则出现胸腔积液症。

三、辅助检查

(一) 实验室检查

血白细胞计数（10～20）×10^9/L，中性粒细胞多在80%以上，年老体弱、酗酒、免疫功能低下者的白细胞计数可不增高，但中性粒细胞的百分比仍增高。痰培养24～48h可以确定病原体。

(二) X线检查

早期仅见肺纹理增粗，或受累的肺段、肺叶稍模糊。随着病情进展，肺泡内充满炎性渗出物，表现为大片炎症浸润阴影或实变影，在实变阴影中可见支气管充气症，肋膈角可有少量胸腔积液。在消散期，X线显示炎性浸润逐渐吸收，可有片状区域吸收较快，呈现"假空洞"症，多数病例在起病3～4周后才完全消散。老年患者肺炎病灶消散较慢，容易出现吸收不完全而成为机化性肺炎。

四、诊断与鉴别诊断

确定肺炎诊断，必须把肺炎与上呼吸道感染和下呼吸道感染区别开来。呼吸道感染虽然有咳嗽、咳痰和发热等症状，但各有其特点，上、下呼吸道感染无肺实质浸润，胸部X线检查可鉴别。

1. 肺结核：肺结核多有全身中毒症状，如午后低热、盗汗、疲乏无力、体重减轻、失眠、心悸，X线胸片见病变多在肺尖或锁骨上下，密度不匀，消散缓慢，且可形成空洞或肺内播散。痰中可找到结核分枝杆菌。一般抗菌治疗无效。

2. 肺癌：多无急性感染中毒症状，有时痰中带血丝。血白细胞计数不高，若痰中发现癌细胞可以确诊。肺癌可伴发阻塞性肺炎，经抗菌药物治疗后炎症消退，肿瘤阴影渐趋明显，或可见肺门淋巴结肿大，有时出现肺不张。

3. 急性肺脓肿：早期临床表现与肺炎链球菌肺炎相似。但随病程进展，咳出大量脓臭痰为肺脓肿的特征，X线显示脓腔及气液平，易与肺炎鉴别。

4. 肺血栓：栓塞症多有静脉血栓的危险因素，如血栓性静脉炎、心肺疾病、创伤、手术和肿瘤等病史，可发生咯血、晕厥，呼吸困难较明显，颈静脉充盈。X线胸片示区域性肺血管纹理减少，有时可见尖端指向肺门的楔形阴影。

5. 非感染性肺部浸润：还需排除非感染性肺部疾病，如肺间质纤维化、肺水肿、肺不张、肺嗜酸性粒细胞增多症和肺血管炎等。

五、评估严重程度

肺炎严重性取决于三个主要因素：局部炎症程度、肺部炎症的播散、全身炎症反应程度。

重症肺炎诊断标准：主要标准：①需要有创机械通气；②感染性休克需要血管收缩剂治疗。次要标准：①呼吸频率＞30次/分；②氧合指数（PaO_2/FiO_2）<250；③多肺叶浸润；④意识障碍/定向障碍；⑤氮质血症（BUN>20mg/dl）；⑥白细胞减少（WBC<4.0×10^9/L）；⑦血小板减少（血小板<10.0×10^9/L）；⑧低体温（T<36℃）；⑨低血压需要强力的液体复苏。符合1项主要标准或3项次要标准以上者可诊断为重症肺炎，考虑收入ICU治疗。

六、治疗

抗感染治疗是肺炎治疗的最主要环节。细菌性肺炎的治疗包括经验性治疗和针对病原体治疗。青壮年和无基础疾病的社区获得性肺炎患者，常用青霉素类、第一代头孢菌素等。由于中国肺炎链球菌对大环内酯类抗菌药物耐药率高，故对该菌所致的肺炎不单独使用大环内酯类抗菌药物治疗。老年人、有基础疾病或需要住院的社区获得性肺炎，常用氟喹诺酮类、第二、三代头孢菌素、β-内酰胺类/β-内酰胺酶抑制剂，或厄他培南，联合大环内酯类、三代头孢菌素、β-内酰胺类/β-内酰胺酶抑制剂、氟喹诺酮类或碳青霉烯类。

重症肺炎的治疗应选择广谱的强力抗菌药物，并应足量、联合用药。重症社区获得性肺炎常用β-内酰胺类联合大环内酯类或氟喹诺酮类。

肺炎的抗菌药物治疗应尽早进行，一旦怀疑为肺炎即马上给予首剂抗菌药物。病情稳定后可从静脉途径转为口服治疗。肺炎抗菌药物疗程至少5d，大多数患者需要7～10d或更长疗程，如体温正常48～72h，无肺炎任何一项临床不稳定征象可停用抗菌药物。肺炎临床稳定标准为：①T<37.8℃；②心率<100次/分；③呼吸频率<24次/分；④血压：收缩压≥90mmHg；⑤呼吸室内空气条件下动脉血氧饱和度≥90%或PaO_2>60mmHg；⑥能够口服进食；⑦精神状态正常。

七、肺炎的转诊原则

1. 重症肺炎需要机械通气治疗者。
2. 合并多脏器衰竭，需进一步生命支持者。
3. 怀疑真菌感染需进一步确诊者。
4. 经过规范治疗症状不能缓解且逐渐加重者。

第七节　高血压

高血压是指以体循环动脉血压升高为主要临床表现的心血管综合征，可分为原发性高血压和继发性高血压。原发性高血压，又称高血压病，是心血管疾病重要的危险因素，常与其他心血管危险因素共存，可损伤重要脏器，如心、脑、肾的结构和功能，最终导致这些器官的功能衰竭。

一、病因

1. 遗传因素：大约60%的高血压患者有家族史。目前认为是多基因遗传所致，30%～50%的高血压患者有遗传背景。
2. 环境因素：饮食、精神应激、吸烟。
3. 其他因素：体重、药物、睡眠呼吸暂停低通气综合征。

二、临床表现

1. 早期可能无症状或症状不明显，常见的是头晕、头痛、颈项板紧、疲劳、心悸等，也可以出现视物模糊、鼻出血等较重症状，典型的高血压头痛在血压下降后即可消失。高血压的症状与血压水平有一定关联，多数症状在紧张或劳累后可加重，清晨活动后血压可迅速升高，出现清晨高血压，导致心脑血管事件多发生在清晨。

2. 当血压突然升高到一定程度时甚至会出现剧烈头痛、呕吐、心悸、眩晕等症状，严重时会发生神志不清、抽搐，这就属于急进型高血压和高血压危重症，多数会在短期内发生严重的心、脑、肾等器官的损害和病变，如中风、心梗、肾衰等。症状与血压升高的水平并无一致的关系。

3. 继发性高血压的临床表现主要是有关原发病的症状和体征，高血压仅是其症状之一。继发性高血压患者的血压升高可具有其自身特点，如主动脉缩窄所致的高血压可仅限于上肢；嗜铬细胞瘤引起的血压增高呈阵发性。

三、辅助检查

1. 基本项目：血生化，全血细胞计数、血红蛋白和血细胞比容，尿液分析（蛋白、糖和尿沉渣镜检），心电图。

2. 推荐项目：24h动态血压监测、超声心动图、颈动脉超声、餐后2h血糖、血同型半胱氨酸、尿白蛋白定量、尿蛋白定量、眼底、胸部X线检查、脉搏波传导速度以及踝臂血压指数等。

四、诊断标准

根据诊室测量的血压值，采用经核准的汞柱式或电子血压计，测量安静休息坐位时上臂肱动脉部位血压，一般非同日测量三次血压，收缩压均≥140mmHg和（或）舒张压均≥90mmHg可确诊高血压。目前国内高血压的诊断采用2005年中国高血压治疗指南建议的标准（表3-1）：

如患者的收缩压与舒张压分属不同的级别时，则以较高的分级标准。单纯收缩期高血压也可按照收缩压水平分为1、2、3级。

高血压患者心血管危险分层标准（表3-2）：

表3-1 2005年中国高血压治疗指南建议的标准

类别	收缩压（mmHg）	舒张压（mmHg）
正常血压	<120	<80
正常高值	120～139	80～89
高血压	≥140	≥90
1级高血压（轻度）	140～159	90～99
2级高血压（中度）	160～179	100～109
3级高血压（重度）	≥180	≥110
单纯收缩期高血压	≥140	<90

表3-2　高血压患者心血管危险分层标准

其他危险因素和病史	1级	2级	3级
无其他危险因素	低	中	高
1-2个危险因素	中	中	很高危
≥3个危险因素或糖尿病或靶器官损害	高	高	很高危
有并发症	很高危	很高危	很高危

五、治疗原则

（一）原发性高血压的治疗

1. 治疗原则

临床证据表明收缩压下降10~20mmHg或舒张压下降5~6mmHg，3~5年内脑卒中、冠心病与心脑血管病死亡率事件分别减少30%、16%与20%，心力衰竭减少50%以上，高危病人获益更为明显。降压治疗的最终目的是减少高血压病人心、脑血管病的发生率和死亡率。

（1）改善生活行为：①减轻体重。②减少钠盐摄入。③补充钾盐。④减少脂肪摄入。⑤增加运动。⑥戒烟限酒。⑦减轻精神压力，保持心理平衡。⑧必要时补充叶酸制剂。

（2）血压控制标准个体化：由于病因不同，高血压发病机制不尽相同，临床用药分别对待，选择最合适药物和剂量，以获得最佳疗效。

（3）多重心血管危险因素协同控制：降压治疗后尽管血压控制在正常范围，血压升高以外的多种危险因素依然对预后产生重要影响。

2. 降压药物治疗

使用降压药物应遵循以下四项原则，即小剂量开始，优先选择长效制剂，联合用药及个体化。

（1）降压药物种类：①利尿药。②β受体阻滞剂。③钙通道阻滞剂。④血管紧张素转换酶抑制剂。⑤血管紧张素Ⅱ受体阻滞剂。

应根据患者的危险因素、靶器官损害及合并临床疾病的情况，选择单一用药或联合用药。选择降压药物的原则如下：

1）使用半衰期24h以及以上、每日一次服药能够控制24h的血压药物，如氨氯地平等，避免因治疗方案选择不当导致的医源性清晨血压控制不佳。

2）使用安全、可长期坚持并能够控制每一个24h血压的药物，提高患者的治疗依从性；

3）使用心脑获益临床试验证据充分并可真正降低长期心脑血管事件的药物，减少心脑血管事件，改善高血压患者的生存质量。

（2）治疗方案：大多数无并发症患者可以单独或者联合使用噻嗪类利尿剂、β受体阻滞剂等。治疗应从小剂量开始，逐步递增剂量。临床实际使用时，患者心血管危险因素状况、靶器官损害、并发症、降压疗效、不良反应等，都会影响降压药的选择。2级高血压患者在开始时就可以采用两种降压药物联合治疗。

（二）继发性高血压的治疗

主要是针对原发病的治疗，如嗜铬细胞瘤引起的高血压，肿瘤切除后血压可降至正常；肾血管性高血压可通过介入治疗扩张肾动脉。对原发病不能手术根治或术后血压仍高者，除采用其他针对病因的治疗外，还应选用适当的降压药物进行降压治疗。

第八节　冠心病

冠心病是指冠状动脉发生粥样硬化引起管腔狭窄或闭塞，导致心肌缺血缺氧或坏死而引起的心脏病。根据发病特点和治疗原则不同分为两大类：①慢性冠脉疾病，也称慢性心肌缺血综合征，其中稳定型心绞痛包括在此类中；②急性冠状动脉综合征，包括不稳定型心绞痛（UA）、非ST段抬高型心肌梗死（NSTEMI）和ST段抬高型心肌梗死（STEMI）。

一、稳定型心绞痛

（一）病因

本病是多因素作用于不同环节所致，这些因素称为危险因素，包括可改变危险因素，如高血压、血脂异常、糖尿病、吸烟、不合理膳食等，不可改变的危险因素，如性别、年龄、家族史等。

（二）临床表现

1. 症状。

以胸痛为主要症状，典型的心绞痛症状常由体力劳动或情绪激动所诱发。主要在胸骨体之后，可波及心前区，常放射至左肩、左臂内侧达无名指和小指，或至颈、咽、下颌部。胸痛常为压迫、发闷或紧缩性，偶伴濒死感。心绞痛一般持续数分钟至十余分钟，一般不超过半小时。在停止原来诱发症状的活动或含用硝酸甘油后即可缓解。

2. 体征。

心绞痛发作时常见心率增快、血压升高、表情焦虑、皮肤冷或出汗，有时出现第四或第三心音奔马律等。

（三）辅助检查

1. 心电图：绝大多数病人可出现暂时性心肌缺血引起的ST-T异常。

2. 超声心动图、多层螺旋CT冠状动脉成像（CTA）、冠状动脉造影（CAG）和其他侵入性检查，其中CAG是诊断冠心病的"金标准"。

3. 实验室检查：血清心肌损伤标志物，包括心肌肌钙蛋白（cTn）I或T、肌酸激酶（CK）及其同工酶（CK-MB）。

（四）诊断与鉴别诊断

1. 诊断。

根据典型心绞痛的发作特点，结合年龄和存在冠心病危险因素，除外其他原因所致的心绞痛，一般即可建立诊断。

2. 鉴别诊断。

本病需与急性冠脉综合征、其他疾病引起的心绞痛、肋间神经及肋软骨炎及心脏神经官能症、消化系统疾病及颈椎病等相鉴别。

（五）治疗

稳定型心绞痛的治疗原则是改善冠脉血供和降低心肌耗氧以改善病人症状，提高生活质量，同时治疗冠状动脉粥样硬化，预防心肌梗死，延长生存期。

1. 发作时的治疗。

发作时立刻休息，一般病人在停止活动后症状即逐渐消失。也可使用作用较快的硝酸酯制剂，包括硝酸甘油、硝酸异山梨酯。

2. 缓解期的治疗。

（1）在调整生活方式的基础上，积极进行药物治疗，包括改善缺血、减轻症状的药物及预防心肌梗死，改善预后的药物，前者主要包括β受体阻滞剂、硝酸酯类药、钙通道阻滞剂等，后者主要包括抗血小板药物、他汀类药物、ACEI或ARB类药物等。

（2）血管重建治疗：包括经皮冠状动脉介入治疗及冠状动脉旁路移植术。

（3）其他：如中药活血化瘀等对症治疗。

二、不稳定型心绞痛和非ST段抬高型心肌梗死

不稳定型心绞痛和非ST段抬高型心肌梗死（UA/NSTEMI），是由于动脉粥样斑块破裂或糜烂，伴有不同程度的表面血栓形成、血管痉挛及远端血管栓塞所导致的一组临床症状。

（一）病因

UA/NSTEMI病因详见上节稳定型心绞痛。其病理机制为不稳定粥样硬化斑块破裂或糜烂基础上血小板聚集、并发血栓形成、冠状动脉痉挛收缩、微血管栓塞导致急性或亚急性心肌供氧的减少和缺血加重。

（二）临床表现

1. 症状。

UA/NSTEMI病人胸部不适的性质与典型的稳定型心绞痛相似，通常程度更重，持续时间更长，胸痛在休息时也可发生，发作时伴有新的相关症状，如出汗、恶心等。休息或舌下含服硝酸甘油只能暂时甚至不能完全缓解症状。

2. 体征。

体检可发现一过性第三心音或第四心音。

（三）常见辅助检查

1. 心电图。

大多数病人胸痛发作时有一过性ST段和T波改变。

2. 心脏标志物检查。

cTnT及I较传统的CK和CK-MB更敏感、更可靠，在症状发生后24h内，cTn的峰值超过正常对照值的99个百分位，需考虑NSTEMI的诊断。

3. 其他，详见"稳定型心绞痛"部分。

（四）诊断与鉴别诊断

1. 诊断。

根据典型的心绞痛症状、典型的缺血性心电图改变以及心肌损伤标志物测定，可以作出UA/NSTEMI诊断。

2. 鉴别诊断。

详见"稳定型心绞痛"部分。

（五）治疗

1. 治疗原则。

UA/NSTEMI 的治疗主要有两个目的：即刻缓解缺血和预防严重不良反应后果，包括抗缺血、抗血栓和有创治疗。

2. 一般治疗。

病人应立即卧床休息，消除紧张情绪，保持环境安静，可以应用小剂量的镇静剂和抗焦虑药物。

3. 药物治疗。

抗心肌缺血药物；

主要目的是减少心肌耗氧量或扩张冠状动脉，缓解心绞痛发作。包括硝酸酯类药物、β受体拮抗剂等。

抗血小板治疗：

（1）COX 抑制剂。

阿司匹林是抗血小板治疗的基石。

（2）ADP 受体拮抗剂。

除非有禁忌证，UA/NSTEMI 病人均建议在阿司匹林基础上，联合应用一种 ADP 受体拮抗剂，并维持至少 12 个月。

（3）血小板糖蛋白 IIb/IIIa 受体拮抗剂。

抗凝治疗：

除非有禁忌，所有病人均应在抗血小板治疗基础上常规接受抗凝治疗。常用的抗凝药包括普通肝素、低分子量肝素、磺达肝癸钠和比伐卢定。

调脂治疗及 ACEI 或 ARB 类药物、血运重建治疗：

包括经皮冠状动脉介入治疗及冠状动脉旁路移植术。

三、急性 ST 段抬高型心肌梗死

急性 ST 段抬高型心肌梗死（STEMI），是在冠脉病变的基础上，发生冠脉血供急剧减少或中断，使相应的心肌严重而持久地急性缺血所致。

（一）病因

STEMI 的基本病因是冠脉粥样硬化基础上一支或多支血管管腔急性闭塞，若持续时间达到 20~30min 或以上，即可发生急性心肌梗死（AMI）。

（二）临床表现

与梗死的面积大小、部位、冠状动脉侧支循环情况密切相关。

1. 先兆。

大部分病人在发病前数日有前驱症状，其中以新发生心绞痛或原有心绞痛加重为最突出。

2. 症状。

（1）疼痛：是最先出现的症状，疼痛部位和性质与心绞痛相同，但诱因多不明显，且常发生于安静时，程度较重，持续时间较长，可达数小时或更长，休息和含用硝酸甘油片多不能缓解。

病人常烦躁不安、出汗、恐惧、胸闷或有濒死感。部分病人疼痛位于上腹部，被误认为急腹症；部分病人疼痛放射至下颌、颈部、背部上方，被误认为牙痛或骨关节痛。

（2）全身症状：有发热、心动过速等。

（3）胃肠道症状：疼痛剧烈时常伴有频繁的恶心、呕吐和上腹胀痛。

（4）其他的可出现心律失常、心力衰竭、低血压和休克等相关症状。

3. 体征。

心率多增快。心尖区第一心音减弱，可出现第四心音奔马律。当出现二尖瓣乳头肌功能失调或断裂时心尖区可闻及粗糙的收缩期杂音或伴收缩中晚期喀喇音，室间隔穿孔时可在胸骨左缘3~4肋间新出现粗糙的收缩期杂音并伴有震颤。

（三）辅助检查

1. 心电图：特征性心电图表现特点包括呈弓背向上抬高的ST段、病理性Q波及倒置的T波（如图3-1）。

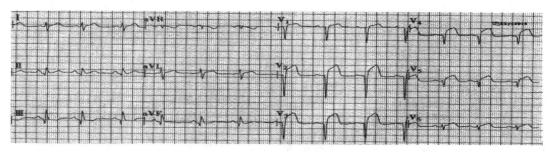

图3-1 急性前壁心肌梗死的心电图

图示V_1~V_5导联QRS波群呈QS型，ST段明显抬高。

2. 超声心动图：了解心室壁的运动和左心室功能，诊断室壁瘤和乳头肌功能失调等并发症。

3. 心脏标志物检查：心肌损伤标志物增高。对心肌损伤标志物的测定应进行综合评价，如肌红蛋白在AMI后出现最早，也很敏感，但特异性不很强；cTnT和cTnl出现稍延迟，而特异性很高，在症状出现后6h内测定为阴性，则6h后应再复查，其缺点是持续时间可长达10~14d，对在此期间判断是否有新的梗死不利。CK-MB虽不如cTnT及cTnl敏感，但对早期AMI的诊断有较重要价值。

（四）诊断与鉴别诊断

1. 诊断。

根据典型的临床表现，特征性的心电图改变以及实验室检查发现，诊断本病并不困难。

2. 鉴别诊断。

本病需与主动脉夹层、肺栓塞、张力性气胸、急腹症、急性心包炎等相鉴别。

（五）治疗

治疗原则是尽快恢复心肌的血液灌注以挽救濒死的心肌、防止梗死扩大或缩小心肌缺血范围，保护和维持心脏功能，及时处理严重心律失常等各种并发症，防止猝死，使病人不但能度过急性期，且康复后还能保持尽可能多的有功能的心肌。

1. 一般治疗。

参照"不稳定型心绞痛和非ST段抬高型心肌梗死"部分。

2. 解除疼痛。

开通梗死相关血管、恢复缺血心肌供血的心肌再灌注治疗是解除疼痛最有效的方法，但在再灌注治疗前可选用药物尽快解除疼痛。包括吗啡或哌替啶、硝酸酯类药物和β受体拮抗剂。

3. 抗血小板治疗。

各种类型的ACS均需要联合应用阿司匹林和P2Y12受体拮抗剂。

4. 抗凝治疗。

除非有禁忌，所有STEMI病人均应在抗血小板治疗基础上常规联合抗凝治疗。

5. 再灌注心肌治疗。

起病3~6h，最多在12h内，开通闭塞的冠状动脉，使得心肌得到再灌注，挽救濒临坏死的心肌或缩小心肌梗死的范围，减轻梗死后心肌重塑。

（1）经皮冠状动脉介入治疗。

若病人在救护车上或无PCI能力的医院，但预计120min内可转运至有PCI条件的医院并完成PCI，则首选直接PCI策略，力争在90min内完成再灌注；或病人在可行PCI的医院，则应力争在60min内完成再灌注。

（2）溶栓疗法。

如果预计直接PCI时间大于120min，则首选溶栓策略，力争在30min内给予溶栓药物。常用的溶栓药物包括尿激酶、链激酶、重组组织型纤溶酶原激活剂。

（3）紧急冠状动脉旁路移植术。

介入治疗失败或溶栓治疗无效有手术指征者，宜争取6~8h内施行紧急CABG术。

6. 调脂治疗、ACEI或ARB类药物及其他治疗。

第九节　心力衰竭

心力衰竭是各种心脏结构或功能性疾病导致心室充盈和（或）射血功能受损，以肺循环和（或）体循环瘀血、器官、组织血液灌注不足为临床表现的一组综合征，主要表现为呼吸困难、体力活动受限和体液潴留。

一、病因

（一）基本病因

1. 心肌损害：包括原发性、继发性心肌损害，前者如心肌梗死、肥厚型心肌病等，后者如内分泌代谢性疾病、结缔组织病等并发的心肌损害。

2. 心脏负荷过重：①压力负荷过重。见于左、右心室收缩期射血阻力增加的疾病，如高血压。②容量负荷过重。见于心脏瓣膜关闭不全及左、右心或动、静脉分流性先天性心血管病。③心室前负荷不足。如二尖瓣狭窄。

（二）诱发因素

在上述病因的基础上，一些因素可诱发心力衰竭的发生。常见的诱因有感染、心律失常、血容量增加、过度体力消耗或情绪激动及治疗不当等。

二、分类

根据发生心衰的部位，分为左心衰竭、右心衰竭和全心衰竭。根据心衰发生的时间、速度、严重程度可分为慢性心衰和急性心衰。

（一）慢性心力衰竭

慢性心力衰竭是心血管疾病的终末期表现和最主要的死因。它是各种病因所致心脏疾病的终末阶段，是一种复杂的临床综合征，主要特点是呼吸困难、水肿、乏力。

（二）急性心力衰竭

急性心力衰竭是指心力衰竭急性发作和（或）加重的一种临床综合征，可表现为急性新发或慢性心衰急性失代偿。急性心衰可以在原有慢性心衰基础上急性加重，也可以在心功能正常或处于代偿期的心脏上突然起病。

三、临床表现

临床上左心衰竭较为常见。由于严重广泛的心肌疾病同时波及左、右心而发生全心衰竭者在住院病人中更为多见。

（一）左心衰竭

以肺循环瘀血及心排血量降低为主要表现。

1. 呼吸困难是左心衰最主要的症状，可表现为劳力性呼吸困难、端坐呼吸、阵发性夜间呼吸困难等多种形式。

2. 咳嗽、咳痰、咯血等。

3. 乏力、疲倦、运动耐量减低、头晕、心慌等。

4. 少尿及肾功能损害症状。

（二）右心衰竭

以体循环瘀血为主要表现。

（1）消化道症状：胃肠道及肝瘀血引起腹胀、食欲缺乏、恶心、呕吐等。

（2）劳力性呼吸困难、水肿等。

（三）全心衰竭

左心衰竭继发右心衰竭而形成的全心衰竭，因右心衰竭时右心排血量减少，因此以往的阵发性呼吸困难等肺瘀血症状反而有所减轻。

四、辅助检查

（一）实验室检查

1. 利钠肽：是心衰诊断的重要指标，临床上常用 BNP 及 NT-proBNP。

2. 肌钙蛋白及其他常规实验室检查。

（二）心电图

心力衰竭并无特异性心电图表现，但能帮助判断心肌缺血、传导阻滞及心律失常等。常可提示原发疾病。

（三）影像学检查

包括胸部 X 线检查、超声心动图、心脏磁共振、冠状动脉造影等。

五、诊断

心力衰竭完整的诊断包括病因学诊断、心功能评价及预后评估。综合病史、症状、体征及辅助检查做出诊断。症状、体征是早期发现心衰的关键，完整的病史采集及详尽的体格检查非常重要。

六、治疗

（一）急性心力衰竭

急性左心衰竭的治疗目标是改善症状，稳定血流动力学状态，维护重要脏器功能，避免复发，改善预后。

1. 一般处理。

包括协助病人取半卧位或端坐位、吸氧、心电监护及液体出入量管理等。

2. 药物治疗。

包括镇静剂、利尿剂、氨茶碱及洋地黄类药物。

3. 血管活性药物。

病情仍不缓解者可选择应用血管活性药物。

4. 非药物治疗。

主动脉内球囊反搏（IABP）、左室辅助装置（LVAD）等。

5. 病因治疗。

应根据条件适时对诱因及基本病因进行治疗。

（二）慢性心力衰竭

治疗原则是采取综合治疗措施，包括对各种可致心功能受损的疾病的早期管理，调节心力衰竭的代偿机制，减少其负面效应。

1. 生活方式管理。

包括健康的生活方式、平稳的情绪、适当的诱因规避、规范的药物服用、合理的随访计划等。

2. 休息与活动。

急性期或病情不稳定者应限制体力活动，卧床休息。当病情稳定后，应鼓励病人主动运动，根据病情轻重不同，在不诱发症状的前提下从床边小坐开始逐步增加有氧运动。

3. 病因治疗。

在尚未造成心脏器质性改变前，对所有可能导致心脏功能受损的常见疾病早期、有效治疗，此外，消除诱因治疗也很重要，包括积极抗感染及控制心室率等。

4. 药物治疗。

（1）利尿剂：是心力衰竭治疗中改善症状的基石。

（2）ACEI或ARB类药物。

（3）β受体拮抗剂：能减轻症状、改善预后、降低死亡率和住院率。

（4）正性肌力药：包括洋地黄类药物、非洋地黄类正性肌力药等。

5.非药物治疗：心脏再同步化治疗（CRT）、植入型心律转复除颤器（ICD）、左室辅助装置（LVAD）等。

第十节 脑出血

脑出血是指非外伤性脑实质内出血，发病率为每年（60~80）/10万，在中国约占全部脑卒中的20%~30%。虽然发病率低于脑梗死，但其致死率高于脑梗死，急性期病死率为30%~40%。

一、病因

最常见病因是高血压合并细小动脉硬化，其他病因包括动静脉畸形、脑淀粉样血管病变、血液病（如白血病、再生障碍性贫血、血小板减少性紫癜、血友病、红细胞增多症和镰状细胞病等）、抗凝或溶栓治疗等。

二、临床表现

（一）一般表现

脑出血一般在寒冷季节发病率较高，多有高血压病史。多在情绪激动或活动中突然发病，发病后病情常于数分钟至数小时内达到高峰。少数也可在安静状态下发病。脑出血患者发病后多有血压显著升高，常有头痛、呕吐和不同程度的意识障碍。

（二）局限性定位表现

取决于出血量和出血部位。

1. 基底核区出血。

①壳核出血：最常见。常有病灶对侧偏瘫、偏深感觉障碍和偏盲症状体征，简称"三偏"，还可以出现双眼球向病灶对侧同向凝视不能，优势半球受累可有失语。

②丘脑出血：常有对侧偏瘫、偏身感觉障碍，感觉障碍通常重于运动障碍。优势侧丘脑出血可出现丘脑性失语、精神障碍、认知障碍和人格改变等。

③尾状核头出血：较少见，一般出血量不大，多破入脑室。常见头痛、呕吐、颈强直、精神症状，神经功能缺损症状并不多见，故临床酷似蛛网膜下腔出血。

2. 脑叶出血：常由脑动静脉畸形、血管淀粉样病变、血液病等所致。额叶出血可有偏瘫、尿便失禁、运动性失语、摸索和强握反射等；颞叶出血可有感觉性失语、精神症状、对侧上象限盲、癫痫等；枕叶出血可有视野缺损；顶叶出血可有偏身感觉障碍、轻偏瘫、对侧下象限盲，非优势半球受累可有构象障碍。

3. 脑干出血：脑桥出血多由基底动脉脑桥支破裂所致，出血多位于脑桥基底部与被盖部之间。大量出血（血肿 > 5ml）患者迅速出现昏迷、双侧针尖样瞳孔、呕吐咖啡色胃内容物、中枢性高热、中枢性呼吸障碍、眼球浮动、四肢瘫痪和去大脑强直发作（角弓反张）等。小量出血可无意识障碍，表现为交叉性瘫痪和共济失调性偏瘫。中脑出血少见，常有头痛、呕吐和意识障碍，轻症表现为一侧或双侧动眼神经不全麻痹、眼球不同轴、同侧肢体共济失调；重症表现为深昏迷，四肢软瘫，迅速死亡。延髓出血更少见，影响生命中枢，迅速死亡。轻症患者可表现为不典型的延髓背外侧综合征。

4. 小脑出血：常有头痛、呕吐、眩晕和明显共济失调，起病突然，可伴有枕部疼痛。出血量较少者，主要表现为小脑受损症状，如共济失调、眼震和小脑语言等，多无瘫痪；出血量较多者，尤其是小脑蚓部出血，病情迅速进展，出现昏迷及脑干受压征象，双侧瞳孔缩小至针尖样、呼吸不规则等。

5. 脑室出血：分为原发性和继发性脑室出血。常有头痛、呕吐，严重脑室铸型者可出现意识障碍如深昏迷、脑膜刺激症、针尖样瞳孔、眼球分离斜视或浮动、四肢软瘫及去脑强直发作、高热、呼吸不规则、血压不稳定等。临床上易误诊为蛛网膜下腔出血。

三、辅助检查

1. CT检查：头颅CT平扫是诊断脑出血的首选方法，可清楚显示出血部位、出血量大小、血肿形态、是否破入脑室以及血肿周围有无低密度水肿带和占位效应等。动态CT检查还可以评估出血的进展情况。

2. MRI和MRA检查：对发现结构异常，明确脑出血的病因很有帮助。MRI对检出脑干和小脑的出血灶以及监测脑出血的演进过程优于CT扫描，但对急性脑出血诊断不如CT。

3. 其他检查包括血常规、血生化、凝血功能、心电图和胸片等。

四、诊断及鉴别诊断

1. 诊断：根据中老年患者在活动中或情绪激动时突然发病，迅速出现局灶性神经功能缺损症状以及头痛、呕吐等颅高压症状应考虑脑出血可能，结合头颅CT检查，可以迅速明确诊断。详见图3-2。

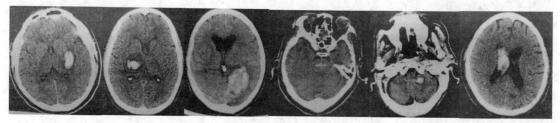

| 壳核出血 | 丘脑出血 | 枕叶出血 | 脑桥出血 | 小脑出血 | 脑室出血 |

图3-2　CT显示不同部位高密度出血灶

2. 鉴别诊断。

（1）首先应与其他类型的脑血管疾病如急性脑梗死、蛛网膜下腔出血鉴别。

（2）对发病突然、迅速昏迷且局灶体征不明显者，应注意与引起昏迷的全身性疾病如中毒（酒精中毒、镇静催眠药中毒、一氧化碳中毒）及代谢性疾病（低血糖、肝性脑病、肺性脑病和尿毒症等）鉴别。

（3）对有头部外伤史者应与外伤性颅内血肿相鉴别。

五、治疗

治疗原则为安静卧床、脱水降颅压、调整血压、防止继续出血、加强护理，防治并发症，以挽救生命，降低死亡率、致残率和减少复发。

1. 内科治疗。

（1）一般处理：应当卧床休息2~4周，保持安静，避免情绪激动和血压升高。意识障碍、消化道出血者宜禁食24~48h，必要时应排空胃内容物。注意水电解质平衡，保持呼吸道通畅，预防吸入性肺炎和早期积极控制感染。明显头痛、过度烦躁不安者，可酌情适当给予镇静止痛剂。便秘者可选用缓泻剂。

（2）降低颅内压：脑水肿可使颅内压升高，并致脑疝形成，是影响脑出血死亡率及功能恢复的主要因素。积极控制脑水肿、降低颅内压是脑出血急性期治疗的重要环节。不建议应用激素治疗减轻脑水肿。

（3）调整血压：一般认为脑出血患者血压升高是机体针对颅内压，为保证脑组织血供的血管自动调节反应，随着颅内压的下降，血压也会下降，因此降低血压应首先以进行脱水降低颅内压治疗为基础。但如果血压过高，又会增加再出血风险，因此需要控制血压。一般来说，当收缩压大于200mmHg或平均动脉压大于150mmHg时，要用持续静脉降压药物积极降低血压；当收缩压大于180mmHg或平均动脉压大于130mmHg时，如果同时有疑似颅内压增高的证据，要考虑监测颅内压，可用间断或持续静脉降压药物控制血压，但要注意降血压不能过快，防止因血压下降过快引起脑低灌注。

（4）止血治疗：止血药物一般作用不大，不建议常规使用。如果有凝血功能障碍，可针对性地给予止血药物治疗，比如肝素治疗并发的脑出血可用鱼精蛋白中和，华法林治疗并发的脑出血可用维生素K$_1$拮抗。

（5）亚低温治疗：可以试用亚低温治疗方法，尤其是针对高热或烦躁不安病例。

（6）其他：可以选择适当时机给予中药及中医适宜技术治疗。

2. 外科治疗。

严重脑出血危及患者生命时内科保守治疗通常无效，外科治疗则有可能挽救生命。主要手术方法有：开颅血肿清除去骨瓣减压术、小骨窗开颅血肿清除术、钻孔血肿抽吸引流术和脑室穿刺引流术等。

3. 康复治疗：脑出血患者只要生命体征平稳，病情不再进展，宜尽早进行康复治疗。

六、转诊原则

若患者病情危重或基层医疗机构不具备手术治疗条件，则建议转诊治疗。

第十一节　缺血性脑血管病

短暂性脑缺血发作

一、病因

短暂性脑缺血发作是由于局部脑或视网膜缺血引起的短暂性神经功能缺损，临床症状一般不超过1h，最长不超过24h，且无责任病灶的证据。凡神经影像学检查有神经功能缺损对应的明确病灶者不宜称为TIA。TIA的发病与动脉粥样硬化、动脉狭窄、心脏病、血液成分改变以及血流动力学变化等多种病因有关，其发病机制主要有血流动力学改变和微栓塞两种类型。

二、临床表现

1. 一般特点：TIA好发于中老年人，多伴有高血压、动脉粥样硬化、糖尿病或高血脂等脑血管病危险因素。发病突然，局部脑或视网膜功能障碍历时短暂，不留后遗症状。TIA常反复发作，每次发作表现相似。

2. 颈内动脉系统TIA：临床表现与受累血管分布有关。大脑中动脉供血区TIA可出现缺血，对侧肢体的单瘫、轻偏瘫、面瘫和舌瘫，可伴有偏身感觉障碍和对侧同向偏盲，优势半球受损常出现失语和失用，非优势半球受损可出现空间定向障碍。大脑前动脉供血区缺血可出现人格和情感障碍、对侧下肢无力等。

3. 椎—基底动脉系统TIA：最常见的表现是眩晕、平衡障碍、眼球运动异常和复视。可有单侧或双侧面部、口周麻木，单独出现或伴有对侧肢体瘫痪、感觉障碍，呈现典型或不典型的脑干缺血综合征。此外，椎—基底动脉系统TIA还可出现以下几种特殊表现的临床综合征：

（1）跌倒发作：表现为下肢突然失去张力而跌倒，无意识丧失，常可很快自行站起，系脑干下部网状结构缺血所致。

（2）短暂性全面遗忘症：发作时出现短时间记忆丧失，对时间、地点定向障碍，但谈话、书写和计算能力正常，一般症状持续数小时，然后完全好转，不遗留记忆损害。

（3）双眼视力障碍发作：双侧大脑后动脉距状支缺血导致枕叶视皮质受累，引起暂时性皮质盲。

三、辅助检查

头颅CT或MRI检查大多正常。部分病例DWI可以在发病早期显示一过性缺血灶，缺血灶多呈小片状，一般体积1~2ml。CTA、MRA及DSA检查有时可见血管狭窄、动脉粥样硬化改变。TCD检测可探查颅内血管狭窄，并可进行血流状况评估和微栓子监测。血常规、凝血功能和生化检查也是必要的，神经心理学检查可能发现轻微的脑功能损害。

四、诊断

大多数TIA患者就诊时临床症状已消失，故诊断主要依靠病史。中老年患者突然出现局灶性脑功能损害症状，符合颈内动脉或椎-基底动脉系统及其分支缺血表现，并在短时间内完全恢复（多不超过1h），应高度怀疑为TIA。PWI/DWI、CTP和SPECT有助于TIA诊断。

五、治疗

TIA是急诊。TIA发生后一周内是卒中的高风险期，临床医师应提高警惕，提前预判做好准备工作，一旦TIA转变为脑梗死，应立即启动溶栓治疗，不要因等待凝血功能等化验结果而延误溶栓治疗。

1. TIA短期卒中风险评估。

常用的TIA危险分层工具为ABCD评分，见表3-3。症状发作在72h内并存在以下情况之一者，建议住院治疗：①ABCD评分大于3分；②ABCD评分0~2分，但门诊不能在2d内完成TIA系统检查；③ABCD评分0~2分，并有其他证据提示症状由局部缺血引起，如磁共振DWI扫描检查已显示对应小片状缺血灶。

表3-3 TIA的ABCD评分

TIA的临床特征		得分
年龄（A）	大于60岁	1
血压（B）	收缩压大于140mmHg或舒张压大于90mmHg	1
临床症状（C）	单侧无力	2
	不伴无力的言语障碍	1
症状持续时间（D）	大于60min	2
	10～59min	1
糖尿病（D）	有	1

2. 药物治疗。

（1）抗血小板治疗：非心源性栓塞性TIA推荐抗血小板治疗，一般推荐单药治疗。①阿司匹林（50～325mg/d）；②氯吡格雷（75mg/d）；③小剂量阿司匹林和缓释的双嘧达莫（分别为25 mg和200mg，2次/d）。

（2）抗凝治疗：心源性栓塞性TIA可采用抗凝治疗。主要包括肝素、低分子肝素和华法林。一般短期使用肝素后改为华法林口服，华法林治疗目标为国际标准化比值（INR）达到2～3，用药量根据结果调整。

（3）扩容治疗：纠正低灌注，适用于血流动力型TIA。

（4）溶栓治疗：对于新近发生的符合传统TIA定义的患者，虽然神经影像学检查发现有明确的脑梗死责任病灶，但是目前不作为溶栓治疗的禁忌证。在临床症状再次发作时，若临床已明确诊断为脑梗死，不应等待，应按照卒中指南积极进行溶栓治疗。

（5）其他：对有高纤维蛋白原血症的TIA患者，可选用降纤酶治疗。另外活血化瘀性中药制剂对TIA患者也可能有一定的治疗作用。

3. TIA的外科治疗。

（1）颈动脉内膜切除术（CEA）：颈部血管超声检查显示颈内动脉狭窄大于70%或导管血管造影（DSA）检查发现颈内动脉狭窄大于50%，且围术期并发症和死亡风险评估小于6%，可以推荐行CEA治疗。

（2）颈动脉血管成形和支架置入术（CAS）：是通过血管内介入技术在颈动脉狭窄部位进行球囊扩张和置入支架的治疗方法，可以作为CEA治疗的一种替代方法。必须严格掌握适应证，避免过度医疗。

4. 控制危险因素。

（1）高血压是脑卒中最重要的可干预的危险因素。

（2）吸烟可以影响全身血管和血液系统，如加速血管硬化、升高血浆纤维蛋白原水平、促使血小板聚集等，还可以促使血管收缩引起血压升高。因此必须限制吸烟或戒烟。

（3）糖尿病是缺血性卒中的独立危险因素，因此必须控制血糖平稳。

（4）心房颤动可使卒中的风险显著增加。

（5）其他心脏病如心脏瓣膜修补术后、心肌梗死、扩张型心肌病等均增加卒中发生率。

（6）血脂异常与缺血性卒中发生率之间存在着明显相关性。

（7）无症状性颈动脉狭窄是明确的卒中独立危险因素。

（8）绝经后雌激素替代治疗明显增加缺血性卒中的风险。

（9）每天增加摄入蔬菜和水果，脑卒中相对危险度减少。

（10）肥胖人群易患心脑血管病，这与肥胖可导致高血压、高血脂、高血糖有关。

（11）饮酒过量：过量饮酒可使卒中风险升高。

（12）运动与锻炼：与缺乏运动的人群相比，体力活动能够降低卒中或死亡风险27%；与不锻炼的人群相比，中等运动程度能够降低卒中风险20%。

（13）其他。包括代谢综合征、口服避孕药、药物滥用、睡眠呼吸障碍病及血黏度增高等。

脑梗死

脑梗死又称缺血性卒中，是指各种原因所致脑部血液供应障碍，引起局部脑组织缺血缺氧性坏死，从而出现相应神经功能缺损的一类临床综合征。脑梗死是卒中最常见的类型，可分为脑血栓形成、脑栓塞和血流动力学机制所致的脑梗死三种类型。

一、脑血栓形成

1. 病因。

脑血栓形成是脑梗死常见的类型，动脉粥样硬化是本病的根本病因。因此脑血栓形成临床上主要指大动脉粥样硬化型脑梗死。另外动脉炎也是脑血栓形成的致病因素。其他少见原因包括药源性、血液系统疾病、遗传性高凝状态、抗磷脂抗体、烟雾病、脑淀粉样血管病和夹层动脉瘤等。

2. 临床表现。

（1）一般特点：动脉粥样硬化性脑梗死多见于中老年，动脉炎性脑梗死以中青年多见。常在安静或睡眠中发病，局灶性体征多在发病后10h或1～2日达到高峰，临床表现取决于梗死灶的部位和大小。

（2）不同脑血管闭塞的临床特点：

①颈内动脉闭塞的表现：严重程度差异较大，主要取决于侧支循环状况。常发生在颈内动脉分叉后，慢性血管闭塞可无症状。症状性闭塞可出现单眼一过性黑蒙，偶见永久性失明或Horner症。远端大脑中动脉血液供应不良，可以出现对侧偏瘫、偏身感觉障碍和（或）同向性偏盲等，优势半球受累可伴有失语症，非优势半球受累可有体象障碍。体检可闻及颈动脉搏动减弱或闻及血管杂音。

②大脑中动脉闭塞的表现：主干闭塞导致三偏症状（偏瘫、偏身感觉障碍和偏盲），伴有头、眼向病灶侧凝视，优势半球受累出现完全性失语症，非优势半球受累出现体象障碍，患者可出现意识障碍。

③大脑前动脉闭塞的表现：分出前交通动脉前主干闭塞，可因对侧动脉的侧支循环代偿不出现症状，但当双侧动脉起源于同一个主干时，就会造成双侧大脑半球前内侧梗死，导致截瘫、二便失禁、意志缺失、运动性失语综合征和额叶人格改变等。大脑前动脉远端闭塞时，可以导致对侧下肢感觉运动障碍，而上肢和肩部瘫痪轻，面部和手部不受累。可以出现尿失禁、淡漠、反应迟钝、欣快和缄默等，对侧出现强握、吸吮反射和痉挛性强直。

④大脑后动脉闭塞的表现：主干闭塞症状取决于侧支循环。单侧皮质支闭塞引起对侧同向性偏盲，上部视野较下部视野受损常见，黄斑区视力不受累（黄斑回避）。优势侧受累可出现失读

（伴或不伴失写）、命名性失语及失认等。双侧皮质支闭塞可导致完全皮质盲，有时伴有不成形的视幻觉、记忆受损、不能识别熟悉面孔（面容失认症）等。

⑤椎-基底动脉闭塞的表现：血栓性闭塞多发生在基底动脉起始部和中部，栓塞性闭塞通常发生在基底动脉尖。基底动脉或双侧椎动脉闭塞是危及生命的严重脑血管事件，可引起脑干梗死，常出现眩晕、呕吐、四肢瘫痪、共济失调、肺水肿、消化道出血、昏迷和高热等。脑桥支闭塞可引起闭锁综合征；短旋支闭塞可引起脑桥腹外侧综合征；旁中央支闭塞可引起脑桥腹内侧综合征；基底动脉尖端闭塞可引起基底动脉尖综合征；小脑后下动脉或椎动脉供应延髓外侧的分支闭塞可引起延髓背外侧综合征。

（3）特殊类型脑梗死：

①大面积脑梗死：通常由颈内动脉主干、大脑中动脉主干闭塞或皮质支完全性卒中引起，易出现显著脑水肿、颅内压增高和脑疝，病情凶险，死亡率高。

②分水岭脑梗死：也称边缘带脑梗死，是由相邻血管供血区交界处或分水岭区缺血所致，多因血流动力学原因引起。

③出血性脑梗死：常见于大面积脑梗死后，是因脑梗死灶内的动脉自身缺血，导致血管壁损伤坏死，血液漏出引起出血性脑梗死。

④多发性脑梗死：指两个或两个以上不同供血系统脑血管闭塞引起的梗死，一般为反复多次梗死所致。

3. 辅助检查。

（1）血常规、血流变、血生化和心电图检查。

（2）神经影像学检查包括CT、MRI、DSA、CTA及MRA检查。

（3）腰穿检查。

（4）TCD。

（5）超声心动图检查。

4. 诊断。

中年以上高血压及动脉硬化患者，在静息状态下或睡眠中急性起病，迅速出现局灶性脑损害症状和体征，并能用某一动脉供血区功能损伤解释，临床应考虑急性脑梗死可能。CT或MRI检查发现梗死灶可确诊。有明显感染或炎症疾病史的年轻患者需考虑动脉炎致血栓形成之可能。

5. 治疗。

（1）超早期治疗：时间就是大脑，力争尽早选择最佳治疗方案，挽救缺血半暗带。

（2）个体化治疗：根据年龄、类型、严重程度和基础疾病等采取最适当的治疗。

（3）整体化治疗：在采取针对性治疗的同时，进行支持、对症和早期康复治疗等。

二、脑栓塞

1. 病因。

脑栓塞是指各种栓子随血流进入颅内动脉使血管腔急性闭塞或严重狭窄，引起相应供血区脑组织发生缺血坏死及功能障碍的一组临床综合征。临床上主要指心源性脑栓塞。

根据栓子来源可分为心源性、非心源性和来源不明三种。心源性栓子主要见于心房颤动、心脏瓣膜病、心肌梗死及其他如心房黏液瘤、二尖瓣脱垂、先心病等。非心源性栓子常见原因有动脉粥样硬化斑块脱落性血栓栓塞、脂肪栓塞、空气栓塞、癌栓栓塞以及其他少见的感染性脓栓、寄生虫栓和异物栓等。

2. 临床表现。

（1）一般特点：多在活动中急骤发病，无前驱症状，局灶性神经体征在数秒至数分钟达到高峰，多表现为完全性卒中。大多数患者伴有风湿性心脏病、冠心病和严重心律失常（如心房颤动）等，或存在心脏手术、长骨骨折、血管内介入治疗等栓子来源病史。患者是否有意识障碍取决于栓塞血管的大小和梗死的面积。

（2）临床特征：不同部位血管栓塞会造成相应的血管闭塞综合征，详见脑血栓形成部分。与脑血栓形成相比，脑栓塞容易复发和出血，病情波动大，病初严重，后因血管再通，部分病人临床症状可迅速缓解；有时因并发脑出血，临床症状可急剧恶化；有时因栓塞再发，病情稳定或一度好转的局灶性体征可再次加重。若因感染性栓子栓塞并发颅内感染者，则病情多危重。

3. 辅助检查。

（1）CT和MRI检查。

（2）血液和脑脊液检查。

（3）心电图、超声心动图及颈动脉超声检查。

4. 诊断。

根据急骤起病，数分钟内达到高峰，出现偏瘫、失语等局灶性神经功能缺损，既往有栓子来源的基础疾病，可初步作出临床诊断。头颅CT、MRI检查可确定脑栓塞部位、数目及是否伴发出血，有助于明确诊断。

5. 治疗。

（1）脑栓塞治疗：与脑血栓形成治疗原则基本相同，主要是改善循环、减轻脑水肿、防止出血、减小梗死范围。注意在并发出血性梗死时，应暂停溶栓、抗凝和抗血小板药，防止出血加重。

（2）原发病治疗：针对性治疗原发病有利于脑栓塞病情控制和防止复发。如对感染性栓塞使用抗生素，并禁用溶栓和抗凝治疗，防止感染扩散；对脂肪栓塞，可采用肝素、5%碳酸氢钠及脂溶剂，有助于溶解脂肪颗粒；有心律失常者，应予以纠正；空气栓塞者可进行高压氧治疗。

（3）抗栓治疗：心源性脑栓塞急性期一般不推荐抗凝治疗。房颤或有再栓塞高度风险的心源性疾病、动脉夹层或高度狭窄的患者推荐抗凝治疗，预防再栓塞或栓塞继发血栓形成。有抗凝治疗指征但无条件使用抗凝药物时，也可以采用小剂量阿司匹林（50~150mg/d）与氯吡格雷（75mg/d）联合抗血小板治疗。由于本病容易并发出血，因此应严格掌握溶栓适应证。

三、腔隙性脑梗死

1. 病因。

腔隙性脑梗死是指大脑半球或脑干深部的小穿通动脉，在长期高血压等危险因素基础上，血管壁发生病变，最终引起管腔闭塞，导致供血动脉支配的脑组织发生缺血坏死（梗死灶直径小于1.5~2cm），从而出现相应神经功能缺损的一类临床综合征。

2. 临床表现。

（1）一般特点：本病多见于中老年患者，多有高血压病史，突然或逐渐起病，出现偏瘫或偏身感觉障碍等局灶症状。通常症状较轻，体征单一，预后较好。

（2）常见的腔隙综合征：

①纯运动性轻偏瘫：是最常见类型，病变多位于内囊、放射冠或脑桥。表现为对侧面部及上下肢大体相同程度轻偏瘫，无感觉障碍、视觉障碍和皮质功能障碍如失语等。常突然发病，数小时内进展，许多患者遗留受累肢体的笨拙或运动缓慢。

②纯感觉性卒中：较常见，特点是偏身感觉缺失，可伴感觉异常，如麻木、烧灼或沉重感、刺痛、僵硬感等；病变主要位于对侧丘脑腹后外侧核。

③共济失调性轻偏瘫：病变对侧轻偏瘫伴小脑性共济失调，偏瘫下肢重于上肢（足踝部明显），面部最轻，可伴锥体束症。病变位于脑桥基底部、内囊或皮质下白质。

④构音障碍-手笨拙综合征：起病突然，症状迅速达高峰，表现为构音障碍、吞咽困难、病变对侧中枢性面舌瘫、面瘫侧手无力和精细动作笨拙，指鼻试验不准，轻度平衡障碍。病变位于脑桥基底部、内囊前肢及膝部。

⑤感觉运动性卒中：以偏身感觉障碍起病，继而出现轻偏瘫，病灶位于丘脑腹后核及邻近内囊后肢。

腔隙状态是本病反复发作引起多发性腔隙性梗死，累及双侧皮质脊髓束和皮质脑干束，出现严重精神障碍、认知功能下降、假性延髓麻痹、双侧锥体束征、类帕金森综合征和二便失禁等。

3. 辅助检查。

（1）CT和MRI：CT可见内囊基底核区、皮质下白质单个或多个圆形、卵圆形或长方形低密度灶，边界清晰，无占位效应。MRI呈T_1低信号、T_2高信号，可较CT更为清楚地显示腔隙性脑梗死病灶。

（2）脑电图：常无阳性发现。

（3）血液和脑脊液检查：脑脊液检查常无阳性发现，血液检查有助于发现危险因素。

4. 诊断。

中老年发病，有长期高血压、糖尿病等危险因素病史，急性起病，出现局灶性神经功能缺损症状，临床表现为腔隙综合征，即可初步诊断本病。如果CT或MRI证实有与神经功能缺失一致的脑部腔隙病灶，直径小于1.5～2cm，且梗死灶主要累及脑深部白质、基底核、丘脑和脑桥等区域，符合大脑半球或脑干深部的小穿通动脉病变，即可明确诊断。

5. 治疗。

治疗方面基本与脑血栓形成类似。主要是控制危险因素，尤其要强调积极控制血压。可以应用抗血小板聚集药物如阿司匹林等，也可以用钙离子拮抗剂如尼莫地平等。

第十二节　慢性胃炎

慢性胃炎系指由多种原因引起的胃黏膜慢性炎症和（或）腺体萎缩性病变。流行病学研究显示，约50%～70%的老年人存在慢性萎缩性胃炎，患病率一般随年龄增加而上升。

一、病因

1. Hp感染：是慢性胃炎最主要的原因。

2. 饮食和环境因素：进食过冷、过热以及粗糙、刺激性食物等不良饮食习惯。

3. 自身免疫：自身免疫性胃炎在北欧多见，中国少有报道。

4. 其他因素：胆汁反流、抗血小板药物、非甾体消炎药（NSAIDs）等药物、口鼻咽部慢性感染灶、酗酒、长期饮用浓茶、咖啡等也可导致胃炎。

二、临床表现

（一）症状

慢性胃炎多数无明显症状，有症状者主要表现为上腹痛、腹胀、早饱感、嗳气等消化不良表现。

（二）体征

上腹部轻微压痛，无肌紧张及反跳痛。

三、辅助检查

（一）Hp检测

Hp检测方法分侵入性和非侵入性方法。侵入性方法需要通过胃镜获取胃黏膜标本进行检测，主要包括快速尿素酶试验、胃黏膜组织切片染色镜检及Hp培养等。非侵入性方法以^{13}C-或^{14}C-尿素呼气试验为首选，是评估根除治疗后结果的最佳方法。

（二）胃蛋白酶原（pepsinogen，PG）Ⅰ、Ⅱ以及胃泌素-17（gastrin-17，G-17）检测

有助于慢性萎缩性胃炎的诊断。PGⅠ、PGⅠ/PGⅡ比值降低，血清G17水平升高，提示胃体萎缩为主；若PGⅠ及PGⅠ/PGⅡ比值正常，血清G17水平降低，提示胃窦萎缩为主；全胃萎缩者，PG及G17均降低。

（三）血清抗壁细胞抗体、抗内因子抗体及维生素B$_{12}$水平测定

有助于诊断自身免疫性胃炎。

（四）内镜检查

1. 慢性非萎缩性胃炎内镜下可见黏膜红斑，黏膜出血点或斑块，黏膜粗糙伴或不伴水肿，及充血渗出等基本表现。其中糜烂性胃炎有两种类型，即平坦型和隆起型。

2. 慢性萎缩性胃炎内镜下可见黏膜红白相间，白相为主，皱襞变平甚至消失，部分黏膜血管显露；可伴有黏膜颗粒或结节状等表现。

3. 放大内镜、电子染色结合色素染色：放大胃镜结合染色对胃炎的诊断和鉴别诊断及早期发现上皮内瘤变和肠化具有参考价值。共聚焦激光显微内镜对于慢性胃炎以及肠化和上皮内瘤变与活组织检查诊断一致率较高。

四、诊断与鉴别诊断

（一）诊断

胃镜及活检组织病理学检查是慢性胃炎诊断和鉴别诊断的主要手段。

（二）鉴别诊断

1. 消化性溃疡：具有周期性、节律性的特点，常伴返酸。

2. 胃癌早期：往往无明显症状，内镜及病理检查可鉴别诊断。

3. 胆囊结石：患者常于餐后、夜间发生右上腹痛，放射至右侧肩背部，呈发作性。胃镜、肝胆胰超声、腹部CT或磁共振、血液生化检查、肿瘤标志物等有助于诊断和鉴别。

五、并发症

（一）上消化道出血

慢性胃炎伴有胃黏膜糜烂时可以出现黑便，甚至呕血。

（二）胃癌

慢性胃炎尤其是伴有Hp持续感染者，有一定的胃癌发生风险。胃体为主的萎缩性胃炎，胃癌发生风险显著增加。

（三）消化性溃疡

胃窦为主的常有较高的胃酸分泌水平，易发生十二指肠溃疡；胃体为主的胃黏膜屏障功能下降，发生胃溃疡的可能增加。

六、治疗

（一）生活方式干预

宜清淡饮食，避免刺激、粗糙食物，避免过多饮用咖啡、大量饮酒和长期吸烟。对于需要服用抗血小板药物、NSAIDs的患者是否停药应权衡获益和风险。

（二）药物治疗

应根据患者的病因、类型及临床表现进行个体化治疗。增加黏膜防御能力，促进损伤黏膜愈合是治疗基础。

1. 对因治疗：

（1）Hp阳性慢性胃炎：目前推荐根除治疗方案为铋剂四联方案，质子泵抑制剂（PPI）+铋剂+2种抗菌药物，疗程为14d，停药1个月后复查。

（2）伴胆汁返流的慢性胃炎：可应用促动力药和/或有结合胆酸作用的胃黏膜保护剂。铝碳酸镁可减轻或消除胆汁返流所致胃黏膜损伤。熊去氧胆酸可以降低胆汁内其他的胆汁酸，缓解胆汁酸对细胞的毒性。

（3）药物相关性慢性胃炎：对于必须长期服用NSAID类药物的患者应进行Hp检测，阳性者应进行Hp根除治疗，并根据病情或症状严重程度加强抑酸和胃黏膜保护治疗。

（4）胃体萎缩性胃炎：主要对症治疗。合并恶性贫血者需终生注射维生素B_{12}。有缺铁性贫血者补充铁剂，如硫酸亚铁片或琥珀酸亚铁同时加用维生素C。

2. 对症治疗：

（1）以上腹部灼热感或上腹痛为主要症状者，可根据病情或症状严重程度选用PPI或H_2RA、抗酸剂、胃黏膜保护剂。

（2）以上腹饱胀、嗳气、早饱、恶心等为主要表现时，可选择促动力药物如莫沙必利等。与进食相关的中上腹部饱胀、纳差等可应用消化酶，消化酶联合促动力药效果更为明显。

（3）伴焦虑、抑郁等精神心理因素、常规治疗无效和疗效差的患者可给予抗抑郁药物或抗焦虑药物。如焦虑抑郁症状比较明显，应建议患者就诊精神卫生专科。

（三）中医药及其他治疗

中医治疗胃炎有一定的效果，但需辨证施治。针灸治疗对慢性胃炎的症状改善有作用。

七、转诊原则

1. 普通转诊：

（1）对经验性治疗反应不佳，症状没有得到明显改善的患者。

（2）需要排除器质性、系统性或代谢性疾病引起的消化不良症状的患者。

（3）需行内镜微创治疗或外科手术治疗者。

2. 紧急转诊：有纳差、体重减轻、贫血、呕血或黑便等报警征象者。

第十三节　消化性溃疡

消化性溃疡病是指在各种致病因子的作用下，黏膜发生的炎性反应与坏死性病变，病变可深达黏膜肌层，其中以胃、十二指肠为最常见。本病在全世界均常见，一般认为人群中约有10%在其一生中患过消化性溃疡病。

一、病因

1. 幽门螺杆菌感染：H.pylori 导致高胃泌素血症，引起胃酸分泌增加。H.pylori 也可增加组胺引起壁细胞泌酸增加。这种胃窦部的高酸分泌状态易诱发十二指肠溃疡。

2. NSAIDs：服用 NSAIDs 的人群中，15%～30%应用 NSAIDs 的患者会发生消化性溃疡，其中2%～4%的患者可能发生溃疡出血或穿孔。

3. 胃酸在消化性溃疡病的发病中起重要作用。许多十二指肠溃疡患者都存在基础酸排量（basal acid output，BAO）、夜间酸分泌、最大酸排量（maximal acid output，MAO）、十二指肠酸负荷等增高的情况。胃溃疡除幽门前区溃疡者外，胃酸分泌量大多正常甚至低于正常。一些神经内分泌肿瘤如胃泌素瘤大量分泌胃泌素，导致高胃酸分泌状态，过多的胃酸成为溃疡形成的起始因素。

4. 吸烟、饮食因素、遗传、胃十二指肠运动异常、应激与心理因素等在消化性溃疡病的发生中也起一定作用。

二、临床表现

（一）症状

1. 疼痛部位：十二指肠溃疡在上腹部或偏右，胃溃疡在上腹部偏左。

2. 疼痛性质及时间：空腹痛、灼痛、胀痛、隐痛。十二指肠溃疡有空腹痛、半夜痛，进食可以缓解。胃溃疡饭后半小时后痛，至下餐前缓解。

3. 患病的周期性和疼痛的节律性：每年春秋季节变化时发病。

4. 其他症状：可以伴有返酸、烧心、嗳气、恶心、厌食、纳差、腹胀等消化不良症状。

（二）体征

1. 上腹部压痛：十二指肠溃疡压痛偏右上腹；胃溃疡偏左上腹。

2. 其他体征取决于溃疡并发症，幽门梗阻时可见胃型及胃蠕动波，溃疡穿孔时有局限性或弥漫性腹膜炎的体征。

三、辅助检查

（一）幽门螺杆菌检查

应用抑酸药、抗菌药、铋剂者应在停药至少4周后进行检测，消化性溃疡活动性出血、严重萎缩性胃炎、胃恶性肿瘤可能会导致尿素酶依赖的试验呈假阴性。

（二）胃镜检查

是诊断消化性溃疡病最主要的方法。胃镜检查对鉴别良恶性溃疡具有重要价值。对胃溃疡应常规做活组织检查。

（三）X线钡餐检查

气钡双重对比可以显示消化系统疾病的直接征象-龛影和间接征象-局部痉挛、激惹及十二指肠球部变形。

四、诊断及鉴别诊断

1.诊断：上腹部不适，有规律性、节律性、周期性。查体：上腹部轻微压痛，胃镜显示溃疡，病理检查可确诊。

2.鉴别诊断：消化性溃疡病还须与胃癌、淋巴瘤、CD、结核、巨细胞病毒感染等继发的上消化道溃疡相鉴别。

五、并发症

消化性溃疡病主要并发症为上消化道出血、穿孔、幽门梗阻和癌变。目前穿孔和幽门梗阻已减少，此可能与临床上根除H.pylori和应用PPI治疗有关。十二指肠溃疡发生癌变的风险很小，而慢性胃溃疡恶变的观点尚有争议。

六、治疗

（一）一般治疗

消化性溃疡病在针对可能的病因治疗的同时，要避免刺激性饮食、避免剧烈运动，戒烟戒酒、休息等一般治疗。

（二）药物治疗

1. 对症治疗：腹胀可用促动力药如吗丁啉或莫沙必利，腹痛可以用抗胆碱能药如颠茄、山莨菪碱等药物。

2. 降低胃内酸度的药物：中和胃酸的药物，如氢氧化铝、氧化镁、复方胃舒平、乐得胃等。抑制胃酸分泌的药物，主要指H_2受体阻滞剂及质子泵抑制剂。

（1）H_2受体阻滞剂（H_2RAs）：西咪替丁800mg，每晚一次；法莫替丁20mg，每日二次。

（2）质子泵抑制剂（PPIs）：奥美拉唑20mg，每日二次；兰索拉唑30mg，每日一次；泮托拉唑40mg，每日一次。

通常十二指肠溃疡治疗4周，胃溃疡治疗6~8周。

3. 胃黏膜保护药

（1）硫糖铝混悬凝胶：1.0g，每日二次，餐前1h服用。

（2）胶体次枸橼酸铋120mg，每日四次，三餐前半小时及睡前。

4. 根除Hp的药物：根除Hp可以减少或预防消化性溃疡的复发，常用抗菌药物有：阿莫西林、甲硝唑、替硝唑、克拉霉素、四环素及呋喃唑酮等；铋剂既是胃黏膜保护药，也是有效的杀灭Hp药物；PPIs和H₂RAs虽然是抑制胃酸分泌的药物，但与抗生素合用能提高Hp根除率。

5. 关于维持治疗问题：对于Hp阴性的消化性溃疡，如非甾体抗炎药相关性溃疡，在溃疡愈合后仍应适当维持治疗，一般用H₂RAs，按每日剂量的半量维持，其维持时间视病情而定。

（三）PPI

PPI治疗胃泌素瘤或G细胞增生等致胃泌素分泌增多而引起的消化性溃疡病效果优于H₂受体拮抗剂。对胃泌素瘤的治疗，通常应用双倍标准剂量的PPI，分为每日2次用药。

（四）中医药治疗

对消化性溃疡也是一种有效的方法。

（五）**消化性溃疡病并发出血的治疗**

消化性溃疡病合并活动性出血的首选治疗方法是胃镜下止血，急诊24h内胃镜检查干预能够改善高危患者的预后。同时使用大剂量PPI可有效预防再出血。无条件行胃镜治疗或胃镜治疗失败时，也可以考虑放射介入治疗或外科手术治疗。

七、转诊原则

1. 普通转诊：
（1）出现器质性肠梗阻的患者。
（2）出现消瘦、贫血、便血等报警症状，怀疑癌变者。
2. 紧急转诊：
有穿孔症状者以及消化道大出血药物治疗不能控制者。

第十四节　急慢性腹泻

腹泻是指排便次数增多（>3次/日），或粪便量增加（>200g/d），或粪质稀薄（含水量>85%）。临床上，根据病程可分为急性和慢性腹泻两大类，病程短于4周者为急性腹泻，超过4周或长期反复发作者为慢性腹泻（chronic diarrhea）。

一、病因

急性腹泻多与感冒有关，病原体包括细菌、病毒、寄生虫和真菌等。慢性腹泻可由多种疾病引起，包括功能性疾病和器质性疾病。在慢性腹泻的病因中，大部分为功能性疾病，主要包括腹泻型肠易激综合征和功能性腹泻。

二、临床表现

（一）急性腹泻

1. 潜伏期。

急性感染性腹泻病的潜伏期不一，前驱症状有发热、腹部不适和恶心等。

2. 腹泻。

腹泻为主要症状，不同微生物感染所致腹泻的表现各异。病毒性腹泻一般无脓血，次数较多，量较大。细菌性痢疾多表现为黏液脓血便，侵犯直肠时可出现里急后重的症状。细菌毒素所致腹泻病多为水样便，一般无脓血，次数较多。

3. 腹痛。

腹痛是仅次于腹泻的另一症状，病毒多侵犯小肠，故多有中上腹痛或脐周痛，严重者表现为剧烈的绞痛，局部可有压痛，但无反跳痛；侵犯结直肠者多有左下腹痛和里急后重，侵犯至结肠浆膜层者，可有局部肌紧张和反跳痛，并发肠穿孔者，表现为急腹症。

4. 脱水、电解质紊乱和酸碱失衡。

一旦出现严重脱水表现，多提示病情严重。如果伴有剧烈呕吐，则可出现低氯、低钾性碱中毒；严重脱水、休克未得到及时纠正，可引起代谢性酸中毒。

（二）慢性腹泻

1. 起病方式与病程：炎症性肠病、肠易激综合征、吸收不良综合征常呈间歇性发作，在禁食情况下仍有腹泻，提示为分泌性腹泻；禁食后腹泻停止者为渗透性腹泻。

2. 粪便性状：脓血便见于渗出性腹泻，如脓血仅附着于粪便表面，则提示直肠或乙状结肠病变。洗肉水样大便见于某些急性出血性肠炎或重症溃疡性结肠炎。果酱样大便见于阿米巴痢疾或升结肠癌。酸臭的糊状便见于糖吸收不良，有油滴的糊状便见于脂肪吸收不良，恶臭大便见于蛋白质消化不良。大便中带有不消化的食物，粪便有恶臭且伴有中上腹或脐周疼痛，常提示慢性胰腺炎以及小肠吸收不良，其中白陶土样大便并带有泡沫见于脂肪泻和慢性胰腺炎。急性坏死性小肠炎引起的腹泻大便多为浓臭血水样大便。

3. 伴随症状：伴有腹痛多见于炎症性肠病，脐周或右下腹痛提示小肠性腹泻，左下腹或中下腹痛提示结肠性腹泻。如有皮肤、关节、眼部或胆胰病变可能与炎症性肠病或其他全身疾病有关。

三、辅助检查

（一）粪便检查

包括粪便常规（白细胞、吞噬细胞、原虫、虫卵、脂肪滴）检查、隐血试验、粪便培养、病原学检测（如艰难梭菌毒素、寄生虫及虫卵）、粪便电解质、pH值和脂肪含量、粪钙卫蛋白检测等。

（二）外周血常规和血生化

外周血常规和电解质、肝肾功能等常可提示是否存在感染、病情严重程度以及营养状态。

（三）影像学检查

如腹部超声、CT、MRI等可了解肝胆胰等的病变；X线钡餐、钡剂灌肠等可以观察胃肠道功能状态；肠道CT、MRI可了解肠壁及周围情况，初步判断有无器质性疾病。

（四）内镜检查

内镜检查对于消化道疾病的诊断具有重要意义。下消化道内镜检查可直观显示结直肠黏膜情况，明确结直肠病变。超声内镜可以观察胰腺内分泌肿瘤等。

（五）其他检查

如氢-呼气试验有助于诊断碳水化合物吸收不良和小肠细菌过度增长；小肠吸收功能试验及降

钙素、生长抑素、甲状旁腺激素等激素测定，均有助于原发病的诊断。

四、诊断与鉴别诊断

通过流行病学史、临床表现、实验室检查做出诊断。需与功能性胃肠病、药物不良反应（胃肠道反应）、憩室炎、缺血性肠炎、消化不良、肠道肿瘤腹泻及旅行者腹泻等相鉴别。

五、治疗

（一）器质性腹泻

感染性腹泻抗微生物治疗。炎症性肠病局部和全身抗炎药物。胰腺功能不全应改良脂肪饮食，补充胰酶和抑制胃酸。

（二）功能性腹泻及IBS-D

慢性腹泻型功能性肠病治疗目标是改善症状，提高患者的生命质量。规范性治疗包括协助患者进行生活方式、情绪及饮食的调整，在循证医学指导下进行联合治疗、综合治疗以及个体化治疗。

（三）中医治疗

在中医理论中慢性腹泻多以外感邪气、内伤情志、饮食不节、病后体虚、脏腑功能失调为基本病机，应随证施治。中医治疗有一定效果，尚需要高质量的研究证据。

六、转诊原则

1. 有报警征象者或根据病史需进一步检查排除严重器质性疾病所致腹泻者。
2. 经验治疗2~4周无效或难治性腹泻者。
3. 不能排除感染性腹泻，需进一步诊治者。
4. 合并其他严重全身性疾病需联合评估及治疗者。
5. 明确病因，有手术指征者。
6. 腹泻较严重并发重度水电解质紊乱甚至休克者。

第十五节　上消化道出血

急性上消化道出血系指屈氏韧带以上的消化道，包括食管、胃、十二指肠、胆管和胰管等病变引起的出血。根据出血的病因分为非静脉曲张性出血和静脉曲张性出血两类。

一、病因

1. 急性消化性溃疡出血：是上消化道出血最常见的病因。EGVB是由曲张静脉壁张力超过一定限度后发生破裂造成的，是上消化道出血致死率最高的病因。
2. 恶性肿瘤出血：主要是上消化道肿瘤局部缺血坏死，或侵犯大血管所致。
3. 其他因素：药物、血液病、其他可导致凝血机制障碍的疾病等。

二、临床表现

（一）呕血、黑便或血便

呕血可为暗红色甚至鲜红色伴血凝块。如果出血量大，黑便可为暗红色甚至鲜红色，应注意与下消化道出血鉴别。出血量大、速度快、肠蠕动亢进时，粪便可呈暗红色甚至鲜红色，类似下消化道出血。

（二）失血性周围循环衰竭症状

出血量大、出血速度快时，可出现不同程度的头晕、乏力、心悸、出汗、口渴、黑蒙、晕厥、尿少以及意识改变。出血量 > 400mL 时可出现头晕、心悸、出汗、乏力、口干等症状；> 700mL 时上述症状显著，并出现晕厥、肢体冷感、皮肤苍白、血压下降等；出血量 > 1000mL 时可产生休克。

（三）其他

贫血、发热、氮质血症及血象变化等。

三、辅助检查

（一）实验室检查

血常规、肝功能、肾功能、血清离子、凝血七项、胃液或呕吐物潜血、便常规+潜血、肿瘤标志物等化验。

（二）其他

胃镜，肠镜，胶囊内镜或小肠镜检查消化道，CTA、DSA可发现出血血管，明确出血的原因。

四、诊断

1. 根据呕血、便血症状诊断是否为消化道出血。

2. 失血量的判断：根据血容量减少导致周围循环的改变（伴随症状、心率和血压、实验室检查）来判断失血量，休克指数（心率／收缩压）是判断失血量的重要指标。体格检查中可以通过皮肤黏膜色泽、颈静脉充盈程度、神志和尿量等情况来判断血容量减少程度，客观指标包括中心静脉压和血乳酸水平。

3. 活动性出血的判断：若患者症状好转、心率及血压稳定、尿量足（>0.5ml/kg·h），提示出血停止。（1）活动出血的表现：①呕血或黑便次数增多，呕吐物呈鲜红色或排出暗红血便，或伴有肠鸣音活跃；②经快速输液输血，周围循环衰竭的表现未见明显改善，或虽暂时好转而后又恶化，中心静脉压仍有波动，稍稳定又再下降；③红细胞计数、血红蛋白浓度和血细胞比容继续下降，网织红细胞计数持续增高；④补液和尿量足够的情况下，血尿素氮持续或再次增高；⑤胃管抽出物有较多新鲜血。（2）内镜检查时如发现溃疡出血，可根据溃疡基底特征判断患者发生再出血的风险。

五、治疗

（一）紧急评估

1. 意识判断：意识障碍既是急性失血严重程度的重要表现之一，也是患者呕吐误吸、导致窒息死亡和坠积性肺炎的重要原因。

2. 气道评估（airway，A）：评估患者气道是否通畅，如存在任何原因的气道阻塞时，应当采取必要的措施，保持其开放。

3. 呼吸评估（breathing，B）：评估患者的呼吸频率、呼吸节律是否正常，是否有呼吸窘迫的表现（如三凹征），是否有氧合不良（末梢发绀或血氧饱和度下降）等。

4. 血流动力学状态：对疑有上消化道出血的患者应当及时测量脉搏、血压、毛细血管再充盈时间，借以估计失血量，判断患者的血流动力学状态是否稳定。

（二）紧急处置

1. 严密监测出血征象

（1）记录呕血、黑便和便血的频度、颜色、性质、次数和总量。

（2）定期复查血细胞比容、血红蛋白、红细胞计数、血尿素氮等。

（3）观察意识状态、血压、脉搏、肢体温度、皮肤和甲床色泽、周围静脉充盈情况、尿量等，意识障碍和排尿困难者需留置尿管。

2. 备血，建立静脉通道。

3. 快速补液、输血纠正休克。

通常主张先输液，常用的复苏液体包括生理盐水、平衡液、人工胶体和血液制品。主张先输入晶体液。合并感染的患者应禁用或慎用人工胶体。存在以下情况考虑输血：收缩压低于90mmHg，或较基础收缩压下降超过30mmHg；血红蛋白低于70g/L，红细胞压积低于25%；心率增快，超过120次/min。

4. 限制性液体复苏。

过度输血或输液可能导致继续或再出血。在液体复苏过程中，要避免仅用生理盐水扩容，以免加重或加速腹水或其他血管外液体的蓄积。必要时根据患者具体情况补充新鲜冷冻血浆、血小板、冷沉淀（富含凝血因子）等。

5. 血容量充足的判定及输血目标。

进行液体复苏及输血治疗需要达到以下目标：收缩压90～120mmHg；脉搏＜100次/min；尿量＞40mL/h；血 Na^+ ＜140mmol/L；意识清楚或好转；无显著脱水貌。对大量失血的患者输血达到血红蛋白80g/L，血细胞比容25%～30%为宜，不可过度，以免诱发再出血。

6. 药物治疗。

在明确病因诊断前推荐经验性使用PPI+生长抑素+抗菌药物或（+血管活性药物）联合用药，以迅速控制不同病因引起的上消化道出血，尽可能降低严重并发症发生率及病死率。

（1）抑酸药物：质子泵抑制剂针剂有泮托拉唑、奥美拉唑、兰索拉唑、艾普拉唑等，都是有效的抑酸止血药物。常用的 H_2 受体拮抗剂针剂有法莫替丁、雷尼替丁等。

（2）生长抑素及其类似物：能够减少内脏血流，降低门静脉压力，抑制胃酸和胃蛋白酶分泌，抑制胃肠道及胰腺肽类激素分泌等，是肝硬化急性食管胃底静脉曲张出血的首选药物之一，也被用于急性非静脉曲张出血的治疗。

（3）血管升压素及其类似物：包括垂体后叶素、血管升压素、特利加压素等。如血压仍不稳定，可以适当地选用血管活性药物（如多巴胺）以改善重要脏器的血液灌注。

（4）止凝血治疗：对血小板缺乏患者，避免使用阿司匹林联合氯吡格雷强化抗血小板治疗；对血友病患者，首先输注凝血因子，同时应用质子泵抑制剂。

7. 急诊内镜检查和治疗。

内镜检查在上消化道出血的诊断、危险分层及治疗中有重要作用。内镜下止血后再次出血的预测指标包括：血流动力学不稳定，胃镜检查有活动性出血，溃疡大小＞2cm，溃疡部位在胃小弯或十二指肠后壁，血红蛋白＜100g/L，需要输血。

8. 介入治疗。

急性大出血无法控制的患者应当及早考虑行介入治疗。临床推荐等待介入治疗期间可采用药物止血，持续静脉滴注生长抑素+质子泵抑制剂控制出血，提高介入治疗成功率，降低再出血发生率。

9. 外科手术治疗。

尽管有以上多种治疗措施，但是仍有约20%的患者出血不能控制，此时及时请外科进行手术干预。

六、转诊建议

1. 普通转诊：诊断肿瘤出血或不明原因旳反复出血患者。
2. 紧急转诊：危险性出血，维持生命体征平稳，无条件救治者。

第十六节　糖尿病

一、病因

糖尿病是胰岛素分泌的缺陷或/和胰岛素作用障碍，导致的一组以慢性高血糖为特征的疾病。慢性高血糖将导致多种组织，特别是眼、肾脏、神经、心血管的长期损伤、功能缺陷和衰竭。显著高血糖的症状有烦渴、多饮、多尿、多食、体重减轻。

二、分型

（一）1型糖尿病

胰岛β细胞破坏，胰岛素绝对缺乏，呈酮症酸中毒倾向。

（二）2型糖尿病

成年人多见，在遗传因素（多基因）和环境因素（饮食、体力活动、肥胖或/和脂肪分布异常等）共同作用下，导致胰岛素抵抗和胰岛素分泌不足（包括胰岛素分泌量不足和延迟分泌）。

（三）特殊类型糖尿病

1. 胰岛β细胞功能的基因缺陷。
2. 胰岛素作用的基因缺陷。
3. 胰腺外分泌疾病。
4. 内分泌疾病。
5. 药物或化学药品所致糖尿病。
6. 感染。
7. 不常见的免疫介导糖尿病。
8. 其他与糖尿病相关的遗传综合征。

（四）妊娠糖尿病（略）

三、临床表现

（一）临床表现

代谢紊乱症状群如乏力、多饮、多尿、易饥、多食等；并发症和（或）伴发病的表现；反应性低血糖等。

（二）急性并发症

1. 急性严重代谢紊乱：酮症酸中毒、高渗性高血糖综合征。

2. 感染性并发症：细菌、真菌、结核感染。

（三）慢性并发症

1. 大血管病变：即动脉粥样硬化。

2. 微血管病变：糖尿病肾病、糖尿病视网膜病变。

3. 神经病变：糖尿病周围神经病变、自主神经病变。

4. 糖尿病足及其他。

四、辅助检查

（一）尿糖测定

尿糖阳性是诊断糖尿病的重要线索，但尿糖阴性不能排除糖尿病的可能。

（二）血葡萄糖测定

血糖升高是糖尿病诊断的主要依据，需采用静脉血浆测定，正常范围3.9~6.0mmol/L。

（三）葡萄糖耐量试验

血糖高于正常而又未达到糖尿病诊断标准时，应行OGTT试验。方法：清晨空腹，75g无水葡萄糖，250~300ml水，5min内饮完，2h后测静脉血浆葡萄糖。儿童可按1.75g/kg体重，总量不超过75g。

（四）糖化血红蛋白

反映取血前8~12周血糖的总水平，正常范围3%~6%。

（五）血胰岛素释放试验

评价胰岛β细胞功能，受血清中的胰岛素抗体和外源性胰岛素影响。

（六）C肽释放试验

不受血清中的胰岛素抗体和外源性胰岛素影响，较准确反映胰岛β细胞功能。

（七）并发症及病因检查

血脂、肾功、酮体、电解质、血气分析、血浆渗透压、心、肾、脑、眼、神经等。GADA、ICA、IAA、IA-2A及ZnT8A检测等。

五、诊断与鉴别诊断

（一）糖尿病的诊断标准

糖尿病症状加随机血糖≥11.1mmol/L，或空腹血糖≥7.0mmol/L，或OGTT 2h血糖≥11.1mmol/L。需再测一次确认，诊断才能成立。

（二）妊娠糖尿病（GDM）

孕期首次产前检查，排除糖尿病，在孕24~28周行75g OGTT试验进行筛查，以下任一点异常：FPG≥5.1mmol/L，1hPG≥10.0mmol/L，2hPG≥8.5mmol/L，即可诊断GDM。

（三）鉴别诊断

最重要的是T1DM和T2DM鉴别。

六、治疗

IDF提出糖尿病治疗的5个要点，即糖尿病教育、医学营养治疗、运动治疗、血糖监测及药物治疗。需进行综合性的治疗，即降糖、降压、调脂、抗凝、改变不良生活习惯。

（一）糖尿病教育

糖尿病教育应贯穿于糖尿病诊疗的整个过程，使患者了解糖尿病，制定治疗目标、饮食、运动计划，掌握饮食、运动与药物之间的相互作用，进行自我血糖监测，了解血糖结果的意义和应采取的相应干预措施。

（二）血糖监测

血糖监测频率取决于治疗方法、目标、病情和个人的经济状况，基本形式是自我血糖监测。糖化血红蛋白（HbA1c）是评价血糖控制方案的金标准，应3个月检查一次，血糖达标稳定者应每年至少检查2次。

（三）医学营养治疗

根据患者的理想体重和体力活动计算出每日所需总热量，碳水化合物占总热量的50%~60%，蛋白质占总热量的15%~20%，脂肪应严格限制在总热量的20%~30%之内。食盐摄入量<6g/d。戒烟、限酒。

（四）运动治疗

运动需遵循适量、经常性和个体化的原则，每天一次或每周5次，每次30~60min，每周至少150min。

（五）药物治疗

1. 磺脲类促胰岛素分泌剂：格列苯脲、格列齐特、格列吡嗪、格列喹酮、格列美脲。

2. 非磺脲类促胰岛素分泌剂：瑞格列奈、那格列奈、米格列奈。

3. 双胍类：苯乙双胍、二甲双胍。

4. 噻唑烷二酮类：罗格列酮、吡格列酮。

5. α-葡萄糖苷酶抑制剂：阿卡波糖、伏格列波糖、米格列醇。

6. DPP-Ⅳ抑制剂：沙格列汀、西格列汀、维格列汀、阿格列汀、利格列汀。

7. GLP-1受体激动剂：艾塞那肽、利拉鲁肽、贝那鲁肽、利司那肽、度拉糖肽。

8. 钠糖转运蛋白-2抑制剂（SGLT-2抑制剂）：达格列净、坎格列净、恩格列净。

9. 胰岛素。

适应证：1型糖尿病；严重的糖尿病急、慢性并发症；手术、妊娠和分娩；新发且与T1DM鉴别困难的消瘦者；新诊断的T2DM明显高血糖；在糖尿病病程中体重显著下降；T2DM中β细胞功能明显减退者；某些特殊类型糖尿病。

胰岛素治疗方案：（1）基础+餐时：短效胰岛素三餐前30min或速效胰岛素类似物三餐前

0~10min，清晨或睡前长效胰岛素类似物；（2）预混人胰岛素：早、晚餐前30min；（3）预混人胰岛素类似物：早、晚或早、中、晚餐前0~10min。

七、预防

加强糖尿病防治宣传，合理膳食，经常运动，防止肥胖。对于2型糖尿病高危人群给予适当生活方式干预，达到延缓或预防2型糖尿病的目的。

第十七节　高脂血症和高脂蛋白血症

高脂血症是指血浆中的脂蛋白谱异常，通常表现为甘油三酯（TG）、总胆固醇（TC）、低密度脂蛋白胆固醇（LDL-C）和载脂蛋白 $ApoB_{100}$ 升高、高密度脂蛋白胆固醇（HDL-C）、$ApoA_1$、$ApoA_1/ApoB_{100}$ 比值和 $ApoA_2$ 下降。

一、病因

（一）原发性
1. 脂代谢相关基因缺陷。
2. 获得性因素如高脂肪饮食与高热量饮食、肥胖、增龄和不良生活习惯等。

（二）继发性
1. 系统性疾病：糖尿病、甲状腺功能减退症、胆道疾病、肾脏疾病、慢性酒精中毒、糖原贮积症、系统性红斑狼疮、骨髓瘤、急性卟啉病等。
2. 药物：糖皮质激素、噻嗪类利尿剂、B受体阻滞剂等。
3. 雌激素缺乏。

二、临床表现

多数患者并无明显症状和异常体征，进行血液生化检验时才被确诊。典型病例可因脂质在真皮内引起黄色瘤。脂质在血管内皮沉积可引起动脉粥样硬化，产生冠心病、脑血管病和周围血管病等；脂毒性可导致糖尿病或糖耐量受损；多数患者同时合并有肥胖、糖尿病、高血压、冠心病等，亦即代谢综合征。少数患者可因乳糜微粒栓子阻塞胰腺的毛细血管，导致胰腺炎。

血脂异常将显著增加心血管风险。以低密度脂蛋白胆固醇（LDL-C）或TC升高为特点的血脂异常是动脉粥样硬化性心血管疾病（ASCVD）重要的危险因素；降低LDL-C水平，可显著减少ASCVD的发病及死亡危险。

三、辅助检查

（一）临床上血脂检测的基本项目为TC、TG、LDL-C。
（二）提高标本采集的质量
1. 受试者准备：采集标本前受试者处于稳定代谢状态，至少2周内保持非高脂饮食习惯和稳定体重。

2. 采集标本前受试者24h内不进行剧烈身体活动、避免情绪紧张、饮酒、饮咖啡等。

3. 采集标本前受试者禁食约12h。

4. 除特殊情况外，受试者可取坐位或半卧位接受采血，采血前至少休息5min。

5. 静脉穿刺时止血带使用不超过1min。

6. 血液标本保持密封，避免震荡，及时送检。

四、诊断（表3-4）

表3-4 中国成人血脂异常诊断及分层标准（单位mmol/L）

分 层	TC	LDL-C	HDL-C	非-HDL-C	TG
理想水平		< 2.6		< 3.4	
合适水平	< 5.2	< 3.4		< 4.1	< 1.7
边缘升高	5.2~6.2	3.4~4.1		4.1~4.9	1.7~2.3
升 高	6.2	4.1		4.9	2.3
降 低			< 1.0		

五、治疗

（一）血脂异常者均应进行生活方式干预

健康均衡膳食，增加体力运动，维持理想体质量，控制其他危险因素。

（二）调脂药物治疗——降胆固醇

1. 他汀类：一般每日一次（睡前）口服。他汀应用取得预期疗效后应继续长期应用，如能耐受应避免停用。

2. 胆固醇吸收抑制剂：依折麦布。与他汀联用可发生转氨酶增高和肌痛等副作用，禁用于妊娠期和哺乳期。

3. 普罗布考：主要适用于高胆固醇血症。室性心律失常、QT间期延长、血钾过低者禁用。

4. 胆酸螯合剂：与他汀类联用，可明显提高调脂疗效。绝对禁忌证为异常β脂蛋白血症和血清TG > 4.5mmol/L。

（三）调脂药物治疗——降甘油三酯

1. 贝特类：可使高TG伴低HDL-C人群心血管事件危险降低，以降低非致死性心肌梗死和冠状动脉血运重建术为主，对心血管死亡、致死性心肌梗死或卒中无明显影响。

2. 烟酸类：慢性活动性肝病、活动性消化性溃疡和严重痛风者禁用。

3. 高纯度鱼油：早期有临床研究显示高纯度鱼油制剂可降低心血管事件，但未被随后的临床试验证实。

（四）降胆固醇治疗联用策略

不应追求他汀最大剂量，应适时联用。

他汀标准剂量，中等强度他汀治疗，降低LDL-C30%~50%。混合型血脂异常，应该首先单药治疗。严重的混合型血脂异常，可小剂量两药联用，分时服用。他汀单药降脂失败，推荐联用依折麦布，而非加大他汀单药剂量。

（五）降甘油三酯

在TG＞5.6mmol/L时，启用贝特类药物，降低甘油三酯，避免急性胰腺炎。

糖尿病患者经过适当强度的他汀类药物治疗后非HDL-C仍不达标者，特别是TG≥2.3mmol/L，可在他汀类药物治疗基础上加用非诺贝特。

六、降脂药物的治疗风险

（一）肝损伤

1. 他汀治疗开始前及开始治疗后4~8周检测肝功能。

2. 肝功能无异常，逐步调整为6～12个月复查1次。

3. 治疗前ALT大于正常上限3倍，暂不使用他汀。

4. 治疗开始后肝酶异常，肝酶升高3倍以上，停用他汀，每周查肝功能直到正常。

5. 治疗开始后肝酶异常，轻度升高，正常值3倍以内，不是治疗的禁忌证，患者可以继续服用他汀，部分患者升高的ALT可能会自行下降。

6. 他汀一般耐受良好，有个别病例出现AST和ALT他汀剂量依赖性升高。

（二）肌损伤

1. 表现为肌酸激酶（CK）升高，无肌痛或肌无力、褐色尿：排除他汀所致。

2. 表现为肌痛或肌无力、褐色尿：检测CK，排除其他导致CK升高的情况。

3. 表现为肌痛或肌无力：每周检测CK水平，直至排除药物作用。

4. 肌酸激酶（CK）明显升高：考虑停药。

5. 一旦患者发生横纹肌溶解，应停止他汀类药物治疗，必要时住院进行静脉内水化治疗。

（三）新发糖尿病

长期服用他汀类药物可能引起血糖异常和增加新发糖尿病的风险。目前他汀引发新发糖尿病的确切机制尚不清楚，但他汀引发新发糖尿病与剂量相关，他汀类药物对心血管疾病的保护作用远大于新发糖尿病风险。

第十八节　痛　风

痛风是指嘌呤代谢紊乱和（或）尿酸排泄障碍所致血尿酸增高的一组异质性疾病。其临床特点是高尿酸血症、痛风性急性关节炎反复发作、痛风石沉积、特征性慢性关节炎和关节畸形，常累及肾引起慢性间质性肾炎和尿酸性结石形成。分为原发性、继发性和特发性。

一、病因

尿酸是人类嘌呤代谢的最终产物。尿酸主要由细胞代谢分解的核酸、其他嘌呤类化合物、食物中的嘌呤经酶的作用分解而来。人体尿酸的主要来源为内源性，大约占总尿酸的80%。

高尿酸血症患者只有出现尿酸盐结晶沉积、关节炎、肾病、肾结石等时，才称之为痛风。

根据尿酸形成的病理生理机制，将高尿酸血症分为尿酸生成增多和尿酸排泄减少两大类，有时二者并存。

二、临床表现

（一）无症状期
仅有血尿酸增高。

（二）急性关节炎期及间歇期
发病诱因：受寒、劳累、饮酒、高蛋白、高嘌呤饮食、外伤、手术、感染等。

常午夜起病。初发时为单关节炎症，以拇趾及第一跖趾关节为多见，其他跖趾、踝、膝、指、腕、肘关节为好发部位，而肩、髋、脊柱等关节较少发病。关节红、肿、热、痛、活动受限，大关节受累时可有关节腔渗液，可伴有头痛、发热、白细胞增多、血沉增快。秋水仙碱治疗，关节炎症状可以迅速缓解。关节腔渗液白细胞内有尿酸盐结晶。经过数天至数周可自然缓解，关节功能恢复，仅留下炎症区皮肤改变。

间歇期：无症状，持续数月或数年。

（三）痛风石及慢性关节炎期
痛风石：为本期常有表现，是痛风的特征性损害。常发生于耳轮、前臂伸侧、跖趾、手指、肘部等处。痛风石增大，破坏关节结构及其软组织，纤维组织导致关节畸形、活动受限。

痛风石经皮肤溃破形成瘘管，不易愈合，但继发感染少见。痛风石的形成与高尿酸血症的程度以及持续时间密切相关。

（四）肾脏病变
1. 痛风性肾病：为尿酸盐在肾间质组织沉淀所致。早期出现间歇性蛋白尿，显微镜下血尿，随病程进展，呈持续性蛋白尿，肾脏浓缩功能受损，出现夜尿增多、尿比重偏低，进一步发展，由慢性氮质血症发展到尿毒症，以致死于肾功能衰竭。

2. 急性肾功能衰竭：大量尿酸结晶广泛阻塞肾小管腔，可致尿流梗阻而发生急性肾功能衰竭。

3. 尿酸性尿路结石：主要因素是肾排泄尿酸增多。每日尿酸排出量 > 1100mg 或/和血尿酸 > 770μmol/L，其尿酸结石的发生率可达50%。

（五）高尿酸血症与代谢综合征
原发性痛风家系调查为多基因遗传。高尿酸血症者常伴有肥胖、糖脂代谢紊乱、动脉粥样硬化、冠心病、高血压。

三、辅助检查

1. 血尿酸测定：男性和绝经后女性 > 420μmol/L，绝经前女性 > 360μmol/L。

2. 尿尿酸测定：限制嘌呤饮食5d后，每日尿酸排泄超过600mg。

3. 滑囊液或痛风石内容物检查：旋光显微镜下，见针形尿酸盐结晶。

4. X线：急性期可见非特征性软组织肿胀；慢性期可见软骨缘破坏，关节面不规则，骨质可有圆形或不整齐的穿凿样透亮缺损。

5. 其他：CT与MRI检查。

四、诊断与鉴别诊断

诊断：可有家族史及代谢综合征表现，有一定的诱发因素，起病突然，典型的关节炎发作。

检查方面：血尿酸、关节腔穿刺、痛风石活检、X线检查、秋水仙碱诊断性治疗。

鉴别诊断：在急性关节炎期与风湿性关节炎、类风湿性关节炎、创伤性关节炎、化脓性关节炎相鉴别；在慢性关节炎期与类风湿性关节炎、银屑性关节炎、假性痛风、骨肿瘤相鉴别。

五、治疗

当有痛风发作且发作频繁时，即使尿酸正常范围也需进行降尿酸治疗，控制目标值：SUA < 300μmol/L。当合并糖尿病、心血管危险因素或慢性肾病时，尿酸超过正常范围，应启动降尿酸治疗，控制目标值：SUA < 360μmol/L。没有上述相关危险因素，没有痛风发作，但SUA > 540μmol/L，应启动降尿酸治疗。

1. 一般治疗：调节饮食，控制总热量摄入，限制高嘌呤饮食，严禁饮酒。增加尿酸的排泄，多饮水，每天 > 2000ml。不使用抑制尿酸排泄的药物。避免诱发因素和积极治疗相关疾病。适当运动，减轻胰岛素抵抗，防止超重和肥胖。

2. 急性痛风性关节炎期的治疗：秋水仙碱、非甾体抗炎药、糖皮质激素是一线药物，应尽早使用。

3. 发作间歇期和慢性期的治疗

（1）排尿酸药物：适合肾功能尚好的患者，增加尿酸的排泄，降低尿酸水平。用药期间多饮水，服用碳酸氢钠等碱化尿液。常用药物：苯溴马隆、丙磺舒。

（2）抑制尿酸生成药物：适用于尿酸生成过多者或不适合使用排尿酸药物者。常用药物：别嘌醇、非布司他。

（3）其他降尿酸药物：尿酸氧化酶将尿酸分解排出，包括拉布立酶、普瑞凯希。选择性尿酸重吸收抑制剂，如RDEA594。

4. 其他：理疗，手术剔除痛风石，处理伴发疾病，如降压、降脂、减肥、提高胰岛素的敏感性、处理肾功能衰竭。

第十九节　甲状腺功能亢进症与减退症

甲状腺功能亢进症

甲状腺毒症是指血液循环中甲状腺激素过多，引起以神经、循环、消化等系统兴奋性增高和代谢亢进为主要表现的一组临床综合征。

根据甲状腺的功能状态，甲状腺毒症可分类为甲状腺功能亢进类型和非甲状腺功能亢进类型。甲状腺功能亢进症简称甲亢，是指甲状腺腺体本身产生甲状腺激素过多而引起的甲状腺毒症，其病因包括弥漫性毒性甲状腺肿、结节性毒性甲状腺肿和甲状腺自主高功能腺瘤等。非甲状腺功能亢进类型包括破坏性甲状腺毒症和服用外源性甲状腺激素。由于甲状腺滤泡被炎症（例如亚急性甲状腺炎、无痛性甲状腺炎、产后甲状腺炎等）破坏，滤泡内储存的甲状腺激素过量进入循环引起的甲状腺毒症称为破坏性甲状腺毒症。后者的甲状腺功能并不亢进。

一、病因

Graves病是器官特异性自身免疫病之一。本病有显著的遗传倾向。主要特征是血清中存在针对甲状腺细胞TSH受体的特异性自身抗体，称为TSH受体抗体（TRAb）。TRAb有两种类型，即TSH受体抗体（TSAb）和TSH受体刺激阻断性抗体（TSBAb）。Graves病的甲亢可以自发性发展为甲亢，TSBAb的产生占优势是原因之一。50%~90%患者也存在针对甲状腺的其他自身抗体，如甲状腺过氧化物酶抗体（TPOAb）、甲状腺球蛋白抗体（TgAb）。

Graves眼病也称为浸润性突眼，是本病的表现之一。其病理基础是眶后组织淋巴细胞浸润，大量黏多糖堆积和糖胺聚糖沉积，透明质酸增多，导致突眼、眼外肌损伤和纤维化。

二、临床表现

（一）症状

临床表现主要由循环中甲状腺激素过多引起，其症状和体征的严重程度与病史长短、激素升高的程度和患者年龄等因素有关。症状主要有：易激动、烦躁失眠、心悸、乏力、怕热、多汗、消瘦、食欲亢进、大便次数增多或腹泻、女性月经稀少。可伴发周期性瘫痪（亚洲、青壮年男性多见）和近端肌肉进行性无力、萎缩，后者称为甲亢性疾病，以肩胛带和骨盆带肌群受累为主。少数老年患者高代谢症状不典型，相反表现为乏力、心悸、厌食、抑郁、嗜睡、体重明显减少，称之为"淡漠型甲亢"。

（二）体征

Graves病大多数患者有程度不等的甲状腺肿大。甲状腺肿为弥漫性，质地中等，无压痛。甲状腺上、下极可以触及震颤，闻及血管杂音。也有少数病例甲状腺不肿大；结节性甲状腺肿伴甲亢可触及结节性肿大的甲状腺；甲状腺自主性高功能腺瘤可扪及孤立结节。心血管系统表现有心率增快、心脏扩大、心律失常、心房颤动、脉压增大等。少数病例下肢胫骨前皮肤可见黏液性水肿。

眼部表现分为两类：一类为单纯性突眼，病因与甲状腺毒症所致的交感神经兴奋性增高有关；另一类为浸润性突眼，即Graves眼病，病因与眶后组织的炎症反应有关。单纯性突眼包括下述表现：眼球轻度突出，眼裂增宽，瞬目减少。浸润性突眼眼球明显突出，超过眼球突度参考值上限的3mm以上（中国人群突眼度女性16mm；男性18mm），少数患者仅有单侧突眼。患者自诉有眼内异物感、胀痛、畏光、流泪、复视、斜视、视力下降。

三、诊断与鉴别诊断

（一）诊断

(1)高代谢症状和体征；(2)甲状腺肿大；(3)血清TT4、FT4增高，TSH减低。具备以上三项诊断即可成立。应注意的是，淡漠型甲亢的高代谢症状不明显，仅表现为明显消瘦或心房颤动，尤其在老年患者；少数患者无甲状腺肿大；T3型甲亢仅有血清TT3增高。

（二）鉴别诊断

（1）单纯性甲状腺肿。指除甲状腺肿瘤和甲状腺炎以外的各种原因引起的甲状腺功能正常的甲状腺肿大，包括弥漫性和结节性甲状腺肿，散发的病例不论城市或乡村都不少见。而在缺碘地区常常群体发生缺碘性地方性甲状腺肿，在胎儿、婴儿发生时为呆小病，这些病人^{131}I可很高，但T_3抑制试验可被抑制。单纯性甲状腺肿无甲亢症状，甲功FT_3、FT_4正常。有甲亢可疑时查促甲状腺激素及促甲状腺激素释放激素试验正常，可资鉴别。

（2）老年甲亢时表现为心律失常（心房颤动最多见）。淡漠型甲亢，以腹泻、消瘦为主要表现，易误认为动脉硬化性心脏病、慢性肠炎、老年痴呆等，甲状腺功能试验检查可明确诊断。

四、治疗

（一）抗甲状腺药物治疗

甲亢的一般治疗包括注意休息，补充足够热量和营养，如糖、蛋白质和B族维生素。心悸明显者可给β受体阻滞药，如普萘洛尔（心得安）10～20mg，每日3次，或美托洛尔25～50mg，每日2次。抗甲状腺药物（ATD）应用是药物治疗的关键。适应证：病情轻、中度患者；甲状腺轻、中度肿大；年龄小于20岁；孕妇、高龄或由于其他严重疾病不适合手术者；手术前或放射碘治疗前的准备；手术后复发且不适宜放射碘治疗。

（二）放射性^{131}I治疗

适应证：成人Graves病伴甲状腺II度肿大以上；抗甲状腺药物治疗失败或过敏；甲亢手术后复发；甲亢性心脏病或甲亢伴其他病因的心脏病；甲亢合白细胞或/和血小板减少或全血细胞减少；老年甲亢；甲亢合并糖尿病；毒性多结节性甲状腺肿；自主功能性甲状腺结节合并甲亢。

（三）手术治疗

适应证：中、重度甲亢长期药物治疗无效或效果不佳；停药后复发；甲状腺较大；结节性甲状腺肿伴甲亢；对周围脏器有压迫或胸骨后甲状腺肿；疑似与甲状腺癌并存者；儿童甲亢用抗甲状腺药物治疗效果差者；妊娠期甲亢药物控制不佳者，可在妊娠中期（4～6个月）进行手术治疗。

禁忌证：伴严重的浸润突眼；合并严重心、肝、肾疾病，不能耐受手术；妊娠前3个月和第6个月以后。

（四）甲状腺危象的治疗

1. 针对诱因治疗，去除诱因。

2. 抑制甲状腺激素合成，抑制T3、T4合成和由T4转化为T3的药物，以丙基硫氧嘧啶为首选，首剂600mg口服或经胃管注入，此后200mg，一日三次。如无此药可用甲巯咪唑。

3. 抑制甲状腺激素的释放：在应用上述药物1h后，再加用复方碘溶液，6～8h一次，每次5～10滴，或用碘化钠0.5～1.0g加入液体中静滴12～24h。

4. 降低周围组织对TH反应：β肾上腺素能受体阻滞剂，抑制周围组织T4转化为T3，普萘洛尔（心得安）40～80mg，6～8h一次；或1mg静注，然后根据情况重复，或5mg溶于液体中缓慢静滴。有心、肺疾患者慎用或禁用。

5. 拮抗应激：可用氢化可的松100mg或地塞米松15～30mg加入液体中静滴，4～6h一次，病情好转后减量。

6. 降低和清除血浆甲状腺激素：透析。

7. 降温：如有高热，可给物理降温或药物降温，可试用异丙嗪、哌替啶（度冷丁）各50mg静滴，避免用水杨酸类药物。

8. 其他支持治疗：保证足够的热量及液体补充；保护心、肾功能，防治感染及各种并发症。保证病室环境安静，严格按规定的时间和剂量给药。密切观察生命体征和意识状态并记录。昏迷者加强皮肤、口腔护理，定时翻身，以预防褥疮、肺炎的发生。

甲状腺功能减退症

甲状腺功能减退症简称甲减，是由各种原因导致的低甲状腺激素血症或甲状腺激素抵抗而引起的全身性低代谢综合征，其病理特征是黏多糖在组织和皮肤堆积，表现为黏液性水肿。

一、病因

成人甲减的主要病因是：①自身免疫损伤。最常见的原因是自身免疫性甲状腺炎，包括桥本甲状腺炎、萎缩性甲状腺炎、产后甲状腺炎等。②甲状腺破坏。包括甲状腺手术、^{131}I治疗等，10年后甲减累积发生率为40%～70%。③碘过量：碘过量可引起具有潜在性甲状腺疾病者发生甲减，也可诱发和加重自身免疫性甲状腺炎。含碘药物胺碘酮诱发甲减的发生率是5%～22%。④抗甲状腺药物：如锂盐、硫脲类、咪唑类等。

二、临床表现

本病发病隐匿，病程较长，不少患者缺乏特异症状和体征。症状主要表现以代谢率减低和交感神经兴奋性下降为主，病情轻的早期患者可以没有特异症状。典型患者畏寒、乏力、手足肿胀、嗜睡、记忆力减退、少汗、关节疼痛、体重增加、便秘，女性月经紊乱，或者月经过多、不孕。

典型患者可有表情呆滞、反应迟钝、声音嘶哑、听力障碍、面色苍白、颜面和（或）眼睑水肿、唇厚舌大、常有齿痕，皮肤干燥、粗糙、脱皮屑、皮肤温度低、水肿、手脚掌皮肤可呈姜黄色，毛发稀疏干燥，跟腱反射时间延长，脉率缓慢。少数病例出现胫前黏液性水肿。本病累及心脏，可以出现心包积液和心力衰竭。重症患者可发生黏液性水肿昏迷。

三、诊断

1. 甲减的症状和体征。

2. 实验室检查血清TSH增高，FT4减低，原发性甲减即可以成立。进一步寻找甲减的原因。如果TPOAb阳性，可考虑甲减的病因为自身免疫甲状腺炎。

3. 实验室检查血清TSH减低或者正常，TT4、FT4减低，考虑中枢性甲减。可通过TRH兴奋试验证实。进一步寻找垂体和下丘脑的病变。

四、治疗

（一）替代治疗

1. 目标：临床甲减症状和体征的消失，TT3、TT4、TSH维持在正常范围。

2. 无论何种原因甲减，均需甲状腺激素替代治疗，除了药物性甲减等暂时性甲减，永久性甲减需终生服药。长期维持剂量根据甲状腺激素和促甲状腺激素测定结果，均从小剂量开始，逐渐递增到合适量。左甲状腺素为首选。纯 T_4 制剂，半衰期是7d，可以每天早晨服药一次。服药方法：起始的剂量和达到完全替代剂量的需要时间要根据年龄、体重和心脏状态确定。

3. 注意事项：

（1）初治时剂量宜偏小，然后依症状改善程度（血甲状腺激素和TSH水平）逐步递增。

（2）缺血性心脏病患者宜从更小剂量开始，小剂量缓慢增加，避免诱发和加重心脏病。

（3）伴有肾上腺皮质功能减退者，甲状腺激素替代治疗应在糖皮质激素替代治疗后进行。

（4）监测指标：治疗初期，每隔4～6周测定相关激素指标，调整药物剂量。治疗达标后，每6～12月复查一次相关激素指标。

（二）病因治疗和对症治疗（略）

（三）黏液性水肿昏迷的处理

立即抢救治疗。黏液性水肿病人坚持甲状腺替代治疗是防止并发昏迷的关键。

第二十节　急性肾盂肾炎

一、病因

致病菌由尿道进入膀胱，上行感染经输尿管达肾，或由血行感染播散至肾。女性的发病率高于男性数倍。尿路梗阻、膀胱输尿管返流及尿潴留等情况可以造成继发性肾盂肾炎。

二、临床表现

1. 发热：高热，体温可至39℃以上。

2. 腰痛：单侧或双侧，有明显的肾区叩击痛。

3. 膀胱刺激症状：多可伴有尿频、尿急、尿痛，膀胱刺激症状及血尿。

三、辅助检查

1. 血常规：WBC升高。

2. 尿常规：脓尿，出现管型。

3. 超声：了解肾脏形态变化，有无梗阻积水。

四、诊断与鉴别诊断

根据临床表现及辅助检查。

五、治疗

1. 全身治疗：营养支持。

2. 根据细菌敏感性试验使用抗生素或采用广谱抗生素。

3. 对症缓解临床症状，减轻患者痛苦。

六、转诊原则

1. 经治疗不能缓解者。
2. 需进一步检查者。
3. 病因不明，需进一步确诊者。

第二十一节　急性细菌性膀胱炎

一、病因

急性细菌性膀胱炎女性多见，因女性尿道短而直，尿道外口畸形常见，如处妇膜伞、尿道口处女膜融合；会阴部常有大量细菌存在，只要有感染的诱因存在，如性交、导尿、个人卫生不洁及个体对细菌抵抗力降低，都可导致上行感染，很少由血行感染及淋巴感染所致。

二、临床表现

1. 急性单纯性膀胱炎临床表现为尿频、尿急、尿痛、耻骨上膀胱区或会阴部不适、尿道烧灼感。常见终末血尿，体温正常或仅有低热。
2. 急性单纯性肾盂肾炎患者同时有尿路刺激症、患侧或双侧腰部胀痛等泌尿系统症状和全身症状。

三、辅助检查

1. 肋腰点压痛、肾区叩击痛。
2. 尿常规检查，尿中白细胞增多、脓尿。
3. 尿沉渣涂片染色，找到细菌。
4. 尿细菌培养找到细菌。
5. 尿菌落计数>10^5/ml，有尿频等症状者，>10^2/ml也有意义，球菌10^3~10^4/ml也有诊断意义。
6. 1h尿沉渣计数白细胞＞20万个。
7. 血常规示白细胞升高，中性粒细胞核左移。
8. 血沉增快。

四、诊断

通过病史询问、体格检查和实验室检查获得诊断。

五、治疗

第3代喹诺酮类如左氧氟沙星等。
半合成广谱青霉素，如哌拉西林、磺苄西林等对钢绿假单胞菌有效。
第三代头孢菌素类，如头孢他啶、头孢哌酮等对铜绿假单胞菌有较好的疗效。

对社区高氟喹诺酮耐药和ESBIs阳性的大肠杆菌的地区，初次用药必须使用β-内酸胺酶复合制剂、氨基糖苷类或碳青霉烯类药物治疗。

氨基糖苷类抗菌药物，但应严格注意其副作用。

六、转诊原则

1. 经治疗不能缓解者。
2. 需进一步检查者。
3. 病因不明，需进一步确诊者。

第二十二节　贫　血

当人体外周血中红细胞容量减少，不能运输足够的氧至组织而产生贫血病症。目前常用血红蛋白（Hb）浓度来代替红细胞的减少程度。在中国海平面地区，成年男性Hb＜120g/L，成年女性（非妊娠）Hb＜110g/L，孕妇Hb＜100g/L即为贫血。应注意，在高海拔地区居民的Hb正常值较海平面居民为高。

目前，贫血有多种分类。根据病情发展速度分为急、慢性贫血；按红细胞形态分为大细胞性贫血、正常细胞性贫血和小细胞低色素性贫血；按Hb浓度分为轻度、中度、重度和极重度贫血；按造血器官的增生情况分为增生不良性贫血（如再生障碍性贫血）和增生性贫血（除再生障碍性贫血以外的贫血）等。

一、病因

与造血干细胞异常、造血功能调节异常、造血原料缺乏等有关。

二、临床表现

1. 神经系统：头痛、眩晕、萎靡、晕厥、失眠、多梦、耳鸣、眼花、记忆力减退、注意力不集中是贫血常见的症状。
2. 皮肤黏膜苍白。
3. 呼吸系统：低氧和高二氧化碳状态，刺激呼吸中枢，进而引起呼吸加快加深。
4. 循环系统：急性失血性贫血时循环系统的主要表现是对低血容量的反应，如外周血管收缩、心率加快、主观感觉心悸等。
5. 消化系统：消化功能减低、消化不良，出现腹部胀满、食欲减低、大便规律和性状的改变等。可有吞咽异物感。舌炎、舌乳头萎缩、牛肉舌、镜面舌等。
6. 泌尿系统：肾性贫血在贫血前和贫血同时有原发肾疾病的临床表现。血管外溶血性贫血可出现胆红素尿；血管内溶血性贫血可出现游离血红蛋白和含铁血黄素尿，重者甚至可发生游离血红蛋白堵塞肾小管，进而引起少尿、无尿、急性肾衰竭。
7. 内分泌系统：可引起畏寒、表情淡漠、性欲减退等。
8. 生殖系统：长期贫血会使睾丸的生精细胞缺血、坏死，进而影响睾酮的分泌，减弱男性特征、月经过多。

9. 免疫系统：功能低下，容易发生感染。

三、辅助检查

分为血常规、骨髓和贫血发病机制检查。血常规检查可有血红蛋白降低，红细胞参数（MCV、MCH 及 MCHC）异常，外周血涂片可有红细胞形态异常等，骨髓检查可有骨髓细胞的增生程度，细胞成分、比例和形态异常等。

四、诊断

（一）病史

应详细询问现病史和既往史、家族史、营养史、月经生育史，危险因素暴露史等。从现病史了解贫血发生的时间、速度、程度、并发症、可能诱因、干预治疗的反应等。既往史可提供贫血的原发病线索。家族史提供发生贫血的遗传背景。营养史和月经生育史对缺铁、缺叶酸或维生素 B_2 等造血原料缺乏所致的贫血、失血性贫血有辅助诊断价值。危险因素（射线、化学毒物或药物、疫区或病原微生物等）暴露史对造血组织受损和感染相关性贫血的诊断至关重要。

（二）症状与体征

①贫血对各系统的影响。皮肤、黏膜苍白程度，心率或心律改变，呼吸姿势或频率异常等；②贫血的伴随表现。溶血（如皮肤、黏膜、巩膜黄染，胆道炎症体征，肝大或脾大等）、出血（如皮肤黏膜紫癜或瘀斑，眼底、中枢神经系统、泌尿生殖道或消化道出血体征等）、浸润（如皮肤绿色瘤、皮下肿物、淋巴结肿大、肝大或脾大等）、感染（如发热及全身反应、感染灶体征等）。

（三）实验室检查结果

（略）

五、治疗

贫血性疾病的治疗分"对症"和"对因"两类：

1. 对症治疗目的是减轻重度血细胞减少对病人的致命影响，为对因治疗发挥作用赢得时间。具体内容包括：重度贫血病人、老年人或合并心肺功能不全的贫血病人应输红细胞，纠正贫血，改善体内缺氧状态；急性大量失血病人应及时输血或血浆，迅速恢复血容量并纠正贫血；对贫血合并出血者，应根据出血机制的不同采取不同的止血治疗（如重度血小板减少应输注血小板）；对贫血合并感染者，应酌情给予抗感染治疗；对贫血合并其他脏器功能不全者，应根据脏器的不同及功能不全的程度而施予不同的支持治疗；先天性溶血性贫血多次输血并发血色病者应予祛铁治疗。

2. 对因治疗是针对贫血发病机制的治疗。如缺铁性贫血补铁及治疗导致缺铁的原发病；巨幼细胞贫血补充叶酸或维生素 B_{12}；溶血性贫血采用糖皮质激素或脾切除术；遗传性球形红细胞增多症脾切除有肯定疗效；造血干细胞异常性贫血采用造血干细胞移植；AA 再生障碍性贫血可采用环孢素及造血刺激因子等；免疫相关性贫血采用免疫抑制剂；各类继发性贫血治疗原发病等。

第二十三节 失眠症

失眠是以频繁而持续的入睡困难或睡眠维持困难并导致睡眠满意度不足为特征的睡眠障碍，常影响日间社会功能，为临床最常见的睡眠障碍。

一、病因

1. 心理社会因素：如生活和工作中的各种不愉快事件或急性应激。

2. 环境因素：如环境嘈杂、不适光照、过冷过热、空气污浊、居住拥挤或突然改变睡眠环境等。

3. 生理因素：如年老松果体老化、饥饿、过饱、疲劳、性兴奋等。

4. 精神疾病因素：如焦虑与抑郁障碍时，抑郁症导致的早醒及躁狂症因昼夜兴奋不安而少眠或不眠等。

5. 药物与食物因素：如咖啡因、茶碱、甲状腺素、皮质激素、抗震颤麻痹药、中枢兴奋剂等的使用时间不当或过量，药物依赖戒断时或药物不良反应发生时等。

6. 睡眠节律变化因素：如夜班和白班频繁变动及时差等。

7. 躯体疾病因素：如冠心病、胃出血及呼吸系统疾病等，导致患者对生命担忧而出现失眠；各种躯体疾病引起的疼痛、瘙痒、咳嗽、心悸、恶心呕吐、腹胀、腹泻等均可引起入睡困难和睡眠不深。

8. 生活行为因素：如日间休息过多、睡前运动过多、抽烟等。

9. 个性特征因素：如过于细致的特性。

二、临床表现

（一）针对失眠症状

1. 入睡困难：表现为上床后长时间不能入睡，入睡时间大于半个小时。

2. 睡眠维持困难：包括睡眠不实（觉醒过多过久）、睡眠表浅（缺少深睡）、夜间醒后难以再次入睡、早醒、睡眠不足等。在失眠症中，以入睡困难最多见，其次是睡眠表浅和早醒等睡眠维持困难，两种情况可单独存在，但通常并存，并且两者可以相互转变。

（二）针对觉醒期症状

1. 失眠往往引起非特异性觉醒期症状，即此次日间功能损害，常表现为疲劳或全身不适感、日间思睡、焦虑不安、注意力不集中或记忆障碍，社交、家务、职业或学习能力损害等。

2. 对失眠的恐惧和对失眠所致后果的过分担心常常引起焦虑不安，使失眠者常常陷入一种恶性循环，失眠→担心→焦虑→失眠，久治不愈。

三、辅助检查

临床评估：睡眠的主观评估可以选择性使用睡眠日记、匹兹堡睡眠质量指数、失眠严重程度指数等。睡眠的客观评估可以选择性使用多导睡眠监测（PSG）、多次睡眠潜伏试验、体动检查等。

四、诊断与鉴别诊断

在国际睡眠障碍分类中，失眠障碍可分为慢性失眠障碍、短期失眠障碍和其他失眠障碍。

1. 慢性失眠障碍指失眠和日间功能损害每周至少出现3次，至少持续3个月。

2. 短期失眠障碍指失眠和日间功能损害少于3个月并且没有症状出现频率的要求。许多短期失眠障碍患者的失眠症状可随时间而缓解，部分短期失眠障碍患者可逐渐发展为慢性失眠障碍。

ICD-10中有关"非器质性失眠症"的诊断要点包括：主要是入睡困难、难以维持睡眠或睡眠质量差；这种睡眠紊乱每周至少发生3次并持续1月以上；日夜专注于失眠，过分担心失眠的后果；睡眠质量和（或）质的不满意引起了明显的苦恼或影响了社会及职业功能。

五、治疗

（一）非药物治疗

非药物治疗包括心理行为治疗和补充/替代性治疗。

1. 心理行为治疗。

改善失眠患者的不良心理及行为因素，增强患者自我控制失眠障碍的信心。包括睡眠教育、睡眠卫生教育、刺激控制疗法、睡眠限制疗法、矛盾意念法、放松疗法、生物反馈法、认知治疗以及专门针对失眠的认知行为治疗等。

2. 补充/替代性治疗。

包括体格锻炼、身心干预（冥想、太极、瑜伽、气功等）、操作及躯体治疗（按摩、针灸、穴位按压、反射疗法等）、物理治疗（经颅电刺激、经颅磁刺激等）、光照治疗。

（二）药物治疗

1. 药物治疗的原则：遵循个体化原则，按需、间断、适量给药原则，疗程一般不超过4周，超过4周的药物治疗应每月定期评估。动态评估原则，合理撤药原则，特殊人群不宜给药原则等。

2. 治疗药物选择的考量因素：失眠的表现形式，是否存在共患疾病，药物消除半衰期及其副反应，既往治疗效果，患者的倾向性意见，费用，可获得性，禁忌证，联合用药之间的相互作用等。

3. 常用治疗药物。

（1）苯二氮卓类药物：艾司唑仑、劳拉西半、奥沙西泮、阿普唑仑、地西泮、氯硝西泮等。

（2）非苯二氮卓类药物：右佐匹克隆、佐匹克隆、唑吡坦、扎来普隆等。

（3）褪黑素受体激动剂：褪黑素缓释片、雷美替胺。

（4）镇静类抗抑郁药物：曲唑酮、米氮平、氟伏沙明、多塞平、阿米替林。

（5）食欲素受体拮抗剂：苏沃雷生。

（6）镇静类抗精神病药物：针对难治性失眠障碍患者和矛盾性失眠患者可试用喹硫平（睡前12.5~50mg）、奥氮平（睡前2.5~10mg）。

（7）中草药：可用中草药的单味药或复方制剂。例如枣仁安神胶囊。

上述部分药物（如镇静类抗抑郁药物或镇静类抗精神病药物）获批的适应证并非失眠患者，临床应用必须评估药物使用的安全性。

第四章　外科常见疾病

第一节　甲状腺疾病

单纯性甲状腺肿

一、病因

1. 甲状腺素原料（碘）缺乏：环境缺碘是引起单纯性甲状腺肿的主要因素。又称"地方性甲状腺肿"。

2. 甲状腺素需要量增高：有些青春发育期、妊娠期或绝经期的妇女，由于对甲状腺素的需要量暂时性增高，也可发生轻度弥漫性甲状腺肿，叫做生理性甲状腺肿。

3. 甲状腺素合成和分泌的障碍。

二、临床表现

甲状腺不同程度的肿大和肿大结节对周围器官引起的压迫症状是本病主要的临床表现。当发生囊内出血时，可引起结节迅速增大。若压迫气管，可出现气管弯曲、移位和气道狭窄影响呼吸。少数喉返神经或食管受压的病人可出现声音嘶哑或吞咽困难。胸骨后甲状腺肿，还可压迫颈深部大静脉，引起头颈部静脉回流障碍，出现面部青紫、肿胀及颈胸部表浅静脉扩张。此外，结节性甲状腺肿可继发甲亢，也可发生恶变。

三、辅助检查

放射性核素显像检查、B超、颈部X线及颈部CT等检查。

四、诊断

可行放射性核素显像检查、B超等检查。性质可疑时，可经细针穿刺细胞学检查以确诊。

五、治疗

1. 生理性甲状腺肿，宜多食含碘丰富的食物如海带、紫菜等。

2. 对20岁以下的弥漫性单纯甲状腺肿病人可给予小量甲状腺素，以抑制垂体前叶TSH分泌，缓解甲状腺的增生和肿大。

3. 手术指征：①气管、食管或喉返神经受压引起临床症状者；②胸骨后甲状腺肿；③巨大甲状腺肿影响生活和工作者；④结节性甲状腺肿继发功能亢进者；⑤结节性甲状腺肿疑有恶变者。

甲状腺腺瘤

甲状腺腺瘤是最常见的甲状腺良性肿瘤。按形态学可分为滤泡状和乳头状囊性腺瘤两种。本病多见于40岁以下的妇女。

一、病因

病因及发病机制尚不明确。

二、临床表现

颈部出现圆形或椭圆形结节，多为单发。稍硬，表面光滑，无压痛，随吞咽上下移动。大部分病人无任何症状，腺瘤生长缓慢。当乳头状囊性腺瘤因囊壁血管破裂发生囊内出血时，肿瘤可在短期内迅速增大，局部出现胀痛。

三、辅助检查

血清中T3和T4含量的测定、B超及颈部CT。

四、诊断

多因颈部肿块就诊，手术病理方可确诊。

五、治疗

因甲状腺腺瘤有引起甲亢（发生率约为20%）和恶变（发生率约为10%）的可能，故应早期行包括腺瘤的患侧甲状腺大部或部分（腺瘤小）切除。切除标本必须立即行冰冻切片检查，以判定有无恶变。

第二节 乳房疾病

急性乳腺炎

急性乳腺炎是乳腺的急性化脓性感染，尤以初产妇多见，多发生在产后3~4周。

一、病因

常因乳汁瘀积及细菌入侵引起。

二、临床表现

病人常感乳房疼痛、局部红肿、发热。可有寒战、高热、脉搏加快，常有患侧淋巴结肿大、压痛，白细胞计数明显增高。一般起初呈蜂窝织炎样表现，数天后可形成脓肿。

三、辅助检查

乳腺彩超、胸部CT及血常规等检查。

四、诊断

根据临床表现、乳腺彩超、血常规等多可诊断。

五、治疗

原则是消除感染、排空乳汁。早期呈蜂窝织炎表现，未形成脓肿之前，应用抗生素治疗，疗效较好。脓肿形成后，主要措施是脓肿切开引流。

一般健侧继续哺乳，患侧乳房应停止哺乳，并以吸乳器吸尽乳汁。若感染严重或脓肿引流后并发乳瘘，应停止哺乳。

乳腺囊性增生病

也称乳腺病，是妇女多发病，常见于中年妇女。是乳腺实质的良性增生，主要为乳管及腺泡上皮增生。

一、病因

系体内女性激素代谢障碍，尤其是雌、孕激素比例失调，使乳腺实质增生过度和复旧不全。

二、临床表现

该病突出的表现是乳房胀痛和肿块，特点是疼痛多具有周期性。疼痛与月经周期有关，往往在月经前疼痛加重，月经来潮后减轻或消失，有时整个月经周期都有疼痛。体检发现一侧或双侧乳腺有弥漫性增厚，肿块呈颗粒状、结节状或片状，大小不一，质韧而不硬，增厚区与周围乳腺组织分界不明显。少数病人可有乳头溢液。

三、辅助检查

乳腺彩超、乳腺钼靶X线片等。

四、诊断

本病的诊断并不困难，但有与乳腺癌同时存在的可能，应嘱病人每隔2~3个月到医院复查。

五、治疗

主要是对症治疗，可用中药或中成药调理，常用逍遥散等药物。

第三节　腹股沟疝

腹股沟疝分为斜疝和直疝两种。疝囊经过腹壁下动脉外侧的腹股沟管深环（内环）突出，斜行经过腹股沟管，再穿出腹股沟管浅环（皮下环），并可进入阴囊，称为腹股沟斜疝。疝囊经腹壁下动脉内侧的直疝三角区直接由后向前突出，不经过内环，也不进入阴囊，称为腹股沟直疝。

斜疝是最多见的腹外疝，发病率约占腹外疝的75%~90%。腹股沟疝多发生于男性，男女发病率之比约为15：1；右侧比左侧多见。

一、病因

1. 腹壁强度降低：常见因素有：①某些组织穿过腹壁的部位，如精索或子宫圆韧带穿过腹股沟管、股动静脉穿过股管等处；②腹白线因发育不全也可成为腹壁的薄弱点；③手术切口愈合不良、外伤、感染、腹壁神经损伤、老年、久病、肥胖所致肌萎缩等也常是腹壁强度降低的原因。

2. 腹内压力增高：慢性咳嗽、慢性便秘、排尿困难、搬运重物、举重、腹水、妊娠、婴儿经常啼哭等是引起腹内压力增高的常见原因。

二、临床表现

1. 腹股沟斜疝临床表现是腹股沟区有一突出的肿块。有的病人开始时肿块较小，仅仅通过深环刚进入腹股沟管，此时诊断较为困难；一旦肿块穿过浅环甚或进入阴囊，诊断就较容易。

易复性斜疝：多有腹股沟区肿块和偶有胀痛。

难复性斜疝：除胀痛稍重外，其主要特点是疝块不能完全回纳。滑动性斜疝除疝块不能完全回纳外，尚有消化不良和便秘等症状。

嵌顿性疝多发生于斜疝，临床上表现为疝块突然增大，并伴有明显疼痛。平卧或用手推送不能使疝块回纳。肿块紧张发硬，且有明显触痛。内容物如为肠袢，还可伴腹痛、恶心、呕吐、停止排便排气、腹胀等机械性肠梗阻的临床表现。

绞窄性疝可引起肠坏死及肠穿孔，严重可引起脓毒血症及感染性休克。

2. 腹股沟直疝：临床表现是病人直立时，在腹股沟内侧端、耻骨结节上外方出现一半球形肿块，多不伴其他症状。直疝绝不进入阴囊，极少发生嵌顿。

三、辅助检查

可行腹股沟疝彩超及生殖器彩超进行鉴别。

四、诊断

根据临床表现及腹股沟疝彩超多可诊断。需与睾丸鞘膜积液、交通性鞘膜积液、精索鞘膜积液、隐睾及急性肠梗阻等疾病相鉴别。

五、治疗

除少数特殊情况外，腹股沟疝一般均应尽早施行手术治疗。

1. 非手术治疗。1岁以下婴幼儿可暂不手术。可采用棉线束带或绷带压住腹股沟管深环，防止疝块突出。年老体弱或伴有其他严重疾病而禁忌手术者，可使用医用疝带。

2. 手术治疗。

① 传统疝修补术：手术的基本原则是疝囊高位结扎、加强或修补腹股沟管管壁。

② 无张力疝修补术。

③ 腹腔镜疝修补术。

第四节　阑尾炎

阑尾炎是外科常见疾病，以急性发病最为多见，因此也是临床多见的急腹症之一。因部分病人早期临床症状、体征不典型，故对接诊医生确诊造成困难，因此认真对待每一个具体的病例是非常重要的。

一、病因

1. 阑尾管腔阻塞：增生的淋巴滤泡、粪石、异物、炎性狭窄、食物残渣、蛔虫、肿瘤等造成阑尾管腔阻塞。管腔内压力上升，血运障碍，引起炎症反应。

2. 细菌入侵：阑尾黏膜上皮损伤后细菌入侵，致病菌多为肠道内的各种革兰阴性杆菌和厌氧菌。

二、临床表现

（一）症状

1. 腹痛：最早以上腹部及脐周疼痛常见，随后可转移至右下腹。

2. 胃肠道症状：恶心、呕吐是发病早期常见的症状，有的病例可能发生腹泻。

3. 全身症状：发热，常在38℃左右。化脓或坏疽时可达39℃或40℃。

（二）体征

1. 右下腹压痛：压痛点通常位于麦氏点，可随阑尾位置的变异而改变，压痛的程度与病变的程度相关。

2. 腹膜刺激征象：腹肌紧张，反跳痛，肠鸣音减弱或消失等。腹膜炎范围扩大，说明局部腹腔内有渗出或阑尾穿孔。但是，在小儿、老人、孕妇、肥胖、虚弱者或盲肠后位阑尾炎时，腹膜刺激征象可不明显。

3. 右下腹包块：如体检发现右下腹饱满，触及一压痛性包块，边界不清，固定，应考虑阑尾周围脓肿的诊断。

三、辅助检查

1. 化验：白细胞计数（10~20）×10⁹/L，中性粒细胞比例升高，可发生核左移。

2. 检查

①腹部立位片：可见盲肠扩张和液气平面，偶尔可见钙化的粪石和异物影，可帮助诊断。

②B超检查：可发现肿大的阑尾或脓肿。

四、诊断

1. 大多数患者都具有较为典型的腹部体征，如右下腹较为固定的压痛点，也可见局部腹膜炎症状。

2. 一般情况下患者血象升高明显，部分有肠胀气，结合相关检查可确诊。

五、治疗

1. 手术治疗：绝大多数急性阑尾炎一旦确诊，应早期施行阑尾切除术。

2. 非手术治疗：给予抗炎、退烧、补液等对症治疗。

第五节 肠梗阻

肠内容物不能正常运行、顺利通过肠道，称为肠梗阻，是外科常见的病症。肠梗阻不但可引起肠管本身解剖与功能上的改变，并可导致机体代谢紊乱，临床病象复杂多变。

一、病因

腹腔粘连、嵌顿疝、肠套叠、肿瘤、粪便、蛔虫等是肠梗阻常见的诱因。

（一）发病机理不同

1. 机械性肠梗阻：原因。①肠腔堵塞，如粪块、大胆石、异物等。②肠管受压，如粘连带压迫、肠管扭转、嵌顿疝或受肿瘤压迫等。③肠壁病变，如肿瘤、先天性肠道闭锁、炎症性狭窄等。

2. 动力性肠梗阻：肠管痉挛或蠕动差引起肠内容物不能正常运行，常见于急性弥漫性腹膜炎、腹部大手术、腹膜后血肿或感染引起的麻痹性肠梗阻。

3. 血运性肠梗阻：肠系膜血栓形成，肠管血运障碍，发生肠麻痹而使肠内容物不能运行。

（二）有无血运障碍

1 单纯性肠梗阻：只是肠内容物通过受阻，而无肠管血运障碍。

2. 绞窄性肠梗阻：系指梗阻并伴有肠壁血运障碍者，可因肠系膜血管受压、血栓形成或栓塞等引起。

二、临床表现

1. 腹痛：表现为阵发性绞痛，疼痛多在腹中部，可见到肠型和肠蠕动波。

2. 呕吐：吐出物为食物或胃液。高位肠梗阻时呕吐频繁，吐出物主要为胃及十二指肠内容物；低位肠梗阻时，呕吐出现迟而少，吐出物可呈粪样。结肠梗阻时，呕吐到晚期才出现。

3. 腹胀：高位肠梗阻腹胀不明显，可见胃型。低位肠梗阻及麻痹性肠梗阻腹胀明显。

4. 肛门停止排气排便：完全性肠梗阻时停止排气排便。

三、辅助检查

X线检查：腹部立位片，可见液平面及充气胀肠袢，X线表现也各有其特点；高位梗阻显示"鱼肋骨刺"状，低位梗阻显示阶梯状。

四、诊断

1. 体征：腹部膨隆，可见肠型或蠕动波，有压痛，肠鸣音亢进、减退或消失，有气过水声或金属音。

2. 化验：白细胞计数和中性粒细胞明显升高，血红蛋白值、血细胞比容升高。血清 Na^+、K^+、Cl^- 等电解质紊乱、酸碱失衡。

五、治疗

（一）非手术治疗

1. 胃肠减压：通过胃肠减压，吸出胃肠道内的气体和液体，可以减轻腹胀，降低肠腔内压力。

2. 纠正水、电解质紊乱和酸碱失衡：根据呕吐情况、缺水体征、血液浓缩程度、尿量，并结合血清钾、钠、氯和血气分析监测结果而定。

3. 抗感染：应用抗肠道细菌，包括厌氧菌的抗生素。

（二）手术治疗

绞窄性肠梗阻、肿瘤及先天性肠道畸形引起的肠梗阻，以及非手术治疗无效的病人，需要行手术治疗。

第六节　胰腺疾病

胰腺炎是多种病因导致的胰酶在胰腺内被激活后引起胰腺组织自身消化、水肿、出血甚至坏死的炎症反应。临床表现以上腹痛、恶心、呕吐、发热、血胰酶增高等为特点，常在饱食、高脂餐、饮酒后发生。

急性胰腺炎

一、病因

1. 胆道结石：胆道结石向下移动可阻塞胆总管末端，此时胆汁可经"共同通道"反流入胰管，引起胰腺炎。

2. 高甘油三酯血症：甘油三酯≥11.3mmol/L，极易发生急性胰腺炎；甘油三酯＜5.65mmol/L，急性胰腺炎风险减少。

3. 酒精：过量饮酒可引起十二指肠乳头水肿和Oddi括约肌痉挛，造成胰管内压力增高，细小胰管破裂，胰液进入腺泡周围组织对胰腺进行"自我消化"而发生急性胰腺炎。

4. 其他病因：壶腹乳头括约肌功能不良；药物、毒物；医源性（ERCP、腹部术后）等。

二、临床表现

1. 腹痛：疼痛多位于左上腹，并呈束带状向腰背部放射。
2. 腹胀：炎症刺激所致，炎症越严重，腹胀越明显，腹腔积液可加重腹胀，且排便、排气停止。
3. 恶心、呕吐：早期即可出现，呕吐剧烈而频繁。呕吐物为胃十二指肠内容物，偶可呈咖啡色。呕吐后腹痛不缓解。

三、辅助检查

1. 化验：白细胞升高，血、尿淀粉酶升高。血淀粉酶在发病数小时开始升高，24h达高峰，4~5d后逐渐降至正常；尿淀粉酶在24h才开始升高，48h到高峰，下降缓慢，1~2周后恢复正常。
2. 腹部B超：是首选的影像学诊断方法，可发现胰腺肿大和胰周液体积聚。腹部X线片可见肠胀气明显或肠梗阻。

四、诊断

1. 症状：发热，腹痛多位于左上腹，腹胀明显，呕吐剧烈而频繁。呕吐后腹痛不缓解。
2. 体征：上腹部饱满，压痛明显，重症可见脐周或腰背部的紫斑，肠鸣音减弱或消失。
3. 血象升高明显，腹部CT见胰腺肿大，周围渗出、渗液。

五、治疗

1. 非手术治疗：禁食、胃肠减压、补液、镇痛解痉、抑制胰腺分泌、营养支持、抗感染、中药等对症治疗。
2. 手术治疗：胰腺周围坏死组织清除加引流术。

慢性胰腺炎

各种原因所致的胰实质和胰管的不可逆慢性炎症，其特征是反复发作的上腹部疼痛伴不同程度的胰腺内、外分泌功能减退或丧失。

一、病因

主要病因是酗酒、胆道疾病、高脂血症、营养不良、血管因素、遗传因素、先天性胰腺分离畸形或急性胰腺炎后胰管狭窄等。

二、临床表现

左上腹或剑突下疼痛，疼痛持续的时间较长，食欲减退和体重下降。伴有糖尿病或脂肪泻。通常将腹痛、体重下降、糖尿病和脂肪泻称之为慢性胰腺炎四联症。

三、辅助检查

B超可见胰腺肿大或纤维化，胰管扩张，伴有结节或囊肿形成。

四、诊断

1. 症状：腹痛多位于左上腹，腹胀明显，呕吐后腹痛不缓解。
2. 体征：上腹部饱满，压痛明显，肠鸣音减弱或消失。
3. 血象升高明显，腹部CT见胰腺肿大，周围渗出、渗液。

五、治疗

1. 非手术治疗：健康教育、止痛、补充胰酶、营养支持等对症治疗。
2. 手术治疗：行相关手术去除病因。

第七节　胆囊疾病

胆囊结石

胆囊结石主要为胆固醇结石或以胆固醇为主的混合性结石和黑色胆色素结石。主要见于成年人，发病率在40岁后随年龄增长而增高，女性多于男性。

一、病因

胆囊结石的成因非常复杂，与多种因素有关。任何影响胆固醇与胆汁酸浓度比例改变和造成胆汁瘀滞的因素都能导致结石形成。

二、临床表现

1. 胆绞痛：阵发性右上腹或上腹部疼痛，可向右肩胛部和背部放射，可伴有恶心、呕吐。
2. 上腹隐痛：上腹部或右上腹隐痛，或者有饱胀不适、嗳气、呃逆等，常被误诊为"胃病"。
3. 胆囊积液：胆囊结石嵌顿或阻塞胆囊管导致胆囊积液，呈透明无色，称为白胆汁。

三、辅助检查

B超检查发现胆囊内有强回声团、随体位改变而移动、其后有声影即可确诊为胆囊结石。腹部X线能确诊，侧位照片可与右肾结石区别。

四、诊断

1. 症状：阵发性右上腹或上腹部疼痛，可向右肩胛部和背部放射，可伴有恶心、呕吐。
2. 体征：上腹部或右上腹压痛，墨菲症阳性是典型的临床表现。

五、治疗

胆囊结石伴胆囊炎可行腹腔镜胆囊切除。

急性胆囊炎

急性胆囊炎是胆囊管梗阻和细菌感染引起的炎症。约95%以上的病人有胆囊结石，称结石性胆囊炎；5％的病人无胆囊结石，称非结石性胆囊炎。

一、病因

急性胆囊炎是因结石或细菌感染引起黏膜的炎症、水肿甚至坏死。致病菌主要是革兰阴性杆菌，以大肠杆菌最常见，其他有克雷伯菌、粪肠球菌、铜绿假单胞菌等，常合并厌氧菌感染。

二、临床表现

1. 上腹部疼痛：饱餐、进食肥腻食物后诱发上腹胀痛不适，逐渐发展至呈阵发性绞痛；疼痛向右肩、肩胛和背部放射。
2. 发热、恶心、呕吐：发病早起有恶心、呕吐的消化道症状，如出现寒战高热，表明病变严重，如胆囊坏疽、穿孔或胆囊积脓，或合并急性胆管炎。

三、诊断

1. 症状：右上腹或上腹部疼痛，可向右肩胛部和背部放射，饱餐、进食肥腻食物后较为明显，可伴有恶心、呕吐。
2. 体征：右上腹压痛，Murphy症阳性，发生坏疽、穿孔则出现反跳痛、辅助检查B超可见胆囊增大、囊壁增厚（>4mm），明显水肿时见"双边症"，囊内结石显示强回声、其后有声影。白细胞升高，中性粒细胞比例升高。

四、治疗

1. 手术治疗：急性结石性胆囊炎首选腹腔镜胆囊切除术，其他还有传统的开腹手术、胆囊造瘘术。
2. 非手术治疗：也可作为手术前的准备。方法包括禁食、输液、营养支持、补充维生素、纠正水电解质及酸碱代谢失衡。抗感染可选用对革兰阴性细菌及厌氧菌有效的抗生素和联合用药。需并用解痉止痛、消炎利胆药物。对老年病人，应监测血糖及心、肺、肾等器官功能，治疗并存疾病。

慢性胆囊炎

慢性胆囊炎是胆囊持续的、反复发作的炎症过程，超过90%的病人有胆囊结石。

一、病因

炎症或结石对胆囊的刺激可引起黏膜下或浆膜下的纤维组织增生及单核细胞的浸润，随着炎症反复发作，可使胆囊与周围组织粘连、囊壁增厚并逐渐瘢痕化，最终导致胆囊萎缩，完全失去功能。

二、临床表现

1. 上腹部腹胀痛：饱餐、进食油腻食物后出现，多数病人有胆绞痛，可牵涉到右肩背部疼痛不适。

2. 恶心、呕吐：可伴有畏寒、高热等。

三、辅助检查

B超检查作为首选，可显示胆囊壁增厚，胆囊排空障碍或胆囊内结石。

四、诊断

1. 症状：右上腹或上腹部隐痛，可向右肩胛部和背部放射，饱餐、进食肥腻食物后较为明显，可伴有恶心、呕吐。

2. 体征：右上腹压痛，Murphy症阳性，发生坏疽、穿孔则出现反跳痛。

五、治疗

1. 手术治疗：对伴有结石者应行腹腔镜胆囊切除。

2. 非手术治疗，服用消炎利胆药、胆盐、中药等治疗。

第八节　肛门直肠疾病

肛门周围脓肿

一、病因

腹泻、便秘、肛周皮肤感染、损伤、肛裂、内痔等易并发直肠肛管周围脓肿。

二、临床表现

1. 皮下脓肿：常位于肛门后方或侧方皮下部，红肿明显、有压痛、硬结或波动感。

2. 持续性跳痛，坐立不安，排便或行走时疼痛加剧，可有排尿困难和里急后重。

3. 全身感染症状，如头痛、乏力、发热、食欲不振、恶心、寒战等。

三、诊断

1. 直肠指诊：可在直肠壁上触及肿块隆起，有压痛和波动感。

2. 超声检查或穿刺抽脓。

四、治疗

1. 非手术治疗。①抗生素治疗：选用对革兰阴性杆菌有效的抗生素；②温水坐浴；③局部理疗；④口服缓泻剂或石蜡油以减轻排便时疼痛。

2. 手术治疗：脓肿切开引流是治疗肛管周围脓肿的主要方法。

痔

痔是最常见的肛肠疾病。任何年龄都可发病，但随年龄增长，发病率增高。内痔是肛垫的支持结构、静脉丛及动静脉吻合支发生病理性改变或移位。外痔是齿状线远侧皮下静脉丛的病理性扩张或血栓形成。内痔通过丰富的静脉丛吻合支和相应部位的外痔相互融合为混合痔。

一、病因

病因尚未完全明确，可能与多种因素有关，目前主要有以下学说。

1. 肛垫下移学说：排便时肛垫被推向下，排便后回缩作用减弱，致肛垫持续充血、下移形成痔。

2. 静脉曲张学说：痔的形成与静脉丛的病理性扩张、血栓形成有关。如长期的坐立、便秘、妊娠、前列腺肥大、盆腔巨大肿瘤等，导致血液回流障碍，直肠静脉曲张。

二、临床表现

1. 外痔：肛门不适、潮湿不洁，有时瘙痒。如发生血栓形成及皮下血肿，有剧痛。

2. 内痔：间歇性无痛性便后出血，可伴排便困难，好发部位为截石位3、7、11点。

3. 混合痔：表现为内痔和外痔的症状可同时存在。逐渐加重，呈环状脱出，痔块在肛周呈梅花状，称为环状痔。可发展为嵌顿性痔或绞窄性痔。

三、诊断

1. 视诊：可见到肛门的外观及有无脱垂。对有脱垂者，最好在蹲位排便后。

2. 肛镜检查：观察痔块的情况，检查直肠黏膜有无充血、水肿、溃疡、肿块等。血栓性外痔表现为肛周暗紫色长条圆形肿物，表面皮肤水肿、质硬、压痛明显。

四、治疗

1. 非手术治疗：痔的初期和无症状静止期的痔，只需增加纤维性食物，改变不良的大便习惯，保持大便通畅，防治便秘和腹泻。热水坐浴可改善局部血液循环。

2. 手术疗法：手术治疗只限于保守治疗失败或不适宜保守治疗患者。

肛 裂

肛裂是齿状线下肛管皮肤层裂伤后形成的小溃疡。方向与肛管纵轴平行，长约0.5~1.0cm，呈梭形或椭圆形，多见于青、中年人。绝大多数肛裂位于肛管的后正中线上，也可在前正中线上。

一、病因

尚不清楚，可能与多种因素有关。长期便秘、粪便干结引起的排便时机械性创伤是大多数肛裂形成的直接原因。因肛裂、前哨痔、乳头肥大常同时存在，通常称为肛裂"三联征"。

二、临床表现

1. 排便后疼痛：有典型的周期性，排便时疼痛剧烈，便后数分钟可缓解。

2. 便秘和出血：因害怕疼痛不愿排便，久而久之引起便秘，粪便更为干硬，便秘又加重肛裂，形成恶性循环。排便时常在粪便表面或便纸上见到少量血迹，或滴鲜血，大量出血少见。

三、诊断

肛门检查时发现肛乳头肥大、前哨痔、肛裂，不难做出诊断。

四、治疗

1. 非手术治疗：解除括约肌痉挛，止痛，帮助排便，中断恶性循环，促使局部愈合。具体措施如下：①排便后用1：5000高锰酸钾温水坐浴，保持局部清洁。②口服缓泻剂或石蜡油，使大便松软、润滑；增加饮水和多纤维食物，以纠正便秘，保持大便通畅。③肛裂局部麻醉后，患者侧卧位，先用示指扩肛后，逐渐伸入两中指，维持扩张5min。扩张后可解除括约肌痉挛，扩大创面，促进裂口愈合。但此法复发率高，可并发出血、肛周脓肿、大便失禁等。

2. 手术疗法：对裂缘较深、裂口较大，经非手术治疗无效或仍有进展的病例须行手术治疗。

第九节　泌尿系结石

尿路结石又称为尿石症，为最常见的泌尿外科疾病之一。尿路结石可分为上尿路结石和下尿路结石，前者指肾结石和输尿管结石，后者指膀胱结石和尿道结石。

一、病因

尿路结石的形成机制尚未完全清楚，许多资料显示，尿路结石可能是多种影响因素所致，影响结石形成的因素有年龄、性别、种族、遗传、环境因素等，饮食习惯和职业对结石的形成影响也很大，另外，身体的代谢异常、尿路的梗阻、感染、异物和药物的使用是结石形或的常见病因。重视和解决这些问题，能够减少结石的形成和复发。

大多数的输尿管结石和尿道结石分别是肾和膀胱结石排出过程中停留该处所致。输尿管有三个生理狭窄，即肾盂输尿管连接处、输尿管跨过髂血管处及输尿管膀胱壁段（见图4-1）。

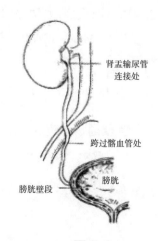

图4-1

结石沿输尿管行径移动，常停留或嵌顿于三个生理狭窄处，并以输尿管下1/3处最多见。尿路结石可引起尿路直接损伤、梗阻、感染或恶性变，所有这些病理生理改变与结石部位、大小、数目、继发炎症和梗阻程度等有关。

肾盏结石的发展（见图4-2）

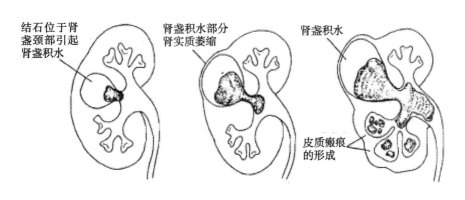

图4-2

二、临床表现

（一）上尿路结石

肾和输尿管结石为上尿路结石，主要症状是疼痛和血尿。其程度与结石部位、大小、活动与否及有无损伤、感染、梗阻等有关。

1. 疼痛

肾结石可引起肾区疼痛伴肋脊角叩击痛。肾盂内大结石及肾盏结石可无明显临床症状，或活动后出现上腹或腰部钝痛。输尿管结石可引起肾绞痛或输尿管绞痛，典型的表现为疼痛剧烈难忍，阵发性发作，位于腰部或上腹部，并沿输尿管行径放射至同侧腹股沟，还可放射到同侧睾丸或阴唇。肾绞痛常见于结石活动并引起输尿管梗阻。

2. 血尿

通常为镜下血尿，少数病人可见肉眼血尿。有时活动后出现镜下血尿是上尿路结石的唯一临床表现。血尿的多少与结石对尿路黏膜损伤程度有关。如果结石引起尿路完全性梗阻或固定不动（如肾盏小结石），则可能没有血尿。

3. 恶心、呕吐

输尿管结石引起尿路梗阻时，使输尿管管腔内压力增高，管壁局部扩张、痉挛和缺血。由于输尿管与肠有共同的神经支配而导致恶心、呕吐，常与肾绞痛伴发。

4. 膀胱刺激症状

结石伴感染或输尿管膀胱壁段结石时，可有尿频、尿急、尿痛。

5. 并发症及表现

结石并发急性肾盂肾炎或肾积脓时，可有畏寒、发热、寒战等全身症状。结石所致肾积水，可在上腹部扪及增大的肾。双侧上尿路结石引起双侧尿路完全性梗阻或孤立肾上尿路完全性梗阻时，可导致无尿，出现尿毒症。小儿上尿路结石以上尿路感染为重要表现，应予以注意。

（二）下尿路结石

下尿路结石分为膀胱结石和尿道结石。

膀胱结石典型症状为排尿突然中断，疼痛放射至远端尿道及阴茎头部，伴排尿困难和膀胱刺激症状。小儿常用手搓拉阴茎，跑跳或改变排尿姿势后，能使疼痛缓解，继续排尿。

尿道结石典型症状为排尿困难，点滴状排尿，伴尿痛，重者可发生急性尿潴留及会阴部剧痛。

除典型症状外，下尿路结石常伴发血尿和感染。憩室内结石可仅表现为尿路感染。

三、辅助检查

（一）实验室检查

1. 血液分析。

应检测血钙、尿酸、肌酐。

2. 尿液分析。

常能见到肉眼或镜下血尿；伴感染时有脓尿，感染性尿路结石病人应行尿液细菌及真菌培养；尿液分析还可测定尿液pH、钙、磷、尿酸、草酸等；发现晶体尿及行尿胱氨酸检查等。

（二）影像学检查

1. 超声。

属于无创检查，应作为首选影像学检查，能显示结石的高回声及其后方的声影，亦能显示结石梗阻引起的肾积水及肾实质萎缩等，可发现尿路平片不能显示的小结石和X线阴性结石。

2. X线检查。

（1）尿路平片：能发现90%以上的X线阳性结石。正侧位摄片可以除外腹内其他钙化阴影如胆囊结石、肠系膜淋巴结钙化、静脉石等。侧位片显示上尿路结石位于椎体前缘之后，腹腔内钙化阴影位于椎体之前（见图4-3）。结石过小或钙化程度不高，纯尿酸结石及胱氨酸结石，则不显示。

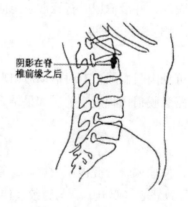

阴影在脊椎前缘之后

图4-3

（2）静脉尿路造影：可以评价结石所致的肾结构和功能改变，有无引起结石的尿路异常如先天性畸形等。若有充盈缺损，则提示有X线阴性结石或合并息肉、肾盂癌等可能。

（3）逆行或经皮肾穿刺造影；属于有创检查，一般不作为初始诊断手段，往往在其他方法不能确定结石的部位或结石以下尿路系统病情不明需要鉴别诊断时采用。

（4）平扫CT能发现以上检查不能显示的/或较小的输尿管中、下段结石。有助于鉴别不透光的结石、肿瘤、血凝块等，以及了解有无肾畸形。

四、诊断

与活动有关的疼痛和血尿，有助于此病的诊断，尤其是典型的肾绞痛。询问病史中，要问清楚第一次发作的情况，确认疼痛发作及其放射的部位，以往有无结石史或家族史，既往病史包括泌尿生殖系统疾病或解剖异常，或结石形成的影响因素等。疼痛发作时常有肾区叩击痛。体检主要是排除其他可引起腹部疼痛的疾病如急性阑尾炎、异位妊娠、卵巢囊肿扭转、急性胆囊炎、胆石症、肾盂肾炎等。

五、治疗

由于尿路结石复杂多变，结石的性质、形态、大小、部位不同，病人个体差异等因素，治疗方法的选择及疗效也大不相同，有的仅多饮水就自行排出结石，有的却采用多种方法也未必能取尽结石。因此，对尿路结石的治疗必须实施病人个体化治疗，有时需要掌握各种治疗方法。

（一）**病因治疗**

少数病人能找到形成结石的病因，如甲状旁腺功能亢进（主要是甲状旁腺瘤），只有切除腺瘤才能防止尿路结石复发；尿路梗阻者，只有解除梗阻，才能避免结石复发。

（二）**药物治疗**

结石<0.6cm、表面光滑、结石以下尿路无梗阻时可采用药物排石治疗。纯尿酸结石及胱氨酸结石可采用药物溶石治疗，如尿酸结石用枸橼酸氢钾钠、碳酸氢钠碱化尿液，口服别嘌呤醇及饮食调节等方法治疗，效果较好；胱氨酸结石用α-巯丙酰甘氨酸（α-MPCG）和乙酰半胱氨酸溶石，同时碱化尿液，使尿液pH>7.8，摄入大量液体。卡托普利有预防胱氨酸结石形成的作用。感染性结石需控制感染，口服氯化铵酸化尿液，应用脲酶抑制剂，有控制结石长大作用；限制食物中磷酸的摄入，应用氢氧化铝凝胶限制肠道对磷酸的吸收，有预防作用。在药物治疗过程中，还需增加液体摄入量，包括大量饮水，以增加尿量。中药和针灸对结石排出有促进作用，常用单味中药如金钱草或车前子等；常用针刺穴位是肾俞、膀胱俞、三阴交、阿是穴等。

肾绞痛是泌尿外科的常见急症，需紧急处理，应用药物前注意与其他急腹症鉴别。肾绞痛的治疗以解痉止痛为主，常用的止痛药物包括非甾体类镇痛抗炎药物如双氯芬酸钠、吲哚美辛及阿片类镇痛药如哌替啶、曲马多等，解痉药如M型胆碱受体阻断剂、钙通道阻滞剂、黄体酮等。

（三）**体外冲击波碎石**

1. 适应证：适用于直径≤2cm的肾结石及输尿管上段结石。输尿管中下段结石治疗的成功率比输尿管镜取石低。

2. 禁忌证：结石远端尿路梗阻、妊娠、出血性疾病、严重心脑血管病、主动脉或肾动脉瘤、尚未控制的泌尿系感染等。过于肥胖、肾位置过高、骨关节严重畸形、结石定位不清等，由于技术性原因而不适宜采用此法。

3. 经皮肾镜碎石取石术（PCNL）

在超声或X光定位下，经腰背部细针穿刺直达肾盏或肾盂，扩张并建立皮肤至肾内的通道，在肾镜下取石或碎石。较小的结石通过肾镜用抓石钳取出，较大的结石将结石粉碎后用水冲出。

4. 输尿管镜碎石取石术（URL）

经尿道置入输尿管镜，在膀胱内找到输尿管口，在安全导丝引导下进入输尿管，用套石篮、取石钳将结石取出，若结石较大可采用超声、激光或气压弹道等方法碎石。

5. 腹腔镜输尿管切开取石（LUL）

适用于>2cm输尿管结石；或经ESWL、输尿管镜手术治疗失败者。一般不作为首选方案。手术入路有经腹腔和经腹膜后两种，后者只适用于输尿管上段结石。

（四）开放手术治疗

膀胱切开取石术：为传统的开放手术方式。合并严重尿路感染者，应待感染控制后再行取石手术。

六、预防

尿路结石形成的影响因素很多，其发病率和复发率高，肾结石治疗后在5年内约1/3病人会复发。因而采用合适的预防措施有重要意义。

1. 大量饮水：以增加尿量，稀释尿中形成结石物质的浓度，减少晶体沉积。亦有利于结石排出。除日间多饮水外，每夜加饮水1次，保持夜间尿液呈稀释状态，可以减少晶体形成。成人2h尿量在2000ml以上，这对任何类型的结石病人都是一项很重要的预防措施。

2. 调节饮食：维持饮食营养的综合平衡，强调避免其中某一种营养成分的过度摄入。根据结石成分、代谢状态等调节食物构成。推荐吸收性高钙尿症病人摄入低钙饮食，不推荐其他含钙尿路结石病人进行限钙饮食。草酸盐结石的病人应限制浓茶、菠菜、番茄、芦笋、花生等摄入。高尿酸的病人应避免高嘌呤食物如动物内脏。经常检查尿pH，预防尿酸和胱氨酸结石时尿pH保持在6.5以上。此外，还应限制钠盐、蛋白质的过量摄入，增加水果、蔬菜、粗粮及纤维素的摄入。

3. 特殊性预防：在进行了完整的代谢状态检查后可采用以下预防方法。①草酸盐结石病人可口服维生素B_6，以减少草酸盐排出；口服氧化镁可增加尿中草酸溶解度。②尿酸结石病人可口服别嘌呤醇和碳酸氢钠，以抑制结石形成。③有尿路梗阻、尿路异物、尿路感染或长期卧床等，应及时去除这些结石诱因。

七、转诊原则

1. 泌尿系结石梗阻合并感染者。
2. 泌尿系结石≥1.5cm者。
3. ESWL治疗效果不佳者。

第十节　前列腺疾病

急性细菌性前列腺炎

一、病因

急性细菌性前列腺炎大多由尿道上行感染所致，如经尿道器械操作。血行感染来源于疖、痛、扁桃体、龋齿及呼吸道感染灶。也可由急性膀胱炎、急性尿潴留及急性淋菌性后尿道炎等感染尿液经前列腺管逆流引起。致病菌多为革兰阴性杆菌或假单胞菌，最常见的为大肠埃希菌，也有葡萄球菌、链球菌、淋球菌及衣原体、支原体等。前列腺腺泡有多量白细胞浸润、组织水肿。大部分病人治疗后炎症可以消退，少数治疗不彻底者可变为慢性前列腺炎，严重者变为前列腺脓肿。

二、临床表现

发病突然，为急性疼痛伴随着排尿刺激症状和梗阻症状以及发热症状。典型症状为尿频、尿急、排尿痛，梗阻症状为排尿困难、尿线间断，甚至急性尿潴留，会阴部及耻骨上疼痛伴随外生殖器不适或疼痛，全身症状有寒战和高热，恶心、呕吐，甚至败血症。临床上往往伴发急性膀胱炎。

三、辅助检查

1. 血常规：WBC升高。
2. 尿常规：尿起始或终末尿检查WBC较多。
3. 超声：前列腺肿胀，有时可见脓肿。
4. 直肠指检：前列腺肿胀、压痛、局部温度升高，表面光滑，形成脓肿则有饱满或波动感。

四、诊断

有典型的临床表现和急性感染史。直肠指检前列腺肿胀、压痛、局部温度升高，表面光滑，形成脓肿则有饱满或波动感。感染蔓延可引起精囊炎、附睾炎、菌血症，故禁忌作前列腺按摩或穿刺。常见的并发症有急性尿潴留、附睾炎、直肠或会阴瘘，血行感染可同时发生急性肾盂肾炎。尿沉渣检查有白细胞增多、血液和（或）尿细菌培养阳性。

五、治疗

卧床休息，输液，应用抗菌药物及大量饮水，并使用止痛、解痉、退热等药物，以缓解症状。如有急性尿潴留，避免经尿道导尿引流，应用耻骨上穿刺造瘘。

抗菌药物：常选用喹诺酮类如环丙沙星、氧氟沙星；以及头孢菌素、妥布霉素、氨苄西林等。如衣原体感染可用红霉素、阿奇霉素等。若淋球菌感染可用头孢曲松。若厌氧菌感染则用甲硝唑。一疗程7日，可延长至14日。

预后一般良好，少数并发前列腺脓肿，则应经会阴切开引流。

慢性细菌性前列腺炎

一、病因

大多数慢性前列腺炎病人没有急性炎症过程。其致病菌有大肠埃希菌、变形杆菌、克雷伯菌属、葡萄球菌或链球菌等，也可由淋球菌感染，主要是经尿道逆行感染所致。

二、临床表现

1. 排尿改变及尿道分泌物。

尿频、尿急、尿痛，排尿时尿道不适或灼热。排尿后和便后常有白色分泌物自尿道口流出，俗称尿道口"滴白"。合并精囊炎时，可有血精。

2. 疼痛。

会阴部、下腹隐痛不适，有时腰骶部、耻骨上、腹股沟区等也有酸胀感。

3. 性功能减退。

可有勃起功能障碍、早泄、遗精或射精痛。

4. 精神神经症状。

出现头晕、头胀、乏力、疲惫、失眠、情绪低落、疑虑焦急等。

5. 并发症。

可表现变态反应如虹膜炎、关节炎、神经炎、肌炎、不育等。

三、辅助检查

1. 直肠指检。

前列腺呈饱满、增大、质软、轻度压痛。病程长者，前列腺缩小、变硬、不均匀，有小硬结。同时应用前列腺按摩获取前列腺液送检验。

2. 前列腺液检查。

前列腺液白细胞>10个每高倍视野，卵磷脂小体减少，可诊断为前列腺炎。但前列腺炎样症状的程度与前列腺液中白细胞的多少无相关性。

分段尿及前列腺液培养检查：检查前充分饮水，取初尿10ml（VB_1），再排尿200ml后取中段尿10ml（VB_2）。尔后，作前列腺按摩，收集前列腺液（EPS），完毕后排尿10ml（VB_3），均送细菌培养及菌落计数。菌落计数$VB_3 > VB_1$10倍可诊断为细菌性前列腺炎。若VB_1及VB_2细菌培养阴性，VB_3和前列腺液细菌培养阳性，即可确定诊断。此检查方法即Meare-Suamey的"四杯法"。

3. 超声

显示前列腺组织结构界限不清、混乱，可提示前列腺炎。膀胱镜检查可见后尿道、精阜充血、肿胀。

四、诊断

慢性细菌性前列腺炎的诊断依据有：①反复的尿路感染发作；②前列腺按摩液中持续有致病菌存在。但是，临床上常难以明确。

五、治疗

治疗效果往往不理想。首选红霉素、多西环素（强力霉素）等具有较强穿透力的抗菌药物。目前应用于临床的药物还有喹诺酮类、头孢菌素类等，亦可以联合用药或交替用药，以防止耐药性。

综合治疗可采用：

1. 热水坐浴及理疗（如离子透入）可减轻局部炎症，促进吸收。

2. 前列腺按摩，每周1次，以引流炎性分泌物。

3. 忌酒及辛辣食物，避免长时间骑、坐，有规律的性生活。

4. 中医治疗，应用活血化瘀和清热解毒药物。

前列腺增生症

良性前列腺增生，也称前列腺增生症，是引起男性老年人排尿障碍原因中最为常见的一种良性疾病。

一、病因

有关良性前列腺增生发病机制的研究很多，但病因至今仍不完全清楚。目前一致公认，老龄和有功能的睾丸是前列腺增生发病的两个重要因素，二者缺一不可。

前列腺腺体增生开始于围绕尿道的腺体，这部分腺体称为移行带，未增生之前仅占前列腺组织的5%。前列腺其余腺体由中央带（占25%）和外周带（占70%）组成。（图4-4）

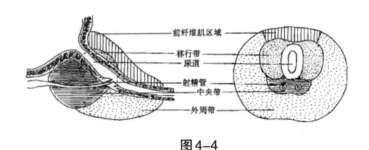

图4-4

二、临床表现

前列腺增生多在50岁以后出现症状，60岁左右症状更加明显。症状与前列腺体积大小不完全成比例，而取决于引起梗阻的程度、病变发展速度以及是否合并感染等，症状可时轻时重。

尿频：是前列腺增生最常见的早期症状，夜间更为明显。尿频的原因，早期是因增生的前列腺充血刺激引起。随着病情发展，梗阻加重，残余尽量增多，膀胱有效容量减少，尿频逐渐加重。此外，梗阻诱发逼尿肌功能改变，膀胱顺应性降低或逼尿肌不稳定，尿频更为明显，并出现急迫性尿失禁等症状。

排尿困难：是前列腺增生最重要的症状，病情发展缓慢。典型表现是排尿迟缓、断续、尿流细而无力、射程短、终末滴沥、排尿时间延长。如梗阻严重，残余尿量较多时，常需要用力并增加腹压以帮助排尿，排尿终末常有尿不尽感。当梗阻加重达一定程度时，残余尿逐渐增加，继而发生慢性尿潴留及充盈性尿失禁。前列腺增生的任何阶段中，可因气候变化、劳累、饮酒、便秘、久坐等因素，使前列腺突然充血、水肿，导致急性尿潴留，病人不能排尿，膀胱胀满，下腹疼痛难忍，常需急诊导尿处理。

前列腺增生合并感染或结石时，可出现明显尿频、尿急、尿痛症状。增生腺体表面黏膜较大的血管破裂时，亦可发生不同程度的无痛性肉眼血尿，应与泌尿系肿瘤引起的血尿鉴别。梗阻引起严重肾积水、肾功能损害时，可出现慢性肾功能不全，如食欲缺乏、恶心、呕吐、贫血、乏力等症状。长期排尿困难导致腹压增高，还可引起腹股沟痛、内痔与脱肛等。

三、辅助检查

1. 直肠指检

是重要的检查方法，前列腺增生症病人均需作此项检查。多数病人可触到增大的前列腺，表面光滑，质韧、有弹性，边缘清楚，中间沟变浅或消失。指检时应注意肛门括约肌张力是否正常，前列腺有无硬结，这些是鉴别神经源性膀胱功能障碍及前列腺癌的重要体征。

2. 超声

采用经腹壁或直肠途径进行。经腹壁超声检查时膀胱需要充盈，扫描可清晰显示前列腺体积大小，增生腺体是否突入膀胱，了解有无膀胱结石以及上尿路继发积水等病变。嘱病人排尿后检查，还可以测定膀胱残余尿量。经直肠超声检查对前列腺内部结构显示更为清晰。

3. 尿流率检查

一般认为排尿量在150~400ml时，如最大尿流率<15ml/s表明排尿不畅；如<10ml/s则表明梗阻较为严重。如需进一步了解逼尿肌功能，明确排尿困难是否由于膀胱神经源性病变所致，应行尿流动力学检查。

4. 血清前列腺特异性抗原（PSA）测定

对排除前列腺癌，尤其前列腺有结节时十分必要。但许多因素都可影响PSA值，如年龄，前列腺增生、炎症、前列腺按摩以及经尿道的操作等因素均可使PSA增高。

此外，IVU、CT、MRU和膀胱镜检查等，可以除外合并有泌尿系统结石、肿瘤等病变。放射性核素肾图有助于了解上尿路有无梗阻及肾功能损害。

四、诊断与鉴别诊断

50岁以上男性出现尿频、排尿不畅等临床表现，须考虑有前列腺增生的可能。通常需做下列检查：国际前列腺症状评分（Tss）；IPSS评分是量化BPH下尿路症状的方法，是目前国际公认的判断BPH病人症状严重程度的最佳手段（表4-1）。

表4-1　国际前列腺症状（IPSS）评分表

在最近的1个月,您是否有以下症状?	无	在五次中					症状评分
		少于1次	少于半数	大约半数	多于半数	几乎每次	
1.是否经常有尿不尽感?	0	1	2	3	4	5	
2.两次排尿间隔是否经常小于2h	0	1	2	3	4	5	
3.是否曾经有间断性排尿?	0	1	2	3	4	5	
4.是否有排尿不能等待现象?	0	1	2	3	4	5	
5.是否有尿线变细现象?	0	1	2	3	4	5	
6.是否需要用力及使劲才能开始排尿?	0	1	2	3	4	5	
7.从入睡到早起一般需要起来排尿几次?	0	1	2	3	4	5	
症状评分=							

总分0~35;轻度症状0~7分;中度症状8~19分,重度症状20~35分

前列腺增生症引起排尿困难，应与下列疾病鉴别：

1. 前列腺癌。

若前列腺有结节，质地硬，或血清PSA升高，应行MRI和前列腺穿刺活检等检查。

2. 膀胱颈挛缩。

亦称膀胱颈纤维化。多为慢性炎症、结核或手术后瘢痕形成所致，发病年龄较轻，多在40~50岁出现排尿不畅症状，但前列腺体积不增大，膀胱镜检查可以确诊。

3. 尿道狭窄。

多有尿道损伤及感染病史，行尿道膀胱造影与尿道镜检查，不难确诊。

4. 神经源性膀胱功能障碍。

临床表现与前列腺增生症相似，可有排尿困难、残余尿量较多、肾积水和肾功能不全，但前列腺不增大，为动力性梗阻。病人常有中枢或周围神经系统损害的病史和体征，如有下肢感觉和运动障碍，会阴皮肤感觉减退、肛门括约肌松弛或反射消失等。静脉尿路造影常显示上尿路有扩张积水，膀胱常呈"圣诞树"形。尿流动力学检查可以明确诊断。

五、治疗

前列腺增生症应根据病人的症状、梗阻程度及并发症情况选择治疗方案。主要有如下治疗方法：

1. 观察等待。

若症状较轻，不影响生活与睡眠，一般无须治疗，可观察等待。但需密切随访，一旦症状加重，应开始治疗。

2. 药物治疗。

治疗前列腺增生的药物很多，常用的药物有α肾上腺素能受体阻滞剂（α受体阻滞剂）、5α还原酶抑制剂和植物类药等。

α受体分为1、2两型，其中α_1受体主要分布在前列腺基质平滑肌中，对排尿影响较大，阻滞α_1受体能有效地降低膀胱颈及前列腺的平滑肌张力，减少尿道阻力，改善排尿功能。常用药物有特拉唑嗪、阿夫唑嗪、多沙唑嗪及坦索罗辛等，对症状较轻、前列腺增生体积较小的病人有良好的疗效。副作用多较轻微，主要有头晕、鼻塞、体位性低血压等。5α还原酶抑制剂是通过在前列腺内阻止睾酮转变为有活性的双氢睾酮，进而使前列腺体积部分缩小，改善排尿症状。一般在服药3个月左右见效，停药后症状易复发，需长期服药，对体积较大的前列腺效果较明显，与α受体阻滞剂联合治疗效果更佳。常用药物有非那雄胺和度他雄胺。

3. 手术治疗

对症状严重、存在明显梗阻或有并发症者应选择手术治疗。经尿道前列腺切除术（TURP）适用于大多数良性前列腺增生病人，是目前最常用的手术方式。近年来，经尿道前列腺剜除手术和经尿道前列腺激光手术也得到越来越多的应用。开放手术仅在巨大前列腺或有合并巨大膀胱结石者选用，多采用耻骨上经膀胱或耻骨后前列腺切除术。手术疗效肯定，但有一定痛苦与并发症。如有尿路感染，残余尿量较多或有肾积水、肾功能不全时，宜先留置导尿管或膀胱造瘘引流尿液，并抗感染治疗，待上述情况明显改善后再择期手术。

4. 其他疗法

经尿道球囊扩张术、前列腺尿道支架以及经直肠高强度聚焦超声（HFU）等对缓解前列腺增生引起的梗阻症状均有一定疗效，适用于不能耐受手术的病人。

第十一节 骨 折

骨折是指骨结构的连续性完全或部分断裂。多见于儿童及老年人，中青年人也时有发生。病人常为一个部位骨折，少数为多发性骨折。经及时恰当处理，多数病人能恢复原来的功能，少数病人可遗留有不同程度的后遗症。

一、病因

发生骨折的主要原因主要有三种情况：

1. 直接暴力。

暴力直接作用于骨骼某一部位而致该部骨折，使受伤部位发生骨折，常伴不同程度软组织损伤。如车轮撞击小腿，于撞击处发生胫腓骨骨干骨折。

2. 间接暴力。

间接暴力作用时通过纵向传导、杠杆作用或扭转作用使远处发生骨折，如从高处跌落足部着地时，躯干因重力关系急剧向前屈曲，胸腰脊柱交界处的椎体发生压缩性或爆裂骨折。

3. 积累性劳损。

长期、反复、轻微的直接或间接损伤可致使肢体某一特定部位骨折，又称疲劳骨折，如远距离行走易致第二、三跖骨及腓骨下1/3骨干骨折。

二、临床表现

1. 全身表现。

（1）休克：对于多发性骨折、骨盆骨折、股骨骨折、脊柱骨折及严重的开放性骨折，患者常因广泛的软组织损伤、大量出血、剧烈疼痛或并发内脏损伤等而引起休克。

（2）发热：骨折处有大量内出血，血肿吸收时体温略有升高，但一般不超过38℃，开放性骨折体温升高时应考虑感染的可能。

2. 局部表现。

骨折的局部表现包括骨折的特有体征和其他表现。

3. 骨折的特有体征。

（1）畸形：骨折端移位可使患肢外形发生改变，主要表现为缩短、成角、延长。

（2）异常活动：正常情况下肢体不能活动的部位，骨折后出现不正常的活动。

（3）骨擦音或骨擦感：骨折后两骨折端相互摩擦撞击，可产生骨擦音或骨擦感。

以上三种体征只要发现其中之一即可确诊，但未见此三种体征者也不能排除骨折的可能，如嵌插骨折、裂缝骨折。一般情况下不要为了诊断而检查上述体征，因为这会加重损伤。

三、辅助检查

1. X线检查。

凡疑为骨折者应常规进行X线拍片检查，可显示临床上难以发现的不完全性骨折、深部的骨折、关节内骨折和小的撕脱性骨折等，即使临床上已表现为明显骨折者，X线拍片检查也是必需的，可以了解骨折的类型和具体情况，对治疗具有指导意义。

X线摄片应包括正、侧位片，必须包括邻近关节，有时需加摄斜位、切线位或健侧相应部位的X线片。

2. CT检查。

对于骨折不明确但又不能排除者、脊柱骨折有可能压迫脊髓神经根者及复杂骨折者均可行CT检查。三维CT重建可以更直观便捷地进行骨折分型，对治疗方案选择帮助很大，目前临床上常用。

3. MRI检查。

虽然显示骨折线不如CT检查，但对于脊髓神经根及软组织损伤的显示有独特优点，目前已广泛用于脊柱骨折的检查。

四、诊断

根据临床表现及影像学检查即可确诊或排除诊断。

五、治疗

骨折病人的典型表现是伤后出现局部变形、肢体等出现异常运动、移动肢体时可听到骨擦音。此外，伤口剧痛，局部肿胀、瘀血，伤后出现运动障碍。

治疗骨折的最终目的是使受伤肢体最大限度地恢复功能。因此，在骨折治疗中，其复位、固定、功能锻炼这三个基本原则十分重要。

1. 复位。

是将骨折后发生移位的骨折断端重新恢复正常或接近原有解剖关系，以重新恢复骨骼的支架作用。复位的方法有闭合复位和手术复位。

2. 固定。

骨折复位后，因不稳定，容易发生再移位，因此要采用不同的方法将其固定在满意的位置，使其逐渐愈合。常用的固定方法有：小夹板、石膏绷带、外固定支架、牵引制动固定等，这些固定方法称外固定。如果通过手术切开用钢板、钢针、髓内针、螺丝钉等固定，则称内固定。

3. 功能锻炼。

通过受伤肢体肌肉收缩，增加骨折周围组织的血液循环，促进骨折愈合，防止肌肉萎缩，通过主动或被动活动未被固定的关节，防止关节粘连、关节囊挛缩等，使受伤肢体的功能尽快恢复到骨折前的正常状态。

六、不同类型骨折的特点及治疗方法

（一）锁骨骨折

1. 临床特点。

锁骨呈S形架于胸骨柄与肩峰之间，是连接上肢与躯干之间的唯一骨性支架。锁骨位于皮下，表浅，受外力作用时易发生骨折，发生率占全身骨折的5%~10%。多发生于儿童及青壮年。主要表现为局部肿胀、皮下瘀血、压痛或有畸形，畸形处可触到移位的骨折断端，如骨折移位并

有重叠，肩峰与胸骨柄间距离变短。伤侧肢体功能受限，肩部下垂，上臂贴胸不敢活动，并用健手托扶患肘，以缓解因胸锁乳突肌牵拉引起的疼痛。触诊时骨折部位压痛，可触及骨擦音及锁骨的异常活动。幼儿青枝骨折畸形多不明显，且常不能自诉疼痛部位，但其头多向患侧偏斜、颌部转向健侧，此特点有助于临床诊断。有时直接暴力引起的骨折，可刺破胸膜发生气胸，或损伤锁骨下血管和神经，出现相应症状和体征。

2. 治疗。

视骨折类型、移位程度酌情选择相应的治疗。

（1）青枝骨折。

多为儿童，对无移位者以"8"字绷带固定即可，对有成角畸形者，复位后仍以"8"字绷带维持对位。对有再移位倾向的较大儿童，则以"8"字石膏绷带为宜。

（2）成年人无移位的骨折。

以"8"字石膏绷带固定6~8周，并注意对石膏的塑形以防发生移位。

（3）有移位的骨折。

均应在局部麻醉下先行手法复位，之后再施以"8"字石膏固定，其操作要领如下：患者端坐，双手叉腰挺胸、仰首及双肩后伸。术者立于患者后方，双手持住患者双肩前外侧处（或双肘外侧）朝后上方用力，使其仰伸挺胸，同时用膝前部抵于患者下胸段后方形成支点，如此可使骨折获得较理想的复位。在此基础上再行"8"字石膏绷带固定。为避免腋部血管及神经受压，于缠绕石膏绷带的全过程中，助手应在蹲位状态下用双手中指、食指呈交叉状置于患者双侧腋窝处。石膏绷带通过助手双手中指、食指缠绕，并持续至石膏绷带成形为止。在一般情况下，锁骨骨折并不要求完全达到解剖对位，只要不是非常严重的移位，骨折愈合后均可获得良好的功能。

（4）手术治疗。

手术治疗指征包括开放骨折，合并血管、神经损伤的骨折，有喙锁韧带断裂的锁骨外端或外1/3移位骨折，骨折不连接。

（二）肱骨骨折

肱骨骨折常发生于肱骨外科颈、肱骨干、肱骨髁上、肱骨髁间、肱骨外髁、肱骨内上髁。其中，尤以前三者为多，可发生于任何年龄。多由直接暴力和间接暴力所引起，如重物撞击、挤压、打击及扑倒时手或肘部着地，暴力经前臂或肘部传至各部位。X线检查可明确诊断，并提示骨折的类型。

1. 临床特点。

（1）肱骨外科颈骨折。

局部常出现瘀斑，左上臂纵轴叩击时骨折处有锐角，患肢较健侧略短，可出现畸形骨擦音。

（2）肱骨干骨折。

患臂肿痛较剧烈，有明显的压痛，上臂功能丧失，患者常将前臂依附于胸壁。

（3）肱骨髁上骨折。

肘部肿胀疼痛，甚至出现张力性水疱，肘部压痛甚剧，肘关节功能丧失，骨折部位有异常活动和骨擦音。

2. 并发症。

（1）血管损伤。

肱骨近端骨折合并血管损伤者较为少见。一般以腋动脉损伤发生率最高。老年病人由于血管硬化、血管壁弹性较差，较易发生血管损伤。动脉损伤后局部形成膨胀性血肿，疼痛明显。肢体苍白或发绀、皮肤感觉异常。动脉造影可确定血管损伤的部位及性质。

（2）臂丛神经损伤。

肱骨近端骨折合并臂丛神经损伤，以腋神经最多受累，肩胛上神经、肌皮神经和桡神经损伤也偶有发生。腋神经损伤时，肩外侧皮肤感觉丧失，但测定三角肌纤维的收缩更为准确、可靠。腋神经损伤时，可采用肌电图观察神经损伤恢复的进程。绝大多数病例在4个月内可恢复功能，如伤后2~3个月仍无恢复迹象时，则可早期进行神经探查。

（3）胸部损伤。

高能量所致肱骨近端骨折时，常合并多发损伤，应注意除外肋骨骨折、血胸、气胸等。

3. 治疗。

肱骨外科颈接近盂肱关节，骨折又多发生在中老年人，特别是老年患者，极易因此引起冻结肩，因此仔细了解病情，选择治疗方法，保持肩关节一定的活动度，是治疗所必须考虑的。①无移位骨折：用三角巾悬吊患肢2~3周，当疼痛减轻后尽早开始肩关节功能活动。②外展型骨折：骨折有嵌插且畸形角度不大者无需复位，以三角巾悬吊患肢2~3周，并逐步开始肩关节功能活动；无嵌插的骨折应行手法整复，随后以石膏或小夹板固定3~4周。③内收型骨折：有移位者皆应复位，复位方法有手法及切开两种，并给以适当的外固定或内固定。

（1）手法复位外固定。

一般需在骨折血肿内麻醉下进行。常用者有：

① 超肩关节夹板外固定。

② 石膏绷带固定：患肢取屈肘位，用石膏绷带条环绕肩、肘固定；或者用肩人字石膏固定于上举位2~3周。以后改为其他固定，此法只适用于骨折向前成角难矫正者。

③ 外展支架固定：如骨折断端不稳定，复位后不易维持对位时，可用外展支架固定，并沿肱骨纵轴加用皮肤牵引以控制骨折近端向外成角畸形。此法现已少用。

无论用哪种方法固定，皆需早期开始功能活动，一般4~6周就可酌情去除固定。

（2）切开复位和内固定。

适应证：多数肱骨外科颈骨折可用非手术疗法。以下几种情况考虑手术：①外科颈骨折移位严重，复位后不稳定；手法整复外固定失败者；②50岁以下病人合并肱骨头粉碎性骨折；③合并肱骨大结节撕脱骨折有移位并与肩峰下部抵触；④不能复位的骺板骨折分离（肱二头肌长头嵌入）；⑤治疗较晚，已不能复位的骨折。

术后当天可起床：臂部固定2~4d后，三角巾悬吊患肢3周，逐渐练习活动。

（三）尺桡骨骨折

尺桡骨骨折是指尺骨干和桡骨干同时发生的骨折。由于局部特殊的解剖结构，骨折后易出现骨折错位，且维持固定较为困难，多见于青少年。直接、间接（传导或扭转）暴力均可造成尺桡骨干骨折。骨折后局部肿胀、疼痛，肢体畸形，前臂旋转功能障碍，完全骨折者可扪及摩擦音及骨擦音。

1. 临床特点。

局部肿胀畸形及压痛，可有骨擦音及异常活动，前臂活动受限。儿童常为青枝骨折，有成角畸形而无骨端移位。有时合并正中神经或尺神经桡神经损伤，要注意检查。

2. 治疗。

一般治疗：

（1）儿童青枝骨折多有成角畸形，可在适当麻醉下，轻柔手法牵引纠正，石膏固定6～8周，亦可用石膏楔型切开法纠正成角畸形。

（2）有移位骨折先纵向牵引纠正重叠和成角畸形，并在持续牵引下，如系上1/3骨折（旋前圆肌止点以上），前臂要置于旋后位；中下1/3骨折（旋前圆肌止点以下），前臂要置于旋转中立位，以纠正旋转畸形，然后在骨折处挤压分骨恢复骨间膜的紧张度和正常间隙，最后使骨折端完全对位。复位后用长臂石膏管型固定8～12周，石膏成型后立即切开松解，固定期间要注意观察肢端血循环，防止发生缺血挛缩。肿胀消退后，及时调整外固定松紧度，注意观察和纠正骨折再移位。

开放复位、内固定前臂尺桡骨双骨折属于不稳定骨折，一般强烈建议手术治疗，适用于手法复位失败者或复位后固定困难者；上肢多处骨折，骨间膜破裂者；开放性骨折伤后时间不长、污染较轻者；骨不连或畸形愈合、功能受限者。

特别注意事项：采取手法复位外固定时，务必纠正旋转、成角及重叠等移位，以免影响肢体功能。石膏或夹板固定后，务必严密观察肢体感觉及末梢血运，避免发生骨筋膜室综合征。如有怀疑骨筋膜室综合征，应采取及时切开减压，以免出现不可逆损害。

（四）股骨颈骨折

股骨颈骨折常发生于老年人，随着人的寿命延长，其发病率日渐增高，尤其随着人口老龄化，已成为严重的社会问题。其临床治疗中存在骨折不愈合和股骨头缺血坏死两个主要难题。至今，股骨颈骨折的治疗及结果等多方面仍遗留许多未解决的问题。

1. 临床特点。

症状：老年人跌倒后诉髋部疼痛，不能站立和走路，应想到股骨颈骨折的可能。

体征：

（1）畸形：患肢多有轻度屈髋屈膝及外旋畸形。

（2）疼痛：髋部除有自发疼痛外，移动患肢时疼痛更为明显。在患肢足跟部或大粗隆部叩打时，髋部也感疼痛，在腹股沟韧带中点下方常有压痛。

（3）肿胀：股骨颈骨折多系囊内骨折，骨折后出血不多，又有关节外丰厚肌群的包围，因此，外观上局部不易看到肿胀。

（4）功能障碍：移位骨折病人在伤后不能坐起或站立，但也有一些无移位的线状骨折或嵌插骨折病例，在伤后仍能走路或骑自行车。对这些病人要特别注意，不要因遗漏诊断使无移位稳定骨折变成移位的不稳定骨折。在移位骨折，远端受肌群牵引而向上移位，因而患肢变短。

（5）患侧大粗隆升高，表现在：①大粗隆在髂-坐骨结节联线之上；②大粗隆与髂前上棘间的水平距离缩短，短于健侧。

2. 并发症。

（1）股骨颈骨折不愈合。

股骨颈骨折发生不愈合比较常见，文献报道其不愈合率为7%～15%，在四肢骨折中发生率最高。

（2）股骨头缺血坏死。

股骨头缺血坏死是股骨颈骨折常见的并发症，近年来随着治疗的进展，骨折愈合率可达90%

以上。但股骨头缺血坏死率迄今仍无明显下降。

3. 治疗。

（1）手术治疗。

股骨颈骨折的最佳治疗方法是手法复位内固定，只要有满意复位，大多数内固定方法均可获得80%～90%的愈合率，不愈合病例日后需手术处理亦仅5%～10%，即使发生股骨头坏死，亦仅1/3病例需手术治疗。因此股骨颈骨折的治疗原则应是：早期无创伤复位，多枚钉合理固定，早期康复。人工关节置换术只适应于65岁以上，Garden Ⅲ、Ⅳ型骨折且能耐受手术麻醉及创伤的伤者。

（2）复位内固定。

复位内固定方法的结果，除与骨折损伤程度，如移位程度、粉碎程度和血运破坏与否有关外，主要与复位正确与否、固定正确与否、术后康复情况有关。

（3）人工假体置换术。

（五）股骨转子间骨折

股骨转子间骨折系指股骨颈基底至小转子水平以上部位所发生的骨折。亦为老年人常见的损伤。由于转子部血液循环丰富，骨折后极少不愈合。

1. 临床特点。

受伤后，转子区出现疼痛，肿胀、瘀血斑、下肢活动受限，检查发现转子间压痛，下肢外旋畸形明显，可达90°，有轴向叩击痛，测量可发现下肢短缩。

2. 治疗。

治疗方案可选择牵引复位后绝对卧床休息并通过石膏、支具进行有力地外固定，固定时间大约8周。或者手术切开复位内固定治疗，效果更佳，并可以减少并发症发生。

治疗原则

（1）合并症的治疗：对老年人进行全面、系统地检查，发现合并症，予以相应治疗，这是减少手术并发症、提高手术成功率的关键。老年人内科合并病如涉及多个系统，治疗较为复杂，最好与有关科室合作，迅速、有效地控制合并症，以便有效地预防并发症的发生。

（2）手术时机：虽然有些患者发生股骨转子间骨折，还具有自理能力，但如骨折后长期卧床，将减少患者的活动锻炼机会，使原有的慢性病进一步恶化，手术的危险性增加，甚至失去手术机会。因此，对老年股骨转子间骨折应尽早手术，缩短术前准备时间。

（3）麻醉方法的选择：首选对呼吸、循环系统影响小，作用短暂，可控制性强的麻醉方法。连续硬膜外麻醉较适合老年患者，亦可选择局部麻醉。

（六）股骨骨折

1. 临床特点。

疼痛、肿胀、畸形。

骨折部疼痛比较剧烈、压痛、胀肿、畸形和骨摩擦音和肢体短缩功能障碍非常显著，有的局部可出现大血肿、皮肤剥脱和开放伤及出血。X线照片可显示骨折部位、类型和移位方向。

特别重要的是检查股骨粗隆及膝部体征，以免遗漏，同时存在的其他损伤，如髋关节脱位，膝关节骨折和血管、神经损伤。检查时必须密切注意合并伤和休克的发生，以及伤肢有无神经和血管的损伤。

2. 治疗。

（1）非手术疗法。

股骨干骨折因周围有强大的肌肉牵拉，手法复位后用石膏或小夹板外固定均不能维持骨折对位。因此，股骨干完全骨折不论何种类型，皆为不稳定型骨折，必须用持续牵引克服肌肉收缩，维持一段时间后再用外固定。常用牵引方法有：

① 悬吊牵引法用于4～5岁以内儿童。将两下肢用皮肤牵引向上悬吊，重量1～2kg，要保持臀部离开床面，利用体重作对抗牵引。3～4周经X线照片有骨痂形成后，去掉牵引，开始在床上活动患肢，5～6周后负重。对儿童股骨干骨折要求对线良好，对位要求达功复位即可，不强求解剖复位。如成角不超过10°，重叠不超过2cm，以后功能一般不受影响。在牵引时，除保持臀部离开床面外，并应注意观察足部的血液循环及包扎的松紧程度，及时调整，以防足趾缺血坏死。

② 动滑车皮肤牵引法（罗索氏牵引法）适用于5～12岁儿童。在膝下放软枕使膝部屈曲，用宽布带在腘部向上牵引，同时小腿行皮肤牵引，使两个方向的合力与股骨干纵轴成一直线，合力的牵引力为牵引重力的二倍。有时亦可将患肢放在托马氏夹板及Pearson氏连接架上，进行滑动牵引。牵引前可行手法复位，或利用牵引复位。

③ 平衡牵引法用于青少年及成人股骨干骨折。在胫骨结节处穿针，如有伤口可在股骨髁部穿针（克氏针或斯氏针）。患肢安放在托马氏夹架上，做平衡牵引，有复位及固定两种作用。

（2）手术方法。

手术适应证近年来由于外科技术提高和医疗器械的改善，手术适应证有所放宽。具体的手术适应证有：①牵引失败；②软组织嵌入，骨折端不接触，或不能维持对位，检查时无骨擦音；③合并重要神经、血管损伤，需手术探查者，可同时行开放复位内固定；④骨折畸形愈合或不愈合者。

（3）陈旧骨折畸形愈合或不愈合的治疗。

开放复位，选用适当的内固定，并应常规植骨以利骨折愈合。

（七）髌骨骨折

1. 临床特点。

髌骨骨折后关节内大量积血，髌前皮下瘀血、肿胀，严重者皮肤可发生水疱。活动时膝关节剧痛，有时可感觉到骨擦感。有移位的骨折，可触及骨折线间隙。

2. 治疗。

髌骨骨折的治疗应最大限度地恢复关节面的平滑，给予较牢固的内固定，早期活动膝关节，防止创伤性关节炎的发生。

（1）非手术治疗。

石膏托或管型固定适用于无移位髌骨骨折，不需手法复位，抽出关节内积血，包扎，用长腿石膏托或管型固定患肢于伸直位3～4周。在石膏固定期间练习股四头肌收缩，去除石膏托后练习膝关节伸屈活动。

（2）手术治疗。

髌骨骨折超过2～3mm移位，关节面不平整超过2mm，合并伸肌支持带撕裂骨折，最好采用手术治疗。

（八）胫腓骨骨折

胫腓骨骨干骨折在全身骨折中最为常见。10岁以下儿童尤为多见。其中以胫骨干单骨折最多，胫腓骨干双折次之，腓骨干单骨折最少。胫骨是连接股骨下方的支承体重的主要骨骼，腓骨是附连小腿肌肉的重要骨骼，并承担 1/6 的承重。胫骨中下 1/3 处易于骨折。胫骨上 1/3 骨折移位，易压迫腘动脉，造成小腿下段严重缺血坏死。胫骨中 1/3 骨折瘀血潴留在小腿的骨筋膜室，增加室内压力，造成缺血性肌挛缩。胫骨中下 1/3 骨折使滋养动脉断裂，易引起骨折延迟愈合。

1. 临床特点。

局部疼痛、肿胀，畸形较显著，表现成角和重叠移位。应注意是否伴有腓总神经损伤，胫前、胫后动脉损伤，胫前区和腓肠肌区张力是否增加。往往骨折引起的并发症比骨折本身所产生的后果更严重。

结合临床及 X 线表现多可确诊，但疲劳性胫腓骨骨折有时需与骨样骨瘤及青枝骨折、局部骨感染、早期骨肿瘤等鉴别。

（1）骨样骨瘤。

虽有骨皮质增厚及骨膜反应，但有较典型之瘤巢。

（2）局部骨感染。

以骨膜反应骨皮质增厚为主，无骨小梁断裂及骨皮质切迹症，而临床上皮肤温度较高。

（3）早期骨肿瘤。

以花边样或葱皮样骨膜反应为主，逐渐出现骨质破坏、瘤骨及软组织肿块等。

疲劳骨折与以上各种骨疾病虽有相同的局部骨膜反应、骨皮质增厚硬化等表现，但它仍有自身的特点，只要掌握 X 线特点及临床病史，即可对疲劳性骨折作出正确的诊断。

2. 并发症。

胫腓骨骨折易发生延迟愈合或不愈合。尤其不稳定性骨折极易移位。局部外固定往往失败。

在外伤性胫腓骨骨折中，因其多为重大暴力引起的损伤，并常同时合并其他部位损伤及内脏器官损伤；胫腓骨骨折合并血管损伤后，肌肉丰富的小腿肌群组织极易受累，因为骨骼肌对缺血较为敏感，通常认为肢体肌肉组织在缺血 6~8h 后就可以发生变性、坏死；严重的软组织损伤和术后伤口感染所致的脓毒血症亦大大增加了截肢的危险性。

3. 治疗。

本病的治疗主要有以下几个方面：

（1）手法复位和外固定

麻醉后，两个助手分别在膝部和踝部做对抗牵引，术者两手在骨折端根据透视下移位的方向，推压挤捏骨断端整复，复位后可用小夹板或长腿石膏固定。

（2）骨牵引。

如斜形、螺旋、粉碎型等胫腓骨骨折因骨断端很不稳定，复位后不易维持良好对位以及骨折部有伤口，皮肤擦伤和肢体严重肿胀，必须密切观察肢体的病例，不能立即以小夹板或石膏夹板固定，最好用跟骨持续牵引。

（3）骨外穿针固定法。

（4）切开复位内固定。

（九）踝关节骨折

踝关节由胫腓骨下端与距骨组成。其骨折、脱位是骨科常见的损伤，多由间接暴力引起踝部扭伤后发生。根据暴力方向、大小及受伤时足的位置的不同可引起各种不同类型的骨折。目前临床常用分类方法是Lange-Hansen分类法、Davis-Weber分类法和AO分类法。

1. 临床特点。

踝关节外伤后踝部疼痛、肿胀，皮下可出现瘀斑、青紫，不敢活动踝关节，不能行走。检查可见踝关节畸形，内踝或外踝有明显压痛，并可有骨擦音。

2. 治疗。

（1）非手术治疗。

适用于没有移位的骨折。可采用石膏或支具固定4～6周，并开始康复计划。

（2）手术治疗。

适用于移位骨折。治疗的目的是恢复正常的解剖结构并在骨折愈合过程中维持骨折的复位，尽可能早的开始功能活动，恢复踝关节功能。骨折复位后，内踝多使用螺钉或张力带钢丝固定，外踝多是用钢板、螺钉固定。如果踝关节骨折合并下胫腓关节分离。固定骨折后，对于仍有下胫腓关节的不稳定，需要行下胫腓的固定手术后开始康复计划。

（十）脊柱骨折

脊柱骨折是骨科常见创伤。其发生率占骨折的5%～6%，以胸腰段骨折发生率最高，其次为颈、腰椎，胸椎最少，常可并发脊髓或马尾神经损伤。脊柱骨折多见男性青壮年。多由间接外力引起，为由高处跌落时臀部或足着地、冲击性外力向上传至胸腰段发生骨折。临床表现为外伤后脊柱的畸形、疼痛，常可并发脊髓损伤。少数由直接外力引起，如房子倒塌压伤、汽车压撞伤或火器伤。病情严重者可致截瘫，甚至危及生命；治疗不当的单纯压缩骨折，亦可遗留慢性腰痛。

1. 临床特点。

（1）患者有明显的外伤史，如车祸、高处坠落。躯干部挤压等。

（2）检查时脊柱可有畸形，脊柱棘突骨折可见皮下瘀血。伤处局部疼痛，如颈痛、胸背痛、腰痛或下肢痛。棘突有明显浅压痛，脊背部肌肉痉挛，骨折部有压痛和叩击痛。颈椎骨折时，屈伸运动或颈部回旋运动受限。胸椎骨折，躯干活动受限，合并肋骨骨折时可出现呼吸受限。腰椎骨折时腰部有明显压痛，屈伸下肢感到腰痛。

（3）常合并脊髓损伤，可有不全或完全瘫痪的表现。如感觉、运动功能丧失、大小便障碍等。

2. 治疗。

3. 胸、腰椎损伤。

（1）压缩性骨折非手术治疗适用于前柱压缩小于I度、脊柱后凸成角小于30°患者，主要是卧床、加强腰背肌功能锻炼；手术治疗适用于脊柱压缩近II/III度、脊柱后凸成角大于30°、有神经症状患者，主要是复位、减压、固定和植骨融合术。

（2）爆裂性骨折非手术治疗适用于脊柱后凸成角较小、椎管受累小于30%、无神经症状患者，主要是卧床2个月左右；手术治疗适用于脊柱后凸明显、椎管受累大于30%、有神经症状的患者，主要是复位、减压、固定和植骨融合术。

（3）Chance骨折过伸位外固定3～4个月；伴明显脊柱韧带/椎间盘损伤时手术治疗。

（4）骨折-脱位多合并脊髓损伤，需手术治疗。

（5）附件骨折，卧床休息即可。

第十二节　关节脱位

关节脱位也称脱臼，是指构成关节的上下两个骨端失去了正常的位置，发生了错位。

一、病因

多暴力作用所致，以肩、肘、下颌及手指关节最易发生脱位。关节脱位的表现，一是关节处疼痛剧烈，二是关节的正常活动丧失，三是关节部位出现畸形。临床上可分损伤性脱位、先天性脱位及病理性脱位等几种情形。关节脱位后，关节囊、韧带、关节软骨及肌肉等软组织也有损伤，另外关节周围肿胀，可有血肿，若不及时复位，血肿机化，关节粘连，使关节不同程度丧失功能。

二、临床表现

关节脱位具有一般损伤的症状和脱位的特殊性表现。受伤后，关节脱位、疼痛、活动困难或不能活动。脱位通常影响活动的关节，如踝、膝、髋、腕、肘，但最常见的是肩和手指关节。不活动的关节，如在骨盆的关节，当使关节固定在一起的韧带被牵拉或撕裂时，也能被分开。椎骨的脱位如果损害神经或脊髓就能危及生命。显著的椎骨间脱位，损伤脊髓，导致瘫痪。

1. 一般症状。

（1）疼痛明显。

（2）关节明显肿胀。

（3）关节失去正常活动功能，出现功能障碍。

2. 特殊表现。

（1）畸形：关节脱位后肢体出现旋转、内收或外展和外观变长或缩短等畸形，与健侧不对称。

（2）弹性固定：关节脱位后，未撕裂的肌肉和韧带可将脱位的肢体保持在特殊的位置，被动活动时有一种抵抗和弹性的感觉。

（3）关节窝空虚。

三、辅助检查

X线检查关节正侧位片可确定有无脱位、脱位的类型和有无合并骨折，防止漏诊和误诊。

四、诊断

1. 有明显外伤史。

2. 临床表现为关节疼痛与肿胀、畸形、弹性固定及关节窝空虚。

3. X线检查可明确脱位的部位、程度、方向及有无骨折及移位。

五、治疗

1. 治疗原则。

伤后在麻醉下尽早手法复位；适当固定，以利软组织修复；及时活动，以恢复关节功能。

2. 治疗步骤。

（1）复位：以手法复位为主。

（2）固定：复位后，将关节固定在稳定的位置上，固定时间为2～3周。

（3）功能锻炼：固定期间，应经常进行关节周围肌肉的舒缩活动和患肢其他关节的主动运动，以促进血液循环、消除肿胀；避免肌肉萎缩和关节僵硬。

六、不同类型关节脱位的特点及治疗方法

（一）肩关节脱位

肩关节脱位最常见，约占全身关节脱位的50%，这与肩关节的解剖和生理特点有关，如肱骨头大，关节盂浅而小，关节囊松弛，其前下方组织薄弱，关节活动范围大，遭受外力的机会多等。肩关节脱位多发生在青壮年、男性较多。

1. 临床特点。

（1）伤肩肿胀，疼痛，主动和被动活动受限。

（2）患肢弹性固定于轻度外展位，常以健手托患臂，头和躯干向患侧倾斜。

（3）肩三角肌塌陷，呈方肩畸形，在腋窝，喙突下或锁骨下可触及移位的肱骨头，关节盂空虚。

（4）搭肩试验阳性，患侧手靠胸时，手掌不能搭在对侧肩部。

2. 治疗。

（1）手法复位。

脱位后应尽快复位，选择适当麻醉（臂丛麻醉或全麻），使肌肉松弛并使复位在无痛下进行。老年人或肌力弱者也可在止痛剂下进行。习惯性脱位可不用麻醉。复位手法要轻柔，禁用粗暴手法以免发生骨折或损伤神经等附加损伤。常用复位手法有三种。

① 足蹬法。患者仰卧，术者位于患侧，双手握住患肢腕部，足跟置于患侧腋窝，两手用稳定持续的力量牵引，牵引中足跟向外推挤肱骨头，同时旋转，内收上臂即可复位。复位时可听到响声。

② 科氏法。此法在肌肉松弛下进行容易成功，切勿用力过猛，防止肱骨颈受到过大的扭转力而发生骨折。手法步骤：一手握腕部，屈肘到90°，使肱二头肌松弛，另一手握肘部，持续牵引，轻度外展，逐渐将上臂外旋，然后内收使肘部沿胸壁近中线，再内旋上臂，此时即可复位，并可听到响声。

③ 牵引推拿法。伤员仰卧，一助手用布单套住胸廓向健侧牵拉，第二助手用布单通过腋下套住患肢向外上方牵拉，第三助手握住患肢手腕向下牵引并外旋内收，三方面同时徐徐持续牵引。术者用手在腋下将肱骨头向外推送还纳复位。二人也可做牵引复位。

复位后肩部即恢复钝圆丰满的正常外形，腋窝、喙突下或锁骨下再摸不到脱位的肱骨头，搭肩试验变为阴性，X线检查肱骨头在正常位置上。如合并肱骨大结节撕脱骨折，因骨折片与肱骨干间多有骨膜相连，在多数情况下，肩关节脱位复位后撕脱的大结节骨片也随之复位。

复位后处理：肩关节前脱位复位后应将患肢保持在内收内旋位置，腋部放棉垫，再用三角巾，绷带或石膏固定于胸前，3周后开始逐渐做肩部摆动和旋转活动，但要防止过度外展、外旋，以防再脱位。后脱位复位后则固定于相反的位置（即外展、外旋和后伸拉）。

（2）手术复位。

有少数肩关节脱位需要手术复位，其适应证为：肩关节前脱位并发肱二头肌长头肌腱向后滑

脱阻碍手法复位者；肱骨大结节撕脱骨折，骨折片卡在肱骨头与关节盂之间影响复位者；合并肱骨外科颈骨折，手法不能整复者；合并喙突、肩峰或肩关节盂骨折，移位明显者；合并腋部大血管损伤者。

（3）陈旧性肩关节脱位的治疗。

肩关节脱位后超过三周尚未复位者，为陈旧性脱位。关节腔内充满瘢痕组织，有与周围组织粘连，周围的肌肉发生挛缩，合并骨折者形成骨痂或畸形愈合，这些病理改变都阻碍肱骨头复位。

陈旧性肩关节脱位的处理：脱位在3个月以内，年轻体壮，脱位的关节仍有一定的活动范围，X线片无骨质疏松和关节内、外骨化者可试行手法复位。复位前，可先行患侧尺骨鹰嘴牵引1~2周；如脱位时间短，关节活动障碍轻亦可不作牵引。复位在全麻下进行，先行肩部按摩和作轻轻地摇摆活动，以解除粘连，缓解肌肉痉挛，便于复位。复位操作采用牵引推拿法或足蹬法，复位后处理与新鲜脱位者相同。必须注意，操作切忌粗暴，以免发生骨折和腋部神经血管损伤。若手法复位失败，或脱位已超过3个月者，对青壮年伤员，可考虑手术复位。如发现肱骨头关节面已严重破坏，则应考虑作肩关节融合术或人工关节置换术。肩关节复位手术后，活动功能常不满意，对年老患者，不宜手术治疗，鼓励患者加强肩部活动。

（二）肩锁关节脱位

肩锁关节脱位并非少见，可有局部疼痛、肿胀及压痛，伤肢外展或上举均较困难，前屈和后伸运动亦受限，局部疼痛加剧，检查时肩锁关节处可摸到一个凹陷，可摸到肩锁关节松动。手法复位后制动较为困难，因而手术率较高。

1. 临床特点。

肩锁关节是上肢运动的支点，在肩胛带功能和动力学上占有重要位置，是上肢外展、上举不可缺少的关节之一，同时参与肩关节的前屈和后伸运动。由于肩锁关节位于皮下，易被看出局部高起，双侧对比较明显，可有局部疼痛、肿胀及压痛；伤肢外展或上举均较困难，前屈和后伸运动亦受限，局部疼痛加剧，检查时肩锁关节处可摸到一个凹陷，可摸到肩锁关节松动。

根据伤力及韧带断裂程度、Zlotsky等将其分为三级或三型。Ⅰ型：肩锁关节处有少许韧带、关节囊纤维的撕裂，关节稳定，疼痛轻微，X线照片显示正常，但后期可能在锁骨外侧端有骨膜钙化阴影。Ⅱ型：肩锁关节囊、肩锁韧带有撕裂，喙锁韧带无损伤，锁骨外端翘起，呈半脱位状态，按压有浮动感，可有前后移动。X线片显示锁骨外端高于肩峰。Ⅲ型：肩锁韧带、喙锁韧带同时撕裂，引起肩锁关节明显脱位。

2. 治疗。

（1）保守疗法。

Ⅰ型肩锁关节脱位者，休息并用三角巾悬吊1~2周即可；Ⅱ型脱位者，可采用背带固定。方法为患者立位，两上肢高举，先上石膏围腰，上缘齐乳头平面，下缘至髂前上棘稍下部，围腰前后各装一铁扣，待石膏干透后，用厚毡一块置锁骨外端隆起部（勿放肩峰上），另用宽3~5cm皮带式帆布带，越过患肩放置的厚毡，将带之两端系于石膏围腰前后的铁扣上，适当用力拴紧，使分离之锁骨外侧端压迫复位。拍片证实复位，用三角巾兜起伤肢，固定4~6周。亦可在局麻下复位，从锁骨远端经肩锁关节与肩峰作克氏针交叉固定。术后悬吊患肢，6周后拔出钢针，行肩关节功能锻炼。

（2）手术疗法。

肩锁关节全脱位，即Ⅲ型损伤的患者，因其关节囊及肩锁韧带、喙锁韧带均已断裂，使肩锁关节完全失去稳定，上述外固定效果不满意，对年龄小于45岁者，应手术修复。常用的手术方法有肩锁关节切开复位内固定术、喙锁韧带重建或固定术、锁骨外端切除术、肌肉动力重建术等。

① 肩锁关节切开复位克氏针固定术，此法适用于Ⅱ型脱位患者。

② 锁骨外端切除、喙锁韧带移位术。

③ 陈旧性肩锁关节脱位。肩锁关节半脱位，一般无临床症状，不需要手术治疗。全脱位如有疼痛等症状需及时手术。

（3）预后。

视类型、就诊时间而选择不同治疗方法，疗效差别较大。Ⅰ、Ⅱ型患者大多疗效佳，Ⅲ型中部分患者留有局部后遗症，以疼痛及活动受限为多见。

（三）肘关节脱位

肘关节脱位是肘部常见损伤，多发生于青少年，成人和儿童也时有发生。由于肘关节脱位类型较复杂，常合并肘部其他骨结构或软组织的严重损伤，如肱骨内上髁骨折、尺骨鹰嘴骨折和冠状突骨折，以及关节囊、韧带或血管神经束的损伤。多数为肘关节后脱位或后外侧脱位。

1. 临床特点。

肘关节肿痛，关节置于半屈曲状，伸屈活动受限。如肘后脱位，则肘后方空虚，鹰嘴部向后明显突出；侧方脱位，肘部呈现肘内翻或外翻畸形。肘窝部充盈饱满。肱骨内、外髁及鹰嘴构成的倒等腰三角形关系改变。肘关节脱位时，应注意血管、神经损伤的有关症状及体征。

（1）肘关节后脱位。

这是最多见的一种脱位类型，以青少年为主要发生对象。当跌倒时手掌着地，肘关节完全伸展，前臂旋后位，由于人体重力和地面反作用力引起肘关节过伸，尺骨鹰嘴的顶端猛烈冲击肱骨下端的鹰嘴窝，即形成力的支点。外力继续加强，引起附着于喙突的肱前肌和肘关节囊的前侧部分撕裂，则造成尺骨鹰嘴向后移位，而肱骨下端向前移位的肘关节后脱位。由于构成肘关节的肱骨下端内外髁部宽而厚，前后又扁薄，侧方有副韧带加强其稳定，但如发生侧后方脱位，很容易发生内、外髁撕脱骨折。

（2）肘关节前脱位。

前脱位者少见，又常合并尺骨鹰嘴骨折。其损伤原因多系直接暴力，如肘后直接遭受外力打击或肘部在屈曲位撞击地面等，导致尺骨鹰嘴骨折和尺骨近端向前脱位。这种损伤肘部软组织损伤较严重，特别是血管、神经损伤常见。

（3）肘关节侧方脱位。

以青少年为多见。当肘部遭受到传导暴力时，肘关节处于内翻或外翻位，致肘关节的侧副韧带和关节囊撕裂，肱骨的下端可向桡侧或尺侧（即关节囊破裂处）移位。因在强烈内、外翻作用下，由于前臂伸或屈肌群猛烈收缩引起肱骨内、外髁撕脱骨折，尤其是肱骨内上髁更易发生骨折。有时骨折片可嵌夹在关节间隙内。

2. 治疗。

（1）非手术治疗。

新鲜肘关节脱位或合并骨折的脱位主要治疗方法为手法复位，对某些陈旧性骨折，为期较短者亦可先试行手法复位。单纯肘关节脱位。取坐位，局部或臂丛麻醉，如损伤时间短（30min内）亦可不施麻醉。令助手双手紧握患肢上臂，术者双手紧握腕部，着力牵引将肘关节屈曲60°～

90°，并可稍加旋前，常可听到复位响声或复位的振动感。复位后用上肢石膏将肘关节固定在功能位。3周后拆除石膏，做主动的功能锻炼，必要时辅以理疗，但不宜做强烈的被动活动。

陈旧性肘关节脱位（早期）：超过3周者即定为陈旧性脱位。通常在1周后复位即感困难。关节内血肿机化及肉芽组织形成、关节囊粘连等。对肘关节陈旧性脱位的手法复位，在臂丛麻醉下，做肘部轻柔的伸屈活动，使其粘连逐渐松解。将肘部缓慢伸展，在牵引力作用下逐渐屈肘，术者用双手拇指按压鹰嘴，并将肱骨下端向后推按，即可使之复位。经X线拍片证实已经复位后，用上肢石膏将肘关节固定<90°位，于3周左右拆除石膏做功能锻炼。

（2）手术治疗。

手术适应证：①闭合复位失败者，或不适于闭合复位者，这种情况少见，多合并肘部严重损伤，如尺骨鹰嘴骨折并有分离移位的；②肘关节脱位合并肱骨内上髁撕脱骨折，当肘关节脱位复位，而肱骨内上髁仍未能复位时，应施行手术将内上髁加以复位或内固定；③陈旧性肘关节脱位，不宜试行闭合复位者；④某些习惯性肘关节脱位。

（四）桡骨头半脱位

桡骨头半脱位：又称"牵拉肘""肘错环""肘脱环"，常由于大人领着患儿走路、上台阶时，在跌倒瞬间猛然拉住患儿手致伤；或从床上拉起患儿，拉胳膊伸袖穿衣；或抓住患儿双手转圈玩耍等等原因，患儿肘关节处于伸直，前臂旋前位突然受到牵拉而发病致伤。当伸肘、前臂旋前位牵拉肘关节时，环状韧带远侧缘附着在桡骨颈骨膜处发生横断撕裂。当前臂旋前时桡骨头直径短的部分转至前后位，因而桡骨头便自环状韧带的撕裂处脱出，环状韧带嵌在肱桡关节间。

1. 临床特点。

（1）有上肢被牵拉病史，通常是年轻的父母拉着小儿上街，小儿的上肢上举，父母的上肢下垂，遇有台阶时，父母的手突然提起小儿之手帮助小儿走过台阶，次之立刻出现症状，或用强制手段为小儿套上羊毛衫，粗暴的牵拉力量也会出现桡骨头半脱位。

（2）小儿诉肘部疼痛不肯用该手取物和活动肘部，拒绝别人触摸。

（3）检查所见体征很少，无肿胀和畸形，肘关节略屈曲，桡骨头处有压痛。

（4）X线检查阴性。

2. 治疗。

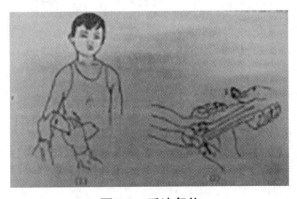

图4-5 手法复位

手法复位，不必任何麻醉。术者一手握住小儿腕部，另一手托住肘部以拇指压在桡骨头部位，肘关节屈曲至90°，开始作轻柔的前臂旋后，旋后来回数次后大都可感到轻微的弹响声，当儿肯用手来取物说明复位，复位后不必固定，但须告诫家长不可再暴力牵拉以免再发。（图4-5）

（五）髋关节脱位

髋关节为杵臼关节，周围有坚韧的韧带以及强大的肌肉瓣保护，因而十分稳定。只有在间接暴力的作用下，才会通过韧带之间的薄弱区脱位。多为青壮年，在劳动中或车祸时遭受强大暴力的冲击而致伤。股骨头脱位，位于Nelaton线之后为后脱位；位于其前者为前脱位。扭转、杠杆或传导暴力均可引起。而传导暴力使股骨头撞击髋臼底部，向骨盆内脱出，则属于中心脱位。

1. 临床特点。

（1）髋关节后脱位。

股骨头多由髂骨韧带与坐骨韧带之间的薄弱区穿出脱位，造成后关节囊及圆韧带撕裂。如髋关节略呈外展位遭受传导暴力时，则髋臼后缘易因股骨头之撞击而引发骨折，或股骨头之前下方骨折。无论何方骨折，均会影响关节的稳定性，因此分类也主要依据合并骨折的情况而定。

外伤后患髋肿痛，活动受限；后脱位患髋屈曲，内收、内旋、短缩、畸形等。

（2）髋关节前脱位。

远较后脱位少见，由于前方主要为韧带维护，因而不宜合并骨折。前脱位时患髋伸直、外展旋、畸形。

（3）中心脱位。

患肢短缩畸形，髋活动受限。

2. 并发症。

髋关节脱位，尤其是先天性髋关节脱位治疗后出现的并发症大多与手法粗暴、牵引不够、手术指征未掌握、未弄清阻碍复位因素和固定不当等原因所致。多数可以避免。常见并发症有：

（1）再脱位。常因阻碍复位因素未消除。X线出现假象，换石膏时不小心，前倾角过大或髋臼发育不良，因而即使复位后，还是较易再脱位。

（2）股骨头缺血性坏死。这类并发症主要是由于手法粗暴或手术创伤过大，损伤了股骨头的血供；固定时强力极度外展；复位前牵引不够或内收肌、髂腰肌未松解，复位后股骨头受压过度等。

（3）髋关节骨性关节病。是晚期的并发症，一般在年龄较大患儿手术后，待到成年后往往较难避免有类似并发症出现。

（4）股骨头骨骺分离、股骨上段骨折、坐骨神经损伤等，这些均为牵引不足，复位时使用暴力或麻醉太浅等原因引起，一般均可避免。

3. 治疗。

（1）单纯性脱位治疗。

① 髋关节后脱位一般均可手法复位，很少有困难。复位方法以屈髋屈膝位顺股骨轴线牵引较为稳妥可靠，Allis法为仰卧位牵引，Stimson法为俯卧位牵引。复位时手法应徐缓，持续使用牵引力，严禁暴力或突然转向，遇有阻力时更不可强行扭转。如牵引手法无效，可改用旋转式手法。

② 髋关节前脱位。顺患肢轴线牵引时，术者自前而后推动股骨头，使其向髋臼方位移动，内收下肢使之还纳。

③ 中心脱位。宜用骨牵引复位，牵引4~6周。如晚期发生严重的创伤性关节炎，可考虑人

工关节置换术或关节融合术。

（2）髋关节陈旧性脱位。

因髋臼内充满纤维瘢痕，周围软组织挛缩，手法复位不易成功。可根据脱位时间、局部病变和伤员情况，决定处理方法。对关节面破坏严重者，可根据患者职业决定做髋关节融合术或人工关节置换术。

第十三节　腰腿痛及颈肩痛

腰椎间盘突出症

腰椎间盘突出症是较为常见的疾患之一，主要是因为腰椎间盘各部分（髓核、纤维环及软骨板），尤其是髓核，有不同程度的退行性改变后，在外力因素的作用下，椎间盘的纤维环破裂，髓核组织从破裂之处突出（或脱出）于后方或椎管内，导致相邻脊神经根遭受刺激或压迫，从而产生腰部疼痛、一侧下肢或双下肢麻木、疼痛等一系列临床症状。腰椎间盘突出症以腰4～5、腰5至骶1发病率最高，约占95%。

一、病因

1. 腰椎间盘的退行性改变。

髓核的退变主要表现为含水量的降低，并可因失水引起椎节失稳、松动等小范围的病理改变；纤维环的退变主要表现为坚韧程度的降低。

2. 损伤。

长期反复的外力造成轻微损害，加重了退变的程度。

3. 椎间盘自身解剖因素的弱点。

椎间盘在成年之后逐渐缺乏血液循环，修复能力差。在上述因素作用的基础上，某种可导致椎间盘所承受压力突然升高的诱发因素，即可能使弹性较差的髓核穿过已变得不太坚韧的纤维环，造成髓核突出。

4. 遗传因素。

腰椎间盘突出症有家族性发病的报道。

5. 腰骶先天异常。

包括腰椎骶化、骶椎腰化、半椎体畸形、小关节畸形和关节突不对称等。上述因素可使下腰椎承受的应力发生改变，从而构成椎间盘内压升高和易发生退变和损伤。

6. 诱发因素。

在椎间盘退行性变的基础上，某种可诱发椎间隙压力突然升高的因素可致髓核突出。常见的诱发因素有增加腹压、腰姿不正、突然负重、妊娠、受寒和受潮等。

从病理变化及CT、MRI表现，结合治疗方法可作以下分型。

（1）膨隆型。

纤维环部分破裂，而表层尚完整，此时髓核因压力而向椎管内局限性隆起，但表面光滑。这一类型经保守治疗大多可缓解或治愈。

（2）突出型。

纤维环完全破裂，髓核突向椎管，仅有后纵韧带或一层纤维膜覆盖，表面高低不平或呈菜花状，常需手术治疗。

（3）脱垂游离型。

破裂突出的椎间盘组织或碎块脱入椎管内或完全游离。此型不单可引起神经根症状，还容易导致马尾神经症状，非手术治疗往往无效。

（4）Schmorl结节。

髓核经上下终板软骨的裂隙进入椎体松质骨内，一般仅有腰痛，无神经根症状，多不需要手术治疗。

二、临床表现

1. 腰痛。

是大多数患者最先出现的症状，发生率约91%。由于纤维环外层及后纵韧带受到髓核刺激，经窦椎神经而产生下腰部感应痛，有时可伴有臀部疼痛。

2. 下肢放射痛。

虽然高位腰椎间盘突出（腰2~3、腰3~4）可以引起股神经痛，但临床少见，不足5%。绝大多数患者是腰4至5、腰5至骶1间隙突出，表现为坐骨神经痛。典型坐骨神经痛是从下腰部向臀部、大腿后方、小腿外侧直到足部的放射痛，在喷嚏和咳嗽等腹压增高的情况下疼痛会加剧。放射痛的肢体多为一侧，仅极少数中央型或中央旁型髓核突出者表现为双下肢症状。坐骨神经痛的原因有三：①破裂的椎间盘产生化学物质的刺激及自身免疫反应使神经根发生化学性炎症；②突出的髓核压迫或牵张已有炎症的神经根，使其静脉回流受阻，进一步加重水肿，使得对疼痛的敏感性增高；③受压的神经根缺血。上述三种因素相互关联，互为加重因素。

3. 马尾神经症状。

向正后方突出的髓核或脱垂、游离椎间盘组织压迫马尾神经，其主要表现为大、小便障碍，会阴和肛周感觉异常。严重者可出现大小便失控及双下肢不完全性瘫痪等症状，临床上少见。

三、辅助检查

1. 腰椎X线平片。

单纯X线平片不能直接反应是否存在椎间盘突出，但X线片上有时可见椎间隙变窄、椎体边缘增生等退行性改变，是一种间接的提示，部分患者可以有脊柱偏斜、脊柱侧凸。此外，X线平片可以发现有无结核、肿瘤等骨病，有重要的鉴别诊断意义。

2. CT检查。

可较清楚地显示椎间盘突出的部位、大小、形态和神经根、硬脊膜囊受压移位的情况，同时可显示椎板及黄韧带肥厚、小关节增生肥大、椎管及侧隐窝狭窄等情况，对本病有较大的诊断价值，目前已普遍采用。

3. 磁共振（MRI）检查。

MRI无放射性损害，对腰椎间盘突出症的诊断具有重要意义。MRI可以全面地观察腰椎间盘是否病变，并通过不同层面的矢状面影像及所累及椎间盘的横切位影像，清晰地显示椎间盘突出的形态及其与硬膜囊、神经根等周围组织的关系，另外可鉴别是否存在椎管内其他占位性病变。但对于突出的椎间盘是否钙化的显示不如CT检查。

4. 其他。

电生理检查（肌电图、神经传导速度与诱发电位）可协助确定神经损害的范围及程度，观察治疗效果。实验室检查主要用于排除一些疾病，起到鉴别诊断作用。

四、诊断

（一）一般体征

1. 腰椎侧凸。是一种为减轻疼痛的姿势性代偿畸形。视髓核突出的部位与神经根之间的关系不同而表现为脊柱弯向健侧或弯向患侧。如髓核突出的部位位于脊神经根内侧，因脊柱向患侧弯曲可使脊神经根的张力减低，所以腰椎弯向患侧；反之，如突出物位于脊神经根外侧，则腰椎多向健侧弯曲。

2. 腰部活动受限。大部分患者都有不同程度的腰部活动受限，急性期尤为明显，其中以前屈受限最明显，因为前屈位时可进一步促使髓核向后移位，并增加对受压神经根的牵拉。

3. 压痛、叩痛及骶棘肌痉挛压痛及叩痛的部位基本上与病变的椎间隙相一致，80%～90%的病例呈阳性。叩痛以棘突处为明显，系叩击振动病变部所致。压痛点主要位于椎旁1cm处，可出现沿坐骨神经放射痛。约1/3患者有腰部骶棘肌痉挛。

（二）特殊体征

1. 直腿抬高试验及加强试验。患者仰卧，伸膝，被动抬高患肢。正常人神经根有4mm滑动度，下肢抬高到60°～70°始感腘窝不适。腰椎间盘突出症患者神经根受压或粘连使滑动度减少或消失，抬高在60°以内即可出现坐骨神经痛，称为直腿抬高试验阳性。在阳性病人中，缓慢降低患肢高度，待放射痛消失，这时再被动屈曲患侧踝关节，再次诱发放射痛称为加强试验阳性。有时因髓核较大，抬高健侧下肢也可牵拉硬脊膜，诱发患侧坐骨神经产生放射痛。

2. 股神经牵拉试验。患者取俯卧位，患肢膝关节完全伸直。检查者将伸直的下肢高抬，使髋关节处于过伸位，当过伸到一定程度，出现大腿前方股神经分布区域疼痛时，则为阳性。此项试验主要用于检查腰2～3和腰3～4椎间盘突出的患者。

（三）神经系统表现

1. 感觉障碍。视受累脊神经根的部位不同而出现该神经支配区感觉异常。阳性率达80%以上。早期多表现为皮肤感觉过敏，渐而出现麻木、刺痛及感觉减退。因受累神经根以单节单侧为多，故感觉障碍范围较小；但如果马尾神经受累（中央型及中央旁型者），则感觉障碍范围较广泛。

2. 肌力下降70%～75%患者出现肌力下降，腰5神经根受累时，踝及趾背伸力下降，骶1神经根受累时，趾及足跖屈力下降。

3. 反射改变亦为本病易发生的典型体征之一。腰4神经根受累时，可出现膝跳反射障碍，早期表现为活跃，之后迅速变为反射减退，腰5神经根受损时对反射多无影响。骶1神经根受累时则跟腱反射障碍。反射改变对受累神经的定位意义较大。

对典型病例的诊断，结合病史、查体和影像学检查，一般多无困难，尤其是在CT与磁共振技术广泛应用的今天。如仅有CT、MRI表现而无临床症状，不应诊断本病。

五、治疗

（一）非手术疗法

腰椎间盘突出症大多数病人可以经非手术治疗缓解或治愈。其治疗原理并非将退变突出的椎间盘组织回复原位，而是改变椎间盘组织与受压神经根的相对位置或部分回纳，减轻对神经根的压迫，松解神经根的粘连，消除神经根的炎症，从而缓解症状。非手术治疗主要适用于：①年轻、初次发作或病程较短者；②症状较轻，休息后症状可自行缓解者；③影像学检查无明显椎管狭窄。

1. 绝对卧床休息。初次发作时，应严格卧床休息，强调大、小便均不应下床或坐起，这样才能有比较好的效果。卧床休息3周后可以在佩戴腰围的保护下起床活动，3个月内不做弯腰持物动作。此方法简单有效，但较难坚持。缓解后，应加强腰背肌锻炼，以减少复发的概率。

2. 牵引治疗。采用骨盆牵引，可以增加椎间隙宽度，减少椎间盘内压，椎间盘突出部分回纳，减轻对神经根的刺激和压迫，需要在专业医生指导下进行。

3. 理疗和推拿、按摩。可缓解肌肉痉挛，减轻椎间盘内压力，但注意暴力推拿按摩可以导致病情加重，应慎重。

（二）手术治疗

1. 手术适应证：①病史超过3个月，严格保守治疗无效或保守治疗有效，但经常复发且疼痛较重者；②首次发作，但疼痛剧烈，尤以下肢症状明显，患者难以行动和入眠，处于强迫体位者；③合并马尾神经受压表现；④出现单根神经根麻痹，伴有肌肉萎缩、肌力下降；⑤合并椎管狭窄者。

2. 手术方法，经后路腰背部切口，部分椎板和关节突切除，或经椎板间隙行椎间盘切除。中央型椎间盘突出，行椎板切除后，经硬脊膜外或硬脊膜内椎间盘切除。合并腰椎不稳、腰椎管狭窄者，需要同时行脊柱融合术。

近年来，显微椎间盘摘除、显微内镜下椎间盘摘除、经皮椎间孔镜下椎间盘摘除等微创外科技术使手术损伤减小，取得了良好的效果。

六、预防

腰椎间盘突出症是在退行性变基础上积累伤所致，积累伤又会加重椎间盘的退变，因此预防的重点在于减少积累伤。平时要有良好的坐姿，睡眠时的床不宜太软。长期伏案工作者需要注意桌、椅高度，定期改变姿势。职业工作中需要常弯腰动作者，应定时伸腰、挺胸活动，并使用宽的腰带。应加强腰背肌训练，增加脊柱的内在稳定性，长期使用腰围者，尤其需要注意腰背肌锻炼，以防止失用性肌肉萎缩带来不良后果。如需弯腰取物，最好采用屈髋、屈膝下蹲方式，减少对腰椎间盘后方的压力。

颈椎病

颈椎病又称颈椎综合征，是颈椎骨关节炎、增生性颈椎炎、颈神经根综合征、颈椎间盘脱出症的总称，是一种以退行性病理改变为基础的疾患。主要由于颈椎长期劳损、骨质增生，或椎间盘脱出、韧带增厚，致使颈椎脊髓、神经根或椎动脉受压，出现一系列功能障碍的临床综合征。

表现为椎节失稳、松动；髓核突出或脱出；骨刺形成；韧带肥厚和继发的椎管狭窄等，刺激或压迫了邻近的神经根、脊髓、椎动脉及颈部交感神经等组织，引起了一系列症状和体征。

颈椎病可分为：颈型颈椎病、神经根型颈椎病、脊髓型颈椎病、椎动脉型颈椎病、交感神经型颈椎病、食管压迫型颈椎病。

一、病因

1. 颈椎的退行性变。

颈椎退行性改变是颈椎病发病的主要原因，其中椎间盘的退变尤为重要，是颈椎诸结构退变的首发因素，并由此演变出一系列颈椎病的病理解剖及病理生理改变。①椎间盘变性；②韧带-椎间盘间隙的出现与血肿形成；③椎体边缘骨刺形成；④颈椎其他部位的退变；⑤椎管矢状径及容积减小。

2. 发育性颈椎椎管狭窄。

近年来已明确颈椎管内径，尤其是矢状径，不仅对颈椎病的发生与发展，而且与颈椎病的诊断、治疗、手术方法选择以及预后判定均有着十分密切的关系。有些人颈椎退变严重，骨赘增生明显，但并不发病，其主要原因是颈椎管矢状径较宽，椎管内有较大的代偿间隙。而有些患者颈椎退变并不十分严重，但症状出现早而且比较严重。

3. 慢性劳损。

慢性劳损是指超过正常生理活动范围最大限度或局部所能耐受时值的各种超限活动。因其有别于明显的外伤或生活、工作中的意外，因此易被忽视，但其对颈椎病的发生、发展、治疗及预后等都有着直接关系，此种劳损的产生与起因主要来自以下三种情况：

（1）不良的睡眠体位。因其持续时间长及在大脑处于休息状态下不能及时调整，则必然造成椎旁肌肉、韧带及关节的平衡失调。

（2）不当的工作姿势。大量统计材料表明：某些工作量不大，强度不高，但处于坐位，尤其是低头工作者的颈椎病发病率特高，包括家务劳动者、刺绣女工、办公室人员、打字抄写者、仪表流水线上的装配工等等。

（3）不适当的体育锻炼。正常的体育锻炼有助于健康，但超过颈部耐量的活动或运动，如以头颈部为负重支撑点的人体倒立或翻筋斗等，均可加重颈椎的负荷，尤其在缺乏正确指导的情况下。

4. 颈椎的先天性畸形。

在对正常人颈椎进行健康检查或作对比研究性摄片时，常发现颈椎段可有各种异常所见，其中骨骼明显畸形约的占5%。

二、临床表现

颈椎病的临床症状较为复杂。主要有颈背疼痛、上肢无力、手指发麻、下肢乏力、行走困难、头晕、恶心、呕吐，甚至视物模糊、心动过速及吞咽困难等。颈椎病的临床症状与病变部位、组织受累程度及个体差异有一定关系。

（一）神经根型颈椎病

1. 具有较典型的根性症状（麻木、疼痛），且范围与颈脊神经所支配的区域相一致。

2. 压头试验或臂丛牵拉试验阳性。

3. 影像学所见与临床表现相符合。

4. 痛点封闭无显效。

5. 除外颈椎外病变，如胸廓出口综合征、腕管综合征、肘管综合征、肩周炎等所致以上肢疼痛为主的疾患。

（二）脊髓型颈椎病

1. 临床上出现颈脊髓损害的表现。

2. X线片上显示椎体后缘骨质增生、椎管狭窄。影像学证实存在脊髓压迫。

3. 除外肌萎缩性侧索硬化症、脊髓肿瘤、脊髓损伤、多发性末梢神经炎等。

（三）椎动脉型颈椎病

1. 曾有猝倒发作。并伴有颈性眩晕。

2. 旋颈试验阳性。

3. X线片显示节段性不稳定或钩椎关节骨质增生。

4. 多伴有交感神经症状。

5. 除外眼源性、耳源性眩晕。

6. 除外椎动脉I段（进入颈6横突孔以前的椎动脉段）和椎动脉III段（出颈椎进入颅内以前的椎动脉段）受压所引起的基底动脉供血不全。

7. 手术前需行椎动脉造影或数字减影椎动脉造影（DSA）。

（四）交感神经型颈椎病

临床表现为头晕、眼花、耳鸣、手麻、心动过速、心前区疼痛等一系列交感神经症状，X线片颈椎有失稳或退变。椎动脉造影阴性。

（五）食管压迫型颈椎病

颈椎椎体前鸟嘴样增生压迫食管，引起吞咽困难（经食管钡剂检查证实）等。

（六）颈型颈椎病

颈型颈椎病也称局部型颈椎病，是指具有头、肩、颈、臂的疼痛及相应的压痛点，X线片上没有椎间隙狭窄等明显的退行性改变，但可以有颈椎生理曲线的改变、椎体间不稳定及轻度骨质增生等变化。

三、辅助检查

（一）颈椎病的试验检查

颈椎病的试验检查即物理检查，包括：

1. 前屈旋颈试验。令患者颈部前屈、嘱其向左右旋转活动。如颈椎处出现疼痛，表明颈椎小关节有退行性变。

2. 椎间孔挤压试验（压顶试验）。令患者头偏向患侧，检查者左手掌放于患者头顶部、右手握拳轻叩左手背，则出现肢体放射性痛或麻木、表示力量向下传递到椎间孔变小，有根性损害；对根性疼痛厉害者，检查者用双手重叠放于头顶、间下加压，即可诱发或加剧症状。当患者头部处于中立位或后伸位时出现加压试验阳性称之为Jackson压头试验阳性。

3. 臂丛牵拉试验。患者低头、检查者一手扶患者头颈部，另一手握患肢腕部，作相反方向推拉，看患者是否感到放射痛或麻木，这称为Eaten试验。如牵拉同时再迫使患肢作内旋动作，则称为 Eaten 加强试验。

4. 上肢后伸试验。检查者一手置于健侧肩部起固定作用，另一手握于患者腕部，并使其逐渐向后、外呈伸展状，以增加对颈神经根牵拉，若患肢出现放射痛，表明颈神经根或臂丛有受压或损伤。

（二）X线检查

正常40岁以上的男性，45岁以上的女性约有90%存在颈椎椎体的骨刺。故有X线平片之改变，不一定有临床症状。现将与颈椎病有关的X线所见分述如下：

1. 正位：观察有无枢环关节脱位、齿状突骨折或缺失。第七颈椎横突有无过长，有无颈肋。钩椎关节及椎间隙有无增宽或变窄。

2. 侧位：①曲度的改变：颈椎发直、生理前突消失或反弯曲。②异常活动度：在颈椎过伸过屈侧位X线片中，可以见到椎间盘的弹性有改变。③骨赘：椎体前后接近椎间盘的部位均可产生骨赘及韧带钙化。④椎间隙变窄：椎间盘可以因为髓核突出，椎间盘含水量减少发生纤维变性而变薄，表现在X线片上为椎间隙变窄。⑤半脱位及椎间孔变小：椎间盘变性以后，椎体间的稳定性低下，椎体往往发生半脱位，或者称之为滑椎。⑥项韧带钙化：项韧带钙化是颈椎病的典型病变之一。

3. 斜位：摄脊椎左右斜位片，主要用来观察椎间孔的大小以及钩椎关节骨质增生的情况。

（三）肌电图检查

颈椎病及颈椎间盘突出症的肌电图检查都可提示神经根长期受压而发生变性，从而失去对所支配肌肉的抑制作用。

（四）CT检查

CT已用于诊断后纵韧带骨化、椎管狭窄、脊髓肿瘤等所致的椎管扩大或骨质破坏，测量骨质密度以估计骨质疏松的程度。此外，由于横断层图像可以清晰地见到硬膜鞘内外的软组织和蛛网膜下腔。故能正确地诊断椎间盘突出症、神经纤维瘤、脊髓或延髓的空洞症，对于颈椎病的诊断及鉴别诊断具有一定的价值。

四、诊断与鉴别诊断

根据临床表现和检查可诊断。

鉴别诊断：

1. 神经根型颈椎病需与下列疾病鉴别。

颈肋和前斜角肌综合征、椎管内髓外硬脊膜下肿瘤、椎间孔及其外周的神经纤维瘤、肺尖附近的肿瘤均可引起上肢疼痛、神经痛性肌萎缩、心绞痛、风湿性多肌痛。

2. 脊髓型颈椎病应与下列疾病鉴别。

肌萎缩性侧索硬化、多发性硬化、椎管内肿瘤、脊髓空洞。

3. 椎动脉型颈椎病应与下列疾病鉴别。

需与其他原因引起的椎基底动脉供血不足鉴别，如椎动脉粥样硬化和发育异常等。椎动脉造影是最可靠的鉴别方法。

4. 交感神经型颈椎病应与下列疾病鉴别。

冠状动脉供血不足、神经官能症、更年期综合征、其他原因所致的眩晕。

5. 食管压迫型颈椎病应与下列疾病鉴别。

需与食管炎、食管癌引起的吞咽困难鉴别。

6. 颈型颈椎病与慢性颈部软组织损伤鉴别。

因长期低头工作，头经常处于前屈的姿势，使颈椎间盘前方受压，髓核后移，刺激纤维环及后纵韧带，从而产生不适症状。

五、并发症

1. 吞咽障碍。

吞咽时有梗阻感、食管内有异物感，少数人有恶心、呕吐、声音嘶哑、干咳、胸闷等症状。这是由于颈椎前缘直接压迫食管后壁而引起食管狭窄，也可能是因骨刺形成过速使食管周围软组织发生刺激反应所引起。

2. 视力障碍。

表现为视力下降、眼胀痛、怕光、流泪、瞳孔大小不等，甚至出现视野缩小和视力锐减，个别患者还可发生失明。这与颈椎病造成自主神经紊乱及椎-基底动脉供血不足而引发的大脑枕叶视觉中枢缺血性病损有关。

3. 颈心综合征。

表现为心前区疼痛、胸闷、心律失常（如早搏等）及心电图ST段改变，易被误诊为冠心病。这是颈背神经根受颈椎骨刺的刺激和压迫所致。

4. 高血压颈椎病。

可引起血压升高或降低，其中以血压升高为多，称为"颈性高血压"。由于颈椎病和高血压病皆为中老年人的常见病，故两者常常并存。

5. 胸部疼痛。

表现为起病缓慢的顽固性的单侧胸大肌和乳房疼痛，检查时有胸大肌压痛。这与颈6和颈7神经根受颈椎骨刺压迫有关。

6. 下肢瘫痪。

早期表现为下肢麻木、疼痛、跛行，有的患者在走路时有如踏棉花的感觉，个别患者还可伴有排便、排尿障碍，如尿频、尿急、排尿不畅或大小便失禁等。这是因为椎体侧束受到颈椎骨刺的刺激或压迫，导致下肢运动和感觉障碍所致。

7. 猝倒。

常在站立或走路时因突然扭头出现身体失去支持力而猝倒，倒地后能很快清醒，不伴有意识障碍，亦无后遗症。此类病人可伴有头晕、恶心、呕吐、出汗等植物神经功能紊乱的症状。这是由于颈椎增生性改变压迫椎动脉引起基底动脉供血障碍，导致一时性脑供血不足所致。

六、治疗

1. 药物治疗。

可选择性应用止痛剂、镇静剂、维生素（如B_1、B_{12}），对症状的缓解有一定的效果。可尝试使用硫酸氨基葡萄糖和硫酸软骨素进行支持治疗。硫酸氨基葡萄糖与硫酸软骨素在临床上用于治疗全身各部位的骨关节炎，这些软骨保护剂具有一定程度的抗炎抗软骨分解作用。基础研究显示氨基葡萄糖能抑制脊柱髓核细胞产生炎性因子，并促进椎间盘软骨基质成分糖胺聚糖的合成。临床研究发现，向椎间盘内注射氨基葡萄糖可以显著减轻椎间盘退行性疾病导致的下腰痛，同时改善脊柱功能。有病例报告提示口服硫酸氨基葡萄糖和硫酸软骨素能在一定程度上逆转椎间盘退行性改变。

2. 运动疗法。

各型颈椎病症状基本缓解或呈慢性状态时，可开始医疗体操以促进症状的进一步消除及巩固疗效。症状急性发作期宜局部休息，不宜增加运动刺激。有较明显或进行性脊髓受压症状时禁忌运动，特别是颈椎后仰运动应禁忌。椎动脉型颈椎病时颈部旋转运动宜轻柔缓慢，幅度要适当控制。

3. 牵引治疗。

"牵引"在过去是治疗颈椎病的首选方法之一，但近年来发现，许多颈椎病患者在使用"牵引"之后，特别是那种长时间使用"牵引"的患者，颈椎病不但没有减轻，反而加重。

牵引不但不能促进颈椎生理曲度的恢复，相反牵引拉直了颈椎，反而弱化颈椎生理曲度，故颈椎病应慎用牵引疗法。

4. 手法按摩推拿疗法。

是颈椎病较为有效的治疗措施。它的治疗作用是能缓解颈肩肌群的紧张及痉挛，恢复颈椎活动，松解神经根及软组织粘连来缓解症状，脊髓型颈椎病一般禁止重力按摩和复位，否则极易加重症状，甚至可导致截瘫，即使早期症状不明显，一般也推荐手术治疗。

5. 理疗。

在颈椎病的治疗中，理疗可起到多种作用。一般认为，急性期可行离子透入、超声波，紫外线或间动电流等；疼痛减轻后用超声波、碘离子透入、感应电或其他热疗。

6. 温热敷。

此种治疗可改善血循环，缓解肌肉痉挛，消除肿胀以减轻症状，有助于手法治疗后使患椎稳定。本法可用热毛巾和热水袋局部外敷，急性期患者疼痛症状较重时不宜作温热敷治疗。

7. 手术治疗。

严重到有神经根或脊髓压迫者，必要时可手术治疗。

第五章 妇产科常见疾病与妇女保健

第一节 门诊常见疾病

一、宫颈炎

宫颈炎是育龄妇女的常见病和多发病，约有50 %以上的已婚妇女患有此病，值得引起大家的关注。

（一）病因

宫颈炎分急性和慢性两种，临床上以慢性宫颈炎为多见，长期慢性机械性刺激是导致宫颈炎的主要诱因，如性生活过频或流产，分娩及人流术等可损伤宫颈，导致细菌侵袭而形成炎症，或是由于化脓菌直接感染、或是高浓度的酸性或碱性溶液冲洗阴道、或是阴道内放置或遗留异物感染所致。

（二）临床表现

1. 急性宫颈炎：白带增多呈脓性、腰骶部坠胀、膀胱刺激、常有尿意。

2. 慢性宫颈炎：是一种泛称，包括宫颈糜烂、宫颈肥大、腺体囊肿、息肉、宫颈管炎等，以宫颈糜烂最为常见，伴有白带多（呈浮白色）、黏液状或夹杂有血丝、性交出血、外阴瘙痒、腰骶部疼痛，经期上述症状加重。

（三）治疗

加强自我保健意识，发现白带异常，接触性出血等及时到医院治疗。

（四）预防

1. 做好计划生育，避免计划外怀孕，少做或不做人工流产。

2. 注意流产后及产褥期的卫生，预防感染。

3. 通过饮食、运动提高人体的抗病能力。

4. 定期妇检，做到早发现、早诊断、早治疗。

二、盆腔炎

盆腔炎是一种常见的妇科疾病的总称，是指盆腔生殖系统的器官周围及盆腔腹膜与子宫周围结缔组织的炎症。

（一）病因

包括子宫内膜炎、子宫肌炎、输卵管炎、卵巢炎及脓肿、盆腔结缔组织炎、盆腔腹膜炎等，也可以局部或几个部位同时发生炎症。

（二）临床表现

1. 产后、流产后、妇科手术后出现下腹坠胀、腰骶部疼痛，同时伴有肛门坠胀。

2. 畏寒、发热、头疼、易疲劳，体温为38℃~40℃。

3. 腰疼、性交后疼痛加剧。月经过频，经期过长，经量过多。

4. 阴道分泌物增多，急性期白带增多，呈脓性，有臭味。

5. 发生腹膜炎后有恶心、呕吐、腹胀、腹痛。

6. 脓肿形成后，局部有压迫感。

（三）治疗

1. 积极治疗急性盆腔炎，防止转为慢性。

2. 中西医结合治疗，效果更好。

（四）预防

1. 注意经期、孕期及产褥期卫生，保持外阴清洁，忌经期性交，改变盆浴习惯。

2. 注意休息，加强营养，锻炼身体，提高机体免疫力。

3. 锻炼身体，均衡饮食，不过食含糖量高的食品。

4. 夫妇双方都要养成良好的卫生习惯，特别要注意性器官的清洁。最好每天用干净的盆子和温水冲外阴。

5. 养成良好的卫生习惯：不使用公共场所衣盆、浴池、浴巾等卫生洁具，上厕所前也应该洗手；不滥用不洁卫生纸；排便后擦拭外阴时宜从前向后擦；换洗内裤并放于通风处晾干；自己的盆具、毛巾自己专用；内裤与袜子不同盆清洗。洗澡宜用淋浴。

6. 人流和生育次数过多也是诱发妇科病的原因之一。因此，应避免过多的人流刮宫和生育次数。

7. 要定期进行妇科病普查。一般情况下，40岁以下已婚妇女二年检查一次，40岁以上妇女每年检查一次。

8. 月经期、流产后30d禁止同房，容易因盆腔感染或血倒流，引起子宫内膜异位症，甚至引起不孕等。

三、外阴与阴道炎

【外阴炎】

外阴炎是妇女常见病之一，可以独立存在，也可以和其他同时存在。

（一）病因

本病主要是因外阴部皮肤黏膜清洁卫生不良而引起局部感染发炎，也可由于妇科病阴道分泌物增多，或月经护垫、尿瘘患者的尿液等刺激所致。此外，糖尿病患者伴白色念珠菌等感染，亦可引起外阴炎。

（二）临床表现

外阴炎患者可有外阴瘙痒、疼痛或烧灼感，局部充血、肿胀，有时形成溃疡或红斑、丘疹、疱疹、渗液等湿疹样改变。长期慢性炎症，可使皮肤增厚呈苔藓化，还可能发生皲裂，少数病人由于外阴一前庭区皮肤黏膜受到慢性刺激，出现大小阴唇部分粘连，但多数仅为小阴唇轻度粘着，可能有不同程度的影响性交和小便。

（三）治疗

用硼酸冲洗外阴及阴道，每日2次，7d为一个疗程。

【霉菌性阴道炎】

霉菌在阴道内大量繁殖便可引起霉菌性阴道炎，近年来其发病率呈明显上升趋势。据估计，妇女一生中有症状的霉菌性阴道炎发病率为75%，其中约有半数妇女经历多次复发，严重影响着妇女的身体健康。

（一）病因

绝大多数霉菌性阴道炎由白色念珠菌引起。常有以下原因引起白色念珠菌感染。白色念珠菌多由肛周部位或插入物和不洁性交而进入阴道。若长期使用广谱抗生素，则会抑制阴道内正常菌群（主要是乳酸杆菌）的生长，破坏阴道菌群之间的平衡，而使白色念珠菌得以迅速繁殖。孕妇、糖尿病人及接受大量雌激素治疗者，体内雌激素水平增高，使阴道内酸度增高，加速了念珠菌繁殖。

（二）临床表现

白带增多是霉菌性阴道炎的主要症状，呈豆渣样或白色凝乳样，亦可为水样至黏稠状，常伴有外阴奇痒，使患者坐卧不安。患者自觉外阴有灼热感，阴道口疼痛或尿痛，性交时疼痛加剧。

妇检可见阴唇内侧及阴道表面附有白色片状薄膜，擦除后可见阴道黏膜红肿，有时可见受损的糜烂面或表浅溃疡，并可有少量阴道流血。症状在月经来潮前一周加重，月经来潮后减轻。

反复发作的患者必须明确诊断，去除可能潜在的易感因素，如：有效地控制糖尿病，尽可能地停用抗菌素或皮质类固醇、其他免疫抑制剂和雌激素，避免穿紧身衣和化纤衣等。

孕妇患霉菌性阴道炎时应积极治疗，以免新生儿受感染。用药以局部为主，操作应轻柔，以免引起流产、早产。

因本病可通过性交传染，在治疗期间应避免性生活，夫妻双方应同时治疗，以免交叉感染。

（三）治疗

治疗原则：消除病因；规范化应用抗真菌药物；性伴侣无须常规治疗。但顽固性患者的性伴侣应同时检查，必要时给予治疗；不主张阴道冲洗；急性期避免性生活；同时治疗其他STD；强调治疗的个体化；长期口服抗真菌药，应监测肝肾功能。

局部治疗（选择以下方案之一）：咪康唑200mg，阴道用药，每晚1次，7d；咪康唑400mg，阴道用药，每晚1次，6d；咪康唑1200mg，阴道用药，周1、4各1次，共2次；克霉唑500mg，阴道用药，周1、4各1次，共2次；制霉菌素10万单位，阴道用药，每晚1次，14d。

全身治疗（选择以下方案之一）：伊曲康唑200mg，bid，1d；氟康唑150mg，顿服，1d。重度霉菌性阴道炎：伊曲康唑200mg，bid，2d；氟康唑150mg，顿服，周1、4。

（四）预防

经常保持外阴清洁、干燥；不与他人共用浴巾、浴盆，不穿尼龙或类似织品的内裤；患病期间用过的浴巾、内裤等均应煮沸消毒。

糖尿病患者应特别注意外阴清洁，尽量每次便后清洗外阴1次。

应注意治疗与本病有关的原发病，如糖尿病等。

摄入含乳酸杆菌的酸乳酪，有可能减少复发性感染妇女的阴道菌群和阴道炎的发作。

【滴虫性阴道炎】

滴虫生长在阴道内引起的炎症，称为滴虫性阴道炎，为常见的阴道炎之一。约有3%~15%的妇女阴道内有滴虫，但无炎症表现，医学上称之为带虫者。

（一）病因

滴虫性阴道炎的发病多在机体高雌激素或高雄激素状态时，故常在月经期前后、妊娠期或产后等阴道pH值改变时，引起炎症发作或症状加重，甚至还可引起继发性细菌感染，使病情更为严重。

（二）传播方式

滴虫性阴道炎的传染方式及传播途径有两种。

直接传染：本病可通过性交传染。滴虫常寄生于生殖道内，可无症状或引起尿道炎、前列腺炎或附睾炎。滴虫常见于精液内，通过性交传染给女方。

间接传染：可通过各种不同途径间接传染，如被污染的浴池、浴巾、游泳池、衣物、器械及坐便池等。

（三）临床表现

主要症状为白带增多，常呈灰黄色、乳白色或黄白色，质较稀薄，常混有泡沫，并有腥臭味，若为合并细菌感染，则有脓性分泌物。由于多量白带刺激外阴部，常引起外阴瘙痒，瘙痒部位主要在阴道口及外阴，或伴有灼热、疼痛、性交痛，如有尿疲乏感染时，可有尿频、尿痛，甚至血尿。带虫者可无明显症状。

妇检可见阴道及宫颈黏膜红肿，常有散在红色斑点或草莓状突起，后穹窿积有多量液体或脓性泡沫状分泌物。

（四）诊断与鉴别

滴虫性、霉菌性、非特异性阴道炎这三种疾病虽然都具有阴道炎的表现，但白带的性状各有特征。

滴虫性阴道炎：带下呈淡黄色、乳白色或黄白色，质稀薄有泡沫，并有腥味。

霉菌性阴道炎：带下呈白色豆渣状，或呈凝乳块样，质黏稠，无臭味。

非特异性阴道炎：白带呈灰白色，质稀薄，有恶臭味。

但三者的确诊，还应根据阴道分泌物镜检结果和临床表现综合判断。

（五）治疗

全身治疗：甲硝唑0.4g，bid，7d；甲硝唑2g，1次；替硝唑2g，1次；氯洁霉素0.3g，bid，7d。

局部治疗：甲硝唑栓（片）0.2g，阴道用药，每晚1次，7~10d；2%氯洁霉素膏，阴道用药，每晚1次，7d

（六）注意事项

滴虫在夫妇之间可相互传染，如女方发现有滴虫时，男方亦应检查，如为阳性应同时治疗。带虫者，亦须按上述方法治疗。反复发作者，应检查丈夫的小便及前列腺液。

治疗期间避免性交，并保持外阴清洁，每日清洗1~2次，内裤、毛巾等均应煮沸消毒至少15min。

妊娠早期服用甲硝唑有引起胎儿畸形的可能，故在妊娠20周前不可服药，应以局部治疗为主。

取分泌物前24~48h避免性交，阴道灌洗或局部用药，取分泌物前不作双合诊，窥阴器不涂润滑剂。

治疗后滴虫检查阴性时，仍应于下次经净后继续治疗一个疗程。

（七）预防

月经期间避免阴道用药及坐浴。

治疗期间禁止性交或采用避孕套，以防止交叉感染。

提倡淋浴，不用他人浴巾。

提倡定期普查、普治，以消灭传染源。

医院所用器械、衣被、应严格消毒；诊察台上的垫单，应每人更换一个，以防止交叉感染。

【老年性阴道炎】

老年性阴道炎常见于绝经的老年妇女。

（一）病因

因卵巢功能衰退，雌激素水平降低，阴道上皮变薄，同时阴道内 pH 值酸性变为碱性，局部抵抗力降低，致病菌容易入侵繁殖而引起的炎症。

（二）临床表现

阴道分泌物增多，呈淡黄色，严重者可有血样脓性白带。外阴瘙痒或灼热感；

检查时可见阴道上皮萎缩，平滑而薄，皱襞消失，阴道黏膜充血，有小片状出血点，有时有表浅溃疡；若溃疡面与对侧粘连，阴道检查时粘连可被分开而引起出血，粘连严重时可造成阴道闭锁，炎症分泌物引流不畅，形成阴道或宫腔积脓。

取阴道分泌物查滴虫及念珠菌。常规需作宫颈刮片，阴道壁肉芽组织及溃疡需与阴道癌相鉴别，必要时可作分段刮宫术或局部活检。血性白带尤需与子宫恶性肿瘤鉴别。

（三）治疗

适当可予以雌激素乳膏局部涂抹，改善阴道内环境，起到预防作用。

（四）注意事项

对乳癌或子宫内膜癌患者，禁用雌激素。

四、子宫肌瘤的非手术门诊治疗

子宫肌瘤是妇女最常见的盆腔肿瘤，也是女性生殖道最多见的良性肿瘤。以往一般所提及的35 岁以上妇女约 20%有子宫肌瘤，实际发病率还更高。子宫肌瘤以往被看作是外科疾病，常以子宫切除、肌瘤摘除术为治疗方案。但是随着对甾体激素及其有关的研究，目前国内外对子宫肌瘤的非手术治疗引起了重视。有关子宫肌瘤的非手术治疗方法也很多。

（一）期待疗法

定期随访观察，适合于子宫<10 周妊娠大小，无症状，近绝经期妇女；3~6 个月复查一次，注意有无症状，子宫是否增大；随访期间须作妇科检查，B 超检查。

（二）药物治疗适应证

月经量多，贫血严重但不愿手术的 45 岁以上子宫肌瘤患者，以促进其绝经进程，抑制肌瘤生长，改善临床症状；因高危因素手术有危险或有手术禁忌证者；因患者本身的某些原因希望暂时或坚决不手术者；贫血严重，因服用铁剂有副作用而又不愿输血，希望通过药物治疗使血红蛋白正常后再手术者；肌瘤较大而患者年轻，希望保留生育能力或者拟行肌瘤摘除术者的术前准备；拟行经阴道子宫切除或行宫腔镜，腹腔镜治疗者的术前准备。

（三）药物治疗

1. 雄激素：对抗雌激素，使子宫内膜萎缩，又可促使子宫血管平滑肌收缩使出血减少，长期使用可抑制垂体，从而抑制内分泌功能，使提前绝经。用法：丙睾25mg，每周肌注2次，月经出血多者可50mg/d肌注，连用3d；甲睾5~10mg，舌下含服，每日1~2次，每次20d。

2. 三苯氧胺。

抗雌激素药物，用法：三苯氧胺10mg，每日2次，连用3个月。

3. 内美通（孕三烯酮）。有强抗孕、雌激素及中度抗促性腺激素及轻度雄激素作用，服用后血中LH、FSH、E、P均降低，对性激素依赖性疾病如子宫肌瘤治疗有效。用法：孕三烯酮2.5mg，月经第一天开始服用，每周2次，连用3~6个月。

4. 丹那唑。

直接作用于丘脑下部和垂体，抑制GnRH和促性腺激素的释放，降低垂体对GnRH的敏感性，抑制促性腺激素释放而不影响其合成，具有高雄激素作用、抗E、抗P使子宫肌瘤缩小。用法：丹那唑400 mg/d，月经1~5天开始，连用6个月。

5. 米非司酮：抗孕激素药物，治疗期间有闭经、症状消失、贫血纠正；3个月治疗后子宫肌瘤可缩小30%~50%，阴道出血可减少；用药时间过长，易引起抗糖皮质激素，少数引起谷丙转氨酶升高，停药后即可恢复。用法：米非司酮12.5~25mg/d，连服3个月。

6. 促性腺激素释放激素激动剂：通过药物使雌二醇抑制到绝经水平，造成假绝经状态。用法：抑那通3.75mg，月经1~5d皮下注射，每4周1针，3~6个月；达菲林3.75mg，月经1~5d肌肉注射，每4周1针，3~6个月。

五、围绝经期功血的治疗

一般妇女在40岁以后，卵巢功能衰退，卵泡对垂体促性腺激素反应减弱直至消失，卵泡常处于半成熟阶段，但仍能分泌雌激素，使子宫内膜持久处于增殖期，甚至出现子宫内膜增生过长。当雌激素水平下降，子宫内膜失去支持而脱落，形成出血量增多，出血时间更长。以止血（刮宫术）、调整周期、防止内膜癌为原则，使其平稳过渡至绝经期。

（一）性激素止血

1. 孕激素内膜脱落法：黄体酮20mg/d，肌注3~5d；丙睾25~50mg/d，肌注3~5d；妇康片5~10mg/d，5d；妇宁片8~12mg/d，5d；安宫黄体酮10~16mg/d，5d。

2. 内膜萎缩法：妇康片5mg，q8h，3d内止血，止血后3d减1/3量，维持20d；安宫黄体酮6~10mg，q3h，2~3次后改8h一次，4~6mg维持20d；口服避孕药（妈富隆、优思明）3片，qd，共3d，2片。

（二）调整周期

1. 雌、孕激素序贯法：补佳乐1mg/d，20d；安宫黄体酮10mg/d，于末7~10d加用。

2. 雌、孕激素联合法：COC，1片/日，月经第1d开始，连服21d。

3. 孕激素后半期法：黄体酮20mg/d，肌注5d，月经后16~30d开始；安宫黄体酮10mg/d，共10d，月经后16~30d开始。

4. 孕激素全周期法：妇康片2.5~5mg/d，于月经第5d开始，连服20d；安宫黄体酮4~8mg/d，于月经第5d开始，连服20d；妇宁片4~8mg/d，于月经第5d开始，连服20d。

5. 宫内孕激素释放系统。

曼月乐—左炔诺孕酮宫内节育装置（LNG－IUD），24h恒定释放20μg左炔诺孕酮5年，直接作用子宫内膜使其萎缩，使经量减少，经期缩短，改善痛经。

（三）遏制子宫内膜增生过长，防止癌变，诱导绝经

1. 子宫内膜增生过长的转化

子宫内膜简单型增生过长：孕激素后半周期疗法；孕激素全周期疗法；3周期后行诊刮，了解宫内膜的转化。

子宫内膜复杂型增生过长：孕激素全周期法；3周期后行诊刮了解宫内膜的转化；围绝经期妇女完成生育，可考虑手术治疗。

子宫内膜不典型增生过长：围绝经妇女完成生育行子宫切除术；甲羟孕酮250mg/d，疗程要超过3个月；甲地孕酮160μg/d，疗程要超过3个月；3周期后行诊刮，了解宫内膜的转化。

2. 促性腺激素释放激素激动剂：抑那通3.75mg，月经期1~5d皮下注射，28d一次；诺雷德3.6mg，月经期1~5d腹部皮下注射，28d一次。

第二节　妇科急腹症

临床上把一类发病急、变化快、需要紧急处理的腹部疾病统称为急腹症。在这类疾病中，有相当一部分女性患者需要妇科的紧急治疗。提高对急腹症的识别能力，减少对其的误诊误治，目前仍是女性腹部外科疾病诊治工作的重要内容之一。

妇科急腹症的共同特点是腹痛，主要由急性炎症、血运障碍、生殖器官穿孔或破裂以及阻塞所致。腹痛的差异性很大，同样程度的疾病，随着个体痛阈的不同而有不同。因此，妇科急腹症病人应从病史、月经婚育史、查体全面分析病情，以得到早期确诊，一旦确诊需积极转诊。以下就妇科疾患中较多发生的急腹症及近年来易被忽视的疾病加以讨论。

一、异位妊娠破裂腹腔内大出血

异位妊娠又称宫外孕，是由于受精卵在输卵管、卵巢或腹腔内等处着床的情况，其中95%以上在输卵管，又以其壶腹部最多见。输卵管妊娠破裂是妇科急腹症最常见的一种。

（一）病因

由于受精卵在输卵管内着床，其绒毛必将侵及输卵管的肌层及浆膜层，在胚胎发育增大过程中常导致管壁全层及其上的血管破裂从而引起出血进入腹腔。

（二）诊断与鉴别诊断

异位妊娠未破裂之前诊断较困难，病人可能自以为已有正常妊娠或根本不知道已经妊娠。一旦发生破裂则表现以下病状：①常已有停经至少6周的历史（大约1/4病例无闭经史）；②突然发生下腹一侧的剧痛；③病人意识多清楚，但随着出血增多可有晕厥、面色苍白、脉快而弱、血压降低等；④阴道可有少量出血；⑤体检是下腹常有压痛及反跳痛，但肌紧张不甚显著；⑥阴道内诊显示后穹隆饱满、触痛、宫颈举痛，病侧附件处有包块及压痛；⑦病人多无发热，血常规中白细胞也不增高；⑧B型超生图可显示子宫增大但无孕囊，妊娠实验又证实妊娠；⑨后穹隆穿刺抽出不凝血液，有助于诊断。

此病症应与急性阑尾炎、卵巢破裂、卵巢囊肿蒂扭转等鉴别。急性阑尾炎时多有转移性右下腹痛，子宫附件区无压痛，血白细胞多增高，且无内出血表现。卵巢破裂多发生于两次月经中间期，无闭经史及妊娠史。卵巢囊肿扭转在下腹多可触及包块，且无内出血表现。

二、子宫破裂

（一）病因

子宫破裂多发生于妊娠期或分娩期。正常妊娠子宫若无明显外因是不会自发破裂的，但在以下情况就有可能发生子宫破裂：①既往行过剖腹产者再度妊娠可在原瘢痕处而破裂；②人工流产应用刮匙或电吸不当，可导致医源性子宫破裂；③某些妇科肿瘤侵蚀子宫组织及损坏血管，易造成子宫破裂。

（二）诊断与鉴别诊断

子宫破裂是一严重急腹症，如能对发生子宫的各种原因有所了解，并在诊治妇女急腹症时加以警觉，则诊断多无困难。妊娠子宫破裂后胎儿可自裂口入腹腔，一旦娩出后由于子宫收缩停止，可使下腹剧痛消失，但因宫体破裂时常易损伤子宫动脉的分支，引起腹内大出血，使产妇迅速处于休克状态。如果子宫破裂时未伤及较大动脉分支则出血量不很大，病人可无休克，但腹部将会有明显腹膜刺激症状，包括压痛及反跳痛，并可触到收缩的子宫，此症与输卵管妊娠破裂的鉴别在于前者多发生于妊娠中、晚期，而后者多发生于妊娠的前6周。超声检查有助于鉴别。

三、卵巢破裂

诊断与鉴别诊断：卵巢破裂中80%系黄体滤泡破裂，多发生于育龄妇女，且多发生于两次月经的中间期，即排卵后期或月经前期，它也可发生在未婚妇女，一般认为与血液病、卵巢功能异常等有关。也可发生于外伤、剧烈运动后。发病时病人多突然发生下腹剧痛合并腹膜刺激症状，但腹肌紧张多不明显，内诊可发现宫颈举痛，后穹隆饱满及压痛。出血多者也可达数千毫升，致使病人处于休克。此症与异位妊娠和子宫破裂不同处在于无停经史及妊娠史。但它尚需与急性阑尾炎、卵巢囊肿蒂扭转相鉴别。

四、卵巢囊肿蒂扭转

诊断与鉴别诊断：卵巢囊肿一旦扭转，出现急性持续性下腹痛，是因蒂部扭转后血液循环受阻。若是扭转不严重，仅蒂部静脉受压，供给肿物的血液回流受阻，动脉继续供血，肿物在短时间内迅速增大，血管破裂出血而出现下腹痛，这类扭转自行复位时，疼痛随之缓解。若是蒂部扭转很紧，蒂部动脉也受压，肿物发生坏死呈紫黑色，表现为突然一侧下腹部刀割样剧痛。当肿物周围发生腹膜炎性反应时，疼痛呈持续性，常伴有恶心呕吐，甚至发生休克。体温初期无变化，当扭转时间过长，合并感染时，体温多升高，血白细胞总数增多，中性粒细胞也增多。双合诊检查在一侧附件区触及张力较大有压痛的肿块，压痛以瘤蒂部最明显并有肌紧张。结合既往有下腹部肿物病史，不难确诊为卵巢囊肿蒂扭转。但它尚需与急性阑尾炎、宫外孕破裂出血、急性输卵管炎鉴别。根据其各自的特点，予以鉴别。

五、急性输卵管炎和积脓

诊断与鉴别诊断：急性输卵管炎和积脓常以高烧、下腹痛、附件区触到压痛反跳痛为主，此外，病理改变将有助于鉴别，如果炎性病变未侵及输卵管黏膜而侵及阑尾全层，原发阑尾炎症可能大。反之，如输卵管管腔全层被炎症侵及而阑尾黏膜层侵及不明显，则原发于输卵管的可能大。急性输卵管炎及积脓应保守治疗，待到脓肿形成，成为包裹性肿物时才可手术切除。

六、出血性输卵管炎

诊断与鉴别诊断：出血性输卵管炎近年来报道增多。本病临床表现与异位妊娠相似，但治疗以非手术治疗为主。两者的主要鉴别如下：①急性出血性输卵管炎无停经史而异位妊娠多有停经史；②急性出血性输卵管炎部分与近期的人工流产及分娩有关，而异位妊娠一般无明显发病诱因；③急性出血性输卵管炎患者，内出血是因局部充血、血管通透性升高而引起的渗血，故失血速度较慢，出血量较少，很少出现休克，而异位妊娠破裂起病急，出血量较大，其低血压、休克发生率较高；④急性出血性输卵管炎妊娠试验阴性，而异位妊娠多呈阳性反应。

在妇科急腹症鉴别诊断过程中，阴道后穹隆穿刺术将有很大帮助。阴道后穹隆是腹腔最低点，当腹腔仅有少量液体时，即可获得很高的阳性率；行穿刺术时应注意以下几点：①患者采取斜坡位可提高阳性率；②穿刺方法：将穿刺针从宫颈及后穹隆交界处进入，使长针头大部分进入腹腔，拔针芯形成负压后再慢慢拔出针管。当针尖后退过程中达液平面时即可抽出腹腔内液体；③注意所抽液体的性质，必要时借助显微镜检查。妇科急腹症除常规血尿化验外，还应做宫颈淋球菌的涂片检查。B超检查是妇科急腹症中十分有益的诊断方法。可以检查宫腔内是否有孕囊，附件是否有肿物以及肿物大小、性质，腹腔中有无积液等。

第三节　妇女保健

妇女保健学涉及女性的青春期、生育期、围产期、绝经过渡期和老年期等各阶段，综合运用临床医学、保健医学、预防医学、心理学、卫生管理学等多学科的知识和技术，保护和促进妇女身心健康，提高人口素质，是一门综合性交叉性边缘学科。

针对妇女一生各期的生理特点采取不同的保健措施。定期进行妇女常见病和恶性肿瘤普治，做到早发现、早诊断、早治疗。做好计划生育技术指导，避免非意愿妊娠。做好妇女劳动保护，确保女职工在劳动工作中的安全与健康。注重妇女心理卫生，做好女性心理保健。

（一）青春期保健

青春期保健应重视健康与行为方面的问题，以加强一级预防为重点：①自我保健。加强健康教育，懂得自爱，学会保护自己，培养良好的个人生活习惯，合理安排生活和学习，有适当的运动与正常的娱乐，注意劳逸结合。②营养指导。注意营养成分的搭配，提供足够的热量，定时定量，三餐有度。③适当体育锻炼。④卫生指导。注意经期卫生，正确保护皮肤，防止痤疮，保护大脑，开发智力，远离烟酒。⑤性教育。正确对待和处理性发育过程中的各种问题，普及避孕知识，以减少非意愿妊娠率，预防性传播疾病。

（二）生育期保健

生育期保健主要是维护生殖功能的正常，保证母婴安全，降低孕产妇死亡率和围产儿死亡率。应以加强一级预防为重点，普及孕产期保健和计划生育技术指导。做好二级预防，使妇女在生育期因孕育或节育导致的各种疾病，能做到早发现、早防治，提高防治质量；处理好三级预防，提高对高危孕产妇的处理水平，降低孕产妇死亡率和围产儿死亡率。

孕前保健的两个时间窗分别为结婚前和受孕前。

1. "暂缓结婚"，如精神病在发病期间，指定传染病在传染期间，重要脏器疾病伴功能不全，患有生殖器官发育障碍或畸形。

2. "不宜结婚"，双方为直系血亲或二代以内旁系血亲。

3. "不宜生育"，严重遗传性疾病患者。

（三）围产期保健

围产期指产前、产时和产后的一段时间。中国采用的围产期定义是指妊娠达到及超过28周至产后1周。

1. 产前检查的时间、次数及孕周。中国《孕前和孕期保健指南》推荐产前检查孕周分别是：妊娠6~13^{+6}周，14~19^{+6}周，20~24周，25~28周，29~32周，33~36周，37~41周。有高危因素者，可酌情增加次数。

2. 产前检查的内容。

（1）病史：包括年龄、职业、本次妊娠的经过、推算及核对预产期、月经史及既往孕产史、既往史及手术史、家族史以及丈夫健康状况。本次妊娠的经过，包括有无早孕反应、胎动出现的时间、饮食睡眠情况，有无阴道流血、头晕、眼花、心悸、气短、下肢水肿等症状。预产期推算方法是按末次月经第一日算起，月份减3或加9，日数加7。此外，妊娠早期超声检测胎儿头臀长是估计孕周最准确的指标。

（2）体格检查：观察发育、营养及精神状态；注意步态及身高，身材矮小（＜145cm）者常伴有骨盆狭窄；注意检查心脏有无病变；检查脊柱及下肢有无畸形；检查乳房情况；测量血压、体重和身高，计算体重指数，注意有无水肿。

（3）产科检查：包括腹部检查、骨盆测量和阴道检查。

3. 分娩期保健：提倡住院分娩，高危孕妇应提前入院，提出"五防、一加强"：防出血，防感染，防滞产，防产伤，防窒息，加强产时监护和产程处理。

4. 产褥期保健：从胎盘娩出至产妇全身各器官除乳腺外恢复至正常未孕状态所需的一段时期，称产褥期。通常为6周。

产褥期保健：目的是防止产后出血、感染等并发症发生，促进产后生理功能恢复。

注意饮食起居，适当活动及做产后康复锻炼。计划生育指导，采取避孕措施，哺乳者以工具避孕为宜，不哺乳者可选择药物避孕。由社区医疗保健人员在产妇出院后3日、产后14日、产后28日分别做3次产后访视。访视内容包括：产妇一般情况、哺乳情况、子宫恢复及恶露、会阴切口或剖宫产切口，以及产妇心理状况，并给予健康指导及宣教。产妇于产后6周至医院复查，包括妇科检查，血、尿常规，妇科彩超以及盆底评估，及时行盆底恢复治疗。

5. 哺乳期保健：哺乳期是指产后产妇用自己乳汁喂养婴儿的时期，通常为1年。为保护母婴健康，降低婴幼儿死亡率，保护、促进和支持母乳喂养是哺乳期保健的中心任务。

（1）母乳喂养的好处有：①母乳是婴儿最理想的营养食品，营养丰富，适合婴儿消化、吸收；②母乳喂养省时、省力，经济又方便；③母乳含丰富抗体和其他免疫活性物质，能增加婴儿抵抗力，预防疾病；④通过母乳喂养，母婴皮肤频繁接触，增加母子感情。

（2）针对母乳不足的处理方法：①保健人员亲自观察母亲哺乳全过程，找出问题所在；②教会母亲判断婴儿是否获得足够奶量的方法。观察婴儿体重增长情况，正常情况下，婴儿体重增长每月应不少于600g；观察和记录婴儿排尿情况，通常婴儿昼夜至少排尿6~8次，尿外观色淡而无味；③提供有关母乳喂养知识和哺乳技巧，频繁、有效地吸吮会使乳汁越吸越多，并增强母亲哺乳信心，克服紧张、焦虑情绪。④哺乳产妇用药需慎重，哺乳期最好采用工具避孕。

（四）围绝经期保健

围绝经期，又称更年期，是指妇女一生中自性成熟期进入老年期的一个过渡时期，更年期通常开始于绝经前的十年，也就是早在四十岁左右，卵巢功能已经开始衰退；绝经后再过十年左右时间，卵巢功能消失。因此，整个更年期可长达二十年，但更年期的长短因人而异。

有部分妇女在此期前后出现因性激素减少所引发的一系列躯体和精神心理症状。比如：

1. 月经周期不规则、无排卵性出血及月经停止。

2. 泌尿生殖器官呈不同程度的萎缩。

3. 引起一系列精神和情绪变化：神经过敏、情绪不稳定、挑剔易怒、忧郁多疑、记忆力减退等；植物神经症状包括：潮热、出汗、心悸、眩晕、头痛、耳鸣、手指麻木、感觉异常。

4. 失眠及食欲减退、便秘等；高血压与动脉硬化发生率明显上升；骨质疏松；皮肤变薄，缺水缺油，弹性变差，形成皱纹。

5. 趾毛、腋毛减少，上唇可形成轻度胡须，偶有轻度秃发。

6. 肥胖和体型改变，脂肪堆积部位主要在下腹部和臀部。

7. 易出现忧郁、绝望的心理状态，"空巢"综合征，感到孤单，性生活不协调。

所以，围绝经期保健内容有：思想开阔，要有宽容的胸怀和开朗的性格；对生活、工作和学习充满信心，积极参加社会活动；适当饮食，合理营养，按时定量进餐，避免暴食或过饥，不要吸烟；生活有规律，坚持体格锻炼，增强体质；定期妇科检查和必要的全身检查，包括防癌检查，达到早发现、早诊断和早治疗的目的。此外，在医师指导下，采用激素替代治疗、补充钙剂等方法防治绝经综合征、骨质疏松、心血管疾病等发生。

①尽量选用天然雌激素，也可应用天然雌激素和合成雌激素相结合的方案。

②剂量个体化，以最小有效剂量为佳。

③局部治疗比全身治疗为优；为防止子宫内膜过度增生，在雌激素治疗后半期加用孕激素拮抗。

④非激素治疗：如治疗潮热可用安眠药、镇静药、抗忧郁药，谷维素有调节植物神经功能的作用，维生素（E、A）、矿物质、颠茄生物碱也有一定疗效。

⑤肾气虚衰是更年期综合征的基本病机，辨证论治能取得较好的疗效。

（五）老年期保健

国际老年学会规定65岁以上为老年期。老年期是一生中生理和心理上一个重大转折点，由于生理方面的明显变化所带来心理及生活的巨大变化，使处于老年期的妇女较易患各种身心疾病：萎缩性阴道炎、子宫脱垂和膀胱膨出、直肠膨出、妇科肿瘤、脂代谢混乱、老年痴呆等。应定期体格检查，加强身体锻炼，合理应用激素类药物，以利于健康长寿。

1. 老年期身心调养：修身养性，热爱生活，性情温和，乐观豁达；规律生活，避免过劳；长期适度体育锻炼，多用脑勤思考；合理营养、高质低量，按时定量，限糖限盐限脂；定期普查。

2. 老年期泌尿道感染。

（1）病因：雌激素下降，自身防御机制削弱，阴道及膀胱萎缩、会阴及盆底肌肉松弛，多有尿失禁、肛裂等疾患，增加了易感性。

（2）临床表现：尿频、尿急、尿痛、排尿困难和尿失禁，并常伴有血尿、脓尿。如感染扩散至上尿路，则伴全身发冷、发热、肾区疼痛等。

（3）防治：补充水分或补充液体使尿量增多，促进毒素排泄；注意外阴清洁，勤换内裤，避免局部刺激，减少感染机会。短期小量应用雌激素配合抗生素治疗。

3. 老年期尿失禁的防治。

（1）加强盆底肌肉及尿道外括约肌的锻炼，每天进行提肛肌缩紧及放松运动，早、中、晚各做20次，4~6周一疗程，约2/3患者可获改善。

（2）药物治疗：张力性尿失禁，用增加尿道压力的α受体兴奋剂如麻黄碱，加强尿道关闭度的雌激素如雌三醇；紧迫性尿失禁，用雌激素治疗，配合抑制膀胱收缩的药物。

（3）手术治疗：张力性尿失禁中度以上或保守治疗失败，可行手术治疗。紧迫性尿失禁一般采取保守治疗。

4. 老年期骨质疏松症的防治。

（1）积极参加体育锻炼，可推迟骨骼老化。

（2）饮食中富含蛋白质、钙、磷及各种维生素。

（3）雌激素对防治骨质疏松有良好作用。

（4）适当补钙，加用维生素D，促进钙吸收。

第六章　儿科常见疾病

第一节　新生儿黄疸

新生儿黄疸系新生儿期胆红素在体内积聚引起的皮肤或其他器官黄染。新生儿血中胆红素超过 $5\sim7$ mg/dl（成人超过 2mg/dl）可出现肉眼可见的黄疸。

一、病因病理及临床表现

病因复杂，其中部分高未结合胆红素血症可引起胆红素脑病（核黄疸），病死率高，存活者常遗留不同程度的神经系统后遗症。

（一）生理性黄疸

基于新生儿的胆红素代谢特点，$50\%\sim60\%$ 的足月儿和 80% 的早产儿可出现生理性黄疸，其特点为：①一般情况良好；②足月儿生后 $2\sim3$d 出现黄疸，$4\sim5$d 达高峰，$5\sim7$d 消退，最迟不超过 2 周；早产儿黄疸多于生后 $3\sim5$d 出现，$5\sim7$d 达高峰，$7\sim9$d 消退，最长可延迟到 $3\sim4$ 周；③每日血清胆红素升高 $<85\mu$mol/L（5mg/dl）；④血清总胆红素值尚未超过小时胆红素曲线（Bhutani 曲线）的 95 百分位数，或未达到相应日龄、胎龄及相应危险因素下的光疗干预标准。

注意：生理性黄疸始终是一除外性诊断，必须排除引起病理性黄疸的各种疾病后方可确定。

（二）病理性黄疸

具备以下任何一项者即应考虑为病理性黄疸：①生后 24h 内出现黄疸；②血清总胆红素值已达到相应日龄及相应危险因素下的光疗干预标准，或超过小时胆红素风险曲线的第 95 百分位数；或胆红素每日上升超过 85μmol/L（5mg/dl）、每小时 >0.5mg/dl；③黄疸持续时间足月儿 >2 周，早产儿 >4 周；④黄疸退而复现；⑤血清结合胆红素 $>34\mu$mol/L（2mg/dl）。

二、辅助检查

（一）胆红素检测

胆红素是新生儿黄疸诊断的重要指标，可采取静脉血或微量血方法测定血清胆红素浓度（TSB）。经皮测胆红素仪为无创的检测方法，操作便捷，经皮胆红素值（TcB）与微量血胆红素值相关性良好，由于此法受测定部位皮肤厚薄与肤色的影响，可能会误导黄疸情况，可作为筛查用，一旦达到一定的界限值，需检测血清血胆红素。

（二）其他辅助检查

1. 红细胞、血红蛋白、网织红细胞、有核红细胞在新生儿黄疸时必须常规检查，有助于新生儿溶血病的筛查。有溶血病时红细胞计数和血红蛋白减低，网织红细胞增多。

2. 血型：包括父、母及新生儿的血型（ABO 和 Rh 系统），特别是可疑新生儿溶血病时，非常重要。必要时进一步作血清特异型抗体检查以助确诊。

3. 红细胞脆性试验：怀疑黄疸由于溶血引起，但又排除血型不合溶血病，可做本试验。若脆性增高，考虑遗传性球形红细胞增多症，自身免疫性溶血症等。若脆性降低，可见于地中海贫血等血红蛋白病。

4. 高铁血红蛋白还原率：正常>75%，G-6PD（6-磷酸葡萄糖脱氢酶）缺陷者此值减低，须进一步查 G-6PD 活性测定，以明确诊断。

5. 血、尿、脑脊液培养，血清特异性抗体，C 反应蛋白及血沉检查：疑为感染所致黄疸，应做血、尿、脑脊液培养，血清特异性抗体，C 反应蛋白及血沉检查。血常规白细胞计数增高或降低，有中毒颗粒及核左移。

6. 肝功能检查：测血总胆红素和结合胆红素，谷丙转氨酶是反映肝细胞损害较为敏感的方法，碱性磷酸酶在肝内胆道梗阻或有炎症时均可升高。

7. 超声：腹部 B 超为无损伤性诊断技术，特别适用于新生儿。胆道系统疾病时，如胆管囊肿、胆管扩张、胆结石、胆道闭锁、胆囊缺如等都可显示病变情况。

8. 听、视功能电生理检查：包括脑干听觉诱发电位（BAEP）可用于评价听觉传导神经通道功能状态，早期预测胆红素毒性所致脑损伤，有助于暂时性或亚临床胆红素神经性中毒症的诊断。

三、诊断

首先根据黄疸出现的时间、程度、伴随症状、患儿的一般状态及相关的辅助检查，判断系生理性还是病理性黄疸；如系病理性黄疸，再结合患儿的临床特点及相关的辅助检查，进一步做出病因诊断。

四、治疗

目的是降低血清未结合胆红素水平，防止胆红素脑病的发生。

（一）光照疗法

1. 指征：适用于任何原因引起的高未结合胆红素血症。①一般患儿血清总胆红素 > 205μmol/L（12mg/dl），ELBW 患儿血清总胆红素 > 85μmol/L（5mg/dl），VLBW 患儿血清总胆红素 > 103μmol/L（6mg/dl）；②溶血病患儿，生后血清总胆红素 > 85μmol/L（5mg/dl）。现主张对所有高危儿均可进行预防性光疗。

2. 副作用：可引起发热、腹泻和皮疹等，多不严重，可继续光疗；蓝光可分解体内核黄素，故光疗时应补充核黄素（光疗时每日 3 次，每次 5mg，光疗后每日 1 次，连服 3 日）；当血清结合胆红素 > 68μmol/L（4mg/dl），且血清丙氨酸氨基转移酶和碱性磷酸酶增高时，光疗可导致青铜症（皮肤呈青铜色），停光疗后可自行消退。

3. 注意事项：光疗时需用黑色眼罩遮盖双眼、尿布遮盖外生殖器，以免损伤视网膜和外生殖器，其余部位均裸露；照射时间以不超过 4d 为宜；注意适当补充水分及钙剂。

（二）药物治疗

1. 静脉用免疫球蛋白：可抑制吞噬细胞对致敏红细胞的破坏，早期应用效果好，1g/kg，4～6h内静脉滴入。

2. 白蛋白：可与未结合胆红素联结，减少核黄疸的发生。白蛋白每次1g/kg或血浆每次10～20ml/kg，静脉滴注。

3. 5%碳酸氢钠：纠正代谢性酸中毒，提高pH值，利于未结合胆红素与白蛋白的联结。

4. 肝酶诱导剂：可增加UDPGT的生成和肝摄取未结合胆红素的能力。苯巴比妥每日5mg/kg，分2～3次服，或加用尼可刹米每日100mg/kg，分2～3次服，共4～5d。

（三）换血疗法

（四）病因治疗

针对原发病给予相应治疗。

五、转诊原则

1. 黄疸出现时间早，进展快，特别是出生后24h出现，胆红素每日上升超过85μmol/L（5mg/dl）。

2. 黄疸程度重，血清胆红素＞204μmol/L（12mg/dl），血清结合胆红素＞34μmol/L（2mg/dl）。

3. 黄疸以血清结合胆红素升高为主。

4. 黄疸原因不明，经药物和光疗治疗无效。

第二节 营养性疾病

肥 胖

儿童单纯性肥胖是由于长期能量摄入超过人体的消耗，使体内脂肪过度积聚、体重超过参考值范围的一种营养障碍性疾病。肥胖不仅影响儿童健康，且与成年期代谢综合征发生密切相关，已成为当今大部分公共健康问题的根源。

一、病因

1. 能量摄入过多：是肥胖的主要原因。高能量食物和含糖饮料增加儿童额外的能量摄入，是导致儿童发生肥胖的重要原因之一。

2. 活动量过少：电子产品的流行，久坐（玩电脑、游戏机以及看电视等）、活动过少和缺乏适当的体育锻炼是发生肥胖症的重要因素，即使摄食不多，也可引起肥胖。肥胖儿童大多不喜爱运动，形成恶性循环。

3. 遗传因素：与环境因素相比较，遗传因素对肥胖发生的影响作用更大。肥胖的家族性与多基因遗传有关。双亲均肥胖的后代发生肥胖者高达70%～80%；双亲之一肥胖者，后代肥胖发生率约为40%～50%；双亲正常的后代发生肥胖者仅为10%～14%。

4. 其他：如进食过快，或饱食中枢和饥饿中枢调节失衡以致多食；精神创伤（如亲人病故或学习成绩低下）以及心理异常等因素亦可致儿童过量进食。

二、临床表现

肥胖可发生于任何年龄，但最常见于婴儿期、5～6岁和青春期，且男童多于女童。患儿食欲旺盛且喜食甜食和高脂肪食物。明显肥胖儿童常有疲劳感，用力时气短或腿痛。严重肥胖者由于脂肪的过渡堆积限制了胸廓和膈肌运动，使肺通气量不足、呼吸浅快，故肺泡换气量减少，造成低氧血症、气急、发绀、红细胞增多、心脏扩大或出现充血性心力衰竭甚至死亡，称肥胖-换氧不良综合征。

体格检查可见患儿皮下脂肪丰满，但分布均匀，腹部膨隆下垂。严重肥胖者可因皮下脂肪过多，使腹部、臀部及大腿皮肤出现皮纹；因体重过重，走路时两下肢负荷过重可致膝外翻和扁平足。女孩胸部脂肪堆积应与乳房发育相鉴别，后者可触及乳腺组织硬结。男性肥胖儿因大腿内侧和会阴部脂肪堆积，阴茎可隐匿在阴阜脂肪垫中而被误诊为阴茎发育不良。

肥胖小儿性发育常较早，故最终身高常略低于正常小儿。由于怕被别人讥笑而不愿与其他小儿交往，故常有心理上的障碍，如自卑、胆怯、孤僻等。

三、辅助检查

肥胖儿童常规应检测血压、糖耐量、血糖、腰围、高密度脂蛋白（HDL）、低密度脂蛋白（LDL）、甘油三酯、胆固醇等指标，根据肥胖的不同程度可出现其中某些指标的异常，严重的肥胖儿童患者肝脏超声检查常有脂肪肝。

四、诊断与鉴别诊断

小儿体重超过同年龄、同性别、同身高参照人群均值的10%～19%者为超重；超过20%以上者便可诊断为肥胖症；20%～29%者为轻度肥胖；30%～49%者为中度肥胖；超过50%者为重度肥胖。需与伴有肥胖表现的遗传性疾病、内分泌疾病相鉴别。

体质指数（BMI）是评价肥胖的另一项指标。BMI是指体重（kg）/身高的平方（m²），小儿BMI随年龄和性别而有差异，评价时可查阅图表，如BMI值在P_{85}～P_{95}为超重，超过P_{95}为肥胖。需与可引起继发性肥胖的疾病鉴别。

五、治疗

肥胖症的治疗原则是适当控制饮食和增加运动。

1. 饮食疗法：鉴于小儿正处于生长发育阶段以及治疗肥胖的长期性，故多推荐低脂肪、低糖和高蛋白食谱，应鼓励其多吃体积大而热能低的蔬菜类食品。良好的饮食习惯对减肥具有重要作用，如避免晚餐过饱、不吃夜宵、不吃零食、少吃多餐、细嚼慢咽等。

2. 运动疗法：适当的运动能促使脂肪分解。鼓励和选择患儿喜欢、有效且易于坚持的运动，如晨间跑步、散步、做操等，每天坚持至少运动30min，活动量以运动后轻松愉快、不感到疲劳为原则。运动要循序渐进，不要求之过急。如运动后疲惫不堪、心慌气促以及食欲大增均提示活动过度。

3. 心理治疗：鼓励儿童坚持控制饮食及加强运动锻炼，增强减肥的信心。心理行为障碍使肥胖儿童失去社交机会，二者的恶性循环使儿童社会适应能力降低。应经常鼓励小儿多参加集体活动，改变其孤僻、自卑的心理，帮助小儿建立健康的生活方式，学会自我管理的能力。

4. 药物治疗：一般不主张用药，必要时可选用苯丙胺类和马吲哚类食欲抑制剂。

六、预防

加强健康教育，保持平衡膳食，增加运动。要宣传肥胖儿不是健康儿的观点，使家长摒弃"越胖越健康"的陈旧观念；父母肥胖者更应定期监测小儿体重，以免小儿发生肥胖症。儿童肥胖预防从孕期开始，世界卫生组织建议，孕妇在妊娠后期要适当减少摄入脂肪类食物，防止胎儿体重增加过重，肥胖的预防是全社会的责任。

营养不良

蛋白质-能量营养不良是由于缺乏能量和（或）蛋白质所致的一种慢性营养缺乏症，临床以体重下降、渐进性消瘦、皮下脂肪减少和水肿为特征，常伴有各器官系统的功能紊乱。临床常见三种类型：能量供应不足为主的消瘦型，蛋白质供应不足为主的水肿型以及介于两者之间的消瘦-水肿型。常见于3岁以下婴幼儿。

一、病因

（一）新陈代谢异常

1. 蛋白质：由于蛋白质摄入不足或丢失过多，机体处于负氮平衡。当血清总蛋白 < 40g/L、白蛋白 < 20g/L 时，便可发生低蛋白性水肿。

2. 脂肪：能量供应不足时，体内脂肪大量消耗以维持生命活动的需要，故血清胆固醇浓度下降。肝是脂肪代谢的主要器官，当体内脂肪消耗过多，超过肝的代谢能力时可造成肝脂肪浸润及变性。

3. 糖：由于摄入不足和消耗增多，易发生低血糖，轻者症状不明显，重者可引起昏迷甚至猝死。

4. 水、盐代谢：由于脂肪大量消耗，故细胞外液容量增加，低蛋白血症可进一步加剧而呈现水肿；PEM 时 ATP 合成减少可影响细胞膜上钠泵的逆转，使钠在细胞内潴留，细胞外液一般为低渗状态，易出现低渗性脱水、酸中毒、低钾、低钠、低钙和低镁血症。

5. 体温调节能力下降：营养不良儿体温偏低，可能与热能摄入不足、皮下脂肪菲薄、散热快、血糖降低、氧耗量低、脉率和周围血循环量减少等有关。

（二）各系统功能低下

1. 消化系统：肠蠕动减弱，分泌功能低下，影响消化和吸收，易发生腹泻、菌群失调。

2. 循环系统：心脏收缩力减弱，心搏出量减少，血压偏低，脉细弱。

3. 泌尿系统：肾小管重吸收功能减低，尿量增多而尿比重下降。

4. 神经系统：中枢神经系统处于抑制状态，常有萎靡、呆滞或与烦躁交替出现。

5. 免疫功能：非特异性和特异性免疫功能均明显降低。易并发各种感染性疾病。

（三）原发性病因与继发性作用

1. 原发性：喂养不当是导致营养不良的重要原因，常见于：①母乳不足而未及时添加其他乳品；②奶粉配制过稀；③突然断奶而未及时添加辅食；④长期以淀粉类食品（粥、米粉、奶糕）喂养等；⑤不良的饮食习惯如偏食、挑食、吃零食过多、不吃早餐；⑥较大小儿的营养不良多为婴儿期营养不良的继续。

2. 继发性：患病而致消化吸收功能紊乱，可见于：①消化系统解剖或功能上的异常（如唇裂、腭裂、幽门梗阻、迁延性腹泻、过敏性肠炎、肠吸收不良综合征等）均可影响食物的消化和吸收；②急、慢性传染病（如麻疹、伤寒、肝炎、结核）的恢复期、生长发育过快等均可因需要量增多而造成营养相对缺乏；③营养素的消耗量增多（如糖尿病、大量蛋白尿、发热性疾病、甲状腺功能亢进、恶性肿瘤等）而导致营养不足。

二、临床表现

营养不良的早期表现是活动减少，精神较差，体重生长速度不增。随营养不良加重，体重逐渐下降，主要表现为消瘦。皮下脂肪层厚度是判断营养不良程度的重要指标之一。皮下脂肪消耗的顺序首先是腹部，其次为躯干、臀部、四肢，最后为面颊部。随着疾病的进展，初起仅体重减轻，皮下脂肪变薄（腹壁皮下脂肪厚度为 0.4～0.8cm），皮肤干燥，但精神状态正常，身高不受影响；继之体重进一步下降（为正常的 25%～40%），皮下脂肪继续减少（腹壁皮下脂肪厚度小于0.4cm），皮肤干燥、苍白、肌肉松弛，身高停止生长；病情继续恶化时，体重明显减轻（为正常的 40% 以上），皮肤干燥、苍白，皮下脂肪消失，皮肤逐渐失去弹性，额部出现皱纹如老人状，肌张力逐渐降低，肌肉松弛萎缩呈"皮包骨"，四肢可有挛缩，精神萎靡，反应差，体温偏低，脉细无力，无食欲，腹泻、便秘交替。合并血浆白蛋白明显下降时，可有凹陷性水肿，皮肤发亮，严重时可破溃、感染形成慢性溃疡。甚至伴有重要脏器功能损害。

PEM 常见并发症有营养性贫血，以小细胞低色素性贫血最常见。还可有多种维生素缺乏，以维生素 A 缺乏常见。大部分患儿伴有锌缺乏。由于免疫功能低下，易患各种感染，如反复呼吸道感染、鹅口疮、肺炎、结核病、中耳炎、尿路感染、腹泻迁延不愈等，可加重营养不良，形成恶性循环。还可并发自发性低血糖，可突然表现为面色灰白、神志不清、脉搏减慢、呼吸暂停、体温不升但无抽搐，若不及时诊治，可危及生命。

三、辅助检查

1. 血常规：常提示有低色素性贫血。

2. 血清蛋白测定：总蛋白和白蛋白浓度降低，以血清白蛋白浓度降低较明显，代谢周期较短的血浆蛋白质，如前白蛋白和视黄醇结合蛋白具有早期诊断价值。

3. 胰岛素样生长因子1（IGF-1）测定：IGF-1 降低，IGF-1 不仅反应灵敏且不受肝功能影响，是蛋白质营养不良的早期诊断灵敏可靠指标。

四、诊断

根据小儿年龄及喂养史、体重下降、皮下脂肪减少、全身各系统功能紊乱及其他营养素缺乏的临床症状和体征，典型病例的诊断并不困难。诊断营养不良的基本测量指标为身高（长）和体重。5岁以下儿童营养不良的分型和分度如下。

1. 体重低下：体重低于同年龄、同性别参照人群值的均值减2SD以下为体重低下。如低于同年龄、同性别参照人群值的均值减2SD~3SD为中度；低于均值减3SD为重度。该项指标主要反映慢性或急性营养不良。

2. 生长迟缓：身高（长）低于同年龄、同性别参照人群值的均值减2SD以下为生长迟缓。如低于同年龄、同性别参照人群值的均值减2SD~3SD为中度；低于均值减3SD为重度。此指标主要反映慢性长期营养不良。

3. 消瘦：体重低于同性别、同身高（长）参照人群值的均值减2SD为消瘦。如低于同性别、同身高（长）参照人群值的均值减2SD~3SD为中度；低于均值减3SD为重度。此指标主要反映近期、急性营养不良。

临床常综合应用以上指标来判断患儿营养不良的类型和严重程度。以上三项判断营养不良的指标可以同时存在，也可仅符合其中一项。符合一项即可做出营养不良的诊断。

五、治疗

营养不良的治疗原则是积极处理各种危及生命的并发症、去除病因、调整饮食、促进消化。

（一）处理危及生命的并发症

1. 抗感染：营养不良和感染的关系密不可分，最常见的是患胃肠道、呼吸道和（或）皮肤感染，败血症也很多见，均需要用适当的抗生素治疗。

2. 纠正水及电解质平衡失调：①注意液体的进入量，以防发生心力衰竭；②调整和维持体内电解质平衡。

3. 营养支持：肠道外营养液的成分和量应以维持儿童的液体需要为基础，一般100ml/（kg·d），蛋白质一般2g/（kg·d）。

4. 低血糖：尤其在消瘦型多见，一般在入院采完血后即可静注50%葡萄糖10ml予以治疗，以后在补液中可采用5%~10%的葡萄糖液。

5. 低体温：严重消瘦型伴低体温者死亡率高，主要由于热能不足引起。应注意环境温度（30℃~33℃），并用热水袋或其他方法保温（注意避免烫伤），监测体温，如需要可15min一次。

6. 贫血：严重贫血如Hb<40g/L可输血，消瘦型一般为10~20ml/kg，水肿型除因贫血出现虚脱或心力衰竭外一般不输血。轻、中度贫血可用铁剂治疗，2~3mg/（kg·d），持续3个月。

（二）去除病因

在查明病因的基础上，积极治疗原发病，如纠正消化道畸形，控制感染性疾病，根治各种消耗性疾病，改进喂养方法等。

（三）调整饮食

应根据实际的消化能力和病情逐步完成，不能操之过急。

1. 热能的供给。

（1）轻度营养不良患儿消化功能尚好，应在原有基础上逐渐增加热能，可从251~335kJ/（kg·d）[60~80kcal/（kg·d）]开始，逐渐增至每日热量628kJ/（kg·d）[150kcal/（kg·d）]。体重接近正常时恢复至生理需要量。

（2）中、重度从167~251kJ/（kg·d）[40~60 kcal/（kg·d）]开始，逐步少量增加，若消

化吸收能力较好，可逐渐加到 628～711kJ/（kg·d）［150～170kcal/（kg·d）］，以后按上述轻度营养不良步骤调整。

2. 喂养方法：母乳喂养儿可根据患儿的食欲哺乳，按需哺喂；人工喂养儿从给予稀释奶开始，适应后逐渐增加奶量和浓度。除乳制品外，可给予蛋类、肝泥、肉末、鱼粉等高蛋白食物，必要时也可添加酪蛋白水解物、氨基酸混合液或要素饮食。蛋白质摄入量从 1.5～2.0g/（kg·d）开始，逐步增加到 3.0～4.5g/（kg·d），过早给予高蛋白食物，可引起腹胀和肝肿大。食物中应含有丰富的维生素和微量元素。

（四）促进消化

1. 药物：可给予 B 族维生素和胃蛋白酶、胰酶等以助消化。蛋白质同化类固醇制剂如苯丙酸诺龙，每次 10～25mg 肌注，每周 1～2 次，连用 2～3 周。对食欲差的患儿可给予胰岛素皮下注射，每次 2～3U，每日 1 次，1～2 周为一个疗程，注射前先服葡萄糖 20～30g。锌制剂可提高味觉敏感度，有增加食欲的作用，可口服锌 0.5～1mg/（kg·d）。

2. 中医治疗：参苓白术散能调整脾胃功能，改善食欲，针灸、推拿、抚触、捏脊等也有一定疗效。

（五）其他

静脉点滴高能量脂肪乳剂，多种氨基酸、葡萄糖等也可酌情选用。此外，充足的睡眠、适当的户外活动、纠正不良的饮食习惯和良好的护理亦极为重要。

六、预防

预后取决于营养不良的发生年龄、持续时间及其程度，其中以发病年龄最为重要，年龄愈小，其远期影响愈大，尤其是认知能力和抽象思维能力易发生缺陷。本病的预防应采取综合措施。

1. 合理喂养：大力提倡母乳喂养，对母乳不足或不宜母乳喂养者应及时给予指导，采用混合喂养或人工喂养并及时添加辅助食品；纠正偏食、挑食、吃零食的不良习惯，小学生早餐要吃饱，午餐应保证供给足够的能量和蛋白质。

2. 推广应用生长发育监测图：定期测量体重，并将体重值标在生长发育监测图上，如发生体重增长缓慢或不增，应尽快查明原因，及时予以纠正。

佝偻病

维生素 D 缺乏症为婴幼儿常见的营养缺乏性疾病。由于体内维生素 D 不足，使钙、磷代谢异常，引起的骨骼钙化不全，造成骨质疏松、软化、骨样组织堆积，严重者可致骨骼畸形，称维生素 D 缺乏性佝偻病。婴幼儿，特别是小婴儿，生长快、户外活动少，是发生营养性维生素 D 缺乏性佝偻病的高危人群。中国冬季较长，日照时间短，故北方佝偻病患病率高于南方。近年来，随着社会经济文化水平的提高，中国营养性维生素 D 缺乏性佝偻病发病率逐年降低，病情也趋于轻度。佝偻病虽然很少直接危及生命，但因发病缓慢，易被忽视，一旦发生明显症状时，机体的抵抗力低下，易并发肺炎、腹泻、贫血等其他疾病。

一、病因

1. 日照不足：婴幼儿在冬春季户外活动少；玻璃窗对紫外线有阻挡作用；大城市高大建筑可阻

挡日光照射；大气污染如烟雾、尘埃可吸收部分紫外线等，以上均可使内源性维生素D生成不足。

2. 贮存不足：母亲妊娠期，如患严重营养不良、肝肾疾病、慢性腹泻，户外活动少，以及早产、双胎均可使婴儿的体内贮存不足。

3. 生长速度快：如早产及双胎婴儿生长发育快，需要维生素D多，且体内贮存的维生素D不足，易发生维生素D缺乏性佝偻病。

4. 食物中补充维生素D不足：因天然食物中含维生素D少，即使是纯母乳喂养的婴儿，若户外活动少亦易患佝偻病。

5. 疾病影响：胃肠道或肝胆疾病影响维生素D吸收，如婴儿肝炎综合征、先天性胆道狭窄或闭锁、脂肪泻、胰腺炎、慢性腹泻等，肝、肾严重损害可致维生素D羟化障碍。

6. 药物影响：抗惊厥药物如苯妥英钠、苯巴比妥，可刺激肝细胞的氧化酶系统活性增加，使维生素D加速分解为无活性的代谢产物。糖皮质激素有对抗维生素D对钙的转运作用。

二、临床表现

多见于婴幼儿，主要表现为生长最快部位的骨骼改变，并可影响肌肉发育及神经兴奋性的改变。重症佝偻病患儿还可有消化和心肺功能障碍，并可影响行为发育和免疫功能。本病在临床上可分期如下：

（一）初期（早期）

多见于6个月以内，特别是3个月以内的小婴儿。主要表现为神经精神症状，如夜惊、多汗、烦躁哭闹、枕秃（汗多刺激头皮而摇头擦枕）等。血清25-（OH）D_3下降，PTH升高，血钙下降，血磷降低，碱性磷酸酶正常或稍高；此期常无骨骼病变，骨骼X线可正常，或钙化带稍模糊。

（二）活动期（激期）

除早期的症状加重外，主要是骨骼改变。

1. 骨骼改变

（1）头部：①颅骨软化：6个月以内婴儿以颅骨改变为主，前囟边缘软，颅骨薄，检查者用双手固定婴儿头部，指尖稍用力压迫枕骨或顶骨的后部，可有压乒乓球样的感觉；②方颅：7~8个月婴儿，由于额顶部骨样组织堆积引起"方颅"或称"马鞍"头；③囟门闭合迟，出牙迟。

（2）胸部：1岁左右的小儿可见到胸廓畸形。①肋骨串珠：骨骺端因骨样组织堆积而膨大，沿肋骨方向于肋骨与肋软骨交界处可扣及圆形隆起，从上至下如"串珠"样突起，以第7~10肋骨最明显，如"串珠"向胸内扩大，可使肺受压；②鸡胸：第6~8肋骨与胸骨柄相连处内陷时，可使胸骨前凸，形成"鸡胸"；③漏斗胸：肋骨骺部内陷，剑突部向内凹陷，即成漏斗胸；④肋膈沟或郝氏沟：肋骨软化后，因受膈肌附着点长期牵引造成肋缘上部内陷，肋缘外翻，形成沟状，称为肋膈沟。

（3）脊柱与四肢：①手、足部：手腕、足踝部可形成钝圆形环状隆起；②"O"形、"X"形腿：由于骨质软化与肌肉关节松弛，小儿开始站立与行走后双下肢负重，可出现股骨、胫骨、腓骨弯曲，形成严重膝内翻（"O"形）或膝外翻（"X"形）；③患儿自行坐与站立后，因韧带松弛可致脊柱畸形，严重者可致骨盆扁平。

2. 肌肉韧带松弛：严重低血磷会造成肌肉糖代谢障碍，使全身肌肉松弛，肌张力降低和肌力减弱。

3. 神经系统发育迟滞：表情淡漠，语言发育迟缓，坐、立、行等运动功能发育落后。

4. X线改变：长骨钙化带消失；干骺端呈毛刷样、杯口状改变；骨骺软骨带增宽；骨质稀疏，骨皮质变薄；可有骨干弯曲畸形或青枝骨折。

5. 血生化：血钙稍低、血磷降低、碱性磷酸酶升高。

（三）恢复期

经治疗后，临床症状和体征逐渐减轻或消失。血钙、磷逐渐恢复正常，碱性磷酸酶约需1~2个月降至正常水平。治疗2~3周后骨骼X线改变有所改善，钙化带出现，骨质密度增强。

（四）后遗症期

多见于2岁以后的儿童，症状消失，X线、血生化检查正常，仅留不同程度的骨骼畸形。

三、诊断

要解决是否有佝偻病，属于哪个期，是否需要治疗。正确的诊断必须依据维生素D缺乏的病因、临床表现、血生化及骨骼X线检查。血清25-（OH）D_3水平测定为最可靠的早期诊断标准，但很多单位不能检测。血生化与骨骼X线的检查可为诊断的"金标准"。

四、治疗

目的在于控制活动，防止骨骼畸形。

1. 维生素D治疗：以口服为主，一般剂量为50~100μg/d（2000~4000IU/d），1个月后改预防量400~800IU/d。

当重症佝偻病有并发症或无法口服者可大剂量肌肉注射维生素D类15万~30万IU/次，1个月后改预防量。治疗1个月后应复查，如临床表现、血生化与骨骼X线改变无恢复征象，应与抗维生素D佝偻病鉴别。

2. 补充钙剂：除采用维生素D治疗外，应注意加强营养，及时添加其他食物，坚持每日户外活动。如果膳食中钙摄入不足，应补充适当钙剂。

3. 矫形疗法：严重的骨骼畸形可采取外科手术矫正。

佝偻病儿在治疗期间应限制其坐、立、走等，以免加重脊柱弯曲畸形。

五、预防

确保儿童每日获得维生素D 400IU是预防和治疗的关键。

1. 围生期：孕母应多户外活动，食用富含钙、磷、维生素D以及其他营养素的食物。妊娠后期适量补充维生素D（800IU/d），有益于胎儿贮存充足的维生素D，满足生后一段时间生长发育的需要。早产儿、低出生体重儿、双胎儿生后2周开始补充维生素D 800IU/d，3个月后改预防量。足月儿出生后数天开始补充维生素D 400IU/d，至2岁。夏季户外活动多，可暂停服用或减量。一般可不加服钙剂。

2. 婴幼儿期：预防的关键于在日光浴与适量维生素D的补充。生后2~3周后即可让婴儿坚持户外活动，冬季也要注意保证每日1~2h户外活动时间。有研究显示，每周让母乳喂养的婴儿户外活动2h，仅暴露面部和手部，可维持婴儿血25-（OH）D_3浓度在正常范围。

第三节　急性上呼吸道感染

急性上呼吸道感染简称"上感"，俗称"感冒"，系由各种病原引起的上呼吸道急性炎症，主要侵犯鼻、鼻咽和咽部，可统称为上呼吸道感染。当某一部位炎症突出时，可分别诊断为急性鼻炎、急性咽炎、急性扁桃体炎等。是小儿最常见的疾病，其发病率占儿科疾病的首位，一年四季均可发生，以冬春季节及气候骤变时多见。

一、病因

绝大多数由病毒引起，约占90%以上，少数可由细菌和支原体引起。常见的病毒有呼吸道合胞病毒、流感病毒、副流感病毒、腺病毒、鼻病毒、柯萨奇病毒、冠状病毒等。也可原发或继发细菌感染，最常见的是溶血性链球菌，其次为肺炎链球菌、流感嗜血杆菌等。近年来肺炎支原体感染亦不少见。

二、临床表现

临床表现轻重不一，与年龄、病原体及机体抵抗力有关。婴幼儿全身症状较重而局部症状较轻，年长儿全身症状较轻而以局部症状为主。

1. 一般类型上感

多突然起病，婴幼儿以全身症状为主，高热、食欲减退、精神不振，可伴有呕吐、腹泻、烦躁，甚至热性惊厥；年长儿症状较轻，多以鼻咽部症状为主，出现鼻塞、流涕、喷嚏、咽痛、轻咳等，可有发热或无热。部分患儿发病早期可有阵发性脐周疼痛，与发热所致的阵发性肠痉挛或肠系膜淋巴结炎有关。

体检可见咽部充血，扁桃体肿大，颌下和颈部淋巴结肿大、有触痛，肺部呼吸音正常。肠道病毒感染者可出现不同形态的皮疹。

2. 两种特殊类型上感

（1）疱疹性咽峡炎：由柯萨奇A组病毒引起，多发于夏秋季。表现为急起高热，咽痛、流涎、拒食、呕吐等，检查除咽部充血外，其特征是咽腭弓、悬雍垂和软腭等处有散在的2～4mm大小的疱疹，周围有红晕，疱疹破溃后形成小溃疡。病程1周左右。

（2）咽-结合膜热：由腺病毒3、7型引起，多发于春夏季，可在集体儿童机构中流行。以发热、咽炎、眼结合膜炎为特征，表现为高热、咽痛、眼部刺痛，有时伴有胃肠道症状。体检有咽部充血、一侧或双侧眼结合膜炎、颈部或耳后淋巴结肿大。病程1～2周

婴幼儿并发症较为多见，可向下蔓延引起喉炎、支气管炎和肺炎等；若波及邻近器官，可并发中耳炎、鼻窦炎、咽后壁脓肿、颈淋巴结炎等；年长儿若患A组溶血性链球菌感染可引起急性肾小球肾炎、风湿热等疾病。

三、辅助检查

病毒感染者血白细胞计数正常或偏低，鼻咽分泌物病毒分离和血清学检查可明确病原，免疫

学及分子生物学技术可做出早期病原学诊断。细菌感染者血白细胞及中性粒细胞可增高，咽拭子培养可发现病原菌。链球菌感染2～3周后血中ASO滴度可增高。

四、诊断和鉴别诊断

根据临床表现较易做出诊断，但需与下列疾病鉴别。

1. 某些急性传染病的早期：上感症状与某些急性传染病的前驱症状类似，如麻疹、流行性脑脊髓膜炎、百日咳、猩红热等，应结合流行病史、病情特点及实验室资料等综合分析，并注意观察病情的演变，加以鉴别。

2. 流行性感冒：系流感病毒或副流感病毒所致。有明显的流行病史，全身症状较重，表现为高热、寒战、头痛、咽痛、全身肌肉酸痛等，局部症状较轻，病原学检查有助于确诊。

3. 急性阑尾炎：上感伴腹痛者应与本病鉴别。急性阑尾炎腹痛先于发热，腹痛部位以右下腹为主，呈持续性，压痛点较局限固定，可有反跳痛、腹肌紧张等腹膜刺激症，血白细胞及中性粒细胞增高。上感腹痛时压痛范围广而不固定，无腹膜刺激症。

五、治疗

1. 一般治疗：适当休息，多饮水，给予易消化的食物，注意通风，保持室内适宜的温湿度，注意呼吸道隔离，预防并发症。

2. 抗病原治疗。

(1) 抗病毒治疗：可用利巴韦林（病毒唑），剂量为10～15mg/（kg·d），口服或静脉点滴；局部可用0.1%利巴韦林滴鼻液；合并病毒性眼结合膜炎时，可用0.1%阿昔洛韦滴眼。

(2) 抗生素：上感一般不用抗生素。若病情重，或继发细菌感染，或有合并症者可加用抗生素，常用青霉素类、头孢菌素类及大环内酯类等，疗程为3～5d。如证实为溶血性链球菌感染，或既往有风湿热、肾炎病史者，应用青霉素10～14d。

3. 对症治疗：高热时以应用口服退热剂为主，如对乙酰氨基酚、布洛芬等，亦可用物理降温；高热惊厥者给予镇静、止惊处理；咽痛可含服咽喉片；鼻塞严重时应先清除鼻腔分泌物，然后用0.5%麻黄素液滴鼻，每次1～2滴。

4. 中药治疗：应用银翘散、双黄连口服液、板蓝根冲剂等，有较好的清热解毒作用。

六、预防

加强体格锻炼，多进行户外活动，增强抵抗力；提倡母乳喂养，及时添加辅食，防治佝偻病及营养不良；注意气候变化，呼吸道疾病高发季节应避免去人多拥挤的公共场所。

第四节　小儿哮喘

支气管哮喘简称"哮喘"。是由多种细胞（比如肥大细胞、嗜酸性粒细胞、T淋巴细胞、中性粒细胞、气道上皮细胞等）和细胞组分参与的气道慢性炎症性疾病。这种慢性炎症与气道高反应性相关，通常出现广泛多变的可逆性气流受限，并引起反复发作性的喘息、气急、胸闷、咳嗽等症状，常在夜间和（或）清晨发作、加剧，多数患者可自行缓解或经过治疗缓解。支气管哮喘如诊治不及时，随着病程的延长可发生气道不可逆性缩窄和气道重塑。而当哮喘得到控制后，多数患者很少出现哮喘发作，严重哮喘发作则更少见。

一、病因

1. 吸入过敏源（室内：尘螨、动物毛屑及排泄物、蟑螂、真菌等；室外：花粉、真菌等）。
2. 食入过敏源：（牛奶、鸡蛋、鱼、虾、螃蟹和花生等）。
3. 呼吸道感染：病毒及支原体感染。
4. 强烈的情绪变化。
5. 运动和过度通气。
6. 冷空气。
7. 药物：阿司匹林等。
8. 职业粉尘及气体。

二、临床表现

（一）症状

1. 前驱症状：在变应源引起的急性哮喘发作前往往有鼻子和黏膜的卡他症状，比如打喷嚏、流鼻涕、眼睛痒、流泪、干咳、胸闷等。

2. 喘息和呼吸困难：是哮喘的典型症状，喘息的发作往往较突然。呼吸困难呈呼气性，表现为吸气时间短，呼气时间长，患者感到呼气费力，但有些患者感到呼气和吸气都费力。

3. 咳嗽、咳痰：咳嗽是哮喘的常见症状，由气道的炎症和支气管痉挛而引起。干咳常是哮喘的前兆，哮喘发作时，咳嗽、咳痰症状反而减轻，以喘息为主。哮喘发作接近尾声时，支气管痉挛和气道狭窄减轻，大量气道分泌物需要排除时，咳嗽、咳痰可能加重，咳出大量的白色泡沫痰。有一部分哮喘患者哮喘急性发作时，以刺激性干咳为主要表现，无明显喘息症状，这部分哮喘称为咳嗽变异性哮喘。

4. 胸闷和胸痛：哮喘发作时，患者可有胸闷和胸部发紧的感觉。如果哮喘发作较重，可能与呼吸肌过度疲劳和拉伤有关。突发的胸痛要考虑自发性气胸的可能。

（二）体征

哮喘的体征可与哮喘的发作有密切关系，在哮喘缓解期可无任何阳性体征。在哮喘急性发作期，根据病情严重程度不同可有不同的体征。

1. 一般体征：哮喘患者在发作时，精神一般比较紧张，呼吸加快、端坐呼吸，严重时可出现口唇和手指（脚趾）紫绀。

2. 呼气延长和双肺哮鸣音：在胸部听诊时可听到呼气时间延长而吸气时间缩短，伴有双肺如笛声的高音调，称为哮鸣音。这是小气道梗阻的特征。双肺布满的哮鸣音在呼气时较为明显，称呼气性哮鸣音。很多哮喘患者在吸气和呼气都可闻及哮鸣音。单侧哮鸣音突然消失要考虑自发性气胸的可能。在哮喘严重发作、支气管发生极度狭窄、出现呼吸肌疲劳时，喘鸣音反而消失，成为寂静肺，是病情危重的表现。

3. 肺过度膨胀特征：即肺气肿体质。表现为胸腔的前后径扩大，肋间隙增宽，叩诊音过清音，肺肝浊音界下降，心浊音界缩小。长期哮喘的患者可有桶状胸，儿童可有鸡胸。

4. 奇脉：重症哮喘患者发生奇脉是吸气期间收缩压下降幅度增大的结果。这种吸气期收缩压下降的程度和气流受限的程度相关，它反映呼吸肌对胸腔压波动的影响程度明显增加。呼吸肌疲劳的患者不再产生较大的胸腔压波动，奇脉消失。严重的奇脉是重症哮喘的可靠指征。

5. 呼吸肌疲劳的表现：表现为辅助呼吸肌的动用，肋间肌和胸锁乳突肌的收缩，还表现为反常呼吸，即吸气时下胸壁和腹壁向内收。

6. 重症哮喘的体征：随着气流受限的加重，患者变得更窘迫，说话不连贯，皮肤潮湿，呼吸和心率加快，并出现奇脉和呼吸肌疲劳的表现。呼吸频率大于25次/分，心率大于110次/分，奇脉大于25mmHg是重症哮喘的指征。患者垂危状态时可出现寂静肺或呼吸乏力、紫绀、心动过缓、意识恍惚、昏迷等表现。

三、辅助检查

1. 血液常规检查：发作时可有嗜酸性粒细胞增高，但多数不明显，如并发感染可有白细胞数增高，分类嗜中性粒细胞比例增高。

2. 痰液检查：涂片在显微镜下可见较多嗜酸性粒细胞，可见嗜酸性粒细胞退化形成的尖棱结晶，黏液栓和透明的哮喘珠。如合并呼吸道细菌感染，痰涂片革兰染色、细胞培养及药物敏感试验有助于病原菌诊断及指导治疗。

3. 呼吸功能检查：是诊断哮喘非常重要的检查。本病的主要病理生理特征是阻塞性通气障碍，气道阻力增高。典型的肺功能改变为：通气功能减低，第一秒用力呼气容积（FEV1）、最大呼气中期流量（MMFR）、25%与50%肺活量时最大呼气流量（V25，V50）均减低；气体分布不均；残气容积（RV）、功能残气量（FRC）和肺总量（TLC）增加；严重者肺活量（VC）减少。临床上常运用几项检查协助诊断和鉴别诊断，包括支气管激发试验、支气管舒张试验、呼气峰流速（PEF）等。

4. 血气分析：哮喘严重发作时可有缺氧，PaO_2降低，由于过度通气可使$PaCO_2$下降，pH值上升，表现呼吸性碱中毒。如重症哮喘，病情进一步发展，气道阻塞严重，可有缺氧及CO_2潴留，$PaCO_2$上升，表现呼吸性酸中毒。如缺氧明显，可合并代谢性酸中毒。

5. 胸部X线检查：早期在哮喘发作时可见两肺透亮度增加，呈过度充气状态；在缓解期多无明显异常。如并发呼吸道感染，可见肺纹理增加及炎症性浸润阴影。同时要注意肺不张、气胸或纵隔气肿等并发症的存在。

6. 特异性过敏源的检测：可用放射性过敏源吸附试验（RAST）测定特异性IgE，过敏性哮喘患者血清IgE可较正常人高2~6倍。在缓解期可做皮肤过敏试验判断相关的过敏源，但应防止发生过敏反应。

四、诊断和鉴别诊断

（一）儿童哮喘诊断标准

1. 反复喘息、咳嗽、气促、胸闷，常在夜间和（或）凌晨发作或加剧，多与接触变应原、冷空气、物理、化学性刺激、呼吸道感染、运动以及过度通气（如大笑和哭闹）等有关。

2. 呼气相延长及哮鸣音。

3. 抗哮喘治疗有效或自行缓解。

4. 除外其他疾病所引起的喘息、咳嗽、气促和胸闷。

5. 临床表现不典型（如无明显喘息和哮鸣音）。

（1）证实存在可逆性气流受限。

支气管舒张试验阳性：吸入速效β₂-激动剂（如沙丁胺醇）后15min第一秒用力呼气量（FEV1）增加≥12%。

抗炎治疗后肺通气功能改善：给予吸入糖皮质激素和（或）抗白三烯药物治疗4~8周，FEV1增加≥12%。

（2）支气管激发试验阳性。

（3）最大呼气峰流量（PEF）日间变异率（连续监测2周）≥13%。

符合1~4条或4、5条者，可以诊断为哮喘。

（二）咳嗽变异性哮喘（CVA）

1. 咳嗽持续>4周，常在运动、夜间和（或）凌晨发作或加重，以干咳为主，不伴有喘息。

2. 临床上无感染征象，或较长时间抗生素治疗无效。

3. 抗哮喘药物诊断性治疗有效。

4. 排除其他原因引起的慢性咳嗽。

5. 支气管激发试验阳性和（或）PEF日间变异率（连续监测2周）≥13%。

6. 个人或一、二级亲属有过敏性疾病史，或变应原检测阳性。

以上1~4项为诊断基本条件

（三）哮喘预测指数

识别持续性哮喘高危患儿。

哮喘预测指数：在过去1年喘息≥4次，并且1项主要危险因素或2项次要危险因素，如果哮喘预测指数阳性，则建议开始哮喘规范治疗。

1. 主要危险因素：（1）父母有哮喘病史。（2）经医生诊断为特应性皮炎。（3）有吸入变应原致敏的依据。

2. 次要危险因素：（1）有食物变应原致敏的依据。（2）外周血嗜酸性粒细胞≥4%。（3）与感冒无关的喘息。如哮喘预测指数阳性，建议按哮喘规范治疗。

（四）鉴别诊断

喘息为主型哮喘鉴别诊断：毛细支气管炎、肺结核、气道异物、先天性呼吸系统畸形、支气管肺发育不良、先天性心血管疾病等；咳嗽为主型哮喘鉴别诊断：支气管炎、鼻窦炎、胃食管返流、嗜酸性粒细胞支气管炎。

五、治疗

（一）哮喘治疗的目标

有效控制急性发作症状，并维持最轻的症状，甚至无症状；防止症状加重或反复；尽可能将肺功能维持在正常或接近正常水平；防止发生不可逆的气流受限；保持正常活动（包括运动）能力；避免药物不良反应；防止因哮喘而死亡。

（二）防治原则

应尽早开始；长期、持续、规范、个体化；药物和非药物治疗相结合。

（三）哮喘治疗

1. 急性发作期：

急性发作的治疗目的是尽快缓解气道阻塞，纠正低氧血症，恢复肺功能，预防进一步恶化或再次发作，防止并发症。一般根据病情的分度进行综合性治疗。

（1）脱离诱发因素：处理哮喘急性发作时，要注意寻找诱发因素。多数与接触变应原、感冒、呼吸系统感染、气候变化、进食不适当的药物（如解热镇痛药，β受体拮抗剂等）、剧烈运动或治疗不足等因素有关。找出和控制诱发因素，有利于控制病情，预防复发。

（2）用药方案，正确认识和处理重症哮喘是避免哮喘死亡的重要环节。对于重症哮喘发作，应该在严密观察下治疗。治疗的措施包括：①吸氧，纠正低氧血症。②迅速缓解气道痉挛：首选雾化吸入β$_2$-受体激动剂，其疗效明显优于气雾剂。激素的应用要足量、及时。常用琥珀酸氢化可的松（300~1000mg/d）、甲基强的松龙（100~300mg/d）或地塞米松（10~30mg/d）静脉滴注或注射。③经上述处理未缓解，一旦出现PaCO$_2$明显增高（50mmHg）、吸氧下PaO$_2$ 60mmHg、极度疲劳状态、嗜睡、神志模糊，甚至呼吸减慢的情况，应及时进行人工通气。④注意并发症的防治：包括预防和控制感染；补充足够液体量，避免痰液黏稠；纠正严重酸中毒和调整水电解质平衡，当pH值＜7.20时，尤其是合并代谢性酸中毒时，应适当补碱；防治自发性气胸等。第四点治疗应该引起临床医师注意，对于一些较为顽固的哮喘急性发作，在运用支气管扩张剂、全身激素等情况下仍无好转，原因往往是因为忽视了第四点：补足液体，平衡酸碱。

2. 慢性持续期：坚持长期抗炎，降低气道反应性，防止气道重塑，避免危险因素和自我保健。一般哮喘经过急性期治疗，症状可以控制，但哮喘的慢性炎症病理生理改变仍然存在，因此，必须制定哮喘的长期治疗方案。根据哮喘的控制水平选择合适的治疗方案，对哮喘患者进行哮喘知识教育和控制环境，避免诱发因素贯穿于整个治疗阶段。对于大多数未经治疗的持续性哮喘患者，初始治疗应从第2级治疗方案开始，如果初始评估提示哮喘处于严重未控制，治疗应从第3级开始。从第2级到第5级治疗方案中都有不同的哮喘控制药物可供选择。而在每一步中缓解药物都应该按需使用，以便迅速缓解哮喘症状。其他可供选择的缓解用药包括：吸入型抗胆碱能药物、短效或长效口服β$_2$-激动剂、短效茶碱等。除非规律地联合使用吸入型糖皮质激素，否则不建议规律使用短效和长效β受体激动剂。由于哮喘的复发性以及多变性，需要不断评估哮喘的控制水平，治疗方法则依据控制水平进行调整。如果当前的治疗方案不能够使哮喘得到控制，那么说明治疗是不够的，治疗方案应该升级，直到控制好症状为止。当哮喘控制维持3个月后，治疗方案可以降级。通常情况下，患者在初诊后1~3个月回访，以后3个月随访一次。如出现哮喘发作时，应在2周至1个月内进行回访。对大多数控制剂来说，最大的治疗效果可能要在3个月后才能显现，只有在这种治疗策略上维持3~4个月后，仍未达到哮喘控制，才考虑增加剂量。大多数患者可以达到并维持哮喘控制，但有少部分难治性哮喘患者可能无法达到同样水平的控制。

以上方案为基本原则，但必须个体化，联合应用，以最小量、最简单的联合，副作用最少，达到最佳控制状态为原则。

六、管理与教育

1. 鼓励哮喘患儿与医护人员建立伙伴关系。

2. 医患双方共同制定治疗方案。

3. 日常自我监测，记录哮喘日记。

4. 避免和控制哮喘促（诱）发因素，减少复发。

5. 选择合适的运动方式。

6. 长期定期随访保健。

七、转诊建议

1. 需要肺功能检查。

2. 特异性变应原检测。

3. 规范化治疗控制不佳。

4. 中度及以上的紧急发作。

5. 急性发作通过紧急治疗症状未缓解。

第五节 小儿肺炎

肺炎系由不同病原体以及其他因素（如吸入羊水、食物或过敏反应等）所致的肺部炎症。临床上以发热、咳嗽、气促、呼吸困难和肺部固定湿啰音为特征。肺炎是儿科常见病，尤以婴幼儿多见，是中国住院小儿死亡的第一位原因。因此，卫生部将它列为小儿重点防治"四病"之一。

支气管肺炎是小儿时期最常见的肺炎，2岁以内小儿多见。一年四季均可发病，北方多发生于冬春寒冷季节及气候骤变时。

一、病因

引起支气管肺炎的病原体多为病毒和细菌，发达国家以病毒为主，发展中国家则以细菌为主。常见的病毒有呼吸道合胞病毒、腺病毒、流感病毒、副流感病毒等，细菌以肺炎链球菌和流感嗜血杆菌多见，部分肺炎为病毒和细菌的"混合感染"。近年来，肺炎支原体肺炎有增多趋势。

营养不良、维生素D缺乏性佝偻病、先天性心脏病或免疫缺陷者易患本病；室内居住环境不良（拥挤、通风不好、空气污浊）等易诱发本病。

二、临床表现

大多急性起病，也有发病前先有上呼吸道感染症状者。

（一）轻症肺炎

以呼吸系统表现为主。

1. 症状：主要表现为发热、咳嗽、气促。①发热：热型不定，程度不一，多为不规则热，亦可为弛张热或稽留热。新生儿或重度营养不良儿可无发热或体温不升；②咳嗽：早期为较频繁的刺激性干咳，以后为有痰咳嗽，新生儿、早产儿则表现为口吐白沫；③气促：多发生于发热、咳嗽之后，呼吸增快，每分钟可达40～80次；④其他症状：常有精神不振、食欲低下、呕吐、腹泻等。

2. 肺部体征：早期不明显或仅有呼吸音粗糙，以后可闻及固定的中、细湿啰音，以背部两侧下方及脊柱旁较多，于深吸气末更明显。叩诊多正常。当病灶融合时，可出现肺实变体征。

（二）重症肺炎

呼吸系统症状加重，出现呼吸困难、三凹症明显、点头样呼吸、唇周发绀等症状，同时可发生循环、神经及消化等系统的功能障碍。

1. 循环系统：可发生心肌炎和心力衰竭。前者表现为面色苍白、心动过速、心音低钝、心律不齐，心电图示ST段下移和T波低平、倒置。心力衰竭的诊断要点为：①呼吸困难突然加重，呼吸频率>60次/分；②心率突然增快>180次/分；③突然极度烦躁不安，明显发绀，面色发灰，指（趾）甲微血管再充盈时间延长；④心音低钝，奔马律，颈静脉怒张；⑤肝短期内迅速增大，或达肋下3 cm以上；⑥尿少或无尿，颜面眼睑或双下肢水肿。具备5项即可诊断为心力衰竭。重症革兰阴性杆菌感染还可发生微循环障碍。

2. 神经系统：轻度缺氧常表现为烦躁、嗜睡；发生脑水肿或中毒性脑病时，出现意识障碍、惊厥，前囟隆起，呼吸不规则，瞳孔对光反射迟钝或消失，可有脑膜刺激症。

3. 消化系统：轻症常有食欲减退、呕吐和腹泻等。重症可发生中毒性肠麻痹，表现为严重腹胀、肠鸣音消失，因腹胀致膈肌升高，更加重呼吸困难。有消化道出血的患儿可呕吐咖啡样物，粪便潜血试验阳性或柏油样便。

4. 危重患儿可发生休克及DIC：表现为血压下降，四肢冰冷，脉速而弱，皮肤、黏膜及胃肠道出血。

（三）并发症

如早期进行合理治疗，并发症少见。若延误诊断或病原体致病力强，可引起并发症，以金黄色葡萄球菌感染多见，其次是某些革兰阴性杆菌肺炎。

1. 脓胸：炎症波及胸膜腔，引起胸腔积脓，表现为高热不退，呼吸困难加重，患侧呼吸运动受限，语颤减弱，叩诊浊音，听诊呼吸音减弱或消失。积脓较多时，患侧肋间隙饱满，纵隔和气管向健侧移位。胸部X线（立位）示患侧肋膈角变钝，或呈反抛物线阴影，胸腔穿刺可抽出脓液。

2. 脓气胸：肺边缘的脓肿破裂并与肺泡或小支气管相通，脓液和气体都进入胸膜腔引起脓气胸。表现为患儿突然呼吸困难加剧，咳嗽剧烈，烦躁不安，面色青紫。胸部叩诊在积液上方呈鼓音，下方为浊音，呼吸音明显减弱或消失。胸部X线（立位）可见液气平。若胸膜支气管破裂处形成活瓣，气体只进不出，即形成张力性气胸，可危及生命，必须紧急抢救。

3. 肺大泡：由于细支气管管腔因炎症肿胀狭窄，渗出物黏稠，形成活瓣性阻塞，气体进得多、出得少或只进不出，导致肺泡扩张、破裂形成肺大泡，可单个或多个。体积小者无症状，体积大者可引起呼吸困难。胸部X线可见完整薄壁、无液平的大泡。

4. 其他：还可引起肺脓肿、化脓性心包炎、败血症等。

三、辅助检查

（一）外周血检查

1. 白细胞检查：细菌性肺炎的白细胞总数和中性粒细胞数多增高，甚至有核左移现象，胞浆中可见中毒颗粒。病毒性肺炎的白细胞总数正常或偏低，有时可见异型淋巴细胞。

2. C-反应蛋白（CRP）：细菌感染时血清CRP浓度升高，非细菌感染时则升高不明显。

（二）病原学检查

1. 细菌培养：采取血液、深部痰液、气管吸出物、胸腔穿刺液等进行细菌培养，可明确病原菌，同时进行药物敏感试验以指导治疗。但常规培养需时较长，且在应用抗生素后阳性率也较低。

2. 病毒分离：于发病7d内取鼻咽或气管分泌物做病毒分离，阳性率高，但需时较长，不能用做早期诊断。

3. 其他病原体的分离培养：肺炎支原体、沙眼衣原体及真菌等也可通过特殊分离培养方法进行相应病原诊断。

4. 病原特异性抗原、抗体检测：具有简单、快速的特点，可做出早期病原学诊断，目前病毒学的快速诊断技术已普遍开展。病原特异性抗原检测的常用方法有单克隆抗体免疫荧光技术、免疫酶法或放射免疫法等；病原特异性抗体检测的常用方法有直接ELISA-IgM测定和IgM抗体捕获试验，主要检测急性期血清中特异性IgM，具有早期诊断价值。

5. 其他快速诊断方法：如核酸分子杂交技术或聚合酶链反应（PCR）技术直接检测病原体的DNA，敏感性很高。

6. 其他.①冷凝集试验：50%～76%肺炎支原体肺炎患儿血清冷凝集效价增高，滴度≥1：32，有参考价值，可作为肺炎支原体感染的过筛试验；②鲎珠溶解物试验：用于检测革兰阴性菌内毒素。

（三）X线检查

早期肺纹理增粗，以后出现点、斑片状阴影，以双肺下野、中内带为多。斑片状阴影也可融合成大片状，甚至波及节段。小婴儿可伴有局部代偿性肺气肿或肺不张。若有并发症（如脓胸、脓气胸、肺大泡等），可有相应的X线征象。

四、诊断和鉴别诊断

典型的支气管肺炎诊断比较容易，根据有发热、咳嗽、气促、肺部有较固定的中、细湿啰音以及X线表现，即可做出诊断。确诊后，应进一步判断病情轻重以及有无并发症，并根据条件做相应的病原学检查，以指导治疗。临床上需与以下疾病鉴别。

1. 急性支气管炎：以咳嗽为主，一般无发热或低热，肺部啰音为不固定的干啰音和粗、中湿啰音，并随咳嗽和体位变化，无气促和发绀。

2. 肺结核：婴幼儿活动性肺结核的症状及X线表现与支气管肺炎相似，但肺结核的肺部啰音不明显。应根据结核接触史、结核菌素试验、血清结核抗体检测和X线胸片的动态观察加以鉴别。

3. 支气管异物：异物吸入可致支气管部分或完全阻塞，形成肺气肿或肺不张，易继发感染合并肺炎，需注意鉴别。后者多有异物吸入或突然出现呛咳病史，结合胸部X线检查可鉴别，必要时可行支气管纤维镜检查。

五、治疗

应采取综合治疗措施，原则上应积极控制炎症、改善肺的通气功能、加强护理和对症治疗、防止和治疗并发症。

（一）一般治疗和护理

环境应安静、舒适，保持室内空气流通，室温以18℃～20℃、湿度为60%为宜；保持呼吸道通畅，及时清除呼吸道分泌物，经常翻身叩背、变换体位，以利于痰液排出；不同病原的肺炎患儿应分室收治，以防交叉感染；加强营养，应给予富含蛋白质和维生素、易消化的饮食，少量多餐；重症进食不足或进食困难者，给予静脉营养。

（二）抗感染治疗

1. 抗生素治疗：经肺穿刺研究，绝大多数重症肺炎是由细菌感染引起，或在病毒感染的基础上合并细菌感染，故需应用抗生素治疗。使用原则：①根据病原菌选用敏感药物；②早期治疗；③选用渗入下呼吸道浓度高的药物；④足量、足疗程；⑤重者宜静脉联合用药。

根据不同病原选择抗生素，在应用抗生素前应先取呼吸道分泌物做细菌培养和药物敏感试验。未获培养结果前可先根据经验选药。①肺炎链球菌：首选青霉素或阿莫西林，青霉素过敏者选用大环内酯类抗生素；②金黄色葡萄球菌：甲氧西林敏感者首选苯唑西林钠或氯唑西林钠，耐药者选用万古霉素或联用利福平；③流感嗜血杆菌：首选阿莫西林加克拉维酸（或加舒巴坦）；④大肠埃希菌和肺炎杆菌：首选头孢曲松或头孢噻肟；⑤铜绿假单胞菌：首选替卡西林加克拉维酸；⑥肺炎支原体和衣原体：首选大环内酯类抗生素，如红霉素、阿奇霉素等。

用药时间一般应持续至体温正常后5~7d，临床症状和体征消失后3d。支原体肺炎至少用药2~3周；金黄色葡萄球菌肺炎在体温正常后应继续用药2~3周，总疗程在6周以上。

2. 抗病毒治疗。常用药物：①利巴韦林（病毒唑）：10~15mg/（kg·d），肌注或静脉点滴，也可滴鼻或雾化吸入；②α-干扰素：雾化吸入或肌注，疗程为5~7d。

（三）肾上腺皮质激素的应用

可减少炎症渗出，解除支气管痉挛，改善血管通透性，降低颅内压。适用于全身中毒症状明显，严重喘憋，胸膜有渗出，合并呼吸衰竭、感染性休克、中毒性脑病及脑水肿者。常用地塞米松0.1~0.3mg/（kg·d），疗程为3~5天。

（四）对症治疗

1. 氧疗：凡有呼吸困难、喘憋、口唇发绀等缺氧表现者应立即吸氧。一般采用鼻前庭导管给氧，氧流量为0.5~1L/min，氧浓度<40%，氧气应湿化；小婴儿或缺氧明显者可用面罩给氧，氧流量为2~4L/min，氧浓度为50%~60%；若出现呼吸衰竭应用人工呼吸机给氧。

2. 保持呼吸道通畅：及时清除鼻腔分泌物，酌情使用祛痰剂，必要时可吸痰，以保持呼吸道通畅；注意湿化呼吸道，可雾化吸入；喘憋严重者可选用氨茶碱或β₂-受体激动剂；保证液体摄入量，有利于痰的排出。

3. 降温与镇静：高热患儿可用药物或物理降温；若伴有烦躁不安可给予地西泮或苯巴比妥钠等镇静药物。

4. 腹胀的治疗：如为低血钾所致，应及时补充钾盐；如为中毒性肠麻痹，应禁食、胃肠减压，应用酚妥拉明或新斯的明。

（五）合并症的治疗

1. 心力衰竭的治疗：治疗原则为吸氧镇静、强心利尿、应用血管活性药物。

2. 中毒性脑病的治疗。

（六）并发症和并存疾病的治疗

1. 并发脓胸和脓气胸者应及时进行穿刺抽脓、抽气；必要时行胸腔闭式引流术。

2. 对并存营养不良、佝偻病、贫血者，应给予相应治疗。

其他治疗：

静脉注射丙种球蛋白有提高机体免疫力、有利于康复的作用，可用于重症患儿。迁延性肺炎可行肺部理疗，有促进炎症吸收的作用。

六、转诊建议

1. 患儿出现胸壁吸气性凹陷或鼻翼扇动或呻吟之一表现者，提示有低氧血症，建议及早转院。

2. 重症肺炎建议转院。

第六节　小儿腹泻

腹泻病是由多病原、多因素引起的以排便次数增多和粪便性状改变为特点的一组消化道综合征，严重者可引起脱水、电解质及酸碱平衡紊乱和全身中毒症状。6个月至2岁婴幼儿发病率最高，其中1岁以内者约占半数。是造成小儿营养不良、生长发育障碍的主要原因之一，为婴幼儿时期的重要常见病因和死亡病因，是中国儿童重点防治的"四病"之一。

一、病因

（一）感染因素

分肠道内感染与肠道外感染，以前者为主。

1. **肠道内感染**：可由病毒、细菌、真菌、寄生虫引起，以前两者多见，尤其是病毒。

（1）病毒感染：寒冷季节的婴幼儿腹泻80%由病毒感染引起。病毒性肠炎主要病原为轮状病毒，其次有肠道病毒（包括柯萨奇病毒、埃可病毒、肠道腺病毒等）、诺沃克病毒、冠状病毒、星状和杯状病毒等。其中轮状病毒是秋冬季腹泻的主要病原体。

（2）细菌感染（不包括法定传染病）：以致腹泻的大肠埃希菌为主要病原，包括致病性大肠埃希菌、产毒性大肠埃希菌、侵袭性大肠埃希菌、出血性大肠埃希菌和黏附集聚性大肠埃希菌。其次是空肠弯曲菌和耶尔森菌、沙门菌（主要为鼠伤寒和其他非伤寒、副伤寒沙门菌）、铜绿假单胞菌、变形杆菌、金黄色葡萄球菌等。

（3）真菌感染：以白色念珠菌多见。

（4）寄生虫感染：常见为蓝氏贾第鞭毛虫、阿米巴原虫和隐孢子虫等。

2. **肠道外感染**：患中耳炎、上呼吸道感染、肺炎、泌尿道感染、皮肤感染以及急性传染病时，可伴有腹泻。可因发热、感染原释放的毒素、抗生素治疗、直肠局部激惹（膀胱感染）作用而并发腹泻，或肠道外感染的病原体（主要是病毒）同时感染肠道所致。

（二）非感染因素

1. **饮食因素**：①喂养不当可引起腹泻，多为人工喂养儿。喂养不定时，饮食量不当，突然改变食物种类，或食物成分不适宜，如过早喂给大量淀粉或脂肪类食品，均可引起消化功能紊乱而致腹泻；果汁，特别是那些含高果糖或山梨醇的果汁，可产生高渗性腹泻；肠道刺激物（调料、富含纤维素的食物）也可引起腹泻；②过敏性腹泻，如对牛奶或大豆（豆浆）过敏而引起腹泻；③原发性或继发性双糖酶（主要为乳糖酶）缺乏或活性降低，肠道对糖的消化吸收不良而引起腹泻。

2. **气候因素**：气候突然变化、腹部受凉使肠蠕动增加；天气过热致消化液分泌减少或口渴吃奶过多，都可诱发消化功能紊乱而引起腹泻。

3. 精神因素：精神紧张致胃肠道功能紊乱，也可引起腹泻。

二、临床表现

不同病因引起的腹泻常各具临床特点和不同临床过程。

（一）急性腹泻

病程在2周以内。

1. 腹泻的共同临床表现

（1）轻型腹泻：多由饮食因素或肠道外感染引起。起病可急可缓，以胃肠道症状为主，食欲不振，偶有溢奶或呕吐。排便次数增多，一般每天多在10次以内，每次排便量不多，呈黄色或黄绿色，稀糊状或蛋花汤样，有酸味，常见白色或黄白色奶瓣和泡沫。粪便镜检可见大量脂肪球和少量白细胞。无明显脱水及全身中毒症状，多在数日内痊愈。

（2）重型腹泻：多由肠道内感染引起。常急性起病，也可由轻型逐渐加重转变而来，除有较重的胃肠道症状外，还有明显的脱水、电解质紊乱及全身感染中毒症状。

2. 几种常见类型肠炎的临床特点

（1）轮状病毒肠炎：轮状病毒是婴幼儿秋冬季腹泻最常见的病原，故又称为秋季腹泻。多见于6个月至2岁婴幼儿，>4岁者少见。潜伏期1～3d。起病急，常先有发热和上呼吸道感染症状，并有呕吐，之后出现腹泻，无明显感染中毒症状。排便次数多，量多，水分多，呈黄色水样或蛋花汤样，带少量黏液，无腥臭味。常并发脱水、电解质紊乱及酸中毒。近年报道，轮状病毒感染也可侵犯多个脏器，如中枢神经系统、心肌等。本病为自限性疾病，自然病程3～8d，少数较长。粪便镜检偶有少量白细胞，感染后1～3d即有大量病毒自粪便中排出，最长排出病毒时间可达6d。血清抗体一般在感染后3周上升。病毒较难分离，有条件可直接用电镜检测病毒，或用ELISA法检测病毒抗原、抗体，或PCR及核酸探针技术检测病毒抗原。

（2）产毒性细菌引起的肠炎：多发生在5～8月气温较高的季节。潜伏期1～2d，起病较急，轻症仅排便次数稍增，性状轻微改变。重症腹泻频繁，粪便量多，呈水样或蛋花汤样，混有黏液。伴呕吐，常发生脱水、电解质和酸碱平衡紊乱。粪便镜检无白细胞。为自限性疾病，自然病程3～7d，亦可较长。

（3）侵袭性细菌性肠炎：包括侵袭性大肠埃希菌、空肠弯曲菌、耶尔森菌、鼠伤寒沙门菌等所致的肠炎，全年均可发病，多见于夏季。潜伏期长短不等。临床症状与细菌性痢疾相似。起病急，高热甚至可以发生热惊厥；腹泻频繁，粪便呈黏冻状，带脓血，有腥臭味，常伴恶心、呕吐、腹痛和里急后重等；可出现严重的中毒症状如高热、意识改变，甚至感染性休克；粪便镜检可见大量白细胞及数量不等的红细胞，粪便细菌培养可找到相应的致病菌。其中空肠弯曲菌肠炎腹痛剧烈，易误诊为阑尾炎或肠套叠，可并发严重的小肠结肠炎、败血症、肺炎、脑膜炎、心内膜炎、心包炎等。耶尔森菌小肠结肠炎，多发生在冬春季，腹痛严重者与阑尾炎相似（多由肠系膜淋巴炎所致），亦可引起咽痛和颈淋巴结炎。鼠伤寒沙门菌小肠结肠炎多发生于新生儿和<1岁婴儿，易在新生儿室流行，有胃肠炎型和败血症型，新生儿多为败血症型，可排深绿色黏液脓便或白色胶冻样便。

（4）抗生素诱发的肠炎：由于长期、大量使用广谱抗生素，致肠道菌群失调，耐药性金黄色葡萄球菌、变形杆菌、铜绿假单胞菌、某些梭状芽孢杆菌和白色念珠菌等可大量繁殖引起肠炎。

营养不良、免疫功能低下和长期应用肾上腺皮质激素者更易发病。

（二）迁延性腹泻和慢性腹泻

迁延性腹泻病程在2周至2个月，慢性腹泻病程在2个月以上，病因复杂，感染、食物过敏、酶缺陷、免疫缺陷、药物因素、先天畸形等均可引起，以急性腹泻未彻底治疗或治疗不当致迁延不愈最为常见。人工喂养、营养不良小儿患病率高。表现为腹泻迁延不愈，病情反复，排便次数和性质不稳定，严重时可出现水、电解质紊乱。由于营养不良患儿患腹泻时易迁延不愈，持续腹泻又加重了营养不良，两者可互为因果，最终引起免疫功能低下，继发感染，形成恶性循环，导致多脏器功能异常。

三、辅助检查

1. 血常规：白细胞总数及中性粒细胞增多常提示细菌感染；正常或降低提示病毒感染（也有例外）；嗜酸性粒细胞增多，多属寄生虫感染或过敏性病变。

2. 粪便检查：粪便常规无或偶见白细胞者常为侵袭性细菌以外的病因引起，粪便中有较多的白细胞者，常由于各种侵袭性细菌感染引起。细菌性肠炎粪便培养可检出致病菌；真菌性肠炎粪便镜检可见真菌孢子和菌丝；病毒性肠炎可做病毒分离等检查。

3. 血液生化检查：血液电解质和血气分析测定，可了解体内水电解质和酸碱平衡状态。重症患儿应同时测尿素氮。

四、诊断和鉴别诊断

根据发病季节、病史（包括喂养史和流行病学资料）、临床表现和粪便性状易于做出腹泻病的临床诊断。还需进一步做出病程分类、病情分类、病因分类，对急性重型腹泻必须进一步判定脱水的程度和性质、电解质紊乱和酸碱失衡的存在与否及程度。注意寻找病因，肠道内感染的病原体诊断比较困难，从临床诊断和治疗需要考虑，可先根据粪便常规有无白细胞，将腹泻分为两组。

1. 粪便无或偶见少量白细胞者：为侵袭性细菌以外的病因，如病毒、非侵袭性细菌、寄生虫等肠道内、外感染或喂养不当引起的腹泻，多为水泻，有时伴脱水症状，应与下列疾病鉴别。

（1）生理性腹泻：多见于<6个月的婴儿，外观虚胖，常有湿疹。生后不久即出现腹泻，除排便次数增多外，无其他症状，食欲好，生长发育正常，添加辅食后，粪便即逐渐转为正常。近年研究发现此类腹泻可能为乳糖不耐受的一种特殊类型。

（2）导致小肠消化吸收功能障碍的各种疾病：如乳糖酶缺乏，葡萄糖、半乳糖吸收不良，过敏性腹泻等，可根据各病特点进行鉴别。

2. 粪便有较多的白细胞者：表明结肠和回肠末端有侵袭性炎症病变，常由各种侵袭性细菌感染所致，仅凭临床表现难以区别，必要时应进行粪便细菌培养，细菌血清型和毒性检测。需与下列疾病鉴别：

（1）细菌性痢疾：常有流行病学病史，起病急，全身症状重。便次多，量少，排脓血便，伴里急后重。粪便镜检有较多脓细胞、红细胞和吞噬细胞，粪便细菌培养有痢疾志贺氏杆菌生长。

（2）坏死性肠炎：中毒症状较严重，腹痛、腹胀、频繁呕吐、高热，粪便初为黄色稀便或蛋花汤样便，随后转为暗红色糊状，渐出现典型的赤豆汤样血便，常伴明显中毒症状，甚至休克。腹部立、卧位X线摄片小肠呈局限性充气扩张，肠间隙增宽，肠壁积气等。

五、治疗

腹泻的治疗原则为调整饮食，预防和纠正脱水，合理用药，加强护理，预防并发症。急性腹泻应多注意维持水、电解质平衡及抗感染，迁延性及慢性腹泻则应注意肠道菌群失调问题及饮食疗法。

（一）急性腹泻的治疗

1. 饮食疗法：供给适宜、足够的营养对预防营养不良、促进恢复和缩短腹泻病程非常重要。故应强调继续饮食，但应根据疾病的特殊病理生理状况、个体消化吸收功能和平时的饮食习惯进行合理调整。母乳喂养儿继续哺乳，暂停辅食；人工喂养儿可喂稀释乳或米汤、酸奶、脱脂奶等，待腹泻次数减少后给予流质或半流质饮食如粥、面条等，少量多餐，随着病情稳定和好转，逐步过渡到正常饮食。呕吐严重者，可暂时禁食 4 ~ 6h（不禁水），待好转后继续喂食，由少到多，由稀到稠。病毒性肠炎多有双糖酶（主要是乳糖酶）缺乏，对疑似病例可暂停乳类喂养，改为豆制代乳品、发酵乳或去乳糖配方乳以减轻腹泻，缩短病程。腹泻停止后逐渐恢复营养丰富的饮食，并每日加餐一次，共2周，以满足生长发育的需求。

2. 纠正水、电解质及酸碱平衡紊乱：参见相关章节。

（1）口服补液：适用于腹泻时预防脱水及纠正轻、中度脱水。新生儿和有明显呕吐、腹胀、休克、心肾功能不全或其他严重并发症的患儿不宜采用口服补液。选用口服补液盐（ORS），主要用于补充累积损失量和继续损失量。补充累积损失量轻度脱水 50 ~ 80ml/kg，中度脱水 80 ~ 100 ml/kg，少量频服，于8 ~ 12h 内补足；继续损失量按实际损失补给，ORS 液含电解质较多，脱水纠正后宜加入等量水稀释使用，损失多少补多少，以防继续脱水。一旦脱水纠正即停服。在口服补液过程中要随时注意观察病情变化，如病情加重，则随时改用静脉补液。

（2）静脉补液：适用于中度以上脱水、吐泻严重或腹胀的患儿。

第1天补液。①总量：包括补充累积损失量、继续损失量和生理需要量。根据脱水程度确定补液总量，一般轻度脱水 90 ~ 120ml/kg，中度脱水 120 ~ 150ml/kg，重度脱水 150 ~ 180ml/kg。对少数合并营养不良、肺炎、心及肾功能不全的患儿应根据具体病情分别做较详细的计算；②溶液种类：补充累积损失量根据脱水性质分别选用不同张力溶液，一般低渗性脱水选用2/3张含钠液，等渗性脱水选用1/2张含钠液，高渗性脱水给1/3张含钠液。若临床判断脱水性质有困难，可先按等渗脱水处理。补充继续损失量一般用1/2 ~ 1/3张液体。补充生理需要量可给予1/3 ~ 1/5张含钠液体；③输液速度：主要取决于脱水程度和继续损失的量和速度，原则为先快后慢。重度脱水有周围循环衰竭者应先快速扩容，以改善血循环及肾功能，一般用2：1等张含钠液或1.4%碳酸氢钠 20ml/kg，总量不超过300ml，于30 ~ 60min 内静脉推注或快速滴注。累积损失量（约相当于补液总量的1/2，并扣除扩容液量）应在开始输液的8 ~ 12h 补足，约每小时8 ~ 10ml/kg。脱水纠正后，补充继续损失量和生理需要量的速度宜减慢，余下液体于12 ~ 16h 均匀滴入，约每小时5ml/kg。对低渗性脱水输液速度可稍快，高渗性脱水时输液速度宜放慢。若吐泻缓解，可酌情减少补液量或改为口服补液；④纠正酸中毒：轻、中度酸中毒无须另行处理，因输入的混合溶液中已含有一部分碱性溶液，输液后循环和肾功能改善，酸中毒即可纠正。中、重度酸中毒可根据临床症状结合血气测定结果，另加碱性溶液纠正。对重度酸中毒可用1.4%碳酸氢钠扩容，兼有扩充血容量及纠正酸中毒的作用；⑤纠正低血钾：有尿或补液前6h 内排过尿者应及时补钾。静脉补钾浓度不应超过0.3%；每日静脉补钾时间不应少于8h；切忌将钾盐静脉推注，否则导致高钾血症，危及生命。细胞内的钾浓度恢复正常要有一个过程，因此纠正低钾血症需要有一定时间，一般静脉补钾要持续4~6d。能口服时可改为口服补钾。⑥纠正低血钙、低血镁：出现低血钙症状时可用10%葡萄糖酸钙5~10ml，用等量葡萄糖液稀释后静脉缓注。低血镁者用25%硫酸镁每次0.1mg/kg，深部肌内注射，6h一次，每日3~4次，症状缓解后停用；⑦供给热量：在输液时，还应供给热量以维持基础代谢所需。由静脉输入葡萄糖时浓度不宜过高，不超过15%，速度不宜过快，不超过1g/（kg·h），否则可使血浆葡萄糖浓度上升，渗透压增高。必要时可应用静脉营养。

第二天及以后的补液。经第一天补液后，脱水和电解质紊乱已基本纠正，第二天及以后主要是补充继续损失量（防止发生新的累积损失）和生理需要量，继续补钾，供给热量。病情好转可改为口服补液。如腹泻仍频繁或口服补液量不足者，仍需静脉补液，继续损失量根据吐泻情况，按"丢多少补多少，随丢随补"的原则，用1/2~1/3张含钠溶液补充，生理需要量用1/3~1/5张含钠液补充，将这两部分液体相加于12~24h内均匀静滴，仍要注意继续补钾和纠正酸中毒的问题。

3. 药物治疗

（1）控制感染：水样便腹泻患者（约占70%）多为病毒及非侵袭性细菌所致，一般不用抗生素，应合理使用饮食疗法、液体疗法，选用微生态制剂和黏膜保护剂。如伴有明显全身症状不能用脱水解释者，尤其是对重症患儿、新生儿、小婴儿和免疫功能低下患儿应选用抗生素治疗。黏液、脓血便患者（约占30%）多为侵袭性细菌感染，应根据临床特点经验性选用抗生素，再根据粪便细菌培养及药敏试验结果进行调整。大肠埃希菌、空肠弯曲菌、耶尔森菌、鼠伤寒沙门菌所致感染，常选用抗G-杆菌抗生素以及大环内酯类抗生素。抗生素诱发性肠炎应停用原使用的抗生素，可选用万古霉素、新青霉素、利福平、甲硝唑或抗真菌药物治疗。寄生虫性肠炎可选用甲硝唑（灭滴灵）、大蒜素等。婴幼儿选用氨基糖苷类及其他副作用较为明显的抗生素时应慎重。

（2）微生态疗法：有助于恢复肠道正常菌群的生态平衡，抑制病原菌定植和侵袭，控制腹泻。常选用双歧乳杆菌、嗜酸乳杆菌、粪链球菌、需氧芽孢杆菌、蜡样芽孢杆菌等制剂。

（3）肠黏膜保护剂：能吸附病原体和毒素，维持肠细胞的吸收和分泌功能，并与肠道黏液糖蛋白相互作用以增强其屏障功能，阻止病原体的攻击。常用蒙脱石粉（思密达）。

（4）对症治疗：急性腹泻一般不用止泻剂（如洛哌丁醇），因其有抑制胃肠动力的作用，增加细菌繁殖和毒素的吸收，对于感染性腹泻有时是很危险的。腹胀明显者可肌注新斯的明或肛管排气。呕吐严重者可针刺足三里或肌注氯丙嗪等。

（5）补锌治疗：世界卫生组织/联合国儿童基金会最近建议，对于急性腹泻患儿，6个月以下婴儿应给予元素锌10mg/d，6个月以上小儿20mg/d，疗程为10~14d，有缩短病程的作用。

（二）迁延性和慢性腹泻治疗

因迁延性、慢性腹泻常伴有营养不良和其他并发症，病情较为复杂，必须采取综合治疗措施。

1. 病因治疗：积极寻找引起病程迁延的原因，针对病因进行治疗；切忌滥用抗生素，避免顽固的肠道菌群失调；及时预防和治疗脱水，纠正电解质及酸碱平衡紊乱。

2. 营养治疗：此类病儿多有营养障碍。继续喂养可促进疾病恢复，如肠黏膜损伤的修复、胰腺功能的恢复、微绒毛上皮细胞双糖酶的产生等，是必要的治疗措施，禁食对机体有害。

（1）调整饮食：母乳喂养儿应继续母乳喂养。人工喂养儿应调整饮食。双糖不耐受患儿由于有不同程度的原发性或继发性双糖酶缺乏，食用含双糖（包括蔗糖、乳糖、麦芽糖）的饮食可使腹泻加重，其中以乳糖不耐受最多见，治疗宜采用去双糖饮食，可采用豆浆（100ml鲜豆浆加5～10g葡萄糖）、酸奶或去乳糖配方奶粉。如果在应用无双糖饮食后腹泻仍不改善时，须考虑食物过敏（如对牛奶或大豆蛋白过敏）的可能性，应改用其他饮食或水解蛋白配方饮食。

（2）要素饮食：是肠黏膜受损患儿最理想的食物，系由氨基酸、葡萄糖、中链三酰甘油（甘油三酯）、多种维生素和微量元素组合而成。即使在严重黏膜损害和胰消化酶、胆盐缺乏情况下仍能吸收与耐受，应用时的浓度和量视患儿临床状态而定。

（3）静脉营养：少数严重病儿不能耐受口服营养物质者，可采用静脉高营养。推荐方案为：脂肪乳剂每日2～3g/kg，复方氨基酸每日2～2.5g/kg，葡萄糖每日12～15g/kg，电解质及多种微量元素适量，液体每日120～150ml/kg，热卡每日209～376kJ/kg（50～90kcal/kg），通过外周静脉输入。病情好转后改为口服。

3. 药物治疗。①抗生素：仅用于分离出特异病原的感染患儿，并根据药物敏感试验选用；②补充微量元素和维生素：如锌、铁、烟酸、维生素A、维生素B_{12}、维生素B_1、维生素C和叶酸等，有助于肠黏膜的修复；③应用微生态调节剂和肠黏膜保护剂。

4. 中医辨证论治有良好疗效，并可配合中药、推拿、捏脊、针灸和磁疗等。

六、预防

1. 合理喂养，提倡母乳喂养，及时添加辅助食品，添加时每次限一种，逐步增加，适时断奶。人工喂养者应根据具体情况选择合适的代乳品。

2. 养成良好的卫生习惯，教育小儿饭前便后洗手、勤剪指甲等。注意饮食卫生，食物要新鲜，注意乳品的保存和奶具、食具、便器、玩具和设备的定期消毒。

3. 适当户外活动，加强体格锻炼，增强体质；预防疾病，及时治疗营养不良、佝偻病等；注意气候变化，防止受凉或过热，居室要通风。

4. 对于生理性腹泻的婴儿应避免不适当的药物治疗，不要由于小儿便次多而怀疑其消化能力，而不按时添加辅食。

5. 感染性腹泻患儿，尤其是大肠埃希菌、鼠伤寒沙门菌、轮状病毒肠炎的传染性强，集体机构如有流行，应积极治疗患者，做好消毒隔离工作，防止交叉感染。

6. 避免长期滥用广谱抗生素，对于因败血症、肺炎等肠道外感染必须使用抗生素，特别是广谱抗生素的婴幼儿，即使无消化道症状时亦应加用微生态制剂，以防止难治性肠道菌群失调所致的腹泻。

7. 轮状病毒肠炎流行甚广，接种疫苗为理想的预防方法，口服疫苗已见诸报道，保护率在80%以上，但持久性尚待研究。

七、转诊建议

经治疗后有下列症状之一者：

1. 腹泻或频繁呕吐。

2. 大便带血或伴有腹胀、腹痛。

3. 不能正常饮食，具有明显口渴、无泪、尿少等脱水症状。

4. 持续发热、精神反应差等症状。

第七节　小儿急性肾小球肾炎

急性肾小球肾炎简称急性肾炎，是一组由多种病因所致的感染后以自身免疫反应为主要发病机制的急性弥漫性肾小球炎性病变。以水肿、少尿、血尿和高血压、氮质血症为主要临床表现。为儿科常见病，占同期小儿泌尿系统疾病的53.7%，以5～14岁多见，2岁以下少见。

一、病因

主要由A组β溶血性链球菌（主要为12型）中"致肾炎菌株"感染后引起的免疫反应性疾病。其他病毒如流感病毒、腮腺炎病毒、柯萨奇病毒、埃可病毒及金黄色葡萄球菌和立克次体等也可引起。

二、临床表现

患儿表现轻重不一，轻者仅表现为无症状性镜下血尿，重者急性发作，短期可出现急性肾衰竭。

（一）前驱期感染

本病90%以上有前驱感染史，多发生咽扁桃体炎，也有脓疱病等感染，一般在经过感染后1～3周无症状的间歇期而急性起病，出现乏力、头痛、低热、厌食、腹痛、嗜睡，有轻重不一的不典型症状。咽部感染病程1周左右，皮肤感染病程3周左右。

（二）典型病例

1. 水肿、少尿：水肿是最常见的主诉，由眼睑及面部开始，晨起明显，可波及全身，多为轻、中度水肿，指压凹陷不明显，呈非凹陷性水肿。水肿期间，尿量明显减少，甚至无尿。少尿是水肿的原因，水肿是少尿的表现，1～2周内尿量增多，水肿随之消退。

2. 血尿：起病时均有血尿，肉眼血尿约占1/3，尿色与尿液的酸碱性不同有关，酸性尿时呈浓茶色，中性或弱碱性时呈鲜红色或洗肉水样；肉眼血尿在1～2周内消失，镜下血尿可持续3～6个月，个别更长。轻者仅为镜下血尿。蛋白尿一般不重，持续时间较短。

3. 高血压：30%～80%病例有高血压，第1周可有头晕、眼花、恶心等，第2周随着尿量增多后降至正常。个别可持续3～4周。

（三）严重病例

少数患儿在起病的1～2周内病情发展严重，出现严重循环充血及心力衰竭、高血压脑病、急性肾衰竭，病情可急剧恶化甚至危及生命。

1. 循环充血：急性肾炎因水、钠潴留使血容量增多而出现循环充血。呼吸增快、咳嗽、端坐呼吸、肺底可闻及细小湿啰音。严重者口吐粉红色泡沫痰，心脏扩大，心律增快，甚至出现奔马律，颈静脉充盈或怒张，肝大等。

2. 高血压脑病：水钠潴留、血容量增多导致血压升高到一定程度，学龄儿童血压往往达150/90mmHg以上，学龄前儿童血压达130/80mmHg以上，血压升高，超过脑血流代偿机制，使脑组织血液灌注急剧增多而致脑水肿。临床上出现剧烈头痛、恶心、呕吐、烦躁不安、一过性失明、惊厥和昏迷等症状。

3. 急性肾功能不全：急性肾炎患儿在尿量减少、尿闭同时，可出现暂时氮质血症、电解质紊乱、代谢性酸中毒。若治疗及时，持续3～5d，症状很快消失。

三、辅助检查

1. 尿常规：尿蛋白阳性，多为+～+++，镜下可见大量红细胞，可见透明、颗粒、红细胞管型。尿常规一般在6～8周后转为正常。

2. 血液检查：血常规有轻度贫血，与血容量增高、血液稀释有关。白细胞轻度升高或正常。血沉增快，多在2～3个月内恢复正常。抗链球菌溶血素O（ASO）大多数增高，通常感染2～3周开始升高，3～5周达高峰，可持续半年到1年左右恢复正常。80%～90%的急性期患儿血总补体及补体C3均降低，多在6～8周内恢复正常。血清补体下降程度与急性肾炎病情轻重无明显相关性，但对急性肾炎的鉴别诊断有重要意义。

3. 肾功能检查：儿童血尿素氮（BUN2.5～6.4mmol/L）和血肌酐一般正常，明显少尿时升高。持续少尿、无尿者，血肌酐升高，内生肌酐清除率降低，尿浓缩功能受损，重症患者出现严重肾功能异常，伴有高钾血症、代谢性酸中毒。

4. 肾病理活检：出现以下情况时考虑：①持续性肉眼血尿达3个月以上者；②持续性蛋白尿和血尿＞6个月者；③发展为肾病综合征者；④肾功能持续减退者。

四、诊断和鉴别诊断

本病起病前往往在1～3周有前驱期链球菌感染史，急性起病，具备水肿、少尿及高血压，血尿、蛋白尿和管型尿等特点，急性期血清ASO滴度升高，总补体和补体C3浓度降低，均可临床确诊。做出诊断多不困难，肾穿刺活检只在考虑有急进性肾炎及临床、化验不典型或病情迁延者进行，能予以确定诊断。

急性肾炎与以下疾病鉴别：

1. 其他病原体感染的肾小球肾炎：多种病原体可引起急性肾炎，可从原发感染灶及各自临床特点相区别，如细菌（葡萄球菌、肺炎链球菌等）、病毒（乙肝病毒、流感病毒、EB病毒、水痘病毒和腮腺炎病毒等）、支原体、原虫感染等。如病毒感染性肾炎，前驱期短，约3～5d，症状轻，无明显水肿及高血压，以血尿为主，补体C3正常，ASO不升高。

2. IgA肾病：以血尿为主要症状，表现为反复发作性肉眼血尿，多在上呼吸道感染后24～48h出现血尿，多无水肿、高血压，血清补体C3正常。确诊靠肾活检、病理诊断。

3. 慢性肾炎急性发作：急性发作既往肾炎史不详，无明显前期感染，除有肾炎症状外，常有贫血，肾功能异常，低比重尿，尿改变以蛋白增多为主。

4. 特发性肾病综合征：具有肾病综合征表现的急性肾炎需与特发性肾病综合征鉴别。若患儿呈急性起病，有明确的链球菌感染的证据，血清补体C3降低，肾活检病理为毛细血管内增生性肾炎者有助于急性肾炎的诊断。

5. 其他：还应与急进性肾炎或其他系统性疾病引起的继发性肾小球疾病如紫癜性肾炎、狼疮性肾炎等相鉴别。

五、治疗

该病属于自限性疾病，目前无特效治疗方法，主要为急性期卧床休息，限制盐摄入量，彻底清除感染灶，采取利尿和降压等对症治疗，防治急性期严重病例发生，保护肾功能。

（一）限制活动

急性期2周内卧床休息，减轻心脏负荷，改善肾血流量，防止严重并发症的发生。有高血压和心力衰竭者，要绝对卧床休息。水肿消退、血压正常、肉眼血尿消失，可在室内轻度活动；血沉正常可上学，但要避免体育活动；Addis计数正常后，可恢复正常活动。

（二）饮食管理

给予高糖、高维生素、适量蛋白质和脂肪的低盐饮食。高糖饮食可防止体内蛋白质分解。急性期1～2周内，应控制食物中的氯化钠摄入量，每日1～2g/kg。水肿及严重少尿、氮质血症者，应限制水及蛋白的摄入。水肿消退、血压恢复正常后，逐渐由低盐饮食过渡到普通饮食。因小儿生长发育快，对盐及蛋白质的需要较高，不宜过久地限制。

（三）控制感染

用青霉素10～14d，目的是消除病灶内残存的链球菌，阻断抗原抗体反应。如青霉素过敏改用红霉素，禁用肾毒性药物。

（四）对症治疗

1. 利尿：经控制水、盐入量仍水肿伴少尿者，可用氢氯噻嗪每日1～2mg/kg，分2～3次口服，严重者可用呋塞米（速尿）1～2mg/kg，肌注或静注。

2. 降压：经休息、利尿、限制水、盐入量，血压仍高者应给予降压药。首选硝苯地平，为钙通道阻滞剂，剂量为0.25mg/（kg·d），最大剂量为1mg/（kg·d），分3次口服或舌下含服。也可用血管紧张素转换酶抑制剂卡托普利，初始剂量为0.3～0.5mg/（kg·d），最大剂量为5～6mg/（kg·d），与硝苯地平交替用效果更佳。

（五）严重病例的治疗

1. 严重循环充血的治疗。①利尿：应用快速、强效利尿剂，如呋塞米（速尿）每次1mg/kg。②扩血管：可选硝普钠，直接扩张血管平滑肌、周围血管，减轻心脏前后负荷，起效快，新鲜配制，时间超过4h不能用，需避光输液，最大浓度应小于0.16ml/kg，注意副作用。③难治病例：可用腹膜透析、血液滤过等。④强心剂：一般不用，必要时辅以速效洋地黄制剂，量宜偏小，症状好转即停药。

2. 高血压脑病的治疗：原则为降压、止惊、脱水、利尿。首选强有力降压药硝普钠，有降压、利尿的双重作用。用药注意事项：浓度由小到大，5～20mg加入5%葡萄糖100ml，以1μg/（kg·min）的速度，视血压控制情况调整。停药时要防止反跳。另外，应对症止惊、脱水、给氧治疗。

3. 急性肾衰竭的处理。治疗原则：保持水、电解质及酸碱平衡，供给足够热量，防止并发症，争取时间，等待肾功能恢复。具体措施：严格控制液体入量，每日液体入量＝前一日尿量＋每日不显性失水（每日400ml/m²）＋异常丢失量–内生水量（每日100ml/m²），必要时及早采取透析治疗。

六、预后和预防

急性链球菌感染后肾炎患者95%完全康复，大多数发病2周内经利尿、消肿，血压恢复正常。镜下血尿消失常需要数月甚至1年，肾功能异常者也多于2周内恢复。少于5%的患儿持续尿异常，应加强对患儿随访，死亡病例一般小于1%。预防的关键是防治呼吸道、皮肤的感染。

七、转诊建议

1. 血压升高（学龄前大于130/80mmHg，学龄期大于150/90mmHg）。

2. 出现眼睑甚至下肢或者全身水肿，伴尿量明显减少，尿色变深，肾功能异常。

3. 出现血尿、蛋白尿、管型尿，血沉升高。

第八节　小儿惊厥

惊厥是儿科最常见的急症之一，是由各种原因导致的大脑神经元突然异常放电，引起全身或局部骨骼肌群出现强直或阵挛性抽搐，常伴有意识障碍。发生率为成人的10～15倍。

一、病因

引起惊厥的原因很多，常分为感染性与非感染性两大类。

（一）感染性惊厥

1.颅内疾病：由细菌、病毒、真菌、寄生虫等引起的脑炎、脑膜炎、脑脓肿等。

2.颅外疾病。

（1）热性惊厥：是小儿颅外感染引起惊厥的最常见原因。常见原因是上呼吸道感染等，多于病初体温骤升时引起。

（2）中毒性脑病：常并发于严重感染性疾病，如败血症、重症肺炎、细菌性痢疾、百日咳等。

（3）其他：如破伤风、Reye综合征等。

（二）非感染性惊厥

1. 颅内疾病：颅脑损伤、各种特发性癫痫、颅内占位性病变（如肿瘤、囊肿）、先天发育畸形（如脑发育异常、脑退行性变）等。

2. 颅外疾病。

（1）中毒性疾病：各种原因引起的中毒，如药物、食物、植物、农药、杀鼠药、CO、重金属中毒等。

（2）代谢性疾病：如低血钙、低血镁、低血糖、低血钠、高血钠等。

（3）心源性疾病：如阿斯综合征（心源性脑缺血综合征）、溺水等。

（4）肾源性疾病：泌尿系统疾病引起的高血压脑病、尿毒症等。

（5）遗传性疾病：如苯丙酮尿症、半乳糖血症、肝豆状核变性等。

二、临床表现

（一）典型惊厥

发病急骤，患儿突然意识丧失，头向后仰，眼球固定上翻或斜视，口吐白沫，牙关紧闭，全身骨骼肌不自主、持续地强直性收缩，甚至出现角弓反张，肢体及躯干有节律地抽动，重时呼吸受抑制，可伴尿便失禁，发作时间可由数秒至数分钟不等，之后深呼吸，肌肉松弛，抽搐缓解，呼吸恢复，但不规则、浅促，发作后多入睡或哭泣，醒后可出现头痛、疲乏，对发作无记忆。若抽搐部位局限恒定，常有定位意义。

（二）不典型惊厥

婴幼儿惊厥多不典型，常呈肢体和躯干的局限性运动性发作、阵挛抽动，有时仅表现为眼上翻、凝视或斜视、屏气。发作持续时间不等，可数秒钟甚至数分钟。新生儿惊厥更不典型，发作时呈呼吸暂停、双眼直视、眼睑抽搐，伴流涎、吸吮和咀嚼等动作，还可有似游泳或踏自行车样的复杂动作，不易被发现。

（三）热性惊厥

是小儿时期最常见的惊厥性疾病。

1.单纯性热性惊厥。特点为：①初发年龄在6个月至3岁小儿，6岁后罕见，患儿往往体质较好；②病初体温骤升，常发生在＞38.5℃时；③发作呈全身性、时间短（＜15min）、24h内或同一热性病程中仅发作1次；④发作前后无神经系统异常症状和体征，热退2周后脑电图正常，预后良好；⑤此型占热性惊厥的75%。

2.复杂性热性惊厥。特点为：①初发年龄＜6个月或＞6岁；②起初为高热惊厥，发作数次后，低热甚至无热时也可发生惊厥；③发作呈全身性、持续时间长（＞15min），或反复多次发作（一次发热过程多次发作），或局灶性发作；④发作前有神经系统异常体征，热退2周后脑电图异常，预后不好，可反复频繁地再次发作；⑤可有癫痫家族史。

（四）惊厥持续状态

惊厥持续30min以上或两次惊厥在发作间期意识未恢复的称为惊厥持续状态。

三、辅助检查

除血、尿、便常规外，还应根据需要选择地做血生化（血糖、血钙、血镁、血钠等）、脑脊液、眼底检查、硬脑膜下穿刺、头颅X线平片、颅脑超声、脑电图、CT、磁共振成像（MRI）等检查。

四、诊断

惊厥仅是一个症状，因此在急救的同时，应尽快找出病因，做出病因诊断。

1.询问病史：应详细询问惊厥发作的细节情况，如发生年龄、季节、有无发热、意识状态、有无先兆、形式、持续时间、发生的具体时间、发作后表现及伴随症状，有否惊厥家族史、药物及食物中毒史，惊厥的治疗经历等。

2.体格检查：应仔细做全面的体格检查，注意意识状态、生命体征、有无皮肤色素异常、皮疹、瞳孔变化、眼底改变、神经系统阳性体征、小儿智力发育、社会适应能力等。

五、治疗

治疗原则为迅速控制惊厥、查找病因、预防惊厥复发。

（一）一般治疗

1.保持安静：避免一切不必要的刺激。

2.保持呼吸道畅通：及时清除咽喉部分泌物，头偏向一侧，以免误吸发生窒息。

3. 吸氧：以减少缺氧造成的脑损伤。

4. 放置牙垫：用纱布包裹压舌板垫放在上、下磨牙之间，以防舌咬伤。

5. 监测生命体征：及时发现病情变化，及早处置。

（二）迅速控制惊厥

药物止惊：

1. 地西泮（安定）：为惊厥首选药物。每次 0.3～0.5mg/kg，最大剂量年长儿≤10mg、幼儿≤5mg、新生儿≤3mg，快速静脉注射，5min 起效，作用时间短，15min 后可重复使用。

2. 咪达唑仑：肌肉注射具有很好的止惊效果，而且操作简便、快速，可作为首选，首剂 0.2～0.3mg/kg，最大不超过 10mg；如发作持续，可继续静脉输注。

3. 苯巴比妥钠：为新生儿止惊时的首选药物。首次量 10mg/kg，缓慢静脉或肌肉注射，15min 内见效，止惊效果好，维持时间长，必要时可于 20～30min 后再给 10mg/kg，多于 12h 后使用维持量 4～5mg/（kg·d）。

4. 水合氯醛：10% 制剂，每次 0.3～0.5ml/kg，用生理盐水稀释 1～2 倍后由胃管给药或灌肠，本药作用较快，但持续时间较短，必要时 30min 重复一次。

5. 苯妥英钠：适用于惊厥持续状态，经以上治疗无效时。首剂 15～20mg/kg 静脉注射，维持量为每天 5mg/kg，静脉注射，共 3d。

（三）对症治疗

有脑水肿及颅内压升高者，给予降颅压；发热者给予降温；保证水分及营养，维持机体水、电解质平衡，给予支持治疗。

（四）病因治疗

尽快找出引起惊厥的病因，针对病因治疗是控制惊厥的关键，以预防惊厥复发。

六、转诊原则

药物止惊治疗后抽搐不缓解或惊厥持续状态需转诊治疗。

第七章　耳鼻咽喉常见疾病

第一节　鼻　炎

急性鼻炎是鼻腔黏膜的急性感染性炎症，急性鼻炎反复发作或治疗不彻底,可逐渐演变成慢性鼻炎。

一、病因

首要病因是病毒感染，或在病毒感染的基础上继发细菌感染。最常见的是鼻病毒，其次是流感和副流感病毒、腺病毒、冠状病毒、柯萨奇病毒及黏液和副黏液病毒等。病毒传播方式主要是经过呼吸道吸入，也是通过被污染体或食物进入机体。

二、临床表现

鼻塞、流涕、发热等。慢性鼻炎鼻分泌物增多和间歇性、交替性鼻塞。

三、辅助检查

1.前鼻镜检查：鼻腔黏膜充血、水肿。
2.血常规检查：血常规及C-反应蛋白观察白细胞计数、中性粒细胞百分比、C反应蛋白增高。

四、诊断

临床表现、体征。

五、治疗

1.全身治疗。

休息、保暖，发热的患者应卧床休息；高热量的饮食，多饮水；保持大小便通畅，以便于排出毒素。

2.局部治疗。

主要为对症治疗。急性鼻炎鼻塞可用1%麻黄碱滴鼻或喷雾，以减少鼻黏膜充血、消肿，小儿使用低浓度的麻黄碱（0.5%），避免多滴引起不良反应。慢性鼻炎可每日用生理盐水鼻腔冲洗，使用鼻用激素如辅舒良、内舒拿喷鼻治疗以恢复鼻腔及鼻窦通气和引流，口服促黏液排除剂如欧龙马滴剂、桉柠派胶囊恢复纤毛和浆液黏液腺的功能。

第二节 鼻窦炎

鼻窦炎是一个或多个鼻窦发生的炎症，累及的鼻窦包括上颌窦、筛窦、额窦和蝶窦，分为急性鼻窦炎和慢性鼻窦炎。

一、病因

1. 急性鼻窦炎多继发于急性鼻炎。急性传染病、牙龈感染、变态反应、气压性损伤、鼻腔异物、肿物、腺样体肥大、慢性疾病以及机体抵抗力差等均可诱发。致病菌以化脓性球菌多见，如肺炎双球菌、链球菌、葡萄球菌等。真菌感染较少。

2. 慢性鼻窦炎病因非常复杂，传统的观点认为感染、变态反应、鼻腔鼻窦解剖学异常是三大主要致病因素，这些致病因素经常交叉在一起。同时环境因素、遗传因素、骨炎、胃食管反流、呼吸道纤毛系统疾病、全身免疫功能低下等，也可成为诱因。

二、临床表现

1. 急性鼻窦炎的主要症状为鼻塞、流脓涕、头痛，重者畏寒、发热、全身不适。以上颌窦及筛窦多见。

2. 慢性鼻窦炎的典型症状包括鼻塞、流涕、头面部胀痛和嗅觉功能障碍，还可出现打鼾和耳部症状如耳鸣、耳闷等，严重者甚至还会出现听力下降。

三、辅助检查

1. 鼻部视、触、叩诊。

急性额窦炎常在眶内上缘软组织处出现红肿，压迫该处有明显压痛;急性筛窦炎在内眦部多有红肿及压痛;急性上颌窦炎，面颊部相当于尖牙窝处软组织可出现红肿，并有明显压痛，有的病人有同侧上列磨牙叩痛。

2. 鼻腔检查。

急性鼻窦炎可见鼻腔黏膜充血、肿胀。患前组鼻窦炎时，中鼻道黏膜充血明显，并有黏脓性或脓性分泌物。额窦炎脓液多在中鼻道前部，前组筛窦炎脓液多在中鼻道中部，上颌窦炎脓液多在中鼻道的中后部。后组筛窦炎常见嗅裂部黏膜肿胀。患蝶窦炎时，在蝶筛隐窝部可见脓液。若中鼻道及嗅裂部无脓，以1%麻黄素溶液喷雾鼻腔，收缩黏膜后行头位引流，再观察鼻腔脓液来源于何处。慢性鼻窦炎前鼻镜或鼻内镜检查可见来源于中鼻道、嗅裂的黏性或黏脓性分泌物，鼻黏膜充血水肿。伴鼻息肉的慢性鼻窦炎患者可见来源于双侧中鼻甲、中鼻道黏膜的鼻息肉，嗅裂区域的鼻中隔黏膜以及上鼻道和后筛黏膜也可出现鼻息肉。

3. 鼻腔影像学检查：炎症侵及的窦腔提示存在黏膜水肿、积液。

四、诊断

根据临床表现、体征、鼻窦影像学检查报告可诊断。

五、治疗

（一）急性鼻窦炎

1. 全身治疗：休息、保暖，发热的患者应卧床休息；进高热量的饮食，多饮水；保持大小便通畅，以便于排出毒素。

2. 局部对症治疗：鼻塞可用1%麻黄碱滴鼻或喷雾，减少鼻黏膜充血，消肿以利于引流。

3. 抗菌治疗：罗红霉素为大环内酯类抗生素，使用5~7d。

4. 使用黏液促排剂：标准桃金娘油肠溶胶囊具有稀化黏液及改善鼻窦黏膜纤毛活性的作用，有利于分泌物的排出和鼻腔黏膜环境的改善。

5. 中医治疗：中药有板蓝根、大青叶、山豆根、大蓟、一枝黄花、桑叶、连翘、紫苏、荆芥、薄荷等。

（二）慢性鼻窦炎

1. 糖皮质激素治疗：糖皮质激素具有强大的抗炎、抗水肿效应，糠酸莫米松鼻喷雾剂常作为一线主体用药，一般连续使用3~6个月。泼尼松属于口服糖皮质激素，不建议常规使用。

2. 抗菌治疗：罗红霉素为大环内酯类抗生素，持续使用3个月以上。慢性鼻窦炎伴急性感染时，也可以选择阿莫西林进行治疗，疗程不超过2周。

3. 使用收缩鼻黏膜药物及黏液促排剂：盐酸萘甲唑啉可能收缩鼻腔黏膜，减轻炎症反应，还可以改善鼻腔通气，可以临时使用不超过1周。标准桃金娘油肠溶胶囊黏液具有稀化黏液及改善鼻窦黏膜纤毛活性的作用，有利于分泌物的排出和鼻腔黏膜环境的改善。

4. 抗过敏治疗：孟鲁司特钠为白三烯受体拮抗剂，具有平喘和抗过敏的作用，可以减轻鼻-鼻窦炎引起的症状。氯雷他定属于第二代口服抗组胺药，有抗变态反应的作用。

5. 保守治疗无效时选择鼻内镜手术治疗。

第三节　化脓性中耳炎

化脓性中耳炎是中耳黏膜的化脓性炎症。急性中耳化脓性炎症病程超过6-8周时，病变侵及中耳黏膜、骨膜或深达骨质，可造成不可逆损伤，常合并慢性乳突炎。

一、病因

主要致病菌为肺炎球菌、流感嗜血杆菌、溶血性链球菌、葡萄球菌等。

二、临床表现

耳痛、耳漏、听力减退及发热、畏寒、倦急等全身症状，其临床表现在鼓膜穿孔前后迥然不同。婴儿不会表述症状，常表现为搔耳、摇头、哭闹不安等。

三、辅助检查

1. 耳周检查：通过视诊观察乳突间、鼓窦区有无压痛，有无肿胀、红肿等症状。

2. 耳镜检查:可以明确诊断,可以直接观察鼓膜状态,有无充血等,可以看到是否有分泌物渗出,是否有耳膜穿孔等症状。

3. 听力检查:是最简单的一种方法,多为传导性听力损失,一般不具有诊断意义,起辅助作用。如果内耳受到细菌损害,可出现混合性听力损失。

4. 血液分析:血常规中白细胞升高,总数增多,多核性白细胞增加,提示有感染征象,一般鼓膜穿孔后感染症状会消退,一般血象也会随着穿孔逐渐恢复正常。

四、诊断

患者症状出现时间较短,符合其中两条诊断标准就可诊断为急性化脓性中耳炎。①典型症状:如耳痛、耳内流脓、听力下降等。②耳镜检查:直视下看到鼓膜充血或者穿孔,中耳腔中有明显肿胀等炎症反应。③血常规:白细胞明显升高,提示有感染指征。

五、治疗

急性化脓性中耳炎一般容易治疗,治疗周期短,以抗感染为主。可使用药物进行全身和局部治疗,必要时需要手术切开引流。

(一)局部治疗

鼓膜穿孔前用2%的石炭酸甘油滴耳;鼓膜穿孔后可选择3%双氧水洗耳,再使用3%氧氟沙星滴耳液滴耳。

(二)全身治疗

1. 尽早应用足量的抗菌药物控制感染,彻底治愈,以防发生并发症或者转为慢性炎症。可选择第一代头孢菌素,例如头孢拉啶、头孢唑啉等;第二代头孢菌素可选用头孢呋辛。鼓膜穿孔后应立即取脓液做细菌培养及药敏试验,参照结果选用敏感的抗菌药物。直到症状完全消失,并在症状消失后,继续治疗数日方可停药。

2. 鼻腔减充血剂滴鼻或者喷雾于鼻咽部,可减轻鼻咽黏膜肿胀,有利于恢复咽鼓管功能。

3. 症状严重者应该注意支持疗法,如静脉输液、输血,应用少量糖皮质激素。

4. 耳痛严重伴有发热者可使用解热镇痛药,如布洛芬或者对乙酰氨基酚。

5. 慢性化脓性中耳炎药物治疗:

(1)静止期以局部用药为主:3%氧氟沙星滴耳液滴耳,保持患耳清洁、干燥。

(2)活动期:以清除病变、预防并发症为主,尽力保留听力相关结构。

①引流通畅者,局部用药:3%氧氟沙星滴耳液滴耳。

②引流不畅者行乳突根治术。

第四节　扁桃体炎

扁桃体炎可分为急性扁桃体炎和慢性扁桃体炎。反复发作急性扁桃体炎使抵抗力降低,细菌易在隐窝内繁殖,诱致慢性扁桃体炎的发生和发展。扁桃体炎也可继发于某些急性传染病之后,如猩红热、白喉、流感、麻疹等。此外,吸烟、饮酒等因素可诱发该病。

一、病因

乙型溶血性链球菌是急性扁桃体炎主要的致病菌，少数病例可由葡萄球菌、肺炎球菌或流感嗜血杆菌引起。

二、临床表现

全身症状：畏寒、高热、头痛；局部症状：咽痛，幼儿可能有呼吸困难。

三、辅助检查

1. 口咽检查，扁桃体充血、水肿、局部化脓。
2. 实验室检查：血常规及C-反应蛋白观察白细胞计数、中性粒细胞百分比、C反应蛋白增高。
3. 咽拭子涂片和药敏试验：该检查可以查到致病菌，并行药敏试验，指导临床应用敏感抗生素。

四、诊断

典型局部表现为咽部黏膜弥漫性充血，以扁桃体及双侧腭弓最为明显，扁桃体肿大。急性化脓性扁桃体炎时可见其表面有黄白色脓点，或在隐窝口处有黄白色或灰白色点状豆渣样渗出物，可形成一片假膜，不超过扁桃体范围，易拭去但不遗留出血创面。

五、治疗

（一）一般治疗

卧床休息，多饮水，吃清淡、营养食物，保持大便通畅，用温盐水漱口。剧烈咽痛或高烧者，可以应用解热镇痛药，如布洛芬。

（二）药物治疗

1. 青霉素类药物：急性扁桃体炎首选青霉素类药物进行治疗，如果效果不佳，可根据药敏试验调整治疗方案。

2. 头孢类抗生素：可选用头孢替安、头孢唑啉钠、头孢硫脒、头孢哌酮和头孢呋辛。作用机理同青霉素，具有抗菌谱广、抗菌作用强、耐青霉素酶、过敏反应较青霉素类少见等优点。是一类高效、低毒、临床广泛应用的重要抗生素。

3. 解热镇痛药物（布洛芬片）或糖皮质激素（地塞米松注射液静脉注射）：如果患者咽痛剧烈且出现高热情况，可选用此类药物进行治疗。

4. 中医治疗：从中医角度看，主要认为该疾病患者有痰热，外感风火，临床上应遵循疏风清热、消肿解毒的原则进行治疗。

对于慢性扁桃体炎患者的治疗，可长期服用维生素C，体质虚弱常易发作者，可使用提高机体免疫力功能的制剂。

合并感染时可使用头孢克肟、罗红霉素、阿奇霉素。

扁桃体切除术即将全部扁桃体及其被膜一并切除，是治疗慢件扁桃体炎较好的方法。

第八章 皮肤科常见疾病

第一节 湿 疹

一、病因

湿疹是由多种内外因素引起的真皮浅层及表皮的炎症性瘙痒性皮肤病,急性期有渗出倾向,易反复发作,严重影响患者的生活质量,是皮肤科的常见疾病。

湿疹的发病原因较为复杂,尚不明确。主要受外部因素及内部因素两方面影响。

(一)外部因素

吸入及食入过致敏物质,例如粉尘、屋尘等吸入物及鱼虾、牛羊肉等食物。生活环境的改变,例如天气潮热及干燥、接触动物皮毛、各种化学物质加重及诱发。

(二)内部因素

神经精神因素、遗传、慢性感染灶,例如慢性胆囊炎、幽门螺旋菌感染、内分泌及代谢改变,例如月经紊乱、妊娠,及血液循环障碍,例如静脉曲张。

二、临床表现

根据临床特点及病程,湿疹分为急性湿疹、亚急性湿疹及慢性湿疹,此外还有特殊类型的湿疹。

(一)急性湿疹

可发生于身体的任何部位。好发于面颊、耳部、手足、前臂、小腿等外露部位,常对称分布,严重者可弥漫全身,皮肤的损害呈多形性。主要表现为红斑基础上针尖至粟粒大小的丘疹,丘疱疹,严重时可出现小水疱。常因瘙痒搔抓形成点状糜烂,表面有明显的渗出,自觉瘙痒剧烈,严重时影响患者生活质量。

(二)亚急性湿疹

往往是由急性湿疹症状减轻或不适当处理后病程迁延发展而来,典型的临床表现为红肿及渗出减轻,皮损为少许的丘疹及丘疱疹,颜色呈暗红色,可有少许的鳞屑及轻度的浸润,仍剧烈瘙痒。当再次接触过敏源、新的刺激及处理不当可急性发作,经久不愈,慢性迁延则发展为慢性湿疹。

(三)慢性湿疹

由急性湿疹及亚急性湿疹迁延而来,亦可以一开始就表现为慢性化。典型的皮肤损害为患处皮肤呈浸润性暗红斑，可见丘疹、抓痕及鳞屑，局部皮肤肥厚，可有苔藓样改变、色素沉着或色素减退。部分部位因皮肤失去正常弹性而出现皲裂，导致疼痛。

以上三型改变代表了湿疹动态演变过程中的不同时期，湿疹可以从任何一个阶段发病，也可以在上述几个阶段相互转化。

（四）特殊类型湿疹

1. 手部湿疹：发病率比较高，发病因素难确定。主要是因为手部接触外界各种刺激的机会较多。多数起病缓慢，迁延不愈。表现为双手对称性的干燥暗红斑，局部浸润肥厚，冬季往往形成裂隙，自觉瘙痒，病情反复。

2. 静脉曲张性湿疹：亦称瘀积性皮炎，发生于下肢静脉曲张患者，由于静脉回流受阻，局部皮肤代谢障碍，典型皮损为静脉曲张基础上出现水肿，继而出现红斑、丘疹、暗褐色色素沉着及斑疹（含铁血黄素沉积），急性期出现糜烂、渗出及结痂，由于该处皮下组织较薄，血液循环较差，恢复较慢，处理不当会形成经久不愈的溃疡。

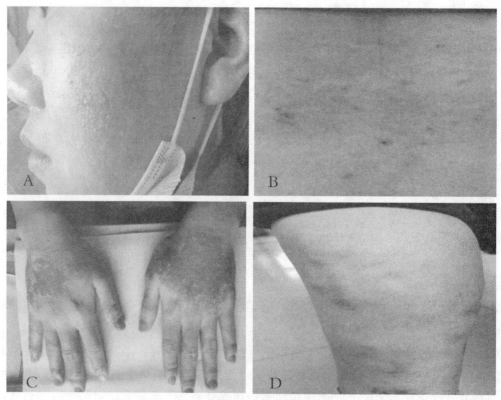

图8-1　湿疹

A：急性湿疹；B：慢性湿疹；C：手部湿疹；D：静脉曲张性湿疹。

三、诊断与鉴别诊断

根据湿疹以下特性：对称性、多形性、渗出性、复发性、迁延性等可以明确诊断。对于急性湿疹，需与接触性皮炎相鉴别。接触性皮炎往往具有明确的诱发因素，皮损发生在接触物接触的部位，形状和接触物相同，皮损形态单一，往往是急性改变，如急性红肿、丘疹。剧烈时可出现水疱，去除病因及对症处理即可痊愈。如果不再次接触致敏物质，一般不会复发。慢性湿疹往往需与慢性单纯性苔藓相鉴别，后者常以瘙痒为起始症状，继而出现苔藓样改变。慢性单纯性苔藓可能和精神因素与睡眠等因素相关。

四、治疗

由于湿疹的发病因素复杂，具有个体差异。因此详细询问病史、发现病因并在配合治疗下能取得良好的效果。首先要避免过度的搔抓以及热水、肥皂水等的过度烫洗，避免食用辛辣刺激的食物、避免酗酒、保持皮肤清洁及湿润、防治继发感染都有利于此病的康复。

（一）内服药物

最常用的为抗组胺药物。根据病情严重程度及年龄使用第二代 H_1 受体拮抗剂和第一代 H_1 受体拮抗剂或联合使用。例如依巴斯丁10mg，一天一次。扑尔敏片4mg，每晚一次（青光眼患者及老年男性患者慎用）。对于常规使用抗组胺药物效果不好的，可以考虑短期服用中小剂量的糖皮质激素，例如强的松片每天20~40mg，分次服用，见效后逐渐减量，服用激素期间应注意激素的相关副作用，对于老年患者及高血压、糖尿病、胃溃疡、骨质疏松等患者要特别谨慎。

（二）外用药物疗法

需根据不同皮损及临床表现选择不同剂型的药物，对于急性期有糜烂渗出的，需选择溶液湿敷，例如3%的硼酸溶液；合并细菌感染的，可加用呋喃西林溶液。急性期无渗出时可用洗剂，炉甘石洗剂外用。亚急性期有少量渗出，可以选择糊剂或软膏，例如氧化锌软膏、丁酸氢化可的松软膏。对慢性肥厚性的皮损，可使用中强效的糖皮质激素软膏，例如艾洛松乳膏、复方氟米松乳膏。合并细菌感染时，加抗菌药物，临床上常用莫匹罗星软膏、夫西地酸软膏。

（三）对于上述两种疗法效果仍不佳时，还可以采用一些物理治疗

比如窄谱UVB照射治疗，以及清热除湿凉血成分的中药，都对急慢性湿疹有一定疗效。

第二节　接触性皮炎

一、病因

（一）接触性皮炎

是由于接触一些外源物质。如化妆品、外用药、金属类饰品、消毒剂、塑料制品、化学物品等引起的一种急性、亚急性或慢性炎症性的皮肤病，其发病机制有原发性刺激和变应性接触性皮炎两种，变应性接触性皮炎主要是IV型迟发性变态反应。

（二）刺激性接触性皮炎

接触物为具有很强毒性及刺激性的物质，例如强酸强碱，任何人接触后均可发病，无潜伏期，皮损出现在接触部位，停止接触后皮损消退。

（三）变应性接触皮炎

多数人不发病，仅少数人首次接触后不发生反应，经过一定潜伏期（一般1~2周）再次接触同样致敏物发病，此病易反复发作，皮损范围对称并广泛，皮肤斑贴试验阳性。

二、临床表现

根据病程，接触性皮炎在临床上分为急性、亚急性和慢性。此外还有特殊类型的接触性皮炎。

1. 接触性皮炎的特征性皮损往往发生在接触部位。皮损形态和接触的物质形状相一致。急性接触性皮炎皮损初期为水肿性的红斑、丘疹，病情严重时还可以出现水疱甚至大疱。水疱破溃后出现糜烂及金黄色结痂。患者往往自觉瘙痒剧烈，同时伴轻度的灼痛。亚急性和慢性接触性皮炎表现为轻度红斑、丘疹，边界不清楚。长期反复接触可致皮损呈慢性化，表现为轻度的增生和苔藓样改变。

2. 特殊类型接触性皮炎。

（1）染发皮炎：临床多见，是患者接触染发剂后出现的急性、亚急性甚至慢性皮炎，往往是在头皮部位出现红肿、渗液，继而发展至整个面部肿胀，严重者睁眼受限，皮损的部位伴剧烈瘙痒、疼痛，发病因素确定。

（2）尿布皮炎：发病部位往往在婴儿的会阴部，皮损位置和尿布包扎的形态一致，多数是由于尿布更换不及时，产氨细菌分解尿液后产生氨刺激皮肤导致，少部分是患儿皮肤对使用尿布材质过敏有关。

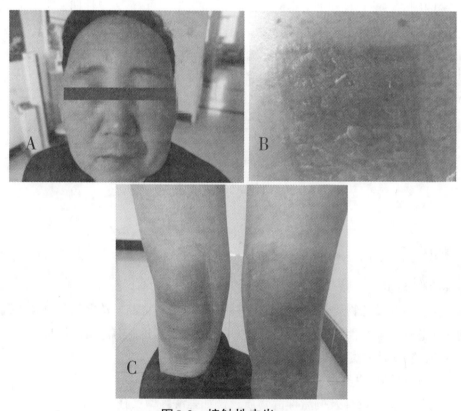

图 8-2　接触性皮炎

A：染发皮炎；B、C：膏药接触性皮炎。

三、诊断与鉴别诊断

根据接触性皮炎以下的特性：具有明确的接触史；皮损发生在接触的部位，形状和接触物相同；皮损形态单一，往往呈急性改变，如急性红肿、丘疹；剧烈时可出现水疱，去除病因及对症处理可痊愈，即可明确诊断。急性期需要与湿疹相鉴别。

四、治疗

对于接触性皮炎的治疗。首先是立即去除接触物，避免再次接触。其次，根据病情给予内服药物及外用药物的治疗。具体治疗方案可参照湿疹的治疗原则。

第三节 药 疹

一、病因

药疹是指机体通过各种途径，如口服注射、灌注、吸入等，使用药物后引起的皮肤黏膜炎症性皮损。严重者可累及机体的多个系统，甚至危及生命。

药疹的病因主要有药物因素和个体特应性体质因素两方面。

药物因素：理论上任何药物都有可能导致药疹。但是在临床上最容易引起药疹的药物为以下几类，首先是抗生素类，其次为痛风类药物和解热镇痛类药物、镇静抗惊厥类药物，此外，还有血清疫苗、生物制剂和部分中药。

个体因素：不同人对药物的敏感性存在个体差异；同一个体在不同时期，由于机体生理的状态不同，也会对药物的敏感性不全相同。

二、临床表现

药疹的临床表现多种多样。同一药物在不同的患者身上会发生不同类型的药疹。而相同的临床表现又有可能是由完全不同的药物引起。

总的来说，首次接受药物治疗，一般在7~14d会发生药物过敏，但再次接受相同药物或有类似结构的药物，则可能在24h之内发病。在此主要介绍以下类型的药疹。

(一) 固定型药疹

是药疹中最容易诊断也较为常见的一型，典型的皮疹为水肿性的紫红色的斑疹、斑片，圆形或椭圆形斑，边界清楚，严重者可见水疱，一般为一处或者多处，好发于皮肤黏膜的交界部位，如口腔、生殖器，其余身体的任何部位均可发病。一般3~10d皮损消退，局部可遗留黑紫色色素沉着，会阴部及生殖器部位皮损容易出现糜烂，恢复时间较慢。患者自觉局部瘙痒，灼痛，无全身症状。如果再次接触同类药物，24h内皮损常在同一部位复发，因此得名。常由解热镇痛类、磺胺类及巴比妥等类药物引起。

(二) 发疹型药疹

是药疹中最常见的一型皮疹，表现类似于猩红热样或麻疹样改变，因此又称猩红热或麻疹型药疹。临床表现为弥漫性分布的鲜红色斑片或者对称分布密集米粒至蚕豆大小的斑丘疹，部分融合成片，皮疹范围广泛，颜色鲜红，压之可褪色。半数病程1~2周，皮损消退后可有糠状脱屑。停药或治疗不及时有可能向重症药疹发展。常由青霉素、磺胺类药物及解热镇痛药物引起。

（三）荨麻疹型药疹

是以突发的风团为特征性的损害，皮疹常泛发，此起彼伏，持续的时间会超过24h以上，同时会出现血管水肿，局限于唇部，严重者出现过敏性休克。皮损多在首次用药1周内出现。可伴发热。常由阿司匹林等非甾体抗炎药、青霉素、血清制品引起。

（四）多形红斑型药疹

根据临床表现，可分为轻型和重型。皮损多具有多形性，有虹膜样损害为其典型的表现。虹膜样损害的表现为暗红色斑或风团样皮损，中央为青紫色斑或紫癜，严重者可出现水疱，如同心圆状靶型皮损。好发在四肢的远端，常对称分布。重型多形红斑型药疹发病急骤，全身症状严重，在轻型的基础上出现大疱及血疱，往往伴有眼、口腔、外生殖器黏膜的损害。重型多形红斑型药疹，死亡率在5%~6%。此病多由磺胺类、苯巴比妥类、解热镇痛类引起。

（五）剥脱性皮炎型药疹/红皮病型药疹

是重型药疹之一。大多是由于在其他药疹的基础上继续用药或治疗不当所致。潜伏期相对较长，如系初次用药，潜伏期往往在3~4周，皮疹的初期是弥漫性的红斑，以渗出为主；后期以反复脱屑为主，掌跖部位可呈手套袜套样剥脱。主要的特点总结起来为潮红、肿胀、脱屑、瘙痒。本病的病程较长，如不及时治疗，可继发感染或者全身衰竭而导致死亡。常见的致敏药物为青霉素类、别嘌醇、苯巴比妥、卡马西平、对氨水杨酸等。

（六）大疱性表皮松解型药疹

又称中毒性表皮坏死松解症（TEN），是重症药疹之一，患者有发热症状，口腔黏膜受累，往往皮疹呈弥漫的鲜红和紫红色的斑片，同时有松弛的大疱，尼氏症阳性，表皮剥脱面积占体表面积的30%以上，类似于皮肤烫伤后损伤，局部有糜烂、渗出，触痛明显。口腔黏膜常常受累及，全身中毒症状严重，可伴有严重的内脏损害，病死率达到30%~40%。常因继发感染、脏器功能衰竭、电解质紊乱等而死亡。常见的致敏药物为磺胺类、四环素类、解热镇痛药和巴比妥等类药物。

（七）脓疱型药疹

又称急性泛发性发疹性脓疱病。此病发病突然，潜伏期短，多为1~2d出现特征性的皮损，为泛发性无菌性小脓疱，基府较红、水肿性红斑。皮损从面部、皱褶部开始，几小时内波及全身。需与脓疱型银屑病相鉴别。本病有自限性，一般不会超过2周。常见致敏药物、抗生素多见，尤其以β内酰胺类、大环内酯类、米诺环素常见，卡马西平亦多见。

（八）痤疮型药疹

此型药疹进展缓慢，多表现为面部、胸背部毛囊性丘疹、丘疱疹等。皮损停药后仍可迁延数月，往往无明显自觉症状，此病和长期服用某些药物，如糖皮质激素、避孕药、碘剂、溴剂等相关。

（九）其他

此外，还有湿疹型药疹、紫癜型药疹、光感型药疹以及药物超敏反应综合征等其他类型的药疹，其中，临床上将病情较严重、死亡率较高的重症多形红斑型药疹、大疱性表皮松解型药疹、剥脱性皮炎型药疹及药物超敏反应综合征称为重症药疹。

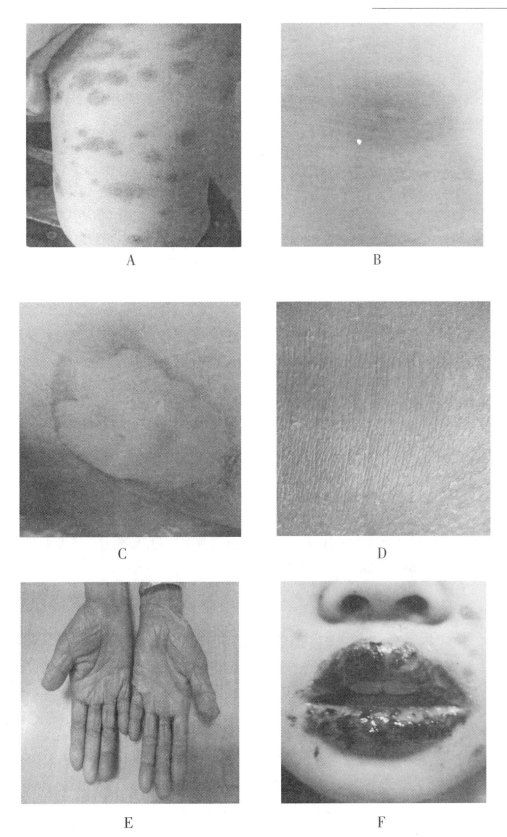

图8-3 药疹

　　A：固定型药疹；B：多形红斑型药疹；C：剥脱性皮炎型药疹；D重症药疹-黏膜受累；E：大疱性表皮松解型药疹；F：红皮病型药疹。

三、诊断与鉴别诊断

临床上根据明确的服药史、潜伏期以及各型药疹典型临床皮损进行诊断，同时还需要排除跟药疹相似发疹性传染病及相关皮肤病。一般来说，药疹的颜色更鲜艳，瘙痒更为明显，停用致敏药物后逐渐好转。

四、预防及治疗

（一）药疹为药源性疾病，预防尤为重要，临床用药过程中必须注意

1. 接诊时需详细询问药物过敏史。避免使用已知过敏药物或结构相似的药物。

2. 需要做皮试的药物严格进行皮试操作，皮试前做好急救准备，皮试阳性时禁用。注意观察患者用药期间的症状，如有原因不明的过敏等症状，立即停用可疑药物并观察。

（二）治疗

首先需停用一切可疑致敏药物，如同时存在几种药，需仔细分析。治疗期间要注意避免交叉过敏或多价过敏。多饮水，加速排泄，加强护理，预防继发感染及其他并发症的出现。

1. 轻型药疹。

可以给予维生素C及葡萄糖酸钙等静脉点滴，根据病情使用1~2种抗组胺药物，例如依巴斯汀、盐酸非索非那定。必要时可给予小剂量的糖皮质激素，以泼尼松为例，20~40mg，每天分次服用，待病情好转后，逐步减量。局部红斑丘疹为主的，可予以外用炉甘石洗剂，或中强效激素霜剂，如艾洛松、尤卓尔等。

2. 重型药疹。

（1）及早、足量使用糖皮质激素。以甲泼尼龙为例，根据病情每天40~100mg，分两次静脉用药。糖皮质激素足量的判定标准：病情在3~5d内控制。待病情稳定，无新发皮损、体温下降后逐渐减量。减量标准为总量的1/10~1/6，每减一次需观察2~3d，病情稳定后再减。

（2）防治继发感染，也是关键措施之一。

（3）丙种球蛋白静滴疗法：病情严重时可采用每天每千克体重20~40mg，静脉点滴，连续3d为一疗程。

（4）加强支持治疗，观察内脏损害，进行相应处理，注意预防低蛋白血症、水电解质紊乱，必要时还需要维持血容量。

（5）加强对皮肤黏膜及眼部护理，累及眼结膜时，要注意防止眼睑结膜粘连，给予抗生素药膏进行保护，口腔黏膜有损害，注意口腔清洁止痛，防止念珠菌感染。皮肤糜烂渗出严重者给予呋喃西林溶液或3%溶液湿敷。受压部位勤翻身，预防压疮发生。

第四节　荨麻疹

一、病因

荨麻疹俗称"风疹块"，是以皮肤上突然出现风团，伴剧烈瘙痒为特征的过敏性皮肤病。风团

的产生是由于皮肤黏膜暂时性血管通透性增加而发生的局限性水肿。

荨麻疹的发病因素复杂。多数患者不能找到明确原因。

1. 外在因素如食物、吸入物、动物的皮毛、药物等常见的致敏源。

2. 内在因素如感染性的病灶、神经精神因素及气候变化、机械刺激、日光等。

3. 系统性疾病，如系统性红斑狼疮，溃疡性结肠炎，内分泌紊乱，也可以并发本病。

荨麻疹的发病机制主要与I型变态反应有关。各种原因导致肥大细胞脱颗粒，释放炎性因子、化学介质，组胺增多，引起血管通透性增加、平滑肌收缩，腺体分泌增加和血管扩张。从而出现相应临床症状。

二、临床表现

根据荨麻疹的病程，可分为急性荨麻疹和慢性荨麻疹。病程在6周内为急性荨麻疹，病程超过6周且每周发作至少两次者，为慢性荨麻疹。

根据荨麻疹的病因。可分为自发性荨麻疹和诱导性荨麻疹。

荨麻疹的特征性皮损为风团。

（一）急性自发性荨麻疹

患者往往起病较急，自觉瘙痒，随后出现大小不等的风团，形状不规则，可呈圆形、椭圆形，可孤立或融合成片，表面凸凹不平呈橘皮样外观。初起为苍白色，随后水肿减轻，风团变为红斑，逐渐消退。一般皮疹持续时间不超过24h，消退后不留痕迹。但不断有新的风团出现，此起彼伏，病情严重者可累及到胃肠黏膜，出现恶心、呕吐、腹痛症状；累及喉头支气管时，出现呼吸困难甚至窒息。伴有感染者可出现寒战、高热等全身中毒症状。严重者还伴有心慌、烦躁甚至过敏性休克等症状。

（二）慢性荨麻疹

指风团反复发作超过6周以上，且每周至少发作两次以上。患者一般全身症状轻，风团时多时少，反复发作。部分患者风团发作的时间有一定的规律性。

（三）诱导性荨麻疹

1. 人工荨麻疹又称皮肤划痕症阳性。表现为搔抓之后，数分钟后皮肤出现沿划痕的条状隆起，伴有或不伴瘙痒，半小时后自行消退。该反应在6~7min后达高峰，历时15min左右。

2. 胆碱能性荨麻疹：多见于青年人，当运动、精神紧张，进食酒精性饮料后，躯体深部温度上升，在躯干及四肢近端可出现直径1~3mm的圆形丘疹性风团，周围伴有红晕，自觉剧痒。往往30~60min内消退。是由于胆碱能神经发生冲动释放乙酰胆碱，作用于肥大细胞而发病。1：5000乙酰胆碱作皮试或划痕试验，可在注射处出现风团，周围出现卫星状小风团。

3.血管性水肿，又称巨大形荨麻疹。一般好发于眼睑、上唇、外生殖器等皮下疏松组织及咽喉黏膜处，为局限性非凹陷性水肿，边界不清，多表现为肤色或略苍白，局部无瘙痒感，常伴有发胀不适。损害持续时间可长达2~3d，消退后皮损处不留痕迹，易复发。

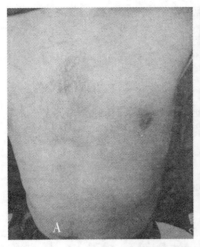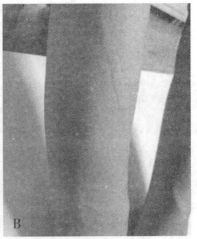
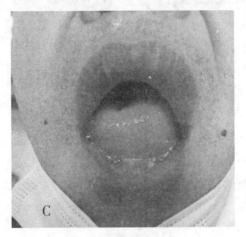

图8-4　荨麻疹

A：急性荨麻疹；B：人工荨麻疹；C：血管性水肿。

三、诊断与鉴别诊断

根据典型的皮肤损害——风团，出疹及消退迅速，消退后不留痕迹等特性，可明确诊断，但需和荨麻疹性血管炎及荨麻疹型药疹鉴别。

四、治疗

荨麻疹的治疗原则：积极寻找病因，去除致病因素，根据病情给予全身及局部对症治疗。

1. 抗组胺药物，根据患者病情使用，推荐首选第二代 H_1 受体拮抗药物，例如依巴斯汀片、氯雷他定、西替利嗪，此类药物半衰期长，不易通过血脑屏障，镇静作用较轻。一种药物疗效欠佳时，可以考虑加用第一代 H_1 受体拮抗剂，例如扑尔敏、赛庚啶。高空作业者、司机及青光眼患者和前列腺增生的老年男性慎用。必要时亦可加用 H_2 受体拮抗剂，例如雷尼替丁。

2. 慢性荨麻疹，可考虑几种药物联合使用，也需要根据风团发生时间调整用药时间，总的原则是按时服用，规律减药。

3. 中医中药治疗：如防风通圣丸、肤痒颗粒、荨麻疹丸均可以辨证使用。

外用疗法：炉甘石洗剂或其他温和的止痒剂外擦，每天多次。

第五节 银屑病

一、病因

银屑病是一种多种因素共同作用诱发的免疫介导的慢性、复发性、炎症性系统性疾病，可造成患者生理和心理多方面的问题。

银屑病的确切病因尚未完全清楚，目前认为和以下因素有关。

1. 遗传因素：流行病学研究和全基因组关联研究均支持银屑病有遗传倾向。迄今为止已经发现数个银屑病易感位点。

2. 免疫因素：现认为银屑病是一种T细胞介导的自身免疫性疾病。

3. 感染因素：临床上部分点滴型银屑病患者的发病与急性链球菌感染有关。

4. 神经精神因素：精神紧张、应激事件都是银屑病发病和加重的重要因素，因此，银屑病亦属于心身性皮肤病范畴。

5. 其他因素：外伤、手术、环境的改变，月经、妊娠、分娩等激素水平的波动，饮食可以诱发本病。

二、临床表现

银屑病根据临床表现，可分为寻常型、脓疱型、关节病型和红皮病型，其中寻常型占90%以上。

(一) 寻常型银屑病

临床最常见的类型，一般冬重夏轻。皮疹初起为针尖至蚕豆大小的炎性丘疹或斑丘疹，淡红色，边界清楚，表面被覆多层银白色鳞屑，刮除鳞屑像刮蜡滴一样（蜡滴现象），随后露出半透明膜（薄膜现象），剥去薄膜出现点状出血（Auspitz症）。是由于真皮乳头层瘀积的毛细血管被刮破所致。蜡滴现象、薄膜现象、点状出血，对银屑病的诊断有特征性价值。

皮损可发生于全身各处，但以四肢伸侧和骶尾部最常见，常呈对称性分布，部分患者有不同程度瘙痒。不同部位的皮损有所不同，发生在头皮的皮损鳞屑较厚，往往超出发际线，头发成束状；发生在皱褶部位的皮损，例如乳房、腋下、腹股沟，由于摩擦和出汗，鳞屑减少而出现糜烂渗出。银屑病的甲损害多表现为顶针状甲。急性点滴型银屑病，患者发病前常有咽部链球菌感染史，起病急骤，多见于青少年，全身皮损为3~5mm丘疹，斑丘疹，色泽潮红，其上少许鳞屑，适当治疗，可在数周内消退。

银屑病病情发展可分为三期：

1. 进行期：皮损浸润明显，鳞屑较厚，周围有红晕。各种机械性刺激，如针刺搔抓均可在受刺激部位引起新的皮损，也称为同形反应。

2. 稳定期或静止期：病情稳定，炎症减轻，基本无新的皮疹出现。

3. 退行期：皮损炎症消退缩小、变平、周围出现浅色晕，皮疹消退，遗留色素减退或色素沉着斑。

（二）关节病型银屑病

常继发于寻常型银屑病。也可先出现关节症状或与脓疱型银屑病、红皮病型银屑病并发。关节症状与银屑病皮损有平行关系，为非对称性外周多关节炎，大都伴有指甲损害，同时可见银屑病皮损。X线检查可见受累关节边缘轻度肥大性改变。骨破坏位于一个或数个远侧指关节，近侧指关节受累较少或无改变，风湿因子检查阴性，严重时可出现关节畸形。

（三）红皮病型银屑病

多由使用刺激性较强药物或长期滥用糖皮质激素治疗寻常型银屑病所致。表现为全身弥漫性潮红肿胀，伴有大量糠状脱屑，其中可见正常皮肤（皮岛），本病病情顽固，易复发。

（四）脓疱型银屑病

是以泛发性或局限性、无菌性脓疱为主要特征的，脓疱型银屑病分为两大类：局限性脓疱性银屑病（包括掌跖脓疱病和连续性肢端皮炎）；泛发性脓疱型银屑病。

1. 掌跖脓疱病：皮损局限于手掌及足跖，对称分布，掌部好发于大小鱼际，可扩展到掌心，跖部好发于跖中部及内侧。皮损为成批发生在红斑基础上的小脓疱，1~2周后，脓疱破裂，结痂脱屑，新脓疱又出现，病情反复经久不愈，指甲亦可受累。

2. 连续性肢端皮炎：好发于手指和脚趾远端，常继发于局部皮肤的外伤和感染，患者有疼痛和功能障碍，指甲亦可出现变形。

3. 泛发性脓疱型银屑病，多见于青壮年。急性发病，伴有关节疼痛、高热等全身症状，皮损初发为急性炎性红斑，表面可见密集分布针尖至米粒大小、无菌性潜在小脓疱，脓疱可融合形成脓湖，常大面积累及，甚至扩展至全身。

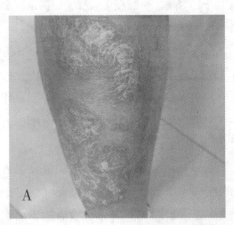
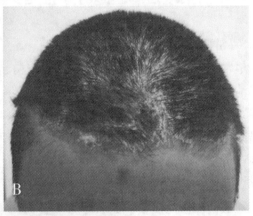

图8-5 银屑病

A：寻常型银屑病；B：头皮银屑病；C：银屑病-薄膜现象，点状出血。

三、诊断与鉴别诊断

银屑病根据典型的临床表现可进行诊断和分型，但仍需要与以下疾病相鉴别。发生在小腿、骶尾部的肥厚性银屑病与慢性单纯性苔藓相鉴别。慢性单纯性苔藓往往与神经精神因素相关，皮损较为单一，可见苔癣样改变，没有厚层鳞屑。头皮银屑病需与脂溢性皮炎相鉴别，皮损为边缘不清的红斑，被覆细小的黄色油腻鳞屑，毛发稀疏，变细脱落，无束状发。

四、治疗

银屑病目前尚无法根治，治疗原则为控制症状，延缓复发期，提高患者生存质量。选择治疗方案，要权衡利弊，既要考虑疗效，还要重视可能出现的毒副作用，避免上呼吸道感染、劳累、精神紧张等诱发、加重因素，重视心理治疗，针对不同病因类型、病期给予个体化的治疗方案。

轻型病例以局部治疗为主。注重保护皮肤屏障，平时多用保湿剂。

（一）外用药物治疗

1. 糖皮质激素：有明显的疗效，一般选用中强效制剂，如地塞米松霜、哈西奈德溶液及艾洛松霜、卤米松霜。长期使用同一制剂，易产生耐药，降低效果，因此需定期更换药品。

2. 维生素D_3衍生物：能抑制银屑病表达细胞的异常增殖及诱导银屑病表皮细胞的分化。卡泊三醇霜剂和软膏均有良好的效果，每天使用量不能超过10g。稳定期单独使用，进展期配合糖皮质激素软膏交替使用，可增强疗效，降低单纯外用激素的副作用。

3. 维A酸制剂：抑制角质形成细胞异常分化。他扎罗丁凝胶用于治疗局限性斑块型银屑病。与糖皮质激素联用，可减轻维A酸引起的局部刺激。使用时避免过度光照，禁用于孕妇、哺乳期妇女和有生育愿望的妇女。

4. 免疫抑制剂：他克莫司霜用于治疗慢性斑块状银屑病，面部可用。

（二）系统药物治疗

1. 糖皮质激素：主要用于红皮病型银屑病、关节病型银屑病、泛发性脓疱型银屑病。寻常型银屑病一般不主张系统使用糖皮质激素。

2. 免疫抑制剂：用于中至重度斑块型红皮病型、脓疱型和关节病型，常用药物有甲氨喋呤。

3. 生物制剂：用于常规系统治疗无效或耐受性差的中至重度银屑病或银屑病关节炎的患者。

4. 物理治疗：窄谱UVB具有最佳的抗银屑病活性作用，隔天1次，一个疗程为15~20次，能够提高治疗银屑病的疗效，减少使用药物的不良反应。

5. 中医治疗：急性期，以清热解毒、凉血祛风活血为主，慢性期养血，祛风、润肤为主，中成药复方青黛丸、消银丸均可选用。

中药药浴疗效颇佳，高血压、心功能不全慎用。

第六节 皮肤真菌感染

一、病因

本章节主要介绍浅部真菌病，即由皮肤癣菌侵犯皮肤的角质层、毛发、甲板而引起的感染。具体介绍头癣、体癣、手足癣。

头癣：是指累及头皮和头发的皮肤癣菌感染。传播途径主要通过与癣病患者或者无症状带菌者直接接触而传染，也可通过共用理发工具、帽子、枕巾等间接传染。

体癣：是除头皮、毛发、掌跖、甲板以外的平滑皮肤的皮肤癣菌感染。

股癣：是发生在腹股沟、会阴、肛周和臀部皮肤的皮肤癣菌的感染。

手足癣：皮肤癣菌感染手指屈面、指间及手掌侧/足趾间、足底、足跟及足侧缘皮肤。

二、临床表现

（一）头癣

多见于儿童。根据其致病菌和临床表现不同，可分为白癣、黄癣、黑点癣和脓癣。

1. 白癣：多见于儿童，尤其是学龄儿童。皮损特点：为头皮鳞屑性斑片，早期为小丘疹，渐成卫星灶，亦称母子斑，发根部有菌鞘，病发于高出头皮2~4mm处易折断，头发易拔出。不破坏毛囊，无自觉症状。青春期后可以自愈。

2. 黄癣：俗称"癞痢头"，儿童多见，农村较为多见，流行范围较广。皮损特点：初起发根部红斑，继而出现脓疱，逐渐扩大结黄痂、中心凹陷，有头发穿过，边缘稍高起，呈碟状，剥去黄痂可见皮肤潮红湿润，糜烂面。头发干枯、弯曲但不折断。自觉症状微痒，附近淋巴结可肿大，有特殊的臭味。可破坏毛囊造成永久性脱发。

3. 黑点癣：儿童和成人均可患病。皮损特点：始为丘疹鳞屑斑，散在分布，逐渐融合成大斑片。病发出头皮即断，留下残发在毛囊口呈黑点状。无自觉症状，可有轻微瘙痒，愈后留小片瘢痕。

4. 脓癣：儿童多见，尤其学龄前儿童。皮损特点：初为毛囊性丘疹，继而出现脓疱，逐渐损害隆起，变成暗红或紫红色肿块，边界清楚，质地柔软，表面的毛囊口呈蜂窝状，挤压有溢脓。头发极易拔出。自觉有微疼及压痛，附近淋巴结肿大。本型可破坏毛囊，愈后可留有永久性秃发和瘢痕。

（二）体癣

皮损特点：初发为针头至绿豆大小丘疹，逐渐向外周扩展，中心炎症轻，边缘有散在米粒大小红丘疹、丘疱疹连接成环状隆起，中心可再次出现多层同心圆损害。自觉症状：瘙痒显著，搔抓后可呈湿疹样改变，易继发细菌感染。病程：慢性病程，冬季减轻或静止，愈后留有色素沉着斑。

（三）股癣

男性患者多于女性患者。夏秋季节高发，糖尿病、肥胖多汗及慢性消耗性疾病患者易感。皮损特点：好发于腹股沟部位，单侧或双侧发生，一般不侵犯阴囊及阴茎，皮疹同体癣。皮损炎症明显，瘙痒显著。

（四）手足癣

是最常见的浅部真菌病，夏秋季节高发，多累及成年人，男女比例无差异，足癣多累及双侧，手癣常见于单侧。根据临床表现可分为三种类型：

1.水疱型：掌心、足底、趾（指）及侧缘出现针尖至绿豆大小丘疹、丘疱疹及小水疱，撕去疱壁见潮红、糜烂面，水疱干燥形成点状或环形脱屑。有瘙痒并易引起癣菌疹。

2.角化过度型：掌跖及足底大片红斑，干燥，弥漫性角质增厚，有粗糙脱屑裂隙。干裂严重有疼痛及出血。瘙痒不明显。

3.浸渍糜烂型：（间擦型）指趾间皮肤浸渍发白，基底湿润潮红，糜烂渗液，足癣以第3、4、5趾间多发，瘙痒显著。继发细菌感染、化脓而形成溃疡。严重可致丹毒、蜂窝织炎、淋巴管炎。

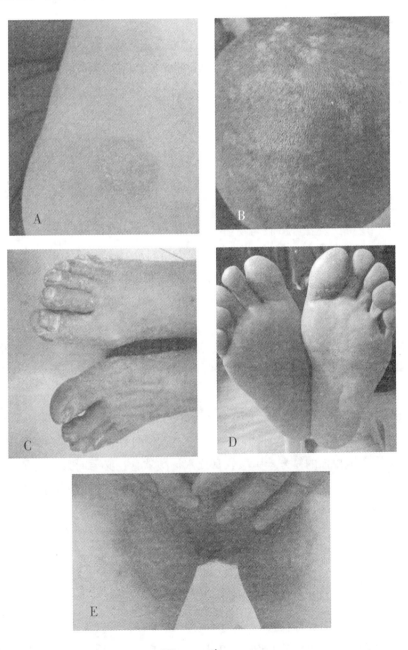

图8-6　癣

A：体癣；B头癣-白癣；C、D：足癣；E：股癣

三、诊断与鉴别诊断

根据典型的临床表现及真菌镜检及培养，可以明确诊断浅部真菌感染，头癣需和头皮银屑病及脂溢性皮炎相鉴别。体、股癣需和慢性单纯性苔癣及玫瑰糠疹相鉴别。手足癣需和汗疱疹、掌跖脓疱病相鉴别。

四、治疗

皮肤浅部真菌感染均需注意个人卫生，不与患者共用物品。保持局部干燥通风，减少自身传染机会。

（一）头癣

采用服药、剪发、洗头、擦药、消毒五项措施联合。

1. 服药：多选用伊曲康唑或特比萘芬。治疗期间需定期检查肝功能，如有异常，立即停药。

2. 剪发：剔除病发，1周1次，连续8周。

3. 洗头：用2%酮康唑洗剂或硫磺皂洗头，每天1次，连续8周。

4. 擦药：可外用2%碘酊、1%特比萘芬霜或酮康唑乳膏等抗真菌药涂于患处，每天2次，连用8周。

5. 消毒：患者使用过的毛巾、帽子、梳子等生活用品及理发工具要煮沸消毒。

（二）体股癣

外用药为主，严重泛发者可口服药物治疗。

1. 外用药物：水杨酸苯甲酸酊、2%联苯苄唑类霜剂及1%特比奈芬软膏等。

2. 口服药物：肝功能正常可使用伊曲康唑0.2~0.4g/d、特比奈芬0.25g/d，连服1周。有继发细菌感染应外用或口服抗细菌药物。

（三）手足癣

要及时彻底的治疗，不与患者共用鞋袜、浴盆、脚盆等生活用品，穿透气性好的鞋袜，保持局部干燥。本病以外用药治疗为主，疗程需要1~2月。鳞屑角化型手足癣外用疗效不佳时，可考虑系统使用药物。

1. 外用药治疗。应根据不同临床类型选择不同处理方法，水疱型应选择刺激小的抗真菌霜剂或水剂。浸渍糜烂型给予3%硼酸溶液湿敷，待渗出减少时外擦软膏，不要选用刺激性大的药物。鳞屑角化型可选用作用较强的复方苯甲酸软膏或水杨酸软膏，必要时采用封包疗法。

2. 系统药物治疗。口服伊曲康唑或特比萘芬，有继发细菌感染应外用或口服抗细菌药物。

第七节　寻常性脓疱疮

一、病因

脓疱疮俗称"黄水疮"，是一种常见的以脓疱为主要临床表现的急性化脓性皮肤病，多由金黄色葡萄球菌、溶血性链球菌或二者混合感染所致，可通过接触传染和自身传染。

二、临床表现

寻常性脓疱疮又称接触传染性脓疱疮。主要见于幼儿园、托儿所小范围流行。多见于1~4岁的儿童，皮损初期为散在分布的绿豆大小红色斑丘疹或水疱，迅速变为黄豆至蚕豆大小的脓疱，疱壁薄易破，露出糜烂面，表面覆有蜜黄色脓痂，周围可见炎性红晕。脓疱一般7~10d可消退，愈后无瘢痕。绝大多数初发于暴露部位，多数在头面部，常因搔抓而引起自体接种，导致皮损蔓延至其他部位，口鼻黏膜亦可受累，局部有轻微瘙痒。部分重症者可有淋巴管炎，甚至诱发急性肾小球肾炎。

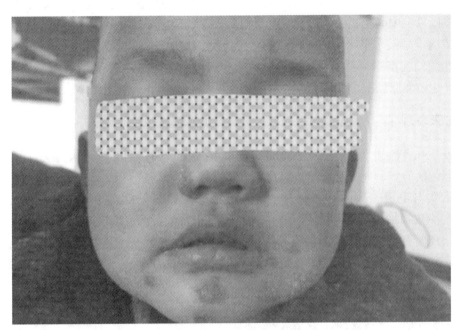

图8-7　寻常型脓疱疮

三、诊断与鉴别诊断

根据病史和典型的临床表现，必要时结合细菌学检查，一般不难做出诊断，寻常型脓疱疮需与丘疹性荨麻疹相鉴别。后者皮疹常常出现在躯干四肢，瘙痒剧烈，水疱清亮，不自身传染。往往跟蚊虫叮咬和环境变化相关。

四、预防及治疗

本病的预防，平时注意局部清洁卫生。做好皮肤屏障保护，避免各种皮肤损伤，及时治疗瘙痒性皮肤病。对入托患儿需简单隔离，及时消毒被污染的环境及衣物，避免疾病传播。

1.以外用治疗为主，根据致病菌的种类，选用敏感的抗生素进行合理治疗。治疗以杀菌止痒，消炎干燥为原则。较大水疱和脓疱可在无菌操作下抽取疱液。脓疱破溃者。可给予0.5%新霉素溶液或呋喃西林溶液湿敷，随后外擦莫匹罗星或夫西地酸软膏。如脓疱未破，可外用炉甘石洗剂。

2.系统治疗，适用于皮损广泛、全身症状较重者。可口服阿莫西林、头孢类或红霉素类抗生素，必要时还需加强支持，对症治疗。

第八节　痤　疮

一、病因

痤疮是一种毛囊皮脂腺单位的慢性炎症性皮肤病。主要发生在青少年面胸背等处，形成黑头、丘疹、粉刺、脓疱、结节等损害。

痤疮为多因素的疾病。发病机制主要与雄激素作用、皮脂腺功能亢进、毛囊皮脂腺导管角化异常、毛囊皮脂单位中微生物的作用及炎症反应等因素相关。

青春期体内雄激素水平增高或雌雄激素水平失衡、皮脂腺增大、皮脂分泌增加、皮脂毛囊角化过度、皮脂腺细胞堆积、毛囊堵塞，形成粉刺和微粉刺。阻塞的毛囊为丙酸棒状杆菌也提供厌氧基，使其产生游离脂肪酸，发生炎症反应，产生丘疹、脓疱、囊肿及结节。

二、临床表现

皮损多发生在青年男女，好发于皮脂腺分泌旺盛的面颊部、额部，其次为胸背部，多对称分布，皮损形态包括粉刺、炎性丘疹、脓疱及结节、囊肿、瘢痕。

皮损初起为与毛囊一致的针尖帽大小圆锥形丘疹，如白头粉刺（闭合性粉刺），黑头粉刺（开放性粉刺），皮损加重后可形成炎性丘疹，顶端有小脓疱，继续发展，形成大小不等的红色结节或囊肿，挤压时有波动感，破溃后易形成窦道和瘢痕。本病一般自觉症状轻微，炎症明显时可出现疼痛，病程较长。部分恢复后，可遗留有萎缩性瘢痕、肥厚性瘢痕以及色素沉着或红色印记。

痤疮分级：

I级（轻度）：仅有粉刺。

II级（轻至中度）：除粉刺外，还有炎性丘疹。

III级（中度）：除有粉刺炎性丘疹外，还有脓疱。

IV级（重度）：除有粉刺，炎性丘疹及脓疱外，还有结节囊肿或瘢痕。

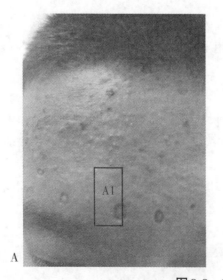 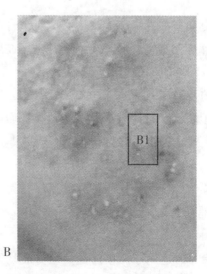

图8-8　痤疮

A：萎缩性疤痕；B：黑头粉刺。

三、诊断与鉴别诊断

根据青壮年发病，发生部位多在颜面、前胸和背部，临床表现有粉刺、丘疹、脓疱、结节及囊肿，即可明确诊断，但需与玫瑰痤疮、颜面播散性粟粒性狼疮进行鉴别。

四、治疗

本病的治疗主要为抑制油脂过度分泌、溶解角质、抗炎、调节激素水平。

（一）一般治疗

规律作息，避免刺激饮食，清水洗脸，去除油脂皮屑和细菌混合物，不宜过度清洗。禁止挤压搔抓皮损。原则上不使用油性化妆品。

（二）局部治疗

轻症患者仅使用外用药物治疗。

1. 维A酸类药物：阿达帕林凝胶。需点涂，避光使用。至少使用3个月以上，每晚1次。其作用可以抑制粉刺产生，清除炎性皮损，增加其他药物通透性。

2. 过氧化苯甲酰：具有杀灭痤疮丙酸杆菌作用。部分患者会出现轻度刺激反应，建议可从小范围低浓度使用。

3. 抗生素：夫西地酸乳膏、克林霉素、氯霉素、替硝唑、甲硝唑均可以选用。

（三）系统使用药物

1. 抗生素：首选四环素类如多西环素、米诺环素。不能使用时可选择大环内酯类如阿奇霉素、红霉素。

2. 异维A酸：具有抑制皮脂腺分泌，能调节毛囊皮脂导管角化，预防瘢痕、抗炎，适合结节囊肿型痤疮。本病可导致血脂升高、口唇发干、皮肤脱屑，另有致畸作用，育龄期男女服用期间应避孕，停药6个月后方可怀孕。

3. 中药：丹参酮、消痤丸、清热散结药物可辩证使用

（四）物理治疗

痤疮发作期使用蓝光或红光治疗，红光穿透性强，蓝光具有抑菌消炎作用，可交替使用。痤疮康复后凹陷性萎缩可使用点阵激光治疗，炎症后红色印记使用强脉冲光治疗。果酸疗法：抗角化，减少角化细胞粘连，促进皮肤恢复。

第九章 传染性疾病

第一节 病毒性肝炎

病毒性肝炎是由多种肝炎病毒引起的，以肝脏损害为主的一组全身性传染病。目前按病原学明确分类的有甲型、乙型、丙型、丁型、戊型五型肝炎病毒。传播途径各不相同，甲型和戊型主要表现为急性感染，经粪-口途径传播；乙型、丙型、丁型多呈慢性感染，主要经血液、体液等胃肠外途径传播。各型病毒性肝炎临床表现相似，以疲乏、食欲减退、厌油、肝功能异常为主。

甲型肝炎病毒

一、流行病学

甲型肝炎人群流行率（抗-HAV阳性）约占病毒性肝炎的80%。

（一）传染源

甲型肝炎无病毒携带状态，传染源为急性期患者和隐性感染者，后者数量远较前者多。

（二）传播途径

粪-口途径传播。

（三）易感人群

抗-HAV阴性者均为易感人群，感染后可产生持久免疫。

二、临床表现

不同类型病毒引起的肝炎潜伏期不同，甲型肝炎2~6周，平均4周，急性肝炎包括急性黄疸型肝炎和急性无黄疸型肝炎。

（一）急性黄疸型肝炎

临床经过的阶段性分为三期：黄疸前期、黄疸期、恢复期。

1. 黄疸前期：约80%患者有发热伴畏寒，主要症状有全身乏力、食欲减退、恶心、呕吐、厌油、腹胀、肝区痛、尿色加深等，肝功能改变主要为丙氨酸氨基酸转移酶（ALT）、天冬氨酸转移酶（AST）升高，本期持续5~7d。

2. 黄疸期：皮肤、巩膜黄染，尿黄加重，1~3周内黄疸达高峰。部分患者可有一过性粪色变浅、皮肤瘙痒、心动过缓等梗阻性黄疸表现。肝大，质软，边缘锐利，有压痛及叩痛。部分病例有轻度脾大。肝功能检查 ALT 和胆红素升高，尿胆红素阳性，本期持续2~6周。

3. 恢复期：症状逐渐消失，黄疸消退，肝、脾回缩，肝功能逐渐恢复正常，本期持续1~2个月。总病程2~4个月。

（二）急性无黄疸型肝炎

除无黄疸外，其他临床表现与黄疸型相似。无黄疸型发病率远高于黄疸型。无黄疸型通常起病较缓慢，症状较轻，主要表现为全身乏力、食欲下降、恶心、腹胀、肝区痛、肝大、有轻压痛及叩痛等。恢复较快，病程多在3个月内。有些病例无明显症状，易被忽视。

三、辅助检查

（一）血常规

急性肝炎初期白细胞总数正常或略高，黄疸期白细胞总数正常或稍低，淋巴细胞相对增多，偶可见异型淋巴细胞。重型肝炎时白细胞可升高，红细胞及血红蛋白可下降。

（二）尿常规

尿胆红素和尿胆原的检测有助于黄疸的鉴别诊断。肝细胞性黄疸时两者均阳性，溶血性黄疸以尿胆原为主，梗阻性黄疸以尿胆红素为主。

（三）肝功能

1. 丙氨酸氨基转移酶（ALT）：急性肝炎时 ALT 明显升高，AST/ALT 常小于1，黄疸出现后 ALT 开始下降。重型肝炎患者可出现 ALT 快速下降，胆红素不断升高的"胆酶分离"现象。

2. 天冬氨酸氨基转移酶（AST）：血清 AST 升高，提示线粒体损伤，病情易持久且较严重，通常与肝病严重程度成正相关。

3. 乳酸脱氢酶（LDH）：肝病时可显著升高，LDH 升高在重症肝炎（肝衰竭）时亦提示肝细胞缺血、缺氧。

4. 白蛋白：白蛋白半衰期较长，约21d。急性肝炎时，血清白蛋白可在正常范围内。

5. 胆红素：急性黄疸型肝炎时血清胆红素升高，胆红素含量是反映肝细胞损伤严重程度的重要指标。直接胆红素在总胆红素中的比例尚可反映瘀胆的程度。

6. 凝血功能：PT 延长或 PTA 下降与肝损害严重程度密切相关，PTA≤40% 是诊断重型肝炎或肝衰竭的重要依据。

7. 血氨：血氨升高常见于重型肝炎，提示肝性脑病存在。

8. 血糖：超过40%的重型肝炎患者有血糖降低。

9. 胆固醇：胆固醇明显下降，胆固醇愈低，预后愈差。

（四）病原学

1. 抗-HAV IgM：是新近感染的证据，是早期诊断甲型肝炎最简便而可靠的血清学标志。

2. 抗-HAV IgG：出现稍晚，持续多年或终身。属于保护性抗体，具有免疫功能。

四、诊断与鉴别诊断

（一）诊断

1. 流行病学资料：是否在甲肝流行区，有无进食未煮熟海产如毛蚶、蛤蜊及饮用污染水。

2. 临床诊断：起病较急，常有畏寒、发热、乏力、食欲缺乏、恶心、呕吐等急性感染症状。

3. 病原学诊断：甲型肝炎有急性肝炎临床表现，并具备下列任何一项均可确诊为甲型肝炎：抗-HAV IgM 阳性；抗-HAV IgG 急性期阴性，恢复期阳性；粪便中检出 HAV 颗粒或抗原或 HAV-RNA。

（二）鉴别诊断

1. 其他原因引起的黄疸：溶血性黄疸、肝外梗阻性黄疸。

2. 其他原因引起的肝炎：其他病毒导致肝炎、感染中毒性肝炎、药物性、酒精性、自身免疫性、脂肪肝、不明原因等。

（三）并发症

肝内并发症多发生于 HBV 和 HCV，HAV 少见。

五、治疗

急性肝炎一般为自限性，多可完全康复，一般不采取抗病毒治疗。以一般治疗及对症支持治疗为主。

乙型肝炎病毒

一、流行病学

（一）传染源
主要是急、慢性乙型肝炎患者和病毒携带者，传染性与体液中 HBV-DNA 含量成正比关系。

（二）传播途径
母婴传播、血液体液传播、性传播。

（三）易感人群

1. 抗-HBs 阴性者均为易感人群。

2. 高危人群：包括 HBsAg 阳性母亲的新生儿、HBsAg 阳性者的家属、反复输血及血制品者（如血友病患者）、血液透析患者、多个性伴侣者、静脉药瘾者、接触血液的医务工作者等。

二、临床表现

不同类型病毒引起的肝炎潜伏期不同，乙型肝炎 1~6 个月，平均 3 个月。急性肝炎包括急性黄疸型肝炎和急性无黄疸型肝炎，各型病毒均可引起。成年急性乙型肝炎约 10% 转慢性，可进展为肝硬化。

（一）急性黄疸型肝炎
临床经过的阶段性分为三期：黄疸前期、黄疸期、恢复期。

1. 黄疸前期：约 80% 患者有发热伴畏寒，主要症状有全身乏力、食欲减退、恶心、呕吐、厌油、腹胀、肝区痛、尿色加深等，肝功能改变主要为丙氨酸氨基酸转移酶（ALT）、天冬氨酸转移酶（AST）升高，本期持续 5~7d。

2. 黄疸期：皮肤、巩膜黄染，尿黄加重，1~3 周内黄疸达高峰。部分患者可有一过性粪色变浅、皮肤瘙痒、心动过缓等梗阻性黄疸表现。肝大，质软，边缘锐利，有压痛及叩痛。部分病例有轻度脾大。肝功能检查 ALT 和胆红素升高，尿胆红素阳性，本期持续 2~6 周。

3. 恢复期：症状逐渐消失，黄疸消退，肝、脾回缩，肝功能逐渐恢复正常，本期持续 1~2 个月。总病程2~4个月。

（二）急性无黄疸型肝炎

除无黄疸外，其他临床表现与黄疸型相似。无黄疸型发病率远高于黄疸型。无黄疸型通常起病较缓慢，症状较轻，主要表现为全身乏力、食欲下降、恶心、腹胀、肝区痛、肝大、有轻压痛及叩痛等。恢复较快，病程多在3个月内。有些病例无明显症状，易被忽视。

（三）慢性肝炎

急性肝炎病程超过半年，发病日期不明确或虽无肝炎病史，但根据肝组织病理学或根据症状、体征、化验及B超检查综合分析符合慢性肝炎表现者。依据病情轻重可分为轻、中、重三度，依据HBeAg阳性与否可分为HBeAg阳性或阴性慢性乙型肝炎。

1. 轻度：病情较轻，可反复出现乏力头晕.食欲有所减退、厌油、尿黄、肝区不适、睡眠欠佳、肝稍大有轻触痛，可有轻度脾大。部分病例症状、体征缺如。肝功能指标仅1或2项轻度异常。

2. 中度：症状、体征、实验室检查居于轻度和重度之间。

3. 重度：有明显或持续的肝炎症状，如乏力、食欲缺乏、腹胀、尿黄等，伴肝病面容、肝掌、蜘蛛痣、脾大，ALT和（或）AST反复或持续升高，白蛋白降低、免疫球蛋白明显升高。如发生ALT和AST大幅升高，血清总胆红素超出正常值，提示重症倾向，疾病可迅速向肝衰竭发展。

（四）重型肝炎（肝衰竭）

肝衰竭综合征：极度乏力，严重消化道症状，神经、精神症状（嗜睡、性格改变、烦躁不安、昏迷等），有明显出血现象，凝血酶原时间显著延长（常用国际标准化比INR>1.5）及凝血酶原活动度（PTA）<40%。黄疸进行性加深，胆红素上升大于正常值10倍。可出现中毒性鼓肠、肝臭、肝肾综合征等。可见扑翼样震颤及病理反射，肝浊音界进行性缩小。胆酶分离、血氨升高等。

根据病理组织学特征和病情发展速度，重型肝炎（肝衰竭）可分为四类：

1. 急性肝衰竭：起病急，发病2周内出现以II度以上肝性脑病为特征的肝衰竭综合征。

2. 亚急性肝衰竭：起病较急，发病15天至26周内出现肝衰竭综合征。

3. 慢加急性肝衰竭：是在慢性肝病基础上出现的急性或亚急性肝功能失代偿。

4. 慢性肝衰竭：是在肝硬化基础上，肝功能进行性减退导致的以腹水或门脉高压、凝血功能障碍和肝性脑病等为主要表现的慢性肝功能失代偿。

（五）肝硬化

根据肝脏炎症情况分为活动性与静止性两型：

1. 活动性肝硬化：有慢性肝炎活动的表现，乏力及消化道症状明显，ALT升高，黄疸，白蛋白下降，门脉高压症表现。

2. 静止性肝硬化：无肝脏炎症活动的表现，症状轻或无特异性。

临床表现分为代偿性肝硬化和失代偿性肝硬化：

1. 代偿性肝硬化：指早期肝硬化，属Child-Pugh A级。可有门脉高压症，但无腹水、肝性脑病或上消化道大出血。

2. 失代偿性肝硬化：指中晚期肝硬化，属Child-Pugh B、C级。有明显肝功能异常及失代偿征象，可有腹水、肝性脑病或门静脉高压引起的食管、胃底静脉明显曲张或破裂出血。

三、辅助检查

（一）血常规

重型肝炎时白细胞可升高，红细胞及血红蛋白可下降，肝硬化期脾功能亢进可导致三系减低。

（二）尿常规

尿胆红素和尿胆原的检测有助于黄疸的鉴别诊断。肝细胞性黄疸时两者均阳性，溶血性黄疸以尿胆原为主，梗阻性黄疸以尿胆红素为主。

（三）肝功能

1. 丙氨酸氨基转移酶（ALT）：急性肝炎时ALT明显升高，AST/ALT常小于1，黄疸出现后ALT开始下降。重型肝炎患者可出现ALT快速下降，胆红素不断升高的"胆酶分离"现象。

2. 天冬氨酸氨基转移酶（AST）：血清AST升高，提示线粒体损伤，病情易持久且较严重，通常与肝病严重程度成正相关。

3. 乳酸脱氢酶（LDH）：肝病时可显著升高，LDH升高在重症肝炎（肝衰竭）时亦提示肝细胞缺血、缺氧。

4. 白蛋白：白蛋白半衰期较长，约21d。急性肝炎时，血清白蛋白可在正常范围内。

5. 胆红素：急性黄疸型肝炎时血清胆红素升高，胆红素含量是反映肝细胞损伤严重程度的重要指标。直接胆红素在总胆红素中的比例尚可反映瘀胆的程度。

6. 凝血功能：PT延长或PTA下降与肝损害严重程度密切相关，PTA≤40%是诊断重型肝炎或肝衰竭的重要依据。

7. 血氨：血氨升高常见于重型肝炎，提示肝性脑病存在。

8. 血糖：超过40%的重型肝炎患者有血糖降低。

9. 胆固醇：胆固醇明显下降，胆固醇愈低，预后愈险恶。

10. 甲胎蛋白（AFP）及其异质体L_3：是诊断HCC的重要指标。应注意甲胎蛋白升高的幅度、动态变化，以及其与ALT和AST的消长关系，并结合临床表现和肝脏影像学检查结果进行综合分析。

（四）肝纤维化无创诊断技术

1. APRI评分：成人APRI≥2提示存在肝硬化，APRI＜1则排除肝硬化。该指数用于评估HBV相关肝纤维化程度的准确性较低。

2. FIB-4评分：慢性HBV感染者以FIB-4≥3.25诊断，Metavir评分≥F3的特异度为97%。＞30岁人群中FIB≤0.70，排除乙型肝炎肝硬化的阴性预测值高达96%。

3. 肝脏瞬时弹性成像（TE）：乙型肝炎肝硬化诊断界值为21.3kPa，肝硬化排除界值为8.2kPa。

（五）影像学

影像学检查的主要目的是监测慢性HBV感染的临床疾病进展，包括了解有无肝硬化及门静脉高压征象，发现占位性病变并鉴别其性质，通过动态监测及时发现和诊断HCC，如：超声、CT、核磁。

（六）病原学

1. HBV血清学检测：

血清学标志物包括HBsAg、抗-HBs、HBeAg、抗-HBe、抗-HBc和抗-HBc IG-M。HBsAg阳性表示HBV感染。抗-HBs为保护性抗体,阳性表示具备HBV免疫力,见于乙型肝炎康复期及接种乙型肝炎疫苗者;抗-HBc IG-M 阳性多见于急性乙型肝炎,只要感染过HBV,不论病毒是否被清除,抗-HBc抗体多为阳性。

2. HBV病毒学检测。

(1)HBV DNA定量:抗病毒治疗适应证选择及疗效判断的重要指标。

(2)HBV基因分型:检测HBV基因型有助于预测干扰素疗效,可判断疾病预后。

(3)耐药突变株检测:进行耐药突变株检测有助于临床医师判断耐药发生并尽早调整治疗方案。

3. HBV新型标志物检查。

(1)抗-HBc抗体定量:免疫清除期和再活动期患者抗-HBc抗体定量水平显著高于免疫耐受期和低复制。

(2)HBV RNA定量:与肝细胞内cccDNA转录活性有关,在评估NAs停药后复发风险方面值得深入研究。

四、诊断与鉴别诊断

(一)诊断

根据慢性HBV感染者的血清学、病毒学、生物化学、影像学、病理学和其他辅助检查结果,在临床上可分为以下几种诊断:

1. 慢性HBV携带状态:又称HBeAg阳性慢性HBV感染。本期患者处于免疫耐受期,患者年龄较轻,HBV-DNA定量水平(通常>$2×10^7$U/ml)较高,血清HBsAg(通常>$1×10^4$IU/ml)较高,HBeAg阳性,但血清ALT和AST持续正常(1年内连续随访3次,每次至少间隔3个月),肝脏组织病理学检查无明显炎症坏死或纤维化。在未行组织病理学检查的情况下,应结合年龄、病毒水平、HBsAg水平、肝纤维化无创检查和影像学检查等综合判定。

2. HBeAg阳性CHB:本期患者处于免疫清除期,其血清HBsAg阳性、HBeAg阳性,HBV-DNA定量水平(通常>$2×10^4$IU/ml)较高,ALT持续或反复异常或肝组织学检查有明显炎症坏死和(或)纤维化($\geqslant G_2/S_2$)。

3. 非活动性HBsAg携带状态:又称HBeAg阴性慢性HBV感染,本期患者处于免疫控制期,表现为血清HBsAg阳性 HBeAg阴性、抗-HBe阳性,HBV-DNA<$2×10^3$IU/ml,HBsAg<$1×10^3$IU/ml,ALT和AST持续正常(1年内连续随访3次以上,每次至少间隔3个月),影像学检查无肝硬化征象。

4. HBeAg阴性CHB:此期为再活动期。其血清HBsAg阳性、HBeAg持续阴性.多同时伴有抗-He阳性。HBV-DNA定量水平通常$\geqslant 2×10^3$IU/ml。ALT持续或反复异常或肝组织学有明显炎症坏死和(或)纤维化($\geqslant G_2/S_2$)。

5. 隐匿性HBV感染:表现为血清HBsAg阴性,但血清和(或)肝组织中HBV-DNA阳性。

(二)鉴别诊断

1. 其他原因引起的黄疸:溶血性黄疸、肝外梗阻性黄疸。

2. 其他原因引起的肝炎:其他病毒导致肝炎、感染中毒性肝炎、药物性、酒精性、自身免疫性、脂肪肝、不明原因等。

五、并发症

自发性腹膜炎、消化道出血、肝性脑病、肝肾综合征、肝肺综合征、电解质紊乱，可与这些疾病相鉴别。

六、治疗

（一）治疗目标

最大限度地长期抑制HBV复制，减轻肝细胞炎症坏死及肝脏纤维组织增生，延缓和减少肝功能衰竭、肝硬化失代偿、HCC和其他并发症的发生，改善患者生命质量，延长其生存时间。对于部分适合条件的患者，应追求临床治愈。

临床治愈（或功能性治愈）：停止治疗后仍保持HBsAg阴性（伴或不伴抗-HBs出现）、HBV-DNA检测不到、肝脏生物化学指标正常、肝脏组织病变改善。

（二）抗病毒治疗的适应证

依据血清HBV-DNA、ALT水平和肝脏疾病严重程度，同时需结合年龄、家族史和伴随疾病等因素，综合评估患者疾病进展风险，决定是否需要启动抗病毒治疗。（图9-1）。

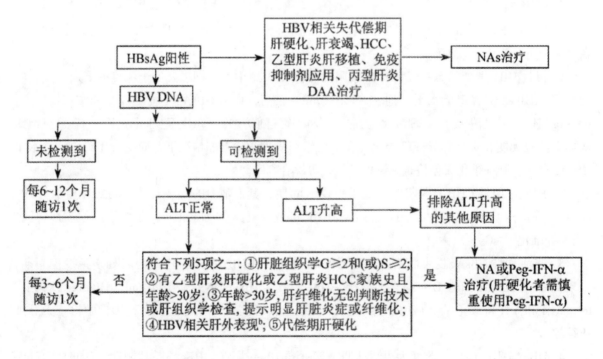

图9-1

（三）抗病毒药物

1. 核苷（酸）类似物。

NAs的选择：初治患者应首选强效低耐药药物恩替卡韦（ETV）、富马酸替洛福韦酯（TDF）、富马酸丙酚替诺福韦（TAF）治疗。不建议阿德福韦酯（ADV）和拉米夫定（LAM）用于HBV感染者的抗病毒治疗。

正在应用非首选药物治疗的患者，建议换用强效低耐药药物，以进一步降低耐药风险。

2. 干扰素–α治疗。

（1）干扰素治疗绝对禁忌证：妊娠或短期内有妊娠计划、精神病史（具有精神分裂症或严重抑郁症等病史）、未能控制的癫痫、失代偿期肝硬化、未控制的自身免疫病、严重感染、视网膜疾病、心力衰竭、慢性阻塞性肺病等基础疾病。

（2）相对禁忌证：甲状腺疾病，既往抑郁症史，未控制的糖尿病、高血压、心脏病。

（3）干扰素治疗采取的方法有：单用干扰素治疗、干扰素联合核苷（酸）类似物、干扰素序贯核苷（酸）类似物，根据HBsAg、HBV-DNA水平选择不同的方法。

HBeAg阳性CHB患者采用Peg-IFN-a抗病毒治疗。治疗24周时，若HBV-DNA下降<2lgIU/ml且HBsAg定量>$2×10^4$IU/ml，建议停用Peg-IFN-a治疗，改为NAs治疗。Peg-IEN-a有效患者的疗程为48周，可以根据病情需要延长疗程，但不宜超过96周。

（四）特殊人群治疗

1. 接受化学治疗、免疫抑制剂治疗的患者：起始治疗前都应常规筛查HBsAg、抗–HBc。对于HBsAg阳性者，在开始免疫抑制剂及化学治疗药物前1周或同时进行抗病毒治疗。

2. 慢性HBV感染者准备近期妊娠，或妊娠期间有抗病毒指征时，在充分沟通并知情同意后，可以使用TDF治疗。

3. 妊娠中后期HBV-DNA定量 > $2×10^5$IU/ml，在充分沟通并知情同意的基础上，可于妊娠第24~28周开始应用TDF或LDF抗病毒治疗。建议免疫耐受期孕妇于产后即刻或1~3个月停药。应用TDF治疗，母乳喂养不是禁忌证。

4. 对于进展期肝病或肝硬化患儿，应及时进行抗病毒治疗，但需考虑长期治疗的安全性及耐药性问题。1岁及以上儿童可考虑普通干扰素–α治疗，2岁及以上儿童可选用ETV或TDF治疗，5岁及以上儿童可选用Peg-IFN-α-2a，12岁及以上儿童可选用TAF治疗。

5. 慢性肾脏病患者、肾功能不全或接受肾脏替代治疗的患者，推荐ETV或TAF作为一线抗HBV治疗药物。

6. HBV和HCV合并感染患者所有HBsAg阳性者都应筛查抗–HCV，如为阳性，则需进一步检测HCV-RNA定量。HCV-RNA定量阳性者均需应用直接抗病毒药物（DAA）治疗。此类患者有发生HBV再激活的风险，因此在应用抗HCV治疗期间和停药后3个月内，建议联合ETV、TDF或TAF抗病毒治疗并密切监测。

7. HBV和HIV合并感染患者不论CD4+T淋巴细胞水平如何，只要无抗HIV暂缓治疗的指征，均建议尽早启动抗反转录病毒（ART）治疗。

8. HBV相关HCC患者，若HBsAg阳性，建议应用进行ETV、TDF或TAF抗病毒治疗。

七、预防

（一）新生儿预防

1. 对于HBsAg阴性母亲的新生儿，在出生12h内尽早接种10μg重组酵母乙型肝炎疫苗，在1月龄和6月龄时分别接种第2针和第3针乙型肝炎疫苗。

2. 对于HBsAg阳性母亲的新生儿，在出生12h内尽早注射100IU乙型肝炎免疫球蛋白，同时在不同部位接种10μg重组酵母乙型肝炎疫苗，并在1月龄和6月龄时分别接种第3针和第3针乙型肝炎疫苗。建议对HBsAg阳性母亲所生儿童，于接种第3针乙型肝炎疫苗后1~2个月时进行HBsAg

和抗—HBs检测。若HBsAg阴性、抗—HBs＜10mIU/ml，可按0、1和6个月免疫程序再接种3针乙型肝炎疫苗；若HBsAg阳性为免疫失败，应定期监测。

3. 对于HBsAg不详的母亲所生早产儿、低体重儿，在出生12h内尽早接种第1针乙型肝炎疫苗和HBIG；满1月龄后，再按0、1和6个月程序完成3针乙型肝炎疫苗免疫。

4、新生儿在出生12h内接种乙型肝炎疫苗和HBIG后，可接受HBsAg阳性母亲的哺乳。

（二）成人预防

对于免疫功能低下或无应答的成人，应增加疫苗接种剂量（如60μg）和针次；对3针免疫程序无应答者，可再接种1针60μg或3针20μg乙型肝炎疫苗，并于第3次接种乙型肝炎疫苗后1~2个月时检测血清抗－HBs，如仍无应答，可再接种1针60μg重组酵母乙型肝炎疫苗。

（三）意外暴露HBV者

1. 在伤口周围轻轻挤压，排出伤口中的血液，再对伤口用0.9%NACL溶液冲洗，然后用消毒液处理。

2. 应立即检测HBV DNA、HBsAg，3~6个月后复查。

3. 如接种过乙型肝炎疫苗，且已知抗－HBs阳性（抗-HBs≥10mIU／ML）者，可不进行处理。如未接种过乙型肝炎疫苗，或虽接种过乙型肝炎疫苗，但抗-HBs＜10mIU/ml或抗-HBs水平不详者，应立即注射HBIG200-400IU，同时在不同部位接种1针乙型肝炎疫苗（20μg），于1个月和6个月后分别接种第2针和第3针乙型肝炎疫苗（20μg）。

丙型肝炎病毒

一、流行病学

据WHO估计，2015年全球7100万人有慢性HCV感染，39.9万人死于HCV感染引起的肝硬化或肝细胞癌（HCC）。

中国一般人群HCV感染者约560万，如加上高危人群和高发地区的HCV感染者，共计约1000万例。

HCV 1b和2a基因型在中国较为常见，其中以1b型为主，其次为2型和3型，基因4型和5型非常少见，6型相对较少。

（一）传染源

急、慢性患者和无症状病毒携带者。

（二）传播途径

1. 输血及血制品。

2. 注射、针刺、器官移植、骨髓移植、血液透析：如静脉注射毒品、使用非一次性注射器和针头等。器官移植、骨髓移植及血液透析患者亦是高危人群。

3. 性传播：多个性伴侣及同性恋者属高危人群。

（三）易感人群

人类对HCV普遍易感。抗-HCV并非保护性抗体，感染后对不同株无保护性免疫。

二、临床表现

可有全身乏力、食欲减退、恶心和右季肋部疼痛等，少数伴低热，轻度肝肿大，部分患者可出现脾肿大，少数患者可出现黄疸。多数患者无明显症状，表现为隐匿性感染。

三、辅助检查

（一）一般检查

血常规、肝功能表现同乙肝相同。

（二）HCV血清学检测

抗-HCV检测：用于HCV感染者的筛查。对于抗体阳性者，应进一步检测HCV RNA，以确定是否为现症感染。急性丙型肝炎患者可因为处于窗口期出现抗-HCV阴性。因此，HCV RNA检测有助于确诊这些患者是否存在HCV感染。

（三）HCV RNA、基因型和变异检测

1. HCV RNA定量检测：适用于HCV现症感染的确认、抗病毒治疗前基线病毒载量分析，以及治疗结束后的应答评估。

2. HCV基因分型：采用基因型特异性DAAs方案治疗的感染者，需要先检测基因型。

3. HCV RASs检测：PCR产物直接测序法和新一代深度测序方法，PCR产物直接测序法即可满足临床上DAAs方案选择的需求。

（四）肝纤维化的无创诊断

1. APRI评分：成人中APRI评分>2，预示患者已经发生肝硬化。APRI=AST（/ULN）/PLT（×10^9/L）×100。

2. FIB-4指数：成人中FIB-4指数>3.25，预示患者已经发生显著肝纤维化。FIB-4=[年龄（岁）×AST（U/L）]÷[PLT（×10^9/L）×ALT（U/L）的平方根]。

3. 瞬时弹性成像（TE）

肝硬度测定值（LSM）≥14.6 kPa诊断为肝硬化，LSM<9.3kPa可排除肝硬化。

（五）影像学检查

目前常用的影像学诊断方法包括腹部超声（US）检查、电子计算机断层成像（CT）和核磁共振成像（MRI或MR）等，主要目的是监测慢性HCV感染肝硬化疾病进展，发现占位性病变和鉴别其性质，尤其是监测和诊断HCC。

四、诊断与鉴别诊断

（一）急性丙型肝炎的诊断

1. 流行病学史：有明确的就诊前6个月以内的流行病学史，如输血史、应用血液制品史、不安全注射、纹身等其他明确的血液暴露史。

2. 临床表现：可有全身乏力、食欲减退、恶心和右季肋部疼痛等，少数伴低热，轻度肝肿大，部分患者可出现脾肿大，少数患者可出现黄疸。多数患者无明显症状，表现为隐匿性感染。

3. 实验室检查ALT可呈轻度和中度升高，也可在正常范围之内，有明确的6个月以内抗-HCV和/或HCV RNA检测阳性的结果。HCV RNA部分可在ALT恢复正常前阴转，但也有ALT恢复正常而HCV RNA持续阳性者。

有上述1+2+3或2+3者可诊断。

（二）慢性丙型肝炎诊断

1. 诊断依据：HCV感染超过6个月，或有6个月以前的流行病学史，或感染日期不明。抗-HCV及HCV RNA阳性，肝脏组织病理学检查符合慢性肝炎。

2. 病变程度判定：肝活检病理学诊断可以判定肝脏炎症分级和纤维化分期。

3. CHC肝外表现：类风湿性关节炎、眼口干燥综合征、扁平苔藓、肾小球肾炎、混合型冷球蛋白血症、B细胞淋巴瘤和迟发性皮肤卟啉症等。

五、治疗

所有HCV RNA阳性的患者，只要有治疗意愿，均应接受抗病毒治疗。抗病毒治疗终点为治疗结束后12周或24周，采用敏感检测方法（检测下限≤15IU/mL）检测血清或血浆HCV RNA检测不到（SVR12或24）。抗病毒治疗已经进入直接抗病毒药物（DAA）的泛基因型时代，优先推荐无干扰素的泛基因型方案。

DAAs根据治疗靶点的不同，可分为3类，即：NS3/4A蛋白酶抑制剂、NS5A蛋白酶抑制剂及NS5B聚合酶抑制剂。

目前可供选择的抗病毒方案如下：

泛基因型药物：

索磷布韦维/帕他韦片（丙通沙）；

格卡瑞韦/哌仑他韦（艾诺全）。

（一）特殊人群治疗

失代偿期肝硬化患者的治疗和管理：

抗病毒治疗方案可以选择：来迪派韦/索磷布韦（基因型1、4、5和6）或索磷布韦/维帕他韦（泛基因型）或索磷布韦+达拉他韦（泛基因型）。

（二）儿童的治疗和管理

12岁以下儿童，目前尚无推荐的DAAs治疗方案。

12岁及以上或者体重超过35kg的青少年，基因1、4、5和6型感染，初治/经治无肝硬化，或初治代偿期肝硬化患者予以400mg索磷布韦/90 mg来迪帕韦，治疗12周，经治代偿期肝硬化患者治疗24周。HCV基因2型，予以400mg索磷布韦联合RBV治疗12周，HCV基因3型，治疗24周。

12岁及以上或者体重超过45kg的基因1、2、3、4、5或6型无肝硬化或代偿期肝硬化青少年接受格卡瑞韦/哌仑他韦8周、12周或16周治疗，无需调整剂量。

（三）合并HCV感染的CKD患者

均应立即接受抗病毒治疗。HCV感染合并CKD4-5期和CKD 5D期（透析）患者，可以选择艾尔巴韦/格拉瑞韦（基因1、4型），或者格卡瑞韦/哌仑他韦（泛基因型），以及二线选择奥比帕利/达塞布韦（基因1型），阿舒瑞韦联合达拉他韦（基因1b型，阿舒瑞韦用于未透析的CKD4-5期患者时剂量减半）。

（四）合并HBV感染

针对HCV的治疗与单纯HCV感染治疗的方案相同。如果患者同时符合HBV抗病毒治疗指征，可考虑予以干扰素α或核苷（酸）类似物抗HBV治疗。如果不符合HBV抗病毒指征，则在抗HCV治疗的同时注意监测HBV DNA，若HBV DNA明显活动时可予以核苷（酸）类似物抗HBV治疗。

（五）合并HIV感染

针对HCV的治疗与单纯HCV感染的DAAs治疗方案相同，SVR率与无HIV人群相同。如DAAs与抗逆转录病毒药物有相互作用，治疗方案和药物剂量需要调整。

（六）急性丙型肝炎患者

可以给予索磷布韦/维帕他韦（泛基因型）、格卡瑞韦/哌仑他韦（泛基因型）、格拉瑞韦/艾尔巴韦（基因型1b或4）、来迪派韦/索磷布韦（基因型1、4、5和6）、或者奥比帕利联合达塞布韦（基因型1b）治疗8周。

第二节　肺结核

一、病因

肺结核是指发生在肺组织、气管、支气管和胸膜的结核，包含肺实质的结核、气管支气管结核和结核性胸膜炎，占各器官结核病总数的80%~90%，由结核杆菌引发。

二、流行病学

全球的结核病负担仍然很重，2016年全年新发病例1040万，167万人死于结核病，估计仍有40%的患病者未获得诊断和治疗。

据世界卫生组织估计，目前中国结核病年发患者数约为90万，占全球年发病患者病例数的8.6%，仅次于印度和印度尼西亚，居世界第三。

（一）传染源

开放性肺结核患者的排菌是结核传播的主要来源。

（二）传播途径

主要为患者与健康人之间经空气传播。患者咳嗽排出的结核分枝杆菌悬浮在飞沫核中，当被人吸入后即可引起感染。其他途径如饮用带菌牛奶经消化道感染，患病孕妇经胎盘引起母婴间传播，经皮肤伤口感染和上呼吸道直接接种均极罕见。

（三）易感人群

生活贫困、居住拥挤、营养不良等因素是社会经济落后地区人群结核病高发的原因。免疫抑制状态患者尤其好发结核病。

三、临床表现

一般人群中的结核病约80%的病例表现为肺结核，15%表现为肺外结核，而5%则两者均累及。

（一）肺结核全身症状

1. 发热。为最常见的全身毒性症状，多数为长期低热，于午后或傍晚开始，次晨降至正常，可伴有倦怠乏力、夜间盗汗，或无明显自觉不适。

2. 呼吸系统症状：浸润性病灶咳嗽轻微，干咳或仅有少量黏液痰。有空洞形成时痰量增加，若伴继发感染，痰呈脓性。合并支气管结核则咳嗽加剧，可出现刺激性呛咳，伴局限性哮鸣或喘鸣。1/3~1/2患者在不同病期有咯血。

（二）肺结核体征

1. 粟粒性肺结核：偶可并发急性呼吸窘迫综合征，表现出严重呼吸困难和顽固性低氧血症。

2. 继发型肺结核：好发于上叶尖后段，故听诊于肩胛间区闻及细湿啰音，有较大提示性诊断价值。空洞性病变位置浅表而引流支气管通畅时有支气管呼吸音或伴湿啰音；巨大空洞可闻带金属调空瓮音。

3. 慢性纤维空洞性肺结核：患侧胸廓塌陷、气管和纵隔移位，叩诊音浊、听诊呼吸音降低或闻及湿啰音，以及肺气肿征象。

四、辅助检查

1. 痰结核分枝杆菌检查：涂片抗酸染色镜检快速简便，抗酸杆菌阳性肺结核诊断即基本成立。

2. 特异性结核抗原细胞IFN-γ测定：比结核菌素试验有更高的敏感性与特异性。

3. 结核分枝杆菌素（简称结素）试验：48~96h（一般为72h）观察反应，结果判断以局部硬结直径为依据：<5mm阴性反应，5~9mm一般阳性反应，10~19mm中度阳性反应，≥20mm或不足20mm但有水疱或坏死为强阳性反应。此外，在免疫缺陷患者中，特别是合并HIV感染患者、重症疾病者、年幼儿童及营养不良者，缺乏足够的灵敏度。

4. 分子生物学检测技术——聚合酶链反应（PCR）技术：可直接从患者新鲜痰液或冻存痰液中检测结核分枝杆菌及其对利福平的耐药性，全程约2h即获得结果。

5. 影像学检查：X线影像取决于病变类型和性质。

6. 胸部CT有助于发现隐蔽区病灶和孤立性结节的鉴别诊断。

五、诊断与鉴别诊断

肺结核诊断：分确诊病例、临床诊断病例和疑似病例。

（一）确诊病例

涂阳肺结核病例需符合下列三项之一：

1. 2份痰标本直接涂片抗酸杆菌镜检阳性；

2. 1份痰标本直接涂片抗酸杆菌镜检阳性加肺部影像学检查，符合活动性肺结核影像学表现。

3. 1份痰标本直接涂片抗酸杆菌镜检阳性加1份痰标本结核分枝杆菌培养阳性。

培阳肺结核需同时符合下列两项：

①痰涂片阴性。

②肺部影像学检查符合活动性肺结核影像学表现加1份痰标本结核分枝杆菌培养阳性。

（二）临床诊断病例

亦称为涂阴肺结核，即三次痰涂片阴性，同时需符合下列条件之一：

1. 胸部影像学检查显示与活动性肺结核相符的病变且伴有咳嗽、咳痰、咯血等肺结核可疑症状。

2. 胸部影像学检查显示与活动性肺结核相符的病变且结核菌素试验强阳性或γ干扰素释放试验阳性。

3. 胸部影像学检查显示与活动性肺结核相符，且肺外病灶的组织病理学检查提示为结核病变者。

4. 三次痰涂片阴性。

（三）疑似病例

以下两种情况属于疑似病例：

1. 5岁以下儿童：有肺结核可疑症状同时有与涂阳肺结核患者密切接触史。

2. 仅胸部影像学检查显示与活动性肺结核相符的病变。

（四）鉴别诊断

1. 肺癌中央型：肺癌常用痰中带血，肺附近有阴影，与肺门淋巴结结核相似。周围型肺癌可呈球状分叶状块影，需与结核球鉴别。

2. 肺脓肿：空洞多见于肺下叶，脓肿周围的炎症浸润较严重，空洞内常有液平面。肺结核空洞则多发生在肺上叶，空洞壁较薄，洞内很少有液平面或仅见浅液平。慢性纤维空洞合并感染时易与慢性肺脓肿混淆，后者痰结核菌阴性，鉴别不难。

3. 支气管扩张：有慢性咳嗽、咳脓痰及反复咯血史，需与继发性肺结核鉴别。

六、治疗

1. 治疗原则是：早期、联合、适量、规律、全程。

2. 抗结核药物按效力和不良反应及大小分为两类：

3. 一线（类）抗结核药物。指疗效好、不良反应小，如链霉素（SM，S）、异烟肼（INH，H）、利福平（RFP，R）、吡嗪酰胺（PZA，Z）、乙胺丁醇（EB，E）。

4. 二线（类）抗结核药物。效力或者安全性不如一线药物，在一线药物耐药或者不良反应不能耐受时被选用。包括卡那霉素（Km）、阿米卡星（Amk）、对氨基水杨酸（PAS）、左氧氟沙星（Lvx）、莫西沙星（Mfx）等。

5. 标准化的抗结核治疗：

初治病例的标准化治疗方案分为两个阶段，即2个月的强化期和4个月的巩固期治疗。标准方案为2H，R，Z，E，/4H，R（斜杠前的"2"代表强化期2个月，斜杠后的"4"代表巩固期继续治疗4个月，后同）或2HRZE/4HR。

6. 复治标准方案：为2H，R，ZE，S，/IH，R，ZE，/SH，R，E，或2HRZES/IHRZE/SHRE。以下患者适用于复治方案：①初治失败的患者；②规则用药满疗程后痰菌又转阳的患者；③不规则化疗超过1个月的患者；④慢性排菌患者。

7. 耐药肺结核的治疗：耐药结核病按照耐药程度的不同依次分为单耐药、多耐药、耐多药、广泛耐药四种。

WHO根据药物的有效性和安全性将治疗耐药结核的药物分为A、B、C、D四组，其中A、B、C组为核心二线药物，D组为非核心的附加药物。

A组：氟喹诺酮类，包括高剂量左氧氟沙星（≥750mg/d）、莫西沙星及加替沙星。

B组：二线注射类药物，包括阿米卡星、卷曲霉素、卡那霉素、链霉素。

C组：其他二线核心药物，包括乙硫异烟胺（或丙硫异烟胺）、环丝氨酸（或特立齐酮）、利奈唑胺和氯法齐明。

D组：可以添加的药物，但不能作为MDR-TB治疗的核心药物，分为3个亚类：

D_1组包括吡嗪酰胺、乙胺丁醇和高剂量异烟肼。

D_2组包括贝达喹啉和德拉马尼。

D_3组包括对氨基水杨酸、亚胺培南西司他丁、美罗培南、阿莫西林克拉维酸、氨硫脲。

耐药结核治疗的强化期应包含至少5种有效抗结核药物，包括吡嗪酰胺及4个核心二线抗结核药物：A组1个，B组1个，C组2个。

如果以上的选择仍不能组成有效方案，可以加入1种D_2组药物，再从D_3组选择其他有效药物，从而组成含5种有效抗结核药物的方案。

第三节　麻　疹

一、病因

麻疹是由麻疹病毒引起的急性呼吸道传染病，在中国法定的传染病中属于乙类传染病。主要临床表现为发热咳嗽、流涕等上呼吸道卡他症状及眼结膜炎，口腔麻疹黏膜斑及皮肤斑丘疹。中国自1965年婴幼儿广泛接种麻疹疫苗以来，特别是1978年列入计划免疫实施以后，麻疹的发病率显著降低。

二、临床表现

潜伏期为6~21d，平均为10d左右。接种过麻疹疫苗者可延长至3~4周。

（一）典型麻疹

典型麻疹临床过程可分为三期：

1. 前驱期：从发热到皮疹出现为前驱期，一般持续3~4d。

此期主要为上呼吸道和眼结膜炎症所致的卡他症状，表现为急性起病，发热、咳嗽、流涕流泪、眼结膜充血、畏光等。婴幼儿可出现胃肠道症状如呕吐、腹泻，发病2~3d后90%以上患者口腔可出现麻疹黏膜斑（科氏斑），它是麻疹前驱期的特征性体征，具有诊断意义。科氏斑位于双侧第二磨牙对面的颊黏膜上，0.5~1mm针尖大小的白色点状突起，周围有红晕。初起时仅数个，1~2d内迅速增多融合，扩散至整个颊黏膜，形成表浅的糜烂，似鹅口疮，2~3d后很快消失。前驱期一些患者颈、胸、腹部可出现一过性风疹样皮疹，数小时即退去，称麻疹前驱疹。

2. 出疹期：从病程的第3~4d开始，持续1周左右。

此时患者体温持续升高至39℃~40℃，同时中毒症状明显加重，开始出现皮疹。皮疹首先见于耳后、发际，然后前额、面、颈部，自上而下至胸、腹、背及四肢，2~3d遍及全身，最后达手掌与足底。皮疹初为淡红色斑丘疹，大小不等，直径2~5mm，压之退色，疹间皮肤正常。之后皮疹可融合成片，颜色转暗，都分病例可有出血性皮疹，压之不退色。出疹同时可有嗜睡或烦躁不安甚至谵妄、抽搐等症状，还可伴有表浅淋巴结及肝、脾大，并发肺炎时肺部可闻及干湿啰音，甚至出现心功能衰退。成人麻疹感染中毒症状常常比较重，但并发症较少见。

3. 恢复期：皮疹达高峰并持续1~2d后，疾病迅速好转，体温开始下降，全身症状明显减轻，皮疹随之按出疹顺序依次消退，可留有浅褐色色素沉着斑，1~2周后消失，皮疹退时有糠麸样细小皮肤脱屑。

（二）非典型麻疹

由于患者的年龄和机体免疫状态不同、感染病毒数量及毒力不同和是否接种过麻疹疫苗种类不同等因素，临床上可出现非典型麻疹。

1. 轻型麻疹：多见于对麻疹具有部分免疫力的人群，如6个月前接受过被动或曾接种过麻疹疫苗者。临床表现为低热且持续时间短，皮疹稀疏色淡，无口腔麻疹黏膜斑或不典型，呼吸道卡他症状轻。一般无并发症，病程在1周左右，但病后所获免疫力与典型麻疹患者相同。

2. 重型麻疹：多见于全身状况差和免疫力低下人群，或继发严重感染者，病死率高，包括：

（1）中毒性麻疹：表现为全身感染中毒症状重，突然高热（体温可达40℃以上，伴有气促、心率加快，甚至谵妄、抽搐、昏迷，皮疹也较严重，可融合成片。

（2）休克性麻疹：除具有感染中毒症状外，很快出现循环衰竭或心功能衰竭，表现为面色苍白、发绀、四肢厥冷、心音弱、心率快、血压下降等。皮疹暗淡稀少或皮疹出现后又突然隐退。

（3）出血性麻疹：皮疹为出血性，形成紫斑，压之不退色，同时可有内脏出血。

（4）疱疹性麻疹：皮疹呈疱疹样，融合成大疱，同时体温高且感染中毒症状重。

3. 异型麻疹：多发生在接种麻疹灭活疫苗后4~6年。

表现为突起高热，头痛、肌痛或腹痛，而上呼吸道卡他症状不明显，无麻疹黏膜斑，病后2~3d出现皮疹，从四肢远端开始，逐渐扩收到躯干。皮疹为多形性，常伴四肢水肿，肝、脾均可肿大。异型麻疹病情较重，但多为自限性。其最重要的诊断依据是恢复期检测麻疹血凝抑制抗体呈现高滴度，但病毒分离阴性。一般认为异型麻疹无传染性。

三、辅助检查

（一）血常规

白细胞总数减少，淋巴细胞比例相对增多。如果白细胞数增加，尤其是中性粒细胞增加，提示继发细菌感染。若淋巴细胞严重减少，常提示预后不好。

（二）血清学检查

酶联免疫吸附试验（LISA）或化学发光法测定血清麻疹特异性IgM和IgG抗体，其中IgM抗体在病后5~20d最高，阳性即可确诊麻疹，IgG抗体恢复期较早期增高4倍以上即为阳性，也可以诊断麻疹。

（三）病原学检查

1. 病毒分离。取早期患者眼、鼻、咽分泌物或血尿标本接种于原代人胚肾细胞，分离麻疹病毒，但不作为常规检查。

2. 病毒抗原检测。取早期患者鼻咽分泌物血细胞及尿沉渣细胞用免疫荧光或免疫酶法查麻疹病毒抗原，如阳性，可早期诊断。上述标本涂片后还可见多核巨细胞。

3. 核酸检测。采用反转录聚合酶链反应（RT-PCR），从临床标本中扩增麻疹病毒RNA，是一种非常敏感和特异的诊断方法，对免疫力低下而不能产生特异抗体的麻疹患者，有价值。

四、诊断与鉴别诊断

（一）诊断

典型麻疹，根据临床表现即可以做出诊断。包括询问当地是否有麻疹流行，是否接种过麻疹疫苗，是否有麻疹患者的接触史。同时出现典型麻疹的临床表现，如急起发热、上呼吸道卡他症状结膜充血、畏光、口腔麻疹黏膜斑及典型的皮疹等即可诊断。非典型患者主要依赖于实验室检查确定诊断。

（二）鉴别诊断

麻疹主要与其他出诊性疾病相鉴别：

1. 风疹：前驱期短，全身症状和呼吸道症状较轻，无口腔麻疹黏膜斑，发热1~2d出疹，皮疹分布以面颈、躯干为主。1~2d皮疹消退，疹后无色素沉着和脱屑，常伴耳后、颈部淋巴结肿大。

2. 幼儿急疹：突起高热，持续3~5d，上呼吸道症状轻，热骤降后出现皮疹，皮疹散在分布，呈玫瑰色，多位于躯干，1~3d皮疹退尽，热退后出皮疹为其特点。

3. 猩红热：前驱期发热，咽痛明显，2d后全身出现针尖大小红色丘疹，疹间皮肤充血，压之退色，面部无皮疹，口周呈苍白圈，皮疹持续4~5d随热降而退，出现大片脱皮。外周血白细胞总数及中性粒细胞增高显著。

4. 药物疹：近期服药史，皮疹多有瘙痒，低热或不发热，无黏膜斑及卡他症状，停药后皮疹渐消退。末梢血嗜酸性粒细胞可增多。

五、治疗

麻疹为自限性疾病，目前对麻疹病毒尚无特效药物。麻疹的治疗主要为对症治疗，加强护理，预防和治疗并发症。

（一）一般治疗

患者应单病室，按照呼吸道传染病隔离至体温正常或至少出疹后5d；卧床休息，保持室内空气新鲜，温度适宜；眼鼻、口腔保持清洁，多饮水。

（二）对症治疗

高热可酌用小剂量解热药物或物理降温；咳嗽可用祛痰镇咳药；剧烈咳嗽和烦躁不安者可用少量镇静药；体弱病重患儿可早期注射免疫球蛋白；必要时可以吸氧，保证水电解质及酸碱平衡等。

（三）并发症治疗

1. 喉炎：蒸气雾化吸入稀释痰液，使用抗菌药物，对喉部水肿者可试用肾上腺皮质激素。梗阻严重时及早行气管切开。

2. 肺炎：治疗同一般肺炎，合并细菌感染较为常见，主要为抗菌治疗。

3. 心肌炎：出现心力衰竭者应及早静脉注射强心药物，同时应用利尿药，重症者可用肾上腺皮质激素。

4. 脑炎：处理同一般病毒性脑炎。目前无特殊治疗。

第四节　水痘和带状疱疹

水痘和带状疱疹是由同一种病毒即水痘-带状疱疹病毒感染所引起的、临床表现不同的两种疾病。水痘为原发性感染，多见于儿童，临床特征是全身同时出现丘疹、水痘及结痂。带状疱疹是潜伏于感觉神经节的水痘-带状疱疹病毒再激活后发生的皮肤感染，以沿身体一侧周围神经出现，呈带状分布的、成簇出现的疱疹为特征，多见于成人。

水 痘

一、流行病学

（一）传染源

水痘患者是唯一的传染源，病毒存在于上呼吸道黏膜及疱疹液中，发病前1~2d至皮疹完全结痂为止，均有传染性。易感儿童接触带状疱疹患者后，也可发生水痘。

（二）传播途径

主要通过呼吸道飞沫和直接接触传播，亦可通过接触被污染的用具间接传播。

（三）人群易感性

本病传染性强，人群对水痘普遍易感。易感儿童接触水痘患者后90%可以发病，6个月以下婴儿较少见。孕妇患水痘时，胎儿和新生儿也可被感染而发病。病后可获得持久免疫，再患水痘极少见，但可反复发生带状疱疹。本病一年四季均可发生，以冬春季为高峰。

二、临床表现

潜伏期为10~21d，以14~16d为多见。典型水痘可分为两期：

（一）前驱期

婴幼儿常无症状或症状轻微，可有低热、烦躁，易激惹或拒乳，同时出现皮疹。年长儿童和成人可有畏寒、低热、头痛、乏力、咽痛、咳嗽、恶心、食欲减退等症状，持续1~2d后才出现皮疹。

（二）出疹

皮疹首先见于躯干部，以后延及面部及四肢。初为红色斑疹，数小时后变为丘疹并发展成疱疹。疱疹为单房性，椭圆形，直径3~5mm，周围有红晕，疱疹壁薄易破，疱液先为透明，很快变混浊，疱疹处常伴瘙痒。1~2d后疱疹从中心开始干枯、结痂，红晕消失。1周左右痂皮脱落愈合，一般不留瘢痕。如有继发感染，则成脓疱，结痂和脱痂时间延长。水痘皮疹为向心性分布，主要位于躯干，其次为头面部，四肢相对较少。部分患者可在口腔、咽喉、眼结膜和外阴等黏膜处发生疱疹，破裂后形成溃疡。水痘皮疹多分批出现，故病程中在同一部位同时可见斑丘疹、水疱和结痂，后期出现的斑丘疹未发展成疱疹即隐退。水痘多为自限性疾病，10d左右可自愈。儿童患者症状和皮疹均较轻，成人患者症状较重，易并发水痘肺炎。免疫功能低下者，易出现播散性水痘，皮疹融合形成大疱。妊娠期感染水痘，可致胎儿畸形、早产或死胎。产前数天内患水痘，可发生新生儿水痘，病情常较危重。

除了上述典型水痘外，可有疹内出血的出血型水痘，病情极严重。此型全身症状重，皮肤、黏膜有瘀点、瘀斑和内脏出血等，系因血小板减少或弥散性血管内凝血（DIC）所致。还可有因继发细菌感染所致的坏疽型水痘，皮肤大片坏死，可因脓毒症而死亡。

三、辅助检查

（一）血常规

血白细胞总数正常或稍增高，淋巴细胞分数升高。

（二）血清学检查

常用酶联免疫吸附法或补体结合试验检测特异性抗体。补体结合抗体于出疹后1~4d出现，2~6周达高峰，6~12个月后逐渐下降。血清抗体检查可与单纯疱疹病毒发生交叉反应而成假阳性。

（三）病原学检查

1. 病毒分离：取病程3~4d疱疹液种于人胚成纤维细胞，分离出病毒后可做进一步鉴定。

2. 抗原检查：对病变皮肤刮取物，用免疫荧光法检查病毒抗原。其方法敏感、快速，并容易与单纯疱疹病毒感染相鉴别。

3. 核酸检测：用聚合酶链反应（PCR）检测患者呼吸道上皮细胞和外周血白细胞中的病毒DNA，系敏感、快速的早期诊断方法。

四、诊断与鉴别诊断

典型水痘根据临床皮疹特点诊断多无困难，非典型患者须依赖于实验室检查确定。与以下疾病相鉴别：

（一）手足口病

由多种病毒引起，其中以EV7I病毒感染，病情较重。多见于年长儿，3岁以内婴幼儿病情较重。皮疹主要见于手、足和口腔，皮疹特点多为红色丘疹，部分丘疹顶部呈疱疹状。

（二）脓疱疹

为儿童常见的细菌感染性疾病。常发于鼻唇周围或四肢暴露部位，初为疱疹，继成脓疱，最后结痂，皮疹无分批出现特点，无全身症状。

（三）丘疹样荨麻疹

为皮肤过敏性疾病，婴幼儿多见，四肢和躯干部皮肤分批出现红色丘疹，顶端有小疱，周围无红晕，不结痂，不累及头部和口腔。

五、并发症

（一）皮疹继发细菌感染

如皮肤化脓性感染、丹毒和蜂窝织炎等。

（二）肺炎

原发性水痘肺炎多见于成人患者或免疫功能缺陷者。轻者可无临床表现，仅X线检查显示肺部有弥漫性结节性浸润；重者出现咳嗽、咯血、胸痛、呼吸困难和发绀等症状；严重者可于24~48h内死于急性呼吸衰竭。继发性肺炎为继发细菌感染所致，多见于小儿。

（三）脑炎

发生率小于1%，多发生于出疹后1周左右。临床表现和脑脊液改变与一般病毒性脑炎相似，预后较好，病死率为5%左右，重者可遗留神经系统后遗症。

（四）肝炎

多表现为转氨酶轻度升高，少数可出现肝脏脂肪性变，伴发肝性脑病即出现Reye综合征。

六、治疗

（一）一般治疗和对症治疗

患者应隔离至全部疱疹结痂为止。发热期卧床休息，给予易消化食物和注意补充水分。加强护理，保持皮肤清洁，避免搔抓疱疹处，以免导致继发感染。皮肤瘙痒者可用炉甘石洗剂涂擦，疱疹破裂后可涂甲紫或抗生素软膏。

（二）抗病毒治疗

早期应用阿昔洛韦有一定疗效，是治疗水痘带状疱疹病毒感染的首选抗病毒药物。每天600~800mg，分次口服，疗程10d，如皮疹出现24h内进行治疗，则能控制皮疹发展，加速病情恢复。此外，阿糖腺苷和干扰素也可试用。

（三）防治并发症

继发细菌感染时应用抗菌药物，合并脑炎，出现脑水肿者应采取脱水治疗。水痘不宜使用糖皮质激素。

七、预后

水痘预后一般良好，结痂脱落后不留瘢痕。重症或并发脑炎者，预后较差，甚至可导致死亡。

八、预防

患者应于呼吸道隔离至全部疱疹结痂，其污染物和用具可用煮沸或日晒等方法进行消毒。对于免疫功能低下或正在使用免疫抑制剂治疗的患者或孕妇，如有患者接触史，可肌注免疫球蛋白0.4~0.6ml/kg，或注射带状疱疹免疫球蛋白0.1ml/kg，以预防或减轻病情。

带状疱疹

带状疱疹是潜伏在人体感觉神经节的水痘-带状疱疹病毒再激活后所引起的以皮肤损害为主的疾病，免疫功能低下时易发生带状疱疹。临床特征为沿身体单侧体表神经分布的相应皮肤区域出现呈带状的成簇水疱，伴有局部剧烈疼痛。

一、流行病学

（一）传染源

水痘和带状疱疹患者是本病传染源。

（二）传播途径

病毒可通过呼吸道飞沫或直接接触传染，但一般认为带状疱疹主要不是通过外源性传染，而是幼儿期患水痘后病毒潜伏性感染的再激活所致。

（三）人群易感性

人群普遍易感，带状疱疹痊愈后仍可复发。

二、临床表现

起病初期，可出现低热和全身不适。随后出现沿着神经节段分布的局部皮肤灼痒、疼痛或感觉异常等。1~3d后沿着周围神经分布区域出现成簇的红色斑丘疹，很快发展为水疱，疱疹从米粒大至绿豆大不等，分批出现，沿神经支配的皮肤呈带状排列，故名"带状疱疹"，伴有显著的神经痛是该病突出特征。带状疱疹3d左右转为疱疤，1周内干涸，10~12d结痂，2~3周脱痂，疼痛消失，不留瘢痕。免疫功能严重受损者，病程可延长。带状疱疹可发生于任何感觉神经分布区，但以脊神经胸段最常见，皮疹部位常见于胸部，约占50%，其次为腰部和面部。带状疱疹皮疹多为一侧性，很少超过躯体中线，罕有多神经或双侧受累发生。

水痘-带状疱疹病毒也可侵犯三叉神经眼支，发生眼带状疱疹，病后常发展成角膜炎与虹膜睫状体炎，若发生角膜溃疡可致失明。病毒侵犯脑神经，可出现面瘫、听力丧失、眩晕、咽喉麻痹等。50岁以上带状疱疹患者易发生疱疹后神经痛，可持续数月。

本病轻者可以不出现皮疹，仅有节段性神经疼痛。重型常见于免疫功能缺损者或恶性肿瘤患者。还可发生播散性带状疱疹，表现为除皮肤损害外，伴有高热和毒血症。甚至发生带状疱疹肺炎和脑膜脑炎，病死率高。

三、辅助检查

同水痘，当出现带状疱疹脑炎、脑膜炎、脊髓炎时，脑脊液细胞数及蛋白有轻度增加，糖和氯化物正常。

四、诊断与鉴别诊断

典型患者根据单侧、呈带状排列的疱疹和伴有神经痛，诊断多无困难。非典型病例有赖于实验室检查。

该病有时需与单纯疱疹鉴别，后者常反复发生，分布无规律，疼痛不明显。

五、治疗

该病系自限性疾病，治疗原则为止痛抗病毒和预防继发感染等。

（一）抗病毒治疗

抗病毒治疗的适应证包括：患者年龄大于50岁；病变部位在头颈都；躯干或四肢严重的疱疹；有免疫缺陷患者；出现严重的特异性皮炎或严重的湿疹等。可选用阿昔洛韦，400~800mg，口服，4h，1次，疗程7~10d。阿糖腺苷每天15mg/kg，静脉滴注、疗程10d。

（二）对症治疗

疱疹局部可用阿昔洛韦乳剂涂抹，可缩短病程。神经疼痛剧烈者、给镇痛药。保持皮损处清洁，防止继发细菌感染。

六、预防

主要是预防水痘，目前尚无有效办法直接预防带状疱疹。

第五节 流行性腮腺炎

流行性腮腺炎是由腮腺炎病毒引起的急性呼吸道传染病。以腮腺非化脓性炎症、腮腺区肿痛为临床特征。主要发生在儿童和青少年。腮腺炎病毒除侵犯腮腺外，尚能侵犯神经系统及各种腺体组织，引起儿童脑膜炎、脑膜脑炎，青春期后可引起睾丸炎、卵巢炎和胰腺炎等。

一、流行病学

（一）传染源

早期患者及隐性感染者均为传染源。患者腮腺肿大前7天至肿大后2周时间内，可从唾液中分离出病毒，此时患者具高度传染性。有脑膜炎表现者能从脑脊液中分离出病毒，无腮腺肿大的其他器官感染者亦能从唾液和尿中排出病毒。

（二）传播途径

主要通过飞沫经呼吸道传播，也能通过接触被病毒污染的物品传播。妊娠早期可经胎盘传至胚胎导致胎儿发育畸形。

（三）人群易感性

人群普遍易感，但由于1岁以内婴儿体内尚有经胎盘获得的抗腮腺炎病毒特异性抗体，同时成人中约80%曾患显性或隐性感染而在体内存在一定的抗体，故约90%病例为1~15岁的少年儿童，易在幼儿和小学生（5~9岁）中流行。

（四）流行特征

本病呈全球性分布，全年均可发病，但以冬、春季为主。患者主要是学龄儿童，无免疫力的成人亦可发病。感染后一般可获较持久的免疫力，再次感染极为罕见。

二、临床表现

潜伏期8~30d，平均18d。部分病例有发热、头痛、无力、食欲缺乏等前驱症状，但大部分患者无前驱症状。发病1~2d后出现颧骨弓或耳部疼痛，然后唾液腺肿大，体温上升可达40℃。腮腺最常受累，通常一侧腮腺肿大后1~4d又累及对侧。双侧腮腺肿大者约占75%。腮腺肿大是以耳垂为中心，向前、后、下发展，使下颌骨边缘不清。由于覆盖于腮腺上的皮下软组织水肿使局部皮肤发亮，肿痛明显，有轻度触痛及感觉过敏；表面灼热，但多不发红；因唾液腺管的阻塞，当进食酸性食物促使唾液分泌时疼痛加剧。腮腺肿大2~3d达高峰，持续4~5d后逐渐消退。腮腺管口早期常有红肿，虽然腮腺肿胀最具特异性，但颌下腺或舌下腺可以同时受累，有时是单独受累。颌下腺肿大时颈前下颌处明显肿胀，可触及椭圆形腺体，舌下腺肿大时，可见舌下及颈前下颌肿胀，并出现吞咽困难。

有症状的脑膜炎发生在15%的病例，患者出现头痛、嗜睡和脑膜刺激症。一般发生在腮腺炎发病后4~5d，有的患者脑膜炎先于腮腺炎。一般症状在1周内消失。脑脊液白细胞计数在$25×10^9$/L左右，主要是淋巴细胞增高。少数患者脑脊液中糖降低。预后一般良好。脑膜炎或脑炎患者，常有高热、谵妄、抽搐、昏迷，重症者可致死亡。可遗留耳聋、视力障碍等后遗症。

睾丸炎常见于腮腺肿大开始消退时，患者又出现发热，睾丸明显肿胀和疼痛，可并发附睾炎，鞘膜积液和阴囊水肿。睾丸炎多为单侧，约1/3的病例为双侧受累。急性症状持续3~5d，10d内逐渐好转。部分患者睾丸炎后发生不同程度的睾丸萎缩，这是腮腺炎病毒引起睾丸细胞坏死所致，但很少引起不育症。

卵巢炎发生于5%的成年妇女，可出现下腹疼痛。右侧卵巢炎患者可酷似阑尾炎。有时可触及肿大的卵巢。一般不影响生育能力。

胰腺炎常见于腮腺肿大数天后发生，可有恶心、呕吐和中上腹疼痛和压痛。由于单纯腮腺炎即可引起血、尿淀粉酶增高，因此需做脂肪酶检查，若升高则有助于胰腺炎的诊断。腮腺炎合并胰腺炎的发病率低于10%。

其他如心肌炎、乳腺炎和甲状腺炎等亦可在腮腺炎发生前后发生。

三、辅助检查

（一）常规检查

白细胞计数和尿常规一般正常，有睾丸炎者白细胞可以增高。有肾损害时尿中可出现蛋白和管型。

（二）血清和尿液中淀粉酶测定

发病早期90%患者血清和尿淀粉酶增高。淀粉酶增高的程度往往与腮腺肿胀程度成正比。无腮腺肿大的脑膜炎患者，血和尿中淀粉酶也可升高。血脂肪酶增高，有助于胰腺炎的诊断。

（三）脑骨液检查

有腮腺炎而无脑膜炎症状和体征的患者，约半数脑脊液中白细胞计数轻度升高，且能从脑脊液中分离出腮腺炎病毒。

（四）血清学检查

1. 抗体检查：特异性抗体一般要在病程第2周后方可检出。用ELISA法检测血清中NP的IgM抗体可做出近期感染的诊断，用放射免疫法测定患者唾液中腮腺炎病毒IgM抗体的敏感性和特异性亦很高。

2. 抗原检查：近年来有应用特异性抗体或单克隆抗体来检测腮腺炎病毒抗原的，可做早期诊断。应用PCR技术检测腮腺炎病毒RNA，可明显提高可疑患者的诊断率。

（五）病毒分离

应用早期患者的唾液、尿或脑膜炎患者的脑脊液，接种于原代猴肾、Vero细胞或HeLa细胞可分离出腮腺炎病毒，3~6d内组织培养细胞可出现病变，形成多核巨细胞。

四、诊断与鉴别诊断

主要根据有发热和以耳垂为中心的腮腺肿大，结合流行情况和发病前2~3周有接触史，诊断一般不困难。没有腮腺肿大的脑膜炎、脑炎和睾丸炎等，确诊需依靠血清学检查和病毒分离。

与以下疾病相鉴别：

1. 化脓性腮腺炎：主要是一侧性腮腺肿大，不伴睾丸炎或卵巢炎。挤压腮腺时有脓液自腮腺管口流出。外周血中白细胞总数和中性粒细胞计数明显增高。

2. 其他病毒性腮腺炎：甲型流感病毒、副流感病毒、肠道病毒中的柯萨奇A组病毒及淋巴细胞脉络丛脑膜炎病毒等均可以引起腮腺炎，需根据血清学检查和病毒分离进行鉴别。

3. 其他原因的腮腺肿大：许多慢性病如糖尿病、慢性肝病、结节病、营养不良和腮腺导管阻塞等均可引起腮腺肿大，一般不伴急性感染症状，局部也无明显疼痛和压痛。

4. 局部淋巴结炎：耳前、耳后、下颌淋巴结炎，多伴局部或口腔、咽部炎症，淋巴结肿大不以耳垂为中心，血白细胞及中性粒细胞增高。

五、并发症

尽管主要病变在腮腺，但流行性腮腺炎实际上是一种全身性感染，可累及中枢神经系统或其他腺体，器官出现相应的症状和体征，约75%的腮腺炎患者有并发症。某些并发症可因无腮腺的肿大而误诊，只能以血清学检测确诊。常见并发症包括神经系统并发症、生殖系统并发症以及胰腺炎、肾炎等。

六、治疗

（一）一般治疗

卧床休息，给予流质或半流质饮食，避免进食酸性食物。注意口腔卫生，餐后用生理盐水漱口。

（二）对症治疗

头痛和腮腺胀痛可应用镇痛药。睾丸胀痛可局部冷敷或用棉花垫和丁字带托起。发热温度较高、患者食欲差时，应补充水、电解质和能量，以减轻症状。

（三）抗病毒治疗

发病早期可试用利巴韦林1g/d，儿童15mg/kg，静脉滴注，疗程5~7d，但效果有待确定。亦有报道应用干扰素治疗成人腮腺炎合并睾丸炎患者，能使腮腺炎和睾丸炎症状较快消失。

（四）肾上腺皮质激素的应用

对重症或并发脑膜炎、心肌炎患者，可应用地塞米松每天5~10mg，静脉滴注3~5d。

（五）颅内高压处理

若出现剧烈头痛、呕吐疑为颅内高压的患者，可应用20%甘露醇1~2g/kg，静脉推注，隔4~6h一次，直到症状好转。

（六）预防睾丸炎

男性成人患者，为预防睾丸炎的发生，早期可应用己烯雌酚每次2~5mg，3次/日，口服。

七、预后

腮腺炎大多预后良好，病死率为0.5%~2.3%。主要死于重症腮腺炎病毒性脑炎。

八、预防

患者应按呼吸道传染病隔离至腮腺消肿后5d。由于症状开始前数天患者已开始排出病毒，因此预防的重点是应用疫苗对易感者进行主动免疫。

目前国内外应用腮腺炎、麻疹、风疹三联减毒活疫苗进行皮下或者皮内接种，亦可采用喷鼻或气雾方法，95%以上可产生抗体。潜伏期患者接种可以减轻发病症状。由于可能有致畸作用，故孕妇禁用。严重系统性免疫损害者为相对禁忌，但应用腮腺炎疫苗免疫无症状的人、免疫缺陷病毒（HIV）感染的儿童，是被认可的。

第六节 猩红热

一、病因

猩红热是A组β型链球菌引起的急性呼吸道传染病。其临床特征为发热咽峡炎、全身弥漫性红色皮疹和疹后明显脱屑。少数患者病后可出现变态反应性心、肾、关节损害。

二、流行病学

（一）传染源

患者和带菌者是主要传染源。A组β型溶血性链球菌引起的咽峡炎患者，排菌量大且不易被重视，是重要的传染源。

（二）传播途径

主要经空气飞沫传播，也可经皮肤创伤处或产妇产道引起"外科型猩红热"或"产科型猩红热"。

（三）人群易感性

普遍易感。

（四）流行特征

本病多见于温带地区，寒带和热带少见。全年均可发生，但冬春季多，夏秋季少。可发生于任何年龄，但以儿童最为多见。

三、临床表现

潜伏期为1~7d，一般为2~3d。

（一）普通型

在流行期间大多数患者属于此型。

典型临床表现为：

1. 发热：多为持续性，体温可达39℃左右，可伴有头痛、全身不适等全身中毒症状；

2. 咽峡炎：表现为咽痛、吞咽痛，局部充血并可有脓性渗出液，颌下及颈淋巴结呈非化脓性炎症改变。

3. 皮疹：发热后24h内开始发疹，始于耳后、颈部及上胸部，然后迅速蔓及全身；典型的皮疹为在皮肤上出现均匀分布的弥漫充血性针尖大小的丘疹，压之退色，伴有痒感。部分患者可见带黄白色脓头且不易破溃的皮疹，称为"粟粒疹"。严重的患者出现出血性皮疹。在皮肤皱褶，皮疹密集或由于摩擦出血呈紫色线状，称为"线状疹"（又称Pastia线，帕氏线）。如颜面部位仅有充血而无皮疹，口鼻周围充血不明显，相比之下显得发白，称为"口周苍白圈"，腭部可见有充血或出血性黏膜内疹。病程初期舌覆白苔，红肿的乳头凸出于白苔之外，称为"草莓舌"。2~3d后白苔开始脱落，舌面光滑呈肉红色，乳头仍凸起，此称"杨梅舌"。多数情况下，皮疹于48h达高峰，然后按出诊顺序开始消退，2~3d内退尽，但重者可持续1周左右。疹退后开始皮肤脱屑，皮疹密集处脱屑更为明显，尤以粟粒疹为重，可呈片状脱皮，手、足掌、指（趾）处可呈套状，而面部、躯干常为糠屑状。近年来以轻症患者较多，常常仅有低热、轻度咽痛等症状；皮疹稀少，消退较快，脱屑较轻，但仍可引起变态反应性并发症。

（二）脓毒型

咽峡炎中的化脓性炎症，渗出物多，往往形成脓性假膜，局部黏膜可坏死而形成溃疡。细菌扩散到附近组织，形成化脓性中耳炎、鼻窦炎、乳突炎及颈淋巴结炎，甚至颈部软组织炎，还可引起败血症。目前已罕见。

（三）中毒型

临床表现为毒血症明显，高热、头痛、剧烈呕吐，甚至神志不清，中毒性心肌炎及感染性休克。咽峡炎不重但皮疹很明显，可为出血性。但若发生休克，则皮疹常变成隐约可见。病死率高，前亦很少见。

（四）外科型

包括产科型，病原菌从伤口或产道侵入而致病，故没有咽峡炎。皮疹首先出现在伤口周围，然后向全身蔓延。一般症状较轻，预后也较好。可从伤口分泌物中培养出病原菌。

四、辅助检查

（一）一般检查

1. 血象白细胞总数升高可达（10~20）×10⁹/L，中性粒细胞在80%以上，严重患者可出现中毒颗粒。出疹后嗜酸性粒细胞增多，占5%~10%。

2. 尿液常规检查一般无明显异常。如果发生肾脏变态反应并发症，则可出现尿蛋白、红细胞、白细胞及管型。

（二）病原学检查

可用咽拭子或其他病灶的分泌物培养溶血性链球菌。

五、诊断与鉴别诊断

临床上具有猩红热特征性表现，实验室检查白细胞数高达（10~20）×10⁹/L，中性粒细胞占80%以上，胞质内可见中毒颗粒。出疹后嗜酸性粒细胞增多，可占5%甚至10%。咽拭子、脓液培养获得A组链球菌为确诊依据。结合病史中有与猩红热或咽峡炎患者接触者或当地有流行的流行病学史，有助于诊断。

（一）其他咽峡炎

在出皮疹前咽峡炎与一般急性咽峡炎较难鉴别。白喉患者的咽峡炎比猩红热患者轻，假膜较坚韧且不易抹掉，猩红热患者咽部脓性分泌物容易被抹掉。但有时猩红热与白喉可合并存在，细菌学检查有助于诊断。

（二）其他发疹性疾病

猩红热皮疹与其他发疹性疾病的鉴别要点：

1. 麻疹有明显的上呼吸道卡他症状。皮疹一般在第4d出现，大小不等，形状不一，呈暗红色丘疹，皮疹之间有正常皮肤，面部皮疹特别多。

2. 风疹起病第1d即出皮疹。开始呈麻疹样，第2d躯干部增多且可融合成片，类似猩红热，无弥漫性皮肤潮红，此时四肢皮疹仍为麻疹样，面部皮疹与躯干一样多。皮疹于发病3d后消退，脱屑。咽部无炎症，耳后淋巴结常肿大。

3.药疹：有用药史。皮疹有时可呈多样化表现，既有猩红热样皮疹，同时也有荨麻疹样皮疹。皮疹分布不均匀，出疹顺序也不像猩红热那样由上而下，由躯干到四肢。无杨梅舌，除因患者咽峡炎用药引起药疹者外，一般无咽峡炎症状。

4.金黄色葡萄球菌感染：有些金黄色葡萄球菌能产生红疹毒素，也可以引起猩红热样的皮疹。鉴别主要靠细菌培养。由于此病进展快，预后差，故应提高警惕。

六、治疗

（一）一般治疗

包括急性期卧床休息，呼吸道隔离。

（二）病原治疗

目前多数A组链球菌对青霉素仍较敏感。

青霉素，每次80万U，2~3次/日，肌内注射，连用5~7d。80%左右的患者24h内即可退热，4d左右咽炎消失，皮疹消退。

脓毒型患者应加大剂量到800万~2000万U/d，分2~3次静脉滴入，儿童20万U/（kg.d）分2~3次静脉滴入，连用10d，或热退后3d。

对青霉素过敏者，可用红霉素，剂量，成人1.5~2g/d，分4次静脉滴入，儿童30~50mg/（kg·d），分4次静脉滴入。也可用复方磺胺甲噁唑，成人每日4片，分2次口服，小儿酌减。

对带菌者可用常规治疗，剂量，青霉素连续用药7d，一般均可转阴。

（三）对症治疗

若发生感染中毒性休克，要积极补充血容量，纠正酸中毒，给血管活性药等。对已化脓的病灶，必要时给予切开引流或手术治疗。

第七节　手足口病

一、病因

手足口病是由肠道病毒引起的急性传染病，其中以柯萨奇病毒A组16型和肠道病毒71型感染最常见。主要通过消化道、呼吸道和密切接触传播，一年四季都可发病，以夏秋季节最多。多发生于学龄前儿童，尤其以3岁以下儿童发病率最高。临床表现以手、足、口腔等部位皮肤黏膜的皮疹、疱疹、溃疡为典型表现，多数症状轻，病程自限，1周左右自愈，部分EV71感染者可引起无菌性脑膜炎、脑干脑炎、脑脊髓炎、神经源性肺水肿、心肌炎、环境障碍等严重并发症，可导致死亡。目前EV71灭活疫苗已经运用于临床，但治疗上仍缺乏特效治疗药物，以对症治疗为主，本病传染性强，易引起暴发或流行，中国卫健委（原卫生部）于2008年5月2日起，将之列为丙类传染病管理。

手足口病病原体多样，均为单股正链RNA病毒，小RNA病毒科，肠病毒属。其中引起手足口病的肠道病毒有EV71型、柯萨奇病毒（Cox）和埃可病毒的某些血清型，如Cox A16、A4、A5、A6、

A9、A10、B2、B5、B13和埃可病毒11型等。其中EV71和CoxA16为引起手足口病最常见的病原体。

二、流行病学

（一）传染源

本病的传染源包括患者和隐性感染者。流行期间，患者为主要传染源，无明显前驱期，病毒主要存在于血液、鼻咽分泌物及粪便中，其中粪便中病毒排毒时间为4~8周，一般以发病后1周内传染性最强；散发期间，隐性感染者为主要传染源。

（二）传播途径

密切接触是手足口病重要的传播方式，通过接触被病毒污染的手、毛巾、手绢、口杯、玩具、食具、奶具以及床上用品、内衣等引起感染；还可通过呼吸道飞沫传播；饮用或食入被病毒污染的水和食物亦可感染。

（三）人群易感性

婴幼儿和儿童普遍易感，以5岁以下儿童为主。

（四）流行特征

夏秋季5~7月可有一明显的感染高峰。引起本病的肠道病毒型别众多，传染性强，感染者排毒期较长，传播途径复杂，传播速度快，控制难度大，故在流行期间，常可发生幼儿园和托儿所集体感染和家庭聚集发病，有时可在短时间内造成较大范围的流行。

三、临床表现

（一）潜伏期

多为2~10d，平均3~5d。

（二）临床体征

根据疾病的发生发展过程，将手足口病分期、分型为：

1. 第1期（出疹期）：主要表现为发热，手、足、口、臀等部位出疹，可伴有咳嗽、流涕、食欲不振等症状。部分病例仅表现为皮疹或疱疹性咽峡炎，个别病例可无皮疹。

典型皮疹表现为斑丘疹、丘疹、疱疹。皮疹周围有炎性红晕，疱疹内液体较少，不疼不痒，皮疹恢复时不结痂、不留疤。不典型皮疹通常小、厚、硬、少，有时可见瘀点、瘀斑。某些型别肠道病毒如CV-A6和CV-A10所致皮损严重，皮疹可表现为大疱样改变，伴疼痛及痒感，且不限于手、足、口部位。

此期属于手足口病普通型，绝大多数在此期痊愈。

2. 第2期（神经系统受累期）：少数病例可出现中枢神经系统损害，多发生在病程1~5d内，表现为精神差、嗜睡、吸吮无力、易惊、头痛、呕吐、烦躁、肢体抖动、肌无力、颈项强直等。

此期属于手足口病重症病例重型，大多数可痊愈。

3. 第3期（心肺功能衰竭前期）：多发生在病程5d内，表现为心率和呼吸增快、出冷汗、四肢末梢发凉、皮肤发花、血压升高。

此期属于手足口病重症病例危重型。及时识别并正确治疗，是降低病死率的关键。

4. 第4期（心肺功能衰竭期）：可在第3期的基础上迅速进入该期。临床表现为心动过速（个别患儿心动过缓）、呼吸急促、口唇紫绀、咳粉红色泡沫痰或血性液体、血压降低或休克。亦有病例以严重脑功能衰竭为主要表现，临床可见抽搐、严重意识障碍等。

此期属于手足口病重症危重型，病死率较高。

5. 第5期（恢复期）：体温逐渐恢复正常，对血管活性药物的依赖逐渐减少，神经系统受累症状和心肺功能逐渐恢复，少数可遗留神经系统后遗症。部分手足口病例（多见于CV-A6、CV-A10感染者）在病后2~4周有脱甲的症状，新甲于1~2月长出。

大多数患儿预后良好，一般在1周内痊愈，无后遗症。少数患儿发病后迅速累及神经系统，表现为脑干脑炎、脑脊髓炎、脑脊髓膜炎等，发展为循环衰竭、神经源性肺水肿的患儿病死率高。

四、辅助检查

（一）实验室检查

1. 血常规及C反应蛋白（CRP）检查：多数病例白细胞计数正常，部分病例白细胞计数、中性粒细胞比例及CRP可升高。

2. 血生化：部分病例ALT、AST、CK-MB轻度升高，病情危重者肌钙蛋白、血糖、乳酸升高。

3. 脑脊液：神经系统受累时，脑脊液符合病毒性脑膜炎和/或脑炎改变，表现为外观清亮，压力增高，白细胞计数增多，以单核细胞为主（早期以多核细胞升高为主）。

4. 血气分析：呼吸系统受累时或重症病例可有动脉血氧分压降低，血氧饱和度下降，二氧化碳分压升高，酸中毒等。

5. 病原学及血清学：咽拭子、粪便或肛拭子、血液等为标本；肠道病毒特异性核酸检测阳性或分离到肠道病毒。急性期血清相关病毒IgM抗体阳性。恢复期血清CV-A16、EV-A71或其他可引起手足口病的肠道病毒中和抗体比急性期有4倍及以上升高。

（二）影像学检查

1. 影像学：轻症患儿肺部无明显异常。重症及危重症患儿并发神经源性肺水肿时，两肺野透亮度减低，磨玻璃样改变，局限或广泛分布的斑片状、大片状阴影，进展迅速。

2. 颅脑CT和/或MRI：颅脑CT检查可用于鉴别颅内出血、脑疝、颅内占位等病变。神经系统受累者MRI检查可出现异常改变，合并脑干脑炎者可表现为脑桥、延髓及中脑的斑点状或斑片状长T1、长T2信号。并发急性弛缓性麻痹者，可显示受累节段脊髓前角区的斑点状对称或不对称的长T1、长T2信号。

（三）心电图

可见窦性心动过速或过缓，Q-T间期延长，ST-T改变。

（四）脑电图

神经系统受累者可表现为弥漫性慢波，少数可出现棘（尖）慢波。

（五）超声心动图

重症患儿可出现心肌收缩和/或舒张功能减低，节段性室壁运动异常，射血分数降低等。

五、诊断

结合流行病学史、临床表现和病原学检查做出诊断。

（一）临床诊断病例

1. 流行病学史：常见于学龄前儿童，婴幼儿多见。流行季节，当地托幼机构及周围人群有手足口病流行，发病前与手足口病患儿有直接或间接接触史。

2.临床表现符合上述临床表现。极少数病例皮疹不典型，部分病例仅表现为脑炎或脑膜炎等，诊断需结合病原学或血清学检查结果。

（二）确诊病例

在临床诊断病例基础上，具有下列之一者，即可确诊。

1. 肠道病毒（CV-A16、EV-A71等）特异性核酸检查阳性。

2. 分离出肠道病毒，并鉴定为CV-A16、EV-A71或其他可引起手足口病的肠道病毒。

3. 急性期血清相关病毒IgM抗体阳性。

4. 恢复期血清相关肠道病毒的中和抗体比急性期有4倍及以上升高。

六、鉴别诊断

手足口病普通病例需与儿童出疹性疾病，如丘疹性荨麻疹、沙土皮疹、水痘、不典型麻疹、幼儿急疹、带状疱疹、风疹以及川崎病等鉴别；CV-A6或CV-A10所致大疱性皮疹需与水痘鉴别；口周出现皮疹时需与单纯疱疹鉴别。可依据病原学检查和血清学检查进行鉴别。

七、治疗

（一）一般治疗

1. 普通病例：门诊治疗。注意隔离，避免交叉感染；清淡饮食；做好口腔和皮肤护理。

2. 积极控制高热。体温超过38.5℃者，采用物理降温（温水擦浴、使用退热贴等）或应用退热药物治疗。常用药物有：布洛芬口服，$5 \sim 10$mg/（kg·次）；对乙酰氨基酚，口服，$10 \sim 15$mg/（kg·次）；两次用药的最短间隔时间为6h。

3. 保持患儿安静。惊厥病例需要及时止惊，常用药物有：如无静脉通路可首选咪达唑仑肌肉注射，$0.1 \sim 0.3$mg/（kg·次），体重<40kg者，最大剂量不超过5mg/次，体重>40kg者，最大剂量不超过10mg/次；地西泮缓慢静脉注射，$0.3 \sim 0.5$mg/（kg·次），最大剂量不超过10mg/次，注射速度$1 \sim 2$mg/min。需严密监测生命体征，做好呼吸支持准备；也可使用水合氯醛灌肠抗惊厥；保持呼吸道通畅，必要时吸氧；注意营养支持，维持水、电解质平衡。

（二）病因治疗

目前尚无特效抗肠道病毒药物。研究显示，干扰素α喷雾或雾化、利巴韦林静脉滴注早期使用可有一定疗效，若使用利巴韦林应关注其不良反应和生殖毒性。不应使用阿昔洛韦、更昔洛韦、单磷酸阿糖腺苷等药物治疗。

（三）液体疗法

重症病例可出现脑水肿、肺水肿及心功能衰竭，应控制液体入量，给予生理需要量$60 \sim 80$ml/（kg·d）（脱水剂不计算在内），建议匀速给予，即$2.5 \sim 3.3$ml/（kg·h），注意维持血压稳定。休克病例在应用血管活性药物的同时，给予生理盐水$5 \sim 10$ml/（kg·次）进行液体复苏，$15 \sim 30$min输入，此后酌情补液，避免短期内大量扩容。仍不能纠正者给予胶体液（如白蛋白或血浆）输注。

有条件的医疗机构可依据中心静脉压（CVP）、动脉血压（ABP）等指导补液。

（四）降颅压

常用甘露醇，剂量为20%甘露醇$0.25 \sim 1.0$g/（kg·次），$4 \sim 8$h，1次，$20 \sim 30$min快速静脉注

射；严重颅内高压或脑疝时，可增加频次至2~4h，1次。

严重颅内高压或低钠血症患儿可考虑联合使用高渗盐水（3%氯化钠）。有心功能障碍者，可使用利尿剂，如呋塞米1~2mg/kg静脉注射。

（五）血管活性药物

第3期患儿血流动力学改变为高动力高阻力型，以使用扩血管药物为主。可使用米力农，负荷量50~75μg/kg，15min输注完毕，维持量从0.25μg/（kg·min）起始，逐步调整剂量，最大可达1μg/（kg·min），一般不超过72h。高血压者应将血压控制在该年龄段严重高血压值以下，可用酚妥拉明1~20μg/（kg·min），或硝普钠0.5~5μg/（kg·min），由小剂量开始逐渐增加剂量，直至调整至合适剂量，期间密切监测血压等生命体征。

第十章 急诊急救

第一节 心肺复苏

心脏骤停是公共卫生和临床医学领域中较危急的情况之一，表现为心脏射血功能突然停止，患者出现对刺激无反应，无脉搏，无自主呼吸或濒死叹息样呼吸，如不能得到及时有效救治，常致患者即刻死亡，即心脏性猝死（sudden cardiac death，SCD）。心脏性猝死是指未能意料的、于突发心脏症状1h内发生的心脏原因死亡。心脏骤停（sudden cardiac death，SCA）是心脏性猝死最常见的直接死因。中国SCD的发生率为每年41.84／10万（0.04%），以13亿人口推算，中国每年发生SCD 54.4万例。

一、心脏骤停的表现

（一）心脏骤停心电图表现

1. 心室颤动（Ventricular Fibrillation VF）。最常见，有77%~84%，常见于急性心肌梗死，复苏成功率高。ECG描述表现为QRS波群消失，代之以振幅与频率极不规则的颤动波，频率为200~500次/分，为可电击心律。

2. 无脉性室性心动过速（Pulseless Ventricular Tachycardia VT）。为快速、致命性室性心律失常。心脏无有效机械收缩，排血为零或接近为零。心电图表现。三个或以上的室性期前收缩连续出现，QRS波群形态畸形，时限超过0.12s；ST-T波方向与QRS主波方向相反；心室率通常为100~250次/分，心率规则或比较规则；心房独立活动与QRS波群无固定关系，形成房室分离；可有心室夺获或室性融合波；为可电击心律。

3. 心室停顿：心肌完全失去电活动能力，心电图上表现为一条直线，为不可电击心律。多见于麻醉、手术意外和过敏性休克；其心脏应激性降低，复苏成功率低。

4. 心电机械分离（pulseless electrical activity）。心脏有蠕动，但无有效的泵血功能，心电图特点：宽大畸形、低振幅的QRS波，频率20~30次/分，血压和心音均测不到；常为终末期心脏病、心泵衰竭；心脏应激性极差，复苏可能性极小，为不可电击心律。

（二）心脏骤停的临床表现

1. 意识突然丧失或伴有短阵抽搐。

2. 大动脉搏动消失，血压测不出。

3. 呼吸叹息样或停止（多发生在心脏骤停后30s内）。

4. 瞳孔常于心脏骤停后30~40s后开始出现扩大，4~6min后固定。

（三）心脏骤停对重要脏器功能的影响

1. 对心脏的影响：心脏重量占体重的0.4%，但耗氧量占全身代谢的7%～20%。所以心脏是高耗氧、高耗能的器官。若心跳停止3～4min内恢复，心肌供血改善，心肌张力可以很快完全恢复；8～10min内恢复供血，仍可恢复功能；10min以上恢复心跳，心肌损伤不能完全恢复。

2. 对脑的影响：脑血流量高出全身肌肉和其他器官组织的18～20倍，所以脑也是高耗氧器官。血液循环停止10s，大脑因缺氧丧失意识，10～15s内神经功能损害，大于4min瞳孔散大固定。心脏停止后，在4～5min内开始发生不可逆的脑损害，经过数分钟过渡到生物学死亡。

二、心肺复苏的三个阶段

心肺复苏（CPR）：是针对心跳、呼吸停止所采取的抢救措施，即用心脏按压或其他方法形成暂时的人工循环并恢复心脏自主搏动和血液循环，用人工呼吸代替自主呼吸并恢复自主呼吸，达到恢复苏醒并挽救生命的目的。心肺复苏越早，抢救成功率越高。小于1min，成功率大于90%；小于4min，成功率约50%；超过6min，成功率仅为4%；大于10min，成功率极低。

心肺复苏包括基础生命支持（BLS）、高级生命支持（ALS）心脏骤停后的管理和治疗。

（一）基础生命支持（BLS）

基础生命支持是心脏骤停后挽救生命的基础。基本内容包括识别心脏骤停、启动（EMSS）急救系统、迅速开始胸外按压、尽早使用除颤器（AED）。可由专业人员或受过培训的非专业人员操作。

1. 心脏骤停的识别。

（1）突然意识丧失或是目视倒地的病患。判断方法：轻拍、重喊（双耳呼叫）。查看患者有无反应

（2）大动脉搏动消失：触摸颈、股动脉是否有搏动？（10s内完成），颈动脉位于喉部甲状软骨两侧1~2cm，胸锁乳突肌的内侧。

（3）呼吸停止、叹息样或抽泣样呼吸。呼吸：视胸廓是否有起伏？感受是否有呼吸气流？

2. 心肺复苏操作方法。

心肺复苏的基本程序为C、A、B、D。（Compressions——胸外按压、Airway——开放气道、Breathing——人工呼吸、Defibrilation——电除颤）。

（1）C——胸外按压：除能够使胸廓下陷挤压心脏外，更重要的是改变胸腔正负压力，通过虹吸作用增加静脉回心血量及心脏排血量，其中心泵血占20%，胸泵血占80%。有效的按压应使大动脉搏可被触及，SBP达到60~80mmHg，颈动脉血流量达到正常值的5%～35%。复苏体位：仰卧位，硬质平面或地面。按压部位：胸骨中下段1/3交界处（男性两乳头连线中点的胸骨上）。按压手法：双手交叉、十指相扣、指尖上翘，掌根与病人的胸骨重合。按压姿势：肩、肘、腕呈一直线，以髋关节为支点垂直向下。按压深度：成人5~6cm或胸廓下陷三分之一；按压频率：100～120次/分；按压与放松比1：1，按压间隙手掌不离开胸壁，使胸廓充分回弹；按压与通气比：成人30：2，儿童、婴儿：单人30：2，双人15：2（尽量不要因为人工呼吸而中断胸部按压）。对于没有气管插管，接受心肺复苏的成人心脏骤停患者，尽量提高胸部按压在整个心肺复苏中的比例，目标比例为至少60%，中断时间限制在10s以内。在心肺复苏中使用高级气道（气管插管）后，医护人员可6s进行一次人工呼吸（每分钟10次），同时进行持续的胸部按压。持续胸外按压

可减少由于通气造成的按压中断，保证重要器官的持续血供；无须口对口通气，减少目击者实施CPR的顾虑和心理障碍；简化了CPR程序，便于CPR技术的普及和应用。但对于儿科SCA患者以及溺水、药物中毒、气道阻塞等引起的SCA患者，仍应采用传统CPR方法。

（2）A——开放气道：首先清除口鼻异物，解除舌根后坠、异物阻塞气道。常用的方法：①压额抬颏法：将一手小鱼际置于患者前额部，用力使头部后仰，另一手食指和中指置于下颏骨骨性部分向上抬颏，使下颌尖角、耳垂连线与地面垂直，以开放气道。优点是简单、迅速、有效，要点为去枕、仰头、压额、提颏。②双手抬颌法（疑似或确定颈部损伤者使用）：将双手放在头部两侧并握紧下颌角，同时用力向上托起下颌。如果需要人工呼吸，则将下颌持续上托，用拇指把口唇分开，捏紧患者的鼻孔进行吹气。

（3）B——人工呼吸：包括，①口对口人工呼吸：吹气口型要求全口相对，完全吻合密闭；吹气压力要防止漏气，捏闭鼻孔（一捏一松）；吹气力要自然吸气，适力吹气，避免过度通气；吹气时间要持续1s，吹气是否有效要观察胸廓起伏；吹气频率是6~8s进行1次。②口对鼻呼吸：当不能进行口对口呼吸时，应给予口对鼻呼吸，如溺水、口腔外伤等。③球囊-面罩通气：去枕仰卧，头后仰，抢救者位于患者头顶。EC手法固定面罩。C法——左手拇指和食指将面罩紧扣于患者口鼻部，固定面罩，保持面罩密闭无漏气。E法——中指、无名指和小指放在病人下颌角处，向前上托起下颌，保持气道通畅，用左手挤压气囊，保证气道开放。面罩与面部充分贴合，避免漏气，用1L球囊的1/2 ~ 2/3，（潮气量400 ~ 600ml），胸廓扩张，通气时间超过1s。应能看到胸廓起伏。

（4）D——电除颤：当可以立即取得AED时，对于有目击的成人心脏骤停，应尽快使用除颤器。若成人在未受监控的情况下发生心脏骤停，或不能立即取得AED时，应该在他人前往获取以及准备AED的时候开始心肺复苏，直到AED可以使用。院外目击SCD且现场有AED可用时，应尽早使用AED除颤；对于院内SCD患者，应立即进行CPR，一旦AED或除颤仪准备就绪，宜立即除颤；对于院外发生的SCD且持续时间大于4 ~ 5min或无目击者的SCD患者，应立即给予5个周期约2min的CPR（一个CPR周期包括30次胸部按压和2次人工呼吸）后再除颤。强调每次电击后立即CPR，尽早除颤！室颤是临床上最常见的导致SCD的心律失常，电除颤是终止VF最有效的方法；随着时间的推移，除颤成功率迅速下降。在未同时实施心肺复苏的情况下，从电除颤开始到生命终止，每延迟1min，室颤致SCD患者的存活率下降7% ~ 10%；短时间内室颤即可恶化并导致心脏停搏。除颤时注意事项：①体位。患者平卧于硬质地面或衬有复苏板的病床上，将胸前衣物解开并移走其他异物，特别是金属类物品。②电极板的准备。电极板上均匀涂上导电糊；③电极板的位置：一个正电极板置于胸骨右缘、锁骨下；另一负电极板中线与左腋中线重合，电极板上缘平左乳头。④能量选择。双相波除颤仪选择能量150 ~ 200J，单相波除颤仪选择能量360J，如果首次双相波电击没有成功消除VF，则后续电击至少使用相当的能量级别，如果可行，可以考虑更高能量级别。指南推荐1次（而非3次）除颤方案。

除颤成功标志：①电击后5s内VF终止；②电击后5s心电显示心搏停止或非室颤、无电活动；③电击成功后VF再发不应视为除颤失败。

实施CPR期间，当确认患者发生VF或无脉室速时，急救者应立即给予1次电除颤；电击时所有人员应脱离患者。单人复苏时，急救者应熟练地联合运用CPR和AED。电除颤前后中断胸部按压的时间要尽可能短，胸部按压和电击间隔时间越短，除颤成功的可能性越大。应在除颤器准备放电时才停止胸部按压，急救者一旦完成电击，应立即重新开始胸部按压，实施5个周期的CPR后再次检查脉搏或评估心律。

CPR注意事项：在5次按压周期内，应保持双手位置固定，不可将手从胸壁上移开，每次按压后让胸廓回复到原来位置再进行下一次按压。急救者应定时更换角色。如果有2名或更多急救者在场，应2min（或在5个比例为30∶2按压与人工呼吸周期后）更换按压者，每次更换尽量在5s内完成。CPR应在患者被发现的现场进行，CPR过程中不应搬动患者并尽量减少中断，除非患者处于危险环境，或者存在创伤需要紧急处理的情况。5个循环CPR后（约2min），检查循环体征应小于10s，无恢复继续下个循环CPR。（1个循环指30次按压和2次人工呼吸）。1次电击后立即按压，勿急于检查心跳。

BLS效果的判断。复苏有效的指征：A.瞳孔（瞳孔较前缩小，有对光反射）。B.面色（面色及口唇红润）。C.神志（神志渐清）。D.呼吸（有自主呼吸）。E.脉搏（有脉搏）。F.血压可测。

（二）高级生命支持（ALS）

是由专业急救、医护人员应用急救器材和药品所实施的一系列复苏措施，主要包括：

人工气道的建立、机械通气、循环辅助设备、药物和液体的应用、病情和疗效评估、复苏后脏器功能的维持等。

1. 人工气道的建立：氧气面罩（呼吸道通畅的前提下暂时使用）；气管插管术或环甲膜穿刺或环甲膜切开（临时应急）。

2. 球囊面罩：球囊面罩由球囊和面罩两部分组成，球囊面罩通气是CPR最为基本的人工通气技术，所有的急救者都应熟练掌握其使用。球囊面罩可为复苏开始数分钟内不能及时应用高级气道或应用失败的患者提供通气支持。潮气量（6~8ml/kg或500~600ml）使得胸廓扩张超过1s，该通气量可使胃胀气的风险最小化。

3. 气管插管术：经口气管插管/经鼻气管插管/经环甲膜气管插管。优点：能长时间维持气道开放；方便抽吸呼吸道分泌物；可进行高浓度供氧和潮气量可调的通气；提供备选的药物输入途径；避免误吸的发生。

4. 复苏药物使用。用药目的：增加心脑血流，提高心肌灌注压，尽早恢复心跳；提高室颤阈，为电击除颤创造条件；控制心律失常；纠正酸中毒。心脏骤停时，CPR和早期除颤极为重要，用药其次。给药途径包括：

（1）中心静脉与外周静脉给药：与中心静脉给药相比，外周静脉给药到达中心循环需要1~2min，药物峰浓度低、循环时间长。复苏时大多数患者不需要置中静脉导管，只需置入一根较粗的外周静脉导管。建立外周静脉通道时无须中断CPR，操作简单，并发症少，也可满意地使用药物和液体。首选给药途径，从外周静脉注射复苏药物，应在用药后再静脉注射20ml液体并抬高肢体10~20s，促进药物更快到达中心循环。

（2）气管内给药：某些复苏药物可经气管内给予（如果静脉无法完成）。利多卡因、肾上腺素、阿托品、纳洛酮和血管加压素经气管内给药后均可吸收。同样剂量的复苏药物，气管内给药比静脉给药血浓度低。因此，复苏时最好静脉给药，一般情况下气管内给药量应为静脉给药量的2~2.5倍。气管内给药时应用注射用水或生理盐水稀释至5~10ml，然后直接注入气管。

（3）骨通道给药（IO）骨内中空的未塌陷的静脉丛，能起到与中心静脉给药相似的作用，如果静脉通道无法建立，可以考虑IO。

5. 治疗药物与使用方法。

（1）肾上腺素：由于肾上腺素可刺激α-肾上腺素能受体，产生缩血管效应，增加CPR时冠状动脉和脑的灌注压，在抢救VF和无脉性VT时能产生有益作用。因不可电击心律引发心脏骤停后，应尽早给予肾上腺素。剂量：1mg静脉内推注，3~5min一次。如果IV通道延误或无法建立，可用肾上腺素2~2.5mg，10ml生理盐水稀释后气管内给药。

（2）胺碘酮：胺碘酮可影响钠、钾、钙通道，并有阻断α和β肾上腺素能特性。可以考虑用于对除颤、CPR和血管加压药无反应的VF或无脉VT患者的治疗。首剂300mg，iv，若无效，10min后可重复追加150mg，iv。VF终止后，可用胺碘酮维持量静脉滴注，最初6h以1mg/min速度给药，随后18h以0.5mg/min速度给药，24h用药总量应控制在2.0g以内。

注意事项：静脉应用胺碘酮，可产生扩血管作用，导致低血压，使用胺碘酮前给予缩血管药可以预防低血压发生。注意用药（胺碘酮）不应干扰CPR和电除颤。

（3）利多卡因：若是因VF/无脉VT导致的心脏骤停，恢复自助循环后，可以考虑立即开始或继续给予利多卡因。初始计量1~1.5mg/kg，iv，如果VF/无脉VT持续，间隔5~10min可再用0.5~0.75mg/kg，iv，直到最大量为3mg/kg。

（4）硫酸镁：硫酸镁仅用于尖端扭转型 VT和伴有低镁血症的VF/VT以及其他心律失常两种情况。用法：可给予1~2g硫酸镁稀释后缓慢静脉推注5~20min。或1~2g加入50~100ml液体中静滴。必须注意，硫酸镁快速给药有可能导致严重低血压和CA。

（5）阿托品：对于因迷走神经亢进引起的窦性心动过缓和房室传导障碍有一定治疗作用。不推荐在心脏静止和电机械分离中常规使用。

（6）碳酸氢钠：对于CA时间较长的患者，应用碳酸氢盐治疗可能有益，但只有在除颤、胸外心脏按压、气管插管、机械通气和血管收缩药治疗无效时方可考虑应用该药。

（三）心脏骤停后的治疗

自主循环恢复后，系统的综合管理才能改善存活患者的生命质量。导致心脏骤停后综合管理对减少早期由于血流动力学不稳定导致的死亡和晚期多脏器衰竭及脑损伤有重要意义。包括：亚低温治疗、血流动力学及气体交换的最优化，当有指征时积极PCI，血糖控制，神经学诊断、管理及预测等。

复苏后综合管理：A.移送至ICU加强监护。B.维持心肺功能及重要器官血流灌注。C.对ACS及其他可逆因素的辨识与治疗。D.控制体温以达到最理想的神经系统复原。E.预防及治疗多脏器功能衰竭（MODS），避免过度通气与氧过剩。

1. 心脏骤停后治疗的初始目标：最大优化心肺功能和重要器官的灌注；进入能进行综合心脏骤停后治疗的重症监护室；努力鉴别和治疗导致心脏骤停的直接病因及预防骤停再发。

2. 心脏骤停后治疗的后续目标：控制体温以尽量提高存活率和神经功能恢复；识别和治疗ACS；优化机械通气使肺损伤最小；减少多器官损伤的危险，需要时支持器官功能；客观评价恢复及预后；并帮助存活患者进行后期康复。

3. 治疗措施：包括，①维持良好的呼吸功能，保证呼吸道通畅，给氧，维持SPO_2 90%~95%；正确使用呼吸机。②维持稳定的循环功能。严密监测循环功能；正确使用血管活性药物、强心药；调整输液速度，防止心力衰竭等并发症发生。③控制血糖：血糖超过10mmol/L即应控制，需注意避免低血糖。④脑复苏。⑤保护各脏器功能，预防MODS发生。⑥控制或预防感染。⑦维持水电解质酸碱平衡。⑧营养支持等。⑨找出原发病并给出相应治疗。经CPR存活的患者，80%都经历过不同时间的昏迷，脑功能完全恢复的很少见。因此，复苏后的脑保护治疗显得尤为重要。

第二节　创伤急救

创伤是指机械性致伤因素作用于机体所造成的组织结构完整性的破坏或功能障碍。临床上根据致伤因素、受伤部位、伤后皮肤完整性、以及伤情轻重确定创伤类型。局部创伤可表现为伤区疼痛、肿胀、压痛，骨折脱位时有畸形及功能障碍。严重创伤可引起全身性反应，可能导致致命性大出血、休克、窒息及意识障碍等。

创伤病情多复杂危重，处理是否及时、准确，直接关系到伤员的生命安全和功能恢复。提高救治能力和水平，可以提高伤员的存活率、减少伤残率，因此必须十分重视创伤的急救，特别是早期的急救处理。救治原则为应优先解除危及生命的情况，使伤情得到初步控制，然后进行后续处理，遵循"抢救生命第一，保护功能第二，先重后轻，先急后缓"的原则。

一、创伤的评分和分拣

创伤评分在国内外临床实践中已得到广泛应用，其目的是估计损伤的严重程度，指导合理的治疗，评价治疗效果。创伤评分能够客观对患者的严重程度进行评估，以下几种是常用院前评分和分拣（triage）方法：

（一）创伤的评分方法

1.创伤指数（trauma index，TI）。创伤指数主要参照创伤部位及伤员生理变化（呼吸、循环、意识），加上创伤类型五项参数估计测算的分值，按照其异常程度各评1、3、5、6分，相加积分（5~24分）即为TI值。TI值5~7分为轻伤；8~17分为中重度伤；>17分为极重伤（预计约有50%的死亡率）。TI的分拣标准为>10分的伤员送往创伤中心或医院。

2. CRMAS评分法。CRMAS评分法是用循环、呼吸、腹部（包括胸部）、运动、语言5个参数的英文字头为名建立，本评分是生理指标加外伤部位相结合的方案。每项评分内容分为0~2三个分值，将五项的分值相加即为伤员的CRMAS得分。总分9~10分为轻伤，7~8分为重伤，6分为极度重伤。此评分方法简单易行，适用于院前创伤评分。

3. 创伤评分（trauma scoring，TS）。创伤评分根据呼吸、循环、中枢神经以及毛细血管充盈状况、意识状态等五项生理检测指标积分相加作为创伤评分。

（1）昏迷评分：GSC评分14~15为5分，11~13为4分，8~10为3分，5~7为2分，3~4为1分。

（2）呼吸频率：20~24次/分为4分，25~35次/分为3分，>35次/分为2分，<10次/分为1分，无为0分。

（3）呼吸困难：无为1分，有为0分。

（4）收缩压：>90mmHg为4分，70~89mmHg为3分，50~69mmHg为2分，0~49mmHg为1分，无脉搏为0分。

（5）毛细血管充盈：正常充盈2分，延迟2s以上1分，无充盈0分。

创伤评分16分为正常生理状态，分值愈少伤情愈重。TS为14~16者，主要生理变化小，存活率高；4~13分者，生理变化显著，经救治后可能存活；1~3分者，生理变化大，死亡率高达96%。创伤现场一般<12分为重伤标准。

4. 院前指数（prehospital index，PHI）。

PHI是用于入院前创伤急救检伤分类的一种方法，采用收缩压、脉搏、呼吸状态和意识四项生理指标作为评分参数，每项分为3~4个级别，4项参数得分之和即为院前指数（PHI）值，对胸或腹部有穿透伤者，再加4分，作为其最后得PHI值。总分为20分，分值越高伤情越重，0~3分为轻伤，4分以上为重伤，由于脉搏和呼吸计分跨度大，可能导致被判重伤过多。PHI是在创伤现场快速区分重伤和轻伤的一种简便可靠的创伤严重度分类评分的方法。

（二）批量伤员的现场分拣

当出现大批量伤员时，伤员数量和严重程度超过当地急救机构的现场救治能力，要以抢救尽可能多的伤员为原则。分拣伤员时要识别有生命危险但可以救活的伤员，以便优先进行救治和转运。现场分拣（triage）也称检伤分类，是基于伤员的生理体征、明显的解剖损伤部位、致伤机制及伤员的一般情况等，对伤员做出初步判断，能够有效地对伤员实施救治和后续转运。

按照国际规范，制定的分类标志应该是醒目、共识、统一的，这个标志也称为"标签"，在中国传统上称为"伤票"。

国际上普遍采用：红、黄、绿、黑四种颜色的标签，分别表示不同的伤病以及救治的轻重缓急顺序。

红色标志：危重伤，表示伤情非常严重，随时可出现生命危险。为急需进行抢救者，也称"第一优先"。如呼吸、心脏骤停、气道阻塞、中毒窒息、严重多发性创伤、活动性大出血、重度休克等。

黄色标志：重伤，伤情严重，应尽早得到救治。也称"第二优先"。如各种创伤，复杂多处骨折，急性中毒，昏迷、休克，中度烧烫伤等。

绿色标志：轻伤，伤员神志清醒，身体受伤但不严重，诱发疾病已有所缓解等，可容许稍后处理，等待转送，也称"第三优先"。

黑色标志：濒死伤，确认已经死亡或无法救治的致命性损伤，或抢救费时费力，存活率低的极重度创伤。

初步检伤分类后，现场急救人员应立即给已受检的伤病员佩戴不同颜色的分拣标签，以表明该伤员伤势病情的严重程度，也表示其即将获得的救护、转运的先后顺序。

二、创伤的基本生命支持（basic trauma life support，BTLS）

创伤的基本生命支持主要包括：通气、止血、包扎、固定、搬运。

（一）气道管理

保持呼吸道通畅：对有呼吸困难或呼吸停止的伤员，应紧急开放气道。可采用手法开放气道或辅助工具开放气道。手法开放气道一般包括仰头抬颏法和托颌法，对于无颈椎损伤的患者可采用仰头抬颏法开放气道，对于怀疑有颈椎损伤者采用托颌法开放气道。辅助工具开放气道可使用口咽或鼻咽通气管、喉罩等。应尽早建立确切的人工气道，多采用气管内插管。对喉部伤而致上气道堵塞者可用大号针头做环甲膜穿刺。心脏骤停者进行连续胸外按压。具体详见心肺复苏一节。

（二）止血

不同的出血部位有不同的止血方法，可根据具体情况选择。

1. 指压法：是止血的应急措施，用手指压迫出血部位的近心端，把动脉压迫在临近的骨面上阻断血流，达到止血的目的。此方法适用于头、面部和四肢的动脉出血。

2. 加压包扎止血法：是创伤现场最常用的止血方法，可用无菌纱布或干净辅料覆盖伤口，对较深、较大的出血伤口，宜先用敷料填充，再用绷带加压包扎，力量以能够止血而肢体远端仍有血液循环为度。包扎后将伤肢抬高，以增加静脉回流并减少出血，此方法适用于四肢、头颈部、躯干等体表血管伤时的止血法。

3. 止血带止血法：主要适用于肢体出血，使用方便，是大血管损伤时救命的重要手段，如使用得当可挽救一些大出血伤员的生命，如使用不当则会带来严重并发症，以致引起肢体坏死，急性肾衰竭，甚至死亡。

（1）止血带使用部位：①上臂大出血应扎在上臂上1/3；前臂或手外伤大出血应扎在上臂下1/3处，上臂中下1/3有神经紧贴骨面，不宜扎止血带，以免损伤神经；②下肢大出血应扎在股骨中下1/3交界处，将止血带尽量靠近出血部位。

（2）止血带的松紧度：止血带的压力，上肢为250~300mmHg，下肢为400~500mmHg，无压力表时以刚好达到伤肢远端动脉搏动消失、阻断动脉出血为度。

（3）使用止血带的注意事项：

①止血带使用时间应小于1h为宜，必须延长时需在1h左右放松一次（3~5min），放松时应缓慢，可指压止血；②必须做出显著标注，注明开始上止血带的时间；③扎止血带时应在肢体上放衬垫，以免造成皮肤及软组织损伤。

4. 钳夹止血法：如有必要可在伤口内用止血钳夹住出血的大血管断端，连止血钳一起包扎在伤口内，注意必须判断准确，避免盲目钳夹，损伤临近神经或正常血管，影响后期修复。

5. 止血敷料的应用：目前有很多种止血材料，其共同特点是直接与出血部位接触发挥止血功能。当损伤引起大出血，如果直接压迫或使用止血带不能成功止血，或像颈部、腋窝、腹股沟等处止血效果不好时，可联合使用压迫止血和止血敷料止血。

（三）包扎

包扎的目的是保护伤口，减少污染，固定敷料和协助止血。

1. 包扎的材料：一般用绷带和三角巾，绷带有不同的长度和宽度多种规格，三角巾可用边长为1m的正方形白布沿对角剪开，即为两块三角巾。尼龙网套主要用于头部的包扎与固定，操作便捷。在特殊情况下，也可就地取材，如衣服、毛巾、床单等。

2. 包扎的方法：根据不同的部位选用不同的方法及包扎材料。

（1）绷带包扎法：可采用，①环形包扎法：适用于手腕部或肢体粗细相等的部位。②螺旋包扎法：适用于上下肢粗细不同的部位。③"8"字包扎法：适用于屈曲的关节，如肘关节、膝关节及踝关节等。④回返包扎法：适用于有顶端的部位，如头顶、指端或断肢残端。

（2）三角巾包扎法：包括，①头部包扎法。②头部风帽式包扎法。③面部面具式包扎法。④腹部包扎法：有腹部内脏脱出时不要还纳脱出的脏器（除非有内脏绞窄），以免引起腹腔感染，可先用生理盐水浸湿的灭菌纱布覆盖，然后用换药碗或钢盔等凹型物扣上，再用三角巾包扎。⑤前胸或背部包扎法：背部创伤，底边打结应放在胸部，胸部伤伴有气胸者，要包扎紧密，阻断气体从伤口进出。⑥燕尾三角巾，单、双肩包扎法。⑦盆骨包扎法。⑧上肢包扎法。⑨手足包扎法。

（3）包扎注意事项：①包扎动作要求轻、快、准、牢。②对暴露伤口，尽可能先用无菌敷料覆盖伤口，再进行包扎。③打结时避开伤口，以免压迫伤口增加痛苦。④包扎松紧适度，过松容易滑脱，过紧会影响远端血液循环，四肢包扎时，要露出指（趾）末端，以便于观察肢端血液循环。

（四）固定

对骨折部位尽早进行固定，可以有效防止因骨折断端移位而损伤血管、神经等组织，减轻伤员痛苦，保护伤肢。

1. 固定的目的：限制受伤部位的活动度，避免再伤，便于转运，减轻在搬运及运送途中伤者的痛苦。

2. 固定的原则：注意伤员的全身情况，对外露的骨折端暂不应送回伤口，对畸形的伤部也不必复位，固定要牢靠，松紧要适度。固定时应包含伤部上下两个关节面。

3. 固定的材料：①夹板。常用的有木制夹板、塑料夹板和充气式夹板、负压固定器等。②敷料。衬垫、三角巾、绷带等。③颈托、颈围、胸围、脊柱固定系统、盆腔固定器等器具。④外固定支具。⑤就地取材，如木棒、树枝、纸板等。

4. 固定的方法

（1）夹板固定法：根据骨折部位选择适宜的夹板，并辅以棉垫、纱布、三角巾、绷带等来固定，多用于上下肢骨折。

（2）器械固定法：用特殊器械进行固定，包括负压固定器、骨盆固定器以及脊柱固定系统等。

（3）自体固定法：用三角巾或绷带将伤肢和健肢捆绑在一起，适用于下肢骨折。

（五）搬运

1. 搬运目的：使伤员及时、迅速、安全的搬离事故现场，避免伤情加重。

2. 注意事项：①必须先在原地检伤、包扎、止血及固定后再搬运。凡怀疑有脊柱、脊髓损伤者，搬运时必须进行充分的固定。②搬运过程中严密观察伤者生命体征，维持呼吸通畅，防止窒息，积极防治休克，及时补充液体，并注意保暖。

3. 徒手搬运方法：有扶行法、背负法、拖行法、轿扛法及双人拉车式等。

4. 器械搬运及各部位损伤的搬运：

（1）颈椎骨折的搬运：由专人牵引伤员头部，使用颈托固定后再进行搬运，转运途中，头部应用固定器固定，防止头部左右扭转或前屈、后伸。

（2）胸、腰椎骨折的搬运：急救人员分别托住伤员的头、肩、臀和下肢，动作一致地将伤员抬到或翻到担架上（整体翻身），使伤员取俯卧位，胸上部稍垫高，将伤员固定在担架上。或使用脊柱损伤的固定装置，如脊柱板、颈托、头部固定器、固定带等将伤员固定在脊柱板上，最大限度地减少伤员在搬运过程中脊柱的活动。当伤者为高速的机动车事故、高度大于伤者身高的三倍坠落、存在轴向负重、跳水意外、穿过或靠近脊柱的穿透伤、头部或颈部的运动损伤、处于无意识状态的创伤者时可考虑使用脊柱运动限制系统。脊柱运动限制系统，包括脊板板、颈托、固定带、头部固定器、气道处理组件五部分。

（3）开放性气胸搬运：首先用辅料堵塞伤口，使伤口变为闭合性，搬运时伤员应取半卧位并斜向伤侧。

（4）颅脑损伤搬运：保持呼吸道通畅，头部两侧用沙袋或头部固定器固定，防止转运途中晃动。

（5）颌面部损伤搬运：伤员应采取健侧卧位或俯卧位，便于口内血液和分泌液向外流出，注意保持呼吸道通畅，防止窒息。

（6）注意止痛：剧烈疼痛可诱发或加重休克，以及造成精神创伤，可皮下或肌肉注射吗啡等止痛药物。

（7）保存好断离的器官或组织：用灭菌的纱布或清洁的布多层将断离的肢体、指、趾、耳、鼻等包好，放入干燥密封的塑料袋中，然后放在冰块上或冰水混合物中，注明受伤时间，随同伤员尽快送往医院。

三、各类创伤的急救原则

1. 颅脑伤处理：在严重创伤中颅脑损伤的发生率很高，仅次于四肢损伤，是导致伤者死亡的重要因素。昏迷伤者应保持气道通畅，防止误吸。根据意识变化、生命体征、瞳孔反应、眼球活动、肢体运动反应等神经系统的检查，初步判断是否有颅内出血、脑挫裂伤、及脑组织受压情况。对于颅脑损伤关键要防止颅高压导致的脑疝。脑疝综合征的典型临床表现为意识水平下降至昏迷、瞳孔扩大、眼球向受伤侧的外下方凝视、受伤大脑对侧肢体偏瘫或去大脑强直。脑疝发生早期，伤者血压升高、心率减慢（Cushing反应），随后生命体征停止、伤者死亡，脑疝综合征常发生于急性硬膜外或硬膜下血肿后。过度通气能够收缩脑血管，降低颅内压，因此对于脑疝综合征者可采用过度通气方式（成年人维持第四肋间刺入胸膜腔排气减压，同时给予高流量吸氧，以改善缺氧状态。对于连枷胸首先应徒手按压连枷区域使其稳定，然后可以用加厚的敷料固定胸壁。

2. 胸部伤处理：胸部创伤在多发伤中较为常见，必须尽快评估威胁生命的伤情，包括低氧和缺血。胸部创伤的主要症状是呼吸困难和胸痛。以胸部损伤为主的伤员，要特别注意伤员的呼吸变化、胸廓起伏及呼吸音的改变，以及是否存在发绀、休克、气管移位、颈静脉怒张、反常呼吸运动等。主要威胁生命的胸部损伤有气道阻塞、连枷胸、开放性气胸、大量血胸、张力性气胸及心脏压塞。对于开放性胸伤应立即用多层凡士林油纱布封闭伤口，外用辅料严密包扎，使开放性伤口，变为闭合性伤口。对于闭合性气胸如诊断为张力性气胸，应立即用9~16号针头作为穿刺针，在锁骨中线第二、三肋间或腋前线穿刺，排气减压。

3. 腹部伤处理：严重创伤可能合并腹部脏器损伤，是导致多发伤病人死亡的主要原因之一。特别是昏迷伤者缺乏主诉、不能配合查体、腹部体征不明显，极易漏诊。腹部诊断性穿刺及便携式超生检查有助于临床诊断。腹部伤处理应密切观察伤员的神志、血压、及腹痛的变化。早期腹痛较局限，随着渗出液增加，疼痛持续加重，向整个腹部弥漫，常伴有恶心、呕吐、腹痛、腹胀、肠鸣音消失、休克。如腹部伤伴有内脏膨出，应用生理盐水浸泡的无菌敷料覆盖伤口，碗状物扣盖然后包扎固定，禁止还纳造成腹腔感染。对于重度休克者应取抬高头部15°，下肢抬高30°的休克体位，禁止给伤员饮水。

4. 四肢骨盆、脊柱伤处理：对于四肢的开放性损伤、骨盆骨折、血管神经损伤、脊柱骨折、脊髓损伤应在生命体征稳定后早期行手术处理，最好于24h内行手术治疗。对于四肢骨折伤者可用夹板、木棍等将骨折部上下两个关节固定，如若没有固定物，也可将受伤的上肢固定在胸部，受伤的下肢与健侧肢体绑在一起。对于开放性骨折伴有出血者，应先止血、包扎再固定，且勿将骨折断端推回到伤口内。骨盆骨折伤，休克的发生率高达30%~60%，早期外固定对骨盆骨折引起的失血性休克意义重大，可采用专用的骨盆固定器械，如果现场缺乏，可简单地用床单、胸腹带等包裹及固定骨盆，同时将双足内旋固定，避免由于转运途中因车辆颠簸导致骨盆固定不牢靠。疑有颈椎损伤，应先使用颈托固定颈部。疑有腰椎骨折时，搬运时应数人合作，整体翻转，保持头、颈、躯干在同一轴线上不能扭曲。

四、创伤性休克及救护

（一）失血性休克

创伤后由于血容量丢失导致组织、器官灌注不足引发的低血容量性休克也称为创伤性失血性休克。快速识别主要是根据致伤机制、组织低灌注以及血乳酸水平等临床指标。

1. 临床表现。

（1）早期代偿期表现：主要以液体丢失、交感神经兴奋、容量血管收缩代偿为主。表现为皮肤、面色苍白，手足发冷，口渴，心动过速，呼吸急促，精神紧张、焦虑，注意力不集中，烦躁，呼吸加快，脉搏细速，尿量正常或减少等。此时期，血压可能正常甚至偏高。

（2）晚期失代偿期表现：组织缺血进一步加重，可能出现神志淡漠、反应迟钝甚至昏迷，口唇、黏膜发绀，四肢湿冷，脉搏细数，血压下降，脉压明显缩小，少尿、无尿，皮肤花斑。此时期可以出现脏器功能障碍，特别是急性呼吸窘迫综合征（ARDS），甚至多脏器功能障碍综合征（MODS）。

2. 程度判断。

依据失血量和临床表现，创伤失血性休克一般分为轻、中、重、危重4级。

（1）轻度休克：失血量为全身血量的15%～20%，休克症状不明显；神志清或有焦虑或轻度模糊；瞳孔大小及对光反射正常；脉搏较快，约100次/min，强度正常或稍低；血压正常或稍低，脉压差稍低（30～40mmHg）；尿量36～50ml/h；微循环变化不明显；休克指数1.0～1.5。

（2）中度休克：失血量为全身血量的20%～40%，表现烦躁不安或表情淡漠，定向力尚存，有时意识模糊，说话含糊，回答问题反应慢；瞳孔大小及对光反射正常；口渴明显、呼吸急促；脉搏细速，约120次/min或更快，强度较弱；收缩压60～80mmHg以下，脉压差＜20mmHg；颈静脉充盈不明显或仅见充盈形迹；面色苍白，肢端厥冷，手指压迫前额或胸骨部位皮肤引起的苍白2s以上恢复；尿量仅24～30ml/h；休克指数1.5～2.0。

（3）重度休克：失血量达全身血量的40%～50%，意识模糊，定向力丧失，甚至昏迷；瞳孔大小正常或扩大，对光反射迟钝；脉搏细弱无力＞120次/min，收缩压40～60mmHg或测不到，脉压进一步缩小；颈静脉不充盈，前额及胸骨皮肤压迫后始终苍白；肢端厥冷，范围向近端扩大；冷汗，尿量明显减少甚至无尿；休克指数＞2.0。重要生命器官如心、脑的血液供应严重不足，患者可发生昏迷甚至心脏停搏。

（4）极重度休克：失血量超过全身血量的50%，昏迷，呼吸浅且不规则，皮肤黏膜发绀或皮下出血，四肢冰冷，脉搏难触及，无尿。

3. 失血量的估计。

（1）休克指数：休克指数（shock index，SI）是脉搏（次/分）与收缩压（mmHg）的比值，是反映血流动力学的临床指标之一，可用于失血量粗略评估及休克程度分级。休克指数的正常值为0.5～0.8，休克指数增大的程度与失血量呈正相关性。休克指数为0.5，表明血容量正常或失血量不超过500ml（约占血容量的10%）；休克指数为1.0，失血量约为1000ml（占血容量的20%~

30%）；休克指数为1.5，失血量约为1500ml（占血容量的30%~50%）。收缩压<80mmHg，失血量约在1500ml以上。

（2）凡是具备以下情况之一者，失血量约在1500ml以上：①苍白、口渴；②颈外静脉塌陷；③快速输入平衡液1000ml，血压不回升；④一侧股骨开放性骨折或骨盆骨折。

（3）综合评估法：综合心率、血压、呼吸频率、尿量、神经系统症状等对创伤失血性休克程度进行分级。

（二）心源性或梗阻性（机械性）休克

1. 心肌挫伤：心肌功能不全可由钝性心肌损伤或损伤后心肌梗死引起。心肌挫伤导致心排血量下降的原因是心肌的直接损伤导致心脏泵功能下降和心律失常。在现场心肌挫伤经常与心脏压塞难以鉴别，因此，快速转运、支持性治疗及心脏监护是治疗的主要任务。快速减速机制导致胸部损伤时应怀疑钝性心肌损伤，所有钝性胸部损伤患者需要检测心电图以便早期发现心脏损伤类型和心律失常。

2. 心脏压塞：也称为心包填塞，是指血液进入心包腔内，压迫心脏并阻止心脏充盈，导致血液无法回流入心脏，回心血量减少，心排血量减少引发休克。心脏压塞最常发生于穿透性胸部创伤，有时也可能会在胸部钝性损伤中发生。心脏压塞典型的"三联征"为颈静脉怒张，心音低钝、奇脉。一旦考虑伤者为心脏压塞，应避免进一步检查，需立即救治，以免延误时机造成伤者死亡。心脏压塞的最佳处理方式为开胸手术，如不能开胸手术，心包穿刺可作为暂时的处理办法。

3. 张力性气胸：肺或胸壁损伤造成胸膜腔内进入空气，由于瓣阀机制形成，进入胸膜腔内的空气不能自行排出，胸膜腔内压力不断增高，造成肺的压缩，纵隔向对侧移位，静脉回心血量减少，心输出量减少，导致休克。如创伤后出现急性呼吸困难、皮下气肿、呼吸音消失、叩诊呈过清音及气管移位时可考虑诊断张力性气胸。张力性气胸需要立即诊断和处理，现场采取针刺减压可暂时缓解呼吸困难症状。

（三）神经源性休克

创伤导致颈髓或上段胸髓损伤，使动脉调节功能障碍，容量血管扩张，有效循环血量相对不足，造成的组织低灌注引发的休克。也可见于外伤所致的剧烈疼痛、药物麻醉等。脊髓损伤所致神经源性休克与失血性休克临床表现有所不同，前者没有儿茶酚胺的释放，因此一般不会出现面色苍白、心动过速及多汗。伤者血压下降但是心率可能正常或减慢，皮肤相对温暖、干燥。伤者由于脊髓损伤通常伴有瘫痪和感觉缺失，胸廓运动消失，当深呼吸时仅有膈肌运动，临床表现为吸气时腹部隆起，男性还可以看到阴茎勃起。神经源性休克即使伴有出血，并不会伴有失血性休克的典型症状，神经功能检查非常重要，特别是肛门指诊，需要更加准确的评估。当创伤后液体复苏难以恢复脏器灌注时，提示继续出血或神经源性休克，在现场，神经源性休克的治疗与失血性休克的处理方法基本类似。

（四）创伤性休克的现场监测及救护

创伤性休克，病情危重，一旦确诊应密切监测生命体征，并给予积极有效地救治，否则致死率极高。

1. 气道和呼吸的管理：有效地气道管理是创伤休克患者院前救治的前提和基础，如果气道反射存在或条件有限，应使用基本的徒手气道支持手法，常用手法有仰头提颏法和装置（如口咽通气管、鼻咽通气管及喉管）。徒手开放气道时，应注意患者有无颈椎损伤，创伤后伴发颜面损伤或格拉斯哥评分＜8分时及根据致伤因素判断可能存在颈椎损伤或假定为颈椎损伤，现场急救时应徒手方法固定颈部，首选托颌法开放气道。如托颌法操作困难，不能有效通气，仍应改用仰头提颏法进行通气。如果伤员自身不能维持气道通畅及有效通气，可现场行气管插管。如果气道反射消失，建议使用声门上气道设备如喉罩。对于张力性气胸导致的严重呼吸困难，应现场给予穿刺排气减压，为后续治疗赢得时间。

2. 高效止血：在现场和转运途中，应采用有效的方法止血，使用止血材料如止血带（如旋压止血带、橡皮止血带等）、止血绷带或止血敷料加压包扎等方式，积极控制四肢交界部位和躯干体表出血，有条件时应积极采取措施控制或减少内出血。当骨盆受到高能量钝性损伤后怀疑存在活动性出血时，应使用特制的骨盆外固定带，也可以用床单或毯子固定骨盆。存在出血或有出血风险的患者，创伤后尽早使用氨甲环酸，防治创伤性凝血病，采用"1+1"方案，首剂1g，输注时间不能少于10min，然后追加1g，输注时间至少持续8h。

3. 高流量吸氧：创伤性休克者均可以给予高流量吸氧，尽可能保持脉搏氧饱和度在95%以上。

4. 液体复苏：对出血已控制者，在心肺功能耐受的情况下，应积极进行液体复苏，以恢复机体有效循环血容量，稳定血流动力学；对非控制性出血性休克患者（有活动性出血），在手术彻底控制活动性出血之前（包括现场、后送途中、急诊室或手术过程中），建议采取允许性低压复苏策略也称为延迟性液体复苏，待手术彻底止血后行确定性液体复苏。①现场复苏通道：现场复苏给药途径首选外周大静脉通路，如患者重度休克、外周静脉塌陷、光线差、或＜16岁的儿童患者或遇大批量伤员等，预期建立外周静脉通路困难时，可给予骨通道穿刺输液。②复苏液体：除心源性休克外迅速扩容补液是抗休克的基本治疗，应尽快建立大静脉通道或双通路补液，先快速补充等渗晶体液，如林格液或生理盐水，再相继补充胶体液，如低分子右旋糖酐、血浆、白蛋白或代血浆等，必要时进行成份输血。一般情况下，复苏液中晶体与胶体比例约2～4∶1。根据休克的监护指标确定补液量和速度。对存在未控制的活动性出血的休克患者，应采取允许性低压复苏策略，直至出血得到控制。③目标血压及维持时间：非控制性失血性休克采取允许性低压复苏，复苏目标血压控制在收缩压80～90mmHg（平均动脉压在50～60mmHg）为宜，但低压复苏时间不宜过长，最好不超过120min，若允许性低压复苏时间过长，可利用短时间局部低温辅助措施，以降低机体代谢，保护重要器官功能。在现场，可以通过容量复苏以使大动脉搏动维持在可明显感知状态，一般以维持收缩压80mmHg或者可触及桡动脉搏动为目标。如果达不到，可降至触及颈动脉搏动或者维持伤者基础意识。通常情况下收缩压（SBP）达到60mmHg可触及颈动脉、70mmHg可触及股动脉、80mmHg可触及桡动脉。对于合并有严重颅脑损伤（GCS≤8分）或老年患者，允许低压复苏目标应适当提高，建议收缩压控制在100～110mmHg；有胸部爆震伤或肺挫裂伤，适当减慢输液速度和液体总量。

5. 血管活性药物早期应用：为配合允许性低压复苏，减少活动性出血量，维持更好的血流动力学指标，延长黄金救治时间窗，为确定性治疗赢得时间，在创伤现场或转运途中可小剂量应用缩血管活性药物。血管活性药物的应用应建立在液体复苏基础上，但对于危及生命的极度低血压（SBP＜50mmHg），或经液体复苏后不能纠正的低血压，可在液体复苏的同时使用血管活性药物，以尽快提升平均动脉压至60mmHg并恢复全身血液灌注。药物首选去甲肾上腺素，常用剂量为0.1～2.0μg/kg·min。

6. 止痛：剧痛者可使用吗啡（0.1mg/kg）作为一线止痛剂应用，使用吗啡止痛时，应严密监测，防止发生呼吸抑制。对于脊髓损伤所致神经源性休克可立即给予肾上腺素 $0.5 \sim 1\text{mg}$ 皮下注射，必要时可重复。

7. 致死"三联征"防治措施：①低体温处理：创伤失血性休克患者伴低体温，在救治过程中注意保温复温。措施包括去除湿冷衣服、增加环境温度、覆盖身体、防止体温散发、输注温热液体等。②酸中毒处理：休克时由于组织低灌注常合并代谢性酸中毒，可给予 5% 的碳酸氢钠 $100 \sim 250\text{ml}$，静脉滴注，根据血气分析结果调整。③凝血功能障碍处理：严重创伤者早期可有 25% 发生凝血病。创伤时大量失血、内皮细胞下基质蛋白暴露引起的血小板和凝血因子消耗、低体温性血小板功能障碍和酶活性降低、酸中毒诱导的凝血酶原复合物活性降低以及纤溶亢进等因素均可导致发生创伤性凝血病。虽然复苏时大量液体输入引起的血液稀释也与凝血病的发生和发展有一定关系，但多数重症创伤患者在晶体液和胶体液复苏前就已存在凝血功能障碍。根据实验室检查结果可选用新鲜全血、浓缩红细胞（PRBC）、新鲜冰冻血浆（FFP）和血小板（PLT），以及 rhⅦa 等，防治凝血功能障碍。当血红蛋白 $< 7\text{g/dl}$，建议输全血或 PRBC；当血小板 $< 50000/\text{ml}$，或伴颅脑损伤者血小板 $< 100000/\text{ml}$ 应输注血小板。

五、伤员的转运

（一）转运的指征

无论是院前转运还是院间转运，一般应考虑两方面因素：

1. 伤情需要。

2. 患者及家属要求，转运的前提是仔细评估伤情后做出判断。如果伤情存在：①血流动力学不稳定；②颅脑损伤，疑有颅内高压，随时可能发生脑疝者；③有严重呼吸困难者；④严重胸腹部外伤，随时有生命危险者；⑤被转运者或家属依从性差等以上情况应暂停转运。

（二）转运的原则

1. 转运顺序，对于批量伤员根据病情选择转运优先顺序。保持通讯畅通，转运途中随时与地面保持联系，特别是要与接受医院急诊科沟通，如需紧急检查或接受手术的伤员，急诊科应通知相关科室做好准备。转运安全性评估。转运应遵循 NEWS 原则：①每一步骤是否必要（necessary）？②现场治疗是否充分（enough）？③治疗是否有效（working）？④转运是否安全（secure）？

2. 转运前应再次对伤员的安全性全面评估，评估的基本内容：①检查气道，确定是否需要气管插管。②检查呼吸情况，是否需要安置鼻胃管，以防止昏迷或使用镇静剂让患者误吸。③检查所有插管的位置和装置以及骨折的固定是否牢靠。④常规记录心率、脉搏、血压、脉搏氧饱和度。危重患者应予心电监护，以便转运途中随时监测生命体征。⑤记录神经系统检查结果和 GCS 评分，适当给予镇静、镇痛药物。有些伤情需要脊柱板等固定装置固定头、颈、胸腰段脊柱。

转运的知情同意：转运前根据伤情，到达医疗单位的距离、时间、气象条件等综合因素做出安全性评估，并向患者及家属交待病情，告知转运的必要性和途中可能发生的危险，征得同意并签字后实施转运。

（三）转运的方法

1. 转运前的准备：包括患者的准备和医务人员的准备。患者方面，首先应做好心理疏导，争取患者信任，在转运前按 ABC 完成气道（A）通畅、呼吸（B）、循环（C）功能维持，处理危及生命的损伤，确保伤情处于相对稳定状态。医务人员应做到对伤情心中有数，能正确的估计、判断和处理转运途中可能发生的情况，保持良好的身体状态和心理素质，准备必要的物品和药品。

2. 转运中的处理：①转运途中患者体位：应顺车而卧，减少在加速或减速时对脑部血流灌注的影响。重度昏迷应采取侧卧位；咯血、呕吐等有窒息可能者取轻度头低足高位及头偏向一侧；胸部损伤有呼吸困难者，应取半卧位，身体妥善外固定于担架上，以避免由于车辆颠簸而加重出血或再损伤；颅脑损伤者将头部适度垫高，上下坡时保持头高位，以避免头部充血；转运途中注意保暖。②转运中的监护和处理：理想的转运，途中救治应达到接受医院的水平，对于不稳定伤者能提供必要的救治，能够进行心肺支持和补充血容量，连续血流动力学监测。注意及时清除气道内分泌物，加强固定，避免搬运和转运途中的颠簸造成静脉通道、气管插管及固定装置的移位脱落和阻塞。并能够提供通信设备，保持与准备送达医院的联系，提前告知伤情和到达时间等信息，以便做好准备。③随同资料：所有患者救治记录的完整资料需随同患者同时送达，包括致伤的机制、现场的环境、救治的过程、患者的反应，以及既往病史等所有信息资料。

3. 途中的医疗与监护

创伤患者大多病情危重，在转运途中，严密监护伤者的气道、呼吸及循环，车上应配备充足的抢救设备及抢救药品。常用的设备有：专业转运担架、心电监护仪、除颤仪、便携式吸引器、复苏气囊、口咽通气管、鼻咽通气管、气管插管等气道管理装置、供氧装置等。

4. 院内交接

伤员在进入医院之前即可通过网络系统与医院进行对话、沟通，使医院急诊科在得知患者伤情后能够有所准备，特别是需要急诊手术者。当急救人员将伤员安全送达医院后，除随身携带病人资料信息外，应简明扼要的向接诊人员介绍患者的发病情况、治疗措施等，并将病例资料双方签字确认后各留存一份，随病人入院记录一起保存。医院急诊科在接病人之前，通过网络、电话等了解病人情况，并做好相关准备，特别是危重病人应做好呼吸、循环支持准备。

第三节　急性中毒的诊治

有机磷农药中毒

急性有机磷杀虫药中毒是急诊常见的危重症，占急性中毒的49.1%，占中毒死亡的83.6%。其主要机制在于抑制乙酰胆碱酯酶活性，引起乙酰胆碱大量蓄积、胆碱能神经持续冲动，导致先兴奋后衰竭的一系列毒蕈碱样、烟碱样和中枢神经系统症状，严重者可因呼吸衰竭而死亡。

一、临床表现

（一）急性中毒

胆碱能危象发生的时间与毒物的种类、剂量和侵入途径密切相关。口服中毒多在10min至2h内发病；吸入中毒30min内发病；皮肤吸收中毒者常常在接触后2~6h发病。

1. 毒蕈碱样症状：又称M样症状，症状出现最早，类似毒蕈碱作用。临床表现为腹痛、腹泻、恶心、呕吐、多汗、全身湿冷（躯干和腋下部位明显）、尿频、大小便失禁、流泪、流涎、心率减慢、瞳孔缩小（严重时呈针尖样）、气道分泌增加、支气管痉挛，严重时可出现肺水肿，如不及时救治可因呼吸衰竭导致死亡。

2. 烟碱样症状：又称N样症状，临床表现为颜面、眼睑、四肢和全身横纹肌发生肌纤维颤动，甚至强直性痉挛，后期出现肌力减退或瘫痪，严重时并发呼吸肌麻痹，最终引起周围性呼吸衰竭。

3. 中枢神经系统症状：主要表现为头晕、头疼、乏力、共济失调、烦躁不安、谵妄、抽搐、昏迷等。

（二）反跳现象

是指急性有机磷杀虫药中毒，特别是马拉硫磷和乐果口服中毒后。早期经积极抢救，临床症状好转，症状稳定后数天至一周病情突然急剧恶化，再次出现胆碱能危象，甚至发生昏迷、肺水肿或突然死亡。这种现象可能与皮肤毛发和胃肠道内残留的毒物被重新吸收，以及解毒药减量过快或者停用过早等因素有关。

（三）迟发性多发性神经病

少数病人在急性重度中毒症状消失后，2～3周可发生感觉型和运动型多发性神经病变。主要表现为肢体末端烧灼、疼痛、麻木以及下肢无力、瘫痪、四肢肌肉萎缩等异常。

（四）中间综合征

是指急性有机磷杀虫药中毒所引起的以肌无力为突出表现的一组临床综合征，因其发生时间介于胆碱能危象和迟发性神经病变之间，故称为中间综合征。常发生于急性中毒后1～4日，个别病例可在第7日发病。主要表现为曲颈肌，四肢近端肌肉以及第Ⅲ～Ⅶ对和第Ⅸ～Ⅻ对颅神经所支配的部分肌肉肌力减退，病变累及呼吸肌，时常引起呼吸肌麻痹，甚至进展为呼吸衰竭。

二、急诊处理

（一）急救原则

抗毒药应用原则是早期、足量、联合、重复用药。

（二）清除毒物

包括脱离中毒现场，清洗皮肤、毛发、指甲及更换衣物等，反复彻底洗胃、导泻及血液净化治疗，血液净化应在中毒后1～4d内进行。

（三）特效解毒药

1. 胆碱酯酶复活剂：能使磷酰化胆碱酯酶活性重活化，因此这类药物也称复活剂或复能剂，为治本药物。常用药物有氯解磷定、碘解磷定及双复磷。胆碱酯酶复活剂能有效解除烟碱样症状，迅速控制肌纤维颤动。

2. 抗胆碱药：此类药物可与乙酰胆碱争夺胆碱能受体，从而阻断乙酰胆碱作用，为治标药物。常用药物阿托品，能阻断乙酰胆碱对副交感神经和中枢神经系统毒蕈碱受体的作用，因此可有效解除毒蕈碱样症状及呼吸中枢抑制，阿托品治疗时，应根据中毒程度选用适当剂量，给药途径及间隔时间。严密观察患者瞳孔、皮肤、心率、肺部啰音及神志变化，随时调整剂量，使病人尽快达到阿托品化并能够维持阿托品化，并避免发生阿托品中毒。

3. 阿托品化是指应用阿托品后，病人瞳孔较前扩大，出现口渴、皮肤干燥、颜面潮红、心率加快、肺部啰音消失等表现，此时应逐步减少阿托品用量。如病人瞳孔较前明显扩大，出现神志模糊、烦躁不安、谵妄、惊厥、昏迷及尿潴留等情况则提示阿托品中毒，此时应立即停用阿托品，可给予毛果芸香碱对抗，必要时采取血液净化治疗，阿托品中毒是造成有机磷农药中毒死亡的重要因素之一。

4. 盐酸戊乙奎醚是一种新型抗胆碱药，能拮抗中枢和外周M、N受体。主要选择性作用于脑、腺体，平滑肌等部位的M_1、M_3受体，而对心脏和神经元突触前膜的M_2受体无明显作用，因此对心率影响小。在抢救急性有机磷中毒时，盐酸戊乙奎醚相比于阿托品更有优势。

（四）对症治疗

有机磷杀虫药中毒主要的死因为肺水肿、呼吸衰竭、脑水肿、休克、心脏骤停等。因此对症治疗主要在维护心、肺、脑等重要生命器官功能。首先应保持呼吸道通畅，正确氧疗，必要时机械通气；发生肺水肿时，以阿托品治疗为主；及时应用血管活性药物纠正休克；脑水肿时给予甘露醇和糖皮质激素脱水；病情危重者应及时行血液净化治疗，中毒严重者需留院观察至少3～7日，以防止复发。

镇静催眠药中毒

镇静催眠药是中枢神经系统抑制药，具有镇静催眠作用。目前通常分为三大类，第一大类是本二氮卓类的安眠药，常用的有地西泮、劳拉西泮、奥沙西泮、阿普唑仑、艾司唑仑等。第二大类是新型的镇静安眠药，是非苯二氮卓类安眠药，其中有酒石酸唑吡坦、佐匹克隆、右佐匹克隆、扎来普隆等。第三大类为抗精神病类药物，种类繁多，特别是抗抑郁焦虑药物目前使用较多。

一、临床表现

苯二氮卓类中毒主要表现为头晕、无力、嗜睡、言语模糊、意识不清、共济失调等。较少出现长时间深度昏迷、休克及呼吸抑制等严重情况。非苯二氮卓类根据服药量可不同程度出现嗜睡、昏睡、浅昏迷、呼吸减慢、眼球震颤等。严重者可出现深昏迷、呼吸浅慢，甚至停止，心律失常、血压下降、体温不升，并发脑水肿，肺水肿及急性肾功能衰竭。抗焦虑、抑郁药物中毒，临床可出现躁狂状态，锥体外系反应及自主神经失调症状。病人在中毒昏迷前，常可表现为兴奋、激动、谵妄、体温升高、肌肉抽搐、肌阵挛和癫痫样发作。同时，可有心血管系统症状，如血压先升高后降低、心肌损害、心律失常甚至猝死。个别药物具有抗胆碱症状，有口干、瞳孔扩大、视物模糊、皮肤黏膜干燥、发热、心动过速、尿潴留等。

二、急诊处理

1. 评估病情、维护重要器官功能：主要是维护呼吸、循环和脑功能，可应用纳洛酮等药物促醒。
2. 清除毒物：详见前章，血液净化治疗对镇静催眠药中毒有很好疗效。
3. 特解毒药：氟马西尼是苯二氮卓类特异性拮抗剂，能竞争抑制苯二氮卓受体，阻断该药物对中枢神经系统的作用。用法：氟马西尼0.2mg，缓慢静脉注射，必要时重复使用，总量可达2mg。
4. 除苯二氮卓类中毒有特效解毒药外，其他均无特效解毒药。治疗上主要彻底清除体内尚未吸收的毒物，及对症、支持维护脏器功能等。

急性灭鼠剂中毒

灭鼠剂是指一类可杀死啮齿类动物的化合物，根据作用机制不同，分为三类：①抗凝血类灭鼠剂，如敌鼠钠、溴鼠隆等；②中枢神经系统兴奋性灭鼠剂，如毒鼠强、氟乙酰胺等；③其他无机化合物类，如磷化锌等。

一、临床表现

1. 敌鼠钠、溴鼠隆：为抗凝血类灭鼠剂，可竞争性抑制维生素K，使凝血酶原和凝血因子合成受阻，导致凝血时间和凝血酶原时间延长，同时其代谢产物可直接损伤毛细血管壁，从而使血管壁通透性增加，导致严重的出血。临床主要表现为广泛出血，如皮肤紫癜、齿龈出血、皮下出血、咯血、便血、血尿等，严重者出现肾功能不全。实验室检查：出凝血时间和凝血酶原时间延长。

2. 毒鼠强：为中枢神经系统兴奋性灭鼠剂，因其为中枢神经系统抑制γ-氨基丁酸的拮抗剂，因此可阻断γ-氨基丁酸对神经元的抑制作用，使运动神经元过度兴奋，导致强直性痉挛和惊厥。临床主要表现为阵挛性惊厥，癫痫样大发作。

3. 氟乙酰胺：为有机氟杀鼠剂，主要抑制乌头酸酶，三羧酸循环受阻。对神经系统有强大的诱发痉挛作用，因此主要表现为神经系统症状。也可直接作用于心肌，导致心律失常、室颤等急性循环衰竭。临床表现为昏迷、抽搐、心脏损害、呼吸循环衰竭。

4. 磷化锌：为高毒类毒物，误服后，在胃内生成磷化氢和氯化锌，前者能抑制细胞色素氧化酶，主要作用于神经系统，使中枢神经系统功能紊乱。后者具有强腐蚀性，引起胃肠黏膜腐蚀性损害。临床主要表现为特殊的蒜臭味、惊厥、昏迷及上消化道出血等。

二、急诊处理

首先清除毒物，包括洗胃、导泻等。其次，抗凝血类杀鼠剂中毒，特效解毒药为维生素K_1，根据中毒的严重程度，选择剂量和给药途径。如无出血倾向，凝血酶时间、凝血酶原活动度正常者，可不用维生素K_1治疗，但应密切观察；轻度中毒者，用维生素$K_1$10~20mg，肌注，每日3~4次；严重出血者，维生素K_1首剂10~20mg静注，然后60~80mg静滴，出血症状好转后逐渐减量，一般连用10~14d，出血现象消失，凝血酶原时间和凝血酶原活动度恢复至正常。肾上腺皮质激素可以减轻炎症反应，减少毛细血管通透性，可酌情使用，同时可给予大剂量维生素C。出血严重者可输新鲜血液、血浆或凝血酶原合物，以迅速止血。毒鼠强中毒无特效解毒药，主要在于清除毒物，抗惊厥治疗可选用地西泮或苯巴比妥钠。氟乙酰胺中毒，清除毒物可用石灰水洗胃，其特效解毒药为乙酰胺。用法：2.5~5g肌内注射，每天三次，疗程5~7d。磷化锌中毒，无特效解毒药，主要在于清除毒物，对症治疗。

气体中毒

急性气体中毒主要有两大类，刺激性气体中毒和窒息性气体中毒。刺激性气体对机体作用的共同特点是对眼和气道黏膜的刺激、损伤作用，并可致全身中毒，常见的刺激性气体有氯气、光气、氨气、氟化氢、二氧化硫、三氧化硫及其他强酸强碱性气体等。窒息性气体是指造成组织缺氧的有害气体。常见的窒息性气体可分为：单纯性窒息性气体，主要有甲烷、二氧化碳及惰性气体；化学性窒息性气体，主要有一氧化碳、硫化氢、氢化物等。化学性窒息性气体吸收后与血红蛋白或细胞色素氧化酶结合，影响氧在组织细胞内的传递、代谢，导致细胞缺氧，又称为"内窒息"。

一、刺激性气体中毒——氯气中毒

（一）临床表现

氯气为黄绿色，有强烈刺激性的气体，遇水生成次氯酸和盐酸，对黏膜有刺激和氧化作用，引起黏膜充血、水肿和坏死。较低浓度作用于眼和上呼吸道，高浓度作用于下呼吸道，极高浓度时刺激迷走神经，引起反射性呼吸，心脏骤停。

1. 轻度中毒：主要表现为急性化学性支气管炎和支气管周围炎，表现为咳嗽、咳痰、胸闷等。查体两肺可闻及散在干啰音或哮鸣音，可有少量湿啰音，胸部X线表现为肺纹理增粗、边缘不清，经治疗后症状于1～2日内消失。

2. 中度中毒:主要表现为急性化学性支气管肺炎、间质性肺水肿或局限的肺泡肺水肿，表现为阵发性咳嗽、咳痰，有时咯粉红色泡沫痰或痰中带血。以及胸闷、心悸、呼吸困难等，头痛、乏力、恶心、呕吐、腹胀常见，查体可见轻度发绀，两肺闻及干湿性啰音，胸部X线显示肺门影不清，透光度降低或局限性散在的点片状渗出改变。

3. 重度中毒：表现为弥漫性肺泡性肺水肿或成人呼吸窘迫综合征，支气管哮喘，喘息性支气管炎；由于喉头、支气管痉挛或水肿，造成窒息；高浓度氯气吸入后，可引起迷走神经反射性呼吸和心脏骤停，造成"闪电式死亡"；也可出现深度昏迷、休克；严重的气胸，纵隔气肿；可并发严重的心肌损害等，均可直接危及生命。

（二）急诊处理

1. 迅速脱离现场：将病人转移至上风口空气新鲜处，眼和皮肤接触可立即用清水彻底冲洗。

2. 中度中毒者至少观察12h，给予对症处理，中、重度中毒者需注意保持呼吸道通畅、解除支气管痉挛，可用沙丁胺醇气雾剂或氨茶碱等，地塞米松或布地奈德雾化吸入，也可以用5%的碳酸氢钠加地塞米松雾化。

3. 积极防治喉头水肿、痉挛、窒息，必要时需气管切开。

4. 合理进行氧疗，高压氧治疗有助于改善缺氧和减轻脑水肿。

5. 早期适量短程应用肾上腺皮质激素，积极防治肺水肿和继发感染。

二、窒息性气体中毒——一氧化碳中毒

一氧化碳是无色、无味、无刺激性的气体，在生产和生活中，所有含碳物质不完全燃烧均可产生，如炼焦、炼钢、矿井爆破、内燃机排出的废气等。家庭用煤炉、煤气泄漏、保护不周或通风不良的生活环境，过量吸入后可发生急性一氧化碳中毒，俗称煤气中毒。

（一）临床表现

一氧化碳吸入人体后，立即与血液中血红蛋白结合，形成稳定的碳氧血红蛋白（COHb）。碳氧血红蛋白无携氧能力，且因一氧化碳与血红蛋白的亲和力比氧与血红蛋白的亲和力大300倍，碳氧血红蛋白一旦形成很难解离，其解离速比氧合血红蛋白慢3600倍。因此可导致组织严重缺氧。

1. 轻度中毒：表现为头晕、头痛、恶心、呕吐、全身无力等。血中碳氧血红蛋白检测浓度10%～30%。

2. 中度中毒：上述症状加重，皮肤黏膜可呈樱桃红色。可出现兴奋、判断力减低、运动失调、幻觉、视力减退、意识模糊或浅昏迷等。血中碳氧血红蛋白浓度达30%～40%。中度中毒，如能及时抢救，吸入新鲜空气或氧气后，一般数日后恢复，无后遗症状。

3. 重度中毒：表现为抽搐、深昏迷、低血压、心律失常、呼吸衰竭，甚至可因深昏迷导致误吸，发生吸入性肺炎，血中碳氧血红蛋白浓度达40%以上。重度中毒者，常合并有并发症，如肺水肿、吸入性肺炎、心肌损害等，有时可见皮肤水泡。少数重症患者（约3%～30%）抢救苏醒后约经2～60d"假愈期"，可出现迟发性脑病的症状。

4. 迟发型脑病。主要表现：①急性痴呆型木僵性精神障碍。表现为清醒后突然出现定向力丧失、记忆力障碍、语无伦次、狂喊乱叫、出现幻觉，数天后逐渐加重，出现痴呆木僵。②神经症状。可出现癫痫、失语、肢体瘫痪、感觉障碍、失明、偏盲、惊厥、再度昏迷，甚至出现"去大脑皮质综合征"。③震颤麻痹。因波及基底节及苍白球，可出现锥体外系损害，逐渐出现表情淡漠、四肢肌张力增高、静止性震颤等症状。④周围神经炎。中毒后数天可发生皮肤感觉障碍、水肿等，有时发生球后视神经炎或其他脑神经麻痹。

（二）急诊处理

1. 脱离中毒现场：立即打开门窗或迅速转移患者于空气新鲜处，松解衣领腰带，注意保暖。

2. 监测生命体征：保持呼吸道通畅，观察患者意识状态，评估病情危重程度，发现危及生命的情况及时处理。对昏迷、窒息或呼吸停止者，都应及时行气管插管，机械通气。

3. 氧疗：氧疗能加速血液碳氧血红蛋白解离和一氧化碳排出，是治疗一氧化碳中毒最有效的方法。①对于神志清醒者，应用面罩吸氧，氧流量5～10L/min，持续吸氧两天才能使血液碳氧血红蛋白浓度降至15%以下，症状缓解和血液碳氧血红蛋白浓度降至5%，可停止吸氧。②高压氧治疗能增加血液中物理溶解氧的含量，提高总体氧含量，碳氧血红蛋白解离速度较正常吸氧快4～5倍，可缩短昏迷时间和病程，预防迟发性脑病，同时也可改善缺氧、脑水肿、改善心肌缺氧及酸中毒。因此高压氧治疗应积极、尽早使用，最好在4h之内进行。通常适用于中、重度一氧化碳中毒或出现神志改变等神经症状。老年人或妊娠妇女一氧化碳中毒，首选高压氧治疗。一般高压氧治疗每次1～2h，每天1～2次。

4. 脑水肿防治：急性中毒后2～4h即可出现脑水肿，一般在24～48h脑水肿可达高峰，并可持续数天，应积极采取措施降低颅内压，恢复脑功能。主要包括脱水治疗，常用20%的甘露醇1～2g/kg快速静脉滴注，6～8h一次，症状缓解后减量。也可用速尿20～40mg静脉注射。肾上腺皮质激素能降低机体的炎症反应，减少毛细血管通透性，有助于缓解脑水肿，常用氢化可的松200～300mg，或地塞米松10～20mg静滴，脱水过程中应注意水电平衡，适当补钾。积极控制抽搐，可使用地西泮10～20mg，静脉注射，积极促进脑细胞功能恢复，使用神经营养药物。

第四节　动物咬伤

自然界中可攻击人类的动物有数万种，它们利用其牙、爪、刺、角等展开袭击，造成咬伤

（bite）、蜇伤（sting）和其他各种损伤（包括过敏、中毒、继发感染、传染病等）。大多数动物咬伤是由人类熟悉的动物（宠物）所致，常见的有狗、猫、鼠咬伤等。

狗、猫、鼠咬伤以四肢、头面部、颈部等部位多见。咬伤时，除造成局部组织撕裂损伤外，由于动物口腔、牙缝、唾液内常存在多种致病菌或病毒，尤其是有丰富的厌氧菌，如破伤风杆菌、气性坏疽杆菌、梭状芽孢杆菌、螺旋体等，可造成伤口迅速感染。动物咬伤的伤口常较深、组织破坏多，非常适合厌氧菌繁殖并容易发展成非常危险的状态，甚至导致死亡。

动物致伤是急诊外科常见的问题。正确的伤口处理、高危感染伤口预防性应用抗生素、根据需要及免疫史进行破伤风和（或）狂犬病等疾病的预防是动物致伤处理的基本原则。

一、临床表现

（一）犬咬伤临床特点

犬咬伤可导致从小伤口（如抓伤、擦伤）到较大且复杂的伤口（如深部开放撕裂伤、深部刺伤、组织撕脱和挤压伤）的多种损伤。大型犬的咬合可产生强大力量，可导致严重的损伤。致死性的损伤（尽管比较罕见）通常发生在幼儿的头部和颈部，或见于幼儿重要器官的直接贯穿伤。当大龄儿童或成人被犬咬伤时，四肢（尤其是优势手）是最易受伤的部位。

（二）猫咬伤临床特点

2/3的猫咬伤都涉及上肢；抓伤通常发生在上肢或面部。由于猫具有细长锋利的牙齿，应特别注意深部穿刺伤。当这类穿刺伤发生在手部时，细菌可被接种至手部间隙、骨膜下或关节内，导致手部间隙感染、骨髓炎或脓毒性关节炎。

（三）人咬伤临床特点

发生在幼童的人咬伤一般位于面部、上肢或躯干部，青少年和成人的人咬伤常表现为覆盖在掌指关节上的小伤口，尽管这些伤口通常很小（最长15mm），考虑到指关节上的皮肤临近关节囊，其很容易感染。

（四）伤口感染特征

咬伤伤口感染的临床表现除红、肿、热、痛外，可有脓性引流物和淋巴管炎，并发症包括皮下脓肿、手部间隙感染、骨髓炎、脓毒性关节炎、肌腱炎和菌血症。部分病例在咬伤后12～24h即出现红斑、肿胀和剧烈疼痛。感染的全身体征，如发热和淋巴结肿大，并不常见。咬伤后治疗延迟是导致犬或猫咬伤后感染的重要因素之一。受伤超24h就诊的患者很可能已经出现感染，并且就诊的原因往往是因为感染性体征或症状。

二、伤口处理

（一）犬咬伤

1. 如伤口流血，只要流血不是过多，不要急于止血。流出的血液可将伤口残留的狂犬唾液带走，起到一定的消毒作用。

2. 对流血不多的伤口，要从近心端向伤口处挤压出血，以利排毒。在2h内，尽早彻底清洗，减少狂犬病毒感染的机会。

3. 采用肥皂水（或其他弱碱性清洗剂）和流动清水交替清洗所有咬伤处约15min；采用无菌纱布或脱脂棉吸尽伤口处残留液，若清洗时疼痛剧烈，可给予局部麻醉，如条件允许，可采用专业的清洗设备冲洗伤口内部，以确保达到有效冲洗。

4. 采用生理盐水冲洗伤口，避免伤口处残留肥皂水或其他清洗剂。有证据表明：即使在没有狂犬病免疫球蛋白的情况下，通过有效的伤口清洗加立即接种狂犬疫苗并完成暴露后预防程序，99％以上的患者可以存活。

5. 彻底冲洗后采用稀碘伏或其他具有灭活病毒能力的医用制剂涂擦或清洗伤口内部，可灭活伤口局部残存的狂犬病病毒。

6. 犬咬伤尤其撕裂伤需清创去除坏死组织，必要时行扩创术。伤口深而大者应放置引流条，以利于污染物及分泌物的排除。只要未伤及大血管，一般不包扎伤口，不作一期缝合。

7. 单纯撕裂伤，可采取一期伤口闭合，美观需要时，如面部撕裂伤，可选择一期修复。缝合咬伤伤口时，须进行充分冲洗、清创，避免深部缝合（如果可能），并进行预防性抗生素治疗及密切随访。

8. 对于 > 6h 的伤口和易感染患者（如免疫机能受损、无脾或脾功能障碍、静脉瘀滞、成人糖尿病）。这类发生感染风险较高的伤口不进行一期闭合。早期治疗行伤口清洁和失活组织清创，将咬伤伤口开放引流，定时更换敷料，受伤72h以后可视伤口情况行延迟闭合。

9. 对于伤及大动脉、气管等重要部位或创伤过重时，须迅速予以生命支持措施。

10. 免疫预防：①狂犬病是动物咬伤的常见问题，尤其是动物呈现病态，或是野生、流浪的。犬咬伤暴露风险评估及免疫预防程序如表10-1。中国疾病预防控制中心基于动物暴露的类型提供有关狂犬病风险和暴露后是否需要预防的指南，咬伤、抓伤、擦伤或经黏膜或破损的皮肤接触到动物唾液均可传播狂犬病。狂犬病暴露后狂犬病疫苗免疫接种程序包括："2-1-1"程序和"五针法"，对于符合应用被动免疫制剂的暴露应给予被动免疫的注射，早期伤口冲洗、清创是更为重要的预防措施。②破伤风风险评估。犬咬伤伤口为污染伤口，破伤风暴露风险高，应进行破伤风的免疫预防措施。任何皮肤破损的咬伤，均应确定患者的破伤风免疫接种状态，合理使用破伤风类毒素、破伤风抗毒素，给予适宜的免疫预防。

11. 抗感染治疗：应密切观察伤口情况，早期识别感染征象，并注意可能的病原体，尤其注意抗厌氧菌。如咬伤伤口疑似被感染，应采取以下措施：①经验性应用抗生素，通常涉及覆盖革兰氏阳性、革兰氏阴性和厌氧菌的广谱抗生素。对接受口服抗生素治疗疗效不佳，有全身感染症状或感染有进展的患者，应根据药物敏感试验结果使用敏感抗生素。常用的方法是初始静脉给药治疗，直到感染症状缓解，然后改用口服治疗，总疗程10～14d；②无脓肿形成的浅表伤口感染可给予伤口清创，口服抗生素治疗及密切门诊随访；较深结构的感染（如骨髓炎）需要更长的治疗疗程。③如已形成脓肿或怀疑存在骨、关节或其他重要深部结构的感染，可能需行手术探查和清创术，引流物应送需氧及厌氧菌培养。

10-1 犬咬伤后狂犬病暴露分级及免疫预防处置程序

暴露分级	接触方式	暴露后预防处置
I	完好的皮肤接触动物及其分泌物或排泄物	清洗暴露部位,无须进行其他医学处理
II	符合以下情况之一者: ①无明显出血的咬伤、抓伤; ②无明显出血的伤口或已闭合但未完全愈合的伤口接触动物及其分泌物或排泄物	①处理伤口; ②接种狂犬病疫苗; ③必要时采用狂犬病被动免疫制剂。
III	符合以下情况之一者: ①穿透性的皮肤咬伤或抓伤,临床表现为明显出血; ②尚未闭合的伤口或黏膜接触动物及其分泌物或排泄物; ③暴露于蝙蝠	①处理伤口; ②采用狂犬病被动免疫制剂; ③接种狂犬病疫苗。

(二)猫咬伤

猫咬伤后伤口局部红肿、疼痛,易于感染,严重的可引起淋巴管炎、淋巴结炎或蜂窝织炎。如猫染有狂犬病,后果更严重。被咬伤后,应及时按犬咬伤处理。

(三)鼠咬伤

老鼠喜欢吃带有奶味的婴儿嫩肉,所以婴儿被鼠咬伤的事件时有发生。当熟睡婴儿突然啼哭时,需仔细检查婴儿,是否有鼠咬伤。鼠咬伤的伤口很小,易被忽视。老鼠能传播多种疾病,如鼠咬热、钩端螺旋体病、鼠斑疹伤寒和鼠疫等,被咬伤后,应及时处理:①立即用嘴吮吸2~3次,用流动水和肥皂水冲洗伤口,把伤口内的污血挤出,再用过氧化氢溶液消毒。②尽快按犬咬伤的伤口处理,口服抗生素。

第五节 节肢动物蜇伤

节肢动物具有毒腺(毒囊)、蜇针、毒毛或毒性体液,可能蜇伤毒害人类。其中,较常见的有昆虫纲的蜜蜂、黄蜂、蚂蚁、蝗虫、松毛虫、蜘蛛、蝎子、螨、蜱、蜈蚣等。蜇伤后可发生局部伤口损害、毒液注入人体所致的局部和全身的中毒和(或)过敏性损伤、毒毛接触人体所致毒性损伤及严重过敏反应。

一、蜂蜇伤

不同蜂种蜂毒成分有所不同。常见的是蜜蜂和黄蜂(又称马蜂)蜇伤。蜂的尾部具有毒腺及与之相连的尾刺(针),雌蜂和雄蜂蜇人时尾刺刺入皮肤,并将毒液注入人体,引起局部反应和全身症状。蜜蜂尾刺为钩状,蜇刺后尾刺断留在人体内,飞离后毒囊仍附着在尾刺上继续向人体注毒。蜇人后蜜蜂将死亡,雄蜂一般不蜇人。蜂毒具有神经毒、溶血、出血、肝或肾损害等作用,也可引起过敏反应。

（一）临床表现

通常发生于暴露部位，如头面、颈项、手背和小腿等。轻者仅出现局部疼痛、灼热、瘙痒、红肿，少数形成水疱，数小时后可自行消退，很少出现全身中毒症状。黄蜂或群蜂多次蜇伤伤情较严重，局部肿痛明显，可出现螫痕点和皮肤坏死，全身症状有头晕、头痛、恶心、呕吐、腹痛、腹泻、烦躁、胸闷及四肢麻木等，严重者可出现肌肉痉挛、晕厥、嗜睡、昏迷、溶血、休克、多器官功能障碍。对蜂毒过敏者即使单一蜂螫伤也可引发严重的全身反应，表现为荨麻疹、喉头水肿、支气管痉挛、窒息、肺水肿、过敏性休克等危及生命的严重情况。螫伤部位在头、颈、胸部及上肢的病人，病情多较重。

（二）急诊处理

四肢的严重蜇伤，应立即绷扎被刺肢体近心端，总时间不宜超过2h，15min放松1min，可用冷毛巾湿敷。仔细检查伤口，若尾刺尚在伤口内，可见皮肤上有一小黑点，用针尖挑出。在野外无法找到针或镊子时，可用嘴将刺在伤口上的尾刺吸出。不可挤压伤口以免毒液扩散。也不能用汞溴红溶液、碘酒之类涂搽患部，会加重患部的肿胀。

尽可能确定螫伤的蜂类。蜜蜂毒液呈酸性，可用肥皂水、5%碳酸氢钠溶液或3%淡氨水等弱碱液洗敷伤口，以中和毒液；黄蜂毒液呈碱性，用1%醋酸或食醋等弱酸性液体洗敷伤口。局部红肿处可外用炉甘石洗剂以消散炎症，或用抗组胺药、止痛药和皮质类固醇油膏外敷。红肿严重伴有水疱渗液时，可用3%硼酸水溶液湿敷。症状严重者，可口服或局部应用蛇药。某些种类的抗蜂毒血清已在国外研制成功，可选择使用。疼痛严重者可用止痛剂。有严重过敏反应者，应用抗组胺药、肾上腺皮质激素、肾上腺素针剂等。有肌肉痉挛者，用10%葡萄糖酸钙20ml缓慢静脉注射。有全身严重中毒症状者，应采取相应急救和对症措施。

二、蜘蛛蜇伤

蜘蛛头胸部最前面一对角质附肢称为螯肢（毒牙），螫人时毒腺分泌的毒液通过毒牙注入伤口。毒蜘蛛种类繁多，其中黑寡妇蜘蛛（红斑黑毒蛛）毒性最强。蜘蛛毒液成分主要为胶原酶、蛋白酶、磷脂酶及透明质酸酶等，具有组织溶解、溶血、神经毒、致敏等作用。

（一）临床表现

局部伤口常有2个小红点，可有疼痛、红肿、水疱、瘀斑，严重时组织坏死，形成溃疡，易继发感染。全身中毒反应可表现为寒战、发热、皮疹、瘙痒、乏力、麻木、头痛、头晕、肌痉挛、恶心、呕吐、出汗、流涎、眼睑下垂、视物模糊、呼吸困难、心肌损害等，严重者出现昏迷、休克、呼吸窘迫、急性肾损伤、弥散性血管内凝血等，甚至死亡。腹肌痉挛性疼痛可类似急腹症。儿童毒蜘蛛咬伤后全身中毒症状较严重，致死者多为较低体重儿童。

（二）急诊处理

方法同蜂类蜇伤，四肢伤口可予以近心端绑扎，立即用5%碳酸氢钠溶液或3%淡氨水等弱碱性溶液或清水冲洗伤口并局部冷敷。严重者以伤口为中心做十字切开，用1：5000高锰酸钾溶液或3%过氧化氢冲洗伤口，负压吸引排毒。还可用0.25%~0.5%普鲁卡因溶液在伤口周围做环形封闭。可局部应用或口服蛇药。还可选择某些毒蜘蛛的特异性抗毒血清进行中和治疗。如伤口深、污染严重时，给予破伤风抗毒素。全身对症和综合治疗包括及时补液；应用抗组胺药、肾上腺皮质激素等；酌情应用10%葡萄糖酸钙、地西泮、阿托品；疼痛剧烈时应用止痛剂；过敏性休克时及时使用肾上腺素；病情严重时可应用血液净化疗法；积极防治感染、溶血、急性肾损伤、弥散性血管内凝血等并发症。

三、蝎子蜇伤

蝎子的尾刺（即、毒钩）在后腹，细长而呈尾状，最后一节的末端有锐利的弯钩，与一对毒腺相通，蜇人时毒液通过尾刺进入人体。其毒液称蝎毒素，呈酸性，主要为神经毒以及类似于蛇毒的血液毒（溶血毒素、心脏毒素、出血毒素、凝血毒素等）作用。不同蝎种毒力强弱不一，毒性较弱的仅有局部麻痹作用，毒力强的与眼镜蛇毒相当。

（一）临床表现

轻症者主要是局部症状，可表现为局部剧痛，伤口可有红肿、麻木、水疱、出血、淋巴管及淋巴结炎，严重时可有组织坏死。重症者多见于大蝎子蜇伤或儿童病人，表现为头晕、头痛、呼吸加快、流泪、流涎、出汗、恶心、呕吐，病情进展迅速，部分可出现舌和肌肉强直、视觉障碍、抽搐、心律失常、低血压、休克、昏迷、呼吸窘迫、DIC、急性心功能衰竭、肺水肿，甚至呼吸中枢麻痹而死亡。

（二）急救处理

四肢螫伤者方法同蜂类蜇伤，可在伤部近心端绑扎，尽早将蝎子尾刺拔除，必要时可切开伤口取出，并负压吸引排毒。用弱碱性溶液（如5%碳酸氢钠、肥皂水等）或1：5000高锰酸钾溶液冲洗伤口，并涂含抗组胺药、止痛剂和肾上腺皮质激素类的软膏。疼痛明显可用0.25%~0.5%普鲁卡因溶液（皮试不过敏者）在伤口周围做环形封闭。可局部应用或口服蛇药。已有特异性的抗蝎毒血清用于临床，也可选择抗蛇毒血清。对症和综合治疗包括给氧、输液、应用肾上腺皮质激素、按需应用止痛剂和积极防治感染等，缓解肌肉痉挛可用10%葡萄糖酸钙20ml或用地西泮5~10mg静脉注射。休克时使用多巴胺，应与间羟胺及糖皮质激素等合用，因毒素能阻滞多巴胺受体，故单独使用多无效。

第六节　烧　伤

烧伤分为热力烧伤、电烧伤、化学烧伤三种类型。

一、热力烧伤

（一）烧伤面积的估算

1. 九分法："11个9%+1%，头颈1×9%、躯干3×9%，双上肢2×9%，双下肢5×9%+1%"

儿童头部面积大，下肢面积小，计算时随年龄而变。头面颈面积=（9+12-年龄）%，双下肢面积=（46-12+年龄）%。

2. 手掌法：五指并拢的手掌为1%面积。

勿盲从公式，须从患者体型变化而定，如向心性肥胖患者，计算面积时有变化。

3. 采用三度四分法，典型的临床表现归纳为Ⅰ度红，Ⅱ度泡，Ⅲ度皮肤全坏掉。

（二）烧伤深度鉴别

表 10-2

深度	损伤深度	外观及体征	感觉	拔毛试验	温度	转归
Ⅰ度	伤及表皮层，生发层健在	红斑，无水泡，轻度肿胀	痛觉明显	痛	增高	3~5d 痊愈，脱屑，无瘢痕
浅Ⅱ度	伤及真皮乳头层，部分生发层健在	水泡，基底红润，渗出多，水肿重	剧痛	痛	增高	1~2 周痊愈，色素沉着，数月不退，不留瘢痕
深Ⅱ度	伤及真皮层	水泡，基底粉白，创面微潮，水肿较重，时有小出血点，干燥后见毛细血管网	微痛	微痛	略低	3~5 周愈合，瘢痕较重。
Ⅲ度	伤及皮肤全层，甚至脂肪、肌肉、骨骼	创面苍白，焦黄炭化，干燥，硬如皮革，表面肿胀不明显，见粗大血管网	痛觉丧失	不痛，易拔除	发凉	周围上皮向中心生长或植皮愈合

（三）烧伤严重性分度

1. 轻度烧伤：总面积在10%以下的二度烧伤。

2. 中度烧伤：总面积在11%~30%或三度烧伤10%以下。

3. 重度烧伤：总面积在31%~50%或三度烧伤11%~20%，或烧伤面积未达上述标准，但有下列情况之一者：a.伴有休克。b.伴有复合伤或合并伤（严重创伤，冲击伤，放射伤，化学中毒等）。c.中、重度吸入性损伤。

4.特重度烧伤：总面积超过50%或三度烧伤超过20%或有严重并发症。

（四）小儿烧伤严重性分度

1. 轻度烧伤：总面积在5%以下的Ⅱ度烧伤。

2. 中度烧伤：总面积在5%~15%的Ⅱ度烧伤或5%以下的Ⅲ度烧伤。

3. 重度烧伤：总面积在15%~25%或Ⅲ度在5%~10%的烧伤。

4. 特重度烧伤：总面积在25%以上或Ⅲ度烧伤在10%以上者。

（五）烧伤病理生理和临床分期

1. 急性体液渗出期（休克期）：伤后迅速发生体液渗出，面积较小时一般不会对身体有效循环血量产生影响。面积较大时，抢救不及时或不当，导致循环血量不足，进而发生休克。

2. 感染期：继休克后或休克同时，感染对烧伤病人具有严重威胁。

3. 修复期：伤后不久机体对创面展开修复。

（六）治疗

1. 保护烧伤病区，防止和清除外源性污染。

2. 防治低血容量性休克。

3. 预防局部和全身性感染。

4. 用非手术和手术方法促使创面早日愈合，尽量减少瘢痕增生所造成的功能障碍和畸形。

5. 防治器官的并发症。

6. 对于轻度烧伤，主要处理创面和防止局部感染。

7. 对于中重度烧伤，需局部与全身治疗并重，积极治疗烧伤休克和感染，促使创面早日愈合。

初步处理：

Ⅰ度保持清洁，防止再损伤。

Ⅱ度需清创术，大面积先抗休克。

创面处理：

（1）轻度烧伤主要为创面处理，清洁创面，水泡皮肤完整应保留，抽去水泡液，加压包扎，包扎范围为创缘外5cm。

（2）中重度处理程序：a.简要了解病史，注意生命体征，有无吸入性损伤及合并伤。b.立即建立静脉通道。c.留置导尿管，观察尿量，比重，有无蛋白尿。d.清创，估算面积，深度，注意有无环状焦痂。e.制定第一个24h输液计划。f.广泛大面积烧伤一般采用暴露疗法。

（3）创面污染严重或有深度烧伤，须注意使用TAT，使用抗生素。

烧伤休克处理：

较长时间的组织缺血缺氧，容易引发感染及广泛损伤内脏，故及早纠正烧伤休克是治疗关键。

（1）烧伤休克临床表现与诊断

心律快，脉搏细，心音低，呼吸浅快，血压下降，脉压小。尿量减少或无尿，口渴，烦躁口不安。周边静脉充盈不良，肢端冷。血液浓缩，低血钠，低蛋白，酸中毒。

（2）治疗原则：液体疗法为主要措施。

补液方案：

伤后24h：每千克体重（Ⅱ、Ⅲ）补液1.5ml（小儿2ml），晶：胶体=1∶0.5。广泛深度可0.75∶0.75。另加水（5%糖）2000ml，小儿另算。8h快速一半。第二个24h晶胶体减半，水2000ml。

二、电烧伤和化学烧伤

（一）电烧伤

液体复苏量较大，清创时注意切开减张，使用抗生素，注意厌氧菌的防治。

（二）化学烧伤

酸碱受伤早期大量清水冲洗，生石灰和电石须先清除再冲洗。磷烧伤，在水下去除磷颗粒，使用1%$CuSO_4$，注意浓度不超过1%，以防铜中毒。

三、转诊原则

1. 中度及以上烧伤者。

2. 电烧伤及化学烧伤者。

3. 小儿烧伤者。

4. 呼吸道烧伤者。

第十一章　临床基本技能

第一节　病史采集

病史采集主要是通过问诊获得相关病史内容。

一、问诊

是医师通过与病人或有关人员交谈，了解疾病的发生、发展情况、治疗经过、既往健康状况等，经过分析、综合、全面思考而提出临床初步判断的一种诊法。

二、问诊方法

应先从感受明显、容易回答的问题问起，如"你感到哪里不舒服？""得病多长时间了？"待病人对环境适应或心情平静后，再继续深入询问症状起始的特点、诱发的原因、加重或减轻的因素等一系列需要经过思考才能回答的问题。当病人的陈述滔滔不绝、离题太远时，可插问一些与现症关系密切的问题，将话题转回。提问时应避免套问，如"你头痛时伴有呕吐吗？""你在上腹痛时同时向右肩放射吗？"而应问"你头痛时还有什么情况伴随发生吗？""你腹痛时对别的部位有什么影响吗？等。另外，询问时也不应作提示性诱问，如"你是不是下午发热？""发热前有寒战吗？"等等，这样的提问往往会使病人在不解其意的情况下随声附和，以致使病历记录失真，为以后的诊断造成困难。在问诊的过程中，医师应随时分析、综合、归纳病人所陈述的各种症状间的内在联系，分清主次，去伪存真，这样的问诊资料对临床诊断才有价值。问诊之后再将病人陈述加以归纳、整理，按规范格式写成病史。为使问诊顺利进行，还应注意：对危重病人应在简要询问主症之后立即重点进行体格检查，并迅速进行抢救。待病情稳定后再作补充问诊；问诊时使用的语言要通俗易懂，不应使用具有特定含义的医学术语，如"里急后重""鼻衄""隐血"等，以免病人在不理解其确切含义的情况下顺口应答；问诊时应尽可能询问患者本人，如病情严重暂时不能回答询问，可先问病人的家属、亲友或其他了解病情经过的人。就诊者即使持有外单位的病历介绍，也只能作为参考，决不能取代临诊医生的亲自问诊。

三、问诊的内容

即住院病历所要求的内容，一般应包括下列内容：

（一）一般项目

姓名、性别、年龄、籍贯、出生地、民族、婚姻、住址、工作单位、职业、就诊或入院日期、记录日期、病史陈述者及可靠程度等。

（二）主诉

为病人感受最主要的疾苦或最明显的症状或体征。也就是本次就诊最主要的原因。主诉应用一、二句话加以概括，并同时注明主诉自发生到就诊的时间，如"咽痛、高热2d""畏寒、发热、右胸痛、咳嗽3d""活动后心慌气短两年，下肢水肿两周余"。尽可能用病人自己的言辞，而不是医生对病人的诊断用语，如患"糖尿病"一年或患"心脏病"两年，而应记述"多吃、烦渴、多尿、消瘦或心悸气短"等。然而病程长、病情比较复杂的病例，由于症状、体征变化较多，诊断时的主诉可能并非现症的主要表现，因此还需要结合病史分析以选择出确切的主诉。

（三）现病史

在采取现病史时可按以下的程序恰当地加以询问。

1. 起病的情况与患病的时间：详细询问起病的情况。有的疾病起病急骤，如脑栓塞、急性心绞痛等，有的疾病则起病缓慢，如肺结核、肿瘤、风湿性心脏病等。疾病的起病常与某些因素有关，如脑血栓形成常发生于睡眠时；脑出血、高血压危象常发生于激动或紧张的状态时。患病时间是指起病到就诊或入院的时间。如先后出现几个症状则需按顺序询问后分别记录，如心悸3个月，劳累后呼吸困难2周，下肢水肿3d。

2. 主要症状的特点：包括主要症状出现的部位、性质、持续时间和程度，缓解或加剧的因素。

3. 病因与诱因：问诊时应尽可能地了解与本次发病有关的病因（如外伤、中毒、感染等）和诱因（如气候变化、环境改变、情绪、起居饮食失调等）。问明以上因素有助于明确诊断与拟定治疗措施。病人对直接或近期的病因容易回答，当病期长或病因比较复杂时，病人往往难以言明，并可能提出一些似是而非或自以为是的因素，这时医师应进行科学的归纳，不可不加分析地记入病史。

4. 病情的发展与演变：包括患病过程中主要症状的变化或新症状的出现，都可视为病情的发展与演变。

5. 伴随症状：在主要症状的基础上又同时出现一系列的其他症状，这些伴随症状常常是鉴别的依据。

6. 诊治经过：病人于本次就诊前已经接受过其他医疗单位诊治时，则应询问已经施行过什么诊断措施及获得什么结果；若已进行治疗则应问明使用过的药物名称、剂量和疗效，以备作本次制定治疗方案时参考。

7. 病程中的一般情况：在现病史的最后应记述病人患病后的精神、体力状态，食欲及食量的改变，睡眠与大小便的情况等，这部分内容对全面估量病人的预后以及采取什么辅助治疗措施是十分有用的。

（四）既往史

既往史包括病人既往的健康状况和过去曾经患过的疾病（包括各种传染病）、外伤手术、预防注射、过敏，特别是与现病有密切关系的疾病。

（五）系统回顾

按身体的各系统进行详细地询问可能发生的病。

（六）个人史

包括以下内容：

1. 社会经历：包括出生地、居住地区和居留时间（尤其是疫源地和地方病流行区）、受教育程度、经济生活和业余爱好等。

2. 职业及工作条件：包括工种、劳动环境、对工业毒物的接触情况及时间。

3. 习惯与嗜好：起居与卫生习惯、饮食规律与质量、烟酒嗜好与摄入量，以及有无异嗜物和麻醉毒品史、有无不洁性交史、有无患过下疳及淋病等。

（七）婚姻史

记述未婚或已婚，结婚年龄，对方健康状况、性生活情况、夫妻关系等。

（八）月经史

月经初潮的年龄、月经周期和经期天数，经血的量和色，经期症状，有无痛经与白带，末次月经日期，闭经日期，绝经年龄。

（九）生育史

妊娠与生育次数和年龄，人工或自然流产的次数，有无死产、手术产、产褥热及计划生育状况等。对男性患者也应询问有无生殖系统疾病等。

（十）家族史

询问双亲与兄弟姐妹及子女的健康与疾病情况。

特别应询问有无与遗传有关的疾病，如血友病、白化病、先天性球形细胞增多症、遗传性出血性毛细血管扩张症、家族性甲状腺功能减退症、糖尿病、精神病等。对已死亡的直系亲属要问明死因与年龄。某些遗传性疾病还涉及父母双方亲属，也需问明。若在几个成员或几代人中皆有同样疾病发生，可绘出家系图示明。

第二节　隔离衣穿脱方法

一、操作流程

（一）穿隔离衣方法

1. 右手提衣领，左手伸入袖内，右手将衣领向上拉，露出左手。

2. 换左手持衣领，右手伸入袖内，露出右手，勿触及面部。

3. 两手持衣领，由领子中央顺着边缘向后系好颈带。

4. 再扎好袖口。

5. 将隔离衣一边处（约在腰下5cm）渐向前拉，见到边缘捏住。

6. 同法捏住另一侧边缘。

7. 双手在背后将衣边对齐。

8. 向一侧折叠，一手按住折叠处，另一手将腰带拉至背后折叠处。

9. 将腰带在背后交叉，回到前面将带子系好。

（二）脱隔离衣方法

1. 解开腰带，在前面打一活结。

2. 解开袖带，塞入袖祥内，充分暴露双手，进行手消毒。

3. 解开颈后带子。

4. 右手伸入左手腕部袖内，拉下袖子过手。

5. 用遮盖着的左手握住右手隔离衣袖子的外面，拉下右侧袖子。

6. 双手转换逐渐从袖管中退出，脱下隔离衣。

7. 左手握住领子，右手将隔离衣两边对齐，污染面向外悬挂污染区；如果悬挂污染区外，则污染面向里。

8. 不再使用时，将脱下的隔离衣，污染面向内，卷成包裹状，丢至医疗废物容器内或放入回收袋中。

二、注意事项

1. 隔离衣的长短要合适，隔离衣须全部覆盖工作衣，如有破洞，应补好后再穿。

2. 隔离衣应每日更换，如有潮湿或污染，立即更换。

3. 穿脱隔离衣过程中避免污染衣领和清洁面，始终保持衣领清洁。

4. 穿隔离衣时避免接触清洁物；穿隔离衣后，只限在规定区域内进行工作，不允许进入清洁区及走廊。

5. 接触不同病种患者时应更换隔离衣；消毒手时不能沾湿隔离衣；隔离衣也不可触及其他物品。

6. 清洁隔离衣只使用一次时，穿隔离衣方法与一般方法相同，无特殊要求。脱隔离衣时应使清洁面朝外，衣领及衣边卷至中央，弃衣后消毒双手。

7. 脱下的隔离衣如挂在半污染区，清洁面向外；挂在污染区则污染面向外。

第三节 手卫生

一、七步洗手法

1. 掌心相对，手指并拢，相互揉搓。

2. 手心对手背沿指缝相互揉搓，交替进行。

3. 掌心相对，双手交叉沿指缝相互揉搓。

4. 弯曲手指使关节在另一手掌心旋转揉搓，交换进行。

5. 右手握左手大拇指旋转揉搓交，交换进行。

6. 将五个手指尖并拢在另一手掌心揉搓，交换进行。

7. 揉搓手腕、手臂，双手交换进行。

二、注意事项

（一）何时需要进行手卫生？

1. 进行无菌操作，接触清洁、无菌物品前。

2. 接触患者前后，或从同一患者身体的污染部位移动到清洁部位时。

3. 接触血液、体液及污物等之后。

4. 穿脱隔离衣前后，摘手套后。

5. 接触患者周围环境及物品后。

6. 处理药物或配餐前。

（二）WHO 推荐的手卫生5个重要时刻？

即二前三后：接触患者前、清洁无菌操作前、接触患者后、接触患者周围环境后、接触血液体液后。

（三）医务人员在什么情况时应先洗手，然后再进行卫生手消毒？

1. 接触患者的血液、体液和分泌物以及被传染性致病微生物污染的物品后。

2. 直接为传染病患者进行检查、治疗、护理或处理传染患者污物之后。

（四）什么情况下可以戴手套？

1. 当可能接触到血液或可能污染的体液的病人护理工作时，均要戴手套。

2. 接触潜在感染性物质、黏膜和非完整皮肤时，应戴手套。

3. 对于接触血源性传播疾病病人时、接触大量血液或体液或做一些高风险的骨科手术时，应戴双层手套。

（五）什么情况下必须更换手套？

1. 在病人和病人之间的诊疗、在同一病人身上由污染部位移动清洁部位时必须更换手套。

2. 接触污染部位后、接触清洁部位或周围环境前要更换手套。

3. 摘除手套后必须洗手。

4. 避免重复使用手套。

5. 戴手套不能替代洗手。

第四节　导尿术

导尿术是在严格的无菌操作下，将无菌导尿管经尿道插入膀胱引出尿液的技术。

一、操作流程

（一）女性导尿

1. 首次消毒：左手戴手套，右手持镊子夹取棉球依次擦拭消毒，顺序为阴阜→对侧大阴唇→近侧大阴唇→（分开）对侧小阴唇→近侧小阴唇→尿道口、阴道口、肛门。自上而下，每个棉球限用1次，污棉球放在弯盘内拖至床尾。

2. 在患者两腿间，放置导尿包，按无菌技术打开。

3. 戴无菌手套，铺洞巾，洞巾铺好后与导尿包治疗巾内层形成较大无菌区域，按操作顺序放好用物。检查导尿管球囊，连接集尿袋，石蜡油棉球润滑导尿管前段。

4. 撕开碘伏棉球，左手拇指和食指分开并固定小阴唇，右手持镊子夹取碘伏棉球，顺序为尿道口、阴道口→对侧小阴唇→近侧小阴唇→尿道口，自上到下，自内向外，污棉球置床尾弯盘内。

5. 嘱患者张口呼吸，钳子夹持导尿管，对准导尿口轻轻插入4～6cm，见尿液流出再插入1～2cm，固定尿管，球囊内缓慢打入10ml生理盐水，轻拉导尿管有阻力感则证明已固定于膀胱内。

6. 导尿完毕，撤下洞巾，擦净外阴，脱手套，医疗垃圾分类。

7. 固定集尿袋，贴管道标识，协助患者穿裤，整理床单及用物。

8. 记录引流出的尿液颜色、性质、量。

（二）男性导尿术

1. 首次消毒：左手戴手套，右手持镊子夹取棉球依次擦拭消毒，顺序依次为阴阜、阴茎（先擦洗阴茎背面，顺序为中、左、右各用一个棉球擦洗）、阴囊；用无菌纱布裹住阴茎将阴茎提起，用棉球自龟头向下消毒至阴囊处，顺序为中、左、右；用无菌纱布裹住阴茎并后推包皮，充分暴露冠状沟，夹取棉球自尿道口向外向后旋转擦拭尿道口、龟头及冠状沟，重复3次；每个棉球限用1次，污棉球放在弯盘内拖至床尾。

2. 3步骤同"女性导尿术"2、3。

4. 撕开碘伏棉球，一手用无菌纱布裹住阴茎，将包皮向后推，暴露尿道口。用消毒棉球消毒尿道口、龟头及冠状沟数次，最后一个棉球稍做停留。污棉球置床尾弯盘内。

5. 嘱病人张口呼吸，用血管钳夹持导尿管前端，对准尿道口轻轻插入20~22cm，（有阻力后，将阴茎向上提起，使之与腹壁成60°）见尿液流出再插入3~5cm，固定尿管，球囊缓慢注入10ml生理盐水，轻拉导尿管有阻力感则证明已固定于膀胱内。

6. 6、7、8步骤同"女性导尿术"6、7、8。

二、注意事项

1. 操作前评估病人病情、意识、膀胱充盈度、会阴部皮肤黏膜情况，操作前嘱患者清洗外阴（危重患者协助冲洗）。

2. 严格遵守无菌操作原则，如尿管脱出或误入阴道，应立即更换导尿管，以防造成患者尿路感染。

3. 选择合适的导尿管，插管时动作轻柔、准确，避免损伤尿道黏膜。

4. 每天更换集尿袋，每周更换尿管一次，及时放集尿袋内尿液并记录。

5. 患者离床活动时，尿管安置妥当，不可将集尿袋高于耻骨联合，防止尿液回流造成尿路感染。

6. 对膀胱高度充盈、极度虚弱的患者，一次放尿不得超过1000ml，以防发生血尿和虚脱。

7. 嘱患者每天多喝水，做好留置尿管期间病人及家属的健康教育。

8. 操作中注意保护患者隐私，环境要遮挡，注意保暖。

第五节 吸 氧

吸氧术又叫氧疗，是使用氧气作为治疗的方法。吸氧有多种方法，包括鼻导管、面罩或者高压氧舱。

一、操作流程

（一）氧气筒吸氧法

1. 安装氧气表：开关氧气筒总开关（吹尘），旋紧氧气表、橡胶管和湿化瓶，开总开关，开流量表，检查氧气装置有无漏气，关闭流量表。

2. 用湿棉签清洁患者鼻腔。

3. 连接一次性吸氧管，打开流量表开关，根据病人缺氧程度调节氧流量，用凉开水湿润吸氧管前段，同时检查氧气管通畅。

4. 将氧气管插入患者鼻腔，深浅适中，妥善固定。

5. 记录吸氧的时间和流量，请患者或家属确认签字。氧气筒悬挂"四防"牌。

6. 整理床单位，妥善安置患者，取舒适卧位，告知患者吸氧注意事项。

7. 停止用氧时，先拔出鼻导管，用纱布擦净鼻部，先关流量表，再关闭氧气筒总开关，再打开流量表放余气后关闭流量表，取下湿化瓶、橡胶管和氧气表。

8. 记录停氧时间。

（二）中心供氧吸氧法

1. 将流量表、橡胶管和湿化瓶安装在墙壁中心管理氧气装置上。

2. 以下步骤同"氧气筒吸氧法"。

二、注意事项

1. 操作前评估患者的缺氧状态、血氧饱和度情况和血气分析结果、鼻腔情况。

2. 严格遵守操作规程，做好防火、防油、防热、防震，病房里禁止吸烟及用火。氧气筒放置在阴凉处，距暖气1m以上，搬动时避免碰撞和倾倒。

3. 根据病人病情选择吸氧方式和流量，湿化瓶24h消毒更换。

4. 用单腔吸氧管吸氧时应更换双侧鼻孔，以减少对鼻黏膜的刺激。及时清理鼻腔分泌物，评估通气情况，保证用氧效果。

5. 氧气筒压力表显示5kg/cm²压力时必须更换氧气筒，以防外界空气或杂质进入氧气筒内，再次灌装氧气时易引起爆炸。

6. 氧气筒上必须悬挂"满""空"的标志，以防急救时搬错，耽误抢救时间。

7. 使用氧气时，先调节流量后使用，停用时先拔出氧气管再关闭流量开关，以免操作错误，使大量氧气突然冲入造成鼻黏膜损伤或进入呼吸道损伤肺组织。

8. 禁忌证：百草枯中毒早期，吸氧会加速氧自由基的形成，会导致肺间质纤维化，加速病死率。

大量不保留灌肠

一、操作流程

1. 检查灌肠袋，关闭灌肠袋连接管上的管夹。将准备好的灌肠液倒入灌肠袋，温度39℃~

41℃。将灌肠袋挂于输液架上，使其液面距肛门40~60cm。操作者戴上一次性手套。

2. 开放管夹，使溶液充满管道以排尽肛管内气体，然后夹管。

3. 润滑肛管前端。

4. 一手垫卫生纸分开患者臀部，暴露肛门，指导患者深呼吸，看清楚肛门后，另一手轻轻将肛管经肛门插入直肠内7~10cm（小儿深度为4~7cm）。

5. 固定肛管，开放管夹，使液体缓缓流入，直至灌液完毕。

6. 观察液体流入情况和患者反应。如溶液流入受阻，可移动旋转或挤压肛管，检查有无粪块阻塞。如患者有便意，嘱张口深呼吸，放松腹部肌肉，适当降低灌肠袋高度，减慢速度或暂停片刻。待灌肠液余少许溶液时夹管，用卫生纸包裹肛管轻轻拔出，将用过的整套灌肠器放进医疗垃圾袋，擦净肛门，撤去一次性防水垫单及弯盘，脱下手套协助患者穿好裤子。

7. 嘱患者尽量保留灌肠液10min后排便，利于粪便软化。

8. 整理床单位，洗手，记录（在体温单大便栏内记录，1/E表示灌肠一次后大便1次，0/E表示灌肠后无大便，1²/E表示自行排便1次，灌肠后又排便2次）。

二、注意事项

1. 操作前患者评估同保留灌肠术。

2. 注意保暖，保护隐私，减轻心理压力。

3. 掌握好灌肠液温度、量、浓度、速度和压力。

4. 伤寒患者灌肠液量不得超过500ml，液面距肛门不得高于30cm。

5. 降温灌肠后保留30min再排便，排便后30min测体温并记录。

6. 灌肠过程中应随时观察病人的病情变化。

7. 用量为成人500~1000ml，小儿200~500ml，温度39℃~41℃，降温时温度为28℃~32℃，中暑病人可用温度为4℃的0.9%氯化钠溶液。

小量不保留灌肠

一、操作流程

1. 检查灌肠袋，关闭灌肠袋连接管上的管夹。将准备好的灌肠液倒入灌肠袋，温度39℃~41℃。将灌肠袋挂于输液架上，使其液面距肛门40~60cm。操作者戴上一次性手套。

2. 开放管夹，使溶液充满管道以排尽肛管内气体，然后夹管。

3. 润滑肛管前端。

4. 一手垫卫生纸分开患者臀部，暴露肛门，指导患者深呼吸，看清楚肛门后，另一手轻轻将肛管经肛门插入直肠内7~10cm（小儿深度为4~7cm），固定，缓慢注入溶液，反折肛管，再吸药液灌注，最后注入5~10ml温开水。

5. 固定肛管，开放管夹，使液体缓缓流入，直至灌液完毕。

6. 观察液体流入情况和患者反应。如溶液流入受阻，可移动旋转或挤压肛管，检查有无粪块阻塞。如患者有便意，嘱张口深呼吸，放松腹部肌肉，适当降低灌肠袋高度，减慢速度或暂停片刻。待灌肠液余少许溶液时夹管，用卫生纸包裹肛管轻轻拔出，将用过的整套灌肠器放进医疗垃圾袋，擦净肛门，撤去一次性防水垫单及弯盘，脱下手套协助患者穿好裤子。

7. 嘱患者尽量保留灌肠液10～20min后排便，利于粪便软化。

8. 整理床单位，洗手，记录（在体温单大便栏内记录，1/E表示灌肠一次后大便1次，0/E表示灌肠后无大便，1²/E表示自行排便1次，灌肠后又排便2次）。

二、注意事项

1. 操作前患者评估同保留灌肠术。
2. 注意保暖，保护隐私，减轻心理压力。
3. 掌握好灌肠液温度、量、浓度、速度和压力。
4. 伤寒患者灌肠液量不得超过500ml，液面距肛门不得高于30cm。
5. 降温灌肠后保留30min再排便，排便后30min测体温并记录。
6. 灌肠过程中应随时观察病人的病情变化。
7. 禁忌证：急腹症和胃肠道出血，肠道手术。

第六节　快速血糖监测

快速血糖监测是指用便携式血糖仪测定患者血糖水平的操作，能反映实时血糖水平，评估餐前、餐后高血糖、生活事件（饮食、运动、情绪及应激等），以及药物对血糖的影响，发现低血糖，有助于为患者制订个体化生活方式干预和优化药物干预方案，提高治疗的有效性和安全性，是糖尿病患者日常管理重要和基础的手段。

一、操作流程

1. 按摩穿刺指尖2～3次，用75%酒精消毒手指末端，待干。
2. 安装试纸。
3. 一手轻扶采血部位，一手持采血器紧贴针刺部位，快速刺破皮肤，血液自然流出。
4. 将试纸末端的目标区对准血样，采集足够的血量，等待结果。
5. 用无菌干棉签轻按采血点直至不出血。
6. 读取血糖值，取出试纸条，记录血糖结果。

二、注意事项

1. 妥善贮存血糖试纸条，避免试纸条受温度、湿度、光线、化学物质等影响质量。
2. 采血前详细询问患者有无酒精过敏史。
3. 采血部位通常采用指尖、足跟两侧等末梢毛细血管全血，水肿或感染的部位不宜采血。采血部位要交替轮换，以免引起明显的疼痛和采血部位形成疤痕。
4. 用75%的酒精对指腹进行消毒，不宜使用含碘消毒液消毒，会使血糖产生偏差。
5. 消毒后将采血部位所在的手臂自然下垂片刻，然后按摩采血部位并使用适当的采血器获得足量的血样，切勿以挤压采血部位获得血样，否则组织间液进入会稀释血样而干扰血糖测试结果。

6. 采血标本量要充足，建议一次性吸取足量的血样量。

第七节　雾化吸入法

雾化吸入疗法是利用气体射流原理，通过雾化装置使药物形成微小雾滴或颗粒，通过吸入方式进入呼吸道及肺部，沉积于肺泡，达到治疗疾病的目的。常用的雾化吸入技术有超声波雾化吸入技术、氧气雾化吸入技术、压缩式雾化吸入技术、手压式雾化吸入技术。

一、操作流程

（一）超声波雾化吸入

1. 在超声波雾化器水槽中加入冷蒸馏水，液面高度浸没雾化罐底部的透声膜。

2. 将药液用生理盐水稀释至30~50ml，注入雾化罐内，将罐盖旋紧，把雾化罐放入水槽内，盖紧水槽盖。

3. 协助患者取舒适体位，并在其颌下铺治疗巾。

4. 接通电源，打开电源开关，调节定时开关及雾量开关。

5. 将面罩置于患者口鼻部或将口含嘴放入患者口中，指导其做深而慢的吸气。

6. 治疗完毕取下面罩或口含嘴，先关闭雾化开关，再关闭电源开关。

7. 协助患者擦干面部，清洁口腔。

8. 将水槽内的水倒掉，并擦干水槽，将口含嘴、雾化罐、螺纹管在消毒液中浸泡1h后再洗净，晾干备用。

（二）氧气雾化吸入

1. 用灭菌注射用水将药液稀释至5ml，注入雾化器药杯内。

2. 协助患者取舒适体位，并在其颌下铺治疗巾。

3. 将雾化器的接气口连接氧气装置。

4. 有药雾形成后，嘱患者手持雾化器，将吸嘴放入口中，紧闭口唇，用鼻呼吸，深吸气吸入药液（或将面罩罩住口鼻，用嘴巴深吸气，用鼻呼气），如此反复进行，直至药液吸完为止。

5. 治疗完毕取出雾化器，分离雾化器与氧气装置连接口，关闭氧气开关。

6. 协助患者擦干面部，漱口。

（三）手压式雾化吸入

1. 将药液注入手压式雾化吸入器内（通常药液预置于雾化器的高压送雾器中）。

2. 将雾化器保护盖取下，充分摇匀药液。

3. 倒置雾化器，口端置于病人口中，在吸气开始时按压雾化器顶部，喷药，嘱患者深吸气、屏气，再吸气，尽量延长屏气时间，如此重复1~2次。

4. 吸入完毕后，协助患者漱口。

二、注意事项

1. 雾化吸入治疗前1h不应进食，对于婴幼儿和儿童，前30min内不应进食；洗脸，不抹油性面膏，以免药物吸附在皮肤上。

2. 如采用氧气驱动雾化，氧气湿化瓶内不放水，避免药液被稀释，调节氧气流量至6～8L/min。

3. 采用坐位或半卧位，用嘴深吸气、鼻呼气方式进行深呼吸，使药液充分达到支气管和肺部。

4. 出现急剧频繁咳嗽及喘息加重，应放缓雾化吸入的速度；出现震颤、肌肉痉挛等不适，应及时停药；出现呼吸急促、感到困倦或突然胸痛，应停止治疗。

5. 如采用超声波雾化吸入器，水槽和雾化罐中切忌加温开水或热水；在使用过程中，如水温超过50℃，应先关闭机器，再调换冷蒸馏水。若雾化罐内药液过少，影响正常雾化，可从盖上小孔处注入药物，但不必关机。如需连续使用，中间应间隔半小时，以防水温超过50℃。

6. 如采用氧气驱动雾化，应注意用氧安全，切实做好四防，即防火、防震、防热、防油；氧气湿化瓶内勿放水。

7. 如使用手压式喷雾器，使用后宜放在阴凉处（30℃以下）保存，塑料外壳可用温水清洁。

第十二章　临床专科基本技能

第一节　内科基本技能

胸腔穿刺术

胸膜腔穿刺术，简称胸穿，是指对有胸腔积液（或气胸）的患者，为了诊断和治疗疾病的需要而通过胸腔穿刺抽取积液或气体的一种技术。

一、术前准备

1. 了解、熟悉病人病情。

2. 与病人家属谈话，交代检查目的、大致过程、可能出现的并发症等，并签字。

3. 器械准备：胸腔穿刺包、无菌胸腔引流管及引流瓶、皮肤消毒剂、麻醉药、无菌棉球、手套、洞巾、注射器、纱布及胶布。

二、操作步骤

1. 体位。

患者取坐位面向背椅，两前臂置于椅背上，前额伏于前臂上。不能起床患者可取半坐位，患者前臂上举抱于枕部。

2. 选择穿刺点。

选在胸部叩诊实音最明显部位进行，胸液较多时一般常取肩胛线或腋后线第7~8肋间；有时也选腋中线第6~7肋间或腋前线第5肋间为穿刺点。

3. 包裹性积液可结合X线或超声检查确定，穿刺点用标记笔在皮肤上标记。

三、操作程序

1. 常规消毒皮肤：以穿刺点为中心进行消毒，直径15cm左右，两次。

2. 打开一次性使用胸腔穿刺包，戴无菌手套，覆盖消毒洞巾，检查胸腔穿刺包内物品，注意胸穿针与抽液用注射器连接后检查是否通畅，同时检查是否有漏气情况。

3. 助手协助检查并打开2%利多卡因安瓿，术者以5ml注射器抽取2%利多卡因2~3ml，在穿刺部位由表皮至胸膜壁层进行局部浸润麻醉。如穿刺点为肩胛线或腋后线，肋间沿下位肋骨上缘进麻醉针，如穿刺点位于腋中线或腋前线则取两肋之间进针。

4. 将胸穿针与抽液用注射器连接，并关闭两者之间的开关，保证闭合紧密不漏气。术者以一手食指与中指固定穿刺部位皮肤，另一只手持穿刺针沿麻醉处缓缓刺入，当针锋抵抗感突感消失时，打开开关使其与胸腔相通，进行抽液。助手用止血钳（或胸穿包的备用钳）协助固定穿刺针，以防刺入过深损伤肺组织。注射器抽满后，关闭开关（有的胸穿包内抽液用注射器前端为单向活瓣设计，也可以不关闭开关，视具体情况而定）排出液体至引流袋内，记数抽液量。

5. 抽液结束拔出穿刺针，局部消毒，覆盖无菌纱布，稍用力压迫片刻，用胶布固定。

四、术后处理

1. 术后嘱病人卧位或半卧位休息半小时，测血压并观察有无病情变化。

2. 根据临床需要填写检验单，分送标本。

3. 清洁器械及操作场所。

4. 做好穿刺记录。

五、注意事项

1. 术中密切观察，如有头晕、出汗、心悸、剧痛、晕厥等胸膜反应或连续咳嗽、咳泡沫痰时，立即停止抽液，必要时可皮下注射0.1%肾上腺素0.3~0.5ml。

2. 一次抽液不可过快，诊断性抽液50~100ml即可；治疗性抽液，首次不超过600ml，以后每次不超过1000ml。但若为脓胸，每次应尽量抽净。

3. 标本需要做化验时，应于抽液后立即送检。欲找瘤细胞之标本送检不能少于100ml。

4. 操作中必须严格无菌，防止空气入胸腔，始终保持胸腔负压。

5. 要避免在第9肋间以下穿刺，以免损伤腹腔脏器。

腹腔穿刺术

腹腔穿刺术是通过穿刺针或导管直接从腹前壁刺入腹膜腔抽取腹腔积液，用以协助诊断和治疗疾病的一项技术。该技术是确定有无腹水及鉴别腹水性质的简易方法，分为诊断性腹腔穿刺和治疗性腹腔穿刺。

一、术前准备

1. 了解、熟悉病人病情。

2. 与病人及家属谈话，交代检查目的、大致过程、可能出现的并发症等，知情同意并签字。

3. 术前嘱患者排尿以防穿刺损伤膀胱。

4. 器械准备：腹腔穿刺包、消毒剂、麻醉剂、无菌棉签、手套、洞巾、注射器、纱布以及胶布。

5. 操作者熟悉操作步骤，戴口罩、帽子。

二、操作步骤

1. 根据病情和需要可取平卧位、半卧位或稍左侧卧位，并尽量使病人舒适，以便能耐受较长手术时间。

2. 选择适宜的穿刺点：①左下腹部脐与髂前上棘连线的中、外1/3交点处，不易损伤腹壁动脉；②侧卧位穿刺点在脐水平线与腋前线或腋中线交叉处较为安全，常用于诊断性穿刺；③脐与耻骨联合连线的中点上方1.0cm，稍偏左或偏右1.0～1.5cm处，无重要器官且易愈合；④少数积液或包裹性积液，可在B超引导下定位穿刺。

3. 戴无菌手套，穿刺部位常规消毒及盖洞巾，用2%利多卡因自皮肤至腹膜壁层做局部麻醉。

4. 术者用左手固定穿刺部位皮肤，右手持针经麻醉处垂直刺入腹壁，然后倾斜45°~60°进入1～2cm后再垂直刺于腹膜层，待感针尖抵抗感突然消失时，表示针头已穿过腹膜壁层，即可抽取腹水，并将抽出液放入试管中送检。做诊断性穿刺时，可直接用20ml或50ml注射针及适当针头进行。大量放液时，可用8号或9号针头，并在针座接一橡皮管，再夹输液夹子以调节速度，将腹水引入容器中以备测量和化验检查。主要放液不宜过多过快，肝硬化患者一般一次不宜超过3000ml。

三、术后处理

1. 术后嘱病人平卧休息1～2h，避免朝穿刺侧卧位。测血压并观察病情有无变化。
2. 根据临床需要填写检验单，分送标本。
3. 清洁器械及操作场所。
4. 做好穿刺记录。

四、注意事项

1. 术中应随时询问病人有无头晕、恶心、心悸等症状，并密切观察病人呼吸、脉搏及面色等，若有异常应停止操作，并做适当处理。

2. 放液后应拔出穿刺针，覆盖消毒纱布，再用胶布固定。大量放液后应束以多头腹带，以防腹压骤降、内脏血管扩张引起休克。

3. 对大量腹水病人，为防止漏出，可斜行进针，皮下行驶1～2cm后再进入腹腔。术后嘱病人平卧，并使穿刺孔位于上方以免腹水漏出。若有漏出，可用蝶形胶布或火棉胶粘贴。

第二节 外科基本技能

小伤口清创缝合术

对新鲜开放性污染伤口进行清洗去污、清除血块和异物、切除失去生机的组织、缝合伤口，使之尽量减少污染，甚至变成清洁伤口，达到一期愈合，有利受伤部位的功能和形态的恢复。

一、术前准备

1. 清创前对患者进行全面检查，如有休克，应先抢救，待休克好转后争取时间进行清创。

2. 如颅脑、胸、腹部有严重损伤，应先予以处理。如四肢有开放性损伤，应注意是否同时合并骨折，摄 X 线片协助诊断。

3. 应用止痛和术前镇痛药物。

4. 如伤口较大，污染严重，应预防性应用抗生素，在术前 1h，如手术时间 > 4h，术中追加，术毕分别用一定量的抗生素。

5. 与病人或家属谈话，做好各种解释工作，如行一期缝合的原则。若一期缝合发生感染的可能性和局部表现，若不缝合下一步的处理方法，解释功能、美容的影响等。争取清醒病人配合，并签署有创操作知情同意书。

6. 器械准备：无菌手术包、肥皂水、无菌生理盐水、3% 双氧水、碘伏及 1 : 5000 新洁尔灭溶液、无菌注射器、2% 利多卡因、绷带、宽胶布、止血带等。

7. 戴帽子、口罩、手套。

二、麻醉

上肢清创可用臂丛神经或腕部神经阻滞麻醉；下肢可用硬膜外麻醉。较小较浅的伤口可使用局麻；较大复杂严重的则可选用全麻。

三、手术步骤

步骤 1：

清洁伤口周围皮肤：先用无菌纱布覆盖伤口，剃去伤口周围的毛发，其范围应距离伤口边缘 5cm 以上，有油污者，用汽油或者乙醚擦除。

步骤 2：

冲洗伤口周围：手术者洗手、穿手术衣后戴无菌手套，用无菌纱布覆盖伤口，用肥皂水和无菌毛刷刷洗伤口周围的皮肤，继以无菌盐水冲洗，一般反复冲洗 3 次，严重污染伤口可刷洗多次，直至清洁为止，注意勿使冲洗肥皂水流入伤口内。

步骤 3：

清洗、检查伤口：术者不摘无菌手套，去除覆盖伤口的无菌纱布，用无菌生理盐水冲洗伤口，并以夹持小纱布的海绵钳轻轻擦拭伤口内的组织，用 3% 的过氧化氢溶液冲洗，待创面呈现泡沫后，再用无菌生理盐水冲洗干净。擦干伤口内的冲洗液及伤口周围皮肤。

检查伤口内有无血凝块及异物，并检查伤口深度，有无合并神经、血管、筋腱与骨骼损伤，在此过程中若遇有较大的出血点，应予以止血。如四肢创面有大量出血，可用止血带，并记录止血带时间，此时，用无菌纱布覆盖伤口。

步骤 4：

皮肤消毒、铺无菌巾：洗手后不戴无菌手套，以 0.75% 碘酊消毒皮肤，铺无菌巾。

注意：勿使消毒液流入伤口内，必要时伤口周围局部麻醉。

步骤 5：

清理伤口：术者、助手再次消毒双手后，戴无菌手套，用手术剪清除伤口周围不整齐的皮肤边缘1~2mm。如暴露需用，可扩大切口（有时须根据功能和外观选择延长切口的方向），深筋膜也应当做相应的切开，彻底止血。去除异物及伤口内失去活力的组织。

由外向内，由浅及深清创，但不应将不该切除的组织一并切除。对于手、面部及关节附近的伤口更应特别注意。脂肪组织易发生坏死、液化而至感染，失去活力的筋膜会影响伤口的愈合，均应尽量予以切除。

步骤6：

细节：肌肉失去活力判断。夹捏不收缩，切开不出血或颜色晦暗。污染明显与骨膜分离的小碎骨片可以去除，较大的游离骨片或与软组织相连的小骨片，予以保留，放回原位，以恢复解剖形态，利于骨折愈合。关节内的小游离骨片必须彻底清除，并将关节囊缝合。

步骤7：

血管伤的处理：不影响伤口血液循环的断裂血管，可予以结扎。若主要血管损伤，清创后需进行动、静脉吻合或修补。

步骤8：

缝合伤口：经上述步骤处理的伤口则为清洁伤口，再用无菌盐水冲洗伤口。如手术台面无菌巾已浸透，则应加盖无菌巾。由深层向浅层按局部的解剖层次进行缝合。避免遗留无效腔，防止形成血肿，缝合时松紧度要适宜，以免影响局部血运。用间断缝合法缝合皮下组织后，采用70%乙醇消毒伤口周围的皮肤，间断缝合法缝合皮肤。对齐皮缘，挤出皮下积血，再次用70%乙醇消毒皮肤，覆盖无菌纱布，并妥善包扎固定。

缝合步骤：

以皮肤间断缝合为例说明缝合的步骤：

1. 进针：缝合时左手执有齿镊，提起皮肤边缘，右手执持针钳，针尖对准进针点借助术者自身腕部和前臂的外旋力量于原位旋转持针器，顺着缝针的弧度将缝针随之刺入皮肤，经组织的深面达对侧相应点穿出缝针的头端部分。

2. 夹针：可用有齿镊固定于原位，然后，用持针器夹住针体（后1/3弧处）。

3. 出针：顺针的弧度完全拔出缝针和带出缝线，由第一助手打结，第二助手剪线，完成缝合步骤。

步骤9：

伤口表浅，止血良好，缝合后没有无效腔时，一般不必放置引流物。伤口深，损伤范围大且重。污染重的伤口和无效腔可能存在有血肿形成时，应放置引流物。

四、注意事项

1. 伤口清洗是清创术的重要步骤，必须反复用大量生理盐水冲洗，务必使伤口清洁后再作清创术。选用局麻者，只能在清洗伤口后麻醉。

2. 清创时既要彻底切除已失去活力的组织，又要尽量爱护和保留存活的组织，这样才能避免伤口感染，促进愈合，保存功能。

3. 组织缝合必须避免张力太大，结扎缝合线的松紧度应与切口边缘紧密相接为准，不宜过紧，以免造成缺血或坏死。

4. 缝合应分层进行，按组织的解剖层次进行缝合，使组织层次严密，不要卷入或缝入其他组织，不要留残腔，防止积液、积血及感染。缝合的创缘距及针间距必须均匀一致。注意缝合处的张力。

5. 根据污染程度、伤口大小和深度等具体情况，决定伤口是开放还是缝合，是一期还是延期缝合。未超过12h的清洁伤口可一期缝合；大而深的伤口，在一期缝合时应放置引流条；污染重的，皮肤缺如的，特殊部位不能彻底清创的伤口，应延期缝合，即在清创后先于伤口内放置凡士林纱布引流，待4～7日后，如伤口组织红润，无感染或水肿时，再作后续处理或缝合。

6. 缝线拆除时间：一般情况下头面颈，术后4～5d，下腹、会阴6～7d，胸、上腹部、背部、臀部7～9d，四肢10～12d（近关节处可适当延长），减张缝线14d。青少年病人可适当缩短，年老、营养不良病人可延迟，有时（如切口较长）可先间隔拆线，1～2d后再拆余下的线。

伤口换药

一、换药前准备

1. 患者准备。

（1）了解换药部位情况，对换药过程可能出现的情况作出评价，预测可能需要的用物。

（2）患者应采取相对舒适、适宜换药操作、伤口暴露最好的体位，注意保护患者隐私。应注意保暖，避免患者着凉。

（3）如伤口较复杂或疼痛较重，可适当给予镇痛或镇静药物以解除患者的恐惧及不安。

2. 操作者准备。

（1）了解情况：了。解伤口情况，协助患者体位摆放。（常用体位：坐位、半卧位、卧位）

（2）决定顺序：给多个患者换药时，先处理清洁伤口，再处理污染伤口，避免交叉感染。

（3）无菌准备：清洁的工作衣、帽、口罩、操作者洗手、剪指甲等。给多个患者换药时，每个换药操作前、后均要规范洗手。

3. 材料准备。

（1）换药包。

（2）换药物品。

二、换药步骤

1. 暴露伤口，揭去敷料：在做好换药准备后，用手揭去外层敷料，将沾污敷料内面向上放在弯盘（污物）中，此时需再次使用手消液清洁双手，再用镊子轻轻揭取内层敷料。如分泌物干结黏着，可用盐水湿润后再揭下，以免损伤肉芽组织和新生上皮。

2. 观察伤口，了解渗出：关注揭下敷料吸附的渗出物，观察伤口有无红肿、出血，有无分泌物及其性质，注意创面皮肤、黏膜的颜色变化。对缝线有脓液或缝线周围红肿者，应挑破脓头或拆除缝线，按感染伤口处理定时换药。如有引流管，还要注意观察引流管固定状况。

3. 清理伤口，更换引流：用双手执镊操作法。一把镊子可直接接触伤口，另一把镊子专用于从换药碗中夹取无菌物品，递给接触伤口的镊子（两镊不可相碰）。先以酒精棉球自内向外消毒伤口周围皮肤2～3次，距离伤口3～5cm（如引流管周围有分泌物，在消毒皮肤时暂不触及，需另用酒精棉球擦拭管周分泌物并消毒）。

4. 覆盖伤口，固定敷料：根据引流物种类或伤口渗出决定所需纱布量，一般是6~8层，盖上无菌干纱布，以胶布粘贴固定，胶布粘贴方向应与肢体或躯体长轴垂直。一般情况下，敷料宽度占粘贴胶布长度的2/3，胶布距敷料的边缘约0.5cm。如创面广泛、渗液多，可加用棉垫。关节部位胶布不易固定时可用绷带包扎。存在引流管、盖纱布时，先将若干纱布用剪刀剪一"Y"形缺口，夹垫于引流管与皮肤之间，以免管壁折叠、皮肤受压，造成坏死。

5. 处理污物

三、注意事项

1. 术后无菌伤口，如无特殊反应，3d后第一次换药，如环境许可，伤口无红肿、渗出，继而采用伤口暴露的方法，便于观察。

2. 伤口有血液或液体渗出，需要换药检视并止血。

3. 感染伤口，如分泌物较多，需每天换药，换药次数视分泌物多少而定。

4. 新鲜肉芽创面，隔1~2d换药。

5. 严重感染或置引流的伤口及粪瘘等应根据引流量多少决定换药次数。

6. 有皮片、纱条等引流物的伤口，每日换药1~2次，以保持敷料干燥。

7. 硅胶管引流的伤口，隔2~3d换药一次，引流3~7d更换或拔除时给予换药，拔除引流管后需要置入纱条引流，避免引流口皮肤过早闭合、引流不畅，影响痊愈，随后伴随每日引流物的减少，换药至伤口愈合。

8. 换药过程严格执行无菌操作技术，操作前做好手卫生。凡接触伤口的物品，均须无菌，防止污染及交叉感染。各种无菌敷料从容器中取出后，不得放回。污染的敷料须放入弯盘或污物桶内，不得随便乱丢。

9. 换药次序应先无菌伤口，后感染伤口，对特异性感染伤口如气性坏疽、破伤风等，应在最后换药或指定专人负责。

10. 特殊感染伤口的换药：如气性坏疽、破伤风、铜绿假单胞菌等感染伤口，换药时必须严格执行隔离技术，除必要物品外，不带其他物品。用过的器械要专门处理，敷料要独立包装焚毁或深埋处理。

表浅脓肿切开引流术

一、手术前准备

1. 合理应用抗菌药物。
2. 多发性脓肿，全身情况较差者，应注意改善全身状况。

二、麻醉

局麻。小儿可用氯胺酮分离麻醉或辅加硫喷妥钠，肌肉注射作为基础麻醉。

三、手术步骤

在表浅脓肿隆起处，用2%利多卡因作皮肤浸润麻醉。用尖刀先将脓肿切开一小口，再把刀翻转，使刀刃朝上，由里向外挑开脓肿壁，排出脓液。随后用手指或止血钳伸入脓腔，探查脓腔大小，并分开脓腔间隔。根据脓肿大小，在止血钳引导下，向两端延长切口，达到脓腔边缘，把脓肿完全切开。如脓肿较大，或因局部解剖关系，不宜作大切口者，可以作对口引流，使引流通畅。最后，用止血钳把凡士林纱布条一直送到脓腔底部，另一端留在脓腔外，垫放干纱布包扎。

四、手术后处理

术后第2日起更换敷料，拔除引流条，检查引流情况，并重新放置引流条后包扎。

五、注意事项

1. 表浅脓肿切开后常有渗血，若无活动性出血，一般用凡士林纱布条填塞脓腔压迫即可止血，不要用止血钳钳夹，以免损伤组织。

2. 放置引流时，应把凡士林纱布的一端一直放到脓腔底，不要放在脓腔口阻塞脓腔，影响通畅引流。引流条的外段应予摊开，使切口两边缘全部隔开，不要只注意隔开切口的中央部分，以免切口两端过早愈合，使引流口缩小，影响引流。

石膏固定

石膏固定的种类较多，按形状可分为石膏托、管型石膏、石膏围领等几种，按有无衬垫又可分为有垫石膏与无垫石膏两种，按固定部位可分上臂石膏、前臂石膏、上肢肩人字形石膏、小腿石膏、大腿石膏、下肢髋人字形石膏等等。

一、准备的材料

1. 厚度：上肢一般是12~14层，下肢14~16层，肥胖的病人需要适当增加石膏层数。石膏太薄了容易断裂，且不美观，起不到固定效果。

2. 宽度：包围肢体周径2/3为宜。

3. 衬垫、绷带：衬垫石膏主要用于创伤后和手术后可能发生肿胀的固定，对于肢体肿胀有缓冲余地，因为是在急诊，我们是常规打衬垫石膏的。至于无衬垫石膏，多用于损伤较轻或手术较小，一般肢体不会发生严重肿胀的肢体固定。对新鲜骨折、软组织损伤或感染有肿胀趋势者及术后有预期的反应性肿胀等均不能用无衬垫石膏，而且对技术要求相对要高。

4. 生石膏（$CaSO_4 \cdot 2H_2O$）加热到107℃~130℃，失去3/4的结晶水即为熟石膏，熟石膏接触水分后可较快地重新结晶而硬化，石膏干固、定型后，如接触水分，可以软化，由于石膏有吸水后再硬固及再柔软的可塑性，在骨科领域中，常补用做维持骨折或手术修复后的固定，封闭伤口，做患部的牵引或伸展、治疗矫正关节畸形等。

二、石膏包扎前

1. 病人的体位：一般将肢体放在功能位。

2. 皮肤的护理：肢体皮肤清洁，但不需剃毛。若有伤口，则用消毒纱布、棉垫覆盖，避免用绷带环绕包扎或粘贴橡皮胶。

3. 骨突部加衬垫：常用棉织套、纸棉、毡、棉垫等物，保护骨突部的软组织，保护畸形，纠正后固定的着力点，预防四肢体端发生血循环障碍。

三、石膏包扎后

1. 患者的搬动：石膏未干透时，不够坚固，易变形断裂，也容易受压而产生凹陷，因此石膏须干硬后才能搬动病人，同时搬动时只能用手掌托起石膏而不能用手指，以免形成压迫点。

2. 患肢抬高，适当衬垫给骨突部减压：如下肢石膏固定后要用硬枕垫在小腿下使足跟部悬空，上肢石膏固定后，可用绷带悬吊将前臂抬高。

3. 加快石膏干固：夏季可将石膏暴露在空气中，或用电扇吹干，冬天可用电灯烘架，使用时注意让石膏蒸发的水蒸汽散出被罩外，注意用电安全，灯的功率不可过大，距离病人身体不可太近，照射1~2h应关灯10~15min，以免灼伤病人。神志不清，麻醉未醒或不合作的病人在使用烤灯时要有人看护，以免发生意外。

4. 患肢的观察：石膏固定后，即要用温水将指（趾）端石膏粉迹轻轻拭去，以便观察。

（1）观察肢体末端血循环。颜色是否发紫、发青，肿胀，活动度、感觉有否麻木、疼痛；如有须及时报告，可采取石膏正中切开，局部开窗减压等措施，不要随便给镇痛剂。

（2）观察出血与血浆渗出情况。切口或创面出血时，血渍可渗透到石膏表面上，可沿血迹的边缘用红笔画图将出血范围定时做标志观察，伤口出血较多时可能从石膏边缘流出，因此要认真查看血液可能流到外面，棉褥是否污染。

（3）有无感染征象。如发热，石膏内发出腐臭气味，肢体邻近淋巴结有压痛等。

四、注意事项

1. 预防石膏压迫褥疮及"开窗水肿"。要警惕不在伤口或患处的压痛点，可能是石膏包扎太紧对局部压迫，不能随意用止痛剂，以免引起石膏压迫褥疮，必要时做石膏开窗减压。开窗减压后局部用纱布、棉垫垫在窗口皮肤上，外再覆盖原石膏片后用绷带包扎，避免组织水肿。

预防石膏边缘压迫而致神经麻痹。如小腿石膏位置高可压迫腓骨小头致腓总神经麻痹，应观察有无足下垂、足背麻木等症状。

2. 褥疮的预防：

（1）定时帮助病人翻身。下肢人字形石膏干固后即要帮助病人翻身俯卧，每日2次。

（2）加强局部皮肤按摩。用手指沾酒精伸入石膏边缘里面进行皮肤、尾骶部、足外踝未包石膏的骨突部位按摩。

（3）床单保持清洁、平整、干燥、无碎屑。

3. 石膏型的保护：

（1）防折断，帮助翻转髋人字形石膏时，应将病人托起，悬空翻转。

（2）保持石膏的清洁，不被大小便污染，可在臀部石膏开窗处垫塑料布，可引流尿液入便盆，大便污染后应及时用清水擦去。

（3足部行走石膏可用步行蹬保护。

4. 下床行走和功能锻炼：未固定的关节应尽量活动，早期可做被动活动，按摩帮助退肿，但尽量应鼓励患者做主动锻炼。

小夹板固定

一、用品及准备

1. 根据骨折的具体情况，选好适当的夹板、纸压垫、绷带、棉垫和束带等。
2. 向患者及家属交代小夹板固定后注意事项。
3. 清洁患肢，皮肤有擦伤、水疱者，应先换药或抽空水疱。

二、操作步骤

1. 纸压垫要准确地放在适当位置上，并用胶布固定，以免滑动。
2. 捆绑束带时用力要均匀，其松紧度应使束带在夹板上可以不费力地上下推移1cm为宜。
3. 在麻醉未失效时，搬动患者应注意防止骨折再移位。

三、操作后管理

1. 抬高患肢，密切观察患肢血运，如发现肢端严重肿胀、青紫、麻木、剧痛等，应及时处理。
2. 骨折复位后4d以内，可根据肢体肿胀和夹板的松紧程度，每日适当放松一些，但仍应以能上下推移1cm为宜；4d后如果夹板松动，可适当捆紧。
3. 复位后前1~2周，开始每周酌情透视或拍片1~2次；如骨折变位，应及时纠正或重新复位。必要时改做石膏固定。
4. 2~3周后如骨折已有纤维连接可重新固定，以后每周在门诊复查1次，直至骨折临床愈合。
5. 适时组织、指导和帮助患者，有步骤地进行功能锻炼。

四、注意事项

以下情况为禁忌证：
1. 错位明显之不稳定性骨折。
2. 伴有软组织开放性损伤、感染及血循环障碍者。
3. 躯干骨骨折等难以固定者。
4. 昏迷或肢体失去感觉功能者。

第三节　妇产科基本技能

一、阴道分泌物及生殖脱落细胞检查

（一）操作前准备

1. 用物准备：

（1）常规妇科检查所用材料：阴道窥器、消毒手套（或一次性手套）、妇科棉签、润滑液、洗手液、一次性垫单、模拟人（备选）。

（2）相关取材所需物品：尖嘴长弯钳、干棉球、生理盐水、精密pH试纸、10%氢氧化钾溶液、滴管、消毒试管、培养管、95%酒精、载玻片、毛刷、含检查介质的细胞保存瓶、标记笔、试管架、显微镜等。

2. 操作者准备：

（1）询问病情，确认患者信息，特别是有无性生活史，是否为月经期。

（2）与患者交流，向患者解释检查目的、方法及可能产生的不适。

（3）清洁双手。

（4）每检查一人更换一张臀部垫巾，一次性使用。

3. 患者准备：

（1）排空膀胱。

（2）体位：一般均取膀胱截石位，臀部紧邻检查床缘，头部稍抬高，双手臂自然放置于检查床的两侧，腹肌放松。尿瘘患者有时需要取膝胸位进行检查。

（二）操作步骤

操作者清洁双手，一手或双手戴消毒手套（或一次性手套），面向患者，站在患者的两腿之间，危重患者不宜搬动时可在病床上检查（或可待病情稳定后再行检查）。

1. 外阴部检查：

（1）观察外阴发育及阴毛的多少和分布情况（女性型或男性型），有无畸形、皮炎、溃疡、赘生物或肿块，注意皮肤和黏膜色泽，有无色素减退及质地变化，有无增厚、变薄或萎缩。

（2）分开小阴唇，暴露阴道前庭,观察尿道口和阴道口，查看黏膜色泽及有无赘生物。处女膜是否完整、有无闭锁或突出。

（3）患者若考虑子宫脱垂，还应让患者屏气，观察有无阴道前后壁脱垂、子宫脱垂以及有无尿失禁等。

（4）以一手的拇指与食指及中指触摸双侧前庭大腺部位，了解前庭大腺有无囊肿及其大小、质地、有无触痛，了解视诊时发现的肿物大小、质地、边界、活动度，有无触痛或压痛。

2. 阴道窥器放置：

（1）根据患者的年龄及阴道宽窄度，选择合适大小的阴道窥器。

（2）将阴道窥器两叶合拢，旋紧其中部螺丝，放松侧部螺丝。用石蜡油或肥皂液润滑两叶前端，以减轻插入患者阴道口时的不适感，避免损伤。冬日气温较低时，最好将阴道窥器前端置入40℃～45℃肥皂液中预先加温。若拟做阴道上1/3段涂片细胞学检查或宫颈刮片，则不宜用润滑液，以免影响检查结果，必要时可改用生理盐水润滑。

（3）放置窥器前，先用左手食指和拇指分开双侧小阴唇，暴露阴道口，右手持预先准备好的阴道窥器，避开敏感的尿道周围区，倾斜45°沿阴道侧后壁缓慢插入阴道内，然后向上向后推进，边推进边将两叶转平，并逐渐张开两叶，直至完全暴露宫颈。

（4）若患者阴道壁松弛，宫颈难以暴露，此时有可能将窥器两叶前方松弛并鼓出的阴道前后壁误认为宫颈的前后唇。应调整窥器中部螺丝，以使其两叶能张开达最大限度，或改换大号窥器进行检查。此外还应注意防止窥器两叶顶端直接碰伤宫颈而导致宫颈出血。

3. 检查阴道：放松窥器侧部螺丝，旋转窥器，观察阴道前后壁和侧壁的黏膜颜色、皱襞多少，是否有阴道隔或双阴道等先天性畸形，有无溃疡、赘生物或囊肿。注意阴道内分泌物的量、性质、色泽、有无臭味。建议常规进行 pH 值、阴道滴虫、假丝酵母菌及清洁度的检查。分泌物异常者，应进行相应的病原体检查或培养。

4. 检查宫颈：暴露宫颈后旋紧窥器的侧部螺丝，使窥器固定在阴道内。观察宫颈的大小、颜色、外口形状，有无出血、糜烂、撕裂、外翻、腺囊肿、息肉、肿块等，以及宫颈管内有无出血或分泌物。宫颈刮片（宫颈鳞柱上皮交界处）、宫颈管分泌物涂片和培养的标本均应于此时采集。

5. 白带检查：自阴道深部、穹窿、宫颈管口等处取材，患者信息标记，检查 pH 值、清洁度、假丝酵母菌、滴虫、细菌等。

6. 宫颈细胞学检查：注意宫颈鳞柱上皮交界处取材。刮片：刮板在宫颈鳞柱上皮交界处轻刮一周，其用力程度以刮一圈宫颈后，宫颈表面似有渗血状为适宜。TCT：需按照厂家提供的说明书进行操作，宫颈细胞取样器（毛刷）中间部分伸入宫颈管内，在宫颈鳞柱上皮交界处取材，一般为顺时针方向旋转 4～5 圈。玻片或标本瓶上标记患者信息。刮片：将刮片在清洁、编有号码的玻片上涂布，刮片与玻片需呈45°，由玻片的左边向右边方向，用力均匀的单方向依次涂布，之后将玻片放入95%酒精液容器内，使细胞固定送检。TCT：将收取细胞后的毛刷在细胞储存液中充分震荡，旋紧瓶盖送检。

7. 取出阴道窥器：取出阴道窥器之前，应旋松侧部螺丝，待两叶合拢后再行取出。无论在放入或取出阴道窥器的过程中，必须注意旋紧窥器中部螺丝，以免小阴唇和阴道壁黏膜被夹入两叶侧壁间，引起剧痛或其他不适。

8. 整理：帮助患者整理好衣服，根据需要协助其起身，并将垫巾放入医用垃圾袋。

（三）注意事项

并发症与禁忌证：

1.阴道壁组织夹伤：未旋紧阴道窥器中部螺丝，小阴唇和阴道壁黏膜被夹入窥器两叶侧壁间而引起剧痛或其他不适。

2. 宫颈损伤出血：阴道窥器两叶顶端直接碰伤宫颈，导致出血。

对无性生活史者禁止行阴道窥器检查，若确有检查必要时，应先征得患者本人签字同意后，方可检查。（未成年人需征得监护人签字同意）

3. 常规操作注意事项：

（1）为消除患者的紧张情绪，操作者要关心体贴被检查者，态度严肃、和蔼、动作轻柔；向患者解释检查的必要性，对精神紧张的患者更要耐心指导，使其合作。

（2）检查前嘱患者排尿，必要时导尿排空膀胱；若需行尿液检查者，应先留取标本送检。大便充盈者应先排便或灌肠。

（3）检查前必须确认有无性生活史，无性生活史者禁止做阴道窥器检查，如确有必要，应先征得患者本人签字同意后，方可检查。（未成年人需征得监护人签字同意）

（4）操作者要清洁双手，天气较冷时要设法使双手温热后开始检查。

（5）应根据患者年龄、阴道壁松弛情况，选用大小适当的阴道窥器。

（6）阴道分泌物检查以及宫颈细胞学检查，采集标本前24～48h内应禁止性生活、阴道检查、阴道灌洗或阴道上药。

（7）操作者检查手法依序进行，动作需轻柔，操作过程中需有安慰患者的语言交流，操作完成后帮助患者整理好衣服，根据需要协助其起身。

4.特殊情况时操作需注意事项：

（1）阴道流血量较多时，除特别需要，应暂缓进行宫颈涂片检查。

（2）阴道炎症急性期：应先治疗阴道炎症后再进行宫颈涂片检查。

二、盆腔双合诊、三合诊、直肠−腹部诊检查

（一）操作前准备

1. 用物准备：检查床、无菌手套（或一次性手套）、润滑液、洗手液、垫巾、模拟人（备选）。

2. 操作者准备：

（1）询问病情，确认患者信息，特别是有无性生活史，是否为月经期。

（2）与患者交流，向患者解释检查目的、方法及可能产生的不适。

（3）清洁双手。

（4）每检查一人更换一张臀部垫巾，一次性使用。

（5）操作者面向患者，站在患者的两腿之间，危重患者不宜搬动时可在病床。

（6）检查前一般应先行外阴及阴道窥器检查。（需排除禁忌证）

3. 患者准备：

（1）排空膀胱。

（2）体位：取膀胱截石位，臀部紧邻检查床缘，头部稍抬高，双手臂自然放置于检查床的两侧，腹肌放松。

（二）操作步骤

1. 检查阴道（双合诊）：右手（或左手）戴好手套，食、中指涂润滑液后，轻轻通过阴道口，沿后壁放入阴道，检查阴道的松紧度、通畅度、深度、有无畸形，有无瘢痕、结节或肿块，有无触痛。

2. 检查宫颈：扪清宫颈大小、形状、质地、宫颈外口形状，拨动宫颈有无举痛、摇摆痛，宫颈周围穹隆情况，注意有无子宫颈的脱垂、接触性出血。

3. 检查子宫（双合诊）：将阴道内两指放在宫颈后方，向上、向前抬举子宫颈，另一手于腹部轻轻向阴道方向下压，配合阴道内的手指协同检查。扪清子宫的位置、大小、形状、质地、活动度、有无压痛。

4. 检查附件（双合诊）：扪清子宫情况后，将阴道内的两指由宫颈后方移至一侧穹隆，尽可能往上向盆腔深部扪诊，与此同时另一手从同侧下腹壁髂嵴水平开始，由上往下按压腹壁，与阴道内的手指相互对合，以扪清子宫附件有无肿块、增厚、压痛。若扪及肿块，应注意其位置、大小、形状、质地、活动度、与子宫的关系，有无压痛。同法检查对侧。输卵管正常时不能扪及，卵巢偶可扪及，约4cm×3cm×1cm大小，可活动，触之稍有酸胀感。

5. 三合诊：一手示指放入阴道，中指插入直肠，检查步骤同双合诊。

6. 直肠−腹部诊：一手食指伸入直肠，另一手在腹部配合检查。

7. 帮助患者整理好衣服，根据需要协助其起身并将垫巾放入医用垃圾袋。

8. 盆腔检查记录：应将检查结果按解剖部位的先后顺序记录如下：

外阴：发育情况及婚产式（未婚、已婚未产或经产式）。有异常发现时详加描述。

阴道：是否通畅，黏膜情况，分泌物的量、色、性状以及有无异味。

宫颈：大小、质地、有无糜烂、撕裂、息肉、腺囊肿，有无接触性出血、举痛等。

宫体：位置、大小、质地、活动度，有无压痛等。

附件：有无肿块，有无增厚或压痛。若扪及块物，需记录其位置、大小、质地，表面光滑与否，活动度，有无压痛及与子宫和盆壁的关系。分别记录左右两侧情况。

（三）注意事项

1. 并发症与禁忌证：

（1）感染：经期应避免进行盆腔检查。如为异常阴道流血者，必须建议检查，检查前需先消毒外阴，以减少感染的发生。

（2）出血：宫颈病变时，盆腔检查可能引起接触性出血。

（3）盆腔包块破裂：检查者用力过大可能导致卵巢肿瘤、异位妊娠等包块破裂。

（4）流产：习惯性流产患者，检查者用力过大，可能导致流产。

对未性生活史者禁作双合诊、三合诊检查，若确有检查必要时，应先征得患者本人签字同意后，方可检查。（未成年人需征得监护人签字同意）

2. 常规操作注意事项

（1）为消除患者的紧张情绪，操作者要关心体贴被检查者，态度严肃、和蔼、动作轻柔；向患者解释检查的必要性，对精神紧张的患者更要耐心指导，使其合作。

（2）操作前嘱患者排尿，必要时导尿排空膀胱；若需行尿液检查者，应先留取标本送检。大便充盈者应先排便或灌肠。

（3）操作前必须确认患者有无性生活史。无性生活者禁作双合诊、三合诊检查，可用食指放入直肠内行直肠-腹部诊。如确有必要，必须征得患者本人签字同意，方可经阴道扪诊或麻醉下行阴道内检查。（未成年人需征得监护人签字同意）

（4）操作者要清洁双手，天气较冷时，要设法使双手温热后开始检查。

（5）操作者检查手法依序进行，动作需轻柔，操作过程中要有安慰患者的语言交流，完成后帮助患者整理好衣服，根据需要协助其起身，并将垫巾放入医用垃圾袋。

3. 特殊情况时操作注意事项

（1）对疑有盆腔内病变，但因腹壁肥厚、高度紧张不合作，或无性生活者而行盆腔检查不满意时，可肌注哌替啶，或必要时在静脉全麻下进行彻底的盆腔检查，以期做出正确的诊断。

（2）经期应避免行盆腔检查。如为异常阴道流血者必须建议检查，检查前需先消毒外阴，戴无菌手套方可进行，以减少感染的发生。习惯性流产患者，如已明确诊断为宫内妊娠，且有先兆流产表现者，不宜进行双合诊或三合诊检查。

（3）行双合诊检查，操作者两手指放入患者阴道后，患者感到疼痛不适时，操作者可单用食指替代双指进行检查。

（4）行三合诊检查，在将中指伸入肛门时，嘱患者像解大便一样，用力向下屏气，以使肛门括约肌自动放松，可减轻患者的疼痛和不适感。

（5）若患者腹肌紧张，可边检查边与患者交谈，使其张口呼吸而使腹肌放松。

（6）当操作者无法查明盆腔内解剖关系时，继续强行扪诊，不但患者难以耐受，而且往往徒劳无益，此时应停止检查。

（7）病情危重患者，除非必须立即进行盆腔检查以明确诊断，一般应待病情稳定后再进行盆腔双合诊、三合诊或直肠-腹部诊检查。

三、产科四步触诊法

（一）操作前准备

1. 用物准备：检查床、皮尺、洗手液、垫单、模拟人（备选）。

2. 操作者准备：

（1）询问病情：有无异常情况出现，如头痛、腹痛、阴道流血、流液、胎动变化等。如有上述情况，需给予相应的处理。

（2）清洁双手。

3. 孕妇准备：

（1）排空膀胱

（2）体位：取仰卧位，头部稍垫高，暴露腹部，双腿略屈曲稍分开，使腹肌放松。

（3）操作前建议先测量孕妇的血压、体重，检查有无水肿及其他异常。操作前宜先测量子宫底的高度及腹围。

（二）操作步骤

在做前三步手法时，操作者站于孕妇的右侧，面向孕妇脸部；在做第四步手法时，操作者面向孕妇足端。

1. 第一步手法：操作者双手置于子宫底部，手测子宫底高度，根据其高度估计胎儿的大小与妊娠周期是否相符。然后以双手指腹相对交替轻推，判断子宫底部的胎儿部分。若为胎头则圆而硬，且有浮球感；若为胎臀则柔软、宽且形状不规则。

2. 第二步手法：确定胎产式后，操作者两手掌分别放置于孕妇的腹壁左右侧。一手固定，另一手轻轻向对侧深按，两手交替操作，触及平坦饱满部分为胎背，并可确定胎背的方向（向前、侧方或向后），若触及高低不平、可变形部分则为胎儿肢体，有时可以感觉到胎儿肢体在活动。

3. 第三步手法：操作者右手拇指与其余四指分开，放在耻骨联合上方，握住胎儿先露部，再次复核是胎头或胎臀，左右推动判断是否衔接。根据胎头与胎臀形态不同加以区别，若胎先露部未入盆可被推动，若已衔接则不能被推动。

4. 第四部手法：操作者两手分别放在孕妇胎先露部的两侧，沿着骨盆入口的方向向下深按，进一步核实胎先露部的诊断是否正确，并确定胎先露部的入盆程度。先露为胎头时，在两手下插过程中，一手可顺利进入骨盆入口，另一手被胎头隆起部阻挡，该隆起部称之为胎头隆突。

通过产科检查四步触诊法对胎先露部是胎头还是胎臀难以确定时，可进行胎心听诊、B超检查以协助诊断。

5. 整理：帮助孕妇整理好衣服，根据需要协助其起身。

（三）注意事项

1. 禁忌证：无绝对禁忌证，但对于子宫敏感或已经有宫缩者，应避开宫缩，且动作务必轻柔。

2. 为消除孕妇的紧张情绪，操作者要态度和蔼，并向孕妇解释操作的必要性。

3. 操作者要清洁双手，天气较冷时要设法使双手温热后开始检查。

4. 操作前需询问孕妇孕周等基本信息，有无异常情况出现。

5. 对于孕妇子宫敏感或已经有宫缩者，应避开宫缩，且动作务必轻柔。

6. 操作检查四步手法依序进行，动作需轻柔，操作过程中需有安慰孕妇的语言交流，操作完成后帮助孕妇整理好衣服，根据需要协助其起身。

四、产科肛查和阴道检查（胎产式、胎方位、胎先露）

（一）物品准备

1. 所需物品：检查床1个，模拟人1套。

2. 检查者洗净双手。

3. 口罩、帽子、消毒用品、无菌手套、肥皂水或石蜡油、检查垫。

（二）操作要点

1. 医患沟通：向患者及家属说明要进行的操作名称、操作目的、可能的不适与应对方法。

2. 核对患者信息。

3. 明确适应证：了解宫颈及胎儿一般情况。初产妇临产初期间隔4h检查一次，经产妇或宫缩较频间隔可缩短。临产后根据胎产次、宫缩强度、产程进展情况，适时在宫缩时行肛查，次数不宜过多。

4. 排除禁忌证。产前出血或诊断为前置胎盘。嘱患者做好操作前准备，产妇仰卧、屈膝外展，臀下垫治疗巾。

5. 洗手、戴口罩、帽子。

6. 准备物品：消毒用品、指套、无菌消毒纸、肥皂水、石蜡油。

7. 消毒外阴肛门，保护阴道：检查者站于产妇右侧，消毒外阴及肛门，用消毒纸遮盖阴道口，避免粪便污染阴道（阴查时消毒纸遮盖肛门）。

8. 手戴指套，轻入直肠/阴道：手食指戴指套蘸肥皂水后，轻伸入直肠，拇指伸直，其余手指屈曲利于食指伸入。（阴查时戴手套，中指、食指同时进入阴道）

9. 骶尾关节是否固定：拇指在体外，食指在肛门内捏住尾骨摇动之，可活动者为正常，固定不动者为尾骨骶化。3节尾骨全骶化者使骶骨末端延长呈明显的钩形，此时应注意出口面前后径是否短小。

10. 坐骨切迹是否大于3横指：食指退至第四第五节骶骨交界处，沿骶棘韧带向外2~3指处寻找坐骨棘，在韧带上方测量切迹底部的宽度，小于2横指即中骨盆后矢状径明显缩短。胎先露及胎位：食指腹面向上，沿直肠前壁触胎儿先露部，若为头则硬，为臀则软且表面不规则。未破膜者，在胎头前方可触到有弹性的胎胞。已破膜者，可直接触到胎头。若能触及有血管搏动的索状物考虑为脐带先露或脐带脱垂，及时处理。

11. 先露下降程度：以坐骨棘平面为衡量标准，棘上"-"，棘下"+"。当头颅顶骨在棘平时表示头的最大断面已通过骨盆入口，称"衔接"，此时胎儿娩出多没有问题。棘下3cm多可见胎头，此时如需产钳可用出口产钳（已过中骨盆）。

12. 宫颈情况：在先露部中央附近有一圆形凹陷，来回触摸凹陷边缘即能估计宫颈的软硬度、厚薄、开大程度。宫口大小应摸宫颈边缘，摸到四边均为宫口开6cm，三边开为7cm，两边开8cm，一边开为9cm，未摸到边为宫口开全。宫口开全后，手指多仅能及胎儿先露部或羊膜囊，而摸不到宫颈边缘。

13. 结束后处理：检查完后用卫生纸擦净肛门口，弃去臀下垫巾，协助产妇穿好裤子，置于舒适体位。

14. 记录检查情况。

（三）注意事项

1. 禁忌证：产前出血或诊断为前置胎盘。

2. 宫颈Bishop评分（注：宫颈管未消退为2~3cm）（表12-1）。

表12-1

指标分数	宫口开大(cm)	宫颈管长度或消退(%)		先露位置	宫颈硬度	宫口位置
0	未开	>3	0%~30%	-3	硬	后
1	1~2	≥1.5	40%~50%	-2	中	中
2	3~4	≥0.5	60%~70%	-1或0	软	前
3	5~6	0	≥80%	+1或+2		

经阴道分娩成功概率：大于9分均成功，7~9分80%，4~6分50%，小于等于3分应改用其他方法。

第十三章　常见病证中医辨证与论治

第一节　常见心系病证辨证论治

一、心悸

心悸是由于心失所养或邪扰心神，致心跳异常，自觉心慌悸动不安的病症。西医学中各种原因引起的心律失常及具有心悸临床表现者，均可参考本病辨证论治。

1. 中医诊断。

（1）自觉心搏异常，心慌不安，呈阵发性或持续不解。可见数、促、结、代、缓、迟等脉象。

（2）常有情志刺激、惊恐、紧张、劳倦、烟酒等诱发因素。

（3）应查血常规、血沉、测血压及做心电图，必要时可查抗"O"、T_3、T_4及X线胸部摄片，以明确诊断。

2. 辨证论治。

（1）心虚胆怯证。

四诊：心悸不宁，善惊易恐，坐卧不安，少寐多梦而易惊醒，食少纳呆，恶闻声响，苔薄白，脉细数或虚数。

治则：镇惊定志，养心安神。

选方：安神定志丸。

（2）心脾两虚证。

四诊：心悸气短，头晕目眩，面色无华，神疲乏力，纳呆食少，少寐多梦，健忘，舌质淡，脉细弱。

治则：补血养心，益气安神。

选方：归脾汤。

（3）阴虚火旺证。

四诊：心悸易惊，心烦失眠，五心烦热，口干，盗汗，思虑劳心则症状加重，伴有耳鸣，腰酸，头晕目眩，舌红少津，苔少或无，脉象细数。

治则：滋阴清火，养心安神。

选方：黄连阿胶汤。

（4）心阳不振证。

四诊：心悸不安，胸闷气短，动则尤甚，面色苍白，形寒肢冷，舌淡苔白，脉虚弱，或沉细无力。

治则：温补心阳，安神定悸。

选方：桂枝甘草龙骨牡蛎汤。

（5）水饮凌心证。

四诊：心悸，胸闷痞满，渴不欲饮，小便短少，下肢浮肿，形寒肢冷，伴有头晕，恶心呕吐，流涎，舌淡胖苔滑，脉弦滑或沉细，或结、代。

治则：振奋心阳，化气利水。

选方：苓桂术甘汤。

（6）心血瘀阻证。

四诊：心悸胸闷，心痛时作，痛如针刺，唇甲青紫，舌质紫暗或有瘀斑，脉涩，或结或代。

治则：活血化瘀，理气通络。

选方：桃仁红花煎。

（7）痰火扰心证。

四诊：心悸时发时止，受惊易作，胸闷烦躁，失眠多梦，口干苦，大便秘结，小便短赤，舌红苔黄腻，脉弦滑。

治则：清热化痰，宁心安神。

选方：黄连温胆汤。

二、胸痹心痛

胸痹心痛是由邪阻心络、气血不畅而致胸闷心痛，甚则心痛彻背，短气喘息不得卧等为主症的心脉疾病。多见于冠状动脉硬化性心脏病。

1.中医诊断。

（1）膻中或心前区憋闷疼痛，甚则痛彻左肩背、左上臂内侧等部位。呈发作性或持续不解。常伴有心悸气短，自汗，甚则喘息不得卧。

（2）胸闷心痛一般几秒到几十分钟而缓解。严重者可疼痛剧烈，持续不解，汗出肢冷，面色苍白，唇甲青紫，心跳加快，或心律失常等危象，可发生猝死。

（3）多见于中年以上，常因操劳过度，情志刺激，多饮暴食，感受寒冷而诱发。

（4）应查心电图，或做动态心电图、运动试验等以动态观察，明确诊断。必要时做心肌酶谱测定。

2. 辨证论治。

（1）寒凝心脉证。

四诊：卒然心痛如绞，形寒，甚则手足不温，冷汗自出，心悸气短，或心痛彻背。多因气候骤变，感受风寒而发病或加重症状，苔薄白、脉沉紧或促。

治则：祛寒活血，宣痹通阳。

选方：当归四逆汤。

（2）气滞心胸证。

四诊：心胸满闷，隐痛阵发，痛无定处，时欲太息，遇情志不遂时容易诱发或加重，或兼有脘胀闷，得嗳气或矢气则舒，苔薄或薄腻，脉细弦。

治则：疏调气机，和血舒脉。

选方：柴胡疏肝散。

（3）痰浊闭阻证。

四诊：胸闷重而心痛轻微，形体肥胖，肢体沉重，痰多气短，伴有倦怠乏力，纳呆便溏，口黏、恶心、咯吐痰涎、苔白腻或白滑、脉滑。

治则：通阳泄浊，豁痰开结。

选方：栝蒌薤白半夏汤合涤痰汤。

（4）瘀血痹阻证。

四诊：心胸疼痛，如刺如绞，痛有定处，甚则心痛彻背，或痛引肩背，伴有胸闷，日久不愈，舌质暗红，或紫暗，有瘀斑，舌下瘀筋，苔薄，脉沉涩或结、代、促。

治则：活血化瘀，通脉止痛。

选方：血府逐瘀汤。

（5）心气不足证。

四诊：心胸隐痛，胸闷气短，动则益甚，心中动悸，倦怠乏力，神疲懒言，面色苍白或自汗，舌质淡红，舌体胖且边有齿痕，苔薄白，脉弱或结代。

治则：补养心气，鼓动心脉。

选方：保元汤合甘麦大枣汤。

（6）心阴亏损证。

四诊：心胸疼痛时作，或灼痛，或闷痛，心悸不宁，五心烦热，口干盗汗，颜面潮热，舌红少津，苔薄或剥，脉细数或结代。

治则：滋阴清热，活血养心。

选方：天王补心丹。

（7）心阳不振证。

四诊：心悸而痛，胸闷气短，自汗，动则更甚，神倦怯寒，面色苍白，四肢欠温或肿胀，舌质淡胖，苔白或腻，脉沉细迟。

治则：补益阳气，温振心阳。

选方：参附汤合桂甘龙牡汤。

第二节　常见肺系病证辨证论治

一、咳嗽

咳嗽是由六淫外邪侵袭肺系，或脏腑功能失调，内伤及肺，肺气不清，失于宣肃所致，临床以咳嗽、咯痰为主要表现。西医学中的上呼吸道感染、支气管炎、支气管扩张、肺炎等以咳嗽为主症者，可参考本病辨证论治。

1. 中医诊断。

（1）外感咳嗽，起病急，可伴有寒热等表证。咳逆有声，或伴咽痒咳痰。

（2）内伤咳嗽，每因外感反复发作，病程较长，可咳而伴喘。

（3）血白细胞总数和中性粒细胞正常或增高。两肺听诊可闻及呼吸音增粗，或伴散在干湿性啰音。肺部 X 线摄片检查正常，或肺纹理增粗，或见斑片状阴影。

（4）本病应注意与哮病、喘证、肺胀、肺痨及肺癌相鉴别。

2. 辨证论治。

（1）风寒袭肺证。

四诊：咳嗽声重，气急，咯痰稀薄色白，常伴咽喉痒，鼻塞，流清涕，头痛，肢体酸楚，恶寒发热，无汗等表证，舌苔薄白，脉浮或浮紧。

治则：疏风散寒，宣肺止咳。

选方：三拗汤合止嗽散。

（2）风热犯肺证。

四诊：咳嗽频剧，气粗或咳声嘎哑，喉燥咽痛，咯痰不爽，痰黏稠，伴鼻流黄涕，口渴头痛，肢楚身热，汗出恶风等表证，舌苔薄黄，脉浮数或浮滑。

治则：疏风清热，宣肺止咳。

选方：桑菊饮。

（3）风燥伤肺证。

四诊：喉痒干咳，连声作呛，咽喉干痛，唇鼻干燥，无痰或痰少而粘连成丝，不易咯出，或痰中带有血丝，口干，初起或伴鼻塞、头痛、微寒、身热等表证，舌质红干而少津，苔薄白或薄黄，脉浮数或浮细数。

治则：疏风清肺，润燥止咳。

选方：桑杏汤。

（4）痰湿蕴肺证。

四诊：咳嗽反复发作，咳声重浊，胸闷气憋，尤以晨起咳甚，痰多，痰黏腻或稠厚成块，色白或带灰色，痰出则憋减咳缓。常伴体倦，脘痞，食少，腹胀，大便时溏，舌苔白腻，脉濡或滑。

治则：燥湿化痰，降气止咳。

选方：二陈汤合三子养亲汤。

（5）痰热郁肺证。

四诊：咳嗽气息粗促，或喉中痰鸣，痰多质黏厚或稠黄，咯吐不爽，或有热腥味，或吐血痰，胸胁胀满，咳时引痛，面赤，或有身热，口干而黏，欲饮水，舌质红，舌苔薄黄腻，脉滑数。

治则：清热肃肺，豁痰止咳。

选方：清金化痰汤。

（6）肝火犯肺证。

四诊：上气咳逆阵作，咳时面赤，咽干口苦，常感痰滞咽喉而咯之难出，量少质黏，或如絮条，胸胁胀痛，咳时引痛。症状可随情绪波动而增减。舌红或舌边红，舌苔薄黄少津，脉弦数。

治则：清肝泻肺，化痰止咳。

选方：黛蛤散合黄芩泻白散。

（7）肺阴亏耗证。

四诊：干咳、咳声短促，或痰中带血丝，午后低热，颧红，盗汗，口干，舌质红，少苔，脉细数。

治则：滋阴润肺，化痰止咳。

选方：沙参麦冬汤。

二、喘证

喘证是指由于感受外邪，痰浊内蕴，情志失调而致肺气上逆，失于宣降，或久病气虚，肾失摄纳，以呼吸困难，甚则张口抬肩，鼻翼翕动，不能平卧等为主要临床表现的一种常见病证。西医学的喘息性支气管炎、肺部感染、肺炎、阻塞性肺气肿、肺源性心脏病、心功能不全等疾病出现喘证的临床表现时，可参考本病辨证论治。

1. 中医诊断。

（1）以气短喘促，呼吸困难，呼多吸少，甚至张口抬肩，鼻翼翕动，不能平卧，口唇发绀为特征。

（2）多有慢性咳嗽、哮病、肺痨、心悸等病史，每遇外感及劳累而诱发。

（3）体检时见三凹征，呼吸音减低，可闻及干、湿性啰音或哮鸣音；或见肝肿大、下肢浮肿、颈静脉怒张。

（4）本病应行血常规检查，并可做血清钾、钠、二氧化碳结合力，心电图检查，必要时做血气分析及心肺功能测定。

（5）本病应与哮病相鉴别。

2. 辨证论治。

（1）实喘风寒闭肺证。

四诊：喘息，胸部胀闷，咳嗽，痰多稀薄色白，兼有头痛，鼻塞，无汗，恶寒，或伴发热，口不渴，舌苔薄白而滑，脉浮紧。

治则：疏风散寒，宣肺平喘。

选方：麻黄汤。

（2）实喘痰热遏肺证。

四诊：喘咳气涌，胸部胀痛，痰多黏稠色黄，或痰中带血，伴胸中烦热，身热，有汗或无汗，渴喜冷饮，面红，咽干，尿赤，或大便秘结，苔黄或腻，脉滑数。

治则：清泄肺热，化痰平喘。

选方：桑白皮汤。

（3）实喘痰浊阻肺证。

四诊：喘而胸满闷塞，咳嗽痰多，痰白黏腻，咯吐不利，兼有呕恶、纳呆，口黏不渴，苔厚腻，脉滑。

治则：化痰降逆，理肺平喘。

选方：二陈汤合三子养亲汤。

（4）实喘水凌心肺证。

四诊：喘咳倚息，难以平卧，咯痰稀白，心悸，面目肢体浮肿，小便量少，怯寒肢冷，面唇青紫，舌胖黯，苔白滑，脉沉细。

治则：温阳利水，泻肺平喘。

选方：真武汤合葶苈大枣泻肺汤。

（5）实喘肝气乘肺证。

四诊：每遇情志刺激而诱发，发时突然呼吸短促，息粗气憋，胸闷胸痛，咽中如窒，或失眠、心悸，平素常多忧思抑郁，苔薄，脉弦。

治则：疏肝解郁，降气平喘。

选方：五磨饮子。

（6）虚喘肺气虚证。

四诊：喘促短气，气怯声低，喉有鼾声，咳声低弱，痰吐稀薄，自汗畏风，舌质淡红，脉弱。

治则：补肺益气。

选方：补肺汤合玉屏风散。

（7）虚喘肾气虚证。

四诊：喘促日久，气息短促，呼多吸少，动则喘甚，气不得续，小便常因咳甚而失禁，或尿后余沥，面青肢冷，舌淡苔薄，脉微细或沉弱。

治则：补肾纳气。

选方：金匮肾气丸合参蛤散。

（8）喘脱证。

四诊：喘逆剧甚，张口抬肩，鼻翼翕动，端坐不能平卧，稍动则喘剧欲绝，心慌动悸，烦躁不安，面青唇紫，汗出如珠，四肢厥冷，脉浮大无根，或见结代，甚或脉微欲绝。

治则：回阳固脱，镇摄肾气。

选方：参附汤合黑锡丹。

第三节　常见脾胃肝胆病证辨证论治

一、胃痛

胃痛是由于外感邪气、内伤饮食情志、脏腑功能失调等导致气机郁滞、胃失所养，以上腹部心窝处发生疼痛为主症的病证。西医学中的胃、十二指肠炎、消化性溃疡等疾病可参考本病辨证论治。

1. 中医诊断。

（1）胃脘部疼痛，伴有痞闷或胀满、嗳气、泛酸、嘈杂、恶心呕吐等。发病常与情志不畅、饮食不节、劳累、受寒等因素有关。

（2）大便或呕吐物隐血试验阳性者，提示并发上消化道出血。

（3）上消化道钡餐X线检查、纤维胃镜检查可发现胃、十二指肠溃疡、炎症等病变。B超、肝功能、胆道X线造影等检查有助于本病的鉴别诊断。

（4）本病应注意与真心痛、胃痞、胁痛、腹痛相鉴别。

2. 辨证论治。

（1）肝胃气滞证。

四诊：胃脘痞胀疼痛或攻窜胁背，嗳气频作，喜长叹息，遇烦恼郁怒则痛作或痛甚。舌质淡红苔薄白，脉弦。

治则：疏肝理气，和胃止痛。

选方：柴胡疏肝散。

（2）寒邪犯胃证。

四诊：胃脘冷痛暴作，呕吐清水痰涎，畏寒喜暖，口不渴，苔白，脉弦紧。

治则：温胃散寒，理气止痛。

选方：良附丸。

（3）肝胃郁热证。

四诊：胃脘灼痛，痛势急迫，心烦易怒，泛酸嘈杂，口干口苦，舌红苔黄，脉弦数。

治则：疏肝理气、泄热和胃。

选方：丹栀逍遥散。

（4）食滞胃肠证。

四诊：胃脘胀痛，嗳腐吞酸或呕吐不消化食物，吐后痛缓，苔厚腻，脉滑。

治则：消食导滞，和胃止痛。

选方：保和丸。

（5）瘀阻胃络证。

四诊：胃痛较剧，痛如针刺或刀割，痛有定处，拒按，或大便色黑，舌质紫暗，脉涩。

治则：活血化瘀，和胃止痛。

选方：失笑散合丹参饮。

（6）胃阴亏虚。

四诊：胃痛隐作，灼热不适，嘈杂似饥，食少口干，大便干燥，舌红少津，脉细数。

治则：滋阴益胃，和中止痛。

选方：一贯煎合芍药甘草汤。

二、痞满

痞满是由于外邪内陷，饮食不化，情志失调，脾胃虚弱所致中焦气机不利，升降失常而成的胸腹间痞闷满胀不舒的一种症状。西医学中的慢性胃炎、胃神经官能症、胃下垂、消化不良等疾病，出现上述症状时，可参考本病辨证施治。

1. 中医诊断。

（1）以胃脘痞塞、满闷不舒为主症，按之柔软，望之无胀形，压之无明显疼痛。起病缓慢，时作时止，时轻时重。常以饮食、情志、起居、寒温等因素为发病诱因。

（2）上消化道钡餐、胃镜、胃液分析检查有助于本病诊断。

（3）应注意除外胃癌等疾病引起的痞满症状，尚需与胃痛、鼓胀、胸痹心痛相鉴别。

2. 辨证论治。

（1）邪热内陷证。

四诊：胃脘痞满，灼热急迫，心中烦热，咽干口燥，渴喜饮冷，身热汗出，大便干结，小便短赤，舌红苔黄，脉滑数。

治则：泻热消痞，和胃开结。

选方：大黄黄连泻心汤。

（2）痰湿内阻证。

四诊：脘腹痞满，闷塞不舒，头晕目眩，头重如裹，身重肢倦，咳嗽痰多，恶心呕吐，不思饮食，口淡不渴，舌体胖大，边有齿痕，苔白厚腻，脉沉滑。

治则：除湿化痰，理气宽中。

选方：二陈汤

（3）肝郁气滞证。

四诊：脘腹不舒，痞满塞闷，胸胁胀满，心烦易怒，喜长叹息，恶心嗳气，大便不爽，常因情志因素而加重，苔薄白，脉弦。

治则：疏肝解郁，理气消痞。

选方：越鞠丸。

（4）饮食停滞证。

四诊：脘腹满闷，痞塞不舒，按之尤甚，嗳腐吞酸，恶心呕吐，厌食，大便不调，苔厚腻，脉弦滑。

治则：消食和胃，行气消痞。

选方：保和丸。

（5）脾胃虚寒证。

四诊：脘腹痞闷，时缓时急，喜温喜按，纳呆乏力，肢冷少气，大便溏薄，舌淡，苔薄白，脉沉弱。

治则：益气健脾，升清降浊。

选方：黄芪建中汤。

三、腹痛

腹痛是指胃脘以下，耻骨毛际以上的部位发生疼痛为主要表现的病证，其性质有寒、热、虚、实之分。西医许多疾病中，如急慢性胰腺炎、急性肠系膜淋巴结炎、结核性腹膜炎、腹型过敏性紫癜、肠寄生虫、不完全性肠梗阻、胃肠痉挛、输尿管结石等，当以腹痛为主要表现，并能排除外科、妇科疾病时，可参考本病辨证论治。

1. 中医诊断。

（1）胃脘以下耻骨毛际以上部位发生疼痛。性质包括冷痛、灼痛、隐痛、绞痛、胀痛、刺痛等。

（2）应进行血、尿、大便常规检查，腹部X线及B超检查有助于诊断。

（3）应与胃痛、胁痛、霍乱、淋证、疝气、肠痈等鉴别。

2. 辨证论治。

（1）寒邪内阻证。

四诊：腹痛较剧，遇冷则甚，得温痛减，小便清利，大便自可或溏薄，舌质淡白，苔薄白，脉弦紧。

治则：温中散寒，行气止痛。

选方：良附丸合正气天香散。

（2）湿热壅滞证。

四诊：腹痛拒按，脘腹胀满，大便干燥，小便黄赤，兼见烦渴引饮、大便滞下不爽，舌质红、苔黄或黄腻而厚，脉滑数或沉实有力。

治则：清热通腑，导滞止痛。

选方：大承气汤。

（3）中虚脏寒证。

四诊：腹痛绵绵，时作时止，喜热恶寒，痛时喜按，面色无华，神疲气短，小便清长，大便稀薄，舌质淡，苔薄白，脉沉细。

治则：温中补虚，缓急止痛。

选方：理中汤合小建中汤。

（4）气机郁滞证。

四诊：脘胀腹痛，拒按，走窜攻冲，嗳气或矢气痛减，兼痛连少腹或及两胁，恼怒疼痛加重，舌质淡红，苔薄白，脉弦。

治则：疏肝解郁，理气止痛。

选方：柴胡疏肝散。

（5）瘀血阻滞证。

四诊：腹痛较剧，刺痛，痛处不移，拒按，腹痛经久不愈，兼见大便色黑，肌肤甲错，腹部积块。舌质紫暗或有瘀斑，脉沉细或涩。

治则：活血化瘀，通络止痛。

选方：少腹逐瘀汤。

（6）饮食停滞证。

四诊：脘腹胀满，疼痛拒按，厌食泛呕，嗳腐吞酸，痛而欲便，便后痛减，大便酸臭或便秘或泻下稀烂，完谷不化，舌苔腻或黄腻，脉滑。

治则：消食导滞。

选方：枳实导滞丸。

四、呕吐

呕吐系因胃失和降，胃气上逆，出现胃内容物从口吐出为主要临床表现的病症。西医的多种疾病中，如急性胃炎、幽门梗阻、肠梗阻、胰腺炎、胆囊炎、尿毒症等，当以呕吐为主要表现时，可参照本病辨证论治。

1. 中医诊断。

（1）呕吐食物残渣，或清水痰涎、或黄绿色液体甚则兼少许血丝，一日数次不等，持续或反复发作。伴有恶心、纳谷减少，胸脘痞胀或胁肋疼痛。上腹部压痛或有振水声，肠鸣音增强或减弱。

（2）多有骤感寒凉，暴饮暴食，劳倦过度及情志刺激等诱因。或有服用化学制品药物，误食毒物史。

（3）做血常规、肝肾功能、电解质、B超、胃肠X线及内窥镜检查有助于明确诊断。

（4）本病应与反胃、噎膈相鉴别。

2. 辨证论治。

（1）外邪犯胃证。

四诊：突然呕吐，胸脘满闷，可伴有恶寒发热，头身疼痛，苔白腻，脉濡缓。

治则：疏风解表，和胃降逆。

选方：藿香正气散。

（2）饮食停滞证。

四诊：呕吐酸腐，脘部胀闷，嗳气厌食，得食则剧，吐后反觉舒畅，大便溏薄或秘结，气味臭秽，舌苔厚腻，脉滑实。

治则：消食导滞，和胃降逆。

选方：保和丸。

（3）痰饮内停证。

四诊：呕吐清水痰涎，胸脘痞满，不欲饮食，目眩心悸，呕而肠鸣，苔白腻，脉滑。

治则：温化痰饮，和胃降逆。

选方：小半夏汤合苓桂术甘汤。

（4）肝气犯胃证。

四诊：呕吐吞酸，嗳气频作，胸胁胀痛，心烦易怒，妇女可见月经不调、乳房肿块等，每遇情绪刺激可加重，舌边红，苔薄腻，脉弦。

治则：疏肝理气，和胃降逆。

选方：四逆散合半夏厚朴汤。

（5）脾胃虚弱证。

四诊：呕吐时作时止，饮食稍多则呕吐，面色少华，倦怠乏力，脘腹痞闷，口淡不渴，不思饮食，四肢不温，大便溏薄，舌质淡，苔薄白，脉濡弱。

治则：益气健脾，和胃降逆。

选方：香砂六君子汤。

（6）胃阴不足证。

四诊：反复呕吐，量不多或干呕、恶心、口燥咽干，饥不欲食，心烦嘈杂，舌红津少，脉细数。

治则：滋养胃阴，降逆止呕。

选方：叶氏养胃汤和麦门冬汤。

五、呃逆

呃逆是胃失和降，胃气上逆动膈所致的气逆上冲，喉间呃呃连声，声短而频，不能自制为主症的一种病证。西医学中的单纯性膈肌痉挛即属呃逆。胃肠神经官能症、胃炎、胃扩张、胃手术后、肝硬化晚期、脑血管疾患、尿毒症等出现上述症状时，均可参考本病辨证论治。

1. 中医诊断。

（1）大多突然起病，病人不能自制，具有气逆上冲，喉间呃呃连声，声短而频等特点，伴胃脘不适，口干，异样感觉等胃肠病症状。

（2）本病应注意与干呕、嗳气等相鉴别。

2. 辨证论治。

（1）胃中寒冷证。

四诊：呃声沉缓有力，膈间及胃脘不舒，得热则减，得寒愈甚，食欲减少，口中和而不渴，苔白润，脉迟缓。

治则：温中散寒，降逆止呃。

选方：丁香散。

（2）胃火上逆证。

四诊：呃声洪亮，冲逆而出，口臭烦渴，喜冷饮，小便短赤，大便秘结，舌苔黄，脉滑数。

治则：清胃泻火，降逆止呃。

选方：竹叶石膏汤。

（3）气机郁滞证。

四诊：呃逆连声，常因情志不畅而诱发或加重，伴胸闷，纳减，脘胁胀闷，肠鸣矢气，舌苔薄白，脉弦。

治则：顺气解郁，降逆止呃。

选方：五磨饮子。

（4）脾胃虚寒证。

四诊：呃声低弱无力，气不得续，面色苍白，手足不温，食少困倦，舌淡苔白，脉沉细弱。

治则：温中健脾，和胃降逆。

选方：理中汤。

（5）胃阴不足证。

四诊：呃声急促而不连续，口干舌燥，烦躁不安，舌红干或有裂纹，脉细数。

治则：益气养阴，和胃止呃。

选方：益胃汤。

六、泄泻

泄泻是以排便次数增多，粪质稀薄或完谷不化，甚至泻出如水样为特征的病证。本病与西医腹泻的含义相同，凡属消化器官发生功能或器质性病变导致的腹泻，如急慢性肠炎、肠结核、肠道激惹综合征、吸收不良综合征等，均可参考本病辨证论治。

1. 中医诊断。

（1）大便稀薄或如水样，次数增多，可伴腹胀腹痛等症。急性暴泻，起病突然，病程短。可伴有恶寒、发热等症。慢性久泻起病缓慢，病程较长，反复发作，时轻时重。

（2）饮食不当、受寒凉或情绪变化可诱发。

（3）大便常规、大便培养、X线钡剂灌肠及纤维结肠镜检查有助于明确诊断。

（4）本病应与痢疾、霍乱相鉴别。

2. 辨证论治。

（1）暴泻：寒湿泄泻证。

四诊：泄泻清稀，甚如水样，腹痛肠鸣，脘闷食少，苔白腻，脉濡缓。若兼外感风寒，则恶寒发热头痛，肢体酸痛，苔薄白，脉浮。

治则：芳香化湿，解表散寒。

选方：藿香正气散。

（2）暴泻：湿热泄泻证。

四诊：泄泻腹痛，泻下急迫，或泻而不爽，粪色黄褐，气味臭秽，肛门灼热，烦热口渴，小便短黄，苔黄腻，脉滑数或濡数。

治则：清热利湿。

选方：葛根芩连汤。

（3）暴泻：伤食泄泻证。

四诊：腹痛肠鸣，泻下粪便，臭如败卵，泻后痛减，脘腹胀满，嗳腐酸臭，不思饮食，苔垢浊或厚腻，脉滑。

治则：消食导滞。

选方：保和丸。

（4）久泻：脾虚泄泻证。

四诊：大便时溏时泻，迁延反复，完谷不化，饮食减少，食后脘闷不舒，稍进油腻食物，则大便次数明显增加，面色萎黄，神疲倦怠，舌淡苔白，脉细弱。

治则：健脾益气。

选方：参苓白术散。

（5）久泻：肾虚泄泻。

四诊：黎明之前脐腹作痛，肠鸣即泻，泻下完谷，泻后则安。形寒肢冷，腰膝酸软，舌淡苔白，脉沉细。

治则：温补脾肾，固涩止泻。

选方：四神丸。

（6）久泻：肝郁泄泻证。

四诊：素有胸胁胀闷，嗳气食少，每因抑郁恼怒，或情绪紧张之时，发生腹痛泄泻，腹中肠鸣，矢气频作，舌淡红，脉弦。

治则：抑肝扶脾。

选方：痛泻要方。

七、便秘

便秘是指由于大肠传导失常，导致大便秘结，排便周期延长；或周期不长，但粪质干结，排出艰难；或粪质不硬，虽有便意，但便而不畅的病证。西医学中的功能性便秘即属本病范畴，同时肠道激惹综合征、肠炎恢复期、直肠及肛门疾病所致便秘、药物性便秘、内分泌及代谢性疾病的便秘，以及肌力减退所致的排便困难等，可参考本病辨证论治。

1. 中医诊断。

（1）排便次数减少，排便周期延长；或粪质坚硬，便下困难；或排出无力，出而不畅。常伴有腹胀、腹痛、肛裂、痔疮及排便带血等症。

（2）X线钡剂灌肠或纤维结肠镜检查有助于诊断。

（3）本病应与积聚相鉴别。

2. 辨证论治。

（1）实秘：肠胃积热证。

四诊：大便干结，腹胀腹痛，面红身热，口干口臭，心烦不安，小便短赤，舌红苔黄燥，脉滑数。

治则：泻热导滞，润肠通便。

选方：麻子仁丸。

（2）实秘：气机郁滞证。

四诊：大便干结，或不甚干结，欲便不得出，或便而不爽，肠鸣矢气，腹中胀痛，胸胁满闷，嗳气频作，食少纳呆，舌苔薄腻，脉弦。

治则：顺气导滞。

选方：六磨汤。

（3）实秘：阴寒积滞证。

四诊：大便艰涩，腹痛拘急，胀满拒按，手足不温，呃逆呕吐，舌苔白腻，脉弦紧。

治则：温里散寒，通便止痛。

选方：大黄附子汤。

（4）虚秘：气虚证。

四诊：粪质并不干硬，虽有便意，但临厕努挣乏力，便难排出，汗出气短，便后乏力，面白神疲，肢倦懒言，舌淡苔白，脉弱。

治则：补气润肠。

选方：黄芪汤。

（5）虚秘：血虚证。

四诊：大便干结，面色无华，心悸气短，失眠多梦，健忘，口唇色淡，舌淡苔白，脉细。

治则：养血润燥。

选方：润肠丸。

（6）虚秘：阴虚证。

四诊：大便干结，如羊屎状，形体消瘦，头晕耳鸣，两颧红赤，心烦少眠，潮热盗汗，腰膝酸软，舌红少苔，脉细数。

治则：滋阴通便。

选方：增液汤。

（7）虚秘：阳虚证。

四诊：大便干或不干，排出困难，小便清长，面色苍白，四肢不温，腹中冷痛，得热则减，腰膝冷痛，舌淡苔白，脉沉迟。

治则：温阳通便。

选方：济川煎。

八、黄疸

黄疸是感受湿热疫毒，肝胆之气受阻，疏泄失常，胆汁外溢所致，以目黄、身黄、尿黄为主要表现的肝胆病证。本病证包括阳黄、阴黄与急黄，常并见于其他病证，如胁痛、胆胀、鼓胀、肝癌等。西医学中的病毒性肝炎、肝硬化、胆石症、胆囊炎、钩端螺旋体病、某些消化系统肿瘤以及出现黄疸的败血症等，若以黄疸为主要表现时，均可参考本病辨证论治。

1. 中医诊断。

（1）目黄、身黄、尿黄，以目黄为主。初起有恶寒发热，纳呆厌油，恶心呕吐，神疲乏力，或大便颜色呈灰白色，黄疸严重者皮肤瘙痒。肝脏，或脾脏，或胆囊肿大，伴有压痛或触痛。

（2）有饮食不节，肝炎接触或使用某些化学制品、药物等病史。

（3）血清胆红素（直接或间接），尿三胆试验，血清谷丙转氨酶，谷草转氨酶，r-谷胺酰转酞酶，碱性磷酸酶以及B超，胆囊造影，X线胃肠造影等有助于明确诊断。必要时做甲胎蛋白测定，胰、胆管造影、CT等检查，以排除肝、胆、胰等恶性病变。

（4）应注意与萎黄、黄胖等病证相鉴别。

2. 辨证论治。

（1）阳黄：湿热兼表证。

四诊：黄疸初起，目白睛微黄或不明显，小便黄，脘腹满闷，不思饮食，伴有恶寒发热，头身重痛，乏力，舌苔薄腻，脉浮弦或弦数。

治则：清热化湿，佐以解表。

选方：麻黄连翘赤小豆汤合甘消露消毒丹。

（2）阳黄：热重于湿证。

四诊：初起目白睛发黄，迅速至全身发黄，黄疸较重，色泽鲜明，壮热口渴，心中懊恼，恶心，呕吐，纳呆，小便赤黄、短少，大便秘结，胁胀痛而拒按，舌红苔黄腻或黄糙，脉弦数或滑数。

治则：清热利湿，佐以通腑。

选方：茵陈蒿汤。

（3）阳黄：湿重于热证。

四诊：身目发黄如橘，无发热或身热不扬，头重身困，嗜卧乏力，胸腔痞闷，纳呆呕恶，厌食油腻，口黏不渴，小便不利，便稀不爽，舌苔厚腻微黄，脉濡缓或弦或滑。

治则：除湿化浊，泄热除黄。

选方：茵陈四苓汤。

（4）阳黄：胆腑郁热证。

四诊：身目发黄鲜明，右胁剧痛且放射至肩背，壮热或寒热往来。伴有口苦咽干，呕逆，尿黄，便秘或大便灰白，舌红苔厚而干，脉弦数或滑数。

治则：泄热化湿，利胆退黄。

选方：大柴胡汤。

（5）阳黄：疫毒发黄证（急黄）。

四诊：起病急骤，黄疸迅速加深，身目呈深黄色。壮热烦渴，呕吐频作，尿少便结，脘腹满胀疼痛，烦躁不安，或神昏谵语，或衄血尿血，皮下发斑，或有腹水，继之嗜睡昏迷，舌质红绛，苔黄褐干燥，扪之干，脉弦数或洪大。

治则：清热解毒，凉血开窍。

选方：千金犀角散合大柴胡汤。

（6）阴黄：寒湿证。

四诊：身目俱黄，黄色晦暗不泽，或如烟熏，痞满食少，神疲畏寒，腹胀便溏，口淡不渴，舌淡苔白腻，脉濡缓或沉迟。

治则：温中化湿，健脾和胃。

选方：茵陈术附汤。

（7）阴黄：脾虚证。

四诊：多见于黄疸久郁者。症见身目发黄，黄色较淡而不鲜明，食欲不振，肢体倦怠乏力，心悸气短，食少腹胀，大便溏薄，舌淡苔薄，脉濡。

治则：补养气血，健脾退黄。

选方：小建中汤或六君子汤。

九、胁痛

胁痛是因肝气郁结所致的以一侧或两侧胁肋部疼痛为主要表现的病证。西医学中的急性肝炎、慢性肝炎、肝硬化、肝寄生虫病、肝癌、急性胆囊炎、慢性胆囊炎、胆石症、胆道蛔虫以及肋间神经痛等疾病以胁痛为主要表现时，均可参考本病辨证论治。

1. 中医诊断。

（1）一侧或两侧胁肋疼痛为主要临床表现。疼痛性质可表现为刺痛、胀痛、隐痛、闷痛或窜痛。

（2）反复发作的病史。

（3）血常规、肝功能、胆囊造影、B超等检查有助于明确诊断。

（4）应注意与胸痛、胃痛、黄疸、鼓胀、肝癌等病证相鉴别。

2. 辨证论治。

（1）肝气郁结证。

四诊：两侧胁肋胀痛，走窜不定，甚则连及胸背，且情志刺激则痛剧，胸闷，善太息而得嗳气稍舒，伴有纳呆，脘腹胀满，舌苔薄白，脉弦。

治则：疏肝理气。

选方：柴胡疏肝散。

（2）瘀血阻络证。

四诊：胁肋刺痛，痛处固定而拒按，入夜更甚，或面色晦暗，舌质紫暗，脉沉弦。

治则：理气活血，化瘀通络。

选方：血府逐瘀汤。

（3）湿热蕴结证。

四诊：胁肋胀痛，触痛明显而拒按，或牵及肩背，伴有纳呆恶心、厌食油腻、口苦口干、腹胀尿少，或有黄疸，舌苔黄腻，脉弦或滑。

治则：清肝利胆，理气通络。

选方：龙胆泻肝汤。

（4）肝阴不足证。

四诊：胁肋隐痛，绵绵不已，遇劳加重，口干咽燥，心中烦热，两目干涩，头晕目眩，舌红少苔，脉弦细数。

治则：滋阴柔肝，养血通络。

选方：一贯煎。

第四节　常见内分泌病证辨证论治

消渴

消渴是由于禀赋不足，恣食肥甘厚味致生燥热、损伤阴津，表现以多饮、多食、多尿、或形体消瘦等"三多一少"为主的病证。西医学的糖尿病、尿崩症等疾病出现上述情况时，可参考本病辨证论治。

1. 中医诊断。

（1）口渴多饮，消谷善饥，尿频量多，或形体消瘦。初起"三多"四诊可不显著，病久常并发眩晕、肺痨、胸痹心痛、中风、雀目、疮痈等。严重者可见烦渴，头痛，呕吐，腹痛，呼吸短促，甚或昏迷厥脱危象。

（2）由于本病的发生与禀赋不足有较为密切的关系，故消渴病的家族史可供诊断参考。

（3）应查血糖和尿糖，必要时可查血尿素氮，肌酐，酮体，二氧化碳结合力及血钾、钠、钙、氯化物等，可助确定诊断。

（4）应注意与其他疾病出现的口渴症、瘿病等相鉴别。

2. 辨证论治。

（1）肺热津伤证。

四诊：烦渴多饮，口干舌燥，尿频量多，舌边尖红，苔薄黄，脉洪或洪数。

治则：清热润肺，生津止渴。

选方：消渴方。

（2）胃热炽盛证。

四诊：消谷善饥，口渴，尿多，大便干燥，形体消瘦，苔黄，脉滑实有力。

治则：清胃泻火，养阴增液。

选方：玉女煎。

（3）肾阴亏虚证。

四诊：尿频尿多，或尿浊如脂，头晕耳鸣，口干唇燥，腰膝酸软，乏力，或皮肤干燥，瘙痒，舌红苔少，脉细或细数。

治则：滋阴补肾，润燥止渴。

选方：六味地黄丸。

（4）阴阳两虚证。

四诊：小便频数，混浊如膏，甚至饮一溲一，面容憔悴，耳轮干枯，腰膝酸软，四肢欠温，畏寒怕冷，阳痿或月经不调，舌淡苔白而干，脉沉细无力。

治则：温阳滋阴，补肾固摄。

选方：金匮肾气丸。

第五节　常见肾系膀胱病证辨证论治

一、水肿

水肿是指因感受外邪、饮食失调或劳倦过度，使肺失通调、脾失转输、肾失开合、膀胱气化不利，导致体内水液潴留，泛滥肌肤，表现以头面、眼睑、四肢、腹背，甚至全身浮肿为特征的一类病证。西医学的急、慢性肾小球肾炎，肾病综合征，充血性心力衰竭，内分泌失调，以及营养障碍等疾病所出现的以水肿为主要表现者，均可参考本病辨证论治。

1. 中医诊断。

（1）水肿先从眼睑或下肢开始，继及四肢、全身。轻者仅眼睑或足胫浮肿，重者全身皆肿，甚则腹大胀满，气喘不能平卧。严重者可见少尿或无尿，恶心呕吐，口有秽味，齿衄鼻衄，甚则头痛，抽搐，神昏谵语等危象。

（2）可有乳蛾、心悸、疮毒、紫癜以及久病体虚史。

（3）应做尿常规，24h尿蛋白定量，血常规、血沉、血浆总蛋白、白蛋白、血尿素氮、肌酐、尿酸、心电图检查；也可做体液免疫、心功能测定、B超等检查，以助明确诊断。

（4）本病须与鼓胀相鉴别。

2. 辨证论治。

（1）阳水：风水泛滥证。

四诊：眼睑浮肿，继则四肢及全身皆肿，来势迅速，多有恶寒，发热，肢节酸楚，小便不利等症。偏于风热者，伴咽喉红肿疼痛，舌质红，脉浮滑数。偏于风寒者，兼恶寒，咳喘，舌苔薄白，脉浮滑或浮紧，如水肿较甚，亦可见沉脉。

治则：疏风清热，宣肺行水。

选方：越婢加术汤。

（2）阳水：湿毒浸淫证。

四诊：眼睑浮肿，延及全身，小便不利，身发疮痍，甚则溃烂，恶风发热，舌质红，苔薄黄，脉浮数或滑数。

治则：宣肺解毒，利湿消肿。

选方：麻黄连翘赤小豆汤合五味消毒饮。

（3）阳水：水湿浸渍证。

四诊：全身水肿，按之没指，小便短少，身体困重，胸闷，纳呆，泛恶，起病缓慢，病程较长，苔白腻，脉沉缓。

治则：健脾化湿，通阳利水。

选方：五皮饮合胃苓汤。

（4）阳水：湿热壅盛证。

四诊：遍体浮肿，皮肤绷紧光亮，胸脘痞闷，烦热口渴，小便短赤量少，或大便干结，舌红苔黄腻，脉沉数或濡数。

治则：分利湿热。

选方：疏凿饮子。

（5）阴水：脾阳虚衰证。

四诊：身肿，腰以下为甚，按之凹陷不起，脘腹胀闷，纳减便溏，面色不华，神倦肢冷，小便短少，舌质淡，苔白腻或白滑，脉沉缓或沉弱。

治则：温阳健脾，利水消肿。

选方：实脾饮。

（6）阴水：肾阳衰微证。

四诊：面浮身肿，腰以下尤甚，按之凹陷不起，心悸，气促，腰部酸重，尿量减少，四肢厥冷，怯寒神疲，面色苍白或灰滞，舌质淡胖，苔白，脉沉细或沉迟无力。

治则：温肾助阳，化气行水。

选方：真武汤合济生肾气丸。

二、癃闭

癃闭是由于肾和膀胱气化失司而导致尿量减少，排尿困难，甚则小便闭塞不通为主症的一种病证。西医学中各种原因引起的尿潴留及无尿症。如神经性尿闭、膀胱括约肌痉挛、尿路结石梗阻、尿路肿瘤、尿路损伤、尿道狭窄、老年人前列腺增生症、脊髓炎等。出现上述临床表现者，可参考本病辨证论治。

1. 中医诊断。

（1）小便不利，点滴不畅，或小便闭塞不通，尿道无涩痛，小腹胀满。

（2）多见于老年男性，或产后妇女及手术后患者。

（3）男性直肠指诊检查可有前列腺肥大，或膀胱区叩诊明显浊音。

（4）做膀胱镜、B超、腹部X线等检查，有助于诊断。

（5）本病应与淋证、关格相鉴别。

2. 辨证论治。

（1）膀胱湿热证。

四诊：小便点滴不能，或量少而短赤灼热，小腹胀满，口苦口黏，或口渴不欲饮，或大便不畅，舌质红，苔根黄腻，脉数。

治则：清热利湿，通利小便。

选方：八正散。

（2）肺热壅盛证。

四诊：小便不畅或点滴不通，咽干，烦渴欲饮，呼吸急促或咳嗽，苔薄黄，脉数。

治则：清肺热，利水道。

选方：清肺饮。

（3）肝郁气滞证。

四诊：小便不通，或通而不爽，胁腹胀满，多烦善怒，舌红，苔薄黄，脉弦。

治则：疏利气机，通利小便。

选方：沉香散。

（4）尿道阻塞证。

四诊：小便点滴而下，或尿如细线，甚则阻塞不通，小腹胀满疼痛，舌紫暗或有瘀点，脉细涩。

治则：行瘀散结，清利水道。

选方：代抵当丸。

（5）脾气不升证。

四诊：时欲小便而不得出，或量少而不爽利，气短，语声低微，小腹坠胀，精神疲乏，食欲不振，舌质淡，脉弱。

治则：升清降浊，化气利尿。

选方：补中益气汤合春泽汤。

（6）肾阳衰惫证。

四诊：小便不通或点滴不爽，排出无力，面色苍白，神气怯弱，畏寒怕冷，腰膝冷而酸软无力，舌质淡，苔白，脉沉细而弱。

治则：温补肾阳，化气利尿。

选方：济生肾气丸。

第六节　常见风湿科病证辨证论治

一、痹病

痹病是指风、寒、湿、热等邪侵入人体，致使气血凝滞，经络痹阻，表现以肌肉、关节、筋骨等处疼痛、酸楚、麻木、重着、灼热、屈伸不利，甚或关节肿大变形为主的病证。西医学的风湿性关节炎、类风湿性关节炎、强直性脊柱炎、关节退行性变等疾病出现上述临床表现时，可参考本病辨证论治。

1. 中医诊断。

（1）本病以青壮年和体力劳动者、运动员易罹患，发病及病情的轻重与寒冷、潮湿、劳累以及天气变化、节气等有关。

（2）自觉肢体关节肌肉疼痛、屈伸不利；或游走不定，恶风寒；或痛剧，遇寒则甚，得热则缓；或重着而痛，手足笨重，活动不灵，肌肤麻木不仁；或肢体关节疼痛，痛处火辣灼热，筋脉拘急；或关节剧痛，肿大变形，也有绵绵而痛，麻木尤甚伴心悸、乏力。

（3）血沉、抗"O"试验、粘蛋白、类风湿因子等和X线检查有助于诊断。

（4）应注意与痿病、膝眼风、痛风等病证相鉴别。

2. 辨证论治。

（1）行痹证（风痹）。

四诊：肢体关节酸痛，游走不定，关节屈伸不利，或恶风或恶寒，舌质淡红，苔白，脉浮紧或沉紧。

治则：祛风通络。

选方：宣痹达经汤。

（2）痛痹证（寒痹）。

四诊：肢体关节紧痛不移，遇寒则痛甚，得热则痛缓，关节屈伸不利，皮色不红，关节不肿，触之不热，舌质红润，苔白腻，脉沉弦而紧，或沉迟而弦。

治则：温经散寒。

选方：乌头汤。

（3）着痹证（湿痹）。

四诊：肢体关节沉重酸胀、疼痛，重则关节肿胀，重着不移，但不红，四肢活动不便，面色苍黄而润，舌质淡红，苔白厚而腻，脉濡缓。

治则：渗湿通络。

选方：薏苡仁汤。

（4）热痹证（热痹）。

四诊：肢体关节疼痛，痛处火辣灼热，肿胀疼痛剧烈，得冷稍舒，筋脉拘急，日轻夜重。患者多兼有发热、口渴、喜冷恶热、烦闷不安，舌质红，苔黄燥，脉滑数。

治则：清热通络。

选方：白虎加桂枝汤。

（5）顽痹证（尪痹）。

四诊：肢体关节疼痛，屈伸不利，关节肿大变形、晨僵，肌肉萎缩，筋脉拘紧，甚则尻以代踵，脊以代头，舌质暗红，脉细涩。

治则：补肾祛寒，活血通络。

选方：补肾祛寒治尪汤。

二、腰痛

腰痛是指腰部感受外邪，或因外伤，或由肾虚而引起的气血运行失调，脉络绌急，腰府失养所致的以腰部疼痛为主要四诊的一类病证。西医学的腰肌劳损等引发的腰痛，可参考本病辨证论治。

1. 中医诊断

（1）腰部疼痛，痛势绵绵，时作时止，遇劳则剧，得逸则缓，按之则减；或痛处固定，胀痛不适；或如锥刺，按之痛甚。

（2）具有腰部感受外邪，外伤、劳损等病史。

（3）做腰部 X 线平片及有关实验室检查，必要时做CT及MRI，有助于明确诊断。

（4）应与肾着、腰软病证相鉴别。

2. 辨证论治。

（1）寒湿痹阻证。

四诊：腰部冷痛重着，转侧不利，逐渐加重，每遇阴雨天或腰部感寒后加剧，痛处喜温，体倦乏力，或肢末欠温，食少腹胀，舌淡胖，苔白腻而润，脉象沉紧或沉迟。

治则：散寒除湿，温通经络。

选方：渗湿汤合乌头汤。

（2）湿热阻滞证。

四诊：腰髋弛痛，牵掣拘急，痛处伴热感，每于天热或腰部着热后痛剧，遇冷痛减，口渴不欲饮，尿色黄赤，或午后身热，微汗出，舌红苔黄腻，脉滑数或弦数。

治则：清热利湿，舒筋活络。

选方：加味二妙散。

（3）瘀血阻络证。

四诊：痛处固定，或胀痛不适，或痛如锥刺，日轻夜重，或持续不解，活动不利，甚则不能转侧，痛处拒按，面晦唇暗，舌质紫暗或有瘀斑，脉弦细或细涩。

治则：活血化瘀，理气止痛。

选方：身痛逐瘀汤。

（4）肾虚腰痛证。

四诊：腰痛以酸软为主，喜揉喜按，腿膝无力，遇劳更甚，卧则减轻，常反复发作。偏阳虚者，则少腹拘急，面色苍白，手足不温，少气乏力，舌淡，脉沉细；偏阴虚者，则心烦失眠，口燥咽干，面色潮红，手足心热，舌红少苔，脉弦细数。

治则：偏阳虚者，宜温补肾阳；偏阴虚者，宜滋补肾阴。

选方：偏阳虚者以右归丸为主；偏阴虚者用左归丸为主。

第七节　常见脑系病证辨证论治

一、眩晕

眩晕由风阳上扰、痰瘀内阻等导致脑窍失养，脑髓不充，临床上以头晕、眼花为主症的一类病证。高血压病、脑动脉硬化症、贫血、美尼尔氏综合征等疾病出现上述临床表现者，可参考本病辨证论治。

1. 中医诊断。

（1）以头晕目眩、视物旋转，轻者闭目即止，重者如坐车船，甚则仆倒为主症。可伴有恶心呕吐、眼球震颤、耳鸣耳聋、汗出、面色苍白等。

（2）慢性起病，逐渐加重，或反复发作。

（3）应检查血压、血常规、心电图，或进行颈椎X线摄片、脑血流图、经颅多普勒等检查，以明确诊断。必要时可做CT、MRI检查。

（4）应注意与中风、厥证、痫病相鉴别。

2. 辨证论治。

（1）肝火上炎证。

四诊：头晕且痛，目赤口苦，胸胁胀痛，烦躁易怒，寐少多梦，舌红苔黄腻，脉弦数。

治则：清肝泻火，清利湿热。

选方：龙胆泻肝汤。

（2）风阳上扰证。

四诊：眩晕耳鸣、头痛且胀，遇劳、恼怒加重，肢麻震颤，失眠多梦，舌红苔黄，脉弦细数。

治则：平肝潜阳，滋养肝肾。

选方：天麻钩藤饮。

（3）痰浊上蒙证。

四诊：头重如蒙，视物旋转，胸闷作恶，呕吐痰涎，舌淡苔白腻，脉弦滑。

治则：燥湿祛痰，健脾和胃。

选方：半夏白术天麻汤。

（4）气血亏虚证。

四诊：头晕目眩，动则加剧，遇劳则发，面色苍白，神疲乏力，心悸少寐，舌淡苔薄白，脉细弱。

治则：补养气血，健运脾胃。

选方：归脾汤。

（5）肝肾阴虚证。

四诊：眩晕日久，视力减退，两目干涩，少寐健忘，心烦口干，耳鸣，神疲乏力，腰酸膝软，舌红苔薄，脉弦细。

治则：滋养肝肾，养阴填精。

选方：左归丸。

（6）瘀血阻窍证。

四诊：眩晕头痛，兼见健忘，失眠，心悸，精神不振，耳鸣耳聋，面唇紫暗，舌有瘀点或瘀斑，脉涩或细涩。

治则：祛瘀生新，通窍活络。

选方：通窍活血汤。

二、中风

中风是由于气血逆乱，产生风、火、痰、瘀导致脑脉痹阻或血溢于脑脉之外，而表现为突然昏仆，半身不遂，口舌歪斜，言语謇涩或不语，偏身麻木为主要特征的一种病证。西医学所称缺血性和出血性脑血管病，可参考本病辨证论治。

1. 中医诊断。

（1）发病急骤，有渐进发展过程。病前多有头晕头痛、肢体麻木等先兆。突发半身不遂，口舌歪斜，舌强言謇，偏身麻木，甚则神志恍惚，迷蒙，神昏为主症。

（2）常有年老体衰，劳倦内伤，嗜好烟酒，膏粱厚味等因素。每因恼怒、劳累、酗酒、感寒等诱发。

（3）检查血压、血常规、眼底、脑脊液等，有条件可做CT、MRI等，有助于明确诊断。

（4）应注意与口僻、痫病、厥证、痉病、痿病相鉴别。

2. 辨证论治。

（1）风痰阻络证。

四诊：半身不遂、口舌歪斜、舌强语謇或不语，偏身麻木，头晕目眩。舌质暗淡，舌苔薄白或白腻，脉弦或滑。

治则：活血化瘀，化痰通络。

选方：化痰通络汤。

（2）肝阳上亢证。

四诊：半身不遂，偏身麻木，舌强语蹇或不语，口舌歪斜，眩晕头痛，面红目赤，口苦易怒，尿赤便干。舌质红或红绛，舌苔薄黄，脉弦有力。

治则：平肝泻火通络。

选方：天麻钩藤饮。

（3）痰热腑实证。

四诊：半身不遂，口舌歪斜，言语蹇涩或不语、偏身麻木、腹胀便秘，头晕目眩，咯痰，舌质暗红，苔黄或黄腻，脉弦或滑。

治则：化痰通腑。

选方：星蒌承气汤。

（4）气虚血瘀证。

四诊：半身不遂，口舌歪斜，言语蹇涩或不语，偏身麻木，面色苍白，气短乏力，口角流涎，自汗心悸，手足肿胀，舌质暗淡，舌苔薄白或白腻，脉沉缓或沉涩。

治则：益气活血。

选方：补阳还五汤。

（5）阴虚风动证。

四诊：半身不遂，口舌歪斜，舌强语蹇或不语，偏身麻木，烦躁失眠，眩晕耳鸣，手足心热，舌质红绛或暗红，少苔或无苔，脉弦细或弦细数。

治则：潜阳熄风，滋养肝肾。

选方：镇肝熄风汤。

（6）痰火闭窍。

四诊：起病急骤，神昏或昏愦，半身不遂，鼻鼾痰鸣，肢体强痉，项背拘急，身热，躁扰不宁，甚则手足厥冷，频繁抽搐，偶见呕血，舌质红绛，舌苔黄腻，脉弦数或滑数。

治则：清热化痰，醒神开窍。

选方：羚羊角汤合服安宫牛黄丸。

（7）痰浊蒙窍证。

四诊：素体阳虚，湿痰内蕴，发病神昏，半身不遂，肢体松懈，瘫软不温，甚则四肢逆冷，面白唇暗，痰涎壅盛，舌质暗淡，舌苔白腻，脉沉或沉缓。

治则：温阳化痰，醒神开窍。

选方：涤痰汤合服苏合香丸。

（8）元气衰败证。

四诊：突然神昏或昏愦，肢体瘫软，手撒肢冷，汗多，重则周身湿冷，二便失禁，舌痿，舌质紫暗，苔白腻，脉沉缓或沉微。

治则：益气回阳固脱。

选方：参附汤。

第八节　常见外科病证辨证论治

一、肠痈

肠痈是指临床以右下腹固定压痛、肌紧张、反跳痛为特征的疾病，是外科急腹症常见的一种疾病。本病的发生与阑尾解剖特点、阑尾腔梗阻和细菌感染有关。现代医学中的急慢性阑尾炎、阑尾周围脓肿等可参考本病辨证论治。

1. 中医诊断。

（1）本病多由进食厚味、恣食生冷和暴饮暴食等因素，以致脾胃受损，胃肠传化功能不利，气机壅塞而成；或因饱食后急暴奔走，或跌仆损伤，导致肠腑血络损伤，瘀血凝滞，肠腑化热，瘀热互结，导致血败肉腐而成痈脓。

（2）转移性右下腹痛：初起上腹或脐周痛，数小时或十余小时或转移到右下腹痛。70%~80%的病人具有典型的转移性腹痛的特点。胃肠道四诊：恶心、呕吐，有的病人伴腹泻、里急后重、腹胀等。全身四诊：乏力、发热（达38℃左右）、心率增快。发生门静脉炎时可出现寒战、高热、和黄疸。

（3）腹膜刺激征。腹痛转移至右下腹部后，右下腹有局限性压痛、反跳痛及肌紧张。右下腹压痛是急性阑尾炎最常见的重要体征，压痛点多在麦氏点（右髂前上棘与脐连线的中外1/3交点）。右下腹包块，提示阑尾脓肿形成。

（4）结肠充气试验阳性，腰大肌试验阳性，闭孔内肌试验阳性，直肠指检示子宫直肠凹或膀胱直肠凹有触痛。

（5）检查白细胞计数升高，中性粒细胞比例增高，尿检查一般正常，尿中少量红细胞提示阑尾与输尿管或膀胱靠近。B超、CT影像学检查：可以发现肿大的阑尾或脓肿。

2. 辨证论治。

（1）瘀滞证。

四诊：转移性右下腹痛，呈持续性、进行性加剧，右下腹局限性压痛或拒按；伴恶心纳差，可有轻度发热；苔白腻，脉弦滑或弦紧。

治则：行气活血。

选方：大黄牡丹汤加减。

（2）湿热证。

四诊：腹痛加剧，右下腹或全腹压痛、反跳痛，腹皮挛急；右下腹可摸及包块；壮热，纳呆，恶心呕吐，便秘或腹泻；舌红苔黄腻，脉弦数或滑数。

治则：通腑泻热，利湿解毒。

选方：大黄牡丹汤合红藤煎剂加减。

（3）热毒证。

四诊：腹痛剧烈，全腹压痛、反跳痛，腹皮挛急；高热不退或恶寒发热，时时汗出，烦渴，恶心呕吐，腹胀，便秘或似痢不爽；舌红绛而干，苔黄厚干燥或黄糙，脉洪数或细数。

治则：通腑排脓，养阴清热。

选方：大黄牡丹汤合透脓散加减。

【附录】

1. 基础治疗。

适应证：①急性单纯性阑尾炎；②急性化脓性阑尾炎临床表现轻或腹膜炎已有局限化；③阑尾炎性包块或脓肿；④伴存其他严重器质性疾病有手术禁忌者。

主要措施包括短时禁食；补液、维持水电解质平衡；使用针对革兰阴性杆菌和厌氧菌的抗生素如青霉素、甲硝唑等；使用解痉剂如654-2。

2. 外治。

无论脓已成或未成，均可选用金黄散、玉露散或双柏散，用水或蜜调成糊状，外敷右下腹。还可采用通里攻下、清热解毒等中药肛滴，如大黄牡丹汤、复方大柴胡汤等煎剂150～200ml，直肠内缓慢滴入（滴入管插入肛门内15cm以上，药液30min左右滴完），使药液直达下段肠腔，加速吸收，以达到通腑泻热排毒的目的。

3. 手术治疗。

急性阑尾炎一旦确诊，均应早期行阑尾切除术。适应证：①单纯性阑尾炎、急性化脓性阑尾炎、急性坏疽性阑尾炎；②阑尾穿孔并发弥漫性腹膜炎及休克；③婴幼儿急性阑尾炎；④妊娠合并较重的阑尾炎；⑤慢性阑尾炎反复发作；⑥阑尾蛔虫症。

4. 术后治疗。

术后以通腑泻热，利湿解毒为法。方用承气汤加减如下：大黄10g，当归10g，枳实10g，厚朴10g，丹皮10g，丹参10g，木香10g，白术10g，茯苓10g，莱菔子10g，败酱草10g。未排气者可以煎水300ml灌肠使用。术后待有肛门排气后，即可每日一剂，煎水600ml，分三次内服，连用3～5日。穿孔或者粘连者，应该防止术后粘连和肠梗阻，应以活血化瘀、理气止痛为法。方用少腹逐瘀汤加减：小茴香10g，干姜5g，延胡索5g，没药10g，当归10g，川芎10g，官桂5g，赤芍10g，蒲黄10g，五灵脂10g，枳壳10g，红花10g，桃仁10g。术后待有肛门排气后，即可每日一剂，煎水600ml，分早、中、晚，饭后30min口服，连用3~5日。

二、水火烫伤

水火烫伤是燃烧物及灼热的液体、固体、气体以及电流等直接作用于人体，引起肌肤的烫伤或烧伤，甚至火毒内攻脏腑。损伤的面积和程度与温度及作用时间有关。以伤处红肿灼痛、起泡、结焦痂，伴发热烦躁、口干尿黄，甚至神昏等为主要表现。西医之烧伤均可以参考本病辨证论治。

1. 中医诊断。

（1）有明确的火热灼伤史（如沸水、火焰等）。

（2）局部皮肤肿胀、灼痛、或有水疱、表皮松解或剥脱。受伤重时可伴口干、发热、烦躁等症状。

（3）按照中华医学会烧伤外科分会制定的中国九分法、三度四分法与手掌法进行烧伤面积与深度的诊断。

I度烧伤（红斑型）：皮肤伤处红、肿、热、痛，表面干燥，局部感觉过敏，不起水泡，常有烧灼感。2～3d后脱痂痊愈，无瘢痕。

Ⅱ度烧伤（水疱型）：根据伤及皮肤深度，Ⅱ度烧伤分为浅Ⅱ度烧伤和深Ⅱ度烧伤。

①浅Ⅱ度烧伤：剧痛，感觉过敏，有水疱，基底呈均匀红色、潮湿，局部肿胀。1～2周愈合，无瘢痕，有色素沉着。

②深Ⅱ度烧伤：痛觉迟钝，水疱或有或无，揭去表皮，基底苍白，间有红色斑点、潮湿，水肿明显。3～4周愈合，可遗留少量瘢痕。

Ⅲ度烧伤（焦痂型）：痛觉消失，无弹力，坚硬如皮革样，蜡白焦黄或炭化，干燥。干后皮下筋脉阻塞如树枝状。2～4周焦痂脱落形成肉芽创面，一般均需植皮才能愈合，可形成瘢痕和瘢痕挛缩。

2. 辨证论治。

（1）热毒袭表证。

四诊：创面表皮松解、水疱形成、基底红或红白相间，发热、口干喜饮、烦躁、尿黄，舌质偏红，苔白或黄白相兼，脉略数或细数。

治则：清热解毒，凉血活血。

选方：银花甘草汤加味。

（2）火毒伤津证。

四诊：创面红肿疼痛，水疱形成，基底红、红白相间或苍白，壮热烦躁，口干喜饮，呼吸短促，大便秘结，小便短少，舌质红，苔黄糙，脉洪数或舌光无苔，弦细数。

治则：清热解毒，养阴生津。

选方：银花甘草汤合增液汤加减。

（3）热毒炽盛证。

四诊：壮热、烦躁、口干唇燥、便秘、小便短赤、创面肿胀疼痛，功能受限，舌质红或红绛而干或见紫色瘀块，苔黄或黄白相间，脉滑数或弦数。

治则：清热解毒，清营凉血。

选方：黄连解毒汤合犀角地黄汤加减。

（4）热毒血瘀证。

四诊：创面肿胀疼痛，功能受限，舌质红，甚至可见紫色瘀块，苔黄或黄白相间。

治则：清热解毒，活血化瘀。

选方：银花甘草汤合凉血四物汤加减。

（5）阴伤阳脱证。

四诊：创面焦痂，大量液体渗出，口干，体温不升，呼吸气微，表情淡漠，神志恍惚，语言含糊不清，四肢厥冷，汗出淋漓，舌淡嫩苔光剥或舌淡暗苔灰黑，脉微欲绝或脉伏不起。

治则：益气养阴，回阳救逆。

选方：参附汤合生脉散加减。

（6）气血亏虚证。

四诊：创面基本痊愈，邪虽退而正亦虚，显气血虚衰证。可见低烧、夜卧不安、食欲不振、消瘦、精神困倦、自汗或盗汗、皮肤瘙痒、嗜睡等，舌质淡红或红、苔薄，脉细弱。

治则：补气养血，兼清余毒。

选方：八珍汤加味。

第九节 常见皮肤科病证辨证论治

一、蛇串疮

蛇串疮相当于现代医学中的带状疱疹，是临床上较常见的急性疱疹样皮肤病，由水痘、带状疱疹病毒所致。临床多呈现数个簇集疱疹群，排列成带状，沿周围神经分布，常呈单侧性，一般不超过体表正中线，多呈不规则带状分布，常见于胸腹、腰背及颜面部，局部皮肤有灼热感，伴有神经痛，发病前有轻度发热、全身不适、食欲不振等前驱症状。中医又叫缠腰火丹、蜘蛛疮、火带丹、甑带疮、蛇丹、飞蛇丹等，俗称"缠腰龙"，一般多在春季发病。对本病的治疗，现代医学常用病毒唑、消炎痛和维生素类药物，但疗效很不理想。中医药对本病有着丰富的治疗方法和良好的临床疗效。

1.中医诊断。

（1）皮肤簇集成群的水疱，沿一侧皮肤呈带状分布。有明显的疼痛，伴局部肿胀。

（2）有时需与单纯疱疹鉴别，后者好发于皮肤与黏膜交接处，分布无一定规律，水疱较小容易破，疼痛不明显，多见于发热病的过程中，常易复发。偶尔也有与接触性皮炎混淆的，但后者有接触史，皮疹与神经分布无关，自觉烧灼、剧痒，无神经痛。

（3）在带状疱疹的前驱期及无疹型带状疱疹中，神经痛显著者易误诊为肋间神经痛、胸膜炎及急性阑尾炎等急腹症，需加注意。西医从水疱液中分离病毒或检测抗原体或DNA是鉴别诊断唯一可靠的方法。

2.辨证论治。

（1）肝经郁热证。

四诊：常见于本病的急性期。局部皮损鲜红，水肿，疱壁紧张，灼热刺痛，自觉口苦咽干，口渴，烦躁易怒，食欲不佳，大便干或不爽，小便短赤，舌质红，苔薄黄或黄厚，脉弦滑微数。

治则：清利湿热，解毒止痛。

选方：龙胆泻肝汤加减。

（2）脾虚湿蕴证。

四诊：常见于本病的极期。局部皮损颜色较淡，水疱多，疱壁松弛，疼痛略轻，口不渴或渴不欲饮，不思饮食，食后腹胀，大便黏而不爽，小便色黄，女性白带增多，舌质淡红，体胖，苔白厚或白腻，脉沉缓或滑。

治则：健脾利湿，佐以解毒。

选方：除湿胃苓汤加减。

（3）气滞血瘀证。

四诊：常见于本病的恢复期及后遗神经痛期。皮疹消退后局部仍疼痛不止，舌质暗，苔白，脉弦细。

治则：活血化瘀，行气止痛，消解余毒。

选方：活血散瘀汤加减。体实者加川大黄破瘀，年老体弱者加黄芪、党参以扶助正气。

3. 中医特色疗法。

（1）针刺法：针刺可以有效地提高患者痛阈、改善局部循环、抗菌消炎。针刺治疗带状疱疹，躯干部选取背腧穴和华佗夹脊，四肢选取曲池、手三里、足三里、阳陵泉、血海、三阴交，头颅部选取百会、风池。每次留针15min，间隔5min行1次。每日针刺1次，7次为1个疗程。

（2）灸法：采用在皮损部位及其周围皮肤处同时用2支艾条作广泛性回旋灸。

（3）穴位注射：辨证归经穴位注射，取穴，先选取皮损部位各簇水疱群间正常皮肤进行注射。①属肝胆型，再选取足少阳、厥阴经之阳陵泉、行间、侠溪、太冲、外关、期门等穴位注射，以疏泄肝胆郁火；②属脾胃型，选取足太阴、阳明经之阴陵泉、三阴交、足三里、曲池等穴位注射，以清热利湿。治疗：抽取维生素 $B_1$2ml、维生素 B_{12}1ml、2%利多卡因2ml混合后，围注疱疹周围2~3处。同时根据辨证选取所属经络穴位2~3个进行穴位注射，每穴1ml，每日1次，10次为1个疗程。

二、粉刺

粉刺是一种发生于毛囊皮脂腺的慢性炎症，多发生于青年男女。皮损丘疹如刺，可挤出白色粹米样粉汁，故称之。俗称"青春痘"。西医的"痤疮"可参考本病辨证论治。

1. 中医诊断。

（1）初期在毛囊口，呈现大米粒大小红色丘疹，亦可演变成为脓疱。此后可形成硬结样白头粉刺或黑头粉刺，严重病例可形成硬结性囊肿。

（2）多发于男女青春期之面部及胸背部，常伴有皮脂溢出。

（3）病程较长，青春期过后，多数可自然减轻。

2. 辨证论治。

（1）肺经风热证。

四诊：黑头或白头粉刺，红色丘疹，可伴少量小脓疱，或有痒痛。可伴有口干、便秘。舌红，苔薄黄，脉浮数。

治则：疏风清肺。

选方：枇杷清肺饮加减。

（2）脾胃湿热证。

四诊：皮肤油腻，以疼痛性丘疹和脓疱为主，或有结节。可伴有口臭、便秘、尿赤。舌质红，苔黄或黄腻，脉滑。

治则：清热利湿。

选方：茵陈蒿汤合泻黄散加减。

（3）痰瘀互结证。

四诊：皮损主要为结节及囊肿，反复发作，容易形成疤痕。可伴有大便干结，舌质暗，或有瘀斑或瘀点，苔腻，脉弦滑。

治则：化瘀散结。

选方：海藻玉壶汤合桃红四物汤加减。

（4）冲任不调证。

四诊：女性患者，月经前皮疹加重，皮疹多发于口周或下颌，或伴月经前后不定期，经前乳房、小腹胀痛，舌红，脉细或弦。

治则：调理冲任。

选方：二仙汤合知柏地黄丸加减。

第十节　常见妇科病证辨证论治

一、崩漏

崩漏是月经的周期、经期、经量发生严重失常的病证，其发病急骤，暴下如注，大量出血者为"崩"；病势缓，出血量少，淋漓不绝者为"漏"。可发生在月经初潮后至绝经的任何年龄，足以影响生育，危害健康。属妇科常见病，也是疑难急重病证。相当于西医病名无排卵性功能性子宫出血。多以血热、肾虚、脾虚、血瘀为主要病因，以冲任受损、不能固摄、经血非时妄行为基本病机。可突然发作，也可由月经不调发展而来。崩与漏出血情况虽不同，但二者常易互相转化，其病因病机相同，故概称崩漏。崩漏是妇女月经病中较为严重复杂的一个四诊。西医中需排除生殖器肿瘤、炎症或全身性疾病（如再生障碍性贫血等）引起的阴道出血。

1. 中医诊断。

（1）不在经期而发生阴道出血。来势急，出血量多如注；或来势缓，经血淋漓不断。

（2）做常规妇科、产科检查，血常规、血液生化检查，必要时可作脊髓液、细胞培养等检查。做腹部X线摄片、B超、CT扫描等，能帮助确定病位和明确诊断。

（3）需要与月经先期、月经过多、月经延长、月经先后无定期、经间期出血、生殖器肿瘤出血、生殖系炎症（宫颈息肉、宫内膜息肉、子宫内膜炎、盆腔炎等）、外阴阴道伤出血、内科血液病等相鉴别。

2. 辨证论治。

（1）阴虚血热证。

四诊：经血非时突至，量多势急或量少淋漓，色鲜红而质稠，伴心烦潮热，小便黄少，大便干结，苔薄黄，脉细数。

治则：滋阴清热，止血调经。

选方：保阴煎加味。

（2）阳盛血热证。

四诊：经血非时下，量多势急，或淋漓日久不尽，色深红质稠，伴口渴烦热，或有发热，小便黄，大便干，苔黄或黄腻，脉洪数。

治则：清热凉血，止血调经。

选方：清热固经汤加味。

（3）肾阳虚证。

四诊：经来无期，出血量多或淋漓不净，色淡质清，伴畏寒肢冷，面色晦暗，腰腿酸软，小便清长，舌淡苔薄白，脉沉细。

治则：温肾固冲，止血调经。

选方：大补元煎加味。

（4）肾阴虚证。

四诊：经乱无期，淋漓不尽或量多，色鲜红，质稍稠，头晕耳鸣，腰膝酸软，或心烦，舌质偏红，苔少，脉细数。

治则：滋水益阴，止血调经。

选方：左归丸加减。

（5）脾虚证。

四诊：经血非时而下，崩中继而淋漓，色淡质薄，气短神疲，面色㿠白，面浮肢肿，手足不温，舌质淡，苔薄白，脉弱或沉弱。

治则：补气摄血，养血调经。

选方：固冲汤加减。

（6）血瘀证。

四诊：经血非时而至，时来时止，或淋漓不净，或停闭日久又突然崩中下血，继而淋漓不断，色紫黑有块，小腹疼痛或胀痛，舌质紫暗，苔薄白，脉涩。

治则：活血化瘀，止血固冲。

选方：四物汤加味。

二、乳痈

乳痈是乳房部急性化脓性疾病，发生于妊娠期的名"内吹乳痈"；发生于哺乳期的名为"外吹乳痈"。多数病人是哺乳期妇女，以初产妇为多见，好发于产后第3~4周，即现代医学所称的急性化脓性乳腺炎。

1. 中医诊断。

（1）初期乳房内有疼痛性肿块，皮肤不红或微红，排乳不畅，可有乳头破裂糜烂。化脓时乳房肿痛加重，肿块变软，有应指感，溃破或切开引流后，肿痛减轻。如脓液流出不畅，肿痛不消，可有"传囊"之变。溃后不收口，渗流乳汁或脓液，可形成乳漏。

（2）多有恶寒发热，头痛，周身不适等症。

（3）患侧腋下可有瘰核，肿大疼痛。

（4）患者多数为哺乳妇女，尤以未满月的初产妇为多见。

2. 辨证论治。

（1）郁滞期：气滞热壅证。

四诊：初起常有乳头皲裂，哺乳时感觉乳头刺痛，伴有乳汁郁积不畅或结块，有时可有一二个乳管阻塞不通。继而乳房局部肿胀疼痛，结块或有或无，伴压痛，皮色微红或不红，皮肤不热或微热。全身四诊不明显或伴有全身感觉不适，恶寒发热，头痛胸闷，心烦易怒，食纳不佳，大便干结。舌淡红或红，苔薄黄微腻，脉弦或浮数。

治则：疏肝清胃，通乳消肿。

选方：瓜蒌牛蒡汤加减。也可用中药外敷法：金黄散，玉露散或双柏散，用水或鲜菊花叶、鲜蒲公英等捣汁调敷患处；或用仙人掌去刺捣烂外敷。

（2）成脓期：热毒炽盛证。

四诊：患乳肿块不消或逐渐增大，皮肤红肿掀热，局部疼痛明显加重，如鸡啄样或搏动性疼痛，患处拒按。伴高热不退，头痛，口苦咽干，恶心厌食，溲赤便秘，同侧腋淋巴结肿大压痛，舌红或红绛，苔黄或腻，脉弦滑数。此时肿块中央渐软，按之有波动应指感，查血象白细胞计数明显增高，局部穿刺抽吸有脓。舌质红，苔黄腻，脉洪数。

治则：清热解毒，托里透脓。

选方：瓜蒌牛蒡汤合透脓散加减。可用中医辨脓法或超声定位乳房脓肿穿刺抽脓术，或超声定位火针洞式烙口穿刺引流排脓术，或超声定位乳房脓肿切开排脓术。

（3）溃后期：正虚毒恋证。

四诊：急性脓肿成熟时，可自行破溃出脓，或手术切开排脓。若溃后脓出通畅，局部肿消痛减，寒热渐退，疮口逐渐愈合。若脓腔部位较深，或有多个脓腔，溃后脓出不畅，肿势不消，疼痛不减，身热不退，而形成袋脓或传囊乳痈。若久治不愈，乳汁夹杂有清稀脓液自疮口溢出，则成乳漏，收口缓慢，至断奶后方能收口。舌质淡，苔薄，脉弱无力。

治则：益气和营托毒。

选方：托里消毒散加减。若溃后乳漏收口缓慢，可采用中药化腐清创术，药捻引流治疗，乳腺窦道搔刮术等。

三、盆腔炎

盆腔炎指女性生殖器官及周围结缔组织、盆腔腹膜等处发生的炎症。可分为急性、慢性两种。急性盆腔炎继续发展可引起弥漫性腹膜炎、败血症、感染性休克，严重者危及生命。若在急性期未能得到彻底治愈，可转为慢性盆腔炎。中医的热入血室、带下症亦属于该病范畴。

1. 中医诊断。

（1）下腹疼痛，腰骶部酸胀疼痛，常在劳累、性交、经期加重，可伴月经不调，白带增多，低热，疲乏，或不孕。

（2）根据盆腔慢性炎症体征，结合B超检查、血常规、血沉，阴道分泌物常规检查即可诊断。

2. 辨证论治。

（1）湿热瘀结证。

四诊：下腹胀痛或刺痛，痛处固定，腰骶胀痛，带下量多，色黄质稠或气臭，经期腹痛加重，经期延长或月经量多，口腻或纳呆，小便黄，大便不爽或大便干结。舌质红或暗红，或见边尖瘀点或瘀斑，苔黄腻或白腻，脉弦滑或弦数。

治则：清热除湿，化瘀止痛。

选方：银蒲四逆散、四妙散和失笑散加减。

（2）气滞血瘀证。

四诊：下腹胀痛或刺痛，情志抑郁或烦躁，带下量多，色黄或白质稠，月经先后不定，量多或少，经色紫暗有块或排出不畅，经前乳房胀痛，情志不畅则腹痛加重，脘腹胀满。舌质暗红，或有瘀斑瘀点，苔白或黄，脉弦。

治则：疏肝行气，化瘀止痛。

选方：膈下逐瘀汤或血府逐瘀汤。

（3）寒湿瘀滞证。

四诊：下腹冷痛或刺痛，腰骶冷痛，带下量多，色白质稀，形寒肢冷，经期腹痛加重，得温则减，月经量少或月经错后，经色紫黯或夹血块，大便溏泄。舌质黯或有瘀点，苔白腻，脉沉迟或沉涩。

治则：祛寒除湿，化瘀止痛。

选方：少腹逐瘀汤合桂枝茯苓丸或暖宫定痛汤。

（4）肾虚血瘀证。

四诊：下腹绵绵作痛或刺痛，腰骶酸痛，带下量多，色白质清稀，遇劳累下腹或腰骶酸痛加重，头晕耳鸣，经量多或少，经血黯淡或夹块，夜尿频多。舌质黯淡或有瘀点瘀斑，苔白或腻，脉沉涩。

治则：补肾活血，化瘀止痛。

选方：宽带汤加减。

（5）气虚血瘀证。

四诊：下腹疼痛或坠痛，缠绵日久，痛连腰骶，经行加重，带下量多，色白质稀，经期延长或月经量多，经血淡黯或夹块，精神萎靡，体倦乏力，食少纳呆。舌淡黯，或有瘀点瘀斑，苔白，脉弦细或沉涩无力。

治则：益气健脾，化瘀止痛。

选方：理冲汤或举元煎合失笑散加减。

四、痛经

痛经是因情志所伤，六淫为害，导致冲任受阻，或因精血不足，胞脉失于濡养所致，以经期或经行前后周期性出现小腹疼痛或痛引腰骶，甚至剧痛昏厥为主要表现的疾病。分为原发性痛经和继发性痛经两类。前者是痛经不伴有盆腔器质性病变；后者常伴器质性病变，如子宫内膜异位症、子宫腺肌病、盆腔炎等。

1. 中医诊断。

（1）有随月经周期规律性发作的以小腹疼痛，呈现继发性、渐进性痛经的特点。

（2）继发性、渐进性痛经。腹痛多发生在经前1~2d，行经第1d达高峰，可呈阵发性痉挛性或胀痛伴下坠感，严重者可放射到腰骶部、肛门、阴道、股内侧。甚至可见面色苍白、出冷汗、手足发凉等晕厥之象。

（3）盆腔检查发现内异症病灶或／和子宫增大、压痛。

2. 辨证论治。

（1）寒凝血瘀证。

四诊：经前或经期小腹冷痛，得热痛减，形寒肢冷，经色紫黯有块，月经量少或错后，经行呕恶，经行大便溏泄，带下量多，色白。舌质紫黯，或有瘀斑、瘀点，或舌底络脉迂曲，苔白；脉弦、涩或沉紧。

治则：温经散寒，化瘀止痛。

选方：少腹逐瘀汤加减。

（2）气滞血瘀证。

四诊：经前或经期小腹胀痛或刺痛，情志抑郁或烦躁易怒，经色黯红有块，或经行不畅，经前或经期乳房胀痛，肛门坠胀，月经先后不定期，经量或多或少。舌质黯红，或有瘀斑、瘀点，或舌底络脉迂曲，苔薄白或薄黄；脉弦或弦涩。

治则：疏肝行气，化瘀止痛。

选方：膈下逐瘀汤加减。

（3）肾虚血瘀证。

四诊：经行小腹坠痛，腰膝酸软，经色淡黯或夹块，月经量少或错后，头晕耳鸣，夜尿频多，性欲减退。舌质淡黯，或有瘀斑、瘀点，苔薄白；脉沉细或沉涩。

治则：补肾益气；化瘀止痛。

方药：济生肾气丸和血府逐瘀汤加减。

（4）湿热瘀阻证。

四诊：经前或经期小腹胀痛或灼痛，带下量多，色黄，质稠，经色暗红或绛红，或夹黏液，月经量多或经期延长，口腻或纳呆，大便溏而不爽或干结，小便色黄或短赤。舌质红或暗红，苔黄腻；脉弦数或弦滑。

治则：清利湿热，化瘀止痛。

方药：清热调血汤加减。

第十一节　常见儿科病证辨证论治

一、急乳蛾病

急乳蛾病相当于西医急性（腭）扁桃体炎，是指腭扁桃体的急性非特异性炎症，通常简称急性扁桃体炎，是上呼吸道感染的一种类型，多同时伴有程度不等的咽部黏膜和淋巴组织的急性炎症。该病在春、秋两季及气温变化时容易发病，可发生在任何年龄，多见于学龄前期和学龄期儿童，是小儿耳鼻咽喉科和小儿内科的常见多发病。属于中医学的"乳蛾病"范畴，有急、慢之分，反复发作可诱发"喉痈""痹病""水肿""心悸""怔忡"等，因此，急性期要早期积极治疗。

1. 中医诊断。

（1）以咽痛为主症，可表现为咽痛，咽痒，或吞咽困难，咽部异物感。喉核红肿，表面有脓点，颌下淋巴结肿大压痛。

（2）轻者可无全身四诊；重者可见发热、恶寒或微恶寒，头身疼痛，咳嗽，口臭，纳呆。

（3）起病较急，病程较短。

（4）血常规及C反应蛋白及病原学检测有助于诊断。

（5）需与咽白喉、樊尚咽峡炎、单核细胞增多症性咽峡炎、粒细胞缺乏性咽峡炎、白血病性咽峡炎、猩红热等相鉴别。

2. 辨证论治。

（1）风热犯肺证。

四诊：咽痛，渐加剧，咳嗽，吞咽加重，咽干灼热或痒，轻度吞咽困难，伴发热，微恶寒，头痛鼻塞，咳嗽咯痰，喉核及周围黏膜红肿，尚未化脓，颌下淋巴结肿大压痛，舌红，苔薄黄，脉浮数。

治则：疏风清热，利咽消肿。

选方：银翘马勃散加减。

（2）风寒袭肺证。

四诊：咽微痛，轻度吞咽困难，伴发热恶寒，喷嚏，鼻塞涕清，头身疼痛，无汗，喉核淡红稍肿，咽黏膜色淡，舌淡红，苔薄白，脉浮。

治则：疏风散寒，利咽消肿。

选方：香苏散加减。

（3）肺胃热盛证。

四诊：咽痛明显，吞咽时加剧，牵引耳痛，张口、吞咽困难，伴发热面赤，口渴欲冷饮，口臭，咳吐黄痰，小便短黄，大便秘结，喉核红肿，咽黏膜深红，喉核表面有黄白色脓点，颌下淋巴结肿大压痛，舌红，苔黄或黄腻，脉洪数。

治则：清泻肺胃，利咽消肿。

选方：清咽利膈汤加减。

二、肺炎喘嗽

小儿肺炎是由不同病原体或其他因素（吸入或过敏反应等）所致的肺部炎症。以发热、咳嗽、气促、呼吸困难和肺部固定湿啰音为其共同的临床表现。小儿肺炎中以支气管肺炎最为常见。本病多见于3岁以下婴幼儿。小儿肺炎属于中医学的"肺痹""肺胀""肺炎喘嗽"等证的范畴。

1. 中医诊断。

（1）起病较急，有发热，咳嗽，气促，鼻翕，痰鸣等症。或有轻度发绀。

（2）病情严重时，喘促不安，烦躁不宁，面色灰白，发绀加重，或高热持续不退。

（3）禀赋不足患儿，常病程迁延。新生儿患本病时，可出现不乳、口吐白沫、精神萎靡等不典型症状。

（4）肺部听诊：肺部有中、细湿啰音，常伴干性啰音，或管状呼吸音。

（5）大多数白细胞总数增高，分类中性粒细胞增多。若因病毒感染引起者，白细胞计数可减少、稍增或正常。X线透视或摄片检查肺部显示纹理增多、紊乱，透亮度降低，或见小片状、斑点状模糊阴影，也可呈不均匀大片阴影。

2. 辨证论治。

（1）风热闭肺证。

四诊：咳嗽，喘急，鼻翕，或伴发热重，恶风，鼻塞流涕，咽红，舌质红，苔薄白或薄黄，脉浮数或指纹紫红于风关。

治则：疏风清热，宣肺开闭。

选方：银翘散合麻杏石甘汤加减。

（2）痰热闭肺证。

四诊：咳嗽痰多，喉间痰鸣，呼吸急促，发热，胸闷纳呆，泛吐痰涎，舌红苔黄厚，脉滑数或指纹紫于风关。

治则：清热涤痰，泄肺开闭。

选方：五虎汤合葶苈大枣泻肺汤加减。

（3）毒热闭肺证。

四诊：高热不退，咳嗽剧烈，气急喘憋，便秘溲赤，面赤唇红，烦躁口渴，舌红而干，舌苔黄腻，脉滑数或指纹青紫。

治则：清热解毒，泄肺开闭。

方药：黄连解毒汤合三拗汤加减。

（4）正虚邪恋证。

四诊：在肺炎病程恢复期四诊减轻，体温趋于正常，但表现有多汗、胃肠功能紊乱、体质虚弱或肺部啰音经久不消者。阴虚肺热证可有低热不退，咳嗽少痰，盗汗，面色潮红，唇红，舌红少津，舌苔花剥、苔少或无苔，脉细数或指纹紫。肺脾气虚证可有咳少痰多，神疲倦怠，面色少华，自汗食少，大便稀溏，唇舌淡红，脉细弱无力或指纹淡红。

治则：阴虚肺热证宜清热宣肺，养阴益胃；肺脾气虚证宜健脾益气，宣肺化痰。

选方：阴虚肺热证方用沙参麦冬汤合养阴清肺汤加减；肺脾气虚证方用人参五味子汤加减。

3. 中医特色疗法。

（1）药物敷胸疗法，适用于肺炎喘嗽（肺炎轻症）各证型。

（2）药物穴位敷贴疗法，适用于肺炎喘嗽（肺炎轻症）咳嗽或气喘症明显者。

（3）肺炎贴经皮治疗，适用于咳嗽气促，或痰多难咯，或肺部听诊有明显的湿性啰音者。

（4）雾化吸入疗法，适用于咳嗽气促，或痰多难咯者。

（5）药物敷脐疗法，适用于肺脾气虚证者。

（6）中药灌肠法，口服中药困难者可选择中药灌肠法，根据不同证型，配取相应的中药液体（辨证汤剂）。

（7）拔罐疗法，用于肺炎后期痰多，肺部啰音难消者。

（8）天灸疗法（即冬病夏治穴位贴敷疗法）：适用于慢性肺炎与反复肺炎的患者。

三、小儿哮喘

支气管哮喘是由多种细胞，特别是肥大细胞、嗜酸性粒细胞和T淋巴细胞以及细胞组分参与的气道慢性炎症。临床上以反复发作呼气性呼吸困难伴有哮鸣音为特点。发病以秋冬气候改变时为多见，属于中医学的"哮证"范畴。

1. 中医诊断。

（1）发作前有喷嚏、咳嗽等先兆四诊，或突然发作。发作时喉间痰鸣，呼吸困难，伴呼气延长；咯痰不爽，甚则不能平卧，烦躁不安等。

（2）常因气候转变、受凉，或接触某些过敏物质等因素诱发。

（3）可有婴儿期湿疹史，或家族过敏史。

（4）两肺布满哮鸣音，呼气延长，或闻及湿性啰音，心率增快。

（5）实验室检查白细胞总数正常，嗜酸性粒细胞可增高，可疑变应原皮肤试验常呈阳性。大部分患儿特异性IgE明显升高。伴肺部感染时，白细胞总数及中性粒细胞可增高。

（6）除外其他疾病所引起的喘息、咳嗽、气促和胸闷。

（7）分期标准：

①急性发作期：突然发生喘息、咳嗽、气促、胸闷等四诊，或原有四诊急剧加重，两肺听诊闻及哮鸣音。

②慢性持续期：近3个月内不同频度和（或）不同程度地出现过喘息、咳嗽、气促、胸闷等四诊。

③临床缓解期：经过治疗或未经治疗四诊、体征消失，肺功能恢复到急性发作前水平，并维持3个月以上。

2. 辨证论治。

（1）急性发作期。

①寒性哮喘证。

四诊：咳嗽气喘，喉间哮鸣，痰多白沫，鼻流清涕，面色淡白，形寒肢冷，舌淡苔白，脉浮滑。

治则：温肺化痰，降气平喘。

选方：小青龙汤加减。

②热性哮喘证。

四诊：咳嗽气喘，喉间哮鸣，痰稠色黄，鼻流浊涕，发热面红，口干咽红，舌红苔薄黄或黄腻，脉滑数。

治则：清肺化痰，降气平喘。

选方：麻杏石甘汤加减。

③外寒里热证。

四诊：咳嗽气喘，喉间哮鸣，痰黏色黄，鼻流清涕，舌红苔薄白或薄黄，脉浮紧或滑数。

治则：解表清里，止咳定喘。

选方：大青龙汤加减。

④虚实夹杂。

四诊：咳喘持续发作，喘促胸满，端坐抬肩，不能平卧，面色晦滞带青，畏寒肢冷，神疲纳呆，小便清长，舌淡苔薄白，脉无力。

治则：温肺平喘，补肾纳气。

选方：参附龙牡汤加减。

（2）慢性持续期和临床缓解期。

①痰瘀内伏证。

四诊：喘息、气促、胸闷等四诊缓解，咳嗽减轻，痰液减少，面色如常，二便调，纳增，夜寐安。舌淡或淡暗，苔薄腻，脉弦滑。

治则：化痰止咳。

选方：二陈汤加桃仁。

②肺气亏虚证。

四诊：乏力自汗，易于感冒，面色淡白。舌淡苔薄白，脉细无力。

治则：益肺固表。

选方：玉屏风散加减。

③脾气亏虚证。

四诊：食少便溏，倦怠乏力，面色少华。舌淡苔少，脉缓无力。

治则：健脾化痰

选方：六君子汤加减。

④肾气亏虚证。

四诊：动则气促，面色淡白，形寒畏冷，下肢欠温，小便清长。舌淡苔薄，脉细无力。

治则：补肾益气

选方：金匮肾气丸加减。

3. 中医特色疗法。

（1）急性发作期针灸疗法：主要取定喘、天突、内关等穴位。

（2）慢性持续期和临床缓解期：冬病夏治、穴位敷贴、膏方治疗。

四、小儿泄泻

泄泻是以大便次数增多，粪质稀薄或如水样为特征的一种小儿常见病。本病一年四季均可发生，以夏秋季节发病率为高，不同季节发生的泄泻，其证候表现有所不同。2岁以下小儿发病率高，因婴幼儿脾常不足，易于感受外邪、伤于乳食或脾肾气阳亏虚，均可导致脾病湿盛而发生泄泻。轻者治疗得当，预后良好；重者下泻过度，易见气阴两伤，甚至阴竭阳脱；久泻迁延不愈者，则易转为疳证。

1. 中医诊断。

（1）有乳食不节，饮食不洁或感受时邪的病史。

（2）大便次数增多，每日3~5次，多达10次以上，呈淡黄色，如蛋花样，或色褐而臭，可有少量黏液。或伴有恶心、呕吐、腹痛、发热、口渴等症。

（3）腹泻及呕吐较严重者，可见小便短少，体温升高，烦渴萎靡，皮肤干瘪，囟门凹陷，目珠下陷，啼哭无泪，口唇樱红，呼吸深长。

（4）大便镜检可有脂肪球，少量红、白细胞；大便病原体检查可有致病性大肠杆菌等生长，或分离出轮状病毒等；重症腹泻伴有脱水、酸碱平衡失调及电解质紊乱。

2. 辨证论治。

（1）风寒泄泻证。

四诊：大便色淡，带有泡沫，无明显臭气，腹痛肠鸣。或伴鼻塞，流涕，身热。舌苔白腻，脉滑有力。

治则：疏风散寒，化湿和中。

选方：藿香正气散加减。

（2）湿热泄泻。

四诊：下利垢浊，稠黏臭秽，便时不畅，似痢非痢，次多量少，肛门赤灼，发热或不发热，渴不思饮，腹胀。面黄唇红，舌红苔黄厚腻，指纹紫滞，脉濡数。

治则：清肠解热，化湿止泻。

选方：葛根芩连汤加减。

（3）伤食泄泻证。

四诊：大便酸臭，或如败卵，腹部胀满，口臭纳呆，泻前腹痛哭闹，多伴恶心呕吐。舌苔厚腻，脉滑有力。

治则：运脾和胃，消食化滞。

选方：保和丸加减。

（4）寒湿泄泻证。

四诊：大便稀薄如水，淡黄不臭，腹胀肠鸣，口淡不渴，唇舌色淡，不思乳食或食入即吐，小便短少，面黄腹痛，神疲倦怠。舌苔白厚腻，指纹淡，脉濡。

治则：温脾燥湿，渗湿止泻。

选方：桂枝加人参汤合五苓散加减。

（5）脾虚泄泻证。

四诊：久泻不止，或反复发作，大便稀薄，或呈水样，带有奶瓣或不消化食物残渣。神疲纳呆，面色少华，舌质偏淡，苔薄腻，脉弱无力。

治则：健脾益气，助运止泻。

选方：参苓白术散加减。

（6）脾肾阳虚泄泻证。

四诊：大便稀溏，完谷不化，形体消瘦，或面目虚浮，四肢欠温。舌淡苔白，脉细无力。

治则：温补脾肾，固涩止泻。

选方：附子理中丸合四神丸加减。

3. 中医特色疗法。

（1）小儿推拿法。①伤食泻：补脾经，清大肠，摩腹，揉板门等，每日1次。或顺运八卦，清胃，补脾，清大肠，运土入水，利小便，顺揉长强，推上七节骨，揉足三里，推上承山，推揉止泻灵。②寒湿泻：补大肠，补脾经，推三关，揉外劳宫，揉一窝风，揉龟尾，推上七节骨，拿肚角等，每日1次。③湿热泻：清脾经，清大肠，推下七节骨，清小肠，推箕门，按揉足三里，摩腹，揉脐，揉天枢等，每日1次。④脾虚泻：补脾土，补大肠，捏脊，摩腹，推三关，按揉足三里，推上七节骨等，每日1次。或揉腹：顺时针方向揉3min，逆时针方向揉2min；揉气海：顺时针方向揉3min；揉百会：顺时针方向点揉2min；揉龟尾：揉250~300次。或捏脊叩督法：从长强穴上2cm至大椎穴反复捏提3~6遍，从大椎穴向下到腰俞沿督脉及两侧华佗夹脊穴叩击3~5遍，频率为160~180次／分。

（2）中药灌肠法：根据不同证型，配取相应的中药汤剂，药物温度控制在36℃~37℃，药量按1~2ml／kg·次，保留灌肠。禁忌证：肛门周口及直肠疾病患者。

（3）敷贴疗法：风寒泻方用藿香、防风、苍术、茯苓、炮姜。湿热泻方用葛根、黄连、黄芩、黄柏、车前子。伤食泻方用丁香、焦山楂、焦神曲、鸡内金。脾虚泻方用党参、茯苓、白术、吴茱萸。脾肾阳虚泻方用党参、吴茱萸、肉桂、丁香、茯苓。将以上药物分别按一定的比例配制成糊状药饼，根据患儿证型取一人份，放置于患儿脐部，外以医用胶贴固定，每次贴敷6~8h，每日1次。

（4）针灸疗法：①针法：取穴止泻穴、足三里、三阴交。发热加曲池；呕吐加内关、中脘；腹胀加天枢；伤食加刺四缝。实证用泻法，虚证用补法，每日1次。②灸法：患儿取仰卧位，点燃灸条，距离皮肤2~3cm，灸至皮肤红热为度，时间为15~20min。分别灸神厥、中脘、天枢及足三里等穴，如食滞明显，可加脾俞、胃俞等穴；脾肾阳虚者加肾俞，每日1次。或选用多功能艾灸仪治疗。

第十二节　常见骨伤科病证辨证论治

一、腰椎间盘突出症

腰椎间盘突出症又称腰椎纤维环破裂症。腰椎间盘发生退行性变，或外力作用引起腰椎椎间盘内、外压力平衡失调，均可使纤维环破裂，导致腰椎间盘的髓核突出而引发本病。腰椎间盘突出症属中医学中"腰痛"或"腰腿痛""痹症"范畴。

1. 中医诊断。

（1）病史一是外伤，二是劳损，三是肾气不足，四为风、寒、湿、热之邪流注经络，致使经络困阻发病。

（2）腰痛是椎间盘突出四诊最先出现的四诊，而且是多见的四诊，发生率约91%，疼痛性质一般为钝痛、放射痛或刺痛。活动时疼痛加重，休息或卧床后疼痛减轻。

（3）容易导致坐骨神经痛。腰椎间盘突出症绝大多数病人发生在L_4/L_5、L_5/S_1间隙，故容易引起坐骨神经痛，发生率达97%。疼痛多是放射性痛，由臀部、大腿后侧、小腿外侧到跟部或足背部。

（4）腹股沟区或大腿内侧痛。高位的腰椎间盘突出症，突出的椎间盘可压近L_1、L_2和L_3神经根，出现相应的神经根支配的腹股沟区疼痛或大腿内侧疼痛。

（5）马尾神经综合征。向正后方向突出的髓核、游离的椎间盘组织，可压迫马尾神经，出现大小便障碍，鞍区感觉异常。多表现为急性尿潴留和排便不能自控。

（6）尾骨疼痛。腰椎间盘突出症的临床四诊可出现尾骨疼痛。原因是突出的椎间盘组织移入骶管，刺激腰骶神经丛。

（7）肢体麻木感。有的病人不出现下肢疼痛而表现为肢体麻木感，此乃是椎间盘组织压迫刺激了本体感觉和触觉纤维而引发的麻木。

（8）体征有腰椎侧凸、腰部活动受限、腰部压痛及骶骨棘肌痉挛、神经系统征象、直腿抬高试验阳性等。

（9）辅助检查腰椎X线、腰椎CT等有助于诊断。

2. 辨证论治。

（1）风湿痹阻证。

四诊：腰腿痹痛重着，转侧不利，反复发作，阴雨天加重，痛处游走不定，恶风，得温则减，舌质淡红或黯淡，苔薄白或白腻，脉沉紧，弦缓。

治则：祛风除湿，益痹止痛。

选方：独活寄生汤加减。

（2）寒湿痹阻证。

四诊：腰腿部冷痛重着，转侧不利，痛有定处，虽静卧亦不减或反而加重，日轻夜重，遇寒痛增，得热则减，小便利，大便溏，舌质胖淡，苔白腻，脉弦紧、弦缓或沉紧。

治则：温经散寒，祛湿通络。

选方：附子汤加减。

（3）湿热痹阻证。

四诊：腰腿痛，痛处伴有热感，或见肢节红肿，口渴不欲饮，烦闷不安，小便短赤，或大便里急后重，舌质红，苔黄腻，脉濡数或滑数。

治则：清利湿热，通络止痛。

选方：清火利湿汤加减。

（4）气滞血瘀证。

四诊：近期腰部有外伤史，腰腿痛剧烈，痛有定处，刺痛，腰部板硬，俯仰活动艰难，痛处拒按，舌质暗紫，或有瘀斑，舌苔薄白或薄黄，脉沉涩。

治则：行气活血，通络止痛。

选方：桃红四物汤加减。

（5）肾阳虚衰证。

四诊：腰腿痛缠绵日久，反复发作，腰腿发凉，喜暖怕冷，喜按喜揉，遇劳加重，少气懒言，面色㿠白，自汗，口淡不渴，毛发脱落或早白，齿松或脱落，小便频数，男子阳痿，女子月经量少，舌质淡胖嫩，苔白滑，脉沉弦无力。

治则：温补肾阳，温阳通痹。

选方：温肾壮阳方加减。

（6）肝肾阴虚证。

四诊：腰腿酸痛绵绵，乏力，不耐劳，劳则加重，卧则减轻，形体瘦削，面色潮红，心烦失眠，口干，手足心热，面色潮红，小便黄赤，舌红少津，脉弦细数。

治则：滋阴补肾，强筋壮骨。

选方：知柏地黄丸加减。

3. 中医特色疗法。

（1）推拿治疗：这种方法可以减轻椎间盘的压力，使痉挛的肌肉松弛。常用的有：牵引按压法、俯卧扳腿法、斜扳法等。

（2）腰椎牵引：目的是减轻椎间盘的压力，促使髓核不同程度的回纳；牵引可解除腰椎后关节的负载，同时可以解除肌肉痉挛。常用的牵引式有手法牵引、骨盆牵引等。

（3）拔罐疗法：有疏通气血、消散痞滞、温通经络、祛湿驱风、散寒活血、舒筋止痛等作用，有留罐、闪罐、走罐、针罐等方式。

（4）理疗：一般都有改善血液循环、增强组织的代谢和营养、促进炎性水肿吸收及血肿消散、松解粘连的作用，并可缓解肌肉痉挛、改善小关节功能。常用方法有：电疗法、频谱治疗仪、磁疗法、中药离子导入等。还有针灸治疗等。

二、颈椎病

由于颈椎间盘组织退行性改变及其继发病理改变累及其周围组织结构（神经根、脊髓、椎动脉、交感神经等），出现相应的临床表现称为颈椎病。相当于中医"项痹病、眩晕病"范畴。

1. 中医诊断。

（1）具有根性分布的麻木、疼痛和体征。

（2）椎间孔挤压试验或／和臂丛神经牵拉试验阳性。

（3）影像学所见与临床表现基本相符合。

2．辨证论治。

（1）风寒痹阻证。

四诊：颈、肩、上肢窜痛麻木，以痛为主，头有沉重感，颈部僵硬，活动不利，恶寒畏风。舌淡红，苔薄白，脉弦紧。

治则：祛风散寒，祛湿通络。

选方：羌活胜湿汤加减。

（2）气滞血瘀证。

四诊：颈肩部、上肢刺痛，痛处固定，伴有肢体麻木。舌质暗，脉弦。

治则：行气活血，通络止痛。

选方：桃红四物汤加减。

（3）痰湿阻络证。

四诊：头晕目眩，头重如裹，四肢麻木，纳呆。舌暗红，苔厚腻，脉弦滑。

治则：祛湿化痰，通络止痛。

选方：半夏白术天麻汤加减。

（4）肝肾不足证。

四诊：眩晕头痛，耳鸣耳聋，失眠多梦，肢体麻木，面红目赤。舌红少苔，脉弦。

治则：补益肝肾，通络止痛。

选方：金匮肾气丸加减。

（5）气血亏虚证。

四诊：头晕目眩，面色苍白，心悸气短，四肢麻木，倦怠乏力。舌淡苔少，脉细弱。

治则：益气温经，和血通痹。

选方：黄芪桂枝五物汤加减。

3．中医特色疗法。

可以选择推拿手法治疗、针灸疗法、牵引疗法，其他外治如敷贴、熏蒸、涂擦、膏摩、刮痧、拔罐、中药离子导入、针刀疗法、穴位埋线、封闭疗法等治疗。

三、骨质疏松症

由于年老肾亏，气血不足，或复因寒湿之邪侵袭，使气血凝滞，络脉不通，筋骨失养，导致"骨痹""骨痿"的发生。基本病机是由于本虚，病位在骨，证属本虚标实，以肝、脾、肾三脏虚弱，尤以肾虚为本，寒湿血瘀为标。初起时以多见实证或虚证，发病日久则多虚实夹杂。

1．中医诊断。

（1）腰背酸痛。初期时出现腰背痛，此后逐渐发展到持续性疼痛。有时可伴有四肢放射性痛和麻木感。

（2）驼背，身材缩短。坐高与身高的比例缩小。

（3）容易导致骨折的后果。

（4）实验室和X线平片检查可以诊断。

2．辨证论治。

（1）阳虚湿阻证。

四诊：腰部冷痛重着，转侧不利，虽静卧亦不减或反加重，遇寒冷及阴雨天疼痛加剧，舌淡、苔白腻，脉沉而迟缓。

治则：散寒祛湿，温通经络。

选方：肾着汤加减。

（2）气滞血瘀证。

四诊：骨节疼痛，痛有定处，痛处拒按，筋肉挛缩，骨折，多有久病或外伤史，舌质紫暗，有瘀点或瘀斑，脉涩。

治则：理气活血，化瘀止痛。

方药：身痛逐瘀汤加减。

（3）脾气虚弱证。

四诊：腰背酸痛，肢体倦怠无力，消瘦，少气懒言，纳少，大便溏薄，舌淡苔白，脉缓弱无力。

治则：健脾益气壮骨。

选方：参苓白术散加减，龙牡壮骨颗粒。

（4）肝肾阴虚证。

四诊：腰膝酸痛，膝软无力，驼背弯腰，患部痿软微热，形体消瘦，眩晕耳鸣，或五心烦热，失眠多梦，男子遗精，女子经少经闭，舌红少津，少苔，脉沉细数。

治则：滋补肝肾，养阴填精。

选方：左归丸加减。

（5）肾阳虚衰证。

四诊：腰背冷痛，酸软无力，甚则驼背弯腰，活动受限，畏寒喜暖，遇冷加重，尤以下肢为甚，小便频多，或大便久泻不止，或浮肿，腰以下为甚，按之凹陷不起，舌淡苔白，脉沉细或弦。

治则：补肾健阳，强身健骨。

选方：右归丸加减。

（6）肾精不足证。

四诊：患部酸楚隐痛，筋骨痿软无力，动作迟缓，早衰，发脱齿摇，耳鸣健忘，男子精少，女子经闭，舌淡红，脉细弱。

治则：滋肾填精，养髓壮骨。

方药：河车大造丸加减。

（7）气血两虚证。

四诊：腰脊酸痛，肢体麻木软弱，患部肿胀，神疲乏力，面白无华，食少便溏，舌淡苔白，脉细弱无力。

治则：气血双补，养髓壮骨。

选方：八珍汤加减。

四、膝关节骨性关节炎

膝关节骨性关节炎属于中医的痹病范畴，是由于风、寒、湿、热等邪气闭阻经络，影响血气运行，导致肢体筋骨、关节、肌肉等处发生疼痛、重着、酸楚麻木，或关节屈伸不利、僵硬、肿大、变形等四诊的一种疾病。

1. 中医诊断。

（1）临床表现为肢体关节肌肉疼痛，屈伸不利，或疼痛游走不定，甚至关节剧痛，肿大、强硬、变形。

（2）发病及病情的轻重常与劳累以及季节、气候的寒冷潮湿等天气变化有关，某些痹症的发生和加重可与饮食不当有关。

（3）本病可发生于任何年龄，但不同年龄的发病于基本的类型有一定的关系。

2. 辨证论治。

（1）风寒湿痹证。

①行痹。

四诊：肢体关节、肌肉疼痛酸楚，屈伸不利，可涉及肢体多个关节，疼痛呈游走性，初起可见恶风、发热等表证。舌苔薄白，脉浮或浮缓。

治则：祛风通络，散寒除湿。

选方：防风汤加减。

②痛痹。

四诊：肢体关节疼痛，痛势较剧，部位固定，遇寒则痛甚，得热则痛缓，关节屈伸不利，局部皮肤或有寒冷感。舌质淡，舌苔薄白，脉弦紧。

治则：散寒通络，祛风除湿。

选方：乌头汤加减。

③着痹。

四诊：肢体关节肌肉酸楚、重着、疼痛，肿胀散漫，关节活动不利，肌肤麻木不仁。舌质淡，舌苔白腻，脉濡缓。

治则：除湿通络，祛风散寒。

选方：薏苡仁汤加减。

（2）风湿热痹证。

四诊：游走性关节疼痛，可涉及一个或多个关节，活动不便，局部烧热红肿，痛不可触，得冷则舒，可有皮下结节或红斑，常伴有发热、恶风、汗出、口渴、烦躁不安等全身四诊。舌质红，舌苔黄腻，脉滑数或浮数。

治则：清热通络，祛风除湿。

选方：白虎加桂枝汤合蠲痹汤加减。

（3）痰瘀痹阻证。

四诊：痹阻日久，肌肉关节刺痛，固定不移，或关节肌肤紫暗、肿胀，按之较硬，肢体麻木或重着，或关节僵硬变形，屈伸不利，舌质紫暗或有瘀斑，舌苔白腻，脉弦涩。

治则：化痰行郁，蠲痹通络。

选方：双合汤加减。

（4）肝肾两虚证。

四诊：痹症日久不愈，关节屈伸不利，肌肉瘦削，腰膝酸软，舌质淡红，舌苔薄白或少津，脉沉细弱或细数。

治则：培补肝肾，舒筋止痛。

选方：补血荣筋丸加减。

3. 中医特色疗法。

针对病人具体情况，可以采用针刺疗法、灸法、拔罐、中频脉冲电治疗、推拿、熏蒸、刮痧、TDP照射等疗法。

第十三节　常见耳鼻咽喉病证辨证论治

一、暴聋

暴聋相当于西医之突发性聋，是指突然发生的原因不明的非波动性听力损失。多单耳发病。男、女发病率无差别，左右侧发病率无明显差别。多发病于40岁以后，发病率有增加趋势。

1. 中医诊断。

（1）听力突然下降，1～3d内听力下降达到高峰，多为单耳发病。或伴耳鸣、眩晕。

（2）常有恼怒、劳累、感寒等诱因。

（3）耳部检查：鼓膜多无明显变化。

（4）听力检查主要呈感音神经性聋。

（5）应与耳眩晕、耳胀相鉴别。

2. 辨证论治。

（1）风邪外犯证。

四诊：多因感冒或受寒之后，突发耳聋，伴鼻塞、流涕，或有头痛、耳胀闷，或有恶寒、发热、身痛。舌质红，苔薄白，脉浮。

治则：宣肺解表，散邪通窍。

选方：宣肺通窍汤加减。

（2）肝火上炎证。

四诊：情志抑郁或恼怒之后，突发耳聋，耳鸣如潮或风雷声，伴口苦口干，便秘尿黄，面红、目赤。舌红，苔黄，脉弦数。

治则：清肝泄热，开郁通窍。

选方：龙胆泻肝汤加减。

（3）痰火郁结证。

四诊：耳聋耳鸣，耳中胀闷，或见头晕目眩，胸脘满闷，咳嗽痰多，口苦或淡而无味，二便不畅。舌红，苔黄腻，脉滑数。

治则：化痰清热，散结通窍。

选方：清气化痰丸加减。

（4）血瘀耳窍证。

四诊：耳聋突然发生，并迅速发展，常伴耳胀闷感或耳痛，耳鸣不休，或有眩晕。舌质暗红，脉涩。

治则：活血化瘀，通利耳窍。

选方：通窍活血汤加减。

（5）气血亏虚证。

四诊：听力下降，每遇疲劳之后加重，或见倦怠乏力，声低气怯，面色无华，食欲不振，脘腹胀满，大便溏薄，心悸失眠，舌质淡红，苔薄白，脉细弱。

治则：健脾益气，养血通窍。

选方：归脾汤加减。

二、鼻鼽

鼻鼽相当于西医之变应性鼻炎，是接触过敏源后，由IgE介导产生鼻黏膜炎症，表现出鼻部四诊的一种常见变态反应性疾病。部分患者合并哮喘，影响终身。传统上根据接触过敏源时间，将其分为常年性、季节性和职业性三种。变应性鼻炎是以突发或反复发作的鼻痒、喷嚏、流清涕及鼻塞为特征的鼻病。

1. 中医诊断。

（1）主要症状有鼻痒、喷嚏、流清涕、鼻塞。

（2）鼻黏膜肿胀，色淡白或色红，鼻腔可有清稀分泌物。

（3）病程较长，反复发作。部分病人可有过敏史及家族史。

2. 辨证论治。

（1）肺气虚寒证。

四诊：鼻痒，喷嚏，流清涕，鼻塞；平素畏风怕冷，自汗，咳嗽痰稀，气短，面色苍白；鼻黏膜肿胀淡白，鼻腔分泌物清稀；舌质淡，苔薄白，脉虚弱。

治则：温肺散寒，益气固表。

选方：小青龙汤加减。

（2）脾气虚弱证。

四诊：鼻痒，喷嚏，流清涕，鼻塞；伴有食少纳呆，腹胀便溏，四肢困倦；鼻黏膜色淡，肿胀明显；舌质淡、舌体胖、边有齿印，脉细弱。

治则：益气健脾，升阳通窍。

选方：补中益气汤合苍耳子散加减。

（3）肾阳不足证。

四诊：鼻痒，喷嚏频频，清涕如水样；伴有形寒肢冷，夜尿清长，神疲乏力，腰膝酸软；鼻黏膜水肿苍白，鼻腔分泌物清稀；舌质淡，苔白，脉沉迟。

治则：温补肾阳，通利鼻窍。

选方：金匮肾气丸加减。

（4）肺经伏热证。

四诊：鼻痒，喷嚏，流清涕，鼻塞；伴有咽痒，咳嗽，口干烦热；鼻黏膜充血肿胀；舌质红，苔白或黄，脉细数。

治则：清宣肺气，通利鼻窍。

选方：辛夷清肺饮加减。

第十四章　中医适宜技术

第一节　针　刺

一、针刺法

1. 单手进针法。

准备：①准备适当毫针消毒待用。②患者选择舒适体位，充分暴露施术部位。

操作要点：①消毒：腧穴皮肤、医生双手。②持针：拇、食指指腹持针，中指指腹抵住针身下段，中指指端比针尖略长出或齐平。③指抵皮肤：对准穴位，中指指端紧抵腧穴皮肤。④刺入：拇、食指向下用力按压刺入，中指随之屈曲。快速将针刺入，刺入时保持针身直而不弯。

2. 双手进针法。

（1）指切进针法。

准备：①适当毫针消毒待用。②患者选择舒适体位，充分暴露施术部位。

操作要点：①消毒：腧穴皮肤、医生双手。②押手固定穴区皮肤。③持针：刺手拇、食、中指三指指腹持针。④刺入：针身紧贴押手指甲缘快速刺入。适宜于短针的进针。

（2）夹持进针法。

准备：①适当毫针消毒待用。②患者选择舒适体位，充分暴露施术部位。

操作要点：①消毒：腧穴皮肤、医生双手。②持针：押手拇、食指持消毒干棉球裹住针身下段，以针尖端露出0.3~0.5cm为宜，刺手拇、食、中三指指腹夹持针柄，使针身垂直。③刺入：将针尖固定在腧穴皮肤表面，刺手捻转针柄，押手下压，双手配合，同时用力，迅速将针刺入腧穴皮下。适用于长针的进针。

（3）提捏进针法。

准备：①适当毫针消毒待用。②患者选择舒适体位，充分暴露施术部位。

操作要点：①消毒：腧穴皮肤、医生双手。②押手提捏穴旁皮肉。③持针：刺手拇、食、中指三指指腹持针。④刺入。适用于皮肉浅薄部位的腧穴进针。

（4）舒张进针法。

准备：①适当毫针消毒待用。②患者选择舒适体位，充分暴露施术部位。

操作要点：①消毒：腧穴皮肤、医生双手。②押手绷紧皮肤，两指间距离适当。③持针：刺手拇、食、中指三指指腹持针。④刺入。适用于皮肤松弛部位的腧穴进针。

二、针刺的角度

1. 直刺：进针时针身与皮肤表面呈90°垂直刺入。适用于大部分的腧穴。

2. 斜刺：进针时针身与皮肤表面呈45°左右倾斜刺入。适用于肌肉浅薄处或内有重要脏器，或不宜直刺、深刺的腧穴。

3. 平刺：进针时针身与皮肤表面呈15°左右沿皮刺入。适用于皮薄肉少部位的腧穴。

三、针刺的深度

每个腧穴的针刺的深度都要结合患者的体质、年龄、病情、部位等具体情况。

1. 年龄——年老体弱、气血衰退、小儿娇嫩、稚阴稚阳者不宜深刺；中青年身强体壮者可适当深刺。

2. 体质——浅刺：形瘦体弱者；深刺：形盛体强者。

3. 病情——浅刺：阳证、新病；深刺：热证、虚证。

4. 病位——浅刺：在表、在肌肤；深刺：在里、在筋骨、在脏腑。

5. 腧穴所在部位——头面、胸腹及皮薄肉少处的腧穴宜浅刺；四肢、臂、腹及肌肉丰满处的腧穴宜深刺。

6. 季节——一般原则是春夏宜浅刺，秋冬宜深刺。

四、针刺基本手法

1. 提插法。

操作要点：是将针刺入腧穴一定深度后，施以下插上提的操作手法。重插轻提为补，轻插重提为泻。

注意事项：①提插的幅度、层次的变化、频率和操作的时间，应根据患者情况灵活掌握。②提插法多用于肌肉较丰厚部位的腧穴。③上提时不要提出皮肤，下插时不要刺伤脏器和筋骨。④提插过程中要保持针身垂直。

2. 捻转法。

操作要点：是将针刺入一定深度后，施以向前向后捻转动作，使针在腧穴内反复前后来回旋转的行针手法。拇指向前食指向后捻转为补，拇指向后食指向前捻转为泻。

注意事项：①捻转角度的大小、频率的快慢、时间的长短，应根据患者情况灵活掌握。②指力要均匀，角度要适当，一般以180°左右。③不能单向捻转，否则针身易被肌纤维缠绕，造成腧穴局部疼痛以及滞针现象。

3. 针刺辅助手法：是针刺时对针柄、针体和腧穴所在经脉进行的辅助动作。

（1）循法。

操作要点：①确定腧穴所在经脉及循行路线。②用拇指指腹，或第二、三、四指并拢后用第三指的指腹循按或拍叩。③反复操作至穴周肌肉得以放松或出现针感或循经感传为止。

适用于针刺前或针刺后留针过程中。

注意事项：①用指腹进行循按或拍叩。②用力轻柔适度。③循法具有催气、行气、解除滞针、减轻患者紧张的作用。

（2）弹法。

操作要点：①刺入一定深度。②拇指与食指相交，食指指甲缘轻抵拇指指腹。③弹叩针柄：用食指指甲面对准针柄或针尾，轻轻弹叩。

注意事项：①针刺深度要合适。②手指灵活，用力均匀，力度适中，以针身微微颤动为度。③弹叩次数一般7~10次即可。

（3）刮法。

操作要点：①刺入一定深度。②用拇指指腹或食指指腹轻抵针尾。③用食指指甲或拇指指甲或中指指甲频频刮动针柄，使针身产生轻度震颤。

注意事项：①手指灵活，用力均匀，力度适中。②频率要匀速。③术者指甲要修理平整、光滑。

（4）摇法。

操作要点：①刺入一定深度。②手持针柄划圈样或前后或左右摇动。

注意事项：①斜刺或平刺进针。②进针角度与直立针身或卧倒针身相结合。③用力要均匀柔和。

（5）飞法。

操作要点：①刺入一定深度。②轻微捻搓针柄数次后快速张开两指。

注意事项：①宜在肌肉丰厚处的腧穴施术。②手指灵活，力度要均匀一致。

（6）震颤法。

操作要点：①刺入一定深度。②刺手拇、食二指或拇、食、中指夹持针柄。③提插捻转：小幅度、快频率，若手颤之状，使针身微微颤动。

注意事项：①用力轻柔。②小幅度的颤动和震摇。

五、针刺补泻手法

1. 捻转补泻：补法是角度小，用力轻，频率慢，操作时间短。拇指向前，食指向后。泻法则与之相反。

2. 提插补泻：补法是幅度小，频率慢，操作时间短，重插轻提。泻法则与之相反。

3. 疾徐补泻：补法是进针时徐徐刺入，出针疾速。泻法则与之相反。

4. 呼吸补泻：补法是呼气时进针，吸气时出针。泻法则与之相反。

5. 迎随补泻：顺着经络的循行方向刺入为补。泻法则与之相反。

6. 开阖补泻：补法是出针后迅速按压针孔。泻法则与之相反。

7. 平补平泻：均匀捻转提插。

六、体位选择

有利于腧穴的正确定位又便于针灸的施术操作和较长时间的留针而不致疲劳的原则。

1.仰卧位：适宜于取头、面、胸、腹部腧穴，和上、下肢部分腧穴。

2.侧卧位：适宜于取身体侧面少阳经腧穴和上、下肢的部分腧穴。

3.伏卧位：适宜于取头、项、脊背、腰骶部腧穴，和下肢背侧及上肢部分腧穴。

4.仰靠坐位：适宜于取前头、颜面和颈前等部位的腧穴。

5.俯伏坐位：适宜于取后头和项、背部的腧穴。

6.侧伏坐位：适宜于取头部的一侧，面颊及耳前后部位的腧穴。

七、针刺禁忌证

1. 过于疲劳、精神高度紧张、饥饿者不宜针刺；年老体弱者针刺应尽量采取卧位，取穴宜少，手法宜轻。

2. 怀孕妇女针刺不宜过猛，腹部、腰骶部及能引起子宫收缩的穴位如合谷、三阴交、昆仑、至阴等禁止针刺。

3. 有出血性疾病的患者，或常有自发性出血，损伤后不易止血者，不宜针刺。

4. 重要脏器所在处，如胁肋部、背部、肾区、肝区不宜直刺、深刺；大血管走行处及皮下静脉部位的腧穴如需针刺时，则应避开血管，使针斜刺入穴位。

5. 对于儿童、破伤风、癫痫发作期、躁狂型精神分裂症发作期等，针刺时不宜留针。婴幼儿囟门及风府、哑门穴等禁针。

八、针灸异常情况的处理

1. 晕针。

是在针刺过程中病人发生的晕厥现象。

原因：患者体质虚弱，精神紧张，或疲劳、饥饿、大汗、大泻、大出血之后或体位不当，或医者在针刺时手法过重，而致针刺时或留针过程中发生此现象。

症状：患者突然出现精神疲倦，头晕目眩，面色苍白，恶心欲吐，多汗，心慌，四肢发冷，血压下降，脉象沉细，或神志昏迷，仆倒在地，唇甲青紫，二便失禁，脉微细欲绝。

处理方法：立即停针、起针，平卧、宽衣、保暖，轻者静卧休息，给予温开水或糖水；重者针刺人中、素髎、内关、涌泉、足三里等穴，或温灸百会、气海、关元等。仍不省人事，要及时急救处理，如人工呼吸或送急诊。

2. 滞针。

是指在行针时或留针后医者感觉针下涩滞，捻转、提插、出针均感困难而病人则感觉剧痛的现象。

原因：患者精神紧张，当针刺入腧穴后，病人局部肌肉强烈收缩；或行针手法不当，向单一方向捻针太过，以致肌肉组织缠绕针体而成滞针。若留针时间过长，有时也可出现滞针。

现象：针在体内，捻转不动，提插、出针均感困难，若勉强捻转、提插时，则病人痛不可忍。

处理方法：

因病人紧张，局部肌肉过度收缩所致者，应采用：①适当延长留针时间。②在滞针穴位附近，运用循按或弹柄法。③在附近再刺一针，以宣散气血，并缓解肌肉的紧张。

因行针手法不当，单向捻转太过所致者，应采用：①向相反的方向将针捻回。②配合弹柄法、刮柄法或循按法，促使肌纤维放松。

3. 弯针。

是指进针时或将针刺入腧穴后，针身在体内形成弯曲。

原因：医生进针手法不熟练，用力过猛、过速，以致针尖碰到坚硬的组织器官；或病人在针刺或留针时移动体位；或因针柄受到某种外力压迫、碰击等，均可造成弯针。

现象：针柄改变了进针或刺入留针时的方向和角度，提插、捻转及出针均感困难，而患者感到疼痛。

处理方法：出现弯针后，不得再行提插、捻转等手法。若针柄轻微弯曲者，应慢慢将针起出。若弯曲角度过大，应顺着针柄倾斜的方向将针退出。若针体发生多个弯曲，应根据针柄的倾斜方向分段慢慢向外退出。若因患者体位改变所致者，应慢慢恢复到原来体位，局部肌肉放松后再将针缓慢起出，切忌强行拔针，以免将针体折断，留在体内。

预防：进针熟练，指力均匀，避免进针过速、过猛。留针过程中，患者不要随意变动体位。注意保护针刺部位，针柄不得受外物硬碰和压迫。

4. 血肿。

是指针刺部位出现皮下出血而引起的肿痛。

原因：针尖弯曲带钩，使皮肉受损，或刺伤血管所致。

现象：出针后，针刺部位肿胀疼痛，继则皮肤呈现青紫色。

处理：若微量的皮下出血且局部小块青紫时，一般不必处理，可以自行消退。若局部肿胀疼痛较剧，青紫面积大而且影响活动功能时，可先做冷敷止血后，再做热敷或在局部轻轻揉按，以促使局部瘀血消散吸收。

5. 断针。

是指针身折断在肌体内。

原因：针具质量欠佳；针刺时针身全部刺入腧穴内，行针时强力提插捻转，局部肌肉猛烈挛缩；患者体位改变，或弯针滞针时没有正确及时处理。

处理要点：

嘱患者不要惊慌乱动，令其保持原有体位，以免针体向肌肉深层陷入，根据针体残端的位置采用不同的方法将针取出。

针体残端尚有部分露在体外，可用手或镊子取出。

若残端与皮肤面相平或稍低，尚可见到残端时，可用手向下挤压针孔两旁皮肤，使残端露出体外，再用镊子取出。

若断针残端全部没入皮内，但距离皮下不远，而且断针下还有强硬的组织（如骨骼）时，可由针旁外面向下轻压皮肤，利用该组织将针顶出。

若断针下面为软组织，可将该部肌肉捏住，将断针残端向上托出。

断针完全陷没在皮肤之下，无法取出者，应在X线下定位，手术取出。

如果断针在重要脏器附近，或患者有不适感觉及功能障碍时，应立即采取外科手术方法处理。

6. 创伤性气胸。

针刺胸部、背部和锁骨附近的穴位过深，刺穿了胸腔和肺组织，气体积聚于胸腔而导致气胸。

表现：轻者胸痛胸闷，气短，心慌，呼吸不畅；重者出现呼吸困难，唇甲发绀，烦躁，血压下降等。

处理要点：

（1）立即出针，并让患者采取半卧位休息，切勿翻转体位。

（2）安慰患者以消除其紧张恐惧心理。平车推入拍胸部正位片。

（3）漏气量少者，可不须处理，待其自行吸收。同时要密切观察病情，随时对症处理，酌情给予吸氧、镇咳，抗感染等治疗，以防肺组织因咳嗽扩大创口，加大漏气和感染。病情严重者，应及时送急诊组织抢救。可采用胸腔闭式引流排气等方法救治。

第二节 灸 法

一、常用的灸法

1. 直接灸。

（1）瘢痕灸。

操作要点：①涂擦黏附剂。涂少量的大蒜汁或医用凡士林或清水。②点燃艾炷。用线香点燃艾炷顶部，每壮艾炷必须燃尽，除去灰烬后方可继续易炷再灸，待规定壮数灸完为止。③施灸时艾火烧灼皮肤，可产生剧痛，可用手在施灸腧穴周围拍打、按压，借以缓解疼痛。④灸后预防感染，用灸创药膏敷贴封口，1周左右施灸部位化脓形成灸疮，5～6周左右，灸疮自行痊愈，结痂脱落后而留下瘢痕。

（2）无瘢痕灸。

操作要点：①涂擦黏附剂。先在所灸腧穴部位涂以少量的大蒜汁或凡士林或清水于穴区皮肤，用以黏附艾炷。②点燃艾炷。每炷不可燃尽，当艾炷燃剩1/3，患者感觉局部有灼痛时，易炷再灸。③掌握灸量：一般应灸至局部皮肤出现红晕而不起泡为度。

2. 间接灸。

（1）隔姜灸。

准备：①准备大小适宜的艾炷、姜片（将鲜姜切成直径2～3cm，厚0.2～0.3cm的薄片，中间以针刺数孔）、线香待用。②患者选择舒适体位，取穴并充分暴露施灸穴位。

操作要点：①将姜片置于应灸的腧穴部位或患处，再将艾炷放在姜片上点燃施灸。②调适温度。若患者感觉局部灼痛不可耐受，可用镊子将姜片连同艾炷夹起移除，更换新的姜片和艾炷。③掌握灸量：每穴灸3～5壮，至局部皮肤潮红而不起泡为度。

常用于呕吐、泻痢、腹痛、风寒湿痹、肢体麻木酸痛等，有温胃止呕、散寒止痛之功。

（2）隔盐灸。

准备：①大小适宜的艾炷、盐（纯净干燥的食用盐）、线香待用。②患者选择舒适体位，取穴并充分暴露施灸穴位。

操作要点：①食盐填脐：用纯净干燥的食盐将脐窝填平，也可于盐上再放置一姜片。②将艾炷放置于盐上（或姜片上），点燃艾炷尖端。③若患者感觉施灸部位灼热不可耐受，可用镊子夹去残炷，换炷再灸。④反复施灸，灸满规定壮数，一般灸3～5壮。

注意事项：①要用干燥纯净的食盐。②脐窝太浅者，填食盐时可适当高出皮肤，以免烫伤。

常用于急性寒性腹痛、吐泻、痢疾、中风脱证等。

（3）隔附子饼灸。

准备：①大小适宜的艾炷、附子饼（用黄酒调和附子细末成泥状，做成直径约3cm、厚约0.8cm的圆饼、用针穿刺附子饼中心数孔备用）、线香待用。②患者选择舒适体位，取穴并充分暴露施灸穴位。

操作要点：①放置附子饼及艾炷，点燃艾炷尖端。②施灸中，若患者感觉施灸局部灼痛不耐受，用镊子将附子饼夹住端起，片刻之后重新放下再灸。③灸完规定壮数为止，一般每穴灸3~5壮。

用于治疗命门火衰而致阳虚证，如阳痿、早泄、遗精以及外科中的疮疡久溃不愈等。

3. 悬起灸。

（1）和灸：将艾条的一端点燃，对准施灸部位，相距约3cm进行熏灸，如果病人感觉舒适，距离就固定不动，灸至皮肤稍红晕，局部有温热感而无灼痛。若施灸时，病人感到灼痛，则可将艾条抬高，至病人能耐受为度。一般每穴灸10~15min。适用于一切虚寒证。

（2）雀啄灸：将艾条燃烧的一端，对准施灸部位像鸟雀啄食一样的一起一落，忽近忽远的施灸。每穴可灸10~15min。本法热感比较强，注意防止烧伤皮肤。多用于治疗昏迷急救、小儿疾病、胎位不正等。

（3）回旋灸：点燃艾条，悬于施灸部位上空约3cm高处，使艾条在施灸部位上圆形或左右移动，使皮肤有温热感而不致灼痛，移动半径3cm左右，一般可10~15min。用于治疗风湿痹、瘫痪、广泛性皮肤病等。

4. 实按灸：

将点燃的艾条隔布或隔绵纸数层实按在穴位上，使热气透入皮肉，火灭热减后重新点火按灸。最常用的是太乙神针和雷火针。

（1）太乙神针：艾绒100g，取硫磺6g、麝香、乳香、没药、松香、桂枝、杜仲、枳壳、皂角、细辛、川芎、独活、穿山甲、雄黄、白芷、全蝎各3g共研细末。平铺40cm见方的桑皮纸，先取艾绒25g均匀铺在纸上，再取药末6g掺入艾绒内，紧卷成圆柱状，外用糨糊封固，阴干后备用。临床上用于风湿寒痹、萎证、腹痛及泄泻等证。

（2）雷火针：本法与"太乙神针"基本相同，是"太乙神针"的前身，只是灸时采取的是悬起灸。药物处方：艾绒100g，沉香、木香、乳香、羌活、茵陈、干姜、穿山甲（现已禁用）各9g共研细末，麝香少许。其艾卷制法、施术方法及适应证与"太乙神针"相同，雷火针还可用于闪挫引起的肌肉损伤。

5. 温针灸。

是针刺与艾灸相结合的一种方法。施术方法：取长度在1.5寸以上的毫针，刺入穴位得气后，在留针过程中，于针柄上或裹以纯艾绒的艾炷，或取1~2cm的艾条一段，套在针柄之上，无论艾炷或艾条段，均应距皮肤2~3cm，再从其下端点燃施灸。在燃烧过程中，如患者觉灼烫难忍，可在该穴区置一硬纸片，以稍减火力。每次如用艾炷可灸3~5壮，艾条段则只须1~2壮。

温针灸适用于寒性的风湿疾患、关节酸痛、凉麻不仁、腹泻等既需要留针又适宜用艾灸的病证。具有温通经脉、行气活血的作用。

6. 温灸器灸。

温灸器是利用专门工具施灸的一种方法。用温灸器施灸，可以较长时间地连续给病人以舒适的温热刺激。目前较常用的是温灸筒和温灸盒。可以装置艾绒和药物，施灸时把艾条或艾绒放在小筒内点燃着好，放在所灸施灸的部位上进行烫熨，到局部发红为止。本法对各种适于灸法者均可运用，对妇女、小儿及惧怕施灸患者尤为适宜。

二、灸感和灸法补泻

灸感即施灸时患者的感觉。除瘢痕灸外，一般以患者感觉灸处局部皮肤即皮下温热或有灼痛为主，温热刺激可直达深部，持续不消，或出现循经传导。以艾炷灸为例，艾灸补法为：点燃艾炷后，不吹其艾火，等待它慢慢地自燃自灭，火力微而温和，其时间宜长，壮数较多，灸治完毕再按揉其施灸穴位，使其真气聚而不散。艾灸泻法为点燃艾炷后，以口速吹旺其火使其快燃，火力较猛烈燃烧快速，当患者感觉局部烧烫时，迅速更换艾炷，灸治时间较短，壮数较少，施灸完毕后不按其穴，则开其穴使邪气可散。根据灸法的作用，一般灸法多为补法，如温和灸、温针灸、化脓灸，某些隔物灸更能回阳救逆、温经散寒。但灸法也有软坚散结、消瘀排脓之功，可列为泻法。

三、施灸的注意事项

一般先灸上部，再灸下部；先灸阳经，后灸阴经：壮数先少后多；艾炷先小后大，取其从阳引阴而无亢盛之弊。注意艾火勿烧伤皮肤或衣物。

四、禁忌证

实热证、阴虚发热者，一般均不适宜灸疗；颜面、五官和有大血管的部位以及关节活动部位，不宜采用瘢痕灸；孕妇腹部和腰骶部不宜施灸；正常经期不宜施灸。

五、灸后的处理

施灸后，局部皮肤出现微红灼热，属于正常现象，无须处理。如因施灸过量，时间过长，局部出现小水泡或较大水泡，均需用消毒的毫针刺破水泡，放出水液；或用注射针抽出水液，使其表皮自然干燥；如是化脓灸者，在灸疮化脓期间，要注意适当休息，加强营养，保持局部清洁，并可用敷料保护灸疮，以防污染，待其自然愈合。如处理不当，灸疮脓液呈黄绿色或有渗血现象者，可用消炎药膏或玉红膏涂敷。用过的艾条、太乙针等，应装入小口玻璃瓶或筒内，以防复燃。

第三节　拔　罐

一、留罐法

将罐体吸附在体表后，使罐子吸拔留置于施术部位10～15min，然后将罐起下。

二、走罐法

1. 拔罐时先在所拔部位的皮肤或罐口上，涂一层凡士林等润滑剂。

2. 用镊子夹95%酒精棉球一个，点燃后，迅速将罐具吸附于施术部位。

3. 用单手或双手握住罐体，在施术部位上下、左右来回推移。走罐时，可将罐口的前进侧的边缘稍抬起，另一侧边缘稍着力，以利于罐子的推拉。

4. 反复操作至施术部位红润、充血其至瘀血为度。

三、闪罐法

1. 用镊子夹95%酒精棉球一个，点燃后，迅速将罐具吸附于施术部位，再立即起下。

2. 如此反复多次，拔住起下，起下拔住。

3 反复操作至施术部位红润、充血甚至瘀血为度。

四、药物罐

又称中药拔罐疗法，它是将中药与拔罐疗法相结合的一种治疗方法。是以竹罐或木罐为工具，浸泡药液煎煮后，利用高热排除罐内空气，造成罐内负压，使罐体吸附于穴位，此法在治疗中不仅能起到拔罐时的温热刺激和机械刺激作用，而且又可发挥中药的药理作用，提高拔罐的治疗效果。适用于风寒湿痹和一些皮肤病。

五、刺血拔罐法（刺络拔罐法）

（1）施术部位碘伏消毒，医者戴消毒手套，持三棱针（或一次性注射针头）刺络出血，或用皮肤针叩刺出血。

（2）采用留罐的方法，留置10～15min，留罐时可采用摇晃罐体的方法控制出血量。如此方法可重复两到三次。起罐时不可迅猛，以免罐内污血污染周围环境。消毒棉签清理皮肤上残存血液，并对操作部位皮肤做消毒处理。使用过的火罐用消毒液浸泡。

注意事项：①有严重血液病者禁用本法，如血友病、血小板减少、白细胞降低；严重糖尿病者要慎用本法；禁止在大血管上使用本法。②点刺深度、出血量、治疗的间隔时间要根据病情确定。③罐子要以刺血部位为中心拔罐。

第四节　耳穴诊治

一、耳穴压丸

凡是表面光滑，质硬，无副作用，适合贴压穴位面积大小的小丸粒均可选用压丸材料。一般选用清洁后的王不留行籽，或用莱菔子、白芥子，用75%的酒精浸泡2min，或用沸水烫后晾干，置于瓶中备用。也可选用成品耳穴压豆。

准备：医用胶布、止血钳、弯盘、消毒棉签、75%酒精、消毒干棉球等。

操作要点：根据耳穴的选穴原则，选择耳穴确定处方。一般以坐位或卧位为宜。用75%酒精棉球对耳穴擦拭消毒，去除污垢和油脂。一手托住耳廓，另一手持镊子将贴丸胶布对准耳穴进行敷贴，并给予适当按压，使耳廓有发热、胀痛感。压穴时，托指不动压指动，只压不揉，以免胶布移动；用力不能过猛过重。

二、毫针刺法

选择穴位消毒，用0.5寸毫针刺入0.1～0.2寸深，留针20～40min。每天一次或隔天一次，连续10次为一个疗程。

三、耳尖放血

耳尖折叠消毒，使用一次性放血针刺入0.1~0.2寸深，出针挤压出血，隔天一次，连续3-5次为一个疗程。

四、耳穴埋针

选用一次性无菌揿针，耳穴消毒后将成品揿针刺入，每天一次或隔天一次，连续10次为一个疗程。

注意事项：①预防晕针。②严密消毒，防止感染。③孕妇不宜针刺。④耳穴应轮流选用。

适应证：各种疼痛性病、各种炎症性病、功能紊乱性病、过敏与变态反应性病、内分泌代谢性病、部分传染性病以及各种慢性病等。

五、常见疾病耳部选穴

【头痛】

选穴：皮质下、脑、神门。

配穴：后头痛加枕、前额痛加额、侧头痛加颞、肝阳头痛加肝、痰浊头痛加脾。

【高血压】

选穴：降压沟、神门、心、肝、肾、内分泌、肾上腺。

【失眠】

选穴：皮质下、心、神门。

配穴：心肾不交加肾、肝郁气滞加肝、头昏加脑。

【便秘】

选穴：大肠、直肠、交感、皮质下。

配穴：脾虚湿重加脾、胃肠湿热加胃、肝气不舒加肝。

【过敏性鼻炎】

选穴：外鼻、内鼻、肺、气管、神门、肾上腺。

【慢性气管炎】

选穴：肺、脾、肾、气管、咽喉、神门、肾上腺、三焦。

【小儿厌食】

选穴：脾、胃、大肠、小肠、神门、皮质下。

【小儿遗尿】

选穴：肾、膀胱、皮质下、尿道、神门。

【小儿多动症】

选穴：心、肝、肾、皮质下、肾上腺、交感、枕。

【假性近视】

选穴：肝、眼、内分泌、脑干、皮质下。

【肥胖】

选穴：胃、三焦、内分泌、皮质下。

配穴：食欲亢进加口、气虚湿重加脾、便秘加大肠、肺。

【戒断综合征】

选穴：肺、口、交感、神门、内分泌、皮质下。

配穴：戒烟加内鼻，戒酒加肝、肾，戒毒加心、脾、肾。

第五节　小针刀

一、小针刀治疗一般操作程序

1. 定点定位。

2. 严格消毒。

3. 快速刺入。

4. 逐层缓进。

5. 切割松解。

6. 适当包扎。

7. 手法调恒。

8. 术后调护。

二、小针刀治疗具体操作方法

1. 体位：体位的选择以患者不同疾病选择相应体位，以术者便于操作，施术部位易消毒，患者被治疗时自我感觉体位放松舒适为原则。

2. 定位：结合患者临床症状、体征及辅助检查，寻找治疗点并做好标记。

3. 消毒：在选好体位及选好治疗点后，做局部无菌消毒，术者要戴口罩、帽子和无菌手套，对于身体大关节部位或操作较复杂的部位必须敷无菌洞巾，以防止操作过程中的污染。

4. 麻醉：为减轻局部操作时引起的疼痛，可做局部麻醉，常用的注射药物有：0.5%~1%利多卡因对施术部位进行局麻，可依据患者身体状况或治疗部位选择加入复方倍他米松5 mg或曲安奈德20~40mg，以减轻术后局部炎性反应，提高疗效。

5. 针刀治疗：依据施术部位，选取不同型号的小针刀，垂直皮面刺入，刀口线与肌肉、肌腱、神经和血管走行方向平行，针刀快速刺入皮肤、皮下组织后，到达要松解的组织表面，做切割、铲剥、侧摆等不同方法，具体为顺肌纤维或肌腱分布方向的铲剥，即针刀尖端紧贴着欲剥离的组织做推切动作（不是上下提插），使横向粘连的组织纤维松解。做横向或扇形的针刀尖端的摆动动作，使纵向粘连的组织纤维松解。做斜向或不定向的针刀尖端划摆动作，使无一定规律的粘连组织纤维松解。注意各种松解剥离动作，切不可幅度过大，以免划伤重要组织如血管、神经等。术中感觉刀下松动，达到病灶松解、卡压解除的目的后出针，压迫针眼止血，用无菌敷料或创可贴包扎。向患者交待注意事项。

三、小针刀治疗注意事项

1. 在行针刀治疗前，必须诊断明确，严格选择针刀治疗适应证，认真询问病史，排除针刀治疗禁忌证。

2. 熟悉解剖：由于小针刀疗法是在非直视下进行操作治疗，如果对人体解剖特别是局部解剖不熟悉，手法不当，容易造成损伤，因此医生必须做到熟悉施术部位的解剖结构，以提高操作的准确性和疗效。

3. 定点、定位准确；要做到精准定位，治疗部位选取不准确，不但不能取得良好效果，还会损伤周围健康组织。

4. 注意无菌操作，术者要戴口罩、帽子和无菌手套，术区常规消毒。铺无菌洞巾，操作应在消毒的治疗室内进行。

5. 小针刀进针要迅速，这样可以减轻破皮进针带来的疼痛。在深部进行铲剥、横剥、纵剥等法剥离操作时，手法宜轻，不然会加重疼痛，甚或损伤周围的正常组织。在关节处做松解时，注意不要损伤或切断正常的韧带、肌腱等组织。

6. 尽量别让患者空腹时治疗，治疗时让患者放松情绪，若术中患者出现恶心、头晕等不适，考虑晕针，多为情绪紧张或饥饿、体弱所致，应立即停止治疗，让患者平卧、保暖，按晕针处理。

7. 治疗后24h内，不宜局部热敷、理疗及按摩，以防治疗部位水肿或血肿的发生。术后针眼用无菌敷料或创可贴覆盖3~5d，期间应避免治疗部位沾水，保持局部清洁，以防感染。

8. 根据患者体质情况、治疗部位、时间及创伤大小，必要时给予抗炎、活血止痛、减轻水肿药物口服，以预防感染或减轻术后疼痛等不适。术后3~7d内可能治疗部位疼痛加重，多属正常反应，应向患者交待清楚，必要时及时复诊、及时处理。

9. 有些疾病有时不能一次性松解彻底，需分部位、分时段进行，同一部位的治疗间隔时间以1~2周为宜，不可为追求速效而违背治疗原则，给患者造成不必要的医源性损伤。

10. 对于部分病例短期疗效很好，但疼痛易复发，远期疗效不佳的患者，尤其如膝关节、肩肘关节、腰部活动度较大的部位，应注意询问患者日常工作、生活习惯等因素，需要患者改变姿势，加强功能锻炼，医患合作，争取临床疗效最大化。

四、小针刀治疗的禁忌证

1. 凝血机制异常的患者，如血友病。
2. 施术部位有红肿、灼热、皮肤感染、肌肉坏死、或在深部有脓肿者。
3. 心、脑、肾脏器官衰竭者。
4. 患有糖尿病血糖控制不佳者、皮肤破溃不易愈合者。
5. 高血压病血压不易控制者。
6. 全身感染性疾病，如结核、肿瘤、骨髓炎等。
7. 精神疾病患者，或依从性差、不能配合治疗的患者。

【附录】 膝关节疼痛小针刀治疗定点定位思路

膝前痛：①骨性关节炎。②髌骨软化症。③髌骨外上方滑囊炎或内上方滑囊炎。④髌下脂肪垫劳损。⑤股四头肌损伤。

膝后痛：①腘绳肌损伤（止点损伤）。②腓肠肌起点损伤。③髌骨外上方滑囊炎。④髌下脂肪垫劳损。⑤腘窝囊肿。

膝内侧痛：①髂胫束损伤。②内侧副韧带损伤。③股内收肌损伤。④腰大肌劳损。⑤L_3横突综合征。⑥缝匠肌损伤。

膝外侧痛：①髂胫束损伤。②外侧副韧带损伤。③股内收肌损伤。

动作分析：

上楼疼痛：股四头肌损伤。

下楼疼痛：①下楼膝前痛为髌下脂肪垫劳损。②下楼膝后痛为腘绳肌损伤、髌下脂肪垫劳损。

小针刀治疗定点：

1. 上楼痛松解：10点、11点、1点、2点位的筋膜。

2. 下楼痛松解：4点、5点、7点、8点位的筋膜。

3. 内侧痛松解：2点、3点、4点位的筋膜。

4. 外侧痛松解：8点、9点、10点位的筋膜。

5. 对严重增生的膝关节，在髌骨的中央也可找到2~3条横行的筋膜进行切断松解，然后根据以上所讲的软组织损伤理论治疗相关的肌肉组织。

第六节　小儿推拿

小儿推拿手法的种类较多，按、摩、掐、揉、摇、运、推、搓称小儿推拿八法。小儿推拿手法操作时，一般来说以推法、揉法次数为多，而摩法时间较长，掐法则重、快、少，在掐后常继用揉法，还有按法和揉法也常配合应用。在临床治疗时，小儿推拿手法经常在穴位上应用，如补肺经（旋推肺经穴）、清肺经（直推肺经穴）、掐人中（用掐法于人中穴）、揉中脘（用揉法于中脘穴）等。掐、拿、捏等较强刺激手法，一般应放在最后操作，以免刺激过强使小儿哭闹，而影响操作治疗。在手法操作时，还常用一些介质，如姜汁、葱姜水、滑石粉、蛋清等。用介质不仅有润滑作用，可防止擦破皮肤，还有助于提高疗效。下面介绍一些常用儿科推拿手法。

一、推脾经

位置：拇指末节罗纹面。

操作：旋推或将患儿拇指屈曲，循拇指桡侧边缘向掌根方向直推为补，称补脾经；由指端向指根方向直推为清，称清脾经。补脾经和清脾经统称推脾经。次数：100～500次。

主治：腹泻、便秘、痢疾、食欲不振、黄疸等。

临床应用：补脾经能健脾胃补气血，用于脾胃虚弱引起的食欲不振、消化不良等。清脾经能清热利湿，化痰止呕，用于湿热熏蒸、皮肤发黄、恶心呕吐、腹泻痢疾等。脾经穴多用补法，体壮邪实者方能用清法。

二、推肝经

位置：食指末节罗纹面。

操作：旋推为补，称补肝经；向指根方向直推为清，称清肝经。补肝经和清肝经统称推肝经。次数：100～500次。

主治：烦躁不安、惊风、目赤、五心烦热、口苦、咽干等。

临床应用：清肝经能平肝泻火，熄风镇惊，解郁除烦，常用于惊风、抽搐、烦躁不安、五心烦热等。肝经宜清不宜补，若肝虚应补时则需补后加清，或以补肾经代之，称为滋肾养肝法。

三、推心经

位置：中指末节罗纹面。

操作：旋推为补，称补心经；向指根方向直推为清，称清心经。补心经和清心经统称推心经。次数：100～500次。

主治：高热神昏、五心烦热、口舌生疮、小便赤涩、惊惕不安等。

临床应用：清心经能清热泻心火。用于心火旺盛而引起的高热神昏、面赤口疮、小便短赤等，多与清天河水、清小肠等合用。本穴宜用清法，不宜用补法，是恐动心火。若气血不足而见心烦不安、睡卧露睛等，需用补法时可补后加清，或以补脾经代之。

四、推肺经

位置：环指末节罗纹面。

操作：旋推为补，称补肺经；向指根方向直推为清，称清肺经。补肺经和清肺经统称推肺经。次数：100～500次。

主治：感冒、发热、咳嗽、胸闷、气喘、虚汗、脱肛等。

临床应用：补肺经能补益肺气，用于咳嗽气喘、虚汗怕冷等肺经虚寒证。清肺经能宣肺清热，疏风解表，化痰止咳，用于感冒发热、咳嗽、气喘、痰鸣等肺经实热证。

五、推肾经

位置：小指末节罗纹面。

操作：旋推或由指根向指尖方向直推为补，称补肾经；向指根方向直推为清，称清肾经。补肾经和清肾经统称推肾经。次数：100～500次。

主治：腹泻、遗尿、多尿、小便淋沥刺痛、虚喘等。

临床应用：补肾经能补肾益脑，温养下元，用于先天不足、久病体虚、肾虚所致的久泻、多尿、遗尿、虚汗喘息等。清肾经能清利下焦湿热，用于膀胱蕴热出现小便赤涩等。临床上肾经穴一般多用补法，需用清法时，也多以清小肠代之。

六、推大肠

位置：食指桡侧缘，自食指尖至虎口成一直线。

操作：从食指尖直推向虎口为补，称补大肠；反之则为清，称清大肠。补大肠和清大肠统称推大肠。次数：100～300次。

主治：腹泻、脱肛、痢疾、便秘。

临床应用：补大肠能涩肠固脱，温中止泻，用于虚寒腹泻、脱肛等。清大肠能清利肠腑，除湿热，导积滞，多用于食积、身热腹痛、痢下赤白、大便秘结等。

七、推小肠

位置：小指尺侧缘，自指尖到指根成一直线。

操作：从指尖直推向指根为补，称补小肠；反之则为清，称清小肠。补小肠和清小肠统称推小肠。次数：100～300次。

主治：小便赤涩、水泻、遗尿、尿闭等。

临床应用：清小肠能清利下焦湿热，泌别清浊，多用于小便短赤不利、尿闭、水泻等。若心经有热，移热于小肠，以本法配合清天河水，能加强清热利尿的作用。若属下焦虚寒，多尿、遗尿则宜用补小肠。

八、推胃经

位置：拇指近节掌面。

操作：旋推为补，称补胃经；向指根方向直推为清，称清胃经。补胃经和清胃经统称推胃经。次数：100～500次。

主治：呕恶嗳气、烦渴善饥、食欲不振、吐血衄血等。

临床应用：清胃经能清中焦湿热，和胃降逆，泻胃火，除烦渴。多与清脾经、推天柱骨、横纹推向板门等合用，治疗脾胃湿热或胃气上逆所引起的呕恶等。若胃肠实热、脘腹胀满、发热烦渴、便秘纳呆，多与清大肠、退六腑、揉天枢、推下七节骨等合用，亦可用于胃火炽盛引起的衄血等。补胃经能健脾胃，助运化。常与补脾经、揉中脘、摩腹、按揉足三里等合用，治疗脾胃虚弱、消化不良、纳呆腹胀等。

九、开天门

位置：眉心至前发际正中成一直线。

操作：用两拇指自眉心交替向上直推至天庭（即神庭），称推攒竹，此法又称"开天门"。若自眉心推至囟门，则称为"大开天门"。

十、掐（捣）小天心

位置：大小鱼际交接处凹陷中。

操作：中指端揉，称揉小天心；拇指甲掐，称掐小天心；以中指尖或屈曲的指骨间关节捣，称捣小天心。次数：揉100～300次，或掐、捣5～20次。

主治：惊风、抽搐、烦躁不安、夜啼、小便赤涩、斜视、目赤痛等。

临床应用：揉小天心能清热镇惊，利尿明目，主要用于心经有热而致目赤肿痛、口舌生疮、惊惕不安，或心经有热、移热于小肠而见小便短赤等。掐、捣小天心能镇惊安神，若见惊风眼翻、斜视，可配合掐老龙、掐人中、清肝经等。眼上翻者则向下掐、捣；右斜视者则向左掐、捣；左斜视者则向右掐、捣。

十一、推四横纹（四缝）

位置：食、中、环、小指掌面，第一指骨间关节（近侧指骨间关节）横纹处。

操作：拇指甲掐，称掐四横纹；四指并拢从食指横纹处推向小指横纹处，称推四横纹。

次数：掐5次，或推100～300次。

主治：疳积、腹胀、腹痛、消化不良、惊风、气喘、口唇破裂。

临床应用：本穴掐之能退热除烦，散瘀结；推之能调中行气，和气血，消胀满。用于疳积、腹胀、消化不良等，常与补脾经、揉中脘等合用，也可用毫针或三棱针点刺治疗疳积。

十二、清天河水

位置：前臂掌侧，总筋至洪池（曲泽）成一直线。

操作：用食、中二指自腕推向肘，称清（推）天河水，用食、中二指沾水，自总筋处一起一落弹打如弹琴状至洪池，同时一面用口吹气随之，称打马过天河。次数：100～300次。

主治：外感发热、阴虚潮热、烦躁不安、口渴、弄舌、重舌、惊风等。

临床应用：清天河水性微凉而较平和，能清热解表，泻火除烦。主要用于治疗热性病，清热而不伤阴分，可用于外感发热、五心烦热、口燥咽干、唇舌生疮、夜啼等。对于感冒发热、头痛恶风、汗微出、咽痛等，常与推攒竹、推坎宫、揉太阳等合用。打马过天河清热之力大于清天河水，多用于实热、高热等。

十三、推（退）六腑

位置：前臂尺侧，阴池至少海成一直线。

操作：用拇指或食、中二指自肘推向腕，称退六腑或推六腑。次数：100～300次。

主治：高热、烦渴、惊风、鹅口疮、重舌、咽痛、腮腺炎、大便秘结干燥等。

临床应用：退六腑性寒凉，能清热、凉血、解毒，对温病邪入营血、脏腑郁热积滞、壮热烦渴等一切实热病均可应用。与补脾经合用，有止汗的效果。若患儿平素大便溏薄、脾虚腹泻者，慎用本法。

本法与推三关为大凉大热之法，可单用，亦可合用。若患儿气虚体弱、畏寒肢冷，可单用推三关；如高热烦渴、发斑等，可单用退六腑。两穴合用能平衡阴阳，防止大凉大热，伤其正气。如寒热夹杂，以热为主，则可以退六腑三数，推三关一数之比推之；若以寒为重，则可以推三关三数，退六腑一数之比推之。

十四、捏、推（脊）

位置：沿第一胸椎棘突至尾椎成一直线。

操作：用食、中二指自上而下直推，称推脊；用捏法自下而上称为捏脊。每捏三下再将背脊皮肉提一下，称为捏三提一法。在捏脊前先在背部轻轻按摩几遍，使肌肉放松。次数：推100～300次，或捏3～5次。

主治：发热、惊风、夜啼、疳积、腹泻、呕吐、腹痛、便秘等。

临床应用：脊柱穴属督脉经，用捏脊法自下而上能调阴阳，理气血，和脏腑，通经络，培元气。小儿强身保健多与补脾经、补肾经、推三关、摩腹、按揉足三里等配合应用。单用捏脊疗法，常用于小儿疳积、腹泻等，还可应用于成人失眠、胃肠病、月经不调等。本法操作时亦旁及足太阳膀胱经脉，临床应用时可根据不同的病情，重提或按揉相应的背俞穴以加强疗效。推脊柱从上至下能清热，多与清天河水、退六腑、推涌泉等合用。

十五、摩腹

位置：腹部。

操作：沿肋弓角边缘或自中脘至脐向两旁分推，称分推腹阴阳；以掌或指摩腹部，称摩腹。

次数：分推100~200次，或摩5min。

主治：腹痛、腹胀、消化不良、呕吐、恶心。

临床应用：摩腹、分推腹阴阳能健脾和胃，理气消食，对于小儿腹泻、呕吐、恶心、便秘、腹胀、厌食等消化功能紊乱效果较好，常与捏脊、揉脐、揉中脘、按揉足三里合用，可作为小儿保健手法。

第七节　刮　痧

刮痧是以中医经络腧穴理论为指导，通过特制的刮痧器具和相应的手法，蘸取一定的介质，在体表进行反复刮动、摩擦，使皮肤局部出现红色粟粒状，或暗红色出血点，从而达到疏通经络，舒筋理气，驱风散寒，清热除湿，活血化瘀，消肿止痛，以增强机体自身潜在的抗病能力和免疫机能，从而达到扶正祛邪，防病治病的作用。还可配合针灸、拔罐、刺络放血等疗法使用，加强活血化瘀、驱邪排毒的效果。

一、刮痧方法及补泻

刮痧方法：①充分暴露刮拭部位，在皮肤上均匀涂上刮痧油等介质。②手握刮拭板，先以轻、慢手法为主，待患者适应后，手法逐渐加重、加快，以患者能耐受为度。宜单向、循经络刮拭，遇痛点、穴位时重点刮拭，以出痧为度。③可先刮拭背部督脉和足太阳膀胱经背俞穴循行路线，振奋一身之阳、调整脏腑功能、增强抗病能力；再根据病情刮拭局部阿是穴或经穴，可取得更好疗效。

补泻：

补法：①刺激时间短、作用浅，对皮肤、肌肉、细胞有兴奋作用。②作用时间较长的轻刺激，能活跃器官的生理机能。③刮拭速度较慢。④选择痧痕点数少。⑤刮拭顺经脉循行方向。⑥刮拭后加温灸。

泻法：①刺激时间长、作用深，对皮肤、肌肉、细胞有抑制作用。②作用时间较短的重刺激，能抑制器官的生理机能。③刮拭速度较快；④选择痧痕点数多。⑤刮拭逆经脉循行方向。⑥刮拭后加拔罐。

二、操作方法

有平刮、竖刮、斜刮及角刮。

1. 头部：头部有头发覆盖，须在头发上面用面刮法刮拭。不必涂刮痧润滑剂。为增强刮拭效果可使用刮板薄面边缘或刮板角部刮拭，每个部位刮30次左右，刮至头皮有发热感为宜。太阳穴：太阳穴用刮板角部从前向后或从上向下刮拭。头部两侧：刮板竖放在头维穴至下鬓角处，沿耳上发际向后下方刮至后发际处。头顶部：头顶部以百会穴为界，向前额发际处或从前额发际处向百会穴处，由左至右依次刮拭。后头部：后头部从百会穴向下刮至后颈部发际处，从左至右依次刮拭。风池穴处可用刮板角部刮拭。头部也可采取以百会穴为中心，向四周呈放射状刮拭。全息穴区：额顶带从前向后或从后向前刮拭。顶枕带及枕下旁带从上向下刮拭。顶颈前斜带或顶颞后斜带及顶后斜带从上向下刮拭。额中带、额旁带治疗呈上下刮拭，保健上下或左右方向刮拭均可。全息穴区的刮拭采用厉刮法。

2. 背部：背部由上向下刮拭。一般先刮后背正中线的督脉，再刮两侧的膀胱经和夹脊穴。

3. 肩部：应从颈部分别向两侧肩峰处刮拭。用全息刮痧法时，先对穴区内督脉及两侧膀胱经附近的敏感压痛点采用局部按揉法，再从上向下刮拭穴区内的经脉。

4. 胸部：胸部正中线任脉天突穴到膻中穴，用刮板角部自上向下刮拭。胸部两侧以身体前正中线任脉为界，分别向左右（先左后右）用刮板整个边缘由内向外沿肋骨走向刮拭，注意隔过乳头部位。中府穴处宜用刮板角部从上向下刮拭。

5. 腹部：腹部由上向下刮拭。可用刮板的整个边缘或1/3边缘，自左侧依次向右侧刮。有内脏下垂者，应由下向上刮拭。

6. 肢：四肢由近端向远端刮拭，下肢静脉曲张及下肢浮肿患者，应从肢体末端向近端刮拭，关节骨骼凸起部位应顺势减轻力度。

三、注意事项

（1）刮痧疗法对皮肤有一定的损伤，5~7d左右再进行第二次刮痧。

（2）刮痧后会使汗孔扩张，半日内不要冲冷水澡。

（3）刮痧后喝一杯热（温）开水，以补充体内消耗的津液，促进新陈代谢，加速代谢产物及毒素的排出。

第十五章　合理用药

第一节　药物治疗的基本原则

　　药物治疗应建立在诊断明确的基础上。在药物治疗之前首先要根据患者的主诉、症状、体征，对发生的疾病进行判断，确定发病的部位、疾病的严重程度及药物治疗的目标，然后制订出药物的治疗方案，包括药品选择、使用剂量、给药途径、治疗疗程等。经过一定时间的治疗后，应对患者病情改善情况进行评估，了解治疗效果，再对治疗方案做进一步调整，直到患者康复。

　　正确的诊断是在分析患者病情、实验室检查、影像及其他特殊检查等各种临床信息后做出来的，但在实际工作中，由于有时症状不典型、疾病较复杂或诊断依据不足，常无法明确做出判断，但此时仍需要拟定一个初步的诊断，然后设定治疗目标，确定治疗方案。治疗目标应从治疗疾病本身出发，同时考虑患者的综合情况及患者远期生活质量与病理生理状态，使病人获得最大的治疗效果。如对以疼痛为主要症状的类风湿性关节炎患者，治疗的主要目标之一就是抑制炎症，缓解疼痛，而这一目标不同于延缓类风湿关节炎的疾病进展。再如，同是乳腺癌的患者，如果对早期的病患治疗，治疗的目标是清除肿瘤细胞，延长生存期，而对晚期的病患，治疗的目标则是改善症状，提高病人的生活质量。治疗目标不同，确定的治疗方案也不同，值得注意的是，即使设立了同一治疗目标，治疗方案也可以为多种，选择的药物也可以不同，需要综合考虑患者的病理状况、以往的用药情况、药物的药理学特征、患者的依从性、药费的承受能力等，即按照安全、有效、适当、经济的原则等确定药物的治疗方案。

一、治疗药物的选择

　　用药安全是药物治疗的前提。药物具有双重性，即或多或少地存在一些与治疗目的无关的副作用或其他不良反应。药物的安全性是指发挥药物最大的效能，防止或减轻不良反应，得到最好的疗效。因此药物治疗需要权衡利弊，其基本原则是使患者承受最小的风险，获得最大的治疗效果。例如：抗感冒药只是有助于减轻普通感冒患者发热、鼻塞、喷嚏等症状，为对症治疗，但如果使用的药物有出现胃溃疡、消化道出血，甚至急性溶血的风险是不能接受的；而抗肿瘤药能延长患者的生存期，即使引起脱发甚至骨髓抑制也能被接受。

　　有效性是用药的首要目标。药物治疗的有效性表现在可以减轻和缓解病情、根除病源、治愈疾病、延缓疾病进程或预防疾病发生、调节人体的生理功能。为保证治疗的有效性、应针对患者的病症及要达到的治疗目的，正确地选用适宜的药物并制定一个合理的给药方案，以达到最佳的治疗效果。

药物治疗的适当性表现在选择适当的药品，在适当的时间、采用适当的剂量及适当的给药途径，设定适当的疗程，从而达到治疗目标。

药物治疗的经济性强调的是以尽可能低的治疗成本取得尽可能大的治疗效益，降低社会保障和患者的经济负担。对经济性不能单纯的理解为尽量少用药或只用廉价药品，而应综合考虑治疗的总支出即治疗总成本。

目前上市的药品很多，有数千种，但从药理学作用上来划分仅有70多类，而同一类的药品有相似的药物作用机制、疗效、不良反应、禁忌证，相互作用也类似，因此针对同一个治疗目标，有效的药物并不很多，药物的选择可在这个范围内进行。选择的原则为安全、有效、适当及经济。

例如2型糖尿病合并心肾疾病患者选择降糖药物时，应考虑优先选择具有心血管和肾脏获益证据的降糖药物，以改善患者的预后。二甲双胍具有良好的降糖作用，又有不增加低血糖风险、价格低廉、具有良好的药物可及性等优点，而且许多研究证据也显示二甲双胍具有明显的心血管获益，可改善心血管和肾脏结局，降低心血管死亡和全因死亡的发生，因此，多项指南及共识中均推荐二甲双胍在没有禁忌证或不耐受的情况下，作为2型糖尿病合并心肾疾病患者的一线降糖药物，首选。

二、给药方案的设计

治疗药物基本确定后，需设计合理的给药方案，选择最佳剂量、最佳剂型、最佳给药方式及给药间隔。很多时候，所使用的药物种类是相同的，但由于设计的给药方案不同，获得的治疗效果有差异，因此制订合理的给药方案极为重要。

1. 用药剂量。

不同剂量的药物产生的作用是不同的，在一定范围内，剂量愈大，药物在体内的浓度愈高，作用越强。通常用于防治疾病，既可获得良好疗效又较安全的剂量称为治疗量或常用量。药品的常用量对大多数病人是可以达到治疗效果的，但不同个体对同一剂量药物的反应存在着差异，因此少数病人需要在常用量的基础上加大或减少剂量以保证安全有效地进行治疗，但增减的量不应太大。药典对某些作用强烈、毒性较大的药品规定了极量，超过极量即可引起中毒反应，一般用药不宜超过极量。

治疗剂量的选择应考虑血药浓度。产生最小治疗效应的血药浓度称为治疗阈，而出现机体能耐受的最大不良反应的血药浓度称为治疗上限，二者之间的范围称为药物的治疗窗。选择药物的剂量应当使血药浓度保持在治疗窗内。药品说明书上推荐的标准治疗剂量，一般是基于上市前临床试验阶段的研究结果制订的，在多数情况下，使用该治疗剂量可以使血药浓度在治疗窗内，但因个体有差异，对有些患者治疗剂量需做一些调整。同时在联合用药中，由于药理学、药效学和药动学上的相互作用，有可能引起药物协同或拮抗、体内过程快或慢的变化，这些变化也将影响药物的治疗效果及不良反应的发生。因此药物剂量的确定首先应依据患者的年龄、性别、体重、疾病严重程度、营养状况等在标准治疗剂量范围内选择合适的剂量并确定给药次数，在达到稳态血药浓度时（经过4~5个半衰期），根据治疗效果调整给药剂量。

2. 给药方式。

给药方式应根据患者的情况而确定，口服是较安全、方便和经济的用药方法，也是最常用的方法，对于病情较轻并能口服的患者宜采用口服的给药方式，但病情较重或吞咽有困难、胃肠不能吸收等的患者不宜采用。婴幼儿期口服时以糖浆剂为宜；周岁以上儿童以咀嚼片为宜，咀嚼片剂量准确、有利于吸收；儿童还可选择冲剂、滴剂、散剂、胶囊剂、混悬剂。对门诊患者，还应考虑过于频繁的用药可能影响患者的依从性，故要尽可能地选择缓释制剂等长效剂型，减少给药次数。

3. 用药次数。

用药次数主要由两方面因素决定：

（1）药物的生物半衰期的长短。半衰期长的药物给药次数少，半衰期短的药物，每天可多次给药。

（2）药物在体内消除速率的快慢。在体内消除快的药物，给药次数可略微增加，在体内消除慢的药物，给药次数可略微缩减，长期服药时，要警惕引起蓄积性中毒，患者应清楚每天的用药次数。

4. 用药时间。

规定4h给药或给药次数更多时，药物应在规定时间前后半小时内给予；规定12h或8h、6h给药时，药物应在规定时间前后1h内给予；规定每天给药时，药物在规定时间前后3h内给予；规定每周一次给药时，药物应在规定时间前后1d内给予；规定每月一次给药或给药次数更多时，药物应在规定时间前后1周内给予。常用药品的给药时间：

（1）清晨空腹。

肾上腺皮质激素：如泼尼松（强的松）、泼尼松龙（强的松龙）、倍他米松、地塞米松等。

长效降压药：如氨氯地平、依那普利、贝那普利、拉西地平、缬沙坦、索他洛尔、复方降压平。

抗抑郁药：如氟西汀、帕罗西汀、瑞波西汀、氟伏沙明。

驱虫药：如四氯乙烯、甲硝唑。

盐类泻药：如硫酸镁、硫酸钠。

（2）餐前（餐前30~60min）。

止泻药：如鞣酸蛋白、药用炭。

胃黏膜保护剂：如氢氧化铝或复方制剂、复方三硅酸镁、复方铝酸铋。

苦味药：如龙胆、大黄。

促进胃动力药：如多潘立酮。

降血糖药：格列本脲、格列吡嗪、格列喹酮。

抗感染药物：如头孢拉定、头孢克洛、阿莫西林、阿奇霉素、克拉霉素、异烟肼、利福平。

胃肠解痉药：如阿托品。

抗酸药：如碳酸氢钠。

（3）餐时服用。

助消化药：如乳酶生、酵母、胰酶、淀粉酶。

降糖药：如二甲双胍、阿卡波糖、格列美脲。

抗真菌药：如灰黄霉素。

非甾体抗炎药：如舒林酸、吡罗昔康、依索昔康、氯诺昔康、美洛昔康。

利胆药：如熊去氧胆酸。

（4）餐后（餐后15~30min）

大部分药品可在饭后服。特别是：刺激性药品，包括阿司匹林、水杨酸钠、保泰松、吲哚美辛、布洛芬、硫酸亚铁、呋喃丙胺、醋酸钾、多西环素、黄连素、呋喃妥因、普萘洛尔、螺内酯、氢氯噻嗪。

（5）睡前服用。

催眠药：如水合氯醛、咪哒唑仑、司可巴比妥、艾司唑仑、异戊巴比妥、地西泮、硝西泮、苯巴比妥。

平喘药：如沙丁胺醇、氨茶碱、二羟丙茶碱。

降血脂药：包括洛伐他汀、辛伐他汀、普伐他汀、氟伐他汀。

抗过敏药：苯海拉明、异丙嗪、氯苯那敏、特非那定、赛庚啶、酮替芬。

缓泻药：如酚酞、比沙可啶、液状石蜡。

5.用药疗程。

疗程是针对病情和所要达到的治疗目标确定的用药时间。疗程的长短一般是根据临床经验来确定的。

6.联合用药。

为了获得良好的治疗效果，可以采用两种或两种以上的药物同时或先后使用。例如在降压治疗时，我们往往采用联合用药的原则来达到目标血压水平，常用的联合用药为血管紧张素转换酶抑制剂联合噻嗪类利尿剂，血管紧张素转换酶抑制剂能阻断肾素血管紧张素Ⅱ的生成，抑制激肽酶的降解而发挥降压作用，利尿剂主要通过利钠排尿、降低容量负荷而发挥降压作用，二者联合降压，作用机制具有互补性，可以起到协同降压的效果，在降压的同时，血管紧张素转换酶抑制剂可使血钾水平略有上升，能拮抗噻嗪类利尿剂长期应用所致的低血钾等不良反应。但是联合用药有时也可能产生相反的结果，因为在联合用药时，药物间会产生药动学的相互作用、药效学的相互作用，用药品种越多，药物相互作用的发生率越高，影响药物疗效或使毒性增加，所以联合用药，应以提高疗效和（或）降低不良反应，或治疗不同的症状或合并症为基本原则，在给患者联合用药时，应小心谨慎，尽量减少用药种类，以减少药物相互作用引起的药物不良反应。

三、治疗效果的评估和干预

药物治疗是否有效，需要设定反映疗效的观测指标与不良反应的观察点，并在药物治疗过程中进行监测。监测的方式有两种，一种是被动监测，即由患者自己监测，出现异常情况向医生反馈；另一种是主动监测，即由医生依据疾病类型、疗程、药物剂量等确定监测间隔，预约复诊检测，观察药物治疗的有效性。当治疗方案完成，如疾病治愈，则治疗可停止；如治疗尚未完成但治疗有效，同时不良反应较小或不明显，可继续治疗；如治疗有效，但出现严重不良反应，则应考虑调整药品或给药剂量；如治疗无效，则应重新判断诊断是否正确，治疗目标和治疗药物选择是否合理，用药剂量和疗程是否恰当，患者是否正确用药等，找到治疗效果不佳的原因后，做相应的调整。

第二节 药品不良反应的防治及监测

一、药品不良反应的判定

药品不良反应是指合格药品在正常用法用量下出现的与用药目的无关的有害反应。

当患者接受药物治疗时，应及时、正确地判定不良反应与药物的相关性，早确定、早采取措施，是防止不良反应向药源性疾病进展的主要手段，因此，应严格遵循药品不良反应判定的步骤和思维方法，进行综合分析与判断。药品不良反应的判定要点如下。

（一）不良反应发生是否与用药有合理的时间顺序

详细询问患者不良反应发生前后的用药情况，确定不良反应是在用药期间发生，还是在没有用药前已经存在，不同药物的不良反应潜伏期差异较大，应仔细加以辨别。

（二）撤药后不良反应是否有所改善

一旦认为某药可疑，就应中止药物治疗或减少剂量后继续观察和评价反应的强度及持续时间。如果药品不良反应随之消失或减轻，则有利于因果关系的判断。如果停药或减量后反应未消失、强度未减轻，说明反应与药物关系不大，但仍应谨慎对待，因为有时可能观察时间太短而并不能排除与药物的相关性。

（三）再次使用时不良反应是否重复出现

再次给患者用药，以观察可疑的药品不良反应是否再现，从而有力地验证药物与药品不良反应间是否存在因果关系。由于伦理上的原因，不应进行主动再给药的验证，尤其是那些可能对患者造成严重损害的药品，再次给药会造成严重后果，应绝对禁止。临床上可采用皮肤试验、体外试验的方法来代替。

（四）是否符合该种药物的不良反应类型

如已在药品说明书中记录或有文献报道，或符合该药品的药理作用特征，可作为判定相关性的依据。

（五）反应能否用已知疾病的特征和其他治疗解释

判断是否是药品不良反应时应排除非药物因素的影响，确定反应是否是由原患疾病或其他治疗引起。

二、药品不良反应的防治原则

（一）药品不良反应的预防原则

1. 详细了解患者病史、用药史、药物过敏史和家族药物过敏史，尤其是既往服用过的药物及出现过的症状。对特定药物有过敏史的患者应禁用该药或同类药品。当危及生命且无替代药品时应权衡利弊，做出有利于病人的选择。

2. 严格掌握药物的用法用量、遵守适应证和禁忌证用药，并实施个体化给药方案。特殊生理及病理情况，应慎重选药。

3. 注意药物相互作用，可用可不用的药物尽量不用；必须联用时，要兼顾增强疗效与减少不良反应的需求。

4. 用药过程中要密切观察患者的反应，尤其是在药品说明书中记载的药品不良反应。

5. 做好患者用药教育，增强患者对药品不良反应和药源性疾病的防范意识，提高用药的依从性。

6. 杜绝人为的失误、差错发生。

（二）药品不良反应的治疗原则

1. 停用可疑药物。如果病情允许，首先停用可疑药物，这样可以及时终止药物对机体的继续损害，并有助于判断药物与不良反应的相关性。停药后临床症状减轻或缓解，常可提示该症状为药源性。

2. 加速排泄，延缓吸收。对于剂量相关的药品不良反应，可以采取静脉输液、利尿、导泻、洗胃、催吐，使用毒物吸附剂及血液透析等方法加速药物的排泄，延缓和减少药物吸收。对口服用药者，可用 1∶1000～1∶5000 高锰酸钾溶液反复洗胃；也可皮下注射阿朴吗啡 5mg 或口服 1% 硫酸铜溶液催吐；使用毒物吸附剂如药用炭吸附药物等。还可通过改变体液 pH 值，加速药物排泄，如弱酸性药物阿司匹林、巴比妥类引起的严重不良反应，可静脉输注碳酸氢钠碱化血液和尿液 pH，促进药物排出。

3. 使用特异性的拮抗剂：利用药物的相互拮抗作用降低药物的药理活性，达到减轻或消除药品不良反应的目的。如鱼精蛋白能与肝素结合，使后者失去抗凝活性，可用于肝素过量引起的出血。当缺少特异性解救药物时，则可采取对症支持疗法，为药物不良效应的衰减争取时间。

4. 治疗过敏反应。过敏性休克是最严重的过敏性反应，可在短时间内导致死亡。发现患者出现休克症状时应立即使患者平卧，保持呼吸道通畅，吸氧，并迅速建立静脉通道，给予抗休克药物治疗。肾上腺素是治疗过敏性休克的首选药物，具有兴奋心脏、升高血压、松弛支气管平滑肌等作用，可及时缓解过敏性休克引起的心跳微弱、血压下降、呼吸困难等症状。对皮肤过敏等可使用抗组胺类药物，如阿司咪唑、异丙嗪、马来酸氯苯那敏、苯海拉明等。

需要强调的是，并非所有的药品不良反应都需要药物治疗，尤其是轻度的、一般性药品不良反应，不要忽视机体自身的消除与代偿机制。发生药品不良反应时过度依赖药物治疗有时会造成更多新的药品不良反应。

三、药品不良反应的报告与监测

国家实行药品不良反应报告制度，医疗机构应当按照规定报告所发现的药品不良反应。医生发现可能与用药有关的不良反应，应当通过国家药品不良反应监测信息网络报告，不具备在线报告条件的，应当通过纸质报表报送所在地药品不良反应监测机构，由所在地药品不良反应监测机构代为在线报告。

新药监测期内的国产药品应当报告该药品的所有不良反应；其他国产药品，报告新的和严重的不良反应。

进口药品自首次获准进口之日起 5 年内，报告该进口药品的所有不良反应；满 5 年的，报告新的和严重的不良反应。

发现或者获知新的、严重的药品不良反应应当在 15 日内报告，其中死亡病例须立即报告；其他药品不良反应应当在 30 日内报告。有随访信息的，应当及时报告。获知或者发现药品群体不良事件后，应当立即通过电话或者传真等方式上报所在地县级药品监督管理部门、卫生行政部门和药品不良反应监测机构，必要时可以越级报告；同时填写《药品群体不良事件基本信息表》。并应当积极救治患者，迅速开展临床调查，分析事件发生的原因，必要时可采取暂停药品的使用等紧急措施。

严重药品不良反应：是指因使用药品引起以下损害情形之一的反应，包括导致死亡；危及生命；致癌、致畸、致出生缺陷；导致显著的或者永久的人体伤残或者器官功能的损伤；导致住院或者住院时间延长；导致其他重要医学事件，如不进行治疗可能出现上述所列情况的。

新的药品不良反应：是指药品说明书中未载明的不良反应。说明书中已有描述，但不良反应发生的性质、程度、后果或者频率与说明书描述不一致或者更严重的，按照新的药品不良反应处理。

药品群体不良事件：是指同一药品在使用过程中，在相对集中的时间、区域内，对一定数量人群的身体健康或者生命安全造成损害或者威胁，需要予以紧急处置的事件。

第三节　药物相互作用

两种或两种以上药物同时或先后使用后，有时会产生一些相互影响，出现药效加强或减弱，副作用减少或出现新的副作用的现象，即药物相互作用。

一、药物相互作用机制

（一）药剂学相互作用

药剂学相互作用发生于药物吸收之前，在药物配伍应用的过程中，药物与药物或药物与溶剂、赋形剂之间可发生物理或化学作用，对药效或安全性产生不良影响。

药物配伍相互作用常见于液体制剂，当发生配伍禁忌时，可出现沉淀、变色、产生气体等，也有一些药物反应不发生肉眼可见的改变，但已使药物的活性减弱或毒性增强。因此必须注意药剂学的相互作用，应注意并不是任何药物都可以随意相互配伍加入输液中的。

（二）药动学相互作用

药动学相互作用包括影响药物吸收的相互的作用、影响药物分布的相互作用、影响药物代谢的相互作用及影响药物排泄的相互作用。

1. 影响药物吸收的相互作用：可通过改变胃肠道pH值而影响其他药物的溶解度和解离度而影响其吸收，如抗酸药可使胃肠道pH升高，使弱碱性药物磺胺类、氨苄西林、水杨酸类、巴比妥类等药物解离增加，吸收减少；也可通过结合与吸附作用影响其他药物的吸收，如钙、镁、铝等能与四环素类、喹诺酮类、异烟肼、左旋多巴等药物形成不溶性络合物而影响其吸收；还可通过改变胃排空和肠蠕动速度而影响其他药物的吸收程度和起效时间，如甲氧氯普胺、西沙必利、多潘立酮可加速胃排空，与对乙酰氨基酚合用时，可使后者吸收加快，药效出现提前；肠道菌群的改变也可影响有些药物的吸收，如地高辛需通过肠道菌群代谢灭活，当它与红霉素等抑制肠道菌群的抗生素联合使用时，可使代谢减慢，血药浓度增加。

2. 影响药物分布的相互作用：可通过相互竞争血浆蛋白结合部位，改变游离药物的比例或改变药物在某些组织中的分布量，从而影响其他药物在靶部位的浓度。如保泰松可以将华法林从血浆蛋白结合部位置换出来，增强华法林的抗凝作用。某些作用于心血管系统的药物可通过改变组织的血流量而影响与其合用药物的组织分布，如去甲肾上腺素能减少肝脏血流量，使利多卡因在肝脏的分布量减少。

3. 影响药物代谢的相互作用：药物的代谢主要在肝脏，依赖于微粒体中的多种酶，最重要的是细胞色素P450混合功能氧化酶系（CYP），有些药物可抑制CYP的活性，使其代谢其他药物的活性减弱，代谢减慢，不良反应增加。相反，有些药物具有CYP诱导作用，导致另外药物代谢加快，作用减弱或作用时间缩短。

4. 影响药物排泄的相互作用：可通过改变尿液pH值，改变肾小管的重吸收而影响药物的清除率。如苯巴比妥多以原形自肾脏消除，当过量中毒时，可用碳酸氢钠碱化尿液，减少重吸收，促进苯巴比妥的排泄而解毒。可通过干扰肾小管分泌影响药物经肾脏排泄，如痛风患者合用丙磺舒和吲哚美辛，两者竞争载体，使吲哚美辛的分泌减少，排泄减慢，不良反应发生率明显增加。此外减少肾脏血流量的药物可妨碍药物的经肾排泄。

（三）**药效学相互作用**

指联合用药后对治疗效果产生的有益或不利的相互作用，分为相加或协同、拮抗。

1. 相加或协同作用：合用后的效果等于相加或大于单用效果。如磺胺甲噁唑和甲氧苄啶合用，双重阻断敏感细菌四氢叶酸的合成，抗菌活性是两药单独使用的数倍。

2. 拮抗作用：作用于同一受体的不同药物可产生拮抗作用，如选择性β肾上腺素受体激动剂沙丁胺醇的扩张支气管作用可被β受体拮抗剂普萘洛尔拮抗，使前者的疗效下降。

作用于不同受体但效应相反的药物合用也可出现功能性拮抗。如噻嗪类利尿剂的致高血糖作用可对抗胰岛素或口服降血糖药的作用。

二、不良药物相互作用的临床对策

（一）建立不良药物相互作用数据库

建立相关的信息资料库，可查阅详细信息，尽量避免联合使用有显著不良相互作用的药物，制定治疗方案前对患者需使用的药物之间的相互作用做出预测和评价是制定安全有效治疗方案的必要前提。

（二）对高风险人群提高警惕

对于容易发生药物不良反应的人群，如患各种慢性疾病的老年人、长期应用药物维持治疗的患者，应加以注意。采用联合用药时，还应了解患者的用药史，包括中药、非处方药、诊断用药，避免联合用药发生不良的相互作用。

（三）对高风险药物严加防范

据文献报道，发生药物相互作用频率比较高的药物有以下几类：抗癫痫药物（苯妥英钠）、心血管病类药物（奎尼丁、普萘洛尔、地高辛）、口服抗凝药（华法林、双香豆素）、口服降糖药（格列本脲）、抗生素（红霉素）及抗真菌药（酮康唑）、消化系统疾病用药（西米替丁、西沙必利），使用这些药物时，应关注联合用药。

（四）尽量减少联合用药

用药品种多，药物相互作用的发生率增加，有时能影响药物疗效甚至毒性增加，因此，在给患者用药时，联合用药应小心谨慎，不必须时不采用联合用药，并且尽量减少用药种类，以减少药物相互作用引起的药物不良反应。

仅在以下情况时可考虑联合用药，如为了发挥药物的协同治疗作用提高疗效、为延迟或减少耐药性的发生、联合用药后可减少个别药物的剂量，从而减少毒副反应时。当治疗病原菌不明的感染性疾病时，为扩大抗菌谱也可考虑联合用药。

第十六章 突发公共卫生事件的应急处理

突发公共卫生事件应急关系社会民生、稳定和国家经济发展，突发公共卫生事件应急法律制度包括应急组织体系、预防与应急准备、报告与信息发布、应急处理、应急状态的终止和善后处理等，为规范突发事件应对活动，保护人民生命财产安全，维护国家安全，公共安全，环境安全和社会秩序提供了制度保证。

第一节 突发公共卫生事件的分级与应急报告

一、突发公共卫生事件的分级

根据突发公共卫生事件性质、危害程度、涉及范围，《国家突发公共卫生事件应急预案》将突发公共卫生事件划分为特别重大（Ⅰ级）、重大（Ⅱ级）、较大（Ⅲ级）和一般（Ⅳ级）四级，依次用红色、橙色、黄色、蓝色进行预警。

（一）**特别重大的突发公共卫生事件（Ⅰ级）**

特别重大的突发公共卫生事件包括：

①肺鼠疫、肺炭疽在大、中城市发生并有扩散趋势，疫情波及2个及以上的省份，并有进一步扩散趋势；或人口稀少和交通不便地区1个县（区）域内在一个平均潜伏区内发病10例及以上。

②发生传染性非典型肺炎、人感染高致病性禽流感病例，疫情波及2个及以上的省份，并有继续扩散趋势。

③涉及多个省份的群体性不明原因疾病，并有扩散趋势，造成重大影响。

④发生新发传染病，或中国尚未发现的传染病发生或传入，并有扩散趋势，或发现中国已消灭的传染病重新流行。

⑤发生烈性病菌株、毒株、致病因子等丢失事件。

⑥周边以及与中国通航的国家和地区发生特大传染病疫情，并出现输入性病例，严重危及中国公共卫生安全的事件。

⑦一次放射事故超剂量照射人数200人以上，或轻、中度放射损伤人数50人以上；或重度放射损伤人数10人以上；或极重度放射损伤人数共5人以上。

⑧国务院卫生行政部门认定的其他特别重大突发公共卫生事件。

（二）重大的突发公共卫生事件（Ⅱ级）

重大的突发公共卫生事件包括：

①边远、地广人稀、交通不便地区发生肺鼠疫、肺炭疽病例，疫情波及2个及以上乡（镇），一个平均潜伏期内发病5例及以上；或其他地区出现肺鼠疫、肺炭疽病例。

②发生传染性非典型肺炎续发病例；或疫情波及2个及以上地（市）。

③肺鼠疫发生流行，流行范围波及2个及以上县（区），在一个平均潜伏期内多点连续发病20例及以上。

④霍乱在一个地（市）范围内流行，1周内发病30例及以上；或疫情波及2个及以上地（市），1周内发病50例及以上。

⑤乙类、丙类传染病疫情波及2个及以上县（区），一周内发病水平超过前5年同期平均发病水平2倍以上。

⑥发生群体性不明原因疾病，扩散到县（区）以外的地区。

⑦预防接种或学生预防性服药出现人员死亡。

⑧一次食物中毒人数超过100人并出现死亡病例或已出现10例及以上死亡病例。

⑨一次发生急性职业中毒50人以上，或死亡5人及以上。

⑩一次放射事故超剂量照射人数101~200人，或轻、中度放射损伤人数21~50人；或重度放射损伤人数3~10人；或极重度放射损伤人数3~5人。

⑪鼠疫、炭疽，传染性非典型肺炎、艾滋病、霍乱，脊髓灰质炎等菌种、毒种丢失。

⑫省级以上人民政府卫生行政部门认定的其他严重突发公共卫生事件。

（三）较大的突发公共卫生事件（Ⅲ级）

较大的突发公共卫生事件包括：

①边远、地广人稀、交通不便的局部地区发生肺鼠疫、肺炭疽病例，流行范围在一个乡（镇）以内，一个平均潜伏期内病例数未超过5例。

②发生传染性非典型肺炎病例。

③霍乱在县（区）域内发生，1周内发病10~30例；或疫情波及2个及以上县；或地级以上城市的市区首次发生。

④一周内在一个县（区）域内乙类、丙类传染病发病水平超过前5年同期平均发病水平1倍以上。

⑤在一个县（区）域内发现群体性不明原因疾病。

⑥一次食物中毒人数超过100人；或出现死亡病例；或食物中毒事件发生在学校、地区性或全国性重要活动期间的。

⑦预防接种或学生预防性服药出现群体心因性反应或不良反应。

⑧一次性发生急性职业中毒10~50人，或死亡5人以下。

⑨一次性放射事故超剂量照射人数51~100人，或轻、中度放射损伤人数11~20人。

⑩地市级以上人民政府卫生行政部门认定的其他较大的突发公共卫生事件。

（四）一般的突发公共卫生事件（Ⅳ级）

一般的突发公共卫生事件包括：

①鼠疫在县（区）域内发生，一个平均潜伏期内病例数未超过20例。

②霍乱在县（区）域内发生，1周内发病在10例以下。

③一次食物中毒人数30~100人，且无死亡病例报告。

④一次性急性职业中毒10人以下，未出现死亡。

⑤一次性放射事故超剂量照射人数10~50人，或轻、中度放射损伤人数3~10人。

⑥县级以上人民政府卫生行政部门认定的其他一般突发公共卫生事件。

二、突发公共卫生事件应急报告

《突发公共卫生事件应急条例》规定，国家建立突发公共卫生事件应急报告制度。国务院卫生行政部门制定突发公共卫生事件应急报告规范，建立重大、紧急疫情信息报告系统。

（一）报告主体

根据《国家突发公共卫生事件应急预案》的规定，任何单位和个人都有权向国务院卫生行政部门和地方各级人民政府及其有关部门报告突发公共卫生事件及其隐患，也有权向上级政府部门举报不履行或者不按照规定履行突发公共卫生事件应急处理职责的部门、单位及个人。

《突发公共卫生事件应急条例》明确规定了突发公共卫生事件的责任报告单位和责任报告人，任何单位和个人不得隐瞒、缓报、谎报或者授意他人隐瞒、缓报、谎报突发公共卫生事件。

1. 责任报告单位：县级以上各级人民政府卫生行政部门指定的突发公共卫生事件监测机构、各级各类医疗卫生机构、卫生行政部门、县级以上地方人民政府和检验检疫机构、食品药品监督管理机构、环境保护监测机构、教育机构等有关单位为突发公共卫生事件的责任报告单位。

2. 责任报告人：执行职务的医疗卫生机构的医务人员、检疫人员、疾病预防控制人员、乡村医生和个体开业医生等是突发公共卫生事件的责任报告人。

（二）报告内容和时限

《突发公共卫生事件应急条例》规定，有下列情形之一的，省、自治区、直辖市人民政府应当在接到报告1小时内，向国务院卫生行政部门报告：

①发生或者可能发生传染病暴发、流行；

②发生或者发现不明原因的群体性疾病；

③发生传染病菌种、毒种丢失；

④发生或者可能发生重大食物和职业中毒事件。

突发事件监测机构、医疗卫生机构和有关单位发现上述需要报告情形之一的，应当在2小时内向所在地县级人民政府卫生行政部门报告；接到报告的卫生行政部门应当在2小时内向本级人民政府报告，并同时向上级人民政府卫生行政部门和国务院卫生行政部门报告。地方人民政府应当在接到报告后2小时内向上一级人民政府报告。

省、自治区、直辖市人民政府在接到报告1小时内，向国务院卫生行政部门报告。

国务院卫生行政部门对可能造成重大社会影响的突发公共卫生事件，立即向国务院报告。

接到报告的地方人民政府、卫生行政部门在依照规定报告的同时，应当立即组织力量对报告事项调查核实、确证，采取必要的控制措施，并及时报告调查情况。

对举报突发公共卫生事件有功的单位和个人，县级以上各级人民政府及其有关部门应当予以奖励。

三、突发公共卫生事件应急方针和原则

《突发事件应对法》规定，突发事件应对工作实行预防为主、预防与应急相结合的原则。《突发公共卫生事件应急条例》规定，突发事件应急工作，应当遵循预防为主、常备不懈的方针，贯彻统一领导、分级负责、反应及时、措施果断、依靠科学、加强合作的原则。

（一）预防为主，常备不懈

预防为主，常备不懈，就是提高全社会对突发公共卫生事件的防范意识，落实各项防范措施，做好人员、技术、物资和设备的应急储备工作。对各类可能引发突发公共卫生事件的情况要及时进行分析、预警，做到早发现、早报告、早处理。

（二）统一领导，分级负责

统一领导，分级负责，就是根据突发公共卫生事件的范围、性质和危害程度，对突发公共卫生事件实行分级管理。各级人民政府负责突发公共卫生事件应急处理的统一领导和指挥，各有关部门按照预案规定，在各自的职责范围内做好突发公共卫生事件应急处理的有关工作。

（三）反应及时，措施果断

反应及时，措施果断，就是各级人民政府及其有关部门在突发事件发生后，及时作出反应，采取正确的、果断的措施，处理所发生的事件，不可优柔寡断、玩忽职守、贻误战机。应该积极主动地作出反应，立即了解情况，组织调查，采取必要的控制措施。

（四）依靠科学，加强合作

依靠科学，加强合作，就是突发公共卫生事件应急工作要充分尊重和依靠科学，要重视开展防范和处理突发公共卫生事件的科研和培训，为突发公共卫生事件应急处理提供科技保障。各有关部门和单位要通力合作、资源共享，有效应对突发公共卫生事件。同时，要广泛组织、动员公众参与突发公共卫生事件的应急处理。

第二节　突发公共卫生事件应急处理

一、应急预案的启动

突发公共卫生事件发生后，卫生行政部门应当组织专家对突发公共卫生事件进行综合评估，初步判断突发公共卫生事件的类型，提出是否启动突发公共卫生事件应急预案的建议。启动应急预案的建议，主要考虑以下几个方面：

①突发公共卫生事件的类型和性质；

②突发公共卫生事件的影响面及严重程度；

③目前已采取的紧急控制措施及控制效果；

④突发公共卫生事件的未来发展趋势；

⑤启动应急处理机制是否需要。

在全国范围内或者跨省、自治区、直辖市范围内启动全国突发公共卫生事件应急预案，由国务院卫生行政部门报国务院批准后实施。省、自治区、直辖市启动突发公共卫生事件应急预案，

由省、自治区、直辖市人民政府决定，并向国务院报告。

应急预案启动后，突发公共卫生事件发生地的人民政府有关部门，应当根据预案规定的职责要求，服从指挥部的统一指挥，立即到达规定岗位，采取有关的控制措施。医疗卫生机构、监测机构和科学研究机构，应当服从突发事件应急处理指挥部的统一指挥，相互配合、协作，集中力量开展相关的科学研究工作。

二、应急处理措施

（一）突发公共卫生事件的调查评价

省级以上人民政府卫生行政部门或者其他有关部门指定的突发公共卫生事件应急处理专业技术机构，负责突发公共卫生事件的技术调查、确证、处置、控制和评价工作。国务院卫生行政部门或者其他有关部门指定的专业技术机构，有权进入突发公共卫生事件现场进行调查、采样、技术分析和检验，对地方突发公共卫生事件的应急处理工作进行技术指导，有关单位和个人应当予以配合；任何单位和个人不得以任何理由予以拒绝。对新发现的突发传染病、不明原因的群体性疾病、重大食物和职业中毒事件，国务院卫生行政部门应当尽快组织力量制定相关的技术标准、规范和控制措施。

（二）法定传染病的宣布

国务院卫生行政部门对新发现的突发传染病，根据危害程度、流行强度，依照《传染病防治法》的规定及时宣布为法定传染病。宣布为甲类传染病的，由国务院决定；乙类、丙类传染病病种，由国务院卫生行政部门决定并予以公布。

（三）应急物资的生产、供应、运送和人员的调集

突发公共卫生事件发生后，国务院有关部门和县级以上地方人民政府及其有关部门，应当保证突发公共卫生事件应急处理所需的医疗救护设备、救治药品、医疗器械等物资的生产、供应；铁路、交通、民用航空行政主管部门应当保证及时运送。根据突发公共卫生事件应急处理的需要，突发公共卫生事件应急处理指挥部有权紧急调集人员、储备的物资、交通工具以及相应的设施、设备参加应急处理工作。

（四）交通工具及乘运人员和物资的处置

《国家突发公共卫生事件应急预案》规定，实施交通卫生检疫，组织铁路、交通、民航、质检等部门在交通站点和出入境口岸设置临时交通卫生检疫站，对出入境、进出疫区和运行中的交通工具及其乘运人员和物资、宿主动物进行检疫查验。

《突发公共卫生事件应急条例》规定，交通工具上发现根据国务院卫生行政部门的规定需要采取应急控制措施的传染病病人、疑似传染病病人，其负责人应当以最快的方式通知前方停靠点，并向交通工具的营运单位报告。交通工具的前方停靠点和营运单位应当立即向交通工具营运单位行政主管部门和县级以上地方人民政府卫生行政部门报告。卫生行政部门接到报告后，应当立即组织有关人员采取相应的医学处置措施。

交通工具上的传染病病人密切接触者，由交通工具停靠点的县级以上各级人民政府卫生行政部门或者铁路、交通、民用航空行政主管部门，根据各自的职责，依照传染病防治法律、法规的规定，采取控制措施。

涉及国境口岸和入出境的人员、交通工具、货物、集装箱、行李、邮包等需要采取传染病应

急控制措施的，依照国境卫生检疫法律、行政法规的规定办理。

（五）疫区的控制

突发公共卫生事件应急处理指挥部根据突发事件应急处理的需要，可以对疫区的食物和水源采取控制措施。必要时，对人员进行疏散或者隔离，并可以依法对传染病疫区实行封锁。对传染病暴发、流行区域内流动人口，突发事件发生地的县级以上地方人民政府应当做好预防工作，落实有关卫生控制措施；对传染病病人和疑似传染病病人，应当采取就地隔离、就地观察、就地治疗的措施；对密切接触者根据情况采取集中或居家医学观察；对需要治疗和转诊的，依照规定执行。

三、医疗卫生机构的责任

（一）医疗机构的责任

医疗卫生机构应当对传染病做到早发现、早报告、早隔离、早治疗，切断传播途径，防止扩散，具体包括：

①对因突发事件致病的人员提供医疗救护和现场救援，对就诊病人必须接诊治疗，实行重症和普通病人分开管理，并书写详细、完整的病历记录。对需要转送的病人，应当按照规定将病人及其病历记录的复印件转送至接诊的或者指定的医疗机构。对疑似病人及时排除或确诊；

②协助疾控机构人员开展标本的采集、流行病学调查工作；

③采取卫生防护措施，做好医院内现场控制、消毒隔离、个人防护、医疗垃圾和污水处理工作，防止交叉感染和污染；

④做好传染病和中毒病人的报告。对因突发公共卫生事件而引起身体伤害的病人，任何医疗机构不得拒绝接诊；

⑤对群体性不明原因疾病和新发传染病做好病例分析与总结，积累诊断治疗的经验。

重大中毒事件，按照现场救援、病人转运、后续治疗相结合的原则进行处置。

（二）疾病预防控制机构的责任

国家、省、市（地）、县级疾病预防控制机构应当做好突发公共卫生事件的信息收集、报告与分析工作、开展流行病学调查、进行实验室检测等。

（三）卫生监督机构的责任

卫生监督机构应当：

①在卫生行政部门的领导下，开展对医疗机构、疾病预防控制机构突发公共卫生事件应急处理各项措施落实情况的督导、检查；

②围绕突发公共卫生事件应急处理工作，开展环境卫生、职业卫生等的卫生监督和执法稽查；

③协助卫生行政部门依据《突发公共卫生事件应急条例》和有关法律法规，调查处理突发公共卫生事件应急工作中的违法行为。

（四）出入境检验检疫机构的责任

出入境检验检疫机构应当：

①调动出入境检验检疫机构技术力量，配合当地卫生行政部门做好口岸的应急处理工作；

②及时上报口岸突发公共卫生事件信息和情况变化。

第三节　几种突发公共卫生事件的应急处置

一、群体性不明原因疾病的应急处置

（一）定义

群体性不明原因疾病，是指一定时间内（通常是指2周内），在某个相对集中的区域（如同一个医疗机构、自然村、社区、建筑工地、学校等集体单位）内同时或者相继出现3例及以上相同临床表现，经县级及以上医院组织专家会诊，不能诊断或解释病因，有重症病例或死亡病例发生的疾病。群体性不明原因疾病具有临床表现相似性、发病人群聚集性、流行病学关联性、健康损害严重性的特点。这类疾病可能是传染病（包括新发传染病）、中毒或其他未知因素引起的疾病。

为进一步做好群体性不明原因疾病的应急处置工作，提升中国应对群体性不明原因疾病的应急反应能力，做到及时发现、有效控制群体性不明原因疾病，规范群体性不明原因疾病的监测报告、诊治、调查和控制等应急处置技术，指导群体性不明原因疾病事件的应急处置工作，保障人民群众身体健康，维护社会稳定和经济发展，2007年1月16日，卫生部印发了《群体性不明原因疾病应急处置方案（试行）》。

（二）分级

群体性不明原因疾病分为三级。I级指特别重大群体性不明原因疾病事件，是在一定时间内发生涉及两个及以上省份的群体性不明原因疾病，并有扩散趋势；或由国务院卫生行政部门认定的相应级别的群体性不明原因疾病事件。II级指重大群体性不明原因疾病事件，是在一定时间内在一个省多个县（市）发生群体性不明原因疾病；或由省级卫生行政部门认定的相应级别的群体性不明原因疾病事件。III级指较大群体性不明原因疾病事件，是在一定时间内在一个省的一个县（市）行政区域内发生群体性不明原因疾病；或由地市级卫生行政部门认定的相应级别的群体性不明原因疾病事件。

（三）监测

国家将群体性不明原因疾病监测工作纳入全国疾病监测网络。各级医疗机构、疾病预防控制机构、卫生监督机构负责开展群体性不明原因疾病的日常监测工作。上述机构应及时对群体性不明原因疾病的资料进行收集汇总、科学分析、综合评估，早期发现不明原因疾病的苗头。

（四）现场调查与病因分析

群体性不明原因疾病发生后，首先应根据已经掌握的情况，尽快组织力量开展调查、分析，查找病因。

若流行病学病因（主要是传染源、传播途径或暴露方式、易感人群）不明，应以现场流行病学调查为重点，尽快查清事件的原因。在流行病学病因查清后，应立即实行有针对性的控制措施。

若怀疑为中毒事件时，在采取适当救治措施的同时，要尽快查明中毒原因。查清中毒原因后，给予特异、针对性的治疗，并注意保护高危人群。

若病因在短时间内难以查清，或即使初步查明了病原，但无法于短期内找到有效控制措施的，应以查明的传播途径及主要危险因素（流行性病因）制定有针对性的预防控制措施。

（五）现场控制措施

应急处置中的预防控制措施需要根据疾病的传染源或危害源、传播或危害途径以及疾病的特征来确定。不明原因疾病的诊断需要在调查过程中逐渐明确疾病发生的原因。因此，在采取控制措施上，需要根据疾病的性质，决定应该采取的控制策略和措施，并随着调查的深入，不断修正、补充和完善控制策略与措施，遵循边控制、边调查、边完善的原则，力求最大限度地降低不明原因疾病的危害。

（六）防护措施

在群体性不明原因疾病的处置早期，需要根据疾病的临床特点、流行病学特征以及实验室检测结果，鉴别有无传染性、确定危害程度和范围等，对可能的原因进行判断，以便采取相应的防护措施。对于原因尚难判断的情况，应该由现场的疾控专家根据其可能的危害水平，决定防护等级。

二、突发中毒事件的应急处置

（一）定义

突发中毒事件，是指在短时间内，毒物通过一定方式作用于特定人群造成的群发性健康影响事件。

为有效控制突发中毒事件及其危害，指导和规范突发中毒事件的卫生应急工作，最大限度地减少突发中毒事件对公众健康造成的危害，保障公众健康与生命安全，维护社会稳定，2011年5月12日，卫生部印发了《突发中毒事件卫生应急预案》。

（二）分级

根据突发中毒事件危害程度和涉及范围等因素，将突发中毒事件分为特别重大（I级）、重大（Ⅱ级）、较大（Ⅲ级）和一般（Ⅳ级）突发中毒事件四级。

（三）监测

各级卫生行政部门指定医疗卫生机构开展突发中毒事件的监测工作，建立并不断完善中毒实时监测分析系统，组织辖区医疗卫生机构开展突发中毒事件涉及的中毒病人相关信息的收集、整理、分析和报告等工作；组织开展针对特定中毒或人群的强化监测工作；组织同级中毒救治基地（或指定救治机构）和疾病预防控制机构开展毒物、突发中毒事件及其中毒病例的实时监测和数据分析工作。

（四）应急响应

发生突发中毒事件时，各级卫生行政部门在本级人民政府领导下和上一级卫生行政部门技术指导下，按照属地管理、分级响应的原则，迅速成立中毒卫生应急救援现场指挥机构，组织专家制定相关医学处置方案，积极开展卫生应急工作。

（五）现场处置

具备有效防护能力、现场处置知识和技能的医疗卫生应急人员承担突发中毒事件卫生应急现场处置工作，并详细记录现场处置相关内容，按流程转运病人并做好交接工作。

三、人感染高致病性禽流感的应急处置

（一）定义

人感染高致病性禽流感，是指由禽甲型流感病毒某些亚型中的一些毒株引起的急性呼吸道传

染病。

为进一步做好人感染高致病性禽流感（简称"人禽流感"）防控工作，提高人禽流感的防治水平和应对能力，做到早发现、早报告、早隔离、早治疗人禽流感病例，及时、有效地采取各项防控措施，控制疫情的传播、蔓延，保障广大人民群众的身体健康和生命安全，维护社会的稳定，2006年5月26日，卫生部印发了《人感染高致病性禽流感应急预案》。

（二）组织机构

各级卫生行政部门在本级政府统一领导下，成立人禽流感防控工作领导小组，统一指挥、协调系统内的人禽流感防控工作。各级各类医疗卫生机构实行人禽流感防控工作主要领导负责制、防控工作责任制和责任追究制，明确任务、目标和责任。

县级以上卫生行政部门成立由临床、流行病学和实验室检验等相关专业人员组成的人禽流感防控技术专家组。县级以上医疗卫生机构成立人禽流感疫情应急处置小组，根据职责分工和卫生行政部门指派，负责开展本单位或本地区的人禽流感疫情应急处置工作。农村乡镇（村）和城市社区卫生机构在上级疾控机构和医疗机构的指导下，开展本地区的人禽流感防控工作。

（三）医疗机构职责

县级以上医疗机构负责不明原因肺炎病例和人禽流感医学观察病例的筛查与报告，负责病人的诊断、转运、隔离治疗、医院内感染控制，配合疾病预防控制机构开展流行病学调查及标本采集工作，负责本机构内有关人员的培训工作。

农村乡镇（村）和城市社区卫生机构以及其他各类医疗机构负责及时报告发现的病死动物情况以及有病死动物接触史的发热病人、不明原因肺炎病例，在上级部门的指导下开展有关的人禽流感防控工作。

（四）应急处置

《人感染高致病性禽流感应急预案》规定，各地应根据以下不同情况采取相应的应对措施。

1. 本地尚未发现动物和人禽流感疫情本地区内尚未发现动物及人禽流感疫情，但其毗邻国家或相邻地区发生动物或（和）人禽流感疫情。应该采取以下措施：

①密切关注国内外动物禽流感及人禽流感疫情动态，做好疫情预测预警，开展疫情风险评估；

②做好各项技术及物资准备；

③开展常规疫情、流感及人禽流感、不明原因肺炎病例、不明原因死亡病例的监测；

④医疗机构开展不明原因肺炎的筛查工作；

⑤开展人禽流感知识的健康教育，提高公众防控人禽流感知识水平；

⑥配合有关部门开展动物禽流感疫情监测工作，防止疫区受染动物以及产品的输入。

2. 本地有动物禽流感疫情，但尚未发现人禽流感疫情，本地区内发生了动物禽流感疫情，但尚未发现人禽流感病例。应该采取以下措施：

①与农业部门紧密协作，立即开展现场流行病学调查、密切接触者追踪和样品采集工作；

②启动人禽流感应急监测方案，疫区实行人禽流感疫情零报告制度；

③做好密切接触者的医学观察；

④按照职责分工，做好疫点内人居住和聚集场所的消毒处理工作；

⑤医疗机构要做好病人接诊、救治、医院内感染控制等准备工作；

⑥做好疫情调查处理等人员的个人防护。

3. 本地出现散发或聚集性人禽流感病例，属重大突发公共卫生事件（Ⅱ级），本地区发现散发或聚集性人禽流感病例，但局限在一定的范围，没有出现扩散现象的，应采取以下措施：

①启动人禽流感应急监测，实行人禽流感病例零报告制度；

②按照人禽流感病例流行病学调查方案迅速开展流行病学调查工作，查明病例之间的相互关联，判定是否发生人传人现象；

③按照密切接触者判定标准和处理原则，确定密切接触者，并做好医学观察；

④按照职责分工，做好疫点内人居住和聚集场所的消毒处理工作；

⑤医疗机构要做好人禽流感病例隔离、救治和医院内感染控制工作，并协助疾病预防控制机构开展流行病学调查和病例的主动搜索、标本采集等工作；

⑥做好疫情调查处理、医疗救治、实验室检测等医务人员的个人防护；

⑦及时向本地区有关部门和邻近省（区、市）人民政府卫生行政部门通报有关情况；

⑧进一步加强健康教育，提高公众卫生意识和个人防护意识，减少发生人禽流感的危险性，做好公众心理疏导工作，避免出现社会恐慌；

⑨如经调查证实发现人传人病例，要根据疫情控制的需要，划定疫点和疫区范围，报请当地人民政府批准，采取学校停课、部分行业停业等防控措施。

4. 证实人间传播病例并出现疫情扩散状态，属特别重大突发公共卫生事件（Ⅰ级），应按照《卫健委应对流感大流行准备计划与应急预案（试行）》采取相应的措施。